THE ILLUSTRATED DICTIONARY OF GARDENING,

A PRACTICAL AND SCIENTIFIC

*Encyclopædia * of * Horticulture*

FOR

GARDENERS AND BOTANISTS.

EDITED BY

GEORGE NICHOLSON, A.L.S.,
Curator, Royal Botanic Gardens, Kew.

ASSISTED BY PROFESSOR J. W. H. TRAIL, A.M., M.D., F.L.S., IN THE PARTS RELATING TO INSECTS, FUNGI PLANT STRUCTURE, HORTICULTURAL CHEMISTRY, &c.; AND J. GARRETT IN THE FRUIT, VEGETABLE, AND GENERAL GARDEN WORK PORTIONS.

DIVISION IX.—SUPPLEMENT: NEW VARIETIES.

Copyright © 2017 Read Books Ltd.
This book is copyright and may not be
reproduced or copied in any way without
the express permission of the publisher in writing

British Library Cataloguing-in-Publication Data
A catalogue record for this book is available from the
British Library

PTERIS CRETICA MAYI.

REFERENCE TO ILLUSTRATIONS OF PLANTS OTHER THAN THOSE FIGURED IN THIS WORK.

IT has been suggested, by an eminent Authority, that many readers would be glad to be informed where reliable Illustrations could be found of those Plants which are not figured in this Work. To meet this want, references to the Figures in Standard Authorities have been given, the titles of the Works referred to being, for economy of space, abbreviated as follows:

A. B. R.	Andrews (H. C.). Botanist's Repository. London, 1799-1811. 10 vols. 4to.
A. E.	Andrews (H. C.). Coloured Engravings of Heaths. London, 1802-30. 4 vols. 4to.
A. F. B.	Loudon (J. C.). Arboretum et Fruticetum britannicum. London, 1838. 8 vols. 8vo.
A. F. P.	Allioni (C.) Flora pedemontana. Aug. Taur., 1785. 3 vols. Fol.
A. G.	Aublet (J. B. C. F.). Histoire des Plantes de la Guiane française. Londres, 1775. 4 vols. 4to.
A. H.	Andrews (H. C.). The Heathery. London, 1804-12. 4 vols. 4to.
B.	Maund (B.). The Botanist. London, 1839. 8 vols. 4to.
B. F. F.	Brandis (D.). Forest Flora of . . . India. London, 1876, 8vo. Atlas 4to.
B. F. S.	Beddome (R. H.) Flora sylvatica. Madras, 1869-73. 2 vols. 4to.
B. H.	La Belgique Horticole. Ghent, 1850-85. 8vo.
B. M.	Botanical Magazine. London, 1787, &c. 8vo.*
B. M. Pl.	Bentley (R.) and Trimen (H.). Medicinal Plants. London, 1875-80. 8vo.
B. O.	Bateman (James). A Monograph of Odontoglossum. London, 1874. Fol.
B. R.	Botanical Register. London, 1815-47. 33 vols. 8vo.
B. Z.	Botanische Zeitung. Berlin, vols. i.-xiii. (1843-55). 8vo. Leipzig, vol. xiv. (1856), &c.*
C. H. P.	Cathcart's Illustrations of Himalayan Plants. London, 1855. Fol.
Enc. T. & S.	Loudon (J. C.). Encyclopædia of Trees and Shrubs. London, 1842. 8vo.
E. T. S. M.	See T. S. M.
F. A. O.	Fitzgerald (R. D.). Australian Orchids. Sydney, 1876. Fol.*
F. D.	Flora Danica—usually quoted as the title of the work, Icones Plantarum . . . Daniæ et Norvegiæ. Havniæ, 1761-1883. Fol.
F. d. S.	La Flore des Serres et des Jardins de l'Europe. Gand., 1845-83. 23 vols. 8vo.
Fl. Ment.	Moggridge (J. T.). Contributions to the Flora of Mentone. London, 1864-8.
Flora	Flora oder allgemeine botanische Zeitung. 1818-42. 25 vols. 8vo. New Series, 1843, &c.*
F. M.	Floral Magazine. London, 1861-71, 8vo. Series II. 1872-81, 4to.
F. & P.	Florist and Pomologist. London, 1868-84. 8vo.
G. C.	The Gardeners' Chronicle and Agricultural Gazette. London, 1841-66. 4to.
G. C. n. s.	The Gardeners' Chronicle. New Series, 1866-86. 4to. Series III. 1887, &c. 4to.*
G. G.	Gray (A.). Genera Floræ Americæ. Boston, 1848-9. 2 vols. 8vo.
G. M.	The Gardeners' Magazine. Conducted by Shirley Hibberd. London.*
G. M. B.	The Gardeners' Magazine of Botany. London, 1850-1. 3 vols. 8vo.
Gn.	The Garden. London, 1871, &c. 4to.*
G. W. F. A.	Goodale (G. L.). Wild Flowers of America. Boston, 1877. 4to.
G. & F.	Garden and Forest. New York, 1888, &c. 4to.*
H. B. F.	Hooker (W. J.). The British Ferns. London, 1861. 8vo.
H. E. F.	Hooker (W. J.). Exotic Flora. Edinburgh, 1823-7. 3 vols. 8vo.
H. F. B. A.	Hooker (W. J.). Flora boreali-americana. London, 1833-40. 2 vols. 4to.
H. F. T.	Hooker (J. D.) Flora Tasmaniæ. London, 1860. 2 vols. 4to. This is part iii. of "The Botany of the Antarctic Voyage of H.M. Discovery Ships Erebus and Terror, in the years 1839-43."
H. G. F.	Hooker (W. J.). Garden Ferns. London, 1862. 8vo.
H. S. F.	Hooker (W. J.). Species Filicum. London, 1846-64. 5 vols. 8vo.
I. H.	L'Illustration Horticole. Series I. to IV. Gand., 1850-86. 33 vols. 8vo. Series V. 1887, &c. 4to.*
I. H. Pl.	See C. H. P.
J. B.	Journal of Botany. London, 1863, &c. 8vo.*
J. F. A.	Jacquin (N. J.). Floræ austriacæ . . . Icones. Viennæ. 1773-8. 5 vols. Fol.
J H.	Journal of Horticulture and Cottage Gardener. Conducted by Dr. Robert Hogg. London, 1849, &c. 4to.*
J. H. S.	Journal of the Horticultural Society. London, 1846 &c. 8vo.*
K. E. E.	Kotschy (Theodor). Die Eichen Europa's und des Orient's. Wien, Olmütz, 1858-62. Fol.
L.	Linden (L.) and Rodigas (E.). Lindenia Iconographie des Orchidées. Gand., 1885, &c. Fol.*
L. B. C.	Loddiges (C.). Botanical Cabinet. London, 1812-33. 20 vols. 4to.
L. C. B.	Lindley (J.). Collectanea botanica. London, 1821. Fol.
L. E. M.	La Marck (J. B. P. A. de M. de). Encyclopédie methodique . . . Botanique. Paris, 1783-1817 13 vols. 4to.
L. J. F.	Lemaire (C.). Le Jardin fleuriste. Gand., 1851-4. 4 vols. 8vo.
L. R.	Lindley (J.). Rosarum Monographia. London, 1820. 8vo.
L. S. O.	Lindley (J.). Sertum Orchidaceum. London, 1838. Fol.
L. & P. F. G.	Lindley (J.) and Paxton (J.). Flower Garden. London, 1851-3. 3 vols. 4to.
M. A. S.	Salm-Dyck. Monographia Generum Aloes et Mesembryanthemi. Bonnæ, 1836-63. 4to.
M. C.	Maw (George). A Monograph of the Genus Crocus, London, 1886. 4to.
M. O.	Veitch (James) and Sons. Manual of Orchidaceous Plants. London, 1887, &c. 8vo.*
N.	Burbidge (F. W.). The Narcissus: Its History and Culture. With a Scientific Review of the Genus by J. G. Baker, F.L.S. London, 1875. 8vo.
N. S.	Nuttall (T.). North American Sylva. Philadelphia, 1865. 3 vols. 8vo.
P. F. G.	See L. & P. F. G.
P. M. B.	Paxton (J.). Magazine of Botany. London, 1834-49. 16 vols. 8vo.
R.	Sander (Fredk.). Reichenbachia. London, 1886, &c. Fol.*
Ref. B.	Saunders (W. W.). Refugium botanicum. London, 1869-72. 8vo.
R. G.	Regel (E.). Gartenflora. Erlangen, 1852, &c. 8vo.
R. H.	Revue Horticole. Paris, 1852, &c.*
R. S. H.	Hooker (J. D.). The Rhododendrons of Sikkim-Himalaya. London, 1849-51. Fol.
R. X. O.	Reichenbach, fil. (H. G.). Xenia Orchidacea. Leipzig, 1858. 4to.*
S. B. F. G.	Sweet (R.). British Flower Garden. London, 1823-9. 3 vols. 8vo. Series II. London, 1831-8. 4 vols. 8vo.
S. C.	Sweet (R.). Cistineæ. London, 1825-30. 8vo.
S. E. B.	Smith (J. E.). Exotic Botany. London, 1804-5. 2 vols. 8vo.
S. F. A.	Sweet (R.). Flora australasica. London, 1827-8. 8vo.
S. F. d. J.	Siebold (P. F. de) and Vriese (W. H. de). Flore des Jardins du Royaume des Pays-Bas. Leide, 1858-62. 5 vols. Fol.
S. F. G.	Sibthorp (John). Flora græca. London, 1806-40. 10 vols. Fol.
S. H. Ivy.	Hibberd (Shirley). The Ivy: a Monograph. London, 1872. 8vo.
Sw. Ger.	Sweet (Robert). Geraniaceæ, the Natural Order of Gerania. London, 1828-30. 8vo.
Sy. En. B.	Syme (J. T. B.), now Boswell. English Botany . . Ed. 3. London, 1863-86. 12 vols. 8vo.
S. Z. F. J.	Siebold (P. F. von) and Zuccarini (J. G.). Flora Japonica. Lugd. Bat., 1835-44. Fol.
T. H. S.	Transactions of the Horticultural Society. London, 1805-29. 7 vols. 4to.
T. L. S.	Transactions of the Linnæan Society. London, 1791, &c. 4to.*
T. S. M.	Emerson (G. B.). Trees and Shrubs . . . of Massachusetts. Boston. Ed. 2, 1875. 2 vols. 8vo.
W. D. B.	Watson (P. W.). Dendrologia britannica. London, 1825. 2 vols. 8vo.
W. F. A.	See G. W. F. A.
W. G. Z.	Wittmack (Dr. L.). Garten Zeitung. Berlin, 1882. &c. 8vo.*
W. O. A.	Warner (R.) and Williams (B. S.). The Orchid Album. London, 1882, &c. 4to.*
W. S. O.	Warner (R.). Select Orchidaceous Plants. London. Series I., 1862-65. Fol. Series II., 1865-75. Fol.
W. & F.	Woods and Forests. London, 1883-4. 1 vol. 4to

* Is still in course of publication.

AN INDEX TO FLOWERING PERIODS.

THE object of this section of the Supplement is to enable the gardener to ascertain at a glance the most desirable Shrubs and Herbaceous Plants that are in blossom at any given period of the year, so that suitable subjects for successive flowering may be expeditiously selected, whether for outdoors or for culture under glass. Where in the body of the DICTIONARY OF GARDENING the flowering periods are given as Spring, Summer, Autumn, or Winter, they are understood to be: Spring, from March to May; Summer, from June to August; Autumn, from September to November; and Winter, from December to February.

The following are the abbreviations used:—

b, blue; bk, black; br, brown; c, cream; c-h, cool-house; g, green; i-h, intermediate-house; l, lilac; m, magenta; mv, mauve; o, orange; p, purple; pi, pink; r, red; sc, scented; si, silvery; st, stove; v, violet; w, white; y, yellow.

The heights are given in feet and fractions of a foot.

JANUARY.— Hardy.— PERENNIALS.—Acis trichophyllus (w; ½); Arabis albida (w; ½-¾); Eranthis hyemalis (y; ¼-¾); Helleborus niger (w; ½-1½).

SHRUBS.—Abutilon striatum (o-y; 10); Chimonanthus fragrans (w or y, and p, sc); Daphne Laureola (y-g; 3-4); Erica carnea (r; ½); Hamamelis arborea (y and p; 15-20); H. virginica (y); Jasminum nudiflorum (y); Kerria japonica (o-y; 3-4); Rosa indica (r; 4-20); Viburnum Tinus (w or pi; 8-10).

Half-hardy.— PERENNIALS.—Calceolaria Burbidgei (y; 2-4); Caliphruria subedentata (w; 1½).

SHRUBS.—Grindelia glutinosa (y; 2); Plagianthus Lampenii (y; 6-8).

Tender. — ANNUALS. — Acroclinium roseum (c-h, pi; 1-2); Whitfieldia lateritia (st, r and o; 3).

PERENNIALS. — Æchmea cœlestis (st, b); Angræcum sesquipedale (st, w; 1); Arpophyllum spicatum (c-h, r); Barkeria elegans (c-h, pi and r, spotted; 2); Begonia Berkeleyi (i-h, pi); B. Frœbeli (i-h, r); B. manicata (st, pi; 2); B. megaphylla (i-h, w); B. natalensis (c-h, pi; 1½); B. nelumbiifolia (i-h, w or pi; 1-2); B. pruinata (i-h, w); B. ricinifolia (i-h); B. Schmidtiana (i-h, w; 1); B. semperflorens (i-h, w or pi); B. socotrana (st, pi); B. Verschaffeltiana (i-h, pi); Billbergia Liboniana (st, r, w, and p; 1); B. rosea-marginata (st, b and pi; 1½); Bletia Shepherdii (st, p and y; 2); Brassavola Digbyana (i-h, c-w, streaked p; ¾); Brassia Lanceana (i-h, y and br, sc; ¾) and var.; Burlingtonia decora (st, w or pi, spotted r); Calanthe Veitchii (st, p and w; 3); Camellia

January (Tender Perennials)—continued.
japonica (c-h, variable; 20) and vars.; Canarina Campanula (c-h, y-p or o; 3-4); Cattleya maxima (i-h, pi, w, p-r, &c.; 1-1½); C. Trianæ (i-h, pi-w, o or y, and p) and vars.; C. Warscewiczii (i-h, pi-w and r; 1); Centropogon Lucyanus (st, pi); Cephaelis Ipecacuanha (st, w; ⅓); Cœlogyne cristata (i h, w and y, sc; ¾); C. flaccida (i-h, w, y, and r, sc; 1); C. Gardneriana (st, w and g-y); C. Gowerii (i-h, w and g-y); C. media (i-h, c-w, y, and br; 1); C. odoratissima (i-h, w and y, sc); C. speciosa (i-h, w, br or g, y, and r; 1½); Cyanotis Kewensis (st, pi); Cymbidium giganteum (st, br, y, and p); C. Mastersii (i-h, w and pi, sc); Cypripedium Haynaldianum (st, g, pi, w, and br); C. insigne (i-h, y-g, w, y, and r-br) and var.; C. venustum (c-h, g-w or pi and y-g); Cyrtochilum maculatum (st, g and r); Dendrobium endocharis (st, w and br); D. Fytchianum (st, w); D. Linawianum (c-h, pi-l and r); D. nobile (c-h, w, pi, and r, sc); D. Pierardii (c-h, c-w or pi, y, and p); Eulophia macrostachya (st, y and r-p); Gesnera exoniensis (st, o-r); G pyramidalis (st, o-r and r); Goodyera discolor (c-h, w and g-y); Grammatophyllum speciosum (st, o-y, p, and r; 10); Gymnostachyum ceylanicum (st, w, g, and y); Imantophyllum cyrtanthiflorum c-h, pi or y); I. Gardeni (c-h, r-o or y); Impatiens Hookeriana (st, w and r; 2½); I. Sultani (st, r); 1); I. Walkeri (st, r; 1-1½); Ipomœa Horsfalliæ (st, pi); Lælia albida (i-h, w, pi, and y, sc); L. anceps (c-h, pi-l, p, and l, sc); L. autumnalis (i-h, pi, pi-w, and y, sc); L. superbiens (i-h, pi, r, and y); Lycaste aromatica (i-h, y); L. Deppei (i-h, y, br, w, and r); L. Skinneri (i-h, w, pi-l,

January (Tender Perennials)—*continued.*

and r); Masdevallia coccinea (c-h, y and r); M. Lindeni (c-h, w, pi, and m); M. tovarensis (c-h, w); M. Veitchiana (c-h, y, o-r, and p); Maxillaria luteo-grandiflora (i-h, c-w, br-r, and o); M. venusta (i-h, w, y, and r); Nymphæa Devoniensis (st aq, pi-r); Odontoglossum crispum (c-h, w, y, and r-br); O. grande (c-h, o-y, c-w, and br); O. Insleayi (i-h, y, br, &c.); O. luteo-purpureum (c-h, br or p, w, and y); O. odoratum (c-h, y, br, and p, sc); O. Rossii (c-h, w, br, and y); O. R. Ehrenbergii (c-h, w and br); O. R. Warnerianum (c-h, w, br, y, &c.); Oncidium bicallosum (i-h, br and y); O. bifolium (st, g-br and y); O. Cavendishianum (st, y); O. crispum (i-h, br and y); O. cucullatum (c-h, br-p and pi-p); O. dasystyle (i-h, ochre, br-p, and p); O. incurvum (c-h, w, l, and br, sc); O. leucochilum (i-h, g, br or r, and w or y); O. ornithorhynchum (c-h, pi-p, sc); O. o. albiflorum (c-h, w); O. tigrinum (i-h, br and y, sc); O. varicosum Rogersii (i-h, y); Peristrophe speciosa (st, p; 4); Phaius grandifolius (st, br, w, and r-br; 3); Phalænopsis Aphrodite (st, w, r, o, and y); Pterostylis Baptistii (c-h, g, w, and br; 1); Rivina humilis (st, w-pi; 1-2); Ruellia Portellæ (i-h, pi; 1); Saccolabium giganteum (st, w and m-v, sc); S. violaceum (st, w and m) and var.; Schomburgkia undulata (st, b-p and p-v); Sophronitis grandiflora (c-h, r); S. violacea (c-h, v; ¼); Spathiglottis Fortunei (c-h, y and r); Talauma pumila (st, c, sc; 2-4); Thunbergia erecta (st, b, o, and y; 6) and var.; Tillandsia umbellata (st, b, w, and g; 1); Trichopilia fragrans (c-h, y-g, w, spotted o, sc); Zygopetalum brachypetalum (i-h, br, w, &c.); Z. candidum i-h, w and pi-p; ¾); Z. crinitum (c-h, g, br, w, and y); Z. Dayanum (st, w, p-v, and r) and vars.; Z. Gairianum (st, v, p, and o); Z. Gautieri (c-h, g, br, and p-b); Z. Klabochorum (i-h, p, w, and y); Z. Mackayi (c-h, p, g, w, and b); Z. maxillare (c-h, br, b, p, and g); Z. rostratum (st, w, g, br-p, &c.); Z. Sedeni (i-h, p-br, g, and b-p); Z. triumphans (i-h, w and b); Z. Wallisii (c-h, w and v).

SHRUBS.—Abutilon insigne (ch, p-r; 6); A. megapotamicum (c-h, r, y, and br; 3); Aristolochia Duchartrei (st, br and c; 5); Begonia incarnata (st, pi; 2); B. Lindleyana (st, w; 3); B. Lynchiana (st r); B. nitida (st, pi; 4-5); B. prestoniensis (st, o-r; 2); Bouvardia jasminiflora (c-h, w, sc; 2); Brunfelsia eximia (st, p, sc; 2½); Crassula lactea (c-h, w; 1-2) and var.; Daphne odora Mazeli (c-h, w and pi, sc); Dianthera ciliata (st, v and w; 2); Echinopsis Eyriesii (st, w and g, sc); Epacris purpurascens (c-h, w and r; 2-3); Erica hyemalis (c-h, pi and w; 2); E. Linnæana (c-h, w and r; 1½); E. melanthera (c-h, pi; 2); Eupatorium atrorubens (c-h, r and l); E. ianthinum (c-h, p; 3); E. Weinmannianum (c-h, w, sc); Gardenia Thunbergia (c-h, w, sc; 4-5); Jasminum gracillimum (st, w, sc); J. Sambac (st, w, sc); Leonotis Leonurus (c-h, r; 3-6); Leucopogon australis (c-h, w; 2-4); L. Richei (c-h, w; 3-4); Libonia floribunda (i-h, r and y); L. Penrhosiensis (i-h, r); Mimulus glutinosus (c-h, br or pi; 5); Monochætum Hartwegianum (c-h, pi); Muraltia Heisteria (c-h, p; 2-3); Mussænda luteola (c-h, y and o; 5 6); Pentas carnea (st, pi-w; 1½); Pereskia Bleo (st, r; 8-10); Philodendron fragrantissimum (st, c and r); Phlogacanthus asperulus (st, p-r; 3); Pleroma macranthum (st, v-p); Rhododendron javanicum (c-h, o and r; 4); Ruellia Baikiei (i-h, r; 3); Stachytarpheta mutabilis (st, r; 3); Thyrsacanthus rutilans (st, r; 2); T. Schomburgkianus (st, r; 2); Whitfieldia lateritia (st, r and o; 3).

FEBRUARY.—**Hardy.**—PERENNIALS.—Anemone angulosa (b; ¾); Arabis albida (w; ½-¾); Bulbocodium vernum (v-p; ¼-½); Colchicum montanum (l-p or w; ¼); Corydalis cava (p; ½) and var.; Eranthis hyemalis (y; ¼-¾); Galanthus nivalis (w; ¼-½); Helleborus niger (w; ½-1½); Iris reticulata (v-p and y); Petasites fragrans (w, sc; ½); Scilla sibirica (b); Rosmarinus officinalis (w or b-p; 2-4).

SHRUBS.—Abutilon striatum (o-y; 10); Arctostaphylos pungens (w; 1); Corylopsis spicata (y, sc; 3-4); Daphne Laureola y-g; 3-4); D. Mezereum (r; 3-4); Enkianthus

February (Hardy Shrubs)—*continued.*

japonicus (w); Erica carnea (r; ½); Hamamelis arborea (y and p; 15-20); H. virginica (y); Jasminum nudiflorum (y); Kerria japonica (o-y; 3-4); Lonicera fragrantissima (w, sc; 6); Viburnum Tinus (w or pi; 8-10).

Half-hardy.—PERENNIALS.—Calceolaria Burbidgei (y; 2-4); Caliphruria subedentata (w; 1½).

SHRUBS.—Grindelia glutinosa (y; 2); Pittosporum undulatum (w; 10).

Tender.—ANNUALS.—Acroclinium roseum (c-h, pi; 1-2).

PERENNIALS.—Æchmea cœlestis (st, b); Æ. hystrix (st, r; 2½); Alstömeria caryophyllæa (st, r, sc; ¾-1); Arpophyllum spicatum (c-h, r); Aspasia lunata (st, g, w, and br; 1); A. variegata (st, g, spotted y-r; 9); Barkeria elegans (c-h, pi and r, spotted; 2); Begonia Berkeleyi (i-h, pi); B. Frœbeli (i-h; r); B. manicata (st, pi; 2); B. megaphylla (i-h, w); B. natalensis (c-h, pi; 1½); B. nelumbiifolia (i-h, w or pi; 1-2); B. pruinata (i-h, w); B. ricinifolia (i-h); B. Schmidtiana (i-h, w; 1); B. semperflorens (i-h, w or pi); B. socotrana (st, pi); B. Vershaffeltiana (i-h, pi); Billbergia Liboniana (st, r, w, and p; 1); B. Moreli (st, r and p-v; 1); Bletia Shepherdii (st, p and y; 2); Brassavola Digbyana (i-h, c-w, streaked p; ¾); Brassia caudata (i-h, y and b; 1); Burlingtonia decora (st, w or pi, spotted r); Calanthe Veitchii (st, p and w; 3); Camellia japonica (c-h, variable; 20) and vars.; Canarina Campanula (c-h, y-p or o; 3-4); Cattleya maxima (i-h, pi, w, p-r, &c.; 1-1½); C. Trianæ (i-h, pi-w, o or y, and p) and vars.; C. Warscewiczii (i-h, p-w and r; 1); Cœlogyne cristata (i-h, w and y, sc; ¾); C. Cumingii (i-h, w and y; 2); C. flaccida (i-h, w, y, and r, sc; 1); C. Gardneriana (st, w and g-y); C. Gowerii (i-h, w and g-y); C. media (i-h, c-w, y, and br; 1); C. odoratissima (i-h, w and y, sc); C. speciosa (i-h, w, br or g, y, and r; 1½); Cyanotis Kewensis (st, pi); Cyclamen Coum (c-h, r; ¼); C. ibericum (c-h, r; ¼); Cymbidium eburneum (i-h, w and y, sc); C. giganteum (st, br, y, and p); C. Mastersii (i-h, w and pi, sc); Cypripedium Haynaldianum (st, g, pi, w, and br); C. insigne (i-h, y-g, w, y, and r-br) and var.; C. venustum (c-h, g-w or pi, and y-g); Cyrtochilum maculatum (st, g and p); Dendrobium Ainsworthii (st, w, pi and p, sc); D. aureum (i-h, y, br, and p); D. Boxallii (st, w, p, and y); D. crassinode (st, w, p, and o) and vars.; D. Kingianum (c-h, v-p); D. Linawianum (c-h, pi-l and r); D. nobile (c-h, w, pi, and r, sc); D. Pierardii (c-h, c-w or pi, y, and p); D. primulinum (c-h, pi-w and b); Gesnera exoniensis (st, o-r); G. pyramidalis (st, o-r and r); Goodyera discolor (c-h, w and g-y); Grammatophyllum speciosum (st, o-y, p, and r; 10); Gymnostachyum ceylanicum (st, w, g, and y); Gynura aurantiaca (st, o; 2-3); Hæmanthus natalensis (ch, g, bracts p); Hymenocallis macrostephana (st, w, sc; 2); Imantophyllum cyrtanthiflorum (c-h, pi or y); I. Gardeni (c-h, r-o or y); Impatiens Hookeriana (st, w and r; 2½); I. Sultani (st, r; 1); I. Walkeri (st, r; 1-1½); Ipomœa Horsfalliæ (st, pi); Lælia Dormaniana (i-h, g, p, and p-w); L. harpophylla (i-h, o-r and w); L. superbiens (i-h, pi, r, and y); Lycaste aromatica (i-h, y); L. Deppei (i-h, y, br, w, and r); L. Skinneri (i-h, w, pi-l, and r); Masdevallia coccinea (c-h, y and r); M. Lindeni (c-h, w, pi, and m); M. tovarensis (c-h, w); M. Veitchiana (c-h, y, o-r, and p); Maxillaria luteo-grandiflora (i-h, c-w, br-r, and o); M. venusta (i-h, w, y, and r); Nymphæa Devoniensis (st aq, pi-r); Odontoglossum crispum (c-h, w, y, and r-br); O. grande (c-h, o-y, c-w, and br); O. Insleayi (i-h, y, br, &c.); O. luteo-purpureum (c-h, br or p, w, and y); O. odoratum (c-h, y, br, and p, sc); O. Rossii (c-h, w, br, and y); O. R. Ehrenbergii (c-h, w and br); O. R. Warnerianum (c-h, w, br, y, &c.); Oncidium bicallosum (i-h, br and y); O. bifolium (st, g-br and y); O. Cavendishianum (st, y); O. crispum (i-h, br and y); O. cruciatum (i-h, y r, and w); O. cucullatum (c-h, br-p and pi-p); O. incurvum (c-h, w, l, and br, sc); O. leucochilum (i-h, g, br or r, and w or y); O. ornithorhynchum (c-h, pi-p, sc); O. o. albiflorum (c-h, w);

February (Tender Perennials)—*continued.*

O. tigrinum (i-h, br and y, sc); Peristrophe speciosa (st, p; 4); Phaius grandifolius (st, br, w, and r-br; 3); Phalænopsis Aphrodite (st, w, r, o, and y); Pterostylis Baptistii (c-h, g, w and br; 1); Rivina humilis (st, w-pi; 1-2); R. lævis (st, w-pi; 7-8); Ruellia Portellæ (i-h, pi; 1); Saccolabium giganteum (st, w and m-v, sc); S. violaceum (st, w and m) and var.; Sophronitis grandiflora (c-h, r); S. violacea (c-h, v; ¼); Stelis ciliaris (st, p; ½); Talauma pumila (st, c, sc; 2-4); Thunbergia erecta (st, b, o, and y; 6) and var.; Tillandsia umbellata (st, b, w, and g; 1); Trichopilia fragrans (c-h, y-g, w, spotted o, sc); Zygopetalum brachypetalum (i-h, br, w, &c.); Z. candidum (i-h, w and pi-p; ¾); Z. crinitum (c-h, g, br, w, and y); Z. Dáyanum (st, w, p-v, and r) and vars.; Z. Gairianum (st, v, p, and o); Z. Gautieri (c-h, g, br, and p-b); Z. Klabochorum (i-h, p, w, and y); Z. Mackayi (c-h, p, g, w, and b); Z maxillare (c-h, br, b, p and g); Z. rostratum (st, w, g, br-p, &c.); Z. Sedeni (i-h, p-br, g, and b-p); Z. triumphans (i-h, w and b); Z. Wallisii (c-h, w and v).

SHRUBS.—Abutilon insigne (c-h, p-r; 6); A. megapotamicum (c-h, r, y, and br; 3); Acacia grandis (c-h, y; 6); A. viscidula (c-h, y; 6); Adenocalymna nitidum (st, y; 10); Barosma pulchella (c-h, r or p; 1-3); Begonia incarnata (st, pi; 2); B. Lindleyana (st, w; 3); B. Lynchiana (st, r); B. nitida (st, pi; 4-5); B. prestoniensis (st, o-r; 2); Boronia pinnata (c-h, pi, sc; 1-3); Bouvardia jasmineflora (c-h, w, sc; 2); Brunfelsia eximia (st, p, sc; 2½); Chiococca racemosa (st, w, becoming y and sc; 4-6); Clematis grandiflora (st, g-y; 12); Columnea Kalbreyeriana (st, y and r); Combretum racemosum (st, w); Crassula lactea (c-h, w; 1-2) and var.; Daphne odora Mazeli (c-h, w and pi, sc); Dianthera ciliata (st, v and w; 2); Diosma ericoides (c-h, w and r; 1-3); Enkianthus quinqueflorus (c-h, r and pi-w; 3-10); Epacris purpurascens (c-h, w and r; 2-3); Erica hyemalis (c-h, pi and w; 2); E. Linnæana (c-h, w and r; 1½); Eupatorium atrorubens (c-h, r and l); E. ianthinum (c-h, p; 3); E. Weinmannianum (c-h, w, sc); Gardenia Thunbergia (c-h, w, sc; 4-5); Heinsia jasminiflora (st, w; 5-8); Hibiscus marmoratus (c-h, w and pi); Jasminum gracillimum (st, w, sc); J. Sambac (st, w, sc); Leonotis Leonurus (c-h, r; 3-6); Leucopogon australis, (c-h, w; 2-4); L. Richei (c-h, w; 3-4); Libonia floribunda (i-h, r and y); L. Penrhosiensis (i-h, r); Mimulus glutinosus, (c-h, br or pi; 5); Monochætum Hartwegianum (c-h, pi); Mussænda luteola (c-h, y and o; 5-6); Pentas carnea (st, pi-w; 1½); Plagianthus Lampenii (c-h, y; 6-8); Pleroma macranthum (st, v-p); Rhododendron javanicum (c-h, o and r; 4); Ruellia Baikiei (i-h, r; 3); Stachytarpheta mutabilis (st, r; 3); Thyrsacanthus rutilans (st, r; 2); T. Schomburgkianus (st, r; 2); Whitfieldia lateritia (st, r and o; 3).

MARCH.—Hardy.—ANNUALS.—Hutchinsia petræa (w; ¼); Iberis umbellata (variable; ½-1); Limnanthes Douglasii (y and w, sc; ¾); Malcolmia maritima (l, pi, r, or w; ½-1); Moricandia sonchifolia (v-b; 1-2); Nemophila insignis (b; 1½); Sonchus Jacquini (o-y; 1-2).

BIENNIALS.—Althæa caribæa (pi; 3); Hesperis tristis (w, c, br-r, or p, sc at night; 1-2); Scrophularia chrysantha (o-y; ½-1½).

PERENNIALS.—Achillea Clavennæ (w; ¾); Adonis vernalis (y; ¾-1); Androsace Laggeri (pi; ¼); Anemone nemorosa (w; ½) and vars.; A. ranunculoides (y or p; ¼); Antirrhinum majus (2); Aquilegia glandulosa (l-b; ¾-1); Arabis albida (w; ½-¾); A. alpina (w; ½); A. blepharophylla (pi-p; ¼); Arenaria balearica (w; ¼); Arisæma ringens (g, striped w); Arum italicum (g-y or w; ¾-2); Aubrietia deltoidea (p; ¼) and var.; Bulbine caulescens (y; 2); Bulbocodium vernum (v-p; ¼-½); Caltha palustris (o-y; 1); Cardamine chelidonia (p; 1); C. pratensis (p or w; 1-1½) and vars.; C. rhomboidea (w) and vars.; C. trifolia (w; ½); Cheiranthus Cheiri (variable; 1-2); C. Marshalli (o; 1-1½); Chionodoxa Luciliæ (b and w; ½); C. nana (w or l; ¼); Claytonia sibirica (pi; ¼); C. virginica (w; ¼); Colchicum luteum (y; ¼); C. montanum (l-p or w; ¼); Convallaria majalis (w, sc; ½-1); Corydalis cava (p; ½) and var.; Crocus aureus (o); C. biflorus (w to lavender, p, and y); C. Imperati (l-p, sc; ¼-½); C. vernus (l, v, or w); C. versicolor (variable); C. varieties; Dicentra eximia (r-p; ¾-1½); D. spectabilis (pi-r; ¾-2); Doronicum austriacum (y; 1-1½); D. caucasicum (y; 1); D. Pardalianches (y; 1½-3); D. plantagineum excelsum (y; 5); Draba azoides (y; ¼); D. Mawii (w); Epimedium macranthum (w; 10-15); Eranthis hyemalis (y; ¼-¾); E. sibiricus (y; ¼); Erinus alpinus (p; ½); Erythronium americanum (y; ¼-½); E. dens-canis (p-pi or w; ½); Fritillaria græca (br; ½); F. tulipifolia (b and br-p); Gagea lutea (y; ½); Galanthus nivalis (w; ¼-½); G. plicatus (w-g; ½); Gentiana acaulis (b and y; ¼); Geum montanum (y; ½-1); Hacquetia Epipactis (y; ¼-½); Helleborus olympicus (p; 2); Hyacinthus amethystinus (b; ¼-1); H. varieties; Iris reticulata (v-p and y); I. rubro-marginata (g, p, and r; ¼); Isopyrum thalictroides (w; ¾-1¼); Leucoium vernum (w and g, sc; ¼-½); Linaria Cymbalaria (b or l); Lychnis alpina (pi; ½); L. diurna (p-pi; 1-3); L. fulgens (r; ½-1); L. Lagascæ (pi and w; ¼); Mertensia alpina (b; ½-¾); M. virginica (p-b; 1-2); Muscari botryoides (b; ½-1); M. Heldreichii (b; ½-¾); M. moschatum (p, becoming g-y and v, sc; ¾); M. racemosum (b, becoming r-p, sc; ¼-¾); M. Szovitsianum (b, sc); Myosotis dissitiflora (b; ½-1); M. palustris (b; ½-1); M. sylvatica (b; 1-2); Narcissus incomparabilis (y and o-y); N. Pseudo-Narcissus (g-y and o-y); N. Tazetta (y and w); Œnothera speciosa (w, turning r; 2-3); Omphalodes verna (b and w; ½); Ornithogalum narbonense (w and g; 1-1½); Oxalis Acetosella (w and p; ¼); O. corniculata (y); Pæonia Emodi (w; 2-3); Phlox divaricata (l or b; ¾-1¼); P. ovata (r-p; 1-1½); P. repens (p or v; ¼); Physochlaina physaloides (p-v; 1-1½); Primula altaica (m and y; ¼-½); P. Auricula vars. (¼); P. Boveana (y; ½); P. denticulata (l; ¾-1) and var.; P. involucrata (c, w, and y; ½) and var.; P. japonica vars. (1-1½); P. nivalis (w; ¼-¾); P. obconica (l or p; ½-1); P. Parryi (p and y; ½-1½); P. rosea (pi and y; ¼); P. sinensis (w or l; ¾); P. verticillata sinensis (y; 1-1½); P. viscosa pedemontana (pi-p and y-w; ¼); P. vulgaris (y; ¼) and var.; Pulmonaria angustifolia (pi, turning b; 1); Puschkinia scilloides (w, striped b; ¼-¾); Romulea Bulbocodium (y and v; ½); Saxifraga Burseriana (c); S. crassifolia (r; 1); S. ligulata (r-w; 1); S. Stracheyi (pi; ¼-¾); Scilla amœna (b or w; ½); S. bifolia (b, r, or w; ¼-½); Sedum acre aureum (y); Spiræa prunifolia flore-pleno (w; 3); Thalictrum anemonoides (w or pi; ½); Tradescantia virginica (v, p, or w; ½-2); Tulipa suaveolens (r and y; ½); Uvularia grandiflora (y); U. sessilifolia (y; 1); Viola cucullata (v-b, p, or w; ¼-¾); V. Munbyana (v or y).

SHRUBS.—Abelia floribunda (pi-p; 3); Abutilon striatum (o-y; 10); Akebia quinata (p-br; 10); Amygdalus communis (w or pi; 10-30); A. nana (pi; 2-3); Azalea ledifolia (w; 2-6); Berberis Aquifolium (y; 3-6); B. buxifolia (y; 8); B. canadensis (y; 4); B. repens (y; 1-2); B. vulgaris (y; 8-20); B. Wallichiana (y; 6-10); Cassiope tetragona (w; ½-¾); Clematis cirrhosa (w or c; 12); Comptonia asplenifolia (w; 3-4); Cratægus Oxyacantha (w, sometimes pi, sc; 10-20) and vars.; Daphne Laureola (y-g; 3-4); D. Mezereum (r; 3-4); Diervilla rosea (pi or w; 6); Dirca palustris (y; 2-5); Erica carnea (r; ½); Forsythia viridissima (y; 10); Garrya elliptica (g-w or y; 8-10); Halesia tetraptera (w; 15-20); Helianthemum vulgare (y); Iberis saxatilis (w; ¼-½); I. sempervirens (w; ¾-1); Kalmia glauca (l-p; 1-2); Kerria japonica (o-y; 3-4); Magnolia parviflora (w and pi); Oxycoccus macrocarpus (pi); Piptanthus nepalensis (y; 10); Prunus Pissardii (w); P. sinensis (w or pi); P. triloba (w or pi; 6); Rhododendron dahuricum (pi; 3); R. Metternichii (pi); Rhodotypos kerrioides (w; 15); Ribes floridum (w; 4); R. gracile (w; 5-6); R. sanguineum (pi; 4-8); R. speciosum (r; 6-8); Rosa indica (r; 4-20);

March (Hardy Shrubs)—*continued.*

Skimmia japonica (*w, sc*; 3-4); S. Laureola (*y, sc*; 3-4); Styrax grandifolia (*w*; 6); Viburnum Tinus (*w* or *pi*; 8-10).

Half-hardy. — ANNUAL. — Zaluzianskia capensis (*w*; ½-1).

PERENNIALS.—Chionographis japonica (*w*; ½-1); Dianella lævis (*b*; 2); Ferraria Ferrariola (*g-br*); F. undulata (*g-br*); Viola pedunculata (*y*).

SHRUBS.—Calceolaria fuchsiæfolia (*y*; 1-2); Cheiranthus mutabilis (*c*, turning *p*; 2-3); Grindelia glutinosa (*y*; 2); Iberis gibraltarica (*w*, and *pi* or *r*; 1-2); Mathiola bicornis (*p-r*); Pernettya furens (*w*); Pittosporum Tobira (*w, sc*; 12); P. undulatum (*w*; 10); Stachyurus præcox (*y-g*; 10).

Tender.—ANNUAL.—Oxalis Barrelieri (*c-h, y*; ¾-1).

PERENNIALS.—Alströmeria caryophyllæa (*st, r, sc*; ¾-1); Amomum Granum Paradisi (*st, w*, tinged *y* or *pi*; 3); Anthurium acaule (*st, b, sc*; 1-3); Arisæma nepenthoides (*c-h, y, br*, and *g*; 2); Begonia herbacea (*i-h, w*; ¼); B. laciniata (*i-h, w*, tinted *pi*); Billbergia Baraquiniana (*st, g* and *r*; 1½); B. iridifolia (*st, r* and *y*, tipped *b*; 1½); B. zebrina (*st, g* and *pi*; 1½); Brassavola glauca (*i-h, y, o*, and *w*; 1); Brassia maculata (*i-h, y*, spotted *br* and *p*; 1); Bromelia bicolor (*st, r*); Callipsyche eucrosiodes (*c-h, r* and *g*; 2); Camellia japonica (*c-h*, variable; 20) and vars.; Canarina Campanula (*c-h, y-p* or *o*; 3-4); Catasetum saccatum (*st, p, y*, and *r*); Cattleya amethystoglossa (*i-h, pi-l, p*, &c.; 2-3); Cineraria cruenta (*c-h, r-p*; 2) and vars.; Cirrhopetalum auratum (*st*, straw, striped *r* and *g*); Clianthus Dampieri (*c-h, w* and *y, sc*; ¾); C. flaccida (*i-h, w, y*, and *r, sc*; 1); C. Gowerii (*i-h, w* and *g-y*); C. ocellata (*i-h, w, y*, and *br*; 1); C. speciosa (*i-h, w, br* or *g, y*, and *r*; 1½); Crinum Moorei (*c-h, g* and *r*); C. zeylanicum (*st, g* and *r, sc*); Cyanotis Kewensis (*st, pi*); Cyclamen Coum (*c-h, r*; ¼); C. ibericum (*c-h, r*; ¼); C. persicum (*c-h, w* and *p*; ½); C. repandum (*c-h, pi-r*); Cymbidium giganteum (*st, br, y*, and *p*); C. Lowianum (*st, g, br, w-y*, and *p*); Cypripedium Argus (*st, w, pi, g, bk-p*, and *p-br*; 1); C. barbatum (*st, p* and *w*; 1); C. lævigatum (*st, p, br, g*, and *y*); C. superbiens (*st, w* and *br*); Cyrtochilum maculatum (*st, g* and *p*); Cyrtopodium Andersoni (*st, y*); Dendrobium Ainsworthii (*st, w, pi*, and *p, sc*); D. Boxallii (*st, w, p*, and *y*); D. Brymerianum (*st, y*); D. crassinode (*st, w, p*, and *o*) and vars.; D. Devonianum (*st, w, p*, and *o*) and vars.; D. fimbriatum (*st, o*); D. Jenkinsii (*c-h*, buff and *y*); D. luteolum (*c-h, y, o*, and *r*); D. nobile (*c-h, w, pi*, and *r, sc*); D. primulinum (*i-h, pi-w* and *b*); D. pulchellum (*i-h, pi-w, pi*, and *o*); D. scabrilingue (*st, w, g, y*, and *o, sc*); D. superbum anosmum (*st, pi* and *p*); D. transparens (*st, w, p-pi, r*, and *y*); Elisena longipetala (*c-h, w*); Epidendrum aurantiacum (*st, o* and *r*; 1); Eurycles amboinensis (*st, w*; 1-2); Griffinia dryades (*i-h, p-l* and *w*; 1½); G. hyacinthina (*i-h, b* and *w*); G. ornata (*i-h, b-l*; 1-1½); Hymenocallis calathinum (*c-h, w, sc*); Imantophyllum cyrtanthiflorum (*c-h, pi* or *y*); I. miniatum (*c-h, o*; 1-2); Impatiens Sultani (*st, r*; 1); Kennedya prostrata (*c-h, r*); K. p. Marryattæ (*c-h, r*); Lachenalia tricolor (*i-h, g, r*, and *y*; 1); Lælia cinnabarina (*i-h, o-r*); L. flammea (*i-h, o-r* and *p-r*); L. harpophylla (*i-h, o-r* and *w*); Lycaste aromatica (*i-h, y*); L. Deppei (*i-h, y, br, w*, and *r*); L. Skinneri (*i-h, w, pi-l*, and *r*); Masdevallia Lindeni (*c-h, w, pi*, and *m*); Maxillaria luteo-grandiflora (*i-h, c-w, br-r*, and *o*); Nymphæa Devoniensis (*st aq, pi-r*); Odontoglossum Cervantesii (*i-h, pi-l, w*, and *r-br*); O. crispum (*c-h, w*, and *r-br*); O. luteo-purpureum (*i-h, br* or *p, w*, and *y*); O. maculatum (*c-h, y, br-r*, and *br*); O. odoratum (*c-h, y, br*, and *p, sc*); O. Pescatorei (*c-h, w, p-r*, and *y*); O. pulchellum (*i-h, w* and *p, sc*); O. triumphans (*c-h, y, br-r, pi*, and *w*); Oncidium ampliatum (*st, y*); O. cucullatum (*c-h, br-p* and *pi-p*); O. macranthum (*i-h, y* and *p-br*); O. sarcodes (*i-h, o-y* and *r*); Oxalis rosea (*c-h, pi*;

March (Tender Perennials)—*continued.*

½-1); O. versicolor (*c-h, w* and *r*; ¼); Phaius grandifolius (*st, br, w*, and *r-br*; 3); P. tuberculosus (*st, w, y*, and *br*); P. Wallichii (*st, o-y, p*, and *br*; 4-5); Phalænopsis Aphrodite (*st, w, r, o*, and *y*); Pitcairnia corallina (*st, r* and *w*); Ponthieva maculata (*st, br, w*, and *y*; 1); Prepusa Hookeriana (*c-h, y-w*; 1); Ranunculus Lyalli (*c-h, w*; 2-4); Richardia africana (*c-h, w*; 2); Rivina humilis (*st, w-pi*; 1-2); R. lævis (*st, w-pi*; 7-8); Selenipedium Roezlii (*st, g* and *pi-p*; 3); Sobralia dichotoma (*st, w, v*, &c.; 6-20); Sonchus Jacquini (*c-h, o-y*; 1-2); Strelitzia augusta (*i-h, w*; 10); Streptanthera elegans (*c-h, pi-w, p*, &c.; ¾); Talauma pumila (*t, sc*; 2-4); Theropogon pallidus (*c-h, w*); Thunbergia coccinea (*st*, varying from *r* to *o-pi*); T. erecta (*st, b, o*, and *y*; 6) and var.; Tigridia Meleagris (*c-h, p* and *r*; 1½); T. Van Houttei (*c-h, y, p*, and *l*; 1); Trichopilia suavis (*c-h, w* or *c-w*, and *y*, spotted *v-pi, sc*); Utricularia Endresii (*c-h, l* and *y*; ¼-1); Vanda cærulescens Boxallii (*st, w, v, l*, and *b*); Vinca rosea (*i-h, pi* or *w*).

SHRUBS.—Acacia Catechu (*c-h, y*; 20-40); A. grandis (*c-h, y*; 6); A. longiflora (*c-h, y*; 10); A. platyptera (*c-h, y*; 6-10); Acrotriche ovalifolia (*c-h, w*; ½-1); Andersonia sprengelioides (*st, pi*; 1-3); Anthyllis Barba-Jovis (*c-h, y*; 4-8); Aphelexis fasciculata (*c-h, p*; 2); Aristolochia caudata (*st*, lurid; 5); Athanasia capitata (*st, y*; 1½); Barleria Mackenii (*st, p*); Barosma serratifolia (*c-h, w*; 1-3); Begonia crinita (*st, pi*; 1); B. nitida (*st, pi*; 4-5); B. opuliflora (*st, w*; 1); P. ramentacea (*st, pi* and *w*; 1; B. sanguinea (*st, w*); Boronia Drummondi (*c-h, pi*; 2); B. pinnata (*c-h, pi, sc*; 1-3); Bossiæa disticha (*c-h, y-r*; 1½); Bougainvillea speciosa (*c-h, l*); Bouvardia flava (*c-h, y*; 1½); Brachysema undulatum (*c-h, v-r*); Brillantaisia owariensis (*st, v-b*; 3); Brunfelsia eximia (*st, p, sc*; 2½); Burchellia capensis (*st, r*; 3-4); Calliandra Tweediei (*st, r*; 6); Cantua pyrifolia (*c-h, y-w*; 3); Cereus flagelliformis (*c-h, r* or *pi*); Cestrum fasciculatum (*c-h, p-r*; 5); Clematis grandiflora (*st, g-y*; 12); Combretum racemosum (*st, w*); Correa cardinalis (*c-h, r* and *g*; 3); Daphne odora (*c-h, p, sc*; 3); D. o. Mazeli (*c-h, w* and *pi, sc*); Diosma ericoides (*c-h, w* and *r*; 1-3); Enkianthus quinqueflorus (*c-h, r* and *pi-w*; 3-10); Epacris impressa (*c-h, w*, varying to *r*; 2-3); E. purpurascens (*c-h, w* and *r*; 2-3); E. varieties; Eranthemum aspersum (*st, w* and *p*); Erica andromedæflora (*c-h, r* or *r-p*; 1-3); E. echiiflora (*c-h, r*; 1½); E. gracilis vernalis (*c-h, p-r*; 2-3); E. hyemalis (*c-h, pi* and *w*; 2); E. Linnæana (*c-h, w* and *r*; 1½); E. physodes (*c-h, w*; 1-2); Eriostemon myoporoides (*c-h, pi*; 1-2); E. scaber (*c-h, w* and *pi*; 1½); Eupatorium riparium (*c-h, w*); Fuchsia penduliflora (*c-h, r*); Gardenia Thunbergia (*c-h, w, sc*; 4-5); Gastrolobium bilobum (*c-h, r* and *y*); Gnidia pinifolia (*c-h, c-w*; 1); Gompholobium polymorphum (*c-h, r, y*, and *p*); Grevillea fasciculata (*c-h, r* and *y*); G. lavandulacea (*c-h, pi*); G. Thelemanniana (*c-h, r* and *y*; 3-5); Hibbertia dentata (*c-h, y*); Hoya Cumingiana (*st, g-y* or *w*, and *p-br*); Hypericum balearicum (*c-h, y*; 1-2); Indigofera australis (*c-h, pi*; 3-4); Jasminum Sambac (*st, w, sc*); Leucopogon australis (*c-h, w*; 2-4); L Richei (*c-h, w*; 3-4); Lonicera sempervirens (*c-h, r* and *y*); Macleania speciosissima (*c-h, r* and *y*); Medinilla amabilis (*st, pi*); Mimulus glutinosus (*c-h, br* or *pi*; 5); Mitriostigma axillare (*st, w, sc*; 5); Monochætum sericeum multiflorum (*c-h, mv*); Monsonia speciosa (*c-h, pi* and *p*; ½); Oxylobium cuneatum obovatum (*c-h, y* or *p*; 2); Passiflora cinnabarina (*st, r*); P. racemosa (*st, r*); Pentas carnea (*st, pi-w*; 1½); Philodendron Simsii (*st, r*); Rhipsalis salicornioides (*c-h, y*); Rhododendron javanicum (*c-h, o* and *r*; 4); Solandra grandiflora (*st, g-w*; 15); Stachytarpheta mutabilis (*st, r*; 3); Tetratheca hirsuta (*c-h, pi*; ½-1½); Thyrsacanthus rutilans (*st, r*; 2); T. Schomburgkianus (*st, r*; 3); Whitfieldia lateritia (*st, r* and *o*; 3).

APRIL.—Hardy.—ANNUALS.—Androsace coronopifolia (*w*); Bivonæa lutea (*y*; ¼-½); Hutchinsia petræa (*w*; ¼); Iberis umbellata (variable; ½-1); Limnanthes Douglasii (*y* and *w, sc*; ¾); Malcolmia maritima (*l, pi, r*, or *w*; ½-1);

April (Hardy Annuals)—*continued.*

Nemophila insignis (b ; 1½) ; Oxalis stricta (y ; 1½) ; Ranunculus amplexicaulis (w ; ¼-¾) ; R. gramineus (y ; ½-1).

BIENNIALS.—Hesperis tristis (w, c, br-r, or p, sc at night ; 1-2) ; Stachys germanica (pi and w ; 1-3).

PERENNIALS. — Achillea Clavennæ (w ; ¾) ; Alyssum gemonense (y ; 1) ; A. saxatile (y ; 1) and vars. ; A. serpyllifolium (y ; ¼) ; Anemone apennina (b ; ¼) ; A. Halleri (p ; ½) ; A. Pulsatilla (v ; ½-1) ; A. rivularis (w and p ; 1-2) ; A. stellata (p, pi, or w ; ¾) ; A. sylvestris (w ; ½-1½) ; A. vernalis (w and v ; ½) ; Antirrhinum majus (variable ; 2) ; Apios hyemale (g-br ; 1) ; Aplectrum hyemale (g-br ; 1) ; Aquilegia canadensis (r and y ; 1-2) ; A. glandulosa (l-b ; ¾-1) ; Arabis albida (w ; ½-¾) ; A. alpina (w ; ½) ; A. arenosa (pi, w, or b ; ½) ; A. blepharophylla (pi-p ; ¼) ; Arenaria balearica (w ; ¼) ; Arisæma ringens (g, striped w) ; Armeria setacea (pi ; ¼) ; Arum italicum (g-y or w ; ¾-2) ; A. tenuifolium (w ; 1) ; Aubrietia deltoidea (p ; ¼) and vars. ; Bellevalia romana (w ; ½) ; Bulbine alooides (y ; 1) ; Caltha palustris (o-y ; 1) ; C. radicans (y ; ½) ; Cardamine pratensis (p or w ; 1-1½) and vars. ; C. rhomboidea (w) and vars. ; C. trifolia (w ; ½) ; Carpolyza spiralis (w and r) ; Cheiranthus Cheiri (variable ; 1-2) ; C. Marshalli (o ; 1-1½) ; Chionodoxa Luciliæ (b and w ; ½) ; C. nana (w or l ; ¼) ; Colchicum luteum (y ; ¼) ; Convallaria majalis (w, sc ; ½-1) ; Corydalis cava (p ; ½) and var. ; C. Marschalliana (g-y ; ¾) ; C. solida (p ; ½) ; Crocus aureus (o) ; C. biflorus (w to lavender, pi, and y) ; C. vernus (l, v, or w) ; C. versicolor (variable) ; C. varieties ; Dicentra eximia (r-p ; ¾-1½) ; D. spectabilis (pi-r ; ¾-2) ; Dodecatheon Meadia (pi-p, w, or l ; 1-1¼) and vars. ; Doronicum austriacum (y ; 1-1½) ; D. caucasicum (y ; 1) ; D. Pardalianches (y ; 1½-3) ; D. plantagineum excelsum (y ; 5) ; Draba Aizoon (y ; ¼) ; D. alpina (y ; ¼) ; D. Mawii (w) ; Epimedium macranthum (w ; 10-15) ; Eranthis sibiricus (y ; ¼) ; Erinus alpinus (p ; ½) ; Erysimum ochroleucum (y) ; E. pulchellum (g-y ; 1) ; Erythronium americanum (y ; ¼-½) ; E. dens-canis (p-pi or w ; ½) ; Fragaria chilensis (w ; 1) and var. ; Fritillaria imperialis (varying from y to r ; 3) ; F. lutea (y and p ; ½-1) ; F. macrophylla (pi ; 3) ; F. Meleagris (p ; 1) ; F. tenella (y) ; Gagea lutea (y ; ½) ; Galanthus nivalis (w ; ¼-½) ; G. plicatus (w-g ; ½) ; Gentiana acaulis (b and y ; ¼) ; G. pyrenaica (b ; ¼) ; G. verna (b ; ¼) ; Geum montanum (y ; ½-1) ; Haberlea rhodopensis (l ; ¼-½) ; Hacquetia Epipactis (y ; ¼-½) ; Helleborus olympicus (p ; 2) ; Hyacinthus amethystinus (b ; ¼-1) ; H. varieties ; Iberidella rotundifolia (pi-l and y, sc ; ¼-½) ; Iris balkana (l-p ; 1) ; I. biflora (v-p and y) ; I. Chamæiris (y and br ; ¼-½) ; I. cretensis (l) ; I. cristata (l and y ; ½) ; I. Pseudo-acorus (y and br ; 2-3) ; I. pumila (l-p and w ; ¼-½) ; I. rubro-marginata (g, p, and r ; ¼) ; I. susiana (w, l, and br-bk ; 1-1½) ; I. tuberosa (p and g-y ; 1) ; Isopyrum thalictroides (w ; ¾-1¼) ; Leucoium æstivum (w and g ; 1½) ; L. vernum (w and g, sc ; ¼-½) ; Linaria Cymbalaria (b or l) ; Lychnis alpina (pi ; ½) ; L. diurna (p-pi ; 1-3) ; L. fulgens (r ; ½-1) ; L. Lagascæ (pi and w ; ¼) ; Mertensia alpina (b ; ½-¾) ; M. virginica (p-b ; 1-2) ; Muscari botryoides (b ; ½-1) ; M. Elwesii (b) ; M. Heldreichii (b ; ½-¾) ; M. moschatum (p, becoming g-y and v, sc ; ¾) ; M. paradoxum (b-bk and g, sc) ; M. racemosum (b, becoming r-p, sc ; ¼-¾) ; M. Szovitsianum (b, sc) ; Myosotis dissitiflora (b ; ½-1) ; M. palustris (b ; ½-1) ; M. sylvatica (b ; 1-2) ; Narcissus Bulbocodium (y) ; N. incomparabilis (y and o-y) ; N. Jonquilla (y, sc) ; N. Macleai (w and y) ; N. poeticus (w and r, sc) ; N. triandrus (w) ; N. varieties ; Œnothera speciosa (w, turning r ; 2-3) ; Omphalodes verna (b and w ; ½) ; Ophrys apifera (g and pi ; 1) ; Ornithogalum narbonense (w and g ; 1-1½) ; O. nutans (w and g) ; Oxalis Acetosella (w and p ; ¼) ; O. corniculata (y) ; Pæonia Wittmanniana (y-w ; 2) ; Petasites frigida (w ; ½) ; Phlox divaricata (l or b ; ¾-1¼) ; P. ovata (r-p ; 1-1½) ; P. repens (p or v ; ¼) ; P. subulata (pi or w) and vars. ; Physochlaina physaloides (p-v ; 1-1½) ; Polemonium reptans (b or w ; ½) ; Primula Allionii (m and w) ; P. altaica (m and y ; ¼-½) ; P. Auricula vars. (¼) ; P. capitata (v-b ; ¼-¾) ;

April (Hardy Perennials)—*continued.*

P. denticulata (l ; ¾-1) and vars. ; P. involucrata (c-w and y ; ½) and var. ; P. japonica (variable ; 1-1½) ; P. marginata (v-pi ; ¼) ; P. nivalis (w ; ¼-¾) ; P. obconica (w ; ½-1) ; P. Parryi (p and y ; ½-1½) ; P. rosea (pi and y ; ¼) ; P. sinensis (w or l ; ¾) ; P. Steinii (p) ; P. verticillata simensis (y ; 1-1½) ; P. viscosa pedemontana (pi-p and y-w ; ¼) ; P. vulgaris (y ; ¼) and var. ; Pulmonaria angustifolia (pi, turning b ; 1) ; Puschkinia scilloides (w, striped b ; ¼-¾) ; Romanzoffia sitchensis (w ; ¼) ; Sanguinaria canadensis (w ; ½) ; S. Burseriana (c) ; S. crassifolia (w ; 1) ; S. granulata (w ; ½-1½) ; S. ligulata (r w ; 1) ; S. oppositifolia (p) and vars. ; S. peltata (w or pi ; 1-2) ; S. virginiensis (w ; ¼-¾) ; Scilla nutans (b, p, w, or pi) and var. ; Scopolia carniolica (r and y, or r and g ; 1) ; Sedum acre aureum (y) ; Soldanella alpina (v ; ¼) ; S. montana (p ; ¼) ; Spiræa prunifolia flore-pleno (w ; 3) ; Thalictrum anemonoides (pi or w ; ½) ; Tiarella cordifolia (w ; ½-1) ; Tradescantia virginica (v, p, or w ; ½-2) ; Trillium erythrocarpum (w, striped p ; 1) ; T. nivale (w ; 2-4) ; Tulipa Eichleri (r and y. blotched bk) ; T. elegans (r and y) ; T. Greigi (r, blotched bk ; ¾) ; T. Oculus-solis (r and y, blotched bk ; 1-1½) ; T. pubescens vars. (sc) ; T. suaveolens (r and y ; ½) ; T. sylvestris (y ; 1-2) ; Uvularia grandiflora (y) ; U. sessilifolia (y ; 1) ; Vesicaria utriculata (y ; 1) ; Vinca major (b-p) ; V. minor (b-p) ; Viola cucullata (v-b, p, or w ; ¼-¾) ; V. Munbyana (v or y) ; V. rothomagensis (b, striped bk).

SHRUBS.—Abutilon striatum (o-y ; 10) ; Adenocarpus frankenioides (y ; 1-3) ; Amelanchier canadensis (w ; 6-8) ; A. vulgaris (w ; 3-9) ; Amygdalus incana (r ; 2) ; Arctostaphylos alpina (w or pi-w) ; A. Uva-ursi (pi-w and r) ; Azalea amœna (r ; 1) ; Berberis Aquifolium (y ; 3-6) ; B. buxifolia (y ; 8) ; B. canadensis (y ; 4) ; B. repens (y ; 1-2) ; B. vulgaris (y ; 8-20) ; B. Wallichiana (y ; 6-10) ; Caragana jubata (w and r ; 1-2) ; C. spinosa (y ; 4-6) ; Cassandra angustifolia (w ; 1-2) ; C. calyculata (w ; 1-3) ; Ceanothus azureus (b ; 10) ; Clematis florida (w ; 10) ; Comptonia asplenifolia (w ; 3-4) ; Cotoneaster buxifolia (w ; 3-4) ; C. frigida (w ; 10) ; C. microphylla (w ; 3-4) ; C. nummularia (w ; 10-15) ; C. thymifolia (pi ; ¾-1) ; Cratægus Oxyacantha (w, sometimes pi, sc ; 10-20) and vars. ; Cydonia Maulei (r) ; Daphne Blagayana (w, sc ; 1) ; D. Cneorum (pi, sc ; 1) ; D. Mezereum (r ; 3-4) ; D. oleoides (w ; 2) ; D. pontica (g-y, sc ; 4-5) ; Deutzia gracilis (w ; 1-2) ; Diervilla rosea (pi or w ; 6) ; Douglasia nivalis (pi ; ¼) ; Erica carnea (r ; ½) ; Fremontia californica (y ; 6-10) ; Garrya elliptica (g-w or y ; 8-10) ; Halesia tetraptera (w ; 15-20) ; Helianthemum vulgare (y) ; Hydrangea hortensis (variable ; 2-3) ; Iberis saxatilis (w ; ¼-½) ; I. sempervirens (w ; ¾-1) ; Kalmia glauca (l-p ; 1-2) ; Kerria japonica (o-y ; 3-4) ; Laburnum vulgare (y ; 20) ; Lonicera Periclymenum (r) ; L. tatarica (pi ; 4-6) ; Magnolia parviflora (w and pi) ; Oxycoccus macrocarpus (pi) ; Pieris floribunda (w ; 2-6) ; Piptanthus nepalensis (y ; 10) ; Prunus Pissardii (w) ; P. sinensis (w or pi) ; P. triloba (w or pi ; 6) ; Pyrus Maulei (r) ; Rhododendron ferrugineum (r and y ; 1) ; R. Matternichii (pi) ; Ribes aureum (o-y ; 6-8) ; R. floridum (w ; 4) ; R. gracile (w ; 4-5) ; R. sanguineum (pi ; 4-8) ; R. speciosum (r ; 6-8) ; Rosa indica (r ; 4-20) ; Sambucus racemosa (w ; 10-20) ; Skimmia Laureola (y, sc ; 3-4) ; Stuartia virginica (w ; 8) ; Styrax grandifolia (w ; 6) ; Syringa Emodi (p or w ; 6).

Half-hardy.—ANNUALS.—Abronia umbellata (pi ; ½-2) ; Zaluzianskia capensis (w ; ½-1).

PERENNIALS. — Chionographis japonica (w ; ½-1) ; Erodium Richardi (w and pi ; ¼) ; Ferraria Ferrariola (g-br) ; F. undulata (g-br) ; Helicodiceros crinitus (p-br, 1-1½) ; Sarracenia Drummondii (p) and vars. ; S. flava (y) and vars. ; S. purpurea (p ; 1) ; Triteleia uniflora (l) ; Viola pedunculata (y).

SHRUBS.—Calceolaria fuchsiæfolia (y ; 1-2) ; Ceanothus cuneatus (b or w ; 4) ; Cistus vaginatus (pi ; 2) ; Clematis indivisa (w and c ; 20) ; Cneorum pulverulentum (y ; 1-3) ; Grindelia glutinosa (y ; 2) ; Iberis gibraltarica (w, and pi or r ; 1-2) ; Illicium floridanum (r ; 8) ; Mathiola bicornis

April (Half-hardy Shrubs)—*continued.*

(*p-r*); Photinia serrulata (*w*; 10-20); Pittosporum crassifolium (*br-p*; 4-10); P. Tobira (*w*, *sc*; 12); P. undulatum (*w*; 10); Rhododendron campanulatum (*p-l*; 4); R cinnabarinum (*br-r*); R. Dalhousiæ (*w* or *pi-w*; 6-8).

Tender.—ANNUAL.—Oxalis Barrelieri (*c-h*, *y*; ¾-1).

PERENNIALS.—Aerides mitratum (*st*, *w* and *v*; 2); Anthurium acaule (*st*, *b*, *sc*; 1-3); Arisæma curvatum (*c-h*, *g*, striped *w*; 4); A. nepenthoides (*c-h*, *y*, *br*, and *g*; 2); Arpophyllum giganteum (*c-h*, *p* and *pi*); Begonia herbacea (*i-h*, *w*; ¼); B. laciniata (*i-h*, *w*, tinted *pi*); Billbergia Baraquiniana (*st*, *g* and *r*; 1½); B. Zebrina (*st*, *g* and *pi*; 1½); Brassavola glauca (*i-h*, *y*, *o*, and *w*; 1); Brassia maculata (*i-h*, *y*, spotted *br* and *p*; 1); Burlingtonia candida (*st*, *w*, stained *y*; 1); B. fragrans (*st*, *w*); Cattleya amethystoglossa (*i-h*, *pi-l*, *p*, &c.; 2-3); C. gigas (*i-h*, *pi*, *p*, or *r-v*, and *y*) and var.; C. Mendelli (*i-h*, *w* to *pi* and *m*); C. Skinneri (*i-h*, *pi-p* and *w*); Chysis bractescens (*st*, *w*, blotched *y*); Cineraria cruenta (*c-h*, *r-p*; 2) and vars.; Cirrhopetalum auratum (*st*, straw, striped *r* and *o*); Cœlia macrostachya (*st*, *r*; 1½); Cœlogyne flaccida (*i-h*, *w*, *y*, and *r*, *sc*; 1); C. Gowerii (*i-h*, *w* and *g-y*); C. ocellata (*i-h*, *w*, *y*, and *br*; 1); C. speciosa (*i-h*, *w*, *br*, or *g*, *y*, and *r*; 1½); Crinum Moorei (*c-h*, *g* and *r*); Cyanotis Kewensis (*st*, *pi*); Cyclamen persicum (*c-h*, *w* and *p*; ½) and vars.; Cymbidium bicolor (*st*, *p* and *r*); C. canaliculatum (*st*, *p-br* and *g-w*); C. giganteum (*st*, *br*, *y*, and *p*); Cypripedium Argus (*st*, *w*, *pi*, *g*, *bk-p*, and *p-br*; 1); C. barbatum (*st*, *p* and *w*; 1) and vars.; C. lævigatum (*st*, *p*, *br*, *g*, and *y*); C. superbiens (*st*, *w* and *br*); Cyrtochilum citrinum (*st*, *g*; 1); C. maculatum (*st*, *g* and *p*); Cyrtopodium Andersoni (*st*, *y*); C. punctatum (*st*, *y*, *br*, and *p*); Darlingtonia californica (*c-h*, *g*; 1-1½); Dendrobium Brymerianum (*st*, *y*); D. cariniferum (*c-h*, *w*, *y*, and *r*); D. Dalhousianum (*st*, *y*, *r*, and *pi*); D. densiflorum (*st*, *y*, and *o*) and vars.; D. Devonianum (*st*, *w*, *p*, and *o*) and vars.; D. fimbriatum (*st*, *o*); D. Jenkinsii (*c-h*, buff and *y*); D. lutuiflorum (*st*, *pi-p*, *w*, and *p*); D. nobile (*c-h*, *w*, *pi*, and *r*, *sc*); D. scabrilingue (*st*, *w*, *g*, *y*, and *o*, *sc*); D. superbum anosmum (*st*, *pi* and *p*); Epidendrum aurantiacum (*st* *o* and *r*; 1); Griffinia dryades (*i-h*, *p-l* and *w*; 1½); G. hyacinthina (*i-h*, *b* and *w*); G. ornata (*i-h*, *b-l*; 1-1½); Hæmanthus abyssinicus (*st*, *r*); H. cinnabarinus (*st*, *r*); Hesperantha radiata (*c-h*, *w*; ½); Hessea crispa (*c-h*, *pi*; ¼); Hymenocallis calathinum (*c-h*, *w*, *sc*); Hypoxis stellata (*c-h*, *w* and *b*; ¾); Imantophyllum cyrtanthiflorum (*c-h*, *pi* or *y*); I miniatum (*c-h*, *o*; 1-2); Impatiens Sultani (*st*, *r*; 1); Ixia capillaris (*c-h*, *pi-w* or *l*; 1½); I. hybrida (*c-h*, *w*; 1); I. maculata (*c-h*, *o*; 1); I. patens (*c-h*, *pi*; 1); Kennedya prostrata (*c-h*, *r*); K. p. Marryattæ (*c-h*, *r*); Lachenalia pendula (*c-h*, *p*, *r*, and *y*; ¼-¾); L. purpureo-cærulea (*c-h*, *p-b*; ½-¾); L. tricolor (*c-h* *g*, *r*, and *y*; 1); Lælia flammea (*i-h*, *o-r* and *p-r*); L. præstans (*i-h*, *pi* and *r-p*); Lycaste aromatica (*i-h*, *y*); L. Deppei (*i-h*, *y*, *br*, *w*, and *r*); L. jugosa (*i-h*, *c*, *w*, and *p*); Manulea rubra (*c-h*. *y*; 1-2); Marica lutea (*i-h*, *y*, *r*, *w*, and *g*; ½); Masdevallia Estradæ (*c-h*, *p-mv* and *y*); M. Lindeni (*c-h*, *w*, *pi*, and *m*); Maxillaria luteo-grandiflora (*i-h*, *c-w*, *br-r*, and *o*); Mormodes buccinator (*st*, *r-br*; 1-1½); Nymphæa Devoniensis (*st*, *aq*, *pi-r*); Odontoglossum bictonense (*i-h*, variable); O. Cervantesii (*i-h*, *pi-l*, *w*, and *r-br*); O. crispum (*c-h*, *w*, *y* and *r-br*); O. luteo-purpureum (*c-h*, *br* or *p*, *w*, and *y*); O. maculatum (*c-h* *y*, *br-r*, and *br*); O. odoratum (*c-h* *y*, *br*, and *p*. *sc*); O. Pescatorei (*c-h*, *w*, *p-r*, and *y*); O. pulchellum (*i-h*, *w* and *p*, *sc*); O. triumphans (*c-h*, *y*, *br-r*, *pi*, and *w*); Oncidium ampliatum (*st* *y*); O. cucullatum (*c-h*, *br-p* and *pi p*); O. macranthum (*i-h*, *y* and *p-br*); O. sarcodes (*i-h*, *o-y* and *r*); Oxalis rosea (*c-h*, *pi*; ½-1); O. versicolor (*c-h*, *w* and *r*; ¼); Pelargonium pulchellum (*c-h*, *w* and *r*); Phædranassa rubro-viridis (*st*, *r* and *g*; 1); Phaius tuberculosus (*st*, *w*, *y*, and *br*); P. Wallichii (*st*, *o-y*, *p*, and *br*; 4-5); Phalænopsis Aphrodite (*st*, *w*, *r*, *o*, and *y*); Pitcairnia corallina (*st*, *r* and *w*); Ranunculus Lyalli (*c-h*, *w*; 2-4); Richardia africana (*c-h*, *w*; 2); Rivina humilis

April (Tender Perennials)—*continued.*

(*st*, *w-pi*; 1-2); R. lævis (*st*, *w-pi*; 7-8); Sanchezia longiflora (*st*, *p*); Selenipedium caudatum (*st*, *y*, *br*, and *r-b*; 1-1½); S. Roezlii (*st*, *g* and *pi-p*; 3); Sparaxis grandiflora (*c-h*, *p*, *w*, or variegated; 1-2); Stenomesson vitellinum (*i-h*, *y*; 1); Strelitzia Reginæ (*i-h*, *o* and *p*; 5); Streptanthera elegans (*c-h*, *pi-w*, *p*, and *c*; ¾); Talauma pumila (*st*, *c* and *sc*; 2-4); Theropogon pallidus (*c-h*, *w*); Thunbergia coccinea (*st* *r* varying to *o-pi*); T. erecta (*st*, *b*, *o*, and *y*; 6) and var; Tigridia atrata (*c-h*, *p*, *g*, and *br*; 2); T. Meleagris (*c-h*, *p* and *r*; 1½); T. Van Houttei (*c-h*, *y*, *p*, and *l*; 1); Tricophilia crispa (*c-h*, *p*, *w*, and *r*); T. suavis (*c-h*, *w* or *c-w*, and *y*, spotted *v-pi*, *sc*); Typhonium Brownii (*st* *p*); Utricularia Endresii (*c-h*, *l* and *y*; ¼-1); Vanda cærulescens Boxallii (*st*, *w*, *v*, and *l*); Vinca rosea (*i-h*, *pi* or *w*); Wahlenbergia saxicola (*c-h*, *l*; ¼-¾).

SHRUBS.—Abutilon Darwini (*c-h*, *o*; 4); Acacia brachybotrya (*c-h*, *y*; 8); A. cultriformis (*c-h*, *y*; 4); A. cuneata (*c-h*, *y*; 6); A. Drummondi (*c-h*, *y*; 10); A. grandis *c-h*, *y*; 6); A. hispidissima (*c-h*, *w*; 3-6); A. lunata (*c-h*, *y*; 2-4); A. oxycedrus (*c-h*, *y*; 6-10); Acrotriche cordata (*c-h*, *w*; 1); Agapetes buxifolia (*st*, *r*; 5); Agathosma acuminata (*c-h*, *v*; 1-2); A. bruniades (*c-h*, *l* or *w*; 1-2); A. ciliata (*c-h*, *w*; 1-2); A. erecta (*c-h*, *v*; 1-2); Anopterus glandulosa (*c-h*, *pi-w*; 3); Anthocercis albicans (*c-h*, *w*; 1½-2); Anthyllis Hermanniæ (*c-h*, *y*; 2-4); Aphelexis ericoides (*c-h*, *w*; 1); A. humilis (*c-h*, *pi*; 2); Athrixia capensis (*c-h* *r*; 3), Barleria Mackenii (*st*, *p*); Barosma dioica (*c-h*, *p*; 1-2); B. serratifolia (*c-h*, *w*; 1-3); Begonia crinita (*st*, *pi*; 1); B. nitida (*st*, *pi*; 4-5); B. opuliflora (*st*, *w*; 1); B. ramentacea (*st*, *pi* and *w*; 1); B. sanguinea (*st*, *w*); Blæria articulata (*st*, *r*; 1); Boronia Drummondi (*c-h*, *pi*; 2); B. pinnata (*c-h*, *pi*; 1-3); Bossiæa disticha (*c-h*, *y-r*; 1½); B. rhombifolia (*c-h*, *y* and *r*; 1-3); Bougainvillea speciosa (*c-h*, *l*); Brachysema latifolium (*c-h*; *r*); Brunfelsia acuminata (*st*, *b-v*, *sc*; 1-2); B. eximia (*st*, *p*, *sc*; 2½); B. hydrangeæformis (*st*, *b-p*, *sc*; 1-3); Burtonia scabra (*c-h*, *p*; 2); Calliandra Tweediei (*st*, *r*; 6); Camellia japonica (*c-h*, variable; 20) and vars.; Cantua buxifolia (*c-h*, *r*; 4); Celastrus lucidus (*c-h*, *w*; 1-3); Cestrum fasciculatum (*c-h*, *p-r*); Chorizema angustifolium (*c-h*, *o-r*; 1½); C. cordatum (*c-h*, *r* or *y*; 1); C. Henchmannii (*c-h*, *r*; 2); Clematis grandiflora (*st*, *g-y*; 12); Combretum racemosum (*st*, *w*); Conocarpus erectus (*st*, *w*; 6-8); Correa pulchella (*c-h*, *pi*; 6); Crassula jasminea (*c-h*, *w*, turning *r*); Diosma ericoides (*c-h*, *w* and *r*; 1-3); Echium fastuosum (*c-h*, *b*; 2-4); Enkianthus quinqueflorus (*c-h*, *r* and *pi-w*; 3-10); Eranthemum pulchellum (*st*, *b*; 2); Erica andromedæflora (*c-h*, *r* or *r-p*; 1-3); E. Chamissonis (*c-h*, *pi*; 1½); E. colorans (*c-h*, *r* varying to *w*; 2); E. echiiflora (*c-h*, *r*; 1½); E. gracilis vernalis (*c-h*, *p-r*; 2-3); E. hyemalis (*c-h*, *pi* and *w*; 2); E. Linnæana (*c-h*, *w* and *r*; 1½); E. physodes (*c-h*, *w*; 1-2); E. Savileana (*c-h*, *r* or *p-r*; 1); Eriostemon buxifolius (*c-h*, *pi*; 1-2); E. intermedius (*c-h*, *w* and *pi*; 3); E. myoporoides (*c-h*, *pi*; 1-2); E. neriifolius (*c-h*, *pi*; 3); E. scaber (*c-h*, *w* and *pi*; 1½); Eupatorium riparium (*c-h*, *w*); Gærtnera racemosa (*st*, *y* and *pi*, *sc*); Gastrolobium bilobum (*c-h*, *y*); Gaultheria fragrantissima (*c-h*, *w* or *pi*); Gnidia pinifolia (*c-h*, *c-w*; 1); Gompholobium polymorphum (*c-h*, *r*, *y*, and *p*); G. venustum (*c-h*, *p*; 1-3); Goodia lotifolia (*c-h*, *y* and *r*; 2-4); Grevillea fasciculata (*c-h*, *r* and *y*); G. lavandulacea (*c-h*, *pi*); G. macrostylis (*c-h*, *r* and *y*; 4-6); G. Thelemanniana (*c-h*, *r* and *y*; 3-5); Hibbertia dentata (*c-h*, *y*); Hovea elliptica (*c-h*, *b*; 2-4); Hoya Cumingiana (*st*, *g-y* or *w*, and *p-br*); H. globulosa (*st*, *w-y* or *c*, and *pi*); Hydrangea petiolaris (*c-h*, *w*); Hypericum balearicum (*c-h*, *y*; 1-2); Indigofera australis (*c-h*, *pi*; 3-4); Jasminum Sambac (*st*, *w*, *sc*); Leucopogon australis (*c-h*, *w*; 2-4); L. Richei (*c-h*, *w*; 3-4); Lonicera sempervirens (*c-h*, *r* and *y*); Macleania pulchra (*c-h*, *y* and *r*); M. speciosissima (*c-h*, *r* and *y*); Magnolia fuscata (*c-h*, *p*, *sc*; 2-4); Medinilla amabilis (*st*, *pi*); Mimulus glutinosus (*c-h*, *br* or *pi*; 5); Mitriostigma axillare (*st*, *w*, *sc*; 5); Monochætum sericeum multiflorum (*c-h*, *mv*); Monsonia speciosa

April (Tender Shrubs)—*continued.*

(c-h, pi and p; ½); Morinda jasminoides (st, y-br); Oxylobium obtusifolium (c-h, o, y, and r; 1-3); O. trilobatum (c-h, y; 2); Passiflora alata (st, r, p, and w sc); P. racemosa (st, r); Pentas carnea (st, pi-w; 1½); P. parviflora (st, r-y; 2); Philodendron grandifolium (st, g-p and w); Philotheca australis (st, r; 2); Pimelea suaveolens (c-h, y; 1-3); Polygala myrtifolia grandiflora (c-h, p; 4-6); Protea cordata (c-h, p; ¼-1); P. Scolymus (c-h, p; 3); Pultenæa obcordata (c-h, y; 2); P. rosea (c-h, pi; 2); P. stricta (c-h, y; 1-3); P. villosa (c-h, y; 1-3); Rhipsalis salicornoides (c-h, y); Rhododendron Anthopogon (c-h, y; 1-1½); R. formosum (c-h, w, p, and y; 3-8); R. javanicum (c-h, o and r; 4); Siphocampylos manettiæflorus (st, r and y; 1); Solandra grandiflora (st, g-w; 15); Stachytarpheta mutabilis (st, r; 3); Steriphoma cleomoides (i-h, y; 6); Thyrsacanthus rutilans (st, r; 2); T. Schomburgkianus (st, r; 2); Wigandia macrophylla (i-h, l; 10).

MAY.—Hardy.—ANNUALS.—Adonis autumnalis (r; 1); Anagallis grandiflora (b and r; ¼); Androsace coronopifolia (w); Campanula Erinus (b-pi or w; ¼-¾); Collinsia grandiflora (p and b; 1); C. verna (w and b; 1); Fumaria capreolata (w and p; 4); Hutchinsia petræa (w; ¼); Iberis umbellata (variable; ½-1); Ionopsidium acaule (l, or w and v; ¼); Lasthenia glabrata (y; ¾-1½); Limnanthes Douglasii (y and w, sc; ¾); Linaria reticulata (p, and y or br; 2-4); Loasa Pentlandii (o; 4); Lunaria annua (v-l; 1½-3); Malcolmia maritima (l, pi, r, or w; ½-1); Mathiola annua (variable; 1-2); Nemophila insignis (b; 1½); Oxalis stricta (y; 1½); Papaver alpinum (y; ½); P. bracteatum (r; 4); Ranunculus aconitifolius (w; ½-2); R. amplexicaulis (w; ¼-¾); R. asiaticus (variable; ¾); R. cortusæfolius (y; 2); R. gramineus (y; ½-1); Silene pendula (pi-w).

BIENNIALS. — Anagallis fruticosa (r; 2); Hesperis tristis (w, c, br-r, or p, sc at night; 1-2); Lunaria annua (v-l; 1½-3); Stachys germanica (pi and w; 1-3).

PERENNIALS.—Achillea Clavennæ (w; ¾); A. Herba-rota (w; ½); Actæa alba (w; 1-1½); A. spicata (w or b; 1) and vars.; Adenophora stylosa (b; 1-1½); Ajuga australis (b; ½); A. genevensis (varying from b to pi or w; ½-1); A. orientalis (b; 1-1½); A. pyramidalis (b or p; ½); A. reptans (b or pi; ¾); Alyssum gemonense (y; 1); A. serpyllifolium (y; ¼); Androsace helvetica (w); A. sarmentosa (pi); A. villosa (pi or pi-w. sc; ¼); A. Vitaliana (y; ¼); Anemone alpina (variable; ½) and vars.; A. baldensis (w; ½); A. blanda (b; ½); A. decapetala (w; 1); A. dichotoma (w; 1½); A. fulgens (r and bk; 1); A. narcissiflora (c, or c and p; 1); A. palmata (y; ¾); A. pratensis (p; ½-1); A. virginiana (p-g or p; 2); Antennaria dioica (pi; ¼) and vars.; Anthericum Liliago. (w; 1-1½); Antirrhinum Asarina (r and y; ½); A. majus (variable; 2); Aquilegia alpina (b, or b and w; 1); A. atropurpurea (p or b-v; 2-3); A. cærulea (b and w, or w; ¾-1); A. californica (y and o-r; 2-4); A. canadensis (r and y; 1-2); A. chrysantha (y and p; 3-4); A. formosa (r and y; 2-4); A. fragrans (w or p-r, sc; 1½-2); A. glandulosa (l-b; ¾-1); Arabis albida (w; ½-¾); A. alpina (w; ½); A. arenosa (pi, w, or b; ½); A. blepharophylla (pi-p; ¼); A. rosea (pi-p; 1); Arenaria balearica (y; ¼); A. purpurascens (p; ½); Arisæma ringens (g, striped w); Aristolochia Sipho (y-b; 15-30); Aristotelia Macqui (g; 6); Armeria dianthoides (pi; ½); A. juniperifolia (pi; ½); A. setacea (pi; ¼); Arnebia echioides (y, spotted p; ¾-1); Arum italicum (g-y or w; ¾-2); A. proboscideum (g-p; ½); Asarum canadense (br; 1); Asperula odorata (w; ½-1); Asphodelus albus (w; 2); Astragalus austriacus (b and p); Astrantia carniolica (w; ½-1); A. major (pi; 1-2); Bellevalia syriaca (w; 1); Borago laxiflora (b); Brodiæa capitata (v-p; 1-2); B. multiflora (b-p; 1-1½); Bulbine alooides (y; ¾); Caltha leptosepala (w; 1); C. palustris (o-y; 1); C. radicans (y; ½); Campanula betonicæfolia (p-b and y; 1½); C. cæspitosa (b or w; ¼-½); C. garganica (b; ¼-½); C. glomerata (b-v or w; 1-2) and vars.; Cardamine asarifolia (w; 1-1½); C.

May (Hardy Perennials)—*continued.*

rhomboidea (w) and vars.; C. trifolia (w; ½); Carpolyza spiralis (w and r); Cedronella cordata (p; ¼-½); Cephalanthera ensifolia (w; 1-2); C. grandiflora (w; 1-2); Cheiranthus Cheiri (variable; 1-2); C. Marshalli (o; 1-1½); Chionodoxa Luciliæ (b and w; ½); C. nana (w or l; ¼); Chrysogonum virginianum (y; ½); Cineraria aurantiaca (o); Colchicum luteum (y; ¼); Convallaria majalis (w, sc; ½-1); Cornus canadensis (p-w; ½); Corydalis bracteata (g-y; ¾); C. cava (p; ½) and var.; C. lutea (y; 1); C. nobilis (y and g; ¾); C. solida (p; ½); Cypripedium acaule (g, pi, and p); C. arietinum (g-br, r, and w; ½-1); C. candidum (g-br and w; 1); C. macranthum (p; ¾-1); C. pubescens (y-br and y; 1½-2); Dentaria digitata (p; 1½); D. diphylla (w and p; ½-1); D. polyphylla (c; 1); Dicentra eximia (r-p; ¾-1½); D. formosa (r; ½); D. spectabilis (pi-r; ¾-2); Dictamnus albus (w; 1-1½); Doronicum austriacum (y; 1-1½); D. caucasicum (y; 1); D. Pardalianches (y; 1½-3); D. plantagineum excelsum (y; 5); Draba glacialis (y; ¼); D. Mawii (w); Epimedium macranthum (w; 10-15); E. Musschianum (w); Erinus alpinus (p; ½); Erysimum alpinum (g-y, sc; ½); E. ochroleucum (y); E. pulchellum (g-y; 1); Fragaria chilensis (w; 1) and var.; Fritillaria lutea (y and p; ½-1); F. macrophylla (pi; 3); F. pudica (y; ½-¾); F. recurva (r; 2); Funkia ovata (b-l or w); Gagea lutea (y; ½); Gentiana acaulis (b and y; ¼); G. ornata (w and b); G. verna (b; ¼); Geranium macrorhizon (r or p; 1); Geum montanum (y; ½-1); Gratiola aurea (o-y; ¼); G. officinalis (w and p; 1); Habenaria blephariglottis (w); H. cristata (y; 1); Hacquetia Epipactis (y; ¼-½); Helleborus olympicus (p; 2); Heuchera hispida (veined p); Hyacinthus amethystinus (b; ¼-1); H. varieties (sc); Iberis Tenoreana (p or w; ½); Iris cretensis (l); I. cristata (l and y; ½); I. flavescens (g-y, p-br, and o-y; 2-3); I. florentina (w, g, br, and y, sc; 2-3); I. germanica (p, w, y, and br, sc; 2-3); I. graminea (p and y, sc; ¾); I. lutescens (y and p-br); I. rubro-marginata (g, p, and r; ¼); I. sambucina (p and y, sc; 2); I. sibirica (l-b and v; 1-2½); I. squalens (l-p and y; 2-3); I. tuberosa (p and g-y; 1); I. variegata (br and y; 1-1½); Isopyrum thalictroides (w; ¾-1¼); Lathyrus rotundifolius (pi); Leucoium æstivum (w and g; 1½); L. vernum (w and g, sc; ¼-½); Linaria Cymbalaria (b or l); Linum narbonense (b or w; 2); Lupinus nootkatensis (b, and p, w, or y; 1-1½); L. ornatus (b; 1-2); L. perennis (b; 2); L. polyphyllus (b; 4); Lychnis alpina (pi; ½); L. diurna (p-pi; 1-3); L. fulgens (r; ½-1); L. Lagascæ (pi and w; ¼); Mandragora vernalis (w or b; 1); Meconopsis cambrica (y; 1); Melittis Melissophyllum (c-w, and pi or p; 1-1½); Mertensia alpina (b; ½-¾); M. lanceolata (b; ½-1); M. sibirica (p-b; ½-1½); M. virginica (p-b; 1-2); Meum athamanticum (w; 1-2); Mitella pentandra (y; ½); Muscari botryoides (b; ½-1); M. Heldreichii (b; ½-¾); M. moschatum (p, becoming g-y and v, sc; ¾); M. racemosum (b, becoming r-p, sc; ¼-¾); Myosotis palustris (b; ½-1); M. sylvatica (b; 1-2); Myrrhis odorata (w; 2-3); Narcissus biflorus (w and y); N. Bulbocodium (y); N. varieties; Œnothera acaulis (w, turning r; ½); Œ. speciosa (w, turning r; 2-3); Omphalodes verna (b and w; ½); Orchis foliosa (p; 1½-2½); O. purpurea (g, p, and pi); Ornithogalum narbonense (w and g; 1-1½); O. nutans (w and g); O. umbellatum (w and g); Orobus flaccidus (p; 6); O. pannonicus (variable; 1); O. vernus (p and b; 1); Ourisia coccinea (r; ½-1); Oxalis Acetosella (w and p; ¼); O. corniculata (y); Pæonia albiflora (w or pi; 2-3); P. Moutan (variable; 3); P. officinalis (r; 2-3); Pedicularis flammea (r; ½-1); P. verticillata (pi or w; ½-1); Petasites frigida (w; ½); Phlox divaricata (l or b; ¾-1¼); P. ovata (r-p; 1-1½); P. pilosa (pi, p, or w; 1-2); P. repens (p or v; ¼); Polygonatum biflorum (g; 1-3); Potentilla Saxifraga (w; ¼-½); Primula altaica (m and y; ¼-½); P. Auricula vars. (¼); P. calycina (p); P. capitata (v-b; ½-¾); P. denticulata (l; ¾-1) and vars.; P. involucrata (c-w and y; ½) and var.; P. japonica (variable; 1-1½); P. marginata (v-p; ¼); P. mollis (r and p-r; 1-1½); P. nivalis (w; ¼-¾); P. obconica (w; ½-1); P.

May (Hardy Perennials)—*continued.*

Parryi (*p* and *y*; ½-1½); P. rosea (*pi* and *y*; ¼); P. sinensis (*w* or *y*; ¼); P. Steinii (*p*); P. verticillata sinensis (*y*; 1-1½); P. viscosa pedemontana (*pi-p* and *y-w*; ¼); P. vulgaris (*y*; ¼) and vars.; Pulmonaria angustifolia (*pi*, turning *b*; 1); Puschkinia scilloides (*w*, striped *b*; ¼-¾); Raymondia pyrenaica (*p* or *w*; ¼); Ruscus Hypophyllum (*g*; 1-1½); Salvia interrupta (*v-p*, *w*, and *r-p*; 3); Sanguinaria canadensis (*w*; ½); Saponaria ocymoides (*r* or *pi*); Saxifraga aretioides (*o-y*; ¼); S. Burseriana (*c*); S. cæsia (*c*; ¼); S. Camposii (*w*; ¼-½); S. Cotyledon (*w*; 1-2); S. crassifolia (*w*; 1); S. granulata (*w*; ½-1½); S. Hostii (*p-w*; ½-1); S. hypnoides (*w*); S. ligulata (*r-w*; 1); S. Maweana (*w*); S. moschata (*y* or *p*; ¼); S. oppositifolia (*p*) and vars.; S. pygmæa (*y*; ¼); S. retusa (*p*); S. virginiensis (*w*; ¼-¾); Scilla hispanica (*b*, *pi-p*, or *w*; ½-¾); S. nutans (*b*, *p*, *w*, or *pi*) and vars.; S. peruviana (*r* or *w*; ½-1); S. pratensis (*b*); Sedum acre aureum (*y*); Silene alpestris (*w*; ½); S. Hookeri (*pi*); Sisyrinchium filifolium (*w*; ½-¾); S. grandiflorum (*p*; ¾); Smilacina oleracea (*w*; 4); S. stellata (*w*; 1-2); Spiræa prunifolia flore-pleno (*w*; 3); Stachys grandiflora (*p* and *v*; 1); Streptopus roseus (*pi-p*; 1½); Stylophorum diphyllum (*y*; 1-1½); Thalictrum aquilegifolium (*w* and *p*, or *w*; 1-3); Tradescantia virginica (*v*, *p*, or *w*; ½-2); Trifolium uniflorum (*b* and *p*; ¼); Trillium erectum (*p*; 1); T. erythrocarpum (*w*, striped *p*; 1); T. grandiflorum (*w*, turning *pi*; 1-1½); Tulipa Eichleri (*r* and *y*, blotched *bk*); T. Gesneriana (variable; 2); T. macrospeila (*r* and *y-w*, blotched *bk*); T. retroflexa (*y*); T. sylvestris (*y*); Uvularia grandiflora (*y*); U. sessilifolia (*y*; 1); Vesicaria utriculata (*y*; 1); Vinca major (*b-p*); V. minor (*b*); Viola cornuta (*b*); V. Munbyana (*v* or *y*); V. pedata (*b* or *w*); V. rothomagensis (*b*, striped *bk*); V. tricolor (*p*, *w*, or *o-y*; ¼-1½); Xerophyllum asphodeloides (*w*; 1-2); Zephyranthes Atamasco (*w*; ½-1).

SHRUBS.—Abutilon striatum (*o-y*; 10); A. vitifolium (*b*; 30); Acacia albicans (*w*; 5); Adenocarpus intermedius (*y*; 3-4); A. parviflorus (*y*; 3-4); Æthionema grandiflorum (*pi*; 1½); Arctostaphylos nitida (*w*; 4); Atragene alpina (*b*, varying to *w*); A. americana (*p-b*); Azalea arborescens (*w*; 10-20); A. calendulacea (*y*, *r*, *o*, and *r-br*; 2-6); A. pontica (variable; 3-4); A. speciosa (*r* and *o*; 3-4); Berberis Aquifolium (*y*; 3-6); B. buxifolia (*y*; 8); A. canadensis (*y*; 4); A. Darwinii (*o*; 2); D. empetrifolia (*y*; 1½-2); B. repens (*y*; 1-2); B. sinensis (*y*; 3-6); B. vulgaris (*y*; 8-20); B. Wallichiana (*y*; 6-10); Bignonia capreolata (*o*; 20); Buddleia globosa (*o*; 15-20); Calophaca wolgarica (*y*; 2-3); Calycanthus floridus (*p*, *sc*; 4-6); C. glaucus (*p*, *sc*; 4-6); C. lævigatus (*p*, *sc*; 3-6); Ceanothus azureus (*b*; 10); C. dentatus (*b*; 4-6); Celastrus scandens (*y*); Clematis florida (*w*; 10); Cotoneaster buxifolia (*w*; 3-4); C. frigida (*w*; 10); C. microphylla (*w*; 3-4); C. nummularia (*w*; 10-15); C. vulgaris (*r*; 3-5); Cratægus Crus-galli ovalifolia (*w*; 10-20); C. C.-g. prunifolia (*w*; 15-20); C. Douglasii (*w*; 10-15); C. flava (*w*; 10-20); C. heterophylla (*w*; 10-20); C. nigra (*w*; 10-20); C. odoratissima (*w*, *sc*; 10-20); C. orientalis (*w*; 12-20); C. Oxyacantha (*w*, sometimes *pi*, *sc*; 10-20) and vars.; C. Pyracantha (*w*; 10-20); C. tanacetifolia (*w*; 12-20); Cytisus purpureus (*p*); Daphne pontica (*g-y*, *sc*; 4-5); Diervilla rosea (*pi* or *w*; 6); Elæagnus hortensis (*y*, *sc*; 15-20); Empetrum nigrum (*pi*; ½-1); E. n. rubrum (*br-p*; ½-1); Epigæa repens (*w* and *r*, *sc*); Exochorda grandiflora (*w*; 6); Fabiana imbricata (*w*; 3); Fothergilla alnifolia (*w*, *sc*; 3-6); Garrya elliptica (*g-w* or *y*; 8-10); Gaultheria Shallon (*w* and *r*); Halesia tetraptera (*w*; 15-20); Halimodendron argenteum (*p*; 4-6); Helianthemum vulgare (*y*); Hippophae rhamnoides (*y*; 2-20); Hydrangea hortensis (variable; 2-3); Iberis correæfolia (*w*; 1); I. saxatilis (*w*; ½-½); I. sempervirens (*w*; ¾-1); I. s. Garrexiana (*w*; ½-¾); Kalmia glauca (*l-p*; 1-2); Kerria japonica (*o-y*; 3-4); Laburnum vulgare (*y*; 20); Leucothoë axillaris (*w*; 2-3); L. racemosa (*w*; 4-10); Linnæa borealis (*pi-w*); Lonicera Caprifolium (*y* and *b*, *sc*); L. Periclymenum (*r*);

May (Hardy Shrubs)—*continued.*

L. tatarica (*pi*; 4-6); Lycium barbarum (*p* and *y*); Magnolia glauca (*w*, *sc*; 15); M. parviflora (*w* and *pi*); Opuntia Engelmanni (*y*; 4-6); O. Ficus-Indica (*y*; 2); O. missouriensis (*y*); Oxycoccus macrocarpus (*pi*); O. palustris (*pi*); Pavia californica (*w* or *pi*; 12-15); P. flava (*y*; 20); Philadelphus coronarius (*w*, *sc*; 2-10); Phillyrea media (*w*; 10-15); Pieris floribunda (*w*; 2-6); Piptanthus nepalensis (*y*; 10); Prunus sinensis (*w* or *pi*); P. triloba (*w* or *pi*; 6); Pyrus arbutifolia (*w* or *p-w*; 2-10); P. Chamæmespilus (*r*; 5-6); P. floribunda (*pi-r*); P. Toringo (*w*, or *pi-w*); Rhododendron ciliatum (*r-p*; 2); R. ferrugineum (*r* and *w*; 1); R. Fortunei (*pi*; 1-2); R. hirsutum (*r*; 1-2); R. Matternichii (*pi*); Rhodothamnus Chamæcistus (*pi*; ½); Ribes aureum (*o-y*; 6-8); R. floridum (*w*; 4-5); R. gracile (*w*; 4-5); R. sanguineum (*pi*; 4-8); R. speciosum (*r*; 6-8); Robinia hispida (*pi*; 3-8); Rosa blanda (*pi*; 1-3); R. indica (*r*; 4-20); R. lucida (*r*; 1-2) and var.; R. spinosissima (*w* or *pi*; 1-4); Rubus biflorus (*w*); R. spectabilis (*r*; 5-10); Sambucus racemosa (*w*; 10-20); Staphylea pinnata (*w*; 6-12); Stuartia pentagyna (*c*; 10); Styrax grandifolia (*w*; 6); Syringa Josikæa (*b-p*; 5-10); S. vulgaris (*r*, *b*, or *w*; 8-20) and vars.; Viburnum plicatum (*w* or *pi*; 4-6); V. prunifolium (*w* or *pi*); Wistaria chinensis (*b*).

Half-hardy.—ANNUALS.—Schizopetalon Walkeri (*w*; 1-2); Zaluzianskia capensis (*w*; ½-1).

PERENNIALS.—Abronia fragrans (*w*; 1-2); Andryala lanata (*y*; 1); Anigozanthus flavidus (*y-g*; 3); A. pulcherrimus (*y*; 3); A. trianthinus (*p* and *w*; 3); Astilbe japonica (*w*; 1-2); Calceolaria Fothergillii (*y*, spotted *r*; ½-¾); Caliphruria Hartwegiana (*g-w*; 1); Chionographis japonica (*w*; ½-1); Erodium Reichardi (*w* and *pi*; ¼); Ferraria Ferrariola (*g-br*); Heteranthera limosa (*aq*, *v-b*); Loasa lateritia (*r*); Lobelia fulgens (*r*; 1-2); L. splendens (*r*; 1-2); Moræa edulis (*v*; 4); M. tricuspis (*g-w*; 1); Neja gracilis (*y*; 1); Nolina georgiana (*w*); Sarracenia flava (*y*) and vars.; S. purpurea (*p*; 1); S. rubra (*r*; 1-1½); Tricyrtis hirta (*w*, dotted *p*; 1-3); T. macropoda (*w-p*, dotted *p*; 2-3); Triteleia uniflora (*l*); Viola pedunculata (*y*); Wachendorfia thyrsiflora (*y*; 2); Zephyranthes carinata (*g-pi*; 1); Z. rosea (*pi*; ½).

SHRUBS.—Adenocarpus foliolosus (*y*; 4-6); Calceolaria hyssopifolia (*y*; 1-2); C. scabiosæfolia (*y*); Cistus salvifolius Corbariensis (*w*; 2); C. vaginatus, (*pi*; 2); C. villosus canescens (*p*, *b*, and *y*; 2); Clianthus puniceus (*r*; 3); Cneorum pulverulentum (*y*; 1-3); Convolvulus Cneorum (*pi*; 1-3); Coronilla glauca (*y*, *sc* by day; 2-4); Gaylussacia frondosa (*g-p*; 3-6); G. resinosa (*r*; 1-3); Geranium anemonæfolium (*p-r*; 1-2); Grindelia glutinosa (*y*; 2); Hudsonia ericoides (*y*; 1); Illicium floridanum (*r*; 8); Linum arboreum (*y*; 1); Mathiola bicornis (*p-r*); Mitraria coccinea (*r*; 2); Ononis arragonensis (*y*; 1-2); Pernettya pilosa (*w*; ½); Photinia serrulata (*w*; 10-20); Pittosporum undulatum (*w*; 10); Rhododendron cinnabarinum (*br-r*); R. Dalhousiæ (*w* or *pi-w*; 6-8); R. glaucum (*pi-p*; 2); R. lepidotum (*y* or *p*; 2-4); R. Veitchianum (*w*); Statice macrophylla (*w*; 2); S. rosea (*b*; 3); Viburnum odoratissimum (*w* or *pi*, *sc*; 6-10).

Tender.—ANNUAL.—Coccocypselum repens (*st*, *b*).

BIENNIAL.—Echium candicans (*c-h*, *b*; 2-4).

PERENNIALS.—Acineta chrysantha (*c-h*, *y*, *w*, and *r*, *sc*; 1½); A. Humboldtii (*c-h*, *y*, dotted *br*; 2); Acriopsis picta (*st*, *w*, *g*, and *p*; ½); Aerides crispum (*st*, *p-pi* and *w*; 1); Albuca fastigiata (*c-h*, *w*; 1½); Amomum Melegueta (*st*, *pi*; 1-2); Aneilema sinicum (*c-h*, *b*; 1); Anthurium acaule (*st*, *b*, *sc*; 1-3); Arethusa bulbosa (*c-h*, *pi-p*, *sc*; ¾); Arisæma nepenthoides (*c-h*, *y*, *br*, and *g*; 2); Arpophyllum giganteum (*c-h*, *p* and *pi*); Arthropodium neo-caledonicum (*c-h*. *w*; 1½); A. paniculatum (*c-h*, *w*; 3); Arum palæstinum (*c-h*, *bk* and *y*, spotted *p*); Babiana plicata (*c-h*, *v-b*, *sc*; ½); B. ringens (*c-h*, *r*; ½-¾); B. stricta (*c-h*, *w* and *l-b*; 1) and vars.; Begonia herbacea (*i-h*. *w*; ¼); B. laciniata

May (Tender Perennials)—*continued.*

(i-h, w, tinted pi); Brassia maculata (i h, y, spotted br and p; 1); B. verrucosa (i-h, g, blotched bk-p and w); Brunsvigia falcata (c-h, r; ¾); Burlingtonia candida (st, w, stained y; 1); Calanthe veratrifolia (i-h, w; 2-3); Calochilus paludosus (c-h, g and br; ¾); Canistrum eburneum (st, w and g; 2); Caraguata Zahnii (st, y; 1); Cattleya amethystoglossa (i-h, pi-l, p, and c; 2-3); C. citrina (i-h, y, sc; ½-¾); C. gigas (i-h, pi, p, or r-v, and y) and var.; C. intermedia (i-h, variable; 1); C. Mendelli (i-h, w to pi, and m); C. Mossiæ (i-h, pi, &c.; 1) and vars.; C. Skinneri (i-h, pi-p and w); Ceropegia Barklyi (c-h, pi); Chironia jasminoides (c-h, r or p; 1-2); Chysis aurea (st, y and r) and vars.; C. bractescens (st, w, blotched y); Cineraria cruenta (c-h, r-p; 2) and vars.; Cirrhæa Loddigesii (st, g-y and r striped); Cirrhopetalum auratum (st, straw, striped r and o); Clivia nobilis (c-h, r and y; 1½); Cœlogyne flaccida (i-h, w, y, and r, sc; 1); C. Gowerii (i-h, w and g-y); C. Hookeriana (i-h, pi-p, w, br, and y; ¼); C. speciosa (i-h, w, br or g, y, and r; 1½); Comparettia falcata (i-h, pi-p; ½); C. rosea (i-h, pi-p; ½); Coryanthes macrantha (st, y and p); Crinum Moorei (c-h, g and r); Curcuma rubricaulis (st, r; 1); Cyanotis Kewensis (st, pi); Cymbideum giganteum (st, br, y, and p); Cypripedium barbatum (st, p and w; 1) and vars.; C. Dayanum (st, w, p, and g); C. lævigatum (st, p, br, g, and y); D. superbiens (st, w and br); C. villosum (st, o-r, g, p, and br; 1); Cyrtochilum maculatum (st, g and p); Cyrtopodium Andersoni (st, y); Dendrobium albo-sanguineum (st, w and r); D. Bensoniæ (c-h, w, o, and bk); D. Dalhousianum (st, y, r, and pi); D. densiflorum (st, y and o) and vars.; D. erythroxanthum (st, o and p); D. Falconeri (st, w, p, and o); D. Farmeri (st, y and pi); D. infundibulum (st, w); D. longicornu majus (st, w); D. moniliforme (c-h, w and p; sc); D. scabrilingue (st, w, g, y, and o, sc); D. superbum anosmum (st, pi and p); D. Wardianum (st, w, m, o, and r); Disporum lanuginosa (c-h, y and g; 1); Epidendrum atropurpureum (c-h, pi and p; ½-1); E. aurantiacum (st, o and r; 1); Episcia villosa (st, w and p; 1-1½); Fragaria indica (c-h, y); Galaxia ovata (c-h, y); Geissorhiza grandis (c-h, y and r); G. inflexa (c-h, y and p; 1½); G. Rochensis (c-h, b and r; ¾); Gesnera Cooperi (st, r; 2); Gladiolus cuspidatus (c-h, variable; 2-3); G. floribundus (c-h, w and p, varying to pi-w and r; 1); Gongora maculata (st, y and pi-r; 1½); Griffinia dryades (i-h, p-l and w; 1½); G. hyacinthina (i-h, b and w); G. ornata (i-h, b-l; 1-1½); Hedychium coronarium (st, w, sc; 5); Hesperantha radiata (c-h, w; ½); Hessea crispa (c-h, pi; ¼); Hypoxis stellata (c-h, w and b; ¾); Imantophyllum cyrtanthiflorum (c-h, pi or y); I. miniatum (c-h, o; 1-2); Impatiens Sultani (st, r; 1); Ixia hybrida (c-h, w; 1); I. maculata (c-h, o; 1); I. odorata (c-h, y, sc; 1); I. speciosa (c-h, r; ½); I. viridiflora (c-h, g; 1); Kennedya prostrata (c h, r); K. p. Marryattæ (c-h, r); K. rubicunda (c-h, r); Lachenalia fragrans (c-h, r, sc; ½); L. tricolor (c-h, g, r, and y; 1); Lælia præstans (i-h, pi and r-p); L. purpurata (i-h, w and p-r); L. P. Williamsii (i-h, pi and r); Lycaste aromatica (i-h, y); L. Deppei (i-h, y, br, w, and r); L. jugosa (i-h, c, w, and p); Manulea rubra (c-h, y; 1-2); Marica cærulea (st, b, y, br, and o; 2); Maxillaria luteo-grandiflora (i-h, c-w, br-r, and o); Miltonia Phalænopsis (i-h, w, p-r, and y; ½); Nerine undulata (c-h, pi-w; 1); Nymphæa Devoniensis (st aq, pi-r); Odontoglossum citrosmum (i-h, w and p, sc); O. crispum (c-h, w, y, and r-br); O. luteo-purpureum (c-h, br or p, w, and y); O. maculatum (c-h, y, br-r, and br); O. odoratum (c-h, y, br, and p, sc); O. Pescatorei (c-h, w, p-r, and y); O. pulchellum (i-h, w and p, sc); O. triumphans (c-h, y, br-r, pi, and w); Oncidium ampliatum (st, y); O. cucullatum (c-h, br-p and pi-p); O. macranthum (i-h, y and p-br); O. sarcodes (i-h, o-y and r); Oxalis rosea (c-h, pi; ½-1); Peperomia clusiæfolia (st, r; 1); Phaius tuberculosus (st, w, y, and br); P. Wallichii (st, o-y, p, and br; 4-5); Phalænopsis Aphrodite (st, w, r, o, and y); Pitcairnia corallina (st, r and w); P. fulgens (st, r); P. pungens (st, r); Pogonia Gammieana (st, l); Pterodiscus speciosus (st, r or l; 2); Ranunculus Lyalli (c-h, w; 2-4); Richardia africana (c-h, w; 2); Rivina humilis (st, w-pi; 1-2); R. lævis (st, w-pi; 7-8); Romulea speciosa (c-h, pi, y, and v; ½); Saccolabium curvifolium (st, r; ½-1); S. rubrum (st, pi; ¾); Selenipedium caudatum (st, y, br, and r-br; 1-1½); S. Lindeni (st, w; 1); S. Roezlii (st, g and pi-p; 3); Sparaxis tricolor (c-h, y, spotted br, &c.); Spiranthes colorans (st, r; 2); Stapelia Asterias (c-h, v, y, and p; ½); Stenomesson aurantiacum (i-h, y; 1); S. coccineum (i-h, r; 1); Streptanthera elegans (c-h, pi-w, p, &c.; ¾); Streptocarpus Dunnii (i-h, r-pi; 1); Stylidium bulbiferum macrocarpum (c-h, g-p); Synnotia variegata (c-h, y and v; 1½); Talauma pumila (st, c, sc; 2-4); Theropogon pallidus (c-h, w); Thunbergia erecta (st, b, o, and y; 6) and vars.; Tigridia Meleagris (c-h, p and r; 1½); T. Van Houttei (c-h, y, p, and l; 1); Tillandsia xiphioides (st, w, sc); Trichopilia crispa (c-h, p, w, and r); T. marginata (c-h, variable); Utricularia Endresii (c-h, l and y; ¼-1); Vallota purpurea (c-h, r; 2-3) and vars.; Vanda cærulescens Boxallii (st, w, v, l, and b); V. insignis (st, br, y-w, w, and pi); Vinca rosea (i-h, pi or w); Vitex Lindeni (l, streaked r); Watsonia Meriana (c-h, p or r; ¾-2); Zephyranthes Andersoni (c-h, o-r; ¼).

SHRUBS.—Acacia affinis (c-h, y; 5); A. arabica (c-h, w; 20); A. grandis (c-h, y; 6); A. heterophylla (c-h, y; 5); A. Lebbek (c-h, y; 20); A. linearis (c-h, y; 3-6); A. Riceana (c-h, y; 20); Acæna myriophylla (c-h, g; ½-1); Acmena floribunda (c-h, w; 4); Acrophyllum venosum (c-h, pi-w; 6); Acrotriche divaricata (c-h, w; ½-1); Adenandra fragrans (st, pi; 1-2); Adesmia glutinosa (c-h, y; 1-2); Albizzia lophantha (c-h, y; 6-10); Alonsoa incisifolia (c-h, r; 1-2); Amerimnon Brownei (st, w, sc; 6-10); Anona longifolia (st, p; 20); Anopterus glandulosa (c-h, pi-w; 3); Anthocercis viscosa (c-h, w; 4-6); Aotus gracillima (c-h, y and r; 3); Apeiba aspera (st, o; Astilbe Thunbergi (c-h, w; 1½); Azalea sinensis (c-h, y-r; 3-4); Backhousia myrtifolia (c-h, w; 16); Barleria Mackenii (st, p); Barnadesia rosea (c-h, pi; 1½); Barosma serratifolia (c-h, w; 1-3); Beaufortia purpurea (c-h, p-r); Begonia crinita (st, pi; 1); B. nitida (st, pi; 4-5); B. opuliflora (st, w; 1); B. ramentacea (st, pi and w; 1); B. sanguinea (st, w); Bignonia speciosa (i-h, pi, stained p; 4); Billardiera longiflora (c-h, g-y, turning p); B. scandens (c-h, c, turning p; 10); Boronia Drummondi (c-h, pi; 2); B. elatior (c-h, pi; 4); B. pinnata (c-h, pi; 1-3); Bossiæa disticha (c-h, y-r; 1½); B. linnæoides (c-h, y and br); Bougainvillea speciosa (c-h, l); Brucea sumatrana (st, p; 20); Brunfelsia eximia (st, p, sc; 2½); Bunchosia odorata (c-h, y; 7); Burtonia villosa (c-h, p; 2); Cacoucia coccinea (st, r); Camellia japonica (c-h, variable; 20) and vars.; Capparis amygdalina (st, w; 6); Celastrus lucidus (c-h, w; 1-3); Cercocarpus fothergilloides (c-h, p; 12); Chorizema diversifolium (c-h, o-r; 2); C. Henchmannii (c-h, r; 2); Clematis grandiflora (st, g-y; 12); Cobæa scandens (c-h, p; 20); Comarostaphylis arbutoides (c-h, w; 6); Combretum elegans (st, y); C. grandiflorum (st, r); C. racemosum (st, w); Crassula arborescens (c-h, pi; 2-3); C. jasminea (c-h, w, turning r); Decaisnea insignis (c-h, g; 8); Dillwynia ericifolia c-h, y); D. hispida (c-h, p-r; 3-6); Diosma ericoides (c-h, w and r; 1-3); Dipladenia amabilis (st, pi-r; 10); Echium fastuosum (c-h, b; 2-4); Enkianthus quinqueflorus (c-h, r and pi-w; 3-10); Epacris longiflora (c-h, r and w; 2-4); E. pulchella (c-h, r or pi; 1-3); Erica andromedæflora (c-h, r or r-p; 1-3); E. Cavendishiana (c-h, y; 1½); E. cerinthoides (c-h, r; 3); E. colorans (c-h, r, varying to w; 2); E. echiiflora (c-h, r; 1½); E. eximia (c-h, r and g; 2); E. hybrida (c-h, r); E. hyemalis (c-h, pi and w; 2); E. Lambertiana (c-h, w; 1-2); E. Linnæana (c-h, w and r; 1½); E. McNabiana (c-h, pi-r and w); E. odorata (c-h, w, sc; 1); E. physodes (c-h, w; 1-2); E. primuloides (c-h, pi-p; 1); E. Savileana (c-h, r or p-r; 1); E. tricolor (c-h, r, w, and g-y; 2); Eriostemon buxifolius (c-h, pi; 1-2); E. scaber (c-h, w and pi; 1½); Eupatorium riparium (c-h, w); Felicia fruticosus (c-h,

May (Tender Shrubs)—*continued.*

p and *y*; 1-2); Gastrolobium bilobum (*c-h*, *y*); Gomphia olivæformis (*st*, *y*; 10-15); Gompholobium polymorphum (*c-h*, *r*, *y*, and *p*); G. venustum (*c-h*, *p*; 1-3); Goodia lotifolia (*c-h*, *y* and *r*; 2-4); Grevillea alpina (*c-h*, *r* and *y*; 4); G. fasciculata (*c-h*, *r* and *y*); G. lavandulacea (*c-h*, *pi*); G. Thelemanniana (*c-h*, *r* and *y*; 3-5); Heliotropium corymbosum (*c-h*, *l*; 4); Hibbertia dentata (*c-h*, *y*); Hindsia violacea (*st*, *b*; 3); Hovea elliptica (*c-h*, *b*; 2-4); Hoya Cumingiana (*st*, *g-y* or *w*, and *p-br*); Hydrangea petiolaris (*c-h*, *w*); Hypericum balearicum (*c-h*, *y*; 1-2); Indigofera australis (*c-h*, *pi*); 3-4); Jasminum Sambac (*st*, *w*, *sc*); Juanulloa parasitica (*st*, *o*; 3); Lachnæa buxifolia (*c-h*, *w*; 2); Leucopogon Richei (*c-h*, *w*; 3-4); Lonicera sempervirens (*c-h*, *r* and *y*); Lotus peliorhynchus (*c-h*, *r*; 2); Luculia Pinceana (*c-h*, *w*, *sc*); Mackaya bella (*c-h*, *l* and *p*; 6); Medinilla amabilis (*st*, *pi*); M. magnifica (*st*, *pi*; 3); Mesembryanthemum coccineum (*c-h*, *r*); M. spectabile (*c-h*, *r*; 1); Mimulus glutinosus (*c-h*, *br* or *pi*; 5); Mitriostigma axillare (*st*, *w*, *sc*; 5); Monsonia speciosa (*c-h*, *pi* and *p*; ½); Myrtus Ugni (*c-h*, *w*; 4); Opuntia braziliensis (*c-h*, *g-y*; 10-30); Oxylobium ellipticum (*c-h*, *y*; 2-3); Passiflora alata (*st*, *r*, *p*, and *w*; *sc*); P. alba (*st*, *w*); P. amabilis (*st*, *r* and *w*); P. racemosa (*st*, *r*); Pelargonium abrotanifolium (*c-h*, *w* or *pi*; 3), P. quercifolium (*c-h*, *p* or *pi*; 3); Pentas carnea (*st*, *pi-w*; 1½); Petrophila acicularis (*c-h*, *w* and *r*; 2); Philodendron crassinervium (*st*, *r* and *y-g*); Physostelma Wallichii (*st*, *g-y*); Pimelea ferruginea (*c-h*, *pi* or *r*; 1-2); P. hispida (*c-h*, *b*; 2-4); P. spectabilis (*c-h*, *pi-w*; 3-4); Pittosporum viridiflorum (*c-h*, *g-y*, *sc*; 6); Platylobium triangulare (*c-h*, *y*; 1); Pleroma elegans (*st*, *b*; 5); Podalyria calyptrata (*c-h*, *p*; 6); Podanthes geminata (*st*, *o-y* and *r-p*); Polygala myrtifolia grandiflora (*c-h*, *p*; 4-6); Protea formosa (*c-h*, *v*, *pi*, and *w*; 6); Psidium Cattleyanum (*st*, *w*; 10-20); Psoralea pinnata (*c-h*, *b*; .3-6); Pultenæa stricta (*c-h*, *y*; 1-3); Quisqualis indica (*st*, variable); Rhipsalis salicornoides (*c-h*, *y*); Rhododendron Anthopogon (*c-h*, *y*; 1-1½); R. Aucklandii (*c-h*, *w*, *pi*, and *y*; 4-8); R. calophyllum (*c-h*, *y-w*; 3); R. Edgeworthii (*c-h*, *w*, *sc*); R. formosum (*c-h* *w*, *p*, and *y*; 3-8); R. jasminiflorum (*c-h*, *pi-w*; 2); R. javanicum (*c-h* *o* and *r*; 4); R. Nuttallii (*c-h*, *w*, *sc*; 12-30); R. Thomsoni (*c-h*, *r*; 6-15); Sida inæqualis (*st*, *w*; 7); Solandra grandiflora (*st*, *g-w*; 15); S. viridiflora (*st*, *g*; 2-3); Sparmannia africana (*c-h*, *w*; 10-20); Sphæralcea miniata (*c-h*, *r*; 1); Sprengelia incarnata (*c-h*, *pi*; 2); S. Ponceletia (*c-h*, *r*; 1); Stachytarpheta mutabilis (*st*, *r*; 3); Stenanthera pinifolia (*c-h*, *r-y* and *g*; 2-3); Stephanotis floribunda (*st*, *w*, *sc*; 10); Steriphoma cleomoides (*i-h*, *y*; 6); Thyrsacanthus rutilans (*st*, *r*; 2); T. Schomburgkianus (*st*, *r*; 2); Turræa obtusifolia (*i-h*, *w*; 4-6); Yucca aloifolia (*c-h*, *w*; 15-20).

JUNE.—Hardy.—ANNUALS.—Acroclinium roseum (*pi*; 1-2) and vars.; Adonis æstivalis (*r*; 1); Æthionema Buxbaumii (*r*; ½); Agrostemma cœli-rosa (*pi*, *w*, or *p*; 1); Anagallis grandiflora (*b* and *r*; ¼); Androsace coronopifolia (*w*); Bartonia aurea (*o-y*; 1); Bellium bellidioides (*w*; ¼); Brachycome iberidifolia (*b* or *w*; 1); Calendula maderensis (*o*; 2); C. officinalis (*o*; 3); Campanula Erinus (*b-pi* or *w*; ¼-¾); Castilleja pallida (*w* or *y*; ½-1); Cerinthe minor (*y*, spotted *br*; 1-1½); Chrysanthemum segetum (*y*; 1½); Clarkia elegans (*r*; 2); C. pulchella (*p*; 1½-2); Collinsia grandiflora (*p* and *b*; 1); Collomia coccinea (*r*; 1-1½); C. grandiflora (*r-y*; 1½-2); Coreopsis Drummondi (*y* and *r-br*; 1); Delphinium Ajacis (*b*, *r*, or *w*; 1-1½); Downingia elegans (*b* and *w*; ½); D. pulchella (*b* and *y*; ½); Eschscholtzia californica (*y*; 1½); E. c. crocea (*o*; 1); Eucharidium concinnum (*l-p*; 1); Fumaria capreolata (*w* and *p*; 4); Gilia capitata (*b*; 1-2); G. densiflora (*l* or *w*); G. liniflora (*w*; 1); G. micrantha (*pi*; ¾); G. tricolor (*y-o*, and *p* or *w*; 1); Glaucium phœniceum (*r* and *bk*; ¾); Helianthus annuus (*y*; 6); Helichrysum bracteatum niveum (*w* and *y*); Heliotropium convolvulaceum (*w*, *sc*; 2); Iberis umbellata (variable; ½-1); Ionopsidium acaule (*l*, or *w* and *v*; ¼); Ipomœa purpurea (*p*; 10); Lasthenia

June (Hardy Annuals)—*continued.*

glabrata (*y*; ¾-1½); Lathyrus grandiflorus (*pi*); L. odoratus vars.; Lavatera trimestris (*pi*; 3-6); Limnanthes Douglasii (*y* and *w*, *sc*; ¾); Linaria reticulata (*p*, and *y* or *br*; 2-4); L. spartea (*y*); Linum grandiflorum (*pi*; ½-1); Loasa Pentlandii (*o*; 4); L. prostrata (*y*); L vulcanica (*w*; 2); Lunaria annua (*v-l*; 1½-3); Lupinus luteus (*y*, *sc*; 1-1½); L. nanus (*l* and *b*; 1); Malcolmia maritima (*l*, *pi*, *r*, or *w*; ½-1); Mathiola annua (variable; 1 2); Nemesia cynanchifolia (*l-b*; 1½-2); N. floribunda (*w* and *y*, *sc*; 1); Nemophila insignis (*b*; 1½); N. maculata (*w* and *v-p*; ½); N. Menziesii (*w* to *b*; ¼); Nigella damascena (*w* or *b*; 1-2); N. hispanica (*b*; 1-2); N. orientalis (*y* and *r*; 1½); Nolana paradoxa (*v*); N. tenella (*b*); Nonnea rosea (*pi*; ½-1); Œnothera amœna (*pi* and *r*; 1-2); Œ. bistorta Veitchiana (*y* and *r*); Œ. Whitneyi (*pi-r* and *r*; 1-1½); Œ. varieties; Omphalodes linifolia (*w*; ½-1); Oxalis stricta (*y*; 1½); O. valdiviensis (*y* and *r*; ½-¾); Papaver alpinum (*y*; ½); P. nudicaule (*o*, *y*, or *w*; ¾-1½); P. orientale (*r*, spotted *p*; 2-3) and vars.; P. pilosum (*r* and *w*, or *o* and *w*; 1-2); P. Rhœas (*r*; 1) and vars.; Phacelia campanularia (*b* and *w*; ½-¾); P. Whitlavia (*b*; 2); Podolepis aristata (*y* and *pi*; 1); Ranunculus aconitifolius (*w*; ½-2); R. anemonoides (*pi-w*; ¼-½); R. asiaticus (variable; ¾); R. gramineus (*y*; ½-1); R. parnassifolius (*w* or *p-w*; ¼-½); Reseda odorata (*y-w*, *sc*) and vars.; Sabbatia calycosa (*w*; ½-1¾); S. campestris (*pi*; 1); Schizanthus pinnatus (variable; 2); Sedum glandulosum (*r-p*); Selenia aurea (*y*; ¾); Silene Atocion (*p*; ½-1); S. pendula (*pi-w*); Sonchus gummifer (*y*; 2-3); Statice Suworowi (*l*); Swertia corymbosa (*b*, or *b* and *w*; ¾-1¾); Tropæolum peregrinum (*y*); Vicia onobrychioides (*p*; 2).

BIENNIALS.—Anagallis fruticosa (*r*; 2); Blumenbachia coronata (*w*; 1½); Campanula sibirica divergens (*v*; 1½); Celosia cretica (*y*, spotted *r-y*; 4-6); Dianthus chinensis (variable; ½-1); Digitalis purpurea (*p*, varying to *w*; 3-5); Glaucium flavum (*y*; 1-2); Grindelia grandiflora (*y* or *o*; 2½-3); Hesperis tristis (*w*, *c*, *br-r*, or *p*, *sc* at night; 1-2); Lunaria annua (*v-l*; 1½-3); Meconopsis Wallichi (*b*; 4-6); Œnothera biennis (*y*, *sc*; 2-4); Salvia bicolor (*b-v*, dotted *o*, and *w*; 2-3); Stachys germanica (*pi* and *w*; 1-3).

PERENNIALS.—Acantholimon glumaceum (*pi*); A. venustum (*pi*; ½-¾); Acanthus longifolius (*p*; 2-3); A. mollis (*w*; 3-4); A. spinosus (*p*; 3-4); Achillea ægyptiaca (*y*; 1½-2½); A. Ageratum (*w*; ½); A. asplenifolia (*pi*; 1½); A. aurea (*y*; 1½); A. Clavennæ (*w*; ¾); A. Eupatorium (*y*; 4-5); A. moschata (*w*; ½); A. pectinata (*w*; 1½); Aconitum angustifolium (*b*; 2-3); A. biflorum (*b*; 6); A. chinense (*b*; 4-6); A. delphinifolium (*b-p*; ½-2); A. eminens (*b*; 2-4); A. gracile (*b* or *v*; 2); A. Halleri (*v*; 4-6) and vars.; A. Napellus (*b*; 3-4); A. paniculatum (*v*; 2-3); A. pyrenaicum (*y*; 2); A. rostratum (*v*; 1-2); A. tauricum (*b*; 3-4); A. Willdenovii (*b-p*; 2-3); Acorus Calamus (*y*; 3); Actæa alba (*w*; 1-1½); Actinella grandiflora (*y*; ½-¾); Adenophora Lamarckii (*b*; 1-2); A. verticillata (*b*; 2-3); Ajuga australis (*b*; ½); A. pyramidalis (*b* or *p*; ½); Alchemilla alpina (*g*; 6); A. sericea (*g*; ½); Allium azureum (*b*; 1-2); A. cœruleum (*b*; ¾); A. Moly (*y*; 1-1¼); A. neapolitanum (*w*; 1-1½); A. nigrum (*v* or *w*; 2½-3¼); A. reticulatum attenuifolium (*pi* or *w*; 1); A. roseum (*l-pi*; 1-1¼); A. sphærocephalum (*r-p* and *g*; 1½-2½); Alströmeria aurantiaca (*o*; 3-4); A. chilensis (*p-r* or *p*; 2-3); A. Simsii (*y*, streaked *r*; 3); Althæa cannabina (*pi*; 5-6); A. flexuosa (*r*; 2-3); Alyssum alpestre (*y*; ¼); A. gemonense (*y*; 1); A. serpyllifolium (*y*; ¼); A. Wiersbeckii (*y*; 1½); Amsonia salicifolia (*b*; 1½-2½); A. Tabernæmontana (*b*; 1½-2½); Androsace argentea (*w*; ¼); A. Chamæjasme (*pi-w*; ¼); A. lactea (*w*; ¼); A. lanuginosa (*pi*; ½-¾); A. Vitaliana (*y*; ¼); Anemone coronaria (variable; ½); A. decapetala (*w*; 1); A. dichotoma (*w*; 1½); A. multifida (*y* or *w-y*; ½-1); A. obtusiloba (*c*; ¾); A patens (*p* or *y*; 1); Anomatheca cruenta (*r*; ½-1); Antennaria dioica (*fl pi*); Anthemis Aizoon (*w* and *y*; ¼); Anthericum Liliago (*w*; 1-1½); A. Liliastrum (*w*; 1-2); A. ramosum (*w*; 2); Anthyllis montana (*pi* or *p*; ¼-½); A. Vulneraria (*y*, *w*, *r*, or *pi*); Antirrhinum

June (Hardy Perennials)—*continued.*

Asarina (r and y; ½); A. tortuosum (p; 1-1½); Aphyllanthes monspeliensis (b; 1); Apios tuberosa (br-p, sc; ½); Aquilegia Bertoloni (b-v; 1); A. cærulea (b and w, or w; ¾-1¼); A. californica (y and o-r; 2-4); A. canadensis (r and y; 1-2); A. chrysantha (y and p; 3-4); A. formosa (r and y; 2-4); A. fragrans (w or r-p, sc; 1½-2); A. pyrenaica (l-b; ¾-1); A. sibirica (l; 1); Arabis arenosa (pi, w, or b; ½); A. lucida (w; ¼-½) and vars.; A. petræa (w; ¼); A. rosea (pi-p; 1); Arenaria balearica (w; ¼); A. graminifolia (w; ½-¾); A. grandiflora (w; ¼-½); A. laricifolia (w; ½); A. longiflora (w; ½-¾); A. peploides (w; ¼); Arisæma triphylla (p-b and g; ¾-1); Armeria dianthoides (pi; ½); A. juncea (r-pi; ¼); A. juniperifolia (pi; ½); A. plantaginea (pi; 1); A. setacea (pi; ¼); A. vulgaris (pi, pi-r, l, or w; ½-1); Arnica scorpioides (y; ½-1); Artemisia alpina (y; ½-¾); A. Stelleriana (y; 1-2); Asarum canadense (br; 1); Asperula longiflora (w, y, and r; ½); A. montana (pi; ½-¾); A. odorata (w; ½-1); A. orientalis (b; 1); Aster altaicus (b-p; 1); A. Bigelovii (l and y; 2½); A. pulchellus (p; 1); Astragalus adsurgens (b-p); A. alopecuroides (y; 2-5); A. arenarius (b; ½); A. maximus (y; 2-3); A. monspessulanus (p; ⅙); A. vulpinus (y; 2-3); Astrantia helleborifolia (pi; 1-2); Baptisia alba (w; 2); B. australis (b; 4-5); B. confusa (b; 1-2); B. exaltata (b; 3-4); Bellidiastrum Michelii (w; 1); Bellis perennis (w; ¼) and vars.; Bellium crassifolium (w-y; ½); B. minutum (w and y; ¼); Biarum tenuifolium (br-p; ½); Bocconia cordata (buff; 5-8); Borago laxiflora (b); B. officinalis (b; 1-2); Brodiæa coccinea (r and y-g; 1½); B. congesta (b; 1); B. grandiflora (b-p; 1½); B. lactea (w and g; 1-2); Bulbine alooides (y; 1); Buphthalmum grandiflorum (y; 1½); B. salicifolium (y; 1½); Butomus umbellatus (aq, pi); Cacalia tuberosa (w; 2-6); Calamintha grandiflora (p; 1); Calliprora lutea (p-br; ¾); Callirhoe digitata (r-p; 2-3); C. involucrata (r; ½); C. Papaver (v-r; 3); Calochortus albus (w, blotched r; 1-1½); C. Benthami (y; ½-¾); C. elegans (g, w, and p; ¾); C. lilacinus (pi; ½-¾); C. Nuttallii (g, w, r and p; ½); Caloscordum nerinæflorum (pi; ½); Caltha leptosepala (w; 1); Calypso borealis (pi, br, and y); 1); Calystegia Soldanella (r and y; ¼); Camassia esculenta (b; 1); Campanula barbata (b or w; ½-1½); C. cæspitosa (b or w; ¼-½); C. carpathica (b or w; ¾) and vars.; C. cenisia (b; ¼); C. Elatines (b-p; ¼-½); C. garganica (b; ¼-½); C. glomerata (b-v or w; 1-2) and vars.; C. grandis (v-b or w; 1-2); C. nitida (b or w; ¼-¾); C. Portenschlagiana (b-p; ½-¾); C. pulla (v-b; ¼-½); C. Raineri (b; ¼); C. rapunculoides (b-v; 2-4) and vars.; C. rotundifolia (b; ½-1) and vars.; C. speciosa (b, p, or w; 1-1½); C. Waldsteiniana (v-b; ¼-½); C. Zoysii (b; ¼); Cedronella cordata (p; ¼-½); Centaurea atropurpurea (p; 3); C. dealbata (pi; 1-1½); C. montana (b; 2) and vars.; Centranthus ruber (r; 2 3); Cephalanthera ensifolia (w; 1-2); C. grandiflora (w; 1-1½); C. rubra (pi-p; ½-1½); Cerastium alpinum (w; ¼); C. Bieberateinii (w; ½); C. Boissieri (w; ¼-1); C. tomentosum (w; ½); Cerinthe maculata (y, spotted p; 1-1½); Cheiranthus Cheiri (variable; 1-2); Chimaphila corymbosa (g-w, tinged r; ¼-½); C. maculata (w; ¼); Chlorogalum pomeridianum (w, veined p; 2); Chrysobactron Hookeri (y; 1½-3); Cineraria alpestris (y; 2); Clematis recta (w, sc; 2-3); Cnicus acaulis (p; 2); C. spinosissimus (y; 3); C. undulatus (p; 1); Commelina virginica (b; ½); Coreopsis auriculata (y and p-br; 1-1½); C. grandiflora (y; 3-4); C. lanceolata (y; 1-3); C. verticillata (y; 1-2); Coris monspeliensis (l; ½); Coronilla varia (pi and w, or w; 1); Corydalis bracteata (g-y; ¾); Crambe cordifolia (w, sc; 6); Crinum capense (r); Cynanchum roseum (pi-r; 1-1½); Cypripedium acaule (g, pi, and p); C. candidum (g-br and w; 1); C. guttatum (w and pi-p; ½-¾); C. pubescens (y-br and y; 1½-2); C. spectabile (w and pi; 1½-3); Delphinium exaltatum (b or w; 3-6); D. formosum (b and v; 1½-3); D. grandiflorum (b or w; 1-2); D. nudicaule (r and y; 1-1½); Dianthus alpinus (pi and r; ¼); D. arenarius (w); D. atrorubens (r; 1); D. barbatus vars.; D. cæsius (pi, sc; ¼-½); D. cruentus (r); D. fimbriatus (pi; 1); D. Fischeri (pi); D. glacialis (r-p; ¼); D. monspessulanus (r; ½-1); D. neglectus (pi; ¼); D. petræus (pi; ½); D. plumarius (w and p, sc; ¾-1); D. Seguierii (pi-p; 1); D. superbus (pi, sc; ¾-1½) and var.; Dicentra eximia (r-p; ¾-1½); D. spectabilis (pi-r; ¾-2); Dictamnus albus (w; 1-1½); Diphylleia cymosa (w; 1); Dodecatheon integrifolium (pi-r and w; ¼-½); Doronicum plantagineum excelsum (y; 5); Dracocephalum speciosum (pi-b; 1½); Drosera filiformis (p; 1); Drypis spinosa (pi or w; ½); Echinops commutatus (w; 5-7); E. Ritro (b; 3); Epilobium obcordatum (pi-p); Epimedium macranthum (w; 10-15); E. pinnatum (y; 8-12); Eremurus spectabilis (g-y and o; 2); Erigeron glaucus (p; ½-1); E. speciosus (v and y; 1½); Erinus alpinus (p; ½); Erodium macradenum (v and p; ½); E. Manescavi (p-r; 1-2); E. pelargoniiflorum (w and p); E. petræum (p; ¼-½); E. trichomanefolium (pi-w; ¼-½); Eryngium Bourgati (b; 1-2); Erysimum ochroleucum (y); E. pumilum (g-y, sc; ¼); Ferrula communis (y; 8-12); F. glauca (y; 6-8); F. tingitana (y; 6-8); Fritillaria Hookeri (l; ½); F. macrophylla (pi; 3); F. pyrenaica (p; 1½); Funkia Sieboldiana (w); Galega officinalis (b; 3-4); G. orientalis (b; 2-4); Galtonia candicans (w; sc); Gentiana affinis (b; ½-1); G. algida (w and b; ¼-½); G. cruciata (b; ½); G. punctata (y; 1-2); G. septemfida (b; ½-1½); Geranium argenteum (r; ¼); G. cinereum (r; ½); G. macrorhizon (r or p; 1); Geum pyrenaicum (y; 1½); G. rivale (r; 1-3); Gillenia trifoliata (varying from r to w; 1½); Gladiolus byzantinus (r; 2); Globularia nana (b); G. nudicaulis (b; ½); G. vulgaris (b; ½); Glycyrrhiza glabra (b; 3-4); Gypsophila paniculata (w; 2-3); Habenaria blephariglottis (w); H. fimbriata (l-p; 1-1½); H. psycodes (varying from pi to r, sc); Hedysarum coronarium (r; 3-5); Helichrysum arenarium (y; ½-1); Hemerocallis Dumortieri (o-y; 1-1½); H. flava (o-y, sc; 2-3); H. fulva (y; 2-4); H. Middendorfii (y; 2-3); H. minor (y, sc; ¼-¾); Hesperis matronalis (variable; 2-3); Heuchera americana (r; 1½); H. hispida (veined p); H. sanguinea (r; ¾-1½); Hieracium aurantiacum (o-r; 1-1½); Hottonia palustris (aq, l and y; 1-2); Houstonia cærulea (b or w; ¼); H. serpyllifolia (w; ¼); Humulus Lupulus (g-y); Hypericum elegans (y; 1); H. patulum (y; 6); H. perforatum (y; 1-3); Incarvillea Olgæ (pi; 3-4½); Ipomœa pandurata (w and p); Iris aurea (y; 3-4); I. Douglasiana (l-p; ½-1); I. ensata (l-p and y); I. fœtidissima (b-l; 2-3); I. fulva (y-br; 2-3); I. Guldenstadtiana (w, o, and y; 2); I. hybrida (w, l-p, and y); I. iberica (w or l, p, and p-br; ¼-½); I. lævigata (p and y; 1½-2); I. Monnieri (g-y, sc; 3-4); I. neglecta (l, w, and y; 1½-2); I. ochroleuca (w and y; 3); I. sibirica (l-b and v; 1-2½); I. squalens (l-p and y; 2-3); I. tectorum (l and w; 1); I. versicolor (p; 1-2); I. vulgare (p; 1-2); Lamium maculatum (p); Lathyrus magellanicus (b-p); L. roseus (pi); L. rotundifolius (pi); Lavandula vera (b or w; 1-2); Leucoium æstivum (w and g; 1½); L. Hernandezii (w and g; 1-1½); Lilium auratum (w, y, and p; 2-4); L. bulbiferum (r; 2-4); L. canadense (y or r, and p; 1½-3); L. candidum (w; 2-3); L. Catesbæi (o-r and p; 2-3); L. chalcedonicum (r; 2-3); L. longiflorum (w, sc; 1-2); L. Martagon (p-r and p); L. pardalinum (o-r and p; 3-7); L. Parryi (y and br-r, sc; 2-6); L. philadelphicum (o-r and p; 1-3); L. pomponium (r or r-o; 1½-3); L. pyrenaicum (y; 2-4); L. speciosum (w, or p-r and w; 1-3); L. tenuifolium (r; ½-1); L. Washingtonianum (w, and p or l, sc; 3-5); Limnanthemum nymphæoides (aq, y); Linaria alpina (b-v and y; ½); L. Cymbalaria (b or l); L. dalmatica (y; 3-4); L. hepaticæfolia (l-p; ¼); L. triornithophora (p and y); Linum narbonense (b or w; 2); Lithospermum Gastoni (b; 1-1½); L. purpureocæruleum (r, turning p; 1); Lotus corniculatus (y, fading to o, and r); Lupinus leucophyllus (pi 2-3); L. nootkatensis (b, and p, w, or y; 1-1½); L. ornatus (b; 1-2); L. perennis (b; 2); L. polyphyllus (b; 4); Lychnis alpina (pi; ½); L. chalcedonica (r; 1½-3½); L. diurna (p-pi; 1-3); L. fulgens (r; ½-1); L. f. Haageana (r); L. Lagascæ (pi and w; ¼);

June (Hardy Perennials)—*continued.*

L. pyrenaica (pi-w; ¼); L. vespertina (w, sc at evening; 1-3); L. Viscaria (pi; 1); Lysimachia atropurpurea (p; 2); L. Nummularia (y); L. vulgaris (y; 2-3); Malva moschata (pi; 2-2½); Marshallia cæspitosa (b-w; 1); Meconopsis cambrica (y; 1); Mertensia alpina (b; ½-¾); M. sibirica (p-b; ½-1½); M. virginica (p-b; 1-2); Mimulus cardinalis (r; 1-3); M. luteus (y; ¾-1); M. l. cupreus (r-br, p-br, or r; ¾-1); M. moschatus (y); Mitchella repens (w and p, sc); Mœhringia muscosa (w; ¼); Monarda fistulosa (p; 2-5); Morina longifolia (r; 2); Muscari comosum monstrosum (b-v; 1-1½); Mutisia decurrens (o); Myosotis alpestris (b, sc at night; ¼); Nothoscordum fragrans (w, sc; 1¼-2); Nuphar advena (aq, r); N. luteum (aq, y, sc); Nymphæa alba (aq, w); Œnothera acaulis (w, turning r; ½); Œ. glauca (y; 1-2); Œ. g. Fraseri (y; 1); Œ. linearis (y; ¾-1½); Œ. pallida (w and y, turning r; 1½); Œ. speciosa (w, turning r; 2-3); Œ. taraxacifolia (w, turning r; ½); Omphalodes Luciliæ (l-b; ¼-½); Ononis Natrix (y; 1½-2); O. rotundifolia (pi; 1-1½); Onosma stellulatum tauricum (y; ½-¾); Orchis latifolia (p or r; 1); O. maculata (p or w, and p-br; 1); Ornithogalum arabicum (w and bk, sc; 1-2); O. narbonense (w and g; 1-1½); O. pyramidale (w; 1½-2); Orobus aurantius (y; 1½); Ourisia coccinea (r; ½-1); Oxalis corniculata (y); O. enneaphylla (w or pi; ¼); O. tetraphylla (r or p-v); Oxytropis pyrenaica (b; ¼-½); Pæonia albiflora (w or pi; 2-3); P. tenuifolia (r; 1-1½); Pancratium illyricum (w; 1½); P. maritimum (w; 2); Pedicularis dolichorhiza (o-y; 1-1½); P. flammea (r; ½-1); P. verticillata (pi or w; ½-1); Peltaria alliacea (w; 1); Pentstemon antirrhinoides (y; ¾-1½); P. campanulata (variable; 1½); P. Hartwegi (r or r-p; 2); P. Menziesii Douglasii (l-p and pi-r; 1); P. venustus (p; 2); Phlox amœna (p, pi, or w; 1¼); Phormium Cookianum (y; 3-6) and var.; Phytolacca decandra (w; 3-10); Pinguicula grandiflora (v-b); Polemonium cæruleum (b; 2); P. confertum (b; ½); Polygonatum multiflorum (w; 2-3); Polygonum cuspidatum (c-w; 4-8); Potentilla ambigua (y; ½); P. argyrophylla (y; 1½-3); P. grandiflora (y); P. Hopwoodiana (pi and y; 1½); P. nitida (pi); P. Saxifraga (w; ¼-½); Pratia angulata (w; ¼); P. repens (v-w; ¼); Primula auriculata (p and w; ¼); P. calycina (p); P. capitata (v-b, ½-¾); P. cortusoides (pi; ½-¾); P. denticulata (l; ¾-1); P. farinosa (p and y; ¼-1); P. glutinosa (b-p; ¼); P. luteola (y; 1½-2); P. marginata (v-pi; ¼); P. minima (pi or w); P. mollis (r and p-r; 1-1½); P. obconica (w; ½-1); P. scotica (p and y; ¼); P. sikkimensis (y; 1½-2); P. viscosa (pi-p and w; ¼); Pulmonaria saccharata (pi; 1); Pyrethrum achilleæfolium (y; 2); P. Tchihatchewii (y and w; 2); Pyrola rotundifolia (w, sc; ½); Pyxidanthera barbulata (w or pi; ¼); Rudbeckia speciosa (o; 2-3); Ruscus Hypophyllum (g; 1-1½); Salvia hians (b; 2); Saponaria ocymoides (r or pi); Saussurea pulchella (p; 2); Saxifraga aizoides (o-y, dotted r); S. aretioides (o-y; ¼); S. Burseriana (c); S. cæsia (c; ¼); S. Cotyledon (w; 1-2); S. granulata (w; ½-1½); S. hypnoides (w); S. lingulata cochlearis (w); S Maweana (w); S. moschata (y or p; ¼); S. purpurascens (p; ¼-½); S. pygmæa (y; ¼); S. retusa (p); S. Rocheliana (w; ¼) and var.; S. sancta (y); S. sarmentosa (w, spotted; ¾); S. umbrosa (pi-w; ½-1); S. virginiensis (w; ¼-¾); Scabiosa amœna (l or pi; 2-3); S. caucasica (b; 1); Scilla nutans (b, p, w, or pi) and var.; Scorzonera hispanica (y; 3); Sedum album (w; ¼-½); S. japonicum (y); S. reflexum (y; ¾); S. Rhodiola (g or r-p); Sempervivum arachnoideum (r and p) and var.; S. arenarium (y; ½-¾); S. atlanticum (r; 1); S. calcaratum (r-w; 1); S. calcareum (g-r; 1); S. Lamottei (pi and p; 1); S. montanum (m-p; ½); S. soboliferum (y; ½-¾); S. Wulfeni (y and m-p; ½-¾); Senecio Doronicum (y; 1); S. pulcher (p and y; 1-2); Sida Napæa (w; 4-10); Silene acaulis (pi or w; ¼); S. alpestris (w; ½); S. maritima (w); S. Saxifraga (y; ¼-½); S. Schafta (p; ½); S. virginica (r; 1-2); Solanum crispum (b-p; 12-14); Solidago Drummondii (y; 1-3); Spiræa Filipendula (w or pi; 2-3); S. palmata (r; 1-2); S. Ulmaria (w; 2-4); Statice latifolia (b; 1); S. tatarica (r; 1); Symphyandra Wanneri (b; ½); Symphytum tuberosum (o; 1-2); Tanacetum leucophyllum (o-y; ¾); Thalictrum aquilegifolium (w, or w and p; 1-3); T. tuberosum (w; 1); Thermopsis barbata (p; 1); T. montana (y; 1-2); Trifolium alpestre (p; ½-1); T. Lupinaster (p; 1-1½); T. uniflorum (b and p; ¼); Trollius europæus (y; ½-2); Tropæolum polyphyllum (y); T. speciosum (r); Tulipa Gesneriana (variable; 2); Veratrum nigrum (bk-p; 2-3); Vesicaria utriculata (y; 1); Vicia argentea (pi, spotted bk; 1); Viola cornuta (b); V. pedata (b or w); V. rothomagensis (b, striped bk); V. tricolor (p, w, or o-y; ¼-1½); Wahlenbergia Kitaibelii (p-b; ½); W. tenuifolia (v-b and w; ¼-½); Waldsteinia fragarioides (y); Zygadenus glaberrimus (w; 2).

SHRUBS.—Abutilon striatum (o-y; 10); Actinidia Kolomikta (w); A. volubilis (w); Adenocarpus hispanicus (y; 2-4); A. telonensis (y; 2-4); Æthionema coridifolium (pi-l; ½-¾); Æ. grandiflorum (pi; 1½); Æ. saxatilis (p; ¾); Ammodendron Sieversii (p; 2); Amorpha fruticosa (b-p; 6); Asclepias Douglasii (p-l; 2-3); Astragalus Tragacantha (v; 1½-3); Azalea nudiflora (variable; 3-4); Benthamia fragifera (w; 10-15); Berberis floribunda (y; 10); Bignonia capreolata (o; 20); Calceolaria alba (w; 1); Calophaca wolgarica (y; 2-3); Calycanthus occidentalis (r, sc; 6-12); Capparis spinosa (w and r; 3); Cassiope hypnoides (r and w; ¼); Ceanothus americanus (w); C. dentatus (b; 4-6); C. floribundus (b); Celastrus scandens (y); Clematis cærulea (v; 8) and vars.; C. florida (w; 10); C. Fortunei (w, sc; 10); C. graveolens (y; 15); C. lanuginosa (b; 10); C. virginiana (w, sc; 15-20); C. Viticella (b, p, or pi; 20); Colutea arborescens (y; 6-10); Convolvulus lanuginosus (y); Cornus sanguinea (g-w; 6-8); C. sericea (w; 5-8); C. stricta (w; 8-15); Cotoneaster vulgaris (r; 3-5); C. spinosa (y; 1); C. Umbilicus (y; ½); Cratægus Crus-galli ovalifolia (w; 10-20); C. C.-g. prunifolia (w; 15-20); C. nigra (w; 10-20); C. odoratissima (w, sc; 10-20); C. orientalis (w; 12-20); Cytisus hirsutus (y); Dabœcia polifolia (w, pi, or p; 1-2); Decumaria barbara (w; sc); Dendromecon rigida (y); Diervilla grandiflora (pi; 8); Dorycnium suffruticosum (w and r; 2); Dryas Drummondi (y); D. octopetala (w); Enkianthus campanulatus (g-w and r); Ephedra vulgaris (w; 1-2); Euonymus atropurpureus (p; 6-14); Halimodendron argenteum (p; 4-6); Helianthemum formosum (y and bk; 4); H. halimifolium (y; 3-4); H. vulgare (y); Hydrangea hortensis (variable; 2-3); H. paniculata grandiflora (w); Hypericum calycinum (y; 1); Iberis correæfolia (w; 1); I. saxatilis (w; ¼-½); I. sempervirens (w; ¾-1); Jasminum officinale (w, sc); Kalmia angustifolia (p or r; 2-3); K. latifolia (pi, varying to w; 3-10); Kerria japonica (o-y; 3-4); Laburnum alpinum (y; 15-20); L. vulgare (y; 20); Leucothoë racemosa (w; 4-10); Ligustrum Ibota (w); L. japonicum (w, sc; 6-8); L. Massalongianum (w, sc; 6); L. ovalifolium (w); Linnæa borealis (pi-w); Lithospermum prostratum (b and r-v); Lonicera Caprifolium (y and b, sc); L. flava (y, sc); L. Periclymenum (r); Lupinus arboreus (y, sc); Lycium afrum (v; 6-10); L. barbarum (p and y); Magnolia glauca (w, sc; 15); Margyricarpus setosus (g; 2-4); Neillia opulifolia (w; 5); Opuntia Engelmanni (y; 4-6); O. missouriensis (y); Osmanthus fragrans (y or w; 6-10); Passiflora cærulea (p, w, and b, sc); Philadelphus grandiflorus (w, sc; 6-10); P. hirsutus (w; 3); P. inodorus (w; 6); Phlomis ferruginea (y; 2-3); P. fruticosa (y; 2-4); Potentilla fruticosa (y; 2-4); Pyrus americana (w) and var.; P. arbutifolia (w or p-w; 2-10); P. Chamæmespilus (r; 5-6); Rhododendron ferrugineum (r and y; 1); R. hirsutum (r; 1-2); Rhus Cotinus (p or pi-c; 6-8); R. glabra (g-y or g-r; 5-18) and var.; R. Toxicodendron (g-y); R. typhina (g-y; 10-30); Robinia hispida (pi; 3-8); Rosa acicularis (pi-w; 8); R. alba (w or pi-w, sc; 4-7); R. alpina (pi or r; 3) and vars.; R. Banksiæ (w, sc; 20); R. blanda (pi; 1-3); R. canina (pi; 6-8) and vars.; R. centifolia (pi-p, sc; 3-6) and vars.; R. damascena (w or r, sc; 2-4) and

June (Hardy Shrubs)—*continued.*

vars.; R. gallica (r; 2-3); R. indica (r; 4-20); R. lucida (r; 1-2) and var.; R. lutea (y; 3) and var.; R. multiflora (w, pi, or p; 12) and vars.; R. rubiginosa (pi, sc; 5); R. rugosa (r; 4); R. sempervirens (w, sc) and vars.; R. sinica (w); R. spinosissima (w or pi; 1-4); Rubus australis (pi or w, sc); R. Chamæmorus (w; ¼-¾); R. laciniatus (w or pi); Salvia ringens (r-p; 1-2); Smilax rotundifolia (g); Solanum acanthodes (b-p; 3-6); Staphylea colchica (w; 3-5); S. pinnata (w; 6-12); Stuartia pentagyna (c; 10); Symphoricarpus occidentalis (pi-w); Tamarix parviflora (pi); Tecoma radicans (r; 25); Veronica carnosula (w); V. Lyallii (w and pi); V. pinguifolia (w; ¼-4); V. Traversii (w; 2½); Viburnum dentatum (w or pi; 5-10); V. dilatatum (w or pi; 10); V. macrocephalum (w or pi; 20); V. Opulus (w; 6-8); Wistaria chinensis (b); Yucca filamentosa (g-w; 4-8) and vars.; Zenobia speciosa (w; 2-4).

Half-hardy.—ANNUALS.—Ageratum mexicanum (b; 2); Calandrinia grandiflora (pi; 1); C. Menziesii (p-r; ¼); C. umbellata (m-r; ½); Grammatocarpus volubilis (y); Maurandya Barclayana (v-p and g); Mentzelia bartonioides (g-y); Nicotiana acutiflora (w; 1-2); N. suaveolens (w, sc; 1-2); N. Tabacum (pi; 4); Portulaca grandiflora (y-p; ½); Salpiglossis sinuata (p and y; 2) and vars.; Schizanthus Grahami (l or pi, and y; 2); Schizopetalon Walkeri (w; 1-2); Zinnia elegans and vars.

BIENNIALS.—Anarrhinum bellidifolium (w or b; 2); Anchusa capensis (b; 1½); Mathiola incana (p; 1-2).

PERENNIALS.—Adlumia cirrhosa (pi; 15); Alströmeria Pelegrina (w or y, striped pi; 1); Anarrhinum bellidifolium (w or b; 2); Anigozanthus coccineus (r; 5); Arctotis acaulis (y and r; ¼); Calceolaria arachnoidea (p; 1); C. Fothergillii (y, spotted r; ¼-½); Centaurea ragusina (y; 2); Commelina cœlestis (b; 1½); Conandron ramondioides (w, or pi and p; ½); Crocosmia aurea (o-r; 2); Erodium Reichardi (w and pi; ¼); Ferraria Ferrariola (g-br); Hedychium Gardnerianum (g-y, sc; 3-5); Heteranthera limosa (aq, v-b); Lilium giganteum (w; 4-10); L. japonicum (w; 1-2); Linum flavum (y; 1-1½); L. Macraei (o; 1); Lobelia fulgens (r; 1-2); L. splendens (r; 1-2); Maurandya scandens (p-v); Mazus pumilio (v); Moræa unguiculata (w and p-r; 1); Myosotis azorica (p, becoming b; ½-¾); Neja gracilis (y; 1); Nierembergia gracilis (w, p, and y; ½-1); Ophiopogon japonicus (w); Romneya Coulteri (w; 2-4); Scilla chinensis (pi-p; 1); Sisyrinchium iridifolium (y-w; ¼-1); Tigridia pavonia (o; 1-2); Tropæolum tricolorum (o-r, tipped bk and o); Verbena venosa (l or p; 2).

SHRUBS.—Calceolaria hyssopifolia (y; 1-2); C. scabiosæfolia (y); C. violacea (v, spotted; 2); Camellia japonica (variable; 20) and vars.; Cassia corymbosa (y; 6-10); Ceanothus integerrimus (w; 3-6); C. rigidus (p-b; 5-6); Ceratiola ericoides (br); Cistus albidus (p and y; 2); C. crispus (r-p; 2); C. heterophyllus (r and y; 2); C. hirsutus (w, marked y; 2); C. ladaniferus (w; 4) and var.; C. longifolius (w, marked y; 4); C. monspeliensis florentinus (w and y; 3); C. oblongifolius (w, spotted y; 4); C. obtusifolius (w, spotted y; 1-1½); C. psilosepalus (w, marked y; 2-3); C. purpureus (r-p; 2); C. rotundifolius (p, marked y; 1); C. vaginatus (pi; 2); C. villosus (r-p; 3); Clematis montana (w; 20); Cneorum pulverulentum (y; 1-3); Coronilla glauca (y, sc by day; 2-4); C. minima (y, sc; ½); Embothrium coccineum (o-r; 3); Escallonia macrantha (r; 3-6); Fuchsia macrostema globosa (p-v and p-r; 5-6); F. m. gracilis (p and r; 6-10); Gaylussacia frondosa (g-p; 3-6); G. resinosa (r; 1-3); Grindelia glutinosa (y; 2); Hudsonia ericoides (y; 1); Hydrangea quercifolia (w; 4-6); Hypericum empetrifolium (y; ½-1); H. Hookerianum (y; 2); Illicium anisatum (y-w; 4); I. floridanum (r; 8); Leycesteria formosa (w and p; 4-6); Linum arboreum (y; 1); Mitraria coccinea (r); Olearia dentata (pi-w); Ononis arragonensis (y; 1-2); Othonnopsis cheirifolia (y; ¾-1); Pentstemon cordifolius (r); Photinia serrulata (w; 10-20); Phygelius capensis (r; 3); Pittosporum undulatum (w; 10); Rhododendron Dalhousiæ (w or pi-w; 6-8); R. lepidotum (y or r; 2-4); R. Maddeni (w; 6-8); Salvia oppositiflora (r; 2); Sutherlandia frutescens (r; 3); Tecoma australis (y-w, tinged p or r); Veronica Hulkeana (l; 1-3); Yucca Whipplei violacea (v; 4-12); Zauschneria californica (r; 1).

June (Half-hardy Shrubs)—*continued.*

Tender.—ANNUALS. — Begonia humilis (i-h, w; 1); Browallia demissa (c-h, b, r, or p; ½-1); B. Jamesoni (c-h, o; 4); Heliotropium indicum (st, b; 1); Impatiens Balsamina (st, r; 1-2); Martynia fragrans (c-h, r-p and y, sc; 2); Waitzia aurea (c-h, o-y; 1-2); W. nivea (c-h, w, pi, or y; 1½).

BIENNIAL.—Cleome rosea (pi; 1½).

PERENNIALS.—Acanthophippium bicolor (st, p and y; ¾); A. Curtisii (st, pi and p; ¾); Achimenes grandiflora (i-h, v-p; 1½); Actinotus helianthi (c-h, w; 2); Æchmea discolor (st, r; 2); Æ. Mariæ Reginæ (st, b; 2); Aerides cylindricum (st, w and pi; 1); Æschynomene sensitiva (st, w; 3-6); Agalmyla staminea (st, r; 2); Agapanthus umbellatus (c-h, b; 2-3); Albuca aurea (c-h, y; 2); A. Nelsoni (c-h, w, striped r; 4-5); Allamanda Aubletii (st, y; 10); A. cathartica (st, y); A. chelsoni (st, y); A. grandiflora (st, y; 12); A. neriifolia (st, y); Anchomanes Hookeri (st, w; 3); Antholyza caffra (c-h, r; 2); A. Cunonia (c-h, r and bk; 2); Arisæma concinna (c-h, w, and g or p; 1-2); Arthropodium pendulum (c-h, w; 1½); Babiana disticha (c-h, b, sc; ½); B. plicata (c-h, v-b, sc; ½); B. ringens (c-h, r; ½-¾); Bæa hygrometrica (c-h, b; ½); Batatas paniculata (i-h, p); Begonia acutiloba (i-h, w); B. amabilis (i-h, pi or w; ¾); B. amœna (i-h, pi; ¼); B. boliviensis (i-h, r; 2); B. Bruantii (i-h, w or p); B. Chelsoni (i-h, o-r; 2); B. Clarkii (i-h, r); B. coriacea (i-h, pi; ¾); B. Davisii (i-h, r; ½); B. Dregii (i-h, w; 1); B. echinosepala (i-h, w; 1½); B. eximia (i-h, p and r); B. geranifolia (i-h, r and w; 1); B. geranioides (i-h, w; 1½); B. hydrocotylifolia (i-h, pi; ½); B. imperialis (i-h, w; 3); B. malabarica (i-h, pi; 2); B. maxima (i-h, w); B. monoptera (i-h, w; 1-2); B. Pearcei (i-h, y; 1); B. prismatocarpa (st, o and y; 3); B. Richardsiana (i-h, w; 1); B. rosæflora (i-h, pi); B. rubricaulis (i-h, w and pi; 1); B. rubro-venia (i-h, w; 1-1½); B. strigillosa (i-h, pi; ¾); B. Sutherlandi (i-h, o-r; 1-2); B. Thwaitesii (st, w; ½); B. Veitchii (i-h, r; 1); B. xanthina (i-h, y; 1); Bifrenaria Hadwenii bella (st, y; 1½); Blandfordia aurea (st, o-y; 1-2); B. Cunninghamii (st, br-r and y; 3); B. flammea (st, y; 2) and vars.; Boucerosia maroccana (c-h, r-p and y; ¼); Brassia Lawrenceana (i-h, y, spotted br and g; 1); B. maculata (i-h, y, spotted br and y; 1); B. verrucosa (i-h, g, spotted bk-p and w); Bromheadia palustris (st, w, streaked p; 2); Broughtonia sanguinea (st, p-r; 1½); Brunsvigia Cooperi (c-h, y, edged r; 1½); B. Josephineæ (c-h, r; 1½); B. multiflora (c-h, r; 1); Bulbophyllum Lobbi (i-h, y); Burbidgea nitida (st, o-r; 2-4); Calanthe Masuca (i-h, v and v-p; 3-4); C. veratrifolia (i-h, w; 2-3); Calochilus paludosus (c-h, g and br; ¾); Campanea grandiflora (st, w and r; 2); Canistrum aurantiacum (st, o-y); Canna Annæi (st, salmon; 6) and vars.; C. indica (st, y and r; 3-6); Catasetum callosum (st, br-y; 1); Cattleya citrina (i-h, y, sc; ½-¾); C. intermedia (i-h, variable; 1); C. Mossiæ (i-h, pi, &c; 1) and vars.; C. superba (st, pi and r; ¾); C. Wageneri (i-h, w and y); Centrosolenia picta (st, w; 1); Ceropegia Sandersoni (c-h, g, veined); Chironia floribunda (c-h, p; 2); Chysis aurea (st, y and r) and vars.; C. lævis (st, y and o, blotched r); Cineraria cruenta (c-h, r-p; 2) and vars.; Cirrhopetalum Medusæ (st, straw, dotted pi); C. Thouarsii (st, o and y, dotted r); Cœlia Baueriana (st, w, sc; 1); Cœlogyne asperata (st, c, br, and y; 2); C. pandurata (st, g and bk, sc; 1½); C. Schilleriana (i-h, y and p; ½); C. speciosa (i-h, w, br or g, y, and r; 1½); C. viscosa (i-h, w and br; 1); Convolvulus mauritanicus (c-h, b and w); Crassula Bolusii (c-h, pi-w; ¼-½); Crinum amabile (st, r, sc); C. cruentum (st, r); C. giganteum (st, w, sc); C. purpurascens (st, p-r); Cycnoches barbatum (st, g-w and pi); C. chlorochilum (st, y-g, sc; 2);

June (Tender Perennials)—*continued.*

Cypripedium barbatum (*st*, *p* and *w*; 1) and vars.; C. Dayanum (*st*, *w*, *p*, and *g*); C. Hookeræ (*st*, *y*, *br*, and *pi-p*); C. Parishii (*st*, *g-w* and *p*; 2); C. superbiens (*st*, *w* and *br*); Dendrobium albo-sanguineum (*st*, *w* and *r*); D. Bensoniæ (*c-h*, *w*, *o*, and *bk*); D. chrysotis (*st*, *y* and *p*); D. clavatum (*st*, *y* and *r*); D. crystallinum (*st*, *w*, *o*, *p*, and *pi*); D. erythroxanthum (*st*, *o* and *p*); D. formosum (*st*, *w* and *o*); D. infundibulum (*st*, *w*); D. longicornu majus (*st*, *w*); D. MacCarthiæ (*st*, *b* and *p*); D. moschatum (*st*, *w*, *y*, *pi*, and *bk-p*); D. Parishii (*st*, *p-pi*, *pi*, and *w*); D. suavissimum (*st*, *y* and *br-p*, *sc*); Dichorisandra leucophthalmus (*st*, *b-p* or *w*; 1-1½); D. thyrsiflora (*st*, *b*; 4); Disa grandiflora (*c-h*, *pi*, *r*, and *y*; 2-3) and var.; Drosera binata (*c-h*, *w*; ½); D. capensis (*c-h*, *p*; ½); Eichhornia crassipes (*st*, *v*); Epidendrum alatum majus (*c-h*, *y*); E. atropurpureum (*c-h*, *pi* and *p*; ½-1); E. bicornutum (*st*, *w* and *r*); E. falcatum (*st*, *g-y* and *y*, *sc*); E. prismatocarpum (*c-h*, *y-g*, *bk*, *p*, and *w*); Episcia villosa (*st*, *w* and *p*; 1-1½); Fragaria indica (*c-h*, *y*); Galaxia ovata (*c-h*, *y*); Galeandra Baueri lutea (*st* *y* and *p*; ½); Gesnera discolor (*st*, *r*; 2); G. Donkelaariana (*st*, *r*; 1-2); G. nægelioides (*st*, *pi*, *r*, and *y*); Gladiolus blandus (*c-h*, *w* and *r*; ½-2); G. cuspidatus (*c-h*, variable; 2-3); G. psittacinus (*c-h*, *r*, *y*, *g*, and *p*; 3); Gloriosa superba (*st*, *o* and *r*; 6); Gloxinia maculata (*st*, *p-b*; 1); Goodyera macrantha (*c-h*, *pi*); Grammangis Huttoni (*st*, *br*); Grammatophyllum multiflorum (*st*, *g*, *br*, and *p*; 2); Griffinia dryades (*i-h*, *p-l* and *w*; 1½); G. hyacinthina (*i-h*, *b* and *w*); G. ornata (*i-h*, *b-l*; 1-1½); Guzmania tricolor (*st*, *w*, *y-g*, *bk-p*, and *r*); Hæmanthus puniceus (*c-h*, *o-r*; 1); Hedychium angustifolium (*st*, *r*; 3-6); Hesperantha radiata (*c-h*, *w*; ½); Hessca crispa (*c-h*, *pi*; ¼); Hibiscus militaris (*c-h*, *pi*; 2-4); Hypoxis stellata (*c-h*, *w* and *b*; ¾); Imantophyllum miniatum (*c-h*, *o*; 1-2); Impatiens Jerdoniæ (*st*, *y* and *r*; ¾); I. Sultani (*st*, *r*; 1); Ixia odorata (*c-h*, *y*, *sc*; 1); I. speciosa (*c-h*, *r*; ½); I. viridiflora (*c-h*, *g*; 1); Kæmpferia ornata (*st*, *y* and *o*); Kennedya prostrata (*c-h*, *r*); K. p. Marryattæ (*c-h*, *r*); Lælia anceps Warnerii (*i-h*, *pi* and *r*); L. majalis (*c-h*, *l*, *r-p*, and *w*); L. purpurata (*i-h*, *w* and *p-r*); L. p. Williamsii (*i-h*, *pi* and *r*); Limnocharis Plumieri (*i-h* *aq*, *y*; 1½); Littonia modesta (*c-h*, *o*; 2-6); Lobelia Erinus (*c-h*, *b*, and *w* or *y*; ½); Lotus jacobæus (*c-h*, *p* and *y*; 1-3); Lycaste cristata (*i-h*, *w* and *p*); Lycoris Sewerzowi (*c-h*, *br-r*, *sc*; 1); Mammillaria clava (*c-h*, *y*, *g*, and *r*; 1); Manulea rubra (*c-h*, *y*; 1-2); Marica cærulea (*st*, *b*, *y*, *br* and *o*; 2); M. gracilis (*i-h*, *w* or *b*, and *r-br*; 2); M. Northiana (*st*, *w*, *y*, *r*, and *b*; 4); Miltonia cuneata (*i-h*, *br*, *w*, *y-g*, and *pi*; 1); M. flavescens (*i-h*, *y* and *r*); Mimosa pudica (*st*, *r*; 1); Mirabilis Jalapa (*c-h*, variable, *sc*; 2); Moltkia petræa (*c-h*, *pi-p*, becoming *v-b*; ½-¾); Musschia aurea (*c-h*, *y*; 1-2); Nelumbium speciosum (*c-h* *aq*, *w*, *sc*); Nerine sarniensis venusta (*c-h*, *r*); Nymphæa Devoniensis (*st* *aq*, *pi-r*); N. gigantea (*i-h* *aq*, *b*); N. Lotus (*st* *aq*, *r* or *w*); N. scutifolia (*i-h* *aq*, *b*, *sc*); N. stellata (*st* *aq*, *b*, *sc*); N. s. zanzibarensis (*st* *aq*, *b*); N. thermalis (*st* *aq*, *w*); Odontoglossum crispum (*c-h*, *w*, *y*, and *r-br*); O. hastilabium (*c-h*, *c-w*, *br*, and *w*, *sc*); O. maxillare (*i-h*, *w*, *o*, and *p-br*); Oncidium ampliatum (*st*, *y*); O. annulare (*i-h*, *br* and *y*); O. barbatum (*st*, *y* and *br*); O. Cebolleta (*st*, *y-r*); O. concolor (*i-h*, *y*); O. cornigerum (*i-h*, *y* and *r*); O. cucullatum (*c-h*, *br-p* and *pi-p*); O. divaricatum (*i-h*, *y* and *br*); O. macranthum (*i-h*, *y* and *p-br*); O. Wentworthianum (*c-h*, *g-y* and *br*); Ornithogalum thyrsoides (*c-h*, *y*; ½-1½); Ottelia ovalifolia (*st* *aq*, *g* and *y*); Oxalis lasiandra (*c-h*, *r*; ¾-1½); Pelargonium Bowkeri (*c-h*, *p* and *y*; 1); P. fissum (*c-h*, *pi*; 1); P. glauciifolium (*c-h*, *bk-p*, edged *g-y*, *sc*); P. oblongatum (*c-h*, *p-c*; ½); Pelecyphora aselliformis (*c-h*, *w* and *pi*; ¼); Phaius Marshalliæ (*st*, *w* and *y*; 2); Phalænopsis Aphrodite (*st*, *w*, *r*, *o*, and *y*); Pilea microphylla (*st*, *g*; ½); Pitcairnia Karwinskiana (*st*, *r*); P. xanthocalyx (*st*, *y*); Plagiolirion Horsmanni (*st*, *w*); Ranunculus Lyalli (*c-h*, *w*; 2-4); Renanthera coccinea (*i-h*, *p-r*); Rhoeo discolor (*st*, *b* or *p*); Richardia africana (*c-h*, *w*; 2); R. albo-maculata (*c-h*, *g-w*; 2); R. melanoleuca (*c-h*, *w* and *p*; 1½); Rivina

June (Tender Perennials)—*continued.*

humilis (*st*, *w-pi*; 1-2); R. lævis (*st*, *w-pi*; 7-8); Saccolabium curvifolium (*st*, *r*; ½-1); S. rubrum (*st*, *pi*; ¾); S. Turneri (*st*, *l*); Salvia cacaliæfolia (*c-h*, *b*; 3); S. ianthina (*c-h*, *v-p*; 2); Scutellaria costaricana (*st*, *p* and *r*; 1½-3); Senecio pyramidalis (*c-h* *y*; 2); Sinningia concinna (*st*, *p* and *y*); S. conspicua (*st*, *y* and *p*; 1); S. Youngiana (*st*, *v* or *p*; 1-1½); Siphocampylos Humboldtianus (*st*, *r*; 3); Sobralia macrantha (*st*, *p* and *r*, *sc*; 6-8); Solanum sisymbriifolium (*c-h*, *b* or *w*; 4); Sonchus gummifer (*c-h*, *y*; 2-3); Sonerila Bensoni (*st*, *pi-p*); S. margaritacea (*st*, *pi*) and var.; Sparaxis pendula (*c-h*, *l*; 4); Spiranthes cinnabarina (*st*, *y-pi*; 2-3); Sprekelia formosissima (*c-h*, *r* or *w*; 2); Stachys coccinea (*c-h*, *r*; 1-2); Stapelia Asterias (*c-h*, *v*, *y*, and *p*; ½); Streptocarpus Dunnii (*i-h*, *r-pi*; 1); S. parviflora (*c-h*, *w* and *p*); S. Rexii (*st*, *b*; ½); S. Sandersii (*st*, *b*; 1); Stylidium spathulatum (*c-h*, *y*; ½); Tacca integrifolia (*st*, *g*, *p*, and *y*); T. pinnatifida (*st*, *p*); Talauma pumila (*st*, *c*, *sc*; 2-4); Thunbergia erecta (*st*, *b*, *o*, and *y*; 6) and var.; Thysanotus tuberosus (*c-h*, *p*); Torenia asiatica (*st*, *b* and *v*); T. flava (*st*, *y* and *p*; ½-¾); T. Fournieri (*st*, *v*, *l*, and *y*; ½-¾); Trichinium Manglesii (*c-h*, *w* or *p*; ½-1); Trichopilia crispa (*c-h*, *p*, *w*, and *r*); T. marginata (*c-h*, variable); Tritonia crocata (*c-h*, *y*; 2); Tropæolum Jarrattii (*c-h*, *o-r*, *y*, and *b*); T. peregrinum (*c-h*, *y*); Turnera ulmifolia (*st*, *y*; 2-4); Vanda insignis (*st*, *br*, *y-w*, *w*, and *pi-p*); V. Parishii (*st*, *g-y*, *m*, *w*, &c., *sc*); V. Roxburghii (*st* *g*, *v-p*, and *w*); V. teres (*st*, *w*, *pi-m*, &c.); Vinca rosea (*i-h*, *pi* or *w*); Wahlenbergia tuberosa (*c-h*, *w* and *pi*; ½-2); Warrea tricolor (*st*, *y*, *p*, and *w*); Watsonia densiflora (*c-h*, *pi*; 1½-2); Zebrina pendula (*i-h*, *w* and *pi-p*); Zygopetalum cœleste (*c-h*, *b*, *p*, *m*, &c.; 1¼-1½).

SHRUBS.—Acacia pulchella (*c-h*, *y*; 2-3); A. vestita (*c-h*, *y*; 4); Acæna microphylla (*c-h*, *g*; ¼); Acmadenia tetragona (*c-h*, *w*; 1-2); Acmena floribunda (*c-h*, *w*; 4); Acrophyllum venosum (*c-h*, *pi-w*; 6); Actinocarpus minor (*c-h* *aq*, *w*; ½); Adamia cyanea (*c-h*, *w* or *pi*; 6); A. sylvatica (*c-h*, *b*; 6); Adenandra amœna (*c-h*, *w* and *r*; 1-2); A. marginata (*c-h*, *pi-w*; 1-2); A. umbellata (*c-h*, *pi*; 1-2); A. uniflora (*c-h*, *w* and *pi*; 1-2); A. villosa (*c-h*, *pi*; 1-2); Adenanthos barbigera (*c-h*, *r*; 7); Adesmia microphylla (*c-h*, *y*; 1-2); Æschynanthus cordifolius (*st*, *r*, striped *bk*, and *o*; 1); Æ. Lobbianus (*st*, *r*; 1); Æ. longiflorus (*st*, *r*; 2); Æ. miniatus (*st*, *r*; 1½); Æ. pulcher (*st*, *r*; 1); Æ. speciosus (*st*, *o*; 2); Æ. splendidus (*st*, *r*, spotted *bk*; 1); Alonsoa incisifolia (*c-h*, *r*; 1-2); Amphilophium paniculatum (*st*, *pi*; 6); Anthospermum æthiopicum (*c-h*, *w*; 2-3); Ardisia crenulata (*st*, *r-v*; 3-6); A. japonica (*st*, *w* and *r*; 1); Argyreia cymosa (*st*, *pi*; 10); Artabotrys odoratissimus (*st*, *r-br*, *sc*; 6); Asystasia macrophylla (*st*, *pi-p*; 8-20); Babingtonia Camphorasmæ (*c-h*, *pi-w*; 7); Barleria flava (*st*, *y*; 3); Barosma serratifolia (*c-h*, *w*; 1-3); Bauhinia corymbosa (*st*, *pi*); B. variegata (*st*, *r*, *w*, and *y*; 20); Beaumontia grandiflora (*st*, *w*); Befaria glauca (*c-h*, *pi-w*; 3-6); Begonia cinnabarina (*st*, *r*; 2); B. coccinea (*st*, *r*; 2); B. Evansiana (*c-h*, *pi*; 2); B. falcifolia (*st*, *r*; 1-2); B. foliosa (*st*, *w*, tinged *pi*); B. fuchsioides (*st*, *r*); B. Ingramii (*c-h*, *pi*; 2); B. Kunthiana (*st*, *w*); B. maculata (*st*, variable); B. nitida (*st*, *pi*; 4-5); B. platanifolia (*st*, *pi-w*; 5-6); Berzelia lanuginosa (*c-h*, *w*; 1-2); Bignonia Cherere (*i-h*, *o*; 10); B. magnifica (*i-h*, *m*, or *p-r*); B. variabilis (*i-h*, *g-y*; 10); Billardiera longiflora (*c-h*, *g-y*, turning *p*); B. scandens (*c-h*, *c*, turning *p*; 10); Boronia Drummondi (*c-h*, *pi*; 2); Bougainvillea glabra (*c-h*, *pi*); B. speciosa (*c-h*, *l*); Brunfelsia americana (*st*, *y*, turning *w*, *sc*; 4-6); B. eximia (*st*, *p*, *sc*; 2½); Canavalia ensiformis (*st*, *w* and *r*); Capparis odoratissima (*st*, *v*, *sc*; 6); Cassinia denticulata (*c-h*, *y*; 6-8); Catesbæa latifolia (*st*; 4-5); Celastrus lucidus (*c-h*, *w*; 1-3); Cephaelis tomentosa (*st*, *br*; 4); Cereus grandiflorus (*st*, *y*, *br*, and *w*); Cestrum elegans (*c-h*, *p-r*); Chloanthes stœchadis (*c-h*, *g-y*; 2); Chorizema diversifolium (*c-h*, *o-r*; 2); C. Henchmannii (*c-h*, *r*; 2); C. ilicifolium (*c-h*, *y*; 3) and var.; C. varium (*c-h*, *y* or *r*; 4); Chrysocoma Coma-aurea (*c-h*,

June (Tender Shrubs)—*continued.*

y; 2); Cleome gigantea (st, w-g, 6-12); Clerodendron splendens (st, r; 6); C. s. speciosissima (st, r); C. squamatum (st, r; 10); Cobæa scandens (c-h, p; 20); Columnea aurantiaca (st, o; 1); Combretum grandiflorum (st, r); C. racemosum (st, w); Cotyledon coruscans (c-h, o; 1-2); Cowania plicata (c-h, r; 1-2); Crassula coccinea (c-h, r; 1-3); C. falcata (c-h, r or w; 3-8); C. versicolor (c-h, r and w); Crotalaria Cunninghamii (c-h, y-g and p; 3); Crowea saligna (c-h, pi; 1-2); Cytisus canariensis (c-h, y); Daphne indica (c-h, r or w; 4); Darwinia fimbriata (c-h, pi; 1-2); D. macrostegia (c-h, w, y, and r; 2-3); Diosma ericoides (c-h, w and r; 1-3); Dipladenia amabilis (st, pi-r; 10); D. boliviensis (st, w and y); Discaria serratifolia (c-h, g-w, sc; 6-10); Doryanthes excelsa (c-h, r; 8-16); Dracophyllum capitatum (c-h, w; 1-1½); D. gracile (c-h, w, sc); Drosophyllum lusitanicum (c-h, y); Duvalia polita (c-h, br-p, br or r, and o); Echium fastuosum (c-h, b; 2-4); Elæocarpus grandiflora (st, y, r, and w; 7); Enkianthus himalaicus (c-h, y-r and r; 20); E. quinqueflorus (c-h, r and pi-w; 3-10); Epacris longiflora (c-h, r and w; 2-4); Erica Aitonia (c-h, r or w; 2); E. Beaumontiana (c-h, w and p; 1); E. Bergiana (c-h, p; 1½); E. Candolleana (c-h, pi-r and w); E. Cavendishiana (c-h, y; 1½); E. cerinthoides (c-h, r; 3); E. colorans (c-h, r, varying to w; 2); E. Devoniana (c-h, p); E. elegans (c-h, pi and g; ½-1); E. eximia (c-h, r and g; 2); E. Fairieana (c-h, pi and w); E. grandiflora (c-h, y; 3); E. hybrida (c-h, r); E. Irbyana (c-h, w and r; 1-2); E. jasminiflora (c-h, r; 1-2); E. Lambertiana (c-h, w; 1-2); E. McNabiana (c-h, pi-r and w); E. odorata (c-h, w, sc; 1); E. Parmentieriana (c-h, r-p; 1); E. primuloides (c-h, pi-p; 1); E. Savileana (c-h, r or p-r; 1); E. Shannoniana (c-h, w and p; 1-2); E. tricolor (c-h, r, w, and g-y; 2); E. Victoria (c-h, p and w); E. Westphalingia (c-h, pi-r); Eriostemon buxifolius (c-h, pi; 1-2); E. scaber (c-h, w and pi; 1½); Fuchsia corymbiflora (c-h, r; 4-6); F. dependens (c-h, r; 2-4); F. fulgens (c-h, r; 4-6); F. splendens (c-h, r and g; 6); F. thymifolia (c-h, r; 4-6); Gaultheria ferruginea (c-h, pi); Gomphocarpus fruticosus (c-h, w; 5-7); Gompholobium grandiflorum (c-h, y; 2); G. polymorphum (c-h, r, y, and p); G. venustum (c-h, p; 1-3); Goodia lotifolia (c-h, y and r; 2-4); G. pubescens (c-h, y and r; 1-3); Grevillea acanthifolia (c-h, r; 4); G. robusta (c-h, o; 5); G. rosmarinifolia (c-h, r; 4); Guettarda odorata (st, r, sc at night; 6-10); Gustavia insignis (st, c-w and pi; 3-4); Hakea cucullata (c-h, r; 4); H. nitida (c-h, w; 6-8); H. suaveolens (c-h, w; 4); Heliotropium corymbosum (c-h, l; 4); Hermannia flammea (st, o or r; 1-3); Hibbertia dentata (c-h, y); H. perfoliata (c-h, y); Hovea elliptica (c-h, b; 2-4); Hoya carnosa (i-h, pi-w); H. Cumingiana (st, g-y or w, and p-br); H. imperialis (st, r-br); H. pallida (st, y or y-w, and pi, sc); H. Shepherdi (st, w and pi; 3); Hypericum balearicum (c-h, y; 1-2); Hypocalyptus obcordatus (c-h, p; 1-2); Indigofera australis (c-h, pi; 3-4); Iochroma fuchsioides (c-h, o-r; 5); I. lanceolata (c-h, p-b; 4-5); Ixora chelsoni (st, o-pi); I. coccinea (st, r; 3-4); I. javanica (st, o; 3-4); Jasminum grandiflorum (i-h, w); J. Sambac (st, w, sc); Jatropha podagrica (st, o-r; 1½); Justicia ventricosa (st, pi; 3); Lachnæa buxifolia (c-h, w; 2); L. purpurea (c-h, p; 2); Lagerströmia indica (st, pi; 6-10); Leschenaultia biloba (c-h, b; 1); L. formosa (c-h, r; 1); Leucopogon verticillatus (c-h, w or pi; 3-6); Lippia citriódora (c-h, w; 3); Lonicera sempervirens (c-h, r and y); Luculia Pinceana (c-h, w, sc); Melianthus major (c-h, br; 4-6); Mesembryanthemum blandum (c-h, w, becoming pi or r; 1); M. candens (c-h, w); M. coccineum (c-h, r); M. densum (c-h, pi; ¼); M. inclaudens (c-h, p-pi; 1½); M. spectabile (c-h, r; 1); M violaceum (c-h, pi-w to v; 1-2); Mimulus glutinosus (c-h, br or pi; 5); Myrsiphyllum asparagoides (i-h, g or w); Myrtus Luma (c-h, w; 3); Nerium Oleander (c-h, r; 6-14); Opuntia arborescens (c-h, p; 5); O. braziliensis (c-h, g-y; 10-30); O. echinocarpa (c-h, g-y); O. multiflora (c-h, y); O. vulgaris (c-h, g-y; 2); Oxylobium Callistachys (c-h, y; 3-4); O. ellipticum (c-h, y; 2-3); Pachypodium succulentum (st, r and w); Passiflora alata (st, r, p, and w, sc); P. cæruleo-racemosa (c-h, p); P. coccinea (st, r and o); P. Hahnii (c-h, w and y); P. racemosa (st, r); Pelargonium ardens (c-h, r; 1-1½); P. comptum (c-h, pi and p); P. echinatum (c-h, w spotted r, or p; 1); P. fragrans (c-h, w and r; 2); P. ignescens (c-h, r; 1½); Pentarhaphia floribunda (st, r); P. libanensis (st, r; ¼); Pentas carnea (st, pi-w; 1½); Pergularia odoratissima (st, g-y, sc); Persoonia ferruginea (c-h, y; 2-3); P. rigida (c-h, y; 3-4); Petræa arborea (st, v-b; 12); Phænocoma prolifera (c-h, r; 4); Philesia buxifolia (c-h, r; 4); Phyllanthus Chantrieri (st, r and y); P. pallidifolius (st, y and r); Phyllocactus Ackermanni (st, pi); P. phyllanthoides (st, pi and w; 1-3); Pimelea rosea (c-h, pi or w; 2); Pitcairnia aphelandræflora (st, r); Pleroma elegans (st, b; 5); Plumbago capensis (i-h, b; 2); Podalyria calyptrata (c-h, p; 6); Podanthes geminata (st, o-y and r-p); Pomaderris apetala (st, g; 3-6); Portlandia platantha (st, w; 3); Prostanthera violacea (c-h, b-p; 4); Protea pulchella (c-h, r; 3); Psoralea aculeata (c-h, b and w; 2-3); P. pinnata (c-h, b; 3-6); Pultenæa stricta (c-h, y; 1-3); Quisqualis indica (st, variable); Rafnia triflora (c-h, y; 2-4); Randia macrantha (st, y; 9-30); Rhododendron campylocarpum (c-h, y; 6); R. Edgeworthii (c-h, w, sc); R. javanicum (c-h, o and r; 4); R. lanatum (c-h, y-w and r); R. Thomsoni (c-h, r and g; 6-10); Rhodomyrtus tomentosa (c-h, pi; 5); Rhus succedanea (c-h, g-y; 10-15); Rondeletia amœna (st, pi and o-y; 4); R. cordata (st, pi; 4); R. Purdiei (st, y, sc; 4); Ruellia macrophylla (i-h, r; 3-4); Salvia albo-cærulea (c-h, w and b; 3); S. Goudotii (c-h, r; 2); S. Grahami (c-h, p-b; 2); S. Heerii (c-h, r; 2-3); S. rutilans (c-h, r; 2-3); Sanchezia nobilis (st, r and y; 1-3) and var.; Sarmienta repens (c-h, r); Scutellaria Hartwegi (st, r and v; 1); S. Mociniana (st, r and y; 1½); Selago Gillii (c-h, pi; ½); Sempervivum canariense (c-h, w; ½); S. tabulæforme (c-h, y; 1); Senecio argenteus (c-h, y; 1-2); S. macroglossus (c-h, y); Solandra viridiflora (st, g; 2-3); Solanum atropurpureum (c-h, p and y); S. Capsicastrum (c-h, w; 1-2); S. giganteum (c-h, b; 10-25); S. jasminoides (c-h, b-w) and var.; S. marginatum (c-h, w and p; 3-4); S. maroniense (st, b-v; 6-14); S. Pseudo-capsicum (c-h, w; 4); S. pyracanthum (c-h, b-v; 3-6); S. Seaforthianum (st, r or l); Sophora secundiflora (c-h, v; 6); Sphæralcea miniata (c-h, r; 1); Stachytarpheta mutabilis (st, r; 3); Steriphoma cleomoides (i-h, y; 6); Streptosolen Jamesonii (c-h, o; 4); Strobilanthes anisophyllus (st, l; 2-3); Tabernæmontana Barteri (st, w; 6); Tacsonia insignis (i-h, r, v-r, and w); Talinum Arnotii (c-h, y); Teucrium fruticans (c-h, b; 2-3); Ursinia pulchra (c-h, o; 1); Vaccinium leucobotrys (c-h, w); Witsenia corymbosa (c-h, p-b); Xanthosia rotundifolia (c-h, w; 1-2); Yucca aloifolia (c-h, w; 15-20); Y. Treculeana (c-h, w; 20-25).

JULY.—Hardy.—ANNUALS.—Acroclinium roseum (pi; 1-2) and vars.; Agrostemma cœli-rosa (pi, w, or p; 1); Amarantus hypochondriacus (r; 4-5); A. speciosus (r-p; 3-5); Anagallis grandiflora (b and r; ¼); Androsace carnea (pi; ¼); A. lanuginosa (pi; ½-¾); A. Vitaliana (y; ¼); Argemone albiflora (w; 1); Bartonia albescens (y; 1-4); Bellium bellidioides (w; ¼); Blumenbachia insignis (w and r-y; 1); Brachycome iberidifolia (b or w; 1); Calendula maderensis (o; 2); C. officinalis (o; 3); Callistephus chinensis (p; 2); Campanula Erinus (b-pi or w; ¼-¾); Castilleja coccinea (y and r; 1); Centaurea Cyanus variable; 2-3); C. suaveolens (y, sc; 1½); Centranthus macrosiphon (pi; 2); Cerinthe major (y and p; 1); C. retorta (y and v; 1½); Chlora perfoliata (y; 1); Chrysanthemum coronarium (y; 4); C. segetum (y; 1½); Clarkia elegans (r; 2); C. pulchella (p; 1½-2); Collinsia grandiflora (p and b; 1); Collomia coccinea (r; 1-1½); C. grandiflora (r-y; 1½-2); Convolvulus tricolor (y, b, and w; 1); Coreopsis Drummondi (y and r-br; 1); Delphinium Ajacis

July (Hardy Annuals)—*continued.*

(b, r, or w; 1-1½); Downingia elegans (b and w; ½); D. pulchella (b and y; ½); Drosera rotundifolia (w; ¼); Erysimum Perofskianum (r-o; 1); Eschscholtzia californica (y; 1½); E. c. crocea (o; 1); Eucharidium concinnum (l-p; 1); Fedia Cornucopiæ (r; ½); Fumaria capreolata (w and p; 4); Gilia capitata (b; 1-2); G. liniflora (w; 1); G. micrantha (pi; ¾); Helianthus annuus (y; 6); Heliotropium convolvulaceum (w, sc; 2); Iberis coronaria (w; 1); I. umbellata (variable; ½-1); Ionopsidium acaule (l, or w and v; ¼); Ipomœa purpurea (p; 10); Lasthenia glabrata (y; ¾-1½); Lathyrus grandiflorus (pi); L. odoratus vars.; Lavatera trimestris (pi; 3-6); Limnanthes Douglasii (y and w, sc; ¾); Linaria reticulata (p, and y or br; 2-4); L. spartea (y); Linum grandiflorum (pi; ½-1); Loasa prostrata (y); L. vulcanica (w; 2); Lopezia coronata (pi-p; 1½); Lunaria annua (v-l; 1½-3); Lupinus luteus (y, sc; 1-1½); L. nanus (l and b; 1); Malcolmia maritima (l, pi, r, or w; ½-1); Malope trifida (p or w; 1); Mathiola annua (variable; 1-2); Mesembryanthemum crystallinum (w); Nemesia cynanchifolia (l-b; 1½-2); N. floribunda (w and y, sc; 1); Nemophila insignis (b; 1½); N. maculata (w and v-p; ½); N. Menziesii (w to b; ¼); Nicandra physaloides (b; 2); Nigella damascena (w or b; 1-2); N. hispanica (b; 1-2); N. orientalis (y and r; 1½); Nolana lanceolata (b, w, and g; ½); N. paradoxa (v); N. tenella (b); Nonnea rosea (pi; ½-1); Œnothera amœna (pi and r; 1-2); Œ. bistorta Veitchiana (y and r); Œ. Whitneyi (pi-r and r; 1-1½); Œ. varieties; Omphalodes linifolia (w; ½-1); Oxalis stricta (y; 1½); O. valdiviensis (y and r; ½-¾); Papaver alpinum (y; ½); P. nudicaule (o, y, or w; ¾-1½); P. orientale (r, spotted p; 2-3) and vars.; P. pilosum (r or o, and w; 1-2); P. Rhœas (r; 1) and vars.; P. somniferum (variable; 3-4); Phacelia viscida (b and p; 1); Podolepis aristata (y and pi; 1); Ranunculus anemonoides (pi-w; ¼-½); R. parnassifolius (w or p-w; ¼-½); Reseda odorata (y-w, sc) and vars.; Sabbatia calycosa (w; ½-1¾); S. campestris (pi; 1); Salvia coccinea (r; 2); Saponaria calabrica (p; ½-1); Scabiosa atropurpurea (r, sc; 2-3); Schizanthus pinnatus (variable; 2); Sedum cœruleum (b; ¼); S. sempervivoides (r; ¼-¾); Silene Atocion (pi; ½-1); S. pendula (pi-w); Sonchus gummifer (y; 2-3); Statice Suworowi (l); Tagetes erecta (y; 2); Tropæolum peregrinum (y); Vesicaria grandiflora (y; 1); Wahlenbergia hederacea (b); Xeranthemum annuum (p; 2).

BIENNIALS.—Anagallis fruticosa (r; 2); Bartonia albescens (y; 1-4); Campanula Medium (b, p, and w; 1-4); Dianthus chinensis (variable; ½-1); Digitalis purpurea (p, varying to w; 3-5); Glaucium flavum (y; 1-2); Grindelia grandiflora (y or o; 2½-3); Hesperis tristis (w, c, br-r, or p, sc at night; 1-2); Lunaria annua (v-l; 1½-3); Œnothera biennis (y, sc; 2-4); Sedum cœruleum (b; ¼); S. sempervivoides (r; ¼-¾); Silybum Marianum (pi-p; 1-4); Stachys germanica (pi and w; 1-3); Tragopogon glaber (p; 1½).

PERENNIALS.—Acantholimon glumaceum (pi; ½); A. venustum (pi; ½-¾); Acanthus mollis (w; 3-4); A. spinosus (pi; 3-4); Achillea ægyptiaca (y; 1½-2½); A. Ageratum (w; ½); A. asplenifolia (pi; 1½); A. aurea (y; 1½); A. Clavennæ (w; ¾); A. Eupatorium (y; 4-5); Aconitum Anthora (y; 1-2) and vars.; A. autumnale (b-p; 3-4); A. barbatum (c; 2-6); A. chinense (b; 4-6); A. japonicum (pi-w; 6); A. lycoctonum (v; 4-6); A. Napellus (b; 3-4); A. ochroleucum (c; 4-6); A. Ottonianum (b and w; 2-4); A. paniculatum (v; 2-3); A. uncinatum (l; 4-8); A. variegatum (b; 1-6) and vars.; A. vulparia (y; 1-3) and vars.; Acorus Calamus (y; 3); Actinella grandiflora (y; ½-¾); Actinomeris helianthoides (y; 3); A. squarrosa (y; 3); Adenophora coronopifolia (b; 1-2); A. denticulata (b; 1½); A. Gmelini (b; 1-2); A. pereskiæfolia (b; 1½); Adonis pyrenaica (y; 1-1½); Agrostemma coronaria (w; 1-2); A. flos-Jovis (p or r; 1½); Ajuga australis (b; ½); Aletris aurea (y; 1-2); Alisma natans (aq, w; ¼); A. Plantago (pi; 3); Allium acuminatum (pi;

July (Hardy Perennials)—*continued.*

½-1); A. azureum (b; 1-2); A. Bidwelliæ (pi; ¼); A. Breweri (pi; ¼); A. nigrum (v or w; 2½-3¼); A. pedemontanum (pi-p; 1); Alströmeria aurantiaca (o; 3-4); A. chilensis (p-r or pi; 2-3); A. versicolor (y and p; 2-4); Althæa rosea (pi; 8) and vars.; Alyssum Wiersbeckii (y; 1½); Amsonia salicifolia (b; 1½-2½); A. Tabernæmontana (b; 1½-2½); Anagallis linifolia (b; ¾-1) and vars.; A. tenella (pi; ¼); Anemonopsis macrophylla (p and l; 2-3); Anomatheca cruenta (r; ½-1); Anthemis Aizoon (w and y; ¼); A. Biebersteinii (y; 1-2); Anthericum Liliago (w; 1-1½); A. Liliastrum (w; 1-2); Anthyllis Vulneraria (y, w, r, or pi); Antirrhinum mollis (p, w, and y; 1); Apios tuberosa (br-p, sc; ½); Apocynum androsæmifolium (r; 1-2); Aquilegia Bertoloni (b-v; 1); A. cærulea (b and w, or w; ¾-1¼); A. californica (y and o-r; 2-4); A. chrysantha (y and p; 3-4); A. formosa (r and y; 2-4); A. fragrans (w or p-r, sc; 1½-2); A. pyrenaica (l-b; ¾-1); A. sibirica (l; 1); Arabis arenosa (pi, w, or b; ½); A. lucida (w; ¼-½) and vars.; A. rosea (pi-p; 1); Arenaria balearica (w; ¼); A. rotundifolia (w; ¼-½); Argemone grandiflora (w and y; 2-3); Arisæma triphylla (p-b and g; ¾-1); Aristolochia Clematitis (y; 2); Arnica Chamissonis (y; 1-2); A. montana (y; 1); A. scorpioides (y; ½-1); Artemisia alpina (y; ½-¾); A. argentea (y; 1½); A. Dracunculus (w-g; 2); A. Mutellina (y-g; ½); A. Stelleriana (y; 1-2); A. tanacetifolia (br; 1½); Asarum caudatum (br-r; 1); Asclepias acuminata (r and w; 2); A. amœna (p; 2-3); A. incarnata (r or p; 2); A. tuberosa (o; 1-2); Ascyrum Crux-Andreæ (y; 1); Asperula longiflora (w, y, and r; ½); A. montana (pi; ½-¾); A. orientalis (b; 1); Asphodelus creticus (y); Aster æstivus (b; 2); A. alpinus (p; ½-¾); A. altaicus (b-p; 1); A. Bigelovii (l and y; 2½); A. caucasicus (p; 1); A. peregrinus (b-p; 1); A. pyrenæus (l-b and y; 1-1½); A. salsuginosus (v-p; ¾-1½); Astilbe rivularis (y-w or r; 3); Astragalus leucophyllus (y; 2-3); A. onobrychioides (p; ¾-1); A. pannosus (pi; ½-¾); A. sulcatus (v and w; 2-3); Bellium minutum (w and y; ¼); Bessera elegans (r, or r and w; 2); Bocconia cordata (buff; 5-8); Borago laxiflora (b); B. officinalis (b; 1-2); Bravoa geminiflora (o-r; 2); Brodiæa congesta (b; 1); B. gracilis (y; ¼); B. grandiflora (b-p; 1½); B. Howelli (p-b; 1½ 2); B. lactea (w and g; 1-2); Buphthalmum speciosissimum (y; 2); Butomus umbellatus (aq, pi); Callirhoe digitata (r-p; 2-3); C. involucrata (r; ½); C. Papaver (v-r; 3); Calochortus albus (w, blotched r; 1-1½); C. Benthami (y; ½-¾); C. cœruleus (l, dotted b; ¼-½); C. lilacinus (pi; ½-¾); Calopogon pulchellus (p and y; 1½); Calypso borealis (pi, br, and y; 1); Calystegia dahurica (pi-p; ¼); Camassia esculenta (b; 1); Campanula Adami (b; ½); C. Allionii (b or w; ¼); C. alpina (b; ¼-¾); C. bononiensis (b-v or w; 2-3); C. cæspitosa (b or w; ¼-½); C. carpathica (b or w; ¾) and vars.; C. collina (b; 1); C. Elatines (b-p; ¼-½); C. fragilis (l-p and w; ¼-½); C. garganica (b; ¼-½); C. glomerata (b-v or w; 1-2) and vars.; C. lactiflora (b-w or b; 2-6); C. latifolia (b or w; 1-2) and vars.; C. nitida (b or w; ¼-¾); C. nobilis (r-v, w, or c, spotted; ¼-¾); C. peregrina v; 2); C. persicæfolia (b or w; 1-3) and vars.; C. Portenschlagiana (b-p; ½-¾); C. pusilla (b and w, or w; ¼-½); C. pyramidalis (b or w; 4-5) and vars.; C. Rapunculus (b or w; 2-3); C. rotundifolia (b; ½-1) and vars.; C. sarmatica (b; 1-2); C. Scouleri (b; 1); C. speciosa (b, p, or w; 1-1½); C. thyrsoidea (y; 1-1½); C. Tommasiniana (b; ¾-1); C. Trachelium (variable; 2-3); C. Van Houttei (b; 2); Centaurea alpina (y; 3); C. atropurpurea (p; 3); C. aurea (o-y; 2); C. babylonica (y; 6-10); C. dealbata (pi; 1-1½); C. macrocephala (y; 3); C. montana (b; 2) and vars.; Centranthus ruber (r; 2-3); Cephalanthera rubra (pi-p; ½-1½); Cerastium alpinum (w; ¼); C. Biebersteinii (w; ½); C. Boissieri (w; ¼-1); C. tomentosum (w; ½); Cheiranthus Cheiri (variable, sc; 1-2); Chelone Lyoni (p; 3-4); Chenopodium Bonus-Henricus (g; 1); Chrysanthemum argentum (w; 1); Cimicifuga racemosa (w; 3-5); Cineraria maritima (y; 2); Clematis recta (w, sc; 2-3); Clintonia

July (Hardy Perennials)—*continued.*

uniflora (*w*; ½); Cnicus acaulis (*p*; 2); C. spinosissimus (*y*; 3); C. undulatus (*p*; 1); Commelina virginica (*b*; ½); Coreopsis auriculata (*y* and *p-br*; 1-1½); C. grandiflora (*y*; 3-4); C. lanceolata (*y*; 1-3); C. verticillata (*y*; 1-2); Coris monspeliensis (*l*; ½); Coronilla iberica (*y*; ½); C. varia (*pi* and *w*, or *w*; 1); Crinum capense (*r*); Cynanchum roseum (*pi-r*; 1-1½); Delphinium azureum (*b*; 3); D. cashmirianum (*b*; 1-1½); D. exaltatum (*b* or *w*; 3-6); D. formosum (*b* and *v*; 1½-3); D. nudicaule (*r* and *y*; 1-1½); Dianthus alpestris (*r*; ½-¾); D. arenarius (*w*); D. atrorubens (*r*; 1); D. barbatus vars.; D. cæsius (*pi*, *sc*; ¼-½); D. cruentus (*r*); D. fimbriatus (*pi*; 1); D. Fischeri (*pi*); D. fragrans (*w* and *p*, *sc*; ½-¾); D. glacialis (*r-p*; ¼); D. monspessulanus (*r*; ½-1); D. neglectus (*pi*; ¼); D. petræus (*pi*; ½); D. plumarius (*w* and *p*, *sc*; ¾-1); D. Seguierii (*pi-p*; 1); D. superbus (*pi*, *sc*; ¾-1½) and var.; Diapensia lapponica (*w*; ¼); Dicentra eximia (*r-p*; ¾-1½); D. spectabilis (*pi-r*; ¾-2); Digitalis ambigua (*y* and *br*; 2-3); Diphylleia cymosa (*w*; 1); Doronicum altaicum (*y*; 1); D. plantagineum excelsum (*y*; 5); Dracocephalum altaiense (*b*; ½-¾); D. austriacum (*b*; 1½); D. peregrinum (*b*); Drosera filiformis (*p*; 1); Echinops commutatus (*w*; 5-7); E. Ritro (*b*; 3); Epilobium angustifolium (*r*; 3-6); E. Dodonæi (*pi*; 1); E. hirsutum (*pi* or *w*, *sc*; 3-5); E. obcordatum (*pi-p*); E. rosmarinifolium (*r*; 2); Epimedium macranthum (*w*; 10-15); E. pinnatum (*y*; 8-12); Erigeron glaucus (*p*; ½-1); E. speciosus (*v* and *y*; 1½); Erodium macradenum (*v* and *p*; ½); E. Manescavi (*p-r*; 1-2); E. pelargoniiflorum (*w* and *p*); E. trichomanefolium (*pi-w*; ¼-½); Eryngium alpinum (*b*; 1½-2); E. amethystinum (*b*; 1-2); E. Bourgati (*b*; 1-2); E. giganteum (*b*; 3-4); Erysimum ochroleucum (*y*); E. pumilum (*g-y*, *sc*; ¼); Eucomis punctata (*g* and *br*; 2); Fœniculum vulgare (*y*); Fritillaria Hookeri (*l*; ½); Funkia grandiflora (*w*; *sc*); Galax aphylla (*w*; ¼-½); Galega officinalis (*b*; 3-4); G. orientalis (*b*; 2-4); Galtonia candicans (*w*, *sc*); Gentiana affinis (*b*; ½-1); G. algida (*w* and *b*; ¼-½); G. bavarica (*b*; ¼); G. cruciata (*b*; ½); G. lutea (*y*; ¼-½); G. septemfida (*b*; ½-1½); Geranium argenteum (*r*; ¼); G. macrorhizon (*r* or *p*; 1); Geum elatum (*o-y*); G. triflorum (*p* and *w*); Globularia nana (*b*); G. nudicaulis (*b*; ½); G. vulgaris (*b*; ½); Glycyrrhiza glabra (*b*; 3-4); Goodyera pubescens (*w*; ¼); Gypsophila paniculata (*w*; 2-3); Habenaria fimbriata (*l-p*; 1-1½); Hablitzia tamnoides (*g*); Hedysarum coronarium (*r*; 3-5); Helichrysum arenarium (*y*; ½-1); Hemerocallis Dumortieri (*o-y*; 1-1½); H. flava (*o-y*, *sc*; 2-3); H. fulva (*y*; 2-4); H. Middendorfii (*y*; 2-3); H. minor (*y*, *sc*; ¼-¾); Hesperis matronalis (variable; 2-3); Heuchera americana (*r*; 1½); H. hispida (veined *p*); H. sanguinea (*r*; ¾-1½); Hieracium aurantiacum (*o-r*; 1-1½); Houstonia cærulea (*b* or *w*; ¼); H. serpyllifolia (*w*; ¼); Humulus Lupulus (*g-y*); Hypericum elegans (*y*; 1); H. patulum (*y*; 6); H. perforatum (*y*; 1-3); Incarvillea Olgæ (*pi*; 3-4½); Inula glandulosa (*y*; 2); Iris iberica (*w* or *l*, *p*, and *p-br*; ¼-½); I. Monnieri (*g-y*, *sc*; 3-4); I. xiphioides (*p* and *y*; 1-2); Kniphofia aloides (*r*, fading to *o* and *g-y*; 3-4); Lactuca alpina (*p-b*; 3); Lamium maculatum (*p*); Lathyrus magellanicus (*b-p*); L. roseus (*pi*); L. rotundifolius (*pi*); Lavandula vera (*b* or *w*; 1-2); Leucoium æstivum (*w* and *g*; 1½); L. Hernandezii (*w* and *g*; 1-1½); Lilium auratum (*w*, *y*, and *p*; 2-4); L. bulbiferum (*r*; 2-4); L. canadense (*y* or *r*, and *p*; 1½-3); L. Catesbæi (*o-r* and *p*; 2-3); L. chalcedonicum (*r*; 2-3); L. croceum (*r-y*; 3-6); L. davuricum (*r*; 2-3); L. elegans (*r*); L. Krameri (*w* and *r*, *sc*; 3-4); L. Leichtlinii (*y*, *r*, and *r*; 2-3); L. Martagon (*p-r* and *p*; 2-3); L. pardalinum (*o-r* and *p*; 3-7); L. Parryi (*y* and *br-r*, *sc*; 2-6); L. philadelphicum (*o-r* and *p*; 1-3); L. pomponium (*r* or *r-o*; 1½-3); L. pseudo-tigrinum (*r* and *bk*; 3-4); L. pyrenaicum (*y*; 2-4); L. speciosum (*w*, or *p-r* and *w*; 1-3); L. superbum (*o-r*; 4-6); L. tenuifolium (*r*; ½-1); L. tigrinum (*o-r* and *p-bk*; 2-4) and vars.; L. Washingtonianum (*w*, and *p* or *l*,

July (Hardy Perennials)—*continued.*

sc; 3-5); Limnanthemum nymphæoides (*aq*, *y*); Linaria alpina (*b-v* and *y*; ½); L. Cymbalaria (*b* or *l*); L. dalmatica (*y*; 3-4); L. hepaticæfolia (*l-p*; ¼); L. purpurea *b-p*; 1-3); L. triornithophora (*p* and *y*); Linum alpinum (*b*; ½); L. narbonense (*b* or *w*; 2); Liparis lilifolia (*br-p*); Lithospermum Gastoni (*b*; 1-1½); L. purpureo-cæruleum (*r*, turning *p*; 1); Lophanthus anisatus (*b*; 3); L. scrophulariæfolius (*p*; 5); Lotus corniculatus (*y* fading to *o*, and *r*); Lupinus leucophyllus (*pi*; 2-3); L. nootkatensis (*b*, and *p*, *w*, or *y*; 1-1½); L. ornatus (*b*; 1-2); L. perennis (*b*; 2); L. polyphyllus (*b*; 4); L. subcarnosus (*b* and *y*; 1); Lychnis alpina (*pi*; ½); L. chalcedonica (*r*; 1½-3½); L. coronaria (*r*; 3); L. diurna (*p-pi*; 1-3); L. fulgens (*r*; ½-1); L. f. Haageana (*r*); L. Lagascæ (*pi* and *w*; ¼); L. pyrenaica (*pi-w*; ¼); L. vespertina (*w*, *sc* at evening; 1-3); L. Viscaria (*pi*; 1); Lysimachia atropurpurea (*p*; 2); L. ciliata (*y*; 2-3); L. clethroides (*w*; 3); L. Nummularia (*y*); L. punctata (*y*; 1); L. vulgaris (*y*; 2-3); Lythrum Salicaria (*r-p*; 2-5); Malva Alcea fastigiata (*r*; 2-3); M. moschata (*pi*; 2-2½); Meconopsis cambrica (*y*; 1); Mertensia alpina (*b*; ½-¾); M. sibirica (*p-b*; ½-1½); M. virginica (*p-b*; 1-2); Mimulus cardinalis (*r*; 1-3); M. luteus (*y*; ¾-1); M. l. cupreus (*r-br*, *p-br*, or *r*; ¾-1); M. moschatus (*y*); Mitchella repens (*w* and *p*, *sc*); Mœhringia muscosa (*w*; ¼); Monarda didyma (*r*; 1½); M. fistulosa (*p*; 2-5); Morina longifolia (*r*; 2); Muscari comosum monstrosum (*b-v*; 1-1½); Mutisia decurrens (*o*); Myosotis alpestris (*b*, *sc* at night; ¼); Nierembergia rivularis (*w*); Nothoscordum fragrans (*w*, *sc*; 1¼-2); Nuphar advena (*aq*, *r*); N. luteum (*aq*, *y*, *sc*); Nymphæa alba (*aq*, *w*); N. odorata (*aq*, *w*, tinged *r*, *sc*); N. pygmæa (*aq*, *b*, *sc*); N. tuberosa (*aq*, *w*, *sc*); Œnothera acaulis (*w*. turning *r*; ½); Œ. californica (*w*, varying to *pi*, and *y*, *sc*); Œ. eximia (*w*; ¾-1); Œ. glauca (*y*; 1-2); Œ. g. Fraseri (*y*; 1); Œ. linearis (*y*; ¾-1½); Œ. pallida (*w* and *y*, turning *r*; 1½); Œ. speciosa (*w*, turning *r*; 2-3); Œ. taraxacifolia (*w*, turning *r*; ½); Omphalodes Luciliæ (*l-b*; ¼-½); Ononis Natrix (*y*; 1½-2); O. rotundifolia (*pi*; 1-1½); Onopordon Acanthium (*p*; 4-5); Onosma stellulatum tauricum (*y*; ½-¾); Ornithogalum arabicum (*w* and *bk*, *sc*; 1-2); O. narbonense (*w* and *g*; 1-1½); O. pyramidale (*w*; 1½-2)· Ourisia coccinea (*r*; ½-1); Oxalis corniculata (*y*); Oxytropis montana (*b* and *p*; ½); Pedicularis dolichorhiza (*o*, *y*; 1-1½); Pentstemon antirrhinoides (*y*; ¾-1½); P. barbatus (*pi*; 3) and vars.; P. confertus (*y*; ½-1½); P. heterophyllus (*pi* or *pi-p*; 1½); Petalostemon candidus (*w*; 1); P. violaceus (*pi-p*; 1); Phalaris arundinacea (*p*; 3-5); Phlomis cashmeriana (*l*; 2); P. herba-venti (*p-v*; 1-1½); P. glaberrima (*r*; 1-2) and vars.; P. maculata (*p*; 2); Phormium Cookianum (*y*; 3-6) and var.; Phuopsis stylosa (*p*; 1); Physostegia virginiana (*pi-w* or *p*; 1½-4); Phyteuma comosum (*p* or *b*; ¼-½); P. humile (*b*; ¼); Phytolacca decandra (*w*; 3-10); Pinguicula grandiflora (*v-b*); Platycodon grandiflorum (*b*; ½-1); Polemonium cæruleum (*b*; 2); P. confertum (*b*; ½); P. humile (*b* or *p*; ½) Polygonum cuspidatum (*c-w*; 4-8); P. sachalinense (*g-y*, 10-12); P. vaccinifolium (*pi*); Potentilla alpestris (*y*; ½-1); P. argyrophylla (*y*; 1½-3); P. Hopwoodiana (*pi* and *y*; 1½) P. nitida (*pi*); P. unguiculata (*w*; ¾-1); Pratia angulata (*w*; ¼); P. repens (*v-w*; ¼); Primula auriculata (*p* and *w*; ¼); P. cortusoides (*pi*; ½-¾); P. denticulata (*l*; ¾-1); P farinosa (*p* and *y*; ¼-1); P. glutinosa (*b-p*; ¼); P. luteola (*y*; 1½-2); P. minima (*pi* or *w*); P. obconica (*w*; ½-1); P sikkimensis (*y*; 1½-2); P. viscosa (*pi-p* and *w*; ¼); Pyrethrum achilleæfolium (*y*; ½); P. corymbosum (*w*; 1); P. Tchihatchewii (*y* and *w*; 2); Pyrola rotundifolia (*w*, *sc*; ½); P. secunda (*g-w*; ¼-½); Pyxidanthera barbulata (*w* or *pi*; ¼); Rudbeckia pinnata (*y*; 3); R. speciosa (*o*; 2-3); Salvia asperata (*w*; 2); S. carduacea (*l*; 1); S. Rœmeriana (*r*; 1-2); Saponaria ocymoides (*r* or *pi*); Saxifraga aizoides (*o-y*, dotted *r*); S. aretioides (*o-y*; ¼); S. cæspitosa (*w*; ¼); S. Cotyledon (*w*; 1-2); S. diversifolia (*y*); S. hypnoides (*w*); S. longifolia (*w*, dotted *r*); S. Mawcana (*w*); S.

July (Hardy Perennials)—*continued.*

Rocheliana (*w*; ¼) and var.; S. sancta (*y*); S. sarmentosa (*w*, spotted; ¾); S. umbrosa (*pi-w*; ½-1); Scabiosa amœna (*l* or *pi*; 2-3); S. caucasica (*b*; 1); S. Webbiana (*c-y*; ½); Scorzonera hispanica (*y*; 3); S. undulata (*p-pi*; 1-2); Sedum Aizoon (*y*; 1); S. album (*w*; ¼-½); S. anglicum (*w* or *pi*; ¼); S. glaucum (*pi-w*); S. japonicum (*y*); S. lydium (*pi*); S. reflexum (*y*); S. Rhodiola (*g* or *r-p*); Sempervivum arenarium (*y*; ½-¾); S. atlanticum (*r*; 1); S. Boissieri (*r*; ¾); S. Braunii (*y*; ½-¾); S. calcaratum (*r-w*; 1); S. calcareum (*g-r*; 1); S. fimbriatum (*r*; ½-¾); S. Funckii (*r-p*; ½-¾); S. Lamottei (*pi* and *p*; 1); S Pomelii (*pi-r*; ½-¾); S. soboliferum (*y*; ½-¾); S. Wulfeni (*y* and *m-p*; ½-¾); Senecio Doronicum (*y*; 1); S. pulcher (*p* and *y*; 1-2); Sida Napæa (*w*; 4-10); Silene acaulis (*pi* or *w*; ¼); S. alpestris (*w*; ½); S. Elizabethæ (*pi* and *p*; ¾); S. maritima (*w*); S Saxifraga (*y*; ¼-½); S. Schafta (*p*; ½); S. virginica (*r*; 1-2); Silphium laciniatum (*y*; 3-6); Solanum crispum (*b-p*; 12-14); Solidago Drummondii (*y*; 1-3); Spigelia marilandica (*y* and *r*; ½-1½); Spiræa Filipendula (*w* or *pi*; 2-3); S. palmata (*r*; 1-2); S. Ulmaria (*w*; 2-4); Stachys lanata (variable; 1-1½); S. Maweana (*y*, blotched; 1-1½); Statice elata (*b*; 2); S. tatarica (*r*; 1); Symphyandra Wanneri (*b*; ½); Symphytum tuberosum (*o*; 1-2); Thalictrum aquilegifolium (*w*, and *p* or *w*; 1-3); Thermopsis barbata (*p*; 1); T. montana (*y*; 1-2); Trifolium alpestre (*p*; ½-1); T. Lupinaster (*p*; 1-1½); T. uniflorum (*b* and *p*; ¼); Trollius europæus (*y*; ½-2); Tulipa Clusiana (*w*, *r*, and *p-bk*; 1-1½); Veratrum album (*w*; 3-4); Veronica incana (*b*; 2); V. spicata (*b* and *p*; ½-1½); V. virginica (*w* or *b*; 2-6); Viola cornuta (*b*); V. Riviniana (*b-p* or *l*); V. rothomagensis (*b*, striped *bk*); V. tricolor (*p*, and *w* or *o-y*, &c.; ¼-1½); Wahlenbergia Kitaibelii (*p-b*; ½); W. tenuifolia (*v-b* and *w*; ¼-½); Wulfenia carinthiaca (*b*).

SHRUBS.—Abutilon striatum (*o-y*; 10); Actinidia Kolomikta (*w*); Æthionema grandiflorum (*pi*; 1½); Amorpha canescens (*b*; 3); Asclepias Douglasii (*p-l*; 2-3); A. quadrifolia (*w*, *sc*; 1); A. syriaca (*p*, *sc*; 3-5); Azalea viscosa (*w*, *sc*; 2-4) and vars.; Benthamia fragifera (*w*; 10-15); Berberis Fortunei (*y*; 4); Bignonia capreolata (*o*; 20); Calluna vulgaris (variable; 1-3); Calycanthus occidentalis (*r*; 6-12); Ceanothus americanus (*w*); Cephalanthus occidentalis (*w-y*; 7); Clematis cærulea (*v*; 8) and vars.; C. Flammula (*w*, *sc*; 20); C. florida (*w*; 10); C. graveolens (*y*; 15); C. paniculata (*w*, *sc*; 20); C. virginiana (*w*, *sc*; 15-20); C. Vitalba (*w*, *sc*; 8); C. Viticella (*b*, *p*, or *pi*; 20); Clethra acuminata (*w*, *sc*; 10-15); C. alnifolia (*w*; 3-4); C. paniculata (*w*, *sc*; 3-4); C. tomentosa (*w*; 3-4); Colutea arborescens (*y*; 6-10); Convolvulus Scammonia (*c* or *r*; 2); Cornus paniculata (*w*; 4-8); C. sericea (*w*; 5-8); Dabœcia polifolia (*w*, *pi*, or *p*; 1-2); Desmodium canadense (*r-p*; 4-6); Ephedra vulgaris (*w*; 1-2); Erica vagans (*p-r*; 1); Frankenia lævis (*pi-w*); F. pulverulenta (*r*; ¼); Gaultheria procumbens (*w*); Halimodendron argenteum (*p*; 4-6); Helianthemum argenteum (*y* and *bk*; 4); H. halimifolium (*y*; 3-4); H. vulgare (*y*); Hydrangea hortensis (variable; 2-3); H. paniculata grandiflora (*w*); Hypericum calycinum (*y*; 1); Iberis saxatilis (*w*; ¼-½); I. sempervirens (*w*; ¾-1); Indigofera Gerardiana (*r*); Jasminum officinale (*w*, *sc*); Kalmia angustifolia (*p* or *r*; 2-3); K. latifolia (*pi*, varying to *w*; 3-10); Kerria japonica (*o-y*; 3-4); Ligustrum Ibota (*w*); L. Massalongianum (*w*, *sc*; 6); L. ovalifolium (*w*); Lithospermum prostratum (*b* and *r-v*); Lonicera Periclymenum (*r*); Lupinus arboreus (*y*, *sc*); Lycium afrum (*v*; 6-10); L. barbarum (*p* and *y*); Magnolia glauca (*w*, *sc*; 15); Margyricarpus setosus (*g*; 2-4); Opuntia missouriensis (*y*); Osmanthus fragans (*y* or *w*; 6-10); Passiflora cærulea (*p*, *w*, and *b*, *sc*); Philadelphus Gordonianus (*w*; 10); Rhexia ciliosa (*p*; 1-1½); R. virginica (*p*; ½-1); Rhododendron ferrugineum (*r* and *y*; 1); R. hirsutum (*r*; 1-2); Rhus Cotinus (*p* or *pi-c*; 6-8); Rosa alba (*w* or *pi-w*, *sc*; 4-7); R. blanda (*pi*; 1-3); R. bracteata (*w*; 2); R. canina (*pi*; 6-8) and vars.; R. centifolia (*pi-p*, *sc*; 3-6) and vars.; R. damascena (*w* or *r*, *sc*;

July (Hardy Shrubs)—*continued.*

2-4); R. gallica (*r*; 2-3); R. hemisphærica (*y*; 3); R. indica (*r*; 4-20); R. lucida (*r*; 1-2) and var.; R. nitida (*r*; 2); R. sempervirens (*w*, *sc*) and vars.; Rubus australis (*pi* or *w*, *sc*); R. Chamæmorus (*w*; ¼-¾); R. fruticosus (*w* or *pi*); R. laciniatus (*w* or *pi*); Salvia ringens (*r-p*; 1-2) Smilax aspera (*w* or *pi-w*, *sc*; 5-10); Solanum acanthodes *b-p*; 3-6); Spartium junceum (*y*, *sc*; 6-10); Spiræa cantoniensis (*w*; 3-4); Statice arborescens (*b*; 2); Stuartia pentagyna (*c*; 10); Symphoricarpus occidentalis (*pi-w*); S. racemosus (*pi*; 4-6); Tamarix gallica (*w* or *pi*: 5-10); T. parviflora (*pi*); Tecoma radicans (*r*; 25); Veronica carnosula (*w*); V. Lyallii (*w* and *pi*); V. Traversii (*w*; 2½); Viburnum Opulus (*w*; 6-8); Wistaria chinensis (*b*); W. japonica (*w*); Yucca angustifolia (*w*; 1); Y. gloriosa (*r*; 4-6) and vars.; Zenobia speciosa (*w*; 2-4).

Half-hardy.—ANNUALS.—Calandrinia grandiflora (*pi*; 1); C. Menziesii (*p-r*; ¼); C. umbellata (*m-r*; ½); Gomphrena globosa (variable; 1½); Grammanthes chloræflora (*o-y*, becoming *r*; ¼-½); Grammatocarpus volubilis (*y*); Ipomœa hederacea (*b*; 10); Maurandya Barclayana (*v-p* and *g*); Mentzelia bartonioides (*g-y*); M. ornata (*w*, *sc*; 2); Nicotiana acutiflora (*w*; 1-2); N. suaveolens (*w*, *sc*; 1-2); N. Tabacum (*pi*, 4); Perilla ocimoides crispa (*w*; 1-3); Portulaca grandiflora (*y-p*; ½); Ricinus communis (*g*; 3-5); Salpiglossis sinuata (*p* and *y*; 2) and vars.; Schizanthus candidus (*w*; 2); S. Grahami (*l* or *pi*, and *y*; 2); Schizopetalon Walkeri (*w*; 1-2); Zinnia elegans, and vars.

BIENNIALS.—Celosia betonicæfolia (*y*, spotted *p*; 2); Lobelia varieties; Mathiola incana (*p*; 1-2).

PERENNIALS.—Abronia arenaria (*y*; ¾-1½); Alströmeria Pelegrina (*w* or *y*, striped *pi*; 1); Arctotis acaulis (*y* and *r*; ¼); A. arborescens (*w* and *pi*; 2); A. grandiflora (*o*; 1½); A. speciosa (*y*; 1½); Calceolaria arachnoidea (*p*; 1); C. Fothergillii (*y*, spotted *r*; ¼-½); Centaurea ragusina (*y*; 2); Cœlestina ageratoides (*b*; 1); Conandron ramondioides (*w*, or *pi* and *p*; ½); Crocosmia aurea (*o-r*; 2); Cypella Herberti (*y*; 1); Erodium Reichardi (*w* and *pi*; ¼); Ferraria Ferrariola (*g-br*); Francoa appendiculata (*r*; 2); F. ramosa (*w*; 2-3); F. sonchifolia (*pi*; 2); Hedychium Gardnerianum (*g-y*, *sc*; 3-5); Heteranthera limosa (*aq*, *v-b*); Lilium giganteum (*w*; 4-10); L. japonicum (*w*; 1-2); Linum flavum (*y*; 1-1½); L. Macraei (*o*; 1); Lobelia cardinalis (*r*; 1-2); L. fulgens (*r*; 1-2); L. splendens (*r*; 1-2); Maurandya scandens (*p-v*); Mazus pumilio (*v*); Myosotis azorica (*p*, becoming *b*; ½-¾); Neja gracilis (*y*; 1); Nierembergia gracilis (*w*, *p*, and *y*; ½-1); Ophiopogon japonicus intermedius (*l*; 1½); Pelargonium Endlicherianum (*p-pi*; 2); Romneya Coulteri (*w*; 2-4); Statice callicoma (*p*; 1); Triteleia laxa (*b*; 1-1½); T. porrifolia (*w-v*); Tropæolum tricolorum (*o-r* tipped *bk*, and *y*); Verbena venosa (*l* or *p*; 2); Viola hederacea (*b* or *w*).

SHRUBS.—Calceolaria bicolor (*y* and *w*; 2-3); C. hyssopifolia (*y*; 1-2); C. scabiosæfolia (*y*); C. varieties; Camellia japonica (variable; 20) and vars.; Cassia corymbosa (*y*; 6-10); Ceanothus integerrimus (*w*; 3-6); Cedronella triphylla (*w* or *p*; 3-4); Celsia Arcturus (*y* and *p*; 4); Cistus laxus (*w*, marked *y*; 3); C. monspeliensis (*w*; 4); C. psilosepalus (*w* and *y*; 2-3); C. rotundifolius (*p*, marked *y*; 1); Cneorum pulverulentum (*y*; 1-3); Coronilla glauca (*y*, *sc* by day; 2-4); C. minima (*y*, *sc*; ½); Eccremocarpus longiflorus (*y* and *g*); E. scaber (*r* or *o-r*); Embothrium coccineum (*o-r*; 3); Ephedra nebrodensis (*w*; 3-4); Escallonia floribunda (*w*; 10); E. rubra (*r*; 3-6); Fuchsia macrostema globosa (*p-v* and *p-r*; 5-6); F. m. gracilis (*p* and *r*; 6-10); Grindelia glutinosa (*y*; 2); Hudsonia ericoides (*y*; 1); Hydrangea quercifolia (*w*; 4-6); Hypericum empetrifolium (*y*; ½-1); H. Hookerianum (*y*; 2); Illicium anisatum (*y-w*; 4); I. floridanum (*r*; 8); Leycesteria formosa (*w* and *p*; 4-6); Mesembryanthemum edule (*y*); Mitraria coccinea (*r*); Myrtus communis (*w*; 3-10); Olearia dentata (*pi-w*); Ononis arragonensis (*y*; 1-2); Othonnopsis cheirifolia (*y*; ¾-1); Ozothamnus rosmarinifolius (*w*; 8-9); Periploca

July (Half-hardy Shrubs)—*continued.*

græca (*g* and *br*); Pernettya mucronata (*w*; 6); Photinia serrulata (*w*; 10-20); Phygelius capensis (*r*; 3); Reaumuria hypericoides (*p*; 2); Rhododendron Dalhousiæ (*w*, or *pi-w*; 6-8); R. Maddeni (*w*; 6-8); Salvia Candelabrum (*w*, *p*, and *v*; 3-4); Tecoma australis (*y-w*, tinged *p* or *r*); Veronica Andersonii (*b-v*; 1½); V. Hulkeana (*l*; 1-3); Yucca Whipplei violacea (*v*; 4-12); Zauschneria californica (*r*; 1)

Tender.—ANNUALS.—Begonia humilis (*i-h*, *w*; 1); Browallia elata (*c-h*, *b*; 1½); B. grandiflora (*c-h*, *l*; 1-3); Celosia argentea (*i-h*, *w*); C. cristata (*i-h*, *r*); C. Huttonii (*i-h*, *r*; 1-2); C. pyramidalis (*i-h*, variable; 1½); Cleome pungens (*st*, *w* or *pi*; 1-3); Desmodium gyrans (*st*, *v*; 1-3); Heliotropium indicum (*st*, *b*; 1); Impatiens Balsamina (*st*, *r*; 1-2); I. flaccida (*c-h*, *p*; ½-1½); Ipomœa Bona-nox (*st*, *w*; 10); I. filicaulis (*i-h*, *w* or *c*, and *p*); I. Quamoclit (*i-h*, *r*; 6); Martynia fragrans (*c-h*, *r-p* and *y*, *sc*; 2); M. proboscidea (*c-h*, *y-w*, *g*, and *v*); Pentapetes phœnicea (*st*, *r*; 2-3); Porana racemosa (*i-h*, *w*); Waitzia aurea (*c-h*, *o-y*; 1-2); W. nivea (*c-h*, *w*, *pi*, or *y*; 1½).

BIENNIALS.—Convolvulus erubescens (*c-h*, *r-pi*; 12); Humea elegans (*c-h*, *br-r*, *pi*, or *r*; 5-6).

PERENNIALS.—Achimenes heterophylla (*i-h*, *r*; 1); A. pedunculata (*i-h*, *r*; 1½); A. picta (*i-h*, *r*; 1½); Acineta Barkeri (*c-h*, *y* and *r*); Æchmea Mariæ Reginæ (*st*, *b*; 2); Aerides affine (*st*, *pi*; 3); Agapanthus umbellatus (*c-h*, *b*; 2-3); Albuca Nelsoni (*c-h*, *w*, striped *r*; 4-5); Allamanda chelsoni (*st*, *y*); A. nobilis (*st*, *y*); Amomum angustifolium (*st*, *r*, *y*, or *r* and *y*; 8); Anacampseros arachnoides (*c-h*, *w*; ½-¾); A. rubens (*c-h*, *r*; ½-¾); A. rufescens (*c-h*, *r*; ½); A. varians (*c-h*, *r*; ¼); Aneilema biflora (*c-h*, *b*; 1); Anthurium Bakeri (*st*, *g*, *pi*, and *r*); Arisæma galeata (*c-h*, *g* and *p*; 1); Arthropodium pendulum (*c-h*, *w*; 1½); Astilbe rubra (*c-h*, *pi*; 4-6); Babiana disticha (*c-h*, *b*, *sc*; ½); Bæa hygrometrica (*c-h*, *b* and *b-y*; ½); Barbacenia purpurea (*i-h*, *p*, *sc*; 1½); B. Rogieri (*i-h*, *p*, *sc*; 1½); Batatas bignonioides (*i-h*, *p*); Begonia acutiloba (*i-h*, *w*); B. amabilis (*i-h*, *pi* or *w*; ¾); B. amœna (*i-h*, *pi*; ¼); B. boliviensis (*i-h*, *r*; 2); B. Bruantii (*i-h*, *w* or *pi*); B. Chelsoni (*i-h*, *o-r*; 2); B. Clarkii (*i-h*, *r*); B. coriacea (*i-h*, *pi*; ¾); B. Davisii (*i-h*, *r*; ½); B. Dregii (*i-h*, *w*; 1); B. echinosepala (*i-h*, *w*; 1½); B. eximia (*i-h*, *w* and *r*); B. geranifolia (*i-h*, *r* and *w*; 1); B. geranioides (*i-h*, *w*; 1½); B. hydrocotylifolia (*i-h*, *pi*; ½); B. imperialis (*i-h*, *w*; 3); B. malabarica (*i-h*, *pi*; 2); B. maxima (*i-h*, *w*); B. monoptera (*i-h*, *w*; 1-2); B. Pearcei (*i-h*, *y*; 1); B. prismatocarpa (*st*, *o* and *y*; 3); B. Richardsiana (*i-h*, *w*; 1); B. rosæflora (*i-h*, *pi*); B. rubricaulis (*i-h*, *w* and *pi*; 1); B. rubro-venia (*i-h*, *w*; 1-1½); B. strigillosa (*i-h*, *pi*; ¾); B. Sutherlandi (*i-h*, *o-r*; 1-2); B. Thwaitesii (*st*, *w*; ½); B. Veitchii (*i-h*, *r*; 1); B. xanthina (*i-h*, *y*; 1); Billbergia amœna (*st*, *g-w*, tipped *b*; 2); Blandfordia aurea (*st*, *o-y*; 1-2); B. grandiflora (*st*, *r*; 2); B. nobilis (*st*, *o* and *y*; 2); Bletia florida (*st*, *pi*; 2); Blumenbachia contorta (*c-h*, *o-r*); Boucerosia maroccana (*c-h*, *r-p* and *y*; ¼); Brassia Lawrenceana (*i-h*, *y*, spotted *br* and *g*; 1); B. maculata (*i-h*, *y*, spotted *br* and *p*; 1); Bromelia Fernandæ (*st*, *y*); Broughtonia sanguinea (*st*, *p-r*; 1½); Brunsvigia Cooperi (*c-h*, *y*, edged *r*; 1½); B. Josephineæ (*c-h*, *r*; 1½); Bulbophyllum Lobbi (*i-h*, *y*); Burbidgea nitida (*st*, *o-r*; 2-4); Calanthe Masuca (*i-h*, *v* and *v-p*; 3-4); C. veratrifolia (*i-h*, *w*; 2-3); Calotis cuneifolia (*c-h*, *b*; 1); Camaridium ochroleucum (*st*, *y-w*; 1); Canistrum aurantiacum (*st*, *o-y*); Canna indica (*st*, *y* and *r*; 3-6); Catasetum Russellianum (*st*, *g*; 3); Cattleya Aclandiæ (*st*, *br*, *y*, *pi*, and *p*); C. citrina (*i-h*, *y*, *sc*; ½-¾); C. crispa (*i-h*, *w* or *w-l*, and *r*; 1); C. Harrisoniæ (*i-h*, *pi*, tinged *y*; 2) and var.; C. intermedia (*i-h*, variable; 1); C. Lemoniana (*i-h*, *pi* and *y*; 1); C. Regnelli (*i-h*, *g*, *b*, *pi-p*, *w*, &c.); Ceropegia Sandersoni (*c-h*, *g*, veined); Chironia linoides (*c-h*, *r*; 1-2); Cineraria cruenta (*c-h*, *r-p*; 2) and vars.; Cirrhopetalum Medusæ (*st*, straw, dotted *pi*); C. Thouarsii (*st*, *o* and *y*, dotted *r*); Cissampelos mauritiana (*st*, *y* and *g*); Cœlogyne asperata (*st*, *c*, *br*, and *y*; 2); C. pandurata (*st*, *g* and *bk*, *sc*; 1½); C. speciosa (*i-h*, *w*, *br* or *g*, *y*, and *r*; 1½); C.

July (Tender Perennials)—*continued.*

viscosa (*i-h*, *w* and *br*; 1); Commelina elliptica (*c-h*, *w*; 1½-2); Convolvulus mauritanicus (*c-h*, *b* and *w*); Crassula Bolusii (*c-h*, *pi-w*; ¼-½); C. marginalis (*c-h*, *w*); C. rosularis (*c-h*, *w*; ½); Crinum amabile (*st*, *r*, *sc*); C. cruentum (*st*, *r*); C. giganteum (*st*, *w*, *sc*); C. purpurascens (*st*, *p-r*); Curcuma albiflora (*st*, *w* and *y*; 2); C. cordata (*st*, *r-y*; 1); Cycnoches chlorochilum (*st*, *y-g*, *sc*; 2); Cypripedium barbatum (*st*, *p* and *w*; 1) and vars.; C. Hookeræ (*st*, *y*, *br*, and *pi-p*); C. Parishii (*st*, *g-w* and *p*; 2); C. superbiens (*st*, *w* and *br*); Dendrobium Aphrodite (*c-h*, *o*, *w*, and *r*); D. chrysotis (*st*, *y* and *p*); D. clavatum (*st*, *y* and *r*); D. crystallinum (*st*, *w*, *o*, *p*, and *pi*); D. formosum (*st*, *w* and *o*); Dichorisandra thyrsiflora (*st*, *b*; 4); Dichrotrichum ternateum (*st*, *r*); Disa grandiflora (*c-h*, *pi*, *r*, and *y*; 2-3) and var.; Drimiopsis Kirkii (*c-h*, *w*; ¾); Drosera binata (*c-h*, *w*; ½); D. capensis (*c-h*, *p*; ½); D. spathulata (*c-h*, *p*; ¼); Eichhornia crassipes (*st*, *v*); Epidendrum alatum majus (*c-h*, *y*); E. bicornutum (*st*, *w* and *r*); E. falcatum (*st*, *g-y* and *y*, *sc*); E. nemorale (*st*, *mv* or *pi-l*, and *v*); Episcia fulgida (*st*, *r*; ½); Fragaria indica (*c-h*, *y*); Galaxia ovata (*c-h*, *y*); Galeandra Baueri lutea (*st*, *y*, and *p*; ½); Gesnera discolor (*st*, *r*; 2); G. nagelioides (*st*, *pi*, *r*, and *y*); Gladiolus brachyandrus (*c-h*, *r*; 2); G. cardinalis (*c-h*, *r* and *w*; 3-4); G. Colvillei (*c-h*, *r* and *p*; 1½); G. psittacinus (*c-h*, *r*, *y*, *g*, and *p*; 3); Gloriosa superba (*st*, *o* and *r*; 6); Gloxinia maculata (*st*, *p-b*; 1); Grammatophyllum multiflorum (*st*, *g*, *br*, and *p*; 2); Griffinia dryades (*i-h*, *p-l* and *w*; 1½); G. hyacinthina (*i-h*, *b* and *w*); G. ornata (*i-h*, *b-l*; 1-1½); Guzmannia tricolor (*st*, *w*, *y-g*, *bk-p*, and *r*); Hedychium flavosum (*st*, *y*, *sc*; 2-3); H. flavum (*c-h*, *o*, *sc*; 3); Hessea crispa (*c-h*, *pi*; ¼); Hibiscus coccineus (*c-h*, *r*; 4-8); H. militaris (*c-h*, *pi*; 2-4); Imantophyllum miniatum (*c-h*, *o*; 1-2); Impatiens Jerdoniæ (*st*, *y* and *r*; ¾); I. Sultani (*st*, *r*; 1); Ipomœa Learii (*st*, *b*); I. rubro-cærulea (*st*, *r*, becoming *p-b*); Kæmpferia ornata (*st*, *y* and *o*); Lælia anceps Warnerii (*i-h*, *pi* and *r*); L purpurata (*i-h*, *w* and *p-r*); Limnocharis Plumieri (*i-h aq*, *y*; 1½); Littonia modesta (*c-h*, *o*; 2-6); Lobelia Erinus (*c-h*, *b*, and *w* or *y*; ½); Lotus australis (*c-h*, *pi*, *w*, or *p-r*; 2); L. jacobæus (*c-h*, *p* and *y*; 1-3); Lycaste cristata (*i-h*, *w* and *p*); Lycoris Sewerzowi (*c-h*, *br-r*, *sc*; 1); Mantisia saltatoria (*st*, *p* and *y*; 1); Manulea rubra (*c-h*, *y*; 1-2); Marica gracilis (*i-h*, *w* or *b*, and *r-br*; 2); Miltonia cuneata (*i-h*, *y* and *r*); Mimosa pudica (*st*, *r*; 1); Mirabilis Jalapa (*c-h*, variable, *sc*; 2); Mormodes pardinum (*st*, *y* and *br*); Nelumbium luteum (*c-h aq*, *y*, *sc*); N. speciosum (*c-h aq*, *w*, *sc*); Nerine flexuosa pulchella (*c-h*, *pi* and *r*; 2); Nymphæa Devoniensis (*st aq*, *pi-r*); N. gigantea (*i-h aq*, *b*); N. Lotus (*st aq*, *r* or *w*); N. scutifolia (*i-h aq*, *b*, *sc*); N. stellata (*st aq*, *b*, *sc*); N. s. zanzibarensis (*st aq*, *b*); N. thermalis (*st aq*, *w*); Odontoglossum crispum (*c-h*, *w*, *y*, and *r-br*); O. hastilabium (*c-h*, *c-w*, *br*, and *w*, *sc*); O. maxillare (*i-h*, *w*, *o*, and *p-br*); O. Uro-Skinneri (*c-h*, *g* or *g-y*, *w*, *r*, &c.); Oncidium ampliatum (*st*, *y*); O. annulare (*i-h*, *br* and *y*); O. barbatum (*st*, *y* and *br*); O. Cebolleta (*st*, *y-r*); O. concolor (*i-h*, *y*); O. cornigerum (*i-h*, *y* and *r*); O. cucullatum (*c-h*, *br-p* and *pi-p*); O. divaricatum (*i-h*, *y* and *br*); O. macranthum (*i-h*, *y* and *p-br*); O. Wentworthianum (*c-h*, *g-y* and *br*); Orthosiphon stamineus (*st*, *l-b*; 2); Ottelia ovalifolia (*st aq*, *g* and *y*); Oxalis elegans (*c-h*, *p*; ½); O. lasiandra (*c-h*, *r*; ¾-1½); Passiflora incarnata (*c-h*, *w*, *p*, and *g*, *sc*); Pelargonium Bowkeri (*c-h*, *p* and *y*; 1); P. fissum (*c-h*, *pi*; 1); P. glauciifolium (*c-h*, *bk-p*, edged *g-y*, *sc*); P. oblongatum (*c-h*, *p-c*; ½); Peristeria elata (*st*, *w*, spotted *l*; 4); Phaius Bensonæ (*st*, *pi-p*, *w*, and *y*; 1); Phalænopsis Aphrodite (*st*, *w*, *r*, *o*, and *y*); Pitcairnia Andreana (*st*, *y* and *r*); P. xanthocalyx (*st*, *y*); Plagiolirion Horsmanni (*st*, *w*); Plumbago rosea (*st*, *pi-r*; 2) and var.; Ranunculus Lyalli (*c-h*, *w*; 2-4); Renanthera coccinea (*i-h*, *p-r*); Richardia africana (*c-h*, *w*; 2); R. albo-maculata (*c-h*, *g-w*; 2); R. melanoleuca (*c-h*, *w* and *p*; 1½); Rivina humilis (*st*, *w-pi*; 1-2); R. lævis (*st*, *w-pi*; 7-8); Saccolabium furcatum (*st*, *w*, spotted

July (Tender Perennials)—*continued.*

pi); Salvia cacaliæfolia (*c-h*, *b*; 3); S. coccinea (*c-h*, *r*; 2); Senecio pyramidalis (*c-h*, *y*; 2); S. speciosus (*c-h*, *p*; ¾-1); Sinningia concinna (*st*, *p* and *y*); S. conspicua (*st*, *y* and *p*; 1); S. Youngiana (*st*, *v* or *p*; 1-1½); Siphocampylos betulæfolius (*st*, *r*; 3); S. glandulosus (*st*, *pi*; 3); S. Humboldtianus (*st*, *r*; 3); Sobralia macrantha (*st*, *p* and *r*; 6-8); Solanum sisymbriifolium (*c-h*, *b* or *w*; 4); Sollya heterophylla (*c-h*, *b*; 6), S. parviflora (*c-h*; *b*); Sonchus gummifer (*c-h*, *y*; 2-3); Sonerila Bensoni (*st*, *pi-p*); S. margaritacea (*st*, *pi*) and var.; Spathoglottis rosea (*st*, *pi*); Spigelia splendens (*st*, *r*; 1½); Stachys coccinea (*c-h*, *r*; 1-2); Stanhopea oculata (*st*, *y*, spotted *l*); S. tigrina (*st*, *o*, blotched *p-br*, *sc*); Stapelia Asterias (*c-h*, *v*, *y*, and *p*; ½); S. sororia (*c-h*, *p* and *y*; ½-¾); Stauropsis Batemanni (*st*, *y*, &c.); Streptocarpus Saundersii (*st*, *b*; 1); Stylidium graminifolium (*c-h*, *p*; ½-1½); S. spathulatum (*c-h*, *y*; ½); Swainsonia galegifolia (*c-h*, *r*) and vars.; S. Greyana (*c-h*, *pi*; 2-3); Talauma pumila (*st*, *c*, *sc*; 2-4); Teucrium Chamædrys (*c-h*, *pi*); Thunbergia erecta (*st*, *b*, *o*, and *y*; 6) and var.; Tillandsia psittacina (*st*, *r*, *y*, and *g*); Torenia flava (*st*, *y* and *p*; ½-¾); T. Fournieri (*st*, *v*, *l*, and *y*; ½-¾); Tropæolum peregrinum (*c-h*, *y*); Turnera ulmifolia (*st*, *y*; 2-4); Tussacia pulchella (*st*, *r*; 1); Utricularia bifida (*c-h aq*, *y*); U. montana (*st*, *y*, *w*, and *g*); Vanda Parishii (*st*, *g-y*, *m*, *w*, &c., *sc*); V. Roxburghii (*st*, *g*, *v-p*, and *w*); V. teres (*st*, *w*, *pi-m*, &c.); Villarsia reniformis (*c-h*, *y*; ½-3); Vinca rosea (*i-h*, *pi* or *w*); Wahlenbergia tuberosa (*c-h*, *w* and *pi*; ½-2); Warrea tricolor (*st*, *y*, *p*, and *w*); Watsonia rosea (*c-h*, *pi*; 2); Zebrina pendula (*i-h*, *w*, and *pi-p*); Zygopetalum Clayi (*i-h*, *p-br*, *v-p*, and *w*); Z. cœleste (*c-h*, *b*, *p*, *m*, &c; 1¼-1½).

SHRUBS.—Abutilon pulchellum (*c-h*, *w*; 8); A. venosum (*c-h*, *o*, veined *r*; 10); Acacia dealbata (*c-h*, *y*; 10-20); A. Farnesiana (*c-h*, *y*, *sc*; 6-10); A. glauca (*c-h*, *w*; 5-10); A. mollissima (*c-h*, *y*; 10-20); Acmena floribunda (*w*; 4); Acridocarpus natalitius (*c-h*, *y*); Acronychia Cunninghami (*c-h*, *w*; 7); Adenanthos obovata (*c-h*, *r*; 5); Adina globiflora (*st*, *y*; 3-4); Æschynanthus atrosanguinea (*st*, *r*; 1½); Æ. Boschianus (*st*, *r*; 1); Æ. longiflorus (*st*, *r*; 2); Æ. speciosus (*st*, *o*; 2); Æ. splendidus (*st*, *r*, spotted *bk*; 1); Æ. tricolor (*st*, *r*, *o*, and *bk*; 1); Alona cœlestis (*st*, *b*; 2); Alonsoa incisifolia (*c-h*, *r*; 1-2); Ardisia acuminata (*st*, *w*; 6-8); A. macrocarpa (*st*, *pi-w*, dotted; 5-6); A. Oliveri (*st*, *pi* and *w*); A. paniculata (*st*, *pi*; 8-10); A. serrulata (*st*, *r*; 2-3); Argyreia capitata (*st*, *pi*); A. cuneata (*st*, *p*; 2-5); A. speciosa (*st*, *pi*; 10); Aristolochia floribunda (*st*, *p-r* and *y*; 10); A. Goldieana (*i-h*, *g* and *y*, veined *p*); A. labiosa (*st*, *g*; 20); A. odoratissima (*st*, *p*, *sc*; 10); A ringens (*st*, *g*, marbled *bk-p*); Artabotrys odoratissimus (*st*, *r-br*, *sc*; 6); Astelma eximium (*c-h*, *r*; 3); Astephanus triflorus (*c-h*, *w*); Asystasia scandens (*st*, *c*; 6); Babingtonia Camphorasmæ (*c-h*, *pi-w*; 7); Barleria flava (*st*, *y*; 3); Bauhinia corymbosa (*st*, *pi*); Begonia cinnabarina (*st*, *r*; 2); B. coccinea (*st*, *r*; 2); B. Evansiana (*c-h*, *pi*; 2); B. falcifolia (*st*, *r*; 1-2); B. foliosa (*st*, *w*, tinged *pi*); B. fuchsioides (*st*, *r*); B. Ingramii (*c-h*, *pi*; 2); B. Kunthiana (*st*, *w*); B. maculata (*st*, variable); B. nitida (*st*, *pi*; 4-5); B. platanifolia (*st*, *pi-w*; 5-6); Berkheya grandiflora (*c-h*, *y*; 2); Berzelia lanuginosa (*c-h*, *w*; 1-2); Bignonia Cherere (*i-h*, *o*; 10); B. magnifica (*i-h*, *m* or *p-r*); B. pallida (*i-h*, *y* and *l*); B. variabilis (*i-h*, *g-y*; 10); Billardiera longiflora (*c-h*, *g-y*, turning *p*); B. scandens (*c-h*, *c*, turning *p*); Borbonia barbata (*c-h*, *y*; 3-4); B. crenata (*c-h*, *y*; 3-6); Boronia crenulata (*c-h*, *r*; 1); B. Drummondi (*c-h*, *pi*; 2); B. serrulata (*c-h*, *pi*; 1-6); Bossiæa linophylla (*c-h*, *o* and *p*; 1-4); Bougainvillea glabra (*c-h*, *pi*); Bouvardia leiantha (*c-h*, *r*; 2); B. triphylla (*c-h*, *r*; 2-3); Brownea coccinea (*st*, *r*; 6-10); B. grandiceps (*st*, *r*); Brunfelsia eximia (*st*, *p*, *sc*; 2½); Brunia nodiflora (*c-h*, *w*; 1-3); Bunchosia argentea (*c-h*, *y*; 10); Bursaria spinosa (*c-h*, *w*; 10); Burtonia conferta (*c-h*, *v*; 2); Cajanus indicus (*st*, *y*; 6-10); Candollea cuneiformis (*c-h*, *y*; 7); Cassia tomentosa (*st*, *y*; 5-7); Celastrus lucidus (*c-h*, *w*; 1-3);

July (Tender Shrubs)—*continued.*

Cereus Macdonaldiæ (*c-h*, *r* and *o*); C. pentagonus (*c-h*, *w*; 3); C. speciosissimus (*c-h*, *r*; 3-6); Cestrum elegans (*c-h*, *p-r*); C. roseum (*c-h*, *pi*; 4); Chirita Moonii (*st*, *b*; 2); C. sinensis (*c-h*, *l*); Chloanthes stœchadis (*c-h*, *g-y*; 2); Chorizema diversifolium (*c-h*, *o-r*; 2); Clavija Reideliana (*st*, *o*); Clerodendron Bethuneanum (*st*, *r*, spotted *w* and *p*; 10); C. splendens (*st*, *r*; 6); C. s. speciosissima (*st*, *r*); C. squamatum (*st*, *r*; 10); Clitoria heterophylla (*st*, *b*; 1); C. ternatea (*st*, *b*, marked *w*; 4); Cobæa scandens (*c-h*, *p*; 20); Colutea cruenta (*c-h*, *r-y*; 4-6); Combretum grandiflorum (*st*, *r*); C. racemosum (*st*, *y*); Coronilla coronata (*c-h*, *y*; 1-2); Cotyledon Peacockii (*c-h*, *r*; 1); Cowania plicata (*c-h*, *r*; 1-2); Crassula coccinea (*c-h*, *r*; 1-3); C. falcata (*c-h*, *r* or *w*; 3-8); C. versicolor (*c-h*, *r* and *w*); Crotalaria cajanifolia (*c-h*, *y*; 4-6); C. Cunninghamii (*c-h*, *y-g* and *p*; 3); Crowea saligna (*c-h*, *pi*; 1-2); Cryptostegia grandiflora (*st*, *r-p*); Cytisus canariensis (*c-h*, *y*); C. racemosus (*c-h*, *y*; 3); Dianthus arbusculus (*c-h*, *p-r*; 1½); Diosma ericoides (*c-h*, *w* and *r*; 1-3); Dipladenia amabilis (*st*, *pi-r*; 10); D. amœna (*st*, *pi*); D. boliviensis (*st*, *w* and *y*); D. Brearleyana (*st*, *pi*, becoming *r*); D. carissima (*st*, *pi*); D. diadema (*st*, *pi*); D. hybrida (*st*, *r*); D. insignis (*st*, *pi-p*); D. nobilis (*st*, *pi-p*, becoming *o-r*); D. Regina (*st*, *pi-w*); D. splendens profusa (*st*, *r*); Dolichos lignosus (*c-h*, *pi* and *p*); Doryanthes excelsa (*c-h*, *r*; 8-16); Dracophyllum capitatum (*c-h*, *w*; 1-1½); Drosophyllum lusitanicum (*c-h*, *y*); Duvalia polita (*c-h*, *br-p*, *br* or *r*, and *o*); Echinopsis cristata (*st*, *c-w* and *g-p*); Echites atropurpurea (*st*, *br*); Echium fastuosum (*c-h*, *b*; 2-4); Elæocarpus grandiflora (*st*, *y*, *r*, and *w*; 7); Enkianthus quinqueflorus (*c-h*, *r* and *pi-w*; 3-10); Erica Aitonia (*c-h*, *r* or *w*; 2); E. ampullacea (*c-h*, *r*; 2); E. Austiniana (*c-h*, *w* and *r*); E. Bergiana (*c-h*, *p*; 1½); E. Candolleana (*c-h*, *pi-r* and *w*); E. Cavendishiana (*c-h*, *y*; 1½); E. cerinthoides (*c-h*, *r*; 3); E. Devoniana (*c-h*, *p*); E. elegans (*c-h*, *pi* and *g*; ½-1); E. Fairieana (*c-h*, *pi* and *w*); E. grandiflora (*c-h*, *y*; 3); E. Irbyana (*c-h*, *w* and *r*; 1-2); E. jasminiflora (*c-h*, *r*; 1-2); E. Lambertiana (*c-h*, *w*; 1-2); E. Marnockiana (*c-h*, *p*); E. Massonii (*c-h*, *r* and *g-y*; 3); E. McNabiana (*c-h*, *pi-r* and *w*); E. odorata (*c-h*, *w*, *sc*; 1); E. Parmentieriana (*c-h*, *r-p*; 1); E. propendens (*c-h*, *p* or *r*; 1); E. ramentacea (*c-h*, *p-r*; 1½); E. Savileana (*c-h*, *r* or *p-r*; 1); E. Shannoniana (*c-h*, *w* and *p*; 1-2); E. tricolor (*c-h*, *r*, *w*, and *g-y*; 2); E. Victoria (*c-h*, *p* and *w*); E. Westphalingia (*c-h*, *pi-r*); Fuchsia corymbiflora (*c-h*, *r*; 4-6); F. dependens (*c-h*, *r*; 2-4); F. fulgens (*c-h*, *r*; 4-6); F. macrostema (*c-h*, *r*; 6-12); F. splendens (*c-h*, *r* and *g*; 6); F. thymifolia (*c-h*, *r*; 4-6); Gardenia florida Fortunei (*st*, *w*, *sc*); Gasteria brevifolia (*c-h*, *r*); Gazania uniflora (*c-h*, *y*; 1); Gomphocarpus fruticosus (*c-h*, *w*; 5-7); Gompholobium polymorphum (*c-h*, *r* and *y*, *p* outside); G. venustum (*c-h*, *p*; 1-3); Goodia lotifolia (*c-h*, *y* and *r*; 2-4); G. pubescens (*c-h*, *y* and *r*; 1-3); Grewia occidentalis (*c-h*, *p*; 10); Guettarda odorata (*st*, *r*, *sc* at night; 6-10); Hakea dactyloides (*c-h*, *w*; 7); H. suaveolens (*c-h*, *w*; 4); Heliotropium corymbosum (*c-h*, *l*; 4); Hermannia flammea (*st*, *o* or *r*; 1-3); Hibbertia dentata (*c-h*, *y*); H. perfoliata (*c-h*, *y*); Houttea Gardneri (*st*, *r*; 2); Hoya carnosa (*i-h*, *pi-w*); H. cinnamomifolia (*i-h*, *y-g*; 10); H. Cumingiana (*st*, *g-y* or *w*, and *p-br*); H. pallida (*st*, *y* or *y-w*, and *pi*, *sc*); Hypericum balearicum (*c-h*, *y*; 1-2); Hypocalyptus obcordatus (*c-h*, *p*; 1-2); Indigofera tinctoria (*st*, *r*; 4-6); Iochroma fuchsioides (*c-h*, *o-r*; 5); I. lanceolata (*c-h*, *p-b*; 4-5); Ixora chelsoni (*st*, *o-pi*); I. coccinea (*st*, *r*; 3-4); I. javanica (*st*, *o*; 3-4); Jasminum grandiflorum (*i-h*, *w*); J. Sambac (*st*, *w*, *sc*); Jatropha podagrica (*st*, *o-r*; 1½); Justicia ventricosa (*st*, *pi*; 3); Lachnæa buxifolia (*c-h*, *w*; 2); L. purpurea (*c-h*, *p*; 2); Lagerströmia indica (*st*, *pi*; 6-10); Lapageria rosea (*c-h*, *pi-r*); Leschenaultia biloba (*c-h*, *b*; 1); L. formosa (*c-h*, *r*; 1); Leucopogon verticillatus (*c-h*, *w* or *pi*; 3-6); Lightfootia ciliata (*c-h*, *b*; ¾); Lippia citriodora (*c-h*, *w*; 3); Lonicera sempervirens (*c-h*; *r* and *y*); Luculia Pinceana (*c-h*, *w*, *sc*); Mahernia incisa

July (Tender Shrubs)—*continued.*

(*c-h*, *r*, becoming *y*; 2-4); Melianthus major (*c-h*, *br*; 4-6); Mesembryanthemum candens (*c-h*, *w*); M. coccineum (*c-h*; *r*); M. multiflorum (*c-h*, *w*; 2-3); M. spectabile (*c-h*, *r*; 1); M. violaceum (*c-h*, *pi-w* to *v*, 1-2); Mimulus glutinosus (*c-h*, *br* or *pi*; 5); Myrtus Luma (*c-h*, *w*; 3); Nerium Oleander (*c-h*, *r*; 6-14); Opuntia arborescens (*c-h*, *p*; 5); O. echinocarpa (*c-h*, *g-y*); O. multiflora (*c-h*, *y*); O. Tuna (*c-h*, *r-o*); Osbeckia glauca (*st*, *r* or *p*; 2); Oxyanthus tubiflorus (*st*, *w*; 3-4); Oxylobium Callistachys (*c-h*, *y*; 3-4); O. ellipticum (*c-h*, *y*; 2-3); Oxypetalum cæruleum (*i-h*, *b*); Pachypodium succulentum (*st*, *r* and *w*); Passiflora alata (*st*, *r*, *p*, and *w*, *sc*); P. cæruleo-racemosa (*c-h*, *p*); P. coccinea (*st*, *r* and *o*); P. edulis (*st*, *p-w*, *sc*); P. Hahnii (*c-h*, *w* and *y*); P. racemosa (*st*, *r*); Pelargonium ardens (*c-h*, *r*; 1-1½); P. betulinum (*c-h*; 3); P. bicolor (*c-h*, *p*; 1-2); P. comptum (*c-h*, *pi* and *p*); P. fragrans (*c-h*, *w* and *r*; 2); P. ignescens (*c-h*, *r*; 1½); P. inquinans (*c-h*, *r* or *pi*, and *w*; 2); P. peltatum (*c-h*, *w* or *r*; 2); P. tricolor (*c-h*, *w* and *r*; 1½); Pentas carnea (*st*, *pi-w*; 1½); Petræa volubilis (*st*, *p*; 20); Phænocoma prolifera (*c-h*, *r*; 4); Phyllanthus Chantrieri (*st*, *r* and *y*); P. pallidifolius (*st*, *y* and *r*); Phyllocactus Ackermanni (*st*, *pi*); Physianthus albens (*c-h*, *w* and *r*); Pitcairnia aphelandræflora (*st*, *r*); Plagianthus Lyallii (*c-h*, *w*; 20); Platylobium formosum (*c-h*, *y*; 4); Plumbago capensis (*i-h*, *b*; 2); Podalyria calyptrata (*c-h*, *p*; 6); Podanthes geminata (*st*, *o-y* and *r-p*); Portlandia platantha (*st*, *w*; 3); Psoralea aculeata (*c-h*, *b* and *w*; 2-3); P. pinnata (*c-h*, *b*; 3-6); Pultenæa stricta (*c-h*, *y*; 1-3); Quisqualis indica (*st*, variable); Rhododendron javanicum (*c-h*, *o* and *r*; 4); Rhus succedanea (*c-h*, *g-y*; 10-15); Rondeletia cordata (*st*, *pi*; 4); R. Purdiei (*st*, *y*, *sc*; 4); Ruellia macrophylla (*i-h*, *r*; 3-4); R. speciosa (*i-h*, *r*; 20); Russelia juncea (*st*, *r*; 3-4); R. sarmentosa (*st*, *r*; 4); Salvia albo-cærulea (*c-h*, *w* and *b*; 3); S. chamædryoides (*c-h*, *b*; 1); S. fulgens (*c-h*, *r*; 2-3); S. Goudotii (*c-h*, *r*; 2); S. Grahami (*c-h*, *p-b*; 2); S. Heerii (*c-h*, *r*; 2-3); S. rutilans (*c-h*, *r*; 2-3); Sarmienta repens (*c-h*, *r*); Satyrium aureum (*i-h*, *o* and *r*; 1-1½); Scutellaria Hartwegi (*st*, *r* and *v*; 1); S. Mociniana (*st*, *r* and *y*; 1½); Selago Gillii (*c-h*, *pi*; ½); Sempervivum aureum (*c-h*, *y*; 1); S. canariense (*c-h*, *w*; 1½); S. tabulæforme (*c-h*, *y*; 1); Senecio argenteus (*c-h*, *y*; 1-2); S. chordifolia (*c-h*, *y*; 1); S. macroglossus (*c-h*, *y*); Siphocampylos coccineus (*st*, *r*; 3); Solandra viridiflora (*st*, *g-w*; 2-3); Solanum atropurpureum (*c-h*, *p* and *y*); S. Capicastrum *c-h*, *w*); S. giganteum (*c-h*, *b*; 10-25); S. jasminoides (*c-h*, *b-w*) and var; S. marginatum (*c-h*, *w* and *p*; 3-4); S. maroniense (*st*, *b-v*; 6-14); S. Pseudo-capsicum (*c-h*, *w*; 4); S. pyracanthum (*c-h*, *b-v*; 3-6); S. Seaforthianum (*st*, *r* or *l*); Sphæralcea elegans (*c-h*, *v* and *p*); S. miniata (*c-h*, *r*; 1); Stachytarpheta mutabilis (*st*, *r*; 3); Steriphoma cleomoides (*i-h*, *y*; 6); Styphelia tubiflora (*c-h*, *r*; 5); Tabernæmontana Barteri (*st*, *w*; 6); T. coronaria (*st*, *w*; 4) and vars; Tacsonia insignis (*i-h*, *r*, *v-r*, and *w*); T. manicata (*st*, *r* and *b*); T. Van Volxemii (*i-h*, *r*); Talinum Arnotii (*c-h*, *y*); Tephrosia capensis (*c-h*, *p*); Testudinaria elephantipes (*c-h*, *g-y*); 10); Tetratheca pilosa (*c-h*, *p*; 1-1½); Teucrium fruticans (*c-h*, *b*; 2-3); Thyrsacanthus bracteolatus (*st*, *r*; 2); T. callistachyus (*st*, *r*; 2); Trachelospermum jasminoides (*i-h*, *w*); Ursinia crithmifolia (*c-h*, *y*; 1-2); U. pulchra (*c-h*, *o*; 1); Vaccinium caracasanum (*c-h*, *r-w*; 4); V. leucobotrys, (*c-h*, *w*; 4-7); Westringia rosmariniformis (*c-h*, *b*); Yucca Treculeana (*c-h*, *w*; 20-25).

AUGUST.—Hardy.—ANNUALS.—Acroclinium roseum (*pi*; 1-2) and vars.; Agrostemma cœli-rosa (*pi*, *w*, or *p*; 1); Amarantus caudatus (*p* or *y*; 2-3); Anagallis grandiflora (*b* and *r*; ¼); Androsace lanuginosa (*pi*; ½-¾); Argemone albiflora (*w*; 1); A. hirsuta (*w*; 2); A. ochroleuca (*y*); Bellium bellidioides (*w*; ¼); Brachycome iberidifolia (*b* or *w*; 1); Calendula maderensis (*o*; 2); C. officinalis (*o*; 3); Campanula Erinus (*b-pi* or *w*; ¼-½); Chrysanthemum carinatum (*w* or *p*; 2); C. coronarium (*y*; 4); C. segetum (*y*; 1½); Clarkia elegans (*r*; 2); C. pulchella (*p*; 1½-2);

August (Hardy Annuals)—*continued.*

Collinsia bicolor (*w* and *pi-p*; 1); Collomia coccinea (*r*; 1-1½); C. grandiflora (*r-y*; 1½-2); Convolvulus tricolor (*y*, *b*, and *w*; 1); Coreopsis Drummondi (*y* and *r-br*; 1); Delphinium Ajacis (*b*, *r*, or *w*; 1-1½); D. cardinale (*r* and *y*; 3-4); Downingia elegans (*b* and *w*; ½); D. pulchella (*b* and *y*; ½); Drosera rotundifolia (*w*; ¼); Eschscholtzia californica (*y*; 1½); E. c. crocea (*o*; 1); Eucharidium concinnum (*l-p*; 1); Fumaria capreolata (*w* and *p*; 4); Gilia achilleæfolia (*p-b*; 1); G. androsacea (*l*, *pi* or *w*, and *y*; ¾-1); G. capitata (*b*; 1-2); G. liniflora (*w*; 1); G. micrantha (*pi*; ¾); Helianthus annuus (*y*; 6); Helichrysum bracteatum (variable; 3-4); Heliotropium convolvulaceum (*w*, *sc*; 2); Iberis umbellata (variable; ½-1); Impatiens amphorata (*p* and *pi-r*; 3-6); I. Roylei (*p*; 10); Ionopsidium acaule (*l*, or *w* and *v*; ¼); Ipomœa purpurea (*p*; 10); Lathyrus grandiflorus (*pi*); L. odoratus vars. (*sc*); Lavatera trimestris (*pi*; 3-6); Limnanthes Douglasii (*y* and *w*, *sc*; ¾); Linaria spartea (*y*); Loasa prostrata (*y*); L. vulcanica (*w*; 2); Lopezia coronata (*pi-p*; 1½); Lupinus luteus (*y*, *sc*; 1-1½); L. nanus (*l* and *b*; 1); Madia elegans (*y*; 1½); Malcolmia maritima (*l*, *pi*, *r*, or *w*; ½-1); Malope trifida (*p* or *w*; 1); Mathiola annua (variable; 1-2); Nemesia cynanchifolia (*l-b*; 1½-2); N. floribunda (*w* and *y*, *sc*; 1); Nemophila insignis (*b*; 1½); N. maculata (*w* and *v-p*; ½); N. Menziesii (*w* to *b*; ¼); Nicandra physaloides (*b*; 2); Nigella damascena (*w* or *b*; 1-2); N. hispanica (*b*; 1-2); N. orientalis (*y* and *r*; 1½); Nolana paradoxa (*v*); N. tenella (*b*); Nonnea rosea (*pi*; ½-1); Œnothera amœna (*pi* and *r*; 1-2); Œ. bistorta Veitchiana (*y* and *r*); Œ. Whitneyi (*pi-r* and *r*; 1-1½); Œ. varieties; Omphalodes linifolia (*w*; ½-1); Oxalis stricta (*y*; 1½); O. valdiviensis (*y* and *r*; ½-¾); Papaver alpinum (*y*; ½); P. nudicaule (*o*, *y*, or *w*; ¾-1½); P. pilosum (*r* or *o*, and *w*; 1-2); P. Rhœas (*r*; 1) and vars.; Podolepis aristata (*y* and *pi*; 1); Polygonum orientale (*pi-p* or *w*; 3-4); Ranunculus anemonoides (*pi-w*; ¼-½); Reseda odorata (*y-w*, *sc*) and vars.; Sabbatia calycosa (*w*; ½-1¾); S. campestris (*pi*; 1); Scabiosa atropurpurea (*r*, *sc*; 2-3); Schizanthus pinnatus (variable; 2); Silene pendula (*pi-w*); Sonchus gummifer (*y*; 2-3); Statice Suworowi (*l*); Streptanthus maculatus (*p*; 1½); Tagetes patula (*o-y*; 1½); T. tenuifolia (*y*; 2); Tropæolum peregrinum (*y*); Wahlenbergia hederacea (*b*).

BIENNIALS.—Anagallis fruticosa (*r*; 2); Dianthus chinensis (variable; ½-1); Digitalis purpurea (*p*, varying to *w*; 3-5); Glaucium flavum (*y*; 1-2); Grindelia grandiflora (*y* or *o*; 2½-3); Hesperis tristis (*w*, *c*, *br-r*, or *p*, *sc* at night; 1-2); Michauxia lævigata (*w*; 11); Œnothera biennis (*y*, *sc*; 2-4); Silybum Marianum (*pi-p*; 1-4); Stachys germanica (*pi* and *w*; 1-3).

PERENNIALS.—Acantholimon glumaceum (*pi*; ½); A. venustum (*pi*; ½-¾); Acanthus mollis (*w*; 3-4); A. montanus (*pi*; 3); A. spinosus (*pi*; 3-4); Achillea ægyptiaca (*y*; 1½-2½); A. Ageratum (*w*; ½); A. asplenifolia (*pi*; 1½); A. atrata (*w*); A. aurea (*y*; 1½); A. Clavennæ (*w*; ¾); A. Eupatorium (*y*; 4-5); A. Millefolium roseum (*pi*; 1-3); A. serrata (*w*; 1¼); Acis grandiflorus (*w*; ½); A. roseus (*pi*; ¼); Aconitum album (*w*; 4-5); A. chinense (*b*; 4-6); A. japonicum (*pi-w*; 6); A. Napellus (*b*; 3-4); A. Ottonianum (*b* and *w*; 2-4); A. paniculatum (*v*; 2-3); Acorus Calamus (*y*; 3); Actinella grandiflora (*y*; ½-¾); Actinomeris helianthoides (*y*; 3); A. squarrosa (*y*; 3); Adenophora Fischeri (*b* or *w-b*, *sc*; 1½); Aletris farinosa (*w*; 1½-2); Allium azureum (*b*; 1-2); A. falcifolium (*y*; 1); A. nigrum (*v* or *w*; 2½-3¼); Alströmeria aurantiaca (*o*; 3-4); A. chilensis (*p-r* or *pi*; 2-3); A. versicolor (*y* and *p*; 2-4); Althæa narbonensis (*r*; 3-6); Alyssum Wiersbeckii (*y*; 1½); Amsonia salicifolia (*b*; 1½-2½); A. Tabernæmontana (*b*; 1½-2½); Anomatheca cruenta (*r*; ½-1); Antennaria margaritacea (*w*; 2); Anthemis Aizoon (*w* and *y*; ¼); Anthyllis Vulneraria (*w*, *y*, *r*, or *pi*); Apios tuberosa (*br-p* *sc*; ½); Aquilegia californica (*y* and *o-r*; 2-4); A. chrysantha (*y* and *p*; 3-4); A. pyrenaica (*l-b*; ¾-1); A. sibirica (*l*; 1);

August (Hardy Perennials)—*continued.*

Arabis lucida (w; ¼-½) and vars.; Arenaria balearica (w; ¼); A. rotundifolia (w; ¼-½); Arnica Chamissonis (y; 1-2); A. foliosa (y; 1-2); A. scorpioides (y; ½-1); Artemisia alpina (y; ½-¾); A. cana (y; 2-3); A. Stelleriana (y; 1-2); A. vulgaris (y; 3-4); Asclepias tuberosa (o; 1-2); Asperula longiflora (w, y, and r; ½); A. orientalis (b; 1); Aster Amellus (p; 2) and vars.; A. argenteus (p; 1); A. Bigelovii (l and y; 2½); A. Douglasii (p; 3-4); A. hyssopifolius (w; 1½-2); A. peregrinus (b-p; 1); A. spectabilis (b; 2); A. Tradescanti (w; 3); A. versicolor (w; 3); Astilbe rivularis (y-w or r; 3); Astragalus leucophyllus (y; 2-3); Bellium minutum (w and y; ¼); Bessera elegans (r, or r and w; 2); Bocconia cordata (buff; 5-8); Boltonia asteroides (pi-w; 2); Borago laxiflora (b); B. longifolia (b; 1); B. officinalis (b; 1-2); Brodiæa congesta (b; 1); B. grandiflora (b-p; 1½); B. Howellii (p-b; 1½-2); Butomus umbellatus (aq, pi); Callirhoe digitata (r-p; 2-3); C. involucrata (r; ½); C. Papaver (v-r; 3); Calochortus albus (w, blotched r; 1-1½); C. Benthami (y; ½-¾); C. lilacinus (pi; ½-¾); C. purpureus (p, y, and g; 3); C. splendens (l; 1½); Calophanes oblongifolia (b; 1); Calopogon pulchellus (p and y; 1½); Calypso borealis (pi, br, and y; 1); Campanula Allionii (b or w; ¼); C. cæspitosa (b or w; ¼-½); C. carpathica (b or w; ¾) and vars.; C. Elatines (b-p; ¼-½); C. fragilis (l-p; ¼-½); C. garganica (b; ¼-½); C. glomerata (b-v or w; 1-2) and vars.; C. isophylla (l-b) and vars.; C. lactiflora (b-w or b; 2-6); C. nitida (b or w; ¼-¾); C. pusilla (b and w, or w; ¼-½); C. rotundifolia (b; ½-1) and vars.; C. Scouleri (b; 1); C. Tommasiniana (b; ¾-1); C. Van Houttei (b; 2); Cassia marylandica (y; 2-3); Centaurea atropurpurea (p; 3); C. aurea (o-y; 2); C. dealbata (pi; 1-1½); Centranthus ruber (r; 2-3); Cerastium Boissieri (w; ¼-1); Cheiranthus Cheiri (variable, sc; 1-2); Cheloni Lyoni (p; 3-4); Cimicifuga americana (w; 2-3); C. racemosa (w; 3-5); Cineraria maritima (y; 2); Clematis recta (w, sc; 2-3); Cnicus acaulis (p; 2); C. altissimus (p; 3-10); C. spinosissimus (y; 3); C. undulatus (p; 1); Commelina virginica (b; ½); Coreopsis auriculata (y and p-br; 1-1½); C. grandiflora (y; 3-4); C. lanceolata (y; 1-3); C. verticillata (y; 1-2); Coris monspeliensis (l; ½); Coronilla varia (pi and w, or w; 1); Crinum capense (r); Cynanchum roseum (pi-r; 1-1½); Delphinium exaltatum (b or w; 3-6); D. formosum (b and v; 1½-3); D. nudicaule (r and y; 1-1½); Dianthus arenarius (w); D. atrorubens (r; 1); D. barbatus vars.; D. cæsius (pi, sc; ¼-½); D. cruentus (r); D. fimbriatus (pi; 1); D. Fischeri (pi); D. fragrans (w and p, sc; ½-¾); D. glacialis (r-p; ¼); D. monspessulanus (r; ½-1); D. neglectus (pi; ¼); D. petræus (pi; ½); D. plumarius (w and p, sc; ¾-1); D. Seguierii (pi-p; 1); D. superbus (pi, sc; ¾-1½); and var.; Dicentra eximia (r-p; ¾-1½); D. spectabilis (pi-r; ¾-2); Digitalis ambigua (y and br; 2-3); Diphylleia cymosa (w; 1); Doronicum plantagineum excelsum (y; 5); Drosera filiformis (p; 1); Echinops commutatus (w; 5-7); E. Ritro (b; 3); Epilobium obcordatum (pi-p); Epimedium macranthum (w; 10-15); E. pinnatum (y; 8-12); Erigeron glaucus (p; ½-1); E. speciosus (v and y; 1½); Erodium Manescavi (p-r; 1-2); E. pelargoniiflorum (w and p); E. trichomanefolium (pi-w; ¼-½); Eryngium alpinum (b; 1½-2); E. amethystinum (b; 1-2); E. Bourgati (b; 1-2); E. giganteum (b; 3-4); Erysimum pumilum (g-y, sc; ¼); Fœniculum vulgare (y); Fritillaria Hookeri (l; ½); Funkia grandiflora (w, sc); F. subcordata (w); Galega officinalis (b; 3-4); G. orientalis (b; 2-4); Galtonia candicans (w, sc); Gentiana affinis (b; ½-1); G. Andrewsii (b; 1-2); G. Pneumonanthe (b; ½-1); Globularia nana (b); G. nudicaulis (b; ½); G. vulgaris (b; ½); Glycyrrhiza glabra (b; 3-4); Habenaria fimbriata (l-p; 1-1½); Hablitzia tamnoides (g); Hedysarum coronarium (r; 3-5); Helianthus rigidus (y and br; 3); Helichrysum arenarium (y; ½-1); Hemerocallis Dumortieri (o-y; 1-1½); H. flava (o-y, sc; 2-3); H. fulva (y; 2-4); H. Middendorfii (y; 2-3); H. minor (y, sc; ¼-¾); Hesperis matronalis (variable; 2-3); Heuchera americana (r; 1½); H. sanguinea (r; ¾-1½); H. villosa (v; 1-3); Houstonia serpyllifolia (w; ¼); Humulus Lupulus (g-y); Hypericum elegans (y; 1); H. patulum (y; 6); H. perforatum (y; 1-3); Incarvillea Olgæ (pi; 3-4½); Inula glandulosa (y; 2); Iris iberica (w or l, p, and p-br; ¼-½); Kniphofia aloides (r, fading to o and g-y; 3-4); K. Leichtlinii (r and y); Lamium maculatum (p); Lathyrus magellanicus (b-p); L. roseus (pi); L. sylvestris platyphyllus (pi); Lavandula vera (b or w; 1-2); Leucoium Hernandezii (w and g; 1-1½); Lilium auratum (w, y, and p; 2-4); L. bulbiferum (r; 2-4); L. canadense (y or r, and p; 1½-3); L. Catesbæi (o-r and p; 2-3); L. chalcedonicum (r; 2-3); L. cordifolium (w, y, and p; 3-4); L. Leichtlinii (y, p, and r; 2-3); L. Martagon (p-r and p; 2-3); L. pardalinum (o-r and p; 3-7); L. Parryi (y and br-r, sc; 2-6); L. philadelphicum (o-r and r; 1-3); L. pomponium (r or r-o; 1½-3); L. pyrenaicum (y; 2-4); L. speciosum (w, or p-r and w; 1-3); L. superbum (o-r; 4-6); L. tenuifolium (r; ½-1); L. tigrinum (o-r and p-bk; 2-4) and vars.; L. Washingtonianum (w, and p or l, sc; 3-5); Limnanthemum nymphæoides (aq, y); Linaria alpina (b-v and y; ½); L. Cymbalaria (b or l); L. dalmatica (y; 3-4); L. hepaticæfolia (l-p; ¼); L. purpurea (b-p; 1-3); L. triornithophora (p and y); Linum alpinum (b; ½); Lithospermum Gastoni (b; 1-1½); Lotus corniculatus (y, fading to o, and r); Lupinus lepidus (p-b; ½); L. leucophyllus (pi; 2-3); L. ornatus (b; 1-2); L. polyphyllus (b; 4); Lychnis alpina (pi; ½); L. chalcedonica (r; 1½-3½); L. diurna (p-pi; 1-3); L. fulgens (r; ½-1); L. f. Haageana (r); L. Lagascæ (pi and w; ¼); L. pyrenaica (pi-w; ¼); L. vespertina (w, sc at evening; 1-3); L. Viscaria (pi; 1); Lysimachia atropurpurea (p; 2); L. clethroides (w; 3); L. Nummularia (y); L. punctata (y; 1); L. vulgaris (y; 2-3); Malva Alcea fastigiata (r; 2-3); M. moschata (pi; 2-2½); Meconopsis cambrica (y; 1); Mertensia alpina (b; ½-¾); M. virginica (p-b; 1-2); Milla biflora (w and g; ½); Mimulus cardinalis (r; 1-3); M. Lewisii (pi; 1); M. luteus (y; ¾-1); M. l. cupreus (r-br, p-br, or r; ¾-1); M. moschatus (y); Mitchella repens (w and p, sc); Mœhringia muscosa (w; ¼); Monarda didyma (r; 1½); M. fistulosa (p; 2-5); Mutisia decurrens (o); Myosotis alpestris (b, sc at night; ¼); Nothoscordum fragrans (w, sc; 1¼-2); Nuphar advena (aq, r); N. luteum (aq, y, sc); Nymphæa alba (aq, w); N. odorata (aq, w, tinged r, sc); N. pygmæa (aq, b, sc); Œnothera acaulis (w, turning r; ½); Œ. glauca (y; 1-2); Œ. g. Fraseri (y; 1); Œ. linearis (y; ¾-1½); Œ. pallida (w and y, turning r; 1½); Œ. speciosa (w, turning r; 2-3); Œ. taraxacifolia (w, turning r; ½); Omphalodes Luciliæ (l-b; ¼-½); Ononis Natrix (y; 1½-2); O. rotundifolia (pi; 1-1½); Onosma stellulatum tauricum (y; ½-¾); Ornithogalum arabicum (w and bk, sc; 1-2); O. pyramidale (w; 1½-2); Ourisia coccinea (r; ½-1); Oxalis Bowiei (pi-r and y; ½-¾); O. corniculata (y); Oxytropis Lambertii (pi-r; ½-1); Pedicularis dolichorhiza (o-y; 1-1½); P. Sceptrum-Carolinum (o-y and p; 3-4); Pentstemon antirrhinoides (y; ¾-1½); P. azureus (b; 1); P. glaber (p, v, or b; ½-1); P. gracilis (l-p or w; 1); P. Murrayanus (r; 2-3); P. pubescens (v or p; 1-3); Phlomis herba-venti (p-v; 1-1½); Phlox paniculata (pi-p or w; 3-4); Phormium Cookianum (y; 3-6) and var.; P. tenax (y or r) and vars.; Phytolacca decandra (w; 3-10); Pinguicula grandiflora (v-b); Podolepis gracilis (p, l, or w; 3); Polemonium confertum (b; ½); Polygonum cuspidatum (c-w; 4-8); P. sachalinense (g-y; 10-12); P. vaccinifolium (pi); Potentilla alba (w and o); P. argyrophylla (y; 1½-3); P. congesta (w; 1-2); P. nitida (pi); Pratia angulata (w; ¼); P. repens (v-w; ¼); Prenanthes purpurea (p; 4); Primula luteola (y; 1½-2); P. minima (pi or w); P. obconica (w; ½-1); P. sikkimensis (y; 1½-2); Pyrethrum achilleæfolium (y; 2); P. uliginosum (y and w; 5); Pyrola rotundifolia (w, sc; ½); Rudbeckia maxima (y; 4-9); R. speciosa (o; 2-3); Salvia Sclarea (b-w; 2-3); Saponaria officinalis (l or w; 1-2); Saxifraga cæspitosa (w; ¼); S.

August (Hardy Perennials)—*continued.*

Hirculus (*r*; ½); S. Rocheliana (*w*; ¼) and var.; S. sancta (*y*); Scabiosa caucasica (*b*; 1); Scilla hyacinthoides (*bl-l*; 1-2); Scorzonera hispanica (*y*; 3); Scutellaria alpina (*p* and *y*) and var.; S. orientalis (*y* and *p*); Sedum Aizoon (*y*; 1); S. album (*w*; ¼-½); S. Ewersii (*pi* or *v*); S. japonicum (*y*); S. lydium (*pi*); S. maximum (*w-r*; 1-2) and vars.; S. reflexum (*y*); S. Rhodiola (*g* or *r-p*); Sempervivum arenarium (*y*; ½-¾); S. atlanticum (*r*; 1); S. calcaratum (*r-w*; 1); S. calcareum (*g-r*; 1); S. Heuffelii (*r-br* and *y*; ½-¾); S. Lamottei (*pi* and *p*; 1); S. soboliferum (*y*; ½-¾); S. Wulfeni (*y* and *m-p*; ½-¾); Senecio Doria (*y*; 4); S. Doronicum (*y*; 1); S. pulcher (*p* and *y*; 1-2); Sida Napæa (*w*; 4-10); Silene acaulis (*pi* or *w*; ¼); S. maritima (*w*); S. Saxifraga (*y*; ¼-½); S. Schafta (*p*; ½); S. virginica (*r*; 1-2); Solanum crispum (*b-p*; 12-14); Solidago Drummondii (*y*; 1-3); Spiræa palmata (*r*; 1-2); S. Ulmaria (*w*; 2-4); Symphyandra Wanneri (*b*; ½); Trifolium Lupinaster (*p*; 1-1½); T. uniflorum (*b* and *p*; ¼); Trollius europæus (*y*; ½-2); Veronica spicata (*b* and *p*; ½-1½); V. virginica (*w* or *b*; 2-6); Viola Riviniana (*b-p* or *l*); V. rothomagensis (*b* striped *bk*); V. tricolor (*p*, *w*, or *o-y*; ¼-1½); Wahlenbergia Kitaibelii (*p-b*; ½).

SHRUBS.—Abutilon striatum (*o-y*; 10); Actinidia Kolomikta (*w*); Æthionema grandiflorum (*pi*; 1½); Albizzia Julibrissin (*w*; 30-40); Artemisia Abrotanum (*y*, *sc*; 2-4); Asclepias Douglasii (*p-l*; 2-3); Benthamia fragifera (*w*; 10-15); Bignonia capreolata (*o*; 20); Calluna vulgaris (variable; 1-3); Calycanthus occidentalis (*r*; 6-12); Clematis Flammula (*w*, *sc*; 20); C. florida (*w*; 10); C. graveolens (*y*; 15); C. paniculata (*w*, *sc*; 20); C. virginiana (*w*, *sc*; 15-20); C. Vitalba (*w*, *sc*; 8); C. Viticella (*b*, *p*, or *pi*; 20); Clethra acuminata (*w*, *sc*; 10-15); C. alnifolia (*w*; 3-4); C. paniculata (*w*, *sc*; 3-4); C. tomentosa (*w*; 3-4); Colutea arborescens (*y*; 6-10); Convolvulus cantabricus (*r*; ½-1); Cornus paniculata (*w*; 4-8); Cotyledon Sempervivum (*r*; ¼-½); Dabœcia polifolia (*w*, *pi*, or *p*; 1-2); Erica ciliaris (*r*; 1); E. vagans (*p-r*; 1); Helianthemum argenteum (*y* and *bk*; 4); H. halimifolium (*y*; 3-4); H. vulgare (*y*); Hibiscus syriacus (variable; 6); Hydrangea hortensis (variable; 2-3); H. paniculata grandiflora (*w*); Hypericum calycinum (*y*; 1); Iberis saxatilis (*w*; ¼-½); I. sempervirens (*w*; ¾-1); Jasminum officinale (*w*, *sc*); Kalmia latifolia (*pi*, varying to *w*; 3-10); Kerria japonica (*o-y*; 3-4); Ligustrum Ibota (*w*); L. Massalongianum (*w*, *sc*; 6); L. ovalifolium (*w*); Lithospermum prostratum (*b* and *r-v*); Lonicera Periclymenum (*r*); Lupinus arboreus (*y*, *sc*); Lycium barbarum (*p* and *y*); Margyricarpus setosus (*g*; 2-4); Olearia Haastii (*w*); Osmanthus fragrans (*y* or *w*; 6-10); Passiflora cærulea (*b*, *w*, and *p*, *sc*); Rhexia ciliosa (*p*; 1-1½); R. virginica (*p*; ½-1); Rhododendron caucasicum (*pi*; 1) and vars.; Rosa canina (*pi*; 6-8) and vars.; R. indica (*r*; 4-20); R. moschata (*y-w*; 12); R. sempervirens (*w*, *sc*) and vars.; R. varieties (*sc*); Rubus fruticosus (*w* or *pi*); R. laciniatus (*w* or *pi*); Salvia ringens (*r-p*; 1-2); Solanum acanthodes (*b-p*; 3-6); Spartium junceum (*y*, *sc*; 6-10); Spiræa Douglasii (*pi*; 3); Symphoricarpus occidentalis (*pi-w*); S. racemosus (*pi*; 4-6); Tamarix gallica (*w* or *pi*; 5-10); T. parviflora (*pi*); Tecoma radicans (*r*; 25); Veronica Lyallii (*w* and *pi*); V. Traversii (*w*; 2½); Vitex Agnus-castus (*l*; 6); Wistaria chinensis (*b*); W. japonica (*w*); Zenobia speciosa (*w*; 2-4).

Half-hardy.—ANNUALS.—Calandrinia grandiflora (*pi*; 1); C. Menziesii (*p-r*; ¼); C. umbellata (*m-r*; ½); Castilleja lithospermoides (*r*; 1); Grammatocarpus volubilis (*y*); Ipomœa hederacea (*b*; 10); Maurandya Barclayana (*v-p* and *g*); Mentzelia bartonioides (*g-y*); M. ornata (*w*, *sc*; 2); Nicotiana acutiflora (*w*; 1-2); N. longiflora (*w*, and *p* or *y-g*; 3); N. suaveolens (*w*, *sc*; 1-2); N. Tabacum (*pi*; 4); Pennisetum longistylum (*p-w*; 1-1½); Perilla ocimoides-crispa (*w*; 1-3); Phlox Drummondii (*r*, *pi*, *p*, or *w*; 1) and vars.; Salpiglossis sinuata (*p* and *y*; 2) and vars.; Schizanthus Grahami (*l* or *pi*, and *y*; 2); Schizopetalon Walkeri (*w*; 1-2); Zinnia elegans and vars.

August (Half-hardy)—*continued.*

BIENNIALS.—Lobelia vars.; Mathiola incana (*p*; 1-2).

PERENNIALS.—Alströmeria Pelegrina (*w* or *y*, striped *pi*; 1); Amphicome arguta (*r*; 3); A. Emodi (*pi* and *o*; 1-1½); Arctotis acaulis (*y* and *r*; ¼); Calceolaria arachnoidea (*p*; 1); C. Fothergillii (*y*, spotted *r*; ¼-½); C. plantaginea (*y*; 1); Cœlestina ageratoides (*b*; 1); Conandron ramondioides (*w*, or *pi* and *p*; ½); Crocosmia aurea (*o-r*; 2); Erodium Reichardi (*w* and *pi*; ¼); Eucomis bicolor (*g* and *p*); Francoa ramosa (*w*; 2-3); Hedychium Gardnerianum (*g-y*, *sc*; 3-5); Heteranthera limosa (*aq*, *v-b*); Lilium giganteum (*w*; 4-10); L. japonicum (*w*; 1-2); Linum flavum (*y*; 1-1½); L. Macræi (*o*; 1); Lobelia cardinalis (*r*; 1-2); L. fulgens (*r*; 1-2); L. splendens (*r*; 1-2); Maurandya scandens (*p-v*); Myosotis azorica (*p*, becoming *b*; ½-¾); Neja gracilis (*y*; 1); Nierembergia gracilis (*w*, *p*, and *y*; ½-1); Ophiopogon japonicus intermedius (*l*; 1½); Petunia intermedia (*y*; 1); P. nyctaginiflora (*w*; 2); P. violacea (*p-v*; 1½); Romneya Coulteri (*w*; 2-4); Sedum Sieboldi (*pi*; ¾); Statice sinuata (*p-y*; 1); Tropæolum tricolorum (*o-r*, tipped *bk* and *y*); Verbena venosa (*l* or *p*; 2).

SHRUBS.—Calceolaria bicolor (*y* and *w*; 2-3); C. hyssopifolia (*y*; 1-2); C. scabiosæfolia (*y*); Cassia corymbosa (*y*; 6-10); Celsia Arcturus (*y* and *p*; 4); Cistus psilosepalus (*w*, marked *y*; 2-3); C. rotundifolius (*p*, marked *y*; 1); Cneorum pulverulentum (*y*; 1-3); Coronilla glauca (*y*, *sc* by day; 2-4); Eccremocarpus scaber (*r* or *o-r*); Embothrium coccineum (*o-r*; 3); Ephedra nebrodensis (*w*; 3-4); Escallonia rubra (*r*; 3-6); Fuchsia macrostema globosa (*p-v* and *p-r*; 5-6); F. m. gracilis (*p* and *r*; 6-10); Grindelia glutinosa (*y*; 2); Hydrangea quercifolia (*w*; 4-6); Hypericum empetrifolium (*y*; ½-1); H. Hookerianum (*y*; 2); Illicium anisatum (*y-w*; 4); Leycesteria formosa (*w* and *p*; 4-6); Micromeria Piperella; Olearia dentata (*pi-w*); Rhododendron Maddeni (*w*; 6-8); Tecoma australis (*y-w*, tinged *p* or *r*); T. capensis (*o-r*; 15); Veronica Hulkeana (*l*; 1-3); Yucca Whipplei violacea (*v*; 4-12); Zauschneria californica (*r*; 1).

Tender.—ANNUALS.—Begonia humilis (*i-h*, *w*; 1); Heliotropium indicum (*st*, *b*; 1); Impatiens Balsamina (*st*, *r*; 1-2); I. flaccida (*c-h*, *p*; ½-1½); Ipomœa Bona-nox (*st*, *w*; 10); I. Quamoclit (*i-h*, *r*; 6); Martynia fragrans (*c-h*, *r-p* and *y*, *sc*; 2); Porana racemosa (*i-h*, *w*); Waitzia aurea (*c-h*).

BIENNIALS.—Convolvulus erubescens (*c-h*, *r-pi*; 12); Humea elegans (*c-h*, *br r*, *pi*, or *r*; 5-6); Phygelius capensis (*c-h*, *r*; 3).

PERENNIALS.—Achimenes Kleei (*i-h*, *l*; ½); A. multiflora (*i-h*, *l*; 1); Æchmea fulgens (*st*, *r* and *b*); Aerides quinquevulnerum (*st*, *w*, *r*, and *p*, *sc*); ½); Agapanthus umbellatus (*c-h*, *b*; 2-3); Aglaonema pictum (*st*, *y*; 1-2); Albuca Nelsoni (*c-h*, *w*, striped *r*; 4-5); Allamanda chelsoni (*st*, *y*); Amomum Cardamomum (*st*, *br*; 8); Amphicome arguta (*c-h*, *r*; 3); A. Emodi (*c-h*, *pi* and *o*; 1-1½); Angelonia salicariæfolia (*st*, *b*; 1½-3); Arthropodium pendulum (*c-h*, *w*; 1½); Astilbe rubra (*c-h*, *pi*; 4-6); Bæa hygrometrica (*c-h*, *b* and *b-y*; ½); Barkeria melanocaulon (*c-h*, *pi-l*, *r-p*, and blotched *g*; 1); Batatas Cavanillesii (*i-h*, *w-r*); Begonia acutiloba (*i-h*, *w*); B. amabilis (*i-h*, *pi* or *w*; ¾); B. amœna (*i-h*, *pi*; ¼); B. boliviensis (*i-h*, *r*; 2); B. Bruantii (*i-h*, *w* or *pi*); B. Chelsoni (*i-h*, *o-r*; 2); B. Clarkii (*i-h*, *r*); B. coriacea (*i-h*, *pi*; ¾); B. Davisii (*i-h*, *r*; ½); B. Dregii (*i-h*, *w*; 1); B. echinosepala (*i-h*, *w*; 1½); B. eximia (*i-h*, *w* and *r*); B. geranifolia (*i-h*, *r* and *w*; 1); B. geranioides (*i-h*, *w*; 1½); B. hydrocotylifolia (*i-h*, *pi*; ½); B. imperialis (*i-h*, *w*; 3); B. malabarica (*i-h*, *pi*; 2); B. maxima (*i-h*, *w*); B. monoptera (*i-h*, *w*; 1-2); B. Pearcei (*i-h*, *y*; 1); B. prismatocarpa (*st*, *o* and *y*; 3); B. Richardsiana (*i-h*, *w*; 1); B. rosæflora (*i-h*, *pi*); B. rubricaulis (*i-h*, *w* and *pi*; 1); B. rubrovenia (*i-h*, *w*; 1-1½); B. strigillosa (*i-h*, *pi*; ¾); B. Sutherlandi (*i-h*, *o-r*; 1-2); B. Thwaitesii (*st*, *w*; ½); B. Veitchii (*i-h*, *r*; 1); B. xanthina (*i-h*, *y*; 1); Billbergia amœna (*st*, *g-w*, tipped *b*; 2); Blandfordia aurea (*st*, *o-y*; 1-2); Bletia

August (Tender Perennials)—*continued.*

florida (st, pi; 2); Boucerosia maroccana (c-h r-p and y; ¼); Brassia Lawrenceana (i-h, y, spotted br and g; 1); Broughtonia sanguinea (st, p-r; 1½); Brunsvigia Cooperi (c-h, y, edged r; 1½); B. Josephineæ (c-h, r; 1½); Bulbophyllum Lobbi (i-h, y); Burbidgea nitida (st, o-r; 2-4); Calanthe Masuca (i-h, v and v-p; 3-4); Calotis cuneifolia (c-h, b; 1); Canistrum aurantiacum (st o-y); Canna Achiras variegata (st, r); C. indica (st, y and r; 3-6); C. speciosa (st; 3); C. Warscewiczii (st, r and p; 3) and vars.; Cattleya citrina (i-h, y, sc; ½-¾); C. crispa (i-h, w, or w-l and r; 1); C. eldorado (i-h, pi, p-r, and o); C. granulosa (i-h, y-g, w, br, &c.); C. Harrisoniæ (i-h, pi, tinged y; 2) and vars.; Ceropegia Sandersoni (c-h, g, veined); Cineraria cruenta (c-h, r-p) and vars.; Cirrhopetalum Medusæ (st, straw, dotted pi); C. Thouarsii (st, o and y, dotted r); Cœlogyne asperata (st, c, br, and y; 2); C. plantaginea (i-h, g-y, w, and br; 1½); C. speciosa (i-h, w, br or g, y and r; 1½); C. viscosa (i-h, w and br; 1); Convolvulus mauritanicus (c-h, b and w); Crassula Bolusii (c-h, pi-w; ¼-½); Crawfurdia fasciculata (st, p); Crinum amabile (st, r, sc); C. cruentum (st, r); C. giganteum (st, w, sc); C. purpurascens (st, p-r); Curcuma Roscoeana (st, r, bracts o; 1); Cyanella odoratissima (c-h, pi, sc; 1); Cyclamen neapolitanum (c-h, w or r; ¼); Cypripedium barbatum (st, p and w; 1) and vars.; C. Hookeræ (st, y, br, and pi-p); C. Parishii (st, g-w and p; 2); C. superbiens (st, w and br); Cyrtanthus sanguineus (c-h, o-r and y); Dendrobium chrysotis (st, y and p); D. clavatum (st, y and r); D. crystallinum (st, w, o, p, and pi); D. formosum (st, w and o); Dichorisandra thyrsiflora (st, b; 4); Disa megaceras (c-h, w and p; 1-2); Drosera binata (c-h, w; ½); Eichhornia crassipes (st, v); Epidendrum bicornutum (st, w and r); E. falcatum (st, g-y and y, sc); Fragaria indica (c-h, y); Galaxia ovata (c-h, y); Galeandra Baueri lutea (st, y and p; ½); Gesnera discolor (st, r; 2); G. nagelioides (st, pi, r, and y); Gladiolus cardinalis (c-h, r and w; 3-4); G. psittacinus (c-h, r, y, g, and p; 3); G. purpureo-auratus (c-h, r-y and p; 3-4); Globba Schomburgkii (st, y and o-r; ½-1); Gloriosa superba (st, o and r; 6); Gloxinia glabra (st, w, y, and p; ¾); G. maculata (st, p-b; 1); G. pallidiflora (st, b; 1); Grammatophyllum multiflorum (st, g, br, and p; 2); Griffinia dryades (i-h, p-l and w; 1½); G. hyacinthina (i-h, b and w); G. ornata (i-h, b-l; 1-1½); Guzmannia tricolor (st, w, y-g, bk-p, and r); Habenaria rhodochila (c-h, r, and g); Hessea crispa (c-h, pi; ¼); Hibiscus coccineus (c-h, r; 4-8); H. militaris (c-h, pi; 2-4); Imantophyllum miniatum (c-h, o; 1-2); Impatiens Jerdoniæ (st, y and r; ¾); I. Sultani (st, r; 1); Ipomœa Learii (st, b); I. rubro-cærulea (st, r, becoming p-b); Kæmpferia ornata (st, y and o); Limnocharis Plumieri (i-h aq, y; 1½); Lobelia Erinus (c-h, b, and w or y; ½); Lotus jacobæus (c-h, p and y; 1-3); Lycaste cristata (i-h, w and p); Lycoris aurea (c-h, y; 1); L. Sewerzowi (c-h, br-r, sc; 1); Manulea rubra (c-h, y; 1-2); M. tomentosa (c-h, o; 1); Marica gracilis (i-h, w or b, and r-br; 2); Mimosa pudica (st, r; 1); Mirabilis Jalapa (c-h, variable, sc; 2); Nelumbium speciosum (c-h aq, w, sc); Nymphæa Devoniensis (st aq, pi-r); N. gigantea (i-h aq, b); N. Lotus (st aq, r or w); N. scutifolia (i-h aq, b, sc); N. stellata (st aq, b, sc); N. s. zanzibarensis (st aq, b); N. thermalis (st aq, w); Odontoglossum crispum (c-h, w, y, and r-br); O. maxillare (i-h, w, o, and p-br); O. Uro-Skinneri (c-h, g or g-y, w, r, &c.); Oncidium annulare (i-h, br and y); O. barbatum (st, y and br); O. Cebolleta (st, y-r); O. cornigerum (i-h, y and r); O. cucullatum (c-h, br-p and pi-p); O. divaricatum (i-h, y and br); O. Wentworthianum (c-h, g-y and br); Ottelia ovalifolia (st aq, g and y); Ouvirandra fenestralis (st aq, g-w); Oxalis lasiandra (c-h, r; ¾-1½); Passiflora incarnata (c-h, w, p and g, sc); Pelargonium Bowkeri (c-h, p and y; 1); P. fissum (c-h pi; 1); P glauciifolium (c-h, bk-p, edged g-y, sc); P. oblongatum (c-h, p-c; ½); Pellionia Daveauana (st, g; ¼); Peristeria elata (st, w, spotted l; 4); Phalænopsis Aphrodite (st, w, r, o, and y); Pilea microphylla (st; ½); Pitcairnia xanthocalyx (st, y); Ranunculus Lyalli (c-h, w; 2-4); Renanthera coccinea (i-h, p-r); Richardia africana (c-h, w; 2); R. albo-maculata (c-h, g-w; 2); Rivina humilis (st, w-pi; 1-2); R. lævis (st, w-pi; 7-8); Ruellia spectabilis (i-h, p-b; 2); Salvia cacaliæfolia (c-h, b; 3); Senecio pyramidalis (c-h, y; 2); Sinningia concinna (st, p and y); S. conspicua (st, y and p; 1); S. Youngiana (st, v or p; 1-1½); Siphocampylos Humboldtiana (st, r; 3); Sobralia macrantha (st, p and r; 6-8); Solanum sisymbriifolium (c-h, b or w; 4); Sonchus gummifer (c-h, y; 2-3); Sonerila Bensoni (st, pi-p); S. margaritacea (st, pi) and vars.; Stachys coccinea (c-h, r; 1-2); Stanhopea Bucephalus (st, y dotted p, sc; 2); S. insignis (st, y, spotted p, sc); S. oculata (st, y, spotted l); S. tigrina (st, o, blotched p-br, sc); Stapelia Asterias (c-h, v, y, and p; ½); Stauropsis Batemanni (st, y, &c.); Stenomesson incarnata (i-h, r; 2) and vars.; Stokesia cyanea (c-h, b; 1-1½); Streptocarpus Saundersii (st, b; 1); Stylidium spathulatum (c-h, y; ½); Talauma pumila (st, c, sc; 2-4); Teucrium Chamædrys (c-h, pi); Thunbergia erecta (st, b, o, and y; 6) and vars.; Thysanotus junceus (c-h, p; 1-2); Tillandsia glaucophylla (st, g-w, p, r, g, and y); T. xiphostachys (st, p g, y, and r); Torenia flava (st, y and p; ½-¾); T. Fournieri (st, v, l, and y; ½-¾); Trichopilia Galeottiana (c-h, g, br, y, and pi-p); Tritonia miniata (c-h, r; ¾-1); T. Pottsii (c-h, y and r; 3-4); Tropæolum peregrinum (c-h, y); Turnera ulmifolia (st, y; 2-4); Vanda Parishii (st, g-y, m, w, &c., sc); V. Roxburghii (st, g, v-p, and w); V. teres (st, w, pi-m, &c.); Villarsia parnassifolia (c-h, y; 1-2); Vinca rosea (i-h, pi or w); Wahlenbergia tuberosa (c-h, w and pi; ½-2); Zebrina pendula (i-h, w and pi-p); Zephyranthes citrina (st, y; ½); Zygopetalum Clayi (i-h, p-br, v-p, and w).

SHRUBS.—Acmena floribunda (c-h, w; 4); Acradenia Frankliniæ (c-h, w; 8); Æschynanthus cordifolius (st, r, bk, and o; 1); Æ. grandiflorus (st, r and o; 5); Æ. longiflorus (st, r; 2); Æ. speciosus (st, o; 2); Æ. splendidus (st, r, spotted bk; 1); Alloplectus peltatus (st, w; 1); Alonsoa incisifolia (c-h, r; 1-2); Aloysia citriodora (c-h, w or l); Apeiba Tibourbou (st, y; 10); Aphelandra cristata (st, o-r; 3); Aristolochia tricaudata (st, p-br); Babingtonia Camphorasmæ (c-h, pi; 7); Barleria flava (st, y; 3); Bauhinia corymbosa (st, pi); Befaria æstuans (c-h, p; 10-15); B. ledifolia (c-h, p; 3-4); Begonia cinnabarina (st, r; 2); B. coccinea (st, r; 2); B. Evansiana (c-h, pi; 2); B. falcifolia (st, r; 1-2); B. foliosa (st, w, tinged pi); B. Ingramii (c-h, pi; 2); B. Kunthiana (st, w); B. maculata (st, variable); B. nitida (st, pi; 4-5); B. platanifolia (st, pi-w; 5-6); Berzelia lanuginosa (c-h, w; 1-2); Bignonia Cherere (i-h, o; 10); B. magnifica (i-h, m or p-r); B. variabilis (i-h, g-y; 10); Billardiera longiflora (c-h, g-y, turning p); Bonatea speciosa (st, w; 2); B. Drummondi (c-h, pi; 2); Bossiæa linophylla (c-h, o and p; 1-4); Bougainvillea glabra (c-h, pi); Bouvardia leiantha (c-h, r; 2); Brachylæna nerifolia (c-h, y; 2); Brownea coccinea (st, r; 6-10); Bursaria spinosa (c-h, w; 10); Cassia tomentosa (st, y; 5-7); Celastrus lucidus (c-h, w; 1-3); Cereus speciosissimus (c-h, r; 3-6); Cestrum aurantiacum (c-h, o; 4); C. elegans (c-h, p-r); Chætogastra strigosa (c-h, pi-p; 1); Cloanthes stœchadis (c-h, g-y; 2); Clavija fulgens (st, o-r); Clematis caripensis (st, w, sc; 12); Clerodendron fœtidum (c-h, l-pi; 5); C. fragrans (c-h, w; 6); C. scandens (st, w; 10); C. splendens speciossima (st, r); C. squamatum (st, r; 10); Cobæa scandens (c-h, p; 20); Colea floribunda (st, y-w; 10); Colutea cruenta (c-h, r-y; 4-6); Convolvulus pannifolius (c-h, v-p and w); Coronilla coronata (c-h, y; 1-2); Crassula coccinea (c-h, r; 1-3); C. falcata (c-h, r or w; 3 8); C. versicolor (c-h, r and w); Crotalaria Cunninghamii (c-h, y-g and p; 3); Crowea saligna (c-h, pi; 1-2); Cytisus canariensis (c-h, y); Datura arborea (c-h, w; 7-10); Dipladenia amabilis (st, pi-r; 10); D. amœna (st, pi); D. boliviensis (st, w and y); D. Brearleyana (st, pi, becoming

August (Tender Shrubs)—*continued.*

r); D. carissima (*st*, *pi*); D. diadema (*st*, *pi*); D. hybrida (*st*, *r*); D. insignis (*st*, *pi-p*); D. nobilis (*st pi-p*, becoming *o-r*); D. Regina (*st*, *pi-w*); D. splendens profusa (*st*, *r*); Dombeya Burgessiæ (*c-h*, *w* and *pi*; 10); Doryanthes excelsa (*r*; 8-16); Dracophyllum capitatum (*c-h*, *w*; 1-$1\frac{1}{2}$); Duranta Plumieri (*st*, *b*; 6-15); Duvalia polita (*c-h*, *br-p*, *br*, or *r*, and *o*); Echium fastuosum (*c-h*, *b*; 2-4); Elæocarpus grandiflora (*st*, *y*, *r*, and *w*; 7); Enkianthus quinqueflorus (*c-h*, *r* and *pi-w*; 3-10); Erica Aitonia (*c-h*, *r* or *w*; 2); E. Austiniana (*c-h*, *w* and *r*); E. cerinthoides (*c-h*, *r*; 3); E. Devoniana (*c-h*, *p*); E. elegans (*c-h*, *pi* and *g*; $\frac{1}{2}$-1); E. Fairieana (*c-h*, *pi* and *w*); E. jasminiflora (*c-h*, *r*; 1-2); E. Marnockiana (*c-h*, *p*); E. Massonii (*c-h*, *r* and *g-y*; 3); E. Parmentieriana (*c-h*, *r-p*; 1); E. ramentacea (*c-h*, *p-r*; $1\frac{1}{2}$); E. Savileana (*c-h*, *r* or *p-r*; 1); E. Shannoniana (*c-h*, *w* and *p*; 1-2); E. Victoria (*c-h*, *p* and *w*); E. Westphalingia (*c-h*, *pi-r*); Eutaxia myrtifolia (*c-h*, *y*; 2-6); Fuchsia corymbiflora (*c-h*, *r*; 4-6); F. dependens (*c-h*, *r*; 2-4); F. fulgens (*c-h*, *r*; 4-6); F. macrostema (*c-h*, *r*; 6-12); F. thymifolia (*c-h*, *r*; 4-6); Gardenia florida (*st*, *w*, *sc*; 2-6); Gasteria Croucheri (*c-h*, *w* and *pi*; 2); Gazania uniflora (*c-h*, *y*; 1); Geissomeria coccinea (*st*, *r*; 3); Gomphocarpus fruticosus (*c-h*, *w*; 5-7); Gompholobium Knightianum (*c-h*, *pi* or *p*; 1); G. polymorphum (*c-h*, *r*, *y*, and *p*); Goodia pubescens (*c-h*, *y* and *r*; 1-3); Grevillea Banksii (*c-h*, *r*; 15); Grewia occidentalis (*c-h*, *p*; 10); Guettarda odorata (*st*, *r*, *sc* at night; 6-10); Hakea suaveolens (*c-h*, *w*; 4); Heliotropium corymbosum (*c-h*, *l*; 4); Hermannia flammea (*st*, *o* or *r*; 1-3); Hibbertia dentata (*c-h*, *y*); H. perfoliata (*c-h*, *y*); Houttea Gardneri (*st*, *r*; 2); Hoya carnosa (*i-h*, *pi-w*); H. Cumingiana (*st*, *g-y* or *w*, and *p-br*); H. pallida (*st*, *y* or *y-w*, and *pi*, *sc*); Hypericum balearicum (*c-h*, *y*; 1-2); Iochroma fuchsioides (*c-h*, *o-r*; 5); I. lanceolata (*c-h*, *p-b*; 4-5); Ixora chelsoni (*st*, *o-pi*); I. coccinea (*st*, *r*; 3-4); I. javanica (*st*, *o*; 3-4); Jasminum grandiflorum (*i-h*, *w*); J. Sambac (*st*, *w*, *sc*); Jatropha podagrica (*st*, *o-r*; $1\frac{1}{2}$); Lagerströmia indica (*st*, *pi*; 6-10); Lapageria rosea (*c-h*, *pi-r*); Leschenaultia biloba (*c-h*, *b*; 1); L. formosa (*c-h*, *r*; 1); Leucopogon verticillatus (*c-h*, *w* or *pi*; 3-6); Lindenia rivalis (*st*, *w* and *r*; 3); Lippia citriodora (*c-h*, *w*; 3); Lisianthus pulcher (*i-h*, *r*; 5); Lonicera sempervirens (*c-h*, *r* and *y*); Luculia Pinceana (*c-h*, *w*, *sc*); Mahernia incisa (*c-h*, *r*, becoming *y*; 2-4); Mascarenhasia Curnowiana (*st*, *r*); Melianthus major (*c-h*, *br*; 4-6); Mesembryanthemum candens (*c-h*, *w*); M. coccineum (*c-h*, *r*); M. formosum (*c-h*, *p*; 1); M. purpureo-album (*c-h*, *w* and *p*); M. spectabile (*c-h*, *r*; 1); M. violaceum (*c-h*, *pi-w* to *v*; 1-2); Mimulus glutinosus (*c-h*, *br* or *pi*; 5); Myrtus Luma (*c-h*, *w*; 3); Nerium Oleander (*c-h*, *r*; 6-14); Nicotiana glauca (*c-h*, *y*; 10-20); Opuntia arborescens (*c-h*, *p*; 5); O. echinocarpa (*c-h*, *g-y*); O. multiflora (*c-h*, *y*); Oxylobium Callistachys (*c-h*, *y*; 3-4); O. ellipticum (*c-h*, *y*; 2-3); Pachypodium succulentum (*st*, *r* and *w*); Passiflora alata (*st*, *r*, *p*, and *w*, *sc*); P. cæruleo-racemosa (*c-h*, *p*); P. cincinnata (*c-h*, *v-p* and *w*); P. coccinea (*st*, *r* and *o*); P. edulis (*st*, *p-w*, *sc*); P. Hahnii (*c-h*, *w* and *y*); P. racemosa (*st*, *r*); Pelargonium ardens (*c-h*; 1-$1\frac{1}{2}$); P. comptum (*c-h*, *pi* and *p*); P. fragrans (*c-h*, *w* and *r*; 2); P. ignescens (*c-h*, *r*; $1\frac{1}{2}$); P. varieties; Phænocoma prolifera (*c-h*, *r*; 4); Phylica plumosa squarrosa (*c-h*, *w*; 2); Phyllanthus Chantrieri (*st*, *r* and *y*); P. pallidifolius (*st*, *y* and *r*); Phyllocactus Ackermanni (*st*, *pi*); Physidium cornigerum (*st*, *p*; 1); Pitcairnia aphelandræflora (*st*, *r*); Plumbago capensis (*i-h*, *b*; 2); Podanthes geminata (*st*, *o-y* and *r-p*); Portlandia platantha (*st*, *w*; 3); Protea cynaroides glabrata (*c-h*, *g-w*); Quisqualis indica (*st*, variable); Rhododendron javanicum (*c-h*, *o* and *r*; 4); Rondeletia cordata (*st*, *pi*; 4); R. Purdiei (*st*, *y*, *sc*; 4); Ruellia macrophylla (*i-h*, *r*; 3); Salvia albo-cærulea (*c-h*, *w* and *b*; 3); S. confertiflora (*c-h*, *y* and *r*; 3); S. Goudotii (*c-h*, *r*; 2); S. Grahami (*c-h*, *p-b*; 2); S. Heerii (*c-h*, *r*; 2-3); S. rutilans (*c-h*, *r*; 2-3); Sarmienta repens (*c-h*, *r*); Satyrium aureum (*i-h*, *o* and *r*; 1-$1\frac{1}{2}$); Scævola Kœnigii (*c-h*, *r*; 2); Scutellaria Hartwegi (*st*, *r* and *v*; 1); S. Mociniana (*st*, *r* and *y*; $1\frac{1}{2}$); Selago

August (Tender Shrubs)—*continued.*

Gillii (*c-h*, *pi*; $\frac{1}{2}$); Sempervivum aureum (*c-h*, *y*; 1); Senecio argenteus (*c-h*, *y*; 1-2); S. macroglossus (*c-h*, *y*); Solanum atropurpureum (*c-h*, *p* and *y*); S. Capicastrum (*c-h*, *w*; 1-2); S. giganteum (*c-h*, *b*; 10-25; S. jasminoides (*c-h*, *b-w*) and var.; S. marginatum (*c-h*, *w* and *p*; 3-4); S. maroniense (*st*, *b-v*; 6-14); S. Pseudo-capsicum (*c-h*, *w*; 4); S. pyracanthum (*c-h*, *b-v*; 3-6); S. Seaforthianum (*st*, *r* or *l*); Stachytarpheta mutabilis (*st*, *r*; 3); Statice profusa (*c-h*, *p* and *w*; 2); Tabernæmontana Barteri (*st*, *w*; 6); Tacsonia insignis (*i-h*, *r*, *v-r* and *w*); T. mollissima (*c-h*, *pi*); T. Van Volxemii (*i-h*, *r*); Talinum Arnotii (*c-h*, *y*); Tecoma jasminioides (*c-h*, *w*, streaked *r*; 20); Teucrium fruticans (*c-h*, *b*; 2-3); Thyrsacanthus bracteolatus (*st*, *r*; 2); T. callistachyus (*st*, *r*; 2); Vaccinium leucobotrys (*c-h*, *w*; 4-7); Yucca Treculeana (*c-h*, *w*; 20-25).

SEPTEMBER. — Hardy. — ANNUALS. — Anagallis grandiflora (*b* and *r*; $\frac{1}{4}$); Androsace lanuginosa (*pi*; $\frac{1}{2}$-$\frac{3}{4}$); Bellium bellidioides (*w*; $\frac{1}{4}$); Brachycome iberidifolia (*b* or *w*; 1); Chrysanthemum coronarium (*y*; 4); Collomia coccinea (*r*; 1-$1\frac{1}{2}$); C. grandiflora (*r-y*; $1\frac{1}{2}$-2); Convolvulus tricolor (*y*, *b*, and *w*; 1); Crepis rubra (*r*; $\frac{1}{2}$-1); Fumaria capreolata (*w* and *p*; 4); Impatiens amphorata (*p* and *pi-r*; 3-6); Ionopsidium acaule (*l*, or *w* and *v*; $\frac{1}{4}$); Ipomœa purpurea (*p*; 10); Limnanthes Douglasii (*y* and *w*, *sc*; $\frac{3}{4}$); Linaria spartea (*y*); Lopezia coronata (*pi-p*; $1\frac{1}{2}$); Malcolmia maritima (*l*, *pi*, *r*, or *w*; $\frac{1}{2}$-1); Malope trifida (*p* or *w*; 1); Mathiola annua (variable; 1-2); Nicandra physaloides (*b*; 2); Oxalis stricta (*y*; $1\frac{1}{2}$); Papaver Hookeri (*pi*, blotched *w* or *b-bk*; 3-4); Reseda odorata (*y-w*, *sc*) and vars.; Schizanthus pinnatus (variable; 2); Tropæolum peregrinum (*y*)

BIENNIALS.—Œnothera biennis (*y*, *sc*; 2-4); Silybum Marianum (*pi-p*; 1-4); Stachys germanica (*pi* and *w*; 1-3).

PERENNIALS.—Acanthus spinosissimus (*pi*; $3\frac{1}{2}$); Achillea asplenifolia (*pi*; $1\frac{1}{2}$); A. aurea (*y*; $1\frac{1}{2}$); A. Eupatorium (*y*; 4-5); Acis autumnalis (*w*; $\frac{1}{4}$-$\frac{1}{2}$); Aconitum japonicum (*pi-w*; 6); A. paniculatum (*v*; 2-3); Actinomeris helianthoides (*y*; 3); A. procera (*y*; 8); Alströmeria aurantiaca (*o*; 3-4); A. psittacina (*r*, spotted *p*; 6); Amaryllis Belladonna (variable; 2); Anemone japonica (*pi*; 2-3) and vars.; Anomatheca cruenta (*r*; $\frac{1}{2}$-1); Apios tuberosa (*br-p*, *sc*; $\frac{1}{2}$); Aquilegia californica (*y* and *o-r*; 2-4); Armeria cephalotes (*pi* or *r*; 1-$1\frac{1}{2}$); Arnica Chamissonis (*y*; 1-2); Artemisia cœrulescens (*b*; 2); Asclepias tuberosa (*o*; 1-2); Aster acuminatus (*w*; 2); A. dracunculoides (*w*; 3); A. ericoides (*w*; 3); A. floribundus (*p*; 4); A. hyssopifolius (*w*; $1\frac{1}{2}$-2); A. lævigatus (*pi-w*; 3); A. lævis (*b*; 2); A. multiflorus (*w*; 3); A. novæ-angliæ (*p*; 6) and vars.; A. paniculatus (*b*; 4); A. pendulus (*w*, turning *pi*; 2); Bellium minutum (*w* and *y*; $\frac{1}{4}$); Bessera elegans (*r*, or *r* and *w*; 2); Boltonia glastifolia (*p*; $1\frac{1}{2}$); Borago officinalis (*b*; 1-2); Cacalia suaveolens (*w*; 3-5); Calochortus luteus (*g*, *y*, and *p*; 1); Campanula Allionii (*b* or *w*; $\frac{1}{4}$); C. garganica (*b*; $\frac{1}{4}$-$\frac{1}{2}$); C. glomerata (*b-v* or *w*; 1-2) and vars.; C. lactiflora (*b-w* or *b*; 2-6); Cassia marylandica (*y*; 2-3); Centaurea aurea (*o-y*; 2); Chelone Lyoni (*p*; 3-4); Cimicifuga americana (*w*; 2-3); Cineraria maritima (*y*; 2); Colchicum autumnale (*p*; $\frac{1}{4}$) and vars.; C. Bivonæ (*p* and *w*); C. byzantinum (*pi*; $\frac{1}{4}$); C. Parkinsoni (*w* and *p*); Collinsonia anisata (*y*; 2-3); Coronilla varia (*pi* and *w*, or *w*; 1); Dianthus fragrans (*w* and *p*, *sc*; $\frac{1}{2}$-$\frac{3}{4}$); Dicentra chrysantha (*y*; 3-5); D. thalictrifolia (*y*; *sc*); Doronicum plantagineum excelsum (*y*; 5); Erigeron glaucus (*p*; $\frac{1}{2}$-1); E. speciosus (*v* and *y*; $1\frac{1}{2}$); Fœniculum vulgare (*y*); Funkia grandiflora (*w*, *sc*); Gaillardia aristata (*y*; $1\frac{1}{2}$); G. pulchella (*r* and *y*; 2-3); Galega orientalis (*b*; 2-4); Glycyrrhiza glabra (*b*; 3-4); Hablitzia tamnoides (*g*); Helenium autumnale (*y*; 4-6); Helianthus orgyalis (*y*; 6-10); Hypericum perforatum (*y*; 1-3); Inula Hookeri (*y*, *sc*; 1-2); Kniphofia aloides (*r*, fading to *o* and *g-y*; 3-4); K.

September (Hardy Perennials)—*continued.*

Burchelli (*r*, *y*, and *g* ; 1½); Lactuca macrorhiza (*v-p* ; ½-3); L. tuberosa (*b* ; 1-1½); Lamium maculatum (*p*); Lathyrus magellanicus (*b-p*); Lilium monadelphum (*y* and *p-r* ; 3-5); Linaria alpina (*b-v* and *y* ; ½); L. Cymbalaria (*b* or *l*); L. purpurea (*b-p* ; 1-3); L. triornithophora (*p* and *y*); Lobelia syphilitica (*b* ; 1-2); Lotus corniculatus (*y*, fading to *o*, and *r*); Lupinus lepidus (*p-b* ; ½); L. leucophyllus (*pi* ; 2-3); L. ornatus (*b* ; 1-2); L. polyphyllus (*b* ; 4); Lychnis diurna (*p-pi* ; 1-3); Lysimachia clethroides (*w* ; 3); L. Nummularia (*y*); Malva Alcea fastigiata (*r* ; 2-3); Merendera Bulbocodium (*pi-l* ; ¼); Mimulus moschatus (*y*); Monarda didyma (*r* ; 1½); Nymphæa pygmæa (*aq*, *b*, *sc*); Œnothera acaulis (*w*, turning *r* ; ½); Œ. glauca (*y* ; 1-2); Œ. g. Fraseri (*y* ; 1); Œ. pallida (*w* and *y*, turning *r* ; 1½); Œ. speciosa (*w*, turning *r* ; 2-3); Ourisia coccinea (*r* ; ½-1); Oxalis corniculata (*y*); Pentstemon breviflorus (*y* or *pi-w* ; 3-6); P. diffusus (*p* ; 1½); Phlomis herba venti (*p-v* ; 1-1½); Polygonum affine (*pi-r* ; ½); P. amplexicaule (*pi-r* or *w* ; 2-3); P. compactum (*w* ; 2); P. sphærostachyum (*p-r*); P. vacciniifolium (*pi*); Pratia repens (*v-w* ; ¼); Rudbeckia grandiflora (*y* ; 3½); Saponaria officinalis (*l* or *w* ; 1-3); Scorzonera hispanica (*y* ; 3); Sedum erythrostictum (*g* ; 1-1½); S. Ewersii (*pi* or *v*); S. maximum (*w-r* ; 1-2) and vars.; S. spectabile (*pi* ; 1½-2); Sempervivum Moggridgei (*r* ; ¾); Senecio pulcher (*p* and *y* ; 1-2); Sida Napæa (*w* ; 4-10); Silene Schafta (*p* ; ½); Solidago lanceolata (*y* ; 2-3); Sternbergia lutea (*y*) and var.; Trifolium uniflorum (*b* and *p* ; ¼); Viola tricolor (*p*, *w* or *o-y*, &c. ; ¼-1½); Xanthocephalum gymnospermoides (*o-y* ; 2-4).

SHRUBS.—Abelia rupestris (*pi*, *sc* ; 5); A. triflora (*pi-y* ; 5); Abutilon striatum (*o-y* ; 10); Artemisia Abrotanum (*y*, *sc* ; 2-4); Azara integrifolia (*y* ; 18); A. microphylla (*g* ; 12); Benthamia fragifera (*w* ; 10-15); Calluna vulgaris (variable ; 1-3); Calycanthus occidentalis (*r* ; 6-12); Clematis Flammula (*w*, *sc* ; 20); C. florida (*w* ; 10); C. tubulosa (*b* ; 2-3); C. Vitalba (*w*, *sc* ; 8); C. Viticella (*b*, *p*, or *pi* ; 20); Clethra acuminata (*w*, *sc* ; 10-15); C. alnifolia (*w* ; 3-4); C. paniculata (*w*, *sc* ; 3-4); C. tomentosa (*w* ; 3-4); Cotyledon Sempervivum (*r* ; ¼-½); Dabœcia polifolia (*w*, *pi*, or *p* ; 1-2); Daphne Cneorum (*pi*, *sc* ; 1); Datisca cannabina (*y* ; 3-6); Elæagnus macrophylla (*g-y* ; 6); Erica ciliaris (*r* ; 1); E. vagans (*p-r* ; 1); Hydrangea hortensis (variable ; 2-3); H. paniculata grandiflora (*w*); Jasminum officinale (*w*, *sc*); Kerria japonica (*o-y* ; 3-4); Ligustrum lucidum (*w* ; 8-12); Lonicera Periclymenum (*r*); Osmanthus Aquifolium (*w*, *sc*); Passiflora cærulea (*p*, *w*, and *b*, *sc*); Rosa indica (*r* ; 4-20); R. varieties (*sc*); Rubus fruticosus (*w* or *pi*); R. laciniatus (*w* or *pi*); Spartium junceum (*y*, *sc* ; 6-10); Spiræa Lindleyana (*w* ; 4-9); Symphoricarpus racemosus (*pi* ; 4-6); Tamarix gallica (*w* or *pi* ; 5-10).

Half-hardy.—ANNUALS.—Calandrinia Menziesii (*p-r* ; ½); Ipomœa hederacea (*b* ; 10); Mentzelia ornata (*w*, *sc* ; 2); Nicotiana acutiflora (*w* ; 1-2); Schizanthus Grahami (*l*, *y*, and *pi* ; 2).

BIENNIALS.—Lobelia vars.; Mathiola incana (*p* ; 1-2).

PERENNIALS.—Amaryllis Belladonna (variable ; 2); Amicia Zygomeris (*y*, splashed *p* ; 8); Amphicome Emodi (*pi* and *o* ; 1-1½); Blumenbachia chuquitensis (*r* and *y*); Calceolaria arachnoidea (*p* ; 1); C. Burbidgei (*y* ; 2-4); Caryopteris Mastacanthus (*v* ; 2); Cœlestina ageratoides (*b* ; 1); Crocosmia aurea (*o-r* ; 2); Erodium Reichardi (*w* and *pi* ; ¼); Lobelia fulgens (*r* ; 1-2); L. splendens (*r* ; 1-2); Neja gracilis (*y* ; 1); Nierembergia calycina (*y* and *w*); Ophiopogon japonicus intermedius (*l* ; 1½); Polianthes tuberosa (*w*, *sc* ; 3-4) and vars.; Salvia patens (*b* ; 2½); Tropæolum tricolorum (*o-r*, tipped *bk* and *y*); Urginea maritima (*w* and *g-p*).

SHRUBS.—Calceolaria bicolor (*y* and *w* ; 2-3); C. scabiosæfolia (*y*); Celsia Arcturus (*y* and *p* ; 4); Cistus rotundifolius (*p*, marked *y* ; 1); Cneorum pulverulentum (*y* ; 1-3); Coronilla glauca (*y*, *sc* by day ; 2-4); Escallonia rubra (*r* ; 3-6); Fuchsia macrostema gracilis (*p* and *r* ; 6-10); Grindelia glutinosa (*y* ; 2); Micromeria Piperella; Olearia Gunniana (*w* ; 3-5); Pentstemon baccharifolius (*r* ; 1½); Photinia japonica (*w* ; 10-20); Zauschneria californica (*r* ; 1).

Tender.—ANNUALS.—Ipomœa Quamoclit (*i-h*, *r* ; 6); Martynia fragrans (*c-h*, *r-p* and *y*, *sc* ; 2); Porana racemosa (*i-h*, *w*).

BIENNIALS.—Convolvulus erubescens (*c-h*, *r-pi* ; 12); Exacum zeylanicum (*st*, *v* ; 1-2); Humea elegans (*c-h*, *br-r*, *pi*, or *r* ; 5-6).

PERENNIALS.—Achimenes ocellata (*i-h*, *r-y* ; 1½); Æchmea fulgens (*st*); Aerides quinquevulnerum (*st*, *w*, *r*, and *p*, *sc* ; ½); Agapanthus umbellatus (*c-h*, *b* ; 2-3); Allamanda Schottii (*st*, *y*); Amicia Zygomeris (*c-h*, *y*, splashed *p* ; 8); Amphicome Emodi (*c-h*, *pi* and *o* ; 1-1½); Astilbe rubra (*c-h*, *pi* ; 4-6); Barkeria Lindleyana (*c-h*, *pi-p*, *w*, and blotched *p* ; 2); Begonia octopetala (*i-h*, *g-w* ; 2); B. picta (*i-h*, *pi* ; ½-1); B. semperflorens (*i-h*, *w* or *pi*); Billbergia amœna (*st* *g-w*, tipped *b* ; 2); Bromelia bracteata (*st*, *pi* ; 2); Brunsvigia toxicaria (*c-h*, *pi* ; 1); Canistrum aurantiacum (*st*, *o-y*); Catasetum maculatum (*st*, *g*, spotted *p* ; 3); Cattleya bicolor (*i-h*, *br-g* and *pi-p* ; 1½-2); C. Devoniana (*i-h*, *w*, *pi*, and *pi-p*); C. Dowiana (*i-h*, *y*, *p*, and *v-pi*); C. eldorado (*i-h*, *pi*, *p-r*, and *o*); C. granulosa (*i-h*, *y-g*, *w*, *br* &c.); C. Harrisoniæ (*i-h*, *pi*, tinged *y* ; 2) and var.; C. marginata (*i-h*, *pi-r*, *pi*, and *w*, *sc*) and vars.; C. Regnellii (*i-h*, *g*, *b*, *pi-p*, *w*, &c.); Cœlogyne ciliata (*i-h*, *y*, *w*, and *br*); C. speciosa (*i-h*, *w*, *br* or *g*, *y*, and *r* ; 1½); Crinum Careyanum (*i-h*); C. Kirkii (*st*, *g* and *r*); C. Moorei (*c-h*, *g* and *r*); Curcuma petiolata (*st*, *y* ; 1½); Cyclamen africanum (*c-h*, *w* or *r*, and *p* ; ¼-½); C. neapolitanum (*c-h*, *w* or *r* ; ¼); Cycnoches Egertonianum (*st*, *p* ; 2); Dendrobium bigibbum (*i-h*, *pi*); D. chrysanthum (*c-h*, *y* and *r*); D. sanguinolentum (*st*, *y*, *pi*, and *p*); D. speciosum (*c-h*, c or *y-w*, and *bk*, *sc*); D. superbiens (*st*, *p*); Dichorisandra musaica (*st*, *b* ; 1½); D. thyrsiflora (*st*, *b* ; 4); Disporum pullum (*c-h*, *br* ; 1½); D. p. parviflorum (*c-h*, *br*); Drosera binata (*c-h*, *w* ; ½); Fragaria indica (*c-h*, *y*); Galaxia ovata (*c-h*, *y*); Gesnera discolor (*st*, *r* ; 2); Gladiolus cruentus (*c-h*, *r* and *w* ; 2-3); G. psittacinus (*c-h*, *r*, *y*, *g*, and *p* ; 3); G. Saundersii (*c-h*, *r* and *w* ; 2-3); Gloxinia maculata (*st*, *p-b* ; 1); Gymnostachyum venustum (*st*, *p* ; ½); Impatiens Sultani (*st*, *r* ; 1); Ipomœa Learii (*st*, *b*); I. Purga (*st*, *p-pi*); Lælia Dominiana (*i-h*, *p*); Limnocharis Plumieri (*i-h* *aq*, *y* ; 1½); Lotus jacobæus (*c-h*, *p* and *y* ; 1-3); Lycoris aurea (*c-h*, *y* ; 1); Manulea rubra (*c-h*, *y* ; 1-2); Masdevallia ionocharis (*c-h*, *w-y* and *p* ; ¼); M. tovarensis (*c-h*, *w*); M. Veitchiana (*c-h*, *y*, *o-r*, and *p*); Maxillaria grandiflora (*i-h*, *w*, *y*, and *r*); Miltonia candida (*i-h*, *y*, *w*, *br*, and *pi* ; ¾); M. Clowesii (*i-h*, *y*, *p*, and *br*); M. Regnelli (*i-h*, *pi-w* and *l-pi* ; 1); M. spectabilis (*i-h*, *w* and *pi-v* ; ½-¾); Nerine sarniensis (*c-h*, *pi* ; 2-2½); Nymphæa Devoniensis (*st* *aq*, *pi-r*); N. Lotus dentata (*st* *aq*, *w*); Odontoglossum crispum (*c-h*, *w*, *y*, and *r-br*); O. grande (*c-h*, *o-y*, *c-w*, and *br*); O. Rossii Ehrenbergii (*c-h*, *w* and *br*); O. R. Warnerianum (*c-h*, *w*, *br*, *y*, &c.); O. Uro-Skinneri (*c-h*, *g* or *g-y*, *w*, *r*, &c.); Oncidium cucullatum (*c-h*, *br-p*, and *pi-p*); O. incurvum (*c-h*, *w*, *l*, and *br*, *sc*); O. ornithorhynchum (*c-h*, *pi-p*, *sc*); Pachystoma Thomsonianum (*st*, *w*, *p*, *g*, and *br* ; ½); Peristeria elata (*st*, *w*, spotted *l* ; 4); Phalænopsis amabilis (*st*, *w* and *y*); P. Aphrodite (*st*, *w*, *r*, *o*, and *y*); Phinea albolineata (*st*, *w* ; ¾); Pinguicula caudata (*c-h*, *pi*); Rivina humilis (*st*, *w-pi* ; 1-2); R. lævis (*st*, *w-pi* ; 7-8); Sinningia concinna (*st*, *p* and *y*); S. speciosa (*st*, *v*) and vars.; Stanhopea insignis (*st*, *y*, spotted *p* ; *sc*); S. oculata (*st*, *y*, spotted *l*); S. tigrina (*st*, *o*, blotched *p-br*, *sc*); Stapelia Asterias (*c-h*, *v*, *y*, and *p* ; ½); Stauropsis Batemanni (*st*, *y*, &c.); Talauma pumila (*st*, *c*, *sc* ; 2-4); Teucrium Chamædrys (*c-h*, *pi*); Thunbergia erecta (*st*, *b*, *o*, and *y* ; 6) and var.; Trichopilia Galleotiana (*c-h*, *g*, *br*, *y*, and *pi-p*); Tropæolum peregrinum (*c-h*, *y*); Turnera ulmifolia (*st*, *y* ; 2-4); Vanda cærulea (*st*, *b* ; 2-3); V. Hookeriana (*st*, *w*, spotted *m*, and *p*); V. Sanderiana (*st*, *y*, *p-r*, and

September (Tender Perennials)—*continued.*

br); Vinca rosea (*i-h*, *pi* or *w*); Wigandia Vigieri (*i-h*, *l-b* or *p-r*; 6); Zephyranthes candida (*c-h*, *g-w*; ½-¾).

SHRUBS.—Abutilon megapotamicum (*c-h*, *r*, *y*, and *br*; 3); Acmena floribunda (*c-h*, *w*; 4); Adenocalymna comosum (*st*, *y*; 10); Alonsoa incisifolia (*c-h*, *r*; 1-2); Aphelandra cristata (*st*, *o-r*; 3); Aristolochia ciliosa (*st*, *y*; 6); Bauhinia natalensis (*st*, *w*); Begonia nitida (*st*, *pi*; 4-5); B. prestoniensis (*st*, *o-r*; 2); Bignonia Cherere (*i-h*, *o*; 10); Bossiæa linophylla (*c-h*, *o* and *p*; 1-4); Bouvardia angustifolia (*c-h*, *r*; 2); B. leiantha (*c-h*, *r*; 2); B. longiflora (*c-h*, *w*; 2-3); Brachylæna nerifolia (*c-h*, *y*; 2); Bredia hirsuta (*c-h*, *pi*); Bursaria spinosa (*c-h*, *w*; 10); Cassia tomentosa (*st*, *y*; 5-7); Celastrus lucidus (*c-h*, *w*; 1-3); Cereus coccineus (*c-h*, *r*); Cheirostylis marmorata (*st*, *w*, *r*, and *p*; ¼); Clavija ornata (*st*, *o*; 10-12); Clerodendron fragrans (*c-h*, *w*; 6); Cobæa scandens (*c-h*, *p*; 20); Coffea arabica (*st*, *w*, *sc*; 5-15); Colquhounia coccinea (*c-h*, *r*); Columnea aureo-nitens (*st*, *o-r*); Crassula ericoides (*c-h*, *w*; ½); C. falcata (*c-h*, *r* or *w*; 3-8); Dipladenia amabilis (*st*, *pi-r*; 10); Echites nutans (*st*, *y*); E. stellaris (*st*, *pi* and *y*; 6); Enkianthus quinqueflorus (*c-h*, *r* and *pi-w*; 3-10); Erica Aitonia (*c-h*, *r* or *w*; 2); E. cerinthoides (*c-h*, *r*; 3); E. gracilis (*c-h*, *p-r*; 1); E. jasminiflora (*c-h*, *r*; 1-2); E. Massonii (*c-h*, *r* and *g-y*; 3); E. melanthera (*c-h*, *pi*; 2); E. ramentacea (*c-h*, *p-r*; 1½); E. Savileana (*c-h*, *r* or *p-r*; 1); E. Shannoniana (*c-h*, *w* and *p*; 1-2); Eupatorium atrorubens (*c-h*, *r* and *l*); E. Weinmannianum (*c-h*, *w*, *sc*); Fuchsia macrostema (*c-h*, *r*; 6-12); F. microphylla (*c-h*, *r*; 2); Goethea multiflora (*st*, *pi* or *r*); Gomphocarpus fruticosus (*c-h*, *w*; 5-7); Grewia occidentalis (*c-h*, *p*; 10); Gustavia gracillima (*st*, *pi-r*); Heliotropium corymbosum (*c-h*, *l*; 4); Hoya linearis (*st*, *w*); Hypericum balearicum (*c-h*, *y*; 1-2); Jasminum grandiflorum (*i-h*, *w*); J. Sambac (*st*, *w*, *sc*); Lapageria rosea (*c-h*, *pi-r*); Lippia citriodora (*c-h*, *w*; 3); Luculia gratissima (*c-h*, *pi*, *sc*; 9-16); L. Pinceana (*c-h*, *w*; *sc*); Mesembryanthemum coccineum (*c-h*, *r*); M. conspicuum (*c-h*, *r*; 1); M. minutum (*c-h*, *y*); M. violaceum (*c-h*, *pi-w* to *v*; 1-2); Mimulus glutinosus (*c-h*, *br* or *pi*; 5); Mussænda luteola (*c-h*, *y* and *o*; 5-6); Nerium Oleander (*c-h*, *r*; 6-14); Nicotiana glauca (*c-h*, *y*; 10-20); Opuntia Salmiana (*c-h*, *y* and *r*; 2); Oxylobium ellipticum (*c-h*, *y*; 2-3); Pachypodium succulentum (*st*, *r* and *w*); Passiflora cæruleo-racemosa (*c-h*, *p*); P. coccinea (*st*, *r* and *o*); P. quadrangularis (*st*, *w*, *r*, and *v*, *sc*); P. racemosa (*st*, *r*); P. Raddiana (*st*, *r*); Pavonia multiflora (*st*, *r* and *p*); Pelargonium comptum (*c-h*, *pi* and *p*); P. crispum (*c-h*, *p*); Phylica plumosa squarrosa (*c-h*, *w*; 2); Pleroma Benthamianum (*st*, *p* and *w*; 4); Plumbago capensis (*i-h*, *b*; 2); Podanthes geminata (*st*, *o-y* and *r-p*); Protea mellifera (*c-h*, *pi* or *w*; 6); Psammisia Hookeriana (*i-h*, *pi-r*; 1½-2); P. Jessicæ (*i-h*, *r*); Rhipsalis Cassytha (*c-h*, *g-w*; 1); Rhododendron javanicum (*c-h*, *o* and *r*; 4); Roezlia granadensis (*st*, *pi-p*; 3); Ruellia Herbstii (*i-h*, *pi-p*; 3); Salvia boliviana (*c-h*, *r*; 4); S. Greggii (*c-h*, *pi*; 3); Stachytarpheta mutabilis (*st*, *r*; 3); Stigmaphyllon littorale (*st*, *y*); Strobilanthes isophyllus (*st*, *l*; 1-2); Tacsonia insignis (*i-h*, *r*, *v-r*, and *w*).

OCTOBER.—Hardy.—ANNUALS.—Anagallis grandiflora (*b* and *r*; ¼); Androsace lanuginosa (*pi*; ¼-¾); Brachycome iberidifolia (*b* or *w*; 1); Collomia coccinea (*r*; 1-1½); C. grandiflora (*r-y*; 1½-2); Crepis rubra (*r*; ½-1); Gaillardia amblyodon (*r*; 2-3); Ionopsidium acaule (*l*, or *w* and *v*; ¼); Limnanthes Douglasii (*y* and *w*, *sc*; ¾); Linaria spartea (*y*); Malcolmia maritima (*l*, *pi*, *r*, or *w*; ½-1); Mathiola annua (variable; 1-2); Oxalis stricta (*y*; 1½); Papaver Hookeri (*pi*, blotched *w*, or *b-bk*; 3-4); Reseda odorata (*g-r*, *sc*) and vars.; Schizanthus pinnatus (*v*, *p*, &c.; 2); Tropæolum peregrinum (*y*).

BIENNIALS.—Œnothera biennis (*y*, *sc*; 2-4); Stachys germanica (*pi* and *w*; 1-3).

PERENNIALS.—Acanthus spinosissimus (*pi*; 3½); Achillea aurea (*y*; 1½); Acis autumnalis (*w*; ¼-½); Alströmeria aurantiaca (*o*; 3-4); Amaryllis Belladonna (variable; 2);

October (Hardy Perennials)—*continued.*

Anemone japonica (*pi*; 2-3) and vars.; Anomatheca cruenta (*r*; ½-1); Apios tuberosa (*br-p*, *sc*; ½); Armeria cephalotes (*pi* or *r*; 1-1½); Aster concinnus (*p*; 2); A. dracunculoides (*w*; 3); A. dumosus (*w*; 2); A. hyssopifolius (*w*; 1½-2); A. longifolius (*w*; 3) and vars.; A. sikkimensis (*p*; 3); Cacalia suaveolens (*w*; 3-5); Cassia marylandica (*y*; 2-3); Colchicum autumnale (*p*; ¼); and vars.; C. Bivonæ (*p* and *w*); C. byzantinum (*pi*; ¼); C. Parkinsoni (*w* and *p*); Coronilla varia (*pi* and *w*, or *w*; 1); Dicentra chrysantha (*y*; 3-5); D. thalictrifolia (*y*, *sc*); Doronicum plantagineum excelsum (*y*; 5); Erigeron glaucus (*p*; ½-1); E. speciosus (*v* and *y*; 1½); Fœniculum vulgare (*y*); Gaillardia aristata (*y*; 1½); G. pulchella (*r* and *y*; 2-3); Galega orientalis (*b*; 2-4); Gentiana Kurroo (*b* and *w*); Glycyrrhiza glabra (*b*; 3-4); Hablitzia tamnoides (*g*); Helenium autumnale (*y*; 4-6); Helianthus orgyalis (*y*; 6-10); Hypericum perforatum (*y*; 1-3); Kniphofia aloides (*r*, fading to *o*, and *g-y*; 3-4); K. Burchelli (*r*, *y*, and *g*; 1½); Lactuca macrorhiza (*v-p*; ½-3); L. tuberosa (*b*; 1-1½); Lilium monadelphum (*y* and *p-r*; 3-5); Linaria alpina (*b-v* and *y*; ½); L. Cymbalaria (*b* or *l*); Lobelia syphilitica (*b*; 1-2); Lotus corniculatus (*y*, fading to *o*, and *r*); Lupinus leucophyllus (*pi*; 2-3); L. ornatus (*b*; 1-2); L. polyphyllus (*b*; 4); Lychnis diurna (*p-pi*; 1-3); Lysimachia Nummularia (*y*); Malva Alcea fastigiata (*r*; 2-3); Merendera Bulbocodium (*pi-l*; ¼); Œnothera glauca (*y*; 1-2); Œ. g. Fraseri (*y*; 1); Oxalis corniculata (*y*); O. lobata (*y* and *r*; ¼); Plumbago Larpentæ (*v*; 1); Polygonum affine (*pi-r*; ½); P. amplexicaule (*pi-r* or *w*; 2-3); P. sphærostachyum (*p-r*); P. vaccinifolium (*pi*); Pratia repens (*v-w*; ¼); Saxifraga cortusæfolia (*w*); Sedum kamtschaticum (*y*); Senecio pulcher (*p* and *y*; 1-2); Silene Schafta (*p*; ½); Solidago speciosa (*y*; 3-6); Sternbergia lutea (*y*) and vars.

SHRUBS.—Abutilon striatum (*o-y*; 10); Artemisia Abrotanum (*y*, *sc*; 2-4); Azara integrifolia (*y*; 18); A. microphylla (*g*; 12); Benthamia fragifera (*w*; 10-15); Calycanthus occidentalis (*r*; 6-12); Clematis Flammula (*w*, *sc*; 20); C. tubulosa (*b*; 2-3); Clethra acuminata (*w*, *sc*; 10-15); C. paniculata (*w*, *sc*; 3-4); C. tomentosa (*w*; 3-4); Elæagnus macrophylla (*g-y*; 6); Hamamelis virginica (*y*); Hydrangea paniculata grandiflora (*w*); Kerria japonica (*o-y*; 3-4); Ligustrum lucidum (*w*; 8-12); Lonicera Periclymenum (*r*); Osmanthus Aquifolium (*w*, *sc*); Passiflora cærulea (*p*, *w*, and *b*, *sc*); Rosa indica (*r*; 4-20).

Half-hardy.—ANNUAL.—Schizanthus Grahami (*l* or *pi*, and *y*; 2).

BIENNIALS.—Lobelia vars.; Mathiola incana (*p*; 1-2).

PERENNIALS.—Amaryllis Belladonna (variable; 2); Amicia Zygomeris (*y*, splashed *p*; 8); Amphicome Emodi (*pi* and *o*; 1-1½); Boussingaultia baselloides (*w*, turning *bk*, *sc*); Calceolaria Burbidgei (*y*; 2-4); Caryopteris Mastacanthus (*v*; 2); Cœlestina ageratoides (*b*; 1); Crocosmia aurea (*o-r*; 2); Neja gracilis (*y*; 1); Ophiopogon japonicus intermedius (*l*; 1½); Polianthes tuberosa (*w*, *sc*; 3-4) and vars.; Schizostylis coccinea (*r*; 3); Tropæolum tricolorum (*o-r*, tipped *bk*, and *y*); Urginea maritima (*w* and *g-p*).

SHRUBS.—Calceolaria bicolor (*y* and *w*; 2-3); C. scabiosæfolia (*y*); Camellia japonica (variable; 20); Fuchsia macrostema gracilis (*p* and *r*; 6-10); Grindelia glutinosa (*y*; 2); Micromeria Piperella; Photinia japonica (*w*; 10-20); Zauschneria californica (*r*; 1).

Tender.—ANNUALS.—Martynia fragrans (*c-h*, *r-p* and *y*, *sc*; 2); Porana racemosa (*i-h*, *w*).

BIENNIAL.—Humea elegans (*c-h*, *br-r*, *pi*, or *r*; 5-6).

PERENNIALS.—Achimenes ocellata (*i-h*, *r-y*; 1½); Æchmea cœrulescens (*st*, *b*; 1); Agapanthus umbellatus (*c-h*, *b*; 2-3); Amicia Zygomeris (*c-h*, *y*, splashed *p*; 8); Amphicome Emodi (*c-h*, *pi* and *o*; 1-1½); Angræcum bilobum (*st*, *w* and *p*; ½); Anthurium Lindenianum (*st*, *w*; 3); Astilbe rubra (*c-h*, *pi*; 4-6); Begonia octopetala (*i-h*, *g-w*; 2); B. picta (*i-h*, *pi*; ½-1); B. pruinata (*i-h*, *w*); B. semper-

October (Tender Perennials)—*continued.*

florens (i-h, w or pi); Bifrenaria aurantiaca (st, o; ¾); Billbergia amœna (st, g-w, tipped b; 2); Brunsvigia toxicaria (c-h, pi; 1); Cattleya Dowiana (i-h, y, p, and v-pi); C. guttata (i-h, g, w, p, y, &c.; 1½-2) and vars.; C. Harrisoniæ (i-h, pi, tinged y; 2) and var.; C. labiata (i-h, pi and r; 1½-2) and vars.; C. marginata (i-h, pi-r, pi, and w, sc) and vars.; Cœlogyne ciliata (i-h, y, w, and br); C. maculata (i-h, w and r); C. speciosa (i-h, w, br or g, y, and r; 1½); C. Wallichiana (i-h, p and w, sc; 1); Crinum Balfourii (st, w, sc); C. Careyanum (i-h); C. Moorei (c-h, g and r); Cyclamen africanum (c-h, w or r, and p; ¼-½); C. cilicicum (c-h, w and p; ¼); Cycnoches Egertonianum (st, p; 2); Dahlia imperialis (c-h, w, l, and r; 10-12); Dendrobium bigibbum (i-h, pi); D. sanguinolentum (st, y, pi, and p); D. speciosum (c-h, c or y-w, and bk, sc); D. superbiens (st, p); Dichorisandra musaica (st, b; 1½); D. thyrsiflora (st, b; 4); Fragaria indica (c-h, y); Gladiolus psittacinus (c-h, r, y, g, and p; 3); G. Saundersii (c-h, r and w; 2-3); Gloxinia maculata (st, p-b; 1); Hymenocallis amœna (st, w, sc; 1-2); Impatiens Sultani (st, r; 1); Ipomœa Learii (st, b); I. Purga (st, p-pi); Lælia Dominiana (i-h, p); L. Perrinii (i-h, pi-p and r); Limnocharis Plumieri (i-h aq, y; 1½); Lotus jacobæus (c-h, p and y; 1-3); Masdevallia tovarensis (c-h, w); M. Veitchiana (c-h, y, o-r, and p); Maxillaria grandiflora (i-h, w, y, and r); Miltonia candida (i-h, y, w, br, and pi; ¾); M. Clowesii (i-h, y, p, and br); M. Regnelli (i-h, pi-w and l-pi; 1); M. spectabilis (i-h, w and pi-v; ½-¾); Mormodes atropurpureum (st, p-br; 1); M. Ocanæ (st, o-y and r-br); Nerine sarniensis (c-h, pi; 2-2½); Nymphæa Devoniensis (st aq, pi-r); N. Lotus dentata (st aq, w); Odontoglossum crispum (c-h, w, y, and r-br); O. grande (c-h, o-y, c-w, and br); O. Rossii Ehrenbergii (c-h, w and br); O. R. Warnerianum (c-h, w, br, y, &c.); O. Uro-Skinneri (c-h, g or g-y, w, r, &c.); Oncidium cucullatum (c-h, br-p and pi-p): O. incurvum (c-h, w, l, and br, sc); O. ornithorhynchum (c-h, pi-p, sc); Oxalis variabilis (c-h, w or r; ¼); Pachystoma Thomsonianum (st, w, p, g, and br; ½); Phalænopsis amabilis (st, w and y); P. Aphrodite (st, w, r, o, and y); Pinguicula caudata (c-h, pi); Rivina humilis (st, w-pi; 1-2); Scutellaria splendens (st, r; 1); Sinningia concinna (st, p and y); Stanhopea oculata (st, y, spotted l); Stapelia Asterias (c-h, v, y, and p; ½); Tachiadenus carinatus (st, w and v); Talauma pumila (st, c, sc; 2-4); Thunbergia erecta (st, b, o, and y; 6) and var.; Trichocentrum orthoplectron (st, b, y, w, and r); Tropæolum azureum (c-h, b and g-w); T. peregrinum (c-h, y); Vanda cærulea (st, b; 2-3); V. Sanderiana (st, y, p-r, and br); Vinca rosea (i-h, pi or w); Wigandia Vigieri (i-h, l-b or p-r; 6).

SHRUBS.—Abutilon megapotamicum (c-h, r, y, and br; 3); Adhatoda cydoniæfolia (st, w and p); Æschynanthus fulgens (st, r and o; 1); Aganosma caryophyllata (st, y); A. Roxburghii (st, w); Alonsoa incisifolia (c-h, r; 1-2); Aphelandra acutifolia (st, r); A. cristata (st, o-r; 3); Ardisia villosa mollis (st, w); Aristolochia ornithocephala (st, p; 20); Begonia nitida (st, pi; 4-5); B. prestoniensis (st, o-r; 2); Bignonia Cherere (i-h, o; 10); Bocconia frutescens (c-h, g; 3-6); B. leiantha (c-h, r; 2); Brachylæna nerifolia (c-h, y; 2); Bredia hirsuta (c-h, pi); Bursaria spinosa (c-h, w; 10); Clerodendron fragrans flore-pleno (c-h, w, tinged pi, sc; 6); Cobæa scandens (c-h, p; 20); Cotyledon coccinea (c-h, r and y; 1-2); C. grandiflora (c-h, r-o; 1-2); C. racemosa (c-h, r; 2); Crossandra guineensis (st, l; ¼-½); Erica cerinthoides (c-h, r; 3); E. gracilis (c-h, p-r; 1); E. jasminiflora (c-h, r; 1-2); E. Massonii (c-h, r and g-y; 3); E. melanthera (c-h, pi; 2); E. ramentacea (c-h, p-r; 1½); Eupatorium atrorubens (c-h, r and l); E. Weinmannianum (c-h, w, sc); Fuchsia macrostema (c-h, r; 6-12); F. microphylla (c-h, r; 2); F. simplicicaulis (c-h, pi-r); Gardenia nitida (st, w; 3); Hoya australis (i-h, w and pi, sc); H. linearis (st, w); Jasminum grandiflorum (i-h, w); J. Sambac (st, w, sc); Lapageria rosea (c-h, pi-r); Lippia citriodora (c-h, w; 3); Luculia gratissima (c-h, pi,

October (Tender Shrubs)—*continued.*

sc; 9-16); Mesembryanthemum conspicuum (c-h, r; 1); M. floribundum (c-h, r and w; ½); M. minutum (c-h, y); M. violaceum (c-h, pi-w to v; 1-2); Mimulus glutinosus (c-h, br or pi; 5); Monochætum Humboldtianum (c-h, r-p); Mussænda luteola (c-h, y, and o; 5-6); Nerium Oleander (c-h, r; 6-14); Nicotiana glauca (c-h, y; 10-20); Pachypodium succulentum (st, r and w); Passiflora cæruleo-racemosa (c-h, p); P. coccinea (st, r and o); P. racemosa (st, r); P. Raddiana (st, r); Pelargonium comptum (c-h, pi and p); Pentas carnea (st, pi-w; 1½); Pereskia aculeata (st, w; 5-7); P. Bleo (st, r; 8-10); Phylica plumosa squarrosa (c-h, w; 2); Phyllocactus anguliger (st, w and y); Pleroma Benthamianum (st, p and w; 4); P. Gayanum (st, w; 1-2); Plumbago capensis (i-h, b; 2); Podanthes geminata (st, o-y and r-p); Reinwardtia trigynum (i-h, y; 2-3); Rhododendron javanicum (c-h, o and r; 4); Roezlia granadensis (st, pi-p; 3); Salvia boliviana (c-h, r; 4); S. Greggii (c-h, pi; 3); Satyrium coriifolium (i-h, y; 1); Stachytarpheta mutabilis (st, r; 3); Stigmaphyllon ciliatum (st, y); S. littorale (st, y); Strobilanthes isophyllus (st, l; 1-2); S. Wallichii (st, b; ½-2); Tacsonia insignis (i-h, r, v-r, and w); Vaccinium erythrinum (c-h, r; 1½); Whitfieldia lateritia (st, r and o; 3).

NOVEMBER. — **Hardy.** — ANNUALS. — Anagallis grandiflora (b and r; ¼); Brachycome iberidifolia (b or w; 1); Crepis rubra (r; ½-1); Ionopsidium acaule (l, or w and v; ¼); Linaria spartea (y); Malcolmia maritima (l, pi, r, or w; ½-1); Oxalis stricta (y; 1½); Papaver Hookeri (pi, blotched w or b-bk; 3-4).

BIENNIALS.—Œnothera biennis (y, sc; 2-4); Stachys germanica (pi and w; 1-3).

PERENNIALS.—Acanthus spinosissimus (pi; 3½); Achillea aurea (y; 1½); Acis autumnalis (w; 1½); Alströmeria aurantiaca (o; 3-4); A. chilensis (r or pi; 2-3) and vars.; Anemone japonica (pi; 2-3) and vars.; Anomatheca cruenta (r; ½-1); Armeria cephalotes (pi or r; 1-1½); Aster grandiflorus (p; 2); Cacalia suaveolens (w; 3-5); Colchicum autumnale (p; ¼) and vars.; C. Bivonæ (p and w); C. byzantinum (pi; ¼); C. Parkinsoni (w and p); Coronilla varia (pi and w, or w; 1); Dicentra chrysantha (y; 3-5); D. thalictrifolia (y; sc); Erigeron glaucus (p; ½-1); E. speciosus (v and y; 1½); Gaillardia aristata (y; 1½); G. pulchella (r and y; 2-3); Galega orientalis (b; 2-4); Glycyrrhiza glabra (b; 3-4); Helenium autumnale (y; 4-6); Helianthus orgyalis (y; 6-10); Hypericum perforatum (y; 1-3); Kniphofia aloides (r, fading to o and g-y; 3-4); K. Burchelli (r, y, and g; 1½); K. Rooperi (o-r, becoming y; 2); Lactuca macrorhiza (v-p; ½-3); L. tuberosa (b; 1-1½); Linaria alpina (b-v and y; ½); L. Cymbalaria (b or l); Lobelia syphilitica (b; 1-2); Lotus corniculatus (y, fading to o, and r); Lupinus leucophyllus (pi; 2-3); L. ornatus (b; 1-2); L. polyphyllus (b; 4); Lychnis diurna (p-pi; 1-3); Merendera Bulbocodium (pi-l; ¼); Oxalis corniculata (y); O. lobata (y and r; ¼); Polygonum affine (pi-r; ½); P. sphærostachyum (p-r); P. vaccinifolium (pi); Sedum kamtschaticum (y); Senecio pulcher (p and y; 1-2); Sternbergia lutea (y) and var.

SHRUBS.—Abutilon striatum (o-y; 10); Azara integrifolia (y; 18); A. microphylla (g; 12); Clematis tubulosa (b; 2-3); Elæagnus macrophylla (g-y; 6); Hamamelis virginica (y); Hydrangea paniculata grandiflora (w); Kerria japonica (o-y; 3-4); Ligustrum lucidum (w; 8-12); Osmanthus Aquifolium (w, sc); Rosa indica (r; 4-20).

Half-hardy. — PERENNIALS. — Amaryllis Belladonna (variable; 2); Amicia Zygomeris (y, splashed p; 8); Boussingaultia baselloides (w, turning bk, sc); Calceolaria Burbidgei (y; 2-4); Caryopteris Mastacanthus (v; 2); Crocosmia aurea (o-r; 2); Ophiopogon japonicus intermedius (l; 1½); Polianthes tuberosa (w, sc; 3-4) and vars.; Schizostylis coccinea (r; 3).

SHRUBS.—Calceolaria bicolor (y and w; 2-3); Camellia

November (Half-hardy Shrubs)—*continued.*
japonica (variable; 20); C. oleifera (*w, sc*; 6-8); Fuchsia macrostema gracilis (*p* and *r*; 6-10); Grindelia glutinosa (*y*; 2); Photinia japonica (*w*; 10-20); Plagianthus Lampenii (*y*; 6-8); Zauschneria californica (*r*; 1).

Tender.—ANNUALS.—Martynia fragrans (*c-h, r-p* and *y, sc*; 2); Porana racemosa (*i-h, w*).

PERENNIALS.—Achimenes ocellata (*i-h, r-y*; 1½); Ægiphila grandiflora (*st, y*; 3); Agapanthus umbellatus (*c-h, b*; 2-3); Amicia Zygomeris (*c-h, y,* splashed *p*; 8); Angræcum bilobum (*st, w* and *pi, sc*; ½); A. caudatum (*st, g-y, br, w,* and *g*; 1½); A. sesquipedale (*st, w*; 1); Astilbe rubra (*c-h, pi*; 4-6); Begonia octopetala (*i-h, g-w*; 2); B. picta (*i-h, pi*; ½-1); B. pruinata (*i-h, w*); B. semperflorens (*i-h, w* or *pi*); Billbergia amœna (*st, g-w,* tipped *b*; 2); Canna discolor (*st, r*; 6); Cattleya Dowiana (*i-h, y, p,* and *v-pi*); C. guttata (*i-h, g, w, p, y,* &c.; 1½-2) and vars.; C. labiata (*i-h, pi* and *r*; 1½-2) and vars.; Centropogon fastuosus (*c-h, pi*; 2); C. Lucyanus (*st, pi*); Cœlogyne ciliata (*i-h, y, w,* and *br*); C. humilis (*i-h, w, pi, r,* and *br*); C. maculata (*i-h, w* and *r*); C. speciosa (*i-h, w, br* or *g, y,* and *r*; 1½); Comparettia coccinea (*i-h, r*; ½); Crinum Careyanum (*i-h*); C. Macowani (*c-h, w,* tinged *p*); C. Moorei (*c-h, g* and *r*); Cycnoches Egertonianum (*st, p*; 2); Dahlia imperialis (*c-h, w, l,* and *r*; 10-12); Dendrobium sanguinolentum (*st, y, pi,* and *p*); D. speciosum (*c-h, c* or *y-w,* and *bk, sc*); D. superbiens (*st, p*); Dichorisandra musaica (*st, b*; 1½); D. thyrsiflora (*st, b*; 4); Didymocarpus primulæfolia (*st, l*; ¼-½); Dorstenia Mannii (*st, g*; 1); Episcia chontalensis (*st, l, y,* and *w*; ½-1); Gladiolus psittacinus (*c-h, r, y, g,* and *p*; 3); G. Saundersii (*c-h, r* and *w*; 2-3); Impatiens Sultani (*st, r*; 1); Ipomœa Purga (*st, p-pi*); Lælia Dominiana (*i-h, p*); L. Perrinii (*i-h, pi-p* and *r*); Limnocharis Plumieri (*i-h aq, y*; 1½); Lotus jacobæus (*c-h, p* and *y*; 1-3); Lycaste Skinneri (*i-h, w, pi-l,* and *r*); Masdevallia tovarensis (*c-h, w*); M. Veitchiana (*c-h, y, o-r,* and *p*); Maxillaria grandiflora (*i-h, w, y,* and *r*); M. luteo-grandiflora (*i-h, c-w, br-r,* and *o*); Miltonia candida (*i-h, y, w, br,* and *pi*; ¾); M. Clowesii (*i-h, y, p,* and *br*); M. Regnelli (*i-h, pi-w* and *l-pi*; 1); M. spectabilis (*i-h, w* and *pi-v*; ½-¾); Nerine sarniensis (*c-h, pi*; 2-2½); Nymphæa Devoniensis (*st aq, pi-r*); N. Lotus dentata (*st aq, w*); Odontoglossum crispum (*c-h, w, y,* and *r-br*); O. grande (*c-h, o-y, c-w,* and *br*); O. Rossii Ehrenbergii (*c-h, w* and *br*); O. R. Warnerianum (*c-h, w, br, y,* &c.); O. Uro-Skinneri (*c-h, g* or *g-y, w, r,* &c.); Oncidium cucullatum (*c-h, br-p* and *pi-p*); O. Forbesii (*i-h, r-br, y,* and *w*); O. incurvum (*c-h, w, l,* and *br, sc*); O. ornithorhynchum (*c-h, pi-p, sc*); Oxalis variabilis (*c-h, w* or *r*; ½); Pachystoma Thomsonianum (*st, w, p, g,* and *br*; ½); Phalænopsis amabilis (*st, w* and *y*); P. Aphrodite (*st, w, r, o,* and *y*); Pinguicula caudata (*c-h, pi*); Saccolabium bigibbum (*st, y* and *w*); Sinningia concinna (*st, p* and *y*); Sophronitis militaris (*c-h, r* and *y*; ½); Stanhopea oculata (*st, y,* spotted *l*); Stapelia Asterias (*c-h, v, y,* and *p*; ½); Talauma pumila (*st, c, sc*; 2-4); Thunbergia erecta (*st, b, o,* and *y*; 6) and var.; Tillandsia carinata (*st, y* and *r,* tipped *g*); Vanda cærulea (*st, b*; 2-3); Wigandia Vigieri (*i-h, l-b* or *p-r*; 6).

SHRUBS.—Abutilon megapotamicum (*c-h, r, y,* and *br*; 3); A. varieties; Ægiphila grandiflora (*st, y*; 3); Aphelandra cristata (*st, o-r*; 3); Argyreia splendens (*st, r*; 10); Begonia nitida (*st, pi*; 4-5); B. prestoniensis (*st, o-r*; 2); Bœbera incana (*c-h, y*; 1½); B. leiantha (*c-h, r*; 2); Brachylæna nerifolia (*c-h, y*; 2); Brachyotum confertum (*c-h, p* and *c*); Bredia hirsuta (*c-h, pi*); Bursaria spinosa (*c-h, w*; 10); Chænostoma linifolia (*c-h, w* or *y*; 1); Columnea erythrophæa (*st, r,* 2); Daphne odora Mazeli (*c-h, w* and *pi, sc*); Erica cerinthoides (*c-h, r*; 3); E. gracilis (*c-h, p-r*; 1); E. jasminiflora (*c-h, r*; 1-2); E. melanthera (*c-h, pi*; 2); E. ramentacea (*c-h, p-r*; 1½); Eupatorium atrorubens (*c-h, r* and *l*); E. Weinmannianum (*c-h, w, sc*); Fuchsia microphylla (*c-h, r*; 2); Gardenia nitida (*st, w*; 3); Hoya linearis (*st, w*); Jasminum Sambac (*st, w, sc*); Lapageria rosea (*c-h, pi-r*); Lippia citriodora

November (Tender Shrubs)—*continued.*
(*c-h, w*; 3); Luculia gratissima (*c-h, pi, sc*; 9-16); Mesembryanthemum conspicuum (*c-h, r*; 1); M. minutum (*c-h, y*); Mimulus glutinosus (*c-h, br* or *pi*; 5); Monochætum Humboldtianum (*c-h, r-p*); Mussænda luteola (*c-h, y* and *o*; 5-6); Pachypodium succulentum (*st, r* and *w*); Passiflora Actinia (*w*); P. coccinea (*st, r* and *o*); P. Raddiana (*st, r*); Pelargonium comptum (*c-h, pi* and *p*); Pentas carnea (*st, pi-w*; 1½); Pereskia Bleo (*st, r*; 8-10); Phlogacanthus curviflorus (*st, y*; 3-6); Phylica plumosa squarrosa (*c-h, w*; 2); Pleroma Benthamiana (*st, p* and *w*; 4); P. Gayanum (*st, w*; 1-2); Plumbago capensis (*i-h, b*; 2); Podanthes geminata (*st, o-y* and *r-p*); Proclesia acuminata (*st, r* and *g*); Rhododendron javanicum (*c-h, o* and *r*; 4); Roezlia granadensis (*st, pi-p*; 3); Rondeletia odorata (*st, r, sc*; 4); Salvia boliviana (*c-h, r*; 4); S. Greggii (*c-h, pi*; 3); Stachytarpheta mutabilis (*st, r*; 3); Stigmaphyllon littorale (*st, y*); Strobilanthes glomeratus (*st, p*; 2-6); S. isophyllus (*st, l*; 1-2); Tacsonia insignis (*i-h, r, v-r,* and *w*); Whitfieldia lateritia (*st, r* and *o*; 3).

DECEMBER.—Hardy.—ANNUAL.—Oxalis stricta (*y*; 1½).

PERENNIAL.—Helleborus niger (*w*; ½-1½).

SHRUBS.—Arctostaphylos tomentosa (*w*; 4); Chimonanthus fragrans (*w* or *y,* and *p, sc*); Hamamelis arborea (*y* and *p*; 15-20); H. virginica (*y*); Jasminum nudiflorum (*y*); Kerria japonica (*o-y*; 3-4); Viburnum Tinus (*w* or *pi*; 8-10).

Half-hardy.—PERENNIALS.—Calceolaria Burbidgei (*y*; 2-4); Caliphruria subedentata (*w*; 1½).

SHRUBS.—Dianthera ciliata (*st, v* and *w*; 2); Grindelia glutinosa (*y*; 2); Plagianthus Lampenii (*y*; 6-8).

Tender.—ANNUALS.—Acroclinium roseum (*c-h, pi*; 1-2) and vars.

BIENNIAL.—Exacum macranthum (*st, b-p*; 1½).

PERENNIALS.—Æchmea cœlestis (*st, b*); Angræcum bilobum (*st, w* and *pi*; ½); A. sesquipedale (*st, w*; 1); Arpophyllum spicatum (*c-h, r*); Barkeria elegans (*c-h, pi* and *r,* spotted; 2); Begonia Berkeleyi (*i-h, pi*); B. Frœbeli (*i-h, r*); B. manicata (*st, pi*; 2); B. megaphylla (*i-h, w*); B. natalensis (*c-h, pi*; 1½); B. nelumbiifolia (*i-h, w* or *pi*; 1-2); B. pruinata (*i-h, w*); B. ricinifolia (*i-h*); B. Schmidtiana (*i-h, w*; 1); B. semperflorens (*i-h, w* or *pi*); B. socotrana (*st, pi*); B. Verschaffeltiana (*i-h, pi*); Billbergia Liboniana (*st, r, w,* and *p*; 1); Bletia Shepherdii (*st, p* and *y*; 2); Brassavola Digbyana (*i-h, c-w,* streaked *p*; ¾); Burlingtonia decora (*st, w* or *pi,* spotted *r*); Calanthe Veitchii (*st, p* and *w*; 3); Canna gigantea (*st, o-r* and *p-r*; 6); C. limbata (*st, y-r*; 3); Cattleya maxima (*i-h, pi, w, p-r,* &c.; 1-1½); C. Trianæ (*i-h, pi-w, o,* or *y,* and *p*) and vars.; C. Warscewiczii (*i-h, p-w* and *r*; 1); Centropogon Lucyanus (*st, pi*); Cobæa penduliflora (*i-h, g*); Cœlogyne barbata (*st, w* and *br*; ½); C. cristata (*i-h, w* and *y, sc*; ¾); C. flaccida (*i-h, w, y,* and *r, sc*; 1); C. Gardneriana (*st, w* and *g-y*); C. Gowerii (*i-h, w* and *g-y*); C. media (*i-h, c-w, y,* and *br*; 1); C. odoratissima (*i-h, w* and *y, sc*); C. speciosa (*i-h, w, br* or *g, y,* and *r*; 1½); Cyanotis Kewensis (*st, pi*); Cymbidium giganteum (*st, br, y,* and *p*); C. Mastersii (*i-h, w* and *pi, sc*); Cypripedium Haynaldianum (*st, g, pi, w,* and *br*); C. insigne (*i-h, y-g, w, y,* and *r-br*) and vars.; C. venustum (*c-h, g-w* or *pi,* and *y-g*); Cyrtochilum maculatum (*st, g* and *p*); Dendrobium Linawianum (*c-h, pi-l* and *r*); D. Pierardii (*c-h, c-w* or *pi, y,* and *p*); D. secundum (*st, p* and *y*); Episcia chontalensis (*st, l, y,* and *w*; ½-1); Gentiana Fortunei (*c-h, b,* spotted *w*); Gesnera exoniensis (*st, o-r*); G. pyramidalis (*st, o-r* and *r*); Goodyera discolor (*c-h, w* and *g-y*); Grammatophyllum speciosum (*st, o-y, p,* and *r*; 10); Gymnostachyum ceylanicum (*st, w, g,* and *y*); Imantophyllum cyrtanthiflorum (*c-h, pi* or *y*); I. Gardeni (*c-h, r-o* or *y*); Impatiens Hookeriana (*st, w* and *r*; 2½); I. Sultani (*st, r*; 1); I. Walkeri (*st, r*; 1-1½); Ipomœa Horsfalliæ (*st, pi*); Isoloma hondense (*st, y*); Lælia albida (*i-h, w, pi,* and *y, sc*);

430　THE DICTIONARY OF GARDENING.

December (Tender Perennials)—*continued.*

L. anceps (*c-h, pi-l, p,* and *l, sc*); L. autumnalis (*i-h, pi, pi-w,* and *y, sc*); L. superbiens (*i-h, pi, r,* and *y*); Lycaste aromatica (*i-h, y*); L. Deppei (*i-h, y, br, w,* and *r*); L. Skinneri (*i-h, w, pi-l,* and *r*); Masdevallia coccinea (*c-h, y,* and *r*); M. Lindeni (*c-h, w, pi,* and *m*); M. tovarensis (*c-h, w*); M. Veitchiana (*c-h y, o-r,* and *p*); M. Wallisii (*c-h, y, r,* and *r-p*); Maxillaria luteo-grandiflora (*i-h, c-w, br-r,* and *o*); M. venusta (*i-h, w, y,* and *r*); Nymphæa Devoniensis (*st aq, pi-r*); Odontoglossum crispum (*c-h, w. y,* and *r-br*); O. grande (*c-h, o-y, c-w,* and *br*); O. Insleayi (*i-h, y, br,* &c.); O. luteo-purpureum (*c-h, br* or *p, w,* and *y*); O. odoratum (*r-h, y, br,* and *p, sc*); O. Rossii (*c-h, w, br,* and *y*); O. R. Ehrenbergii (*c-h, w* and *br*); O. R. Warnerianum (*c-h, w, br, y,* &c.); Oncidium bicallosum (*i-h, br* and *y*); O. bifolium (*st, g-br* and *y*); O. Cavendshianum (*st, y*); O. crispum (*i-h, br* and *y*); O. cucullatum (*c-h, br-p* and *y i-p*); O. incurvum (*c-h, w, l,* and *br, sc*); O. leucochilum (*i-h, g, br* or *r,* and *w* or *y*); O. ornithorhynchum (*c-h, pi-p, sc*); O. o. albiflorum (*c-h, w*); O. tigrinum (*i-h, br* and *y, sc*); O. varicosum Rogersii (*i-h, y*); Oxalis variabilis (*c-h, w* or *r*; ¼); Peristrophe speciosa (*st, p*; 4); Phalænopsis Aphrodite (*st, w, r, o,* and *y*); Pitcairnia muscosa (*st r*; 1); Pterostylis Baptistii (*c-h, g, w,* and *br*; 1); Ruellia Portellæ (*i-h, pi*; 1); Saccolabium giganteum (*st, w* and *m-v, sc*); Selenipedium Schröderæ (*st, p-r,* &c.); Sophronitis grandiflora (*c-h, r*); S. militaris (*c-h, r* and *y*; ½); S. violacea (*c-h, v*; ¼); Stelis Bruckmülleri (*st, y-p* and *p*); Talauma pumila (*st, c, sc*; 2-4); Thunbergia erecta (*st, b, o,* and *y*; 6) and var.; Tillandsia umbellata (*st. b, w,* and *g*; 1); Trichopilia fragrans (*c-h, g, w,* spotted *o, sc*); Zygopetalum brachypetalum (*i-h, br, w,* &c.); Z. candidum (*i-h, w* and *pi-p*; ¾); Z. crinitum (*c-h, g, br, w,* and *y*); Z. Dayanum (*st, w, p-v,* and *r*) and vars.; Z. Gairianum (*st, v, p,* and *o*); Z. Gautieri (*c-h, g, br,* and *p-b*); Z. Klabochorum (*i-h, p, w,* and *y*); Z. Mackayi (*c-h, p, g, w,* and *b*); Z. m. intermedium (*c-h, p, g, w,* and *b*); Z. maxillare (*c-h, br, b-p,* and *g*); Z. rostratum (*st, w, g, br-p,* &c.); Z. Sedeni (*i-h, p-br, g,* and *b-p*); Z. triumphans (*i-h, w* and *b*); Z. Wallisii (*c-h, w* and *v*).

SHRUBS.—Abutilon insigne (*c-h, p-r*; 6); A. megapotamicum (*c-h, r, y,* and *br*; 3); A. striatum (*c-h, o-y*; 10); Aphelandra aurantiaca (*st, o-r*; 3); Begonia incarnata (*st, pi*: 2); B. Lindleyana (*st, w*; 3); B. Lynchiana (*st, r*); B. nitida; (*st, pi*; 4-5); B. prestoniensis (*st, o-r*; 2); Bouvardia jasminiflora (*c-h, w, sc*; 2); Bursaria spinosa (*c-h, w*; 10); Camellia japonica (*c-h*; 20) and vars.; Crassula lactea (*c-h w*; 1-2) and var.; Daphne odora Mazeli (*c-h, w* and *pi, sc*); Erica gracilis (*c-h, p-r*; 1); E. hyemalis (*c-h, pi* and *w*; 2); D. melanthera (*c-h, pi*; 2); D. ramentacea (*c-h, p-r*; 1½); Eupatorium atrorubens (*c-h, r* and *l*); E. ianthinum (*c-h, p*; 3); E. Weinmannianum (*c-h, w, sc*); Jasminum gracillimum (*st, w, sc*); J. Sambac (*st, w, sc*); Leonotis Leonurus (*c-h, r*; 3-6); Leucopogon australis (*c-h, w*; 2-4); L. Richei (*c-h, w*; 3-4); Libonia floribunda (*i-h, r* and *y*); L. Penrhosiensis (*i-h, r*); Mimulus glutinosus (*c h, br* or *pi*; 5); Monochætum Hartwegianum (*c-h, pi*); M. Humboldtianum (*c-h, r-p*); Mussænda luteola (*c-h, y* and *o*; 5-6); Pentas carnea (*st, pi-w*; 1½); Pereskia Bleo (*st, r*; 8-10); Pleroma macranthum (*st, v-p*); Rhododendron javanicum (*c-h, o* and *r*; 4); R tellia Baikiei (*i-h, r*; 3); Salvia splendens (*c-h. r*; 3) and var.; Senecio mikanioides (*c-h, y*); Stachytarpheta mutabilis (*st, r*; 3); Thyrsacanthus rutilans (*st, r*; 2); T. Schomburgkianus (*st, r*; 2); Whitfieldia lateritia (*st, r* and *o*; 3).

AN INDEX TO HEIGHTS OF HARDY AND HALF-HARDY HERBACEOUS PLANTS.

IN the arrangement of herbaceous beds and borders, the heights which the plants are likely to attain are an important consideration. To facilitate selection, the best hardy and half-hardy herbaceous plants, *i.e.*, those which, in the body of the work, have been marked by an asterisk, are here classified according to their degrees of height, in two divisions— "Flowering Plants" and "Foliage Plants."

Each plant is included under that heading which most nearly represents its greatest height; and the asterisks indicate plants between whose maximum and minimum heights a wide range is observable. Subjects which, in the body of the work, have been briefly described as, *e.g.*, "2ft." or "3ft." high, are here classed respectively under the headings "1½ft. to 2ft." and "2ft. to 3ft."

Abbreviated information as to the colours of the flowers or foliage, as the case may be, is given after each name.

The following abbreviations are used:—

b, blue; *bk*, black; *br*, brown; *c*, cream; *g*, green; *gl*, glaucous; *gy*, grey; *l*, lilac; *m*, magenta; *mv*, mauve; *o*, orange; *p*, purple; *pi*, pink; *r*, red; *si*, silvery; *v*, violet; *w*, white; *y*, yellow.

FLOWERING PLANTS. — 1in. to 3in.—
ANNUALS.— Loasa prostrata (*y*); Nolana paradoxa (*b*); N. tenella (*b*); Sedum cœruleum (*b*); Silene pendula compacta (*pi*); Wahlenbergia hederacea (*b*).
PERENNIALS.—Acis roseus (*pi*); Ajuga reptans (*b* or *pi*); Allium Bidwelliæ (*pi*); A. Cepa (*w*); A. falcifolium (*pi*); Alyssum alpestre (*y*); Anemone ranunculoides (*y* or *p*); Anthemis Aizoon (*w* and *y*); Androsace argentea (*w*); A. carnea (*pi* and *y*); A. Laggeri (*pi*); A. villosa (*pi* or *pi-w*); A. Vitaliana (*y*); Arctotis acaulis (*y* and *r*); Arenaria balearica (*w*); Armeria juncea (*pi*); A. setacea (*pi*); Bellis perennis (*w*) and vars.; B. rotundifolia cœrulescens (*w* or *b*); Bellium minutum (*w* and *y*); Campanula cenisia (*b*); C. glomerata pusilla (*b* or *w*); C. Raineri (*b*); C. Zoysii (*b*); Claytonia virginica (*w*); Crocus aureus (*o*); C. biflorus (*w* or *gy-l*, feathered *p*); C. susianus (*o*, or *o* striped *br*); C. vernus (*l*, *v*, *w*, or streaked *w* and *v*); Cyclamen ibericum (*r*, spotted *p*); Draba aizoides (*y*);

Flowering Plants (1in. to 3in.)—*continued.*
D. Aizoon (*y*); D. alpina (*o*); D. glacialis (*o*); D. Mawii (*w*, tipped *r-br*); D. nivalis (*w*); Dracocephalum peregrinum (*b*); Eranthis sibiricus (*y*); Erodium Reichardi (*w*, veined *pi*); Erysimum ochroleucum (*y*); E. pumilum (*y*); Erythræa diffusa (*pi*); Gentiana bavarica (*b*); G. pyrensica (*g* and *b*); G. verna (*b*); Geranium argenteum (*r*); Houstonia serpyllifolia (*w*); Leptinella dioica (*y*); Linaria hepaticæfolia (*l-p*); Lotus corniculatus (*y*); Lychnis Lagascæ (*pi* and *w*); Lysimachia Nummularia (*y*); Mazus pumilio (*v*); Mitchella repens (*p-w*); Myosotis alpestris (*b*); Oxalis Acetosella (*w*, veined *p* or *pi-p*); O. corniculata (*y*); O. lobata (*y*, spotted *r*); O. violacea (*pi*); Phlox reptans (*p* or *v*); Phyteuma humile (*b*); Pratia angulata (*w*); P. repens (*v-w*); Primula Auricula (*y*) and vars.; P. marginata (*v-pi*); P. minima (*pi* or *w*); P. sapphirina (*b*); P. scotica (*p*, *y* eye); P. Steinii (*p*); P. viscosa (*pi-p*, *w* eye) and vars.; P. vulgaris (*y*); Pyxidanthera barbulata (*w* or *pi*);

THE DICTIONARY OF GARDENING.

Flowering Plants (1in. to 3in.)—*continued*.

Saxifraga aizoides (o or o-y, spotted r); S. aretioides (o-y); S. Burseriana (b-w); S. Fortunei (w); S. moschata; S. oppositifolia (p); S. Rocheliana coriophylla (w); S. valdensis (w); Silene acaulis (pi or w); S. Hookeri (pt); Soldanella alpina (v); S. montana (p); Trifolium uniflorum (w); Viola Munbyana (v or y); V. odorata (b, w, or r-p, sc); V. pedunculata (y); V. varieties; Waldsteinia fragarioides (y).

3in. to 6in.—ANNUALS.—Alyssum serpyllifolium (y); Bellium bellidioides (w); Bivonæa lutea (y); Downingia elegans (b, streaked w); D. pulchella (b and y); Fedia Cornucopiæ (r); Nemophila Menziesii (w or b, spotted); Nolana lanceolata (b, w, g); Papaver alpinum (y, pi or w); Sedum sempervivoides (r); Tropæolum peregrinum (y).

BIENNIAL.—Sedum sempervivoides (r).

PERENNIALS.—Achillea Herba-rota (w); A. moschata (w); A. nana (w); A. umbellata (w); Acis autumnalis (w and pi); A. grandiflorus (w); A. trichophyllus (w and r); Aconitum biflorum (b); Ajuga pyramidalis (b or p); Alchemilla alpina (g); A. sericea (g); Ambrosinia Bassii (g); Androsace Chamæjasme (p-w and y, or pi and y); A. lactea (w and y); A. sarmentosa (pi and w); Anemone alpina (w, w and p, c, or y); A. apennina (b); A. baldensis (w and b-r); A. blanda (b); A. Halleri (p); A. nemorosa (w) and var.; A. stellata (w); A. vernalis (v and w); Arabis alpina (w); A. arenosa (pi); A. blepharophylla (pi-p); A. lucida (w) and var.; A. petræa (w); Arenaria grandiflora (w); A. laricifolia (w); A. purpurascens (p); A. rotundifolia (w); Armeria dianthoides (pi); A. juniperifolia (pi); Asperula longiflora (w, y, and r); A. montana (pi); Babiana disticha (b); B. plicata (v-b, b, and y); Biarum tenuifolium (br-p); Brodiæa gracilis (y, nerved br); Bupleurum graminifolium (g-y); Calceolaria Fothergillii (y, spotted r); Calochortus cœruleus (l, spotted b); C. Nuttallii (g, w, r, and y); Campanula Allionii (b or w); C. cæspitosa (b or w); C. Elatines (b-p); C. fragilis (l-p); C. garganica (b); C. nitida (b or w); C. pulla (b); C. pusilla (b, varying to w); C. Scheuchzeri (b); C. Waldsteiniana (v-b); Cardamine trifolia (w); Carpolyza spiralis (w and r); Cedronella cordata (p); Chrysogonum virginianum (y); Cineraria aurantiaca (o); Claytonia sibirica (w); Clintonia uniflora (w); Conandron ramondioides (w or p); Coris monspeliensis (l); Cornus canadensis (p-w); C. suecica (p and w); Corydalis solida (p); Crocus Boryi (c-w, o-y, and p); C. Imperati (l-p, striped p); C. nudiflorus (p or v); C. speciosus (l, striped p); Cyclamen africanum (w or pi, spotted p); C. cilicicum (w, blotched p); C. Coum (r); C. neapolitanum (w or r, spotted p-v); C. persicum (w, blotched r-p); C. varieties; Dianthus alpinus (pi, spotted r); D. cæsius (pi); D. neglectus (pi); Dionæa muscipula (w); Dodecatheon integrifolium (p-r); Drypis spinosa (pi or w); Erigeron grandiflorus (p or w); E. Roylei (b-p and y); Erinus alpinus (p); Erodium macradenum (v); Erysimum alpinum (y); Erythronium americanum (y); E. dens-canis (p-pi or w); Ferraria Pavonia (g-b); F. undulata (g-b); Fritillaria armena (y); F. græca (br); F. Hookeri (l); Funkia Sieboldiana (w and l); Galanthus nivalis (w, streaked g) and vars.; G. plicatus (g-w); Galax aphylla (w); Gentiana acaulis (b and y) and vars.; G. algida (b and b-w, spotted and striped b); G. cruciata (b, dotted g); Geranium cinereum (r; Herbertia cærulea (b and w); Houstonia cærulea (w); Iris alata (l-p and y); I. Chamæiris (y, veined br, and o-y); I. cristata (l and y); I. iberica (w, p, and p-br); I. lutescens (y, veined p-br); I. persica (y-l and y); I. pumila (l-p and w); I. rubro-marginata (g-p); Ixia speciosa (r); Leontopodium alpinum (w); Leucoium vernum (w), spotted g); Linaria alpina (b-v); L. Cymbalaria (b or l) and var.; Linum alpinum (b); Lupinus lepidus (p-b); Lychnis alpina (p); L. pyrenaica (w-pi); Merendera Bulbocodium (pi-l); Milla biflora (g-w and w); Mimulus moschatus (y, sc); Mitella pentandra (y); Mœhringia muscoa (w); Muscari Elwesii (b); M. Szovitsianum (b); Nemastylis acuta (b, v, bk); Œnothera acaulis (w, turning r); Œ. bistorta

Flowering Plants (3in. to 6in.)—*continued*.

Veitchiana (y, spotted p-r); Œ. taraxacifolia (w, turning r); Omphalodes Luciliæ (l-b); O. verna (b); Orchis purpurea (pi, g, and p); Ornithogalum umbellatum (w and g striped); Oxalis arenaria (v-p); O. enneaphylla (w veined p, or p); Petasites fragrans (w); P. frigida (w); Phlox subulata (p); Phyteuma comosum (p or w); Polemonium confertum (b); P. humile (b or p); P. reptans (b or w); Potentilla ambigua (y); P. Saxifraga (w); Primula altaica (m or p-r); P. auriculata (p); P. Boveana (y); P. calycina (p); P. glutinosa (b-p); P. rosea (pi, y eye); Pyrola rotundifolia (w); Ranunculus anemonoides (pi-w); R. parnassifolius (w or y); Romanzoffia sitchensis (w); Romulea Bulbocodium (v and y); Sanguinaria canadensis (r); Saponaria ocymoides (r and p, or pi and p); Saxifraga Camposii (w); S. Maweana (w); S. purpurascens (p); Scabiosa Webbiana (c-y); Scilla amœna (b or w); S. bifolia (b, r, or w); S. sibirica (b); Silene alpestris (w); S. Saxifraga (y and r-br); S. Schafta (p); Sternbergia lutea (y) and var.; Tropæolum polyphyllum (y); T. speciosum (r); T. tricolorum (o-r, tipped bk); Tussilago Farfara variegata (y); Uvularia grandiflora (y); Viola cornuta (b); V. hederacea (b or w); V. pedata (b or w) and vars.; V. Riviniana (b-p or l); V. rothomagensis (b, striped bk); V. tricolor (variable); V. varieties; Wahlenbergia Kitaibelii (p-b); W. tenuifolia (b-v and w); Zephyranthes Andersoni (o-y or r-y).

6in. to 12in.—ANNUALS.—Adonis æstivalis (r); A. autumnalis (r and bk).—Æthionema Buxbaumii (r); Æ. saxatilis (p); Alyssum gemonense (y); A. orientale (y); A. saxatile (y); Amarantus melancholicus ruber (r); Argemone albiflora (w); Bartonia aurea (o) Blumenbachia insignis (r-y and w); Borago longifolia (b); Brachycome iberidifolia (b or w); Calceolaria arachnoidea (p); C. plantaginea (y); Castilleja indivisa (g-y); Chlora perfoliata (o-y); Collinsia bicolor (r-p and w); C. grandiflora (p and w); C. verna (b and w); Crepis rubra (r); Erysimum Perofskianum (r-o); Gilia achilleæfolia (p-b or r); G. androsacea (l, p, or w); G. Brandegei (o-y); G. liniflora (w); G. micrantha (pi or o-y); G. tricolor (p, w, and o-y); Glaucium phœniceum (r, spotted bk); Iberis amara (w); I. coronaria (w); Lagurus ovatus (g); Lathræa squamaria (pi-w or b-w, streaked p or r); Linaria bipartita (v-p and y); L. spartea (y); Linum grandiflorum (pi); Lupinus nanus (l and b); Malope trifida (p or w); Mentzelia bartonioides (y); Mimulus luteus (y) and vars.; Nonnea rosea (pi); Papaver Rhœas (r); Phacelia campanularia (b, spotted w); P. viscida (b or p); Phlox Drummondii (r, varying to pi, p, or w); Reseda odorata (r, y, and g, sc); Sabbatia campestris (pi); Saponaria calabrica (pi); Selenia aurea (o-y); Silene Atocion (pi); Ursinia pulchra (o); Vesicaria grandiflora (y); Zaluzianskia capensis (w).

BIENNIALS. — Chlora grandiflora (o-y); Dianthus chinensis (variable).

PERENNIALS.—Achillea ageratum (w); A. Clavennæ (w); A. tomentosa (y); Actæa spicata (w) and var.; Actinella grandiflora (y); Adonis vernalis (y); Æthionema coridifolium (pi-l); Ainsliæa Walkeræ (w and r); Ajuga genevensis (b-p and w); Alchemilla pubescens (g); Allium acuminatum (pi); A. cœruleum (b); A. Macnabianum (m); A. Murrayanum (pi-p); A. paradoxum (w); Anchusa Agardhii (p); Androsace lanuginosa (pi and y); Andryala lanata (y); Anemone angulosa (b); A. multifida (r, w-y, or y); A. narcissiflora (c, or c and p); A. patens (p or y); A. pratensis (p); A. Pulsatilla (v); Aplectrum hyemale (g-b); Aquilegia alpina (b, or b and w); A. Bertoloni (b-v); A. glancuolosa (l-b); A. pyrenaica (l-b); Arabis albida (w) and var.; A. rosea (pi-p); Arenaria graminifolia (w); Armeria plantaginea (pi); A. vulgaris (pi, l, or w); Arnebia echioides (y, spotted p); Ar.ica montana (y); A. scorpioides (y); Asarum canadense (br); Asperula odorata (w); A. orientalis (b); Aster alpinus (p); A. altaicus (b-p); A. argenteus (p); A. c ucasicus (p); A. peregrinus (b-p);

SUPPLEMENT.

Flowering Plants (6in. to 12in.)—*continued.*

A. pulchellus (*p*); Babiana ringens (*r*); B. stricta (*w*, *l-b*, blotched *b*) and vars; Bellevalia syriaca (*w*); Bellidiastrum Michelii (*w*); Biebersteinia odorata (*y*); Borago laxiflora (*b*); Brodiæa congesta (*b*) and vars.; Calochortus Benthami (*y*); C. elegans (*g-w*, *p*); C. lilacinus (*pi*); C. luteus (*y* and *p*); C. pulchellus (*y*); Camassia esculenta (*b*); C. Fraseri (*b*); Campanula alpina * (*b*); C. carpathica (*b* or *w*); C. c. turbinata (*p*); C. collina (*b*); C. excisa (*b*); C. isophylla alba (*w*); C. Portenschlagiana (*b-p*); C. rotundifolia (*b* or *w*); C. r. soldanellæflora (*b*); Cerinthe major (*y* and *p*); Chelone nemorosa (*pi-p*); Chionographis japonica (*w*); Chrysanthemum argenteum (*w*); Cnicus undulatus (*p*); Coreopsis Drummondi (*y* and *r-br*); Corydalis lutea (*y*); C. Marschalliana (*y*); C. nobilis (*y*, tipped *g*); Cotyledon agavoides (*o*); Cypella Herberti (*y*); Cypripedium arietinum (*g-br*, and *r* veined *w*); C. guttatum (*w*, blotched *pi-p*); C. macranthum (*p*); Dentaria diphylla (*p* and *w*); D. polyphylla (*c*); Dianthus alpestris (*r*); D. atrorubens (*r*); D. fimbriatus (*pi*); D. fragrans (*w*, suffused *p*); D. plumarius (*w*, *p*, &c.); D. Seguierii (*pi-p*); D. varieties; Doronicum altaicum (*y*); D. caucasicum (*y*); Draba violacea (*v-p*); Dracocephalum altaiense (*b*); Epimedium alpinum (*r*, *gy*, and *y*); E. Musschianum (*w*); E. rubrum (*r*); Eranthis hyemalis (*y*); Erigeron aurantiacus (*o*); E. glaucus (*p*); Erythræa Muhlenbergi (*pi* and *g-w*); Eschscholtzia californica crocea (*o*, *w*, or *r*); Eucomis nana (*br*); Fritillaria delphinensis (*p*, spotted *y*); F. lutea (*y* and *p*); F. Meleagris (*p*, chequered); F. pallidiflora (*y*, chequered); F. pudica (*y*); F. tenella (*y*, chequered *p-br*); F. tulipifolia (*b*); Galanthus Elwesii (*w*, spotted *g*); Gazania uniflora (*y*); Gentiana affinis (*b*); G. Pneumonanthe (*b*); Geranium Endressii (*pi*); G. ibericum (*b* or *w*); G. Lamberti (*l*); G. macrorhizon (*r* or *p*); G. striatum (*pi*); G. Wallichianum (*p*); Geum montanum (*y*); G. triflorum (*w*, edged *p-r* and *p*); Gladiolus floribundus (*w*, *p*, *r*, &c.); Helichrysum arenarium (*y*); Hemerocallis minor (*y*); Heteranthera limosa (*v-b*); Heteropappus hispidus (*v*); Hyacinthus orientalis (variable); H. varieties (*sc*); Iris balkana *l-p*); I. Douglasiana (*l-p*); I. graminea (*l-p*); I. hybrida (*w*); I. maculata (*o*, spotted); I. patens (*pi*); I. viridiflora (*g*, spotted); Kœniga spinosa (*w*); Lilium elegans atrosanguineum (*r*, dark blotched); L. tenuifolium (*r*); Limnanthes Douglasii (*y*, turning *w*); Linaria triornithophora (*p* and *y*); Linum angustifolium (*p*); L. Macraei (*o*); Lithospermum purpureo-cæruleum (*r*, turning *p*); Lupinus subcarnosus (*b*, blotched *y*); Lychnis fulgens (*r*) and vars.; L. Viscaria (*pi*); Lysimachia punctata (*y*); Marshallia cæspitosa (*b-w*); Meconopsis cambrica (*y*); Mimulus Lewisii (*pi*); M. luteus (*y*) and vars.; Moltkia petræa (*pi-b*, turning *v-b*); Morœa tricuspis (*g-w*, spotted *p*); M. unguiculata (*w*, spotted *p-r*); Muscari botryoides (*b*); M. moschatum (*p*); M. neglectum (*b*); M. paradoxum (*b-bk* and *g*); M. racemosum (*b*); Myosotis azorica (*p*, turning *b*); M. dissitiflora (*w*); M. palustris (*b*); Narcissus Broussonetii (*g-w*); N. Bulbocodium (*y*) and vars.; N. calathinus (*w* or *y*); N. incomparabilis (*y* and vars.; N. Jonquilla (*y*); N. Macleai (*y* and *w*); N. poeticus (*w*); N. Pseudo-Narcissus (*y*) and vars.; N. Tazetta (*y* and *w*) and vars.; N. triandrus (*w*); Neja gracilis (*y*); Nierembergia filicaulis (*l* and *y*); Œnothera eximia (*w*); Œ. glauca Fraseri (*y*); Onosma stellulatum tauricum (*y*); Ophrys apifera (*pi* and *g*); O. Speculum (*g*, *b*, edged *y*, margined *r-p*); Opuntia Rafinesquii (*y* and *r*); Orchis latifolia (*p* or *r*); O. maculata (*p* or *w*, spotted *p-b*); Orobus pannonicus (variable); O. vernus (*p* and *b*, veined *r*, turning *b*); Ourisia coccinea (*r*); O. Pearcei (*r*, striped *r-p*); Pedicularis verticillata (*pi* or *w*); Pentstemon azureus (*b*); P. deustus (*y*); P. glaber (*p*, *v*, or *b*); P. gracilis (*l-p* or *w*); P. Menziesii Douglasii (*l-p* and *pi-r*); P. pubescens (*v* or *p*); Petalostemon candidus (*w*); P. violaceus (*pi-p*); Plumbago Larpentæ (*v*); Podophyllum Emodi (*w*); Polygonum affine (*pi-r*); Potentilla unguiculata (*w*); Primula capitata (*v-b*); P. cortusoides (*pi*); P. denticulata (*l*) and vars.; P. farinosa * (*p*, *y* eye); P. involucrata (*c-w*) and vars.; P. nivalis (*w*); P. obconica (*l* or *p*); P. sinensis (*w* or *l*); Pulmonaria angustifolia (*pi*, turning *b*); P. saccharata (*pi*); Puschkinia scilloides (*w*, striped *b*); Pyrethrum corymbosum (*w*); Ranunculus amplexicaulis * (*w*); R. asiaticus vars.; R. gramineus (*y*); Rhexia virginica (*p*) Sarracenia psittacina (*p*); S. purpurea (*p*); Saxifraga Hirculus (*y*, dotted *r*); S. Hostii (*w*, dotted *p*); S. ligulata (*w*, dotted *pi*); S. longifolia (*w*, dotted *r*); S. umbrosa (*w*, sprinkled *r*); S. virginiensis (*w*); Scabiosa caucasica (*b*); Scilla chinensis (*pi-p*); S. hispanica (*b*, turning *pi-p*); S. peruviana (*l*, *r*, or *w*); S. pratensis (*b*); Scopolia carniolica (*p* or *g*, veined); Sempervivum arenarium (*y*); Senecio Doronicum (*y*); Serapias cordigera (*br* and *l*); Silene Elizabethæ (*pi*); S. pennsylvanica (*pi*); Sisyrinchium filifolium (*w*, lined *p-r*); S. grandiflorum (*p*); S. iridifolium (*y-w*); Stachys grandiflora (*v* and *p*); Statice callicoma (*p*); S. latifolia (*b*); S. sinuata (*p* and *y*); S. Suworowi (*l*); S. tatarica (*r*); Stylophorum diphyllum (*y*); Tanacetum leucophyllum (*o-y*); Thalictrum anemonoides (*w* or *pi*); T. tuberosum (*w*); Trifolium alpestre (*p*); Trillium erectum (*p*); T. erythrocarpum (*w*, striped *p*); Triteleia porrifolia (*w-v*); T. uniflora (*l*); Tritonia miniata (*r*); Tulipa Greigi (*r*, blotched *bk*); Uvularia sessilifolia (*y*); Vesicaria utriculata (*y*); Vicia argentea (*pi*); Viola cucullata (*v-b* or *p*); Zephyranthes Atamasco (*w*); Z. carinata (*g* and *p*); Z. rosea (*pi*).

1ft. to 1½ft.—ANNUALS.—Alyssum Wiersbeckii (*y*); Chrysanthemum segetum (*y*); Collomia coccinea (*r*); Gomphrena globosa (variable); Helipterum Manglesii (*y* or *p*); Lupinus luteus (*y*); Madia elegans (*y*); Nemophila insignis (*b* and *w*); Œnothera Whitneyi (*pi-r*, blotched *r*); Sabbatia calycosa * (*w*); Streptanthus maculatus (*p*); Tagetes patula (*o-y*).

BIENNIALS.—Anchusa capensis (*b*); Blumenbachia coronata (*w*); Campanula sibirica divergens (*v*); C. thyrsoidea (*b*); Scrophularia chrysantha (*o-y*); Tragopogon glaber (*p*).

PERENNIALS.—Abronia arenaria (*y*); Achillea aspleniifolia (*pi*); A. aurea (*o-y*); Actæa alba (*w*); Adenophora denticulata (*b*); A. Fischeri (*b* or *w-b*); A. pereskiæfolia (*b*); A. stylosa (*b*); Adonis pyrenaica (*y*); Æthionema grandiflorum (*w*); Ajuga orientalis (*b*); Allium Moly (*y*); A. neapolitanum (*w* and *g*); A. roseum (*l-pi*); Anemone decapetala (*c* or *y-w*); A. dichotoma (*w*, tinged *r*); A. rivularis * (*w* and *p*); A. sylvestris (*w*); Anthericum Liliago (*w*); Antirrhinum tortuosum (*p*); Aquilegia cærulea (*b*, *w*, and *l*); A. olympica (*mv-b* and *w*); Arctotis speciosa (*y*); Armeria cephalotes (*pi* or *r*); Aster pyrenæus (*l-b* and *y*); A. salsuginosus (*v-p*); Boltonia glastifolia (*pi*); Brodiæa grandiflora (*b-p*); B. multiflora (*b-p*); Buphthalmum grandiflorum (*y*); B. salicifolium (*y*); Calceolaria amplexicaulis (*y*); C. corymbosa (*y*, spotted *p*); C. varieties; Calochortus albus (*w*, blotched); C. splendens (*l*); Campanula barbata * (*b* or *w*); C. bononiensis (*b-v*); C. carpathica pelviformis (*l*); C. speciosa (*b*, *p*, or *w*); C. Tommasiniana (*b*); Cardamine asarifolia (*w*); C. pratensis (*p* or *w*); Centaurea dealbata (*pi*); C. suaveolens (*y*); Cerinthe maculata (*y*, spotted *p*); C. minor (*y*, spotted *br*); C. retorta (*y*); Cheiranthus Marshalli (*o*); Comarum palustrum (*p-br*); Commelina cœlestis (*b* or *w*); Coreopsis auriculata (*y* and *p-br*); Cynanchum roseum (*pi-r*); Darlingtonia californica (*w* or *g*, and *y-g*, veined *r-br*); Delphinium Ajacis (*b*, *r*, or *w*); D. cashmirianum (*b*); D. nudicaule (*r*); Dentaria digitata (*w*); Dianthus superbus * (*pi*); Dicentra formosa (*r*); Dictamnus albus (*w* or *p*); Dodecatheon Meadia (*p-r*, *w*, or *l*) and vars.; Doronicum austriacum (*y*); Dracocephalum austriacum (*b*); Epimedium macranthum (*w* or *l*); E. pinnatum (*y*); Erigeron decorus (*v* and *y*); Fritillaria pyrenaica (*p*); Funkia ovata (*b-l* or *w*); Gaillardia aristata (*y* and *r*); Gazania Pavonia (*y*, spotted *br* or *w*); G. splendens (*o*, spotted *bk* and *w*); Gentiana quinqueflora (*l*); G. septemfida * (*b*); Geranium atlanticum (*p*, veined *r*); G. dahuricum (*p*); G. maculatum

Vol. IV. 3 K

Flowering Plants (1ft. to 1½ft.)—*continued.*

(*l*); G. phæum (*br*, spotted *w*); Geum coccineum * (*r*); G. pyrenaicum (*y*); Gillenia trifoliata (*w* to *r*); Gladiolus Colvillei (*r* and *p*); G. varieties; Helicodiceros crinitus (*p-br*); Helleborus niger * (*w*); Hemerocallis Dumortieri (*o*, tinged *br*); Heuchera americana (*r*); Hieracium aurantiacum (*o*); Hyacinthus varieties (*sc*); Iris biflora (*v-p* and *y*); Lactuca tuberosa (*b*); Leucoium æstivum (*w*); Lilium elegans sanguineum (*p-r* and *o-y*); L. oxypetalum (*l-p*, spotted *p*); L. roseum (*l*); Linaria macroura (*y*); Linum flavum (*o-y*); Lithospermum Gastoni (*b*); Lupinus nootkatensis (*b*, mixed *p*, *w*, or *y*); Lychnis chalcedonica (*r*); Monarda didyma (*r*); Morina Coulteriana (*y*); Muscari comosum monstrosum (*b-v*); Nierembergia frutescens (*b*, edged *w*); Nigella orientalis (*y*, spotted *r*); Œnothera linearis (*y*); Ornithogalum narbonense (*w*, striped *g*); O. thyrsoides (*y*); Orobus aurantius (*y*); Pæonia tenuifolia (*r*); Papaver nudicaule (*o*, *y*, or *w*); Pedicularis dolichorhiza (*o-y*); Pelargonium ardens (*r*); Pentstemon antirrhinoides (*y*); P. baccharifolius (*r*); P. campanulatus (*pi*, *p*, or *v*); P. confertus * (*y*); P. diffusus (*p*); P. Eatoni (*r*); P. heterophyllus (*pi* or *pi-p*); Phlomis herba-venti (*p-v*); Phlox amœna * (*p*, *pi*, or *w*); P. divaricata (*l* or *b*); P. ovata (*r-p*); Physochlaina physaloides (*p-v*); Potentilla Hopwoodiana (*pi* and *y*); Primula japonica (variable); P. Parryi * (*p*, *y* eye); P. Stuartii (*o-y*); P. verticillata simensis (*y*); Rhexia ciliosa (*p*); Ruscus Hypophyllum (*r*); Sagittaria sagittifolia * (*w* and *p*); Salvia carduacea (*l*); Saxifraga diversifolia (*y*); S. granulata (*w*); Scilla hyacinthoides (*b-l*); S. nutans (*b*, *p*, *w*, or *pi*); Scorzonera undulata (*p-pi*); Spigelia marilandica (*y* and *r*); Stachys lanata (striped); S. Maweana (*y*, blotched *p*); Streptopus roseus (*pi-p*); Teucrium Chamædrys (*pi*); Thermopsis barbata (*p*); Trifolium Lupinaster (*p*); Trillium grandiflorum (*w*, turning *pi*); Triteleia laxa (*b*); Tulipa Clusiana (*w*, *r*, and *bk*); T. Oculus-solis (*r*, blotched *bk* and *y*); T. præcox (*r*, *bk*, and *y*); T. varieties; Wulfenia carinthiaca (*b*).

1½ft. to 2ft.—ANNUALS.—Acroclinium roseum (*pi*); Argemone hirsuta (*w*); Borago officinalis (*b*, *p*, or *w*); Callistephus chinensis (*p*); Centranthus macrosiphon (*pi-r* or *w*); Clarkia elegans (*w*) and vars.; C. pulchella (*p*); Collomia grandiflora (*r-y*); Coreopsis tinctoria (*y*, blotched *p-br*); Datura Metel (*w*); Gilia capitata (*b*); Heliotropium convolvulaceum (*w*); Helipterum Humboldtianum (*w*); Impatiens Balsamina (*r*); Loasa vulcanica (*w*); Mathiola annua (variable); Mentzelia ornata (*w*); Mirabilis Jalapa (variable); M. multiflora (*p*); Moricandia sonchifolia (*v-b*); Nicotiana suaveolens (*w*, *sc*); Nigella damascena (*w* or *b*); N. hispanica (*b*); Œnothera amœna (*pi*, spotted *r*) and vars; Panicum capillare (*g*); P. miliaceum (*g*); Papaver Rhœas umbrosum (*r*, blotched *bk*); Phacelia Whitlavia (*b*); Salpiglossis sinuata (*p*, *y*, &c., striped); Salvia coccinea (*r*); Schizanthus candidus (*w*); S. Grahami (*l* or *pi*, and *y*, tipped *l*); S. pinnatus (*v* or *l*); Schizopetalon Walkeri (*w*); Scutellaria Hartwegi (*r* and *v*); Senecio elegans (*p* and *y*); Tagetes erecta (*y*); T. tenuifolia (*y*); Vicia onobrychioides (*p*); Xeranthemum annuum (*p*); Zinnia elegans (*r*, *pi*, buff, or *w*).

BIENNIALS.—Ageratum mexicanum (*l-b*); Anarrhinum bellidifolium (*w* or *b-w*); Celsia betonicæfolia (*y*, spotted *p*); Glaucium flavum (*y*).

PERENNIALS.—Abronia fragrans (*w*, *sc*); A. umbellata (*pi*); Achillea ægyptiaca (*y*); A. Ptarmica flore-pleno (*w*); A. serrata (*w*); Aconitum delphinifolium (*b-p*); A. Gmelini (*c*); A. gracile (*b* or *v*); A. rostratum (*v*); A. Anthora (*v*); A. pyrenaicum (*y*); Adenophora coronopifolia (*b*); A. Lamarckii (*b*); Allium azureum (*b*); A. sphærocephalum (*r-p* and *g*); Amaryllis Belladonna (*w*, *r*, or *p*); Anemone virginiana (*p-g* or *p*); Anthericum Liliastrum (*w* and *g*); A. ramosum (*w*); Antirrhinum majus (variable); Aquilegia canadensis (*r* and *y*); A. fragrans (*w* or *p*, *sc*); Arctotis arborescens (*w* and *pi*); Arnica Chamissonis (*y*); A. foliosa (*y*); Asclepias acuminata (*r* and *w*); A. tuberosa (*o*); Asphodelus albus (*w*); A. creticus (*y*); Aster acris

Flowering Plants (1½ft. to 2ft.)—*continued.*

(*b*); A. acuminatus (*v*); A. æstivus (*b*); A. Amellus (*p*) and vars.; A. concinnus (*p*); A. dumosus (*w*) and vars.; A. elegans (*b*); A. grandiflorus (*p*); A. hyssopifolius (*w* or *p-w*); A. lævis (*b*); A. linifolius (*w*); A. formosus (*pi*); A. pendulus (*w*, turning *pi-w*); Astilbe japonica (*w*) and vars.; Baptisia alba (*w*); Bessera elegans (*r*, or *r* and *w*); Boltonia asteroides (*w-pi*); Bravoa geminiflora (*o-r*); Brodiæa capitata (*v-b*); B. Howellii (*p-b*); B. lactea (*w* and *g*); Buphthalmum speciosissimum (*y*); Camassia Leichtlini (*c-w*); Campanula glomerata (*b-v* or *w*); C. grandis (*v-b* or *w*); C. latifolia macrantha (*p-b*); C. nobilis (*r-v*, *w*, or *c*, spotted); C. peregrina (*v*); C. sarmatica (*b*); C. Van Houttei (*b*); Caryopteris Mastacanthus (*v*); Centaurea aurea (*o-y*); C. montana (*b*); C. ragusina (*y*); Cheiranthus Cheiri (variable, *sc*); Chlorogalum pomeridianum (*w*, veined *p*); Chrysanthemum carinatum (*w* or *p*); Cineraria maritima (*y*); Clintonia Andrewsiana (*pi*); Cnicus acaulis (*p*); Coreopsis verticillata (*o*); Crinum capense (*g*, flushed *r*); Cypripedium parviflorum (*br-p* and *y*); Delphinium grandiflorum * (*b* to *w*); Dicentra spectabilis * (*pi-r* or *w*); Dracocephalum japonicum (*w* and *b*); Eremurus himalaicus (*w*); E. spectabilis (*y*); Erigeron multiradiatus (*p* and *y*); Erodium Manescavi (*p-r*); Eryngium alpinum (*b*); E. amethystinum (*b*); E. Bourgati (*b*); Eucomis punctata (*g* and *br*); Francoa appendiculata (*r*); F. sonchifolia (*pi*); Fritillaria recurva (*r*); Funkia grandiflora (*w*); F. subcordata (*w*); Gentiana Andrewsii * (*b*); G. Burseri (*y*); G. punctata (*y*, spotted *p*); Geranium sanguineum (*r*); G. sylvaticum (*p* or *b*, veined *r*); Gladiolus blandus (*w* and *r*); G. brachyandrus (*r*); G. varieties *; Gypsophila Stevenii (*w*); Hesperis tristis (*w*, *w-pi*, *br-r*, or *p*); Hottonia palustris (*l* and *y*); Inula glandulosa (*y*); I. Hookeri (*y*); Iris filifolia (*p*, keeled *y*); I. Guldenstadtiana (*w* and *y*); I. lævigata (*p*, blotched *y*); I. neglecta (*l*, *w*, and *y*); I. sambucina (*r-p* and *y*); I. vulgare * (*p*); I. xiphioides * (*p* and *y*); Kniphofia Rooperi (*o-r*, turning *y*); Lilium Catesbæi (*o-r*, spotted *p*); L. japonicum (*w* and *p-w*); L. longiflorum (*w*); Linum narbonense (*b* or *w*); Lobelia cardinalis (*r*); L. fulgens (*r*); L. splendens (*r*); L. syphilitica (*b*); Lupinus ornatus (*b*); L. perennis (*b*); Lysimachia atropurpurea (*p*); Meum athamanticum (*w*); Morina longifolia (*w*); Myosotis sylvatica (*b*); Nicotiana acutiflora (*w*); Nothoscordum fragrans (*w*, barred *l*, *sc*); Œnothera californica (*w* and *y*, turning *pi* and *y*); Œ. glauca (*y*); Ononis Natrix (*y*, veined *r*); Ornithogalum arabicum (*w*); O. pyramidale (*w*, striped *g*); Pæonia Wittmanniana (*y-w*); Papaver pilosum * (*r* or *o*); Pentstemon Hartwegi (*r* or *p-r*); P. venustus (*p*); Phlomis cashmeriana (*l*); Phlox glaberrima (*r* or *pi*); P. maculata (*p*) and vars.; P. pilosa (*pi*, *p*, or *w*); Polemonium cæruleum (*b*); Polygonum compactum (*w*); Potentilla congesta (*w*); Primula luteola (*y*); P. sikkimensis (*y*); Psoralea melilotoides (*y*); Pyrethrum achilleæfolium (*o-y*); P. roseum (*pi* and *y*); P. Tchihatchewii (*w* and *y*); Ranunculus aconitifolius * (*w*); R. cortusæfolius (*y*); Salvia asperata (*w*); S. coccinea (*r*); S. hians (*b*); S. Rœmeriana (*r*); Sarracenia Drummondii (*p*); S. flava (*y*); Saxifraga Cotyledon (*w*); S. peltata (*w* or *pi*); Sedum maximum * (*g* or *g-p*); S. spectabile (*pi*); Senecio pulcher (*p* and *y*); Silene virginica (*pi*); Smilacina stellata (*w*); Spiræa palmata (*r*); Sprekelia formosissima (*r* or *w*); Statice elata (*b*); S. floribunda (*v-b*); Tephrosia virginiana (*y-w*); Thermopsis montana (*y*); Tradescantia virginica (*v*, *p*, or *w*); Tritonia crocata (*y*); Trollius europæus * (*y*); Tulipa Eichleri (*r*, blotched *bk*, and bordered *y*); T. Gesneriana (*r*) and vars.; T. sylvestris (*y*); Verbena venosa (*l* or *b*); Veronica incana (*b*); Xerophyllum asphodeloides (*w*).

2ft. to 3ft.—ANNUALS.—Amarantus caudatus (*r-p*); Centaurea americana (*r*); C. Cyanus (*b*); Datura fastuosa (*v* and *w*); Gaillardia amblyodon (*r*); Lamarckia aurea (*g*); Lunaria annua (*v-l*); Nicotiana affinis (*w*, *sc*); N. longiflora (*w*, turning *p* or *y-g*); Perilla ocimoides crispa (*w*); Scabiosa atropurpurea (*r*).

SUPPLEMENT.

Flowering Plants (2ft. to 3ft.)—*continued.*

BIENNIALS.—Aster Bigelovii (*l* and *y*); Grindelia grandiflora (*y* or *o*); Meconopsis simplicifolia (*v-p*); Salvia bicolor (*b-v*, dotted *y* and *w*); Verbascum Chaixii (*y*); V. phœniceum (*v* or *r*).

PERENNIALS.—Acanthus montanus (*pi*); Achillea macrophylla (*w*); A. millefolium roseum (*pi*); Aconitum angustifolium (*b*); A. paniculatum (*v*); A. vulparia (*y*); A. Willdenovii (*b-p*); Acorus Calamus (*y*); Actinomeris alata (*y*); A. helianthoides (*y*); A. squarrosa (*y*); Adenophora verticillata (*b*); Agrimonia odorata (*y*); Allium nigrum (*v*, or *w* and *g*); Althæa caribæa (*pi*, *y*); A. flexuosa (*r*); Amsonia salicifolia (*b*); A. Tabernæmontana (*b*); Anemone japonica (*pi-r*); A. j. alba (*w*), A. j. elegans (*pi*) and vars.; Anemonopsis macrophylla (*p* and *l*); Aquilegia atropurpurea (*p* or *b-v*); Asclepias amœna (*p* and *r*); Aster dracunculoides (*w*); A. ericoides (*w*); A. longifolius (*w*); A. multiflorus (*w*); A. sikkimensis (*p*); A. Tradescanti (*w*); A. versicolor (*w*, turning *p*); Astilbe rivularis (*y-w* or *r*); Baptisia perfoliata (*y*); Brodiæa coccinea (*r* and *y-g*); Bupleurum longifolium (*g-y*); Calochortus purpureus (*g*, *p*, and *y*); Campanula persicæfolia (*b*, varying to *w*; C. Rapunculus (*b* or *w*); C. Trachelium (*b*, varying to *w*; Cedronella mexicana (*p*); Centaurea atropurpurea (*p*); C. alpina (*y*); Centranthus ruber (*r* or *w*); Cheiranthus mutabilis (*c*, turning to *p*, or striped); Chelone obliqua (*p* or *w*); Chrysanthemum sinense (variable); Chrysobactron Hookeri * (*y*); C. Rossii (*y*); Cimicifuga americana (*w*); C. japonica (*w*); Clematis recta (*w*); C. tubulosa (*b*); Cypripedium spectabile * (*w* and *b*); Delphinium azureum (*b*); D. formosum * (*b*); Digitalis ambigua (*y* and *br*); Doronicum Pardalianches (*y*); Echinops Ritro (*b*); Eulalia japonica (*p*) and vars.; Francoa ramosa (*w*); Fritillaria imperialis (variable); F. macrophylla (*pi*); F. persica (*v-b*); Gaillardia pulchella (*r*, tipped *y*); Geranium pratense (*b*); Geum rivale * (*r*); Gladiolus cruentus (*r* and *y-w*); G. cuspidatus (*p* and *r*); G. Papilio (*p* and *y*); G. psittacinus (*r*, *g*, *p*, spotted *y*); G. Saundersii (*r*, spotted *w*); Gypsophila paniculata (*w*); Helianthus rigidus (*y*); Hemerocallis flava (*o*, *sc*); H. Middendorfi (*y*); Hesperis matronalis (variable, *sc*); Hypericum perforatum (*y*, dotted *bk*); Iris flavescens (*y*); I. florentina (*w*, *l*, *g*, *br*, and *y*); I. fœtidissima (*b-l*); I. fulva (*y-br*); I. germanica (*p*, *y*, and *w*); I. Pseudo-acorus (*o-y*, veined *br*); I. sibirica (*l-b*, veined *v*); Lactuca alpina (*p-b*); Leucothoë axillaris (*w*); Lilium canadense * (*y* to *r*, spotted); L. candidum (*w*); L. chalcedonicum (*r* or *y*); L. concolor Buschianum * (*r*, spotted *bk*); L. davuricum (*r*); L. Leichtlinii (*y*, spotted *p-r*, *p*, and *r*); L. Martagon (*p-r*, spotted *p*); L. monadelphum (*y* and *p-r*); L. philadelphicum (*o-r*, spotted *p*); L. pomponium (*r*, or *r* and *o*); L. speciosum * (*w*, spotted *p-r*) and vars.; Linaria purpurea (*b-p*, striped *p*); Lophanthus anisatus (*y*); Lychnis coronaria (*r*); L. diurna * *p-pi*); L. vespertina * (*w*); Lysimachia ciliata (*y*); L. clethroides (*w*); L. vulgaris (*y*); Lythrum Græfferi (*pi*); Malva Alcea fastigiata (*r*); M. moschata (*pi* or *w*); Mimulus cardinalis * (*r*); Nolina georgiana (*w*); Œnothera speciosa (*w*, turning *pi*); Orchis foliosa (*p*); O. militaris (*p*); Pæonia albiflora (*w*); P. Emodi (*w*); P. Moutan (variable); P. officinalis (*r*); Papaver orientalis (*r*, spotted *p*); Pentstemon barbatus (*pi-r*); P. Murrayanus (*r*); Polygonatum biflorum (*g*); P. multiflorum (*w*); Polygonum amplexicaule (*pi-r* or *w*); Potentilla argyrophylla (*y*); Rudbeckia pinnata (*y*); R. speciosa (*y* and *bk-p*); Sagittaria heterophylla (*w*); Salvia discolor (*p* and *v-b*); S. patens (*b*); S. Sclarea (*w-b*); Saponaria officinalis * (*l* or *w*); Scabiosa amœna (*l* or *p*); Scolymus grandiflorus (*y*); Silene maritima (*w*); Solidago Drummondii (*y*); S. lanceolata (*y*); Spiræa Filipendula (*w* or *pi*); Symphytum caucasicum (*b*); S. officinalis (*r* or *r-p* and vars.; Tricyrtis hirta * (*w*, dotted *p*); T. macropoda * (*w-p*, spotted *p*); T. m. striata (*w-p*, dotted *p*); T. pilosa (*w*, spotted *p*); Veratrum nigrum (*bk-p*); Zygadenus glaberrimus (*w*).

Flowering Plants—*continued.*

3ft. to 4ft.—ANNUALS.—Bartonia albescens * (*y*); Chrysanthemum coronarium (*y*); Delphinium cardinale (*r*); Helichrysum bracteatum (variable); Linaria reticulata * (*p* and *y*); Loasa Pentlandii (*o*); Nicandra physaloides * (*b*); Nicotiana Tabacum (*pi-w*); Papaver Hookeri (*pi* or *r*, blotched *w*, or *b-bk*); P. somniferum (variable); Ranunculus Lyalli (*w*); Solanum Fontanesianum (*y*).

BIENNIALS.—Bartonia albescens (*y*); Campanula Medium (*b*, *w*, and *w*); Centaurea macrocephala (*y*); Œnothera biennis (*y*); Silphium Marianum (*pi-p*).

PERENNIALS.—Acanthus longifolius * (*p-pi*); A. mollis (*w* and *p*); A. spinosissimus (*pi*); A. spinosus (*p*); Aconitum autumnale (*b-p*); A. eminens (*b*); A. Napellus (*b*); A. ochroleucum (*c*); A. Ottonianum (*b* and *w*); A. septentrionale (*b*); A. tauricum (*b*); Aquilegia chrysantha (*g-y*) and var.; A. formosa (*r* and *g*); Aster Douglasii (*p*); A. floribundus (*p*); A. novæ-belgii (*b*); A. paniculatus (*b*); Baptisia exaltata (*b*); Calceolaria lobata * (*y*); C. Pavonii * (*y* and *br*); Campanula rapunculoides * (*b-v*); Chelone Lyoni (*p*); Coreopsis grandiflora (*y*); Echinacea angustifolia * (*l* or *pi*); E. purpurea (*r-p* and *gy-g*); Eryngium giganteum (*b*); Galega officinalis (*b* or *w*); G. orientalis * (*b*); Galtonia candicans (*w*; Gaura Lindheimeri (*pi-r*, turning to and then *g-y*); Lilium auratum * (*w* and *y*, spotted *p*); L. bulbiferum (*t*); L. cordifolium (*w*, *y*, *p*); L. Hansoni (*r-o*, dotted *p*); L. Krameri (*r-w*); L. pseudo-tigrinum (*r*, spotted *bk*); L. pyrenaicum (*y*); L. tigrinum (*o-r*, spotted *p-bk*); Lupinus polyphyllus (*b*); Moræa edulis (*v*); Papaver bracteatum (*r*); Pedicularis Sceptrum-Carolinum (*o-y*); Phlox paniculata (*pi-p*, varying to *w*); Prenanthes purpurea (*p*); Romneya Coulteri (*w*); Rudbeckia grandiflora (*y* and *p*); R. purpurea (*p*); Salvia indica (*y*, spotted *p*); S. interrupta (*v-p* and *w*); Senecio Doria (*y*); Silphium trifoliatum * (*y*); Smilacina oleracea (*w*, tinged *pi*); Spiræa Ulmaria * (*w*); Trillium nivale (*w*); Tritonia Pottsii (*r* and *y*); Urginea maritima * (*g-w*); Veratrum album (*g-u*).

4ft. to 5ft.—ANNUALS.—Amarantus hypochondriacus (*r*) and var.; A. speciosus (*r-p*).

BIENNIALS.—Digitalis purpurea (*p*, edged *w*); Meconopsis nepalensis (*o-y*).

PERENNIALS. — Achillea Eupatorium (*y*); Aconitum album (*w*); Baptisia australis (*b*); Cimicifuga racemosa (*w*); Dicentra chrysantha (*o*); Doronicum plantagineum excelsum (*y*); Epilobium hirsutum (*w-pi* or *w*); Leucothoë Davisiæ (*w*); Lilium Washingtonianum (*p-w*); Lophanthus scrophulariæfolius (*p*); Lythrum Salicaria (*r-p*); Monarda fistulosa * (*p*); Onopordon Acanthium (*p*); Panicum virgatum (*p*); Phalaris arundinacea * (*p-g*); Pyrethrum uliginosum (*w* and *y*); Yucca angustifolia (*g-w*); Y. flexilis ensifolia (*r-w*).

5ft. to 6ft.—ANNUALS.—Helianthus annuus (variable); Impatiens amphorata * (*p*, speckled *r*).

BIENNIAL.—Celsia cretica (*y*, spotted *r-br*).

PERENNIALS.—Aconitum barbatum * (*c*); A. chinense (*b*); A. Halleri (*v*); A. japonicum (*p-w*); A. lycoctonum (*v*); A. variegatum * (*b*); Althæa cannabina (*pi*); A. narbonensis * (*pi*); Aster novæ-angliæ (*p*) and vars.; Campanula lactiflora * (*c-b* or *b*); Clematis æthusifolia * (*w*); C. aromatica * (*v-b*); C. Viorna coccinea (*r*, *y* inside); Datisca cannabina * (*y*); Delphinium dasycarpum * (*b*); D. exaltatum * (*b* or *w*); Desmodium canadense (*r-p*); Echinops commutatus (*w*); Epilobium angustifolium * (*r*); Gentiana lutea (*y*); Helenium autumnale (*y*); Lilium croceum * (*r-y*); L. Parryi * (*y*, spotted *b-r*); L. superbum (*o-r*, spotted *r*); Orobus flaccidus (*c*); Pentstemon breviflorus (*y*, or *w-pi*, striped); Silphium laciniatum * (*y*); Solidago speciosa * (*y*); Yucca gauca (*w*).

Flowering Plants—*continued.*

6ft. to 8ft.—ANNUAL.—Althæa rosea (*pi*).

PERENNIALS.—Aconitum uncinatum * (*l*); Actinomeris procera (*y*); Amicia Zygomeris (*y*, splashed *p*); Clematis cærulea (*v*); Lilium pardalinum * (*o-r, o*, spotted *p*); L. tigrinum Fortunei (*o-r*, spotted *p-bk*); Polygonum cuspidatum * (*c-w*); Yucca filamentosa glaucescens (*g-w*).

8ft. to 10ft. — ANNUALS. — Impatiens Roylei (*p*); Ipomœa hederacea (*b*); I. purpurea (*p*); Polygonum orientale (*pi-p* or *w*).

PERENNIALS.—Aciphylla Colensoi (*w*); A. squarrosa (*w*); Centaurea babylonica (*y*); Cnicus altissimus * (*p*); Eremurus robustus (peach); Gynerium argenteum * (*si*); Helianthus orgyalis * (*y*); Leucothoë racemosa * (*w*); Lilium giganteum * (*g-w* and *p*); Rudbeckia maxima * (*y*); Sida Napæa * (*w*).

10ft. to 14ft.—ANNUAL.—Solanum crispum (*b-p*).

BIENNIAL.—Michauxia lævigata (*w*).

PERENNIALS.—Arundo conspicua * (*si-w*); A. Donax (*r-w*, turning *w*); Polygonum sachalinense (*g-y*).

FOLIAGE PLANTS.—**1in. to 3in.**—ANNUAL.—Sedum cœruleum (*g*).

BIENNIAL.—Sedum cœruleum (*g*).

PERENNIALS —Ajuga reptans (*g*); Androsace argentea (*si-gy*); A. carnea (*g*); A. helvetica (*g*); A. Vitaliana (*y*); Diapensia lapponica (*g*); Lomaria pumila (*g*); Nertera depressa (*g*); Pyxidanthera barbulata (*g*); Saxifraga Burseriana (*gl-g*); S. cæsia (*g*, dotted); S. cæspitosa (*g*); S. cortusæfolia (*g*, fading to *r-b*, or *r*); S. Maweana (*g*); S. moschata (*g*); S. pygmæa (*g*); S. retusa (*g*, dotted); Sedum acre aureum (*o-y*); S. anglicum (*g*); S. brevifolium (*g*); S. glaucum (*g-gy*, turning *g-r*); S. kamtschaticum (*g* or *p*).

3in. to in.—ANNUALS.—Androsace coronopifolia (*g*); Sedum glandulosum (*g*); S. sempervivoides (*g* and *g-r*).

BIENNIAL.—Sedum sempervivoides (*g* and *g-r*).

PERENNIALS.—Androsace Chamæjasme (*g*); A. lactea (*g*); A. sarmentosa (*si-g*); Artemisia Mutellina (*g-w*); Asplenium Ruta-muraria (*g*); A. septentrionale (*g*); Botrychium Lunaria (*g*); Cerastium alpinum (*si*); Corydalis bracteata (*g*); C. cava (*g*); Cryptogramme crispa (*g*) and var.; Hymenophyllum tunbridgense (*g*); Linaria Cymbalaria (*g*) and var.; Poa trivialis albo-vittata (*g*, margined *w*); Pyrola secunda (*g*); Sarracenia Courtii (*r-p*, veined *p*); S. formosa (*r*, spotted *w*, veined *p*); S. psittacina (*g*, spotted *w*, veined *p*); S. purpurea (*g*, veined *p*); Saxifraga longifolia (*g*); Sempervivum arachnoideum (*g* and *r-b*); S. montanum (*g*); S. Pittoni (*g*, tipped *r-p*); Tussilago Farfara variegata (*g*, blotched *c-w*).

6in. to 12in.—ANNUALS.—Agrostis pulchella (*g*); Amarantus melancholicus ruber (*r-g*); Gymnogramme leptophylla (*g*); Lagurus ovatus (*g*, downy); Mandragora vernalis (*g*).

PERENNIALS.—Aira flexuosa (*g*); Androsace lanuginosa (*g*); Artemisia alpina (*w-g*); Asplenium Ceterach (*g*); A. fontanum (*g*); A. Trichomanes (*g*) and vars.; A. viride (*g*); Astrantia carniolica (*w* and *g*, tipped *r*); Briza media (*g*); B. minor (*g*); Chenopodium Bonus-Henricus (*g*); Disporum lanuginosum (*g*); Hypericum elegans (*g*, dotted *bk*); Kœniga spinosa (*si*); Lomaria alpina (*g*); L. Spicant (*g*); Lycopodium dendroideum (*g*); Nephrodium

Foliage Plants (6in. to 12in.)—*continued.*
fragrans (*g*); Sarracenia chelsoni (*r*, veined *p*); Saxifraga sarmentosa tricolor (*g, w,* and *r*); Sedum Aizoon (*g*); S. Rhodiola (*gl*); Sempervivum arenarium (*g* and *r-b*); S. atlanticum (*g* and *r-b*); S. Boissieri (*g*); S. Braunii (*g*, tipped *p*); S. calcareum (*g*, tipped *r-br*); S. fimbriatum (*g*, turning *r*); S. Funckii (*g*); S. Heuffelii (*g*); S. Lamottei (*g*, tipped *r-br*); S. Pomelii (*g*); S. soboliferum (*g*, tinged *r-br*); S. Wulfeni (*gl-g*, tipped *r-br*).

1ft. to 1½ft.—ANNUALS. — Agrostis nebulosa (*g*); Amarantus tricolor (*p-r, g*, and *y*); Chenopodium ambrosioides (*g*).

PERENNIALS.—Artemisia argentea (*si-g*); A. tanacetifolia (*w-g*); Asplenium marinum (*g*) and vars.; Briza maxima (*g*); Corydalis Semenowii (*gl-g*); Disporum pullum (*g*); Heuchera americana (*g*); H. sanguinea (*g*); Nephrodium decursivopinnatum (*g*); Polypodium Dryopteris (*g*); P. Phegopteris (*g*); Sarracenia rubra (*g*, veined *p*); Scorzonera undulata (*g*); Sedum erythrostictum (*g*) and vars.; Sempervivum calcaratum (*g*, tipped *r-br*); Yucca glauca (*gl-g*).

1½ft. to 2ft. — ANNUALS. — Amarantus bicolor (*g*, streaked *y*); A, b. ruber (*r, v-r, g*); Hordeum jubatum (*g*).

PERENNIALS.—Aletris alchemilla (*g*); A. farinosa (*g*); Artemisia Dracunculus (*g*); Asplenium Michauxii * (*g*); Astrantia major (*g*); Carlina acanthifolia (*g*); Ligularia Kæmpferi aureo-maculata (*g*, blotched *y, w*, or *pi*); Meum athamanticum (*g*); Nephrodium erythrosorum (*g*); N. rigidum (*g*); Onychium japonicum (*g*); Sarracenia Drummondii (*w*, veined *p*) and vars.; S. flava (*y, r,* veined *p*); Spiræa palmata (*g* and *r*); Stipa pennata (*si*); Xerophyllum asphodeloides (*g*); Yucca angustifolia (*g*); Y. filamentosa glaucescens (*gl*).

2ft. to 3ft. — ANNUALS. — Amarantus salicifolius (*o, pi,* and bronze); Perilla ocimoides crispa (bronzy-*p*); Zea Mays (*g*) and vars.

PERENNIALS.—Adiantum pedatum (*g*); Artemisia cana (*si*); Arundo Donax versicolor (*g* and *w*); Adiantum nigrum (*g*) and vars.; Eulalia japonica foliis striatis (*g*, striped *c*); E. j. zebrina (*g*, striped *y*); Juncus lætevirens (*g*); Nephrodium æmulum (*g*); N. Filix-mas (*g*); N. floridanum (*g*); N. molle cristata (*g*); Osmunda Claytoniana (*g*); Rheum nobile (*g*, nerved *r*); Scorzonera hispanica (*g*); Sedum maximum hæmatodes (*g-p*); Yucca flexilis ensifolia (*gl-g*).

3ft. to 4ft. — PERENNIALS. — Artemisia Abrotanum (*g*); A. vulgaris (*g* and *w.* or *g* and *o*); Asplenium Filix-fœmina * (*g*) and vars.; Gunnera scabra (*g*); Heuchera hispida (*g*); Nephrodium Goldieanum (*g*); Osmunda cinnamomea (*g*).

4ft. to 5ft.—ANNUALS.—Amarantus speciosus (*r-g*); Ricinus communis (*g*) and var.

PERENNIAL.—Ferula asparagifolia (*g*).

5ft. to 6ft. — PERENNIALS. — Arundinaria falcata * (*g*); Gunnera manicata (*g*); Gynerium argenteum (*gl-g*).

6ft. to 8ft. — PERENNIALS. — Ferula glauca (*gl-g*); F. tingitana (*g*); Osmunda regalis * (*g*).

9ft. to 15ft.—BIENNIAL.—Adlumia cirrhosa (*g*).

PERENNIALS.—Arundo conspicua * (*g*); A. Donax (*gl-g*); Cornus mas (*g*) and var.; Eryngium pandanifolium (*g*); Ferula communis (*g*); Rheum officinale * (*g*); Smilax aspera (*g*, spotted *w*).

AN INDEX TO FERNS AND LYCOPODS.

THE object of this section of the Supplement is to present to the gardener, at a glance, a list of the most desirable Ferns and Lycopods for culture either in or out of doors. The combined lengths of the stipes and fronds are shown in feet and fractions of a foot. It is impossible to give accurately the heights of some of the Tree-ferns, the length of the caudex so much depending on the age of the plant, and the circumstances under which it is grown.

HARDY.—Adiantum pedatum (1¼-3); Aspidium acrostichoides (1½-2½) and vars.; A. aculeatum (1½-4); A. Lonchitis (1-2¼); A. munitum (1¼-2¾); Asplenium Ceterach (½-¾) and vars.; A. crenatum (1¼-2¼); A. Filix-fœmina (1½-4) and vars.; A. fontanum (½-¾); A. germanicum (¼-½); A. Goringianum pictum (½-1½); A. lanceolatum (¾-1) and vars.; A. marinum (¾-2) and vars.; A. Ruta-muraria (¼-½); A. septentrionale (¼-½); A. Trichomanes (½-1¼) and vars.; A. viride (½-¾); Botrychium Lunaria (¼-½); B. virginianum (½-2½); Cheilanthes Clevelandi (½-1); C. lanuginosa (½-1); Cryptogramme crispa and vars.; Gymnogramme leptophylla (¼-¾); Hymenophyllum tunbridgense (⅙ to ⅓); Lomaria Spicant (¾-1); Lycopodium dendroideum (½-¾); Nephrodium æmulum (2-3½); N. decursivo-pinnatum (1¼-1¾); N. erythrosorum (1½-1¾); N. Filix-mas (2½-3½) and vars.; N. floridanum (2-2¾); N. fragrans (½-¾); N. Goldieanum (3-4); N. rigidum (1½-2); N. spinosum (2-2½) and vars.; Onoclea germanica; O. sensibilis; Osmunda cinnamomea (2-3); O. Claytoniana (2-3); O. regalis (3-7½) and vars.; Polypodium Dryopteris (1-2); P. Phegopteris (1-1½); P. vulgare (¾-1½) and vars.; Pteris aquilina (3-5); Trichomanes radicans (½-1½).

HALF-HARDY.—Adiantum venustum (1-1¾); Cheilanthes fragrans (¼-½); C. vestita (½-1); Lomaria alpina (¼-¾); L. pumila (½-¾); Onychium japonicum (1½-2¼); Ophioglossum bulbosum (⅙-⅓).

COOL-HOUSE.—Acrostichum Blumeanum (1½-3); A. muscosum (¾-1½); A. squamosum (½-1½); A. subdiaphanum (½-1); Adiantum affine (¾-1¼); A. bellum (¼-½); A. Capillus-Veneris (¼-¾) and vars.; A. colpodes (1-2); A. cuneatum (1¼-2¼) and vars.; A. decorum (1-1¾); A. diaphanum (¾-1¾); A. formosum (2½-3½); A. fulvum (1½-2¼); A. glaucophyllum (1½-2¼); A. gracillimum (1¼-2¾); A. hispidulum; A. Luddemannianum (¼-¾); A. monochlamys (1-1¾); A. reniforme (¼-¾); A. rubellum (¾-1); A. venustum (1-1¾); A. Williamsii (1¼-2); Allantodia Brunoniana (1-2); Anemia Phyllitidis (¾-1¾); A. tomentosa (1-2); Aspidium aristatum (1¾-2½) and vars.; A. capense (2-5); A. falcinellum (1-2); A. fœniculaceum

Cool-house—*continued.*

(1½-3); A. laserpitiifolium (1-2); A. varium (1½-2½); Asplenium acuminatum (1½-2¾); A angustifolium (2½-3); A. dentatum (½-¾); A. ebeneum (1¼-2); A. falcatum (1-2¼); A. fissum (¼-1); A. flabellifolium (½-¾); A. furcatum (¾-2); A. Goringianum pictum (½-1½); A. Hemionitis (¾-1¼) and vars.; A. laserpitiifolium (1½-5); A. monanthemum (1¼-2); A. montanum (¼-½); A. nitidum (3-4); A. novæ-caledoniæ (1¼-2); A. obtusatum lucidum (¾-2½); A. oxyphyllum (1½-3); A. Petrarchæ (¼-½); A. planicaule (¾-1½); A. resectum (¾-2); A. rhizophyllum (¾-1½) and vars.; A. rutæfolium (¾-2); A. Sandersoni (½-1); A. Selosii (⅙-¼); A. spinulosum (1¼-2); A. Viellardii (¾-1¼); Botrychium ternatum (¼-½); Cheilanthes argentea (½-¾); C. capensis (¾-1); C. Eatoni (½-1¼); C. Fendleri (½-¾); C. gracillima (½-¾); C. Lindheimeri (½-1); C. Sieberi (½-1); C. tomentosa (¾-1½); C. Wrightii (¼-½); Davallia affinis (1¼-2¾); D. canariensis (1¼-2); D. dissecta (1½-2); D. elegans (1¼-2½); D. fijensis (1½-2¼); D. hirta (4-8); D. pallida (3-4½); D. pentaphylla (½-¾); D. platyphylla (3-7); D. pyxidata (1-2); D. repens (¾-1½); D. solida (1¼-2½); D. tenuifolia (1½-2½); D. Tyermanni (½-¾); Doodia aspera (¾-1¾); D. media (1¼-2); Fadyenia prolifera (½-¾); Gleichenia rupestris (2-6); Hymenophyllum demissum (½-1½); H. pulcherrimum (¾-1½); Hypolepis distans (1¼-1¾); Lomaria Banksii (¾-1); L. blechnoides (½-1); L. Boreana (1-1½); L. discolor (1-3); L. Fraseri (1-2); L. nigra (½-¾); L. procera (1½-4); Lygodium japonicum; Mohria caffrorum (¾-1¾); Nephrodium catopteron (7-10); N. cyatheoides (3-5); N. decompositum (2-3½); N. hispidum (2-3); N. inæquale (2-3); N. Richardsi (1¼-1½); N. Sieboldii (1-2); Nephrolepis pluma (4-5); Nothochlæna Eckloniana (¾-1½); N. hypoleuca (½-¾); N. lanuginosa (½-¾); N. Marantæ (½-1½); N. nivea (½-1); Onychium japonicum (1½-2¼); Osmunda javanica (1½-4); Pellæa andromedæfolia (1-1¾); P. atropurpurea (½-1¼); P. brachyptera (¾-1); P. Bridgesii (½-¾); P. falcata (¾-2); P. hastata (1-3); P. ornithopus (½-1); P. rotundifolia (1-2); Platycerium alcicorne (2-3); Polypodium drepanum (2½-4½); P. pustulatum (¼-1); Pteris arguta (2-4); P. cretica (1-2); P. scaberula (1½-2½); P. serrulata (1¼-2¼); P. tremula (3-5); P. umbrosa

Cool-house—*continued.*

(2-3½); Schizæa bifida (½-1½); S. rupestris (¼-½); Selaginella albo-nitens; S. apus; S. denticulata; S. Kraussiana; S. lepidophylla; S. Martensii; S. Poulteri; S. uncinata; Todea hymenophylloides (1½-3); Trichomanes alatum (½-1¼); T. Bancroftii (¼-¾); T. Kraussii (¼); T. maximum (1½-2); T. pyxidiferum (¼-¾); T. rigidum (¼-1¼); T. trichoideum (½-¾); Woodsia mollis; W. obtusa (¾-1¼); W. polystichoides (1-1¼); Woodwardia areolata (¾-1); W. Harlandii (¾-1¾); W. radicans (3-6) and vars.

STOVE.—Acrostichum acuminatum (1¼-2½); A. apiifolium (½-¾); A. apodum (1); A. appendiculatum (¾-2); A. aureum (3-8); A. auritum (1-1¾); A. canaliculatum (3-4); A. cervinum (3-5); A. conforme (½-1); A. crinitum (1-2¼); A. fœniculaceum (¼-¾); A. Herminieri (1½-3); A. latifolium (1¼-2½); A. lepidotum (¼-¾); A. nicotianæfolium (2½-5); A. osmundaceum (2-3½); A. peltatum (¼-½); A. quercifolium (¼-½); A. scolopendrifolium (1¼-2); A. scandens (1¼-3¼); A. sorbifolium (1½-2½); A. squamosum (¾-1⅓); A. subrepandum (1-2); A. taccæfolium (1-2¼); A. tenuifolium (3¼-5½); A. villosum (¾-1); A. viscosum (¾-1½); Actiniopteris radiata (¼-½); Adiantum æmulum (½); A. æthiopicum (1½-2¼); A. aneitense (1½-2); A. Bausei (1½-2); A. caudatum (¾-1¼); A. concinnum (1¼-2¼); A. crenatum (1-1½); A. cubense (¾-1¾); A. curvatum (1-2); A. digitatum (2-4½); A. Edgworthii (¾-1¼); A. excisum (¾-1¾); A. Feei (2-3½); A. flabellulatum (¼-¾); A. Ghiesbreghti (1½-2½); A. Henslovianum (1½-2½); A. Lathomi (1½-2); A. Lindeni; A. lucidum (1¼-2); A. lunulatum (¾-1½); A. macrophyllum (1¼-2¼); A. Moorei (1-2); A. neoguineense (½-¾); A. palmatum (3-3½); A. peruvianum (¾-1½); A. polyphyllum (3-4½); A. princeps (2¼-3); A. pulverulentum (¾-1½); A. Seemanni (1¼-1½); A. tenerum (2-4) and vars.; A. tetraphyllum (1-1¾); A. tinctum (1-1¾); A. trapeziforme (1½-3) and vars.; A. Veitchianum (1¼-2¼); A. velutinum (3-4); A. villosum (1¼-2); Anemia adiantifolia (1½-2¼); A. Dregeana (1¼-2); A. mandioccana (1½-2); Antrophyum lanceolatum (1-1½); Aspidium auriculatum (1½-2) and vars.; A. falcatum (1½-3); A. mucronatum (1-2); A. triangulum (1-1½); Asplenium alatum (1¼-2); A. auriculatum (1¼-2); A. Baptistii (1½-1¾); A. Belangeri (1¼-2); A. bisectum (1¼-2); A. cicutarium (¾-1¾); A. cultrifolium (¾-1¾); A. dimidiatum (1-2¼); A. dimorphum (2½-4); A. esculentum (5-8); A. fejeense (2-2½); A. fragrans (¾-1½); A. Franconis (2-3); A. heterocarpum (¾-1¼); A. longissimum (2¼-9); A. lunulatum (¾-1¾); A. melanocaulon (3-5); A Nidus (2-4) and vars.; A. obtusifolium (1½-2¼); A. obtusilobum (½-¾); A. paleaceum (½-1); A. pulchellum (¼-¾); A. rhizophorum (1¼-2½); A. Shepherdi (2-2½); A. Thwaitesii (1¼-1¾); A. trilobum (¼-½); A. vittæforme (1-1½); A. viviparum (1½-2¼); A. zeylanicum (¾-1¾); Ceratopteris thalictroides; Cheilanthes farinosa (½-1½); C. lendigera (½-2); C. microphylla; C. mysurensis (¼-1); C. radiata (1-1½); C. rufa (½-1); C. viscosa (¾-1); Deparia concinna (1-1½); D. prolifera (½-¾); Gleichenia circinata (1½-2) and vars.; G. dicarpa (1¾-2); G. dichotoma (¾-1); G. flagellaris (½-1); G. longissima (¾-2); G. pectinata (2½-3); G. pubescens (2½-3); Gymnogramme calomelanos (1½-4); G. decomposita (2-2½); G. javanica (2-8); G. lanceolata (½-1); G. Lathamiæ (2-2½); G. macrophylla (1-1½); G. Pearcei (1½-1¾); G. schizophylla (1½-2); G. sulphurea (½-1½); G. tartarea (1½-3); G. triangularis (¾-1¼); Hymenophyllum æruginosum (¼-½); H. ciliatum (¼-¾); H. hirsutum (¼-¾); H. polyanthos (¼-1); Hypolepis Bergiana (3-4½); Lindsaya adiantoides (¼-¾); L. cultrata (¾-1½); L. guianensis (1½-3); L. reniformis (½-1); L. stricta (2-4); L. trapeziformis (1-2¼); Lomaria attenuata (1½-3); Lycopodium Phlegmaria (2-2½); L. taxifolium (¾-1); Lygodium dichotomum (½-1¼); L. palmatum; L. reticulatum; L. scandens; L. venustum; L. volubile; Nephrodium Arbuscula (1¼-2¼); N. circutarium (2-3); N. cuspidatum (3-4½); N. detoideum (1¼-2½); N. glandulosum (2-3); N. Leuzeanum (6-9); N. molle (2-3) and vars.; N. patens (3-4); N. pteroides (3-6); N. venustum (3-3½); N. vestitum (1½-3); N. villosum (6-9); Nephrolepis cordifolia (1-2); N. davallioides (3-4); N. Duffii (2½-3); Oleandra articulata (½-1¼); O. neriiformis (½-1½); O. nodosa (¾-1½); Onychium auratum (1½-2¼); Platycerium grande (4-6); P. Hillii (1¼-1½); P. Wallichii; P. Willinckii; Polypodium albo-squamatum (1½-3); P. aureum (4-7); P. crassifolium (1¼-3½); P. fraternum (1¼-2); P. Heracleum (3-6); P. juglandifolium (2½-3½); P. Lingua (½-1¼); P. pectinatum (1¼-3½); P. piloselloides (¼); P. plesiosorum (¾-1¼); P. quercifolium (2¼-4); P. rupestre (¾-1¼); P. trichomanoides (¼-½); P. vacciniifolium (¼); P. verrucosum (4½-6); Pteris aspericaulis (1½-1¾); P. elegans (1½-2); P. flabellata (2-4); P. heterophylla (½-1); P. leptophylla (1¼-1¾); P. longifolia (1½-3); P. palmata (1¼-1¾); P. patens (4-5); P. pedata (¼-½); P. quadriaurita (1½-5); P. sagittifolia (¾-1); Selaginella atroviridis; S. canaliculata; S. caulescens; S. cuspidata; S. erythropus; S. grandis; S. hæmatodes; S. lævigata; S. Wallichii; S. Willdenovii.

TREE FERNS.

COOL-HOUSE.—Alsophila australis; A. Cooperi; A. excelsa (30-40); A. Leichardtiana (16-30); A. Rebeccæ (8-16); A. Scottiana; Cyathea Cunninghami (13-17); C. dealbata; C. excelsa; Dicksonia antarctica (35-45); D. Berteroana (7-16); D. regalis (1½-2); D. squarrosa (1¼-2¼); Hemitelia Smithii; Todea barbara (4-5); T. superba (3-6).

STOVE.—Alsophila aculeata; A. armata; A. aspera (10-30); A. contaminans (20-50); A. paleolata (11-22); A. pruinata; A. sagittifolia; A. Tænitis; A. villosa (13-21); Asplenium radicans; Cyathea arborea; C. insignis; C. integra; C. medullaris; C Serra; Dicksonia chrysotricha (1-1½); D. fibrosa (3-4); D. Menziesii (3-4); D. Sellowiana (6-8); Didymochlæna lunulata; Hemitelia grandifolia; H. speciosa; Lomaria ciliata; L. gibba.

AN INDEX TO BULBOUS PLANTS.

THE term "Bulb" has a very wide horticultural significance, and is by no means restricted to the description of Bulbous Plants properly so-called. Colchicums, Crocuses, and Gladioli are corms, most of the Irises are rhizomatous, and the roots of the garden Ranunculus are tuberous: yet all are familiarly known and purchased as "Bulbs."

Most of the plants named in nurserymen's Bulb catalogues are here classified according to hardiness, or the protection required for their successful culture. Orchids are not included, but are treated separately further on in the Supplement.

After each name is given abbreviated information as to the colours of the flowers, and the height of the plant in feet and the fractions of a foot. Where plants are grown for their foliage, *e.g.*, Caladiums and other Aroids, the contractions following *fol* refer to the colours and markings of the leaves.

For information as to selection and general treatment, the reader is referred to the article on "Bulbs," in Vol. I.

The following abbreviations are used:

b, blue; *bk*, black; *c*, cream; *fol*, foliage; *g*, green; *gy*, grey; *l*, lilac; *m*, magenta; *o*, orange; *p*, purple; *pi*, pink; *r*, red; *s-aq*, semi-aquatic; *si*, silvery; *v*, violet; *w*, white; *y*, yellow.

HARDY.—Aconitum album (*w*; 4-5); A. angustifolium (*b*; 2-3); A. biflorum (*b*; ½); A. delphinifolium (*b-p*; ½-2); A. eminens (*b*; 2-4); A. gracile (*b* or *v*; 2); A. Halleri (*v*; 4-6); A. H. bicolor (*w*, variegated *b*; 4-6); A. japonicum (*w-pi*; 6); A. lycoctonum (*v*; 4-6); A. Napellus (*b*; 3-4) and vars.; A. Ottonianum (*b*, variegated *w*; 2-4); A. paniculatum (*v*; 2-3); A. rostratum (*v*; 1-2); A. tauricum (*b*; 3-4); A. uncinatum (*l*; 4-8); A. variegatum (*b*; 1-8) and vars.; A. Willdenovii (*b-p*; 1-3); Allium acuminatum (*pi*; ½-¾); A. azureum (*b*; 1-2); A. Bidwelliæ (*pi*; ¼); A. Breweri (*pi*; ¼); A. cœruleum (*b*; ¾); A. falcifolium (*pi*; ¼); A. Macnabianum (*m*; 1); A. Moly (*y*; ¾-1¼); A. Neapolitanum (*w*; 1¼-1½); A. nigrum (*v* or *w*; 2½-3¾); A. pedemontanum (*pi-p*); A. reticulatum attenuifolium (*w*; ¾-1¼); A. roseum (*l-pi*; 1-1¼); A. sphærocephalum (1½-2½); Alströmeria aurantiaca (*o*, streaked *r*; 3-4); A. chilensis (*pi-w*, varying to *o* or *r*; 2-3); A. psittacina (*r*, *g*, and *p*; 6); Ampelopsis napiformis (*g*); A. serjaniæfolia; Anemone apennina (*b*; ½); A. baldensis (*w*; ½); A. coronaria (variable; ½); A. nemorosa (*w*; ½) and

Hardy—*continued.*

vars.; A. palmata (*y*; ¾) and vars.; A. ranunculoides (*y* or *p*; ¼); A. stellata (*p* or *pi-r*; ¾); Anthericum Liliago (*w*); A. Liliastrum (*w*, *sc*; 1-2); A. ramosum (*w*; 2); Arisæma Griffithi (*br-v*; 1-1½); A. ringens (*g*, *w*, and *p*); A. triphylla (*p-br* and *g*; ¾-1); Arum italicum (*g-y* or *w*; ¾-2) and var.; A. proboscideum (*g-p*; ½); A. tenuifolium (*w*; 1); Asclepias tuberosa (*o*; 1-2); Asphodelus albus (*w*; 2); A. creticus (*y*; 2); Bellevalia syriaca (*w*; 1); Biarum tenuifolium (*br-p*; ½); Brodiæa capitata (*v-b*; 1-2); B. congesta (*b*; 1); B. c. alba (*w*; 1); B. grandiflora (*b-p*; 1½); B. Howellii (*p-b*; 1½-2); B. lactea (*w*, midribs *g*; 1-2); B. multiflora (*b-p*; 1-1½); Bulbocodium vernum (*v-p*, spotted *w*; ½); Calliprora lutea (*p-br*; ¾); Camassia esculenta (*b*; 1½); C. e. Leichtlini (*c*; 2); C. Fraseri (*b*; 1); Chionodoxa Luciliæ (*b*, *w* centre; ½); C. nana (*w* and *l*; ¼); Chlorogalum pomeridianum (*w*, veined *p*; 2); Chrysobactron Hookeri (*y*; 1½-3); Claytonia virginica (*w*; ¼); Colchicum autumnale (*p*; ¼) and vars.; C. Bivonæ (*w* and *p*); C. luteum (*y*; ¼); C. Parkinsoni (*w* and *p*);

Hardy—*continued.*

C. speciosum (r-p and w); Convallaria majalis (w, sc; ½-1) and vars.; Crinum capense (flushed r; 1); Crocus aureus (o) and vars.; C. biflorus (w, varying to lavender); C. Boryi (c, throat o-y; ¼); C. Imperati (l-p and p, sc; ¼-½); C. iridiflorus (p and l); C. nudiflorus (p or v); C. speciosus (l, striped p); C. susianus (o, or br and o; ¼); C. vernus (l, v, w, or w and v); C. versicolor (p, varying to w); C. varieties; Dicentra spectabilis (pi-r; ¾-2) and var.; Dioscorea Batatas (w; 6-9); Dracunculus vulgaris (b; 3); Eranthis hyemalis (y; ¼-¾); E. sibiricus (y; ¼); Eremurus himalaicus (w; 1½-2); E. robustus (peach; 8-9); E. spectabilis (y; 2); Erythronium americanum (y; ¼-½); E. dens-canis (p-pi or w; ½) and vars.; Fritillaria armena (y; ½); F. delphinensis (p, spotted y; ½-1); F. græca (br, spotted, &c.; ½); F. Hookeri (l; ½); F. imperialis (y, varying to r; 3); F. lutea (y, suffused p; ½-1); F. macrophylla (pi; 3); F. Meleagris (chequered p; 1); F. pallidiflora (y; ¾); F. persica (v-b; 3); F. pudica (y; ½-¾); F. pyrenaica (p; 1½); F. recurva (r; 2); F. Sewerzowi (p, g-y within; 1½); F. tenella (y, chequered p-br); F. tulipifolia (b, streaked p-br, p-br within); F. verticillata Thunbergii (g, mottled p); Funkia grandiflora (w, sc; 2); F. ovata (b-l or w; 1-1½); F. marginata (b-l or w, fol margined w; 1½); F. Sieboldiana (w, tinged l; 1); F. subcordata (w; 1½-2); Gagea lutea (y, g at back; ½); Galanthus Elwesii (w, spotted g; ½-1); G. nivalis (w, marked g; ¼-½) and vars.; G. plicatus (g-w; ½); Galtonia candicans (w, sc; 4); Gladiolus byzantinus (r; 2); G. segetum (pi; 2); Helicodiceros crinitus (p-br; 1-1½); Hemerocallis Dumortieri (o-y, tinged br; 1-1½); H. fulva (fulvous; 2-4) and vars.; Iris alata (l-p; 1); I. aurea (y; 3-4); I. balkana (l-p; 1); I. biflora (v-p; 1½); I. Chamæiris (y, veined br; ½); I. cretensis (l); I. cristata (l; ½); I. Douglasiana (l-p; ½-1); I. filifolia (p, keeled y; 1-2); I. flavescens (y; 2-3); I. florentina (w, l, g, and br; 2-3); I. fœtidissima (b-l; 2-3); I. fulva (br; 2-3); I. germanica (variable, sc; 2-3); I. graminea (l-p, w, y, and b-p, sc; ¾); I. Guldenstadtiana (w, o, and y; 2); I. Histrio (l, l-p, and y; 1); I. hybrida (variable); I. iberica (p-b, blotched p); I. i. insignis (w and l-w, blotched and veined r-br); I. lævigata (p, blotched y, &c.; 1½-2); I. lutescens (y, marked p-br); I. Monnieri (y, sc; 3-4); I. neglecta (l, w, and y; 1½-2); I. ochroleuca (w and o-y; 3); I. persica (y-l, keeled y, sc; ½); I. Pseudo-acorus (s-aq, y; 2-3); I. pumila (l-p; ½); I. reticulata (v-p, lined y; 1); I. rubro-marginata (g, tinged p; ½); I. ruthenica (l-p, sc); I. sambucina (p and y, sc; 2); I. sibirica (l-b and v; 1-2½); I. squalens (l-p, y, and br-y; 2-3); I. tectorum (l and w; 1); I. tingitana (l-p; 2-3); I. tuberosa (g-y; 1); I. unguicularis (l, y, and w, sc); I. variegata (br and y; 1-1½); I. versicolor (p; 1-2); I. vulgare (p; 1-2); I. xiphioides (l-p, y, and p; 1-2); Kniphofia aloides (r, fading to g-y; 3-4); K. a. maxima; K. Burchelli (r and y, tipped g; 1½); K. Leichtlinii (r and y); K. Rooperi (o-r, turning y; 2); Leucoium æstivum (w; 1½); L. Hernandezii (w; 1-1½); L. vernum (w, spotted g, sc; ½); Lilium auratum (w, banded y, spotted p; 2-4) and vars.; L. bulbiferum (r; 2-4); L. canadense (y, varying to r, spotted r-p; 1½-3); L candidum (w, rarely tinged p; 2-3); L. Catesbæi (o-r, spotted p; 1-2); L. chalcedonicum (r, rarely y; 2-3); L. concolor Buschianum (r, spotted bk below); L. croceum (y, tinted r; 3-6); L. davuricum (r; 2-3) and vars.; L. elegans (r, rarely spotted; 3); L. e. armeniacum (r, spotted y; 1); L. e. atrosanguineum (blotched r; 2); L. e. sanguineum (r and y; 1-1½); L. Hansoni (r-o, dotted p; 3-4); L. Krameri (w, tinged r, sc; 3-4); L. Leichtlinii (y, marked p and r; 2-3); L. longiflorum (w, sc; 1-2); L. l. eximium (w; 1-2); L. Martagon (p-r, spotted p; 2-3); L. monadelphum (y, tinged r at base; 3-5) and var.; L. oxypetalum (l-p, dotted p within; 1-1½); L. pardalinum (variable; 3-7); L. Parryi (y, spotted br-r, sc; 2-6); L. philadelphicum (o-r, spotted p below; 1-3); L. pomponium (r; 1½-3); L. pseudo-tigrinum (r, spotted bk within; 3-4); L. pyrenaicum (y; 2-4); L. roseum (l; 1½); L. speciosum (w, or spotted r; 1-3); L. s. albiflorum (w); L. s. punctatum (w, spotted r); L. s. roseum (w, tinted pi); L. superbum (o r, spotted; 4-6); L. tenuifolium (r; ½-1); L. tigrinum (o-r, spotted p-bk; 2-4) and vars.; L. Washingtonianum (w, tinged p or l; 3-5); Merendera Bulbocodium (pi l; ¼); Milla biflora (w, g outside; ½); Muscari botryoides (b, w teeth; ½-1) and vars.; M. comosum monstrosum (b-v; 1-1½); M. Elwesii (b; ¼-½); M. Heldreichii (b; ¾); M. moschatum (p, changing to g-y, tinged v, sc; ¾); M. neglectum (b, sc; ½-¾); M. paradoxum (b-bk, g inside; sc; ¾); M. racemosum (b, changing to r-p, sometimes tipped w, sc; ¼-¾); M. Szovitsianum (b, sc; ½); Narcissus biflorus (w, crown y; 1); N. Bulbocodium (y; ¼-¾) and vars.; N. calathinus (y; ¾-1); N. incomparabilis (y; 1) and vars.; N. Jonquilla (y, sc; ¾-1); N. Macleai (w and y; 1); N. poeticus (w, crown edged r, sc; 1) and vars.; N. Pseudo-Narcissus (y; 1) and vars.; N. Tazetta (w and y, &c., sc; 1) and vars.; N. triandrus (w or y, &c.; ½-1) and vars.; Nothoscordum fragrans (w, barred l, sc; 1¼-2); Ornithogalum narbonense (w, striped g; 1-1½); O. nutans (w and g; ¾-1); O. pyramidale (w, striped g; 1½-2); O umbellatum (w and g; ½-1); Oxalis tetraphylla (r or p-v); Pæonia albiflora (w, pi, &c.; 2-3) and vars.; P. Emodi (w; 2-3); P. officinalis (r; 2-3); P. tenuifolia (r; 1-1½); P. Wittmanniana (y-w; 2); P. varieties; Pancratium illyricum (w, sc; 1½); Puschkinia scilloides (w, striped b; ½); Ranunculus asiaticus vars.; Sanguinaria canadensis (w; ½); Saxifraga peltata (w or w-pi); Scilla amœna (b or w; ½); S. bifolia (b, r, or w; ¼-½); S. hispanica (b, w, &c.; ½-¾) and vars.; S. hyacinthoides (b-l; 1-2); S. nutans (b, p, w, or pi; 1); S. peruviana (l, r, or w; ½-1); S. pratensis (b; ½-1); S. sibirica (b; ¼-½); Spiræa astilboides (w); S. Filipendula (w or pi; 2-3); S. palmata (r; 1-2); S. p. alba (w; 1-2); Sternbergia lutea (y; ¼-½) and vars.; Thalictrum tuberosum (w; 1); Trillium erectum (p; 1); T. erythrocarpum (w, striped p; 1); T. grandiflorum (w, turning pi; 1-1½); T. nivale (w; 2-4); Triteleia laxa (b; 1-1½); T. uniflora (l; ½-1); Tritonia Pottsii (y, flushed r; 3-4); Tropæolum polyphyllum (y); Tulipa australis (flushed r); T. Clusiana (w, r, and bk; 1-1½); T. Eichleri (r, marked y and bk); T. elegans (r, y eye); T. Gesneriana (r, y, &c.; 2) and vars.; T. Greigi (r, blotched bk; ¾); T. macrospeila (r, blotched bk and y; 2); T. Oculus-solis (r, blotched bk; 1-1½); T. præcox (r, blotched bk; 1); T. pubescens (r, &c., sc.) and vars.; T. retroflexa (y); T. suaveolens (r and y, sc; ½); T. sylvestris (y, sc; 1-2); T. varieties; Uvularia grandiflora (y; 1); U. sessilifolia (y; 1); Xerophyllum asphodeloides (w; 1-2); Zephyranthes Atamasco (w; 1).

HALF-HARDY.—Amaryllis Belladonna (variable); A. B. pallida (2); Apios tuberosa (br-p, sc); Babiana disticha (b, sc; ½); B. plicata (v-b, sc; ½); B. ringens (r; ½); B. stricta (w and l-b; 1); B. s. rubro-cyanea (b and r; ½-¾); B. s. sulphurea (c or y; ¾); B. s. villosa (r; ½); Bessera elegans (r, or r and w; 2); Boussingaultia baselloides (w, turning bk, sc); Bravoa geminiflora (o-r; 2); Brodiæa coccinea (r; 1½); B. gracilis (y; ¼); Caloscordum nerinæflorum (pi; ½); Chlidanthus fragrans (y, sc); Crocosmia aurea (o-r; 2); Cypella Herberti (y; 1); Dahlia varieties (w, y, r, &c.); Eucomis bicolor (g, edged p); E. nana (br; ¾); Ferraria Ferrariola (g-br; ½); F. undulata (g-br; ½); Gladiolus blandus (w and y, marked r; ½-2); G. brachyandrus (r; 2); G. cardinalis (r, spotted w; 3-4); G. Colvillei (r, marked p; 1½); G. C. alba (w; 1½); G. cruentus (r and y-w; 2-3); G. cuspidatus (p and r, &c.; 2-3); G. floribundus (w, p, r, &c.; 1); G. Papilio (p and y; 2-3); G. psittacinus (r, p, y, and g; 3); G. purpureo-auratus (y, blotched p; 3-4); G. varieties; Herbertia cærulea (b and w; ½); Hyacinthus varieties (sc); Ixiolirion tataricum (b; 1-1½); Lilium cordifolium (y, w, p; 3-4); L. japonicum (w, tinged p; 1-2); Moræa edulis (v, spotted y; 4); M. tricuspis (g-w, spotted p; 1); M. unguiculata (w, spotted p-r,

Half-hardy—*continued.*

1); Nemastylis acuta (b, y, and bk); Pancratium montanum (w, sc; 2); Schizostylis coccinea (r; 3); Scilla chinensis (pi-p; 1); Tigridia pavonia (o-y; 1-2); Tricyrtis hirta (w, dotted p; 1-3); T. macropoda (w-p, dotted p; 2-3); Triteleia porrifolia (w-v; ½-¾); Tropæolum tricolorum (o-r, o, and bk); Urginea maritima (w, keeled g-p; 1-3); Wachendorfia thyrsiflora (y; 2); Zephyranthes carinata (g and pi; 1); Z. rosea (pi; ½).

TENDER.—Achimenes grandiflora (i-h, v-p; 1½); A. Kleei (i-h, l, throat y; ½); A. multiflora (i-h, l; 1); A. ocellata (i-h, y, spotted; 1½); A. pedunculata (i-h, r, y eye; 2); A. picta (i-h, r, y eye; 1½); A varieties (i-h); Agapanthus umbellatus (c-h, b; 2-3); A. u. varieties (c-h, b or w; 2-3); Albuca aurea (c-h, y; 2); A. fastigiata (c-h, w; 1½); A. Nelsoni (c-h, w, striped r; 4-5); Alocasia chelsoni (st, fol g, p beneath); A. cuprea (st, p-r; 2); A. hybrida (st); A. Jenningsii (st, fol g and br); A. Johnstoni (st, fol g and pi-r); A. scabriuscula (st, w; 4-4½); A. Sedeni (st, fol veined w); A. Thibautiana (st, fol gy-g, p beneath); A. zebrina (st; 4); Alströmeria caryophyllæa (st, r, sc; ¾-1); A. densiflora (c-h, r, dotted bk); A. Pelegrina (c-h, w or y, striped pi; 1); A. P. alba (c-h, w); A. pulchra (c-h, p, y, and r; 1); A. Simsii (c-h, y, streaked r; 3); A. versicolor (c-h, y and p; 2-4); Amorphophallus campanulatus (st, br, r, and bk; 2); A. Lacourii (c-h); A. Rivieri (st, g, pi, and r); A. Titanum (st, bk-p); Anchomanes Hookeri (st, p); Anomatheca cruenta (c-h, r; ½-1); Antholyza æthiopica (c-h, r and g; 3); A. caffra (c-h, r; 2); A. Cunonia (c-h, r and bk; 2); Arisæma concinna (c-h, w, g, and b-p; 1-2); A. curvatum (c-h, g and w; 4); A. galeata (c-h, g and p; 1); A. nepenthoides (c-h, y, br, and g; 2); A. speciosa (c-h, p, g, and w; 2); Arthropodium neo-caledonicum (c-h, w; 1½); A. paniculatum (c-h, w; 3); A. pendulum (c-h, w; 1½); Arum palæstinum (c-h, p, bk, and y-w); Astilbe japonica (c-h, w; 1-2); Barbacenia purpurea (c-h, p; 1½); B. Rogieri (c-h, p; 1½); Batatas bignonioides (st, p); B. Cavanillesii (st, w-r); B. edulis (st, w and p); B. paniculata (st, p); Begonia acutiloba (i-h, w); B. albo-coccinea (st, pi and w; ½-¾); B. amabilis (i-h, pi or w; ¾); B. amœna (i-h, pi; ½); B. Berkeleyi (i-h, pi); B. boliviensis (i-h, r; 2); B. Bruantii (i-h, w or pi); B. Chelsoni (i-h, o-r; 2); B. Clarkii (i-h, r); B. coriacea (i-h, pi; ¾); B. dædalea (i-h, w and pi; fol g and br); B. Davisii (i-h, r; fol g, r beneath; ¼-½); B. Dregii (i-h, w; 1); B. echinosepala (i-h; 1½); B. Evansiana (c-h, pi; 2); B. eximia (i-h, fol p and r); B. Frœbeli (i-h, r); B. geraniifolia (i-h, r and w; 1); B. geranioides (i-h, w); B. glandulosa (i-h, g-w); B. gogoensis (st, pi; fol bronzy, r beneath); B. gracilis (c-h, pi) and vars.; B. heracleifolia (st, pi) and vars.; B. herbacea (i-h, w); B. hydrocotylifolia (i-h, pi; 1); B. imperialis (i-h, w; fol olive-g, banded gy-g); B. laciniata (i-h, w, tinted pi; fol g); B. manicata (st, pi); B. maxima (i-h, w); B. megaphylla (i-h, w); B. monoptera (i-h, w; 1-2); B. natalensis (c-h, pi; fol g, spotted w; 1½); B. Pearcei (i-h, y; fol g, r beneath; 1); B. picta (i-h, pi; fol sometimes variegated; ½-1); B. prismatocarpa (st, o and y; fol g); B. pruinata (i-h, w); B. Rex (st, fol variegated) and vars.; B. Richardsiana (i-h, w; 1); B. R. diadema (i-h, w); B. roseæflora (i-h, pi-r); B. rubro-venia (i-h, w, veined pi-r; 1-1½); B. scandens (i-h, w); B. Schmidtiana (i-h, w; 1); B. semperflorens (i-h, w or pi) and vars.; B. socotrana (st, pi); B. stigmosa (i-h, w; fol g, blotched br-p); B. strigillosa (i-h, pi; fol g, margined r); B. Sutherlandi (i-h, o-r; fol y, nerved r); B. Thwaitesii (st, fol g, r-p, w, and r); B. Veitchii (i-h, r; 1); B. Verschaffeltiana (i-h, pi); B. xanthina (i-h, y; fol g, p beneath; 1); B. varieties (i-h); Bignonia Roezlii (st); Blandfordia aurea (c-h, y; 1-2); B. Cunninghamii (c-h, r and y; 3); B. flammea (c-h, y; 2); B. f. elegans (c-h, r, tipped y; 2); B. f. princeps (c-h, o-r, y within; 1); B. grandiflora (c-h, r; 2); B. nobilis (c-h, o, margined y; 2); Bomarea Caldasiana (c-h, o-y, spotted r);

Tender—*continued.*

B. Carderi (c-h, pi and p-br); B. oligantha (c-h, r, y within); B. patococensis (c-h, r); B. Shuttleworthii (c-h, o-r, y, &c.); B. Williamsii (c-h, pi); Brachyspatha variabilis (st, g-p and w; 3); Brunsvigia Cooperi (c-h, y; 1½); B. falcata (c-h, r; ¾); B. Josephineæ (c-h, r; 1½); B. multiflora (c-h, r; 1); B. toxicaria (c-h, pi; 1); Bulbine alooides (c-h, y; 1); Caladium argyrites (st, fol g, &c.); C. bicolor (st; 2); C. Chantinii (st, fol r, w, and g); C. Devosianum (st, fol g, blotched w and p); C. Kochii (st, fol g, spotted w); C. Lemaireanum (st, fol g, veined w); C. Leopoldi (st, fol g, r, and p); C. macrophyllum (st, fol g, blotched g-w); C. maculatum (st, fol g, spotted w); C. marmoratum (st, fol g, and gy or si); C. rubrovenium (st, g-gy, veined r); C. sanguinolentum (st, fol g, w, and r); C. Schomburgkii (st, fol g, veined w); C. Verschaffeltii (st, fol g, spotted r); C. varieties (st); Caliphruria Hartwegiana (c-h, g-w; 1); C. subedentata (c-h, w; 1½); Callipsyche aurantiaca (c-h, y; 2); C. eucrosioides (c-h, r and g; 2); C. mirabilis (c-h, g-w; 3); Calochortus albus (c-h, w, blotched); C. Benthami (c-h, y; ¼-¾); C. cœruleus (c-h, l, dotted b; ¼-½); C. elegans (c-h, g-w and p; ¾); C. Gunnisoni (c-h, l, y-g, and p); C. lilacinus (c-h, pi; ½-¾); C. luteus (c-h, g and y; 1); C. Nuttallii (c-h, g and w, marked r and p; 1); C. pulchellus (c-h, y; 1); C. purpureus (c-h, g, p, and y; 3); C. splendens (c-h, l; 1½); C. venustus (c-h, w and r; 1½) and vars.; Canarina Campanula (c-h, y-p or o, nerved r; 3-4); Canna Achiras variegata (i-h, r; fol g, striped w and y); C. Annæi (i-h, pi; 6) and vars.; C. Auguste Ferrier (i-h, o-r; fol g, margined p-r; 10); C. Bihorelli (i-h, r; fol bronzy; 6-7); C. Député Henon (i-h, y; 4); C. discolor (i-h, r; fol g and r; 6); C. expansa-rubra (i-h, p; fol r; 4-6); C. gigantea (i-h, o-r and p; 6); C. indica (i-h, r and y; 3-6); C. iridiflora (st, pi, spotted y; 6-8); C. limbata (i-h, y-r; 3); C. nigricans (i-h; fol r; 4½); C. Rendatleri (i-h, pi-r; fol g, tinged r; 6-8); C. speciosa (i-h, r; 3); C. Van Houttei (i-h, r; fol g, margined p-r); C. Warscewiczii (i-h, r and p; fol g, tinged p; 3); C. zebrina (i-h, o; fol g and r; 6-8); Carpolysa spiralis (c-h, w, r outside); Cienkowskia Kirkii (st, pi-p, sc; ½); Clivia nobilis (c-h, r and y; 1½); Colocasia esculenta (c-h, w; 2); C. odorata (st, w, sc); Commelina cœlestis (c-h, b; 1½); C. c. alba (c-h, w; 1½); Coryno-phallus Afzelii vars. (st, p and w); Costus igneus (st, o-r; 1-3); C. Malortieanus (st, y, banded o-r; 1-3); Crinum amabile (st, r, sc; 2-3); C. asiaticum (c-h, w; 1½-2); C. Balfourii (st, w, sc; 1½); C. Careyanum (i-h, w, tinged r; 1); C. cruentum (st, r; 3); C. giganteum (st, w, sc; 2-3); C. Kirkii (st, w, striped r; 1-1½); C. Macowani (c-h, w, tinged p; 2-3); C. Moorei (c-h, w, flushed r; 1½-2); C. purpurascens (st, w, tinted r; 1); C. zeylanicum (st, w, banded r, 2-3); Curcuma albiflora (st, w and y; 2); C. australasica (st, y, bracts pi); C. cordata (st, r-y; 1); C. petiolata (st, y, bracts pi-p; 1½); C. Roscoeana (st, r, bracts o; 1); C. rubricaulis (st, r, 3); Cyanella odoratissima (c-h, pi, sc; 1); Cyclamen africanum (c-h, w or tinted r, spotted p; ¼-½); C. cilicicum (c-h, w, blotched p; ¼); C. Coum (c-h, r; ¼) and vars.; C. ibericum (c-h, r, spotted p; ¼) and vars.; C. neapolitanum (c-h, w or r, spotted v-p); C. persicum (c-h, w, blotched p) and vars.; Cyrtanthus sanguineus (c-h, y and r, o-r inside); Dahlia imperialis (c-h, w, l, and r; 10-12); D. Juarezii (c-h, r; 3); Dioscorea multicolor (st, fol variegated) and vars.; Dracontium asperum (st, p-br; 5-6); D. Carderi (st; 3); Drimiopsis Kirkii (c-h, w; ¾); Drosera binata (c-h, w; ½); Elisena longipetala (c-h, w; 3); Eucharis candida (st, w; 2); E. grandiflora (st, w; 2); E. Sanderiana (st, w; 1½); Eurycles Cunninghami (i-h, w; 1); Freesia Leichtlinii (c-h, y or c; 1); F. refracta (c-h, sometimes marked v and o); F. r. alba (c-h, w); Galaxia ovata (c-h, y); Geissorhiza grandis (c-h, y, ribbed r); G. inflexa (c-h, y, spotted p; 1½); G. Rochensis (c-h, b, spotted r; ¾); Gesnera Cooperi (st, r, throat spotted; 2); G. discolor (st, r; 2); G. Donkelaariana (st, r; 1); G. exoniensis

Tender—*continued.*

(*st, o-r*, throat *y*); G. nægelioides (*st, pi, r*, and *y*); G. pyramidalis (*st, o-r* and *o*, spotted); G. varieties (*st*); Gloriosa superba (*st, o* and *y*; 4); Gloxinia diversifolia (*st*); G. gesneroides (*st, r*); G. glabra (*st, w* and *y*, spotted *p*; $\frac{3}{4}$); G. maculata (*st, p-b*; 1); G. pallidiflora (*st, b*; 1); G. varieties (*st*); Griffinia Blumenavia (*i-h, w*, streaked *pi*; $\frac{1}{2}$-$\frac{3}{4}$); G. dryades (*i-h, p-l* and *w*; 1$\frac{1}{2}$); G. hyacinthina (*i-h, b* and *w*; $\frac{3}{4}$); G. ornata (*i-h, b-l* and *w*; 1-1$\frac{1}{2}$); Hæmanthus abyssinicus (*st, r*; $\frac{1}{2}$); H. cinnabarinus (*st, r*; 1); H. Kalbreyeri (*st, r*; $\frac{1}{2}$); H. Katherinæ (*st, r*); H. puniceus (*st, o-r*, stamens *y* or *o*; 1); Hedychium angustifolium (*st, r*; 3-6); H. coronarium (*st, w, sc*; 5); H. flavosum (*st, y, sc*; 2-3); H. flavum (*c-h, o, sc*; 3); H. Gardnerianum (*c-h, g-y, sc*; 3-5); Hessea crispa (*c-h, pi*; $\frac{1}{4}$); Hippeastrum Ackermanni (*st, r*) and var.; H. aulicum (*c-h, r, g,* and *r-p*; 1$\frac{1}{2}$); H. equestre (*st, o-g*) and vars.; H. pardinum (*c-h, g*, spotted *r*); H. reticulatum (*st, pi* and *w*); H. vittata (*c-h, w,* striped *r*); Homalomena Roezlii (*st, o-br, c* within; $\frac{1}{2}$); H. Wallisii (*st, r*); Hyacinthus amethystinus (*c-h, b*; $\frac{1}{4}$-1); H. corymbosus (*c-h, l-pi*; $\frac{1}{4}$); H. orientalis (*c-h*, variable, *sc*; $\frac{3}{4}$-1); H. o. albulus (*c-h, w*); H. varieties (*c-h, sc*); Hymenocallis amœna (*c-h, w, sc*; 1-2); H. calathinum (*c-h, w, sc*); H. macrostephana (*st, w, sc*; 2); H. speciosa (*st, w, sc*; 1-1$\frac{1}{2}$); Hypoxis stellata (*c-h, w* and *b*; $\frac{3}{4}$); Imantophyllum Gardeni (*c-h, r-o* or *y*; 1-2); I. miniatum (*st, o* and buff; 1-2); I. hybrids (*c-h*); Isoloma hondense (*st, y*; 1); I. molle (*st, r*; 1$\frac{1}{2}$); Ixia capillaris (*c-h, pi* or *l*; 1$\frac{1}{2}$); I. hybrida (*c-h, w*; 1); I. maculata (*c-h, o*; 1); I. odorata (*c-h, y, sc*; 1); I. patens (*c-h, pi*; 1); I. speciosa (*c-h, r*; $\frac{1}{2}$); I. viridiflora (*c-h, g*, spotted; 1) and vars.; Kæmpferia Gilbertii (*st, fol g*, margined *w*); K. ornata (*st, y*; *fol g*, banded *si, p* beneath); Lachenalia fragrans (*c-h, y, sc*; $\frac{1}{2}$); L. lilacina (*c-h, l* and *b*; $\frac{1}{2}$); L. Nelsoni (*c-h, y*); L. pendula (*c-h, p, r,* and *y*; $\frac{1}{4}$-$\frac{3}{4}$); L. purpureo-cærulea (*c-h, p-b*; $\frac{1}{2}$-$\frac{3}{4}$); L. tricolor (*c-h, g, r,* and *y*; 1); L. t. lutea (*c-h, y*; 1); Lilium giganteum (*c h, w*, tinged *g* and *p*; 4-10); L. neilgherrense (*c-h, w, sc*; 2-3); Littonia modesta (*i-h, o*; 2-6); Lycoris aurea (*c-h, y*; 1); L. Sewerzowi (*c-h, br-r, sc*; 1); Marica lutea (*i-h, y, r, w,* and *g*; $\frac{1}{2}$); M. Northiana (*s', w, y, r,* and *b*; 4); Mirabilis Jalapa (*c-h*, variable; 2); Nægelia cinnabarina (*st, r*; 2); N. fulgida (*st, r*; 2); N. f. bicolor (*st, r* and *w*; 2); N. Geroltiana (*st, o-r*; 1$\frac{1}{2}$-2); N. multiflora (*st, w* or *c*); N. zebrina (*st, o-r*; 2); Nerine curvifolia (*c-h, r*; 1); N. flexuosa (*c-h, r*, tinged *o*; 1) and vars.; N. sarniensis (*c-h, pi*; 2-2$\frac{1}{2}$) and vars.; N. undulata (*c-h, w-pi*; 1); Ornithogalum arabicum (*c-h, w, bk* centre, *sc*; 1-2); O. thyrsoides (*c-h, y*; $\frac{1}{2}$-1$\frac{1}{2}$) and vars.; Oxalis Bowiei (*c-h, pi, y* at base; $\frac{1}{2}$-$\frac{3}{4}$); O. elegans (*c-h, p*; $\frac{1}{2}$); O. hirta (*c-h, v* or *r*; $\frac{1}{4}$) and vars.; O. lasiandra (*c-h, r*; *fol g*, spotted *p*; $\frac{3}{4}$-1$\frac{1}{2}$); O. Martiana (*c-h, pi*; $\frac{1}{2}$); O. rosea (*c-h, pi*; $\frac{1}{2}$-1); O. variabilis (*c-h, w* or *r*; $\frac{1}{4}$) and vars.; O. versicolor (*c-h, w, y* outside; $\frac{1}{4}$); Phædranassa Carmioli (*i-h, r*, tipped *g*; 2); P. chloracea (*c-h, p-pi*, tipped *g*; 1$\frac{1}{2}$); P. eucrosioides (*i-h, g* and *r*; 1-1$\frac{1}{4}$); P. Lehmanni (*i-h, r*); P. rubro-viridis (*c-h, r* and *g*); Phormium Cookianum (*c-h, y,* or *y* and *g*; *fol g*; 3-6); P. C. variegatum (*c-h, fol g* and *c-w*); P. tenax (*c-h, y* or *r*; *fol g*, margined *r-br*; 6) and vars.; Plagiolirion Horsmanni (*st, w*); Polianthes tuberosa (*c-h, w, sc*; 3-4) and vars.; Richardia africana (*c-h s-aq, w*, spadix *y*; 2); R. albo-maculata (*c-h s-aq, g-w*; 2); R. melanoleuca (*c-h s-aq, y* and *bk-p*, spadix *w*; 1$\frac{1}{2}$); Sandersonia aurantiaca (*c-h, o*; 1$\frac{1}{2}$); Sauromatum venosum (*st, p, y,* and *v*; 1); Sinningia barbata (*st, w*, marked *r*; *fol g, r* beneath); S. concinna (*st, p* and *y*; *fol g*, nerved *r*) and var.; S. conspicua (*st, y*, marked *p*); S. speciosa (*st, v, &c.*; *fol g, &c.*) and vars.; S. Youngiana (*st, v* or *p,* and *y-w*; *fol g, g-w* below); Sparaxis grandiflora (*c-h, p, w,* or variegated; 1-2); S. pendula (*c-h, l*; 4); S tricolor (*c-h, o, y,* and *bk*; 1-2); S. varieties; Sprekelia formosissima (*c-h, r* or *w*; 2); Stenomesson coccineum (*c-h, r*; 1); S. incarnata (*c-h, r*; 2) and vars.; S. vitellinum (*i-h, y*; 1); Streptanthera elegans (*c-h, w, w-pi, p,* and *y*; $\frac{3}{4}$); Synnotia variegata (*c-h, y* and *v*; 1$\frac{1}{2}$); Tacca pinnatifida (*st, p*); Taccarum Warmingianum (*st, br*; *fol g*, lined *w*; 3); Thysanotus tuberosus (*c-h, b*; $\frac{1}{2}$-1); Tigridia atrata (*c-h, p, g,* and *br*; 2); T. Meleagris (*c-h, p*, banded *r*; 1$\frac{1}{2}$); T. Van Houttei (*c-h, y, l,* and *p*; 1); Tritonia crocata (*c-h, y*; 2); T. crocosmiflora (*c-h, o-r*); T. miniata (*c-h, r*; $\frac{3}{4}$-1); Tropæolum azureum (*c-h, b*); Tydæa amabilis (*st, pi*, dotted *p*; 1-2); Vallota purpurea (*c-h, r*; 2-3) and vars.; Wahlenbergia tuberosa (*c-h, w*, banded *pi-r*; $\frac{1}{2}$-2); Watsonia densiflora (*c-h, pi-r*; 1$\frac{1}{2}$-2); W. Meriana (*c-h, p* or *r*; $\frac{3}{4}$-2); W. rosea (*c-h, pi*; 2); Xanthosoma Lindeni (*c-h, fol g* veined *w*); Zephyranthes Andersoni (*c-h, y* or *y-b*; $\frac{1}{2}$); Z. candida (*c-h*; $\frac{1}{2}$); Z. citrina (*i-h, y*; $\frac{1}{2}$-1).

AN INDEX TO ORCHIDS.

IN the subjoined lists of Orchids, the plants have been arranged according to the degree of heat necessary to bring them to perfection—thus, the "stove" species require to be grown in the East Indian house, those classified as "intermediate" thrive in the Brazilian house, while the "cool-house" species are best suited by the low temperature of the Peruvian house. The few "hardy" species here enumerated are almost all natives of Britain or of North America, and, being all terrestrial, are well adapted for culture in outside borders.

The habit of each plant is stated immediately after the name, the epiphytal species being marked *eph*, and the terrestrial ones *ter*; while *s-ter* indicates subjects of a sub-terrestrial habit of growth.

The colours are generally arranged according to their importance, the prevailing hue being stated first in each instance. In many species, however, the markings are often very variable, so that the colours here mentioned may perhaps be found to differ slightly from those actually seen in a particular specimen. In such cases the markings most frequently found have been given.

The species of *Anœctochilus* and *Physurus* stand in strong contrast to the other members of the Order, being grown only for their handsome foliage, and not for the beauty of their flowers, which are small and unattractive. The descriptive colours in these cases, therefore, apply only to the foliage, as indicated by the abbreviation *fol*, preceding the colours.

For much interesting information relative to the structural peculiarities of these plants, see "Orchideæ" and "Orchid Fertilisation," in Vol. II. Full instructions as to general culture are given in the article on "Orchid House," and the special requirements of the more important genera will be found under their respective headings.

The following abbreviations are used :—

b, blue; *bk*, black; *br*, brown; *c*, cream; *eph*, epiphytal; *fol*, foliage; *g*, green; *l*, lilac; *m*, magenta; *mv*, mauve; *o*, orange; *p*, purple; *pi*, pink; *r*, red; *sc*, scented; *si*, silver; *s-ter*, sub-terrestrial; *ter*, terrestrial; *v*, violet; *w*, white; *y*, yellow.

HARDY.—Aplectrum hyemale (*ter, g-br*); Arethusa bulbosa (*ter, pi-p, sc*); Bletia hyacinthina (*ter, p*); Calopogon pulchellus (*ter, p,* bearded *y*); Calypso borealis (*ter, pi* and *br,* crested *y*); Cephalanthera grandiflora (*ter, w* and *y*); Cypripedium acaule (*ter, g, pi* and *p*) and var.; C. arietinum (*ter, g-br, r* and *w*); C. Calceolus (*ter, r-br* or *p,* and *y*); C. candidum (*ter, g-br,* lip *w*); C. guttatum (*ter, w,* blotched *pi-p*); C. macranthum (*ter, p*); C. parviflorum (*ter, br-p* and *y, sc*); C. pubescens (*ter, y-br* and *y*); C. spectabile (*ter, w* and *pi*); Habenaria blephariglottis (*ter, w*); H. cristata (*ter, y*); H. fimbriata (*ter, l-p*); H. psycodes (*ter, pi* to *r, sc*); Liparis lilifolia (*ter, br-p*); Ophrys apifera (*ter, g* and *pi*); O. lutea (*ter, g, y,* and *p*); O. Speculum (*ter, g, b, y,* and *p*); Orchis foliosa (*ter, p*); O. latifolia (*ter, p* or *r*); O. maculata (*ter, p* or *w,* spotted *p-br*); O. purpurea (*ter, g, p,* and *pi*); Serapias cordigera (*ter, br* and lavender).

COOL-HOUSE.—Acineta Barkeri (*s-ter, y* and *r, sc*); A. Humboldtii (*s-ter, y,* dotted *br*); Aerides japonicum (*eph, w* and *p*); Angræcum falcatum (*eph, w* and *br, sc*); Barkeria elegans (*eph, pi* and *r*); B. Lindleyana (*eph, pi-p* and *w*); B. L. Centeræ (*eph, pi-l*); B. melanocaulon (*eph, pi-l* and *r-p*); B. Skinneri (*eph, pi-p*); B. S. superbum (*eph, pi,* streaked *y*); B. spectabilis (*eph, pi-l, w,* and *r*); Calochilus paludosus (*ter, g* and *br*); Cœlogyne corrugata (*eph, w, y,* and *o*); C. Gowerii (*eph, w,* blotched *y*); Corysanthes picta (*ter, p* and *y*); Cypripedium Fairieanum (*ter, w, g, p,* and *br*); C. venustum (*ter, g-w* or *pi,* and *y-g*); Disa grandiflora (*ter, pi, r,* and *y*); D. g. Barrellii (*ter, o-r,* veined *r*); D. megaceras (*ter, w,* blotched *p*); Epidendrum atatum majus (*eph, y,* striped *p*); E. atropurpureum (*eph, pi* or *p,* blotched *r-p*); E. cnemidophorum (*eph, y, br, w,* and *pi*); E. dichromum (*eph, pi* and *r*) and var.; E. paniculatum (*eph, p* or *l-p,* and *y*); E. prismatocarpum (*eph, y-g, l-p, w,* and *p* or *bk, sc*); Goodyera discolor (*ter, w,* blotched *y*); G. macrantha (*ter, pi*); G. pubescens (*ter, w*); G. velutina (*ter, w,* shaded *pi*); Habenaria rhodochila (*eph, g* and *r*); Lælia majalis (*eph, si-l, r-p, &c.*); Masdevallia amabilis (*eph, o-r*); M. Backhousiana (*eph, y* and *bk*); M. bella (*eph, p-br* and *y*); M. chelsoni (*eph, w,* marked *mv*); M. Chimæra (*eph, y* and *bk*); M. coccinea (*eph, y* and *r*); M. Davisii (*eph, o-y*); M. ephippium (*eph, p-br* and *y*); M. erythrochæte (*eph, w, y,* and *r-p*); M. Estradæ (*eph, p-mv* and *y*); M. floribunda (*eph, w, y,* and *br-p*); M. Gaskelliana (*eph, mv-p* and *y*); M. gemmata (*eph,* ochre, *o,* and *p*); M. ignea (*eph, r*); M. ionocharis (*eph, w-y,* blotched *p*); M. Lindeni (*eph, v, pi,* or *m, w* eye) and vars.; M. melanopus (*eph, w, p,* and *y*); M. polysticta (*eph, w,* spotted *r*); M. Reichenbachiana (*eph, w-y* and *r*); M. Roezlii (*eph, bk-p* and *mv*); M. Schlimii (*eph, pi,* spotted *br-r*); M. Shuttleworthii (*eph, p, g,* and *y*); M. splendida (*eph, r-v* and *w*); M. tovarensis (*eph, w*); M. triaristella (*eph, br* and *y*); M. triglochin (*eph, r* and *y*); M. Veitchiana (*eph, y, o-r,* and *p*); M. Wallisii (*eph, y, r,* and *r-p*); Nanodes Medusæ (*eph, g, br,* and *p*); Odontoglossum blandum (*eph, y-w,* spotted *p-r*); O. constrictum Sanderianum (*eph, y, br, w, &c.*); O. coronarium (*eph, r-br* and *y*); O. crispum (*eph, w, y,* and *r-b*) and vars.; O. cristatum (*eph, c-y, w,* and *br* or *p*); O. Dormanianum (*eph, w* and *y,* spotted); O. elegans (*eph, y* and *w,* blotched *br* and *r*); O. grande (*eph, o-y* and *c-w,* blotched *br*); O. Hallii (*eph, y, br, w,* and *p*); O. hastilabium (*eph, c-w, w-br, w,* and *pi, sc*); O. læve (*eph, br, y, w,* and *v, sc*); O. Lindenii (*eph, y*); O. Londesboroughianum (*eph, y*); O. luteo-purpureum (*eph, br* or *p, w,* and *y*) and vars.; O. maculatum (*eph, y,* spotted *br* and *br-r*); O. odoratum (*eph, y, br, w,* and *p, sc*); O. o. Leeanum (*eph, y,* spotted *br*); O. Pescatorei (*eph, w,* blotched *p-r* and *y*); O. pulchellum majus (*eph, w, y,* and *p*); O. Rossii (*eph, w, br,* and *y*); O. R. Warnerianum (*eph, w, br, pi,* and *y*); O. Schillerianum (*eph, y, br,* and *p*); O. tripudians (*eph, br, y-g, w,* and *p-v*); O. triumphans (*eph, y, br-r, pi,* and *w*); O. Uro-Skinneri (*eph, g, w, r-br, &c.*); O. Wilckeanum (*eph, w-y, br, &c.*); Oncidium æmulum (*eph, br, p-v,* and *y*); O. Carderi

Cool-house—*continued.*

(*eph, br, w, y,* and *pi*); O. concolor (*eph, y*); O. cornigerum (*eph, y,* spotted *r*); O. cucullatum (*eph, p-br, pi-l* or *pi-p,* and *p*); O. c. macrochilum (*eph, p, r, mv,* and *v*); O. diadema (*eph, br,* lip *y*); O. incurvum (*eph, w,* marked *l* and *br, sc*); O. ornithorhynchum (*eph, pi-p, sc*) and var.; O. Phalænopsis (*eph, c, r, v, c-w,* and *y*); O. Warscewiczii (*eph, y, w,* and *br*); O. Wentworthianum (*eph, g-y,* barred *br*); Pterostylis Baptistii (*ter, g,* marked *w* and *br*); Sarcochilus Fitzgeraldi (*eph, w,* spotted *r*); Satyrium aureum (*ter, o,* shaded *r*); S. coriifolium (*ter, y*); S. nepalense (*ter, pi, sc*); Sophronitis grandiflora (*eph, r*); S. militaris (*eph, r* and *y*); Spathoglottis Fortunei (*ter, y,* blotched *r*); Zygophyllum cœleste (*eph, b, w, v, y, &c.*); Z. crinitum (*eph, g, br,* and *w* or *c*); Z. Gautieri (*eph, g, br, p-b, &c.*); Z. Mackayi (*eph, y-g, br-p, w, b, &c.*); Z. maxillare (*eph, g, br,* and *b-p*); Z. Sedeni (*eph, p-br, b-p,* and *g*); Z. Wallisii (*eph, c-w* and *v*).

INTERMEDIATE HOUSE. — Angulos Clowesii (*eph, y* and *w, sc*); A. eburnea (*eph, w,* spotted *pi*); A. Ruckeri (*eph, y* and *r*) and var.; A. uniflora (*eph, w, br,* and *pi*); Arpophyllum giganteum (*eph, p* and *pi*); A. spicatum (*eph, r*); Batemannia grandiflora (*eph, g, r-br, w, &c.*); B. Wallisii (*eph, g, br, &c.*); Bletia florida (*ter, pi*); B. Shepherdii (*ter, p* and *y*); B. Sherrattiana (*ter, pi-p,* marked *w* and *y*); Brassavola Digbyana (*eph, c-w,* streaked *p*); B. Gibbsiana (*eph, w,* spotted *br*); B. glauca (*eph, y, o,* and *w, sc*); B. lineata (*eph, c* and *w, sc*); B. venosa (*eph, c* and *w*); Brassia antherotes (*eph, w, br,* and *bk*); B. caudata (*eph, y* and *br*); B. Lanceana (*eph, y,* and *br* or *r, sc*) and vars.; B. Lawrenceana (*eph, y, br,* and *g, sc*) and var.; B. maculata (*eph, y-g,* blotched *br*) and var.; B. verrucosa (*eph, g,* blotched *bk-p,* and *w*) and var.; Bulbophyllum barbigerum (*eph, g-br*); B. Lobbi (*eph, y,* spotted *p*); B. reticulatum (*eph, w,* striped *p*); B. siamense (*eph, y,* striped *p*); Calanthe Masuca (*ter, v*); C. Sieboldii (*ter, y*); C. veratrifolia (*ter, w*); Cattleya amethystoglossa (*eph, pi-l, p, &c.*); C. bicolor (*eph, br-g* and *pi-p*); C. chocoensis (*eph, w, y,* and *p*); C. crispa (*eph, w* or *w-l,* and *r*); C. Dawsoni (*eph, pi-p, y,* and *pi*); C. Devoniana (*eph, w, pi,* and *pi-p*); C. dolosa (*eph, pi* and *y*); C. Dominiana (*eph, w, pi-p, pi,* and *o*) and vars.; C. Dowiana (*eph, y, p,* and *v-pi*); C. eldorado (*eph, pi, p-r,* and *o*); C. e. splendens (*eph, pi, o, w,* and *v-p*); C. exoniensis (*eph, pi-l, p,* and *y*); C. gigas (*eph, pi, p* or *r-v,* and *y*) and var.; C. granulosa (*eph, y-g, w, br,* and *r*); C. guatemalensis (*eph, pi-p,* buff, *r-p, o, &c*); C. guttata (*eph, g, w, p, y,* and *r*) and vars.; C. Harrisoniæ (*eph, pi,* tinged *y*) and var.; C. intermedia (*eph, pi* or *pi-p* and *v-p*) and vars.; C. labiata (*eph, pi* and *r*) and vars.; C. marginata (*eph, pi-r, pi,* and *w, sc*) and vars.; C. maxima (*eph, pi, w, p-r,* and *o*); C. Mendelli (*eph, w* to *pi* and *m*); C. Mossiæ (*eph, pi, &c.*) and vars.; C. Regnellii (*eph, g, b, pi-p, w, &c.*); C. Sedeniana (*eph, pi, g, w,* and *p*); C. Skinneri (*eph, pi-p* and *w*); C. speciosissima (*eph, pi-w, b, w,* and *y*); C. Trianæ (*eph, pi-w, o* or *y,* and *p*) and vars.; C. Wageneri (*eph, w* and *y*); C. Walkeriana (*eph, pi* and *y, sc*); C. Warneri (*eph, pi* and *r*) and vars.; C. Warscewiczii (*eph, p-w* and *r*); Cœlia Baueriana (*eph, w, sc*); C. macrostachya (*eph, p*); Cœliopsis hyacinthosma (*eph, w, &c.*); Cœlogyne odoratissima (*eph, w,* stained *y, sc*); C. ciliata (*eph, y* and *w,* marked *br*); C. cristata (*eph, w* and *y, sc*); C. Cumingii (*eph, y* and *w*); C. flaccida (*eph, w,* marked *y* and *r, sc*); C. Hookeriana (*eph, pi-p, w, br,* and *y*); C. humilis (*eph, w, pi, r,* and *br*); C. maculata (*eph, w,* marked *r*); C. media (*eph, c-w, y,* and *br*); C. ocellata (*eph, w, y, br,* and *r*) and var.; C. plantaginea (*eph, g-y, w,* and *br*); C. Schilleriana (*eph, y,* blotched *p*); C. speciosa (*eph, br* or *g, r,* and *w*); C. sulphurea (*eph, y-g, w,* and *y*); C. viscosa (*eph, w,* streaked *br*); C. Wallichiana (*eph, pi,* striped *w, sc*); Comparettia coccinea (*eph, r,* tinged *w*); C. falcata (*eph, pi-p*); C. macroplectron (*eph, pi,* marked *r*); C. rosea (*eph, pi*); Cymbidium eburneum (*eph, w* and *y, sc*); C. Mastersii (*eph, w,* stained *pi, sc*); C. sinense (*eph, br, p,* and *y-g, sc*); Cypripedium insigne (*ter, y-g, y, r-br,* and *w*) and vars.; Dendrobium aureum (*eph, y,* marked *br* and *p,*

Intermediate House—*continued.*

sc); Epidendrum evectum (eph, pi-p); Gongora maculata (eph, y, spotted pi-r); Grobya Amherstiæ (eph, ochre-spotted); Lælia albida (eph, w, pi, and y, sc); L. anceps (eph, pi-l, pi, and l, sc) and vars.; L. autumnalis (eph, pi and y, sc) and var.; L. caloglossa (eph, p and w); L. cinnabarina (eph, o-r); L. Dayana (eph, pi-p, p, l, and w); L. Dominiana (eph, p); L. Dormaniana (eph); L. elegans (eph, w, pi, or r, and p) and vars.; L. flammea (eph, o-r and p-r); L. harpophylla (eph, o-r and w); L. Jongheana (eph, b-p, y, and w); L. Lindleyana (eph, w or pi, y, &c.); L. monophylla (eph, o-r); L. Perrinii (eph, pi-p and r); L. Philbrickiana (eph, br, p, and w); L. præstans (eph, pi and r-p); L. purpurata (eph, w and p-r) and vars.; L. superbiens (eph pi, r, and y); L. Veitchiana (eph, l, p, and y); L. Wallisii (eph, pi and y); L. xanthina (eph, y, w, and o); Lycaste aromatica (eph, y); L. cristata (eph, w and p); L. Deppei (eph, y, w, br, and r); L. jugosa (eph, c, w and p); L. lasioglossa (eph, br, y, and p); L. Skinneri (eph, w, pi-l, and r) and vars.; Maxillaria grandiflora (ter, w, y, and r); M. luteo-alba (ter, c-w); M. luteo-grandiflora (ter, c-w, o, and br-r); M. splendens (ter, w, o, and pi); M. variabilis (ter, p); M. venusta (ter, w, y, and r); Miltonia candida (eph, y, w, br, and pi); M. Clowesii (eph, y, br, and p); M. cuneata (eph, br-y-g, w, and pi); M. flavescens (eph, y, spotted r); M. Lamarcheana (eph, y and br); M. Phalænopsis (eph, w and p-r); M. Regnelli (eph, w-pi and l-pi) and var.; M. spectabilis (eph, w and pi-v) and vars.; M. vexillaria (eph, pi, w, and r); M. Warscewiczii (eph, br, v-p, br-r, &c.); Odontoglossum bictonense (eph, y-g, br-p, l, &c.) and vars.; O. Cervantesii (eph, pi-l, r-br, and w); O. cirrhosum (eph, c-w, p-v, &c.); O. citrosmum (eph, w, lip p, sc); O. Insleayi (eph, y or y-g, r-br, y, and br); O. maxillare (eph, w, p-br, and o); O. pulchellum (eph, w, dotted p, sc); O. Rossii Ehrenbergii (eph, w, barred br); Oncidium annulare (eph, br and y); O. calanthum (eph, y, stained r); O. chrysothyrsus (eph, g, r, and y); O. crispum (eph, br and g-y) and vars.; O. dasystyle (eph, ochre, br-p and p); O. divaricatum (eph, y and br); O. euxanthinum (eph, g y, br, and y); O. excavatum (eph, y, blotched br); O. flexuosum (eph, y, spotted br); O. Forbesii (eph, r-br, w, and y); O. Jonesianum (eph, w-ochre, br, and p); O. leucochilum (eph, g, banded br or r, and w or y); O. macranthum (eph, y and p-br); O. Marshallianum (eph, y, blotched br); O. oblongatum (eph, y); O. prætextum (eph, br and y, sc); O. rupestre (eph, y, spotted br); O. sarcodes (eph, o-y, blotched r); O. serratum (eph, br, bordered y); O. splendidum (eph, g, barred br; lip y); O. tigrinum (eph, br, barred y, lip y, sc); O. varicosum (eph, g, br, and y); O. v. Rogersii (eph, y); Phaius albus (eph, w, marked y and pi); P. Bensonæ (pi-p, w, and y); P. bicolor (eph, r-br, pi, y, and w); P. Dodgsonii (eph, w and r-br); P. grandifolius (ter, br and w) and var.; P. irroratus (c-w, pi, and y); P. Marshalliæ (w, marked y); P. Wallichii (ter, o-y or p-y); Physurus argenteus (ter, fol g and si); P. nobilis (ter, fol g, veined si); P. pictus (ter, fol g, w, and si); Pogonia Fordii (ter, y, br, w, and pi); P. Gammieana (ter, l, pi, and g); Ponthieva maculata (ter, w, y, and r-br); Renanthera coccinea (eph, r); Selenipedium Ainsworthii (ter, w or y-g, and p); S. calurum (ter, g, p, pi-r, and r); S. caricinum (ter, g, w, br, and bk); S. caudatum (ter, y, r-br, and br); S. Dominianum (ter, y-g, r-br, and p); S. grande (ter, y-w, r, y-g, &c.); S. Lindeni (ter, w, g, and p-r); S. Roezlii (ter, y-g, r-p, &c.); S. Schlimii (ter, w and pi); S. Schröderæ (ter, r-g, g-p, r, &c.); S. Sedeni (ter, g-w, w, and r); Sobralia macrantha (ter, p and r, sc); Spiranthes cinnabarina (ter, y-pi and y); S. colorans (ter, r); Stelis Bruckmülleri (eph, y-p and r); S. ciliaris (eph, p); Trichocentrum albo-purpureum (eph, br, y, w, and p); T. orthoplectron (eph, br, y, w, and r); T. Pfavii (eph, br and w, blotched r); T. tigrinum (eph, g-y, p-br, w, and p); Trichopilia crispa (eph, r and w); T. fragrans (eph, y-g, w, and o, sc); T. Galleottiana (eph, g, br, y, and r-p); T. marginata (eph, br-r, g-y, w, &c.); T. nobilis (eph, w and o,

Intermediate House—*continued.*

sc); T. suavis (eph, w, y, and v-pi, sc); Vanda cærulea (eph, b); Zygopetalum brachypetalum (eph, br, g, w, b-v, and b); Z. citrinum (eph, y, blotched r); Z. Clayi (eph, p-br, g, v-p, &c.); Z. Klabochorum (eph, w, p, y-g, &c.) and vars.

STOVE.—Acanthophippium bicolor (ter, p and y); A. Curtisii (ter, p and y, &c.); Acriopsis densiflora (eph, g and pi); A. picta (eph, w, g, and p); Ada aurantiaca (eph, o-r, striped bk); Aeranthus grandiflora (eph, y-g); Aerides affine (eph, pi); A. a. superbum (eph, pi); A. crassifolium (eph, p or b, and w); A. crispum (eph, p-pi); A. c. Warneri (eph, w and pi); A. c. cylindricum (eph, w and pi); A. falcatum (eph, w, pi, and r); A. Fieldingii (eph, w, mottled pi); A. Houlletianum (eph, y, w, p, &c.); A. Lobbii (eph, w, v, &c.); A. maculosum (eph, pi, p-pi, &c.); A. m. Schrœderi (eph, w, l, and pi); A. mitratum (eph, w and v); A. nobile (eph, w, pi, y, and pi-p); A. odoratum (eph, c-w and pi, sc); A. o. majus (eph, c-w and pi, sc); A. o. purpurascens (eph, w and pi); A. quinquevulnerum (eph, w, r, p, and g, sc); A. q. Farmeri (eph, w, sc); A. roseum (eph, p, w); A r. superbum (eph, pi); A. virens Ellisii (eph, w, pi, and b); A. Williamsii (eph, pi-w); Aganisia cœrulea (eph, b, w, and v); A. fimbriata (eph, w and b); A. pulchella (eph, w, blotched y); Angræsum arcuatum (eph, w); A. bilobum (eph, w, tinged pi), A. cephalotes (eph, w); A. Chailluanum (eph, w and y); A. citratum (eph, c-w or y); A. eburneum (eph, g-w and w); A. Ellisii (eph, w and br, sc); A. Kotschyi (eph, y-w, s.); A. modestum (eph, w); A. pellucidum (eph, w); A. pertusum (eph, w); A. Scottianum (eph, w and y); A. sesquipedale (eph, w); Anœctochilus argyroneura (ter, fol g and si); A. Bullenii (ter, fol g, and r or y); A. Dawsonianus (ter, fol g and r-br) and var.; A. intermedius (ter, fol g and y); A. Lowii (ter, fol g, o-br, and y) and var.; A. Ordianus (ter, fol g and y); A. Roxburghii (ter, fol g and si); A. Ruckerii (ter, fol g, spotted); A. setaceus (ter, fol g and y) and vars.; A. striatus (ter, fol g and w); A. Turneri (ter, fol bronze and y); A. Veitchii (ter, fol g); A. xanthophyllus (ter, fol g and o); A. zebrinus (ter, fol g and r-br); Ansellia africana (eph, g-y, br-r, and y); A. a. gigantea (eph, y and br, sc); A. a. nilotica (eph, g-y, br-r, and y); Aspasia epidendroides (eph, w-y); A. lunata (eph, g, w, and br); A. papilionacea (eph, y, b, o, and v); A. psittacina (eph, g, br, p, v, and w); A. variegata (eph, g and y-r); Bifrenaria Hadwenii vars. (ter, b, y, &c.); Broughtonia sanguinea (eph, r); Burlingtonia Batemanni (eph, w and mv); B. candida (eph, w, stained y, sc); B. decora (eph, w or pi, spotted r) and vars.; B. fragrans (eph, w, stai ed y, sc); B. rigida (eph, p-w, spotted pi); B. venusta (eph, w, tinged pi and y); Calanthe Dominyi (ter, l and p); C. Petri (ter, w-y); C. Veitchii (ter, pi, w throat); C. vestita (ter, w) and vars.; Camaridium ochroleucum (eph, y-w); Catasetum callosum (eph, br-y); C. maculatum (eph, g, spotted p); C. Russellianum (eph, g); C. saccatum (eph, p, y, and r); Cattleya Aclandiæ (eph, br, y, pi, and p); C. superba (eph, pi, lip r); Chysis aurea (eph, y, marked r); C. a. Lemminghei (eph, pi); C. bractescens (eph, w, blotched y); C. chelsoni (eph, y, marked r); C. lævis (eph, y, o, and r); Cirrhæa Loddigesii (eph, g-y and r); Cirrhopetalum auratum (eph, y-w, marked r and y); C. Cumingii (eph, r-p); C. Medusæ (eph, y-w, dotted pi); C. Thouarsii (eph, o, y, and r); C. tripudians (eph, br and p-w); Cœlogyne asperata (eph, c, br, y, and o); C. barbata (eph, w and br); C. Gardneriana (eph, w and y-g); C. Massangeana (eph, ochre and br); C. pandurata (eph, g and bk, sc); Coryanthes macrantha (eph, y, p, r, &c.); Cycnoches aureum (eph, y); C. barbatum (eph, g-w, spotted pi); C. chlorochilum (eph, y-g, sc); C. Egertonianum (eph, g); C. Lehmanni (eph, pi and o); C. Loddigesii (eph, br-g); C. Warscewiczii (eph, g); Cymbidium bicolor (eph, p, marked r); C. canaliculatum (eph, p-br and g-w); C. Dayanum (eph, y-w, streaked p); C. Devonianum (eph, br, w, and p); C. giganteum (eph, br, y, and p); C. Hookerianum (eph, g, y, and p); C. Huttoni

Stove—*continued.*

(*eph, br* and *w*); C. Leachianum (*eph, w-y* and *br*); C. Lowianum (*eph, g, br, p,* and *w-y*); C. Parishii (*eph, w* and *o* spotted *p-br*); C. pendulum purpureum (*eph, r* and *w*); Cypripedium Argus (*ter, w, pi, g, bk-p,* and *p-br*); C. Ashburtonæ (*ter, w, g, p,* and *y*); C. barbatum (*ter, w* and *p*) and vars.; C. Boxallii (*ter, g, w, br-bk,* &c.); C. concolor (*ter, c,* speckled); C. Dayanum (*ter, w, p,* and *g*); C. Druryi (*ter, g-y, bk,* and *br*); C. euryandrum (*ter, w, r,* &c.); C. Harrisianum (*ter, p,* tipped *w* and *g*); C. Haynaldianum (*ter, pi, w, g,* and *br*); C. Hookeræ (*ter, y-br, pi-p,* and *y*); C. lævigatum (*ter, p, g,* and *y*); C. Lawrenceanum (*ter, w, g,* and *p*); C. Lowii (*ter, g, p,* and *br*); C. niveum (*ter, w,* freckled *br*); C. pardinum (*ter, w, g, p,* &c.); C. Parishii (*ter, g-w* and *p*); C. Petri (*ter, w, br,* and *g*); C. selligerum (*ter, w* and *bk-r*); C. Spicerianum (*ter, w, g, p,* and *v*); C. Stonei (*ter, w, r,* and *p*); C. superbiens (*ter, w* and *br*); C. vernixium (*ter, br, r,* and *g*); C. vexillarium (*ter, w, g, p,* and *br*); C. villosum (*ter, o-r, g, p,* and *br*); Cyrtochilum citrinum (*eph, g*); C. maculatum (*eph, g,* spotted *pi*); Dendrobium Ainsworthii (*eph, w, pi,* and *p, sc*); D. albo-sanguineum (*eph, w,* blotched *r*); D. Boxallii (*eph, w,* marked *p* and *y*); D. Brymerianum (*eph, y*); D. chrysotis (*eph, y,* blotched *p*); D. clavatum (*eph, y,* spotted *c*); D. crassinode (*eph, w, p,* and *o*) and vars.; D. crystallinum (*eph, w, o, p,* and *pi*); D. Dalhousianum (*eph, y, r,* and *pi*); D. densiflorum (*eph, y* and *o*) and vars.; D. Devonianum (*eph, w, p, o,* &c.) and vars.; D. Draconis (*eph, w,* marked *r*); D. erythroxanthum (*eph, o,* striped *p*); D. Falconeri (*eph, w,* marked *p* and *o*); D. Farmeri (*eph, y,* tinged *pi*); D. fimbriatum (*eph, o*); D. f. oculatum (*eph, o,* blotched *p*); D. formosum (*eph, w* and *o*); D. Fytchianum (*eph, w*); Epidendrum aurantiacum (*eph, o,* striped *r*); E. bicornutum (*eph, w,* spotted *r*); E. falcatum (*eph, g-y* and *y, sc*); E. nemorale (*eph, mv* or *pi-l,* and *v*); E. syringothyrsis (*eph, p,* marked *o* and *y*); Epistephium Williamsii (*ter, r-p*); Galeandra Baueri lutea (*ter, y,* lined *p*); G. Devoniana (*ter, w,* marked *pi*); G. nivalis (*ter, y-g. w,* and *v*); Goodyera Veitchii (*ter, r-br,* ribbed *si*); Grammangis Ellisii (*eph, y, br,* and *w*); Grammatophyllum multiflorum (*eph, g, br,* and *p*); G. speciosum (*eph, y, p,* and *r*); Houlletia odoratissima (*eph, o-br* and *y*); H. picta (*eph, br* and *y*); Lissochilus Horsfallii (*ter, br, w, pi, g,* and *p*); L. Krebsii (*ter, g, p,* and *y*); Luisia platyglossa (*eph, p,* or *p* and *w*); Macradenia Brassavolæ (*eph, br, y, w,* and *p*); Microstylis calophylla (*ter, y*); M. discolor (*ter, y,* changing to *o*); M. metallica (*ter, y* and *pi*); Mormodes atropurpureum (*eph, p-br* or *r-br*); M. buccinator (*eph, r-br,* dotted); M. Ocanæ (*eph, o-y,* spotted *r-br*); M. pardinum (*eph, y,* spotted *br*); Oncidium ampliatum

Stove—*continued.*

(*eph, y*) and var.; O. barbatum (*eph, y* and *br*); O. bicallosum (*eph, br,* lip *y*); O. bifolium (*eph, g-br* and *y*) and var.; O. Cavendishianum (*eph, y*); O. cebolleta (*eph, y-r,* spotted); O. Lanceanum (*eph, y, br, v, pi,* &c., *sc*) and vars.; O. Papilio (*eph, y* and *br*) and vars.; Pachystoma Thomsonianum (*ter, w, p, g,* and *br*); Peristeria elata (*eph, w,* spotted *l, sc*); P. pendula (*eph, y,* spotted *r* and *br*); Phaius tuberculosus (*w,* blotched *br*); Phalænopsis amabilis (*eph, w,* streaked *y*); P. amethystina (*eph, w,* tinged *y* and *p*); P. Aphrodite (*eph, w,* lip *r, o,* and *y*); P. Esmeralda (*eph, pi*); P. Luddemanniana (*eph, w, br,* and *v*); P. Parishii (*eph, c,* lip *p*); P. Reichenbachiana (*eph, w-g, br, o,* and *mv-pi*); P. Sanderiana (*eph, pi, w,* &c.); P. Schilleriana (*eph, pi* and *w*); P. speciosa (*eph, w, pi, pi-p,* and *y*); P. Stuartiana (*eph, c, g-y, br,* and *w*); P. Veitchiana (*eph, p* and *p-w*); P. violacea (*eph, w, v-r,* and *pi*); Renanthera Lowii (*eph, g* blotched *r-br,* and *y* marked *r*); Rhynchostylis retusa (*eph, w,* striped *v-pi*); Saccolabium acutifolium (*eph, y* lip *pi*); S. Berkeleyi (*eph, w* and *b*); S. bigibbum (*eph, y* and *w*); S. borneense (*eph, br-y*); S. calopterum (*eph, p* and *w*); S. cœleste (*eph, b*); S. curvifolium (*eph, r*); S. giganteum (*eph, w, b,* and *mv-v, sc*) and var.; S. rubrum (*eph, pi*); S. Turneri (*eph, l* spotted); S. violaceum (*eph, w* and *mv*); S. v. Harrisonianum (*eph, w, sc*); Schomburgkia tibicinis grandiflora (*eph, p, o, w, y,* and *r*); S. undulata (*eph, br-p* and *v-p*); Scuticaria Steelii (*eph, y, br-r,* and *o, sc*); Sobralia Cattleya (*ter, p-br, p,* and *y*); S. dichotoma (*ter, w, v,* &c.); S. rosea (*ter, mv* and *r*); Spathoglottis Lobbii (*ter, g-y* and *br*); S. pubescens (*ter, y,* lip marked *v*); S. rosea (*ter, pi*); Stanhopea Bucephalus (*eph, y* and *br, sc*); S. grandiflora (*eph, w,* dotted *r, sc*); S. insignis (*eph, y,* marked *p, sc*); S. oculata (*eph, y,* spotted *l* and *br*); S. tigrina (*eph, o-y,* blotched *p-br, sc*); S. Wardii (*eph, y,* dotted *p, sc*); Stauropsis Batemanni (*eph, y, p-r, v,* and *pi-p*); S. gigantea (*eph, y, br,* and *w*); Trichoglottis fasciata (*eph, br, w, y,* and *p*); Trigonidium obtusum (*eph, r-y, w,* and *pi*); Vanda cœrulescens Boxallii (*eph, w, v, l,* and *b*); V. Hookeriana (*eph, w, pi, m,* and *p*); V. insignis (*eph, br, y-w, w,* and *p-pi*); V. lamellata Boxalli (*eph, c, r-br, m-pi,* &c.); V. Parishii (*eph, g-y, m, w,* &c., *sc*); E. Roxburghii (*eph, g, v-p, w,* &c.); V. Sanderiana (*eph, pi, y, p-r,* &c.); V. suavis (*eph, w, p,* and *pi-p, sc*); V. teres (*eph, w, pi-m, o,* &c.); V. tricolor (*eph, w, y, pi-m,* &c., *sc*); Warrea tricolor (*ter, y-w, y,* and *br*); Zygopetalum candidum (*eph, w, pi-p,* &c.); Z. Dayanum (*eph, w, p-v, y, r,* &c.); Z. Gairianum (*eph, v, p, o,* &c.); Z. rostratum (*eph, w, g, br-p,* &c.); Z. triumphans (*eph, w* and *b-bk*); Z. Wendlandii (*eph, w,* marked *v-p*) and var.

AN INDEX TO CACTI AND OTHER SUCCULENTS.

DURING the last few years Succulents have been far more extensively cultivated than formerly, and seem to be still growing in popular favour—a fact which is not surprising to anyone acquainted with the singularity of appearance of the plants, and the beauty of form and diversity and brilliancy of colour in their flowers. In addition to these attractions Succulent Plants possess the great merit of being remarkably easy of cultivation, while they are capable of enduring with impunity an amount of neglect which would prove fatal to almost any other subjects.

The lists here given comprise the best species in cultivation. The plants are arranged according to their degrees of hardiness, but those classified as hardy will be found to grow much better if a little protection is afforded them in winter. The great majority of Succulents require cool-house treatment; indeed, most of the species grown in stoves would probably thrive in a lower temperature than that to which they are usually subjected.

For general remarks on the culture of these plants, the reader is referred to the article on "Cactus," in Vol. I.

The following are the abbreviations used in the descriptions of the flowers:—

br, brown; *c*, cream; *g*, green; *mv*, mauve; *o*, orange; *p*, purple; *pi*, pink; *r*, red; *sc*, scented; *v*, violet; *w*, white; *y*, yellow.

HARDY.—Agave utahensis (*y*); Cotyledon Sempervivum (*r*); C. spinosa (*y*); C. Umbilicus (*y*); Euphorbia Cyparissias (*y*); E. Myrsinites (*y*); Opuntia Engelmanni (*y*); O. Ficus-Indica (*y*); O. missouriensis (*y*); O. Rafinesquii (*y*); Sedum album (*w*); S. anglicum (*w* or *pi*); S. brevifolium (*w*); S. glaucum (*pi-w*); S. lydium (*pi*); S. pulchellum (*pi-p*); S. reflexum (*y*); Sempervivum arachnoideum (*r*); S. arenarium (*y*); S. atlanticum (*r*); S. Boissieri (*r*); S. Braunii (*r*); S. calcaratum (*r-w*); S. calcareum (*r*); S. fimbriatum (*r*); S. Funckii (*r-p*); S. Heuffelii (*y*); S. Lamottei (*pi*); S. Moggridgei (*r*); S. montanum (*mv-p*); S. Pomellii (*pi-r*); S. soboliferum (*y*); S. Wulfeni (*y*); Yucca filamentosa flaccida (*w*).

COOL-HOUSE. — Adenium obesum (*pi-r*); Agave americana (*y-g*); A. a. picta; A. attenuata (*g-y*); A. Botterii (*g-y*); A. Celsiana (*p-br*); A. Corderoyi; A. dasy-

Cool-house—*continued.*
lirioides (*y*); A. Deserti (*y*); A. Elemcetiana (*y-g*); A. filifera (*g*); A. heteracantha (*g*); A. Hookeri (*y*); A. lophantha (*g*); A. macracantha (*g*); A. Maximiliana; A. miradorensis; A. pruinosa; A. Salmiana (*g-y*); A. schidigera (*g*); A. Shawii (*g-y*); A. striata (*br-g* outside, *y* inside); A. Victoriæ Regina; A. virginica (*g-y*); A. Warrelliana; A. xylacantha (*g*); Aloe abyssinica; A. albispina (*r*); A. albocincta (*r*); A. arborescens (*r*); A. Bainesii (*y-r*); A. brevifolia (*r*); A. cæsia (*r*); A. ciliata (*r*); A. Cooperi; A. dichotoma (*r*); A. distans (*r*); A. glauca (*r*); A. Greenii (*r*); A. humilis (*r*); A. latifolia (*y-r*); A. lineata (*r*); A. macrocarpa (*r*); A. mitræformis (*r*); A. nobilis (*r*); A. Perryi (*g*); A. saponaria (*r*); A. Schimperi (*r*); A. serratula (*r*); A. striatula (*y*); A. succotrina (*r*); A. tricolor (*r*); A. variegata (*r*); A. vera (*y*);

Cool-house—*continued.*

Anacampseros arachnoides (w); A. rubens (r); A. varians (r); Apicra aspera; A. bicarinata; A. foliolosa (g); A. pentagona (w); A. spiralis (r-w); Beaucarnea longifolia (w); Beschorneria Tonelii (r and g); Boucerosia maroccana (r-p, lined w); Bulbine alooides (y); B. caulescens (y); Cotyledon agavoides (o); C. atropurpurea (r); C. californica (y); C. coccinea (r); C. coruscans (o); C. fulgens (r and y); C. gibbiflora metallica (y, tipped r); C. grandiflora (r-o); C. Pachyphytum (r); C. Peacockii (r); C. Pestalozzæ (pi); C. racemosa (r); C. retusa (y); C. velutina (y and g); Crassula arborescens (pi); C. Bolusii (w-pi); C. ciliata (c); C. coccinea (r); C. Cooperi (w); C. falcata (r or w); C. jasminea (w, turning r); C. lactea (w); C. rosularis (w); Dasylirion acrotrichum (w); D. glaucophyllum (w); Decabelone Barklyi (y-w, spotted r); Duvalia Corderoyi (g or r-br); D. polita (br-p); Dyckia argentea; Euphorbia atropurpurea (r-p); Furcræa longæva (w); Gasteria brevifolia (r); G. carinata (r); G. Croucheri (w and pi); G. disticha (r); G. maculata (r); G. pulchra (r); G. verrucosa (r); Haworthia attenuata; H. cymbiformis; H. retusa; H. rigida; Hoodia Bainii; H. Gordoni; Huernia brevirostris (y, pi-w, and r); H. oculata (w and v-p); Leuchtenbergia principis (y); Mammillaria bicolor (p); M. clava (y); M. dolichocentra (pi or r); M. gracilis (y); M. Peacockii; M. pectinata (y); M. pusilla (y); M. sanguinea (r); M. stellaaurata (w); M.Wildiana (pi); Mesembryanthemum blandum (w, becoming pi or r); M. candens (w); M. coccineum (r); M. conspicuum (r); M. Cooperi (p); M. cordifolium variegatum (pi-p); M. crystallinum (w); M. densum (pi); M. edule (y); M. floribundum (r, marked w); M. formosum (p); M. includens (p-pi); M. minutum (y); M. multiflorum (w); M. purpureo-album (w, lined p); M. spectabile (r); M. tricolorum (y and r); M. violaceum (pi-w to v); Opuntia arborescens (p); O. Bigelovii; O. braziliensis (y);

Cool-house—*continued.*

O. cylindrica (r); O. Davisii (bronzy g); O. echinocarpa (g-y); O. microdasys; O. multiflora (y); O. Salmiana (y and r); O. Tuna (r-o); O. vulgaris (g-y); Othonna crassifolia (y); Pelecyphora aselliformis (w and pi); Pilocereus Dautwitzii; P. Houlletii (v); P. senilis; Rhipsalis Cassytha (g-w); P. Houlletii (y); P. salicornoides (y); Rochea odoratissima (y, c-w, or pi, sc); Sedum acre aureum (y); S. sarmentosum (y); Sempervivum aureum (y); S. canariense (w); S. tabulæforme (g-y); Stapelia Asterias (v, striped y); S. namaquensis (y, spotted p-br); S. sororia (p); Talinum Arnotii (y); Trichocaulon piliferum (y-r and p); Yucca aloifolia (w) and vars.

STOVE.—Agave densiflora (y-r); A. polyacantha (g-y); A. Seemanni; A. univittata (g); A. vivipara (g-y); A. yuccæfolia (g-y); Bryophyllum calycinum (y-r); Cereus coccineus (r); C. fimbriatus (pi); C. flagelliformis (r or pi); C. grandiflorus (w, y, and br, sc); C. Macdonaldiæ (w, r, and o); C. pentagonus (w); C. quadrangularis (w, sc); C. serpentinus (g, p, and w); C. speciosissimus (r); Echinocactus pectiniferus (g and pi); E. Pentlandi (pi); E. rhodophthalmus (pi); Echinopsis cristata (c-w); E. Eyriesii (w, sc); E. multiplex (pi); Epiphyllum truncatum (r or pi); Euphorbia fulgens (o-r); E. meloformis (g); E. Monteiri (g); E. pulcherrima (g-y and r); E splendens (r); Furcræa Bedinghausii (g); F. cubensis (g); F. elegans (g and w); F. gigantea (w and g); F. undulata (g); Kalanchoe grandiflora (y); Malacocarpus erinaceus (y); Melocactus communis (pi-r); Nopalea coccinellifera (r); Pereskia aculeata (w); P. Bleo (r); P. grandifolia (w); Phyllocactus Ackermanni (r); P. anguliger (w, and o or y, sc); P. crenatus (c-w and o, sc); P. latifrons (c-w and r); P. phyllanthoides (r and w); Podanthes geminata (o-y, dotted r); Talinum triangulare (r or w).

AN INDEX TO PALMS, CYCADS, BAMBOOS, AND SCREW-PINES.

FOR the decoration of glass-houses Palms and Cycads form prominent objects; while for sub-tropical gardening some of the Palms and the Bamboos are indispensable. The lists here given comprise the choicest and most useful species of the Natural Orders *Arundinaceæ, Cycadaceæ, Palmæ,* and *Pandaneæ,* as well as some of the taller specimens of *Gramineæ.* The heights attained by the plants in their native countries are, where known, given in feet. For information on Palms and their uses, and general instructions for their cultivation, the reader is referred to the article on "Palmæ," in Vol. III.

HARDY.—Bambusa Fortunei (1-2) and vars.

HALF-HARDY.—Arundo conspicua (3-12); A. Donax (12); A. D. versicolor (3); Bambusa aurea (6-10); B. striata (6-10); B. violescens; Diplothemium caudescens (10).

COOL-HOUSE.—Bowenia spectabilis; B. s. serrulata; Brahea dulcis; Ceroxylon andicola (50); Chamærops humilis (20); C. macrocarpa; Dioon edule (3); Encephalartos Altensteinii; E. Frederici Guilielmi; E. horridus; E. plumosus; E. villosus; E. v. ampliatus; Jubæa spectabilis (40-60); Livistona chinensis (50); L. Jenkinsiana (10); Macrozamia corallipes; M. Frazeri; M. Perowskiana; M. plumosa; Rhapis flabelliformis; Rhopalostylis Baueri (20); R. sapida (20); Sabal Adansonii; S. Blackburniana (20-25); S. Palmetto (20-40); S. umbraculifera; Trachycarpus excelsus (24); T. Fortunei; Washingtonia filifera (20-40).

INTERMEDIATE HOUSE.—Acrocomia sclerocarpa (40); Bambusa nana (6-8); Microcycas calocoma; Phœnix acaulis (12); P. reclinata (50); P. rupicola (15-20); P. sylvestris (40); P. tennis; Zamia amplifolia; Z. furfuracea; Z. picta; Z. Wallisii.

STOVE.—Acanthophœnix crinita; Attalea amygdalina; A. Cohune (50); A. excelsa (70); A. speciosa (70); Bactris caryotæfolia (30); B. pallidispina; Bambusa arundinacea (50-60); Borassus flabelliformis (30); Calamus asperrimus; C. ciliaris; C. leptospadix; C. Lewisianus; C. Royleanus; C. spectabilis; C. viminalis (50); Caryota Cumingii (10); C. Rumphiana; C. sobolifera; Catoblastus præmorsus (30-50); Ceratolobus glaucescens; Chamædorea Arenberg-

Stove—continued.
iana; C. desmoncoides; C. elegans (4); C. Ernesti-Augusti; C. formosa; C. geonomiformis (4); C. glaucifolia (20); C. graminifolia; C. microphylla; C. Sartorii; C. Wendlandi; Chrysalidocarpus lutescens (30); Cocos plumosa (40-50); C. Romanzoffiana; C. schizophylla (8); C. Weddeliana; Copernicia cerifera; Corypha umbraculifera (100); Cycas circinalis; C. media; C. Normanbyana; C. revoluta (7); Desmoncus granatensis; D. minor; Geonoma Carderi; G. congesta; G. elegans; G. gracilis; G. Martiana; G. Porteana; G. procumbens; G. pumila; G. Schottiana; Guilielma speciosa; Hedyscepe Canterburyana (32); Heterospathe elata; Howea Belmoreana; H. Forsteriana (35); Hyophorbe amaricaulis; H. Verschaffeltii; Iriartea deltoidea; Latania Commersonii (7); L. Loddigesii (10); L. Verschaffeltii (7); Licuala elegans; L. grandis (6); Livistona australis (80); L. humilis (6-30); Loxococcus rupicola (30-40); Martinezia caryotæfolia; M. granatensis; Nephrosperma Van Houtteanum (20-35); Oreodoxa regia; Pandanus Candelabrum variegatus; P. conoideus (14); P. heterocarpus; P. Houlletii; P. minor; P. odoratissimus (20); P. Pancheri; P. utilis (60); P. Vandermeesschii (20); P. Veitchii; Phytelephas macrocarpa (6); Prestoea pubigera (10-12); Pritchardia pacifica (10); P. periculararum; P. Vuylstekiana; Scheela excelsa (40-50); S. unguis; Stevensonia grandiflora (40); Syagrus campestris; S. cocoides (8-10); Synechanthus fibrosus (4); Thrinax multiflora (6-8); T. parviflora (10-12); T. radiata; Veitchia Johannis; Verschaffeltia splendida (80); Wallichia caryotoides; Welfia regia (60).

AN INDEX TO TREES AND SHRUBS FOR SPECIAL SITUATIONS AND SOILS.

OF the many books that have been written on Dendrology, Forestry, and cognate subjects, some contain list of Trees and Shrubs for particular purposes and positions, but the lists are, as a rule, of the most meagre description. Hence, perhaps, the monotony which is conspicuous in so many of our plantations and shrubberies. The exhaustive classification here presented embraces, in a condensed form, the practical results of the experience of several eminent authorities on the treatment of hardy ligneous plants. By its help, the reader may readily make varied selections of Trees and Shrubs that will thrive in Chalky, Peaty, or Clay Soils, in Marshes and Swamps, on Mountains, in dense Towns and Cities, by the Riverside, or in close proximity to the Sea. A list of the best Trees and Shrubs for the formation of Hedges is also included.

After each name is given abbreviated information as to whether the plant is evergreen (*ev*), nearly or partially so (*s-ev*), or deciduous (*dec*). The figures represent the approximate height in feet.

Much of the so-called waste land which is at present a blot on many an English landscape might, by careful selection and a moderate expenditure of the proprietor's time and money, be converted into woodlands, which would become not only a source of pleasure to himself, but also a valuable legacy to posterity.

CHALKY SOILS.—Calcareous or Chalky Soils are those which contain more than 20 per cent. of Carbonate of Lime. They are variously known as Calcareous Sands, Calcareous Loams, and Calcareous Clays, according to the amount of sand, loam, or clay, that enters into their composition. A large number of trees and shrubs will grow in calcareous soils, as is evidenced by the following list. "There is a prevailing idea that trees *require* a deep soil for their growth; but this is an entire fallacy as regards the greater portion of them. That trees will prosper more in a good deep soil than in a similar soil that is superficial, is no doubt true; but a thin rich soil is better than a deep poor one; and the most fatal mistake that can be

Chalky Soils—*continued*.

made in trenching land preparatory to planting is to throw up a barren subsoil, and bury the better elements beneath it. This is particularly the case on the Chalk lands. That trees of very large size will grow upon the very thin soil may be rendered evident to anyone who travels through the Chalk cuttings on our southern railways. In many places the soil is not 6in. deep above the Chalk, and yet splendid trees, especially Beeches, are seen clothing the hills. . . . . In trenching Chalk land such as I am referring to, the trench should be carried to the bottom of the loam, but no further. However superficial the top soil may be, even 3in. or 4in., it alone should be

Chalky Soils—*continued.*

turned over in the trench, and not a grain of Chalk should be raised. The Chalk may be broken into large lumps with a pickaxe, and left at the bottom of the trench; but there it should remain." (James Salter, F.R.S.)

Abies bracteata (*ev*; 25); A. magnifica (*ev*; 200); A. nobilis (*ev*; 100-300); A. Nordmanniana (*ev*; 80-100); A. pectinata (*ev*; 80-100); A. Pinsapo (*ev*; 60-80); Acer campestre (*dec*; 20); A. dasycarpum (*dec*; 40); A. pennsylvanicum (*dec*; 20); A. platanoides (*dec*; 50) and vars.; A. Pseudo-Platanus (*dec*; 3-60) and vars.; A. rubrum (*dec*; 20); A. saccharinum (*dec*; 40); A. tartaricum (*dec*; 20); Æsculus Hippocastanum (*dec*; 40) and vars.; Ailantus glandulosa (*dec*; 60); Alnus glutinosa (*dec*; 50-60) and vars.; Amelanchier canadensis (*dec*; 6-8) and vars.; Amorpha fruticosa (*dec*; 6) and vars.; Ampelopsis tricuspidata (*dec* climber); Amygdalus communis (*dec*; 10-30) and vars.; Berberis Aquifolium (*ev*; 3-6); B. aristata (*ev*; 6); B. Darwinii (*ev*; 2); B. vulgaris (*dec*; 8-20) and vars.; Betula alba (*dec*; 50-60); Buddleia globosa (*ev*; 15); Bupleurum frutescens (*ev*; 1); Buxus sempervirens (*ev*; 1-30) and vars.; Calycanthus floridus (*dec*; 4-6); Caragana Altagana (*dec*; 2-3); C. arborescens (*dec*; 15-20); C. Chamlagu (*dec*; 2-4); C. spinosa (*dec*; 4-6); Castanea sativa (*dec*; 50-70); Catalpa bignonioides (*dec*; 20-40); Ceanothus americanus (*dec*; 1-3); C. azureus (*ev*; 10); C. dentatus (*dec*; 4-6); C. floribundus (*ev*; 4); C. Veitchianus (*ev*; 3); Cedrus atlantica (*ev*; 80-120); C. Deodara (*ev*; 150-200); Cerasus Avium (*dec*; 20-40) and vars.; C. Laurocerasus (*ev*; 6-10) and vars.; C. lusitanica (*ev*; 10-20); C. Mahaleb (*dec*; 10); C. Padus (*dec*; 10-30); Cercis Siliquastrum (*dec*; 20-30); Chamæcyparis ericoides (*ev*; 3-4); C. Lawsoniana (*ev*; 75-100); C. nutkaensis (*ev*; 40-60); Cistus ladaniferus (*ev*; 4); C. laurifolius (*ev*; 4); C. villosus (*ev*; 3); Clematis Flammula (*dec* climber); C. Jackmanni (*dec* climber); C. Vitalba (*dec* climber); Colutea arborescens (*dec*; 6-10); C. cruenta (*dec*; 4-6); Cornus mas (*dec*; 10-15) and vars.; C. sanguinea (*dec*; 6); C. stolonifera (*dec*; 4-10); Corylus Avellana (*dec*; 20); Cotoneaster buxifolia (*ev*; 3-4); C. microphylla (*ev*; 3-4); C. rotundifolia (*ev*; 3-4); C. Simonsii (*ev*); Cratægus coccinea (*dec*; 20-30) and vars.; C. cordata (*dec*; 20); C. Crus-galli (*dec*; 10-30) and vars.; C. Douglasii (*dec*; 10-15); C. Oxyacantha (*dec*; 10-20) and vars.; C. Pyracantha (*ev*; 10-20); Cupressus macrocarpa (*ev*; 50-60); Cytisus albus (*dec*; 6-10); C. biflorus (*dec*; 3); C. purpureus (*dec*; procumbent); C. Scoparius (*dec*; 3-10); C. sessilifolius (*dec*; 4-6); Deutzia crenata (*dec*; 4-8) and vars.; D. gracilis (*dec*; 1-2); Diervilla grandiflora (*dec*; 8); D. rosea (*dec*; 6); Dimorphanthus mandschuricus (*dec*; 6-10); Escallonia macrantha (*ev*; 3-6); E. Philippiana (*ev*; E. rubra (*ev*; 3-6); Euonymus americanus (*dec*; 2-6); E. europæus (*dec*; 6-20); E. japonicus (*ev*; 20) and vars.; Fagus ferruginea (*dec*; 30); F. sylvatica (*dec*; 60-100) and vars.; Fraxinus americana (*dec*; 30-40); F. excelsior (*dec*; 30-80) and vars.; F. Ornus (*dec*; 20-30); F. oxyphylla (*dec*; 30-40); Garrya elliptica (*ev*; 8-10); Genista ætnensis (*ev*; 6-15); G. hispanica (*ev*; ½-1); G. radiata (*ev*; 1-3); G. triangularis (*ev*; 2-4); Ginkgo biloba (*dec*; 60-80); Gleditschia sinensis (*dec*; 30-50); G. triacanthos (*dec*; 30-50); Halimodendron argenteum (grafted on Caragana arborescens) (*dec*; 4-6); Hamamelis arborea (*dec*); H. japonica (*dec*); H. virginica (*dec*; 12); Hedera Helix vars. (*ev* climbers); Hypericum calycinum (*s-ev*; 1); Ilex Aquifolium (*ev*; 10-40) and vars.; I. cornuta (*ev*; 15); I. opaca (*ev*; 20-40); Jasminum nudiflorum (*dec* climber); J. officinale (*dec* climber); Juglans cinerea (*dec*; 30-60); J. nigra (*dec*; 60); J. regia (*dec*; 40-60) and vars.; Juniperus chinensis (*ev*; 15-20) and vars.; J. communis (*ev*; 3-20) and vars.; J. Sabina (*dec*; 5-8); J. virginiana (*ev*; 10-15) and vars.; Kerria japonica (*dec*; 3-4); K. j. flore-pleno (*dec*; 3-4); Koelreuteria paniculata (*dec*; 10-15); Laburnum Adami (*dec*); L. alpinum (*dec*; 15-20); L. vulgare (*dec*; 20) and vars.; Larix europæa (*dec*;

Chalky Soils—*continued.*

80-100); L. leptolepis (*dec*; 40); Lavandula vera (*dec*; 1-2); Leycesteria formosa (*dec*; 4-6); Ligustrum japonicum (*ev*; 6-8); L. lucidum (*ev*; 8-12); L. sinense (*ev* or *s-ev*; 18); L. vulgare (*s-ev*; 6-10) and vars.; Lonicera Caprifolium (*dec* twiner); L. flexuosa (*dec* twiner); L. Periclymenum (*dec* climber); L. sempervirens (*ev* climber); Magnolia acuminata (*dec*; 30-60); M. conspicua (*dec*; 20-50); M. glauca (*ev*; 15); M. grandiflora (*ev*; 70-80); M. macrophylla (*dec*; 30); M. Umbrella (*dec*; 35); Morus alba (*dec*; 20-30); M. rubra (*dec*; 14-70); Myricaria germanica (*dec*; 3-6); Negundo aceroides (*dec*; 40) and vars.; Pavia alba (*dec*; 3-9); P. californica (*dec*; 12-40); P. flava (*dec*; 20); Philadelphus coronarius (*dec*; 2-10); P. Gordonianus (*dec*; 10); P. grandiflorus (*dec*; 6-10); Phillyrea latifolia (*ev*; 20-30) and vars.; P. media (*ev*; 10-15) and vars.; Phlomis fruticosa (*ev*; 2-4); Picea excelsa (*ev*; 80-100) and vars.; P. orientalis (*ev*); Pinus austriaca (*ev*; 75-100); P. excelsa (*ev*; 50-150); P. insignis (*ev*; 80-100); P. Laricio (*ev*; 100-150) and vars.; P. Mughus (*ev*; 5-15); P. Pinaster (*ev*; 60-80); P. ponderosa (*ev*; 100-150); P. sylvestris (*ev*; 50-100) and vars.; Populus alba (*dec*; 60-100); P. balsamifera (*dec*; 70) and vars.; P. monilifera (*dec*; 80); P. Tremula pendula (*dec*; 40-80); Prunus spinosa (*dec*; 10-15); Pyrus Aria (*dec*; 4-40); P. Aucuparia (*dec*; 10-30); P. floribunda (*dec*; 8); P. japonica (*dec*; 5-6); P. spectabilis (*dec*; 20-30); P. torminalis (*dec*; 10-50); Quercus Ballota (*ev*; 30); Q. Cerris vars. (*dec* or *s-ev*; 40-60); Q. Esculus (*dec*; 20-30); Q. Ilex (*ev*; 15-60) and vars.; Q. macrocarpa (*dec*; 30); Q. pedunculata (*dec*; 50-100); Q. pseudosuber (*ev*; 50); Q. sessiliflora (*dec*; 60); Q. Suber (*ev*; 25); Q. Toza (*dec*; 20-30); Rhamnus catharticus (*dec*; 5-10); R. Frangula (*dec*; 5-10); Rhus Cotinus (*dec*; 6-8); R. glabra (*dec*; 5-18) and var.; R. typhina (*dec*; 10-30); Ribes alpinum aureum (*dec*; 3); R. aureum (*dec*; 6-8); R. sanguineum (*dec*; 4-8); Robinia Pseudacacia (*dec*; 30-60) and vars.; Rosa canina (*dec*; 6-8); R. repens (*dec*; 2-8); R. rubiginosa (*dec*; 5); R. spinosissima (*dec*; 1-4); R. tomentosa (*dec*; 6); Salix alba (*dec*; 80); S. daphnoides (*dec*; 10-20); S. fragilis (*dec*; 80-90); S. pentandra (*dec*; 6-20); S. purpurea (*dec*; 5-10); S. triandra (*dec*; 20); S. viridis (*dec*; 30); Sequoia gigantea (*ev*; 400); Sparteum junceum (*dec*; 6-10); Spiræa bella (*dec*; 2-3); S. discolor ariæfolia (*dec*; 4-10); S. Lindleyana (*dec*; 4-8); Syringa Emodi (*dec*; 6); S. vulgaris (*dec*; 8-20) and vars.; Tamarix gallica (*dec*; 5-10); Taxus baccata (*ev*; 15-50) and vars.; Tecoma radicans (*dec* climber); Thuya occidentalis (*ev*; 40-50) and vars.; T. orientalis (*ev*; 18-20) and vars.; T. plicata (*ev*; 20); T. tatarica (*ev*; 8-10); Thuyopsis dolabrata (*ev*; 40-50); Tilia argentea (*dec*; 30-50); T cordata (*dec*); T. platyphyllos (*dec*; 70-80); T. vulgaris (*dec*; 70-80); Torreya taxifolia (*ev*; 40-50); Tsuga canadensis (*ev*; 60-80) and vars.; Ulmus americana (*dec*; 80-100); U. glabra vegeta (*dec*; 60-80); Viburnum Lantana (*dec*; 6-20); V. Opulus (*dec*; 6-8) and vars., V. Tinus (*ev*; 8-10) and vars., Yucca filamentosa (*ev*); Y. gloriosa (*ev*; 8-12) and vars.

CLAY SOILS.—Under this heading are enumerated those trees and shrubs which will thrive in an Argillaceous or Clay Soil, *i.e.*, soil which contains some 50 per cent. of Clay. When Clay Soils have been improved by draining, trenching, the admixture of long manure and lime, &c., they become very productive.

Abies nobilis (*ev*; 200-300); A. Nordmanniana (*ev*; 80-100); A. pectinata (*ev*; 80-100); Acer campestre (*dec*; 20); A. dasycarpum (*dec*; 40); A. platanoides (*dec*; 50); A. Pseudo-platanus (*dec*; 30-60); A. tartaricum (*dec*; 20); Æsculus Hippocastanum (*dec*; 40) and vars.; Ailantus glandulosa (*dec*; 60); Alnus cordata (*dec*); A. glutinosa (*dec*; 50-60) and vars.; Amelanchier canadensis (*dec*; 6-8) and vars.; Amorpha fruticosa (*dec*; 6) and vars.; Ampelopsis tricuspidata (*dec* climber);

Clay Soils—*continued.*

Amygdalus communis (*dec*; 10-30) and vars.; Aucuba japonica (*ev*; 6-10); Berberis Aquifolium (*ev*; 3-6); B. aristata (*ev*; 6); B. Darwinii (*ev*; 2); B. vulgaris (*dec*; 8-20) and vars.; Betula alba (*dec*; 50-60); Buddleia globosa (*ev*; 15); Buxus balearica (*ev*; 15-20); B. sempervirens (*ev*; 1-30) and vars.; Calycanthus floridus (*dec*; 4-6); Caragana Altagana (*dec*; 2-3); C. arborescens (*dec*; 15-20); C. Chamlagu (*dec*; 2-4); C. spinosa (*dec*; 4-6); Carpinus americana (*dec*; 10-50); C. Betula (*dec*; 30-70); Carya alba (*dec*; 50-70); C. amara (*dec*; 50-60); C. tomentosa (*dec*; 60-70); Castanea sativa (*dec*; 50-70); Catalpa bignonioides (*dec*; 20-40); Celtis crassifolia (*dec*; 20-30); C. occidentalis (*dec*; 30-50); Cerasus Avium (*dec*; 20-40) and vars.; C. Laurocerasus (*ev*; 6-10) and vars.; C. lusitanica (*ev*; 10-20); C. Mahaleb (*dec*; 10); C. Padus (*dec*; 10-30); Cercis Siliquastrum (*dec*; 20-30); Chamæcyparis ericoides (*ev*; 3-4); C. Lawsoniana (*ev*; 75-100); C. nutkaensis (*ev*; 40-60); Cladrastus amurensis (*dec*; 6); Clematis Flammula (*dec* climber); C. Jackmanni (*dec* climber); C. Vitalba (*dec* climber); Colutea arborescens (*dec*; 6-10); C. cruenta (*dec*; 4-6); Cornus mas (*dec*; 10-15) and vars.; C. sanguinea (*dec*; 6); C. stolonifera (*dec*; 4-10); Corylus Avellana (*dec*; 20); Cotoneaster buxifolia (*ev*; 3-4); C. microphylla (*ev*; 3-4); C. rotundifolia (*ev*; 3-4); C. Simonsii (*ev*); Cratægus coccinea (*dec*; 20-30) and vars.; C. cordata (*dec*; 20); C. Crus-galli (*dec*; 10-30) and vars.; C. Douglasii (*dec*; 10-15); C. Oxyacantha (*dec*; 10-20) and vars.; C. Pyracantha (*ev*; 10-20); Cytisus albus (*dec*; 6-10); C. biflorus (*dec*; 3); C. purpureus (*dec*; procumbent); C. scoparius (*dec*; 3-10); C. sessilifolius (*dec*; 4-6); Deutzia crenata (*dec*; 4-8) and vars.; D. gracilis (*dec*; 1-2); Diervilla grandiflora (*dec*; 8); D. rosea (*dec*; 6); Euonymus americanus (*dec*; 2-6); E. europæus (*dec*; 6-20); E. japonicus (*ev*; 20) and vars.; Fagus ferruginea (*dec*; 30); F. sylvatica (*dec*; 60-100); Fraxinus americana (*dec*; 30-40); F. excelsa (*dec*; 30-80) and vars.; F. Ornus (*dec*; 20-30); F. oxyphylla (*dec*; 30-40); Garrya elliptica (*ev*; 8-10); Genista ætnensis (*ev*; 6-15); G. hispanica (*ev*; ½ 1); G. radiata (*ev*; 1-3); G. triangularis (*ev*; 2-4); Gleditschia sinensis (*dec*; 30-50); G. triacanthos (*dec*; 30-50); Gymnocladus canadensis (*dec*; 30-60); Halesia hispida (*dec*); H. tetraptera (*dec*; 15-20); Hamamelis arborea (*dec*); H. japonica (*dec*); H. virginica (*dec*; 12); Hedera Helix vars. (*ev* climbers); Hypericum calycinum (*s-ev*; 1); Ilex Aquifolium (*ev*; 10-40) and vars.; I. cornuta (*ev*; 15); I. opaca (*ev*; 20-40); Jasminum nudiflorum (*dec* climber); J. officinale (*dec* climber); Juglans cinerea (*dec*; 30-60); J. nigra (*dec*; 60); J. regia (*dec*; 40-60) and vars.; Juniperus communis hibernica (*ev*); J. recurva (*ev*; 5-8); J. Sabina (*ev*; 5-8); Kerria japonica (*dec*; 3-4); K. j. flore-pleno (*dec*; 3-4); Koelreuteria paniculata (*dec*; 10-15); Laburnum Adami (*dec*); L. alpinum (*dec*; 15-20); L. vulgare (*dec*; 20) and vars.; Larix europæa (*dec*; 80-100); L. leptolepis (*dec*; 40); Lavandula vera (*ev*; 1-2); Leycesteria formosa (*dec*; 4-6); Ligustrum japonicum (*ev*; 6-8); L. lucidum (*ev*; 8-12); L. sinense (*ev* or *s-ev*; 18); L. vulgare (*s-ev*; 6-10); Magnolia acuminata (*dec*; 30-60); M. conspicua (*dec*; 20-50); M. glauca (*ev*; 15); M. grandiflora (*ev*; 70-80); M. macrophylla (*dec*; 30); M. Umbrella (*dec*; 35); Mespilus germanica (*dec*; 10-20); Morus alba (*dec*; 20-30); M. rubra (*dec*; 14-70); Negundo aceroides (*dec*; 40) and vars.; Nemopanthes canadense (*dec*; 3); Osmanthus Aquifolium (*ev*); O. fragrans (*ev*; 6-10); Parrotia persica (*dec*; 10); Pavia alba (*dec*; 3-9); P. californica (*dec*; 12-40); P. flava (*dec*; 20); P. rubra (*dec*; 10); Philadelphus coronarius (*dec*; 2-10); P. Gordonianus (*dec*; 10); P. grandiflorus (*dec*; 6-10); Picea Alcoquiana (*ev*; 90-120); P. excelsa (*ev*; 80-100) and vars.; P. nigra (*ev*; 50-100); P. orientalis (*ev*); P. Smithiana (*ev*; 80-120); Pinus austriaca (*ev*; 75-100); P. excelsa (*ev*; 50-150); P. insignis (*ev*; 80-100); P. Lambertiana (*ev*; 150-300); P. Laricio (*ev*; 100-150); P. Mughus (*ev*; 5-15); P. Pinaster

Clay Soils—*continued.*

(*ev*; 60-80); P. ponderosa (*ev*; 100-150); P. sylvestris (*ev*; 50-100) and vars.; Platanus occidentalis (*dec*; 70-80); P. orientalis (*dec*; 60-80) and vars.; Populus alba (*dec*; 60-100); P. balsamifera (*dec*; 70) and vars.; P. monilifera (*dec*; 80); P. Tremula pendula (*dec*; 40-80); Pyrus Aria (*dec*; 4-40); P. Aucuparia (*dec*; 10-30); P. floribunda (*dec*; 8); P. japonica (*dec*; 5-6); P. spectabilis (*dec*; 20-30); P. torminalis (*dec*; 10-50); Quercus Ballota (*ev*; 60); Q. Cerris vars. (*dec* or *s-ev*; 40-60); Q. Ilex (*ev*; 15-60) and vars.; Q. pedunculata (*dec*; 50-100); Q. pseudosuber (*ev*; 50); Q. sessiliflora (*dec*; 60); Q. Suber (*ev*; 20-25); Q. Toza (*dec*; 20-30); Rhamnus catharticus (*dec*; 5-10); R. Frangula (*dec*; 5-10); Rhus Cotinus (*dec*; 6-8); R. glabra (*dec*; 5-18) and var.; R. typhina (*dec*; 10-30); Ribes alpinum aureum (*dec*; 3); R. aureum (*dec*; 6-8); R. sanguineum (*dec*; 4-8); Robinia Pseudacacia (*dec*; 30-60) and vars.; Rosa canina (*dec*; 6-8); R. repens (*dec*; 2-8); R. rubiginosa (*dec*; 5); R. spinosissima (*dec*; 1-4); R. tomentosa (*dec*; 6); Salix alba (*dec*; 80); S. daphnoides (*dec*; 10-20); S. fragilis (*dec*; 80-90); S. pentandra (*dec*; 6-20); S. purpurea (*dec*; 5-10); S. triandra (*dec*; 20); S. viridis (*dec*; 30); Sambucus nigra (*dec*; 25); S. racemosa (*dec*; 10-20); Sassafras officinale (*dec*; 15-20); Sequoia gigantea (*ev*; 400); Spartium junceum (*dec*; 6-10); Spiræa bella (*dec*; 2-3); S. discolor ariæfolia (*dec*; 4-10); S. Lindleyana (*dec*; 4-8); Syringa Emodi (*dec*; 6); S. vulgaris (*dec*; 8-20) and vars.; Tamarix gallica (*dec*; 5-10); Taxus baccata (*ev*; 15-50) and vars.; Thuya occidentalis (*ev*; 40-50) and vars.; T. orientalis (*ev*; 18-20) and vars.; T. plicata (*ev*; 20); T. tatarica (*ev*; 8-10); Thuyopsis dolabrata (*ev*; 40-50); Tilia argentea (*dec*; 30-50); T. cordata (*dec*); T. platyphyllos (*dec*; 70-80); T. vulgaris (*dec*; 70-80); Torreya taxifolia (*ev*; 60-70); Tsuga canadensis (*ev*; 60-80) and vars.; Ulmus americana (*dec*; 80-100); U. glabra vegeta (*dec*; 60-80); U. montana (*dec*; 80-100) and vars.; Viburnum Lantana (*dec*; 6-20); V. Opulus (*dec*; 6-8) and vars.; V. Tinus (*ev*; 8-10) and vars.; Xanthoceras sorbifolia (5-15); Yucca filamentosa (*ev*); Y. gloriosa (*ev*; 8-12) and vars.

HEDGES.—Two indispensable qualifications in plants selected for the formation of Hedges are: (1) that they should have dense foliage and closely arranged branchlets, and (2) that they should bear frequent clipping without being materially injured thereby. A select list of trees and shrubs suitable for the purpose is here given. The heights quoted are those attained by the plants under natural conditions. For further instruction the reader is referred to the article on **Hedges**, in Vol. II. Mongredien, in his "Trees and Shrubs for English Plantations," says: "Where a cheap Hedge is wanted, why not try the common Gooseberry? Cuttings (to be had for nothing) strike freely in garden soil, whence, if transplanted the ensuing year to the hedge-bank (provided it be sufficiently wide and flat to catch and retain the moisture from rain), they will rapidly grow into dense, prickly bushes, easily kept in shape by clipping, and never expanding either trunk or roots into such dimensions as to injure the bank on which they are planted." Clipping of Conifers should only be performed when the sap is comparatively quiescent: either in spring, before new growth commences, or in autumn, when the year's growth is completed.

Berberis vulgaris (*dec*; 8-20) and vars.; Buxus sempervirens (*ev*; 1-30) and vars.; Caragana spinosa (*dec*; 4-6); Carpinus Betulus (*dec*; 30-70); Cerasus Laurocerasus (*ev*; 6-10); Chamæcyparis Lawsoniana (*ev*; 75-100); C. nutkaensis (*ev*; 40-60); C. obtusa (*ev*; 70-100); Cratægus Oxyacantha (*dec*; 10-20) and vars.; Fagus sylvatica (*dec*; 60-100); Hibiscus syriacus (*dec*; 6); Hippophae rhamnoides (*dec*; 2-20); Ilex Aquifolium (*ev*; 10-40) and vars.; Juniperus chinensis (*ev*; 15-20); J. communis (*ev*; 3-20); J virginiana (*ev*; 10-15) and var. aurea; Laurus nobilis (*ev*; 30-60); Ligustrum ovalifolium (*s-ev*); L. vulgare

Hedges—continued.

(s-ev; 6-10); Phillyrea angustifolia (ev; 8-10); P. latifolia (ev; 20-30); P. media (ev; 10-15); Prunus cerasifera (dec; 20); P. divaricata (dec; 10-12); P. spinosa (dec; 10-15); Rhamnus Alaternus (ev; 20); R. catharticus (dec; 5-10); Ribes Grossularia (dec; 4); Rosa rubiginosa (dec; 5); Rosmarinus officinalis (ev; 2-4); Taxus baccata (ev; 15-50) and vars.; Thuya occidentalis (ev; 40-50); T. orientalis (ev; 18-20); T. plicata (ev; 20); Viburnum Tinus (ev; 8-10).

MARSHES AND BOGS.—The following enumeration of trees and shrubs which are found to thrive in Bogs and other swampy places embraces many which will also grow in tolerably dry soils, and in some cases at considerable elevations. When planting in wet soils, it will be advisable to place some peat, or an admixture of the same, around the roots, in order to give the subjects a fair start.

Abies balsamea (ev; 40-60); Acer rubrum (dec; 20); Alnus cordifolia (dec; 15-50); A. glutinosa (dec; 50-60); A. viridis (dec); Andromeda polifolia (ev; 1); Arbutus Unedo (ev; 8-10); Betula lutea (dec; 70-80); B. nana (dec; 1-3); Bryanthus Gmelini (ev trailer); Cassandra angustifolia (ev; 1-2); C. calyculata (ev; 1-3); Chamæcyparis sphæroidea (ev; 40-70); Chionanthus virginica (dec; 10-30); Clematis Viorna (dec climber); Clethra alnifolia (dec; 3-4); C. tomentosa (dec; 3-4); Cornus paniculata (dec; 4-8); C. sericea (dec; 5-8); Dirca palustris (dec; 2-5); Erica Tetralix (ev; ½-1); Gordonia pubescens (dec; 4-6); Hedera Helix vars. (ev); Juniperus communis (ev; 3-20) and vars; J. virginiana (ev; 10-15); Ledum palustre (ev; 2); Liquidambar styraciflua (dec; 30-50); Myrica cerifera (ev; 5-12); M. Gale (dec; 2-4); Nemopanthes canadense (dec; 3); Nyssa multiflora (dec; 30-50); Oxycoccus macrocarpus (ev trailer); O. palustris (ev trailer); Picea nigra (ev; 50-80); Pinus Cembra (ev; 50-150); P. contorta (ev; 25-30); P. rigida (ev; 30-45); P. Strobus (ev; 120-160); Platanus orientalis acerifolia (dec; 60-80); Populus alba (dec; 60-100) and vars.; P. balsamifera (dec; 70); P. monilifera (dec; 80); P. nigra (dec; 50-60) and vars.; P. Tremula (dec; 40-80) and vars.; Pyrus arbutifolia (dec; 2-10); Quercus aquatica (dec; 60-80); Q. lyrata (dec; 50); Q. palustris (dec; 60); Q Phellos (dec; 50); Q. Prinus (dec; 70-90); Rosa lucida (dec; 1-2); Rubus Idæus (dec; 5); Salix alba (dec; 80); S. babylonica (dec; 30); S. Caprea (dec; 15-30); S. daphnoides (dec; 10-20); S. pentandra (dec; 6-8); S. phylicifolia (dec; 10); S. purpurea (dec; 5-10); S. rubra Helix (dec; 10-12); S. viridis (dec; 30); Sambucus canadensis (dec; 4-6); S. nigra (dec; 25); S. racemosa (dec; 10-20); Taxodium distichum; Thuya occidentalis (ev; 40-50) and vars.; Viburnum nudus (dec; 6-10).

MOUNTAINOUS DISTRICTS.—Careful discrimination is necessary in the choice of trees and shrubs for elevated and exposed positions. Sturdy, well-rooted specimens that have been transplanted, say, two years previously should be selected; and delay in getting them into their permanent quarters should be avoided. The following trees and shrubs will, when once established, thrive at considerable altitudes.

Abies amabilis (ev; 180); A. cephalonica (ev; 50-60); A. Nordmanniana (ev; 80-100); A. pectinata (ev; 80-100); A. Pindrow (ev; 150); A. subalpina (ev; 50-100); A. Veitchii (ev; 120-140); Acer montanum (dec; 18); A. opulifolium (dec; 8); A. platanoides (dec; 50); A. Pseudoplatanus (dec; 30-60); Arctostaphylos Uva-ursi (ev trailer); Aucuba japonica (ev; 6-10); Berberis Aquifolium (ev; 3-6); B. vulgaris (dec; 8-20); Betula alba (dec; 50-60) and vars.; B. fruticosa (dec; 6 or more); B. nana (dec; 1-3); B. pumila (dec; 2-3); Buxus sempervirens (ev; 1-30) and vars.; Calluna vulgaris (ev; 1-3); Caragana pygmæa (1-3); Castanea sativa (dec; 50-70); Cedrus Libani (ev; 60-80); Cerasus Laurocerasus (ev; 6-10); Chamæcyparis

Mountainous Districts—continued.

Lawsoniana (ev; 75-100); Colutea arborescens (dec; 6-10); Corylus Avellana (dec; 20); Cotoneaster frigida (s-ev; 10); C. nummularia (s-ev; 10-15); C. rotundifolia (ev; 3-4); C. vulgaris (dec; 3-5); Cratægus Oxyacantha (dec; 10-20) and vars.; Daphne altaica (dec; 1-3); D. Blagayana (ev; 1); D. collina (ev; 2-3); D. Mezereum (dec; 3-4); Diervilla trifida (dec; 3-4); Fagus sylvatica (dec; 60-100); Hedera Helix vars. (ev); Ilex Aquifolium (ev; 10-40) and vars.; Juniperus communis (ev; 3-20) and vars.; J. nana; J. Sabina (ev; 5-8); Kalmia latifolia (ev; 3-10); Larix dahurica (dec; 30); L. europæa (dec; 80-100); L. Ledebourii (dec; 80-100); L. leptolepis (dec; 2-40); L. occidentalis (dec; 150); Leiophyllum buxifolium (ev; ½-1); Loiseleuria procumbens (ev; procumbent); Philadelphus coronarius (dec; 2-10); Phyllodoce taxifolia (ev; 2); Picea alba (ev; 30-40); P. Englemanni (ev; 80-100); P. excelsa (ev; 80-100) and vars.; P. Menziesii (ev; 50-70); P. nigra (ev; 50-80); P. orientalis (ev; 80-120); P. Smithiana (ev; 80-120); Pinus aristata (ev; 40-50); P. austriaca (ev; 70-100); P. Balfouriana (ev; 40-50); P. Cembra (ev; 5-50); P. excelsa (ev; 60-150); P. flexilis (ev; 5-50); P. Laricio (ev; 100-150); P. monophylla (ev; 20-25); P. monticola (ev; 75-100); P. Mughus (ev; 5-15); P. muricata (ev; 25-50); P. Pinaster (ev; 60-80); P. Strobus (ev; 120-160); P. sylvestris (ev; 50-100) and vars.; Populus monilifera (dec; 80); Potentilla fruticosa (dec; 2-4); Pseudotsuga Douglasii (dec; 3-150); Pyrus Aria (dec; 4-15); P. Aucuparia (dec; 10-30); P. Chamæmespilus (dec; 5-6); P. Malus (dec; 20); Quercus pedunculata (dec; 50-100); Q. sessiliflora (dec; 60); Rhamnus alpinus (dec; 4); R. catharticus (dec; 5-10); Ribes sanguineum (dec; 4-8); Rosa rubiginosa (dec; 5); R. spinosissima (dec; 1-4); Rubus biflorus (dec); R. fruticosus (dec); R. Idæus (dec; 4-8); R. spectabilis (dec; 6-10); Salix alba (dec; 80); Sambucus nigra (dec; 25); Spiræa tomentosa (dec; 3); Symphoricarpus racemosus (dec; 4-6); Syringa vulgaris (dec; 8-20); Taxus baccata (ev; 15-50) and vars.; Tsuga canadensis (ev; 60-80) and vars.; Thuya occidentalis (ev; 40-50); T. plicata (ev; 20); Ulex europæus (ev; 2-3); Ulmus campestris (dec; 125); U. montana (dec; 80-120).

PEATY SOILS.—Vegetable Earth, or Peat, has already been treated at length in this Dictionary (see **Soil**, in Vol. III.). Peaty Soil is best adapted for the reception of most of the trees and shrubs enumerated hereunder: some of them, however, may be equally well accommodated in soils of a widely different description.

Abies balsamea (ev; 40-60); A. grandis (ev; 100); A. nobilis (ev; 200-300); A. Nordmanniana (ev; 80-100); A. pectinata (ev; 80-100); Acer Pseudo-platanus (dec; 30-60); A. tartaricum (dec; 20); Alnus glutinosa (dec; 50-60); Andromeda polifolia (ev; 1); Arbutus Andrachne (ev; 10-14); A. Menziesi (ev; 6-10); A. Unedo (ev; 8-10); Arctostaphylos alpina (dec trailer); A. Uva-ursi (ev trailer); Asimina triloba (dec; 10); Azalea arborescens (dec; 10-20); A. calendulacea (dec; 2-6); A. hispida (dec; 10-15); A. ledifolia (ev; 2-6); A. nudiflora (dec; 3-4); A. pontica (dec; 4-6); A. speciosa (dec; 3-4); A. viscosa (dec; 2-4); A. varieties; Betula lutea (dec; 70-80); Calluna vulgaris (ev; 1-3); Calycanthus floridus (dec; 4-6); C. glaucus (dec; 4-6); C. lævigatus (dec; 3-6); C. occidentalis (dec; 6-12); Cassandra angustifolia (ev; 1-2); C. calyculata (ev; 1-3); Cassiope hypnoides (ev creeper); C. tetragona (ev; ¼); Catalpa bignonioides (dec; 20-40); Ceanothus americanus (dec; 1-3); C. dentatus (dec; 4-6); C. floribundus (ev; 4); C. Veitchianus (ev; 3); Cephalanthus occidentalis (dec; 7); Chamæcyparis Lawsoniana (ev; 75-100); C. nutkaensis (ev; 40-60); C. obtusa (ev; 70-100) and vars; Chionanthus virginica (dec; 10-30); Cladrastis amurensis (dec; 6); Clethra acuminata (dec; 10-15); C. alnifolia (dec; 3-4); C. paniculata (dec; 3-4); C. tomentosa (dec; 3-4); Colutea arborescens (dec; 6-10);

Peaty Soils—*continued.*

C. cruenta (*dec*; 4-6); Comptonia asplenifolia (*dec*; 3-4); Corema alba (*ev*; 1); Cornus florida (*dec*; 20-30); Dabœcia polifolia (*ev*; 1-2); Daphne Cneorum (*ev* trailer); D. Gnidium (*ev*; 2); D. pontica (*ev*; 4-5); Desfontainea spinosa (*ev*; 3); Dirca palustris (*dec*; 2-5); Empetrum nigrum (*ev*; ½-1) and var.; Epigæa repens (*ev* creeper); Erica arborea (*ev*; 10-20); E. australis (*ev*; 3-6); E. carnea (*ev*; ½); E. cinerea (*ev*; ½-1); E. codonodes (*ev*; ¾); E. mediterranea (*ev*; 4-6); E. multiflora (*ev*; 2); E. scoparia (*ev*; 2-3); E. Tetralix (*ev*; ½-1); Euonymus americanus (*dec*; 2-6); E. atropurpureus (*dec*; 6-14); E. europæus (*dec*; 6-20); E. japonicus (*ev*; 20) and vars.; Fothergilla alnifolia (*dec*; 3-6) and vars; Gaultheria procumbens (*ev*; procumbent); G. Shallon (*ev*; procumbent); Gordonia lasianthus (*s-ev*; 8-10); G. pubescens (*dec*; 4-6); Halesia hispida (*dec*); H. tetraptera (*dec*; 15-20); Hedera Helix vars. (*ev*); Hydrangea arborescens (*dec*; 4-6); Itea virginica (*dec*; 6-7); Juniperus communis (*ev*; 3-20) and vars.; J. recurva (*ev*; 5-8); J. Sabina (*ev*; 5-8); Kalmia angustifolia (*ev*; 2-3); K. latifolia (*ev*; 3-10); Kerria japonica (*dec*; 3-4) and var.; Koelreuteria paniculata (*dec*; 10-15); Laburnum Adami (*dec*); L. alpinum (*dec*; 15-20); L. vulgare (*dec*; 20) and vars.; Laurus nobilis (*ev*; 30-60); Ledum latifolium (*ev*; 1-2); L. palustre (*ev*; 2); Leiophyllum buxifolium (*ev*; ½-1); Leucothoe axillaris (*ev*; 2-3); L. Davisiæ (*ev*; 3-5); L. racemosa (*ev*; 4-10); Ligustrum japonicum (*ev*; 6-8); L. lucidum (*ev*; 8-12); L. Massalongeanum (*ev*; 6); L. ovalifolium (*s-ev*; 6) and vars.; Lindera Benzoin (*ev*; 6-15); Lyonia ligustrina (*ev*; 3-10); Magnolia conspicua (*dec*; 30-50); M. glauca (*ev*; 15); M. stellata (*dec*); Menispermum canadense (*dec* climber); Menziesia ferruginea globularis (*ev*; 2-5); Mespilus germanica (*dec*; 10-20); M. Smithii (*dec*; 20); Myrica californica (*ev*; 30-40); M. cerifera (*ev*; 5-12); M. Gale (*dec*; 2-4); Negundo aceroides (*dec*; 40) and vars.; Neillia opulifolia (*dec*; 5); Nuttallia cerasiformis (*dec*; 5); Olearia Haastii (*ev*); Ostrya carpinifolia (*dec*; 30-40); O. virginica (*dec*; 15-40); Oxycoccus macrocarpus (*ev* trailer); Periploca græca (*dec* climber); Pernettya furens (*ev*; 3); P. mucronata (*ev*; 6); Philadelphus coronarius (*dec*; 2-10) and vars.; P. Gordonianus (*dec*; 10); P. grandiflorus (*dec*; 6-10); P. hirsutus (*dec*; 3); P. inodorus (*dec*; 4-6); Phillyrea media (*ev*; 10-15); P. Vilmoriniana (*ev*); Phyllodoce taxifolia (*ev*; 2); Picea Alcoquiana (*ev*; 90-120); P. excelsa (*ev*; 100) and vars.; P. nigra (*ev*; 50-100); P. orientalis (*ev*); P. Smithiana (*ev*; 80-120); Pinus Lambertiana (*ev*; 150-300); P. Laricio (*ev*; 100-150); P. sylvestris (*ev*; 50-100); Polygala Chamæbuxus (*ev*; ½); Pyrus Aucuparia (*dec*; 10-30); Quercus alba (*dec*; 60); Q. rubra (*dec*; 80-90); Rhamnus Frangula (*dec*; 5-10); Rhododendron albiflorum (*ev*; 2-3); R. Anthopogon (*ev*; 1-1½); R. catawbiense (*ev*; 3-6); R. caucasicum (*ev*; 1); R. ciliatum (*ev*; 2); R. dahuricum (*ev*; 3); R. Farreræ (*ev*; 3); R. ferrugineum (*ev*; 1); R. Fortunei (*ev*; 12); R. hirsutum (*ev*; 1-2); R. ponticum (*ev*; 6-12); R. varieties (*ev*); Rhodora canadensis (*dec*; 2-4); Rhodothamnus Chamæcistus (*ev*; ½); Rhodotypos kerrioides (*ev*; 15); Sambucus nigra (*dec*; 25) and vars.; S. racemosa (*dec*; 10-20); Sciadopitys verticillata (*ev*; 80-120); Skimmia japonica (*ev*; 3-4); S. Laureola (*ev*; 4); S. oblata (*ev*); S. rubella (*ev*); Solanum Dulcamara (*dec* trailer); Spartium junceum (*dec*; 6-10); Spiræa bella (*dec*; 2-3); S. cantoniensis (*ev*; 3-4); S. chamædrifolia (*dec*; 1-2); S. discolor ariæfolia (*dec*; 4-10); S. lævigata (*dec*; 1-3); S. Lindleyana (*dec*; 4-8); S. prunifolia flore-pleno (*dec*; 3); S. salicifolia (*dec*; 3-5) and vars.; S. Thunbergi (*dec*; 1-3); S. trilobata (*dec*; 1-2); Staphylea colchica (*dec*; 3-5); S. pinnata (*dec*; 6-12); S. trifolia (*dec*; 6-12); Stephanandra flexuosa (*dec*); Stuartia pentagyna (*dec*; 10); S. virginica (*dec*; 8); Syringa Emodi (*dec*; 6); S. japonica (*dec*); S. vulgaris (*dec*; 8-20) and vars.; Tamarix gallica (*ev*; 5-10); Taxus baccata (*ev*; 15-50) and vars.; T. cuspidata (*ev*; 15-20); Thuya gigantea (*ev*; 50-150); T. occidentalis (*ev*; 40-50) and vars.; T. orientalis (*ev*; 18-20) and vars.; Thuyopsis dolabrata (*ev*; 40-50); Ulex europæus (*ev*; 2-3); U. nanus (*ev*; 1-3); Vaccinium corymbosum (*dec*; 5-10); V. formosum (*dec*; 2-3); V. Myrsinites (*ev*; ¾-2); V. pennsylvanicum (*dec*; ¾-1); V. stamineum (*dec*; 2-3); V. Vitis-Idæa (*ev*; procumbent); Viburnum dentatum (*dec*; 5-10); V. dilatatum (*dec*; 10); V. Lentago (*dec*; 15-30); V. macrocephalum (*dec*; 20) and var.; V. Opulus (*dec*; 6-8) and vars.; V. plicatum (*dec*; 4-6) and var.; V. prunifolium (*dec*; 8-10); V. Tinus (*ev*; 8-10) and vars.; Wistaria chinensis (*dec* climber) and vars.; W. japonica (*dec* twiner); Xanthoceras sorbifolia (5-15); Xanthorrhiza apiifolia (*dec*; 1-3); Zenobia speciosa (*ev*; 2-4) and var.

SANDY SOILS.—Many of our ornamental and useful trees and shrubs require a light, Sandy Soil which affords a ready means of ingress to both air and water, and which prevents the accumulation of stagnant moisture about the roots. A list of trees and shrubs which thrive well in such soils is here given.

Acer campestre (*dec*; 20); A. macrophyllum (*dec*; 60); A. platanoides (*dec*; 50); A. Pseudo-platanus (*dec*; 30-60); A. rubrum (*dec*; 20); A. tataricum (*dec*; 20); Æsculus glabra (*dec*; 20); Æ. Hippocastanum (*dec*; 50-60); Æ. rubicunda (*dec*; 20); Alnus cordifolia (*dec*; 15-50); Aristolochia Sipho (*dec* climber); Artemisia Abrotanum (*dec*; 2-4); Berberis Aquifolium (*ev*; 3-6); B. Darwinii (*ev*; 2); B. empetrifolia (*ev*; 1½-2); B. vulgaris (*dec*; 8-20) and vars.; Betula alba (*dec*; 50-60) and vars.; B. nigra (*dec*; 60-70); B. pumila (*dec*; 2-3); Broussonetia papyrifera (*dec*; 10-20); Buxus sempervirens (*ev*; 12-15); Calluna vulgaris (*ev*; 1-3); Caragana Altagana (*dec*; 2-3); C. spinosa (*dec*; 4-6); Carya alba (*dec*; 50-70); C. amara (*dec*; 50-60); C. tomentosa (*dec*; 60-70); Castanea sativa (*dec*; 50-70) and vars.; Catalpa bignonioides (*dec*; 20-40); Ceanothus americanus (*dec*; 1-3); C. dentatus (*dec*; 4-6); C. floribundus (*ev*; 4); C. Veitchianus (*ev*; 3); Cedrus Libani (*ev*; 60-80); Celtis crassifolia (*dec*; 20-30); C. occidentalis (*dec*; 30-50); Cerasus Avium (*dec*; 20-40); C. depressa (*dec*; 1); C. Laurocerasus (*ev*; 6-10); C. Mahaleb (*dec*; 10); C. Padus (*dec*; 10-30); Cercis canadensis (*dec*; 12-20); C. Siliquastrum (*dec*; 20-30); Chamæcyparis nutkaensis (*ev*; 40-60); C. obtusa (*ev*; (70-100) and vars.; Cladrastis amurensis (*dec*; 6); Colutea arborescens (*dec*; 6-10); C. cruenta (*dec*; 4-6); Corylus Avellana (*dec*; 20); Cratægus Oxyacantha (*dec*; 10-20) and vars.; Cryptomeria japonica (*ev*; 50-100); Cupressus Goveniana (*ev*; 15-20); C. macrocarpa (*ev*; 50-60); C. sempervirens (*ev*; 6-100); C. torulosa (*ev*; 50-70); Cytisus albus (*dec*; 6-10); C. biflorus (*dec*; 3); C. purpureus (*dec*); C. scoparius (*dec*; 3-10); Diospyros virginiana (*ev*; 20-30); Elæagnus hortensis (*dec*; 15-20); E. longipes (*ev*; 3); E. macrophylla (6); E. pungens (6); Euonymus americanus (*dec*; 2-6); E. atropurpureus (*dec*; 6-14); E. europæus (*dec*; 6-20); E. japonicus (*ev*; 20) and vars.; Fagus ferruginea (*dec*); F. sylvatica (*dec*; 60-100); Fontanesia Fortunei (*s-ev*); F. phillyræoides (*s-ev*; 10-14); Forsythia suspensa (*dec*); F. viridissima (*dec*; 10); Fothergilla alnifolia (*dec*; 3-6); Fraxinus americana (*dec*; 30-40); F. excelsior (*dec*; 30-80); F. Ornus (*dec*; 20-30); Fremontia californica (*dec*; 6-10); Genista anglica (1-2); G. pilosa (*ev* procumbent); G. tinctoria (*ev*; 1-2); Ginkgo biloba (*dec*; 60-80); Gleditschia sinensis (*dec*; 30-50); G. triacanthos (*dec*; 30-50); Gymnocladus canadensis (*dec*; 30-60); Halesia hispida (*dec*); H. tetraptera (*dec*; 15-20); Hamamelis arborea (*dec*; 15-20); H. virginica (*dec*; 20); Hedera Helix vars. (*ev* climbers); Hibiscus syriacus (*dec*; 6) and vars.; Hypericum calycinum (*s-ev*; 1); H. elatum (*dec*; 5); H. hircinum (*dec*; 2-4); H. Kalmianum (*dec*; 2-4); H. patulum (*ev*; 6); Idesia polycarpa; Ilex Aquifolium (*ev*; 10-40) and vars.; I. cornuta (*ev*); I. latifolia (*ev*; 20); I.

Sandy Soils—*continued.*

opaca (*ev*; 20-40); Juglans cinerea (*dec*; 30-60); J. nigra (*dec*; 60); J. regia (*dec*; 40-60) and vars.; Juniperus chinensis (*ev*; 15-20) and vars.; J. communis (*ev*; 3-20) and vars.; J. excelsa (*ev*; 20-40) and var.; J. phœnicea (*ev*; 15-18); J. procumbens (*ev*; procumbent); J. Sabina (*ev*; 5-8) and vars.; J. thurifera (*ev*; 15-25); J. virginiana (*ev*; 10-15) and vars.; Kerria japonica (*dec*; 3-4) and var.; Koelreuteria paniculata (*dec*; 10-15); Laburnum Adami (*dec*); L. alpinum (*dec*; 15-20); L. vulgare (*dec*; 20) and vars.; Larix europæa (*dec*; 80-100); Laurus nobilis (*ev*; 30-60); Lavandula vera (*dec*; 1-2); Leiophyllum buxifolium (*ev*; ½-1); Ligustrum japonicum (*ev*; 6-8); L. lucidum (*ev*; 8-12); L. Massalongeanum (*ev*; 6); L. ovalifolium (*s-ev*; 6) and vars.; L. vulgare (*s-ev*; 6-10); Lycium afrum (*dec*; 6-10); L. barbarum (*dec* climber); L. europæum (*dec*; 10-12); Magnolia acuminata (*dec*; 30-60); M. conspicua (*dec*; 30-50); M. grandiflora (*ev*; 70-80); M. macrophylla (*dec*; 30); M. parviflora (*dec*); M. stellata (*dec*); M. Umbrella (*dec*; 35); Morus alba (*dec*; 20-30); M. nigra (*dec*; 20-30); M. rubra (*dec*; 40-70); Muehlenbeckia complexa (*ev* climber); Myrica californica (*ev*; 30-40); M. cerifera (*ev*; 5-12); Myricaria germanica (*dec*; 3-6); Negundo aceroides (*dec*; 40) and vars.; Neillia opulifolia (*dec*; 5); Nuttallia cerasiformis (*dec*; 5); Olearia Haastii (*ev*); Ononis fruticosa (*dec*; 1-2); Osmanthus Aquifolium (*ev*); O. fragrans (*ev*; 6-10); Ostrya carpinifolia (*dec*; 30-40); O. virginica (*ev*; 15-40); Pavia alba (*dec*; 3-9); P. californica (*dec*; 12-40); P. flava (*dec*; 20), P. rubra (*dec*; 6-10); Periploca græca (*dec* climber); Petteria ramentacea (*dec*; 15); Philadelphus coronarius (*dec*; 2-10) and vars.; P. Gordonianus (*dec*; 10); P. grandiflorus (*dec*; 6-10); P. hirsutus (*dec*; 3); P. inodorus (*dec*; 4-6); Phlomis fruticosa (*ev*; 2-4); Photinia serrulata (*ev*; 10-20); Picea Alcoquiana (*ev*; 90-120); Pinus austriaca (*ev*; 75-100); P. Cembra (*ev*; 50-150); P. excelsa (*ev*; 50-150); P. halepensis (*ev*; 40-50); P. Lambertiana (*ev*; 150-300); P. Laricio (*ev*; 100-150); P. monophylla (*ev*; 20-25); P. Mughus (*ev*; 5-15); P. Pinaster (*ev*; 60-80); P. Pinea (*ev*; 50-60); P. ponderosa (*ev*; 100-150); P. pyrenaica (*ev*; 60-80); P. rigida (*ev*; 30-45); P. Strobus (*ev*; 120-160); P. sylvestris (*ev*; 50-100); Podocarpus andina (*ev*; 40-50); P. Nageia (*ev*; 30-60); Pseudolarix Kæmpferi (*dec*; 120-130); Purshia tridentata (*ev*; 2-3); Pyrus arbutifolia (*dec*; 2-10); P. Aria (*dec*; 4-40); P. Aucuparia (*dec*; 10-30); P. baccata (*dec*; 15-20); P. communis (*dec*; 20-40); P. coronaria (*dec*; 20); P. domestica (*dec*; 20-60); P. floribunda (*dec*; 4); P. Malus vars. (*dec*; 20); P. spectabilis (*dec*; 20-30); P. Toringo (*dec*); Quercus alba (*dec*; 60); Q. Catesbæi (*dec*; 15-30); Q. Cerris (*dec*; 40-60) and vars.; Q. coccinea (*dec*; 50); Q. Ilex (*ev*; 15-60) and vars.; Q. ilicifolia (*dec*; 3-8); Q. nigra (*dec*; 8-25); Q. Suber (*ev*; 25); Q. tinctoria (*dec*; 80-100); Q. Toza (*dec*; 20-30); Rhamnus Alaternus (*ev*; 20); R. Frangula (*dec*; 5-10); Rhus Cotinus (*dec*; 6-8); R. typhina (*dec*; 10-30); Ribes aureum (*dec*; 6-8); R. floridum (*dec*; 4); R. gracile (*dec*; 4-5); R. Grossularia (*dec*; 4); R. nigrum (*dec*; 5); R. oxyacanthoides (*dec*; 2-3); R. rubrum (*dec*; 4); R. sanguineum (*dec*; 4-8); R. speciosum (*dec*; 4-6); Robinia hispida (*dec*; 3-8); R. Pseudacacia (*dec*; 30-60) and vars.; R. viscosa (*dec*; 20-40); Rosa canina (*dec*; 6-8); R. repens (*dec*; 2-8); R. rubiginosa (*dec*; 5); R. spinosissima (*dec*; 1-4); R. tomentosa (*dec*; 6); Rosmarinus officinalis (*ev*; 2-4); Rubus fruticosus (*dec* trailer); Ruscus aculeatus (*ev*; 1-2); R. Hypophyllum (*ev*; 1-1½); R. racemosus (*ev*; 4); Santolina Chamæcyparissus (*ev*; 1-2); Sassafras officinale (*dec*; 15-20); Sequoia gigantea (*ev*; 300-400) and vars.; S. sempervirens (*ev*; 200-300) and vars.; Smilax aspera (*ev* climber); S. rotundifolia (*ev* climber); Sophora japonica (*dec*; 30-40) and vars.; Spartium junceum (*dec*; 6-10); Spiræa bella (*dec*; 2-3); S. cantoniensis (*ev*; 3-4); S. chamædrifolia (*dec*; 1-2); S. discolor ariæfolia (*dec*; 4-10); S. lævigata (*dec*; 1-3); S. Lindleyana (*dec*; 4-8); S. prunifolia flore-

Sandy Soils—*continued.*

pleno (*dec*; 3); S. salicifolia (*dec*; 3-5) and vars.; S. trilobata (*dec*; 1-2); Staphylea colchica (*dec*; 3-5); S. pinnata (*dec*; 6-12); S. trifolia (*dec*; 6-12); Stauntonia hexaphylla (*ev*); Stephanandra flexuosa (*dec*); Styrax grandifolia (*dec*; 6); S. serrulata (*dec*; 40); Symphoricarpus occidentalis (*dec*); S. racemosus (*dec*; 4-6); S vulgaris (*dec*; 3-6); Syringa Emodi (*dec*; 6); S. japonica (*dec*); S. vulgaris (*dec*; 8-20) and vars.; Tamarix gallica (*ev*; 5-10); Ulex europæus (*ev*; 2-3); U. nanus (*ev*; 1-3); Ulmus campestris (*dec*; 125) and vars.; Viburnum dentatum (*dec*; 5-10); V. dilatatum (*dec*; 10); V. Lentago (*dec*; 15-30); V. macrocephalum (*dec*; 20) and var.; V. Opulus (*dec*; 6-8) and vars.; V. plicatum (*dec*; 4-6) and var.; V. prunifolium (*dec*; 8-10); V. Tinus (*ev*; 8-10) and vars.; Xanthoceras sorbifolia (5-15); Xanthorrhiza apiifolia (*dec*; 1-3); Yucca aloifolia (*ev*; 15-20); Y. angustifolia (*ev*; 4-5); Y. filamentosa vars. (*ev*); Y. gloriosa (*ev*; 4-6) and vars.

SEASIDE.—Plants suitable for cultivation on the Seacoast have been briefly dealt with in the Dictionary, under the title **Seaside Grounds and Plants**, in Vol. III. All the trees and shrubs here named will thrive in close proximity to the sea; but some of them require protection from rough winds in very exposed situations. "The best sheltering nurses amongst deciduous trees are the Sallow, Alder, Osier, and Birch, and among evergreens the Scotch Pine; but as these nurses would be gladly accepted in many instances as permanent occupants, I would earnestly recommend them as particularly fitted for such situations." (Grigor's "Arboriculture.") Such subjects as require to be partially sheltered from the sea-breeze are denoted by an asterisk.

Abies concolor* (*ev*; 80-150); A. nobilis* (*ev*; 100-300); A. pectinata* (*ev*; 80-100); A. Pinsapo* (*ev*; 60-80); Acer creticum (*s-ev*; 4); A. monspessulanum (*dec*; 10-20); A. platanoides* (*dec*; 50); A. Pseudo-platanus (*dec*; 30-60); Ailantus glandulosa (*dec*; 60); Alnus glutinosa (*dec*; 50-60) and vars.; Araucaria imbricata* (*ev*; 50-100); Arbutus Andrachne* (*ev*; 10-14); A. Menziesi* (*ev*; 6-10); A. Unedo* (*ev*; 8-10); Aucuba japonica* (*ev*; 6-10) and vars.; Azalea pontica* (*dec*; 4-6); Baccharis halimifolia (*dec*; 6-12); Berberis Aquifolium (*ev*; 3-6); B. Darwinii (*ev*; 2); B. empetrifolia (*ev*; 1½-2); B. vulgaris (*dec*; 8-20) and vars.; Betula alba (*dec*; 50-60) and vars.; Buddleia globosa* (*ev*; 15); Bupleurum frutescens (*dec*; 1); Buxus balearica (*ev*; 15-20); B. sempervirens* (*ev*; 1-30) and vars.; Carpinus Betulus (*dec*; 30-70); Ceanothus americanus (*dec*; 1-3); Cerasus Avium* (*dec*; 20-40); C. Laurocerasus* (*ev*; 6-10); C. lusitanica* (*ev*; 10-20); C. Padus (*dec*; 15-30); Chamæcyparis Lawsoniana (*ev*; 75-100); C. nutkaensis (*ev*; 40-60); Cistus ladaniferus (*ev*; 4); C. laurifolius (*ev*; 4); C. villosus (*ev*; 3); Clematis Flammula (*ev* climber); C. Vitalba (*dec* climber); Colutea arborescens* (*dec*; 6-10); Cornus sanguinea* (*dec*; 6); Coronilla Emerus (*dec*; 3-4); Corylus Avellana (*dec*; 20) and vars.; Cotoneaster microphylla (*ev*; 3-4); C. vulgaris (*dec*; 3-5); Cratægus Oxyacantha (*dec*; 10-20) and vars.; C. Pyracantha (*ev*; 10-20); Cupressus macrocarpa* (*ev*; 50-60); Cytisus albus* (*dec*; 6-10); C. scoparius (*dec*; 3-10); Daphne Cneorum (*ev* trailer); D. Laureola* (*ev*; 3-4); D. pontica (*ev*; 4-5); Desfontainea spinosa* (*ev*; 3); Deutzia crenata* (*dec*; 4-8); Diervilla grandiflora* (*dec*; 8); D. rosea* (*dec*; 6); Elæagnus hortensis (*dec*; 15-20); E. longipes (*ev*; 3); E. macrophylla (6); E. pungens (6); Ephedra vulgaris (*ev*; 1-2); Escallonia macrantha (*ev*; 3-6); Euonymus japonicus (*ev*; 20) and vars.; Fagus sylvatica (*dec*; 60-100); Ficus Carica* (*dec*; 15-30); Fraxinus excelsior (*dec*; 30-80) and vars.; Garrya elliptica* (*ev*; 8-10); Griselinia littoralis* (*ev*; 30); G. lucida* (*ev*); Halimodendron argenteum (*dec*; 4-6); Hedera Helix vars. (*ev* climbers); Hippophae rhamnoides (*dec*; 2-20); Hydrangea hortensis* (*dec*; 2-3) and vars.; Ilex Aquifolium (*ev*; 10-40) and

Sandy Soils—*continued.*

vars.; Juniperus communis (*ev*; 3-20); Laburnum alpinum (*dec*; 15-20); L. vulgare (*dec*; 20); Laurus nobilis * (*ev*; 30-60); Lavandula vera (*dec*; 1-2); Leycesteria formosa (*dec*; 4-6); Ligustrum ovalifolium (*s-ev*; 6) and vars.; L vulgare (*s-ev*; 6-10); Lonicera Periclymenum (*dec* climber); Lycium europæum (*dec*; 10-12); Myricaria germanica (*dec*; 3-6); Myrtus communis * (*ev*; 3-10); Philadelphus coronarius * (*dec*; 2-10); Phillyrea angustifolia * (*ev*; 8-10); P. latifolia * (*ev*; 20-30); P. media * (*ev*; 10-15); Picea Menziesii * (*ev*; 50-70); P. orientalis * (*ev*; 80-120); Pinus australis * (*ev*; 60-70); P. austriaca (*ev*; 75-100); P. Cembra (*ev*; 50-150); P. Coulteri (*ev*; 50-70); P. insignis (*ev*; 80-100); P. koraiensis (*ev*; 20-30); P. Laricio (*ev*; 100-150); P. Massoniana (*ev*; 70-80); P. Mughus (*ev*; 5-15); P. Pinaster (*ev*; 60-80); P. Pinea (*ev*; 50-60); P. Sabiniana (*ev*; 40-60); P. Strobus (*ev*; 120-160); Platanus orientalis (*dec*; 60-80); Populus alba * (*dec*; 60-100); P. nigra * (*dec*; 50-60); P. Tremula * (*dec*; 40-80); Prunus maritima (*dec*; 2-3); Pyrus arbutifolia (*dec*; 2-10); P. Aria (*dec*; 4-40); P. Aucuparia (*dec*; 10-30); P. baccata (*dec*; 15-20); P. communis (*dec*; 20-40); P. coronaria (*dec*; 20); P. domestica (*dec*; 20-60); P. floribunda (*dec*); P. prunifolia (*dec*; 20-30); Quercus Ilex (*ev*; 15-50) and vars.; Q. pedunculata (*dec*; 50-100); Q. Phellos (*dec*; 50); Q. sessiliflora (*dec*; 60); Q. Suber (*ev*; 25); Rhamnus Alaternus (*dec*; 20); R. catharticus (*dec*; 5-10); Rhododendron catawbiense (*ev*; 3-6); R. ponticum (*ev*; 6-12); R. hybrids and alpine vars.* (*ev*); Ribes sanguineum (*dec*; 4-8); Rosa rubiginosa (*dec*; 5); R. rugosa (*dec*; 4); R. spinosissima (*dec*; 1-4); Salix alba (*dec*; 80); S. Caprea (*dec*; 15-30); S. viminalis (*dec*; 30); Sambucus nigra (*dec*; 25) and vars.; Shepherdia argentea (*dec*; 12-18); Spartium junceum * (*dec*; 6-10); Spiræa Douglasii * (*dec*; 3); S. japonica * (*ev*; 4-6); S. Lindleyana * (*dec*; 4-8); S. trilobata * (*dec*; 1-2); Symphoricarpus racemosus (*dec*; 4-6); Syringa persica * (*dec*; 4-5); S. vulgaris * (*dec*; 8-20); Tamarix gallica (*ev*; 5-10); Taxus baccata * (*ev*; 15-50) and vars.; Thuya occidentalis * (*ev*; 40-50) and vars.; Ulex europæus (*ev*; 2-3) and vars.; Ulmus montana (*dec*; 80-120) and vars ; Viburnum Opulus sterile * (*dec*; 6-8); V. Tinus * (*ev*; 8-10); Yucca angustifolia (*ev*; 4-5); Y. filamentosa vars. (*ev*); Y. gloriosa (*ev*; 4-6) and vars.

TOWNS.—A selection of the trees and shrubs best calculated to withstand the smoke and chemical impurities of atmosphere which abound in most large manufacturing Towns, is here given. Those which come in leaf late, *e.g.*, Elms, Willows, Poplars, Laburnums, Alders, &c., are best suited to the purpose, as they do not suffer so much from the smoke given off by the domestic fires in winter and early spring. The asterisks indicate those trees and shrubs which are better adapted for Towns in the midland and southern districts than for those in the north. Very few of the Conifers will survive the effects of the atmosphere of a densely populated Town.

Acer macrophyllum (*dec*; 60); A. platanoides (*dec*; 50); A. Pseudo-platanus (*dec*; 30-60); Æsculus Hippocastanum (*dec*; 50-60); Ailantus glandulosa * (*dec*; 60); Alnus glutinosa (*dec*; 50-60); Amelanchier canadensis (*dec*; 6-8); Ampelopsis quinquefolia (*dec* creeper); A. tricuspidata (*dec* climber); Amygdalus communis * (*dec*; 10-30); Arbutus Andrachne * (*ev*; 10-14) and var.; A. Unedo * (*ev*; 8-10); Artemisia Abrotanum (*dec*; 2-4); Aucuba himalaica (*ev*; A. japonica (*ev*; 6-10) and vars.; Berberis Aquifolium (*ev*; 3-6); B. Darwinii (*ev*; 2); B. empetrifolia (*ev*; 1½-2); B. vulgaris (*dec*; 8-20); Betula alba (*dec*; 50-60) and vars.; Buddleia globosa (*ev*; 15); Buxus sempervirens (*ev*; 1-30) and vars.; Calluna vulgaris (*ev*; 1-3) and vars.; Caragana arborescens (*dec*; 15-20); Castanea sativa (*dec*; 50-70); Cerasus Avium (*dec*; 20-40); C. Laurocerasus colchica (*ev*; 6-10); C. lusitanica (*ev*; 10-20); C. Padus (*dec*; 10-30); Cercis Siliquastrum * (*dec*; 20-30); Chimonanthus fra-

Towns—*continued.*

grans (*dec*; 6-8); Clematis Flammula (*dec* climber); C. Vitalba (*dec* climber); C. varieties (*dec* climbers); Colutea arborescens (*dec*; 6-10); C. cruenta (*dec*; 4-6); Cornus mas (*dec*; 10-15) and vars.; C. sanguinea (*dec*; 6); Cotoneaster microphylla (*ev*; 3-4); C. Simonsii (*ev*); Cratægus Crus-galli (*dec*; 10-20) and vars.; C. flava (*dec*; 12-20); C. heterophylla (*dec*; 10-20); C. orientalis (*dec*; 12-20); C. Oxyacantha (*dec*; 10-20) and vars.; C. Pyracantha (*ev*; 10-20); C. tanacetifolia (*dec*; 12-20); Cydonia Maulei * (*dec*); C. vulgaris * (*dec*; 20) and vars.; Cytisus albus (*dec*; 6-10); Daphne Mezereum (*dec*; 3-4); Diervilla rosea * (*dec*); Erica carnea (*ev*; ½); E. multiflora (*ev*; 2); E. vagans (*ev*; 1); Euonymus europæus (*dec*; 6-20); E. japonicus (*ev*; 20) and vars.; Fagus sylvatica (*dec*; 60-100); Ficus Carica * (*dec*; 15-30) and vars.; Forsythia viridissima (*dec*; 10); F. suspensa (*dec*); Fraxinus americana (*dec*; 30-40); F. excelsior (*dec*; 30-80) and vars.; F. Ornus (*dec*; 20-30); F. oxyphylla parvifolia (*dec*; 30-50); Garrya elliptica (*ev*; 8-10); Gaultheria Shallon (*ev*; procumbent); Genista tinctoria (*ev*; 1-2); Ginkgo biloba (*dec*; 60-80); Gleditschia triacanthos (*dec*; 30-50); Hedera Helix vars. (*ev* climbers); Hibiscus syriacus (*dec*; 6) and vars.; Hippophae rhamnoides (*dec*; 2-20); Hypericum calycinum (*s-ev*; 1); Ilex Aquifolium (*ev*; 10-40) and vars.; Jasminum nudiflorum (*dec* climber); J. officinale (*dec* climber); Juglans nigra (*dec*; 60); J. regia (*dec*; 40-60) and vars.; Juniperus communis (*ev*; 3-20) and vars.; J. Sabina (*ev*; 5-8); Kerria japonica (*dec*; 3-4); Koelreuteria paniculata (*dec*; 10-15); Laburnum Adami (*dec*); L. alpinum (*dec*; 15-20); L. vulgare (*dec*; 20) and vars.; Laurus nobilis (*ev*; 30-60); Leycesteria formosa (*dec*; 4-6); Ligustrum japonicum * (*ev*; 6-8); L. lucidum * (*ev*; 8-12); L. vulgare (*s-ev*; 6-10) and vars.; Liriodendron tulipifera (*dec*; 75-100); Magnolia conspicua Soulangeana * (*dec*; 20-50); M. obovata discolor (*dec*; 5); Morus alba (*dec*; 20-30); M. nigra (*dec*; 20-30); M. rubra (*dec*; 40-70); Paulownia imperialis * (*dec*; 30); Philadelphus coronarius (*dec*; 2-10); Phillyrea media (*ev*; 10-15); Pinus sylvestris (*ev*; 50-100) and vars.; Platanus occidentalis (*dec*; 70-80); P. orientalis * (*dec*; 60-80) and vars.; Populus alba (*dec*; 60-100); P. monilifera * (*dec*; 80); P. nigra pyramidalis (*dec*; 50-60); P. Tremula (*dec*; 40-80); Potentilla fruticosa (*dec*; 2-4); Pyrus Aucuparia (*dec*; 10-30); P. prunifolia (*dec*; 20-30); P. spectabilis (*dec*; 20-30); Quercus Cerris vars. (*dec* or *s-ev*; 40-60); Q. coccinea (*dec*; 50); Q. Ilex * (*ev*; 15-60); Rhamnus Alaternus * (*ev*; 20); Rhododendron Anthopogon (*ev*; 1-1½); R. catawbiense (*ev*; 3-6); R. caucasicum (*ev*; 1); R. ciliatum (*ev*; 2); R. dahuricum * (*ev*; 3); R. ferrugineum (*ev*; 1); R. Fortunei (*ev*; 12); R. hirsutum (*ev*; 1-2); R. ponticum (*ev*; 6-12); Rhus Cotinus (*dec*; 6-8); R. typhina (*dec*; 10-30); Ribes alpinum aureum (*dec*; 3); R. aureum (*dec*); R. sanguineum (*dec*; 4-8); Robinia Pseudacacia (*dec*; 30-60) and vars.; Salix alba (*dec*; 80); S. babylonica (*dec*; 30); S. Caprea (*dec*; 15-30); S. viridis (*dec*; 30); Sambucus nigra (*dec*; 25); S. racemosa (*dec*; 10-20); Sophora japonica * (*dec*; 30-40); Spiræa Douglasii (*dec*; 3); S. japonica (*ev*; 4-6); S. Lindleyana (*dec*; 4-8); S. trilobata (*dec*; 1-2); Symphoricarpus racemosus (*dec*; 4-6); Syringa persica * (*dec*; 4-5); S. vulgaris * (*dec*; 8-20); Taxus adpressa (*ev*; 4); T. baccata (*ev*; 30-50); Thuya gigantea (*ev*; 50-150) and vars.; T. occidentalis (*ev*; 40-50); T. orientalis (*ev*; 18-20) and vars.; Thuyopsis dolabrata (*ev*; 40-50); Tilia argentea (*dec*; 30-50); T. petiolaris (*dec*; 50); T. platyphyllos (*dec*; 70-80); T. vulgaris (*dec*; 60-90); Ulmus campestris (*dec*; 125) and vars.; U. montana (*dec*; 80-120) and vars.; Viburnum Lantana (*dec*; 6-20); V. Opulus sterile * (*dec*; 6-8); V. Tinus * (*ev*; 8-10) and vars.; Vinca major (*dec*; procumbent) and vars.; Wistaria chinensis * (*dec* climber); Yucca acutifolia (*ev*); Y. angustifolia (*ev*; 4-5); Y. a. stricta (*ev*); Y. filamentosa vars. (*ev*); Y. gloriosa (*ev*; 4-6) and vars.

SUPPLEMENT.

WATERSIDE.—For planting in close proximity to ornamental Waters, or on the banks of Rivers, the trees and shrubs named below will be found suitable. Some of them will also thrive in swamps, but the majority prefer an open soil in the immediate vicinity of running Water.

Acer macrophyllum (*dec*; 60); A. rubrum (*dec*; 20); Alnus glutinosa (*dec*; 50-60); Andromeda polifolia (*ev*; 1); Arbutus Unedo (*ev*; 8-10); Betula alba (*dec*; 50-60); B. lutea (*dec*; 70-80); B. nigra (*dec*; 60-70); B. papyracea (*dec*; 60-70); Caragana arborescens (*dec*; 15-20); C. frutescens (*dec*; 2-3); Catalpa bignonioides (*dec*; 20-40); Celtis crassifolia (*dec*; 20-30); Cerasus depressa (*dec*; 1); Chamæcyparis leptoclada (*ev*; 8-10); C. sphæroidea (*ev*; 40-70); Clematis virginiana (*dec* climber); Cornus circinata (*dec*; 5-10); C. paniculata (*dec*; 4-8); C. sericea (*dec*; 5-8); C. stolonifera (*dec*; 4-10); C. stricta (*dec*; 8-15); Cratægus apiifolia (*dec*; 10-20); C. coccinea (*dec*; 20-30); C. cordata (*dec*; 20); C. Crus-galli (*dec*; 10-30); C. Douglasii (*dec*; 10-15); C. Oxyacantha (*dec*; 10-20); C. Pyracantha (*ev*; 10-20); C. pyrifolia (*dec*; 6-10); C. tanacetifolia (*dec*; 12-20); Cryptomeria elegans (*ev*; 23); C. japonica (*ev*; 50-100); Cydonia vulgaris (*dec*; 20); Dirca palustris (*dec*; 2-5); Halesia diptera (*dec*; 10); H. tetraptera (*dec*; 15-20); Juniperus phœnicea (*ev*; 15-18); J. recurva (*ev*; 5-8); J. virginiana (*ev*; 10-15) and vars.; Ledum palustre (*ev*; 2); Myrica cerifera (*ev*; 5-12); M. Gale (*dec*; 2-4); Oxycoccus macrocarpus (*ev* trailer); O.

Waterside—*continued.*

palustris (*ev* trailer); Picea ajanensis (*ev*; 70-80); P. alba (*ev*; 30-40); P. Engelmanni (*ev*; 80-100); P. Menziesii (*ev*; 50-70); P. nigra (*ev*; 50-80); P. orientalis (*ev*); P. Smithiana (*ev*; 80-120); Pinus austriaca (*ev*; 75-100) and var.; P. Balfouriana (*ev*; 40-50); P. Cembra (*ev*; 50-150); P. contorta (*ev*; 25-30); P. Coulteri (*ev*; 50-70); P. excelsa (*ev*; 60-150); P. ponderosa (*ev*; 100-150); P. rigida (*ev*; 30-45); P. Strobus (*ev*; 120-160); Platanus orientalis (*dec*; 60-80) and vars.; Populus alba (*dec*; 60-100) and vars.; P. balsamifera (*dec*; 70); P. monil.fera (*dec*; 80); P. nigra (*dec*; 50-60) and vars.; P. Tremula (*dec*; 40-80) and vars.; Pterocarya fraxinifolia (*dec*; 20-40); Quercus coccinea (*dec*; 50); Q. macrocarpa (*dec*; 30); Q. rubra (*dec*); Rubus fruticosus cæsius (*dec*; prostrate); R. spectabilis (*dec*; 6-10); Salix alba (*dec*; 80); S. babylonica (*dec*; 30); S. Caprea (*dec*; 15-30); S. daphnoides (*dec*; 10-20); S. pentandra (*dec*; 6-8); S. phylicifolia (*dec*; 10); S. purpurea (*dec*; 5-10); S. rubra Helix (*dec*; 10-12); S. viridis (*dec*; 30); Shepherdia canadensis (*dec*; 3-6); Syringa Josikæa (*dec*; 5-10); Taxodium distichum (*dec*; 120) and vars.; Taxus canadensis (*ev*; 3-4); Thuya gigantea (*ev*; 50-150); T. occidentalis (*ev*; 40-50) and vars.; T. orientalis (*ev*; 18-20) and vars.; Thuyopsis dolabrata (*ev*; 40-50); Tsuga canadensis (*ev*; 60-80) and vars.; Ulmus montana (*dec*; 80-120) and vars.

AN INDEX TO ANIMALS BENEFICIAL OR INJURIOUS TO HORTICULTURE.

FULL lists of the Insects and other Animals of special interest to horticulturists are subjoined, the useful species being given in one list and the injurious in another. In order to facilitate reference to any species, the heading is given in heavy type under which the information concerning it is chiefly to be found. In the case of certain species, however, that injure many kinds of plants without being specially restricted to any (*e.g.*, Cockchafers, Mole Crickets, Wireworms), it has not been found possible to give complete lists of references, and for these animals, therefore, only the most important headings have been mentioned.

Every effort has been made to render the information given in the DICTIONARY OF GARDENING upon this very important department of horticulture a reliable statement of all that is known with regard to the friends and foes of the gardener and farmer in the British Isles, and of the most effectual methods of detecting the presence and checking the ravages of harmful species. To do this more thoroughly foreign species have been described where there seems reason to believe that they may yet be found in Britain. But even should in the future some foes not described in this work prove hurtful, the means recommended under the headings in this list will be found beneficial against them also.

J. W. H. TRAIL.

USEFUL.

Apis mellifica. **Honey Bee; Wasps**.
Bombus lucorum, B. terrestris. **Humble Bee.**
Bufo vulgaris. **Toad.**
Carabus (Ground Beetles). **Insects.**
Chalcididæ. **Hymenoptera; Insects.**
Chrysopa vulgaris (Golden-eyed Fly). **Lacewing Fly.**
Cicindela (Tiger Beetle). **Insects.**
Coccinella bipunctata (Two-spotted Ladybird), C. septempunctata (Seven-spotted Ladybird), C. undecempunctata (Eleven-spotted Ladybird), C. variabilis (Variable Ladybird). **Ladybirds.**
Copris lunaris. **Unicorn Beetle.**
Drilus. **Snails.**
Epeira diademata (Garden Spider). **Spiders.**

Useful—*continued*.

Goerius olens (Devil's Coach Horse). **Staphylinidæ.**
Harpalus (Ground Beetle). **Insects.**
Hemerobius. **Lacewing Flies.**
Hypena proboscidalis. **Snout Moths.**
Ichneumonidæ. **Ichneumon Flies.**
Lampyris noctiluca (Glow-worm). **Insects** (COLEOPTERA).
Linyphia. **Spiders.**
Lumbricus (Earthworm). **Worms.**
Lycosa (Hunting Spider). **Spiders.**
Macroglossa stellatarum (Humming Bird Hawk Moth).
Microgaster.
Mustela vulgaris. **Weasel.**
Myriapoda (Centipedes).
Neriene. **Spiders.**

SUPPLEMENT.

Useful—*continued.*

Neuroptera (Stink Fly). **Insects; Lacewing Fly.**
Salticus (Leaping Spider). **Spiders.**
Staphylinidæ (Devil's Coach-horses, or Rove Beetles).
Syrphus (Hawk Fly).
Tachina. **Insects.**
Testacella haliotidea, T. Maugei. **Slugs; Testacella.**
Thrips Phylloxeræ. **Thrips.**
Vanessa Atalanta (Red Admiral Butterfly), V. Io (Peacock Butterfly), V. Urticæ (Small Tortoiseshell Butterfly). **Vanessa.**
Vespa Crabro (Hornet). **Wasps.**
Walckenaera. **Spiders.**

HURTFUL.

Abraxas grossulariata. **Gooseberry or Magpie Moth.**
Acarida. **Mites.**
Acherontia Atropos (Death's Head Hawk Moth). **Sphingidæ; Potato** (INSECT PESTS).
Acronycta psi (Dagger Moth). **Pear** (INSECTS).
Agrilus viridis. **Rosa** (INSECTS).
Agriotes lineatus, A. obscurus, A. sputator (Click Beetle, or Skipjack). **Wireworms.**
Agrotis exclamationis (Heart-and-Dart Moth), A. nigricans (Garden Dart Moth), A. segetum (Turnip Moth). **Noctua; Turnip Moth.**
Agrotis Tritici (White-line Dart Moth). **Noctua; Vine Moths.**
Aleyrodes Brassicæ. **Cabbage Powdered-wing.**
Aleyrodes proletella. **Snowy Fly.**
Aleyrodes vaporariorum (Snowy Fly). **Tomato** (INSECTS).
Altica. **Turnip Flea.**
Alucitina (Plume Moths). **Moths.**
Anarsia lineatella. **Peach** (INSECT PESTS).
Andricus curvator, A. glandium, A. inflator, A. terminalis (Oak-Apple Gall Fly). **Oak Galls.**
Anguillulidæ. **Nematoid Worms.**
Anomala Frischii, A. Vitis. **Vine** (ANIMAL PESTS).
Anthidium manicatum. **Wood-boring Bees.**
Anthomyia Betæ. **Beet or Mangold Fly.**
Anthomyia Brassicæ. **Cabbage Fly.**
Anthomyia canicularis, A. floccosa, A. floralis, A. radicum (Radish Fly), A. Raphani. **Radish** (INSECTS).
Anthomyia Lactucæ. **Lettuce Fly.**
Anthomyia (Phorbia) ceparum. **Onion Fly.**
Anthonomus druparum. **Peach** (INSECT PESTS).
Anthonomus pomorum. **Apple Blossom Weevil.**
Anthonomus prunicida (Plum Gouger). **Plum** (INSECT PESTS).
Anthonomus Rubi (Raspberry Weevil). **Raspberry** (INSECTS).
Antispila Pfeifferella. **Vine Moths.**
Aphides (Green Flies, or Plant Lice). **Aphides; Black Fly.**
Aphilothrix collaris, A. gemmæ (Artichoke Oak-Gall Fly), A. globuli. **Oak Galls.**
Aphis Amygdali, A. Persicæ. **Peach** (INSECT PESTS).
Aphis Cerasi, A. Rumicis (Collier). **Black Fly.**
Aphis lentiginis, A. pyraria. **Pear** (INSECTS).
Aphrophora spumaria (Frog or Cuckoo Spit). **Frog Hopper.**
Aporia Cratægi (Black-veined White Butterfly). **Hawthorn Caterpillars.**
Arctia Caja (Common Tiger Moth), A. villica (Cream-spotted Tiger Moth). **Tiger Moths.**
Arion ater (Black Slug), A. hortensis (Garden Slug). **Slugs.**
Armadillo vulgaris (Pill Millipede, or Woodlouse). **Oniscidæ.**
Aromia moschata. **Musk Beetle.**
Arvicola amphibia (Water Rat, or Water Vole). **Rats.**
Arvicola arvalis (Short-tailed Field Mouse or Vole). **Mice.**
Aspidiotus Camelliæ (Camellia Scale), A. Nerii, A. palmarum. **Scale Insects.**

Hurtful—*continued.*

Aspidiotus conchiformis (Oyster-shell Bark Louse). **Apple Mussel-scale; Scale Insects.**
Aspidiotus ostreæformis (Pear Oyster-scale). **Pear** (INSECTS); **Scale Insects.**
Athalia ancilla, A. spinarum (Nigger, or Black Palmer). **Turnip Sawfly.**
Athous hæmorrhoidalis. **Wireworms.**
Balaninus nucum. **Corylus** (INSECTS); **Nut Weevil.**
Baridius trinotatus (Potato-stalk Weevil). **Potato** (INSECT PESTS).
Batoneus Populi. **Populus** (INSECT PESTS).
Biorhiza aptera. **Oak Galls.**
Blatta orientalis. **Cockroach.**
Blennocampa pusilla. **Rose Sawflies.**
Bombycina. **Moths.**
Bombyx mori (Silkworm Moth). **Moths.**
Bombyx neustria. **Lackey Moth.**
Bostrichus bidentatus, B. chalcographus, B. cinereus, B. Laricis, B. lineatus, B. micrographus, B. saturalis, B. typographus (Bark-beetles). **Scolytidæ.**
Brachelytra (Rove or Cocktail Beetles). **Staphylinidæ.**
Bruchidæ. **Pea** (INSECT PESTS).
Bruchus granarius. **Bean Beetle; Pea** (INSECT PESTS).
Bruchus Pisi. **Pea** (INSECT PESTS).
Byturus tomentosus (Raspberry Beetle), B. unicolor. **Raspberry** (INSECTS).
Callimorpha dominula (Scarlet Tiger Moth). **Tiger Moths.**
Carpocapsa funebrana (Plum Tortrix). **Plum** (INSECT PESTS).
Carpocapsa pomonana. **Apple or Codlin Grub.**
Cecidomyia floricola. **Tilia** (INSECTS)
Cecidomyia marginem-torquens, C. rosaria, C. salicina. **Salix** (INSECTS).
Cecidomyia œnophila. **Vine** (ANIMAL PESTS).
Cecidomyia Pisi. **Pea** (INSECT PESTS).
Cecidomyia Rosæ (Rose Gall Midge). **Rose Galls.**
Cecidomyia Tritici (Wheat Midge). **Red Maggot.**
Ceroplastes floridensis. **Scale Insects.**
Cetonia aurata (Rose Bug). **Rosechafer.**
Ceuthorhynchus assimilis. **Radish** (INSECTS); **Turnip-seed Weevil.**
Ceuthorhynchus contractus. **Turnip** (ANIMAL PESTS).
Ceuthorhynchus sulcicollis (Turnip-gall Weevil). **Cabbage-gall Weevil; Turnip Galls.**
Chærocampa Elpenor (Elephant Hawk Moth). **Sphingidæ.**
Cheimatobia brumata. **Winter Moth.**
Chermes. **Pinus** (INSECTS).
Chermes Abietis. **Spruce-gall Aphis.**
Chilognatha. **Myriapoda.**
Chionaspis Euonymi (Spindle-tree Scale). **Scale Insects.**
Chlorita viridula. **Potato** (INSECT PESTS).
Chrysomelidæ. **Populus** (INSECT PESTS).
Chrysopa vulgaris (Golden Eyes). **Lacewing Flies.**
Cidaria fulvata (Barred Yellow Moth). **Rosa** (INSECTS).
Cladius Padi, C. pectinicornis. **Rose Sawflies.**
Cnethocampa processionea (Processionary Moth). **Web-forming Caterpillars.**
Coccidæ (Mealy Bug and Scale). **Scale Insects.**
Coccotorus scutellaris (Plum Gouger). **Plum** (INSECT PESTS).
Coccus adonidum. **Mealy Bug.**
Coccus Vitis. **Vine Scale Insects.**
Coleophora hemerobiella. **Pear** (INSECTS).
Coleoptera. **Beetles; Insects.**
Conotrachelus nenuphar (Plum Curculio). **Plum** (INSECT PESTS).
Cossus ligniperda. **Goat Moth.**
Crioceris Asparagi (Cross-bearer). **Asparagus Beetle.**
Crioceris merdigera. **Lily Beetle.**
Crœsia Bergmanniana. **Rosa** (INSECTS).
Crœsia holmiana. **Pear** (INSECTS).
Crustacea. **Oniscidæ.**

Hurtful—*continued.*

Cryptocampus angustus, C. pentandræ. **Salix** (INSECTS).
Curculionidæ. **Weevils.**
Cynipidæ (True Gall Flies). **Oak Galls; Rose Galls.**
Cynips aptera, C. Kollari. **Oak Galls.**
Dactylopius adonidum, D. destructor, D. longifilis. **Scale Insects.**
Dasychira fascelina (Dark Tussock Moth), D. pudibunda (Pale Tussock Moth or Hop Dog). **Tussock Moths.**
Deilephi'a Elpenor, D. Porcellus (Elephant Hawk Moth). **Vine Moths.**
Deltoides. **Snout Moths.**
Depressaria. **Flat-body Moth; Parsnip** (INSECTS).
Depressaria cicutella (Common Flat-body Moth). **Depressaria.**
Depressaria daucella. **Carrot-blossom Moth.**
Depressaria depressella. **Purple Carrot-seed Moth.**
Depressaria heracleana. **Parsnip-seed Moth.**
Dermaptera. **Earwigs.**
Diaspinæ. **Scale Insects.**
Diaspis ostreæformis (Pear Oyster-scale), D. Rosæ. **Scale Insects.**
Diastrophus Rubi. **Raspberry** (INSECTS).
Dicranura bicuspis (Alder Kitten), D. bifida (Poplar Kitten), D. furcula (Sallow Kitten), D. vinula (Puss Moth). **Puss Moth.**
Dictyopteryx contaminana. **Pear** (INSECTS).
Dineura stilata. **Hawthorn Caterpillars.**
Diplosis tremulæ. **Populus** (INSECT PESTS).
Diptera. **Insects.**
Ditula angustiorana. **Vine Moths.**
Diurni (Butterflies). **Insects; Lepidoptera.**
Dorcus parallelopipedus (Small Stag Beetle). **Lucanus cervus.**
Doryphora decemlineata (Colorado Beetle). **Potato Beetle.**
Dryophanta divisa, D. folii. **Oak Galls.**
Dryoteras terminalis (Oak-apple Gall Fly). **Oak Galls.**
Elateridæ (Snap Beetles, Spring Beetles, or Skipjacks). **Wireworms.**
Emphytus cinctus, E. melanarius, E. rufocinctus. **Rose Sawflies.**
Endopisa nigricana, E. proximana. **Pea** (INSECT PESTS).
Endrosis fenestrella. **Tineina.**
Eriocampa adumbrata, E. limacina (Pear or Plum Slugworm). **Hawthorn Caterpillars; Slugworms.**
Eriocampa annulipes, E. ovata. **Slugworms.**
Eriocampa Rosæ. **Rose Sawflies; Slugworms.**
Eupœcilia ambiguella. **Vine Moths.**
Eupteryx picta, E. Solani (Frog Hopper). **Potato** (INSECT PESTS).
Euura. **Willow Sawflies.**
Fenusa Pumilio. **Raspberry** (INSECTS).
Fenusa Ulmi. **Sawflies.**
Fidonia piniaria (Bordered White Moth). **Pinus** (INSECTS).
Forficula auricularia. **Earwigs.**
Formicidæ. **Ants.**
Geometrina (Looper Moths). **Moths.**
Geotrupes stercorarius (Dor Beetle). **Shard-borne Beetle.**
Grapholitha botrana. **Vine Moths.**
Grapholitha pisana, G. tenebrosana. **Pea** (INSECT PESTS).
Gryllidæ. **Crickets.**
Gryllotalpa vulgaris. **Mole Cricket.**
Gryllus campestris (Field Cricket), G. domesticus (House Cricket). **Crickets.**
Hadena oleracea. **Potherb Moths.**
Halia Wavaria (V Moth). **Ribes** (INSECTS).
Haltica. **Turnip Flea.**
Harpalus ruficornis (Ground Beetle). **Insects** (COLEOPTERA).
Hedya ocellana. **Pear** (INSECTS).
Heliazeu's Populi. **Populus** (INSECT PESTS).
Heliothrips adonidum, H. hæmorrhoidalis. **Thrips.**

Hurtful—*continued.*

Helix aspera (Common Snail), H. hortensis (Garden Snail), H. nemoralis, H. Pomatia. **Snails.**
Hemiptera Heteroptera, H. Homoptera. **Insects.**
Hepialus Humuli (Ghost Swift). **Otter Moth.**
Heterocera. **Insects; Lepidoptera.**
Heterodera radicicola. **Vine** (ANIMAL PESTS).
Heterodera Schachtii. **Nematoid Worms.**
Heteroptera (Plant Bugs). **Insects** (HEMIPTERA).
Homalomyia canicularis. **Radish** (INSECTS).
Homoptera. **Insects** (HEMIPTERA).
Hyalopterus Pruni. **Peach** (INSECT PESTS).
Hybernia aurantiaria (Scarce Umber Moth), H. defoliaria (Mottled Umber Moth). **Hybernia; Umber Moths.**
Hybernia leucophæaria (Spring Usher Moth), H. rupicapraria (Early Moth). **Hybernia.**
Hylesinus angustus, H. crenatus, H. Fraxini, H. palliatus, H. roligraphus, H. vittatus (Bark Beetles). **Scolytidæ.**
Hylesinus ater, H. opacus, H. piniperda. **Pine-bark Beetle; Scolytidæ.**
Hylobius Abietis. **Pine Weevils.**
Hylotoma enodis, H. gracilicornis, H. pagana, H. Rosæ. **Rose Sawflies.**
Hymenoptera. Insects.
Hypena rostralis (Buttoned Snout Moth). **Pyralis.**
Hyponomeuta padella (Small Ermine Moth). **Hawthorn Caterpillars.**
Ixodes erinaceus (Dog Tick). **Ticks.**
Ixodidæ. **Ticks.**
Julus guttulatus, J. terrestris. **Millipedes.**
Lachnus. **Pinus** (INSECTS).
Lampronia rubiella. **Raspberry** (INSECTS).
Lasioptera obfuscata (Wheat Midge). **Red Maggot.**
Lasioptera Rubi (Raspberry Midge). **Raspberry** (INSECTS).
Lasioptera Vitis (Vine Midge). **Vine Galls.**
Lecanium hesperidum. **Scale Insects.**
Lecanium Per-icæ (Peach Scale). **Peach** (INSECT PESTS).
Lecanium Vitis (Vine Scale). **Vine Scale Insects.**
Lema trilineata (Three-lined Leaf Beetle). **Potato** (INSECT PESTS).
Lepidoptera. Insects; Moths.
Leptus autumnalis (Harvest Bug). **Mites.**
Limax agrestis (Field Slug), L. arborum (Tree Slug), L. maximus (Great Slug), L. Sowerbii (Keeled Slug). **Slugs.**
Limax flavus. **Slugs; Yellow Slug.**
Lina Populi, L. Tremulæ. **Populus** (INSECT PESTS).
Liparis auriflua (Gold-tail Moth), L chrysorrhæa (Browntail Moth), L. monacha (Black Arches), L. Salicis (Satin Moth). **Liparis.**
Liparis dispar. **Gipsy Moth; Liparis.**
Lithocolletis. **Leaf-miners.**
Lobesia reliquana. **Vine Moths.**
Longicornia. **Musk Beetle.**
Lophyrus frutetorum, L. Pini, L. rufa, L. sertiferus, L. virens. **Pine Sawflies.**
Lozotænia rosana. **Pear** (INSECTS); **Rosa** (INSECTS).
Lucanus cervus. **Stag Beetle.**
Lyda campestris, L. Pyri. **Lyda.**
Lyda erythrocepha'a, L. nemorum, L. stellata. **Pine Sawflies.**
Lyda inanita. **Rose Sawflies.**
Lyda nemoralis. **Lyda; Peach** (INSECT PESTS).
Lyda punctata. **Hawthorn Caterpillars.**
Macrocnema exoleta. **Potato** (INSECT PESTS).
Mamestra Brassicæ. **Cabbage Moth; Mamestra.**
Melolontha vulgaris. **Cockchafers; May Bugs.**
Merodon clavipes, M. equestris. **Narcissus Fly.**
Microlepidoptera. **Moths.**
Mus decumanus (Brown or Norway Rat), M. Rattus (Black Rat). **Rats.**
Mus sylvaticus (Long-tailed Field Mouse). **Mice.**

SUPPLEMENT.

Hurtful—*continued.*
Myriapoda. Millipedes.
Mytilaspis pomorum. **Scale Insects.**
Mytilaspis Vitis. **Vine Scale Insects**
Myzus Persicæ. **Peach** (INSECT PESTS).
Myzus Ribis. **Ribes** (INSECTS).
Nænia typica (Gothic Moth). **Vine Moths.**
Nematus abbreviatus, N. bellus, N. gallarum, N. ischnocerus. N. herbaceæ, N. Salicis-cinereæ, N. vacciniellus, N. vesicator. **Nematus.**
Nematus appendiculatus, N. consobrinus. **Nematus; Ribes** (INSECTS).
Nematus gallicola, N. pedunculi. **Willow Sawflies.**
Nematus Ribesii. **Gooseberry and Currant Sawfly; Ribes** (INSECTS).
Nematus viminalis. **Salix** (INSECTS).
Nemeophila plantaginis (Wood Tiger Moth). **Tiger Moths.**
Nepticula. **Rosa** (INSECTS).
Neuroptera. **Insects.**
Neuroterus fumipennis, N. læviusculus, N. lenticularis (Oak Spangle Gall Flies), N. numismatis (Silky Button Oak Gall Fly). **Oak Galls.**
Noctua (Night Moths).
Noctuidæ. **Moths; Noctua.**
Notodontidæ. **Moths.**
Œnectra Pilleriana. **Vine Moths.**
Oniscidæ (Woodlice, or Slaters).
Oniscus asellus. **Oniscidæ.**
Orchestes Fagi, O. Quercus (Oak Weevil). **Orchestes.**
Orgyia antiqua (Vapourer Moth).
Orthoptera. **Insects.**
Otiorhynchus Ligustici. **Otiorhynchus; Peach** (INSECT PESTS).
Otiorhynchus picipes (Clay-coloured Vine Weevil, or Pitchy-legged Weevil), O. raucus, O. sulcatus (Black Vine Weevil), O. tenebricosus (Red-legged Garden Weevil). **Otiorhynchus.**
Oxyuris vermicularis. **Nematoid Worms.**
Pardia tripunctana. **Rosa** (INSECTS).
Pemphigus bursarius. **Pemphigus; Populus** (INSECT PESTS).
Pemphigus fuscifrons, P. lactucarius. **Lettuce** (INSECTS).
Pemphigus spirothecæ. **Populus** (INSECT PESTS).
Peronea aspersana, P. comparana (Strawberry-leaf Button Moths). **Strawberry** (INSECTS).
Peronea variegana. **Rosa** (INSECTS).
Phaedon Betulæ (Mustard Beetle).
Phalæna Wavaria (V Moth). **Ribes** (INSECTS).
Phorodon Humuli (Hop Aphis), P. Mahaleb. **Plum** (INSECT PESTS).
Phragmatobia fuliginosa (Ruby Tiger Moth). **Tiger Moths.**
Phratora vitellinæ (Willow-leaf Beetle).
Phyllobius oblongus, P. Pyri, P. viridicollis. **Phyllobius.**
Phyllopertha horticola (Bracken Clock, or Lesser May Bug). **May Bugs; Rosa** (INSECTS).
Phyllotreta concinna, P. consobrina? (Hop Flea), P. flexuosa, P. Lepidii, P. nemorum (Turnip Flea, or Turnip Fly), P. obscurella. **Turnip Flea.**
Phylloxera vastatrix. **Grape or Vine Louse.**
Physopoda. **Thrips.**
Phytomyza. Pea (INSECT PESTS).
Phytomyza Ilicis. **Holly-leaf Fly.**
Phytomyza nigricornis. **Phytomyza.**
Phytoptidæ (Gall Mites). **Mites; Pinus** (INSECTS); **Plum** (INSECT PESTS); **Populus** (INSECT PESTS).
Phytoptus Pyri. **Pear** (INSECTS).
Phytoptus Ribis. **Ribes** (INSECTS).
Phytoptus Vitis. **Vine** (ANIMAL PESTS).
Pieris Brassicæ (Large White Cabbage Butterfly), P. Rapæ (Small White Cabbage Butterfly). **Cabbage Caterpillars.**
Pionea forficalis (Garden Pebble Moth).

Hurtful—*continued.*
Piophila Apii (Celery-stem Fly).
Pissodes notatus, P. Pini. **Pine Weevils.**
Platypus cylindrus. **Oak** (INSECT PESTS).
Plusia Gamma (Silver-Y or Gamma Moth).
Plutella cruciferarum (Diamond-back or Turnip Moth).
Poecilosma candidatum. **Rosa** (INSECTS); **Rose Sawflies.**
Polydesmus complanatus. **Millipedes.**
Porcellio scaber (Woodlouse). **Oniscidæ.**
Pseudo-bombyces. **Moths.**
Psila Rosæ (Carrot Fly). **Carrot Grub; Parsnip** (INSECTS).
Psylla apiophila, P. Pyri (Pear Sucker), P. pyricola, P. simulans. **Pear.** (INSECTS).
Psylla Mali. **Psylla.**
Psylla pyrisuga. **Pear** (INSECTS); **Psylla.**
Pterophorina (Plume Moth). **Moths.**
Pygæra bucephala. **Buff-tip Moth.**
Pyralidina. **Moths.**
Pyralis rostralis (Hop Snout Moth).
Retinia Buoliana, R. duplana, R. occultana, R. pinicolana, R. resinana, R. turionana. **Retinia.**
Rhodites centifoliæ, R. Eglanteriæ, R. Mayri, R. Rosæ, R. rosarum (Rose Gall Insects), R. Spinosissimæ. **Rhodites; Rose Galls.**
Rhopalocera. **Moths.**
Rhopalosiphum Ribis. **Ribes** (INSECTS).
Rhynchites Alliariæ, R. Bacchus, R. Betuleti, R. bicolor, R. conicus. **Rhynchites.**
Rhynchites cupreus. **Plum** (INSECT PESTS); **Rhynchites.**
Rhynchophora. **Weevils.**
Rusina. **Noctua.**
Saperda carcharias, S. populnea. **Populus** (INSECT PESTS); **Saperda.**
Sarcoptes scabiei (Itch Mite). **Mites.**
Saturnia. **Moths.**
Schizoneura lanigera. **American Blight; Woolly Aphis.**
Scolytidæ (Bark Beetles).
Scolytus destructor, S. Geoffroyi, S. Pruni, S. pygmæus, S. Ratzeburgi. **Scolytidæ.**
Selandria Cerasi. **Slugworms.**
Selandria Rosæ. **Rose Sawflies.**
Selandria Vitis. **Vine Slug.**
Sesia apiformis (Hornet Clearwing Moth). **Populus** (INSECT PESTS).
Sesia bembeciformis (Willow Hornet Clearwing Moth), S. formicæformis (Red-tipped Clearwing Moth), S. vespiformis. **Sesia.**
Sesia myopæformis (Red-belted Clearwing Moth). **Pear** (INSECTS).
Sesia tipuliformis. **Currant Clearwing Moth.**
Silpha opaca. **Beet Carrion Beetle; Silpha.**
Siphonophora dirhoda, S. Rosæ, S. rosarum. **Rosa** (INSECTS).
Siphonophora Pisi. **Pea** (INSECTS).
Sirex gigas (Giant Sirex), S. juvencus (Steel-blue Sirex). **Sirex.**
Sitona crinita (Spotted Pea Weevil), S. lineata (Striped Pea Weevil). **Pea** (INSECT PESTS); **Sitona.**
Smerinthus ocellatus (Eyed Hawk Moth), S. Populi (Poplar Hawk Moth), S. Tiliæ (Lime Hawk Moth). **Sphingidæ.**
Spathegaster baccarum (Currant Gall Fly), S. Taschenbergi, S. vesicatrix (Oak Blister Gall Fly). **Oak Galls.**
Sphingidæ. **Moths.**
Sphinx Atropos. **Death's Head Moth; Potato** (INSECT PESTS).
Sphinx Ligustri (Privet Hawk Moth). **Sphingidæ.**
Spilonota roborata. **Rosa** (INSECTS).
Talpa europæa. **Mole.**
Termes lucifugus, T. ruficollis. **White Ants.**

Hurtful—*continued.*

Tenthredinidæ. Sawflies.
Tenthredo Cerasi. **Slugworms.**
Tephritis Onopordinis (Celery-leaf Miner). **Celery Fly; Parsnip** (Pests).
Tetranychidæ (Plant Mites). **Mites.**
Tetranychus (Harvest Bug). **Mites; Tetranychus telarius.**
Tetranychus telarius. Red Spider.
Thera coniferata, T. firmata (Pine Carpet Moth), T. juniperata, T. variata (Juniper Moth). **Juniper Moths.**
Thysanoptera. **Thrips.**
Tinea. **Tineina.**
Tineina. Moths.
Tipula maculosa, T. oleracea (Daddy Long Legs; larva called the Grub or Leather Jacket). **Crane Fly; Tipulidæ.**
Tipulidæ (Crane Flies).
Tischeria. **Rosa** (Insects).
Tomicus bidentatus, T. Laricis. **Pine Bark Beetles.**
Tortricina. Moths.
Tortrix angustiorana, T. heparana, T. icterana. **Tortrix.**

Hurtful—*continued.*

Tortrix Pilleriana, T. vitisana. **Tortrix; Vine Moths.**
Tortrix ribeana. **Pear** (Insects); **Tortrix.**
Tortrix viridana. **Oak** (Insect Pests); **Tortrix.**
Trachea piniperda (Pine Beauty Moth). **Pinus** (Insects); **Trachea.**
Tremex columba (Pigeon Tremex). **Tremex.**
Trichiosoma lucorum. **Sawflies.**
Tryphæna fimbria (Broad-bordered Yellow Underwing Moth), T. ianthina (Lesser Broad-bordered Yellow Underwing Moth), T. interjecta (Least Yellow Underwing Moth), T. Orbona (Lesser Yellow Underwing Moth), T. Pronuba (Common Yellow Underwing Moth), T. subsequa. **Tryphæna.**
Tychius quinquepunctatus. **Pea** (Insect Pests).
Tylenchus devastatrix, T. Dipsaci, T. Tritici. **Nematoid Worms.**
Typhlocyba Rosæ. **Rosa** (Insects).
Vanessa Antiopa (Camberwell Beauty Butterfly), V. polychloros (Great Tortoiseshell Butterfly). **Vanessa.**
Vespa vulgaris. **Wasps.**
Xyleborus dryographus. **Oak** (Insect Pests).
Zeuzera Æsculi. Leopard Moth.

SYNONYMS AND CROSS-REFERENCES.

DURING the progress of the DICTIONARY OF GARDENING, I have received many letters complaining that certain plants had not been mentioned in its pages. In the vast majority of cases, the plants quoted as omissions have appeared under their correct names; but the antiquated or absolutely incorrect names have, through various causes, been omitted. Frequently, too, it has happened that a plant well-known under some incorrect name should have been placed in a genus the initial letters of which had already been passed; in most of such cases, the information as to correct name is given in the body of the work—a case in point is *Anœctochilus Lowi*, which is really *Dossinia marmorata*. The cross-references in this list will enable correct names to be readily ascertained.

The genus *Areca* furnishes an example of another kind. The plants described in the Dictionary under this name are true Arecas, but in gardens and nurseries a number of widely different plants are included under the same generic name. Some difficulty might, therefore, arise in the case of those who are not aware of the great changes in nomenclature which have occurred amongst Palms, and some time would be lost in referring to the half-dozen genera mentioned as containing species formerly placed under *Areca*. The list of Synonyms and Cross-references will render it easy for anyone to arrive at the information they seek, *e.g., Areca Baueri* is referred to its proper genus — *Rhopalostylis; A. lutescens* to *Chrysalidocarpus; A. Verschaffelti* to *Hyophorbe*, &c.

Not unfrequently the correct name of a plant has been determined when too late to insert it after the garden name. *Aralia Chabrierii* is a case in point; this has not yet flowered in this country, and its real affinities might have remained obscure for an indefinite period, had not my colleague, Mr. Watson, noticing the resemblance between *Aralia Chabrierii* of the nurseries and a plant in a foreign botanic garden under the name of *Elæodendron*, carefully compared, on his return, the material he collected for the purpose, and proved the *Aralia Chabrierii* in question to be no Aralia at all, but *Elæodendron orientale*, a native of Mauritius, &c. (no origin was published in the nursery catalogues). This list contains many such corrections.

In order to economise space, when the specific name remains unchanged under another genus the cross-reference to the genus alone will be given. Synonyms and names of included genera to which reference is made are printed in italics.

GEORGE NICHOLSON.

Synonyms and Cross-references—*continued*.

Abama = Narthecium.
Abena = Stachytarpheta.
Abies includes *Keteleeria*.
 A. **Alcoquiana** = Picea ajanensis.
 A. **Kæmpferi** = Pseudolarix Kæmpferi.
 A. **polita**. Correct name is **Picea polita**.
Abronia = *Tricratus*.
Absinthium is included under **Artemisia**.
Abumon = Agapanthus.
Acacia includes *Farnesia*. The hardy deciduous tree so-called in gardens is **Robinia pseudacacia**.
 A. **Julibrissin** = Albizzia Julibrissin.
 A. **Lebbek**. Correct name is **Albizzia Lebbek**.
 A. **lophantha** = Albizzia lophantha.
 A. **Nemu** = Albizzia Julibrissin.
Acæna = *Ancistrum*.
Acajuba = Anacardium.
Acalypha = *Cupameni*.
Acanthephippium = Acanthophippium.
Acanthoglossum = Cœlogyne.
Acantholimon = *Armeriastrum*.
Acanthopanax ricinifolium is the correct name of *Aralia Maximowiczii*.
Acanthophippium = Acanthephippium.
Acanthorhiza aculeata = *Trithrinax aculeata*.
Acanthus includes *Dilivaria*.
Acer cissifolium = Negundo cissifolium.
Aceranthus diphyllus = Epimedium diphyllum.
Achillea includes *Ptarmica*.
Achimenes (= *Cyrilla* and *Trevirana*) includes *Dolichoderia*, *Eucodonia*, *Koërnickia*, *Locheria*, and *Scheeria*.
 A. **cupreata**. Correct name is **Episcia cupreata**.
 A. **ocellata** = Isoloma ocellatum.
 A. **picta** = Isoloma bogotense.
Achimenes (of Vahl) = Artanema.
Achras (in part) = Sideroxylon.
 A. **Sapota** is the correct name of *Sapota Achras*.
Achroanthes = Microstylis.
Achyranthes Verschaffeltii = Iresine Herbstii.
Achyronia is included under **Priestleya**.
Achyropappus is included under **Schkuhria**.
Acineta = *Neippergia*.
Acinos vulgaris = Calamintha Acinos.
Aciotis = *Spennera*.
Aciphylla = *Gingidium* (of Mueller).
Acis is now included under **Leucoium**.
 A. **grandiflorus**. Correct name is **Leucoium trichophyllum grandiflorum**.
 A. **roseus**. Correct name is **Leucoium roseum**.
 A. **trichophyllus**. Correct name is **Leucoium trichophyllum**.
Acisanthera = *Urantheta*.
Acmella is included under **Spilanthes**.
Acokanthera venenata = Toxicophlæa Thunbergii.

Acridocarpus = *Anomalopteris*.
Acroclinium is included, by Bentham and Hooker, under **Helipterum**.
Acronychia = *Cyminosma* and *Jambolifera*.
Acrophorus hispidus = Davallia Novæ-Zealandiæ.
Acrophyllum = *Calycomis* (of Don).
Acrossanthes = Vismia.
Acrostichum includes *Hymenolepis*, *Jenkinsia*, *Leptochilus*, *Macroplethus*, *Microstaphyla*, *Photinopteris*, *Pœcilipteris*, *Teratophyllum*.
 A. **tenuifolium** = *Lomaria tenuifolia*.
Actæa.
 A. **cimicifuga** = Cimicifuga elata.
 A. **cordifolia** = Cimicifuga cordifolia.
 A. **dioica** = Xanthorrhiza apiifolia.
 A. **gyrostachya** = Cimicifuga racemosa.
 A. **monogyna** = Cimicifuga racemosa.
 A. **orthostachya** = Cimicifuga racemosa.
 A. **palmata** = Trautvetteria palmata.
 A. **podocarpa** = Cimicifuga americana.
 A. **racemosa** = Cimicifuga racemosa.
Actinocarpus Damasonium. Correct name is **Damasonium stellatum**.
Actinolepis (= *Hymenoxys*) is the correct name of *Ptilomeris*.
Actinomeris = *Pterophyton*.
Actinophyllum = Sciadophyllum.
Actinostachys is included under **Schizæa**.
Actinotus = *Eriocalia*.
Acunna = Befaria.
Acyntha = Sanseviera.
Adamia.
 A. **cyanea**. Correct name is **Dichroa febrifuga**.
 A. **sylvatica**. Correct name is **Dichroa sylvatica**.
Adansonia = *Ophelus*.
Adenandra = *Glandulifolia*.
Adenilema = Neillia.
Adenophora = *Floërkea*.
Adenopodia = Entada.
Adenostyles = Zeuxina.
Adenotrichia is included under **Senecio**.
 A. **amplexicaulis** = Senecio Adenotrichia.
Adhatoda = *Duvernoia*.
Adhatoda (in part) = Justicia.
Adiantum includes *Hewardia*.
 A. **Farleyense** is a variety of *A. tenerum*.
Adike = Pilea.
Adina globifera is the correct name of *Nauclea Adina*.
Æchmea includes, according to Bentham and Hooker, *Canistrum*, *Echinostachys*, *Hohenbergia*, *Hoplophytum*, *Lamprococcus*, and *Pironneaua*.
 Æ. **Legrelliana** = Portea Legrelliana.
 Æ. **Ortgiesii**. Correct name is **Portea tillandsioides**.
Æcidium = Peridermium.
Ægiceras = *Malaspinæa*.
Ægilops = Triticum.
Æginetia (of Cavanilles) = Bouvardia.

Ægiphila = *Manabea*, *Omphalococca*.
Ægle sepiaria is the correct name of *Citrus trifoliata*.
Æonium is included under **Sempervivum**.
Aërides.
 A. **dasypogon** = Sarcanthus erinaceus.
 A. **Huttoni** = Saccolabium Huttoni.
 A. **maculosum**. Correct name is **Saccolabium speciosum**.
 A. **paniculatum** = Sarcanthus paniculatus.
 A. **rubrum** = Sarcanthus erinaceus.
 A. **testaceum** = Vanda parviflora.
 A. **Wightianum** = Vanda parviflora.
Ærobion eburneum = Angræcum eburneum.
Æschynomene aristata = Pictetia aristata.
Æsculus = *Hippocastanum*.
 Æ. **macrostachya** = Pavia alba.
 Æ. **parviflora** = Pavia alba.
 Æ. **Pavia** = Pavia rubra.
Æthionema coridifolium = *Iberis jucunda*.
Agallostachys = Bromelia.
Agalmyla = *Orithalia*.
Aganisia = *Koëllensteinia*.
Aganosma = *Ichnocarpus*.
Agapanthus = *Abumon*.
Agathis is the correct name of **Dammara**.
Agathomeris = Humea.
Agathotes = Swertia.
Agati is now included, by Bentham and Hooker, under **Sesbania**.
Agave includes *Littæa*.
Ageratum (= *Carelia*) includes *Cœlestina* (of Adanson).
 A. **latifolium** = Piqueria latifolia.
Aglæa = Melasphærula.
Agoseris = Troximon.
Agraphis.
 A. **nutans** = Scilla nutans.
 A. **paniculata** = Scilla hispanica.
Agriphyllum = Berkheya.
Agrostemma is now included, by Bentham and Hooker, under **Lychnis**.
Agrosticula = Sporobolus.
Agrostis = *Vilfa* (of Adanson).
Agrostis (in part) is included under **Sporobolus**.
 A. **spica-venti**. Correct name is **Apera spica-venti**.
Agylophora = Uncaria.
Ailantus flavescens = Cedrela sinensis.
Aiphanes = Martinezia.
Aira = *Fussia*.
 A. **flexuosa**. Correct name is **Deschampsia flexuosa**.
Ajax is included under **Narcissus**.
 A. **bicolor** = Narcissus Pseudo-Narcissus bicolor.
Ajuga includes *Chamæpithys*.
Alarconia = Wyethia.
Albikia = Hypolytrum.
Albina = Alpinia.
Albuca.
 A. **exuviata** = Urginea exuviata.
 A. **filifolia** = Urginea filifolia.
 A. **fugax** = Urginea fragrans.
 A. **Gardeni** = Speirantha convallarioides.
 A. **physodes** = Urginea physodes.

SUPPLEMENT.

Synonyms and Cross-references—*continued.*

Aldea = Phacelia.
Alectorolophus = Rhinanthus.
Alegria = Luhea.
Aletris = Stachyopogon.
Alfonsia = Elæis.
Alga = Zostera.
Algarobia is included under **Prosopis**.
Alibertia = *Cordiera*.
Alipsa = Liparis.
Alisma natans. Correct name is Elisma natans.
Allagoptera = Diplothemium.
Allamanda = *Orelia*.
Allantodia australe = Asplenium umbrosum.
Allium includes, according to Bentham and Hooker, *Nectaroscordum, Ophioscorodon, Porrum,* and *Schœnoprasum*.
   A. fragrans = Nothoscordum fragrans.
Allobrogia = Paradisia.
Allochlamys = Pleuropetalum.
Allophyllus = Schmidelia.
Alloplectus (= *Crantzia* and *Lophia*) includes *Heintzia* and *Macrochlamys*.
Almeidea = *Aruba*.
Alocasia.
   A. albo-violacea = Xanthosoma maculatum.
   A. argyroneura = Caladium Schomburgkii.
   A. erythræa = Caladium Schomburgkii Schmitzii.
   A. Johnstoni. Correct name is Cyrtosperma Johnstoni.
Aloe includes, according to Bentham and Hooker, *Bowiea* (of Haworth), *Pachidendron,* and *Rhipodendron*.
Alonsoa includes *Hemimeris* (of Humboldt, Bonpland, and Kunth).
Alophia, (= *Herbertia*) is the correct name of **Trifurcia**.
Aloysia is now included, by Bentham and Hooker, under **Lippia**.
Alpinia (= *Albina, Buekia, Catimbium, Galanga, Heritiera* of Retz, *Languas,* and *Martensia*) includes *Hellenia*.
Alsine is now included, by Bentham and Hooker, under **Arenaria**.
Alsophila includes *Lophosorus, Trichopteris,* and *Trichosorus*.
Altingiaceæ is included under **Hamamelideæ**.
Altora = Cluytia.
Alyssum includes *Berteroa, Meniocus, Odontarrhena, Psilonema,* and *Schivereckia*.
   A. maritimum = *Kœniga maritima*.
   A. spinosum = *Kœniga spinosa*.
   A. utriculatum = Vesicaria græca.
Amalias = Lælia.
Amaryllis.
   A. Atamasco = Zephyranthes Atamasco.
   A. aulica = Hippeastrum aulicum.
   A. candida = Zephyranthes candida.
   A. formosissima = Sprekelia formosissima.
   A. lutea = Sternbergia lutea.
   A. pratensis = Hippeastrum pratense.
   A. purpurea = Vallota purpurea major.

Amaryllis—*continued.*
   A. stellaris = Hessea stellaris.
   A. tubispatha = Zephyranthes tubispatha.
Amasonia punicea (of gardens) = *Taligalea punicea*. Correct name is **A. calycina**.
Amblyanthera = Mandevilla.
Amblyglottis = Calanthe.
Amelanchier = *Aronia* (in part).
Amianthium is included under Zygadenus.
Amischotolype = Forrestia.
Ammogeton is included under Troximon.
   A. scorzoneræfolium = Troximon glaucum dasycephalum.
Ammolirion = Eremurus.
Amorphophallus (= *Pythion*) should include *Brachyspatha, Conophallus, Corynophallus, Proteinophallus,* and *Tapeinophallus*.
   A. Lacouri. Correct name is Pseudodracontium Lacourii.
Ampelosicyos = Telfairia.
Amphiblestra is included under **Pteris**.
Amphicarpæa = *Cryptolobus*.
Amphidonax = Arundo.
Amphilobium = Amphilophium.
Amphion = Semele.
Amygdaleæ is included under **Rosaceæ**.
Amygdalopsis is included under **Prunus**.
   A. Lindleyi = Prunus triloba.
Anacardium = *Acajuba* and *Cassuvium*.
Anacharis = Elodea.
Anadenia Manglesii = Grevillea glabrata.
Ananas is the correct name of *Ananassa*.
Ananassa. Correct name is Ananas.
Ananthopus = Commelina.
Anapeltis.
   A. geminata = Polypodium geminatum.
   A. lycopodioides = Polypodium lycopodioides.
   A. venosa = Polypodium stigmaticum.
Anchistea is included under **Woodwardia**.
Anchusa = *Buglossum*.
Anchusopsis = Lindelofia.
Ancistrum = Acæna.
Ancylocladus = Willughbeia.
Andrensia = Myoporum.
Andromachia = Liabum.
Andromeda.
   A. acuminata = Leucothoë acuminata.
   A. arborea = Oxydendron arboreum.
   A. calyculata = Cassandra calyculata.
   A. campanulata = Enkianthus campanulatus.
   A. cassinæfolia = Zenobia speciosa.
   A. Catesbæi = Leucothoë Catesbæi.
   A. dealbata = Zenobia speciosa pulverulenta.
   A. fastigiata = Cassiope fastigiata.
   A. floribunda = Pieris floribunda.
   A. hypnoides = Cassiope hypnoides.
   A. japonica = Pieris japonica.
   A. paniculata = Lyonia ligustrina.
   A. pulverulenta = Zenobia speciosa pulverulenta.

Andromeda—*continued.*
   A. recurva = Leucothoë recurva.
   A. rigida = Lyonia ferruginea.
   A. speciosa = Zenobia speciosa.
   A. tetragona = Cassiope tetragona.
Androsace Vitaliana. Correct name is Douglasia Vitaliana.
Andryala = *Forneum*.
Anecochilus = Anœctochilus.
Aneilema = *Anilema* and *Aphylax*.
Anemia (of Nuttall) = Houttuynia.
Anemiopsis = Houttuynia.
Anemone includes *Hepatica* and *Pulsatilla*.
Anemopægma racemosum is the correct name of *Bignonia Chamberlaynii*.
Angelonia = Schelveria.
   A. cornigera is the correct name of *Physidium cornigerum*.
   A. Gardneri is the correct name of *Physidium Gardneri*.
Angiopteris includes *Psilodochea*.
Angræcum = *Ærobion*.
Ania = Tainia.
Anigosia = Anigozanthos.
Anigozanthos = *Anigosia* and *Schwægrichenia*.
Anilema = Aneilema.
Anisanthus splendens = Antholyza caffra.
Anisodus is included under **Scopolia**.
Anisolobus = Odontadenia.
Anisomeris = Chomelia.
Annesleæ = Calliandra.
Anœctochilus = *Anecochilus* and *Chrysobaphus*.
   A. argenteus = Physurus argenteus.
   A. a. pictus = Physurus pictus.
   A. lineatus = Zeuxina regia.
   A. Lowii. Correct name is Dossinia marmorata.
   A. nobilis = Physurus nobilis.
   A. pictus = Physurus pictus.
Anoma = Moringa.
Anomalopteris = Acridocarpus.
Anomorhegmia = Stauranthera.
Anona chrysopetala = Guatteria Ouregou.
Anonymo = Saururus.
Anoplanthus (in part) = Phelipæa.
Anoplophytum amœnum = Tillandsia pulchra amœna.
   A. incanum = Tillandsia Gardneri.
Antennaria margaritacea = Gnaphalium margaritaceum.
Anthemis includes *Chamomilla* (in part).
Anthericlis = Tipularia.
Anthericum (= *Phalangium*) includes *Liliago*.
   A. aloöides = Bulbine aloöides.
   A. annuum = Bulbine annua.
   A. Liliastrum. Correct name is Paradisia Liliastrum.
   A. plumosum = Bottionea thysanotoides.
   A. pomeridianum = Chlorogalum pomeridianum.
Anthodon is included under **Salacia**.
Antholyza = *Cunonia* (of Miller) and *Petamenes*.
   A. brevifolia = Antholyza caffra.
   A. fulgens = Watsonia angusta.
   A. Meriana = Watsonia Meriana.
   A. Merianella = Watsonia aletroides.
   A. rupestris = Antholyza caffra.
   A. spicata = Watsonia brevifolia.

Synonyms and Cross-references—*continued*.

Anthurium.
A. candidum = Spathiphyllum candidum.
A. Dechardi = Spathiphyllum cannæfolium.
A. Hookeri = Pothos acaulis.
A. Patini = Spathiphyllum Patini.

Anthyllis cretica = Ebenus cretica.

Anticlea is included under **Zygadenus**

Antidesmeæ is included under **Euphorbiaceæ.**

Antirrhineæ is included under **Scrophularineæ.**

Antirrhinum includes *Asarina*.

Antonia (of Brown) = **Rhynchoglossum.**

Antrophyum includes *Polytænium* and *Scoliosorus*.

Apalanthe = Elodea.

Apaturia is included under **Pachystoma.**

Apenula = Specularia.

Aphelandra (= *Hemisandra* and *Synandra*) includes, according to Bentham and Hooker, *Hydromestes* and *Strobilorachis*.
A. longiscapa (of gardens) = Thyrsacanthus strictus.

Aphylax = Aneilema.

Apiaceæ is included under **Umbelliferæ.**

Apiospermum = Pistia.

Aplopappus = Haplopappus.

Aplophyllum is included under **Ruta.**

Aplotaxis is included under **Saussurea.**

Aponogeton (= *Spathium*, of Edgworth) should include *Ouvirandra*.

Aporetica = Schmidelia.

Aquartia is included under **Solanum.**

Aquilarineæ is included under **Thymelæaceæ.**

Arabis includes *Stevenia* and *Turritis*.

Arachnanthe Lowei is the correct name of *Renanthera Lowei*.

Arachnimorpha = Rondeletia.

Arachnites (in part) = **Ophrys** (in part).

Aralia should include *Dimorphanthus*.
A. Chabrierii. Correct name is **Elæodendron orientale.**
A. crassifolia = Pseudopanax crassifolia.
A. Ghiesbreghtii = Monopanax Ghiesbreghtii.
A. papyrifera = Fatsia papyrifera.
A. platanifolia = Oreopanax platanifolia.
A. quinquefolia = Panax quinquefolium.
A. Sieboldii = Fatsia japonica.
A. splendidissima = Panax Murrayi.
A. Thibautii = Oreopanax Thibautii.
A. trifolia = Pseudopanax Lessonii.
A. xalapensis = Oreopanax xalapense.

Araucaria includes *Eutacta*.

Arauja.
A. albens is the correct name of *Physianthus albens*.
A. angustifolia is the correct name of *Physianthus megapotamicus*.

Arbutus.
A. alpina = Arctostaphylos alpina.
A. pilosa = Pernettya pilosa.
A. Uva-ursi = Arctostaphylos Uva-ursi.

Archontophœnix.
A. Alexandræ is the correct name of *Ptychosperma Alexandræ*.
A. Cunninghamiana is the correct name of *Ptychosperma Cunninghamiana*.

Arctio = Berardia.

Arctostaphylos should include *Comarostaphylis*.

Arctotis glutinosa = Dimorphotheca cuneata.

Ardisia = *Bladhia* and *Pyrgus*.

Arduina = Carissa.

Areca.
A. alba = Dictyosperma album.
A. aurea = Dictyosperma aureum.
A. Baueri = Rhopalostylis Baueri.
A. crinita = Acanthophœnix crinita.
A. erythropoda = Cyrtostachys Renda.
A. furfuracea = Dictyosperma furfuraceum.
A. gigantea = Pinanga ternatensis.
A. globosa = Calyptrocalyx spicatus.
A. gracilis = Dypsis pinnatifrons.
A. lutescens = Chrysalidocarpus lutescens.
A. monostachya = Bacularia monostachya.
A. montana = Prestoea montana.
A. Nibung = Oncosperma filamentosum.
A. nobilis = Nephrosperma Van Houtteanum.
A. Normanbyi = Ptychosperma Normanbyi.
A. pisifera = Dictyosperma furfuraceum.
A. rubra (of Bory) = Acanthophœnix rubra.
A. rubra (of gardens) = Dictyosperma rubrum.
A. sapida = Rhopalostylis sapida.
A. sechellarum = Stevensonia grandifolia.
A. speciosa = Hyophorbe amaricaulis.
A. tigillaria = Oncosperma filamentosum.
A. Verschaffelti = Hyophorbe Verschaffeltii.

Arenaria includes, according to Bentham and Hooker, *Alsine*, *Cherleria*, *Gouffeia*, *Minuartia*, and *Mœhringia*.

Arenbergia = Eustoma.

Arenga = *Gomutus* and *Saguerus*.

Argemone = Echtrus.

Argyrochæta = Parthenium.

Argyrophyton Douglasii = Argyroxyphium sandwicense.

Argyroxyphium = *Argyrophyton*.

Aria Hostii = Pyrus Chamæmespilus Hostii.

Arisarum proboscideum is the correct name of *Arum proboscideum*.

Aristomenia = Stifftia.

Aristotela = Othonna.

Aristotelea = Spiranthes.

Aristotelia = Friesia.

Armeniaca is now included, by Bentham and Hooker, under **Prunus.**

Armeria = *Statice* (in part).

Armeriastrum = Acantholimon.

Armoracia is included under **Cochlearia.**

Arnebia = *Dioclea*, *Meneghinia*, *Stenosolenium*, *Strobila*, *Toxostigma*.

Aroideæ is the correct name of *Araceæ*.

Aronia = Amelanchier.

Arracacha. Correct name is **Arracacia.**

Arracacia is the correct name of *Arracacha*.

Arrhostoxylum is included under **Ruellia.**

Artanema = *Achimenes* (of Vahl) and *Diceros*.

Artemisia includes *Absinthium*.

Arthrochilus = Drakæa.

Arthrophyllum = Phyllarthron.

Arthopteris tenella = Polypodium tenellum.

Arthrostemma = Heteronoma.

Arthrostemma (§ *Brachyotum*) = **Brachyotum.**

Arthrozamia = Encephalartos.

Artocarpus = *Polyphema*, *Radermachia*, *Rima*, and *Sitodium*.
A. Cannoni. Correct name is **Ficus Cannoni.**

Aruba = Almeidea.

Arum.
A. campanulatum = Amorphophallus campanulatus.
A. crinitum = Helicodiceros crinitus.
A. divaricatum = Typhonium divaricatum.
A. flagelliforme = Typhonium cuspidatum.
A. helleborifolium = Xanthosoma helleborifolium.
A. muscivorum = Helicodiceros crinitum.
A. orixense = Typhonium trilobatum.
A. proboscideum. Correct name is **Arisarum proboscideum.**
A. spirale = *Cryptocoryne spiralis*.
A. trilobatum = Typhonium divaricatum.
A. t. auriculatum = Typhonium divaricatum.
A. triphyllum = Arisæma triphylla.

Arundinaria = *Ludolfia*, *Macronax*, *Miegia*, and *Triglossum*.
A. Maximowiczii = Bambusa Maximowiczii.

Arundo = *Amphidonax*, *Donax*, and *Scolochloa*.

Arytera = Ratonia.

Asaphes = Morina.

Asarina is included under **Antirrhinum.**

Asarum = *Heterotropa*.
A. japonicum = *Heterotropa asaroides*.

Ascaricida is included under **Vernonia.**

Ascium = Norantea.

Asimina = *Orchidocarpum*.

Aspalathus includes *Sarcophyllus*.

Asparagus should include *Myrsiphyllum*.

Aspegrenia = Octomeria.

Asperifoliæ is included under **Boragineæ.**

Asphodeline = *Dorydium*.

Asphodelopsis = Chlorophytum.

Asphodelus.
A. tauricus = Asphodeline taurica.
A. tenuior = Asphodeline tenuior.

Aspidistra (= *Macrogyne*, and *Porpax* of Salisbury) includes *Plectogyne*.

Synonyms and Cross-references—*continued.*

Aspidium includes *Melanopteris* and *Phanerophlebia*.
A. truncatulum = **Didymochlæna lunulata.**
Asplenium includes *Callipteris, Lotzea, Oxygonium, Thamnopteris,* and *Triblemma*.
Astelma should be included under **Helipterum.**
A. canescens = **Helipterum canescens.**
A. speciosissimum. Correct name is **Helipterum speciosissimum.**
Aster (= *Pinardia*) includes, according to Bentham and Hooker, *Bellidiastrum, Diplopappus,* and *Tripolium*.
A. albescens = *Microglossa albescens*.
A. hispidus = **Heteropappus hispidus.**
Asteranthemum = **Smilacina.**
Asteridia = **Athrixia.**
Asteriscus (of Moench) = **Odontospermum.**
Asteriscus (of Schultz "Bipontinus") = **Pallenis.**
Asteropterus = **Leyssera.**
Asterostigma is included under **Staurostigma.**
Astilbe = *Hoteia*.
A. japonica variegata = *Spiræa reticulata*.
Astrocaryum.
A. Borsignyanum = **Stevensonia grandifolia.**
A. pictum = **Stevensonia grandifolia.**
Astroloma longiflorum is the correct name of *Stenanthera ciliata*.
Asystasia (= *Henfreya*) includes, according to Bentham and Hooker, *Dicentranthera* and *Mackaya*.
A. bengalensis is the correct name of *Thyrsacanthus indicus*.
Ataccia = **Tacca.**
Atalanta = *Peritoma* (now included under **Cleome**).
Atalanthus is included under **Sonchus.**
Atalantia (= *Chilocalyx*) includes, according to Bentham and Hooker, *Severinia*.
Athalmus = **Pallenis.**
Atherurus = **Pinellia.**
Athlianthus = **Justicia.**
Athrixia = *Asteridia*.
Athruphyllum = **Myrsine.**
Aubletia (of Gærtner) = **Sonneratia.**
Aubletia (of Loureiro) = **Paliurus.**
Audibertia (in part) = **Mentha.**
Augea (of Retzius) = **Lanaria.**
Aulacophyllum.
A. Ortgiesi = **Zamia Chigua.**
A. Skinneri = **Zamia Skinneri.**
Aulacospermum = **Pleurospermum.**
Aureliana (of Sendtner) = *Witheringia*. Correct name is now **Bassovia.**
Axillaria = **Polygonatum.**
Azalea procumbens = **Loiseleuria procumbens.**
Azeredia = **Cochlospermum.**
Babingtonia should be included under **Bæckea.**

Baconia = **Pavetta.**
Bactris Gasipaés = **Guilielma speciosa.**
Bacularia = *Linospadix*.
Badamia is included under **Terminalia.**
Bæckea should include *Babingtonia*.
Bæria = *Burrielia* (in part).
Bahia = *Phialis* and *Trichophyllum*.
Balanopteris = **Heritiera.**
Balantium (of Desvaux) = **Parinarium.**
Balbisia = *Cruckshanksia*.
Balbisia (of Willdenow) = **Tridax.**
Balfouria = **Wrightia.**
Balsamifluæ is included under **Hamamelideæ.**
Balsamina hortensis = **Impatiens Balsamina.**
Balsamita vulgaris = **Tanacetum Balsamita.**
Balsamodendron = *Commiphora* and *Heudelotia*.
Bambos = **Bambusa.**
Bambusa = *Bambos*.
B. gracilis = **Arundinaria falcata.**
B. Simonii = **Arundinaria Maximowiczii.**
Banksea = **Costus.**
Banksia (of Forster) = **Pimelea.**
Barbacenia squamata = **Vellozia squamata.**
Barbula = **Caryopteris.**
Barkeria Lindleyana. Correct name is **Epidendrum Lindleyanum.**
Barkhausia rubra = **Crepis rubra.**
Barlia is included under **Orchis.**
Barnadesia = *Xenophonta*.
Barnardia is included under **Scilla.**
Barosma = **Parapetalifera.**
Barraldeia = **Carallia.**
Barringtoniaceæ is included under **Myrtaceæ.**
Barrotia Pancheri = **Pandanus Pancheri.**
Bartlingia = **Plocama.**
Bartolina = **Tridax.**
Basela is another spelling of **Basella.**
Basella. *Basela* is another spelling.
Basilæa = **Encomis.**
Bassia = *Dasyaulus*.
Bassovia is the correct name of *Witheringia*.
Basteria = **Berkheya.**
Batatas is included under **Ipomœa.**
B. bignonioides. Correct name is **Ipomœa bignonioides.**
B. edulis. Correct name is **Ipomœa Batatas.**
Batemannia Beaumontii = **Zygopetalum Beaumontii.**
Batschia Gmelini = **Lithospermum hirtum.**
Beatonia purpurea = **Tigridia violacea.**
Beatsonia portulacifolia = **Frankenia portulacifolia.**
Beaufortia includes *Schizopleura*.
Beauharnoisia = **Tovomita.**
Becium is included under **Ocimum.**
Beera = **Hypolytrum.**
Beethovenia = **Ceroxylon.**
Befaria = *Acunna*.

Belamcanda = *Pardanthus*.
Belantheria = **Brillantaisia.**
Belenia = **Physochlaina.**
Belis = **Cunninghamia.**
Bellardia (of Schreber) = **Manettia.**
Bellidiastrum is included, by Bentham and Hooker, under **Aster.**
Bellinia = **Saracha.**
Belonites = **Pachypodium.**
Belvala = **Struthiola.**
Belvisia = **Napoleona.**
Belvisiaceæ is included under **Myrtaceæ.**
Bennetia = **Saussurea.**
Bentinckia Renda = **Cyrtostachys Renda.**
Benzoin is included under **Lindera.**
Berardia = *Arctio* and *Villaria*.
Berchemia = *Œnoplea*.
Berkheya (= *Agriphyllum, Basteria, Crocodiloides, Gorteria, Rohria,* and *Zarabellia*) includes *Stobœa*.
Berrebera = **Millettia.**
Berteroa is included under **Alyssum.**
Bertolonia primulæflora = **Monolena primulæflora.**
Besleria pulchella = **Tussacia pulchella.**
Bessera = *Pharium*.
Betonica.
B. hirsuta = **Stachys densiflora.**
B. officinalis = **Stachys Betonica.**
Biarum includes, according to Bentham and Hooker, *Ischarum*.
Bicorona = **Melodinus.**
Bidens = **Pluridens.**
Bifolium = **Maianthemum.**
Bigelovia (of Sprengel) = **Spermacoce.**
Bignonia.
B. grandiflora = **Tecoma grandiflora.**
B. incisa = **Tecoma stans apiifolia.**
B. Pandorea = **Tecoma australis.**
B. undulata = **Tecoma undulata.**
B. venusta = *Pyrostegia ignea*.
Billardiera = *Labillardiera*.
Billbergia.
B. bivittata = **Cryptanthus bivittatus.**
B. Brongniarti = **Portea kermesina.**
B. fasciata = **Æchmea fasciata.**
B. polystachys = **Æchmea distichantha.**
B. sphacelata = **Greigia sphacelata.**
Biota pendula = **Thuya orientalis pendula.**
Birchea = **Luisia.**
Blackburnia pinnata = **Zanthoxylum Blackburnia.**
Bladhia = **Ardisia.**
Blakea = *Valdesia*.
Blancoa (of Blume) = **Didymosperma.**
Blechnum includes *Salpichlæna*.
Bleekeria = **Ochrosia.**
Bletia = *Gyas* and *Thiebautia*.
B. Tankervilliæ = **Phaius grandifolius.**
B. Woodfordii = **Phaius maculatus.**
Bloomeria aurea = **Nothoscordum aureum.**
Blumenbachia (of Koeler) = **Sorghum.**

Synonyms and Cross-references—*continued*.

Blumia = *Saurauja*.
Bœhmeria = *Duretia* and *Splitgerbera*.
Bœnninghausenia albiflora is the correct name of *Ruta albiflora*.
Boldea = **Peumus**.
Bomarea = *Danbya* and *Vandesia*.
Bombax Gossypium = **Cochlospermum Gossypium**.
Bonapartea (of Willdenow) = *Littæa* (now included under **Agave**).
Bonaveria = **Securigera**.
Bonjeania is included under **Dorycnium**.
Bonnetia = *Kieseria*.
Boopideæ is included under **Calycereæ**.
Borago = *Borrago*.
B. orientalis = **Trachystemon orientalis**.
Borassus = *Lontanus*.
Borkhausenia = *Teedia*.
Borraginoides = *Trichodesma*.
Borrago = **Borago**.
Boscia = *Podoria*.
Bossiæa includes *Lalage*.
Boswellia = *Plœsslia*.
Bothriochilus = **Cœlia**.
Botryanthus is included under **Muscari**.
Botryodendron = **Meryta**.
Bottionea thysanotoides is the correct name of *Trichopetalum stellatum*.
Boucerosia = *Apteranthes*, *Desmidorchis*, and *Hutchinia*.
Bouchea includes *Chascanum*.
Bougainvillæa = *Josepha*.
Bouvardia = *Æginetia*.
Bowiea (of Haworth) is now included, by Bentham and Hooker, under **Aloe**.
Brabeium = *Brabyla*.
Brabyla = **Brabeium**.
Brachyachiris = **Gutierrezia**.
Brachychiton.
B. Bidwilli. Correct name is **Sterculia Bidwilli**.
B. diversifolium. Correct name is **Sterculia diversifolia**.
Brachylæna = *Oligocarpha*.
Brachyloma (of Hanstein) is included under **Isoloma**.
Brachyotum = *Arthrostemma* (§ *Brachyotum*).
Brachyrhynchos is included under **Senecio**.
B. albicaulis = **Senecio diversifolius pinnatifidus**.
Brachyris = **Gutierrezia**.
Brachyspatha should be included under **Amorphophallus**.
Bradleia is included under **Phyllanthus**.
Brahea edulis = **Erythea edulis**.
Brasenia peltata is the correct name of *Hydropeltis purpurea*.
Brassavola elegans = **Tetramicra rigida**.
Braunea (in part) = **Tiliacora**.
Bravoa = *Cœtocapnia*.
Brehmia = **Strychnos**.
Brexia = *Venana*.
Brignolia = **Isertia**.

Brillantaisia = *Belantheria* and *Leucorhaphis*.
Brocchia (of Mauri) = **Simmondsia**.
Brodiæa includes, according to Bentham and Hooker, *Calliprora*, *Hesperoscordum*, and *Triteleia*.
Bromelia = *Agallostachys*.
B. amazonica = **Disteganthus scarlatinus**.
B. bicolor = *Rhodostachys bicolor*.
B. carnea = **Rhodostachys andina**.
B. undulata = **Ananas macrodonta**.
Brongniartia includes *Peraltea*.
Brosimum = *Galactodendron* and *Piratinera*.
Brotera (of Cavanilles) = **Melhania**.
Brucea = *Nima*.
Brugmansia candida = **Datura arborea**.
Bruinsmania = **Isertia**.
Brunella is the correct name of *Prunella*.
Bryonopsis laciniosa = **Bryonia laciniosa**.
Bryophyllum = **Physocalycium**.
Bubania = **Limoniastrum**.
Bubon (of Linnæus) is included under **Seseli**.
Bucephalon = **Trophis**.
Buceras is included under **Terminalia**.
Buchingera = **Cuscuta**.
Buchosia = **Heteranthera**.
Buddleia = *Romana*.
Buekia = **Alpinia**.
Buena (of Pohl) = **Cosmibuena**.
Buettneria (= *Buttneria* and *Byttneria*) includes *Pentaceros*.
Buglossum = **Anchusa**.
Bulbinella is the correct name of *Chrysobactron*.
Bulbophyllum (= *Diphyes* and *Gersinia*) includes *Malachadenia*.
Bulbospermum = **Peliosanthes**.
Bulliarda is included under **Tillæa**.
Bulöwia = **Smeathmannia**.
Bumalda = **Staphylea**.
Buphthalmum includes *Telekia*.
Burchardia (of Duhamel) = **Callicarpa**.
Burgsdorffia = **Sideritis**.
Buroma Guazuma = **Guazuma ulmifolia**.
Burrielia = **Bæria**.
Bursera includes *Icica*.
Busbeckea = **Salpichroa**.
Buttneria = **Buettneria**.
Buxaceæ is included under **Euphorbiaceæ**.
Byttneria = **Buettneria**.
Caballeria = **Myrsine**.
Cacalia salicina = **Bedfordia salicina**.
Cacao = **Theobroma**.
Cacara = **Pachyrhizus**.
Cacoucia = *Schousbœa*.
Cactus.
C. phyllanthoides = **Phyllocactus phyllanthoides**.
C. Phyllanthus = **Phyllocactus Hookeri**.
Cadamba is included under **Guettarda**.

Cæsalpinia includes *Guilandina*.
C. lacerans = **Pterolobium indicum**.
C. pulcherrima = **Poinciana pulcherrima**.
Cætocapnia = **Bravoa**.
Cainito = **Chrysophyllum**.
Caladenia includes *Leptoceras*.
C. major = **Glossodia major**.
C. minor = **Glossodia minor**.
Caladium.
C. pedatum = **Philodendron laciniatum**.
C. petiolatum = **Anchomanes Hookeri**.
C. zamiæfolium = **Zamioculcas Loddigesii**.
Calamosagus = **Korthalsia**.
Calanchoë = **Kalanchoë**.
Calanthe = *Amblyglottis*, *Centrosis*, *Ghiesbreghtia*, *Preptanthe* and *Styloglossum*.
C. viridi-fusca = **Tainia latifolia**.
Calathea.
C. chimboracensis = **Maranta chimboracensis**.
C. colorata = **Phrynium coloratum**.
C. majestica = **Maranta ornata majestica**.
C. smaragdina = **Maranta smaragdina**.
Calceolaria includes *Jovellana*.
Caldcluvia = *Dieterica*.
Calea (of Gærtner) = *Neurolæna*.
C. aspera = **Melanthera deltoidea**.
Caleana = *Caleya*.
Calendula = *Caltha* (of Mœnch).
C. chrysanthemifolia = **Dimorphotheca chrysanthemifolia**.
C. graminifolia = **Dimorphotheca graminifolia**.
C. Tragus = **Dimorphotheca Tragus**.
Caleya = **Caleana**.
Caliphruria.
C. Hartwegiana. Correct name is **Eucharis Hartwegiana**.
C. subedentata. Correct name is **Eucharis subedentata**.
Calla = *Provenzalia*.
C. æthiopica = **Richardia africana**.
Callianassa = **Isoplexis**.
Calliandra = *Anneslea*.
Callicarpa = *Burchardia*, *Porphyra*, and *Spondylococca*.
Callichroa platyglossa. Correct name is **Layia platyglossa**.
Callicocca (of Schreber) = **Cephaëlis**.
Callicoma = *Calycomis*.
Callicornia = **Leyssera**.
Callicysthus = **Vigna**.
Calliglossa is included under **Layia**.
Calligonum = *Calliphysa*.
Calliphysa = **Calligonum**.
Calliprora is included, by Bentham and Hooker, under **Brodiæa**.
C. lutea = **Milla ixioides**.
Callirhoë.
C. digitata = **Nuttallia digitata**.
C. involucrata = **Malva involucrata**.
C. spicata = **Sidalcea malvæflora**.
Callista = **Dendrobium**.
Callistachys lanceolata = **Oxylobium Callistachys**.
Callistemon includes *Metrosideros* (in part).
Callithauma is included under **Stenomesson**.
Callixene polyphylla = **Luzuriaga erecta**.

Synonyms and Cross-references—*continued.*

Calobotrya is included under **Ribes**.
Calochortus = *Cyclobothra*.
Calodendron = *Pallasia* (of Houttuyn).
Calomeria = **Humea**.
Calopogon = *Cathea*.
Calosacme = **Chirita**.
Caloscordum nerinæflorum. Correct name is **Nothoscordum nerinifiorum**.
Calothamnus = *Billottia*.
Calpidia = **Pisonia**.
Caltha (of Mœnch) = **Calendula**.
Calycanthus præcox = **Chimonanthus fragrans**.
Calycium = **Heterotheca**.
Calycomis (of Brown) = **Callicoma**.
Calycomis (of Don) = **Acrophyllum**.
Calycostemma is included under **Isoloma**.
Calycothrix = **Calythrix**.
Calydermos (of Ruiz and Pavon) = **Nicandra**.
Calymenia = **Oxybaphus**.
Calyplectus = **Lafoënsia**.
Calypso = *Cytherea*, *Norna*, and *Orchidium*.
Calysaccion = **Ochrocarpus**.
Calythrix (also spelt *Calytrix*) = *Calycothrix*.
Calytrix. Another spelling of **Calythrix**.
Calyxhymenia = **Oxybaphus**.
Camassia = *Cyanotris* and *Sitocodium*.
Cambogia = **Garcinia**.
Cameraria dubia = **Wrightia dubia**.
Campanea includes **Capanea**.
Campanula.
  C. **aurea** = **Musschia aurea**.
  C. **capensis** = **Wahlenbergia capensis**.
  C. **capillaris** = **Wahlenbergia gracilis**.
  C. **gracilis** = **Wahlenbergia gracilis**.
  C. **hederacea** = **Wahlenbergia hederacea**.
Campsidium should be included under **Tecoma**.
  C. **chilense** = **Tecoma valdiviana**.
Campylanthera (of Hooker) = **Pronaya**.
  C. **Fraseri** = **Pronaya elegans**.
Campylia is included under **Pelargonium**.
Campylocentron is the correct name of *Todaroa*.
Campyloneuron rigidum = **Polypodium lucidum**.
Canala = **Spigelia**.
Canaria. See **Canarina**.
Canarina (*Canaria* is an erroneous rendering of the name) = *Pernettya* (of Scopoli).
Canarium = *Colophonia*.
Canavali = **Canavalia**.
Canavalia. Also spelt *Canavali*.
Candollea (of LabillarJière), in part = **Stylidium**.
Canella = *Winterana*.
Canicidia = **Rourea**.

Canistrum is now included, by Bentham and Hooker, under **Æchmea**.
Canscora (= *Cobamba* and *Pladera*) includes *Phyllocyclus*.
Canthium = **Plectronia**.
Capanea is included under **Campanea**.
Capia = **Lapageria**.
Capnorchis = **Dicentra**.
Capparis heteroclita = **Mærua oblongifolia**.
Caproxylon = **Hedwigia**.
Caraguata, according to Bentham and Hooker, includes *Massangea*.
  C. **serrata** = **Karatas Scheremetiewi**.
Carallia = *Barraldeia*, *Diatoma*, *Petalotoma*, and *Symmetria*.
Carapichea = **Cephaëlis**.
Carbenia benedicta is the correct name of *Cnicus benedictus*.
Cardamine includes *Dentaria* and *Pteroneuron*.
Cardamomum = **Elettaria**.
Carduncellus = *Onobroma* (of Gaertner).
Carelia = **Ageratum**.
Carica includes *Papaya* and *Vasconcellea*.
Carissa = *Arduina*.
  C. **Arduina** = *Arduina bispinosa*.
Carpolysa = *Hessea*.
Carpopogon = **Mucuna**.
Carum includes *Zizia*.
Carumbium (of Kurz) = **Sapium**.
Carumbium (of Reinwardt) = **Homalanthus**.
Caruncularia is included under **Stapelia**.
  C. **pedunculata** = **Stapelia lævis**.
Carya = *Hicorias* and *Scorias*.
Caryocar = *Rhizobolus*.
Caryopteris = *Barbula* and *Mastacanthus*.
Caryotaxus = **Torreya**.
Cascarilla grandiflora = **Cosmibuena obtusifolia latifolia**.
Casselia = **Mertensia**.
Cassida = **Scutellaria**.
Cassine = *Maurocenia*.
Cassiniaceæ is included under **Compositæ**.
Cassipoureæ is included under **Rhizophoreæ**.
Cassuvium = **Anacardium**.
Cassythaceæ is included under **Laurineæ**.
Castalia = **Nymphæa**.
Castaneaceæ is included under **Cupuliferæ**.
Castra = **Trixis**.
Catachætum = **Catasetum**.
Catakidozamia is included under **Macrozamia**.
Catappa is included under **Terminalia**.
Cataria = **Nepeta**.
Catasetum (= *Catachætum*) includes *Monachanthus*.
Catha = *Methyscophyllum* and *Trigonotheca*.
Cathea = **Calopogon**.
Catimbium = **Alpinia**.

Catopsis = *Pogospermum* and *Tussacia*.
Cattleya coccinea = **Sophronitis grandiflora**.
Ceanothus laniger = **Pomaderris lanigera**.
Cebatha = **Cocculus**.
Cedonophora = **Paliavana**.
Celosia = *Sukana*.
Celsia includes *Ianthe*.
Celtideæ is a tribe of **Urticaceæ**.
Centaurea includes *Cyanus* and *Plectocephalus*.
Centauridium = **Xanthisma**.
Centranthera is included under **Pleurothallis**.
Centranthus = *Kentranthus*.
Centrocarpa is included under **Rudbeckia**.
Centroclinium is included under **Onoseris**.
Centronia (of Don) = *Calyptraria*.
Centropogon surinamensis = *Siphocampylos surinamensis*.
Centrosis = **Calanthe**.
Ceodes = **Pisonia**.
Cephaëlis = *Callicocca*, *Carapichea*, *Cephaleis*, *Eurhotia*, *Evea*, and *Tapogomea*.
Cephalaria = *Lepicephalus* and *Succisa*.
Cephaleis = **Cephaëlis**.
Cephalina = **Sarcocephalus**.
Cephalotaxus.
  C. **pedunculata fastigiata** = *Podocarpus koraiana*.
  C. **tardiva** = **Taxus baccata adpressa**.
  C. **umbraculifera** = **Torreya grandis**.
Ceraia = **Dendrobium**.
Cerascidos is included under **Prunus**.
Cerasus includes *Laurocerasus*.
Ceratocaulos is included under **Datura**.
  C. **daturoides** = **Datura ceratocaula**.
Ceratocephalus is included under **Ranunculus**.
Ceratochilus (of Blume) is included under **Saccolabium**.
Ceratochilus (of Lindley) = **Stanhopea**.
Ceratodactylis osmundioides = **Llavea cordifolia**.
Ceratogynum = **Sauropus**.
Ceratolobus (in part) = **Korthalsia**.
Ceratostigma plumbaginoides = **Plumbago Larpentæ**.
Cerbera should include *Tanghinia*.
  C. **Ahouai** = **Thevetia Ahouai**.
  C. **dichotoma** = **Tabernæmontana dichotoma**.
  C. **Thevetia** = **Thevetia neriifolia**.
Cereus should include *Echinopsis* and *Pilocereus*.
  C. **latifrons** = **Phyllocactus latifrons**.
  C. **multiplex** = **Echinopsis multiplex**.
  C. **Phyllanthus** = **Phyllocactus Phyllanthus**.
  C. **Royeni** = **Pilocereus Curtisii**.
Ceriscus (of Nees) = **Webera**.
Ceropegia = *Systrepha*.

Synonyms and Cross-references—*continued.*

Ceroxylon = *Beethovenia* and *Klopstockia*.
C. niveum = *Diplothemium caudescens*.
Cervicina is included under **Wahlenbergia**.
Cestrum includes *Meyenia* (of Schlechtendal).
Ceterach is divided between **Asplenium** and **Gymnogramme**.
C. officinarum = **Asplenium Ceterach**.
Chadara = **Grewia**.
Chætachlæna is included under **Onoseris**.
Chætanthera includes *Proselia*.
Chætocalyx = *Rhadinocarpus*.
Chætochilus = **Schwenkia**.
Chætocladus = **Ephedra**.
Chætodiscus = **Eriocaulon**.
Chætospora is included under **Schœnus**.
Chaixia = **Ramondia**.
Chakiatella = **Wulffia**.
Chalcas = **Murraya**.
Chamæbatia foliolosa = **Spiræa Millefolium**.
Chamæbuxus is included under **Polygala**.
Chamæcistus (of S. F. Gray) = **Loiseleuria**.
Chamædorea includes *Morenia*.
C. Ghiesbreghtii = **Gaussia Ghiesbreghtii**.
Chamælaucium plumosum = **Verticordia Fontanesii**.
Chamæpithys is included under **Ajuga**.
Chamæranthemum.
C. igneum = *Stenandrium igneum*.
C. nitidum = **Ebermaiera nitida**.
Chamæriphes = **Chamærops**.
Chamærops = *Chamæriphes*.
C. excelsa = **Trachycarpus excelsus**.
C. Fortunei = **Trachycarpus excelsus**.
C. Hystrix = **Rhapidophyllum Hystrix**.
C. khasyana = **Trachycarpus khasyanus**.
C. Martianus = **Trachycarpus Martiana**.
C. Palmetto = **Sabal Palmetto**.
C. stauracantha = **Acanthorhiza aculeata**.
Chamæstephanum is included under **Schkuhria**.
Chamomilla (in part) is included under **Anthemis**.
Chasmanthium = **Uniola**.
Chavalliera Veitchii = **Æchmea Veitchii**.
Chayota = **Sechium**.
Cheilanthes includes *Myriopteris, Plecosorus,* and *Schizopteris*.
C. pulveracea = **Nothochlæna sulphurea**.
Cheiloplecton is included under **Pellæa**.
Cheilosandra = **Rhynchotechum**.
Cheiranthodendron = **Cheirostemon**.
Cheiranthus alpinus = **Erysimum alpinum**.
Cheiroglossa is included under **Ophioglossum**.

Cheirostemon = *Cheiranthodendron*. ORD. *Sterculiaceæ* (not *Malvaceæ*).
Cheirostylis marmorata. Correct name is **Dossinia marmorata**.
Chelonanthera (in part) = **Cœlogyne**.
Chelone.
C. centranthifolia = **Pentstemon centranthifolius**.
C. Digitalis = **Pentstemon lævigatus Digitalis**.
C. ruelloides = **Pentstemon barbatus**.
Cherleria is now included, by Bentham and Hooker, under **Arenaria**.
Chiazospermum is included under **Hypecoum**.
Chiliandra = **Rhynchotechum**.
Chiliophyllum (of De Candolle) is included under **Zaluzania**.
Chilocalyx (of Turczaninow) = **Atalantia**.
Chilodia is included under **Prostanthera**.
Chilostigma = **Ohlendorffia**.
Chiococca = *Siphonandra*.
Chirita (= *Calosacme*) includes *Liebigia*.
Chlamydostylis = **Nemastylis**.
Chlamysporum = **Thysanotus**.
Chlidanthus = *Coleophyllum*.
Chloöpsis = **Ophiopogon**.
Chlorophytum = *Asphodelopsis, Hartwegia,* and *Schidospermum*.
Choisya = *Juliana*.
Chomelia (of Jacquin) = *Anisomeris*.
Chomelia (of Linnæus) = **Webera**.
Chondrodendron tomentosum = **Pareira Brava**.
Chondrorhynca fimbriata = **Stenia fimbriata**.
Choretis is included under **Hymenocallis**.
C. glauca = *Hymenocallis Choretis*. The correct name is **Hymenocallis glauca**.
Choristes = **Deppea**.
Chorizema spartioides = **Isotropis striata**.
Chrysalidocarpus lutescens = *Hyophorbe Commersoniana* and *H. indica*.
Chrysanthemum includes *Ismelia*.
Chryseis = **Eschscholtzia**.
Chrysiphiala is included under **Stenomesson**.
Chrysobactron. The correct name is **Bulbinella**.
Chrysobaphus = **Anœctochilus**.
Chrysobotrya is included under **Ribes**.
Chrysophyllum = *Cainito* and *Nycterisition*.
C. imperiale = **Theophrasta imperialis**.
Chrysorrhoë is included under **Verticordia**.
Chrysostemma = **Coreopsis**.
Chrysothemis = **Tussacia**.
Chrysoxylon = **Pogonopus**.
Chthamalia = **Lachnostoma**.
Chylodia = **Wulffia**.
Ciconium is included under **Pelargonium**.
Cienfuegia = **Fugosia**.

Cienfugosia = **Fugosia**.
Ciliaria is included under **Saxifraga**.
Cinchona = *Kinkina*.
Cineraria = *Xenocarpus*.
C. gigantea = **Senecio Smithii**.
Cinnamomum should include *Camphora*.
C. Camphora is the correct name of *Camphora officinalis*.
Cipura = *Marica* (of Schreber).
C. martinicensis = **Trimezia martinicensis**.
Cirrhopetalum = *Hippoglossum* and *Zygoglossum*.
Cissus.
C. albo-nitens = **Vitis albo-nitens**.
C. amazonica = **Vitis amazonica**.
C. antarctica = **Vitis antarctica**.
C. chontalensis = **Vitis chontalensis**.
C. Davidiana = **Vitis Davidiana**.
C. japonica = **Vitis japonica**.
C. javalensis = **Vitis javalensis**.
C. Lindeni = **Vitis Lindeni**.
C. platanifolia = **Vitis Davidiana**.
C. porphyrophyllus = **Piper porphyrophyllum**.
C. rubricaulis = **Vitis Davidiana**.
C. viticifolia = **Ampelopsis serjanæfolia**.
Cistella = **Geodorum**.
Cistus includes *Halimium*.
Citronella = **Villaresia**.
Cladobium = **Scaphyglottis**.
Clappertonia = **Honckenya**.
Clarckia = **Clarkia**.
Clarionea = **Perezia**.
Clarkia (wrongly spelt *Clarckia*) includes *Phæostoma*.
Clavija = *Horta* and *Zacintha* (of Vellozo).
C. Reideliana = *Theophrasta macrophylla*.
Cleisostoma = *Pomatocalpa*.
Cleistes is included under **Pogonia**.
Cleitria = **Venidium**.
Clematis includes *Viorna* and *Viticella*. *Atragene* is merged in this genus by Bentham and Hooker.
Cleome lutea = **Peritoma aurea**.
Cleophora = **Latania**.
Clerodendron = *Volkameria*.
Clianthus = *Donia*.
Clidemia = *Staphidium* (for the most part).
Cliftonia ligustrina is the correct name of *Mylocaryum ligustrinum*.
Clintonia (of Rafinesque) = *Xeniatrum*.
Clitanthus is included under **Stenomesson**.
Clitoria (= *Nauchea*) includes *Ternatea*.
C. multiflora = **Vilmorinia multiflora**.
C. polyphylla = **Barbieria polyphylla**.
Clivia. Bentham and Hooker regard *Himantophyllum* and *Imantophyllum* as synonymous with this.
Clusieæ is a tribe of **Guttiferæ**.
Clutia = **Cluytia**.
Cluytia = *Altora*. *Clutia* is another spelling.
Clynostylis = **Gloriosa**.
Clypea = **Stephania**.
Cnemidia = **Tropidia**.

Synonyms and Cross-references—*continued.*

Cnidium = Selinum.
Cobamba = Canscora.
Coccocipsilum = Coccocypselum.
Coccocypselum (also spelt *Coccocipsilum*) = *Condalia, Lipostoma, Sicelium,* and *Tontanea.*
Coccoloba platyclada = Muehlenbeckia platyclada.
Cocculidium = Cocculus.
Cocculus = *Cebatha, Cocculidium, Epibaterium, Leæba,* and *Wendlandia* (of Willdenow).
Cochlearia includes *Armoracia.*
Cóchlospermeæ is included under Bixineæ.
Cochlospermum = *Azeredia, Maximiliana,* and *Wittelsbachia.*
Cocos Normanbyi = Ptychosperma Normanbyi.
Codonium = Schœpfia.
Cœlestina is now included under Ageratum.
Cœlia = *Bothriochilus.*
Cœloglossum is included under Habenaria.
Cœlogyne (= *Acanthoglossum* and *Chelonanthera*) includes *Neogyne.*
C. coronaria = Trichosma suavis.
Cœlostylis = Spigelia.
Coix = *Lithagrostis.*
Cola = *Lunanea* and *Siphoniopsis.*
Colbertia coromandelina = Dillenia pentagyna.
Colchicum montanum = Merendera Bulbocodium.
Coleophyllum = Chlidanthus.
Coleosporium is included under Peridermium.
Coleus barbatus = *Plectranthus Forskolei.*
Colladonia (of Sprengel) = Palicourea.
Collania (of Herbert) is included under Bomarea.
Collania (of Schultes) = Urceolina.
C. urceolata = Urceolina pendula.
Colophonia = Canarium.
Columella (of Vellozo) = Pisonia.
Coluria = *Laxmannia.*
Colysis membranacea = Polypodium hemionitideum.
Comarostaphylis should now be included under Arctostaphylos.
Comarum should now be included under Potentilla.
Comatoglossum = Talisia.
Combretum.
 C. grandiflorum = *Poivrea grandiflora.*
 C. purpureum = Poivrea coccinea.
Commelina = *Ananthopus, Erxlebia,* and *Hedwigia.*
Commianthus = Retiniphyllum.
Commiphora = Balsamodendron.
Compositæ = *Synanthereæ.*
Compsanthus = Tricyrtis.
Compsoa = Tricyrtis.
Conanthera = *Cumingia.*
Conchium = Hakea.
Condalia = Coccocypselum.
Conium Arracacha = Arracacha esculenta.
Conocarpus (of Adanson) = Leucadendron.

Conoclinium = Eupatorium.
Conophallus is included under Amorphophallus.
Conopharyngia is included under Tabernæmontana.
Conotrichia = Manettia.
Convallaria.
 C. bifolia = Maianthemum bifolium
 C. multiflora = Polygonatum multiflorum.
 C. Polygonatum = Polygonatum officinale.
 C. verticillata = Polygonum verticillatum.
Convolvulus includes *Rhodorhiza.*
 C. purpurea = Ipomœa purpurea.
Conyza = *Eschenbachia.*
Conyza, of Schultz "Bipontinus" (in part) = Pluchea.
Cookia (of Gmelin) = Pimelea.
Cooperia includes *Sceptranthus.*
Coprosma = *Marquisia.*
Corchorus = *Mœrlensia.*
Corcovadense crispum = Blechnum braziliense.
Cordiera = Alibertia.
Cordyline = *Tœtsia.*
Corema = *Euleucum, Oakesia* (of Tuckerman), and *Tuckermannia.*
Coreopsis = *Calliopsis, Chrysostemma,* and *Diplosastera.*
 C. ferulæfolia = Bidens ferulæfolia.
Correa = *Mazeutoxeron.*
Coryanthes speciosa = Gongora speciosa.
Corybas = Corysanthes.
Corydandra = Galeandra.
Corynophallus is now included, by Bentham and Hooker, under Amorphophallus.
Corypha = *Gembanga.*
Corysanthera = Rhynchotechum.
Corysanthes = *Corybas* and *Nematoceras.*
Cosmea = Cosmos.
Cosmibuena = *Buena.*
Cosmos = *Cosmea.*
Costus = *Banksea, Gissanthe, Hellenia, Jacuanga, Planera* (of Giseke), and *Tsiana.*
Coublandia = Muellera.
Crantzia (of Scopoli) = Alloplectus.
Craspedolepis = Restio.
Crassina = Zinnia.
Crassula now includes *Dasystemon, Globulea, Kalosanthes, Septas* (of Linnæus), and *Turgosea. Rochea* should not be included here.
 C. jasminea. Correct name is Rochea jasminea.
 C. odoratissima = Rochea odoratissima.
 C. versicolor. Correct name is Rochea versicolor.
Cratægus.
 C. arbutifolia = Photinia arbutifolia.
 C. Chamæmespilus = Pyrus Chamæmespilus.
 C. glabra = Photinia serrulata.
 C. Hostii = Pyrus Chamæmespilus Hostii.
Craterostigma pumilum is the correct name of *Torenia auriculæfolia.*
Crawfurdia = *Crawfurdieæ, Golownnia, Pterygocalyx,* and *Tripterospermum.*

Crawfurdieæ = Crawfurdia.
Crepidaria = Pedilanthus.
Crepidium = Microstylis.
Crepis.
 C. barbata = Tolpis barbata.
 C. macrorhiza = Tolpis macrorhiza.
Crinita (of Houttuyn) = Pavetta.
Crinonia = Pholidota.
Criosanthes = Cypripedium.
Crociris = Crocus.
Crocodiloides = Berkheya.
Crocus = *Crociris.*
Crotalaria floribunda = Viborgia obcordata.
Croton includes *Tiglium.*
Cryptanthus = *Pholidophyllum.*
Cryptocoryne = *Myrioblastus.*
Cryptolobus (in part) = Amphicarpæa.
Cryptolobus (in part) = Voandzeia.
Cryptophragmia = Gymnostachyum.
Cryptosaccus = Leiochilus.
Cryptosanus = Leiochilus.
Cryptosorus is included under Polypodium.
Cryptostachys = Sporobolus.
Cryptostemma (= *Cynotis*) includes *Microstephium.*
Cryptostylis is the correct name of *Zosterostylis.*
Cubæa = Tachigalia.
Cubeba is included under Piper.
Cucifera = Hyphæne.
Cucullaria = Vochysia.
Cucurbitaceæ = *Nandirhobeæ.*
Cudrania triloba is the correct name of *Maclura tricuspidata.*
Cumingia = Conanthera.
Cuncea = Knoxia.
Cunina = Nertera.
Cunninghamia = *Belis* and *Raxopitys.*
Cunonia (of Miller) = Antholyza.
Cupameni = Acalypha.
Cuphea includes *Melvilla.*
Cupia (for the most part) = Randia.
Cuprespinnata = Taxodium.
Cupresstellata = Fitzroya.
Cupressus thyoides = Chamæcyparis sphæroidea.
Curculigo = *Empodium, Fabricia* (of Thunberg), and *Forbesia.*
Curcuma = *Erndlia* and *Stissera.*
Curmeria is included under Homalomena.
Cuscuta = *Buchingera, Cuscutina, Cussutha, Engelmannia, Epilinella, Grammica, Lepidanche, Monogynella, Pfeifferia,* and *Succuta.*
Cuscutina = Cuscuta.
Cuspidaria is included under Tænitis.
Cussutha = Cuscuta.
Cyamus = Nelumbium.
Cyananthus (of Griffiths) = Stauranthera.
Cyanotis (= *Tonningia* and *Zygomenes*) includes *Erythrotis.*
 C. cristata = Tradescantia cristata.
 C. vittata = Zebrina pendula.

Synonyms and Cross-references—*continued.*

Cyanotris = Camassia.
Cyanus is included under **Centaurea**.
Cyathea includes *Metaxya*.
  C. sinuata = Schizocæna sinuata.
  C. Smithii = Hemitelia Smithii.
Cyathostyles = Cyphomandra.
Cybele (of Salisbury) = **Stenocarpus**.
Cybelion = Ionopsis.
Cyclobothra = Calochortus.
Cyclogyne is included under **Swainsona**.
Cyclopogon = Spiranthes.
Cycnoches.
  C. barbatum. Correct name is **Polycycnis barbata**.
  C. musciferum. Correct name is **Polycycnis muscifera**.
Cycoctonum roseum = Cynanchum roseum.
Cydonia is included, by Bentham and Hooker, under **Pyrus**.
Cylicadenia = Odontadenia.
Cymation = Ornithoglossum.
Cymbidium = *Iridorchis*.
Cymburus = Stachytarpheta.
Cyminosma = Acronychia.
Cynanchum = *Diploglossis, Endotropis,* and *Symphyoglossum.*
  C. minus = Vincetoxicum fuscatum.
  C. nigrum = Vincetoxicum nigrum.
  C. pilosum = Vincetoxicum pilosum.
  C. suberosum = Gonolobus suberosus.
  C. Vincetoxicum = Vincetoxicum officinale.
Cynocrambe = Thelygonum.
Cynotis = Cryptostemma.
Cypella (= *Polia*) includes *Phalocallis*.
  C. brachypus = Marica brachypus.
  C. plumbea = *Phallocallis plumbea*.
Cyperus includes *Trentepohlia.*
  C. Papyrus is the correct name of *Papyrus antiquorum.*
Cyphomandra = *Cyathostyles* and *Pallavicinia.*
Cyphonema = Cyrtanthus.
Cypripedium = *Criosanthes*. Several plants formerly included here are now classed under **Selenipedium**.
  C. Reichenbachianum = Selenipedium longifolium.
Cyrilla (of L'Héritier) = **Achimenes**.
Cyrta = Styrax.
Cyrtandraceæ is included under **Gesneraceæ**.
Cyrtanthera is included, by Bentham and Hooker, under **Jacobinia**.
Cyrtanthus = *Cyphonema, Eusipho, Gastronema, Monella,* and *Timmia*.
Cyrtanthus (of Schreber) = **Posoqueria**.
Cyrtoceras multiflorum. Correct name is **Hoya multiflora**.
Cyrtochilum.
  C. citrinum. Correct name is **Oncidium citrinum**.
  C. maculatum. Correct name is **Oncidium maculatum**.
Cyrtodeira is included under **Episcia**.

Cyrtomium is included under **Aspidium**.
  C. caryotideum = Aspidium falcatum caryotideum.
  C. Fortunei = Aspidium falcatum Fortunei.
Cyrtopodium = *Tylochilus.*
Cyrtosia = Galeola.
Cystanthe is included under **Richea**.
Cystidianthus = Physostelma.
Cystopteris spinulosa = Asplenium spinulosum.
Cytherea = Calypso.
Cytisus includes *Spartothamnus.*
Czackia = Paradisia.
Dacrydium = *Lepidothamnus.*
  D. tetragonum = Microcachrys tetragona.
Dactylostyles = Zygostates.
Dalechampia includes *Rhopalostylis.*
Dalibarda is now included under **Rubus**.
  D. fragarioides = Waldsteinia fragarioides.
  D. repens. Correct name is **Rubus Dalibarda**.
Dalrymplea = Turpinia.
Damasonium (of Schreber) = **Ottelia**.
Dammara. Correct name is **Agathis**.
Danaa = Physospermum.
Danaë racemosa is the correct name of *Ruscus racemosus.*
Danbya = Bomarea.
Daphne includes *Mezereum.*
Daphniphyllaceæ is included under **Euphorbiaceæ**.
Daphnoideæ is included under **Thymelæaceæ**.
Darwinia = *Polyzone.*
Dasyaulus = Bassia.
Dasystemon (of De Candolle) is included under **Crassula**.
Davallia includes *Odontosoria, Saccoloma,* and *Synaphlebium.*
Decaisnea (of Brongniart) = **Prescottia**.
Decaisnea (of Lindley) = **Tropidia**.
Decaspermum = Nelitris.
Decaspora = Trochocarpa.
Demidovia = Tetragonia.
Dendrium = Leiophyllum.
Dendrobium = *Callista, Ceraia, Desmotrichum, Onychium* (of Blume), and *Pedilonum.*
Dendrochilum (in part) = **Platyclinis**.
  D. squalens = Xylobium squalens.
  D. vestitum = Eria vestita.
Dendrocolla = Sarcochilus.
Dendrolirium = Eria.
Denhamia = Culcasia.
Dennstædtia is included under **Dicksonia**.
Dentaria should be included under **Cardamine**.
Dentidia = Perilla.
Descantaria is included under **Tradescantia**.
Desmidorchis = Boucerosia.
Desmochæta is included under **Pupalia**.
Desmotrichum = Dendrobium.

Diacrium bicornutum is the correct name of *Epidendrum bicornutum.*
Dianella = *Rhuacophila.*
Dianthera (= *Beloperone* in part and *Rhytiglossa*) includes *Porphyrocoma.*
Diapensia barbulata = **Pyxidanthera barbulata**.
Diasia = *Melasphærula.*
Diastella = Leucospermum.
Diastemanthe = Stenotaphrum.
Diatoma = Carallia.
Dicentranthera is included, by Bentham and Hooker, under **Asystasia**.
Diceros (of Persoon) = **Artanema**.
Dichæa = *Fernandezia* (in part).
Dichopsis gutta = Isonandra gutta.
Dichorisandra = *Stickmannia.*
Dichosema is included under **Mirbelia**.
Dichroma (of Cavanilles) = **Ourisia**.
Dicksonia includes *Leiopleura* and *Patania.*
Dictyanthus = *Rytidoloma.*
Dictyopteris macrodonta = Polypodium macrodon.
Didymocarpus Rexii = Streptocarpus Rexii.
Didymochlæna includes *Sphærostephanos.*
Didymosperma = *Blancoa.*
Diellia is included under **Lindsaya**.
Dierama.
  D. pendula is the correct name of *Sparaxis pendula.*
  D. pulcherrima is the correct name of *Sparaxis pulcherrima.*
Dieterica = Caldcluvia.
Digitalis.
  D. canariensis = Isoplexis canariensis.
  D. sceptrum = Isoplexis sceptrum.
Dilivaria is included under **Acanthus**.
Dillwynia pungens = Eutaxia pungens.
Dimocarpus (in part) = **Nephelium**.
Dimorphanthus should be included under **Aralia**.
Dinetus = Porana.
Diosma obtusa = Macrostylis squarrosa.
Diotis = *Otanthus.*
Dipcadi = *Polemannia, Tricharis,* and *Zuccagnia.*
  D. serotina = *Lachenalia serotina.*
Diphyes = Bulbophyllum.
Dipladenia flava = Urechites suberecta.
Diplazium.
  D. decurrens = Asplenium maximum.
  D. umbrosum = Asplenium radicans.
Diplecthrum = Satyrium.
Diplocalyx = Mitraria.
Diplochita is included under **Miconia**.
Diplocoma = Heterotheca.
Diplodium = Pterostylis.
Diplogastra = Platylepis.
Diploglossis = Cynanchum.

SUPPLEMENT.

Synonyms and Cross-references—*continued.*

Diplonema elliptica = Euclea polyandra.
Diplonyx = Wistaria.
Diplophyllum is included under Veronica.
Diplosastera = Coreopsis.
Diplothemium = *Allagoptera.*
Dipodium (now the correct name) = *Wailesia.*
Disandra = Sibthorpia.
Disarrenum = Hierochloë.
Discocapnos is included under Fumaria.
Diselma = Fitzroya.
Disemma aurantia = Passiflora Banksii.
Disporum = *Drapieza.*
Dissochroma viridiflora = Dyssochroma viridiflora.
Distrepta = Tecophilæa.
Dolichos.
  D. luteolus = Vigna glabra.
  D. sinensis = Vigna Catiang.
Dombeya (of La Marck) = Araucaria.
Dombeya (of L'Héritier) = Tourretia.
Donax = Arundo.
Dondisia (of De Candolle) = Plectronia.
Dondisia (of Reichenbach) = Hacquetia.
Donia (of G. Don) = Clianthus.
Donia (of R. Brown) = Grindelia.
Doodia (of Roxburgh) = Uraria.
Dorcoceras = Bæa.
Doria (of Adanson) = Solidago.
Doria (of Lessing) is included under Othonna.
Doronicum Clusii = Arnica Clusii.
Dorstenia = *Kosaria* and *Sychinium.*
Dorydium = Asphodeline.
Doryopteris nobilis = Pteris elegans.
Douma = Hyphæne.
Dracæna = *Pleomele* and Terminalis.
  D. phrynioides = *Phrynium maculatum.*
  D. stricta = Cordyline stricta.
Dracocephalum.
  D. canariense = Cedronella triphylla.
  D. cordatum = Cedronella cordata.
  D. denticulatum = Physostegia virginiana denticulata.
  D. variegatum = Physostegia virginiana.
Dracontium now includes *Echidnium* and *Godwinia.*
Drakæa = *Arthrochilus.*
Drapieza = Disporum.
Drepanocarpus = *Sommerfeldtia.*
Drimia.
  D. acuminiata = Scilla lancæfolia.
  D. altissima = Urginea altissima.
  D. apertiflora = Scilla lorata.
  D. Cooperi = Scilla concolor.
  D. lancæfolia = Scilla revoluta.
  D. lanceolata = Scilla lanceolata.
Drimophyllum = Umbellularia.
Drimys includes *Tasmannia.*
Drummondia mitelloides = Mitella pentandra.
Dryandra = *Josephia.*
Duania = Homalanthus.

Dubreuilia = Pilea.
Duchekia = Palisota.
Duchola = Omphalea.
Dulia = Ledum.
Dumerilia (of Lessing) is included under Perezia.
Duperreya = Porana.
Duretia = Bœhmeria.
Duvalia Corderoyi = Stapelia Corderoyi.
Duvernoia = Adhatoda.
Dysoda = Serissa.
Dyssochroma.
  D. eximia is the correct name of *Juanulloa eximia.*
  D. viridiflora is the correct name of *Solandra viridiflora.*
Earlia = Graptophyllum.
E. excelsa = Graptophyllum Earlii.
Ecballium Elaterium = Momordica Elaterium.
Echinacea.
  E. angustifolia. Correct name is Rudbeckia pallida.
  E. purpurea. Correct name is Rubus purpurea.
Echinostachys (of Brongniart) is included under Æchmea.
Echinostachys (of E. Meyer) = Pycnostachys.
Echioides = Nonnea.
Echiopsis = Lobostemon.
Echites.
  E. nutans = Prestonia venosa.
  E. suberecta = Urechites suberecta.
Echtrus = Argemone.
Eckardia = Peristeria.
Eclopes = Relhania.
Edwardsia.
  E. chilensis = Sophora macrocarpa.
  E. Macnabiana = Sophora tetraptera microphylla.
  E. microphylla = Sophora tetraptera microphylla.
Egeria = Elodea.
Eichhornia crassipes = Pontederia azurea.
Elæagnus = *Lepargyræa.*
Elæis = *Alfonsia.*
Elæodendron includes *Portenschlagia.*
  E. Argan = Argania Sideroxylon.
  E. orientale is the correct name of *Aralia Chabrieri.*
Elate = Phœnix.
Electrosperma = Eriocaulon.
Elephantusia = Phytelephas.
Elettaria = *Cardamomum.*
Elichrysum proliferum = Phænocoma prolifera.
Elisena = *Liriope* and *Liriopsis.*
Elisma natans is the correct name of *Alisma natans.*
Elodea = *Anacharis, Apalanthe, Egeria,* and *Udora.*
Elodea (of Spach) is included under Hypericum.
Emericia = Vallaris.
Empodium = Curculigo.
Empusa is included under Liparis.
Enantiosparton is included under Genista.
Enargea = Luzuriaga.
Encephalartos = *Arthrozamia.*
  E. Ghellinckii = Zamia Ghellinckii.
  E. villosus = Zamia villosa.

Encholirion.
  E. corallinum = Tillandsia corallina.
  E. roseum = Tillandsia corallina rosea.
  E. sanguinolenta = Tillandsia sanguinolenta.
  E. Saundersii = Tillandsia Saundersii.
Encyclia = Polystachya.
Endera = Taccarum.
  E. conophalloidea = Taccarum peregrinum.
Endotropis = Cynanchum.
Enemion is included under Isopyrum.
Engelmannia = Cuscuta.
Enodium = Molinia.
Eopepon is included under Trichosanthes.
  E. vitifolius = Trichosanthes Kirilowii.
Ephedra = *Chætocladus.*
Ephemerum = Tradescantia.
Epibaterium = Cocculus.
Epidendrum includes *Physinga.*
  E. diffusum = Seraphyta diffusa.
  E. Liliastrum = Sobralia Liliastrum.
  E. tibicinis = Schomburgkia tibicinis.
Epilinella = Cuscuta.
Epipactis cucullata = Eriochilus autumnalis.
Epiphanes (of Blume) = Gastrodia.
Epiphyllum Phyllanthus = Phyllocactus Phyllanthus.
Episcia tessellata = Centrosolenia bullata.
Eranthemum.
  E. coccineum = Thyrsacanthus strictus.
  E. indicum = Thyrsacanthus indicus.
Eremophila.
  E. Brownii is the correct name of *Stenochilus glaber.*
  E. maculata is the correct name of *Stenochilus maculatus.*
Eremurus = *Ammolirion* and *Henningia.*
Eria (= *Dendrolirium, Octomeria* of Don, and *Pinalia*) includes *Porpax* (of Lindley).
  E. coronaria = Trichosma suavis.
  E. suavis = Trichosma suavis.
Erianthus = *Ripidium.*
Erica includes *Pachysa* and *Syringodea.*
  E. orbicularis = Blæria ericoides.
  E. sicula = Pentapera sicula.
Erigeron includes *Phalacroloma* and *Polyactidium.*
Erinacea hispanica = Anthyllis erinacea.
Erinus lychnidea = Zaluzianskia lychnidea.
Eriobotrya is included under Photinia.
Eriocalia = Actinotus.
Eriocarpha = Montanoa.
Eriocaulon = *Chætodiscus, Electrosperma, Lasiolepis, Leucocephala, Nasmythia, Randalia, Sphærochloa,* and *Symphachne.*
Eriogonum = *Espinosa.*
Eriopappus = Layia.
Eriophorum (= *Linagrostis*) includes *Trichophorum.*

THE DICTIONARY OF GARDENING.

Synonyms and Cross-references—*continued*.

Eriostomum=Stachys.
Erndlia=Curcuma.
Erodendron=Protea.
Erpetion is included under Viola.
  E. reniforme=Viola hederacea.
Erxlebia=Commelina.
Erythrodanum=Nertera.
Erythrodes=Physurus.
Erythrorhiza=Galax.
Erythrotis is included under Cyanotis.
Erythroxylon (= *Steudelia*, of Sprengel) includes *Sethia*.
Escallonia=*Vigiera*.
Eschenbachia=Conyza.
Escheria=Gloxinia.
Espinosa=Eriogonum.
Ethanium=Renealmia.
Euchlæna=*Reana*.
Eucnemis=Govenia.
Eucomis=*Basilæa*.
Eudolon=Strumaria.
Eugenia includes *Syzygium*.
  E. orbiculata=Myrtus orbiculata.
Euleucum=Corema.
Eulophia=*Orthochilus*.
  E. Mackaiana = Zygopetalum Mackayi.
  E. streptopetala = Lissochilus streptopetala.
Euosma=Logania.
Euphorbia (=*Tithymalus*) includes *Treisia*.
Euphoria (in part)=Nephelium.
Eurhotia=Cephaëlis.
Euryandra=Tetracera.
Eurycles=*Proiphys*.
Euryops pectinatus is the correct name of *Othonna pectinata*.
Eusipho=Cyrtanthus.
Eustephia coccinea = Phædranassa rubro-viridis.
Eustoma = *Urananthus*.
  E. exaltatum=*Lisianthus exaltatus*.
  E. Russellianum=*Lisianthus Russellianus*.
Eustylis=Nemastylis.
Eutacta is, by Bentham and Hooker, included under Araucaria.
Eutaxia empetrifolia is the correct name of *Sclerothamnus microphyllus*.
Euterpe montana. Correct name is Prestoëa montana.
Euthamia graminifolia = Solidago lanceolata.
Euxenia=Podanthus.
  E. grata=Podanthus ovatifolius.
Evallaria=Polygonatum.
Evansia is included under Iris.
Evea=Cephaëlis.
Evodia fraxinifolia is the correct name of *Tetradium trichotomum*.
Exitelia=Parinarium.
Exochorda grandiflora (of Hooker) =Spiræa grandiflora.
Exothostemon=Prestonia.
Eyrea=Turpinia.
Fabago is included under Zygophyllum.
  F. major=Zygophyllum Fabago.
Fabricia (of Adanson)=Lavandula.
Fabricia (of Thunberg) = Curculigo.
Fadyenia is included under Garrya.

Fagara=Zanthoxylum.
  F. microphylla = Zanthoxylum spinifex.
Farfugium is included under Senecio.
  F. grande=Ligularia Kæmpferi aureo-maculata.
Farnesia is included under Acacia.
Fatræa is included under Terminalia.
Fedia Cornucopiæ = *Valeriana Cornucopiæ*.
Fedia (of Adanson)=Patrinia.
Fedia (of Gærtner), in part=Valerianella.
Feea.
  F. nana=Trichomanes botryoides.
  F. polypodina=Trichomanes spicatum.
Ferdinanda (in part) is included under Zaluzania.
Fernandezia (of Lindley) is now merged into Lockhartia.
Fernandezia (of Ruiz and Pavon), in part=Dichæa.
Ferraria.
  F. Pavonia=Tigridia pavonia.
  F. Trigidia=Tigridia pavonia.
Ferreola is included under Maba.
Festuca includes *Vulpia*.
Feuillæa pedata = Telfairia pedata.
Ficus Sycomorus = Sycomorus antiquorum.
Fieldia (of Gaudichaud)=Stauropsis.
  F. lissochiloides = Stauropsis Batemanni.
Fischera=Leiophyllum.
Fissilia=Olax.
Fitzroya = *Cupresstellata* and *Diselma*.
Flacourtia japonica=Idesia polycarpa.
Flaveria = *Vermifuga*.
Floërkea (of Sprengel) = Adenophora.
Florestina pedata is the correct name of *Stevia pedata*.
Fœtataxus=Torreya.
Forbesia=Curculigo.
Forneum=Andryala.
Forrestia = *Amischotolype*.
Fortunea chinensis=Platycarya strobilacea.
Foveolaria (of Ruiz and Pavon), in part=Styrax.
Frangula is included under Rhamnus.
Freycinetia=*Jezabel* and *Victoriperrea*.
Freziera includes *Lettsomia*.
Friedrichsthalia=Trichodesma.
Fritillaria includes *Rhinopetalum* and *Theresia*.
  F. Hookeri. Correct name is Lilium Hookeri.
Frœlichia (of Mœnch) includes *Oplotheca*.
Frolovia is included under Saussurea.
Frutesca=Gærtnera.
Fuchsia (of Swartz)=Schradera.
Fulchironia=Phœnix.
Funium=Furcræa.

Funkia (=*Libertia* of Dumortier and *Saussurea* of Salisbury) includes *Niobe*.
Furcræa=*Funium*.
Fussia=Aira.
Gabertia=Grammatophyllum.
Gagea=*Ornithoxanthum*.
Galactodendron=Brosimum (according to Bentham and Hooker).
Galanga=Alpinia.
Galeandra=*Corydandra*.
Galedupa=Pongamia.
Galeobdolon is included under Lamium.
Galeoglossum=Prescottia.
Galeola = *Cyrtosia, Erythrorchis, Hæmatorchis, Ledgeria,* and *Pogochilus*.
Galeopsis (of Mœnch)=Stachys.
Galinsogea is included under Tridax.
Galvania=Palicourea.
Gamochlamys is included under Spathantheum.
Gamoplexis=Gastrodia.
Ganymedes is included under Narcissus.
  G. concolor=Narcissus triandrus concolor.
Garciana=Philydrum.
Garcinia.
  G. ovalifolia=Xanthochymus ovalifolius.
  G. Xanthochymus = Xanthochymus pictorius.
Gardenia.
  G. malleifera=Randia malleifera.
  G. Randia=Randia aculeata.
  G. Whitefieldii = Randia malleifera.
Gastonia palmata=Trevesia palmata.
Gastrocarpa=Moscharia.
Gastrodia=*Epiphanes, Gamoplexis*.
Gastromeria=Melasma.
Gastronema=Cyrtanthus.
Gaya=Seringia.
Geblera is included under Securinega.
Gela=Acronychia.
Gelonium is included under Ratonia.
Gembanga=Corypha.
Genetyllis tulipifera=Darwinia macrostegia.
Genista includes *Enantiosparton*.
Genosiris=Patersonia.
Gentiana (=*Selatium* and *Ulostoma*) includes *Pneumonanthe*.
Geodorum=*Cistella* and *Otandra*.
Geonoma=*Gynestum* and *Vouay*.
  G. fenestrata=Malortiea gracilis.
  G. magnifica=Calyptrogyne Ghiesbreghtiana.
Georgina Cervantesii = Dahlia coccinea.
Gerdaria=Sopubia.
Germanea=Plectranthus.
Gersinia=Bulbophyllum.
Gesneria includes *Rechsteinera*.
Gesneria.
  G. elongata=Isoloma Deppeanum.
  G. hondensis=Isoloma hondense.
  G. mollis=Isoloma molle.
  G. prasinata = Paliavana prasinata.
  G. Seemanni=Isoloma Seemanni.
  G. triflora=Isoloma triflorum.

SUPPLEMENT.

Synonyms and Cross-references—*continued.*

Gethyllis = *Abapus* and *Papiria.*
Gethyra = Renealmia.
Ghiesbreghtia = Calanthe.
Ghinia = Tamonea.
Glas = Bletia.
Gigantabies = Sequoia.
Gilliesieæ is included under Liliaceæ.
Gingidium (of Mueller) = Aciphylla.
Ginginsia = Pharnaceum.
Gissanthe = Costus.
Gladiolus.
  G. crispus = Tritonia crispa.
  G. lineatus = Tritonia lineata.
  G. pyramidatus = Watsonia rosea.
  G. sambucinus = Babiana sambucina.
  G. securiger = Tritonia securigera.
Glandulifolia = Adenandra.
Glechoma hederacea = Nepeta Glechoma.
Gleichenia includes *Mecosorus* and *Mertensia* (of Willdenow).
Globba = *Hura* (of Kœnig), *Manittia,* and *Sphærocarpus.*
Gloneria is included under Psychotria.
Glossanthus = Klugia.
Glottidium floridanum = Sesbania vesicaria.
Gloxinia (in part) = Sinningia.
  G. hypocyrtiflora = Isoloma hypocyrtiflorum.
  G. Passinghamii = Sinningia speciosa.
Glycine includes *Soja.*
  G. Apios = Apios tuberosa.
  G. chinensis = Wistaria chinensis.
  G. coccinea = Kennedya prostrata.
  G. Comptoniana = Hardenbergia Comptoniana.
  G. frutescens = Wistaria frutescens.
  G. sinensis = Wistaria chinensis.
  G. vincentina = Chætocalyx vincentinus.
Glycine (of Wight and Arnott) = Teramnus.
Glyptostrobus pendulus = Taxodium distichum microphyllum.
Gnaphalium dioicum = Antennaria dioica.
Godetia grandiflora = Œnothera Whitneyi.
Godwinia is included under Dracontium.
Golownina = Crawfurdia.
Gomphocarpus padifolius. Correct name is Xysmalobium padifolium.
Gomutus = Arenga.
Goniopteris crenata = Polypodium Ghiesbreghtii.
Gonogona = Goodyera.
Gonostemon is included under Stapelia.
Goodyera = *Gonogona, Peramium,* and *Tussaca.*
Gorteria (of La Marck) = Berkheya.
Gothofreda = Oxypetalum.
Gouffeia is now included, by Bentham and Hooker, under Arenaria.
Govenia = *Eucnemis.*
Govindovia = Tropidia.
Grammatophyllum = *Gabertia* and *Pattonia.*

Grammica = Cuscuta.
Grenvillea is included under Pelargonium.
Grindelia coronopifolia = Xanthocephalum centauroides.
Grisebachia = Howea.
Grossularia is included under Ribes.
Guagnebina = Manettia.
Guapebe = Lucuma.
Guizotia is the correct name of *Veslingia.*
  G. oleifera is the correct name of *Veslingia sativa.*
Gundelsheimera = Gundelia.
Gunnia is included under Sarcochilus.
Guzmania reticulata = Tillandsia reticulata.
Gymnogramme includes *Leptogramme.*
  G. calomelanos peruviana = *G. peruviana argyrophylla* (of gardens).
  G. flavens = Nothochlæna flavens.
  G. ochracea (of gardens) = G. tartarea.
  G. peruviana argyrophylla (of gardens) = G. calomelanos peruviana.
  G. tartarea = *G. ochracea* (of gardens).
Gymnolomia maculatum = Wulffia maculata.
Gymnotheca is included under Marattia.
Gynandriris is included under Iris.
Gynestum = Geonoma.
Gyneteria (of Sprengel) = Tessaria.
Gynheteria (of Willdenow) = Tessaria.
Gynocephala = Phytocrene.
Gynoxys (in part) is included under Senecio.
Gypsophila includes *Struthium.*
Gyromia = Medeola.
Gyrostachis = Spiranthes.
Gyrotheca = Lachnanthes.
Habenaria (= *Sieberia*) includes *Peristylis.*
Hæmadictyon = Prestonia.
Hæmanthus includes *Nerissa.*
Hæmatorchis = Galeola.
Hæmocharis = Laplacea.
Hænkea (of Ruiz and Pavon), in part = Maytenus.
Hænkea (of Ruiz and Pavon), in part = Schœpfia.
Hænselera = Physospermum.
Hagæa = Polycarpæa.
Hamiltonia (of Muehlenbeck) = Pyrularia.
Haplochilus is included under Zeuxina.
Harpalyce (of Don) is included under Prenanthes.
Harrisonia (of Necker) = Xeranthemum.
Hartmannia is included under Œnothera.
Hartwegia (of Nees) = Chlorophytum.
Hebeandra = Monnina.
Hebecocca = Omphalea.
Hebelia = Tofieldia.
Hecatea = Omphalea.
Hechtia pitcairniæfolia = Rhodostachys bicolor.

Hedaroma.
  H. latifolium = Darwinia citriodora.
  H. tulipifera = Darwinia macrostegia.
Hedera.
  H. platanifolium = Oreopanax platanifolia.
  H. xalapensis = Oreopanax xalapense.
Hedwigia (of Medicus) = Commelina.
Hedysarum tuberosum = Pueraria tuberosa.
Hedyscepe Canterburyana = *Veitchia Canterburyana.*
Hekaterosachne = Oplismenus.
Hekorima = Streptopus.
Helianthus.
  H. linearis = Viguiera linearis.
  H. rigidus = *Viguiera rigida.*
  H. speciosus = Tithonia speciosa.
  H. tubæformis = Tithonia tubæformis.
Helichrysum includes *Pentataxis* and *Swammerdamia.*
Heligma = Parsonsia.
Heliotropium includes *Piptoclaina* and *Tiaridium.*
Helipterum is now included under Helichrysum.
  H. gnaphalioides = Leyssera squarrosa.
  H. humile = Aphelexis humilis.
Hellenia (of Retz) = Costus.
Hellenia (of Willdenow) is included under Alpinia.
Helmholtzia glaberrima = Philydrum glaberrimum.
Helonias.
  H. angustifolia = Zygadenus angustifolius.
  H. asphodeloides = Xerophyllum asphodeloides.
  H. bracteata = Zygadenus glaberrimus.
  H. glaberrima = Zygadenus glaucus.
  H. graminea = Stenanthium angustifolium gramineum.
  H. læta = Zygadenus Muscætoxicum.
  H. l. minor = Zygadenus angustifolius.
  H. viridis = Veratrum album viride.
Helygia = Parsonsia.
Hemicarpurus = Pinellia.
Hemimeris (of Humboldt, Bonpland, and Kunth) is included under Alonsoa.
  H. coccinea = Alonsoa linearis.
  H. urticifolia = Alonsoa incisifolia.
Hemisacris = Schismus.
Henfreya = Asystasia.
Henningia = Eremurus.
Hepatica is included under Anemone.
  H. triloba = Anemone Hepatica.
Hepetis = Pitcairnia.
Herbertia = *Alophia.*
Heriteria (of Schrank) = Tofieldia.
Heritiera (of Gmelin) = Lachnanthes.
Heritiera (of Retzius) is now considered a synonym of Alpinia.
Hermodactylon is included under Iris.
Hernandia = Hertelia.
Hernandieæ. A tribe of Laurineæ.

Synonyms and Cross-references—*continued*.

Herpestis = *Ranaria* and *Septas* (of Loureiro).
Hertelia = **Hernandia**.
Hesiodia = **Sideritis**.
Hesperis arabidiflora = **Parrya arabidiflorum**.
Hesperocles = **Nothoscordum**.
Hesperoscordum is included under **Brodiæa**.
Hessea (of Bergius) = **Carpolyza**.
Heteranthera = *Buchosia* and *Leptanthus*.
Heterophlebium is included under **Pteris**.
Heterostalis is included under **Typhonium**.
H. Huegeliana = **Typhonium diversifolium Huegelianum**.
Heterotrichum (of Bieberstein) = **Saussurea**.
Heterotropa is now regarded as synonymous with **Asarum**.
Heudelotia = **Balsamodendron**.
Hewardia adiantoides = **Adiantum Hewardia**.
Hewittia bicolor is the correct name of *Palmia bicolor*.
Hexaglottis includes *Plantia*.
Hexorima = **Streptopus**.
Heymassoli = **Ximenia**.
Hibiscus = *Triguera*.
  H. cuneiformis = **Fugosia cuneiformis**.
  H. hakeæfolius = **Fugosia hakeæfolia**.
  H. multifidus = **Fugosia hakeæfolia**.
Hicorias = **Carya**.
Hieracium includes *Pilosella*.
Higginsia (of Blume) = **Petunga**.
Himantoglossum is included under **Orchis**.
Himantophyllum = **Clivia**.
Himatanthus = **Plumeria**.
Hippeastrum includes *Phycella*.
Hippocastanum = **Æsculus**.
Hippoglossum (of Breda) = **Cirrhopetalum**.
Hippoglossum (of Hartmann) = **Mertensia**.
Hirculus is included under **Saxifraga**.
Hoarea is included under **Pelargonium**.
  H. atra = **Pelargonium hirsutum melananthum**.
Hohenbergia.
  H. capitata = **Æchmea exudans**.
  H. erythrostachys = **Æchmea glomerata**.
  H. Legrelliana = **Portea Legrelliana**.
Holbœllia latifolia = *Stauntonia latifolia*.
Holcochlæna is included under **Pellæa**.
Homalanthus (= *Duania*) is also spelt *Omalanthus*.
Homeria flexuosa = **Hexaglottis longifolia**.
Homogyne alpina = *Petasites alpina*.
Honckenya peploides = **Arenaria peploides**.
Hondbessen = **Pœderia**.

Hookera coronaria = **Brodiæa grandiflora**.
Hopkirkia (of Sprengel) = **Salmea**.
Hoplophytum is included under **Æchmea**.
Hornemannia (of Bentham) is included under **Sibthorpia**.
Hornemannia (of Willdenow) = **Mazus**.
Hornemannia martinicensis is the correct name of *Vaccinium Imrayi*.
Horta = **Clavija**.
Hortensia opuloides = **Hydrangea hortensis**.
Hoteia = **Astilbe**.
Hovea includes *Plagiolobium* and *Platychilum*.
Hoya includes *Plocostemma*.
  H. campanulata = **Physostelma Wallichii**.
  H. coriacea = *Cyrtoceras multiflorum*.
Huegelia (of Reichenbach) = **Trachymene**.
Hultheimia berberifolia = **Rosa simplicifolia**.
Humboldtia (of Necker) = **Voyria**.
Humboldtia (of Ruiz and Pavon) = **Pleurothallis**.
Humulus = *Lupulus*.
Huntleya.
  H. albido-fulva = **Zygopetalum Meleagris albido-fulvum**.
  H. sessiliflora = **Zygopetalum violaceum**.
Huonia = **Acronychia**.
Hura (of Kœnig) = **Globba**.
Hutchinsia = **Boucerosia**.
Hyacinthus nonscriptus = **Scilla nutans**.
Hyænachne globosa = **Toxicodendron capense**.
Hybanthera is included under **Tylophora**.
Hydrocera triflora = **Tytonia natans**.
Hydrocleis is the correct name of *Vespuccia*.
  H. Commersoni is the correct name of *Vespuccia Humboldtii*.
Hydroglossum.
  H. heterodoxum = **Lygodium heterodoxum**.
  H. reticulatum = **Lygodium reticulatum**.
Hydropyrum = **Zizania**.
Hylogyne = **Telopea**.
Hymenetron = **Strumaria**.
Hymenocystis is included under **Woodsia**.
Hymenolæna = **Pleurospermum**.
Hymenophyllum (= *Sphærocionium*) includes *Leptocionium* and *Pachyloma*.
Hymenoxys (of Torrey and Gray) = *Ptilomeris*, the correct name of which is **Actinolepis**.
  H. californica = *Ptilomeris coronaria*.
Hyospathe.
  H. elata = **Pigafetta elata**.
  H. pubigera = **Prestoëa pubigera**.
Hypælyptum (in part) = **Hypolytrum**.
Hypelytrum = **Hypolytrum**.
Hyperogyne = **Paradisia**.
Hyphæne = *Cucifera* and *Douma*.

Hypolytrum = *Albikia*, *Beera*, *Hypœlyptum* (in part), *Hypelytrum*, and *Tunga*.
Ianthe is included under **Celsia**.
Ibidium = **Spiranthes**.
Icica = **Bursera**.
Ictodes = **Symplocarpus**.
Ilex canadensis = **Nemopanthes canadense**.
Imhofia is included under **Hessea**.
Involucraria is included under **Trichomanes** (not *Trichosanthes*).
Iochroma fuchsioides = *Lycium fuchsioides*.
Ionidium includes *Pombalia*.
Ipomœa includes *Skinneria*.
Iresine (= *Xerandra*) includes *Rosea*.
Iridorchis = **Cymbidium**.
Iris includes *Neubeckia*.
  I. martinicensis = **Trimezia martinicensis**.
Ischarum is now included, by Bentham and Hooker, under **Biarum**.
Ischnia = **Tamonea**.
Ischyrolepis = **Restio**.
Isolepis gracilis = **Scirpus riparius**.
Isoloma should include *Sciadocalyx* and *Tydæa amabilis*.
Isoloma (of J. Smith) is included under **Lindsaya**.
Isolophus is included under **Polygala**.
Ivesia unguiculata = **Potentilla unguiculata**.
Ivira is included under **Sterculia**.
Ixia.
  I. aristata = **Sparaxis grandiflora**.
  I. bulbifera = **Sparaxis bulbifera**.
  I. crispa = **Tritonia undulata**.
  I. crocata = **Tritonia crocata**.
  I. c. nigro-maculata = **Tritonia deusta**.
  I. grandiflora = **Sparaxis grandiflora**.
  I. polystachya = **Tritonia scillaris**.
  I. punctata = **Watsonia punctata**.
  I. tricolor = **Sparaxis tricolor**.
Jacobæa is included under **Senecio**.
Jacuanga = **Costus**.
Jalapa = **Mirabilis**.
Jambolifera = **Acronychia**.
Jambosa.
  J. australis = **Eugenia myrtifolia**.
  J. vulgaris = **Eugenia Jambos**.
Jankæa Heldreichii = **Ramondia serbica**.
Jasione = *Ovilla*.
Jezabel = **Freycinetia**.
Jocaste = **Smilacina**.
Johnia is included under **Salacia**.
  J. coromandeliana = **Salacia prinoides**.
Joliffia = **Telfairia**.
Josepha = **Bougainvillæa**.
Josephia = **Dryandra**.
Juliana = **Choisya**.
Juncagineæ is included under **Naiadaceæ**.
Juncus includes *Tenageia*.
Justicia includes *Rostellaria*.
  J. lilacina = **Thyrsacanthus callistachyus**.
  J. longiracemosa (of gardens) = **Thyrsacanthus strictus**.
  J. nitida = **Thyrsacanthus nitidus**.
  J. pulcherrima = **Aphelandra cristata**.

SUPPLEMENT.

Synonyms and Cross-references—*continued.*

Kæmpfera = Tamonea.
Kalosanthes versicolor = Rochea versicolor.
Kellettia = Prockia.
Kennedya includes *Physolobium.*
Kentia.
  K. elegans = Veitchia Storckii.
  K. Joannis = Veitchia Johannis.
  K. Storckii = Veitchia Storckii.
Kentranthus = Centranthus.
Keteleeria Fortunei = Abies Fortunei.
Kieseria = Bonnetia.
Kinkina = Cinchona.
Knautia is included under Scabiosa.
Kolpakowskia = Ixiolirion.
  K. ixiolirioides = Ixiolirion Kolpakowskianum.
Kordelestris = Jacaranda.
Korthalsia = *Ceratolobus.*
Kosaria = Dorstenia.
Kuhlia (of Blume) = Fagræa.
Kunzea includes *Salisia.*
Kunzia = Purshia.
Kurria = Hymenodictyon.
Kyrtanthus = Posoqueria.
Lacæna = *Navenia.*
Lachenalia.
  L. lancæfolia = Scilla lancæfolia.
  L. reflexa = Scilla lanceolata.
Lactaria = Ochrosia.
Lagascea = *Nocca.*
Lahaya = Polycarpæa.
Lamarckia = *Pterium.*
Lamprococcus Jacksoni = Pitcairnia Jacksoni.
Landolphia = *Willughbeia* (of Klotzsch).
Languas = Alpinia.
Larbrea is included under Stellaria.
Larix Kæmpferi = Pseudolarix Kæmpferi.
Lasiagrostis is included under Stipa.
  L. Calamagrostis = Stipa Lasiagrostis.
Lasiandra.
  L. argentea = Pleroma holosericeum.
  L. Fontanesiana = Pleroma granulosum.
  L. petiolata = Pleroma Gaudichaudianum.
Lasiolepis = Eriocaulon.
Lasiopetalum.
  L. Baueri (of gardens) = Guichenotia ledifolia.
  L. purpureum = Thomasia purpurea.
  L. quercifolium = Thomasia quercifolia.
  L. solanaceum = Thomasia solanacea.
Lasiopus (of Don) is included under Taraxacum.
  L. sonchoides = Taraxacum montanum.
Lasiostoma (of Schreber) = Strychnos.
Lastrea.
  L. eburnea = Asplenium oxyphyllum.
  L. Standishii = Aspidium laserpitiifolium.
  L. varia = Aspidium varium.
Latania = *Cleophora.*
Laurembergia = Serpicula.
Laureria = Juanulloa.

Laurus.
  L. Diospyrus = Lindera melissæfolia.
  L. melissæfolia = Lindera melissæfolia.
Lavandula includes *Stœchas.*
Laxmannia (of Fischer) = Coluria.
Laxmannia (of Forster) = Petrobium.
Leæba = Cocculus.
Lechlera = Solenomelus.
Lecontia = Peltandra.
Ledebouria hyacintha = Scilla indica.
Ledgeria = Galeola.
Leea = *Ottilis.*
Legouzia = Specularia.
Leichardtia (of Brown) = Marsdenia.
Leiocarya = Trichodesma.
Leiochilus = *Cryptosanus.*
Leiphaimos = Voyria.
Lejica = Zinnia.
Lenidia = Wormia.
Leontice Chrysogonum = Bongardia Rauwolfii.
Leontodon (of Adanson) = Taraxacum.
Leopardanthus = *Wailesia* (correct name of which is Dipodium).
Lepachys is included under Rudbeckia.
Lepargyræa = Elæagnus.
Lepicephalus = Cephalaria.
Lepidanche = Cuscuta.
Lepidopelma = Sarcococca.
Lepidothamnus = Dacrydium.
Lepidozamia is included under Macrozamia.
Leptanthus = Heteranthera.
Leptargyreia = Shepherdia.
Leptocarpus = Tamonea.
Leptoglottis is included under Schranckia.
Leptogyne = Pluchea.
Leptosiphon roseus = Gilia micrantha.
Leptospermum includes *Pericalymma.*
Leptostachya (of Mitchell) = Phryma.
Leptostigma = Nertera.
Leucadendron = *Conocarpus* (of Adanson) and *Protea* (of Linnæus).
Leucadendron (of Linnæus) = Protea.
Leucocephala = Eriocaulon.
Leucohyle = Trichopilia.
Leucorhaphis = Brillantaisia.
Leucothoë floribunda = Pieris floribunda.
Lexarsa = Myrodia.
Liatris = *Psilosanthus.*
Libanotis is included under Seseli.
Libertia (of Dumortier) = Funkia.
Ligeria is included under Sinningia.
Lightfootia (of Schreber) = Rondeletia.
Ligustrina is included under Syringa.
  L. amurensis = Syringa japonica.

Liliago is included under Anthericum.
Liliastrum = Paradisia.
Lilium includes *Martagon* and *Notholirion.*
Limatodes rosea = Calanthe rosea.
Limia = Vitex.
Limnanthemum indicum = *Villarsia Humboldtiana* (of gardens).
Limnetis = Spartina.
Limnobium bogotense is the correct name of *Trianea bogotensis.*
Limnocharis Humboldtii = *Vespuccia Humboldtii* (correct name of which is Hydrocleis Commersoni).
Limnonesis = Pistia.
Limodorum Tankervilliæ = Phaius grandifolius.
Limonia Laureola = Skimmia Laureola.
Linagrostis = Eriophorum.
Linkia (of Cavanilles) = Persoonia.
Linospadix = Bacularia.
Linosyris Howardii = Bigelovia Howardii.
Lipochæta (in part) = Zexmenia.
Liquiritia is included under Glycyrrhiza.
Liriope (of Herbert) = Elisena.
Liriope (of Salisbury) = Reineckea.
Liriopsis = Elisena.
Lisianthus.
  L. longifolius = Leianthus longifolius.
  L. nigrescens = Leianthus nigrescens.
  L. princeps = *Wallisia princeps.*
Lita = Voyria.
Lithagrostis = Coix.
Litobrochia is included under Pteris.
  L. Vespertilionis = Pteris incisa.
Litsea includes *Tomex.*
Loasa palmata = Blumenbachia insignis.
Lobelia includes *Parastranthus.*
  L. littoralis = Pratia angulata.
  L. Pratiana = Pratia repens.
  L. repens = Pratia repens.
Lobelia (of Presl) = Siphocampylos.
Lomandra = Xerotes.
Lomaria includes *Plagiogyria* and *Stenochlæna.*
Lomatogonium = Pleurogyne.
Lontanus = Borassus.
Lophia = Alloplectus.
Lophoclinium = Podotheca.
Lorentea (of Lagasca) is included under Pectis.
Lorentea (of Ortega) = Sanvitalia.
Loxanthus = Phlogacanthus.
Loxotis = Rhynchoglossum.
Ludolfia = Arundinaria.
Luma is included under Myrtus.
Lunanea = Cola.
Lupinaster is included under Trifolium.
Lupulus = Humulus.
Lychnis includes *Silenopsis.*
Lycimnia = Melodinus.
Lycopodium cordifolium = Selaginella cuspidata elongata.

Synonyms and Cross-references—*continued.*

Lygistum (of P. Browne) = **Manettia.**
Lygodium includes *Ugena.*
Lyncea = **Melasma.**
Lysanthe.
  L. **cana** = Grevillea arenaria.
  L. **speciosa** = Grevillea punicea.
Lysistigma = **Taccarum.**
Macdonaldia is included under **Thelymitra.**
Mackaya is now included, by Bentham and Hooker, under **Asystasia.**
Macleaya = **Bocconia.**
Macradenia mutica = **Trichopilia mutica.**
Macræa (of Lindley) = **Viviania.**
Macranoplon (in part) = **Phelipæa.**
Macroceratides = **Mucuna.**
Macrochlamys is included under **Alloplectus.**
Macrochloa tenacissima = **Stipa tenacissima.**
Macrocladus = **Orania.**
Macrogyne = **Aspidistra.**
Macrolinum = **Reinwardtia.**
Macronax = **Arundinaria.**
Macrorhynchus is included under **Troximon.**
Macrostigma (of Kunth) is included under **Tupistra.**
  M. **tupistroides** = Tupistra macrostigma.
Macrozamia Fraseri = *Zamia Fraseri* (of gardens) and *Z. Miquelii* (of gardens).
Mærlensia = **Corchorus.**
Magnolia pumila is the correct name of *Talauma pumila.*
Maia = **Maianthemum.**
Mainea = **Trigonia.**
Majorana hortensis = **Origanum Majorana.**
Malachium is included under **Stellaria.**
Malachodendron ovatum = **Stuartia pentagyna.**
Malaspinæa = **Ægiceras.**
Manabea = **Ægiphila.**
Manitia = **Globba.**
Manlilia = **Polyxena.**
Mapa = **Petiveria.**
Maranta (in part) = **Stromanthe.**
Maranthes = **Parinarium.**
Marattia includes *Stibasia.*
Marialva = **Tovomita.**
Marica.
  M. **californica** = Sisyrinchium californicum.
  M. **striata** = Sisyrinchium striatum.
Marica (of Schreber) = **Cipura.**
Marquisia = **Coprosma.**
Marrubiastrum = **Sideritis.**
Martagon is included under **Lilium.**
Martensia = **Alpinia.**
Marumia (of Reinwardt) = **Saurauja.**
Masdevallia fenestrata. Correct name is **Pleurothallis atropurpurea.**
Massangea Lindeni. Correct name is **Schlumbergeria Lindeni.**
Massonia ensifolia is the correct name of *Polyxena pygmæa.*

Massovia is included under **Spathiphyllum.**
Mathea = **Schwenkia.**
Matthisonia = **Schwenkia.**
Mattuschkia = **Saururus.**
Maurocenia = **Cassine.**
Maxillaria. *Xylobium* was formerly included here.
  M. **citrina** = Zygopetalum citrinum.
  M. **Rollissoni** = Zygopetalum Rollissoni.
  M. **Steelii** = Scuticaria Steelii.
  M. **Warreana** = Warrea tricolor.
  M. **xanthina** = Zygopetalum xanthinum.
Maximiliana = **Cochlospermum.**
Mays = **Zea.**
Mazeutoxeron = **Correa.**
Medica = **Tourretia.**
Megalotheca = **Restio.**
Megasea is included under *Saxifraga.*
Melaleuca.
  M. **neriifolia** = Tristania neriifolia.
  M. **salicifolia** = Tristania neriifolia.
Melanocarpum Sprucei = **Pleuropetalum costaricense.**
Melanoselinum is included under **Thapsia.**
Melanthium.
  M. **massoniæfolium** = Whiteheadia bifolia.
  M. **monopetalum** = Wurmbea campanulata.
Melarhiza = **Wyethia.**
Melastoma (in part) is included under **Pleroma.**
Melhania erythroxylon. Correct name is **Trochetia erythroxylon.**
Melinum = **Zizania.**
Melloca = **Ullucus.**
Melothria.
  M. **heterophylla** is the correct name of *Zehneria hastata.*
  M. **punctata** is the correct name of *Zehneria suavis.*
Melvilla is included under **Cuphea.**
Meniocus is included under **Alyssum.**
Mentha punctata = **Preslia cervina.**
Menyanthes.
  M. **exaltata** = Villarsia reniformis.
  M. **ovata** = Villarsia ovata.
Merendera.
  M. **caucasica** = *Bulbocodium Eichleri* and *B. trigynum.*
  M. **persica** = *Bulbocodium Aitchisoni.*
Meriana = **Watsonia.**
Messerschmidia is included under **Tournefortia.**
Methyscophyllum = **Catha.**
Metrosideros (in part) is included under **Callistemon.**
Metroxylon.
  M. **elatum** (of gardens) = Heterospathe elata.
  M. **elatum** (of Martius) = Pigafetta elata.
Metroxylon (of Sprengel) = **Raphia.**
Meynia = **Vangueria.**
Mezereum is included under **Daphne.**
Michauxia (of Necker) = **Relhania.**
Micranthera = **Tovomita.**
  M. **clusiæfolia** = Tovomita Choisyana.
Microchilus = **Physurus.**

Microcycas calocoma is the correct name of *Zamia calocoma.*
Microgenetes = **Phacelia.**
Micropera is included under **Sarcochilus.**
Micropetalon is included under **Stellaria.**
Micropiper is included under **Peperomia.**
Miegia = **Arundinaria.**
Mieria = **Schkuhria.**
Mikania senecioides = **Senecio mikanioides.**
Milla.
  M. **Leichtlinii** = Triteleia Leichtlinii.
  M. **macrostemon** = Nothoscordum macrostemon.
  M. **porrifolia** = Triteleia porrifolia.
  M. **uniflora** = Triteleia uniflora.
Mimulus perfoliatus = **Leucocarpus alatus.**
Minuartia is included under **Arenaria.**
Miquelia (of Blume) = **Stauranthera.**
Miscopetalum is included under **Saxifraga.**
Mitopetalum = **Tainia.**
Mitrastigma = **Plectronia.**
Mollia (of Willdenow) = **Polycarpæa.**
Monella = **Cyrtanthus.**
Monobothrium = **Swertia.**
Monochilus (of Wallich) is included under **Zeuxina.**
Monogramme includes *Vaginularia.*
Monogynella = **Cusouta.**
Monopsis conspicua = **Lobelia Speculum.**
Monoxora = **Rhodamnia.**
Moræa flexuosa = **Hexaglottis longifolia.**
Morenia oblongata conferta = **Chamædorea Sartorii.**
Morgagnia = **Simethis.**
Morna nitida = **Waitzia aurea.**
Mouffetta = **Patrinia.**
Muscaria is included under **Saxifraga.**
Mussinia = **Gazania.**
Myconia = **Ramondia.**
Mylinum = **Selinum.**
Myrioblastus = **Cryptocoryne.**
Myristica includes *Virola.*
Myrobalanus is included under **Terminalia.**
Myrobroma = **Vanilla.**
Myrsine Urvillei is the correct name of *Suttonia australis.*
Myrstiphyllum = **Psychotria.**
Myrtus Pimenta = **Pimenta officinalis.**
Nageia is included under **Podocarpus.**
  N. **japonica** = Podocarpus Nageia.
Narcissus includes *Philogyne, Queltia, Schizanthes,* and *Tros.*
Nauchea = **Clitoria.**
Negretia = **Mucuna.**
Nematanthus (of Nees) = **Willdenowia.**
Nematoceras = **Corysanthes.**

SUPPLEMENT.

Synonyms and Cross-references—*continued.*

Neottia.
N. acaulis = Spiranthes picta variegata.
N. australis = Spiranthes australis.
N. cernua = Spiranthes cernua.
N. grandiflora = Spiranthes picta grandiflora.
N. orchioides = Spiranthes orchioides.
N. speciosa = Spiranthes colorans.
Nephelium includes *Scytalia.*
Nephrodium includes *Pachyderis, Phlebigonium, Podopeltis, Proferea,* and *Pycnopteris.*
N. javanicum = Didymochlæna polycarpa.
N. villosum = *Polypodium spectabile.*
Nerium coccineum = Wrightia coccinea.
Neuroloma is included under **Parrya.**
Neustanthus = Pueraria.
Niebuhria oblongifolia = Mærua oblongifolia.
Nierembergia.
N. intermedia = Petunia intermedia.
N. phœnicea = Petunia violacea.
Nima = Brucea.
Niphobolus.
N. costatus = Polypodium stigmosum.
N. latus = Polypodium Lingua Heteractis.
Noltia = Willemetia.
Nordmannia = Trachystemon.
Nortenia = Torenia.
Nyctago = Mirabilis.
Nycterisition = Chrysophyllum.
Odontarrhena is included under **Alyssum.**
Odontocarpa = Valerianella.
Odontonema = Thyrsacanthus.
Œnoplea = Berchemia.
Œnothera includes *Pachylophus.*
Olea apetala = Notelæa longifolia.
Oncidium candidum = Palumbina candida.
Oncorrhynchus = *Triphysaria.* Correct name is **Orthocarpus.**
Onychium (of Blume) = **Dendrobium.**
Opercularia umbellata = Pomax umbellata.
Ophioglossum includes *Rhizoglossum.*
O. japonicum = Lygodium japonicum.
Ophioscorodon is included under **Allium.**
Oplismenus Burmanni variegatus is the correct name of *Panicum variegatum.*
Orchidocarpum = Asimina.
Orchis bicornis = Satyrium cucullatum.
Oreodaphne (of Nuttall) = **Umbellularia.**
Oreophila = Pachystima.
Orithalia = Agalmyla.
Ornitharium striatulum = Sarcochilus teres.
Ornithogalum.
O. divaricatum = Chlorogalum pomeridianum.
O. Squilla = Urginea maritima.

Ornus europea = Fraxinus Ornus.
Orobus lathyroides = Vicia oroboides.
Orthocarpus erianthus roseus is the correct name of *Triphysaria versicolor.*
Osmanthus Aquifolium = *Olea ilicifolia.*
Otoptera Burchellii = Vigna Burchellii.
Ouvirandra is now included, by Bentham and Hooker, under **Apogneton.**
Oxalis sensitiva = Biophytum sensitivum.
Oxyura chrysanthemoides = Layia Calliglossa.
Pachyneurum is included under **Parrya.**
Pachyphytum.
P. bracteosum = Cotyledon Pachyphytum.
P. roseum = Cotyledon adunca.
Paliurus aculeatus = *Zizyphus Paliurus.*
Panax.
P. horridum = Fatsia horrida.
P. spinosa = Aralia pentaphylla.
Panicum includes *Digitaria* and *Tricholæna.*
Parthenium = *Villanova* (of Ortega).
Passerina.
P. hirsuta = Thymelæa hirsuta.
P. Tartonraira = Thymelæa Tartonraira.
Passiflora.
P. manicata = Tacsonia manicata.
P. pinnatistipula = Tacsonia pinnatistipula.
P. vitifolia = Tacsonia Buchanani.
Patrinia sibirica = *Valeriana sibirica.*
Penæa.
P. imbricata = Sarcocolla imbricata.
P. Sarcocolla = Sarcocolla squamosa.
Pentaceros is included under **Buettneria.**
Pentaphragma = *Physianthus.* Correct name is **Araujia.**
Pentaphyllon is included under **Trifolium.**
Pentlandia latifolia = Urceolina miniata.
Pepinia is included under **Pitcairnia.**
Peranema cyatheoides = Sphæropteris barbata.
Pereira medica = Coscinium fenestratum.
Petalotoma = Carallia.
Petrocoptis pyrenaica = Lychnis Lagascæ.
Petrophyes = Monanthes.
Pfeifferia = Cuscuta.
Phacelia Whitlavia = *Whitlavia grandiflora.*
Phalacromesus = Tessaria.
Phalænopsis includes *Stauroglottis.*
Phalangium.
P. argenteo-lineare = Anthericum variegatum.
P. pomeridianum = Chlorogalum pomeridianum.
Phalocallis is included under **Cypella.**

Phegopteris villosa = **Nephrodium pubescens.**
Phenakospermum = Ravenala.
Phlebodium inæquale = Polypodium guatemalense.
Phlomis Leonurus = Leonotis Leonurus.
Phrynium sanguineum. Correct name is **Stromanthe sanguinea.**
Phyllanthus includes *Reidia* and *Scepasma.*
Phymatodes vulgaris = Polypodium Phymatodes.
Piaranthus.
P. geminatus = Podanthes geminata.
P. piliferus = Trichocaulon piliferum.
Picea eremita = Abies excelsa eremita.
Pilogyne = Zehneria.
Pimpinella includes *Sisarum* and *Tragium.*
Pincenictitia tuberculata = Beaucarnea recurvata.
Pinellia tuberifera = *Arum ternatum.*
Pinus.
P. microcarpa = Larix americana.
P. Nuttallii = Larix occidentalis.
Piper includes *Pothomorphe.*
Piptanthus nepalensis = *Thermopsis nepalensis.*
Piratinera = Brosimum.
Pitrophyllum ionantha = Tillandsia ionantha.
Pittosporum includes *Senacia.*
Planera (of Giseke) = **Costus.**
Platycapnos is included under **Fumaria.**
Platystachya is included under **Tillandsia.**
Platytheca galioides = *Tremandra verticillata.*
Plectrurus = Tipularia.
Pleionema Gaudichaudiana = Pleroma Gaudichaudianum.
Pleroma includes *Tibouchina.*
Pleuridium oxylobium = Polypodium trifidum.
Pleurothallis includes *Rhyncopera.*
P. coccinea = Rodriguezia secunda.
Podachænium paniculatum is the correct name of *Ferdinanda eminens* (mentioned under *Zaluzania*).
Podalyria capensis = Virgilia capensis.
Podocarpus.
P. asplenifolius = Phyllocladus asplenifolius.
P. chinensis = *Taxus Makoya.*
Pœppigia (of Bertero) = **Rhaphithamnus.**
Pogochilus = Galeola.
Pogospermum = Catopsis.
Polygonum adpressum = Muehlenbeckia adpressa.
Polypappus (of Nuttall) = **Tessaria.**
Polypodium includes *Schellolepis, Stegnogramme, Thylacopteris,* and *Xiphopteris.*
Poncelatia (of Thouars) = **Spartina.**
P. sprengelioides = Sprengelia Poncelatia.

Synonyms and Cross-references—*continued.*

Porphyrocoma lanceolata = **Dianthera Pohliana.**
Porphyrostachys = **Stenoptera.**
Pourretia.
  P. **nivosa** (of gardens) = **Tillandsia tectorum.**
  P. **surinamensis** (of gardens) = **Tillandsia pulchra.**
Prinos.
  P. **dubius** = **Ilex mollis.**
  P. **integrifolius** = **Nemopanthes canadense.**
Prismatocarpus (in part) = **Specularia.**
Pritchardia filamentosa = **Washingtonia filifera.**
Protea (of Linnæus) = **Leucadendron.**
  P. **abrotanifolia** = **Serruria phylicoides.**
  P. a. **hirta** = **Serruria abrotanifolia.**
  P. a. **minor** = **Serruria emarginata.**
  P. a. **odorata** = **Serruria odorata.**
  P. **argentiflora** = **Serruria triternata.**
  P. **glomerata** = **Serruria pedunculata.**
  P. **imbricata** = **Sorocephalus imbricatus.**
  P. **triternata** = **Serruria millefolia.**
Prumnopitys elegans = **Podocarpus andina.**
Psychechilus = **Zeuxina.**
Ptilostephium is included under **Tridax.**
Ptychochilus = **Tropidia.**
Pulmonaria.
  P. **maritima** = **Mertensia maritima.**
  P. **sibirica** = **Mertensia sibirica.**
Pulsatilla is included under **Anemone.**
  P. **vulgaris** = **Anemone Pulsatilla.**
Pyrolirion aureum = **Zephyranthes flava.**
Pyrrheima Loddigesii (of gardens) = **Tradescantia fuscata.**
Pythonium = **Thomsonia.**
Rafnia includes *Vascoa.*
Ramtilla = *Veslingia* (correct name of which is **Guizotia**).
Raphidophyllum = **Sopubia.**
Raxopitys = **Cunninghamia.**
Regelia.
  R. **magnifica** (of gardens) = **Verschaffeltia splendida.**
  R. **majestica** (of gardens) = **Verschaffeltia splendida.**
  R. **princeps** (of gardens) = **Verschaffeltia splendida.**
Reidia glaucescens = **Phyllanthus pallidifolius.**
Retinospora.
  R. **juniperoides** = **Chamæcyparis ericoides.**
  R. **obtusa pygmæa** = **Chamæcyparis obtusa nana.**
Rhexia.
  R. **petiolaris** = **Pleroma Gaudichaudianum.**
  R. **petiolata** = **Pleroma Gaudichaudianum.**
Rhodiola rosea = **Sedum Rhodiola.**
Rhododendron includes *Vireya.*
Rhodospatha picta is the correct name of *Spathiphyllum pictum.*
Rhynchosia.
  R. **albo-nitens** = **Desmodium Skinneri albo-nitens.**

Rhynchospermum angustifolium = **Trachelospermum jasminoides angustifolium.**
Robinia squamata = **Pictetia squamata.**
Rochea.
  R. **falcata** is the correct name of *Crassula falcata.*
  R. **perfoliata** is the correct name of *Crassula perfoliata.*
Roëlla decurrens = **Wahlenbergia capensis.**
Rœpera.
  R. **aurantiaca** = **Zygophyllum fruticulosum bilobum.**
  R. **fabagifolia** = **Zygophyllum fruticulosum.**
Rosanovia ornata = **Sinningia conspicua.**
Roscoëa (of Roxburgh) = **Sphenodesma.**
Rostraria is included under **Trisetum.**
Rottlera (of Willdenow) = **Trewia.**
Rouhamon = **Strychnos.**
Roxburghia gloriosa = **Stemona gloriosoides.**
Ruckia Ellemeeti = **Rhodostachys bicolor.**
Ruellia includes *Stemonacanthus.*
Sagina pilifera = *Spergula pilifera.*
Salacia includes *Tonsella* and *Tontelea.*
Salpingantha coccinea = **Thyrsacanthus strictus.**
Sanseviera javanica = **Dracæna elliptica.**
Sapindus Danura = **Nephelium verticillatum.**
Sarcostemma (of Decaisne) = **Philibertia.**
Sauroglossum elatum = **Spiranthes Sauroglossum.**
Saxegothea = *Squamataxus.*
Scalia jaceoides = **Podolepis acuminata.**
Schubertia (of Blume) = **Horsfieldia.**
Scilla serotina = **Dipcadi serotina.**
Scyphæa = **Marila.**
Seaforthia latisecta = **Pinanga latisecta.**
Sempervivum spinosum = **Cotyledon spinosa.**
Senecillis is included under **Senecio.**
Sideroxylon spinosum = **Argania Sideroxylon.**
Sipholanthus indica = **Clerodendron Siphonanthus.**
Sisyrinchium.
  S. **longistylum** = **Solenomelus chilensis.**
  S. **odoratissimum** = **Symphyostemon narcissoides.**
  S. **pedunculatum** = **Solenomelus chilensis.**
Solenachne = **Spartina.**
Sophora = *Ammodendron.*
Southwellia is included under **Sterculia.**
Spadostyles Sieberi = **Pultenæa euchila.**
Spartothamnus (of Webb) is included under **Cytisus.**

Spathiphyllum Wallisii (of Masters) = **Stenospermation pompayanense.**
Spennera = **Aciotis.**
Spergulastrum is included under **Stellaria.**
Spermadictyon azureum = **Hamiltonia scabra.**
Sphærotele (of Link) is included under **Urceolina.**
Spiranthera Fraseri = **Pronaya elegans.**
Splitgerbera = **Bœhmeria.**
Stachytarpheta mutabilis = *Verbena mutabilis.*
Stalagmites (in part) = **Xanthochymus.**
Stapelia pilifera = **Trichocaulon piliferum.**
Statice (in part) = **Armeria.**
  S. **Ararati** = **Acantholimon glumaceum.**
  S. **monopetala** = **Limoniastrum monopetala.**
Stauracanthus is included under **Ulex.**
  S. **aphyllus** = **Ulex genistoides.**
Stenochlæna heteromorpha = **Lomaria filiformis.**
Stissera = **Curcuma.**
Stromanthe sanguinea = *Thalia sanguinea.*
Stylandra pumila = **Podostigma pubescens.**
Stylocoryne (of Wight and Arnott) = **Webera.**
Swietenia Chloroxylon = **Chloroxylon Swietenia.**
Symea gillesioides = **Solaria miersioides.**
Symmetria = **Carallia.**
Symphoricarpus puniceus = **Lonicera punicea.**
Syneilesis is included under **Senecio.**
Talbotia elegans = **Vellozia elegans.**
Tapeinophallus is included under **Amorphophallus.**
Tarenna = **Webera.**
Telanthera = *Teleianthera.*
Ternatea vulgaris = **Clitoria ternatea.**
Tetragonolobus purpurea = **Lotus Tetragonolobus.**
Thalia spectabilis = **Stromanthe spectabilis.**
Thamnopteris australasicum = **Asplenium Nidus australasicum.**
Thlaspi arabicum = **Æthionema Buxbaumii.**
Thuya.
  T. **chilensis** = **Libocedrus chilensis.**
  T. **gigantea** (of gardens) = **Libocedrus decurrens.**
Thymus Acinos = **Calamintha Acinos.**
Tillandsia musaica = **Massangea musaica.**
Tornelia fragrans = **Monstera deliciosa.**
Tradescantia tricolor = **Zebrina pendula.**

Supplement.

Synonyms and Cross-references—*continued.*

Tricratus admirabilis = **Abronia umbellata.**
Trisiola = **Uniola.**
Tupa Feuillei = **Lobelia Tupa.**
Turpinia punctata = **Poiretia scandens.**
Tussacia (of Klotzsch) = **Catopsis.**
Tussilago.
  T. fragrans = **Petasites fragrans.**
  T. hybrida = **Petasites vulgaris.**
  T. Petasites = **Petasites vulgaris.**
Urania speciosa = **Ravenala madagascariensis.**
Uranthera = **Acisanthera.**
Vaccinium braziliensis = **Gaylussacia pseudo-vaccinium.**
Verbesina.
  V. aurea = **Zexmenia aurea.**
  V. Coreopsis = **Actinomeris squarrosa.**

Vieusseuxia tripetaloides = **Moræa tripetala.**
Vitis.
  V. dissecta = **Ampelopsis aconitifolia.**
  V. japonica (of gardens) = **Ampelopsis tricuspidata.**
Vitmania = **Oxybaphus.**
Vriesia.
  V. bellula = **Tillandsia heliconioides.**
  V. brachystachys = **Tillandsia carinata.**
  V. gigantea = **Tillandsia regina.**
  V. Glaziovana = **Tillandsia regina.**
  V. Morreniana = **Tillandsia psittacino-carinata.**
  V. musaica = **Massangea musaica.**
  V. psittacina brachystachys = **Tillandsia carinata.**

Vriesia—*continued.*
  V. retroflexa = **Tillandsia psittacino-scalaris.**
Wallichia nana = **Didymosperma nanum.**
Warrea quadrata = **Zygopetalum marginatum.**
Watsonia Liliago = **Anthericum Liliago.**
Wintera aromatica = **Drimys Winteri.**
Xiphion.
  X. latifolium = **Iris xiphioides.**
  X. Sisyrinchium = **Moræa Sisyrinchium.**
  X. tingitanum = **Iris filifolia.**
Xylosteum dumetorum = **Lonicera Xylosteum.**
Xyris altissima = **Bobartia spathacea.**

NEW INTRODUCTIONS, ETC.

THIS Appendix contains all the new plants of any horticultural interest which have been introduced to British gardens during the progress of the publication of the DICTIONARY OF GARDENING, as well as some older ones—worthy of being included—which have been omitted under their respective genera.

Mr. J. DOUGLAS has undertaken the parts relating to Florists' Flowers, &c., and his name is a guarantee that this section of the work will be thoroughly well done.

GEORGE NICHOLSON.

ABELIA. This genus embraces about half-a-dozen species, natives of the Western Himalayas, China, Japan, and Mexico. To those described on p. 1, Vol. I., the following should now be added:

A. rupestris grandiflora (large-flowered). *fl.* rosy-white, larger than those of the type. Whole plant more robust. A seedling of Italian origin.

A. spathulata (spathulate). *fl.* sessile, in pairs on a short, slender peduncle; corolla white, with yellow blotches on the throat, nearly 1in. long. April. *l.* about 2in. long, elliptic-lanceolate, obtusely acuminate, sinuate-toothed, glabrous above, pubescent beneath, edged purple. Japan, 1883. A free-flowering, much-branched, evergreen shrub. (B. M. 6601.)

ABIES. To the species described on pp. 1-2, Vol. I., the following should now be added:

A. Eichleri (Eichler's). This is closely allied to *A. Nordmanniana*, from which it may be distinguished by its cones, which in a young state are bluish-black instead of green, and at a corresponding stage are 2¾in. long and 1in. broad, by the whiter or paler under surface of its mature leaves, and by the blue-green colour of its young shoots. Caucasus. (W. G. Z. 1882, No. 2.)

A. Nordmanniana (Nordmann's). *l.* on the sterile branchlets either two-ranked or arranged more or less round the branches, linear, flat, retuse at apex, green above and scarcely sulcate, below one-ribbed, with two white lines; those on the fruiting branches curved, ascending or erect. *cones* sessile, elliptic-oblong or cylindrical; bracts cuspidate, exserted, reflexed; scales reniform from a shortly cuneate base. Branches horizontally whorled, the lower ones deflexed. Asia Minor. A tall tree, of pyramidal habit. (B. M. 6992; R. G. 699.)

A. N. horizontalis (horizontal). A dwarf, compact-growing form, with horizontally spreading branches; it cannot be made to produce a leader, hence its peculiar habit. A chance seedling found in a nursery in the Vosges.

ABROMA. The two or three species embraced in this genus inhabit tropical Asia and Australia. To those described on p. 3, Vol. I., the following should now be added:

A. sinuosa (sinuate). *l.* broadly ovate, pedately pinnatifid, on slender petioles. Madagascar, 1884. A pleasing species, of slender habit.

ABUTILON. A genus of about seventy species, distributed over the warmer regions of the globe. To the species and varieties described on pp. 4-5, Vol. I., the following should now be added:

A. Thompsoni flore-pleno (double-flowered). A garden variety with double flowers. 1885. Greenhouse. (R. H. 1885, p. 324.)

Varieties. CHRYSOSTEPHANUM COMPACTUM, a pleasing shade of chrome-yellow; a good variety for bedding out. MADAME JOHN LAING, rose, very large flowers. M. H. CANNELL, a very free-flowering hybrid from *A. megapotamicum*.

ACACIA. Leaves bipinnate; leaflets often small and many-jugate, or reduced to a filiform petiole (phyllode). To the species described on pp. 5-7, Vol. I., the following should now be added:

A. leprosa (leprous). *fl.* numerous in a globular head, mostly five-parted; petals yellow, united to the middle. May. *l.*, phyllodia narrow, linear-lanceolate, acute, or obtuse with a small point, narrowed at base, 1¼in. to 3in. long. Branchlets pendulous, more or less glutinous. Australia, 1817. A tall shrub or small tree. (B. R. 1441.)

A. lineata (lined). *fl.* ten to fifteen or more in a small, globular head, mostly five-parted; petals yellow, smooth. April. *l.*, phyllodia linear, with a small, hooked point, usually ¼in. to ⅜in. long. Branches pubescent or villous, sometimes slightly resinous. *h.* 6ft. Australia, 1824. (B. M. 3346.)

ACALYPHA. This genus comprises about 220 species, broadly dispersed over the warm regions, a few being extra-tropical American. Leaves alternate, often ovate, more or less toothed, three to five-nerved or penniveined. To the species described on p. 7, Vol. I., the following should now be added:

A. obovata (obovate). *l.* obovate, green with creamy edges when young, changing with age to olive-green with pink margins, and finally having a bronzy centre, and broad, rosy-crimson margins. Polynesia, 1884. An ornamental foliage plant.

SUPPLEMENT.

ACANTHOMINTHA (from *acanthos*, a spine, in allusion to the spiny-toothed bracts, and *Mentha*, Mint, as the plant was formerly included under *Calamintha*). ORD. *Labiatæ*. A monotypic genus. The species is a small, glabrous, half-hardy annual, requiring ordinary cultivation.

A. ilicifolia (Holly-leaved). *fl.* three to eight in a whorl in all the upper axils; whorls subtended by opposite bracts, which are larger than the leaves and spiny-toothed; calyx tubular, bilabiate; corolla ½in. long, the upper lip white, small, the lower one purple, with a yellow throat, four-lobed. July. *l.* petiolate, ¾in. to 1in. long, rounded or ovate, with a cuneate base, coarsely and bluntly toothed. Branches ascending, 6in. to 8in. long. California, 1883. (B. M. 6750.)

ACANTHOPANAX (from *acanthos*, a spine, and *Panax*; alluding to the spiny stems and Panax-like aspect of the plants). ORD. *Araliaceæ*. A genus embracing about eight species of stove or greenhouse, glabrous or tomentose shrubs (rarely trees?), natives of Japan, China, and tropical Asia. Flowers polygamous or hermaphrodite; petals five, rarely four, valvate; stamens five, rarely four, the filaments filiform; pedicels continuous with the flowers; bracts small or wanting; umbellets paniculate or almost solitary. Leaves palmately cleft, digitate, or one-foliolate. Only two species call for mention here.

A. ricinifolia (Ricinus-leaved). The correct name of the plant described on p. 104, Vol. I., as *Aralia Maximowiczii*.

A. spinosum (spiny). The correct name of the plant described on p. 104, Vol. I., as *Aralia pentaphylla*.

ACANTHUS. About fourteen species, inhabiting tropical and sub-tropical regions, are included in this genus. To those described on pp. 8-9, Vol. I., the following should now be added:

A. Caroli-Alexandri (Charles Alexander's). *fl.* white, often suffused rose-colour, in a dense spike. Summer. *l.* few, radical, in a lax rosette, lanceolate, pinnatifid, spiny-toothed, 16in. long, 3in. to 4in. broad. Stem 9in. to 18in. high, with two to four similar leaves. Greece, 1887. (R. G. 1886, pp. 626-635, f. 73-75.)

ACER. The species of this genus number about fifty, and are found in Europe, North America, North Asia, Java, and the Himalayas. To those described on pp. 9-11, Vol. I., the following should now be added:

A. colchicum tricolor (Colchican, three-coloured). A synonym of *A. pictum tricolor*.

A. Heldreichii (Heldreich's). *fl.* in small, terminal panicles, which are shorter than the leaves. *l.* small, palmately five-lobed; lobes obtusely dentate, acute, the middle one cuneately tapering to its base. Greece. (G. C. n. s., xv., p. 141; R. G. 1185.)

A. insigne (remarkable).* *fl.* green, ⅓in. in diameter; panicles pyramidal, terminal, 3in. to 4in. long, appearing with the leaves. May. *l.* 5in. to 6in., in diameter, rounded-reniform, palmately divided to the middle into five to seven oblong, acute, coarsely and obtusely serrated lobes, glabrous above, more or less tomentose beneath. Persia. The latest of all the Maples to come into leaf. (B. M. 6697.) SYN. *A. velutinum*.

A. pictum tricolor (three-coloured). *l.*, young ones of a bright violaceous-red, irregularly shading off here and there into all tints of dark red or crimson to creamy-white. 1886. Garden variety. SYN. *A. colchicum tricolor*.

A. platanoides compactum (compact). An ornamental variety, producing a compact, round head. 1886.

A. p. integrilobum (entire-lobed). This only differs from the type in having the lobes of the leaf entire. (R. G. 1887, p. 431, f. 107-8.)

A. p. Reichenbachii (Reichenbach's). *l.* large, changing in the autumn to a deep crimson-red, varying to yellow and brown.

A. p. undulatum (wavy). *l.* bullate, with very wavy, crisped margins. A curious and interesting variety.

A. velutinum (velvety). A synonym of *A. insigne*.

ACHILLEA. Upwards of 100 species have been described by botanists (but, according to the authors of the "Genera Plantarum," the number may be considerably reduced): they inhabit Europe and Western Asia. Leaves alternate. To the species described on pp. 11-12, Vol. I., the following should now be added:

A. rupestris (rock-loving).* *fl.-heads* white, greenish towards the centre, pedicellate, ¼in. to ⅜in. broad; corymbs 1in. to 1¼in. in diameter. May. *l.* on the shoots rosulate, ¼in. to ½in. long, linear-spathulate, entire; cauline ones similar, scattered, spreading. Rootstock tufted. Southern Italy, 1886. (B. M. 6905.)

ACHIMENES. About a score species, all tropical American (from Brazil to Mexico), are included in this genus. To the species and varieties described on pp. 12-14, Vol. I., the following should now be added:

FIG. 1. FLOWERING BRANCH OF ACHIMENES TUBIFLORA.

A. tubiflora (tubular-flowered).* *fl.* pure white; corolla tube 4in. long, a little enlarged and curved upwards, with a broad gibbosity at base, the limb 1½in. broad, equally five-lobed; pedicels 2in. long; panicle several-flowered. Summer. *l.* opposite, oblong, acuminate, reticulated, downy, obscurely crenate; petioles short and thick. Buenos Ayres. See Fig. 1. SYNS. *Dolichoderia tubiflora*, *Gloxinia tubiflora* (B. M. 3971; B. R. 1845, 3).

ACINETA. This genus comprises about eight species, natives of tropical America (from Colombia to Mexico). To those described on p. 14, Vol. I., the following should now be added:

A. Hrubyana (Hruby's). *fl.* ivory-white, disposed in loose racemes; lip marked with a few purple spots, and having narrow, erect side lobes. New Grenada, 1882. A fine and distinct species.

A. Humboldtii fulva (fulvous). *fl.* tawny-yellow, dotted all over with purplish-brown; lip of a brighter yellow, spotted with dark purple. A handsome variety.

A. H. straminea (straw-coloured). *fl.* pale straw-yellow, with very few spots. New Grenada.

ACONITUM. According to Bentham and Hooker, the number of distinct species is only about eighteen, many of the plants described on pp. 15-17, Vol. I., being mere varieties. They are chiefly mountain plants, spread over

Aconitum—*continued.*

the greater part of Europe and Central Asia, very few species being found in North America. *A. dissectum* is the only addition calling for mention.

A. dissectum (dissected). This plant has much in common with *A. Napellus*, but it is more hairy; the principal difference is exhibited in the narrower helmet of the flowers. Himalayas, 1885. (R. G. 1886, p. 226, f. 16.)

ACROSTICHUM. The species number upwards of 180. To those described on pp. 18-20, Vol. I., the following should now be added:

A. Lechlerianum (Lechler's). *rhiz.* woody, wide-scandent, scaly. *sti.* 6in. to 12in. long, firm, erect, scaly downwards. *fronds* 3ft. to 4ft. long, 1in. to 1½in. broad, the barren one quadripinnatifid; lower pinnæ 6in. to 9in. long, 4in. to 5in. broad; pinnules close, lanceolate; segments oblong, deeply lobed; rachises pubescent; fertile pinnules narrower, distant, the segments oblong-cylindrical, with a space between them, the lower ones rather beaded. Peru and Ecuador, 1886. Stove. SYN. *Polybotrya Echleriana* (G. C. n. s., xxv., pp. 400-1).

A. magnum (large). *rhiz.* sub-erect, the basal paleæ small, nearly black. *sti.* tufted, those of the barren fronds 3in. to 4in. long. *barren fronds* 2ft. to 3ft. long, 1½in. to 2in. broad, narrowed gradually to both ends, the paleæ of the upper surface numerous, minute, whitish, those of the under side ferruginous. British Guiana, 1880. Stove. SYN. *Elaphoglossum magnum.*

ADENOCARPUS. This genus embraces eight species, natives of Mediterranean and South-western Europe, North and tropical Africa, and the Canary Islands. To those described on p. 23, Vol. I., the following should now be added:

A. decorticans (barkless).* *fl.* bright yellow, Pea-like, in short, compact racemes. *l.* densely set, two or three-foliolate; leaflets linear, soft, dark green. Spain, 1883. A beautiful, half-hardy, evergreen shrub, having the general aspect of Furze. (G. C. n. s., xxv., p. 725; R. H. 1883, p. 156.)

ADESMIA. About 110 species have been referred to this genus, but scarcely more than eighty are entitled to rank as such. To those described on p. 24, Vol. I., the following should now be added:

A. balsamica (balsamic). *fl.* golden-yellow, ⅝in. in diameter; racemes terminal, effuse, three to eight-flowered. March. *l.* 1in. to 1½in. long, shortly petiolate, pinnate; leaflets ten to thirteen pairs, ⅛in. to ¼in. long, sessile, dark green, oblong or cuneately obovate. Branches very slender, leafy. Chili, 1837. A nearly glabrous, excessively branched shrub, covered with balsamic glands. (B. M. 6921.)

ADIANTUM. Tropical America is the head-quarters of this genus, which embraces about eighty species. To the species and varieties described on pp. 24-9, Vol. I., the following should now be added:

A. assimile cristatum (crested). *fronds* elegantly crested. 1887. Garden variety.

A. Birkenheadii (Birkenhead's). *fronds* tripinnate, about 2½ft. long and 1ft. broad, deltoid, acuminate; pinnæ alternate, distant and long-stalked towards the base, closer together and sessile near the apex, the lower ones bipinnate, the upper ones pinnate; pinnules obtusely oblong-trapezoid, cut on the upper edge into shallow lobes. 1886. A fine garden Fern, of tufted habit.

A. Bournei (Bourne's). A variety of *A. cuneatum.*

A. Burnii (J. B. Burn's). *sti.* smooth, ebeneous. *fronds* evergreen, glabrous, broadly ovate, acuminate, tri- or quadripinnate; pinnæ ovate, the lower ones with a long stalk, the upper ones almost sessile; pinnules stipitate below, the basal one 2in. to 2½in. long, narrowly ovate, the basal pinnulets compound, the upper ones still narrower because less divided at the base. *sori* numerous, roundish-reniform, seated at the base of a notch at the apex of the lobes. Garden hybrid. Stove.

A. Capillus-Veneris digitatum (digitate). *fronds* not symmetrical, but with a tendency to become unequally ovate, dwarfish, smooth, evergreen; pinnæ and pinnules unequal and irregular, the more perfect pinnules rhomboid, with a rounded apex, deeply furcate-lobed, the edges marginate. *sori* wanting. A curious variety.

A. C.-V. grande (large). A very handsome variety, larger, denser, and more bushy in habit than the type. 1886. Hardy.

A. C.-V. imbricatum (imbricated). *sti.* and rachises glossy ebeneous. *fronds* ovate, 6in. long, densely imbricated, bi-tripinnate, evergreen; pinnæ crowded, 2in. to 2½in. long, 1½in. wide; pinnules large, much overlapping, the lateral ones rhomboid, ¾in. long and ½in. broad, the terminal ones broadly flabellate, 1in. or more in width. *sori* elongate-oblong.

A. C.-V. obliquum (oblique). *fronds*, pinnæ very large, oblique. 1885. (I. H. 1885, 546.)

Adiantum—*continued.*

A. Collisii (Collis'). *sti.* black, slender, 1ft. to 1½ft. long. *fronds* triangular, 1½ft. to 2ft. across; pinnules small, rhomboid, truncate on the inner and lower sides, and slightly toothed on the outer and upper margins. 1885. A beautiful, decorative, stove Maidenhair, of garden origin.

A. cuneatum Bournei (Bourne's). *sti.* long. *fronds* dense, triangular. 1882. A garden variety in the way of *A. Pacottii*, but less refined in growth.

A. c. deflexum (deflexed). *fronds* triangular, three or four times pinnate; pinnules deflexed, lobed; lobes crenate-toothed. 1881. A garden hybrid between *A. Bausei* and *A. cuneatum.* Stove.

A. c. elegans (elegant). *sti.* glossy, 6in. long. *fronds* triangular, about 9in. long and broad; pinnæ ovate-triangular, with rather distantly-set, cuneate pinnules, which are ¼in. long and ⅛in. broad. Gardens, 1885. Stove.

A. c. grandiceps (large-headed). A crested variety, of drooping habit, well adapted for basket culture.

A. c. strictum (upright). *fronds* erect, four times pinnate; pinnæ ascending, arranged somewhat spirally. 1884. Stove.

A. cyclosorum (circular-sorused). *sti.* stoutish, glossy black, 8in. to 10in. long. *fronds* 1½ft. to 2ft. long, triangular, tripinnate, glabrous; pinnæ spreading, ovate, stalked; pinnules five to nine lines long, rhomboid. *sori* eight to ten to a pinnule, circular, marginal. Ecuador, 1887. A handsome and well-marked, deciduous, stove species.

A. Daddsii (J. Dadds'). *sti.* glossy ebeneous, about 8in. long. *fronds* above 1ft. long, fertile throughout, deltoid, decompound, evergreen, glabrous; pinnæ triangular-ovate, stipitate, furnished with numerous but not crowded pinnules; ultimate segments very numerous, quite small, distinct, everywhere pedicellate, the terminal ones cuneate with two or three lobes at the apex, the intermediate ones rhomboid-cuneate, more or less deeply lobed on the anterior side, the basal ones roundish or obovate, narrowed into the pedicels. *sori* roundish-reniform, situated in a notch at the apex of the marginal lobes. A supposed hybrid. Greenhouse.

A. elegans (elegant). *sti.* blackish-purple. *fronds* triangular-ovate, quadripinnate; pinnæ distant, long-stalked, ovate or deltoid, with stalked pinnules; pinnulets very small, two or three-lobed, roundish, the larger ones slightly trapezoid, the terminal ones shortly cuneate. 1886. A graceful, greenhouse, evergreen Fern, of garden origin.

A. Fergusoni (Ferguson's).* *sti.* long, glossy purplish-black. *fronds* triangular-ovate, tripinnate, stiffly erect; pinnæ long-stalked, spreading; pinnules variable, mostly large, bluntly ovate, truncate at base, with a pair of large basal lobes, and three or four smaller lobes above, the pedicels continuous with the rachis, not articulated, all the lobes again lobulate, and, where sterile, finely toothed. *sori* oblong, at the tops of the ultimate lobes. Ceylon, 1884. Stove. (G. C. ser. iii., vol. ii., p. 469.)

A. festum (pleasant). *sti.* 8in. to 9in. long, purplish-ebeneous. *fronds* 1ft. long, glabrous, evergreen, decompound, drooping, triangular, acuminate; pinnæ deltoid, spreading; pinnules of ultimate segments small, crowded, cuneate or rhomboid-cuneate, larger towards their extremities, the terminal ones symmetrically or unequally cuneate, bipartite, with deeply lobed divisions, the rest lobed on their anterior edge. *sori* roundish-reniform, placed in a sinus of the lobe. Greenhouse hybrid.

A. fragrantissimum (very fragrant). *sti.* 5in. to 6in. long, glossy ebeneous. *fronds* 1ft. to 1½ft. long, deltoid, quadripinnate, glabrous, evergreen; pinnæ ovate, spreading, the basal ones long-stalked; ultimate pinnules or pinnulets large, on long, slender pedicels, cuneate, the terminal ones equally lobed at the apex, the lateral ones more or less obliquely cuneate, lobed. *sori* roundish-reniform, placed in a sinus at the apex of the lobes. Probably a hybrid. Stove. Reason for specific name not stated. (G. C., ser. iii., vol. ii., p. 199.)

A. hians (gaping). *sti.* black. *fronds* about 10in. long, triangular-ovate, tripinnate; pinnæ ovate, the upper ones stalked, the lower ones almost sessile; pinnules variable, roundish, balloon-shaped, transversely oblong, or rhomboidal, the end rounded, bearing one or two large, broadly gaping sori. South Pacific Islands. An ornamental, stove Maidenhair.

A. macrophyllum bipinnatum (bipinnate). This handsome variety differs from the type in having the fronds twice-pinnate in the lower part, and with smaller pinnules. Jamaica, 1885.

A. Mairisii (Mairis'). *fronds* triangular, quadripinnate; pinnæ ovate, on rather long stalks; pinnules cuneate-trapezoid, with an irregular, truncate apex, those near the ends of the pinnæ larger, with a lobate margin, the fertile ones cut into oblong, concave sinuses, giving a bluntly cornute aspect to the principal pinnule. 1885. Stove. Garden variety; perhaps a hybrid between *A. Capillus-Veneris* and *A. cuneatum.*

A. novæ-caledoniæ (New Caledonian).* *cau.* tufted. *sti.* and rachis blackish-purple, the latter clothed with dark brown hair-scales. *fronds* pedately pentagonal in outline, tripinnate at the basal part, bipinnate above; pinnæ narrow-lanceolate, the larger ones caudate; pinnules irregular in size and form, coarsely

Adiantum—*continued.*

toothed, the largest 1in. to 1½in. long. New Caledonia, 1883. Stove. See Fig. 2, for which we are indebted to Messrs. W. and J. Birkenhead.

A. obliquum minus (lesser). *sti.* black. *fronds* pinnate; pinnæ falcate, acuminate, the sterile ones incised-toothed, the fertile ones with close-set, oblong sori, the apex trapeziform and lobed. Columbia, 1883.

A. Oweni (Owen's). *sti.* about 8in. long, glossy ebeneous. *fronds* about 1½ft. long, triangular-ovate, evergreen, glabrous, erect, quadripinnate; pinnæ ascending, triangular, stipitate, the lower ones on stalks about 1in. long, the upper ones gradually shorter;

Adiantum—*continued.*

A. roseum (rosy). *fronds*, when young, rosy-tinted. A dwarf, garden variety. Greenhouse.

A. schizophyllum (cut-leaved). *sti.* and rachises remote in varying degrees. *fronds* numerous, with stoutish, conspicuous, ebeneous rachises; pinnules small, commonly minute, most of them deeply cut into narrow, lineate lobes. *sori* small, lunate, sparingly produced in a perfect state. 1887. A seedling from *A. œmulum.* Stove or greenhouse.

A. tetraphyllum gracile (slender). A handsome variety, of moderate stature, remarkable for the beautiful reddish tint assumed by the fronds when first developed.

FIG. 2. ADIANTUM NOVÆ-CALEDONIÆ.

basal pinnules ovate; pinnulets very small, shortly stipitate, slightly lobed, the terminal ones cuneate, the others mostly rhomboid. *sori* two to four to a pinnule, placed in a sinus of the marginal lobes. Stove hybrid.

A. Pacottii (Pacott's). A garden variety, of very dense habit, the pinnules overlapping each other to an uncommon extent. Greenhouse.

A. rhodophyllum (rose-fronded).* *fronds* evergreen, triangular, tripinnate, elegantly spreading, about 1ft long; pinnæ few, pinnate or bipinnate, the upper undivided ones 1½in. long, and, as well as the 1in. pinnules, rhomboid-trapezoid, and set on hair-like, black stalks; young fronds rosy-purple. *sori* at the apices of the lobes, but much broken up. 1884. A beautiful, stove hybrid.

A. Victoriæ (Victoria's). *fronds* crowded, bipinnate, forming close, low tufts 4in. to 6in. high, rich green; pinnules rather large, bluntly conical or sub-rhomboidal. 1882. A handsome, dwarf, stove Maidenhair, "supposed to be a hybrid between *A. Ghiesbreghti* and *A. decorum,* but it appears more like a dwarf form of *A. tenerum Farleyense*" (Moore).

A. Waltoni (H. and E. H. Walton's). *sti.* 9in. long, glossy ebeneous. *fronds* nearly 1½ft. long, broadly ovate, erect, glabrous, evergreen, quadripinnate; pinnæ ascending, ovate, the lower ones long-stalked, the upper ones with the pinnules next the rachis elongated and compound; pinnulets pedicellate, more or less cuneiform, often somewhat oblique. *sori* abundant, four to six to a pinnule, placed in a sinus of the marginal lobes. Greenhouse hybrid.

Adiantum—*continued.*

A. Weigandii (Weigand's). *fronds* triangular, tripinnate, glabrous, about 1ft. long, forming a neat, tufted mass; pinnæ and pinnules long-stalked, the latter ovate from a broad base, lobed, with narrow sinuses. *sori* large, numerous, nearly circular, one or two on each lobe. America (garden origin), 1884. Greenhouse.

ÆCHMEA. Including *Macrochordium.* This genus comprises about sixty species, and is restricted to South America. To those described on p. 30, Vol. I., the following should now be added:

Æ. amazonica (Amazons). A synonym of *Karatas amazonica.*

Æ. Barleei (Barlee's). *fl.* distichous; calyx with a globose, mealy tube; corolla pale yellow; lower bracts red, upper ones green; stem central, paniculately branched. *l.* eight or nine in a rosette, lorate-ensiform, green, 2ft. to 3ft. long, 2in. broad, thinly white-lepidote, prickly on the margins. British Honduras, 1883.

Æ. brasiliensis (Brazilian). *fl.*, calyx, bracts, and rachis scarlet; petals blue, erect, emarginate-rounded at base; panicle contracted, oblong, 5in. long, highly glabrous, the branchlets sessile, short, two to six-flowered. *l.* recurved-spreading, ligulate-linear, much dilated at base, rigid, channelled, the margins spiny-toothed, acuminate, 1¾ft. to 3ft. long. Rio Janeiro, 1885. (R. G. 1202.)

Æ. Cornui (Professor Cornu's). *fl.*, calyx and bracts carmine-red; corolla yellow; inflorescence rather shorter than the leaves; scape red, with sparse, white tomentum. *l.* broad, ligulate, truncate and mucronate at apex, green, spotted brown towards the base and apex, the margins toothed. Brazil, 1885. A dwarf, robust species. (R. H. 1885, p. 36.)

Æ. ferruginea (rusty). *fl.* rosy-lilac, only glomerulate; inflorescence paniculate. *l.* spreading, broad, ligulate, obtuse, denticulate, bright green, irregularly spotted with dull green. 1883. A large and robust species. SYN. *Hohenbergia ferruginea* (R. H. 1881, p. 437).

Æ. flexuosa (flexuous). *fl.* distant, sessile, erecto-patent; calyx pale pink, ⅓in. to ⅝in. long; petals bright red, lingulate, shortly protruded; panicle ovate, bipinnate, 1½ft. to 2ft. long, 6in. to 8in. in diameter, the lower branches 3in. to 4in. long; peduncle erect, stout, 1½ft. long; bracts pale, erect. Winter. *l.* twenty to thirty in a dense rosette 3ft. to 4ft. in circumference, lanceolate from a dilated base, bright green, horny, 3in. broad, channelled, with scattered, whitish spots. Native country unknown. 1886. Plant acaulescent.

Æ. Lalindei (Lalinde's).* *fl.*, calyx green, ellipsoid, pink at the tips; corolla not exserted; spike dense; bracts crimson, large, acute, reflexed; stem tall. *l.* 3ft. to 4ft. long, broad, concave, acute, denticulate, green. New Grenada, 1883. A handsome plant. (I. H. 481.)

Æ. macrantha (large-flowered). *fl.* yellowish, fading to black, sessile, in a small, globose head; peduncle white-woolly, shorter than the leaves, with long, narrow bracts. *l.* long, recurved and bent, spiny-toothed, dark, shining green above, densely white-punctate-striate beneath. Brazil, 1886. A fine Bromeliad SYN. *Macrochordium macranthum* (R G. 1886, p. 297, f. 34).

Æ. mexicana (Mexican). *fl.* on erecto-patent pedicels ½in. long; calyx green, ½in. long; petals bright crimson, connivent, protruding ¼in. from the calyx; panicle oblong-cylindrical, 1ft. long, 4in. to 5in. broad, the lower branches 2in. to 3in. long; peduncle stout, 1ft. long; bracts colourless, erect. Winter. *l.* twenty to thirty in a dense rosette, lorate, with a deltoid-cuspidate tip, above 2ft. long, 3in. broad, the dilated base 4in. to 5in. broad, pale green, with darker green spots; prickles small, the lower ones tipped with brown. Mountains of Orizaba, 1886.

Æ. myriophylla (many-leaved). *fl.* distichous; calyx bright red; corolla pink, fading to lilac; scape 1½ft. high, panicled above, and, as well as the bracts, bright red. *l.* forming a dense rosette, narrow, channelled, attenuated, 2ft. to 2½ft. long, 1in. broad, dull green, sprinkled with silvery scales on the back, the margins armed with close, brown prickles. Tropical America, 1887. (B. M. 6939.)

Æ. paniculigera (panicle-bearing). *fl.* disposed in a large, compound panicle 1ft. to 2ft. long; sepals rose-coloured; petals deep bright purple; scape several feet high, reddish-purple, clothed with white down. West Indies, 1887.

Æ. Weilbachii leodiensis (Weilbach's, Liège).* *fl.* violet-rose, changing to dark red; bracts scarlet, mixed with violet and green; scape shorter than the leaves. *l.* about forty in a rosette, the basal half armed with larger and more crowded spines than in the type, the upper surface dark olive and bright green, the basal part beneath washed violet-brown and spotted blood-red. Brazil, 1887.

AËRANTHUS. This genus embraces about six species. To those described on p. 31, Vol. I., the following should now be added. *See also* **Mystacidium** (p. 570).

A. Curnowianus (Curnow's). *fl.* yellowish-white; sepals and petals ligulate, acute; lip cuneate-obovate, retuse, with a median apiculus; spur filiform, five times as long as the lip. *l.* ligulate, emarginate, fleshy, dark, dull green, rather rough. Madagascar, 1883.

Aëranthus—*continued.*

A. Grandidierianus (Grandidier's). A synonym of *Angræcum Grandidierianum.*

A. Leonis (Leon Humblot's).* *fl.* ivory-white, comparable to those of *Angræcum sesquipedale,* but having a much shorter spur, which is funnel-shaped at the base, then filiform and bent abruptly upwards. *l.* numerous, sword-like, stout, falcate, 8in. to 9in. long. Comoro Islands, 1885. A grand plant. (G. C. n. s., xxiv., pp. 80-81; W. O. A. 213.) SYN. *Angræcum Leonis.*

A. trichoplectron (hair-spurred). *fl.* white; sepals lanceolate, acuminate; petals linear, acute; lip broad, nearly conchoid at base, acuminate at top; spur long, filiform; peduncle one-flowered. February. *l.* 5in. long, ½in. wide, soft, linear, bidentate at apex. Madagascar.

AËRIDES. To the species described on pp. 31-3, Vol. I., the following should now be added:

A. Ballantinianum (Ballantine's). *fl.* variable; dorsal sepal and petals somewhat toothed; lateral sepals white, with a purple eye-blotch at the top; lip white, with orange or self-coloured side lobes, or marked with purple streaks and transverse bars, the side lobes equal to, or shorter than, the mid-lobe, which is toothed at the sides and bidentate at the top. *l.* rather short, bilobed. A fine species.

A. Bernhardianum (Bernhard's). *fl.*, side lobes of the lip overlapping each other, the front lobe covering both in front; raceme having the appearance of that of *A. quinquevulnerum. l.* narrow, strap-shaped. Borneo, 1885. A distinct and fine species.

A. Burbidgei splendens (Burbidge's splendid). *fl.* rich purple; side lobes of the lip ochre, spotted with brown; tip of the spur ochre. 1885.

A. Emericii (Emeric Berkeley's). *fl.* pale pink, with darker tips to the perianth segments and purple mid-lobe of the lip, numerous, ¾in. in diameter; perianth segments short, incurved, with rounded tips; lip funnel-shaped, passing into the stout, incurved spur; raceme axillary, 5in. to 6in. long, shortly pedunculate. May. *l.* distichous, nearly 1ft. long, 1in. to 1½in. broad, linear, coriaceous, deeply bifid at apex. Andaman Islands, 1882. (B. M. 6728.)

A. expansum (expanded). *fl.*, sepals and petals creamy-white, with purple markings; lip fully expanded, having amethystine blotches on the lateral lobes and on the sides of the middle lobe, the broad anterior portion of which is deep purple, and the spur greenish; racemes elongated. June and July. *l.* broader than in *A. falcatum,* and light green. India. SYN. *A. falcatum expansum.*

A. e. Leoniæ (Mrs. Leonie Allan Goss'). *fl.*, side laciniæ blunt, retuse, even dolabriform. 1882.

A. falcatum compactum (compact). A variety differing from the type principally in its shorter inflorescence, shorter and broader leaves, and thicker and stronger stems.

A. f. expansum (expanded). A synonym of *A. expansum.*

A. formosum (beautiful). *fl.* white, spotted, disposed in graceful, pendent spikes; lip trifid, beautifully coloured with amethyst. 1882. A handsome hybrid, supposed to have been bred between *A. falcatum* and *A. odoratum.*

A. Godefroyanum (Godefroy's). *fl.* light rosy-white, streaked and spotted with amethyst on the sepals and petals, comparable with those of *A. maculosum;* lip triangular, with a retrorse, hooked, solid tooth, and a very small, angular spur, the disk rich amethyst. Cochin China, 1886.

A. illustre (illustrious). *fl.* resembling those of *A. maculosum,* but larger; sepals and petals broader, with a lilac hue over the white, the few blotches mostly on the inner side of the petals; lip rich amethyst-purple, with the basal markings of *A. maculosum;* racemes unbranched. *l.* broad, dark-spotted. India (supposed to be a natural hybrid).

A. Lawrenceanum (Sir Trevor Lawrence's). *fl.* white, large, with a bold, convex, scoop-shaped lip of a bright magenta-rose; spikes drooping. *l.* rather narrow-linear. 1882.

A. Lawrenciæ (Lady Lawrence's). *fl.* nearly as large as those of *A. crispum;* sepals and petals white, changing to yellowish, tipped rosy-purple; lip having its side lobes high, oblong-dolabriform, its central lobe tipped rosy-purple, two purple lines running back to the mouth of the spur, which is conical, acute, entire; racemes 2ft. long, bearing upwards of thirty flowers. Tropical Asia, 1882. (W. O. A. vi. 270.)

A. Leeanum (W. Lee's). *fl.* amethyst-coloured, with a green spur, sweet-scented; racemes short and dense. Winter. An Indian species, allied to *A. quinquevulnerum.*

A. lepidum (charming). *fl.* white, as large as those of *A. affine;* sepals and petals tipped with purple; lip having the projected anterior part purple; spur cylindrical, curved; racemes ascending, many-flowered. *l.* lorate, obtusely bilobed. India. A pretty species.

A. Lobbii Ainsworthii (Ainsworth's). *fl.* brighter-coloured than in the type; spikes about 2ft. long. Moulmein. A fine variety.

A. maculosum formosum (beautiful). *fl.* large and numerous; sepals and petals white, marked with numerous rose-purple spots; lip white at base, marked on the crests and auricles with rose

Aërides—*continued.*

purple lines, the large, elliptic front lobe entirely rose-purple. 1885. A fine form.

A. margaritaceum (pearly). *fl.* pure white, produced in spikes. Summer. *l.* spotted. India. A pretty species, something in the way of *A. maculosum.*

A. marginatum (margined). *fl.* densely packed on the rachis; sepals and petals pale yellow, the anterior border purple; side lobes of lip semi-oblong, deep orange, the central one oblong-ligulate, toothleted, yellow, changing to sepia-brown; spur light green, conical; racemes drooping. *l.* rather broad, lorate, bilobed or emarginate, keeled on the under side. Philippine Islands, 1885.

A. McMorlandi (McMorland's). *fl.* white, spotted with peach-colour, freely produced in long, branched racemes. June and July. *l.* bright green, nearly 1ft. long. India. A fine but rare species.

A. odoratum birmanicum (Birma). *fl.* smaller than in the type; lateral sepals having a light purple line outside; middle lacinia of the lip purple, very narrow, with a few teeth at the margin; side laciniæ apicular. 1887.

A. o. Demidoffi (Demidoff's). *fl.* white, large, forming a rich spike; tips of the sepals, petals, and lip marked with purple; spur spotted with purple, and tipped with green. 1885. Stem.

A. Ortgiesianum (Ortgies'). *fl.*, sepals and petals blotched and warted with purple; side segments of the lip purple, the middle one white, blunt, bilobed, not serrated, the spur green, all dotted and barred red. 1885. This looks like a small *A. quinquevulnerum.*

A. pachyphyllum (thick-leaved). *fl.* resembling those of *A. Thibautianum*, few in a short raceme; sepals and petals light crimson-lake, nearly as large as in that species, oblong-ligulate; laciniæ of the lip small, painted with more or less warm purple; spur prominent, and, as well as the column, white. *l.* very fleshy, short. Birma, 1880.

A. quinquevulnerum Schadenbergiana (Schadenberg's). A variety of more compact habit, having shorter and broader leaves than the type. 1886.

A. Reichenbachii cochinchinensis (Cochin China). *fl.*, inflorescence denser than in the type; yellow of the lip much deeper. Cochin China. A grand variety.

A. Roebelenii (Roebelen's). *fl.* very fragrant, the size of those of *A. quinquevulnerum*; sepals and petals greenish-white, tipped with white; petals often minutely toothed; lip rosy, with yellow, oblong side lobes lacerated on the upper edge, as is also the much longer, oblong, curved middle lobe; spur short, conical; racemes erect, 1ft. long, about twenty-five-flowered. Philippine Islands, 1884. Habit of *A. quinquevulnerum.*

A. Rohanianum (Prince Camille de Rohan's). *fl.*, sepals whitish-rose or rose-mauve, always bordered white; laciniæ of the lip white, with two purple lines running over the middle and purple blotches, the central laciniæ nearly rhomboid, bilobed at apex, with some small crenulations, the side laciniæ cuneate and retrorse; spur sulphur or orange, with numerous purple spots, bent forwards; inflorescence very long. 1884.

A. Sanderianum (Sander's). *fl.* 1½in. across; sepals and petals creamy-white, tipped magenta, recurved at the margin; lip large, the upper half of the side lobes yellow, frilled at the edges, the middle lobe obovate, folded, magenta; spur greenish-yellow at the end; racemes long. *l.* broad, short, retusely bilobed. Eastern tropical Asia, 1884.

A. suavissimum maculatum (spotted). *fl.* delightfully fragrant; sepals and petals white, profusely spotted with pink, as is also the lip.

A. Thibautianum (Thibaut's). *fl.*, sepals and petals rose-coloured; lip bright amethyst; raceme very long, with the flowers rather openly set upon it. Java. Allied to *A. quinquevulnerum.*

A. Veitchii (Veitch's). *fl.* white, dotted with soft rose-pink; racemes long, drooping, branched. June and July. *l.* 8in. long, dark green, spotted. Allied to *A. affine.* (B. H. 1881, 8-9.)

A. virens Dayanum (Day's). A fine variety, with very long racemes. India.

A. v. grandiflorum (large-flowered). *fl.* white, spotted with pink, larger and more gracefully disposed than in the type. April and May. India.

A. v. superbum (superb). *fl.* brighter, and spikes longer, than those of the type. India.

A. Wilsonianum (Wilson's). *fl.*, sepals and petals pure white; lip lemon-yellow. A distinct, dwarf species, in appearance much resembling *A. odoratum.*

AGALMA VITIENSIS. *See* **Heptapleurum vitiense.**

AGANISIA. The half-dozen species of this genus are confined to tropical America. To those described on p. 35, Vol. I., the following should now be added:

A. cyanea (blue). *fl.* rather small, in a short, erect raceme; sepals and petals white, ovate, acute; lip blue, roundish-cuneate, undulated at the tip; scapes slender. June. *l.* evergreen, forming a close, upright tuft, broadly lanceolate, strongly ribbed. Columbia. SYN. *Warrea cyanea* (B. R. 1845, 28).

A. c. alba (white). *fl.* pure white. 1885.

A. tricolor (three-coloured). *fl.* closely resembling those of *A. cyanea*, but the sepals are whitish on both sides, the petals are light blue, and the callus of the saddle-shaped, orange-brown lip is different in shape. Amazons, 1886. A fine Orchid.

AGAVE. Upwards of 120 species have been described, but, according to Bentham and Hooker, not more than fifty are sufficiently distinct to rank as such; they are distributed over South America, Mexico, and the Southern United States. To those described on pp. 38-42, Vol. I., the following should now be added:

A. Alibertii (Alibert's). *fl.* 1in. long, on short pedicels; perianth tube greenish, funnel-shaped, the segments short, lanceolate-deltoid; peduncle (including the lax, simple raceme) 4ft. to 5ft. high. *l.*, produced ones ten to twelve, lanceolate, denticulate, forming a rosette. Native country unknown. 1877. SYN. *Alibertia intermedia.*

A. Baxteri (Baxter's). *fl.* disposed in a thyrsoid, loose panicle 4ft. to 5ft. long; perianth tube yellow, ½in. long, dilated at the middle; filaments ¾in. to 1in. long; anthers linear, ½in. long; ovary cylindrical-trigonous, 1in. long; peduncle 4ft. to 5ft. long before the flowers appear. March. *l.* about thirty in a dense, sessile rosette, oblanceolate, about 1ft. long, and 3in. across at the widest part, the tip pungent, brown, shortly decurrent, the marginal spines spreading, hooked, deltoid-cuspidate, brown, about ⅛in. long. Mexico (?).

A. bracteosa (bracted). *fl.* in pairs, forming a dense spike; perianth segments about ½in. long, the ovary slightly longer; stamens about 2in. long; stem 3ft. high, the flowerless part densely covered with spreading or recurved bracts 5in. to 6in. long. *l.* ten to fifteen, broadly linear-attenuate, 1½ft. to 1¾ft. long, 1½in. broad at base, the margins minutely serrulated. Monterey, Mexico, 1883. (G. C. n. s., xviii., p. 776.)

A. Henriquesii (Henriques'). *fl.*, perianth segments tinged dark brown, lanceolate, 1in. long; style purplish-brown; panicle spike-like; peduncle, including the inflorescence, 12ft. to 14ft. long. *l.* in a dense rosette, oblong-lanceolate, bright green, margined with dark brown, 2ft. long, 5in. broad, narrowed to the base and to the pungent apex, armed with spreading prickles. Mexico (?), 1887. (G. C. ser. iii., vol. ii., p. 307.) SYN. *Littæa Henriquesii.*

A. Morrisii (Morris'). *fl.*, perianth bright yellow, 2in. to 2½in. long; stamens nearly twice as long as the segments; panicle thyrsoid, the main branches 1½ft. long; peduncle, including the inflorescence, 15ft. to 20ft. long. *l.* twenty or more in a dense rosette, oblanceolate-spathulate, 6ft. to 7ft. long, nearly 1ft. broad, gradually narrowed to the pungent-spiny apex, dull green, the margins prickly. Jamaica, 1887. (G. C. ser. iii., vol. i., p. 549.)

A. Villarum (Villa Brothers'). *l.* quite spineless, as in *A. filifera*, but much longer, more spreading, and less dense. 1886. An Italian hybrid between *A. filifera* and *A. xylonacantha*, the former being the seed-bearer.

A. Wiesenbergensis (Wiesenberg). *fl.* erect, tubular, six-parted, 1½in. long, disposed in clusters along the side of a long flower-stalk. *l.* 8in. long, 2½in. broad, upwards of ½in. thick, oblong-lanceolate, mucronate, with remote, spiny teeth on the margins. 1885.

AGERATUM. This genus embraces about sixteen species of herbs and shrubs, natives of tropical or sub-tropical America, one being broadly distributed over the warmer regions of the globe. To those described on p. 42, Vol. I., the following should now be added:

A. Wendlandi (Wendland's). *fl.* blue, with rosy reflections, produced in abundance. *l.* cordate, dark green. Stems hairy. Mexico, 1885. A dwarf, compact species.

AGLAONEMA. About a score species—all tropical—are included here. Spadix sessile or stipitate; spathe straight, at length marcescent; peduncles fascicled. Leaves ovate- or oblong-lanceolate. To the species described on p. 42, Vol. I., the following should now be added:

A. acutispathum (acute-spathed). *fl.*, spadix sessile, 1¾in. long; spathe light green, 3½in. long, 1½in. broad, ovate-lanceolate, acuminate, widely expanded; scape as long as the petioles. *l.* 6in. to 8in. long, 2½in. to 3½in. broad, elliptic-ovate, acuminate, slightly oblique, rounded and slightly cuneate at base, the apex gradually attenuated into a fine point 1in. long; petioles 3in. to 4½in. long, sheathing. Hong Kong (?), 1885. Nearly hardy.

A. nebulosum (clouded). *l.* 5in. to 8in. long, 1in. to 1½in. broad, oblong or obovate-oblong, obliquely cuspidate-acuminate at apex,

Aglaonema—*continued.*

obtuse at base, green, irregularly marked with greenish-white above; petioles 1½in. to 2in. long, channelled above, sheathed. Java, 1887. (I. H. ser. v. 24.)

A. pictum compactum (compact). *fl.*, spathe green, pointed, the outer surface shining. *l.* short, oblong-ovate, acuminate, unequal-sided, dark sap-green, sparingly blotched grey; petioles sheathing, green, with a membranous, whitish margin. Stems very short, erect. Java, 1888.

AGONIS (from *agon*, a gathering, a collection; in allusion to the number of the seeds). SYN. *Billiottia.* ORD. *Myrtaceæ.* A genus comprising ten species of greenhouse, evergreen shrubs or small trees, natives of West Australia. Flowers rather small, sessile, in dense, globose, axillary or terminal heads; calyx segments five, often scariose; petals five, spreading; stamens free, sometimes ten, opposite and alternate with the petals, sometimes twenty or more; bracts imbricating, often involucrate. Leaves alternate, often crowded on the branchlets, small or narrow and coriaceous, entire. *A. flexuosa* and *A. marginata* are rare in this country, but are grown at Kew. They should be firmly potted in a compost of turfy loam and peat, with a liberal addition of sand. Water must be frequently given during the growing season, but more sparingly during winter. In autumn, the plants may be placed in a sheltered and sunny position, to ripen their wood and induce the formation of buds. In the South of England, these plants may prove hardy. Propagation may be effected by cuttings of the half-ripened shoots, inserted in sandy peat, under a bell glass.

A. flexuosa (flexible). *fl.-heads* white, axillary, surrounded by broad bracts, which, with the numerous long, white stamens, are the most attractive features of the inflorescence. Summer. *l.* lanceolate, like those of the Willow, smooth, dark green, the margins tinged with purple. *h.* (in Australia) 40ft.; may be limited to the size of a small pot shrub. (Gn. xxix. 534.)

A. marginata (margined). *fl.-heads* white, axillary and terminal, about twenty-flowered; petals small; stamens long, hair-like. Summer. *l.* coriaceous, slightly hairy, in other respects like those of the common Box. Branches twiggy, numerous, the youngest ones silky-hairy.

AJUGA. The species of this genus number about thirty, and are distributed over extra-tropical regions. To those described on p. 45, Vol. I., the following variety should now be added:

A. reptans variegata (variegated). *l.* glaucous-green, with a broad, white edging.

ALBUCA. About thirty species are known, all natives of South and tropical Africa, and requiring greenhouse treatment except where otherwise stated. To those described on p. 45, Vol. I., the following should now be added:

A. corymbosa (corymbose-flowered). *fl.* five or six in a lax corymb; perianth yellow, banded green, the inner segments hooded, connivent; outer stamens having no anthers; peduncle 6in. long. *l.* six to eight, terete, 1ft. or more in length. 1886.

A. juncifolia (Rush-leaved). *fl.* greenish-yellow, inodorous, drooping, ten to fifteen in a deltoid panicle 4in. to 5in. long; perianth 1in. long. August. *l.* twenty to thirty, sub-terete, 1ft. long, ⅛in. to ⅙in. in diameter, tapering to a point. 1876. (B. M. 6395.)

A. Wakefieldii (Wakefield's). *fl.* pale green, ten to twelve in a lax raceme 6in. to 9in. long; perianth 1in. long, the inner segments bordered white; scape longer than the leaves. Autumn. *l.* four or five, linear-ensiform, flaccid, glabrous, 1ft. to 1½ft. long, 1in. broad at base, tapering to a point. Eastern tropical Africa, 1878. Stove. (B. M. 6429.)

ALIBERTIA INTERMEDIA. A synonym of **Agave Alibertii** (which *see*).

ALLAMANDA. A dozen species have been referred to this genus; but the rank of some of them is very uncertain; they inhabit South America, one extending as far as Central America. The under-mentioned is the only plant calling for addition to those given on pp. 47-8, Vol. I.

A. cathartica Hendersoni (Henderson's). *fl.* orange-yellow, with five white spots at the throat, tinged brown outside, the lobes finely formed, immensely thick and wax-like. (R. G. 1887, pp. 560-1, f. 142.) SYN. *A. Hendersoni* (F. M. 1866, 263; I. H. 1865, 452).

A. Hendersoni (Henderson's). A variety of *A. cathartica.*

ALLIUM. This genus embraces about 250 species, mostly inhabiting Europe, North Africa, Abyssinia, and extra-tropical Asia, but many are found in North America and Mexico. To those described on pp. 48-9, Vol. I., the following should now be added:

A. amblyophyllum (obtuse-leaved). *fl.* lilac; perianth segments lanceolate, acute; umbel about 1½in. in diameter, globose. Summer. *l.* five or six, broad, linear, obtuse, flat, spaced along the stem. Bulb small. Turkestan, 1885. A rather distinct species, of dwarf habit. (R. G. 1190.)

A. Backhousianum (Backhouse's). *fl.* white, in a dense, globose head; perianth segments narrow-linear and totally reflexed; stamens united into a cup at the base. *l.* radical, bluish-white. *h.* 3ft. to 4ft. Himalayas, 1885. A tall species, resembling *A. giganteum.* (R. G. 1885, 215.)

A. elatum (tall). *fl.* purple, numerous, disposed in a large, globose head; perianth segments spreading, oblong, obtuse; scape stout, 3ft. or more high. *l.* oblong, obtuse, 8in. to 12in. long, 2in. to 4in. broad. Central Asia, 1887. (R. G. 1251.)

A. giganteum (gigantic). *fl.* numerous, forming a dense, globose umbel 4in. in diameter; perianth bright lilac, ½in. long, the segments widely spreading; peduncle erect, 3ft. to 4ft. long. June. *l.* six to nine, springing from the base of the peduncle, lorate, flaccid, glaucescent, 1½ft. long, 2in. broad in the middle. Bulb globose, 2in. to 3in. in diameter. Merv, 1883. (B. M. 6828; R. G. 1113.)

A. Holtzeri (Holtzer's). *fl.* many, in a capitate, hemispherical umbel 1½in. in diameter; perianth white, the segments elliptic-oblong, acute, with a green middle nerve; anthers red; ovary green, prominent; scape flexuous, 5in. to 7in. long. *l.* filiform, more or less terete, equalling or exceeding the scape, glabrous. Bulb fascicled-tufted, oblong-cylindrical. Turkestan, 1884. (R. G. 1169, a-c.)

A. Macleanii (Maclean's). *fl.* in a dense, globose umbel 3in. to 4in. in diameter; perianth mauve-purple, ¾in. long, the segments oblong-lanceolate, acute; spathe valves two, membranous; peduncle flexuous, 2ft. to 3ft. long. Summer. *l.* four or five, evanescent, lanceolate, about 1ft. long, 1in. to 1½in. broad, glabrous. Cabul, 1882. (B. M. 6707.)

A. macranthum (large-flowered). *fl.* fifty or more in a loose, globose umbel 3in. to 4in. in diameter; perianth bright mauve-purple, nearly ½in. long, permanently campanulate; pedicels 1½in. to 2in. long; scapes several in a tuft, 2ft. to 3ft. long. July. *l.* numerous, linear, thin, 1ft. to 1½ft. long, tapering gradually to a long point. Rootstock indistinctly bulbous, with a dense tuft of fleshy root-fibres. Eastern Himalayas, 1883. (B. M. 6789.)

A. Ostrowskianum (Ostrowsky's). *fl.* rose-coloured, disposed in a many-flowered umbel; scape 8in. to 12in. high. *l.* two or three, linear, flat, flaccid, acute, glaucous. Turkestan, 1883. (R. G. 1089.)

A. oviflorum (ovate-flowered). *fl.* deep violet-purple, ovate-conical, nodding; sepals connivent; umbel lax, roundish; scape acutely four to six-angled. *l.* produced at the apex of the short, ebulbous stems, sub-biseriate, lax, keeled, glabrous. Cuumbi Valley, India, 1883. A pretty and interesting plant. (R. G. 1134.)

A. Semenovi (Semenow's). *fl.* yellow, on very short pedicels; outer perianth segments longer than the inner ones; stamens very short, united in a tube round the ovary; umbel small, dense; scape usually shorter than the leaves. *l.* glaucous, fistular, flat on the face, rounded at back. Alatau Mountains, 1884. (R. G. 1156.)

A. Suworowi (Suworow's). *fl.*, perianth dark mauve-purple, ½in. long, the segments keeled with green; umbel very dense, globose, 2in. to 3in. in diameter; scape stout, erect, 2ft. long. May and summer. *l.* six or seven in a basal rosette, ensiform, 1ft. to 1½ft. long, 1in. broad, glaucous-green, flaccid. Central Asia. (B. M. 6994.)

ALNUS. About fourteen species—broadly dispersed over Europe, Central and North Asia, North America, and the Andes of South America, are here included. The only British species is *A. glutinosa.* To those described on p. 50, Vol. I., the following should now be added:

A. japonica (Japanese). *fl.*, catkins ellipsoid, obtuse, ½in. to ¾in. long, nearly or quite ½in. thick. *l.* elliptic or elliptic-ovate, acuminate, serrated, acute at base, 2in. to 4in. long, 1in. to 2in. broad. Japan, 1886. Tree.

ALOCASIA. In addition to the score of species, natives of tropical America and the Malayan Archipelago, there is now a good selection of hybrid Alocasias. To those described on pp. 50-1, Vol. I., the following should now be added:

A. Augustiana (Auguste Linden's). *l.* peltate, repand, green, the primary nerves paler, as is also the under surface; petioles 1ft. to 1½ft. long, ⅔in. to 1¼in. thick at base, terete, rosy, with brown hieroglyphic spots. 1886. (I. H. 1886, 593.)

Alocasia—*continued.*

A. Chantrieri (Chantrier's). *l.* about 1ft. long and 6in. broad, oblong-sagittate, peltate, with undulated margins, deep olive-green above, the veins narrowly bordered with silvery white; under surface deep violet-red; petioles slightly dilated, with sheathing base, cylindrical, green, lightly barred with olive. A hybrid between *A. metallica* and *A. Sanderiana*. (R. H. 1887, p. 465.)

A. eminens (eminent). *fl.*, spathe tube light green, 1½in. long, the lamina greenish-white, veiny, 3½in. to 4in. long, reflexed; spadix light green and creamy-white, 3½in. to 4½in. long; peduncles in pairs (? always), 1ft. to 1½ft. long. *l.* peltate, ovate-sagittate, 20in. to 22in. long, 9in. to 10½in. broad, dark green above, the under surface purple, with very pale midrib and primary veins; petioles 3½ft. to 4½ft. long, terete, 1in. thick at base, olive-green, with a coppery hue, and barred blackish-green. East Indies, 1887.

A. grandis (large). *fl.*, spathe white, marked with carmine lines on the outside, having a short, mottled green tube; peduncles about 10in. long. *l.* ovate-sagittate, 1⅔ft. to 2ft. long, 1ft. broad, bright green above, blackish-green beneath; petioles blackish, 3ft. to 3½ft. long. East Indian Archipelago, 1886. A noble and ornamental plant.

A. guttata imperialis (imperial). *fl.*, spathe white, spotted red on the tube. *l.* elliptic-sagittate, acute, 1ft. to 1½ft. long, ⅔ft. to 1¼ft. broad, dark green above, with slightly paler spaces between the nerves, purplish beneath. Borneo, 1885. A fine, stove, foliage plant. (I. H. 1884, 541.)

A. Lindeni (Auguste Linden's). *l.* 8in. long, 4½in. to 6in. broad, glabrous, green above, with yellowish-white midrib and principal veins, paler beneath, cordate-ovate, very long-acuminate at base, the sinus large, triangular; petioles white or greenish-white, 10in. to 12in. long, ½in. to ⅔in. thick, erect, terete, channelled, amplexicaul, with decurrent sheaths half their length. Malaya, 1886. (I. H. 1886, 603.)

A. Luciani (Lucien Linden's). *l.* peltate, ovate, cuspidate at apex, obcordate at base, dark green above, with pale cinereous veins and margins, purple beneath; basal lobes ovate-deltoid; petioles very long, thick, pale, dotted and spotted brown. 1887. A hybrid between *A. Thibautiana* and *A. Putzeysi*. (I. H. ser. v. 27.)

A. Margaritæ (Marguerite's). *l.* large, obcordate, peltate, repand, rather thick, bullate, highly glabrous above, except on the blackish midrib and primary veins; sinus triangular, the apex at the junction of the petiole; petioles terete, puberulous, brownish-purple, sheathing at base, the sheaths rosy-margined. Java, 1886. (I. H. 1886, 611.)

A. marginata (margined). *fl.*, spathe tube green, 1in. to 1½in. long, the lamina pale greenish-white, usually striped and spotted dull purple at back; spadix white, 6in. to 7in. long. *l.* 1½ft. to 2ft. long, 11in. to 14in. broad, broadly cordate-ovate, slightly sinuate-margined, rounded into a shortly-pointed apex; petioles 2ft. to 3½ft. long, with zigzag marks of blackish-brown, the sheaths broadly margined with blackish-brown. Brazil, 1887.

A. princeps (princely). *l.* sagittate, the hinder lobes narrow and spreading, forming a triangular, open sinus, the margins deeply sinuate, the upper surface of a metallic olive-green, with darkened midribs and primary veins, the under surface greyish-green, with dark chocolate-brown veins and margin; petioles slender, greyish-green, heavily marbled chocolate-brown. Malayan Archipelago, 1888.

A. Pucciana (Signor Pucci's). *l.* peltate, oval-sagittate, 1½ft. long, about 9in. broad, deep green above, the pure white veins surrounded by a silvery-white zone; under surface glossy purplish; petioles fleshy, smooth, cylindrical, pale purplish, marked with wavy, irregular zones of dull crimson-red; in the upper portion these markings disappear. 1887. Garden hybrid.

A. Putzeysi (Putzeys'). *l.* similar in shape to those of *A. longiloba*, dark green, the midrib, primary and secondary veins, and margins bordered with white; under surface dark purple. Sumatra, 1882. (I. H. 445.)

A. Reginæ (queen's). *fl.*, spathe tube ovoid, 1in. long, 3in. to 4in. in diameter, ivory-white, spotted purple, the blade white, 2in. to 2½in. long, reflexed; spadix sessile, rather shorter than the spathe. *l.* ovate-cordate, repand, somewhat fleshy, glabrous above, except the pubescent midrib and veins, dull brownish-purple beneath; petioles terete, spotted fuscous-purple. Borneo, 1885. (I. H. 1885, 544.)

A. Sanderiana (Sander's). *l.* deflexed, glossy, arrow-shaped, with three lateral lobes on each side, peltately affixed, the midrib and borders ivory-white, the surface bright green, with metallic-blue reflections; petioles erect, brownish-green, striately mottled. Eastern Archipelago, 1884.

A. sinuata (sinuate). *fl.*, spathe light green, 3in. long; spadix shorter than the spathe; peduncle as long as, or longer than, the petioles. *l.* sagittate, with sinuate margins; upper side of the young ones very dark green along the principal veins, with a lighter green between; older ones dark green above, the under side whitish-green. Philippines, 1885.

A. Villeneuvei (Comte de Villeneuve's). *l.*, blades very unequal; petioles wholly spotted with brown. Borneo, 1887. Closely allied to *A. longiloba*. (I. H. ser. v. 21.)

ALOË. To the species described on pp. 51-3, Vol. I., the following should now be added:

A. heteracantha (variable-spined). *fl.* bright coral-red, 1½in. long; spike elongated, dense; flower-stem branching. *l.* in a rosette, lanceolate, acuminate, 6in. to 12in. long, 1½in. to 2½in. broad, unarmed, or with a few teeth on the margins, and with one or two raised lines down the face. Native country unknown. 1886. (B. M. 6863.)

A. Hildebrandtii (Hildebrandt's). *fl.*, perianth cylindrical, less than 1in. long, the outer segments red, the inner ones reddish-yellow, with a green keel; panicle lax, 1½ft. long; peduncle short, compressed. *l.* loosely disposed, spreading, lanceolate, 6in. to 10in. long, 1½in. to 2in. broad at the clasping base, gradually tapering to an acuminate point, rounded at back, the margins toothed. Stem simple, erect, 1½ft. to 2ft. long. Eastern tropical Africa, 1882. (B. M. 6981.)

A. insignis (remarkable). *fl.* racemose, numerous; perianth whitish, lined green towards the apex, straight, fifteen to sixteen lines long; stamens exserted; peduncle 18in. to 20in. high, clothed with whitish bracts. *l.* thirty to forty, ascending, often incurved and slightly falcate, glaucous-green, 7in. to 11in. long, 1in. to 1½in. broad at base, tapering to a fine point, with tubercular points on the convex back. Stem about 3in. high. 1885. Hybrid. (G. C. n. s., xxiv., p. 41.)

A. pratensis (meadow-loving). *fl.*, perianth bright red, tipped green, cylindrical, 1½in. long; segments lanceolate, united only at base; pedicels ascending; raceme dense, cylindrical, 6in. to 12in. long; peduncle stout, simple, 1ft. or more long, with copious, empty bracts. *l.* sixty to eighty in a dense rosette, oblong-lanceolate, acuminate, the outer ones 5in. to 6in. long, the inner ones smaller, 1½in. broad at base, margined with red-brown spines. Plant stemless. (B. M. 6705.)

ALPINIA. Of this genus nearly forty species have been noted; they are found in tropical and sub-tropical Asia, Australia, and the Pacific Islands. To those described on p. 54, Vol. I., the following should now be added:

A. officinarum (officinal). *fl.* white, sessile in a simple spike; lip oblong, obtuse, entire or emarginate, the disk nerved with blood-red. Winter. *l.* narrow-lanceolate, caudate-acuminate, highly glabrous, narrowed to a sessile sheath at base; sheath elongated, produced in an erect ligule. Stem tuberous at base, erect, leafy. South China. (B. M. 6995.)

A. pumila (dwarf). *fl.* about 1in. long, in a short, rather dense spike, about two to each bract, sessile, sub-erect; calyx bright red; corolla pink, the lip recurved or almost revolute; scape or flowering stem radical, about 2in. long. April. *l.* two or three together, erect from the rootstock, 4in. to 6in. long, elliptic or elliptic-lanceolate, acuminate, green, with whitish stripes, pale green beneath; petioles 2in. to 4in. long, sheathing below. Lo-fan-Shan Mountains, China, 1883. (B. M. 6832.)

A. zingiberina (Zingiber-like). *fl.* erect, 1in. long; calyx about ½in. long; lateral and dorsal lobes of the corolla pale green; lip white, veined crimson, broadly ovate, obtuse; panicle nearly erect, 10in. to 12in. long. July. *l.* 10in. to 12in. long, 3in broad, oblanceolate-oblong, acute and abruptly cuspidate, glabrous. Stems 4ft. to 5ft. high. Rhizomes 1in. in diameter, resembling ginger. Siam, 1884. (B. M. 6944.)

ALSEUOSMIA (from *alsos*, a grove, and *euosmia*, a grateful odour; the powerful fragrance of the flowers scents the woods in their native haunts). ORD. *Caprifoliaceæ*. A small genus (four species) of highly glabrous, polymorphous, greenhouse shrubs, confined to New Zealand. Flowers greenish or reddish, axillary, solitary or fascicled, sweetly scented; calyx tube ovoid, the limb four or five-lobed; corolla tubular or funnel-shaped, the tube elongated, the limb of four or five equal, spreading lobes; stamens four or five; pedicels bracteolate at base. Fruit a purple, ovoid, many-seeded berry. Leaves alternate, rarely opposite, petiolate, membranous, linear-lanceolate, ovate, or rhomboid, entire or toothed, with minute tufts of hairs in the axils of the nerves beneath. *A. macrophylla* is the only species introduced to cultivation. It thrives in well-drained, peaty soil, and likes plenty of air and light. Propagated by cuttings of half-ripened growths, inserted under a bell glass.

A. macrophylla (large-leaved).* *fl.* in small, axillary clusters, drooping; corolla dull red, or creamy-white with dull red streaks, the tube cylindric, funnel-shaped above, the lobes ovate, recurved, toothed. February. *l.* 3in. to 6in. long, elliptic-lanceolate or oblanceolate, acute, entire or serrated, narrowed into petioles ½in. to ⅔in. long. *h.* 6ft. to 10ft. 1884. Plant glabrous. (B. M. 6951.)

ALSOPHILA. Upwards of ninety species have been referred to this genus. To those described on pp. 54-6, Vol. I., the following variety should now be added:

A. atrovirens Keriana (Ker's dark green). *sti.* 6in. to 8in. long, dull brown, muricated. *fronds* oblong-lanceolate, bipinnate, 1¼in. to 1½in. long, 6in. broad, firm, pilose on the main veins beneath; pinnæ lanceolate, the lower ones 3in. to 4in. long, ¾in. to 1in. broad, cut down to the rachis into oblong, crenate, obtuse pinnules. *sori* placed at the forking of the veins. 1884. Stove.

ALYSSUM. This genus comprises from eighty to ninety species, natives of Asia Minor, South Europe, Persia, North Africa, the Caucasus, and Siberia. To those described on pp. 60-1, Vol. I., the following should now be added:

A. pyrenaicum (Pyrenean). *fl.* white, with chocolate-coloured anthers. June to August. *l.* roundish. Habit dwarf, tufted.

ALYXIA (said to be the native Indian name of one of the species). SYN. *Gynopogon.* ORD. *Apocynaceæ.* A genus embracing about thirty species of stove, often glabrous shrubs, inhabiting Eastern tropical Asia, the Malayan Archipelago, Ceylon, Madagascar, tropical Australia, and the Pacific Islands. Flowers rather small, twin or cymose; calyx five-parted, glandless; corolla salver-shaped, with a cylindrical tube and five twisted lobes; stamens included. Leaves whorled in threes or fours, or rarely opposite, coriaceous, shining, penniveined. The best-known species are here described. They thrive in a mixture of sandy loam and a little peat. Cuttings of ripened wood will root freely if inserted in pots of sand, under glass, and plunged in heat.

A. bracteolosa (slightly bracteate). *fl.* pale yellow, with a long tube; cymes axillary, many-flowered, shortly pedunculate. *l.* in threes, oblong or sub-lanceolate, obtuse or acuminate at apex rounded or acute at base. Fiji, 1887. Climber.

A. daphnoides (Daphne-like). *fl.* yellowish-white, sessile, axillary and terminal, solitary. April. *l.* in fours, obovate-oblong, elliptic, or rhomboid, obtuse, shining, ½in. to ¾in. long. *h.* 4ft. Norfolk Island, 1831. (B. M. 3313.)

A. ruscifolia (Butcher's-broom-leaved). *fl.* white, small, sessile, in sessile, terminal heads. July. *l.* whorled, broadly ovate-elliptic to narrow-lanceolate, acute, with a short, pungent point, ¾in. to 1½in. long, shortly petiolate, the margins recurved or revolute. Australia, 1820. A tall, handsome shrub. (B. M. 3312; L. B. C. 1811.)

AMARABOYA (the native name). ORD. *Melastomaceæ.* A small genus (three species) of erect, glabrous, stove or greenhouse, evergreen shrubs, natives of New Grenada. Flowers showy, cymose; petals usually six, cordate; stamens twelve to fifteen. Leaves large, opposite, sessile, with three very prominent nerves, green above, reddish-carmine beneath. Branches as thick as the thumb, bluntly four-angled. The species will probably thrive under the same treatment as that recommended for **Pleroma** (which *see*, on p. 162, Vol. III.).

A. amabilis (lovely). *fl.* white, margined with carmine, large; petals broad; style red, elongated; umbels terminal. *l.* 10in. to 12in. long, 8in. broad, opposite, elliptic, canescent beneath, the three nerves brownish or reddish. Stems terete, purplish. 1887. (I. H. ser. v. 9.)

A. princeps (princely). *fl.* of a uniform bright carmine, very showy; petals usually six, broadly cordate; stamens white; cymes terminal, few-flowered; peduncles stout. *l.* elliptic, sessile, apiculate, 7in. to 10in. long, 3in. to 5in. broad, green above, reddish-brown beneath. 1887. (I. H. ser. v. 4.)

A. splendida (splendid). *fl.* 6½in. across, very beautiful; petals sub-triangular, 3in. long, nearly 2½in. broad, at first reddish-pink, becoming white in the lower part; stamens yellowish; style red, elongated. *l.* very large, ovate-oblong, green above, coppery-pink with three red nerves beneath. 1886. A gorgeous plant. (I. H. ser. v. 34.)

AMORPHOPHALLUS. Including *Hydrosme.* This genus comprises about twenty-five species, inhabiting tropical Asia and Africa, the Malayan Archipelago, and the Pacific Islands. To those described on p. 65, Vol. I., the following should now be added:

A. Leopoldianus (Leopold II.'s). *fl.*, spathe reddish-violet, expanded, shortly pedunculate, the lamina oval-lanceolate, long-acuminate, the margins undulated; spadix 2ft. to 2½ft. long, cylindrical. *l.* horizontally spreading, 2½ft. to 3ft. in diameter, trifariously palmately divided, the divisions bisected; segments oblong-lanceolate, loosely and irregularly bi-tripinnatisect, the ultimate segments 1½in. to 2½in. long; petioles about 1½ft. high, terete, dotted. Congo, 1887. SYN. *Hydrosme Leopoldiana* (I. H. ser. v. 23).

A. Teuszii (Teusz's). *fl.*, spathe green outside, dark purple-brown within, 6in. long, with a short, ovoid tube, and an open, trifid limb; spadix rather shorter than the spathe, with a greenish, cylindric appendix; peduncle very short. *l.* solitary, tripartite, with bipinnatifid-branched divisions; ultimate segments linear-lanceolate. Western tropical Africa, 1884. SYN. *Hydrosme Teuszii* (R. G. 1142).

A. virosus (venomous). *fl.*, spathe externally pale green, spotted white and margined purple, within purple at the rugose base, rich cream in the middle, and purple in the upper part, 9in. long, 6in. in diameter; spadix about 7in. long, with a brownish or purplish, sub-globose, rugulose appendix. Siam, 1885. Much like *A. campanulatus*, but with a smaller inflorescence.

AMPELOPSIS. Botanically, this is merely a section of the genus *Vitis.* To the species described on pp. 65-6, Vol. I., the following variety should now be added:

A. Hoggi (Dr. Hogg's). A large-leaved, vigorous-growing form of *A. tricuspidata.* 1888.

ANACYCLUS (changed from *Ananthocyclus*, compounded of *a*, privative, *anthos*, a flower, and *kyclos*, a circle; with reference to the circle of ovaries which surrounds the disk). ORD. *Compositæ.* A genus embracing about ten species of hardy or half-hardy, annual herbs (or with a perennial caudex), inhabiting South Europe, North Africa, and the Orient. Flower-heads radiate, mediocre, pedunculate at the tips of the branches; involucre hemispherical or broadly campanulate, the bracts in few series; receptacle convex or conical; ray florets white, yellow, or purplish, in one series, fertile or sterile, sometimes deficient; disk yellow, fertile; achenes obovate, glabrous, the outer ones two-winged. Leaves alternate, twice or thrice pinnatisect. *A. radiatus purpurascens*, the only plant of the genus in general cultivation, is a very attractive and floriferous, hardy annual, thriving under ordinary treatment.

A. radiatus purpurascens (rayed, purplish). *fl.-heads* large; ray florets white or yellow above, the under side purplish. Summer. *l.* bipinnatifid, with small, linear segments. 1885. (R. G. 1074.)

ANAGALLIS. This genus embraces about a dozen species, inhabiting Europe, North and South Africa, West Asia, and extra-tropical South Africa, one being scattered over nearly all warm and temperate regions. To those described on pp. 68-9, Vol. I., the following variety is the only plant calling for addition:

A. collina alba (hill-loving, white). *fl.* white, yellow in the centre, abundantly produced. April to June. *l.* small, lanceolate. Stems short, erect, crowded, densely set with leaves. 1883. A charming little hardy perennial. (R. G. 1125.)

ANANAS. The five or six species of this genus are all tropical American. To those described on p. 69, Vol. I., the following should now be added:

A. crocophylla. *fl.* green, small, in a compact, spherical head; bracts spiny-edged. *l.* clear green, spotted and marbled dark green; at the flowering period the outer ones assume a beautiful rose-colour, while the inner ones retain their ordinary colour. Stem 3ft. high. Brazil, 1885. SYN. *Chevaliera crocophylla.*

ANDROSACE. This genus embraces about forty species, confined to the Northern hemisphere. To those described on pp. 72-3, Vol. I., the following should now be added:

A. foliosa (leafy). *fl.* many in an umbel; corolla pale flesh-coloured, ⅓in. to ½in. in diameter; scape solitary, erect, 3in. to 5in. high. May to September. *l.* 2in. to 3in. long, elliptic or elliptic-oblong, obtuse or acute, hairy. Rootstock woody, without stolons, sending up one or more very short stems. Western Himalaya, 1882. (B. M. 6661.)

A. rotundifolia macrocalyx (round-leaved, large-calyxed). *fl.* numerous; calyx ½in. to ⅝in. in diameter; corolla pale rose-coloured, much shorter than the calyx; scapes slender, longer than the leaves. June. *l.* radical, 1in. to 2in. in diameter, orbicular-cordate, lobulate; petioles equalling the blades. Himalaya, 1882. A softly hairy perennial, without stolons. (B. M. 6617.)

ANEMONE. Of the seventy species comprised in this genus, the great majority inhabit the temperate, frigid, or mountainous regions of the Northern hemisphere; a few are found in South America and South Africa, and one is a native of Australia. To those described on pp. 74-8, Vol. I., the following should now be added:

A. baikalensis (Baikal). *fl.* snow-white inside, suffused rose-pink outside. May to July. *h.* 9in. to 15in. Allied to *A. sylvestris.*

A. Fanninii (Fannin's).* *fl.* pure white, fragrant, 3in. to 4in. in diameter; sepals twelve to thirty, linear-lanceolate, acuminate; pedicels 8in. to 10in. long or more; scape hairy, 2ft. to 5ft. high. June. *l.* sub-orbicular, 8in. to 24in. in diameter, coriaceous, five to seven-lobed, velvety above, villous beneath, the lobes toothed; petioles hairy, 1ft. to 2ft. long. South Africa. A giant Anemone. (B. M. 6958; G. C. n. s., xxv., p. 433.)

A. polyanthes (many-flowered). *fl.* white, 1in. to 2in. in diameter, in simple or compound umbels, often very numerous; sepals broadly obovate or oblong. May. *l.* 2in. to 4in. in diameter, orbicular-cordate, five to seven-lobed, but rarely below the middle; lobes coarsely and irregularly crenate; petioles very stout, 4in. to 10in. long. *h.* 1ft. to 1½ft. Himalayas. (B. M. 6840.)

A. stellata fulgens (shining). A variety differing from the type in its vermilion-scarlet flowers.

ANGRÆCUM. The species of this genus number about forty, and are nearly all natives of tropical or South Africa and the Mascarene Islands. To those described on p. 79, Vol. I., the following should now be added:

A. apiculatum (apiculate). *fl.* white, in pendulous racemes of about a dozen; spur slender, pointed, about 2in. long. *l.* distichous, obovate-lanceolate, obliquely acuminate, striated, deep green. Sierra Leone, 1844. A dwarf species, allied to *A. bilobum.* (B. M. 4159.)

A. a. Dormanianum (Dorman's). A small-flowered variety, having vermilion-flaked ovaries, and vermilion tips to the sepals. 1885.

A. articulatum (jointed). *fl.* creamy-white, racemose, polymorphous, the filiform spur as long, or sometimes three times as long, as the ovary; peduncles stout. *l.* cuneate-oblong, unequally bilobed, about 6in. long. Madagascar. A dwarf species, allied to *A. bilobum.*

A. avicularium. *fl.* snow-white; sepals and petals lanceolate, cuspidate; lip narrow at the base, oblong, cuspidate; spur filiform, 4in. to 5in. long; peduncle more than 9in. high, bearing fifteen flowers. *l.* short and broad, cuneate-oblong-elliptic, bilobed at the point, nearly 4in. long. Probably a native of tropical Africa, 1887.

A. bilobum Kirkii (Sir John Kirk's). *fl.* pure white, having slender, pale brown spurs 2½in. to 3in. long; racemes drooping. *l.* narrower than in the type, ending in two divergent lobes. Zanzibar, 1882. (W. O. A. iv. 162.)

A. calligerum (callus-bearing). *fl.* very stiff in texture; sepals ligulate, acute, with a strong, semi-oblong callus on the keel at the very base; petals cuneate-oblong, acute; lip's plate rather ligulate, pandurate, acute, with a long, filiform, acute spur, exceeding the stalked ovary six to seven lines. *l.* slightly glaucous, ligulate, bilobed. 1887.

A. crenatum (crenate). *fl.* resembling those of *A. Chailluanum* in colour and shape, but much smaller (as is also the habit of growth). June and July. West Africa. A rare and distinct species.

A. cryptodon (hidden-toothed). *fl.* white, in loose racemes; petals ligulate, acute; lip lanceolate; spur white, reddish at base, thrice as long as the reddish-white ovaries. Madagascar, 1883.

A. descendens (descending). *fl.* white, numerous in a drooping raceme. Madagascar. This differs from *A. Ellisii* in having a cuneate-ovate, acuminate lip, a shorter, hairy column, a spur more than four times as long as the pedicels, and oblong-ligulate, obscurely bilobed leaves.

A. Eichlerianum (Eichler's). *fl.* large, solitary; sepals and petals light green, lanceolate; lip white, large, obcordate, with a triangular apiculus in the notch; spur erect, conical, about as long as the sepals. *l.* distant, oblique, elliptic, obtuse. Stems tall, leafy. Loango, West Africa, 1883.

A. fastuosum (proud). *fl.* ivory-white, scented like tuberoses, numerous, racemose; sepals and petals ligulate-oblong; lip obovate; spur filiform, 2in. to 3in. long. *l.* cuneate-oblong, 3in. broad, blunt and unequally lobed at apex, wrinkled, the margins cartilaginous. Madagascar.

A. florulentum (dark-flowered). *fl.* one to three in a raceme; sepals lanceolate; petals broader than in the type; lip oblong-lanceolate, apiculate; spur filiform, one-third longer than the ovary; racemes numerous. *l.* lanceolate, bilobed, 3in. long. Stem zigzag. Comoro Islands, 1885.

Angræcum—*continued.*

A. fuscatum (fuscous). *fl.* numerous, in a thin, lax raceme; sepals ochreous, the lateral ones reflexed; petals broader than the sepals; lip white, oblong, acuminate; spur brown, long, filiform, flexuous. *l.* cuneate-oblong, unequally bilobed. Madagascar, 1883. The habit of this plant is much in the way of *A. bilobum.* (R. G. 1234; R. H. 1887, p. 42.)

A. Grandidierianum (Grandidier's). *fl.* ivory-white, about the same size as those of *A. Chailluanum;* sepals cuneate-oblong, acute; petals spathulate, apiculate; lip cordate-pandurate or cordate-oblong, blunt, with a long, filiform spur; raceme one to three-flowered. *l.* thick, oblong, obtuse and unequally two-lobed at apex. Comoro Islands, 1887. (R. H. 1887, p. 42.) SYN. *Aëranthus Grandidierianus.*

A. Hildebrandtii (Hildebrandt's). *fl.* orange-yellow; lip oblong, acute; spur filiform, clavate, shorter than the ovary. *l.* ligulate, unequally bilobed. Comoro Isles. An elegant but small-growing plant.

A. ichneumoneum (ichneumon-like). *fl.* loosely arranged on a long axis; sepals and petals dirty ochre-white, ligulate, with a curious spur. *l.* ligulate, dark green, 1ft. long, 2in. broad, unequal at apex. 1887. SYN. *Listrostachys ichneumonea.*

A. imbricatum (imbricated). *fl.* sweet-scented, in cluster-like racemes; sepals and petals creamy-white, lanceolate; lip orange and yellow, flabellate, retuse, apiculate, convolute, the spur recurved, blunt, not half as long as the blade of the lip, which it nearly touches. *l.* leathery, cuneate-oblong, bluntly bilobed. Stem tall, strong. 1887.

A. Leonis (Leon Humblot's). A synonym of *Aëranthus Leonis.*

A. rostellare (beaked). *fl.* resembling those of *A. fuscatum* in shape, but having a distinct, long-linear, ascending, rostellar process, and spathulate, apiculate petals; peduncles numerous, many-flowered. *l.* cuneate-oblong, bilobed at apex, unusually soft. 1885.

A. Sanderianum (Sander's). A synonym of *A. modestum.*

ANGULOA. The Peruvian and Colombian Andes are the home of these plants. To the species and varieties described on p. 79, Vol. I., the following should now be added:

A. Clowesii macrantha (large-flowered). *fl.* bright yellow, spotted red, larger than in the type. July. Colombia. A fine but scarce variety.

A. dubia (doubtful). *fl.* yellow, the sepals and petals covered on the inside with small, purple spots; lip white, blotched purple inside at base. Colombia. Supposed to be a hybrid between *A. uniflora* and *A. Clowesii.*

A. intermedia (intermediate). *fl.*, sepals and petals pale honey-coloured, densely spotted with light rosy-purple; lip almost suffused cinnamon-brown, with a few transverse purple bars on the disk. A hybrid between *A. Clowesii* and *A. Ruckeri.* 1888.

A. media (intermediate). *fl.*, sepals and petals orange-yellow outside, brownish-purple internally, the lateral sepals being marked with a central, orange line; side lobes of the lip reddish-brown, the disk ochre, the anterior lobe short. A garden hybrid, probably between *A. Clowesii* and *A. Ruckeri.*

A. Ruckeri retusa (retuse). *fl.* yellowish outside, spotted dark purple within; lateral lobes of the lip rectangular, the middle lobe small, reflexed, hairy. 1883. A remarkable variety.

A. Turneri (Turner's). *fl.* pink, the sepals and petals densely spotted inside with bright rose-colour. May and June. Colombia. A beautiful plant.

A. virginalis (virgin-white). *fl.* white, spotted dark brown. June and July. Pseudo-bulbs dark green. *h.* about 1ft. Colombia.

ANISANTHERA (of Rafinesque). A synonym of *Caccinia* (which *see*).

ANŒCTOCHILUS. According to the authors of the "Genera Plantarum," there are only about eight distinct species, natives of the East Indies and the Malayan Archipelago. To the species and varieties described on pp. 81-2, Vol. I., the following should now be added:

A. Boylei (Boyle's). *l.* ovate, acuminate, 2in. long and broad, olive-green, netted and pencilled over the entire surface with gold. India.

A. concinnus (neat). *l.* ovate, acuminate, rounded at base, dark olive-green, striped and netted with shining coppery-red. Assam.

A. Dominii (Dominy's). *l.* dark olive-green, the centre marked by a pale coppery-yellow streak, and the main ribs by pale lines. A vigorous garden hybrid between *Goodyera discolor* and *Anœctochilus xanthophyllus.*

A. Eldorado (Eldorado). *l.* dark green, with small tracery of a lighter colour, deciduous. Central America. This species is difficult to cultivate; it must never be allowed to get dry at the roots, even when the leaves have died down.

Anœctochilus—*continued.*

A. Friderici-Augusti (Frederick Augustus'). This is identical with *A. xanthophyllus.*

A. Heriotii (Heriot's). *l.* 3½in. long, 2¼in. broad, dark mahogany-colour, with golden reticulations, a shadow of network showing through the surface. India.

A. hieroglyphicus (hieroglyph-marked). *l.* ovate-elliptic, small, dark green, marked with silvery-grey blotches of hieroglyphic character. Assam.

A. javanicus (Java). A synonym of *Argyrorchis javanica.*

A. Lansbergiæ (Mme. van Lansberge's). *l.* larger than those of *Dossinia marmorata*; groundwork of upper surface dull velvety-maroon, median nerve and smaller veins emerald, lines near margin dull gold; under surface light salmon-colour. A vigorous species. (I. H. ser. v. 1.)

A. latimaculatus (broadly spotted). *l.* dark green, with silvery markings. Borneo.

A. Lobbianum (Lobb's). A synonym of *A. Roxburghii.*

A. Lobbii (Lobb's). A synonym of *A. argyroneura.*

A. Nevillianus (Neville's). *l.* oblong-ovate, 1½in. long, of a rich, dark velvety, coppery or bronzy hue, marked with two rows of pale, oblong blotches. *h.* 3in. Borneo.

A. Petola (Petola). A synonym of *Macodes Petola.*

A. querceticola (Oakwood-dwelling). A synonym of *Physurus querceticolus.*

A. regalis (royal). The correct name of *A. setaceus.*

A. Reinwardtii (Reinwardt's). *l.* deep velvety-bronze, intersected with bright golden lines. Java, 1861. A handsome species, somewhat resembling *A. regalis.* (B. H. 1861, 18.)

A. Veitchii (Veitch's). This is identical with *Macodes Petola.*

ANSELLIA. This genus consists of only three or four species, broadly dispersed through tropical Africa, one extending as far as Natal. To the species and varieties described on p. 83, Vol. I., the following should now be added:

A. africana (African), of Lindley. A synonym of *A. confusa.*

A. confusa (confused). This differs from *A. africana* in having the petals scarcely broader than the sepals. Western tropical Africa. (B. R. 1846, 30, under name of *A. africana.*)

A. congoensis (Congo). *fl.* produced in racemes, with erect, not spreading, pedicels; sepals and petals light greenish-yellow, with dark purplish-brown spots; side lobes of the lip whitish, veined purple, the narrow front lobe yellow, the two keels on the disk almost vanishing before reaching the middle of the front lobe. Congo, 1886. A handsome plant, similar to *A. africana*, but more floriferous.

ANTHERICUM. About fifty species are comprised in this genus; they are natives of Europe, tropical and extra-tropical Africa, and America. To those described on pp. 83-4, Vol. I., the following should now be added:

A. echeandioides (Echeandia-like). *fl.* arranged in pairs in a simple, loose raceme less than 1ft. long; perianth ¾in. long, the segments orange-yellow, with a keel of three greenish ribs; peduncle simple, terete, above 1ft. long. November. *l.*, produced ones five or six, confined to the base of the stem, lanceolate, about 1ft. long, bright green, membranous, channelled. Mexico (?), 1883. Greenhouse. (B. M. 6809.)

A. variegatum (variegated). A synonym of *Chlorophytum elatum variegatum.*

ANTHRISCUS (a name given by Pliny to a plant resembling Scandix). ORD. *Umbelliferæ.* A genus of about ten species of hardy or half-hardy, annual, biennial, or rarely perennial herbs, with the habit of *Chærophyllum*, inhabiting North temperate and sub-tropical regions. Flowers white, in compound umbels; involucral bracts one, two, or wanting. Leaves pinnately or sub-ternately decompound. Only one species calls for mention. For culture, *see* **Chervil, Common or Garden**, pp. 313-4, Vol. I.

A. cerefolium (waxy-leaved). Common Chervil. *fl.* slightly radiant; umbels axillary or opposite the leaves, sessile. June. *l.* twice pinnate, cut, with channelled footstalks. Stem a little hairy at the joints. *h.* 1½ft. Europe (frequently met with as an escape from cultivation in Britain). Annual. SYN. *Chærophyllum sativum* (Sy. En. B. 623).

ANTHURIUM. This genus embraces about 160 species, all tropical American, and there are now a large number of beautiful hybrids in cultivation. To those described on pp. 85-7, Vol. I., the following should now be added:

A. acutum (acute-leaved). *fl.*, spathe reflexed, 2¼in. long; spadix dark green, 2¾in. to 3in. long. *l.* spreading, 8in. to 10in. long, 3½in. to 4in. broad across the tips of the hind lobes, triangular-hastate, gradually tapering to an exceedingly acuminate point; petioles 10in. to 12in. long, slender. Brazil, 1887.

Anthurium—*continued.*

A. album maximum flavescens (white, largest, yellowish). A synonym of *A. Scherzerianum lacteum.*

A. Andreanum flore-albo (white-flowered). A white-spathed form.

A. A. grandiflorum (large-flowered). *fl.*, spathe 8½in. long; spadix 4in. long. 1886. (I. H. 1886, 599.)

A. A. roseum (rosy). A synonym of *A. cruentum.*

A. Archiduc Joseph. *fl.*, spathe of a beautiful, clear scarlet, broadly cordate, 4in. to 5in. long, 3½in. to 4in. broad; spadix flesh-colour, with whitish, exserted styles. *l.* cordate-ovate, rather abruptly acuminate at apex, deeply cordate at base; petioles terete, elongated. 1885. A hybrid between *A. Andreanum* and *A. Lindeni.*

A. brevilobum (short-lobed). *fl.*, spathe purplish, 2in. long, ½in. broad, narrow-lanceolate, acuminate; spadix dark purplish-brown, 3in. to 4in. long, ¼in. thick; peduncle brownish-purple, 1ft. to 1½ft. long, terete. *l.* 8in. to 10in. long, 4in. to 4½in. broad, parchment-like in texture, cordate-ovate, acuminate, bright, shining green above, paler beneath, the lobes short; petioles 1ft. to 1½ft. long, terete, channelled. Stem elongating, rooting. Native country unknown. 1887.

A. carneum (flesh-coloured). *fl.*, spathe light rose-colour, cordate-ovate, with longitudinal depressions; spadix rose-colour, with a whitish glaze; peduncle terete, rather longer than the petioles. *l.* green, shortly cordate, cuspidate; petioles short, terete. 1884. A garden hybrid between *A. ornatum* and *A. Andreanum.*

A. Chantrieri (Chantrier's).* *fl.*, spathe ivory-white, erect, oblong, acuminate; spadix dark violet; peduncle green, terete, shorter than the petioles. *l.* triangular or rhomboid, acuminate, with widely spreading basal lobes, dark shining green; petioles olive-green, terete. 1884. A vigorous hybrid between *A. subsignatum* and *A. ornatum.*

A. chelseiense (Chelsea). *fl.*, spathe rich crimson, smooth and glossy, broadly cordate, cuspidate at apex, 3½in. to 5in. long, 2¾in. to 3½in. broad; spadix at first yellowish at the apex, the basal part white. *l.* resembling those of *A. Veitchii*, but more ovate in form, and having fewer and less arched veins. 1885. A garden hybrid between *A. Veitchii* and *A. Andreanum.*

A. crassifolium (thick-leaved). *fl.*, spathe light green, reflexed; spadix dull green, sessile, 2in. long; peduncle green, terete, as long as the petioles. *l.* ovate-lanceolate, very thick and stiff, with a very short, rigid mucro at the obtuse apex; petioles long. 1883.

A. cruentum (bloody). A garden hybrid, of the same origin as *A. mortfontanense*, and resembling that plant, but having blood-red spathes. 1886. SYN. *A. Andreanum roseum.*

A. dentatum (toothed). *l.* large, cordate, deeply lobed, bright green, with paler nerves the old ones sometimes shaded with dark glaucous reflections, the lobes ovate, acute; young leaves cordate, entire. 1884. A garden hybrid between *A. fissum* and *A. leuconeurum.* (R. H. 1884, p. 293.)

A. Devansayanum (Devansay's). *fl.*, spathe and spadix erect, the latter stipitate. *l.* cordate, wavy, acuminate, erect; petioles terete. 1883. Garden hybrid. (R. H. 1882, p. 289.)

A. Eduardi (Eduard's). *l.* somewhat triangular-ovate, having a very open sinus and rounded basal lobes, dark green, with a violaceous lustre; petioles short, firm, terete. 1884. A garden hybrid between *A. crystallinum* and *A. subsignatum.*

A. elegans (elegant). *fl.*, spathe green, broadly lanceolate, 3¼in. to 3½in. long; spadix dark purple or green. *l.* cordate-ovate in outline, pedately radiate, with nine to thirteen very unequal segments, the intermediate one nearly twice the size of the lateral ones; petioles more than twice the length of the blade. Columbia, 1883. (R. G. 1112.)

A. flavidum (yellowish). *fl.*, spathe pale yellowish or yellowish-green, spreading, oblong, abruptly cuspidate; spadix pale violet-pink, 1¾in. to 3in. long, sessile; peduncle 5in. to 6in. long. *l.* cordate-ovate, acuminate, 10in. to 14in. long. Columbia, 1885.

A. Frœbelii (Frœbel's). *fl.*, spathe bright, deep carmine, large, with depressions as in *A. Andreanum.* *l.* large, cordate. 1886. A fine, free-flowering hybrid between *A. Andreanum* and *A. ornatum.*

A. Glaziovii (Glaziou's). *fl.*, spathe dirty green outside, dull vinous-purple within, horizontally spreading, 7in. long, 1in. broad; spadix vinous-purple, spotted with the black stigmas, erect, shortly stipitate, 8in. long. June. *l.* four or five, sub-erect, dark, shining green, narrowly oblong-obovate or oblong-oblanceolate, obtuse or sub-acute, coriaceous, flat, strongly nerved. Rio de Janeiro (?), 1880. (B. M. 6833.)

A. Gustavi (Gustav's). *fl.*, spathe green, erect, narrow-lanceolate, shorter than the spadix; spadix cylindrical, sessile, obtuse, about 5in. long; peduncle much shorter than the petioles. *l.* roundish-cordate or cordate-ovate, sub-obtuse, 2½ft. long, 1¾ft. to 2ft. broad, deeply nerved; petioles sub-terete, 2ft. long. Caudex very short, erect. Buonaventura, 1883. (R. G. 1076.)

Anthurium—*continued.*

A. Houlletianum (Houllet's). *fl.*, spathe pale rose-coloured, cordate-ovate, acute; spadix olive-green, passing into yellow; peduncle much longer than the leaves, terete. *l.* cordate-oblong, dark, shining green, with satiny or metallic reflections; petioles short, cylindric. 1884. A garden hybrid between *A. magnificum* and *A. Andreanum.*

A. hybridum (hybrid). *l.* broad, bluntly hastate, green, on brown, terete petioles. 1874. A distinct plant.

A. inconspicuum (inconspicuous). *fl.*, spathe bright green, $\frac{3}{4}$in. to 1in. long, $\frac{1}{4}$in. broad, reflexed; spadix dark violet-brown, $\frac{1}{2}$in. to 1in. long; scape 6in. to 9in. long. *l.* 9in. to 12in. long, $1\frac{1}{2}$in. to 3in. broad, narrowly elongate-elliptic, narrowed to both ends; petioles 6in. to 9in. long. Stem (probably) elongating. Brazil, 1885.

A. insigne (remarkable). The correct name of the plant described on p. 97, Vol. III. as *Philodendron Holtonianum.*

A. intermedium (intermediate). *l.* deflexed, cordate, oblong-ovate, velvety green, with a slight orange tinge, the midrib and veins whitish. 1884. A garden hybrid between *A. hybridum* and *A. crystallinum.*

A. leodiense. *See* **A. mortfontanense.**

A. magnificum (magnificent). *fl.*, spathe green, short, oblong, recurved; spadix green, cylindrical; scape terete, rather shorter than the petioles. *l.* deeply cordate-ovate, abruptly acuminate, with large, rounded basilar lobes; petioles tetragonal; stipules ovate-oblong. Cundinamarca. (R. G. 508.)

A. Mooreanum (Moore's). *fl.*, spathe purplish-green, 4in. to $4\frac{1}{2}$in. long, linear-oblong, acuminate; spadix olive-brown, 5in. to 6in. long, slightly tapering; peduncle as long as the petioles. *l.* sub-hastate, 1ft. long, on petioles $1\frac{1}{2}$ft. long. 1886. A hybrid between *A. crystallinum* and *A. subsignatum*, of no remarkable beauty.

A. mortfontanense (Mortefontaine).* *fl.*, spathe crimson, large, cordate; spadix whitish. *l.* elongated, cordate-ovate. 1885. An ornamental hybrid between *A. Andreanum* and *A. Veitchii.* (R. H. 1885, pp. 50, 156.) *A. leodiense* is very similar to this.

A. punctatum (dotted). *fl.*, spathe reddish above, green beneath, changing to greyish-green or purplish-green, spreading or reflexed, $3\frac{1}{2}$in. to $4\frac{1}{2}$in. long, linear-oblong, cuspidate-acuminate, the margins revolute; spadix olive-green, 6in. to 9in. long, slightly tapering; peduncle 1ft. to $1\frac{1}{2}$ft. long. *l.* 14in. to 20in. long, $2\frac{3}{4}$in. to $4\frac{1}{2}$in. broad, elongate-oblong, rather abruptly acute, cuneate at base, dark green above, paler and blackish-dotted beneath; petioles 6in. to 8in. long, acutely channelled down the face. Ecuador, 1886.

A. purpureum (purple). *fl.*, spathe purple on both sides, suffused green at the base, $4\frac{1}{2}$in. long, 1in. broad, spreading or reflexed, more or less curled; spadix dark violet-purple, 6in. or more long, $\frac{1}{3}$in. thick. *l.* coriaceous, green, $1\frac{1}{4}$ft. long, $3\frac{3}{4}$in. broad, oblong-lanceolate, acute at apex, cuneate-acute at base; petioles 3in. to 6in. long, shallowly channelled. Stem ascending. Brazil, 1887.

A. Scherzerianum andegavense (Angers). *fl.*, spathe scarlet on the back, dotted with white, white within, splashed with scarlet; spadix yellow. 1883. A handsome form, resembling *Rothschildianum.* (F. d. S. 2454-5.)

A. S. bruxellense (Brussels). *fl.*, spathe and scape rich scarlet; spadix orange. *l.* lanceolate, tapering to the apex. 1887. (I. H. ser. v. 18.)

A. S. giganteum (gigantic). *fl.*, spathe 5in. to 6in. long, and in some cases 4in. across. Costa Rica. A brilliant variety.

A. S. lacteum (milk-white). *fl.*, spathe milk-white; spadix orange. 1886. (I. H. 1886, 607, under name of *A. album maximum flavescens.*)

A. S. mutabilis (changeable). *fl.*, spathe at first white, gradually becoming scarlet. 1882.

A. S. parisiense (Parisian). *fl.*, spathe of a beautiful salmon-pink; spadix brilliant orange. *l.* deep green, lanceolate, gradually tapering to the acute apex. 1887. A robust, compact plant. (I. H. ser. v. 16.)

A. S. Vervaeneum (Vervaene's). A handsome, white-spathed variety. 1884. (R. H. 1884, p. 204.)

A. S. Woodbridgei (Woodbridge's). *fl.*, spathe of the most intense crimson-scarlet, broad, nearly 6in. long. *l.* dark green, spreading. 1882. One of the finest forms.

A. subulatum (subulate). *fl.*, spathe white, spreading, oblong, ending in a long, subulate point; spadix purplish-red, stout; peduncle 9in. to 12in. long. *l.* dark green, elongated, cordate-ovate, cuspidate-acuminate at apex. Caudex short. Columbia, 1886. A distinct and rather ornamental species.

A. trifidum (thrice-cleft). *fl.*, spadix shortly stipitate, slender, terete; spathe reddish, reflexed, oblong-lanceolate; peduncle erect, red or reddish-brown, shorter than the petioles. *l.* 10in. to 15in. long, broadly and deeply trifid; lateral lobes obliquely oblong-ovate, obtuse, somewhat falciform, shorter than the median lobe; petioles elongated. Origin uncertain. 1876. (B. M. 6339.)

A. Veitchii acuminatum (acuminate-leaved). A variety having ovate-lanceolate acuminate leaves. Columbia, 1885

APHELANDRA. Of this genus nearly fifty species have been noted; they inhabit tropical and sub-tropical America, from the Argentine Republic as far as Mexico. To those described on pp. 90-1, Vol. I., the following should now be added:

A. amœna (pleasing). *l.* ovate, acuminate, deep green, variegated silvery-grey on each side the midrib and primary veins, which latter curve in the direction of the apex. Brazil, 1888.

A. atrovirens (dark green). *fl.* in a terminal, sessile, sub-cylindrical spike; corolla fulvous-yellow, nearly 1in. long; bracts green, six to seven lines long, closely appressed. *l.* $3\frac{1}{2}$in. to $4\frac{1}{2}$in. long, $1\frac{3}{4}$in. to $2\frac{1}{4}$in. broad, elliptic or elliptic-ovate, rather obtuse, decurrent at base, crenate, very dark green and shining above, violet-purple beneath. Bahia, 1884. Plant dwarf. (I. H. 1884, 527.)

A. Chamissoniana (Chamisso's). This is the correct name of the plant described on p. 91, Vol. I., as *A. punctata.* (B. M. 6627.)

A. Macedoiana (Macedo Costa's). *l.* elliptic-ovate, sub-obtuse, dark green above, the nerves margined with very pale whitish-green, the under surface violet-purple. 1886. (I. H. 1886, 583.)

A. Margaritæ (Mdlle. Marguerite Closon's).* *fl.* bright orange or apricot-colour, growing in short, terminal spikes from between pectinate bracts. *l.* decussate, shortly stalked, elliptic, the upper surface marked with about half-a-dozen oblique bars of white on each side the midrib, the under surface clear rose-colour. Central America (?), 1884. (B. H. 1883, 19; G. C. ser. iii., vol. ii., p. 585.)

A. pumila splendens (splendid). This pretty form differs from the type in having acute, green bracts. 1883. (R. G. 1104.)

APONOGETON. This genus comprises about a score species of stove, greenhouse, or half-hardy, scapigerous, submerged, aquatic herbs, inhabiting tropical and temperate Asia and Africa, and Australia. Flowers white, or rarely pink or violet, hermaphrodite, spicate; perianth segments (or bracts) two or three, rarely one or wanting, petaloid; spikes solitary or twin, sessile at the apex of the scape. Leaves long-petiolate, oblong or linear, erect or swimming. To the species described on p. 93, Vol. I., the following variety should now be added:

A. distachyon roseus (rosy). A charming variety, having rosy-tinted flowers. 1885.

AQUILEGIA. According to Bentham and Hooker, the numerous species may be reduced to about five or six; they are distributed over the North temperate zone, the genus being represented in Britain by *A. vulgaris.* To the species and varieties described on pp. 100-2, Vol. I., the following should now be added:

A. flabellata (fan-shaped). *fl.* white, slightly tinted with violet-rose. A very early-flowering, compact-habited, dwarf, garden form. (R. H. 1887, p. 548.)

A. olympica flore-pleno (double-flowered). *fl.* blue, with a white centre, very large. 1888.

A. Skinneri (Skinner's). *fl.* drooping; petals with the limb yellowish-green and rounded, prolonged at base into a very long, tubular, lively red spur. Summer and autumn. *l.* mostly radical, glaucous, on long petioles, biternate; leaflets petiolulate and cordate, deeply three-lobed. Stem 2ft. to 3ft. high, panicled above. Guatemala. (B. M. 3919.) The variety *flore-pleno* (R. G. 1885, p. 57) has double flowers.

ARACHNANTHE (from *arachne*, a spider, and *anthe*, a flower; in allusion to the shape of the flower). Syn. *Arachnis.* Including *Esmeralda.* Ord. *Orchideæ.* A genus comprising about half-a-dozen species of stove, epiphytal Orchids; one is Himalayan, and the rest inhabit the Malayan Archipelago. Flowers showy; sepals and petals free, spreading, rather thick; lip articulated at the base of the column, erect or spreading, neither saccate nor spurred at base, the lateral lobes erect or rarely obsolete, the middle one fleshy, polymorphous, often gibbous or with a very short spur at back; column short, thick; pollen masses two; peduncles lateral, elongated, simple or branched. Leaves distichous, fleshy-coriaceous, sometimes very long, sometimes shorter or falcate, often obliquely bilobed at apex. Four species call for mention here. For culture, *see* **Aërides**, p. 31, Vol. I.

A. bella (pretty). *fl.*, sepals and petals light ochre, barred cinnamon, straight, cuneate-oblong; lip white, the lateral segments striped purplish-brown, the middle one very broad, tumid, the basilar, roundish callus white, spotted brown; raceme four-flowered. *l.* 5in. long, 1in. broad, unequally bilobed at apex. 1888. Syn. *Esmeralda bella.*

Arachnanthe—*continued.*

A. Cathcarti (Cathcart's). The correct name of the plant described on p. 133 as *Vanda Cathcarti.*

A. Lowii (Low's). The correct name of the plant described on p. 283, Vol. III., as *Renanthera Lowii.*

A. moschifera (musk-bearing). *fl.* creamy-white or lemon-colour, spotted purple, large, resembling a spider, delicately scented like musk. Java. A peculiar and rare plant. The old spike produces flowers for a long time, and should, therefore, not be cut. SYNS. *Epidendrum Flos-aëris, Renanthera Arachnites, R. Flos-aëris.*

ARACHNIS. A synonym of **Arachnanthe** (which *see*).

ARALIA. Of the thirty species comprised in this genus, six are North American, one is Mexican, and the rest inhabit Eastern or tropical Asia, from Japan and Mandschuria as far as the Himalayas and the Indian Archipelago. The plant usually grown as *Aralia Sieboldii* is *Fatsia japonica.* To the species and varieties described on pp. 104-5, Vol. I., the following should now be added:

A. Chabrieri (Chabrier's), of gardens. A synonym of *Elæodendron orientale.*

A. Gemma (jewel). *l.* graceful, bipinnate; pinnules with small lateral leaflets and a large terminal one, all irregularly lobed or toothed, olive-green above, greyish-violet beneath when young. New Caledonia, 1883. An ornamental, stove shrub. (I. H. 1883, 477.)

A. reginæ (queenly). This is of larger habit than the *Veitchii* section; the leaf branches are more closely set, and the habit of growth is very graceful; the stem and petioles are freckled; the palmate divisions of the stalk are smooth, and of a uniform green. Stove.

ARAUCARIA. The known species of this genus number about ten, and inhabit South America, Australia, New Caledonia, and the South Pacific Islands. To those described on p. 106, Vol. I., the following should now be added:

A. Mulleri (Müller's). *l.* oval, imbricated, almost flat, longitudinally marked with small, whitish spots arranged in series. *cones* ovoid, 5½in. long, 3½in. broad; scales about 1⅝in. long and broad. New Caledonia, 1884. Plant ultimately forming a large tree, with spreading, plume-like branches. (F. & P. 1884, p. 27; I. H. ser. iv. 449.)

ARAUJA. The correct name of the genus described on pp. 115-6, Vol. III., as *Physianthus.* To the species there given the following should now be added:

A. grandiflora (large-flowered).* *fl.* pure white, very sweet-scented, funnel-shaped, nearly 3in. across, borne in clusters of about six. September. *l.* cordate-obovate, acute. Brazil, 1837. SYN. *Schubertia grandiflora* (Gn., 30th July, 1887.)

ARCTOTIS. This genus embraces thirty species, natives of South Africa, with one Abyssinian. Leaves radical or alternate. To the species described on p. 108, Vol. I., the following should now be added:

A. Leichtliniana (Leichtlin's). *fl.-heads* 2½in. in diameter; ray florets golden-yellow, with a dark basal mark, below flaked with red, 1¼in. long. Summer. *l.* 2in. to 8in. long, obovate or oblanceolate, petiolate, pinnatifid and toothed; lobes oblong, slightly lobulate. 1885.

A. revoluta (revolute). *fl.-heads* orange-yellow, not so brilliant as those of *A. grandiflora*, 2½in. across; outer involucral scales much narrower than in *A. grandiflora*, and having tomentose tips. Cape of Good Hope, 1885. (B. M. 6835, lower figure.)

ARDISIA. Of this genus there are about 200 species, broadly dispersed through tropical and sub-tropical regions, but very rare in tropical Africa. To those described on p. 109, Vol. I., the following should now be added:

A. capitata (headed). *fl.* greenish-white, disposed in a cone-like head; peduncles axillary, compressed. Summer. *fr.* bright red. *l.* crowded at the tips of the branches, 1ft. or more long, obovate-spathulate, entire, shortly stalked. Branches thick. Fiji, 1887.

A. mamillata (nippled). *fl.* white, tinged rose, star-shaped; umbels ten to twelve-flowered, on axillary peduncles 2in. long. *fr.* brilliant rosy-red, about ⅜in. in diameter. *l.* oblong-elliptic, 4in. or more long, dark, shining green, thickly studded with small, raised dots or mamillæ on the upper surface, with proportionate hollows beneath, each mamilla surmounted by a white, bristly hair; petioles short. Hong Kong, 1887. (G. C. ser. iii., vol. ii., p. 809.)

A. picta (painted). *l.* lanceolate, acute, crenate at the margins, dark, velvety bronze-green, with a broad, central, feathered, silvery stripe. Brazil, 1885. An ornamental, stove, foliage plant.

Ardisia—*continued.*

A. polycephala (many-headed). *fl.* white, borne in umbels, on short, lateral branches. *fr.* jet-black. *l.* opposite, dark, glossy green, when young bright crimson. East Indies, 1888.

ARENARIA. The species of this genus are distributed over the whole globe. To those described on p. 110, Vol. I., the following should now be added:

A. norvegica (Norwegian). *fl.* white, terminal, somewhat globose; sepals ovate, obtuse, equalling the corolla. June and July. *l.* spathulate, glabrous. Stems terete, procumbent, one or two-flowered. Norway, Lapland, &c. (Shetland). (F. D. 1259; Sy. En. B. 237.)

ARGEMONE HISPIDA. The correct name of the plant described on p. 110, Vol. I., as *A. hirsuta.*

ARGYRORCHIS (from *argyros*, silver, and *Orchis*; alluding to the silvery network of the leaves). ORD. *Orchideæ.* A monotypic genus. The species is a stove, terrestrial Orchid, allied to **Anœctochilus** (which *see*, on p. 81, Vol. I., for culture).

A. javanica (Java). *fl.* pink, small, disposed in loose, sessile spikes; scape 9in. high. *l.* petiolate, broadly ovate 2in. long, 1½in. broad, dark, velvety olive-green, blotched lighter green, and showing faint golden reticulations, pinkish beneath. Java (B. H. 1861, 18, under name of *Anœctochilus javanicus.*)

ARISÆMA. The fifty species of this genus are mostly natives of temperate and sub-tropical Asia, a few being North American and one Abyssinian. To those described on pp. 111-2, Vol. I., the following should now be added:

A. fimbriatum (fringed).* *fl.*, spadix cylindrical, slender, the free end covered with slender, purplish threads; spathe brownish-purple, longitudinally banded whitish, oblong, acute or acuminate, convolute at base. *l.* two, deeply divided into three ovate, acute, glabrous segments; petioles long, pale purplish-rose, spotted purple. Philippine Islands, 1884. See Fig. 3, for which we are indebted to Mr. William Bull. (G. C. n. s., xxii., p. 689; R. G. 1886, 357.)

A. utile (useful). *fl.*, spadix purple; spathe reddish-brown, with greenish ribs and veins, the tube 3in. to 4in. long, the lamina decurved, rarely sub-erect, 3in. to 4in. across. May and June. *l.* in pairs; leaflets three, shortly and stoutly petiolulate or sessile, the middle one broader than long, 5in. to 8in. in diameter. Sikkim Himalayas, 1880. (B. M. 6474.)

ARISARUM. Only three species compose this genus, which is confined to the Mediterranean region. To that described on p. 112, Vol. I., the following should now be added:

A. proboscideum (proboscis-like). *fl.*, spathe erect, greyish-white and inflated below, the upper part olive-green, narrowed into a proboscis which is often 5in. long; spadix included. February. *l.* solitary or few, 3in. to 4in. long, 1in. to 2in. broad, hastate; petioles 4in. to 6in. high, stout, cylindric. Upper Arno and the Apennines. (B. M. 6634.)

ARISTEA. This genus embraces about fifteen species, natives of tropical and South Africa and Madagascar. To those mentioned on p. 112, Vol. I., the following should now be added:

A. platycaulis (broad-stemmed). *fl.*, perianth blue, the segments oblong, ½in. long; pedicels small; inflorescence an ample panicle 8in. to 9in. long, with all the rachises much flattened, the lower branches overtopped by their subtending leaves. Summer. *l.*, radical ones ensiform, firm, 1ft. long, 1in. broad. 1887.

ARISTOLOCHIA. About 180 species are included here, and they are broadly dispersed over the temperate and warmer regions. To those described on pp. 112-3, Vol. I., the following should now be added:

A. altissima (very tall). *fl.* pale yellowish-brown, striped reddish-brown; perianth about 1½in. long, the tube gradually enlarged to the limb, which is yellow within. June to August. *l.* bright, glossy green, petiolate, 2in. to 3in. long, ovate-cordate, obtuse or acute, waved; petioles ½in. to ¾in. long. Sicily and Algeria. Half-hardy. (B. M. 6586.)

A. elegans (elegant).* *fl.* solitary, on long pedicels; perianth tube pale yellowish-green, 1½in. long, rather inflated, the limb suddenly expanding into a nearly shallow cup, which externally is white, veined purple, and internally rich purplish-brown, with irregular, white marks. August. *l.* 2in. to 3in. long and broad, broadly reniform-cordate; petioles 1in. to 2½in. long, very slender. Brazil, 1883. Stove climber. (B. M. 6909.)

A. hians (gaping). *fl.* bronzy-green outside, the veins and margin of the beak light yellowish-green, the inside of the broad lobe dull yellowish-green, marked purple-brown, the inside of the beak

Aristolochia—*continued.*

covered with brownish-purple hairs, the inside of the inflated tube pale greenish, hairy, spotted purple-brown in the upper half. September. *l.* roundish in outline, deeply cordate at base, obtusely rounded at apex, green, reticulated beneath; stipules 1in. in diameter, with wavy margins. Venezuela, 1887. Stove.

Aristolochia—*continued.*

A. longifolia (long-leaved). *fl.* purplish-brown, of a good size; tube yellowish, with dull purplish veins outside, abruptly bent upon itself; limb roundish, about 2½in. in diameter, the lower part bent as if pinched in the middle. *l.* long, linear-lanceolate, acuminate. Stems long, climbing. Rootstock short, woody. Hong Kong, 1886. Stove. (B. M. 6884.)

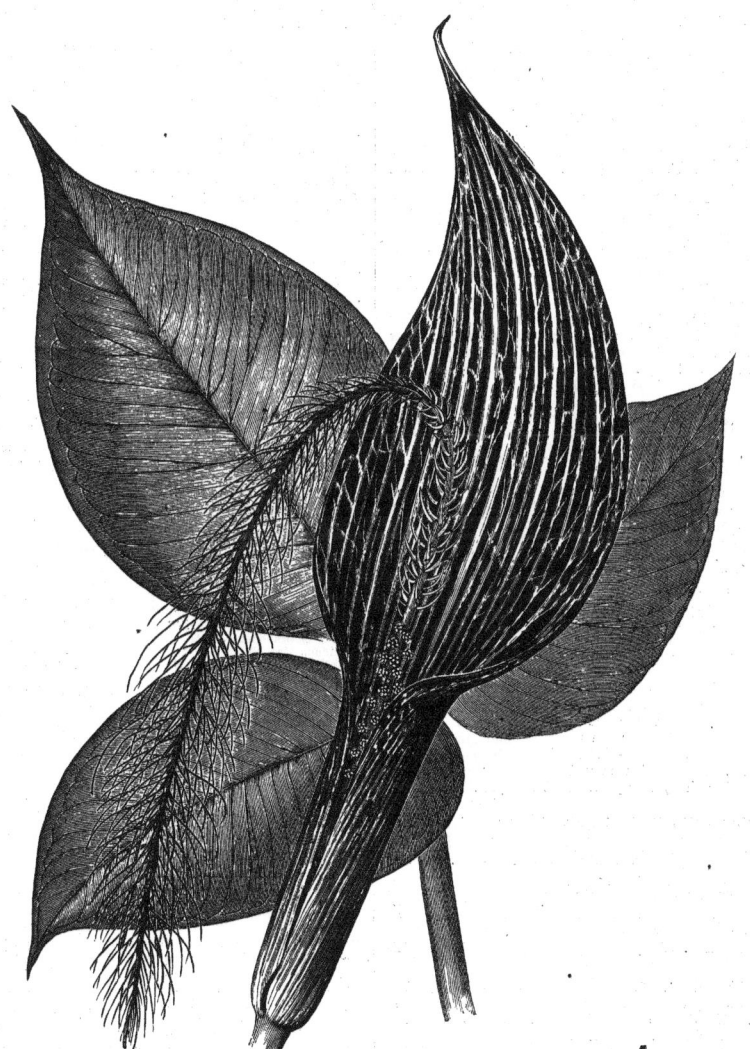

FIG. 3. INFLORESCENCE AND LEAF OF ARISÆMA FIMBRIATUM.

Aristolochia—*continued.*

A. ridicula (ridiculous). *fl.* 3½in. to 4½in. long; tube dull whitish, veined purplish-brown, bent upon itself, the basal part inflated; limb shortly revolute, prolonged from the upper part of the sides into two long lobes, "reminding one of a donkey's ears"; they are tawny or cream, with dark purplish-brown, dendritic markings, sparsely purple-brown hairy. *l.* bright green, orbicular or orbicular-reniform, cordate at base, covered with short hairs. Stem, petioles, and pedicels clothed with spreading hairs. Brazil, 1886. Stove climber. (G. C. n. s., xxvi., p. 361.)

A. salpinx (trumpet). *fl.* about 1½in. long, inflated at base, then abruptly constricted and bent upwards in the form of a dorsally compressed, trumpet-shaped tube, with an oblique mouth, outside cream-coloured, with purple network of veins, inside lighter, the upper lip with a yellow central blotch and numerous purplish spots around it, the margins slightly reflexed, marked with purple lines and having a few short, purple hairs. *l.* cordate-ovate, acuminate, glabrous, 4in. to 6in. long, 2½in. to 3in. broad. Paraguay, 1886. Stove. (G. C. n. s., xxvi., pp. 456-7.)

A. Westlandi (A. B. Westland's). *fl.* pendulous, chiefly produced from towards the base of the plant; perianth tube brown and yellow, cylindric, the limb pale greenish-yellow, veined and speckled purple, 6in. long, broadly rounded-ovate; peduncle 3in. to 5in. long, one-flowered. March. *l.* 6in. to 10in. long, shortly petiolate, narrowly oblong-lanceolate, acuminate, glabrous above, strongly nerved and pubescent beneath. Stem short, woody; branches tall-climbing. China, 1886. Stove. (B. M. 7011.)

ARMERIA. According to some authors, the number of species of this genus is upwards of fifty: while others reduce the number to six or seven. The genus is mostly represented in Europe, North Africa, and Western Asia. To the species described on pp. 113-4, Vol. I., the following should now be added:

A. cæspitosa (tufted). *fl.* pale lilac, in small heads; involucral leaflets brownish; scape pubescent. Summer. *l.* very short, narrow-linear, triquetrous, rigid, recurved. *h.* 1in. to 2in. Mountains of Spain, 1885. The smallest of the Thrifts. (R. G. 1192, f. 2.)

ARUNDINA (a diminutive of *Arundo*; in allusion to the Reed-like stems). ORD. *Orchideæ*. A small genus (about five species) of erect, terrestrial, leafy Orchids, natives of the East Indies, South China, and the Malayan Archipelago. Flowers rather large, in terminal, loose, simple or rarely divided racemes; sepals sub-equal, free, spreading; petals similar or broader; lip erect at the base of the rather long, erect column, which is surrounded by the lateral lobes. Leaves flat, narrow or rather broad, sessile, with articulated sheaths. Stems erect, Reed-like, invested with the leaf-sheaths. Pseudo-bulbs wanting. The two species introduced should be grown in a cool part of the East Indian house. Rough, fibrous peat and loam form the best compost, as the plants are devoid of pseudo-bulbs, and require richer soil than many other Orchids. Copious supplies of water and plenty of light, but shading in hot sunshine, are essential to success in the culture of Arundinas. Propagation may be effected by divisions, or by potting the young plants that are produced on the stems.

A. bambusæfolia (Bamboo-leaved). *fl.* large; sepals and petals pale magenta-rose; lip rose, striped orange on either side the white throat. July to autumn. *l.* pale green, ensiform. Stems 3ft. to 5ft. high. Nepaul, Birma, &c. (W. O. A. iii. 139.) SYN. *Bletia graminifolia*.

A. densa (dense). *fl.* rosy-violet, as large as those of *B. bambusæfolia*, scented, the lip bordered crimson; raceme close, head-like. *l.* lanceolate, sub-equal, sheathing. Stems 3ft. high. Singapore, 1842. (B. R. 1842, 38.)

ASAGRÆA. A synonym of **Schœnocaulon** (which see).

ASPARAGUS. This genus comprises nearly 100 species, broadly dispersed over the temperate and warmer regions. To those described on pp. 122-3, Vol. I., the following should now be added:

A. tenuissimus (very slender). A semi-scandent plant of a strikingly elegant character, adapted for the warm conservatory. It is of a lighter green than *A. plumosus*, and the foliage is remarkable for its extreme slenderness and delicate appearance. South Africa, 1882.

ASPASIA. The half-dozen species of this genus are all tropical American, ranging from Brazil as far as Central America. To those described on p. 124, Vol. I., the following should now be added:

A. principissa (princely). *fl.* over 2in. across, somewhat resembling those of an Odontoglossum; segments light green, lined brown, lanceolate-linear; lip light buff, broadly pandurate, almost 1in. long. Veraguas.

ASPHODELUS. The six or seven species of this genus are reduced by Baker to five; they inhabit the Mediterranean region, one extending as far as India and the Mascarene Islands. To those described on p. 125, Vol. I., the following should now be added:

A. acaulis (stemless). *fl.* six to twenty in a lax corymb; perianth pale pink, 1in. to 1½in. long, funnel-shaped; peduncle very short or abortive. May. *l.* ten to twenty in a dense, radical rosette, linear, tapering to a point, 6in. to 12in. long, minutely pubescent. Algeria. (B. M. 7004.)

A. comosus (tufted). *fl.*, perianth ⅜in. long, the segments white, with a green keel; panicle 1ft. long, with a dense terminal raceme 2in. in diameter, and six or eight small side ones; peduncle stout, as long as the leaves. *l.*, radical ones ensiform, 1½ft. long, gradually tapering, acutely keeled at back. North-western Himalayas, 1887.

ASPIDIUM. This cosmopolitan genus embraces about sixty species. To the information given on pp. 125-7, Vol. I., the following should now be added:

A. cristatum (crested). A synonym of *Nephrodium cristatum*.
A. polyblepharum (many-fringed). A synonym of *A. angulare*.
A. triangulare laxum (loose). *fronds* long and very narrow, somewhat drooping. SYN. *Polystichum xiphioides*.

ASPLENIUM. Nearly 350 species of this genus have been described, including plants from all parts of the world where Ferns grow. To the species and varieties described on pp. 127-35, Vol. I., the following should now be added:

A. amboinense (Amboyna). *rhiz.* creeping, clothed with black, subulate scales. *sti.* about 1in. long. *fronds* numerous, evergreen, lanceolate, narrowed below, truncate at apex, having a scaly bud at the end of the midrib, and a small, forked or multifid continuation of the frond. South Sea Islands, 1887. Stove.

A. Campbelli (Campbell's). *rhiz.* small, erect, with a few pale brown scales in the centre. *sti.* tufted, erect, rather strong, 4in. to 6in. long. *fronds* erect, composed of one or two pairs of contiguous, spreading lateral pinnæ, and a slightly larger terminal one, which are lanceolate, acuminate, 3in. to 5in. long, 1¼in. broad, shortly decurrent on the rachis. British and Dutch Guiana, 1885. Stove.

A. Filix-fœmina velutinum (velvety). A beautiful, dwarf, densely branched variety, dwarfer than its parent *A. F.-f. acrocladon*, also closer and more compact in habit: this and the finely-divided apices give the plant the appearance of a ball of green velvet. 1882.

A. furcatum laceratum (torn). *fronds* broader, flatter, and more distinctly incised than in the type.

A. horridum (horrid). *sti.* strong, erect, brownish, fibrillose. *fronds* 2ft. to 3ft. long, 8in. to 12in. broad; pinnæ numerous, spreading, 4in. to 6in. long, acuminate, lobed, cordate or broadly rounded at the base on the upper, truncate on a broad curve on the lower, side; rachis stout, fibrous. *sori* in two nearly parallel lines close to the midrib, a few also on the disk of the lobes. Sandwich Islands, Samoa, and Java, 1884. (H. S. F. iii. 193.)

A. scandens (climbing). *sti.* scattered on a stout, creeping rhizome, very short. *fronds* 1ft. to 2ft. long, 6in. to 12in. broad, with numerous horizontal pinnæ on each side, which are 4in. to 6in. long, 1½in. broad, cut down to a distinctly winged rachis into numerous, sub-distant, ovate-rhomboidal pinnules; pinnules cut down to the rachis throughout; lower segments again pinnatifid; ultimate divisions narrow-linear. *sori* solitary, marginal. New Guinea, &c. Stove. SYN. *Darea scandens*.

ASTER. Including *Calimeris*. There are about 200 distinct species of this genus (nearly 350 have been described as such); they are most copious in the Northern hemisphere, particularly in America. To those described on pp. 136-9, Vol. I., the following should now be added:

A. Alberti (Albert Regel's). *fl.-heads* pale purple, terminal, solitary, 1in. in diameter; involucral scales in four series; ray florets linear, spreading. *l.* scattered, linear, slender, acute. Stems ascending, branching. Turkestan, 1884. SYN. *Calimeris Alberti* (R. G. 1152, f. 2, e-g).

A. angustus (narrow). *fl.-heads* numerous, spicately panicled; ray florets reduced to a rudimentary condition. *h.* 1ft. to 2ft. North Asia and North America, 1886. Not worth growing.

A. coriaceus (leathery). A synonym of *Celmisia coriacea*.

A. diplostephioides (Diplostephium-like). *fl.-heads* solitary, inclined, 2in. to 3in. in diameter; involucre broadly hemi-

Aster—*continued.*

spherical, the bracts lanceolate; ray florets bright purple numerous, biseriate; disk purple. May and June. *l.*, radical ones 2in. to 4in. long, obovate, varying to oblanceolate, acute, entire, narrowed to long or short petioles; cauline ones 2in. to 3in. long, sessile, semi-amplexicaul. Stem stout, 6in. to 18in. high, leafy. Sikkim, 1882. A glandular-pubescent, tomentose, or villous perennial. (B. M. 6718.)

A. gymnocephalus (naked-headed). *fl.-heads* rose-coloured, 1½in. in diameter. Summer and autumn. *l.* narrow-lanceolate, bristly-toothed. *h.* 1ft. to 1½ft. Southern Texas and Mexico, 1879. A pretty, half-hardy annual, of slender, bushy habit. (B. M. 6549.)

A. novæ-angliæ pulchellus (pretty). *fl.-heads* pale magenta. 1882. A very handsome variety, growing about 4ft. high.

A. pseudamellus (false Amellus). *fl.-heads* few, corymbose, 1in. to 1½in. in diameter; ray florets bluish-purple; involucral bracts larger than in *A. Amellus*, with reflexed, leafy tips. Autumn. *l.* 1in. to 2in. long, oblong, acute or obtuse, entire or toothed. *h.* 6in. to 18in. Western Himalayas (8000ft. to 13,000ft.), 1886.

A. Stracheyi (Strachey's). *fl.-heads* pale lilac-blue, ¾in. to 1¼in. in diameter; involucral bracts reddish-brown; ray florets linear, the tips minutely notched; scapes rich dark brown, 2in. to 5in. high. May. *l.*, radical ones 1in. to 1½in. long, shortly petiolate, oblanceolate or obovate, pale beneath; those on the stolons much smaller and more sessile; those on the scapes few, linear or linear-obovate. Western Himalayas, 1885. (B. M. 6912.)

A. tricephalus (three-headed). *fl.-heads* one to three, large and showy; ray florets purple. Autumn. *l.*, radical ones obovate-spathulate, on long, winged petioles, entire, glabrous or hairy; cauline ones oblong, half-amplexicaul. Stems puberulous. *h.* 1½ft. Sikkim (10,000ft. to 14,000ft.), 1886.

ASTILBE. The half-dozen species of this genus inhabit the Himalayas, Java, Japan, and North-east America. Only one variety calls for addition to the plants described on pp. 140-1, Vol. I.

A. japonica foliis-purpureus (purple-leaved). An ornamental variety, having purplish stems and foliage. 1885.

ATRAPHAXIS (the old Greek name given by Dioscorides, &c., to Orache). Including *Tragopyron*. ORD. *Polygonaceæ*. A genus embracing about seventeen closely-allied species of hardy, rigid, much-branched shrubs, natives of Central and Western Asia. Flowers often fascicled at the nodes, hermaphrodite, four or five-parted, the two outer segments often smaller; stamens six to eight, rarely nine. Leaves alternate or fascicled at the nodes, narrow or rather small. The species here described are interesting plants. They should be grown in well-drained heath or sandy soil. Very little pruning will be required. Propagation may be effected by cuttings, or by layers.

A. buxifolius (Box-leaved). *fl.* white, nodding, produced in long racemes. July. *fr.* red. *l.* obovate, obtuse, tipped with a short mucro, light green, about 1in. in diameter, the lateral margins undulated, deciduous. *h.* 2ft. Siberia, 1800. SYNS. *Polygonum crispulum* (B. M. 1065), *Tragopyron buxifolium.*

A. spinosa (spiny). *fl.* white, tinged pink. August. *l.* glaucous, ½in. long or less, ovate, acute, sub-evergreen, on short petioles. Branches ascending, horizontal or deflexed. *h.* 2ft. to 3ft. Levant, 1732. (W. D. B. 119.)

ATRIPLEX. About 100 species of herbs and shrubs are included in this genus; they inhabit temperate and sub-tropical regions. Flowers monœcious or diœcious, glomerate. The following species should be added to that given on p. 144, Vol. I.:

A. Halimus (Halimus). *fl.* purplish, small. July and August. *l.* alternate or opposite, rhombic-oblong. *h.* 5ft. to 6ft. Sea-coasts of South Europe, &c., 1640. A loose, rambling, hardy, sub-evergreen, glaucous shrub.

AURICULA. During the last few years considerable improvement has been made in the Show and Alpine Auriculas. A selection of the best sorts is here given:

Green-edged. ABBÉ LISZT, neat plant, truss well formed, tube deep yellow, paste white and dense, black ground-colour, edge light green; AGAMEMNON, a large, bold flower, orange tube, dense white paste, maroon ground-colour, well marked green edge; ATTRACTION, medium green edge, good tube, and white paste, black ground-colour; CYCLOPS, rich yellow tube, good paste, maroon ground-colour; DRAGON, gold tube, white paste, black ground-colour, and deep green edge; EDITH POTTS, yellow tube, good paste, and black ground, with a bright green edge; ENDYMION, red ground and green edge; GREENFINCH, neat flower, yellow tube, good paste and ground-colour; KESTREL, a medium flower, yellow paste, good green edge, and well-proportioned; MONARCH, tube bright yellow, good paste,

Auricula—*continued.*

black ground-colour, and fine green edge; PERAL, yellow tube, good paste, red ground, and lively green edge; VERDANT GREEN, yellow tube, dense paste, black ground, and light green edge.

Grey-edged. AJAX, a constant variety, with yellow tube, white paste, dark ground, and medium grey edge; ATALANTA, yellow tube, paste good, ground-colour maroon, edge silvery-grey; DEERHOUND, large flowers, with deep yellow tube, black ground, edge broad and decided; GRAYLING, orange tube, pure white, dense paste, black ground-colour, and whitish-grey edge; GREY FRIAR, yellow tube, rather thin, white paste, maroon ground, and broad, grey edge; GREYHOUND, the best new Auricula, well-proportioned in all its parts, orange tube, white paste, black ground, and well-developed grey edge; MABEL, a finely-proportioned flower, with a good tube, white paste, black ground, and greenish-grey edge; MARMION, yellow tube, white paste, black ground-colour, and edge well-proportioned; MERLIN, pale yellow tube, dense white paste, black ground, and greenish-grey edge; SAMUEL BARLOW, good yellow tube, white paste, dark maroon ground, and well-defined edge; SEA-BELLE, orange tube, good white paste, black ground, and silvery-grey edge; SEAMEW, yellow tube, good white paste, black ground, and heavy grey edge; WILLIAM BROCKBANK, clear yellow tube, good white paste, bold black ground-colour, and decided grey edge.

White-edged. AMANDA, tube and paste good, bluish ground-colour, and decided white edge; ELAINE, good yellow tube, white paste, black ground-colour, and good white edge; FAIRY-RING, orange tube, white paste, deep violet-red ground, decided white edge; HEATHER-BELL, pale yellow tube, good white paste, bluish ground, and well-defined edge; MAGPIE, orange tube, dense paste, black ground, and well-rounded, pure white edge; MIRANDA, yellow tube, white paste, black ground, edge pure; MRS. DODWELL, yellow tube, white and dense paste, black ground, good white edge; RADIANCE, a well-proportioned flower, good deep yellow tube, dense white paste, black ground-colour, and very pure white edge; RELIANCE, yellow tube, good white paste, black ground-colour, and fair white edge; SNOWDRIFT, a large, circular flower, with gold tube, white paste, black ground, and broad, white edge.

Selfs. BRUNETTE, a rich, dark maroon flower, with good yellow tube and white paste; DUKE OF ALBANY, very dark maroon, yellow tube, very pure white, dense paste; DULCIE, good yellow tube, white paste, and rich maroon edge; FLORENCE, a large, full flower, with good yellow tube, white paste, and reddish-plum-coloured edge; HEROINE, tube bright yellow, paste dense and white, edge rich black-maroon; MELAINE, a well-rounded pip, rich dark maroon, with good tube and paste; MRS. HORNER, yellow tube, white paste, and good violet edge; MRS. POTTS, fine yellow tube, dense, white paste, and bright violet edge; SIR WILLIAM HEWETT, good yellow tube, very round, white paste, and blackish edge.

Alpines. AGNES, white centre, margin shaded violet; AMELIA HARDWIDGE, shaded maroon-crimson; BRIGHT STAR, bright crimson, shaded edge; EMPEROR FREDERICK, crimson, shading to a lighter tint, gold centre; FRED. COPELAND, dark crimson, yellow centre; JOHN BALL, rich crimson, deep yellow paste; KING OF THE BELGIANS, shaded crimson, gold paste; LOVE BIRD, crimson-red, shaded margin; MARINER, shaded purplish-red; MRS. PHIPPS, white centre, maroon margin; PRINCE OF WALES, purplish-red, shaded margin, fine; SENSATION, maroon, shaded margin; TROUBADOUR, crimson margin, gold centre; VICTORIOUS, dark crimson, gold centre.

AZALEA. To the species and varieties described on pp. 149-50, Vol. I., the following should now be added:

A. balsaminæflora alba (white). *fl.* white, produced in large, compact trusses, and lasting a long time in perfection.

A. b. aurea (golden). A form differing from *alba* in its bright yellow flowers.

A. b. carnea (flesh-coloured). *fl.* flesh-coloured, tinted with rose, and also with pale yellow when first expanded. 1887.

A. obtusa (blunt). *fl.* deep red, solitary; segments of the corolla nearly oval and sharp-pointed, the upper one not much smaller than the others, and faintly blotched purple. March. *l.* pilose, oblong, obtuse, narrowed at base. *h.* 2ft. China, 1844. Greenhouse evergreen. (B. R. xxxii. 37; G. C. n. s., xxv., p. 585.)

A. o. alba (white). A variety differing from the type only in the colour of its flowers, which are white, occasionally striped red. 1887.

A. rhombica (rhomboid-leaved). *fl.* usually in pairs; calyx minute; corolla bright rose, 1½in. to 2in. across, sub-bilabiate. May. *l.* sub-conical, 1½in. to 2in. long, assuming a bronzy hue in autumn, the young ones silky, rhombic-elliptic, acute at both ends, hairy above, finely reticulated beneath. Branches slender, stiff, glabrous, the young ones strigose-tomentose. Japan. A much-branched, hardy shrub. SYN. *Rhododendron rhombicum* (B. M. 6972).

Indian Azaleas. The beautiful varieties of *A. indica* are continually being improved, but principally by growers on the Continent, especially in Belgium. The form of the flowers, both of single and double varieties, has been much improved during the last year or two, and the

Azalea—*continued.*

colours are both rich and varied. The subjoined lists comprise the best of the most recent additions.

Double-flowered. AMI DU CŒUR, coral-red, large flower; BARON N. DE ROTHSCHILD, rich violet-purple, dark blotch; CAMELLIÆFLORA PLENA, salmon-red and orange; DEUTSCHE PERLE, white, perfect form; EMPRESS OF INDIA, rosy-salmon and carmine; JOHANNA GOTTSCHALK, large, white, fine form; LOUISE PYNAERT, white, excellent quality; MADELEINE, large, white, semi-double; NIOBE, white, good quality; PHARAILDÉ MATHILDE, large, white, cerise spots; PRESIDENT OSWALD DE KERCHOVE, salmon-pink; SAKIMTALA, white, free in growth; THEODORE RIEMERS, large, lilac tint; VERVAENEANA, pink, white margin, sometimes striped salmon.

Single-flowered. ANTIGONE, white, striped and blotched violet; APOLLO, large, white, carmine stripes; CANDIDISSIMA, very fine, pure white; COMTESSE DE FLANDRE, large, rose-colour; FÜRSTIN BARIATINSKI, white, striped red; GRANDIS, red, tinged violet; JEAN VERVAENE, salmon, edged and striped white; MONS. PAUL DE SCHRYVÉR, magenta; MONS. THIBAUT, orange-red, fine form; NEIGE ET CERISE, white, striped and spotted cerise; PERFECTION DE GAND, rosy-purple, large; PRINCESS CLEMENTINE, white, greenish-yellow spots; STELLA, orange-scarlet, tinged violet.

BABIANA. The species number nearly thirty. To those described on p. 152, Vol. I., the following should now be added:

B. socotrana (Socotran). *fl.* solitary, almost sessile; perianth tube 1¼in. long, very slender, the limb pale violet-blue, 1in. broad, two-lipped, the segments elliptic, acute. September. *l.* bifarious, 3in. to 4in. long, ¾in. broad, narrow-lanceolate; petioles broad, compressed. *h.* 3in. to 4in. Socotra, 1880. (B. M. 6585.)

BÆRIA. California is the home of this genus. To the species described on p. 153, Vol. I., the following should now be added:

B. gracilis (slender). *fl.-heads* bright yellow, solitary, radiate. *l.* opposite, linear. *h.* 6ft. to 10ft. California, 1887. A hardy annual, branching from the base. (R. G. 1887, p. 392.)

BAKERIA. Included under **Plerandra** (which *see*).

BAMBUSA. About two dozen species have been referred to this genus, natives of tropical or sub-tropical Asia, one being broadly dispersed through tropical America. To the species described on pp. 155-6, Vol. I., the following should now be added:

B. Castilloni (Castillon's). *l.* variegated. Stems square, curiously variegated, one side of each internode being dark green, and the other side yellow, these colours alternating at the next internode. Japan, 1886. Hardy. (R. H. 1886, p. 513.)

B. Wieseneri (Wiesener's). Stems brownish-black or dark olive-green. Japan, 1887. Garden variety. A fine, hardy Bamboo, resembling in habit and vigour *Arundinaria japonica* (this being the correct name of the plant described on p. 118, Vol. I., as *A. Metake*).

BARKERIA. This genus is now included, by the authors of the "Genera Plantarum," under *Epidendrum.* To the species described on p. 158, Vol. I., the following should now be added:

B. Barkeriola (Barkeriola). A synonym of *Epidendrum Barkeriola.*

B. cyclotella (circular). *fl.* very showy, disposed in a terminal raceme; sepals and petals deep magenta; lip white, margined magenta, broad, emarginate. February and March. *l.* distichous, ligulate-oblong, acute. Stems as thick as a quill. Mexico. (W. O. A. iv. 148.)

B. elegans nobilior (nobler). A fine, large-flowered variety, having a blackish-purple spot on the lip. 1886.

B. Vanneriana (Vanner's). *fl.* fine rosy-purple, with a small, whitish disk on the lip, equal in shape to those of *B. Lindleyana;* lip rounded, acute, much like that of *B. Skinneri.* 1885. A fine plant, intermediate in character between the two species named.

BARLERIA. This genus embraces about sixty species of herbs and shrubs, mostly natives of Asia and tropical and South Africa, the few American ones being principally Mexican or Columbian. To those described on p. 158, Vol. I., the following should now be added:

B. repens (creeping). *fl.* axillary, solitary, sessile or shortly pedicellate; corolla pale, rather dull rosy-red, 2in. long, the tube funnel-shaped, the limb 1½in. in diameter, of five oblong lobes. July. *l.* opposite, appearing as if fascicled, 1in. to 2½in. long, elliptic-ovate or obovate; petioles ⅛in. to ½in. long. Stems 1ft. to 2ft. long, prostrate. Eastern tropical Africa, 1875. (B. M. 6954.)

BARROTIA. Included under **Pandanus** (which *see*).

BATEMANNIA. According to Bentham and Hooker, this is now a monotypic genus, the only true species being *B. Colleyi.* Several of the species have been transferred to **Zygopetalum** (which *see*).

BEGONIA. Of this vast genus about 330 species are known; they are mostly natives of tropical America and tropical and sub-tropical Asia and Africa, and are rarely found in the Pacific Islands. To the species and varieties described on pp. 170-9, Vol. I., the following should now be added:

B. albo-picta (white-painted). *l.* shortly stalked, small, elliptic-lanceolate, glossy green, freely spotted with bright silvery-white. Brazil. Plant of shrubby habit.

B. Ameliæ (Amelia's). *fl.* bright rose-coloured, disposed in terminal, trichotomously-branched cymes. *l.* obliquely cordate-ovate, crenulate, shining green. 1885. Habit robust, compact, and branching. A greenhouse, garden hybrid between *B. Bruantii* and *B. Lynchiana.* (R. H. 1885, p. 512, f. 89-90.)

B. Beddomei (Beddome's). T. *fl.* pale rose-coloured, cymose, the males 1½in. in diameter, the females smaller and darker; scape shorter than the petioles, brown-scaly. December. *l.* radical, erect; blade horizontal, 4in. to 6in. in diameter, membranous and pellucid, broadly and obliquely ovate-cordate or orbicular-cordate, obscurely lobed and denticulate, ciliolate, pale green with white spots above, dull red-purple beneath; petioles hairy, 4in. to 6in. long. Assam, 1883. (B. M. 6767.)

B. Bismarcki (Bismarck's). *fl.* light satiny-rose, 1½in. across panicles large, drooping, many-flowered. November and December. *l.* large, lobed, very acuminate, oblique, 6in. long. 1888. Garden variety.

B. Carrieri (Carrière's). This is said to be a hybrid between *B. semperflorens* and *B. Schmidtiana.* The flowers are nearly as large as those of *B. semperflorens rosea*, and are produced much more plentifully. *l.* roundish-ovate, of a bright, cheerful green. Small plants appear to flower with great freedom. 1884.

B. castaneæfolia (Castanea-leaved). A synonym of *B. fruticosa.*

B. Clementinæ (Princess Clementine's). *l.* large, deflexed, roundish-ovate, cordate at the base, the margin lobed; upper surface bronzy-green, irregularly banded greenish-white; under surface rose-coloured, with ribs of a darker hue. A hybrid, said to be raised between *B. diadema* and *B. Rex.* (G. C. ser. iii., vol. iii., p. 265.)

B. compta (adorned). *l.* of a satiny green, a silvery tinge running along the course of the midrib, obliquely ovate, angular. Brazil, 1886. A pretty, stove plant.

B. cyclophylla (round-leaved). T. *fl.* rose-coloured and rose-scented, disposed in a trichotomous cyme, the males 1in. to 1¼in. in diameter; scape 6in. high, slender, glabrous. April. *l.* solitary, 6in. broad, orbicular-cordate, with overlapping basal lobes, obtuse or sub-acute, palmately seven to nine-nerved, obscurely denticulate; petiole shorter than the blade. South China, 1885. (B. M. 6926.)

B. decora (decorative). *l.* dark green, profusely dotted with silvery-grey, something in the way of those of *B. maculata*, but the spots more minute, obliquely lanceolate. Brazil, 1886. Stove, shrubby variety.

B. diadema (diadem). *l.* deeply digitate-lobed; lobes irregular, glossy, quite glabrous, light green, irregularly marked with white blotches; under surface with a red zone near the stalk. A handsome foliage plant. Borneo, 1883. (I. H. xxix. 446.)

B. egregia (notable). *fl.* white, ½in. across, many in a gracefully drooping, corymbose cyme 3in. to 4in. in diameter; peduncle 2½in. to 3in. long. Winter. *l.* peltate, 8in. to 11in. long, 2½in. to 4in. broad, obliquely oblong, acuminate, obtusely rounded at the unequal base, hairy; petioles 2½in. to 3in. long. Stem woody below. *h.* 3ft. to 4ft. Brazil, 1887.

B. fruticosa (shrubby). *fl.* pink, small, sub-umbellate; cymes often shorter than the leaves. February. *l.* ovate-oblong, 2in. to 3in. long, seven to nine lines broad, penninerved, shortly petiolate, obtuse or sub-acute at base, repandly serrate-toothed, glabrous, and, as well as the stipules and bracts, persistent. *h.* 3ft. Brazil, 1838. SYN. *B. castaneæfolia.*

B. f. alba (white). A large and robust variety, with white flowers.

B. gracilis racemiflora (racemose-flowered). A useful, decorative variety, of bushy habit, having darker flowers than the type, and red stems. 1886.

B. Hoegeana (Hoege's). *fl.* white, disposed in lax, axillary cymes, only half as large as those of *B. nitida* (which this plant somewhat resembles). *l.* broadly ovate, rounded at base, scarcely oblique. Mexico, 1886. A very glabrous, greenhouse climber.

B. hybrida coccinea (red). *fl.* bright scarlet, freely produced. Winter. A desirable hybrid, of dwarf, compact habit.

B. Johnstoni (Johnston's). *fl.* pale rose-coloured; males 1½in. to 2in. in diameter, with four broadly oblong sepals, and numerous

Begonia—*continued.*

stamens; females smaller, with five sepals; cymes four to six-flowered; peduncles long. April. *l.* 4in. to 6in. long, obliquely ovate, acute, coarsely crenate, deeply two-lobed at the lateral base, hairy; petioles 4in. to 6in. long. Stem succulent, 1ft. to 1½ft. high, and, as well as the branches, petioles, peduncles, and pedicels, marked with scarlet striæ. Tropical Africa, 1884. (B. M. 6899.)

B. Lubbersii (Lubbers').* *fl.* white, tinged green, large, in axillary, nodding cymes of about six. *l.* alternate, distichous, smooth, entire, peltately attached to fleshy petioles; stipules large, ovate, persistent, bright red. Stems cylindrical, green, deflexed at the tips. Brazil, 1884. A handsome, sub-shrubby species. (B. H. 1883, 13.)

B. manicata aureo-maculata (golden-spotted). *l.* round, mottled with white.

B. Margaritæ (Margaret's). *fl.* pale rosy, large, in corymbose cymes; sepals of the males orbicular, having a large tuft of rosy hairs at the base. *l.* large, obliquely cordate-ovate, dark, shining green, with purple reflections. 1884. A garden hybrid between *B. echinosepala* and *B. incarnata metallica*, of tall and vigorous habit. (R. H. 1884, p. 200, f. 48.)

B. Meysseliana (Meyssel's). *l.* pale green, ornamented with silvery spots. Sumatra, 1884. A stove or greenhouse, foliage plant, suitable for outdoor decoration in summer.

B. olbia (rich). *fl.* white, in small cymes, freely produced from the axils of the leaves. *l.* oblique, five-nerved, irregularly toothed, slightly bullate, the upper surface of a very dark bronzy-green, covered with small, reddish hairs, and studded with small, neat, round, white spots, the under surface of a deep red; petioles erect. Stems short, fleshy. Brazil, 1883. (F. & P. 1884, 603.)

B. rubella (reddish). *l.* numerous, obliquely ovate, lobed, toothed, ciliated, bronzy-green, the veins marked out with pale green, spotted all over with purplish-brown, the under surface red. Stems stout, decumbent. India, 1883.

B. semperflorens rosea (rosy). *fl.* bright rose-coloured, the petals white at base. 1883. A pretty, free-flowering, garden variety. (R. H. 1881, p. 330.)

B. s. Sturzii (Sturz'). *fl.* rose-pink, disposed in cymose panicles. *l.* whitish-spotted. 1886. A fine, floriferous variety. (R. G. 1220.)

B. socotrana. Seedling hybrid forms have been obtained by crossing the summer-flowering, tuberous, garden varieties with *B. socotrana*. The following are of great horticultural value, and the richly-coloured sprays of flowers are valuable for placing in vases: ADONIS, flowers rosy-carmine, medium-sized, leaves large and handsome, habit robust and erect; AUTUMN ROSE, flowers rose-pink, pretty, intermediate between those of *B. incarnata* and *B. socotrana* (the pollen parent); JOHN HEAL, flowers clear rose, lasting for two or three weeks, leaves much smaller than those of ADONIS, habit graceful; WINTER GEM, flowers more crimson than carmine, freely produced, leaves rhomboid, more like *B. socotrana* than the other hybrids. The first three can be freely propagated by cuttings; but the last can only be increased by the small tubers at the base of the stem.

Varieties. The improvement in this popular greenhouse flower has been quite marvellous during the last few years. The single and double varieties of the tuberous section have been obtained of the finest form, and of the richest and most varied colours: white, blush, pale rose, and salmon to the richest, darkest crimson. We have also clear yellow, orange, bronze, apricot, and such tints as are seldom seen in garden flowers. The following is a very select list from the numerous varieties quite recently introduced:

Single-flowered. ANAK, deep rose, very large flowers; BARONESS ROTHSCHILD, scarlet, white centre; BEAUTY, scarlet, white centre; BLACK KNIGHT, very dark crimson; BRIDESMAID, pure white; COUNTESS, orange-yellow; COUNTESS OF ROSSLYN, bronzy-orange; DISTINCTION, crimson, white centre; DOWAGER LADY WYNN, white, shaded violet-rose; DUCHESS OF EDINBURGH, yellow, shaded orange; DUKE OF EDINBURGH, reddish-maroon; EARL OF CHESTERFIELD, rich crimson; EXCELSIOR, yellow; FAIRY QUEEN, white, edged pale pink; GOLDEN QUEEN, clear rich yellow; GUARDSMAN, vermilion; HER MAJESTY, pale pink; LADY CLONCURRY, salmon-pink, white centre; LADY IDDESLEIGH, bronzy-yellow; LORD LEWISHAM, scarlet; LORD SALISBURY, deep red; LOVELINESS, white, violet-crimson margin; MAIDEN'S BLUSH, blush, tinted rose; MR. CULLINGFORD, rosy-red; MRS. LEGH, intense crimson-scarlet, shaded violet; MRS. MILNER, soft rosy-pink; MRS. SHEPHERD, purest white; NORMA, magenta-red; NOVELTY, salmon-red, new colour; PRINCE OF WALES, scarlet; PRINCESS LOUISE, white; PRINCESS OF WALES, full rosy-pink; PRINCESS VICTORIA, rosy-red; ROSEA COMPACTA, rose, handsome form; ROSE CELESTE, rich rosy-pink; ROSY MORN, delicate rose; TOREY LAING, orange, red, and yellow; WHITE PERFECTION, pure white, fine.

Double-flowered. ADONIS, salmon, light centre; ALBA FIMBRIATA, pure white, fringed; ALBA MAGNA, very large, pure white; ALBA ROSEA, pink, white centre; ARGUS, purplish-rose; CAMELLIA, deep reddish-scarlet; CANNELL'S TRIUMPH, pink, very large; CLARIBEL, pale rose, white centre; DAVISII GIGANTEA FLORE-PLENO, reddish-crimson; DR. MASTERS, blush, large, well-formed flowers; DUCHESS OF TECK, clear yellow, very large; EDELWEISS, very fine white; GIGANTEA, large clusters of salmon-rose flowers; GLOW, intense scarlet; HARTINGTON, rose; H. BARNET, dark crimson; IONA, salmon-scarlet (hybrid from DAVISII); I. WALKER, crimson-scarlet, large; JUBILEE, magenta-rose, large, full flower; LADY JULIAN GOLDSMID, bright pink, large; LADY LENNOX, rich yellow, full; LADY ROTHSCHILD, pink, large outer petals; LEONORA, pink, with paler margin; LILLIE, salmon-rose, white centre; LORD LOUGHBOROUGH, bright scarlet; LORD ROTHSCHILD, pink, large flowers; MAJOR LENDY, pink, with yellow tinge; MARGINATA, white, pink margin; MARQUIS OF STAFFORD, creamy-white; MR. H. ADCOCK, crimson-scarlet; MRS. B. WYNNE, salmon; MRS. CARTER, bright rose; MRS. J. MIDSON, white; MRS. LEWIS CASTLE, salmon shaded; MRS. W. B. MILLER, soft salmon; MRS. W. F. BENNETT, soft yellow, large; PERFECTION, deep salmon-red, large; PRINCESS MAUD, pure white, full flower; ROSY GEM, deep rose; SCARLET PERFECTION, vivid scarlet; SHIRLEY HIBBERD, creamy-white, tinged blush; SIR J. PENDER, rich salmon; TERRA-COTTA, very distinct buff colour; VISCOUNTESS CRANBROOK, deep rose, flaked white.

BERBERIS. Nearly 100 species have been described as such, but not more than fifty are botanically distinct; about fifteen are Asiatic, one is found in Europe and North America, and the rest inhabit the mountainous parts of America, from Oregon to Tierra del Fuego. To the species described on pp. 181-2, Vol. I., the following should now be added:

B. congestiflora hakeoides (crowded-flowered, Hakea-like). *fl.* golden-yellow, in dense, globose, simple or compound heads ½in. to ¾in. in diameter, which are sessile or pedunculate. Early spring. *l.* 1in. to 2in. long, almost imbricating, sessile or shortly petiolate, orbicular or very broadly oblong, thickly coriaceous, rigidly spinous-toothed, rounded or cordate at base. *h.* 6ft. to 7ft. Chili, 1861. A stout bush. (B. M. 6770.)

B. nepalensis Bealei (Beale's). A remarkably handsome, Chinese form, with grand spikes of closely-packed flowers. 1887. (G. C. ser. iii., vol. i., p. 608.)

B. Thunbergii (Thunberg's). *fl.* numerous, small, ¼in. to ⅓in. across, drooping; sepals red, half as long as the petals, which are pale straw-coloured, suffused with red. April. *l.* in crowded tufts all along the branches, ½in. to nearly 1in. long, obovate or spathulate, entire. Spines straight, ½in. long. Japan, 1883. A low bush. (B. M. 6646.)

BETULA. This genus comprises about twenty-five species, broadly dispersed over Europe, Central and North Asia, and North America. To those described on p. 186, Vol. I., the following should now be added:

B. Medwediewi (Medwediew's). *fl.*, catkins cylindrical, the males about 1¼in. long, the females shorter. *l.* elliptic-ovate, acutely toothed, glabrous, the midrib beneath and the petiole pubescent. Branches glabrous. Transcaucasus, 1887. (R. G. 1887, p. 384, f. 1-4.)

B. Raddeana (Radde's). *fl.*, catkins ovoid-oblong, ¾in. to 1in. long. *l.* small, ovate, acutely toothed, pubescent beneath on the nerves and in the angles of the nerves. Young shoots softly pubescent. Caucasus, 1887. (R. G. 1887, p. 384, f. 5-11.)

BIFRENARIA. About ten species, natives of Brazil, Guiana, and Colombia, compose this genus. To those described on p. 187, Vol. I., the following should now be added:

B. bella (beautiful). A synonym of *Cœlia bella*.

B. Harrisoniæ (Mrs. Harrison's). *fl.* 3in. across; sepals and petals creamy-white, large and fleshy, the lateral ones with a spur-like base; lip purple, yellowish at base, purple-veined outside, the inner surface streaked red; scape one or two-flowered. *l.* solitary, large, oblong-lanceolate, plaited. Pseudo-bulbs pyriform, tetragonal. Brazil. SYNS. *Colax Harrisoniæ*, *Dendrobium Harrisoniæ* (H. E. F. 120), *Lycaste Harrisoniæ*, *Maxillaria Harrisoniæ* (B. M. 2927; B. R. 897; P. M. B. ii. 196.)

B. H. alba (white). *fl.* white; sepals slightly tinged green, the lower sides of the lateral ones faintly dotted red; side lobes of the lip reddish-purple, veined with deeper red, the middle lobe red-purple, hairy, the spur-like portion greenish-white. Brazil. (R. G. 52, under name of *Maxillaria Harrisoniæ alba*.)

B. H. eburnea (ivory-white). *fl.*, sepals and petals white; lip white, freely striped with crimson; throat yellow, striped purplish-red. April and May. Brazil. A chaste variety. (W. O. A. iii. 100, under name of *Lycaste Harrisoniæ eburnea*.)

B. H. grandiflora (large-flowered). *fl.*, inner surface of the lip wholly purple, except a narrow, yellowish border; spur yellow, with a few bold, purple stripes.

BIGNONIA. This genus embraces about 120 species, all American, and mostly tropical. To those described on p. 189, Vol. I., the following should now be added:

B. regalis (royal). *fl.* bright yellow and red, large and exceedingly beautiful. *l.* opposite, elliptic-lanceolate. British Guiana, 1885. A very handsome climber.

BILLBERGIA. Tropical America is the home of the score species included in this genus. To the species and varieties described on pp. 190-1, Vol. I., the following should now be added:

B. andegavensis (Angers). *fl.* having a spreading limb, the tube and centre dark red, broadly bordered with violaceous-indigo; bracts bright red; flower-stem arching, mealy-white. *l.* broad, obtuse, pale green. 1886. A garden hybrid between *B. thyrsoidea* and *B. Morèli.*

B. Breautéana (Breauté's). *fl.* pale flesh-colour, with violet tips; bracts bright rose, lanceolate; stem shorter than the leaves, recurving, glabrous. *l.* 2ft. long, 2in. broad, recurving, lorate, obtuse, slightly channelled, rather thin, bordered with five distant teeth, bright green above, striated and with mealy-white zones below. 1884. A garden hybrid between *B. pallescens* and *B. vittata.* (R. H. 1885, p. 300.) SYN. *B. Cappei.*

B. Bruanti (Bruant's). *fl.*, calyx very pale green, tipped with blue; corolla very pale yellowish-green; bracts dark red; stem rosy, slender, nearly as long as the leaves. *l.* green, obtuse, toothed, forming a cup-like rosette. 1885. A garden hybrid between *B. pallescens* and *B. decora.*

B. Cappei (Cappe's). A synonym of *B. Breautéana.*

B. decora (comely). *fl.*, petals greenish, 2in. long, curling up spirally from the base; spike dense, pendulous, simple, 3in. to 4in. long, almost hidden by the large, bright red, oblong-lanceolate bracts; peduncle 1ft. long. January. *l.* eight or ten in a rosette, lorate, acute, 1½ft. to 2ft. long, 2in. broad in the middle, dilated and clasping at base, with transverse, mealy bands, the margins spiny. Amazon Valley, 1864. (B. M. 6937.)

B. Enderi (Ender's). *fl.* blue, ¾in. long; bracts bright coral red; spike short, few-flowered; scape longer than the leaves, the sheaths bright coral-red. *l.* 1ft. to 1½ft. long, 1¼in. to 2in. broad, ascending. Brazil, 1886. (R. G. 1217.)

B. Euphemiæ (Mme. Morren's). *fl.* six to twelve in a lax, drooping raceme, nearly sessile, the lower ones subtended by large bracts; sepals reddish, horny; petals about 2in. long, with greenish-yellow claws and bright violet tips. *l.*, produced ones five or six in a closely convolute rosette, about 1ft. long, 1½in. to 2in. broad, horny, narrowed to an acute point, lepidote-scaly, the margins minutely prickly. Brazil. (B. M. 6632.)

B. Gireoudiana (Gireoud's). *fl.* on an upright spike; calyx with triangular sepals, rose, faintly bluish towards the tips; petals twice as long as the sepals, linear-lanceolate, blunt, the claw reddish-white at the base, azure-blue at the tip; scape white, with a number of narrow-ovate, carmine-red bracts. *l.* broadly strap-shaped (the inner ones rolled round each other into a wide tube), finely serrated, bright green above, beset with numberless whitish scales, the lower surface striped red, deep blackish-purple towards the base. A garden hybrid, of which *B. thyrsoidea* is one of the parents.

B. Glazioviana (Glaziou's). *fl.* in a dense, ovate-oblong spike; sepals white-woolly, elliptic-oblong; petals at first violet-rose, at length reddish-brown, oblong, erect, cucullate-obtuse towards the apex; bracts elliptic-oblong, imbricated; scape red, white-woolly, one-third shorter than the leaves. *l.* coriaceous, channelled, ligulate, acuminate, 2½ft. to 3ft. long, 2½in. broad, dark green and glabrous above, dark green with silvery-lepidote horizontal zones beneath, the margins shortly spiny-toothed. Brazil, 1885. (R. G. 1203.)

B. Porteana (Porte's). *fl.*, petals green, lanceolate, above 2in. long, rolling up spirally and disclosing the violet-purple filaments; spike loose, simple, drooping, 6in. to 8in. long; peduncle 2ft. long, with several bright red bract leaves. Summer. *l.*, produced ones five or six in a rosette, erect, lorate, 3ft. to 4ft. long, dull green, tinted on the back with claret-purple, and transversely banded with white. Brazil. Plant stemless. (B. M. 6670.)

B. Rancougnei (Rancougne's). *fl.*, corolla bluish-green, tipped with indigo, 2in. long; stamens indigo; bracts rosy, woolly-tomentose at the base, together with the ovary and calyx; stem 3ft. high. *l.* 3ft. long, 2¼in. broad, spreading-recurved, finely toothed. 1885. A hybrid, of which *B. Liboniana* is one of the parents.

B. rhodocyanea (red and blue). *fl.* arranged in a capitate thyrse, clothed with numerous rose-coloured bracts; petals at first rose-coloured, then white, gradually passing into blue, the petals slightly convolute. *l.* radical; outer ones 1ft. to 1½ft. long, the inner ones gradually shorter and more upright, all ligulate, obtuse, with an acuminate mucro, tinged purple and transversely banded with whitish lines, the sides incurved, the margins sharply prickly. (B. M. 4883; F. d. S. 207; R. H. 1857, p. 482.)

B. r. purpurea (purple). This plant is distinguished from the type in having all its parts red instead of light green.

Billbergia—*continued.*

B. Sanderiana (Sander's). *fl.* 2in. long; calyx and corolla green, tipped with blue; bracts rosy, with one to three flowers to each; panicle pendulous. *l.* erect, broad, green, coriaceous, obtuse, mucronate, armed with stout spines on the margins. Brazil, 1885. A fine plant. (B. H. 1884, 1-2.)

B. thyrsoidea splendida (splendid). *fl.* scarlet, tipped with violet; bracts scarlet, large. Brazil, 1883. A handsome form. (R. H. 1883, p. 300.)

B. Windii (Wind's). *fl.* few, racemose, about 3in. long; sepals iridescent, reddish at base, blue at the tips, ½in. long; corolla greenish-yellow, the lobes 2in. long, circinately rolled up; bracts rich, bright rosy-crimson, boat-shaped, broadly lanceolate, acuminate; peduncle cylindrical, glabrous, pendulous, 1ft. long. Belgian gardens, 1884. A pretty hybrid between *B. Baraquiniana* and *B. nutans.*

B. Worleana (Worlee's). *fl.* about a dozen; calyx rosy and blue; corolla dark blue; scape adorned with numerous rosy bracts, long, slender, arching. 1885. A graceful and ornamental hybrid between *B. nutans* and *B. Moreli*, having the outer leaves narrow, as in *B. nutans*, and the inner ones broader, as in *B. Moreli.*

BILLIOTTIA (of Brown). A synonym of **Agonis** (which *see*).

BISMARCKIA (commemorative, in honour of the great German statesman). ORD. *Palmæ.* An imperfectly known genus. *B. nobilis*, the only species, is an ornamental Palm, with somewhat the habit of a Pritchardia. For culture, *see* **Stevensonia**, on p. 502, Vol. III.

B. nobilis (noble). *fr.* one-celled, with two rudimentary cells; seeds ovoid, deeply wrinkled. *l.* large, digitately divided into from eight to ten long-linear segments and several drooping, thread-like ones. Madagascar, 1886. (R. G. 1220.)

BLECHNUM. This genus comprises about a score species of closely resembling Ferns, widely diffused throughout tropical and South temperate regions. To those described on pp. 193-5, Vol. I., the following should now be added:

B. rugosum (wrinkled). *sti.* 3in. to 6in. long, densely glandular-hairy above, as is the rachis. *fronds* linear-lanceolate, acuminate, about 1ft. long, the surface wrinkled, glandular-hairy; pinnæ with a stalk-like base below, confluent above, oblong, blunt or sometimes abruptly acute, falcately curved. *sori* linear, medial, extending from the base nearly to the apex of the pinnæ. 1884. Greenhouse.

BLETIA. About a score species have been referred to this genus; they are mostly natives of tropical America, with one Chinese and Japanese. To those described on p. 196, Vol. I., the following should now be added:

B. graminifolium (Grass-leaved). A synonym of *Arundina bambusæfolia.*

B. hyacinthina albo-striata (white-striated). A pretty variety, having all the nerves of the leaves white. It will thrive in the cool house.

B. Thomsoniana (Thomson's). A synonym of *Schomburgkia Thomsoniana.*

BOLLEA PULVINARIS. This does not appear to differ from **Zygopetalum cœleste** (which *see*, on page 245).

BOMAREA. Upwards of fifty species, all American, have been referred to this genus. To those described on p. 200, Vol. I., the following should now be added:

B. Kalbreyeri (Kalbreyer's). *fl.* pedicellate, in large, terminal umbels, the three outer segments brick-red, about 1in. long, oblong-spathulate, the three inner ones orange-yellow, spotted red, longer than the outer ones, obovate-cuneate. *l.* shortly stalked, oblong, acuminate, glabrous above, downy beneath. New Grenada, 1883 (R. H. 1883, p. 546.)

B. vitellina (egg-yolk-colour). *fl.* of a rich, deep orange-yellow, narrowly-campanulate, 2in. long, numerously disposed in large, drooping, umbellate cymes; outer and inner perianth segments unequal in length. *l.* ovate-oblong, acute. Stems smooth. Columbia, 1882. A very beautiful, tuberous-rooted climber, adapted for conservatory decoration. (G. C. n. s., xvii., p. 151.)

BOOPHANE. *See* **Buphane.**

BORONIA. Australia is the home of this genus, which embraces about fifty species. Only one plant calls for addition to those described on p. 203, Vol. I.

B. heterophylla brevipes (variable-leaved, short-stalked). *fl.* bright scarlet, whorled at the leaf axils, usually in fours or sixes, drooping, sub-globose, ¼in. to ⅓in. in diameter; petals broadly ovate, concave, sub-acute. April. *l.* very variable, sometimes quite simple, 1in. to 1½in. long, narrowly linear, apiculate, sometimes with one or two pairs of linear leaflets. Western Australia, 1881. An erect shrub, "said to attain the height of a man." (B. M. 6845.)

BOUGAINVILLÆA. This genus comprises seven or eight species of shrubs or small trees, rarely sarmentose or somewhat climbing, natives of tropical and sub-tropical South America. Flowers inserted below the middle of the bracts; perianth tubular, slightly curved; inflorescences solitary or fascicled, axillary or terminal. Leaves alternate, petiolate, rounded-ovate or elliptic-lanceolate, entire. To the species described on pp. 205-6, Vol. I., the following should now be added:

B. refulgens (shining). *fl.*, bracts brilliant purple-mauve, produced in long, pendulous racemes. *l.* dark green, pubescent. Brazil, 1887. Stove.

BOUVARDIA. This genus comprises about twenty-six species of herbs and shrubs, mostly Mexican. To the species and hybrids described on p. 207, Vol. I., the following should now be added:

B. scabra (scabrous). *fl.* bright pink, ½in. in diameter, freely produced in dense, corymbose cymes; corolla tube ten to twelve lines long, the lobes elliptic-ovate, sub-acute. January. *l.* in distant whorls of three or rarely four, ovate, acuminate, narrowed to a very short petiole; lower ones 2in. to 3in. long, 1in. to 1¼in. broad, the upper ones gradually smaller. Stems terete, herbaceous, hairy, 1ft. to 1½ft. high.

Hybrids. These choice greenhouse flowers are being more sought for year by year, owing to their great value for late autumn and winter flowering, especially for the purpose of making up small bouquets, and for table decoration. The following are valuable additions:

CANDIDISSIMA, pure white; INTERMEDIA, salmon-pink; ROSALIND, salmon; SANG LORRAINE, vermilion, double; UMBELLATA ALBA, white; VICTOR LEMOINE, bright scarlet, very double.

BRAHEA. Of the four known species of this genus, one is indigenous to Mexican Texas and the mountains of Mexico, and the rest inhabit Mexico and the Andes. To that described on p. 209, Vol. I., the following should now be added:

B. nitida (shining). *fl.*, spadix very large, much-branched, glabrous. *fr.* black, about the size of a pea. *l.* large, fan-like, palmately cleft, glaucous-green. Mexico, 1887. (R. H. 1887, p. 344, f. 67-70.)

B. Roëzlii (Roëzl's). A synonym of *Erythea armata*.

BRASSAVOLA. Several species formerly included here are now referred to *Lælia*.

BRASSIA. This genus embraces about a score species. To those described on pp. 209-10, Vol. I., the following should now be added:

B. cinnamomea (cinnamon). A synonym of *B. Keiliana*.

B. elegantula (rather elegant). *fl.* small; sepals green, with brown bars, spreading; lip white, with two keels, hairy inside, dotted purplish-brown in front of the calli; raceme two to five-flowered. *l.* and pseudo-bulbs glaucous. Mexico, 1885. An elegant species.

B. Keiliana (Keil's). *fl.*, disposed in a loose, many-flowered raceme; sepals and petals at first yellow, eventually turning brownish-orange; lip whitish; bracts boat-shaped, longer than the ovaries. New Grenada. A dwarf and compact species: it will thrive in the Cattleya house. SYNS. *B. cinnamomea*, *Oncidium Keilianum*.

B. maculata major (larger). *fl.* freely produced; sepals and petals greenish-yellow, spotted brown; lip white, spotted dark brown. Jamaica.

BRAVOA. There are two or three species, natives of Mexico. Flowers twin; perianth persistent, incurved below the middle, the lobes short, ovate, sub-equal; racemes long. Radical leaves few, ligulate, long-lanceolate, or linear; cauline ones rare, much smaller. To the species described on p. 211, Vol. I., the following should now be added:

B. Bulliana (Bull's). *fl.*, perianth whitish, tinged greenish-purple outside, dull yellow within, 1¼in. long, funnel-shaped, the tube abruptly curved at the middle; raceme 6in. long, with five or six pairs of flowers; peduncle flexuous, 2ft. to 3ft. long. *l.* three, lanceolate, 6in. long, 1½in. broad, acuminate. 1884.

BRIZA. The ten species of this genus inhabit Europe, North Africa, temperate Asia, and South America. Leaves flat or narrowly convolute, sometimes bristly. To the species described on pp. 211-2, Vol. I., the following should now be added:

Briza—continued.

B. rotundata (round). *fl.* disposed in narrow panicles; spikelets erect. *l.* erect, narrow. Mexico, Brazil, and Chili, 1887. An ornamental, annual Grass. (R. G. 1887, p. 638.)

BRODIÆA. About thirty species, all extra-tropical American, compose this genus. To those described on p. 213, Vol. I., the following should now be added:

B. Douglasii (Douglas'). *fl.* violet-blue, inodorous, ten to twenty in a dense umbel; perianth funnel-shaped, 1in. long, the segments oblong, acute; scape slender, 1ft. to 1½ft. long. May. generally two, light green, flaccid, deeply channelled, shorter than the scape. Bulb small, globose. California, &c., 1876. (B. M. 6907.)

B. grandiflora Warei (Ware's). *fl.* lilac-rose, 3in. long; scape 2ft. to 2½ft. high. California, 1886. A beautiful variety.

BROMELIA AMAZONICA. A synonym of *Karatas amazonica* (which see).

BROWALLIA. Tropical America is the home of the half-dozen species included in this genus. To those described on p. 214, Vol. I., the following should now be added:

B. viscosa (viscous). *fl.*, calyx segments lanceolate, acute; corolla with violaceous, obovate, emarginate segments, the largest spotted white at base, the tube whitish, inflated at top; peduncles crowded at the tops of the branches. Summer. *l.* roundish-ovate, obtuse, hairy, 1in. to 1½in. long. *h.* 1ft. to 2ft. New Grenada. Half-hardy annual. (R. G. 142.)

BRUNSVIGIA. This genus embraces seven or eight species. To those described on p. 216, Vol. I., the following should now be added:

B. magnifica (magnificent). *fl.* twenty to thirty; perianth tube short, the segments white, with a broad, reddish-purple, central stripe, lanceolate-oblong, reflexed, 3½in. long; peduncle brown, 4in. long. *l.* oblong, deeply channelled, acuminate, serrated, 1½ft. to 1¾ft. long, 3½in broad, recumbent. Bulb large, globose. 1885. (I. H. 1885, 552.) This "is a *Crinum*, either identical with *Forbesianum* or near it" (J. G. Baker).

BULBOPHYLLUM. Of this genus there are about eighty species, mostly dispersed through tropical Africa and Asia; a few are South American or Australian, and one is found in New Zealand. To those described on p. 222, Vol. I., the following should now be added:

B. grandiflorum (large-flowered). *fl.* solitary, large, densely reticulated with brown on a pale ground; sepals lanceolate-attenuate, 4in. to 5in. long, free, the upper one twice as broad as the lateral ones, strongly arching over at the base, and hanging down in front. *l.* solitary, elliptic, 2½in. to 3in. long. Pseudo-bulbs about 1in. long, distant, four angled. Rhizome creeping. New Guinea, 1887. More grotesque than beautiful.

B. saurocephalum (lizard's-head). *fl.* very curious; sepals light ochreous, nerved brown; petals white, with reddish midline and borders, small; lip ochreous, deep purple at base; rachis bright red, thick, clavate; loaded with flowers. Pseudo-bulbs four or five-angled, one-leaved. Philippine Islands, 1886. An interesting species.

B. Sillemianum (Sillem's). *fl.*, sepals short, blunt, triangular; petals nearly orange, shorter, ligulate-falcate; lip mauve above, whitish beneath, cordate at base, five-angled, with a reflexed apex; column very short. *l.* cuneate-ligulate, acute. Pseudo-bulbs nearly spherical. Birma, 1884.

BUPHANE (a misprint, subsequently corrected by Herbert, for *Buphone*, from *bous*, an ox, and *phone*, destruction, in allusion to the poisonous properties of the plant; but *Buphane* is the name adopted by the authors of the "Genera Plantarum," and by Baker in his "Amaryllideæ"). Originally *Boophane*. ORD. *Amaryllideæ*. A small genus (two species) of greenhouse, bulbous plants, natives of tropical and South Africa. Flowers long-pedicellate, numerous in an umbel; perianth funnel or salver-shaped, with a short tube and equal, linear lobes; involucral bracts two; scape solid. Leaves loriform, appearing late. For culture, *see* **Brunsvigia**, on p. 216, Vol. I.

B. ciliaris (ciliated). The correct name of the plant described on p. 216, Vol. I., as *Brunsvigia ciliaris*.

B. disticha (two-ranked). Cape Poison Bulb. The correct name of the plant described on p. 216, Vol. I., as *Brunsvigia toxicaria*.

BURLINGTONIA. According to Bentham and Hooker, *Rodriguezia* is the correct name of this genus, which comprises about twenty species, natives of tropical America, from Brazil as far as Central America. To those

Burlingtonia—*continued.*

described on p. 225, Vol. I., the following should now be added:

B. caloplectron (beautiful-spurred). A synonym of *Rodriguezia caloplectron*.

B. Farmeri (Farmer's). *fl.* white and yellow, freely produced. Early summer. Native country unknown. A pretty species, resembling *B. candida*. It should be grown on a block, or in a basket with Sphagnum.

B. Knowlesii (Knowles'). *fl.* white, with a faint tinge of lilac-pink, disposed in long racemes. Autumn. Native country unknown. A scarce but beautiful species, resembling *B. venusta*.

CACCINIA (named in honour of G. Caccini, an Italian savant). SYN. *Anisanthera*. ORD. *Boragineæ*. A small genus (five species) of hardy, perennial herbs, natives of the Orient. Flowers pedicellate, at length scattered; calyx five-cleft; corolla salver-shaped, with a slender tube and five spreading lobes; stamens five; racemes elongated, bracteate. Nutlets four, or by abortion fewer. Leaves alternate, the margins scabrous-ciliated. *C. glauca*, the only species in cultivation, thrives in any fairly good soil, and may be propagated by divisions.

C. glauca (greyish). *fl.* in racemose cymes; calyx lobes greenish-brown; corolla tube not exserted, the lobes violet-blue, turning red, ½in. long, oblong-lanceolate. *l.* 4in. to 8in. long, shortly petiolate, or the upper ones sessile, elliptic-oblong, sparsely tubercled. Stem below as thick as the thumb. *h.* 1ft. to 3ft. Persia and Afghanistan, 1880. (B. M. 6370.)

CADIA (this name is an alteration of the Arabic *Kadi*). SYNS. *Panciatica, Spaendoncea*. ORD. *Leguminosæ*. A small genus (three species are known) of stove, evergreen shrubs, natives of Eastern tropical Africa, Southern Arabia, and Madagascar. Flowers whitish, pink, or purple, solitary in the axils or few in a raceme, pendulous; calyx broadly campanulate, with nearly equal lobes; petals nearly all alike, free, erecto-patent, oblong-ovate or sub-orbicular, very shortly clawed; stamens free, sub-equal; bracts small; bracteoles wanting. Pods linear, acuminate, two-valved. Leaves impari-pinnate; leaflets small, exstipellate; stipules minute. *C. Ellisiana*, the only species yet introduced, is a small, slender, perfectly glabrous bush, requiring similar culture to **Brownea** (which see, on p. 215, Vol. I).

C. Ellisiana (Rev. W. Ellis'). *fl.* rose-red, 1½in. long; petals twice as long as the calyx, obovate-spathulate, convolute, forming a campanulate corolla; racemes short and shortly pedunculate, axillary. December. *l.* alternate, 4in. to 6in. long; leaflets distant, alternate, spreading, very shortly petiolulate, 3in. to 4in. long, elliptic-oblong or lanceolate, obtusely acuminate; petioles very short, swollen at base. Madagascar, 1882. (B.M. 6685.)

CÆSALPINIA. This genus comprises about thirty-eight species, distributed over the warmer regions of the globe. To those described on p. 232, Vol. I., the following should now be added:

C. crista (crest). A synonym of *C. japonica*.

C. japonica (Japanese). *fl.* whitish, terminal, racemose, drooping; peduncles alternate, filiform, horizontal, one-flowered. May and June. *l.* pinnate; leaflets sub-sessile, oblong, very obtuse, entire, equilateral, glabrous. Stem 6ft. high, arborescent. Japan. (G. M. 21st July, 1883, p. 445.) SYN. *C. crista*.

CALADIUM. The most recent additions to this genus of plants grown and valued for the beauty of their foliage have been conspicuous for great distinctness in the coloration and markings on the upper surface of the leaves. Many of the varieties have obtained first-class certificates from the principal metropolitan floral and horticultural societies. The following is a selection of the very best:

ALBO-LUTEUM, white, with yellow and green; ANNA DE CONDEIXA, of thin texture, the midribs deep red, with rosy centre; AUGUSTE CARPENTIER, richly coloured, deep red at the centre; BARONNE JAMES DE ROTHSCHILD, rosy tinted, with deep red veins; BELLONE, rosy-red, with darker veins, the colours becoming intensified as the leaves grow to their full size; CANDIDUM, white, the venation bright green, one of the very best; CARDINALE, crimson, spotted and marked green and yellow, distinct and handsome; CHARLEMAGNE, reddish, the venation dark red, very handsome; CLIO, rose, shading off to a whitish tint, the veins green; COMTE DE GERMINY, red and yellow, marbled white, a handsome form; COMTESSE DE CONDEIXA, white

Caladium—*continued.*

ground, tinted red, veined deep red, edged green; DUCHESSE DE MORTEMART, transparent white, very distinct; ELSA, pale rose, blotched and spotted red, with green venation and margin; FERDINAND DE LESSEPS, dark red, with paler midrib and venation, and green margin; GASPARD GAYER, green, with red midrib and venation; L'AUTOMNE, yellowish, with bluish spots; LE TITIEN, green, with deep purplish-red midrib and veins; MADAME IMBERT KÆCHLIN, green, with crimson spots; MADAME LEMONIER, pale red or rose, with red midrib and veins, and yellowish centre; MADAME MITJANA, crimson, with purplish centre, of thin texture; MINUS ERUBESCENS, crimson, with green margin, small; ORNATUM, rich green, with crimson midrib and venation; RAYMOND LEMONIER, carmine-red, marked with cream-colour; RUBRUM METALLICUM, reddish, with a bluish suffusion, and coppery-red margin; SOUVENIR DE DR. BLEU, crimson centre, edged green, large and handsome; SOUVENIR DE MADAME BERNARD, crimson centre, spotted green and white, margined green.

CALAMUS. All the 200 species of this genus inhabit tropical or sub-tropical regions; they are mostly found in Eastern Asia. To those described on page 235, Vol. I., the following should now be added:

C. guineënsis (Guinea). *l.* pinnate; segments narrow-lanceolate, supported by spiny leafstalks; young ones cinnamon-brown, changing to deep green. Sikkim, 1884.

C. kentiæformis (Kentia-shaped). "The habit of the plant recalls at once the form and character of *Kentia Forsteriana* [*Howea Forsteriana*], from which circumstance its name was given" (Catalogue of the Compagnie Continentale d'Horticulture, 1884, p. 3). No further description given.

C. Lindeni (Linden's). *l.* pinnatifid; pinnæ unarmed, lanceolate, flat, three-nerved, acuminate, attenuated at base, white-pruinose beneath; petioles and sheaths prickly, the prickles straight, long, brown, thickened at base. Caudex thickened, cylindrical. Indian Archipelago, 1883. (I. H. 1883, 499.)

C. regis (royal). *l.* shining green, borne on mealy petioles. 1886. An elegant and graceful Palm.

C. spectabilis (remarkable). *l.* slender, pinnate; pinnæ about five on each side the rachis, not equidistant, oblong, five to seven-nerved, convex above; petioles very short. 1886. A small-growing, somewhat spiny species, of graceful habit, suitable, when in a young state, for table decoration.

C. trinervis (three-nerved). *l.* pinnate; leaflets alternate, lanceolate, sessile, acuminate, having three prominent, hairy nerves, and two marginal and two intermediate ones less developed; transverse veins conspicuous; petioles thorny, clothed with a deciduous, scale-like tomentum, the sheath ending in a fringe of pointed, brown scales. East Indies, 1883.

CALANTHE. About forty species, mostly natives of tropical Asia, are comprised in this genus. To those described on pp. 236-7, Vol. I., the following should now be added:

C. anchorifera (anchor-bearing). *fl.* whitish-ochre; sepals oblong, apiculate; petals very small, rhomboid, obtuse-angled; lateral segments of the lip ligulate, retuse, antrorse, the anterior one bilobed and bent like an anchor; spur filiform; bracts short, velvety; peduncle hairy. Polynesia, 1883.

C. bella (beautiful). *fl.* disposed in long, arched racemes, as large as those of *C. Turneri*; sepals white; petals blush; lip blush-pink, broad, deeply four lobed, with a deep carmine-crimson blotch surrounded by white; column dark crimson; spur pale yellow. Pseudo-bulbs as in *C. vestita*. 1881. A hybrid between *C. Turneri* and *C. Veitchii*.

C. bracteosa (bracted). *fl.* white; sepals and petals cuneate-oblong, apiculate; lip with a short isthmus, linear acute lateral segments, and a broader anterior one; spur filiform; bracts much developed, sometimes exceeding the flowers. Samoa, 1882.

C. Ceciliæ (Miss Cecilia Weld's). *fl.* light ochre, with a delicate hue of purple; sepals and petals obovate, acute; lip four-cleft, the lateral segments oblong-ligulate, dilated, the middle one sub-sessile, bifid, the calli very deep yellow; spur slender, filiform. Malayan Peninsula, 1883.

C. colorans (coloured). *fl.* white; sepals and petals oblong, acute; lip changing to ochre, with calli of gamboge-yellow; spur shorter than the pale ovary, generally bidentate at apex; raceme rather dense, elongated, the rachis, bracts, ovaries, and sepals velvety. 1885. (W. O. A. 218.)

C. Curtisii (Curtis'). *fl.*, sepals and petals rosy outside, white inside, the petals and lateral sepals with rosy borders; lip yellow, with a very short, rather triangular, blunt lobe on each side of the base, the middle segment cuneate, dilated from the narrow base, the callus purple; column white and rosy. *l.* long-petiolate, cuneate-oblong, acute. Sunda Islands, 1884.

C. dipteryx (two-winged). *fl.* suffused rich purple; sepals, rachis, bracts, pedicels, and ovaries puberulous outside; basilar partition of the lip triangular, obtuse, short, scarcely reaching half the breadth of the anterior lacinia; callus purple, in three rows; isthmus very short. Sunda Islands, 1884. Allied to *C. pleichroma*.

Calanthe—*continued.*

C. Forstermanni (Förstermann's). *fl.*, sepals and petals yellow, oblong, acute; lip whitish-yellow, reniform, with an apiculus; spur clavate, half the length of the stalked ovary; bracts rather thin, exceeding the flowers; peduncle distantly sheathed, densely racemose at apex. *l.* petiolate, oblong-lanceolate, acute, 3ft. long. Birma, 1883.

C. Langei (Lange's). *fl.* deep yellow, numerous, crowded; dorsal sepal ovate, acute, the lateral ones lanceolate; petals ovate, acute; lip spathulate-obovate, apiculate, with minute, deltoid side lobes, and two slight elevations at the base; raceme 3in. to 4in. long; scape shorter than the leaves. *l.* lanceolate, 2ft. long, 2½in. broad. New Caledonia, 1885.

C. lentiginosa (freckled). *fl.* white; sepals hairy outside; lip well developed, four-lobed, much plaited, having three blunt keels, and numerous purple spots, the basilar lobes turned over so as to form a cover inside; spur long, antrorse, curved, hairy. Pseudo-bulbs obpyriform. 1883. Hybrid.

C. natalensis (Natal). *fl.* 1in. to 1½in. in diameter, pale lilac, with a darker, redder lip, or with the sepals and petals white and suffused with lilac towards the margins only; sepals ovate-lanceolate, acuminate; petals shorter and broader; lip about as long as the sepals; raceme 6in. to 8in. long; scape longer than the leaves, erect. *l.* five to seven, all radical, 8in. to 12in. long, 3in. to 5in. broad, elliptic-lanceolate. Natal. (B. M. 6844.)

C. porphyrea (porphyry-colour). *fl.* in a zigzag raceme; sepals and petals dazzling purple, oblong, acute; lip yellowish at base, with small, purple spots, three-lobed, the side lobes involved, the anterior one purple, emarginate, protruded; spur ochre, nearly equalling the stalked ovary; peduncle hairy. Pseudo-bulbs constricted, fusiform. 1884. Hybrid.

C. proboscidea (snout-like). *fl.* white, changing to lightest ochre, with a few vermilion markings on the lip, the short nail of which descends and the large blade stands at right angles with it, having four laciniæ; anterior part of the column curved down, like the snout of some insects Sunda Islands, 1884. Allied to *C. furcata.*

C. Regnieri (Regnier's). *fl.* eight to ten, about 2in. across; sepals white, recurved; petals white, with a faint rosy, central stripe; lip elbowed or inflexed near the base so as to project forwards, three-lobed, lively rose-pink, with a deep crimson, central spot; spur recurved, about 1in. long; scapes woolly, 1½ft. to 2ft. high, with large bracts. Pseudo-bulbs leafless, large, with a contracted mouth. Cochin China, 1883.

C. R. fausta (lucky). A fine variety, having the column and base of the lip of the darkest and warmest purple. 1884.

C. rosea (rosy). *fl.* pale rose, shading to white on the lip, which is oblong, flat, retuse; spur straight, obtuse, horizontal; column tomentose; bracts recurved, shorter than the ovary; scape many-flowered, longer than the leaves. *l.* oblong-lanceolate, plicate, glabrous. Pseudo-bulbs fusiform. Moulmein. SYN. *Limatodes rosea* (B. M. 5312; P. F. G. iii. 81).

C. Sanderiana (Sander's). *fl.* disposed in strong, many-flowered spikes; sepals and petals rosy; lip rosy-crimson, similar to that of *C. Regnieri.* Spring. Cochin China. Allied to *C. Veitchii.*

C. Sandhurstiana (Sandhurst's). A charming hybrid, similar to *C. Veitchii*, but having much deeper-coloured flowers. 1884.

C. sanguinaria (bloody). *fl.* dazzling blood-red, the acuminate sepals and the lip being lighter, with blood-red markings, outside pale purple; petals broader than the sepals; middle lobe of lip cuneate, dilated, bilobed; raceme hairy. Pseudo-bulbs hexagonal. 1886. A handsome, seedling form.

C. Sedeni (Seden's). *fl.* large; sepals and petals bright rose; lip the same colour, with a very dark purplish blotch, surrounded by a zone of white, at the base. A hybrid between *C. Veitchii* and *C. vestita rubro-oculata.*

C. Stevensii (Stevens'). *fl.* white (changing to buff as they become older), with a rosy-purple spot on the lip; scape erect, hairy, eight to ten-flowered. Bulbs greyish, stout-jointed. Cochin China, 1883. A pretty species.

C. Turneri (Turner's). *fl.* pure white, with a deep rose eye, resembling those of *C. vestita*, but more compact, and produced in larger and longer spikes that in that species. Pseudo-bulbs jointed. Java.

C. T. nivalis (snowy). *fl.* wholly white. Birma.

C. veratrifolia macroloba (large-lobed). *fl.* pure white, larger and of greater substance than in the type; basilar lobe very broad; lateral calli much developed. May and June. Pacific Islands.

C. v. Regnieri (Regnier's). *fl.* pure white, with a light ochre lip; lateral laciniæ of the lip divaricate, nearly semi-lunate. Cochin China, 1887.

C. vestita luteo-oculata (yellow-eyed). *fl.* white, with a blotch of yellow in the middle of the lip. October to February. (F. d. S. 816; L. J. F. 333; P. M. B. xvi., p. 129; W. S. O. i. 29, upper fig.)

C. v. oculata-gigantea (giant-eyed). *fl.* white, handsome, about 3in. in diameter, with a fiery-red blotch on the base of the lip, the under side of the base and the much-curved spur orange; raceme hairy. Borneo, 1886. (W. O. A. 211.)

Calanthe—*continued.*

C. v. Williamsii (Williams'). *fl.*, sepals and petals white, striped and edged with rosy-crimson; lip bright magenta-crimson. 1884. A showy variety. (W. O. A. iii. 134.)

CALCEOLARIA. This genus embraces nearly 120 species, natives of Western America. Two are also found in New Zealand. To those described on pp. 239-40, Vol. I., the following should now be added:

C. Sinclairii (Dr. Sinclair's). *fl.* in loose, sub-corymbose heads; corolla pale lilac or flesh-coloured externally, spotted reddish-purple within, ¼in. to ½in. in diameter, between hemispherical and campanulate. June. *l.* membranous, long-petiolate, 2in. to 4in. long, oblong or ovate-oblong, crenate-toothed or lobulate. New Zealand, 1881. A straggling, half-hardy herb. (B. M. 6597.)

Varieties. The yearly improvement in the Calceolaria consists in the production of improved strains from seeds. The improvements are as follow: Plants of a dwarfer habit, a much larger quantity of blossom from a plant, and the flowers themselves richer and more varied in colour, larger in size, and much better formed. When a variety of a distinct colour has been obtained, and its qualities are such that it may fairly be considered a good advance on existing varieties, seeds are saved from it; and if it has been kept free from the influence of foreign pollen, the seedlings can be depended upon to be much like the parent. In this way strains of distinct colours are obtained. Named collections are not to be had, as the expense of propagating them from cuttings or offsets is too much to compensate the growers. The plants can be propagated during the summer months most surely by layering, while placed in hand-lights or frames on the north side of a wall or fence. From six to a dozen plants may be obtained from one old stool during summer. Cuttings will strike in sandy soil if they are placed in closed hand glasses.

CALIMERIS. Included under **Aster** (which *see*).

CALLIANDRA. Of the eighty species of this genus, one is a native of the East Indies, and the rest are all tropical or sub-tropical American. To those described on p. 242, Vol. I., the following should now be added:

C. tergemina (threefold). *fl.* white, disposed in globose heads; filaments tipped red. Spring. *l.* pinnate, grey-green. Branches zigzag. Tropical America, 1887.

CALLIRHOË. Seven species of this genus are known. Calyx five-cleft; petals purplish, pink, or white, cuneiform-truncate and often fimbriate-denticulate. Leaves mostly lobed or parted. To the species described on p. 243, Vol. I., the following varieties should now be added:

C. involucrata lineariloba (linear-lobed). *fl.*, petals lilac in the centre, margined white on each side, broad, obcuneate. *l.* pedato-partite, dark green, roundish in outline, cut in a bipinnatifid manner almost to the base into narrow lobes ⅛in. wide. Stems numerous, trailing. Texas, 1884.

C. pedata compacta (compact). A compact, garden variety, having flowers of a delicate blush. 1887. (R. G. 1224.)

CALOCEPHALUS (from *kalos*, beautiful, and *kephale*, a head; alluding to the inflorescence). Including *Leucophyta.* ORD. *Compositæ.* A genus embracing about ten species of greenhouse, usually cottony or woolly, annual or perennial herbs, rarely sub-shrubs or small shrubs, natives of Australia. Flower-heads numerous and usually more or less stipitate on a small and branching or globose or conical receptacle, in an ovoid or globular, dense cluster or compound head, without any involucre, or surrounded by a few bracts rarely exceeding the florets; partial heads two or more-flowered; receptacle without scales; florets five-toothed. Leaves alternate or (in two species) opposite, entire. *C. Brownii* is the only species grown in our gardens. It is much used in carpet-bedding arrangements, and thrives in almost any soil. Propagation may be effected by means of cuttings, inserted under a bell glass, in a cool greenhouse or frame, and wintered in any light, dry structure, free from frost.

C. Brownii (Brown's). *fl.* in globular clusters four to six lines in diameter, surrounded by a few floral leaves. *l.* alternate, linear, obtuse, two lines or less in length. *h.* 1ft. A rigid, woolly, tomentose shrub. SYN. *Leucophyta Brownii.*

CALOCHORTUS. Baker enumerates twenty-one, and S. Watson thirty-two, species of this genus, natives of North (mostly Western) America, extending as far as Mexico. To the varieties of *C. venustus* described on p. 245, Vol. I., the following should now be added:

C. venustus roseus (rose-coloured). *fl.* white inside, with a distinct, red spot on each segment, purplish-rose outside. *l.* short, bluish-green. 1886.

CALOPHACA. About seven species of greenhouse or hardy, perennial herbs, shrubs, or under-shrubs, natives of Asiatic Russia, the Orient, and the Western Provinces of India, are included in this genus. Flowers yellow or violet, few, rather large. Leaves impari-pinnate; leaflets entire, exstipellate. *C. grandiflora* is a hardy, branched shrub, requiring similar culture to that recommended for *C. wolgarica* on p. 245, Vol. I.

C. grandiflora (large-flowered). *fl.*, calyx five-cleft; corolla golden-yellow, papilionaceous, 1in. long; peduncles axillary, and, together with the raceme, exceeding the leaves. June and July. *l.* 2½in. to 8in. long; leaflets ovate, shortly petiolulate, ½in. to nearly 1in. long, entire. 1886. (R. G. 1231.)

CALOPOGON. This genus comprises four closely-related species of hardy, terrestrial Orchids, natives of North America. To those described on p. 246, Vol. I., the following should now be added:

C. multiflorus (many-flowered). *fl.* amethyst-purple; stalk of the lip having on each side of the base an auricle, the broad, irregularly square, retuse, emarginate, anterior blade having at the base a tuft of golden-yellow, hairy lamellæ, often purplish at base, and before these some purple calli; peduncle five-flowered. 1884.

CALYPTROGYNE. This genus comprises six or eight species, natives of tropical America. Spadices simple or branched from the base, long-pedunculate; spathes two, narrow, the lower one much shorter than the peduncle, cleft at apex, the upper one deciduous, elongated, cleft the whole length. Fruit small, oblong or obovoid, one-seeded. Leaves terminal, unequally pinnatisect; segments in few pairs; petioles very short. To the species described on p. 249, Vol. I., the following should now be added:

C. teres (terete). *l.* spreading or drooping, consisting, in young plants, of two pairs of linear-oblong, tapered leaflets about 2in. wide, bright green, with the principal ribs raised; petioles terete. British Guiana. Stove.

CAMELLIA. New varieties of *C. japonica* are not very numerous, but recent additions from America have greatly improved our collections, and some more recent Italian forms are worth adding to the most select collections. The best are contained in the following list:

CARLOTTA PAPUDOFF, beautifully marked on a rose-coloured ground, good form; COMTE NESSELRODE, pale rose, shading to white at the margin, large, imbricated; GIARDINO FRANCHETTI, rose-coloured, lightly marbled, large, and well shaped; GIARDINO SANTARELLI, crimson, blotched white; GIOVANNI SANTARELLI, deep red, blotched white, large, and well imbricated; IMPERATRICE EUGENIE, rose, shading to white at the margin, finely formed; LEOPOLD I., crimson, fine form; L'INSUBRIA, rose, lightly marked with white, well imbricated, medium sized; MADAME CACHET, white, blotched red, fine form; MONARCH, rich scarlet, large, of good form; OCHROLEUCA, cream-colour; RETICULATA, clear rose, large; RETICULATA FLORE-PLENO, deep rose, large; TRICOLOR, white, striped deep red, semi-double; TRIOMPHE DE LODDI, blush, striped rose; TRIOMPHE DE WONDELGHEM, deep pink.

CAMPANULA. About 230 species have been referred to this genus; they are broadly dispersed over the Northern hemisphere, being very copious in the Mediterranean region. Calyx tube adnate, the limb deeply five-cleft or five-parted; corolla campanulate, rarely funnel-shaped or sub-rotate, short, five-cleft to the middle or rarely nearly to the base; stamens free of the corolla, the filaments often dilated at base, the anthers free. To the species described on pp. 253-8, Vol. I., the following should now be added:

C. abietina (Fir-like). *fl.* light blue; spikes loose, branching. July and August. Stems slender, 9in. to 15in. high. Eastern Europe. Plant tufted.

C. garganica hirsuta (hairy). *fl.* very profuse; sepals rather longer and somewhat narrower than in the type; corolla purplish-

Campanula—*continued.*

blue, pale towards the base, saucer-shaped. *l.* (as well as the stem) densely covered with longish, stiff, white hairs. Flowering branches longer and slenderer than in the species. Habit dwarf, and more trailing. An excellent plant for hanging baskets, flower-boxes, brackets in corridors, &c.

C. Grossekii (Grosseck's). *fl.* violet, large, campanulate, disposed in a long raceme. *l.* large, cordate-lanceolate, acuminate, the margins coarsely toothed. Stems leafy, 2½ft. high, branching at base. Eastern Europe, 1886. A handsome plant. (R. G. 1886, p. 477, f. 55.)

C. Jacobæa (St. James's). *fl.* axillary, on curved pedicels 1½in. to 2½in. long; calyx segments narrow-lanceolate, ½in. to ⅝in. long; corolla deep blue or pale greenish, campanulate, 1in. to 1½in. long. March. *l.* 1½in. to 2½in. long, sessile or nearly so, oblong-ovate or obovate-oblong, obtuse or sub-acute, narrowed at base; upper ones cordate, half-amplexicaul. *h.* 2ft. to 3ft. Cape de Verde, 1882. Half-hardy under-shrub. (B. M. 6703.)

C. sibirica eximia (choice). *fl.* varying from pale bluish to violet, narrow-campanulate; stem much branched. *l.* long, scabrous. Europe, &c., 1883. Habit dwarf and compact.

C. Tenorei (Tenore's). A neat, dwarf species, much resembling *C. pyramidalis* in its flowers and foliage, but not exceeding 1ft. in height.

CANARIUM. This genus embraces about fifty species, mostly natives of tropical Asia; a few are indigenous in Africa and the Mascarene Islands, and one is found in Australia. To the species described on p. 259, Vol. I., the following should now be added:

C. vitiense (Fijian). *fl.* yellowish-white, small, paniculate. *fr.* bluish-black. *l.* pinnate; leaflets five to seven, oblong-elliptic, obtuse. Fiji, 1887. A small tree.

CANNA. Nearly thirty species, all tropical or sub-tropical American, are included here. To those described on p. 262, Vol. I., the following should now be added:

C. grandiflora picta (large-flowered, painted). *fl.* yellow, spotted with red. 1885. A handsome and robust, garden variety. (R. H. 1885, p. 396.)

C. liliiflora (Lily-flowered). *fl.* 4in. to 5in. long, Honeysuckle-scented, in a short, terminal raceme; perianth tubular, the three outer petaloid lobes linear-oblong, convolute, reflexed, tinged green, the three inner ones straight and extended, recurved at end, white, tinted yellowish-green. *l.* large, Musa-like, oblong, acuminate. Stems stout, erect. *h.* 6ft. to 10ft. A fine plant. (F. d. S. 1055-6; R. H. 1884, 132.)

C. rosæflora (rose-flowered). *fl.* magenta-red. 1885. Garden variety. (R. H. 1885, p. 396.)

CAPE POISON BULB. *See* **Buphane disticha.**

CARAGANA. This genus embraces about fifteen species, natives of Asiatic Russia and the Himalayas. To those described on pp. 264-5, Vol. I., the following variety should now be added:

C. arborescens pendula (pendulous). This only differs from the type in having the branches pendulous. 1887. SYN. *C. pendula.*

C. pendula (pendulous). A variety of *C. arborescens.*

CARAGUATA. The species of this genus number nearly a score, and are found in the West Indies, Central America, and Colombia. Flowers clustered; sepals erect, imbricated, often shortly connate at the base; petals deeply connate in a tube, the free part spreading; anthers nearly sessile at the apex of the staminal tube; inflorescence dense, terminal. Leaves entire. To the species described on p. 265, Vol. I., the following should now be added:

C. Andreana (André's). *fl.* about 2in. long, numerous; calyx and corolla bright yellow; panicle spike-like, rather lax, longer than the leaves; stem and bracts carmine-rose. *l.* arching, green, 2ft. long, 2in. broad, forming a lax rosette. Andes of Pasto, 1884. (B. M. 7014; R. H. 1884, p. 247, f. 61; 1886, p. 276.)

C. angustifolia (narrow-leaved). *fl.* large, few in a dense spike; calyx whitish, the segments oblong, acute; corolla yellow, the tube cylindrical, 2in. long; bracts red, large, oblong-lanceolate; peduncle short, with a few reduced leaves. *l.* in a dense rosette, 6in. long, lanceolate, channelled from the ovate base to the attenuated apex. 1884. SYN. *Guzmannia Bulliana.*

C. cardinalis (scarlet). *fl.* white, sessile in the midst of the bracts; scape 1ft. to 1½ft. high, surmounted by a crown of brilliant scarlet bracts, tipped with green, the innermost ones yellow. *l.* 1½ft. long, lingulate, recurving. Columbia, 1880. This very handsome decorative plant retains its brilliant colour for a very long time. (R. H. 1883, p. 12.) SYN. *C. lingulata cardinalis* (I. H. 374).

Caraguatá—*continued.*

C. lingulata cardinalis (scarlet). A synonym of *C. cardinalis.*

C. Morreniana (Morren's). *fl.* yellow, in a large, compact head; bracts bright red; flower-stem 4in. to 6in. long. *l.* rosulate, 16in. to 20in. long, 2in. broad, with recurved, acuminate tips; outer ones dark green, gradually passing, by being shaded and tinted with violet, into the violaceous floral ones. Rio Cuiaquer, New Grenada, 1887. (R. H. 1887, p. 12.)

C. musaica (mosaic). (B. M. 6675.) The correct name, according to Baker's classification, of the plant described by Morren under name of **Massangea musaica** (which *see*, on p. 335, Vol. II.).

C. Osyana (Baron Edouard Osy's). *fl.* axillary, solitary, shorter than the bracts; corolla yellow, twice as long as the calyx, clavate-tubular, sub-arcuate, the tube elongated, the lobes erect; bracts orange-salmon, imbricated, reflexed; spike compact, strobiliform. *l.* coriaceous, 1½ft. long, lanceolate, somewhat channelled. Stem erect, short, robust. Ecuador, 1885. (B. H. 1885, 16-17.)

C. Peacockii (Peacock's). *fl.* white; stem covered with bright purple bracts, the upper ones rolled round the flowers. *l.* bronzy-purple above, rosy-purple beneath, forming an ample rosette. 1885.

C. sanguinea (blood-coloured).* *fl.* clustered at the base of the centre of the rosette of leaves; corolla 2½in. to 3in. long, the tube yellowish-white, long, clavate, the three segments white, ovate. November. *l.* in a dense rosette, lanceolate, acute, falcate, thin, the lower part green, the upper half or two-thirds strongly tinged with bright red on both sides, the outer leaves 1ft. or more in length. New Grenada, 1880. Plant stemless. (B. M. 6765.)

CAREX. Upwards of 800 species have been referred to this genus, but probably not more than 500 are entitled to rank as such; they are copiously dispersed over temperate and frigid regions, but few being found within the tropics, and those on mountains. To those described on p. 267, Vol. I., the following should now be added:

C. scaposa (scapose). *fl.* brownish; spikelets ⅛in. to ¼in. long; cymes three or more to a scape, 1in. to 2in. broad; scapes longer or shorter than the leaves, stout, erect. Winter. *l.*, radical ones 1ft. long or more, 2in. broad, elliptic-lanceolate, acuminate at both ends; petioles sometimes 3in. to 4in. long. South China, 1883. Greenhouse. (B. M. 6940.)

CARLUDOVICA. This genus embraces about thirty species, natives of tropical America and the West Indies. To those described on p. 268, Vol. I., the following should now be added:

C. Plumieri (Plumier's). *fl.*, spadices pendulous, 4in. long, axillary, pedunculate, covered with twisted threads. *l.* alternate, bipartite, the divisions lanceolate, plicate, with ribs raised on the upper surface, bright green above, paler beneath. Caudex erect, waving.

CARMICHÆLIA. New Zealand is the headquarters of the nine species embraced in the genus. To the one described on p. 269, Vol. I., the following should now be added:

C. Mulleriana (Muller's). *fl.* whitish, striated purple, small, solitary or in pairs in the axils of the leaves. *l.*, leaflets one to three, small, obovate, emarginate, about ⅛in. long, on a rather longer petiole. Branches slender, compressed, pinnately branched; branchlets filiform, compressed. *h.* about 2ft. 1887.

CARNATION. All the sections of the Carnation are immensely popular, and have been greatly improved during the last year or two. The Self-coloured varieties have been more in demand during the season 1887-8 than the Bizarres and Flakes. A few additions in these classes are as follows:

Scarlet Bizarres. DREADNOUGHT (Daniels), GEORGE (Dodwell), JAMES MCINTOSH (Dodwell), ROBERT HOULGRAVE (Barlow), ROBERT LORD (Dodwell).

Crimson Bizarres. ALBION'S PRIDE (Headley), HARRISON WEIR (Dodwell), H. K. MAYOR (Dodwell), ROBERT SCOTT (Scott), THE LAMPLIGHTER (Wood).

Pink and Purple Bizarres. MRS. GORTON (Dodwell), SIR GARNET WOLSELEY (Turner), SQUIRE LLEWELLYN (Dodwell), TWYFORD PERFECTION (Young), UNEXPECTED (Turner), WILLIAM SKIRVING (Gorton).

Purple Flakes. FLORENCE NIGHTINGALE (Sealey), SPORTING LASS (Fletcher), SQUIRE MEYNELL (Brabbin), SQUIRE WHITBOURN (Dodwell).

Rose Flakes. JOHN KEET (Whitehead), MRS. BRIDGEWATER (Bridgewater), MRS. ERSKINE (Dodwell), SYBIL (Holmes), THALIA (Douglas).

Scarlet Flakes. ALISEMOND (Douglas), FLIRT (Turner), HENRY CANNELL (Dodwell), MATADOR (Abercrombie), SPORTSMAN (Hedderley).

Carnation—*continued.*

Clove Carnations and Selfs. AMBER (Maunder), amber-coloured; BRIDE (Hodges), fine white; COMTE DE CHAMBORD, flesh-white; CREMORNE (Turner), light purple; DUCHESS OF CONNAUGHT (Abercrombie), pure white; EDITH (Finlinson) bright yellow; EUPHROSYNE (Dodwell), rose; FLORENCE (Wallington), buff; IMPERIAL PURPLE (Abercrombie), rich purple; MRS. REYNOLDS HOLE (Nowell), terra-cotta colour; PRIDE OF PENSHURST (Bridger), yellow; PURPLE EMPEROR (Douglas), bright purple; ROSE CELESTIAL (Douglas), rose; SCARLET GEM (Douglas), brilliant scarlet; THE GOVERNOR (Cross), blush white; WILL THRELFALL (Threlfall), yellow.

TREE OR PERPETUAL. The following Tree Carnations have all, with the exception of MRS. KEEN, been raised by Mr. Charles Turner in the Royal Nurseries, Slough, and are indispensable to all good collections:

A. H. KENNEDY, bright scarlet; AMETHYST, crimson-scarlet; BLACK DIAMOND, dark maroon; CLEOPATRA, deep rose; COLONEL COX, vivid scarlet; COLOUR-SERGEANT, very bright scarlet; CORONET, rich scarlet, large; COSSACK, dark crimson; COUNTESS HOWE, pale buff, splashed pink; MADELEINE, delicate pink; MONT BLANC, pure white; MRS. KEEN (Veitch), dark crimson; MRS. LLEWELYN, deep rose; MRS. OLDACRE, bright rose; MRS. W. H. GRENFELL, salmon-pink; NOVELTY, silvery-white, striped crimson; PHYLLIS, white ground, edged scarlet; PURPLE KING, large, bright purple; RISING SUN, intense scarlet; ROSETTA, bright rose.

CARREGNOA. A synonym of **Tapeinanthus** (which *see*).

CARYOTA. About a dozen species are included here; they inhabit tropical Asia, the Malayan Archipelago, New Guinea, and tropical Australia. To those described on pp. 274-5, Vol. I., the following should now be added:

C. plumosa (feathery). A species supposed to be newly introduced, and distributed by a Belgian firm without description or information as to origin.

CASSIA. The species of this genus are broadly distributed over the warm regions of the globe. To those described on p. 276, Vol. I., the following should now be added:

C. coquimbensis (Coquimbo). *fl.* 1½in. in diameter; sepals oblong, obtuse, about half the length of the orange-yellow petals; dorsal petal obcordate, the two lateral ones broadly obovate, the anterior ones smaller, obovate-oblong; cymes axillary, many-cleft, sub-corymbose. September. *fr.*, pods about 4in. long, over ½in. broad, stipitate, flattened, acute at base, mucronate at tip. *l.* 2in. to 4in. long; leaflets four to six pairs, four to eight lines long, sessile, elliptic-oblong or almost rounded, apiculate, pale green. Chili, 1886. Greenhouse shrub. (B. M. 7002.)

CATALPA. About half-a-dozen species are embraced in this genus; they are found in China, Japan, North America, and the West Indies. To the species described on pp. 278-9, Vol. I., the following variety should now be added:

C. bignonioides foliis-argenteis (silvery-leaved). *l.* silvery-variegated. 1887. Garden variety. A variety with purplish leaves has originated in the United States.

CATASETUM. This genus comprises nearly forty species, natives of tropical America, extending from Brazil as far as Mexico. Lip fleshy, sessile at the base of the column; pollen masses four. To the species and varieties described on pp. 279-80, Vol. I., the following should now be added:

C. Bungerothi (Bungeroth's).* *fl.* white, very showy; sepals and petals lanceolate, very acute, spreading; lip large, transversely oblong, deeply concave, shortly and obtusely spurred, bidentate at apex; racemes many-flowered. *l.* lanceolate, very acute, 8in. to 9in. long, 1½in. to 2in. broad. Pseudo-bulbs fusiform, 5in. to 9in. long. Equatorial America, 1887. (B. M. 6998; G. C. ser. iii., i., p. 142; I. H. ser. v. 10.)

C. B. aureum (golden). *fl.* light yellow. Venezuela. A distinct variety.

C. B. Pottsianum (Potts'). *fl.*, petals prettily marked with purple; centre of the lip having a few spots. 1887.

C. Christyanum (Christy's). *fl.* large, spreading, each with a narrow bract at base; sepals dark reddish- or chocolate-brown, the dorsal one erect, the lateral ones spreading; petals lighter brown, pale-spotted at base; lip green and purplish, short, with a bluntly conical, saccate pouch and a three-lobed limb, the lateral lobes with long, purple fringes; raceme erect, six-flowered. Autumn. *l.* lanceolate-lorate, acuminate, plaited. Stems fusiform, jointed, 6in. to 8in. long. Amazons. (W. O. A. 83.)

C. C. obscurum (obscure). *fl.*, sepals and petals blackish-purple; side lobes of the lip dark, rich purple, the middle lobe

Catasetum—*continued.*

brownish-olive-green, and the wall around the mouth of the apex light ochre, marked with red. 1885.

C. costatum (ribbed). *fl.*, sepals and petals yellowish; side lobes of the lip erect, triangular, the upper border ciliated; "the mid-lobe .... goes out into a low, blunt, small triangle, standing over the long, blunt conus, so very remarkable by the presence of some lighter ribs running at each side, but which are not very conspicuous as long as the lip is fresh" (Reichenbach). 1887.

C. cristatum stenosepalum (narrow-sepaled). *fl.*, sepals purplish-brown, narrow; petals entire, purple, striated with dark purple. 1887. (I. H. ser. v. 71.)

C. fimbriatum (fringed). *fl.* yellowish-green; sepals linear, apiculate; petals rather longer, fleshy; lip fleshy, three-lobed, the lobes fringed with long, mostly bifid fimbriæ; scape about nine-flowered. *l.* lanceolate, acuminate, slightly plicate. Pseudobulbs about 6in. long, six to eight-leaved. Pernambuco. (B. M. 3708.)

C. f. viridulum (greenish). *fl.*, sepals and petals green, spotted reddish-purple; column greenish-white, spotted with purple. 1886.

C. galeritum (fur-capped). *fl.* rather large; sepals and petals pale green, spotted brown, oblong, acute; lip pale green, saccate, oblong, conical at apex, ochreous in front, marked pale green around the mouth, and marked brown on a yellow ground inside; raceme several-flowered, lax. Columbia (?), 1886.

C. glaucoglossum (glaucous-lipped). *fl.* large; sepals brown, ligulate, acute; petals glaucous, spotted brown, much larger than the sepals, oblong, acute; lip glaucous, spotted brown inside, having a depressed, rounded sac, and a triangular mouth; raceme stout, bearing several flowers, deflexed. Mexico, 1885. A curious species.

C. Lehmanni (Lehmann's). *fl.* in a loose, drooping raceme; sepals and petals green, equal, ovate, acute, connivent in a globe; lip yellowish-flesh-colour, semi-orbicular-saccate, trilobed. *l.* narrow-lanceolate. Columbian Andes, 1886. A curious, but by no means beautiful, species. (R. G. 1223, a-g.)

C. pileatum (capped). *fl.* white, rather large; sepals narrow-oblong, acute; petals broadly oblong, acute; lip large, broadly triangular, with a bluntly conical spur; column with a very long beak. 1886.

C. sanguineum (bloody). *fl.* greenish, speckled with brown or dull red, not at all handsome, disposed in a close raceme; sepals and petals turned upwards; lip lacerated, except at the base. October and November. *l.* light glaucous-green. Pseudo-bulbs 6in. to 7in. long. Central America, 1850.

C. s. integrale (entire). *fl.* having the anterior lip wholly entire. 1887.

C. tabulare serrulata (serrulated). *fl.* green, yellowish-white, and blush-white, the side margins of the lip serrulated. 1886. (R. G. 1223, h-m.)

C. tapiriceps (tapir-headed). *fl.* numerous; sepals green; petals brown; lip orange, trigono-sacciform, the free margin toothleted, the side laciniæ revolute, the middle one with a transverse, emarginate keel not far from the margin; column resembling "a Malayan tapir, with its curved trunk." Brazil, 1888.

C. tridentatum bellum (pretty). A variety having purplish-brown sepals, and a large, purplish-brown blotch on either side the lip. Brazil, 1886.

C. Trulla (trowel-shaped). *fl.* green and brown; sepals and petals spreading, oval, flat; lip much the shape of a trowel, not at all hollowed out into a bag, but merely concave like the bowl of a spoon, the edges fringed; column short, tendrilled. South America, 1840. (B. R. xxvii. 34.) The variety *sub-imberbe* has no fringe to the lip. 1887.

C. T. maculatissimum (much-spotted). *fl.*, sepals, petals, and the anterior part of the sides of the column covered with brown spots; anterior side of the lateral lobes of the lip having well-developed fringes. 1888.

CATTLEYA. The species of this genus are all natives of the warmer parts of America, from Brazil to Mexico. The following corrections of, and additions to, the information given on pp. 280-4, Vol. I., are based upon the monograph of the genus recently published by Messrs. James Veitch and Sons, in Part II. of their "Manual of Orchidaceous Plants."

C. alba (white). A form of *C. Luddemanniana.*

C. amabilis (lovely). A synonym of *C. intermedia.*

C. Amesiana (Ames'). A synonym of *Lælia Amesiana.*

C. aurea (golden). A variety of *C. Dowiana.*

C. autumnalis (autumnal). A garden synonym of *C. Bowringiana.*

C. bicolor Wrigleyiana (Wrigley's). *fl.*, sepals and petals greyish-green; lip dark purple. 1885.

C. Bluntii (Blunt's). *fl.* resembling those of *C. Mendelii* in shape; sepals and petals white; lip white, stained yellow in the throat. Summer. *l.* (and general habit) as in *C. Mendelii.* Colombia.

Cattleya—*continued.*

C. Boissieri (Boissier's). *fl.*, sepals and petals soft rosy-lilac; lip broad, with a beautiful, curving, yellow blotch extending half-way down and nearly across it. *l.* oblong, short and broad. New Grenada.

C. Bowringiana (Bowring's). *fl.* rich rosy-purple, about 2½in. in diameter, the front of the lip deep purple, with a transverse, maroon band, behind which the tube is whitish; raceme corymbose, five to ten-flowered. Autumn. Central America, 1886. A charming species, allied to *C. Skinneri.* SYN. *C. autumnalis* (of gardens).

C. Brabantiæ (Duchess of Brabant's). *fl.* rather large; sepals and petals rose, blotched blackish-purple; lateral lobes of the lip white, curved over the broad, rose-coloured column, the front lobe magenta-purple, obtusely reniform. *l.* ligulate-oblong. Stems terete. A hybrid between *C. Aclandiæ* and *C. Loddigesii.* (F. M. 360.)

C. brilliantissima (most brilliant). A garden synonym of *C. Luddemanniana brilliantissima.*

C. Brymeriana (W. E. Brymer's). *fl.*, sepals and petals rosy-purple; lip unusually broad, the side laciniæ blunt-angled, the middle one projecting, obcordate, the mid-area orange, the margins of the laciniæ purplish-mauve, the parts between the edges and the orange lines rosy, fading to white; column white. 1883. A supposed natural hybrid between *C. superba* and *C. Eldorado.*

C. Brysiana (Brys'). A synonym of *Lælia purpurata Brysiana.*

C. bulbosa (bulbous). A synonym of *C. Walkeriana.*

C. Bullieri (Bullier's). A trifling form of *C. Trianæ.* (R. H. 1886, p. 444.)

C. calummata (hooded). *fl.* resembling those of *C. Aclandiæ* in form; sepals and petals whitish, tinted rose and spotted violet; lip having the large side-lobes white, and the wedge-shaped centre, as well as the column, of a rich, velvety violet-red or magenta-rose. *l.* oblong, emarginate, deep green, sometimes spotted with violet. Pseudo-bulbs 3in. to 4in. long. French gardens, 1884. A beautiful hybrid between *C. intermedia* and *C. Aclandiæ.* (R. H. 1883, p. 564; W. O. A. iv. 166.)

C. candida (white). *fl.*, sepals and petals white, shaded pink; lip the same colour, with a dash of yellow in the centre; spike three or four-flowered. July to November. *h.* 1ft. Brazil. Allied to *C. intermedia.*

C. Chamberlainiana (Rt. Hon. Jos. Chamberlain's). *fl.* 5in. in diameter; sepals brownish-purple; petals purple; lip rich purple-magenta; peduncles five to seven or more-flowered. A hybrid between *C. guttata Leopoldii* and *C. Dowiana,* the former of which it closely resembles.

C. chocoënsis. This is now regarded as a variety of *C. Trianæ.*

C. citrino-intermedia (hybrid). *fl.*, sepals and petals dull creamy-white, inclining to flesh-white, the petals a little broader than the sepals; side lobes of the lip flesh-coloured, becoming pale purple at apex, large, rounded, obtuse, the front lobe rosy-purple, nearly truncate, minutely apiculate, with crisped margins; column flesh-white, yellow in front at base; peduncle 2½in. long. *l.* three, 7in. long, 1⅜in. broad.

C. crispa. This is now classed under *Lælia.*

C. crocata (saffron-yellow). A form of *C. Eldorado.*

C. Dawsonii (Dawson's). A synonym of *C. Luddemanniana.*

C. dolosa. This is now regarded as a variety of *C. Walkeriana.*

C. Dowiana. This is now regarded as a variety of *C. labiata.*

C. D. aurea (golden). *fl.* very large; sepals and petals pale yellow; lip rich, deep purple, veined with yellow. Columbia, 1883. A gorgeous variety. (W. O. A. 84.) SYN. *C. aurea* (I. H. 493).

C. Dukeana (Dr. Duke's). *fl.*, sepals light ochre outside, the middle one washed with dull mauve-purple inside, the lateral ones mauve-purple and brownish inside; petals mauve-purple on the disk, smaller; side laciniæ of the lip white and light purple, dolabriform, not quite covering the column, the mid-lacinia light purple, with a narrow, white border; column white, lined purple. 1887. Probably a natural hybrid.

C. Edithiana (Edith's). *fl.* 6in. to 7in. in diameter; sepals and petals light mauve; lip white, striped mauve, the disk buff. *l.* dark green. *h.* 1ft. Brazil. Habit like *C. Mossiæ.*

C. Eldorado. This is now regarded as a variety of *C. labiata.*

C. E. crocata (saffron-coloured). *fl.* broad, white, with a broad, deep orange line running from the base of the lip on the anterior disk, where it expands into a pentagonal blotch, with teeth in front. 1885. SYN. *C. crocata.*

C. E. ornata (adorned). A fine variety, having dark purple tips to the petals. 1884.

C. E. virginalis (virgin-white). *fl.* sweet-scented; sepals and petals snow-white, the former lanceolate, acute, the latter broad, elliptic, obtuse; lip white, with a yellow disk and tube, entire, with a frilled front lobe. August and September. Amazon Country. SYN. *C. virginalis* (I. H. ser. iii. 257). The form *rosea* has a distinct, rosy-purple blotch on the front of the anterior portion of the lip.

Cattleya—*continued.*

C. E. Wallisii (Wallis'). *fl.*, segments white, the orange-yellow disk of the lip reduced in size.

C. exoniensis (Exeter). This is now classed under *Lælia*.

C. fausta (lucky). *fl.*, sepals and petals rosy-lilac; lip white, with a large, yellow disk extending the whole length of the throat, tipped crimson. November. A hybrid between *C. Loddigesii* and *Lælia exoniensis*. (F. M. n. s. 169; G. C. 1873, p. 269.) In the form *radians*, numerous dark purple streaks or bars radiate from the centre of the lip over the anterior part.

C. felix (fruitful). A synonym of *Lælia felix*.

C. Forbesi (Forbes'). *fl.* 3in. to 4in. in diameter; sepals and petals pale yellowish-green, sub-equal; lip three-lobed, the two lateral lobes yellow, sometimes streaked red, convolute over the column, the middle lobe pale yellow, with a broad, bright yellow, central band; column yellow, spotted and stained red; peduncles erect, two to five-flowered. *l.* ovate-oblong, coriaceous. Stems about 1ft. high, two-leaved. Rio de Janeiro, 1823. (B. M. 3265; B. R. 953.)

C. Gaskelliana (Gaskell's). A variety of *C. labiata*.

C. gigas. This is now regarded as a variety of *C. labiata*.

C. g. albo-striata (white-striated). *fl.* smaller than in the type; sepals and petals marked with a distinct, white, central bar or stripe on a blush ground. 1882.

C. g. burfordiensis (Burford). *fl.* more richly coloured and larger than in the type; sepals and petals rose-purple; lip of an intense amethyst, lighter towards the crisped edges, 3in. across. 1882.

C. g. grandiflora (large-flowered). *fl.* remarkably large; sepals and petals rose-pink; lip highly coloured, the upper part white edged with magenta. 1882.

C. granulosa asperata (rough). *fl.*, sepals and petals brownish, spotted dark purple; lip yellowish at base, light vivid purple with a broad white border in front, rough. 1886.

C. g. Russelliana (Russell's). *fl.* larger than in the type, with broader segments; inner side of the lateral lobes of the lip and the claw of the middle lobe orange-yellow, the blade white, spotted with crimson-purple. (B. R. 1845, 59; B. M. 5048, under name of *C. granulosa*.)

C. g. Schofieldiana (Schofield's). *fl.*, sepals and petals greenish-yellow, spotted with crimson, the petals narrow at the base, very broad and obtuse at the apex; lip rich purple, with whitish side lobes, the middle lobe covered with lamellæ and papillæ. *l.* broad, two to a pseudo-bulb. Pseudo-bulbs 1¼ft. high. SYN. *C. Schofieldiana* (W. O. A. ii. 93).

C. guttata immaculata (unspotted). *fl.*, sepals and petals mauve-brown, without spots; lip white, the front lobe purple. 1886.

C. g. Keteleeri (Keteleer's). A synonym of *C. g. lilacina*.

C. g. leopardina (leopard-spotted). *fl.* numerous and handsome; sepals and petals thickly spotted with dark brown; side lobes of the lip white, the broad, bilobed front lobe rich purplish-red; racemes large. Pseudo-bulbs elongated. 1886.

C. g. lilacina (lilac). *fl.*, sepals and petals blush-white, spotted magenta; lip bright magenta-crimson, large and well-fringed. June. Brazil. SYN. *C. g. Keteleeri.*

C. g. phœnicoptera (purple-winged). *fl.*, sepals and petals deep purple; lip whitish. 1883.

C. g. Prinzi (Prinz'). A synonym of *C. amethystoglossa*.

C. g. punctulata (slightly spotted). *fl.*, sepals and petals pale yellowish-green, with but few spots; lip as in *Leopoldii*.

C. g. Williamsiana (Williams'). A variety having purplish, unspotted sepals and petals, and a white lip with a dark purple front lobe. 1884. (W. O. A. v. 212.)

C. Hardyana (Hardy's). *fl.* 6in. to 8in. in expanse; sepals and petals rich rosy-mauve, the former lanceolate, the latter elliptic and wavy; lip deep crimson-magenta, veined on the disk with yellow, and having a large, yellow spot on each side, very large, deeply bilobed and frilled. Columbia, 1885. A magnificent plant, supposed to be a natural hybrid. (W. O. A. v. 231.)

C. Harrisii (Dr. Harris'). *fl.*, sepals and petals amethyst-blue, with numerous purple spots; side lobes of the lip paler than the sepals and petals, with a large, amethyst blotch at the acute apex, the middle lobe amethyst-purple, with a jagged, undulated margin and apical cleft. *l.* 7in. long, 1in. to 2½in. broad. Pseudo-bulbs rather flat, 1in. to 6in. long. 1887. A hybrid between *C. guttata Leopoldii* and *C. Mendelii*.

C. Harrisoniæ (Mrs. Harrison's). This is now regarded as a variety of *C. Loddigesii.*

C. Holfordi (Holford's). A garden synonym of *C. luteola*.

C. hybrida picta (variegated hybrid). *fl.* six or seven on each peduncle; sepals pale olive-green, sparingly spotted purple; petals similarly coloured, with the addition of a broad margin of pale rosy-mauve; lateral lobes of the lip white externally, the middle lobe purple, with a paler margin and yellowish disk. A garden hybrid between *C. guttata* and *C. intermedia*. (F. M. 1881, 473.)

Cattleya—*continued.*

C. intricata (intricate). *fl.*, sepals and petals light whitish-rose, narrow; lip like that of *Lælia elegans picta*, only the sharp-angled, long, side laciniæ are white, and the free blade of the mid-lacinia has an abrupt stalk, and is of the deepest, warm purple; column light rose. 1884. Hybrid.

C. iricolor (rainbow-coloured). *fl.* milk-white, with a few purple marks on the lip, 3in. to 4in. across; petals narrower than the sepals; lip obscurely three-lobed, the two lateral lobes convolute over the column; peduncles two or three-flowered. *l.* 1ft. long, strap-like, complicate at base, emarginate at apex. Stems 4in. to 5in. long, one-leaved. Native country unknown.

C. Kimballiana (Kimball's). *fl.* large; sepals and petals of a delicate rosy-white, the former lanceolate, acute, the latter very broad, elliptic, wavy; tube of the lip white outside, with some yellow near the front margins, the inside yellow with some orange lines, the wavy front lobe rich purple on the front part. Venezuela, 1881. A fine species.

C. labiata. The following are now included here as varieties: *Dowiana, Eldorado, gigas, Luddemanniana, Mendelii, Mossiæ, Percivaliana, Trianæ, Warneri,* and *Warscewiczi.*

C. l. Gaskelliana (Gaskell's). *fl.* 7in. across, resembling those of *C. Mossiæ*, but paler; lobes of the lip confluent, crisped, yellow within. Autumn. Brazil. A magnificent plant. (I. H. 1886, 613, under name of *C. Gaskelliana.*)

C. l. leucophæa (dusky-white). *fl.*, sepals and petals blush-white; lip lilac, margined white; throat yellow. Brazil.

C. l. regina (queen). *fl.*, sepals, petals, ovary, and column purple; lip dark mauve-purple, with the usual two lateral, yellow spots. Venezuela. SYN. *C. speciosissima reginæ.*

C. l. Schrœderiana (Baron von Schrœder's). *fl.* white, large; lip marked with broken, mauve-purple lines, and having an orange median line. 1886. A fine variety.

C. l. Wilsoniana (Wilson's). *fl.* of a fine amethyst colour; sepals rather broad and blunt, the petals very much so; lip with a strong fold on each side in front of the centre, the anterior part crenulate and emarginate, marked dark purple. 1887.

C. Lawrenceana (Sir Trevor Lawrence's). *fl.* purplish-lilac, as large as those of a good *C. Trianæ*; sepals uncommonly broad; petals broader than the sepals, usually blunt; lip pandurate, emarginate, rather broader in front than at the base, the anterior part of the darkest, warmest purple, the side wings purple, the centre light yellow. British Guiana, 1885. A fine species. (G. C. n. s., xxiii., pp. 374-5.)

C. L. concolor (one-coloured). *fl.* wholly of a light purple. 1886.

C. L. rosea-superba (superb rosy). *fl.* delicate rosy-purple, striated white, large; sepals paler than the petals and lip: disk of the lip white. The form *oculata* has the central area of the lip buff-yellow, and without a purple band.

C. Lemoniana. This is now regarded as synonymous with *C. labiata.*

C. Lindleyana. This is now classed under *Lælia.*

C. lobata. This is now classed under *Lælia.*

C. Loddigesii candida (white). *fl.* white, with a yellow disk to the lip.

C. L. Harrisoniæ (Mrs. Harrison's). The correct name of the plant described on p. 282, Vol. I., as *C. Harrisoniæ.*

C. L. maculata (spotted). *fl.*, having minute, purple spots extending over the whole surface. Brazil.

C. L. violacea (violet). *fl.* more deeply coloured than in the type.

C. Lucieniana (Lucien's). *fl.*, sepals and petals brown, with a wash of purple; lip rich purple, trifid, with pale yellow side lobes, and red veins and keels. 1885. A beautiful hybrid.

C. Luddemanniana (Luddemann's). *fl.*, sepals and petals delicate purplish-rose, suffused white, the petals nearly three times as broad as the sepals, and gently undulated, chiefly in the distal half; convolute lobes of the lip of the same colour externally as the sepals and petals, the anterior lobe fine amethyst-purple, crisped, emarginate, with two pale yellow or white blotches at the entrance of the tube, between which are lines of amethyst-purple gently diverging from the base of the lip. September and October. This is a variety of *C. labiata*. SYNS. *C. Dawsonii* (W. S. O. i. 16), *C. speciosissima Buchananiana* (W. O. A. vi. 261.)

C. L. alba (white). *fl.* large, pure white, with a pale yellow stain on the disk of the lip.

C. L. brilliantissima (most brilliant). *fl.*, sepals and petals bright rose, the latter with an amethyst-purple, feathered blotch near the apex; anterior lobe of the lip maroon-purple, with two pale yellow blotches beneath. SYN. *C. brilliantissima* (of gardens).

C. L. regina (queenly). *fl.*, sepals and petals rosy-purple; lip deep purple, with two yellow blotches as in the type.

C. luteola (yellowish). *fl.* yellow, 2in. across; sepals narrow-oval, blunt; lip white, with a yellow disk, cucullate, rounded

Cattleya—*continued.*

and crenulate, velvety inside. Pseudo-bulbs oval, ancipitous, one-leaved. Brazil. (B. M. 5032; R. X. O. i. 83.) SYN. *C. Holfordi* (of gardens). The variety *fastuosa* has a large, purple blotch on the lip; in the form *lepida* the lip is veined purple.

C. Manglesii (Mangles'). *fl.* brighter and larger than those of *C. Loddigesii*; lip white, with a yellow line on the disk and two small, pale purple blotches, waved and toothed on the light purple margin. A hybrid between *C. Luddemanniana* and *C. Loddigesii*.

C. Mardelli (Mardell's). *fl.*, sepals and petals magenta; lip three-lobed, opening out on both sides of the column, the side lobes pale magenta, the front magenta-purple, with a broad, bright yellow stripe down the centre of the throat. June. Stems about 4½in. long, two-leaved. A hybrid between *C. Luddemanniana* and *Lælia elegans*. (F. M. ser. ii. 437.)

C. marginata. This is now regarded as synonymous with *Lælia pumila*.

C. Marstersoniæ (Marsterson's). *fl.* amethyst-coloured, intermediate in character between *C. Loddigesii* and *C. labiata*; lateral lobes of the lip yellowish-white, with an amethyst border, the middle lobe intense purple. Stems about 8in. long, two-leaved. Garden hybrid.

C. maxima alba (white). *fl.* white, having the usual yellow and purple markings on the lip.

C. m. aphlebia (veinless). In this variety the purple, reticulated veins are absent from the lip, which has a yellow disk surrounded by light purple. 1884.

C. m. Backhousei (Backhouse's). *fl.* richer in colour than those of the type. *l.* stiff, upright. Pseudo-bulbs short and plump. Colombia.

C. m. doctoris (teacher). A variety with pale rose-coloured flowers. 1883.

C. m. Hrubyana (Hruby's). *fl.* tinted pale rose; lip handsomely veined with red and marked with a central, yellow stripe. 1885. A beautiful variety.

C. Measuresii (Measures'). *fl.*, sepals and petals reddish-brown, ligulate, acute, the petals slightly undulated; lip whitish-rose, the side laciniæ forming a blunt angle, bearing a small point in the middle, involved at the upper part, the isthmus almost wanting, the anterior part cordate; column purple at top, rose at base. Pseudo-bulbs usually two-leaved. 1886. A hybrid between *C. Aclandiæ* and *C. Walkeriana*.

C. Mendelii. This is now regarded as a variety of *C. labiata*.

C. M. bella (beautiful). A charming variety, having whitish-mauve-lilac petals, and a darker mauve-lilac front part to the lip. 1882. (W. O. A. 225.)

C. M. grandiflora (large-flowered). *fl.* 8in. across; sepals and petals white, very broad; lip magenta-rose, white and frilled at the edge, fringed, broad, the throat lemon-yellow, lined pale magenta-rose. May and June. Colombia. (W. O. A. i. 3.)

C. M. Jamesiana (James'). *fl.* about 5in. across; sepals and petals rosy, tinged purple, broad; lip rich, velvety purplish-rose in the front half, the disk golden-yellow, the throat whitish, pencilled crimson. 1882. (W. O. A. iv. 178.)

C. M. Morganiæ (Mrs. Morgan's). *fl.*, sepals and petals snow-white, freely produced; lip white, beautifully fringed, with a distinct, bright magenta blotch towards the apex, the throat orange, with darker stripes. May and June. Colombia. Habit as in *C. Mendelii*. SYN. *C. Morganiæ* (W. O. A. i. 6).

C. M. superbissima (most superb). *fl.* very large; sepals and petals pale blush, broad; lip bright amethyst, much crisped and frilled at the edge, the throat rich purple. Colombia.

C. Mitchelli (Mitchell's). *fl.*, sepals and petals purplish-violet; front lobe of the lip deep purple-magenta, the lateral lobes light purple, tipped magenta-purple, the disk orange, edged white. *l.* dark green. Stems about 1ft. long, two-leaved. A hybrid between *C. guttata Leopoldii* and *C. Trianæ quadricolor*. (F. M. ser. ii. 337.)

C. Morganiæ (Mrs. Morgan's). A form of *C. Mendelii*.

C. Mossiæ. This is now regarded as a variety of *C. labiata*.

C. M. Alexandræ (Alexandra's). *fl.*, sepals and petals pale blush; lip white, spotted and veined bright magenta; throat orange, marked crimson-purple.

C. M. Arnoldiana (Arnold's). *fl.*, sepals and petals whitish-rose; lip rather narrow. 1884.

C. M. aureo-marginata (golden-margined). *fl.* large; sepals and petals deep blush; lip deep violet-rose in the centre, yellow at base, the yellow stain continued so as to form a broad margin to the upper, expanded portion of the lip.

C. M. Blakei (Blake's). *fl.*, sepals and petals blush, the latter frilled towards the points; lip orange-buff at base, mottled violet-rose in front, the markings passing nearly to the edge.

C. M. candida (white). *fl.* sometimes 7in. across, but sparingly produced, and often deformed; sepals and petals white; lip crimson, fringed. June and July. *l.* light green. *h.* 1ft. Brazil. (F. d. S. 661, under name of *C. labiata candida*.)

Cattleya—*continued.*

C. M. complanata (flattened). *fl.* large, remarkable for the almost total absence of frilling; sepals and petals deep blush; lip broad and spread out at apex, stained orange at base, faintly mottled and veined purple over the centre, leaving a broad, pale blush edge.

C. M. conspicua (conspicuous). *fl.* large; sepals and petals blush; lip marked violet-rose, dashed orange at base, and having an irregular, pale border.

C. M. Hardyana (Hardy's). *fl.*, sepals and petals pale purple, irregularly blotched with magenta-purple; lip yellow and white, irregularly marked with darker magenta-purple than that of the sepals and petals. 1884. A remarkably beautiful and distinct form. (W. O. A. iii. 125.)

C. M. Nalderiana (Nalder's). *fl.* rosy-purple, with a slight, greyish hue, and darker borders and markings. Venezuela.

C. M. Reineckiana (Reinecke's). *fl.*, sepals and petals pure white; lip having an orange disk, and rays of violet lines and dots towards the margin. 1884.

C. M. Roëzlii (Roëzl's). *fl.* having two bright yellow eyes behind the purple apex of the lip. 1883.

C. M. Wageneri (Wagener's). The correct name of the plant described on p. 284, Vol. I., as *C. Wageneri*.

C. nobilior. This is now regarded as a variety of *C. Walkeriana*.

C. n. Huguenayi (Huguenay's). *fl.* purple, striated with red, and having a yellow blotch veined with red on the disk of the lip, large. Matto-Grosso, Brazil, 1885.

C. n. maxima (greatest). *fl.* richly coloured, large; sepals and petals of a beautiful lilac-purple; yellow spot on the lip veined with purple. 1885.

C. Percivaliana (Percival's). *fl.* smaller than in *C. Mossiæ*, but darker and richer in colour in the best forms; sepals and petals deep blush; lip intense magenta-crimson, margined with blush-pink, much fringed, the throat marked with golden and crimson lines. January and February. Colombia. A distinct form of *C. labiata*. (G. C n. s., xxi., p. 178; W. O. A. iii. 144.)

C. P. alba (white). *fl.*, sepals and petals pure white; lip white, with an orange stain in the throat. Brazil, 1884.

C. P. bella (handsome). *fl.* bright purple; sepals, petals, and anterior part of lip spotted dark purple, the petals hard, wavy.

C. P. Reichenbachi (Reichenbach's). *fl.*, sepals and petals rich mauve-purple; front lobe of the lip deep purple, the purple running out into a point behind, on each side of which the lip is deep yellow with red venation. 1886.

C. porphyroglossa (purple-tongued). *fl.*, sepals and petals of a light chestnut-brown; lip very fine, the stalk of the anterior lacinia crenulated or serrated at the edges, the central lacinia much keeled; column white at back, yellow covered with purple stripes in front. 1887. This species resembles *C. guttata*, but has larger flowers.

C. p. punctulata (slightly dotted). *fl.* having scattered, crimson spots on the inside of the petals and a few on the sepals; column yellow, richly adorned with crimson. 1887.

C. p. sulphurea (sulphur-coloured). *fl.*, sepals and petals sulphur-coloured. 1887.

C. porphyrophlebia (purple-veined). *fl.* 4in. in expanse; sepals and petals pale mauve, the former narrow-oblong, the petals falcate-elliptic, 1in. broad; base of the lip pale mauve, the front lobe darker, with deep mauve veins, which are continued up the middle of the disk to the base, the front part of the side lobes pale yellowish, with light mauve at the wavy edge. 1885. A fine hybrid between *C. intermedia* and *C. superba*.

C. pumila. This is now regarded as synonymous with *Lælia pumila*.

C. quadricolor. A variety of *C. Trianæ*.

C. Regnelli. This is now regarded as synonymous with *C. Schilleriana*.

C. Reineckiana (Reinecke's). A variety of *C. Mossiæ*.

C. resplendens (resplendent). *fl.*, sepals and petals dull olive-brown, with thinly scattered purple spots; lip white, with amethyst keels and warts, the side laciniæ much developed and very acuminate. 1885. Probably a natural hybrid between *C. guttata* and *C. Schilleriana*.

C. Rollissonii (Rollisson's). A synonym of *C. Trianæ delicata*.

C. Sanderiana (Sander's). A synonym of *C. Warscewiczii*.

C. Schilleriana Amaliana. *fl.* having a very large and broad front lobe to the lip, which is densely veined bright purple on a white ground, the disk yellow. Brazil, 1887. Veitch unites *C. Regnelli* with the type.

C. Schofieldiana (Schofield's). A variety of *C. granulosa*.

C. Schrœderiana (Baron von Schrœder's). A variety of *C. Walkeriana*.

C. scita (clever). *fl.*, sepals, as well as the broad, waxy petals, pale ochre, with light purple blotches and shades; lip purple, with pale sulphur side lobes, having purple edges, and a white

Cattleya—*continued.*

disk with purple lines. 1885. A fine plant, allied to *C. guttata*, between which and *C. intermedia* it is supposed to be a cross.

C. Skinneri parviflora (small-flowered). *fl.* half the size of those of the type; lip whole-coloured, not pallid over the lower half. (B. M. 4916.) The following are sub-varieties: *alba*, snow-white, with a small primrose blotch on the lip, and, occasionally, some mauve-purple markings at the base. (W. O. A. iii. 112); *oculata*, with a large, maroon-purple blotch on the lip.

C. Sororia (sisterly). *fl.* resembling "a good, extra strong flower of *C. Harrisoniæ*" (Reichenbach); sepals tipped with greenish-yellow; petals having small, dark spots, more numerous inside than outside; lip white, with "the lightest purple" at the margin, and a few dark purple lines at the base. 1887. Supposed by Reichenbach to be a hybrid between *C. Walkeriana* and *C. guttata.*

C. speciosissima Buchananiana (Buchanan's). A synonym of *C. Luddemanniana.*

C. s. reginæ (queenly). A synonym of *C. labiata regina.*

C. suavior (sweeter). *fl.*, sepals and petals pale rosy-lilac, suffused white; side lobes of the lip white, tinted pale lilac towards the margins; middle lobe amethyst-purple, with a crisped margin and a deep sinus or cleft in the anterior margin; disk creamy-white, a purple band extending below it to the base. A hybrid between *C. intermedia* and *C. Mendelii.*

C. superba splendens (splendid). *fl.* three to seven in a spike; sepals and petals deep rosy-purple; lip rich rosy-violet in front, flushed with maroon. Rio Negro, 1883. A beautiful variety. (I. H. 605.)

C. Trianæ. This is now regarded as a variety of *C. labiata.*

C. T. alba (white). *fl.* white, with the usual yellow disk of the lip, in front of which is a small blotch varying in colour from rosy-purple to pale lilac.

C. T. Annæ (Anna's). *fl.*, sepals and petals bright rosy-purple; lip dark purple, the inside of the tube whitish, with a two-lobed, yellow blotch in front. 1886.

C. T. Backhousiana (Backhouse's). *fl.* very large; sepals and petals blush-pink; lip large, with a bright magenta stain on the anterior part, the throat marked pale yellow.

C. T. chocoënsis (Choco). The correct name of the plant described on p. 281, Vol. I., as *C. chocoënsis.*

C. T. Corningii (Corning's). *fl.* large, several on a spike; sepals and petals white, slightly tinged pale rose; lip white, with a slight blotch of orange on the anterior part.

C. T. delicata (delicate). *fl.* 6in. across; sepals and petals white; lip large, with a beautiful yellow centre and a tinge of rose, white outside. December and January. *h.* 1ft. Brazil, 1861. SYNS. *C. Rollissonii* (F. M. 1861, 8), *C. Warscewiczii delicata* (W. S. O. i. 4). *superba* is a fine variety, with a very large lip.

C. T. formosa (beautiful). *fl.*, sepals and petals mauve; lip of a rich magenta, the disk yellow, with radiating streaks of darker yellow. Columbia, 1884. (W. O. A. iii. 108.)

C. T. Hardyana (Hardy's). *fl.*, petals white, washed whitish-purple; anterior part of the lip warm purple, having a light border of purple round the wavy margin, and a light ochre central line with two anterior streaks.

C. T. Hooleana (Hoole's). *fl.*, lip rich magenta-purple, entire, marked with two curved, clavate, orange-yellow spots in the throat. New Grenada. (W. O. A. vi. 265.)

C. T. Leeana (Lee's). *fl.* about 7in. in diameter; sepals and petals rosy-lilac, 3in. across; lip deep magenta-mauve; faintly margined lilac-rose, 2in. in diameter in the fore part; throat striped orange, very large and open.

C. T. marginata (margined). *fl.* about 6in. in diameter, deliciously scented; sepals and petals blush-white; anterior portion of the lip bright magenta-purple, broadly margined white, beautifully fringed; throat orange.

C. T. Massangeana (Massange's). *fl.* white, streaked with purple-mauve; petals purple-mauve down the middle, with white spots and oblique, purple-mauve lines extending towards the border; lip having a white middle line bordered with purple, which radiates in lines outwards, the tip dark purple with a white border. 1883. (W. O. A. vi. 242.)

C. T. Osmanni (Osman's). *fl.* 7in. across; sepals and petals rosy-magenta, the former 1in., the latter 2½in., broad; lip intense magenta-crimson, 2¼in. across, narrowly margined rosy-magenta; throat slightly marked yellow. A splendid variety. (F. M. ser. ii. 51.)

C. T. quadricolor (four-coloured). *fl.*, sepals and petals rosy-magenta, broad; anterior part of the lip magenta-crimson, the throat orange, the upper portion rosy-magenta, but darker than the sepals and petals.

C. T. reginæ (queenly). *fl.* 6in. in diameter; sepals and petals pure white, slightly flushed towards the centre, the former ¾in., the latter 2¼in., broad; lip bright magenta-purple, broadly margined white, the throat pale yellow.

Cattleya—*continued.*

C. T. rosea (rosy). *fl.*, sepals and petals rose-coloured; lip bright rosy-lilac, with a yellow blotch at the mouth of the throat.

C. T. Schrœderæ (Baroness von Schrœder's). *fl.* generally very light purple, exquisitely perfumed, easily distinguishable from the type by the extraordinary crispation of both petals and lip, and by the well-known orange area of the lip reaching far more towards the apex. 1887.

C. T. Schrœderiana (Baron von Schrœder's). A fine form, with unusually long petals, and having a green blotch at the base of the column. 1886.

C. T. splendidissima (most splendid). A fine form, having white sepals and petals, and a dark purple-magenta lip. 1884. (W. O. A. iv. 150.)

C. T. Vanneriana (Vanner's). *fl.*, lateral sepals having a broad, orange, central stripe; lip with a fine purple apex, orange disk, and light rose side lobes. 1886.

C. T. Williamsii (Williams'). *fl.*, sepals and petals blush-white, broad, the petals veined rosy-magenta; lip intense crimson-purple, nicely fringed, with a slight blotch of yellow in the throat. *l.* often tinted bronze.

C. triophthalma (three-eyed). A synonym of *Lælia triophthalma.*

C. Veitchiana (Veitch's). *fl.*, sepals rich, bright pink; petals paler pink; lip deep, rich crimson-purple, yellow in the centre. Spring. A hybrid between *C. crispa* and *C. labiata.*

C. velutina (velvety). *fl.* very fragrant; sepals and petals pale orange, spotted and streaked purple; lip orange at base, white with violet veins in front, where the surface is velvety. Brazil. The habit of this supposed hybrid closely resembles that of *C. bicolor.* (G. C. 1872, p. 1259; W. O. A. i. 26.)

C. veriflora (true-flowered). *fl.*, sepals and petals rosy-violet; lip deep magenta, margined rose, the throat orange. Winter. *l.* light green, about 8in. long. Stems thick, 6in. long. A hybrid, of which *C. labiata* and *C. Trianæ* are probably the parents.

C. virginalis ~~(virgin-white). A form of *C. Eldorado.*~~

C. Wageneri (Wagener's). This is now regarded as a variety of *C. Mossiæ.*

C. Walkeriana. SYN. *C. bulbosa.* In addition to *Schrœderiana*, *C. dolosa* and *C. nobilior* are now regarded as forms of this species.

C. W. Schrœderiana (Baron von Schrœder's). *fl.* purple, tinged mauve; lip with very small basal auricles and a transverse, oblong, apiculate blade; peduncle two-flowered. Pseudo-bulbs 4in. high, bearing two very stout, oblong leaves. 1883. A beautiful plant. SYN. *C. Schrœderiana.*

C. Wallisii (Wallis'). A form of *C. Eldorado.*

C. Warneri. This is now regarded as a variety of *C. labiata.*

C. Warscewiczii. This is now regarded as a variety of *C. labiata.* SYN. *C. Sanderiana.*

C. W. delicata (delicate). A synonym of *C. Trianæ delicata.*

C. Whitei (White's). *fl.* sweet-scented; sepals deep rose, flushed olive-green; petals deeper and brighter rosy-magenta, much broader and undulated; side lobes of the lip angular, blush towards the base, the reflexed borders and apex purplish-rose, the throat orange, the tube lined purple, the anterior lobe magenta-rose, veined deep crimson-magenta, roundish-reniform, undulated and denticulate. Brazil. Probably a natural hybrid between *C. labiata* and *C. Schilleriana.* (R. G. 1159; W. O. A. iii. 115.)

C. Zenobia (Zenobia). *fl.* 4in. across, intermediate between those of the parents; sepals and petals rosy-pink; lateral lobes of lip rosy-pink outside, paler inside, shading to very light yellow in front, the front lobe heavily veined with crimson-purple on a paler ground, and with a narrow, pale margin, the disk light yellow, with ridges inclining to buff. 1887. A hybrid between *C. Loddigesii* and *Lælia elegans Turneri.*

CAUTLEYA (named in honour of Major-General Sir P. Cautley, F.G.S., 1802-1871, joint author, with Dr. Falconer, of the "Fauna antiqua sivalensis"). ORD. *Scitamineæ.* A monotypic genus, included by some authorities under *Roscoea.* The species is a stove, perennial herb, requiring similar treatment to **Alpinia** (which *see*, on p. 54, Vol. I.).

C. lutea (yellow). *fl.* 1½in. to 2in. long; calyx red-purple, tubular, two-cleft at mouth; sepals linear-oblong, obtuse, concave, the dorsal one erect, the lateral ones reflexed; corolla golden-yellow, the tube exserted; lateral staminode like the dorsal sepal, erect, the tips incurved; spike 4in. to 8in. high. August. *l.* 5in. to 10in. long, narrow-lanceolate, with a slender tip, bright green above, paler or suffused or streaked red-brown beneath. Stems 8in. to 18in. high, tufted, erect, leafy. Himalaya, 1887. (B. M. 6991.)

CECROPIA. Nearly forty species have been referred to this genus, but, according to the authors of the "Genera Plantarum," this number might be reduced; they inhabit

Cecropia—*continued.*

tropical America, from Brazil to Mexico. To the species described on p. 285, Vol. I., one more calls for addition:

C. dealbata (whitened). *l.* large, soft, pubescent, palmate, light green above, glaucous beneath. New Grenada, 1887. A fine Snake-wood, of ornamental character.

CELASTRUS. Including *Orixa*. This genus embraces about eighteen species. To those described on p. 287, Vol. I., the following should now be added:

C. Orixa (Orixa). *fl.* green, small; males racemose; females long-stalked, generally solitary. Summer. *l.* elliptic or obovate, with entire margins; upper surface glossy-green. *h.* 6ft. to 9ft. Japan, 1886. SYN. *Orixa japonica* (R. G. 1232.)

CELMISIA (so called after Celmisius, who was said to be the son of the nymph Alciope, from whom the name of a nearly-related genus is derived). ORD. *Compositæ*. A genus embracing about twenty-five species of greenhouse or hardy, more or less silvery-silky, perennial herbs; one inhabits the Auckland and Campbell Islands, the rest are natives of New Zealand, one being also found in Australia. Flower-heads heterogamous, radiate; involucre broadly campanulate or hemispherical, the bracts many-seriate, imbricate; scapes (or scape-like peduncles) one-headed. Leaves entire. Two species have been introduced. For culture, *see* **Olearia**, p. 481, Vol. II.

C. coriacea (leathery). *fl.-heads* 1½in. to 3in. in diameter; ray florets white, excessively numerous; disk yellow; scapes very stout, cobwebby and cottony. *l.* 10in. to 18in. long, ½in. to 2½in. broad, lanceolate, coriaceous, narrowed into broad, woolly sheaths, covered above with cottony hairs, below with dense, white-silvery tomentum. New Zealand. Hardy. SYN. *Aster coriacea*.

C. spectabilis (remarkable). *fl.-heads* 2in. in diameter; ray florets white or pale lilac, very numerous, revolute; disk yellow; scapes several, stout, stiff, erect, longer than the leaves. May. *l.* numerous, strict, erect, usually 5in. to 7in. long, ½in. to 1in. broad, thickly coriaceous, ensiform, elliptic-lanceolate, or linear-oblong, narrowed at base, then dilating into broad, tumid sheaths 2in. to 4in. long. Rootstock woody. Mountains of New Zealand, 1882. Hardy. (B. M. 6653.)

CENTROPETALUM (from *kentron*, a spur, and *petalon*, a petal; in allusion to the spur-like appendage at the base of the labellum). Including *Nasonia*. ORD. *Orchideæ*. A small genus (five or six species) of dwarf, creeping, cool-house Orchids, natives of the Columbian Andes. Flowers mediocre, solitary in the upper axils; sepals sub-equal, spreading, free, or the lateral ones more or less connate; petals similar or broader; lip connate towards the base with the column, at length erect, the lateral lobes scarcely prominent or broader and embracing the column, the lamina spreading, ovate or broadly rounded, undivided. Leaves distichous, short. *C. punctatum* (described on p. 421, Vol. II., as *Nasonia punctata*) is the best-known species.

CERASUS. Bentham and Hooker include this genus under *Prunus*. To the species described on pp. 295-7, Vol. I., the following should now be added:

C. acida (acid). Montmorency Cherry. *fl.* white; umbels aggregate, sparse, sessile. April and May. *fr.* red or dark purple; juice colourless. *l.* flat, glabrous, shining, sub-coriaceous, elliptic, all acuminate; petioles glandless. Orient, &c.

C. a. pyramidalis (pyramidal). A garden variety, with erect branches, forming a pyramidal growth like that of the Lombardy Poplar.

CERATOSTIGMA (from *keras*, *keratos*, a horn, and *stigma*, a stigma; alluding to the stigmas being beset with short, horn-like excrescences). SYN. *Valoradia*. ORD. *Plumbagineæ*. A small genus (three or four species) of greenhouse or hardy, perennial herbs or shrubs; one is Chinese, another Himalayan, and one or two are Abyssinian. Flowers densely capitate-spicate at the tips of the branches; calyx tubular, glandless, deeply five-cleft, the lobes narrow; corolla salver-shaped, the tube long and slender, the limb of five obtuse or retuse, spreading lobes. Leaves alternate, obovate or lanceolate, more or less setoso-ciliated. Only one species calls for

Ceratostigma—*continued.*

mention here. It thrives in ordinary garden soil, and may be increased by divisions.

C. plumbaginoides (Plumbago-like). This is the correct name of the plant described on p. 169, Vol. III., as *Plumbago Larpentæ* (F. d. S. 307). SYN. *Valoradia plumbaginoides* (B. M. 4487).

CERATOTHECA (from *keras*, *keratos*, a horn, and *theke*, a case, a capsule; in allusion to the horned fruit). SYN. *Sporledera*. ORD. *Pedalineæ*. A small genus (two species) of erect, pubescent, stove or greenhouse, (? always) annual herbs, natives of tropical and South Africa. Flowers solitary in the axils, shortly pedicellate; calyx five-parted or deeply five-cleft; corolla tube enlarged above, the limb sub-bilabiate, with spreading lobes; stamens four, didynamous. Leaves opposite, or the upper ones alternate, ovate, toothed. *C. triloba*, the only species in cultivation, is probably a biennial. Seeds should be raised in heat, and the plants, when strong enough, removed to the greenhouse. Rich loam, a sunny position, and plenty of water when growing, are essentials to success.

C. triloba (three-lobed). *fl.* in opposite pairs, shortly pedicellate, with a minute, imperfect flower at the base of each; calyx erect; corolla pale violet-purple, with darker streaks, 3in. long, pilose. September. *l.* polymorphous, the lower ones long-petiolate, varying from broadly ovate-cordate to broadly triangular and three-lobed, crenate, the broadest leaves 8in. across; floral ones narrowly ovate, shorter than the flowers. Stem 5ft. high. Natal, 1886. (B. M. 6974.)

CEREUS. About 200 species of this genus are known, natives of tropical and sub-tropical America, the West Indies, and the Galapagos Islands. (*See also* **Pilocereus**.) To those described on pp. 299-300, Vol. I., the following should now be added:

FIG. 4. PORTION OF PLANT, WITH FLOWER, OF CEREUS BERLANDIERI.

C. Berlandieri (Berlandier's).* *fl.* 4in. across, produced on the young, upright stems; petals bright purple, strap-shaped, in an

Cereus—*continued.*

irregular ring; stamens rose-coloured, clustered. Summer. Stems procumbent, not more than 6in. long and ¾in. thick, bearing, along the ridges, little tubercles, crowned with short spines. South Texas and Mexico. Plant dwarf, creeping, very soft and watery. See Fig. 4.

FIG. 5. PORTION OF STEM, WITH FLOWER, OF CEREUS BLANKII.

C. Blankii (Blank's). This only differs from *C. Berlandieri* in having deep rose flowers, flushed with crimson, and longer, broader, and less spreading petals. Summer. Mexico (at high elevations). See Fig. 5.

FIG. 6. CEREUS CÆSPITOSUS.

C. cæspitosus (tufted). *fl.* deep rose-coloured; petals thirty to forty, oblong, acute, obtuse, or mucronate; tube having eighty to one hundred cushions clothed with long, ashy wool, and six to sixteen brown or blackish spines. Stems 4in. to 6in. high, 3in. to 4in. in diameter, simple or clustered, cylindric-ovoid, pale greyish or whitish, with scanty brown wool; ribs twelve to eighteen, ¼in. to ⅜in. broad at base; cushions close-set, with twenty to thirty straight spines ½in. or more in length. New Mexico and Texas. See Fig. 6. (B. M. 6669.)

Cereus—*continued.*

FIG. 7. CEREUS CTENOIDES.

C. ctenoides (comb-like).* *fl.* 3in. to 4in. across, produced in the ridges near the top of the stem; petals bright yellow, resembling a Convolvulus; stamens yellow; pistil white. June or July. Stem 3in. to 5in. high, about 3in. in diameter, egg-shaped, producing offsets at the base; ribs fifteen or sixteen, spiral, with closely-set cushions of whitish spines ¼in. long. Texas. Rare in cultivation. See Fig. 7.

C. Engelmanni (Engelmann's). *fl.* purplish-carmine; sepals fifteen to twenty, ovate-lanceolate, prickly; petals acute; stigmas twelve, green, erect. *fr.* red, ovate. Stem ovate-cylindrical, eleven to thirteen-ribbed, bearing the flowers laterally at the apex; prickles radiating, whitish, about thirteen in a tuft. California, 1885. (R. G. 1174 [1175 a in text].)

C. enneacanthus (nine-spined). *fl.* freely developed on the ridges near the top of the stem; petals deep purple, spreading; tube spiny; pistil and stamens yellow. Stem seldom exceeding 6in. in height, less than 2in. in diameter, cylindrical, bright green,

512　THE DICTIONARY OF GARDENING.

Cereus—continued.

FIG. 8. PORTION OF STEM, WITH FLOWER, OF CEREUS ENNEACANTHUS.

tufted in old specimens; ribs shallow, broad, irregular on the top, with spine cushions on the projecting parts; spines frequently twelve (although the specific name implies only nine) to a tuft. Texas. A rare plant in cultivation. See Fig. 8.

C. Fendleri (Fendler's). *fl.* purple, sub-erect, 3in. in diameter; calyx tube and ovary bearing cushions covered with short spines;

FIG. 9. PORTION OF STEM, WITH FLOWER, OF CEREUS LEPTACANTHUS.

Cereus—continued.

inner sepals twelve to fifteen; petals sixteen to twenty-four. June. Stem ovoid or sub-cylindric, 5in. to 7in. high, 3in. to 4in. in diameter, pale green, simple or rarely branched at base; ribs nine to twelve, ⅜in. deep; radial spines seven to ten, the central one 1¼in. long. New Mexico, 1880. (B. M. 6533.)

C. hypogæus (underground). *fl.* 2in long, the tube short, with a few spine tufts; petals purplish, margined with yellow, oblong, mucronate. Aerial stems cylindric or clavate, seven or eight-angled; tubercles with two to five or more bristle-like spines and three to five longer central ones. Underground stem minute, unarmed. 1883. (R. G. 1085.)

C. leptacanthus (slender-spined).* *fl.* several to a branch; petals deep purplish-lilac in the upper half, the lower part white, forming a shallow cup, notched on the edges; stamens white; anthers and stigma orange. May and June. Mexico, 1860. Habit as in *C. Berlandieri*. See Fig. 9.

FIG. 10. CEREUS MULTIPLEX.

C. multiplex (proliferous). *fl.* 6in. to 8in. long and across; sepals pointed; petals 2in. or more in length, 1in. wide, spreading out quite flat; tube clothed with small, hairy scales. Autumn. Stem globose, becoming pear-shaped with age, about 6in. high; ridges angled, clothed with clusters of about a dozen spines, the central one longest. South Brazil, 1840. See Fig. 10.

FIG. 11. CEREUS MULTIPLEX CRISTATUS.

C. m. cristatus (crested). Stems fasciated and divided into numerous crumpled, flattened branches. A remarkable monster. See Fig. 11.

SUPPLEMENT.

Cereus—*continued*.

C. paucispinus (few-spined). *fl.* axillary towards the top of the stem, 3in. broad; calyx sub-cylindric, with ten to fifteen clusters of short, pale spines; petals about thirty, dark red, tinged brown, elongate-spathulate, with concave tips. May. Stems 5in. to 9in. high by 2in. to 4in. in diameter; ridges irregular in shape, $\frac{1}{2}$in. to $\frac{3}{4}$in. in diameter; tubercles variable; spines three to seven, stout, pale red-brown. New Mexico, 1883. (B. M. 6774.)

C. Philippii (Philippi's). *fl.* yellow, with reddish-tinted segments, about 1$\frac{1}{4}$in. long, campanulate; stamens in two distinct whorls, the outer arising from the base of the petals, the inner whorl united in a tube around the style. Stem cylindric, eight to ten-angled, the angles tubercled; tubercles with about eight short and four or five long spines. Chili, 1883. (R. G. 1079, f. 1.)

FIG. 12. STEM, BRANCHES, AND FLOWER OF CEREUS PROCUMBENS.

C. procumbens (trailing).* *fl.* 3in. long and broad, developed on the ends of the branches; petals bright rose-purple, spreading and recurved; anthers forming a corona-like ring, enclosing the rayed stigma. May and June. Stems spreading, prostrate, emitting upright branches 3in. to 4in. high, $\frac{1}{2}$in. thick, generally only quadrangular or square, with small spines in tufts along the angles. Mexico. A pretty little Cactus. See Fig. 12.

CEROPEGIA. The fifty species of this genus inhabit tropical and South Africa, the East Indies, the Malayan Archipelago, and tropical Australia. To those described on pp. 300-1, Vol. I., the following should now be added:

C. Monteiroæ (Mrs. Monteiro's). *fl.* about three at the top of short, lateral peduncles; sepals small, acute; corolla green, 2in. to 3in. long, the mouth trumpet-shaped, the five clawed lobes white, spotted purple-brown. July. *l.* opposite, 2in. to 3in. long, oblong-ovate, sub-acute or obtuse, succulent, pale green, the edges purplish, undulated. Branches white, mottled brown. Delagoa Bay, 1884. Stove. (B. M. 6927.)

CHÆROPHYLLUM SATIVUM. A synonym of **Anthriscus cerefolium** (which *see*).

CHAMÆCERASUS ALBERTI. A garden name for **Lonicera Alberti** (which *see*).

CHAMÆCERASUS ALPIGENA NANA. A garden name for **Lonicera alpigena nana** (which *see*).

CHAMÆCLADON (from *chamai*, dwarf, and *kladon*, a branch; in allusion to the habit of the species). ORD. *Aroideæ* (*Araceæ*). A genus comprising about twelve species of stove herbs, inhabiting tropical Asia and the Malayan Archipelago. Flowers monœcious, all perfect; spathe small, sub-cylindrical, convolute below, gaping above, persistent; spadix inappendiculate, included, stipitate, sub-cylindrical, the male inflorescence much longer than the female. Leaves elliptic-ovate, varying to lanceolate, rarely cordate at base, the nerves nearly reaching the margins; petioles elongated, long-sheathing. Caudex short or almost wanting. Only one species is known in gardens. For culture, *see* **Schismatoglottis**, on p. 332, Vol. III.

C. metallicum (metallic-lustred). *fl.*, spathe fuscous-purple, 1in. long, mucronate; peduncle purplish, slender, 1in. to 1$\frac{1}{4}$in. long. *l.* 3$\frac{1}{2}$in. to 5in. long, 2$\frac{1}{4}$in. to 3$\frac{1}{4}$in. broad, elliptic, sub-acute, shortly mucronate, rounded or slightly cordate at base, metallic-green above, purplish beneath; veins five to eight on either side the midrib, curved, ascending; petioles 2$\frac{1}{4}$in. to 3in. long, nearly $\frac{1}{8}$in. thick, channelled, purplish. *h.* about 7in. Borneo, 1884. (I. H. 1884, 539.)

CHAMÆCYPARIS. America and Japan are the headquarters of this genus, which is included, by Bentham and Hooker, under *Thuya*. To the varieties of *C. Lawsoniana* described on pp. 303-4, Vol. I., the following should now be added:

C. Lawsoniana erecta alba (erect, white). A variety of slender, twiggy growth, stiff and compact, but feathery at the points, of a rich glaucous-whitish-grey or silvery hue. 1882.

C. L. Rosenthalii (Rosenthal's). A garden variety, differing from the type in its pyramidal growth, and in the branchlets not drooping. 1886.

CHAMÆDOREA. This genus comprises about sixty species, natives of Western tropical America. To those described on p. 305, Vol. I., the following should now be added:

C. polita (polished). *l.* bifid when young, breaking up with age into two pairs of pinnæ, with a large, terminal leaflet; petioles (and stems) smooth. Mexico, 1884.

C. pulchella (pretty). *l.* produced in profusion, gracefully arched, pinnate, having very numerous linear leaflets. 1885. A very ornamental Palm, suitable for table decoration.

C. Wobstiana (Wobst's). An ornamental Palm, bearing a close resemblance to *C. Sartorii*, but it is more robust, and has more numerous leaves. 1885.

CHAMÆPEUCE. To the species described on p. 306, Vol. I., the following should now be added:

C. Sprengeri (Sprenger's). *fl.*-heads white, fragrant; involucral scales smooth. *l.* linear-lanceolate, dark green with white veins, the side veins running into two or three marginal spines. 1883. Garden hybrid. A hardy perennial, useful for rockwork and carpet-bedding.

CHAMELUM (from *chamelos*, low, humble; in allusion to the habit of the plant). ORD. *Irideæ*. A small genus (two species) of half-hardy, perennial herbs, natives of Chili. Flowers two or more in a spathe, very shortly pedicellate; perianth yellow, the tube slenderly funnel-shaped, the lobes sub-equal, erecto-patent; stamens affixed to the throat, the filaments connate in a cylindrical tube; spathes terminal, solitary or numerously aggregate. Leaves few, linear, rather broad or sub-terete. *C. luteum* is known to cultivation. It thrives in well-drained, sandy loam, and may be propagated by division of the rootstock. In many parts of England it would probably prove hardy.

Chamelum—*continued.*

C. luteum (yellow). *fl.*, perianth 2in. long, highly glabrous, the limb segments lanceolate-linear; spathes two or three, erect, 1½in. long, glabrous, striated and pubescent at apex, sharply mucronate; scape terete, eight lines long, two-flowered. *l.* linear-filiform, erect, recurved, 2½in. long, scarcely half a line broad, shortly whitish-pubescent. 1884. (R. G. 1129, f. 6-9.)

CHEILANTHES. Upwards of sixty species, many of them extending beyond the tropics, are embraced in this genus. To those described on pp. 307-9, Vol. I., the following should now be added:

C. californica (Californian). A synonym of **Hypolepis californica** (which *see*, on p. 170, Vol. II.).

C. chlorophylla (green-fronded). *rhiz.* stout, paleaceous. *sti.* contiguous, 1ft. to 1½ft. long, erect, polished, naked, dark chestnut-brown. *fronds* 1ft. to 1½ft. long, 4in. to 8in. broad, ovate-lanceolate, tripinnatifid; pinnæ 3in. to 5in. long, ¾in. to 1½in. broad, distant, lanceolate; pinnules lanceolate, cut down to the rachis into numerous entire, linear-oblong segments. *sori* numerous, small, roundish, placed on both edges. South America, 1883. Greenhouse. SYN. *Hypolepis spectabilis* (H. S. F. ii. 88 B).

CHEVALIERA CROCOPHYLLA. *See* **Ananas crocophylla.**

CHIONODOXA. The four species of this genus are natives of the Orient. To those described on p. 315, Vol. I., the following should now be added:

C. sardensis (Sardis). *fl.* similarly coloured to those of *C. Luciliæ*, but not shading lighter in the centre; perianth stellate-infundibuliform, the limb twice exceeding the tube; pedicels cernuous; scape two to six-flowered. *l.* convolute-channelled. 1887. (Gn. xxviii., p. 178; R. G. 1255 B-C).

CHLOROPHORA (from *chloros*, greenish, and *phoreo*, to bear; alluding to the economic properties of *C. tinctoria*). ORD. *Urticaceæ.* A genus comprising only two species of milky, stove trees; one is a native of tropical America, and the other is tropical African. Flowers diœcious, the males in cylindrical spikes, the females in globose or oblong heads; inflorescences of both sexes shortly pedunculate, solitary in the axils. Leaves alternate, petiolate, entire or toothed, penniveined; stipules lateral, caducous. The species thrives in almost any soil, and is readily propagated by cuttings of the half-ripened wood.

C. tinctoria (dyers'). Fustic-tree. *fl.*, male inflorescence 1½in. to 2¾in. long; female ¼in. to ½in. in diameter; peduncles pubescent or puberulous. *l.* distichous, 2in. to 6in. long, 1¾in. to 2¾in. broad, ovate or ovate-elliptic, entire or toothed, rarely lobed; petioles ¼in. to ½in. long. *h.* 20ft. Tropical America, 1739. Yellow, brown, olive, and green dyes are extracted from the wood. SYN. *Maclura tinctoria.*

CHLOROPHYTUM. This genus comprises about forty species, natives of Asia, tropical and South Africa, and America. To the information given on p. 317, Vol. I., the following should now be added. For culture, *see* **Anthericum**, on p. 83, Vol. I.

C. elatum variegatum (tall, variegated). *fl.* white, with the keel of each segment slightly greenish, about 1in. in diameter, paniculate. Summer. *l.* bright green, with broad bands and blotches of yellowish-white, strap-shaped, reflexed in the upper half, narrowed gradually to an acute point. SYN. *Anthericum variegatum.*

CHONDRORHYNCHA. Colombia is the home of the few species included in this genus. Sepals sub-equal, narrow-oblong; petals much broader; lip articulated with the foot of the column, sessile, broad, erect, concave, undivided; pollen masses four. To the species described on p. 317, Vol. I., the following should now be added:

C. Lendyana (Lendy's). *fl.*, sepals and petals whitish-yellow, the lateral sepals reverse and retrorse, the petals very large; lip darker than the sepals and petals, large, elliptic, with a central, bidentate callus. 1886.

CHRYSANTHEMUM. Nearly 120 species have been referred to this genus, but not more than eighty are distinct as such; they are found in Europe, Asia (mostly temperate and North), America (mostly North), North and South Africa, and the Canary Islands. To the species and varieties described on pp. 318-24, Vol. I., the following should now be added. (with the exception of *C. multicaule*, the species are hardy perennials):

C. cinerariæfolium (Cineraria-leaved). *fl.-heads* 1½in. in diameter; involucral bracts rounded and whitish at apex; ray florets white, tridentate; disk yellow. July and August. *l.* pinnatisect; segments narrow-elongated, few-lobed, pinnatifid or pinnatisect, spreading. Stem erect, slender, one-headed. Dalmatia. (B. M. 6781.)

C. Decaisneanum (Decaisne's). *fl.-heads* pale yellow, radiate, larger than those of *C. marginatum.* Autumn. *l.* obovate, pinnatifid. *h.* 1ft. to 1½ft. Japan, 1887. SYN. *Pyrethrum Decaisneanum.*

C. marginatum (margined). *fl.-heads* deep yellow, small, disposed in rounded corymbs. Autumn. *l.* cuneate-oblong, pinnatifid in the upper third, tomentose beneath and on the edge. Stems tomentose. Japan, 1887. SYN. *Pyrethrum marginatum.*

C. maximum (greatest). *fl.* white; involucral scales oblong, whitish-margined at apex; ray florets about 2in. long. *l.*, lower ones petiolate, cuneate at base, lanceolate, toothed from the middle to the apex; cauline ones sessile, broadly linear-lanceolate, serrated. Stem ascending, erect. *h.* sometimes 10ft. Pyrenees. (G. C. n. s., xxvi., p. 273.)

C. multicaule (many-stemmed). *fl.-heads* golden-yellow, solitary at the ends of the stems or branches, 1½in. to 2½in. in diameter; ray florets twelve to twenty, broadly oblong, obscurely crenate at the tip. July and August. *l.* succulent, very variable, linear-spathulate, trisected or pinnatifid. Stems many, terete, simple or branched, 6in. to 12in. high. Algeria, 1887. A glaucous, hardy annual. (B. M. 6930.)

Varieties. This useful autumn and winter flower never was so popular as it is at present. It is impossible to give the names of all the new varieties sent out, even last year and the year previous (1886-7), as the number of them is upwards of 250. A few of them are improvements on the old varieties, and are in the Japanese section principally. The single-flowered varieties are also very pretty, some of them being well worthy of cultivation, even in select collections.

Incurved. BENDIGO, yellow; BRONZE QUEEN, bronze (sport from QUEEN OF ENGLAND); JEANNE D'ARC, whitish, pink tipped; LORD ALCESTER, primrose (sport from EMPRESS OF INDIA); LORD EVERSLEY, white (sport from PRINCESS OF TECK); LORD WOLSELEY, bronze (sport from PRINCE ALFRED); MRS. NORMAN DAVIS, yellow; MRS. SHIPMAN, brown (sport from LADY HARDINGE); YELLOW GLOBE (sport from WHITE GLOBE).

Reflexed. AMY FURZE, lilac; CULLINGFORDII, crimson-scarlet; ELSIE, canary-yellow; GEORGE STEVENS, brownish-crimson; MDLLE. MADELEINE TEZIER, blush-white; PUTNEY GEORGE, crimson.

Anemone-flowered Japanese. This is quite a new section, and differs from the true Japanese in having a quilled centre. The florets are mostly twisted, and all of them are of the true Japanese form. BACCHUS, crimson; DUCHESS OF EDINBURGH, blush; FABIAN DE MEDIANA, lilac; MADAME CLOS, purplish-rose; MADAME THÉRÈSE CLOS, white, tinged rose; MDLLE. CABROL, rosy-blush; RATAPOIL, brown, gold-tipped; SŒUR DOROTHÉE SOUILLÉ, lilac-rose; SOUVENIR DE L'ARDENNE, pale purple.

Pompones. ANAIS, lilac, gold tip; BLACK DOUGLAS, maroon; BLUSHING BRIDE, blush; BOULE DE NEIGE, white; CHARDONNERET, yellow, with carmine tinge; EYNSFORD GEM, magenta-purple; FANNY, maroon-red; FIBERTA, yellow; FLAMBEAU TOULOUSAIN, rosy-violet; GOLDEN MDLLE. MARTHE, clear yellow; GOLDEN ST. THAIS, yellow; GOLDEN TREVENNA, yellow; LA PURETÉ, pure white; MDLLE. D'ARNAUD, rosy-purple, yellow-tipped; MDLLE. ELISE DORDAN, rose, very fine; MRS. MARDLIN, pale rose (sport from PRESIDENT); NELLY RAINFORD, buff (sport from ROSINANTE); OSIRIS, violet, yellow tip; POMPONIUM, yellow; SNOWDROP, pure white; SŒUR MELAINE, white hybrid; ST. MICHAEL, rich yellow.

Japanese. ALBUM PLENUM, white, cream centre; ALBUM STRIATUM, large, white, striped rose; AVALANCHE, large, pure white; BELLE PAULE, white edge, flushed rose; BERTHA FLIGHT, blush; BICOLOR, large, red and orange; BOULE D'OR, deep yellow, bronzy-flush; BUTTERCUP, yellow; CAREW UNDERWOOD, a bronzy sport from BARON DE PRAILLY; CERES, white, occasionally flushed purplish; CHARLES DICKENS, delicate purplish-rose; COQUETTE DE CASTILLE, pinkish-blush; DUCHESS OF ALBANY, orange-red; EDOUARD AUDIGUIER, maroon-purple; EDWIN MOLYNEUX, reddish-maroon, reverse of petals yellow; ELSIE, lilac; FERNAND FERAL, rose, shaded mauve; FLAMME DE PUNCH, red and yellow; GLORIOSUM, clear, rich yellow; GORGEOUS, golden-yellow; GRANDIFLORUM, large, rich yellow; JEANNE DELAUX, rich dark crimson; JUPITER, red-dish-crimson; LADY TREVOR LAWRENCE, pure white, large, broad petals; LA FRANCE, carmine, whitish centre; LAKMÉ, salmon and yellow; L'OR DU JAPON, bronzy-yellow, large florets; MACAULAY, lilac and yellow, curious laciniated petals; MADAME C. AUDIGUIER, rosy-lilac; MADAME JOHN LAING, creamy, with rose suffusion; MARGOT, rosy tint, cream centre; MDLLE. LACROIX (Syn. LA PURETÉ), creamy-white, very large; MONS. ASTORG silvery-white and rosy-violet; MONS. BRUNET, lilac-mauve; MR. H. CANNELL, large, deep yellow; MR. H. WELLAM, creamy-white, purple suffusion; MR. JOHN LAING, reddish-brown, marked

Chrysanthemum—*continued.*

yellow; MRS. B. WYNNE, white, rose shade; MRS. DOUGLAS, creamy-white, recurved petals; MRS. GOLDRING, orange-yellow ground-colour; MRS. H. CANNELL, pure white, large, handsome flower; MRS. J. WRIGHT, pure white, handsome variety; PELICAN, white, broad florets; PHŒBUS, rich, clear yellow; PIETRO DIAZ, deep red and yellow reflex; RALPH BROCKLEBANK, yellow (sport from MEG MERRILEES); ROI DES JAPONAIS, reddish-maroon, broad florets, centre incurved; ROSEUM SUPERBUM, rose-lilac, brownish-yellow tips; SOUVENIR DU JAPON, lilac and purple, yellowish centre; VAL D'ANDORRE, reddish-brown, orange shade; WILLIAM ROBINSON, orange-salmon; WILLIAM STEVENS, orange-red.

Single-flowered. ADMIRAL SIR T. SYMONDS, large, yellow; CRUSHED STRAWBERRY, reddish-pink; HELIANTHUS, rich yellow; JANE, white; LADY CHURCHILL, yellowish-buff; MARIGOLD, brownish-crimson; MARY ANDERSON, pink, one of the best; MISS CANNELL, pure white, very beautiful; MISS ELLEN TERRY, magenta; MISS ROSE, blush; MRS. JOHN WILLS, white, tinged pink; OCEANA, blush; ORIFLAMME, brown; QUEEN OF THE YELLOWS; SCARLET GEM; SIMS REEVES, chestnut-red; W. A. HARRIS, bronze.

Early-flowering Varieties. ALICE BUTCHER, red; BLUSHING BRIDE, pink; GENTILESSE, sulphur, pink tint; GOLDEN MADAME DESGRANGE, yellow; HERMINE, dwarf, white; ILLUSTRATION, pink and white; LA PETITE MARIE, pure white; FLORA, yellow; LA VIÈRGE, large white; MRS. BURRELL, primrose; MRS. CULLINGFORD, white; PIERRE VERFIEL, orange and red; SALTER'S EARLY BLUSH, pale rose.

CHRYSOPHYLLUM. This genus comprises about sixty species, mostly tropical American, a few being found in Africa, tropical Asia, Australia, and the Sandwich Islands. To those described on p. 325, Vol. I., the following should now be added:

C. imperiale (imperial). *fl.* yellowish-green, fascicled at the sides of a branch as thick as the finger, pedicellate; corolla sub-rotate, five-lobed. April. *fr.* the size of a small apple, obtusely five-angled. *l.* 3ft. long, 10in. broad, petiolate, obovate-oblong or oblong-oblanceolate, acute or obtuse, deeply serrated. Brazil. (B. M. 6823.) SYN. *Theophrasta imperialis* (I. H. xxi. 184; R. G. 1864, 453.)

CHUSQUEA (said to be the native name of some of the species in the West Indies). SYNS. *Dendragrostis. Rettbergia.* ORD. *Gramineæ.* A genus embracing about thirty species of suffruticose or arborescent, sometimes climbing, American Grasses. Flowers in terminal panicles; spikelets one-flowered, variously paniculate. *C. abietifolia*, the only species known to cultivation in this country, is an interesting and graceful, stove, climbing Bamboo. It thrives in well-drained loam, and is propagated either by means of imported seeds or by division of the root-stock.

C. abietifolia (Abies-leaved). *fl.* in racemes, terminating the leafy branches; spikelets green and purple, ¼in. to ½in. long. December. *l.* ½in. to ⅜in. long, $\frac{1}{16}$in. broad, strict, erect, sessile on the sheath, linear-lanceolate, acuminate. Stems wiry, smooth, terete. Jamaica, 1885. (B. M. 6811.)

CHYSIS. The six or eight species referred to this genus are natives of Mexico and Columbia. To those described on pp. 326-7, Vol. I., the following should now be added:

C. undulata (wavy). *fl.* ten to twelve in a raceme; sepals and petals of a lively orange-yellow; lip cream-coloured, marked with numerous lines of pink. Pseudo-bulbs 1½ft. high. Native country unknown. A rare but handsome species.

CINERARIA. The garden varieties are now more generally named. During the years 1886 and 1887 many distinct and handsome forms were exhibited. To those described on p. 330, Vol. I., the following should now be added:

Single-flowered. BLUE CIRCLE, dark disk, white centre, light indigo-blue margin; DR. MASTERS, deep rosy-red, white centre, fine form; E. J. DOWLING, dark blue, large flowers; MARCH PAST, dark disk, white centre, broad margin of maroon-crimson; MISS COOPER, dark disk, pure white centre, indigo-blue margin; MR. ALEXANDER, chocolate-purple; MRS. TUCKER, rosy-pink, tinted lilac; REV. J. H. WALTON, pure white centre, rich clear magenta margin; SPECIAL FAVOURITE, magenta; VICTORY, deep rich crimson self.

Double-flowered. ADVANCE, violet-blue; ASPASIA, deep blue; CRIMSON KING; FAUST, clear bright rose; GEM, bright lilac-pink; MAUVE QUEEN, mauve, with violet tinge; MISS CANNELL, white, tipped magenta; NELLIE, clear pink, white edge; PERFECTION, rosy-red.

CIRRHOPETALUM. The species of this genus are mostly natives of the East Indies or the Malayan Archipelago; one is found in the Mascarene Islands, another in China, and a third in Australia. To those described on pp. 330-1, Vol. I., the following should now be added:

C. Lendyanum (Lendy's). *fl.* whitish, with a greenish-yellow hue; lateral sepals free, twice as long as the ligulate, acuminate upper one; petals ligulate, acuminate; lip compressed, bicarinate on the narrow upper side; raceme umbellate. *l.* cuneate-oblong, acute, minutely bilobed, purple beneath. Pseudo-bulbs pyriform-tetragonal, reddish. 1887.

C. picturatum (picture). *fl.* 2in. or more in length; upper sepal ½in. long, with a terminal, purple thread ½in. long; lateral sepals conniving into a pale, dirty green, convex blade; petals very small; umbel about ten-flowered; scape green, speckled with purple, 8in. to 10in. long; sheaths speckled red. *l.* solitary, 3in. to 6in. long, 1½in. broad, linear-oblong. Pseudo-bulbs tufted. Moulmein, 1885. (B. M. 6802.)

C. pulchrum (beautiful). *fl.*, dorsal sepal purple, dotted with fuscous-purple, the lateral ones connate in a yellow, purple-blotched, linear-oblong, obtuse lamina, 1½in. long; petals purple, falcate; lip purple, linear-oblong, recurved; pedicels ½in. long; umbel about seven-flowered; scape erect, 4in. to 5in. long. *l.* oblong, obtuse and emarginate at apex, narrowed at base, thick. Halmahera, 1886.

C. stragularium (curtained). *fl.*, middle sepal spotted purple, purple at top, elliptic, cucullate, the lateral ones sulphur, blotched and spotted purple; petals yellowish, spotted purple, brownish-purple at apex; lip numerously spotted with blackish-purple, curved, with two divaricate angles near the base, convolute. *l.* petiolate, cuneate-oblong, blunt, 6in. to 7in. long. 1887. This "may be the same as *C. pulchrum*" (H. G. Reichenbach)

CITRUS. This genus embraces, according to Bentham and Hooker, about five species, natives of tropical India, and broadly cultivated over the tropical regions of the globe. Calyx cup-shaped or urceolate, three to five-cleft; petals four to eight, linear-oblong, thick, imbricated; stamens twenty to sixty. Fruit globose or oblong, fleshy, many-celled. To the species described on p. 335, Vol. I., the following variety should now be added:

C. medica Riversii (Rivers'). Bijou Lemon. *fl.* white, small. *fr.* small, globose. *l.* elliptic, serrated, on short, wingless petioles. 1885. (B. M. 6807.)

CLAVIJA. About twenty-five species, all tropical American, are here included. To those described on p. 336, Vol. I., the following should now be added:

C. Ernstii (Ernst's). *fl.* pendulous, ⅜in. long; corolla fleshy, the disk apricot-colour; racemes 2in. to 4in. long, drooping, many-flowered. July. *l.* clustered at the ends of the branches, on long petioles, coriaceous, 12in. to 16in. long, 4in. to 6in. broad, pale beneath, elliptic-oblong, oblong-lanceolate, or oblanceolate, acute or sub-acute, entire. Trunk (in native specimens) 4ft. to 5ft. high. Caraccas, 1879. (B. M. 6928.)

CLEISOSTOMA. This genus comprises about fifteen species, natives of the East Indies, the Malayan Archipelago, and tropical Australia. To those described on p. 337, Vol. I., the following should now be added:

C. crassifolium (thick-leaved). *fl.* sea-green, with a rosy lip, small, produced in nodding panicles from the axils of the leaves. *l.* closely set, thick, leathery, much recurved, resembling those of a Vanda. India, 1850. (L. J. F. 397; P. F. G. iii. 29.)

CLEMATIS. About 100 species are included in this genus; they are mostly dispersed over temperate regions, and are rarely found within the tropics. To the species and varieties described on pp. 338-40, Vol. I., the following should now be added:

C. reticulata (reticulated). *fl.* dull greenish and purplish, solitary, pendulous, on long peduncles; sepals connivent, recurved at the tips. September. *l.* leathery, prominently reticulated; upper ones simple, elliptic; lower ones pinnate, with seven to nine variable leaflets. Southern United States, 1880. A rambling, hardy or nearly hardy climber. (B. M. 6574.)

C. rhodochlora (reddish-green). *fl.* about the size of those of *C. Viticella*; two smaller sepals vinous-red above, paler towards the base, whitish flushed with red beneath; larger sepals nearly double the size of the smaller ones, green, quite foliaceous. *l.* simple, broadly oval or sub-cordate, shortly stalked. 1887. Garden variety.

C. stans (erect). *fl.* opal-blue, sub-verticillately clustered, pendulous; whorls disposed in a contracted, terminal panicle; sepals linear, acuminate, recurved. September. *l.* trifoliolate; leaflets obliquely roundish-ovate, acute, deeply toothed or somewhat lobed, wrinkled, the upper ones narrower. Stem erect, herbaceous, softly pubescent. *h.* 2ft. to 3ft. Japan. Hardy. (B. M 6810.)

Clematis—*continued.*

C. tubulosa Hookerii (Hooker's). *fl.* lilac, tubular, ¾in. long, pedicellate, disposed in axillary clusters. *l.* large, pinnately trifoliolate; leaflets elliptic, acute, dentate. North China, 1885. An ornamental, hardy shrub. (B. M. 6801.)

CLERODENDRON. This genus comprises about seventy species, most of them broadly dispersed over the warmer regions of the globe; a few are natives of America (mostly in the West Indies or Columbia), and one is broadly diffused over the maritime regions of tropical America. To those described on pp. 341-2, Vol. I., the following should now be added. They require stove treatment.

C. Balfourianum (Balfour's). A variety of *C. Thomsonæ.*

C. delectum (chosen). *fl.* showy, freely produced in large, dichotomous cymes; calyx pure white; corolla of a deep, rich magenta-rose. 1885. A handsome, garden variety, raised from *C. Thomsonæ Balfourianum.*

C. illustre (illustrious). *fl.*, calyx reddish-scarlet, sub-globose; corolla bright scarlet, the tube ¾in. long, the limb eight to nine lines in diameter; panicle branches and pedicels red. *l.* cordate, acute, 7in. to 8in. long, 6in. to 6½in. broad, repand-toothed, glabrous or nearly so above, scaly beneath. Celebes. A showy plant, producing its large panicles of flowers when only 1½ft. high.

C. macrosiphon (long-tubed). *fl.* forming a small, sub-sessile, terminal, reduced cyme; calyx ½in. long; corolla white, the tube 4in. to 4½in. long, $\frac{1}{16}$in. in diameter, hairy, erect, slightly curved; limb one-sided, 1½in. in diameter, five-lobed to the middle. May. *l.* 2in. to 3in. long, oblanceolate or elliptic-lanceolate, acuminate, coarsely and irregularly toothed or almost lobulate, the base gradually narrowed into a petiole. Zanzibar, 1881. A slender, erect shrub. (B. M. 6695.) SYN. *Cyclonema macrosiphon.*

C. Minahassæ (Minahassa). *fl.* yellowish-white, in broad, terminal, cymose panicles; anthers purple, exserted. *fr.* very ornamental, the calyx growing out so as to resemble a red flower 3in. across, with a round, blue berry in the centre. *l.* opposite, obovate, serrated. Stems square. Celebes, 1886. An ornamental shrub.

C. nutans (drooping). *fl.* white, scentless, slightly ascending, ternate; calyx reddish-purple; corolla lobes obovate, obtuse, almost equal, flat; stamens longer than the corolla; panicles oblong, loosely pendulous. December. *l.* ternate or opposite, long-acuminate, entire, attenuated at base, very shortly petiolate. *h.* 2ft. to 4ft. Sylhet, &c., 1830. Shrub. (B. M. 3049.)

C. Rumphianum (Rumph's). *fl.* at first flesh-coloured, deepening to red and crimson, long-tubed, in terminal panicles; stamens red, exserted. *l.* large, roundish-ovate, dark green. Java, 1887. A handsome shrub.

C. Thomsonæ Balfourianum (Balfour's). *fl.* light crimson; calyx rather larger than in the parent. 1885.

COCHLIODA (from *kochlion*, a little snail; in reference to the curiously shaped callus). ORD. *Orchideæ.* A genus embracing about six species of stove or greenhouse, evergreen, epiphytal Orchids, natives of the South American Andes. Flowers often red, loosely racemose, pedicellate; sepals equal, spreading, free, or the lateral ones more or less connate; petals nearly similar; claw of the lip erect, the lamina spreading, the lateral lobes rounded and often reflexed, the middle one narrow, entire or emarginate, not exceeding the sepals; column erect, often slightly incurved; scapes one or two, springing from under the pseudo-bulbs. Leaves oblong or narrow, coriaceous, contracted into the petioles. Pseudo-bulbs one or two-leaved. The three species here described should be grown in baskets suspended from the roof of the cool-house. Peat and moss form the most suitable compost; and abundance of water during the growing season is essential. Propagation may be effected by division of the pseudo-bulbs.

C. rosea (rosy). *fl.* wholly rosy-carmine, except the white tip of the column, about 1in. across; sepals and petals oblong-elliptic; lip cuneate at base, the small lateral lobes inclosing the disk, which bears a four-lobed callus, the middle one longer, linear, dilated at the end; racemes drooping, twelve to twenty-flowered. Winter. *l.* ligulate-oblong. Pseudo-bulbs green, tinted violet, ovate, two-edged. Peru, 1851. SYNS. *Mesospinidium roseum, Odontoglossum roseum* (B. M. 6084; I. H. ser. iii. 66).

C. sanguinea (bloody). *fl.* numerous, bright rose-coloured, waxy in appearance; racemes slender, drooping, slightly branched. Summer and autumn. *l.* two, cuneate-ligulate. Pseudo-bulbs oval, compressed, banded with mottled brown. Peru and Ecuador. SYN. *Mesospinidium sanguineum* (B. M. 5627).

C. vulcanica (volcanic). *fl.* about 2in. across; sepals and petals dark rose; lip bright rose in front, paler on the disk, where there

Cochlioda—*continued.*

is a four-keeled callus; the side lobes roundish, the middle one emarginate; racemes unilateral, erect, twelve to twenty-flowered; peduncle slender, erect. *l.* oblong, keeled, 3in. to 5in. long. Pseudo-bulbs ovoid, compressed, more or less two-edged. Eastern Peru. SYN. *Mesospinidium vulcanicum* (B. M. 6001).

CODIÆUM. According to the authors of the "Genera Plantarum," the number of distinct species is only four, and they are found in the South Pacific Islands, Australia, and the Malayan Archipelago. The garden varieties, however, are very numerous. To those described on pp. 350-5, Vol. I., the following should now be added:

C. aureo-marmoratum (gold-marbled). *l.* 1ft. long, 3in. broad, dark olive-green, marbled with yellow. 1884.

C. aureo-punctatum (gold-dotted). *l.* linear, obtuse, bright green, dotted and spotted with yellow. 1883. A small form.

C. Austinianum (Austin's). *l.* erect, 6in. to 9in. long, 2in. broad, blotched and margined with creamy-white and suffused with pink, the margins undulated. 1883. A compact form, of dwarf, branching habit.

C. Beauty. *l.* lanceolate, green, variegated golden-yellow, the ground colour eventually becoming a deep bronze, while the yellow variegations change into a rich rosy-crimson. South Pacific, 1887.

C. Bragæanum (José Terceiro Da Silva Braga's). *l.* pendulous, linear-lanceolate, 1½ft. to 1⅔ft. long; many of the young ones pale yellow, marbled and mottled light green, others green, spotted golden-yellow; mature ones deep olive-green, spotted and speckled bright yellow, the midribs crimson. 1882.

C. Broomfieldii (Broomfield's). *l.* 9in. to 10in. long, 2in. to 2½in. wide, dark green, lined, spotted, blotched, and margined yellow, and having a central band of the same colour; midrib tinted red. 1887.

C. Bruce Findlay. *l.* large, oblong-obovate, freely variegated with yellow on the lines of the midrib and principal veins. 1882. A bold and handsome plant.

C. caudatum-tortile (twisted-tailed). *l.* pendulous, twisted, some of them deep olive-green, with a yellow central band and a crimson midrib; others almost wholly yellow, becoming suffused with crimson; others variously blotched and spotted. 1883. A graceful form.

C. contortum (twisted). *l.* ovate, acuminate, recurved, 6in. to 8in. long, having the cross-veins and margins sulphur-yellow on an olive-green ground. 1884. This plant resembles *C. volutum.*

C. Crœsus. *l.* oblong-lanceolate, bright green, blotched with yellow. 1883.

C. cronstadtii (Kronstadt). *l.* of medium size, lanceolate, twisted, curled, and crisped, tapering to a sharp point, deep, glossy green, variegated with light golden-yellow. 1882. An interesting plant.

C. Dayspring. *l.* oblong-elliptic, orange-yellow, edged dark green, the yellow parts becoming tinged with red on the older leaves. 1882.

C. Delight. *l.* oblong, acute, 6in. to 8in. long, 1½in. to 2in. broad, when young bright yellow, margined green, the midrib and primary veins creamy, the central variegation changing with maturity to clear ivory-white, a few dots of the same colour being scattered along the margin. Antipodes, 1888.

C. eminens (eminent). *l.* broadly lanceolate, tapering, glossy green, the midrib and part of the lateral veins white. 1883. Habit dense.

C. excurrens (excurrent). *l.* oblong, stalked; midrib excurrent like a small horn near the apex of the leaf, which is variegated with greenish-yellow. 1884.

C. Exquisite. *l.* 6in. to 9in. long, 2in. broad, obovate, acuminate, arching, pale green, marbled and margined primrose and yellow.

C. Eyrei (Eyre's). *l.* long and narrow, twisted, recurved, freely variegated with yellow; petioles and young branches red. 1883.

C. formosum (handsome). *l.* green, spotted yellow, which afterwards changes to crimson; centre and principal veins yellow, becoming, with the margin, a bright magenta-purple; leafstalks crimson. Hybrid.

C. Golden Queen. *l.* 8in. to 10in. long, 3in. broad, ovate, acuminate, deep green, spotted with gold, the centre wholly golden; petioles rose-colour.

C. heroicum (heroic). *l.* green, freely marked deep yellow, the veins, and often the half, or even the whole, leaf surface, being yellow, occasionally flushed or lined rosy crimson. Hybrid.

C. Jubilee. *l.* 10in. to 14in. long, 2in. broad, lanceolate, acuminate, with a broad, central stripe, cross veins, and a narrow margin of golden-yellow, which colour changes with maturity to a fiery-crimson. 1887.

C. Junius. *l.* long, narrow, varying in outline, the lower half lemon-yellow, becoming suffused crimson with age, the remaining portion bronzy-green; petioles and stems bright orange-scarlet. 1888.

SUPPLEMENT.

Codiæum—*continued.*

C. Katharina. *l.* 9in. to 12in. long, 2in. broad, spiral, closely set, splashed and marbled crimson and scarlet. 1887.

C. lineare (linear). *l.* 4in. to 6in. long, linear, usually obtuse, but sometimes narrowed to the point, dark green, with a yellow midrib and a few lateral blotches of the same colour, occasionally almost wholly yellow.

C. Magnificent. *l.* ovate-lanceolate, 6in. to 8in. long, 2½in. broad, when young having a central variegation of golden-yellow; with maturity the margins become deep olive-green, while the mid-

Codiæum—*continued.*

rib and primary veins, with a narrow band on each side the midrib, assume a bright carmine. 1888.

C. Monarch. *l.* oblong, acute, 1ft. long, 2½in. broad, dark green, spotted bright yellow. Antipodes, 1888.

C. Mrs. Swan. *l.* 6in. to 9in. long, 1½in. broad, lanceolate acuminate, arching, the centre irregularly marked with golden yellow, the margin of dark green spotted with golden-yellow petioles and stem crimson.

C. musaicum (mosaic). *l.* oblong-lanceolate, acuminate, wavy

FIG. 13. UPPER PORTION OF BRANCH OF CODIÆUM NESTOR.

Codiæum—*continued.*

crimson, with one or two series of irregular, green blotches on each side of the midrib; in the young leaves the crimson is replaced by a creamy colour, affording a very handsome variegation. 1883. SYN. *Croton musaicus* (R. H. 1882, 240).

C. Nestor. *l.* lanceolate, bright green, variegated with yellow and whitish, the variegation forming a broad, central stripe, the midrib bright magenta-crimson. Polynesia, 1887. A form of *C. medium variegatum*. See Fig. 13, for which we are indebted to Mr. Wm. Bull.

C. ornatum (adorned). *l.* green, blotched yellow, and with a narrow central band and long parallel veins of creamy-yellow, the yellow parts becoming crimson; occasionally, the lines and blotches are rosy-pink, and the midrib of a deeper rosy-crimson.

C. Phillipsii (Phillips'). *l.* linear-lanceolate, 8in. to 10in. long, ¾in. broad, the base rich golden-yellow, this colour extending half-way through, and continuing along the centre nearly the whole length. 1886.

C. Prince Henry. *l.* 1ft. to 1¼ft. long, 3in. broad, recurved, the midrib crimson and gold, furrowed, with a narrow margin, occasionally spotted on a dark, bronzy-green ground; markings changing with maturity to a deep blood-red.

C. Princess of Waldeck. *l.* broadly lanceolate, about 4in. long, the central portion of a bright, clear yellow, with a broad and distinct margin of deep green. 1882. A handsome variety.

C. recurvatum (recurved). *l.* recurved, lanceolate, acuminate, marked with yellow along the crimson midrib and lateral veins. 1883.

C. ruberrimum (very red). This is one of the narrow, drooping-leaved forms, with the usual crimson and creamy variegation. 1884.

C. rubro-lineatum (red-lined). *l.* spreading, oblong-lanceolate, 1in. to 1½in. long, when first expanded pale yellow and green, many of them tinged rose, but deepening with age to golden-yellow and olive-green, the midrib and nerves, and, in many cases, the margin also, becoming crimson. 1882. A noble plant.

C. sceptre (sceptre). *l.* ribbon-like, dark bottle-green, spotted with fiery orange and yellow; midrib crimson. 1884.

C. Sunshine. *l.* 9in. to 10in. long, about 2in. wide, dark bronzy-green, when young blotched with yellow, which gradually changes into rosy-crimson, eventually becoming blood-red. South Sea Islands, 1887.

C. Torrigianianum (Marchesi Torrigiani's). *l.* plain, about 1in. broad, at first ribbed and veined with yellow, subsequently assuming a high crimson tint along the midrib, margins, and transverse arching veins, the intermediate spaces being green; petioles and stem red. 1884. A handsome plant, in the way of *Queen Victoria.*

C. Van Oosterzeei (Van Oosterzee's). *l.* narrow linear-lanceolate, acuminate, green, spotted with yellow. 1883. A small, but distinct and ornamental, shrub. (I. H. 1883, 502.)

C. Victory. *l.* 1ft. long, 2½in. broad, deep olive-green, with crimson veins and midrib, from which latter extends, in an arcuate manner, a coloration of reddish-crimson, the deep green between the primary veins being broken up in an irregular manner by the same bright colour; young ones orange-yellow, suffused crimson. 1888.

C. vittatum (striped). *l.* green, marked with a broad band of creamy-yellow, which runs out laterally along the bases of the distant primary veins; petiole (as well as the midrib in older leaves) bright ruby-red. 1887.

C. Wigmannii (Wigmann's). *l.* 8in. to 10in. long, ½in. broad, irregular in form, rich green, blotched with yellow. 1886. A good decorative plant for the table.

CŒLIA. Of this genus there are four or five species, natives of the West Indies, Central America, and Mexico. To those described on p. 356, Vol. I., the following should now be added:

C. bella (beautiful). *fl.* three or four, erect, 2in. long; perianth yellowish-white, with rose-purple tips to the segments, and having an orange mid-lobe to the lip, tubular below, funnel-shaped above; scape 2in. to 4in. long, clothed with brown sheaths. Autumn to December. *l.* several, 6in. to 10in. long, elongate-ensiform, acuminate. Pseudo-bulbs 1½in. to 2in. long, globose or ovoid. Ile St. Catherine, 1882. (B. M. 6628; W. O. A. ii. 51.) SYN. *Bifrenaria bella* (L. J. F. iii. 325).

CŒLOGYNE. This genus embraces about fifty species, broadly dispersed over the East Indies and the Malayan Archipelago, one extending as far as South China. To those described on pp. 356-8, Vol. I., the following should now be added:

C. birmanica (Birma). *fl.* having a shortly-toothed front border to the lip, and a nearly entire border round the anther; along the crests are several brown spots on a white ground. Birma, 1883. Probably only a trifling variety of *C. præcox.*

C. concolor (concolorous). *fl.*, sepals and petals dark rose; lip dark rose, with yellow blotches, in which are several brownish-crimson spots, elegantly fringed, the crest pale yellow. *l.* (and pseudo-bulbs) as in *C. præcox*. India. SYN. *Pleione concolor.*

Cœlogyne—*continued.*

C. cristata alba (white). *fl.* wholly white. Winter and spring. India. (W. O. A. ii. 54.) SYN. *C. c. hololeuca.*

C. c. citrina (citron-colour). *fl.* having the centre of the lip stained delicate lemon-colour. Nepaul. SYN. *C. c. Lemoniana.*

C. c. hololeuca (wholly white). A synonym of *C. c. alba.*

C. c. Lemoniana (Lemon's). A synonym of *C. c. citrina.*

C. c. major (larger). *fl.* larger than in the type, with much broader and stouter sepals and petals. India.

C. c. maxima (greatest). A large-flowered variety, with unusually broad sepals and petals, and shallow side lobes to the lip. 1886.

C. Dayana (Day's). *fl.* light ochreous; sepals and petals ligulate, acute; lip broad, three-lobed, the side lobes striped dark brown, wavy, the middle lobe reniform, crenulate, with a dark brown crescent, two keels running from the base of the lip to the base of the middle lobe, where they divide into six; inflorescence long, lax, many-flowered. *l.* stalked, oblong, acuminate. Pseudo-bulbs long, narrow, fusiform. Borneo, 1884. (G. C. n. s., xxvi., p. 44; W. O. A. vi. 247.)

C. elata (tall).* *fl.* medium-sized; sepals and petals white, narrowish; lip white, with a forked, yellow band in the centre, and two orange-striped crests on the disk; racemes erect, springing with the leaves from the apex of the pseudo-bulbs. *l.* sword-shaped, striated. Pseudo-bulbs tall, oblong, angled. Tongoo, Darjeeling (8000ft. to 9000ft.), 1837. (B. M. 5001.)

C. Foërstermanni (Foërstermann's). *fl.* white, with some yellowish-brown on the disk of the lip; sepals and petals ligulate, acute; lip trifid, the lateral laciniæ rounded, the middle one rounded and apiculate; peduncles sometimes forty-flowered. *l.* cartilaginous, ribbed, 1½ft. long, 3in. or more wide, on very short petioles. 1887.

C. glandulosa (glandular). *fl.* pure white, 1½in. in diameter, disposed in a nodding raceme; front lobe of the lip ovate, marked on the disk with yellow lines. *l.* oblong-lanceolate. Pseudo-bulbs ovate, sulcate. Neilgherries, 1882.

C. graminifolia (Grass-leaved).* *fl.* nearly 2in. across the petals; sepals white, narrowly oblong-lanceolate, acute; petals similar, but rather narrower; lip three-lobed, the lateral lobes white, streaked purple, oblong, the middle one orange-yellow, with three purple ridges; raceme two to four-flowered; scape 1in. to 2in. long. January. *l.* two, Grass-like, 1ft. to 1½ft. long. Pseudo-bulbs 1in. to 1½in. long. Moulmein, 1888. (B. M. 7006.)

C. Hookeriana brachyglossa (short-lipped). *fl.*, lip white, with light sulphur on the disk, and with several reddish-brown spots, open, not at all abruptly convolute, yet the upright sides of the lip show lobes. 1887.

C. humilis albata (white-clothed). In this variety the sepals and petals are snowy-white, and the lip white, with light mauve-purple, radiating lines of small, confluent spots, and with an orange spot on each side of the anterior part.

C. lactea (milky). *fl.*, sepals and petals creamy-white, faintly tinged yellow; side laciniæ of lip light ochre, veined brown, mid-laciniæ bright yellow at base. *l.* 7in. to 8in. long, very thick, cuneate-oblong, acute, petiolate. Pseudo-bulbs light green, plump, short, wrinkled. Birma, 1883.

C. Lowii (Low's). A synonym of *C. asperata.*

C. maculata virginea (maiden). *fl.*, lip tinted with light sulphur, the nearly evanescent, purple lines in the middle very few. 1887.

C. ochracea (ochreous). *fl.* white, very fragrant, produced in erect racemes of about seven or eight; lip having two horseshoe-shaped blotches on the disk, which are bright ochreous-yellow, bordered orange. *l.* two or three, lanceolate. Pseudo-bulbs small, oblong. North-east India, 1844. (B. M. 4661; B. R. 1846, 69; L. J. F. 342.)

C. præcox (early). The correct name of the plant described on p. 358, Vol. I., as *C. Wallichiana.*

C. p. tenera (slender). *fl.* pale lilac and yellow, having a few purple-mauve blotches on the lip. 1883.

C. Rossiana (Ross'). *fl.*, sepals and petals creamy-white, ligulate, acute; lip mostly ochre, the disk, broad claw, and top of the mid-lacinia white; column white, with a brown mid-line in front; bracts linear, acuminate. *l.* two, long-petiolate, cuneate-oblong-lanceolate, acute, more than 1ft. long and 1½in. broad. Pseudo-bulbs nearly obpyriform. Birma, 1884.

C. salmonicolor (salmon-coloured). *fl.* salmon-coloured, solitary, the three-lobed lip being somewhat tessellated with brown. *l.* solitary, cuneate-oblong, acuminate, undulated, green at base, coppery elsewhere. Pseudo-bulbs tetragonal, pear-shaped. Java or Sumatra, 1883. Allied to *C. speciosa*, but smaller.

C. Sanderiana (Sander's).* *fl.* snow-white, large and showy; sepals ligulate, acute; petals lanceolate, acute, dilated above; side laciniæ of the lip marked with three brown stripes, the anterior lacinia yellow, with a few white marks, and having yellow crests; peduncles sometimes nine-flowered. *l.* petiolate, cuneate-oblong, acute, chartaceous. Pseudo-bulbs fusiform-cylindrical, two-leaved. Sunda Isles, 1887.

Cœlogyne—*continued.*

C. sparsa (sparse). *fl.* white; lip three-lobed, having a brown spot in front of the keels, some smaller ones on the side lobes, and a yellow spot at the base; peduncle one to four-flowered. *l.* cuneate-oblong, acute, glaucous, 3in. to 4in. long, 1in. broad. Pseudo-bulbs glaucous, fusiform. Philippines, 1883.

C. stellaris (star-like). *fl.*, sepals and petals green; lip white, marked with brown lines on the side lobes. Pseudo-bulbs tetragonal. Borneo, 1886.

COLAX HARRISONIÆ. A synonym of **Bifrenaria Harrisoniæ** (which *see*).

COLCHICUM. About thirty species, natives of Europe, West and Central Asia, and North Africa, are here included. To those described on p. 359, Vol. I., the following should now be added:

C. Troodii (Trood's). *fl.* numerous; perianth white, 1½in. in diameter, the segments narrow-oblong. Autumn. *l.* appearing in spring, 6in. to 12in. long, ¾in. to 1in. broad, strap-shaped, obtuse, dark green. Corm depressed-globose. Cyprus, 1886. (B. M. 6901.)

COLENSOA (named in honour of the Rev. W. Colenso, who assisted Hooker in the investigation of the botany of New Zealand). ORD. *Campanulaceæ.* A monotypic genus. The species is a glabrous, erect herb, suffrutescent at base. It will thrive in sandy loam, and would probably succeed in the open air, in a warm, sheltered place. Propagated by seeds or by cuttings.

C. physaloides (Physalis-like). *fl.* very pale bluish, 1½in. long, bilabiate, the upper lip divided into two linear lobes; stamens free of the corolla tube, the filaments scarcely connate; racemes short, terminal, leafless, few-flowered. Summer. *fr.* a violet, globose berry, crowned by the linear, green calyx teeth. *l.* alternate, petiolate, elliptic-ovate, acute, doubly serrated, 4in. to 6in. long. *h.* 2ft. to 3ft. New Zealand, 1886. (B. M. 6864.)

COLOCASIA. The five species of this genus are indigenous to tropical America, one being cultivated in all warm regions. To those described on pp. 362-3, Vol. I., the following should now be added:

C. Devansayana (Devansaye's). *l.* ample, erect, peltate, ovate, acute, cordate-sagittate at base, highly glabrous, green, the sinus large, triangular; primary veins three or four on both sides, produced on the lower surface, brown; petioles elongated, terete, sheathing at base, coppery-brown. Caudex short and thick. New Guinea, 1886. (I. H. 1886, 601.)

COMPARETTIA. This genus embraces five species, natives of the Andes of South America. Sepals erecto-patent, the dorsal one free, the lateral ones connate, produced at base into a long, slender spur which is free of the petals; lip continuous with the base of the column, produced at base into two long, linear spurs, the lateral lobes rather broad, erect, the middle one spreading, very broad. To the species described on p. 366, Vol. I., the following should now be added:

C. speciosa (showy). *fl.* large and numerous; sepals and petals light orange, with a cinnabar glow; lip cinnabar, orange at base, the front lobe sub-quadrate and emarginate, about 1¼in. wide, with a very short claw and a small keel between the basal auricles; spur minutely pilose, upwards of 1½in. long; racemes loose. Ecuador. A beautiful species.

CORDYLINE. The species are found in the East Indies, the Malayan Archipelago, Australia, New Zealand, and the South Pacific Islands, one being a native of Brazil. To the species and varieties described on pp. 372-5, Vol. I., the following should now be added:

C. argenteo-striata (silvery-striated). *l.* linear-lanceolate, bright green, striated and occasionally margined creamy-white, the bright green also relieved with streaks of silvery-grey. South Sea Islands, 1888. A form of *C. australis*, useful for table decoration. SYN. *Dracæna argenteo-striata.*

C. augustifolia (fine-leaved). *l.* linear-lanceolate, arching, about 1½ft. long, 1in. broad, dark green, marked and margined with crimson and rose-colour. 1883. A good table plant.

C. Bartelii (Bartel's). *l.* elliptic, reddish-bronze, bordered with red in the adult state; when young, brilliant red, flaked with brownish. 1886. A beautiful, garden variety.

C. Claudia. *l.* bronzy-green, flaked and margined with crimson 1884.

C. Diana. *l.* long-lanceolate, recurved, olive-green, margined, flaked, and striped with crimson-pink. 1883.

Cordyline—*continued.*

C. excellens (excellent). *l.* bronzy, variegated with bright rosy-red, broad, oblong, drooping. 1885. A hybrid form of *C. terminalis.*

C. Laingi (Laing's). *l.* 8in. to 10in. long, 2in. to 2½in. broad; youngest ones pale green, with broad bands and margins of creamy-white, faintly tinged rose; older ones of a deeper green, bordered with crimson and white. 1882. A free-growing hybrid, useful for decorative purposes, as it bears changes of temperature better than many other kinds.

C. madagascariensis (Madagascar). *l.* green, long and narrow, acuminate, arching. Madagascar, 1884. A distinct form, of graceful habit.

C. norwoodiensis (Norwood). *l.* banded yellow, green, and crimson, the last-named colour being chiefly confined to the marginal portion; petioles bright carmine. 1885.

C. picturata (pictured). *l.* rich olive-green, flaked and striped with pink and crimson. 1883. An attractive form.

C. placida (placid). *l.* long, narrow-lanceolate, recurved, undulated, variegated with creamy-white. 1883.

C. Plutus. *l.* bronzy-green, flaked and margined with crimson. 1884. An ornamental variety.

C. Thomsoniana (Thomson's). A fine, bold, erect plant, having a head of long, bright green leaves. West Coast of Africa, 1882. A seedling from *C. terminalis.* (F. M. n. s. 441.)

C. venosa (veined). *l.* oblong-ovate, acuminate, many-ribbed, yellow-green, blotched and reticulated with dark green. Borneo, 1883. A pretty, dwarf form.

C. Williamsii (Williams'). *l.* large, oblong-lanceolate, acute, spreading and recurved, dull green, irregularly striped with chocolate, white, rose, cinnamon, and yellow. Polynesia, 1883. A distinct plant.

CORYANTHES. Four species, all tropical American, have been referred to this genus. To those described on p. 382, Vol. I., the following variety should now be added:

C. maculata punctata (dotted). *fl.* large; sepals and petals ochre-yellow, spotted wine-purple; lip with a hood-shaped body near the base, to which a large, helmet-shaped, pedunculate appendage is attached, the hood yellowish, spotted and blotched wine-purple, the pouch more heavily marked. October and November. Demerara. (B. R. 1793; W. O. A. iii. 98.)

CORYDALIS. TRIBE *Fumarieæ* of ORD. *Papaveraceæ.* Of the dozen species embraced in this genus six are North American, and the rest inhabit West Asia or the Himalayas. To those described on p. 383, Vol. I., the following—all perennials—should now be added:

C. aurea speciosa (showy). A synonym of *C. pallida.*

C. Gortschakowi (Gortschakow's). *fl.* golden-yellow, ¾in. long; spur equalling the obtuse petals; racemes elongated, dense, terminal. *l.* bipinnatisect, the radical ones 5in. to 6in. long; segments of the lower leaves obovate-oblong, with a few deep teeth. Stem erect, leafy, very simple or branched from the base, 1ft. to 1½ft. high. Alatau and Turkestan, 1885. (R. G. 1183.)

C. pallida (pale). *fl.*, sepals very small; corolla golden-yellow, with a pale brown patch on the dorsal petal, 1in. long; racemes 1in. to 5in. long, many-flowered. March. *l.* tripinnatisect; leaflets very variable, oblong, obovate, or cuneate, variously cut. *h.* 1ft. to 1½ft. China and Japan, 1884. (B. M. 6826.) SYN. *C. aurea speciosa* (R. G. 1861, 343)

C. Sewerzovi (Sewerzow's). *fl.* few, distant, on slender pedicels; corolla golden-yellow, with a brownish tip to the spur, the tube gibbously convex below. June. *l.* glaucous, rather fleshy, the lower ones opposite or in a false whorl, 9in. long or less, pinnatisect, petiolate; cauline ones large, sessile, broadly cuneate. *h.* 8in. to 12in. Western Turkestan, 1885. (B. M. 6896; R. G. 1077.)

CORYNOCARPUS. To the species described on p. 385, Vol. I., the following variety should now be added:

C. lævigatus aureo-marginatus (golden-margined). *l.* broadly bordered with golden-yellow. 1886. An ornamental variety, of compact habit.

CORYPHA. Of this genus about half-a-dozen species, natives of tropical Asia and the Malayan Archipelago, have been enumerated. Flowers small, hermaphrodite; spadix solitary, erect, paniculately much branched; spathes many, tubular, sheathing the peduncle and branches. To the species described on p. 386, Vol. I., the following should now be added:

C. decora (decorative). *l.* fan-shaped, divided almost to the base into linear segments ½in. broad; petioles armed with hooked prickles. 1887. An ornamental Palm. In all probability this does not belong to the genus *Corypha.*

COSTUS. All the species of this genus are tropical; they are found in America, Africa, Asia, and Australia. To those described on p. 387, Vol. I., the following should now be added:

C. musaicus (mosaic-marked). *l.* obliquely-lanceolate, 3in. to 4in. long, the centre dark green, the rest tessellated with silvery-grey. Congo, 1887.

COTONEASTER. This genus comprises about fifteen species, natives of Europe, North Africa, Central and West Asia, Siberia, the mountains of the East Indies, and Mexico. To those described on p. 387, Vol. I., the following should now be added:

C. Fontanesii (Desfontaines'). *fl.* white, disposed in small corymbs. *fr.* bright coral-red, large, round. *l.* oval-elliptic, greyish-green and glabrous above, silvery-silky beneath. Branches pubescent. 1886. This makes a round, compact bush about 3ft. high. (R. H. 1867, p. 33.)

COTYLEDON. According to Bentham and Hooker, this genus comprises about sixty species, natives of West and South Europe, Africa, East Asia, the Himalayas, and Mexico. To those described on pp. 388-90, Vol. I., the following should now be added:

C. edulis (edible). *fl.* white, Sedum-like, six to seven lines in diameter, shortly pedicellate, arranged along the upper side of the flexuose, spreading branches of the cymose panicles. *l.* nearly terete or obtusely trigonal, erect, whitish or glaucous-green, but without mealiness. Stems very short, thick. California (on dry banks near the sea in San Diego), 1883. The young leaves are eaten by the Indians. SYN. *Sedum edulis*.

CRASSULA. Leaves opposite, rarely petiolate, often connate, fleshy, entire and cartilaginous-margined, glabrous, pubescent, or scaly. To the species described on pp. 391-2, Vol. I., the following should now be added:

C. impressa (marked). *fl.* disposed in loose, dichotomously-branched corymbs; petals white at base, red above, free, elliptic-oblong; peduncles and pedicels glabrous. *l.*, radical ones crowded, somewhat rosulate, oblong, linear-lanceolate, or nearly linear; cauline ones linear, opposite; all succulent, glabrous, and, as well as the stems, more or less suffused with purple. Stems tufted, 2in. to 3½in. long. 1886. SYN. *C. Schmidti* (R. G. 1225).

C. rhomboidea (rhomboid). *fl.* pale flesh-coloured; cymes short-stalked, terminal, few-flowered, ¾in. to 1in. across. *l.* rhomboidal, hunched above the middle, sub-acute, ¼in. to ⅓in. thick, glaucous, dotted. *h.* 2in. to 3in. Transvaal, 1886. Plant glabrous. Of botanical interest.

C. Schmidti (Schmidt's). A synonym of *C. impressa*.

CRATÆGUS. To the species and varieties described on pp. 393-4, Vol. I., the following should now be added:

C. Bruanti (Bruant's). A synonym of *C. Oxyacantha semperflorens*.

C. Carrièrei (Carrière's). *fl.* at first white, subsequently becoming flesh-coloured. Spring. *fr.* bright red, resembling cherries, persistent throughout the winter. 1883. A handsome tree, of garden origin. (R. H. 1833, 108.) *C. Lavalléi* is very similar to, if not identical with, *C. Carrièrei*.

C. Lavalléi (Lavallé's). *See* **C. Carrièrei.**

C. Oxyacantha foliis-tricoloribus (three-coloured-leaved). *l.* variegated with different shades of dark red, carmine, and rose. 1886. An ornamental, garden variety.

C. O. semperflorens (ever-flowering).* A useful, garden variety, flowering throughout the summer: towards autumn, plants may be seen with nearly ripe fruit, green fruit, and open flowers at the same time. SYN. *C. Bruanti*.

C. pinnatifida (pinnatifid). *fl.* white, in erect, somewhat pointed corymbs; peduncles and base of calyx sparingly beset with shaggy hairs. *l.* broadly oval, divided on each side into from two to four long, pointed, toothed lobes, glabrous above, hairy on the nerves beneath. A tall, thorny bush. The earliest of all the Thorns to come into leaf. (R. G. 366.)

C. p. major (greater).* *fl.* white, large, corymbose. *fr.* bright red, pear-shaped, ¾in. in diameter. *l.* long-stalked, lobed, and pinnatifid. North China, 1886. An ornamental form. (G. C. n. s., xxvi., p. 621.)

C. Pyracantha Lelandi (Leland's).* *fr.* bright orange-scarlet, produced when the plant is but a few inches in height. 1888.

CRINUM. Of this genus seventy-nine species are described by Baker, in his "Handbook of the *Amaryllideæ*"; they are broadly dispersed over the tropical and sub-tropical regions of the globe. Flowers numerous in an umbel, large, sessile or shortly pedicellate; stamens affixed to the throat. Leaves often numerous, long, narrow or rather broad. To the species described on

Crinum—*continued.*

pp. 396-7, Vol. I., the following should now be added. Except where otherwise stated, stove treatment is required:

C. amabile augustum (august). A synonym of *C. augustum*.

C. angustifolium blandum (charming). *fl.*, perianth segments broader than in the type; filaments whitish. *l.* also broader. SYN. *C. blandum* (B. M. 2531).

C. a. confertum (clustered). *fl.* sessile; perianth segments 4in. long, a little exceeding the tube.

C. anomalum (anomalous). A form of *C. asiaticum*.

C. blandum (charming). A variety of *C. angustifolium*.

C. Broussonetii (Broussonet's). A synonym of *C. yuccæfolium*.

C. Colensoi (Colenso's). A garden synonym of *C. Moorei*.

C. confertum (clustered). A variety of *C. angustifolium*.

C. crassipes (thick-stalked). *fl.* fifteen to twenty in an umbel; perianth tube green, curved, 3in. long, the limb sub-erect, 2½in. long, the segments white, ½in. broad, with a pink keel; pedicels 1in. to 1½in. long; peduncle compressed, less than 1ft. long, ¾in. thick. July. *l.* lorate, bright green, sub-erect, 4in. broad. Bulb very large, conical. Tropical or sub-tropical Africa (?), 1887. Stove or intermediate.

C. cruentum Loddigesii (Loddiges'). *fl.*, perianth segments tipped dark purple; pedicels as long as the ovary.

C. declinatum (declinate). A form of *C. asiaticum*.

C. distichum (two-ranked). *fl.* usually solitary, sessile; perianth tube curved, 5in. to 6in. long, the limb horizontal, about 4in. long, the segments keeled bright red, oblong, acute, connivent, 1in. broad; stamens and style nearly reaching the tips of the segments; peduncle about 1ft. long. June. *l.* about ten, distichous, linear, firm, channelled down the face, tapering, 1ft. long. Bulb small, globose. Sierra Leone. SYN. *Amaryllis ornata* (B. M. 1253).

C. elegans (elegant). A variety of *C. pratense*.

C. ensifolium (ensate-leaved). A variety of *C. defixum*.

C. flaccidum (flaccid). *fl.* six to eight in an umbel; perianth tube 3in. to 4in. long, usually curved, the segments pure white, oblong-lanceolate, about as long as the tube, ¾in. broad, acute; stamens much shorter than the segments; pedicels 1in. to 1½in. long; peduncle 1½ft. to 2ft. long, much compressed. July. *l.* linear, 1½ft. to 2ft. long, 1in. to 1½in. broad. Bulb ovoid, 3in. to 4in. in diameter, with a very short neck. New South Wales and South Australia. Greenhouse. (B. M. 2133.) SYN. *Amaryllis australasica* (B. R. 426).

C. Hildebrandtii (Hildebrant's). *fl.*, perianth pure white, erect; tube 6in. to 7in. long; limb segments horizontally spreading, 2in. to 3in. long, less than ½in. broad; umbel six to ten-flowered; peduncle ancipitous, about 1ft. long. Winter. *l.* eight or ten, contemporary with the flowers, lanceolate, firm, 1½ft. to 2ft. long. Bulb 2in. to 3in. in diameter; neck 6in. long. Comoro Islands. (B. M. 6709; I. H. 1886, 115.)

C. humile (dwarf). *fl.* six to nine in an umbel, cernuous in bud; perianth tube greenish, 3in. long, the segments white, linear-lanceolate, spreading, 2in. long, ⅓in. broad; filaments bright red, rather longer than the perianth segments; pedicels short; peduncle slender, 1ft. long. October. *l.* linear, 1ft. long, spreading, sub-acute, thicker than in *C. amœnum*, pitted over the face. Bulb small, globose, greenish, with a very short neck. Tropical Asia, 1826. (B. M. 2636.)

C. insigne (remarkable). A slight variety of *C. latifolium*.

C. leucophyllum (white-leaved). *fl.* pinkish, fragrant, forty or fifty in a dense, centripetal umbel; perianth tube cylindrical, 3in. long, the segments linear, spreading, rather shorter than those of the tube; scape springing from below the leaves, 1ft. long. August. *l.*, produced ones about twelve or fourteen, arranged in a distichous column about 1ft. long, lanceolate, 1½ft. to 2ft. long, 5in. to 6in. broad, whitish-green, denticulate. Bulb nearly 6in. in diameter. Damara-land, 1880. (B. M. 6783.)

C. lineare (linear). *fl.* five or six in an umbel; perianth tube slender, curved, 1½in. to 2½in. long, the segments tinged red outside, oblanceolate, acute, 2in. to 3in. long, ⅓in. to ½in. broad; pedicels ½in. to ¾in. long; peduncle slender, sub-terete, 1ft. long. September. *l.* linear, 1½ft. to 2ft. long, ½in. broad, glaucous-green, channelled down the face. Bulb small, ovoid. Cape Colony. SYNS. *Amaryllis revoluta* (B. M. 915), *A. r. gracilior* (B. M. 623).

C. Loddigesii (Loddiges'). A variety of *C. cruentum*.

C. longifolium Farinianum (Farini's). *fl.* five or six in an umbel; perianth tube greenish, 3½in. to 4in. long, the segments pink, connivent in a narrow funnel, 3in. long; scape 2ft. high. *l.* ensiform, 3ft. to 4ft. long, acuminate, glaucescent, entire. Bulb 2½in. to 3in. in diameter, narrowed into a neck 6in. long. 1887.

C. Mackenii (Macken's). A garden synonym of *C. Moorei*.

C. Massaiana (Duc de Massa's). *fl.* white, each perianth segment having a central stripe of dull rose-colour. 1887. (I. H.

Crinum—*continued.*

1887, 55, under name of *Brunsvigia Massaiana.*) This "is no doubt a Crinum, nearly allied to *C. Kirkii*" (J. G. Baker).

C. moluccanum (Moluccas). A slight variety of *C. latifolium.*

C. Moorei Schmidtii (Schmidt's). A form with pure white flowers. SYN. *C. Schmidtii* (R. G. 1072).

C. natalense (Natal). A garden synonym of *C. Moorei.*

C. plicatum (folded). A form of *C. asiaticum.*

C. Powellii (Powell's).* *fl.* about eight in an umbel; perianth tube greenish, curved, 3in. long, the segments reddish, oblanceolate, acute, 4in. long, 1in. broad; stamens much shorter than the perianth segments; peduncle compressed, glaucous, 2ft. long. *l.* about twenty, spreading, ensiform, acuminate, bright green, 3ft. to 4ft. long, 3in. to 4in. broad low down. Bulb globose, with a short neck. A garden hybrid between *C. longifolium* and *C. Moorei.* Hardy in the South of England.

C. pratense (meadow-loving). *fl.* six to twelve in an umbel; perianth tube greenish, 3in. to 4in. long, at first curved, the segments white, lanceolate, nearly or quite as long as the tube, ½in. broad; filaments bright red, rather shorter than the segments; pedicels none or very short; peduncle lateral, 1ft. or more in length. June. *l.* six to eight to a bulb, linear, sub-erect, 1½ft. to 2ft. long, 1½in. to 2in. broad, narrowed to the point, channelled on the face. Bulb ovoid, 4in. to 5in. in diameter, with a short neck. India, 1872.

C. p. elegans (elegant). *fl.*, perianth tube 1in. shorter than the segments; peduncle decumbent. Bulb with a longer neck than in the type. SYN. *C. elegans* (B. M. 2592).

C. procerum (tall). A form of *C. asiaticum.*

C. Sanderianum (Sander's). *fl.* sessile, borne in umbels of three or four together; perianth segments white, with a broad, conspicuous band of reddish-crimson down the centre, lanceolate, spreading-recurved. *l.* ensiform, 1ft. to 1½ft. long. Bulb globose, 2in. in diameter. Sierra Leone, 1881. A beautiful plant. (F. & P. 1884, p. 156.)

C. Schmidtii (Schmidt's). A form of *C. Moorei.*

C. sinicum (Chinese). A form of *C. asiaticum.*

C. speciosum (showy). A slight variety of *C. latifolium.*

C. spirale (spiral). A synonym of **Carpolyza spiralis** (which *see*, on p. 272, Vol. I.).

C. strictum (straight). *fl.* about four in an umbel; perianth tube pale green, sub-erect, about 5in. long, the segments white, lanceolate, 3in. to 4in. long, ½in. broad; filaments red, 1in. shorter than the segments; pedicels none or very short; peduncle green, twice as long as the leaves. September. *l.* lorate, pale green, sub-erect, 1ft. long, 2in. to 2½in. broad. Bulb small, ovoid, without any distinct neck. Origin unknown. (B. M. 2635.)

C. sumatranum (Sumatra). *fl.* ten to twenty in an umbel; perianth tube greenish, erect, 3in. to 4in. long, the segments not tinged red outside, linear, as long as the tube; filaments bright red, much shorter than the segments; pedicels very short; peduncle much shorter than the leaves. July. *fr.* as large as a man's fist, one to three-seeded. *l.* ensiform, sub-erect, 3in. to 4in. broad, gradually narrowed to a point, firm, dark, dull green, the edges serrulated. Bulb ovoid, as large as in *C. asiaticum.* Sumatra. (B. R. 1049.)

C. undulatum (wavy). *fl.* four in an umbel; perianth tube greenish, 7in. to 8in. long, curved before the flower expands, the segments not purple outside, lanceolate, undulated, erecto-patent, 3in. long; filaments bright red, 2in. long; pedicels none or very short; peduncle 1ft. long. November. *l.* dark green, ensiform, firm, sub-erect, 1½ft. long, 1in. broad. Bulb small, ovoid, with a long neck. North Brazil. (H. E. F. 200.)

C. vanillodorum (Vanilla-scented). A synonym of *C. giganteum.*

C. variabile (variable). *fl.* ten to twelve in an umbel; perianth tube greenish, curved, 1½in. to 2in. long, the segments flushed red down the back, oblong, acute, 2½in. to 3½in. long; filaments red, 1in. shorter than the segments; pedicels ½in. to 1in. long; peduncle erect, compressed, 1ft. to 1½ft. long. April. *l.* ten to twelve to a bulb, linear, green, weak, 1½ft. to 2ft. long, 2in. broad. Bulb ovoid, 3in. to 4in. in diameter, with a short neck. Cape Colony. SYN. *C. v. roseum* (B. R. 1844, 9), *Amaryllis revoluta robustior* (B. R. 615).

C. v. roseum (rosy). A synonym of *C. variabile.*

C. yuccæflorum (Yucca-flowered). *fl.* one or two in an umbel, sessile; perianth tube greenish, curved, 4in. to 5in. long, the limb horizontal, 3in. to 4in. long, the segments oblong, acute, connivent, banded red on the back; filaments 1in. shorter than the segments; peduncle slender, 1ft. long. June. *l.* ten to twelve to a bulb, multifarious, linear, firm, 1ft. to 1½ft. long. about 1in. broad. Bulb small, globose, purplish. Sierra Leone, 1785. SYNS. *C. Broussonetii* (B. M. 2121; L. B. C. 668), *C. yuccæoides*, *Amaryllis spectabilis* (A. B. R. 390).

C. yuccæoides (Yucca-like). A synonym of *C. yuccæflorum.*

C. zeylanicum reductum (reduced). *fl.* about four in an umbel, sessile; perianth white, with a red, central stripe on each segment; scape lateral, less than 1ft. long. *l.* ensiform, spreading, 1ft. to 1½ft. long, 1½in. to 1¾in. broad, gradually narrowed from middle to apex, the edges not ciliated. Zanzibar, 1884.

CROCUS. The information here given is based upon Mr. George Maw's magnificent "Monograph of the Genus *Crocus*," published in 1886. By the assistance of the following "key" to the grouping of the Crocuses in cultivation, the name of any species may be the more readily determined. The number of species described by Mr. Maw is sixty-seven: of these about seventeen are lost to cultivation, or await introduction to this country. *C. aërius*, *C. ancyrensis*, *C. Fleischeri*, *C. nevadensis*, and *C. ochroleucus* require a cold frame to bring them to perfection.

Division I. Involucrati.

Species with a basal spathe springing at the base of the scape from the summit of the corm.

SECTION I. FIBRO-MEMBRANACEI,

With a corm-tunic of membranous tissue, or of membranous tissue interspersed with nearly parallel fibres.

AUTUMN-FLOWERING. *asturicus, Cambessedesii, Clusii, iridiflorus, karduchorum, nudiflorus, ochroleucus, Salzmanni, Scharojani, vallicola, zonatus.*

SPRING-FLOWERING. *Imperati, Malyi, minimus, suaveolens, versicolor.*

SECTION II. RETICULATI,

With a corm-tunic of distinctly reticulated fibres.

SPRING-FLOWERING. *banaticus, corsicus, etruscus, Tommasinianus, vernus.*

AUTUMN-FLOWERING. *hadriaticus, longiflorus, medius, sativus.*

Division II. Nudiflori.

Species without a basal spathe.

SECTION I. RETICULATI,

With a corm-tunic of distinctly reticulated fibres.

AUTUMN-FLOWERING. *cancellatus.*

SPRING-FLOWERING. *ancyrensis, carpetanus, dalmaticus, gargaricus, reticulatus, Sieberi, susianus.*

SECTION II. FIBRO-MEMBRANACEI,

With a corm-tunic of membranous tissue, or of membranous tissue interspersed with nearly parallel fibres.

SPRING-FLOWERING. LILAC OR WHITE: *alatavicus, hyemalis, nevadensis.*

AUTUMN-FLOWERING. LILAC OR WHITE. *Boryi, lævigatus, Tournefortii.*

SPRING-FLOWERING. *aureus, Balansæ, Biliottii, Korolkowi, Olivieri, Suterianus, vitellinus.*

SECTION III. ANNULATI.

Basal tunic of corm separating into annuli.

SPRING-FLOWERING. *aërius, biflorus, chrysanthus, Danfordiæ.*

AUTUMN-FLOWERING. *pulchellus, speciosus.*

SECTION IV. INTERTEXTI.

With a corm-tunic of stranded or platted fibres.

SPRING-FLOWERING. *Fleischeri.*

C. Adami (Adam's). A variety of *C. biflorus.*

C. aërius (aërial). *fl.*, perianth tube pale lilac, 2in. long; segments bright lilac, obovate or oblong, obtuse, 1in. to 1½in. long; throat bright yellow: proper spathe of two lanceolate, hyaline valves. Spring. *l.* but little developed at the flowering season, narrow-linear, with revolute margins and a distinct white rib down the face; basal spathe none. Corm globose, ½in. to ¾in. in diameter, the tunics brown. Asia Minor, 1885. (B. M. 6852 B; M. C. 58.)

C. algeriensis (Algeria). A synonym of *C. nevadensis.*

C. ancyrensis (Angora). *fl.*, perianth tube orange or purple about 3in. long; throat unbearded; segments rich orange, ovate-lanceolate, ¾in. to 1in. long, ⅓in. broad. Spring. *l.* three or four, produced to 1ft. in length, glabrous, $\frac{1}{16}$in. broad; sheathing ones about four, ½in. to 3in. long. Corm pyriform, ¾in. broad, 1in. high. Angora, 1879. (M. C. 38.)

C. asturicus (Asturias). *fl.*, perianth tube 4in. to 5in. long; throat violet, bearded; segments violet or purple, with a few darker lines towards the base, very variable, rarely white, 1½in. to 1¾in. long, ½in. to ⅝in. broad. September to November. *l.* four or five, about 1ft. long, $\frac{3}{16}$in. broad, glabrous; sheathing ones four or five, ½in. to 2½in. long. Corm ⅝in. to ⅞in. broad, ½in. to ⅝in. high. Asturias and Sierra de Guadarrama, North Spain. (M. C. 7.)

C. atlanticus (Atlantic). A synonym of *C. nevadensis.*

C. Balansæ (Balansa's). *fl.*, perianth tube 2in. to 2½in. long; throat glabrous; segments orange, 1¼in. long, ¼in. to ⅓in. broad, the outer surface of the outer ones feathered bronze or evenly

Crocus—*continued.*

suffused rich brown. March. *l.* appearing before and with the flowers, about 10in. long, 1/16in. broad, ciliated on the margins of the keel and blade; sheathing ones about three, ½in. to 2½in. long. Corm pyriform, ¾in. broad and deep. Western Asia Minor. (M. C. 51).

C. banaticus (South Hungarian). *fl.*, perianth tube violet, 3in. long; throat white internally, unbearded; segments 1½in. long, ⅜in. broad, the inner ones rich, bright purple, with darker purple markings near the summit, paler than the outer, varying to white, or variegated purple and white. March. *l.* about three, 1¼ft. long, ⅜in. broad, glabrous, the lateral channels wide and open; sheathing ones about four, ½in. to 3in. long. Hungary, &c. (M. C. 24.) SYN. *C. veluchensis*, of gardens (? B. M. 6197). The following are forms of this species: *albiflorus*, *concolor*, *niveus*, *pictus*, and *versicolor*.

C. Biliottii (A. Biliotti's). *fl.*, perianth tube about 3in. long; throat glabrous; segments rich purple, with a darker blotch at the base, about 1in. long, ⅓in. broad. January to March. *l.* about three, 10in. long, ⅛in. broad, glabrous, the lateral channels wide and open; sheathing ones three or four, ½in. to 3in. long. Corm ⅓in. to ½in. broad, ½in. high. Trebizond. (M. C. 56 B.)

C. Boryi lævigatus (smooth). A synonym of *C. lævigatus*.

C. B. marathoniseus (Marathon). *fl.*, stigmas less branching than in the type, and only reaching to the level of the summit of the anthers. (M. C. 47 B, f. 4.)

C. Cambessedesii (Cambessedes'). *fl.*, perianth tube 2½in. to 3in. long; throat white internally, unbearded; segments vinous-lilac or white, ¾in. long, ⅓in. broad, the outer ones buff on the outside, feathered purple. September to March. *l.* two or three, 5in. to 6in. long, 1/20in. broad, glabrous; sheathing ones about four, 1½in. long. Corm pyriform, about ⅜in. broad and high. Balearic Islands. (M. C. 13; B. R. xxxi. 37, f. 4, under name of *C. Cambessedesianus*.)

C. cancellatus (cross-barred). *fl.*, perianth tube 4in. to 5in. long; throat yellow, unbearded; segments varying from white to light purple, self-coloured or purple-feathered, 1½in. to 1¾in. long, ½in. broad; proper spathe 12in. long. September to December. *l.* four or five, glabrous, 10in. to 12in. long, 1/12in. broad, the keel prominent; sheathing ones about four, ½in. to 3in. or 4in. long. North Palestine to Armenia. (M. C. 31.)

C. c. cilicicus (Cilician). *fl.*, proper spathe shorter than in the type, completely hidden by the sheathing leaves.

C. c. Mazziaricus (Mazziari's). *fl.* white, with a bright golden-orange throat.

C. carpetanus (Toledo). *fl.*, perianth tube about 3in. long; throat white, unbearded; segments varying from delicate vinous-lilac, darker on the margins, to white, and suffused externally towards the base with bluish veins, 1in. to 1¼in. long, ⅜in. broad. February to April. *l.* about four, 8in. long, 1/10in. broad, semi-cylindrical, without keel or lateral channels; sheathing ones about four, ½in. to 3½in. long. Spain and Portugal, 1879. (M. C. 41.)

C. Cartwrightianus (Cartwright's). A variety of *C. sativus*.

C. chrysanthus (golden-flowered), of Herbert in B. R. xxxiii. 4, f. 1. A synonym of *C. Suterianus*.

C. Clusii (Clusius'). *fl.*, perianth tube 3in. to 4in. long; throat white internally, distinctly bearded; segments light purple, darker towards the base, with no feathering, 1½in. long, ½in. broad. September to December. *l.* five or six, 9in. to 10in. long, 1/20in. to 1/16in. broad, glabrous, the margins bearing three prominent ridges; sheathing ones three or four, the longest 2in. to 3in. long. Corm ¾in. to ⅝in. broad, about ⅜in. high. Western Spain and Portugal. (M. C. 10.)

C. corsicus (Corsican). *fl.*, perianth tube 2in. to 2½in. long; throat white or lilac inside, unbearded; segments pale purple, broadly lanceolate, about 1¼in. long, ½in. broad, the outer surface of the outer ones coated buff and feathered purple. April. *l.* three or four, 8in. long, 1/10in. broad, the lateral channels wide and open; sheathing ones two to four, ½in. to 2½in. long. Corm ½in. to ¾in. broad, barely ½in. high. Corsica, 1843. (M. C. 21.) SYN. *C. insularis* (B. R. xxix. 21).

C. dalmaticus (Dalmatian). *fl.*, perianth tube about 2in. long; throat yellow, unbearded; segments generally lilac, 1½in. long, ⅜in. to ½in. broad, the outer surface of the outer ones buff, with a few purple veins towards the base, or delicately feathered purple. February and March. *l.* three to six, 8in. to 9in. long, ⅛in. broad, glabrous, the keel convex; sheathing ones about three, ½in. to 2in. long. Corm pyriform, ½in. to ⅝in. broad and high. Dalmatia. (M. C. 34.)

C. Danfordiæ (Mrs. Danford's). *fl.*, perianth tube 2½in. long; throat unbearded; segments pale sulphur-yellow, about ¾in. long, ⅜in. broad, the outer surface of the outer ones occasionally suffused brown. February and March. *l.* three or four, 12in. to 14in. long, 1/20in. broad, ciliated on the margins of the keel and blade; sheathing ones about four, ½in. to 3in. long. Corm about ½in. broad and high. Yar-puz, Anti-Taurus, 1879. (M. C. 63.)

C. Elwesii (Elwes'). A variety of *C. sativus*.

C. estriatus (not striated). A form of *C. biflorus*.

Crocus—*continued.*

C. etruscus (Etruscan). *fl.*, perianth tube striped lilac, 2in. to 3in. long; throat yellow; segments bright lilac-purple inside, 1in. to 1½in. long, the three outer ones having five lilac stripes down the back. March. *l.* two to six, narrow-linear, with a white, central band, the edges revolute. Corm ½in. to ¾in. broad, rather less in height. Italy, 1877. (B. M. 6362; M. C. 22.)

C. Fleischeri (Fleischer's).* *fl.*, perianth tube about 3in. long; throat pale yellow, unbearded; segments white, linear-lanceolate, acute, 1in. to 1¼in. long, barely ¼in. broad, the outer surface of the outer ones and the tube veined rich purple. Early spring. *l.* four or five, 1ft. long, 1/30in. to 1/24in. broad, glabrous; sheathing ones about five, ½in. to 3in. or 4in. long. Corm yellow, ½in. to ¾in. broad and high, producing bulbils or cormlets at its base. Western Asia Minor. (M. C. 66.)

C. fulvus (fulvous). A variety of *C. susianus*.

C. gargaricus (Mount Gargarus). *fl.*, perianth tube nearly 3in. long; throat unbearded; segments rich orange, unstriped, about 1½in. long, barely ½in. broad. Early spring. *l.* about three, 7in. to 8in. long, 1/10in. broad, glabrous, the margins revolute, the lateral channels broad and open; sheathing ones two to four, ½in. to 2½in. long. Corm about ½in. broad, and nearly as high. Mount Gargarus. (M. C. 39.)

C. hadriaticus (Adriatic). *fl.*, perianth tube 3in. to 4in. long; throat white or purple, bearded; segments pure white, or purple towards the base, ovate-lanceolate, 1½in. long, ⅜in. broad. October. *l.* five or six, 1¼ft. long, one line broad, ciliated on the margins and keel, the lateral channels narrow, the reflected margins of the blade nearly meeting the margins of the keel; sheathing ones six or seven, ½in. to 3½in. long. Corm about 1in. broad and ¾in. high. Albania, Ionian Islands, &c. (M. C. 30, f. 1, 2.)

C. h. chrysobelonicus (Chrysobeloni). *fl.*, throat of the perianth yellow. (M. C. 30, f. 3.)

C. Haussknechtii (Hausknecht's). A variety of *C. sativus*.

C. hyemalis (winter). *fl.*, perianth tube about 2in. long; throat yellow, unbearded; segments white, veined rich purple towards the base, about 1¼in. long and ⅓in. broad; anthers orange. November to January. *l.* four to seven, 1¼in. to 1½in. long, ⅛in. broad, glabrous, the lateral channels without ridges; sheathing ones about four, ½in. to 2½in. long. Corm ½in. to ⅝in. broad and high. Palestine and Syria. (M. C. 43, f. 1-7.)

C. h. Foxii (H. Fox's). *fl.*, outer surface of the outer perianth segments freckled and suffused purple; anthers black. (M. C. 43, f. 8, 9.)

C. insularis (insular). A synonym of *C. corsicus*.

C. karduchorum (Kurdish). *fl.*, perianth tube 2in. to 3in. long; segments vinous-lilac, 1in. to 1¼in. long, five lines broad. September. *l.* glabrous, dormant at the flowering time, when produced 1½in. to 2in. long, 1/20in. broad, persistent till the next flowering period, when the two sets of leaves exist together; sheathing ones four or five, about 1in. long. Corm nearly spherical, ½in. to ⅝in. broad and high. Kurdistan, 1886. (M. C. 5.)

C. Korolkowi (Korolkow's). *fl.*, perianth tube brownish, 2in. long; segments bright yellow inside, oblanceolate-oblong, 1in. to 1½in. long, the three outer ones tinged with brown all over the back; spathe valves two, 1in. long. Spring. *l.* eight to twelve to a cluster, reaching to the top of the flowers, narrow-linear, with revolute margins and a distinct, white, central band down the face; basal spathe none. Corm depressed-globose, 1in. in diameter; outer tunics brown. Central Asia, 1885. (B. M. 6852 A; M. C. 56.)

C. lævigatus (smooth). *fl.*, perianth tube 3in. long; throat glabrous; segments varying from white to lilac, 1¼in. to 1½in. long, ½in. broad, the outer surface of the outer ones either self-coloured buff or more generally feathered or suffused rich purple. October to Spring. *l.* four or five, appearing before the flowers, 9in. to 10in. long, 1/10in. to ⅛in. broad, glabrous, the lateral channels without ridges; sheathing ones three, ½in. to 2½in. long. Corm pyriform, ¾in. broad and high; tunic glabrous. Morea, &c. (M. C. 49.) SYN. *C. Boryi lævigatus*.

C. longiflorus (long-flowered). *fl.*, perianth tube yellow, about 4in. long; throat orange, slightly bearded; segments of a uniform, pale vinous-lilac, yellow towards the base, or externally veined or feathered purple, 1½in. long, ½in. to ⅝in. broad. October and November. *l.* about three, appearing with the flowers, 8in. to 9in. long, ⅛in. broad, the lateral channels broad and open; sheathing ones about five, ½in. to 3in. long. Corm nearly spherical, ½in. to ¾in. in diameter. South Italy, Sicily, &c., 1843. (B. R. xxx. 3, f. 4; M. C. 28.)

C. Malyi (Maly's). *fl.*, perianth tube yellow, about 3in. long; throat orange, bearded; segments white, orange towards the throat, occasionally suffused externally with vinous-purple towards the throat, ovate-lanceolate, 1½in. to 1¾in. long. March. *l.* four or five, appearing with the flowers, 1¼ft. long, ⅛in. to ¼in. broad, glabrous, the lateral channels wide and open, containing three low ridges; sheathing ones six or seven, ½in. to 4in. long. Corm oblate, ¾in. broad, ⅓in. to ½in. high. Monte Vermaz. (M. C. 18.)

C. marathoniseus (Marathon). A variety of *C. Boryi*.

Crocus—*continued.*

C. medius (intermediate). *fl.*, perianth tube 4in. to 5in. long; throat nearly white, internally veined purple, unbearded; segments bright purple, internally veined towards the base with dark purple, ovate-lanceolate, 2in. long, ¾in. to ⅞in. broad, the inner ones somewhat shorter than the outer ones. October and November. *l.* two or occasionally three, 10in. to 12in. long, 3/16in. broad, the margins of keel and blade slightly ciliated, the lateral channels broad and open, containing three low ridges; sheathing ones about five, ½in. to 3in. long. Corm a little broader than high, ¾in. in diameter under cultivation, much smaller in the wild state. Riviera, 1843. (B. R. xxxi. 37, f. 5; F. M. 20; Gn. xiv. 153, f. 10; M. C. 27.)

C. minimus (least). *fl.*, perianth tube 1½in. to 2in. long; throat white or lilac, unbearded; segments deep, rich purple, 1in. to 1¼in. long, ⅓in. broad, the outer surface of the outer ones coated buff and feathered dark purple, occasionally white or self-coloured purple. April. *l.* three or four, appearing before the flowers, 8in. to 9in. long, one line broad, glabrous; sheathing ones about three, 1in. to 2½in. long, including several scapes. Corm pyriform, fully ½in. broad and high. Corsica. An attractive little plant. (B. M. 6176; M. C. 19.)

C. minimus (least), of B. M. 2991. A synonym of *C. biflorus.*

C. nevadensis (Sierra Nevada). *fl.*, perianth tube 2½in. to 3in. long; throat pale yellow, bearded; segments pale lilac or white, the outer surface variously feathered or veined purple, 1in. to 1½in. long, ⅓in. broad. January. *l.* four or five, appearing with the flowers, 1ft. long, 1/12in. to 1/10in. broad, glabrous, channelled with six alternating ridges and furrows; sheathing ones about four, ¾in. to 4in. long. Corm ¾in. to ⅞in. broad, ½in. to ¾in. high. Spain and Algeria. (M. C. 42.) SYNS. *C. algeriensis*, *C. atlanticus.*

C. nubigenus (cloud-born). A form of *C. biflorus.*

C. ochroleucus (yellow and white). *fl.*, perianth tube pale buff, 3½in. long; throat orange, slightly bearded; segments pale cream-colour, suffused orange towards the base, about 1½in. long and ½in. broad. Late autumn. *l.* four to six, glabrous, appearing before the flowers, 10in. to 12in. long, nearly ⅛in. broad, the lateral channels wide and open; sheathing ones about six, ½in. to 2½in. long. Corm oblate, 1in. broad, ½in. high. North Palestine and Syria. (B. M. 5297; M. C. 11.)

C. Olivieri (Olivier's). *fl.*, perianth tube 1½in. to 2in. long; throat glabrous; segments bright orange, obtuse, 1in. to 1¼in. long, about ⅓in. broad. Spring. *l.* three or four, appearing with the flowers, 1ft. long, ⅓in. broad, the lateral channels wide and open, the margins of the keel and blade ciliated; sheathing ones about four, ½in. to 3½in. long. Corm ½in. to ¾in. broad and high, nearly spherical. Greece, &c. (B. M. 6031; M. C. 53.)

C. Orsinii (Orsini's). A variety of *C. sativus.*

C. Pallasii (Pallas'). A variety of *C. sativus.*

C. Salzmanni (Salzmann's). *fl.*, perianth tube 3in. to 4in. long; throat yellowish, bearded; segments vinous-lilac, occasionally white, about 2in. long and ⅜in. broad, the outer surface of the outer ones feathered purple. Autumn. *l.* six or seven, developed before the flowers, 1ft. to 1½ft. long, about ¼in. broad, glabrous, the keel narrow and prominent; sheathing ones three or four, ½in. to 2in. long. Corm oblate, 1in. to 1½in. broad, ¾in. high. Tangier, Spain, &c. (B. M. 6000; M. C. 9; B. R. 4, f. 4, under name of *C. Salzmannianus.*)

C. Scharojani (Scharojan's). *fl.* orange; perianth tube 4in. to 5in. long; throat unbearded; segments lanceolate, 1½in. to 1¾in. long, four to five lines broad, the inner ones rather shorter than the outer. July and August. *l.* three, dormant at flowering time, produced to 10in. in length, broad, glabrous, the convex keel as broad as the concave blade, the blade without the usual white band, often persistent till the ensuing flowering period; sheathing ones three or four, ½in. to 1¾in. long. Corm small, globose or depressed-globose, ⅓in. broad, ⅓in. high. Circassia and Armenia. (M. C. 3; R. G. 578, f. 2, a-c.)

C. suaveolens (sweetly-scented). *fl.*, perianth tube 3in. to 4in. long; throat bright orange, unbearded; segments lilac, narrow-lanceolate, acute, 1½in. long, ⅜in. broad, the outer surface of the outer ones buff, with three unbranched, purple lines. March. *l.* four or five, appearing with the flowers, 8in. to 9in. long, ⅛in. broad, the lateral channels wide and open; sheathing ones three or four, ½in. to 2½in. long. Corm oblate, ¾in. broad, ⅛in. high. Rome, 1830. (B. M. 3864; M. C. 15; S. B. F. G. ser. ii. 7.)

C. susianus fulvus (fulvous). *fl.*, outer surface of the outer perianth segments suffused dull brown.

C. Suterianus (Henry Suter's). *fl.*, perianth tube 3in. long; throat unbearded; segments bright orange, fulvous towards the throat, 1in. to 1¼in. long, ⅓in. broad. January to March. *l.* about three, appearing with the flowers, 10in. long, 3/16in. broad, the surface of the keel and margins of the blade ciliated, the lateral channels wide and open; sheathing ones about four, ½in. to 3in. long, enclosing three or four scapes. Corm pyriform, ½in. to ¾in. broad and high. Central Asia Minor. (M. C. 52.) SYN. *C. chrysanthus* (of Herbert in B. R. xxxiii. 4, f. 1).

C. Suwarrowianus (Suwarrow's). A variety of *C. vallicola.*

C. syriacus (Syrian). A form of *C. vitellinus.*

C. Tommasinianus (Tommasini's). *fl.*, perianth tube 3in. to 3½in. long; throat white, unbearded; segments pale sapphire-lavender (said, by Herbert, to be occasionally marked with a darker blotch near the summit), 1in. to 1½in. long, ⅓in. to ½in. broad. March. *l.* three to five, appearing with the flowers, 9in. to 10in. long, ⅛in. broad, glabrous, the lateral channels wide and open; sheathing ones about four, ½in. to 3in. long. Corm nearly spherical, barely ½in. in diameter. Dalmatia, &c. (M. C. 25.)

C. vallicola (valley-loving). *fl.*, perianth tube buff, about 3½in. long; throat bearded; segments pale cream-colour, veined internally with five to seven purple lines, and bearing two small, orange spots towards the throat, lanceolate, 1¾in. to 2½in. long, terminating in a fine, thread-like point; proper spathe monophyllous. August and September. *l.* four or five, 10in. to 11in long, ⅛in. broad, glabrous, with an obscure, central, white band the lateral channels deep; sheathing ones four to six, about 1½in. long, falling short of the proper spathe. Corm oblate, ½in. to ¾in. broad, ⅜in. high. Caucasus, &c. (B. R. xxxiii. 16, f. 3; M. C. 2, f. 1, 4, 7, 9, 13.)

C. v. lilacinus (lilac). *fl.* much smaller than in the type; perianth segments veined with feathered, purple markings, both internally and externally. (M. C. 2, f. 6, 10, 11.)

C. v. Suwarrowianus (Suwarrow's). *fl.*, perianth throat unbearded; proper spathe diphyllous. *l.*, sheathing ones exceeding the proper spathe. September and October. (M. C. 2, f. 2, 3, 5, 8, 12, 15.)

C. veluchensis (Veluchi). A garden synonym of *C. banaticus.*

C. vernus albiflorus (white-flowered). *fl.* white, smaller than those of the type; perianth segments narrower. (M. C. 26 B, f. 6.)

C. v. leucorhynchus (white-beaked). *fl.*, perianth segments pale purple, with a deep purple flush near the white, emarginate apex. (M. C. 26 B, f. 4.)

C. v. siculus (Sicilian). *fl.* small; perianth segments whitish, with three or four purple lines on the face of each, rounded at apex. (M. C. 26 B, f. 9.)

C. vitellinus (egg-yolk-coloured). *fl.*, perianth tube pale yellow, filiform, 2in. to 3in. long; limb orange-yellow, about 1in. long, "its oblong-spathulate segments concolourous in the original *vitellinus*, striped with five feathered lines in the variety *syriacus*, and in a third form plain orange, with an obscurely lineate, brownish blotch at the base" (J. G. Baker); style much divided. November to March. *l.* five or six, glabrous, with a white, central band. Syria and Asia Minor. (B. M. 6416; M. C. 50.)

C. Weldeni (Welden's). A form of *C. biflorus.*

C. zonatus (zoned). *fl.*, perianth tube pale buff, 2½in. to 3in. long; throat bright yellow, bearded; segments rosy-lilac, about 1½in. long, six to seven lines broad, veined internally with five to seven purple lines, and bearing on the inner surface of their base two semicircular, bright orange spots. September and October. *l.* 1ft. long, ⅛in. to 3/16in. broad, with a depressed, central, white band, the lateral channels wide and open; sheathing ones five to seven, ½in. to 3in. long. Corm oblate, 1in. to 1¼in. broad, ½in. to ⅝in. high. Cilician Mountains and Lebanon. (M. C. 4.)

Varieties. The varieties of *C. vernus* are amongst the brightest flowers for the spring garden, and are excellent when planted in pots to be forced for the greenhouse or conservatory. Many beautiful varieties grown in the bulb gardens near Haarlem are but little known in British gardens. To those described on p. 400, Vol. I., the following should now be added:

AVALANCHE, pure white; BARON BRUNOW, dark blue; BRIDE OF ABYDOS, pure white, large; CELESTIAL, light blue, distinct; DOROTHEA, white; GLADIATOR, dark blue; GRAND BLANCHE, pure white, large; GRAND CONQUÉRANT, white; JOHN BRIGHT, dark blue; KING OF THE BLUES, purple-blue, large, good form; LA MAJESTEUSE, striped lilac, large; MARIE STUART, fine white; PURPUREA GRANDIFLORA, deep purple, large and handsome, the finest of all Crocuses; VULCAN, fine dark purple.

CRYPTANTHUS. Baker reduces to one species, native of Brazil, the various garden plants described under this name. To the two forms described on p. 402, Vol. I., the following should now be added:

C. Beuckeri (Beucker's). *fl.* white, in a sessile, central cluster. *l.* disposed in an open rosette, petiolate, elliptic, acute or acuminate, light reddish, with numerous transverse, green, irregular lines or blotches, the margins spinulose. 1883. A remarkable, dwarf Bromeliad. (B. H. 1881, 17.)

CRYPTOMERIA. To the varieties of *C. japonica* described on p. 404, Vol. I., the following should now be added:

C. japonica compacta (compact). This forms a compact, regular pyramid. Japan, 1885.

C. j. lycopodioides (Lycopod-like). Habit thick and bushy, very regularly branched, the branchlets long and cord-like. Japan, 1885.

CRYPTOPHORANTHUS (from *kryptos*, hidden, *phoreo*, to bear, and *anthos*, a blossom; in allusion to the petals, lip, &c., being concealed within an almost closed flower, the only opening into which is by a pair of small "windows" at the side). Window-bearing Orchid. ORD. *Orchideæ*. A curious genus, with the habit of *Pleurothallis* (section *Aggregatæ*), but differing from that genus in the sepals being united into a short tube at the base and again united at the apex—the only way into the flower being by the small, window-like openings, one on either side. From *Masdevallia* the genus differs in habit, as also in the characters just given. Eight species are known; they are stove Orchids, ranging over an area from the West Indies to the Andes and Brazil. The following species are now included here, the specific names remaining unchanged: *Masdevallia Dayana*, *M. gracilenta*, *M. hypodiscus*, and *Pleurothallis atropurpurea*. For culture, *see* **Pleurothallis,** on p. 163, Vol. III.

C. maculatus (spotted). *fl.* yellow, densely spotted crimson, numerous, ¼in. long, obovoid, obtuse, pubescent, situated at the base of the leaf on the very short stem (so short that the flowers actually lie on the soil). *l.* elliptic, obtuse, very fleshy, with numerous purple spots or small blotches on the upper surface, 1¼in. to 2¼in. long, ⅞in. to 1¼in. broad, the apex minutely tridenticulate. Probably Brazilian. A remarkable little plant.

CRYPTOSTYLIS (from *kryptos*, hidden, and *stylos*, a pillar, a style; in allusion to the concealed style). The generic description is given in the body of this work under Blume's name, **Zosterostylis** (which *see*, on p. 244).

C. longifolia (long-leaved). *fl.* three to eight, rather distant, upwards of 1in. broad; sepals yellowish-green, narrow; petals the same colour, shorter; lip red, with reddish-brown markings, pointing upwards, the short style hidden in the cucullate base (hence the generic name). *l.* solitary, lanceolate, on long stalks. *h.* 1ft. to 2ft. Tasmania, 1885. Greenhouse. (G. C. n. s., xxiii., p. 275.)

CUPANIA. To the species described on p. 409, Vol. I., the following should now be added:

C. grandidens (large-toothed). *l.* impari-pinnate; leaflets nine, oblong, acuminate, sinuately lobed, 3in. to 4in. long. Stems downy. Zanzibar, 1884.

CURCULIGO. This genus comprises about a dozen species of stove perennials, natives of tropical Asia, Australia, tropical and South Africa, and tropical America. Flowers spicate or racemose; perianth six-parted, the segments sub-equal, spreading; stamens six, affixed at the base of the segments; whole inflorescence frequently villous. Fruit more or less succulent. Leaves radical, often long-lanceolate, plicate-veined, sometimes very large. To the species and varieties described on p. 410, Vol. I., the following should now be added:

C. densa (dense). *l.* oblong-ovate, acute, plicate, dark green, with a silvery lustre. India, 1885. A pretty, decorative plant, of dwarf habit.

CURCUMA. The species extend from tropical America to tropical Australia and the South Pacific Islands. To those described on p. 411, Vol. I., the following should now be added:

C. Leopoldi (Leopold's). *l.* lanceolate, pale green, striped with creamy-white. 1884. An attractive plant, of distinct character, growing in clumps, and resembling a Musa in habit.

CYATHEA. This genus embraces about eighty species, natives of tropical and sub-tropical regions. To those described on p. 415, Vol. I., the following should now be added:

C. microphylla (small-leaved). *cau.* 4ft. high. *sti.* and rachises rusty-tomentose. *fronds* 2ft. to 3ft. long, oblong-ovate, acuminate, tripinnate; primary pinnæ sessile, broadly oblong, acuminate; secondary ones similar but smaller, crowded; pinnules scarcely two lines long, ovate-oblong, deeply pinnatifid; lobes entire. *sori* solitary at the base of the veinlet; involucre globose. Andes of Peru and Ecuador, 1883. Greenhouse.

C. spinulosa (slightly spiny). *sti.* and main rachis strongly aculeate, often dark purple. *fronds* glabrous, ample, somewhat flaccid; pinnules oblong, acuminate; lobes acute, serrulated, having small, bullate scales on the costules beneath. *sori* copious, close to the costules; involucre globose, very thin, membranous, soon breaking irregularly. India, 1883. Stove. (H. S. F. 12c.)

CYCAS. About fifteen species, natives of tropical Asia, Africa, Australia, and Polynesia, are here included. To those described on p. 416, Vol. I., the following should now be added:

C. Beddomei (Beddome's). *l.* about 3ft. long and 9in. broad; segments about ⅛in. broad; rachis sub-quadrangular; petiole quadrangular, furnished at the base with tufted tomentum, and in the upper third with a few minute teeth. *cones* (males) about 13in. long and 3in. in diameter, slightly stipitate, the scales tapering from a deltoid base, acuminate. Stem (? young) a few inches high, with closely imbricated, glabrescent leaf-bases. India, 1883. Mr. Thiselton Dyer considers this a reduced form of *C. circinalis*. (T. L. S., ser. ii., vol. ii., p. 85.)

C. Bellefonti (Marquis de Bellefont's). *l.* recurved, glabrous, elliptic, pinnatisect; leaflets sessile, linear-lanceolate, 3½in. to 4in. long, acuminate at apex, the margins flat, glaucescent; petioles short, spinulose at base, the spines small, straight. Trunk short, cylindrical, erect, clothed with fuscous-greyish scales. Tonkin, 1886. (I. H. 1886, 586.)

C. Duivenbodei (Duivenbode's). *l.* pinnate, 3ft. to 3½ft. long; leaflets crowded, acuminate, 1in. broad. Trunk spiny, covered with blackish-brown scales. Moluccas, 1886.

CYCLAMEN. Improved seedling forms of *C. persicum* are now very numerous, and the cultivation of this choice, winter-flowering, greenhouse plant is being greatly extended. The flowers become richer and more varied in colour year by year. *C. giganteum*, a type with large flowers, produced some ten years since, has been greatly improved; the flowers are blush, rosy-blush, or purplish-rose. The most useful for greenhouse and conservatory decoration is a good strain of the ordinary type. The largest number of flowers are produced from single corms, and the colours are more rich and varied. They are pure white, of exquisite form, blush, rose, pink, rosy-red, and purple; and a form exhibited in 1887 was quite crimson. A new type, with peculiarly frilled petals, was introduced in the spring of that year. Some of the best in the various sections exhibited under names are as follow: DIXON HARTLAND, LORD HILLINGDON, MAJESTICUM, PRINCESS OF WALES, QUEEN OF CRIMSONS, and ROYAL JUBILEE.

CYCLANTHACEÆ. A natural order of perennial herbs or shrubs, all natives of tropical America. Flowers monœcious, arranged in superposed cycles or in a continuous spiral; spadices axillary, solitary, pedunculate, simple, rather short, cylindrical or oblong; spathes two to six, inserted on the peduncle, including the immature spadix, caducous; peduncle short or elongated, sheathing at base. Leaves distichous or spirally disposed, petiolate, flabellate, entire, bifid, or bipartite, parallel-nerved, complicate in vernation; petioles short or elongated, sheathing at base. *Carludovica palmata* yields the much-valued straw from which are manufactured Guayaquil or Panama hats. The order embraces four genera—*Carludovica*, *Cyclanthus*, *Ludovia*, and *Stelestylis*—and, as at present known, about thirty-five species.

CYCLANTHUS (from *kyklos*, a circle, and *anthos*, a flower; in allusion to the spiral arrangement of the flowers). SYNS. *Cyclosanthes*, *Discanthus*. ORD. *Cyclanthaceæ*. A small genus (four or five species?) of stove, perennial, stemless, milky herbs. Flowers odorous, the males and females superposed in alternate rings, or disposed in a confluent spiral; spathes numerous; peduncle very long, naked or bracteate, cylindrical. Leaves clustered, long-petiolate, bifurcate; segments lanceolate, one-ribbed, plicate, parallel-nerved; petioles terete, sheathing at base. For culture of the two species introduced, *see* **Carludovica,** on p. 268, Vol. I.

C. bipartitus (bipartite). *l.* plicate, sometimes entire, ovate-lanceolate, but more frequently divided more or less deeply in the upper portion—sometimes even to the base—into two lanceolate-linear lobes; petioles 3ft. to 6ft. long. Guiana.

C. discolor (two-coloured). *l.* bifid, the two divisions lanceolate, with a tapered point, more or less frilled at the edges; young leaves streaked with a tawny orange hue, which passes off as they become matured. 1882. A remarkable plant.

CYCLONEMA MACROSIPHON. *See* **Clerodendron macrosiphon.**

CYCLOSANTHES. A synonym of **Cyclanthus** (which *see*).

CYMBIDIUM. To the species and varieties described on pp. 420-1, Vol. I., the following should now be added:

C. eburneum Philbrickianum (Philbrick's). *fl.* white; sepals and petals narrow; side lobes of the lip well apart from the narrower middle lobe; callus narrow, with a most obscure mid-keel. 1886. Habit that of *C. Parishii.*

C. elegans (elegant). A synonym of *Cyperorchis elegans.*

C. ensifolium (sword-leaved). *fl.* greenish-yellow, very fragrant; sepals and petals marked with some reddish-brown, narrow lines; lip dotted, ovate, somewhat recurved; scape terete, few-flowered. Late summer. *l.* ensiform, nerved. China and Japan. (B. M. 1751.)

C. e. estriatum (not striated). *fl.*, segments very narrow; sepals green, with a few red lines; petals white, with some purple lines; lip white, the middle lacinia yellow, with a few brown spots; column white, with purple blotches in front. *l.* more than 1ft. long, ¼in. broad, with dark spots. Assam, 1887.

C. Huttoni (Hutton's). This is now regarded as synonymous with *Grammangis Huttoni.*

C. Mastersii (Dr. Masters'). This species is now removed to *Cyperorchis.*

CYNORCHIS (from *kyon, kynos,* a dog, and *Orchis;* a name altered by Lindley from the *Cynosorchis* of Thouars). SYN. *Cynosorchis.* ORD. *Orchideæ.* A genus embracing about sixteen species of stove, terrestrial Orchids, with the habit of *Habenaria rotundifolia,* natives of the Mascarene Islands and tropical Africa. Flowers mediocre or rather small, shortly pedicellate; sepals sub-equal, concave, at length spreading; petals similar or smaller; lip continuous with the column, spreading, as long as the sepals, three to five-cleft, produced in a spur; column very short; raceme short or rarely elongated, rather loose. Only two species call for description. For culture, *see* **Bletia,** on pp. 195-6, Vol. I.

C. elegans (elegant). *fl.* whitish, with a rosy tinge, disposed in three to seven-flowered racemes; odd sepal gibbous, convex, abrupt over the triangular, acute apex; side sepals ligulate, acute or blunt-acute, longer than the odd sepal; lip with a small angle on each side at the base, the lamina spotted or lined deep purple. *l.* cuneate-oblong-lanceolate, acute, 2in. long by ½in. wide, light green, striped and barred mauve-purple. Madagascar.

C. Lowiana (Low's). *fl.*, sepals and petals whitish-green; lateral sepals oblong, obtuse; odd sepal convex-oblong, blunt-acute, shorter than the lateral ones; petals ligulate, acute; lip lilac, three-cleft, the lateral laciniæ linear, extrorse, the mid-lacinia deeply two-cleft, with a deep purple, obcordate spot at base. *l.* one or two, about 9in. long, ⅜in. wide, dark green. Madagascar.

CYNOSORCHIS. A synonym of **Cynorchis** (which *see*).

CYPERORCHIS (from *Cyperus* and *Orchis;* in allusion to the resemblance to *Cyperus,* and the affinity to *Orchis*). ORD. *Orchideæ.* A small genus (two or three species) of stove, epiphytal Orchids, natives of the East Indies and the Malayan Archipelago, formerly included under *Cymbidium.* Flowers showy; sepals and petals sub-equal, free, erect or somewhat spreading; lip sessile at the base of the column, erect, narrow, concave, the lateral lobes embracing the column, the middle one short, broad, spreading; column rather long, erect, semi-terete; pollen masses two; raceme many-flowered; scape erect. Leaves long, narrow, scarcely dilated at base. Stem short, leafy, hardened or slightly thickened at base. For culture, *see* **Cymbidium,** on p. 420, Vol. I.

C. elegans (elegant). *fl.* pale yellow, remaining half-closed, cylindrical; lip spotted blood-red inside; racemes nodding, many-flowered. Autumn. Nepaul, 1840. SYN. *Cymbidium elegans* (L. S. O. 14).

C. Mastersii (Dr. Masters'). The correct name of the plant described on p. 421, Vol. I., as *Cymbidium Mastersii.* (B. R. 1845, 50.)

C. M. album (white). *fl.* pure white, deliciously fragrant. Winter. India.

CYPRIPEDIUM. This genus embraces about sixty species, natives of Europe, temperate and tropical Asia, North America, and Mexico. To those described on

Cypripedium—*continued.*

pp. 423-7, Vol. I., the following should now be added. Except where otherwise indicated, they require stove treatment.

C. almum (pure). *fl.*, dorsal sepal white, with broad, radiating, purple nerves, and some short, green ones, the lateral ones connate in a partially purple body; petals brown and green, with blackish calli; lip very dark, as in *C. barbatum* (between which and *C. Lawrenceanum* this is supposed to be a hybrid). 1887.

C. amandum (lovely). *fl.* green, spotted sepia-black, white at top and on the outside margins, oblong, acute, the lower ones green; petals ochre in the middle, brick-red at the sides, descendent, ligulate; lip light yellow, brown around the mouth, rather slender, with curved horns at each side of the mouth. *l.* strap-shaped, 1¼ft. long, 1¼in. wide, sharply keeled at back, dark green, with blackish-mauve freckles at the base of the posterior side. 1887. A hybrid between *C. insigne* and *C. venustum.*

C. Amesianum (F. L. Ames'). *fl.*, dorsal sepal white, veined and netted green, stained soft brown towards the base, ovate; petals as in *C. villosum,* the upper half chestnut-brown, the lower much paler; lip brown, tinged green and flesh-colour in front, large, resembling that of *C. villosum. l.* 7in. to 9in. long, 1¼in. broad, slightly spotted purple beneath. 1887. A hybrid between *C. villosum* and *C. venustum.* (W. O. A. 340.)

C. apiculatum (apiculate). *fl.* shining inside; dorsal sepal reddish-brown, veined blackish-purple, margined ochreous, the lower ones green, veined reddish-brown; petals brownish-purple, the lower half yellowish and spotted purplish-black; lip greenish-ochre, spotted brown, resembling that of *C. Boxallii* in form. 1886. A garden hybrid between *C. barbatum* and *C. Boxallii.*

C. Arthurianum (Arthur's). *fl.*, dorsal sepal pale green, tipped with white, and ornamented with clear, dark pencillings. 1882. A fine hybrid between *C. insigne* and *C. Fairieanum.* (L. iii. 121.)

C. Ashburtoniæ expansum (expanded). *fl.*, upper sepal broad, having a large, ivory-white, crescent-like zone from the top along the margin to the middle, where it has numerous brownish-black nerves covered with distant, dark blotches on a green ground-colour; petals (and leaves) broader than in the type. 1885.

C. barbatum Warnerianum (Warner's). *fl.*, dorsal sepal white, striped green towards the base, with a transverse band of vinous-purple, large; petals green-striped above, white towards the base, the rest purple, tipped white; lip deep brownish-purple. March to May. *l.* distinctly tessellated. India. (W. S. O. iii. 11.)

C. Barteti (Bartet's). *fl.*, dorsal sepal green, flushed rose, nerved blackish-purple, and bordered white, broad; petals yellowish, striped reddish-brown, conspicuously veined, shining, narrow. 1886. This hybrid is much like *C. Laforcadei,* having been raised from the same capsule, but it is the better of the two.

C. bellatulum (rather pretty). *fl.* white or whitish-yellow, spotted all over, and as much as 11in. in circumference; staminode very long, oblong, tridentate at apex, beautifully spotted, almost free from hairs. *l.* 10in. long, 3in. wide, beautifully marbled with light, hieroglyphic spots on the upper surface, the lower one being covered with innumerable brown dots. 1888.

C. Berggrenianum (Berggren's). *fl.*, sepals light purple, with darker nerves, and with a few Indian-purple spots at base, the lower one lightest green; petals dark purple, the base yellowish, with dark green spots; lip resembling that of *C. Dauthieri;* peduncle dark purple. *l.* ligulate, acute, light green, sparsely tessellated above. This plant is supposed to be a hybrid between *C. Dauthieri* and *C. insigne.*

C. Boxallii atrata (dark). *fl.*, dorsal sepal green, speckled blackish-brown; lip and lateral petals reddish-purple irregularly mixed with light green, the upper margin white. 1887. (G. C. ser. iii., vol. i., p. 210.)

C. caligare (shoe-like). *fl.*, median sepal whitish, nerved green; lateral sepals narrow, whitish; petals ligulate, acute, ciliate, the under side white, veined green, and the upper side purplish-mauve, with white base; lip cinnamon-brown, the mouth bordered ochre; peduncle reddish-green, with very short hairs. *l.* resembling those of *C. venustum* (which is one of the parents of this hybrid, *C. Dayanum* being the other).

C. callosum (hard). *fl.* very large, remaining some weeks in perfection; dorsal sepal pure white, striped with dark chocolate-crimson, 2½in. across; petals and pouch soft rose or crimson on a greenish-white ground. Cochin China, 1887. Greenhouse. In growth this plant resembles a strong *C. barbatum.* (G. C. ser. iii., vol. i., p. 315; R. H. 1888, 252.)

C. calophyllum (beautiful-leaved). *fl.*, dorsal sepal as in *C. barbatum,* but greener-nerved; petals and lip as in *C. venustum,* but the lip is browner than in that species. *l.* darkly tessellated. A garden hybrid between the species named.

Cypripedium—*continued.*

C. Chantini (Chantin's). A synonym of *C. insigne punctatum violaceum*.

C. chloroneurum (greenish-nerved). *fl.* large; dorsal sepal lively pale green, with darker reticulations, bordered white; petals green, suffused on the upper half with purple, and with a few black warts near the base, oblong; lip heavily stained wine-purple, with darker reticulations, large. January and February. *l.* variegated. Hybrid. (W. O. A. i. 37.)

C. chlorops (green-eyed). *fl.*, upper sepal narrow, triangular, shining, undulate at the margin, nerved dark green; inferior sepal broader, a little shorter than, or almost equal to, the lip, nerved red on the outside; petals broader at the base, extended into a long, brown, nearly glabrous tail; lip very broad; peduncle 1¼ft. long, bearing seven or more flowers. *l.* rather narrow. 1887. A garden hybrid, of which the parents are unknown.

C. ciliolare (ciliolated). This much resembles *C. superbiens*, of which it is probably only a slight form; sepals and petals having more numerous nerves and more hairy margins; nail of the lip shorter, and the staminode lower and broader. Philippines, 1883.

C. concinnum (neat). *fl.* large; dorsal sepal suffused bright rosy-purple, margined white; petals ligulate. deflexed, the upper half bronzy-crimson; lip reddish-purple, large. 1887. A hybrid between *C. Harrisianum* and *C. purpuratum*.

C. concolor chlorophyllum (green-leaved). *fl.* covered with small spots. *l.* free from marbling. 1886.

C. c. Reynieri (Reynier's). *fl.* yellow, with a purple blotch on the outside of the sepals, the staminode ochre, clotted with purple, and having a white margin in front. *l.* large, well marbled. 1886.

C. c. tonkinense (Tonkin). *fl.* larger than in the type. Tonkin, 1887. (L. il. 77.) SYN. *C. tonkinense*.

C. conspicuum (conspicuous). *fl.*, upper sepal light green, bordered white, and nerved black, broad-elliptic, acute; inferior connate sepal very light green, narrower, oblong, acute; petals ligulate, broader towards the top, blunt-acute, ciliated on upper margin, the superior half almost black at base, then chestnut, shading to reddish-ochre at the top, the inferior half light brown at base, with dark spots, verging to reddish-ochre at top; lip larger than that of *C. villosum*, brown in front, ochre-coloured beneath. *l.* ligulate, acute, over 1in. broad in the middle, the upper surface deep green, with darker markings, the lower surface lighter, dotted at base with small, dark brownish spots. Hybrid, of doubtful origin.

C. c. pictum (painted). In this variety the upper sepal has a purple wash on both sides, and the inferior base of the petals is light green.

C. Crossianum (Cross'). *fl.*, dorsal sepal white, with green lines and numerous blackish dots near the base, broadly ovate; petals coppery-brown, ligulate, the basilar half dotted blackish; lip brownish-yellow, veined greenish; scape purplish, hairy. *l.* oblong, glaucous, blotched dark brown. A hybrid between *C. insigne* and *C. venustum*.

C. Curtisii (Curtis'). This is much like *C. ciliolare*; the petals are narrower, with shorter cilia and smaller spots, which latter are numerous at the tops of the petals; lip large, with acute side angles. Sumatra (?), 1883. (W. O. A. 122.)

C. Dauthieri (Dauthier's). *fl.* large; dorsal sepal rosy, striped with reddish-brown, and bordered with white, broadly elliptic; lower sepals yellowish-white, with dark green nerves. *l.* broad, clear yellowish-green, reticulated with dark green. 1885. A handsome plant.

C. D. Rossianum (Ross's). A garden hybrid in which "there is no purple between the purple-lilac, which contrasts neatly with the white ground. The odd sepal has broken lines of black-purple spots outside in lieu of green lines. The petals have ochre-brown lines, and the greater part of the lip is ochre-brown, not Indian purple-brown" (Reichenbach).

C. delicatulum (rather delicate). *fl.*, upper sepal broad, elliptic, veined green, washed purple, the lateral ones nerved green, forming a ligulate, acute body; petals brownish-purple on the anterior half, nerved green, deflexed, ligulate, dilated, acute, densely foliated, with a dark purple, median nerve on the upper part. 1887. Hybrid.

C. dilectum (beloved). *fl.*, lateral sepals light green, wi h dark lines and spots at base, very narrow, connate; median sepal narrow-oblong, obtuse, margined white at top; petals cuneate, oblong-obovate, obtuse, with a bl ck line running down the middle, the inferior part green, the superior portion purplish-mauve, shading to light green near the black line, the base light green, spotted black; lip slender, the central portion two-horned, with a retuse median border, yellowish-green outside, spotted blackish-purple inside. The origin of this plant is very doubtful.

C. doliare (cask-like). *fl.*, petals green at base, brownish-purple in front, with numerous small dots at the base, ciliated on the borders; lip cinnamon-brown, shining, suggesting the idea of a cask; staminode dark brown, with a lighter border. 1887. Hybrid.

C. Electra. *fl.*, upper sepal green, spotted dark brown and bordered white; petals veined and netted purplish-brown, with a few dark spots near the base; lip purplish-brown. *l.* pale glaucous-green, with darker reticulations. A hybrid, of doubtful origin.

C. Galatea. *fl.* much like those of *C. insigne*, but the upper sepal is almost primrose-coloured, most densely spotted, and white-margined almost to the base; petals purplish-brown in the upper half, paler below, blotched purplish-brown, finely ciliated; lip paler, very indistinctly veined. 1888. Hybrid, of unknown origin.

C. Germinyanum (Comte de Germiny's). *fl.*, dorsal sepal green, with a shining brown disk; petals green, spotted brown at base, ligulate-oblong, spreading, the broader front part purple; lip greenish-yellow, brown in front. 1886. A garden hybrid between *C. villosum* and *C. hirsutissimum*.

C. Godefroyæ (Mme. Godefroy-Lebœuf's). *fl.* covered with fine, white hairs; sepals and petals white or nearly so, thickly spotted chocolate; lip spotted chocolate inside the pouch, outside with brighter spots; peduncle robust, rising above the foliage. *l.* ligulate-oblong, 4in. to 8in. long, 1in. to 1½in. broad, sometimes dark green, spotted white, sometimes spotless, the under surface spotted blood-red. 1884. Siam. (B. M. 6876; G. C. n. s., xxiii. 49; R. G. 1887, p. 85; W. O. A. 177.)

C. G. hemixanthina (half-yellow). A variety having sulphur-yellowish-white sepals. 1885.

C. Godseffianum (Godseff's). *fl.*, lateral sepals light yellow, with a few dark spots at base, oblong, acute; median sepal very light yellow, oblong, the disk sepia-brown, marked yellow; petals ligulate, spreading, purplish-mauve, sulphur, and brown, dotted blackish-red; lip light brown above, the under surface yellow, slender, blunt; peduncle reddish-hairy. *l.* about 9in. long and 2in. broad, stiff. A hybrid, raised from *C. hirsutissimum* and *C. Boxallii*.

C. hephæstus (fiery). *fl.* as large as those of *C. barbatum*; dorsal sepal white, veined green and purple; lower sepal white, veined green; petals slightly depressed, the basal half brownish-green, with a few blackish dots, the other half dull purple; lip resembling in colour that of *C. barbatum nigrum*, but not so bright, the infolded lobes being dull vinous-purple. *l.* similar to those of *C. Lawrenceanum*, but with less bright tessellation. Hybrid, of doubtful origin.

C. Hornianum (Horn's). *fl.*, upper sepal white, with dark purple markings, yellowish-green at base; petals light greenish, very pale purple on the margins; lip purplish-brown, much as in *C. Spicerianum*; peduncle ochre, with reddish-purple stripes, hairy. *l.* marked with pale, transverse, interrupted bars. 1887. A hybrid between *C. superbiens* and *C. Spicerianum*.

C. Hyeanum (Hye's). A form of *C. Lawrenceanum*.

C. insigne albo-marginatum (white-margined). *fl.*, dorsal sepal yellowish-green, broadly margined white, spotted brown on the green part; petals tawny-yellow, with darker veins; lip pale brownish, yellow inside. India, 1886. A distinct variety. (W. O. A. 232.)

C. i. aureum (golden). This variety is remarkable for the golden glow which pervades the flowers, the colouring of which is in other respects of the normal character. 1882.

C. i. Mooreanum (Moore's). *fl.* 5in. in diameter; dorsal sepal greenish-yellow, striped green, broadly margined white, with very large, dull purple spots; petals pale yellowish-green, flushed rosy-crimson, blotched at base; lip bright bronze; spikes 18in. to 20in. long. *l.* 14in. long. 1887.

C. Io (Io, whose guard was Argus). *fl.* resembling those of *C. Argus*; dorsal sepal broad, the median nerves green, the side ones purple, the lower sepals broad, green-nerved; petals brownish at the tips. *l.* as in *C. Lawrenceanum*. 1886. A garden hybrid between *C. Argus* and *C. Lawrenceanum*.

C. Laforcadei (Laforcade's). *fl.*, dorsal sepal white, with purplish nerves; petals shaded with rose on a dark green ground, ciliated on the margins; lip dark red or slightly purplish, shining. 1885. A hybrid between *C. insigne punctatum violaceum* and *C. barbatum*, which latter it resembles in habit and foliage.

C. Lathamianum (Latham's). *fl.*, dorsal sepal greenish, cuneate-oblong, minutely acute, shorter than the lip; median sepal white, green at base, with a purple median line, cuneate-elliptic, apiculate; petals light greenish-ochre outside, with a dark median line and brown margins, on the inside superior part light ochre at base, then dark brown to the top, greenish at apex and lower sides; lip light greenish-ochre; peduncle ochreous, short-hairy. *l.* similar to those of *C. Spicerianum* (which is one of the parents of this hybrid, *C. villosum* being the other).

C. Lawrenceanum coloratum (coloured). *fl.*, median sepal not retuse, but markedly acute, the dark nerves having the interstices tinted with light mauve; warts on the petals numerous and strong. 188?

Cypripedium—*continued.*

C. L. Hyeanum (Hye's). *fl.*, dorsal sepal white, veined green, large; petals ciliated; lip entirely green. Borneo, 1886. SYN. *C. Hyeanum.*

C. L. pleiolencum (whiter). A variety in which the superior area of the upper sepal is white, and the remarkably scarce coloured radii are very short, the flower thus having a distinct appearance.

C. L. stenosemium (narrow-standard). *fl.*, upper sepal narrower than in the type, nearly elliptic in outline. 1887.

C. Leeanum (W. Lee's). *fl.*, dorsal sepal pure white, with a central dotted bar of bright purplish-red, broadly oval, the base emerald-green, with mauve spots passing into the white; petals striped longitudinally with reddish-brown; pouch shining brownish-red; scape rather long. *l.* bright green, ligulate. 1884. A charming, dwarf and compact hybrid between *C. insigne Maulei* and *C. Spicerianum.* (L. iii. 125; W. O. A. v. 223.)

C. L. superbum (superb). A fine variety, the large and showy dorsal sepal marked with radiating rows of purple lines, green and shining at the base. 1886.

C. Lemoinierianum (Lemoinier's). *fl.*, sepals whitish-yellow, nerved purple, the lateral edge of the upper one inflexed, purple; petals white on the disk inside, with a purple margin and top, descending, but ascending at apex, lanceolate, acuminate, with a broad base; lip very broad, inflexed, retuse-ventricose, the side lobes yellowish-white, spotted purple inside, inside white, spotted purple, the sac and inferior side fine dark purple; bracts light green, very large, spathaceous, equal to or surpassing the reddish-purple ovary; peduncle very strong, about 3ft. high, and as thick as an eagle's quill, brownish-purple, hairy, usually branched. *l.* long, from 2in. to 3in. wide, sharply keeled on the under side. 1888. Garden hybrid.

C. lineolare (slightly lined). *fl.*, sepals white, with green nerves; petals light ochre, with light mauve nerves; lip light ochre and light brown. *l.* having numerous sharp, dark, transverse designs. 1887. Hybrid.

C. macropterum (long-winged). *fl.*, sepals light green, the upper one nerved with brown inside at the base; petals very long, much dilated, oblong from a cuneate, semi-sagittate base, which is ochreous, with blackish-purple spots, the front part purple, the upper margins hairy; lip like that of *C. Lowii*, but longer. 1883. A fine garden hybrid between *C. Lowii* and *C. superbiens*, with the inflorescence of the former, and the short leaves of the latter.

C. marmoratum (marbled). *fl.* curiously striped and marked like a flake Carnation, the flaking being a pretty combination of white, purple, and rose, very handsome. 1887. (G. C. ser. iii., vol. i., p. 576.)

C. marmorophyllum (marbled-leaved). *fl.*, upper sepal shaped as in *C. barbatum*, the margin washed purple and the centre green, the nerves green; petals bent down as in *C. Hookerae*, but more purple, bordered with bristles, with two warts on each superior limb; lip having the side angles a little more developed than in *C. Hookerae*, the inflexed margins covered with warts; scape purple, tall. *l.* as in *C. Hookerae*. A hybrid between the species named.

C. Marshallianum (Marshall's). *fl.* pale rose-coloured, the sepals and petals thickly sprinkled with small purple spots, which gradually arrange in lines on the dorsal sepal and disappear at the apex; lip with very few spots, and those minute. 1887. (G. C. ser. iii., vol. i., p. 513.)

C. Measuresianum (R. H. Measures'). *fl.*, dorsal sepal yellow, margined white, veined yellowish-green; petals shaped as in *C. villosum*, light brownish-purple, changing to bright orange, the upper half suffused purple; lip orange, tinted and veined purplish-brown, large; scapes purple, hairy. *l.* 5in. to 8in long, 1in. to 1¼in. broad, marked purple below. 1887. A hybrid between *C. villosum* and *C. venustum.* (W. O. A. 304.)

C. Meirax (youthful). *fl.* medium-sized; dorsal sepal blush-white, nerved green and purple, broadly ovate, ciliated at base; petals purplish-crimson, nerved green, linear-oblong, ciliated; lip glossy yellowish-green in front, veined and barred crimson-purple, the point margined deep purple; scape dark purple, hairy. Winter and spring. *l.* oblong-lanceolate, acute, faintly mottled above, wine-purple beneath. A small-growing hybrid. (W. O. A. 95.)

C. melanophthalmum (dark-eyed). *fl.* medium-sized; dorsal sepal whitish, flushed purple towards the base, nerved green: petals glossy, linear-oblong, acute, the upper half purple, nerved green, the lower half paler, with wart-like spots on the base and the ciliated margins; scapes purplish-downy. Winter and spring. *l.* pale green, with darker, coarse reticulations. Hybrid. (W. O. A. iii. 103.)

C. microchilum (small-lipped). *fl.* broader than in *C. niveum*; upper sepal white, with a central, spotted bar, and several other faint lines and dark cinnamon stripes, roundish, apiculate; petals white, with a crimson, central stripe and several lines of small spots, broadly roundish-oblong; lip white, veined pale green, very small, laterally compressed. *l.* ligulate, recurving, finely tessellated. 1884. A hybrid between *C. niveum* and *C. Druryi.* (L. 50.)

Cypripedium—*continued.*

C. montanum (mountain-loving). *fl.* brownish-purple, with a white lip, striped with red inside; column yellow, spotted with crimson. *l.* lanceolate, pubescent. *h.* about 1ft. Oregon, 1883. A beautiful little, hardy Orchid.

C. Morganae (Mrs. Morgan's). A synonym of *C. Morganianum.*

C. Morganianum (Morgan's). *fl.*, dorsal sepal tinted rose, elliptic, apiculate; petals whitish-sulphur, with numerous brownish-mauve blotches and stripes, long, broadly ligulate, slightly twisted; lip brownish-mauve; peduncle three or more-flowered. *l.* ligulate, obtuse, green. 1882. Hybrid between *C. superbiens* and *C. Stonei.* SYN. *C. Morganae* (G. C. n. s., xxvi., p. 241; I. H. xxxiv. 5; W. O. A. vii. 313).

C. obscurum (obscure). *fl.*, upper sepal whitish, nerved brown, nearly elliptic, the lateral ones whitish, with ten rows of dark purple spots, much shorter than the lip; lip dark purple-brown, beneath ochre, with brown spots; peduncle hairy, blackish-purple. *l.* ligulate, cartilaginous, green, 1¼in. broad. 1887.

C. œnanthum (wine-flowered). *fl.* medium-sized, solitary; dorsal sepal whitish, green at base, with violet nerves, marked with rows of purple blotches; petals port-wine-coloured, flushed violet, yellowish with dark blotches towards the base; lip also port-wine-coloured; scape covered with dark hairs. *l.* ligulate, three-toothed at apex, dark green. A hybrid between *C. insigne Maulei* and *C. Harrisianum.*

C. œ. superbum (superb). *fl.*, dorsal sepal of a deep claret-red, with broad lines of confluent, blackish-purple spots, which become, where they enter the broad, white margin, mauve-purple; lower sepals greenish, with lines and blackish spots on the basal half; petals vinous-red, with darker veins, shading to pale green at the base and apex, ciliated on the upper edge, and with a few blackish spots on the lower edge towards the base. 1885. A garden hybrid between *C. Harrisianum* and *C. insigne Maulei.* (R. G. 1886, 213.)

C. orbum (orb-like). *fl.*, upper sepal lined with purplish-mauve, broad, oblong, the lateral ones much shorter than the lip; petals brownish-purple, spotted blackish, ligulate; lip very large, pale ochre, the base of the sac whitish with greenish veins, the other part purplish-brown; peduncle hairy, less than 9in. high. 1887. Hybrid.

C. orphanum (orphan). *fl.*, dorsal sepal green, triangular, the margin light purple, the mid-nerve purple, the lower ones very short, with ten green nerves; petals "white, with a deep purple mid-line, mostly olive-green, spotted at the base," oblong, deflexed, flat; lip purplish-brown in front, yellowish at back, spotted purple on the base, very broad; peduncle very tall. *l.* short and stiff, not marbled. 1886. Garden hybrid.

C. pavonium (peacock-like). *fl.*, median sepal oblong, obtuse, greenish, bordered white, nerved sepia-brown, the base yellow, with blackish blotches; lateral sepals shorter than the lip, whitish, spotted brown; petals ligulate, obtuse-acute, the upper part purplish-brown, the lower part light sulphur-colour, spotted brown; lip slender, the inferior part ochre; peduncle greenish-ochre, with red hairs. *l.* 9in. long, 2in. wide, green, the base of the under side spotted and striped red. A hybrid between *C. venustum* and *C. Boxallii.*

C. Peetersianum (Peeters'). *fl.*, upper sepal white, nerved carmine, half-oblong, obtuse-acute; inferior sepal smaller; petals carmine, with a few dark spots and nerves; lip reddish-brown above, ochre-coloured beneath; peduncle carmine, hairy. *l.* green, with dark nerves. A hybrid between *C. barbatum* and *C. laevigatum.*

C. Pitcherianum (Jas. R. Pitcher's). *fl.*, dorsal sepal whitish, veined green, spotted black and dark purple, 2in. long, acuminate, the lower ones whitish, with broader, green veins; petals whitish, purplish towards the ends, veined green, deflected, 2½in. long; lip purple, with darker veins, 2in. long, the inside yellowish, studded dark purple. Winter. *l.* acute, 5in. long, dark-spotted. Philippine Islands.

C. pleistochlorum (very green). *fl.*, upper sepal nerved purple and green, elliptic, acute, the lateral ones green-nerved, forming a narrow, ligulate. acute body, half as long as the brown, strongly horned lip; petals purple-brown on the anterior part, green-veined above, with a series of brown spots at the side of the sepal, ligulate, apiculate, ciliated; peduncle one-flowered, hairy. *l.* with some dark marks and lines. 1887. Hybrid.

C. plunerum. *fl.*, sepals whitish, marked with dark green nerves, the upper one roundish-triangular, the lateral ones forming a much smaller body; upper part and anterior margin of the lip ochre-coloured, the upper part dark-spotted, the retuse, anterior mouth of the shoe deep brown; peduncle reddish-brown, with very short, mauve hairs. *l.* light green, with hieroglyphic marks on the upper surface. 1887. Hybrid.

C. politum (polished). *fl.*, dorsal sepal whitish, suffused red, varnished, green-nerved, with a central, red bar; petals purplish-red, dotted purple, green towards the base, linear, glossy, finely hairy; lip suffused in front with purplish-red, green-nerved. *l.* large, oblong, acute, light green, with darker tessellations. 1887. A showy hybrid. (G. C. ser. iii., vol. i., p. 765.)

C. porphyrochlamys (purple-cloaked). *fl.*, upper sepal reddish-purple, bordered white, shining, with projecting nerves, transverse, blunt, elliptical; lateral sepals forming a triangular

Cypripedium—*continued.*

greenish body; petals yellowish at base, freckled mauve-purple on the outer half, descending, broadly ligulate; lip as in *C. barbatum*, but better-coloured. 1884. Hybrid.

C. præstans (excellent). *fl.* nearly as large as those of *Selenipedium grande*; sepals nearly equal, the dorsal one banded green and maroon; petals greenish, suffused rose at base, and spotted maroon along the margins, linear-ligulate, much undulated at base; lip greenish-yellow, with a golden crest, shaped like that of *C. Stonei*, having a very long, channelled stalk; peduncle dark-hairy, five-flowered. Papua, 1884. (G. C. ser. iii., vol. ii., p. 814; I. H. ser. v. 26.)

C. radissum. *fl.*, dorsal sepal white, marked with mauve-purple nerves, which are green at their base and have a green tint between them; the lower ones lined light brown; petals green, with a brown mid-line, and numerous brown spots on the upper margin, the front borders washed brownish; lip as in *C. Lawrenceanum*, brown in front, with a green border. *l.* light green, with dark, transverse markings. 1885. A garden hybrid between *C. Lawrenceanum* and *C. Spicerianum.*

C. regale (royal). *fl.* large; dorsal sepal large, spreading, bright green at base, marked rosy-purple, and nerved bronzy-green, the upper half and margins pure white; petals broadly ligulate, deflexed, slightly incurved, purplish-crimson at base, shading off to rosy-crimson at apex and bordered white; lip claret-coloured, large. 1887. Hybrid between *C. purpuratum* and *C. insigne Maulei.*

C. Röbbelenii (Röbbelen's). *fl.*, upper sepal whitish, nerved purple, narrow; the lower one purplish-white, longer than the lip, with some microscopic purple dots at the base; lip light yellow; staminode light ochre; peduncle hairy. *l.* narrower than in *C. lævigatum* (to which this plant is allied). Philippine Islands, 1883.

C. Rothschildianum (Baron F. de Rothschild's). *fl.*, odd sepal yellowish, with blackish, longitudinal stripes, and white borders, cuneate-oblong, acute; lateral sepals united into one smaller, shorter body; petals yellowish-green, with dark lines, and with dark blotches at base; lip cinnamon-brown, the mouth bordered ochre, very strong, almost leathery; staminode rising erect from a stout base, and bending down into a narrow, beak-like process. *l.* above 2ft. long, from 2½in. to 3in wide, glossy green, very strong. Papua, 1887.

C. Sanderianum (Sander's). *fl.*, sepals yellowish-green, nerved purplish-brown; petals purplish-brown, fading to yellowish, spotted and barred purplish-brown towards the base, where there are some retrorse, purple bristles, linear, twisted, 1ft. to 1½ft. long; lip greenish-bronze, in shape resembling that of *C. Stonei.* Malay Archipelago, 1886. (R. 3.)

C. selligerum majus (greater). A fine and handsome plant, with larger flowers than in the type. 1886.

C. Stonei platytænium (broad-bordered). *fl.*, dorsal sepal white, striped purple; petals 4in. to 5in. long, ⅝in. broad, curved downwards, whitish outside, spotted and tinted yellow, deep crimson-purple at the tips, the inner surface white, blotched reddish-purple; lip as in the type. (F. M. ser. ii. 414; G. C. 1867, p. 1118; R. X. O. ii. 161; W. S. O. iii. 14.)

C. superciliare (prominently ciliated). *fl.* smaller than in *C. superbiens*; dorsal sepal ovate-triangular; petals ligulate, ciliated, warted and blotched except towards the tip. A hybrid between *C. barbatum* and *C. superbiens*, which latter it closely resembles.

C. Swanianum (Swan's). *fl.* as large as those of *C. barbatum*, long-stalked; dorsal sepal white, veined purplish-crimson, large and broad; petals pale vinous-red, nerved green, broad, bent down, bordered with retrorse bristles, having a few small warts on the upper edge; lip dark crimson-purple, large, warted on the inflected sides of the base. *l.* broadly ligulate, acute, tessellated. A hybrid between *C. Dayanum* and *C. barbatum.* There are one or two varieties of this plant.

C. Tautzianum (Tautz'). *fl.*, median sepal white, veined purple, elliptic, acute, the lateral ones similarly coloured, connate; petals nerved and spotted purple; lip dark purple, with warts on the involved side laciniæ, pale beneath towards the base. 1886. Hybrid.

C. Thibautianum (Thibaut's). *fl.*, sepals green, with rows of brown spots, the dorsal one bordered white; petals shining brown, the upper part light green with small, brown spots; lip pale yellowish, the front part brown. 1886. A garden hybrid between *C. Harrisianum* and *C. insigne Maulei.*

C. tonkinense (Tonkin). A variety of *C. concolor.*

C. tonsum (shorn). *fl.*, dorsal sepal whitish, with twenty-one green nerves, a small brown blotch on each border inside, and a green disk outside, the lower sepals half as long as the lip; petals oblong-ligulate, acute, nearly free from ciliæ, green, washed with sepia, and spotted with dark brown; lip greenish, the upper surface washed with sepia. *l.* rather narrow, marked as in *C. Dayanum.* Sumatra or Java, 1883.

C. venustum pardinum (leopard-marked). *fl.*, sepals and petals white, striped green, the petals also blotched dark chocolate; lip greenish-yellow, marked rose. 1887. Perhaps the finest, and certainly the largest-flowered, variety. (G. C. ser. iii., vol. i., p. 382.)

Cypripedium—*continued.*

C. v. spectabile (remarkable). *fl.* solitary; dorsal sepal white, with broad, green stripes; petals greenish-white, streaked deeper green, tipped rose-red; lip greenish-yellow, tinged rose. (W. S. O. iii. 24.)

C. Vervaëtianum (Vervaët's). *fl.*, upper sepal white, greenish at base, transverse, oblong, apiculate, nerved brownish-purple; lower sepals acute, half as long as the lip; lip reddish-brown, angulate on each side; petals deflexed, ciliate at base, with blackish, ocular spots and light purple-brown hairs; peduncle brown with short hairs. *l.* resembling those of *C. Lawrenceanum*, but with the whitish spaces much larger. A hybrid between *C. Lawrenceanum* and *C. superbiens.* 1888.

C. villosum aureum (golden). *fl.* 6in. across; upper part of the dorsal sepal bright yellow, broadly margined with white. Moulmein. A fine variety.

C. Williamsianum (Williams'). *fl.*, dorsal sepal white, large, with a blackish-brown, central bar, and green nerves; petals reddish-brown on the upper side of the dark brown, median line, and white, with a coppery tint, on the lower side, dotted black near the base, oblong-ligulate, acute, the margins ciliated; lip yellowish beneath, light brown above, with an ochreous border. *l.* distinctly tessellated. 1886. Garden hybrid.

C. Winnianum (Winn's). *fl.*, dorsal sepal whitish-yellow, dark purplish-brown in the centre, oblong, acute, not broad, the lower ones pale ochre; petals reddish on the upper side of the brown mid-line, and yellow on the lower side; lip (and leaves) as in *C. villosum.* 1886. A hybrid between *C. Druryi* and *C. villosum.*

CYRTANDRA (from *kyrtos*, curved, and *aner*, *andros*, a male; alluding to the curved filaments of the perfect stamens). ORD. *Gesneraceæ.* A genus embracing about sixty species of stove trees, shrubs, or sub-shrubs, natives of the Malayan Archipelago and the Pacific Islands. Flowers often whitish or yellowish, fascicled, capitate, or cymose in the axils; calyx free, five-cleft or somewhat five-parted; corolla sub-bilabiate; perfect stamens two; staminodes two or three, small; bracts small, or the outer ones ample. Leaves opposite, one often smaller, or by abortion nearly alternate. For culture of the two species introduced, *see* **Agalmyla**, on p. 35, Vol. I.

C. pendula (pendulous). *fl.* sessile; calyx brownish, ten to eleven lines long; corolla white, dotted purple on the lower side of the inflated part, 1½in. long, sub-equally five-lobed; peduncle about 6in. long, bent down. *l.* opposite, on long petioles, elliptic or elliptic-lanceolate, acute at apex, acute or sub-cordate at base, blotched grey above. Stem short and stout. Java, 1883.

C. Pritchardii (Pritchard's). *fl.* white, small, disposed in pedunculate, axillary, three-flowered cymes. *fr.* white, ovoid. *l.* petiolate, elliptic, obtusely toothed, acute at both ends, 5in. to 6in. long, 2in. to 2½in. broad. Fiji, 1887.

CYRTANTHUS. To the species described on p. 428, Vol. I., the following hybrid should now be added:

C. hybridus (hybrid). *fl.* light orange-scarlet or bright rosy-carmine. In general appearance this hybrid between *C. sanguineus* and *Vallota purpurea* resembles the latter parent, but the perianth tube is bent forward and rather abruptly dilated in the throat, and the segments are rather narrower. The stamens are short, and the upper ones are curved downwards exactly as in *C. sanguineus.* 1885.

CYRTOCHILUM. This genus is now included, by Bentham and Hooker, under *Oncidium.* To the species described on p. 428, Vol. I., the following should now be added:

C. detortum (distorted). *fl.*, sepals light brown, cuneate-oblong, acute, wavy, the odd one with a little yellow at the upper part; petals yellow, spotted brown, wavy; lip three-cleft, the side laciniæ spreading, triangular, and the mid-lacinia ligulate, acute; peduncle very strong, twisted. *l.* broad-oblong, acute, light green.

C. lutescens (yellowish). *fl.*, dorsal sepal dark brown, with a yellow, recurved margin, much waved at the edge, the stalk very short, with auricles, the lateral ones greenish-brown, acute, longer-stalked; petals with a crisped, yellow limb; lip dark greenish, ligulate, short, the anterior part purple; column greenish, orange, and brown. 1887.

CYRTOPODIUM. This genus embraces upwards of a score species of stove, terrestrial Orchids, inhabiting tropical Asia, Africa, and America. Sepals free, spreading, sub-equal, or the lateral ones broader at base and more or less decurrent into the foot of the column; petals similar to the dorsal sepal, but rather broader and shorter; lip affixed to the base of the column, the chin more or less prominent, the lateral lobes rather broad, the middle one

Cyrtopodium—*continued.*

rounded, entire, two-lobed, or crisped-toothed. Leaves long. To the species described on p. 428, Vol. I., the following should now be added:

C. cardiochilum (cordate-lipped). *fl.* bright yellow, tinged green, nearly 2in. across; sepals and petals broad; lip recurved, the front lobe concave; raceme long, erect, forked at base; scape tall, springing from the root, quite distinct from, and taller than, the leafy stems. *l.* linear-lanceolate, acuminate, plicate. Stems stout, fusiform, curved, sheathed by the bases of the leaves. Native country unknown. (W. O. A. iv. 176.)

C. Regnieri (Regnier's). *fl.* yellow, large; sepals and petals falcate-lanceolate, acute; lip oblong-lanceolate, with a wide, blunt angle on each side at the middle; spur conical; raceme on a tall peduncle arising from the side of the leafy shoot. *l.* oblanceolate. Cochin China, 1886. SYN. *Cyrtopera Regnieri.*

C. Saintlegerianum (Saint Leger's). *fl.*, sepals very pale yellow, blotched brown; petals the same colour, with very few spots at the base; lip sulphur, spotted brown, low, rather short, the side laciniæ broad, oblong, margined brown, the middle one small, obtriangular, retuse; column yellow; inflorescence about 2in. long; bracts small. Paraguay, 1885.

CYRTOSPERMA (from *kyrtos*, curved, and *sperma*, a seed; the seeds are sometimes reniform). ORD. *Aroideæ* (*Araceæ*). A genus embracing about sixteen species of stove, perennial herbs, with tuberous or elongated rhizomes, inhabiting tropical Asia, Africa, and America. Flowers all fertile on an inappendiculate spadix; spathe ovate-lanceolate or oblong, convolute towards the base, at length opening, the lamina straight or twisted; spadix shorter than the spathe, sessile or stipitate, cylindrical or globose. Leaves hastate; petioles elongated, sheathing at base. The few species introduced require similar culture to that recommended for **Alocasia** (which *see*, on p. 50, Vol. I.).

C. Johnstoni (Johnston's). This is now the correct name of the plant described on p. 50, Vol. I., as *Alocasia Johnstoni.*

C. Martveieffianum (Martveieff's). Probably identical with **Lasia spinosa** (which *see*).

CYTISUS. To the species described on pp. 429-30, Vol. I., the following should now be added:

C. Andreanus (André's). A beautiful and distinct variety of the common Broom, having deeper golden flowers, with bright red keels instead of yellow, as in the ordinary form. Found wild in Normandy, 1886. (R. H. 1886, p. 372, under name of *Genista Andreana.*)

C. filifer (thread-bearing). A synonym of *Genista sibirica filifer.*

DACTYLIS CÆSPITOSA. A synonym of **Poa flabellata** (which *see*).

DÆDALACANTHUS (from *dædalos*, various-coloured, and *Acanthus*, to which it is related). SYN. *Eranthemum* (in part). ORD. *Acanthaceæ.* A genus comprising fourteen species of stove, erect, glabrous or pubescent shrubs or sub-shrubs, natives of the East Indies and the Malayan Archipelago. Flowers blue, pink (or white?), sessile in the axils of opposite bracts, bibracteolate, forming dense or interrupted spikes; calyx deeply five-lobed or five-parted; corolla tube elongated, slender, incurved above, the limb oblique, spreading, five-lobed; perfect stamens two. Leaves entire or scarcely toothed. *D. macrophyllus* is an erect, minutely pubescent, stove, perennial herb. "It belongs to a class of Acanthaceous plants that are very suitable for winter decoration, flowering freely under proper treatment, which consists very much in careful watering at the time when, in their native country, little or no rain falls" (Sir J. D. Hooker). For culture, *see* **Eranthemum**, on p. 518, Vol. I.

D. macrophyllus (large-leaved). *fl.*, calyx minute; corolla pale violet-blue, 1¼in. to 1½in. long, the limb about ¾in. in diameter; spikes long-pedunculate, strict, erect, ⅜in. long, narrow; bracts ½in. to ¾in. long, loosely imbricated. Winter. *l.* petiolate; lower ones 5in. to 9in. long, elliptic-lanceolate, acuminate, the base decurrent on the petiole, the margins sometimes obscurely serrulate or denticulate. *h.* 2ft. to 3ft. Birma. (B. M. 6686.)

DAHLIA. To the species and varieties described on pp. 432-7, the following should now be added:

D. arborea (tree-like). A synonym of *D. excelsa anemonæflora.*

D. excelsa anemonæflora (Anemone-flowered). *fl.-heads* 4in. across; ray florets soft lilac, flat; disk of lilac or yellow, tubular florets. *l.* large, bipinnate; petioles broadly connate. *h.* 12ft. to 20ft. Mexico, 1883. This variety requires to be grown in a cool conservatory. (B. ii. 88; G. C. n. s., xix., p. 60.) SYN. *D. arborea.*

Varieties. The Dahlia has been greatly improved during the last few years—in fact, the progress lately made has been astonishing. Since Vol. I. was published quite a transformation has been effected in the Cactus and Semi-Cactus varieties. The single varieties have also become very popular. The following are selected lists of the new varieties in the various sections:

Show Varieties. BENDIGO, purplish-crimson; COLONIST, chocolate and fawn, distinct colour; CRIMSON KING, rich crimson-scarlet; DEFIANCE, deep scarlet; DIADEM, crimson; ECLIPSE, orange-scarlet; ETHELWIN, dark purple, constant; FLORENCE, deep yellow, handsome form; GOLDEN EAGLE, yellow, tipped scarlet; ILLUMINATOR, dark red, shaded orange; KING OF PURPLES, rich purple, well-formed flowers; LUSTROUS, scarlet-crimson shade, good form; MAJOR CLARKE, dark chocolate, good form; MRS. EDWARD MANLEY, primrose; MRS. FOSTER, fawn ground, shading to salmon and mauve, large flowers; MRS. JAMES GRIEVE, yellow, finest form; MRS. PETER MCKENZIE, yellow ground, carmine shaded and edged; NELLIE CRAMOND, cerise, with purple; NELLIE TRANTER, clear yellow, excellent form; PRIMROSE DAME, primrose-yellow; PURPLE PRINCE, rosy-purple, large; QUEEN OF THE BELGIANS, pink, with cream; ROBINA, deep rose, very bright; ROYALTY, pale yellow, tinged with purple; R. T. RAWLINGS, clear yellow, good form; SUNLIGHT, bright scarlet, large; THE AMEER, dark maroon, shaded rosy-purple; VICTOR, dark maroon, constant; WALTER, deep crimson and maroon; WILLIE GARRETT, cardinal-red, well-formed flowers.

Fancy Varieties. DOROTHY, fawn, flaked deep maroon; EDMUND BOSTON, orange, heavily flaked and striped crimson; FRANK PEARCE, rose, striped crimson; HARTIE KING, orange, with scarlet and crimson stripes; MAGNET, densely striped rich purple; MARGERY, buff, striped crimson and purple; PLUTARCH, buff ground, striped crimson; PRINCE HENRY, lilac, striped purple, large.

Bouquet Varieties. CHAMELEON, deep yellow, edged lake; DANDY, crimson-purple, small; DON JUAN, maroon, small, neat; ECCENTRIC, chestnut, splashed white, creamy-yellow and chestnut, variable; GAZELLE, pale yellow ground, edged rosy-magenta; GRACE, cerise, shaded lilac, very free-flowering; HECTOR, scarlet, very bright; IOLANTHE, orange and buff, tipped white; ISEULT, clear yellow, very pretty; JANET, salmon, distinct colour; LADY JANE, pale purple, good form; LEILA, reddish-buff, tipped white; MIGNON, crimson-scarlet; WILLIAM CARLISLE, blush, tipped rosy-crimson.

Single Varieties. BRIGHTNESS OF SUNNINGDALE, scarlet-crimson; CHILWELL BEAUTY, yellow, striped scarlet; DINAH GRUILLEMANS, rosy-lake, lemon-scented; ECLIPSE, scarlet-crimson and orange; EXCELSIOR, white, lilac edge; FAUST, reddish-crimson, well-formed flowers; FLORRIE FISHER, deep mauve, white centre; HUNTSMAN, orange-scarlet; J. H. BRAZENDALE, chocolate, edged magenta; JOHN DOWNIE, crimson; LORD IDDESLEIGH, crimson-maroon, dark centre; LOTTIE HIGGINS, rosy-purple, lemon centre; MADAME CARNOT, yellow, striped crimson; MARIE LINDEN, scarlet, edged crimson; MAUDE MILLETT, pink, white centre; MISS BATEMAN, carmine-red; MISS GORDON, purplish-crimson; MISS HENSHAW, pale yellow, white margin; MISS JANSON, purplish-magenta; MISS LOUISE PRIOR, velvety-crimson, flaked lake; MISS ROBERTS, bright yellow; MONTE CRISTO, rosy-scarlet; MR. RILEY, purplish-magenta; MR. ROSE, bright rose, striped white; MRS. BARKER, buff, shaded red; MRS. CLEVELAND, terra-cotta red; MRS. DANIELS, white, edged crimson; MRS. JOHN LAMONT, white, purplish-rose edge; MRS. ABERY, pure white, edged crimson; NEW YEAR, rosy-lake; PENELOPE, rose-lake, shaded salmon-pink; ROBERT HUTCHINSON, crimson, purple tinge; ROBERT TODD, yellowish-buff, striped scarlet; VICTORIA, crimson; W. T. BASHFORD, rosy-purple; YELLOW GEM, clear yellow, fine form.

Cactus and Semi-Cactus Varieties. CHARMING BRIDE, white, tipped pink; EMPRESS OF INDIA, crimson, shaded maroon; FLAMBEAU, scarlet, shaded orange; HENRY PATRICK, white, recurved petals; KING OF THE CACTUS, large, reddish-crimson; LADY ARDILAUN, scarlet and crimson, fine; LADY KERRISON, yellow, edged crimson; LADY M. MARSHAM, deep salmon; LILIAN ABERY, yellow, red edge, very pretty; SIR TREVOR LAWRENCE, cherry-red, purple shade; WILLIAM DARVILL, purplish-magenta; WILLIAM PEARCE, bright yellow; WILLIAM RAYNER, salmon-buff; YELLOW A. W. TAIT, bronzy-yellow; YELLOW JUAREZII, pale yellow; ZULU, purple-maroon.

DASYLIRION. About eight species, natives of Mexico-Texan North America, have been referred to this genus. To those described on pp. 442-3, Vol. I., the following should now be added:

D. quadrangulatum (four-angled). *fl.* small, disposed in a dense, spike-like panicle; flower-stem about 5ft. high. *l.* slender, quadrangular, about 2ft. long. Stem stout, about 3ft. high, crowned with a dense tuft of leaves. Texas, 1887. Stove or greenhouse. (R. G. 1887, p. 280.)

Davallia—*continued.*

D. elegans polydactyla (many-fingered). This differs from the type in the many-fingered, dilated apex of the frond, and of the pinnæ, which are all multifidly divided or crested in such a manner as to give the plant an extremely ornamental character. 1882.

D. ferruginea (rusty). *sti.* wide-creeping, climbing, not prickly. *fronds* quadripinnatifid; pinnules of the lower pinnæ 2in. to 3in. long, 1½in. broad, ovate; segments 1in. long, ⅜in. broad, cut down to the rachis below, the lobes ¼in. to ⅜in. broad, cuneate at base,

FIG. 14. DAVALLIA TENUIFOLIA VEITCHIANA.

DAVALLIA. To the species described on pp. 445-7, Vol. I., the following should now be added:

D. aculeata (prickly). *rhiz.* creeping, stout, fibrillose. *sti.* (including rachis) 4ft. to 6ft. long, strong, scandent, spinose-flexuose. *fronds* tripinnatifid; lower pinnæ 1ft. to 1½ft. long, 4in. to 6in. broad, ovate-lanceolate; pinnules lanceolate, 2in. to 3in. long, 1in. broad; segments ¼in. broad, cuneate, deeply two to four-lobed. *sori* small, cup-shaped, terminal. West Indies. SYN. *Stenoloma aculeata.*

D. brachycarpa (short-fruited). A form of *D. gibberosa.*

both deeply toothed and shallowly crenate. *sori* small, marginal, shallow. Madagascar, 1887. SYN. *Stenoloma ferruginea.*

D. fijensis plumosa (feathery). In this variety the segments are extremely narrow, and all parts of the frond have a specially graceful, plumose appearance. 1882.

D. fœniculacea (Fennel-like). *sti.* erect, firm, 6in. to 8in. long. *fronds* 9in. to 18in. long, 6in. to 12in. broad, lanceolate-deltoid, quadripinnate; lower pinnules lanceolate, acuminate, 2in. to 3in. long, 1in. broad; segments cut down to the rachis into simple or forked, linear, filiform, ultimate divisions, one to two lines long,

SUPPLEMENT. 531

Davallia—*continued.*
equalling the rachis in breadth. *sori* two to six to a segment, lateral, deeply half-cup-shaped. Fiji Islands, 1885.

D. gibberosa brachycarpa (short-fruited). *sori* as broad as deep, overtopped by a long horn. New Hebrides, 1884. SYN. *D. brachycarpa.*

D. hirta cristata (crested). *fronds* drooping, beautifully crested. South Sea Islands.

D. Lorrainii (Lorraine's). *rhiz.* as thick as a quill, the scales nearly black. *sti.* 3in. to 4in. long, brownish, naked. *fronds* 6in. to 12in. long, deltoid, quadripinnatifid; pinnæ stalked, deltoid, the lowest largest, produced on the lower side, their rachises winged to the base; pinnules and segments sub-sessile, crowded, deltoid, much reduced on the lower side; final lobes ligulate, a quarter to one-third of a line broad, with a sorus at the base of the inner side. Malay Peninsula, 1882.

D. retusa (retuse). *sti.* pale reddish. *fronds* deltoid, tripinnate; pinnules pale green, rhomboidal or cuneate. Sumatra, 1886. An elegant Fern, of spreading habit, suitable for basket culture.

D. tenuifolia Veitchiana (Veitch's). *fronds* spreading, plume-like, broadly ovate, quadripinnate; ultimate lobes cuneate, simple or bifid, China, 1883. A handsome basket Fern. See Fig. 14, for which we are indebted to Messrs. James Veitch and Sons.

DELPHINIUM. This genus comprises about forty species, distributed over the North temperate zone. To the species and varieties described on pp. 450-1, Vol. I., the following should now be added:

D. azureum album (white). *fl.* creamy-white, in long, wand-like racemes. *l.* large, deeply three to five-parted, the divisions cleft into narrow lobes. Stems 2ft. to 3ft. high. North America, 1882.

D. cashmirianum Walkeri (Walker's). *fl.* 1in. or more in diameter; sepals pale blue, striped with darker blue; petals dull yellowish, tipped with brown; peduncles 3in. to 4in. long, one-flowered. *l.* orbicular, three to five-lobed; lobes lobulate. Kashmir, 1885. A dwarf, rockwork plant. (B. M. 6830.)

D. hybridum sulphureum (sulphur). A synonym of *D. Zalil.*

D. Zalil (Zalil). *fl.* pale yellow, rather larger than a shilling, disposed in long racemes. May to August. *l.* dark green, finely cut. Stem branching; branches 3in. to 16in. long. Afghanistan, 1887. An attractive annual. SYN. *D. hybridum sulphureum.*

DENDRAGROSTIS. A synonym of **Chusquea** (which see).

DENDROBIUM. This genus is here revised in accordance with the admirable monograph recently published by Messrs. James Veitch and Sons, in Part III. of their "Manual of Orchidaceous Plants." To the species, varieties, and hybrids described on pp. 452-8, Vol. I., the following should now be added:

D. æmulum (emulous). *fl.* white, fragrant, 1¼in. across, the apical half of the segments sometimes stained pale yellow; sepals narrow-lanceolate; petals linear; lip very short, three-lobed, the side lobes acute, spotted pink, the middle one reflexed; racemes terminal, lax, five to seven-flowered. Stems terete, 2in. to 4in. or more in length, sometimes tapering to a long, thin base with a small pseudo-bulb, and bearing at their summit two or three very coriaceous leaves. Australia. (B. M. 2906; F. A. O. i., part ii. 5.)

D. Ainsworthii roseum (rosy). *fl.* deeper-coloured than in the type; sepals and petals rosy-magenta; lip amaranth-crimson, with a dark spot, feathered at the edge, veined deeper crimson. February and March. (W. O. A. i. 20.)

D. amethystoglossum (amethyst-lipped). *fl.* ivory-white except the amethyst-purple anterior lobe of the lip, crowded, about 1in. in diameter; sepals and petals ovate-oblong, acute; lip elongated, linear-spathulate, apiculate, convex in the middle, incurved at the margins except towards the apex; spur long, obtuse; column exposed; racemes 3in. to 5in. long, many-flowered. January and February. *l.* sessile, oval-oblong, sub-acute. Stems robust, sometimes 2ft. to 3ft. high and nearly 1in. thick. Philippine Islands, 1872. (B. M. 5968.)

D. antelope (antelope-horned). *fl.* yellowish; sepals ligulate-triangular, acute; petals long, antenniform, upright, painted sepia inside; lip striped and speckled mauve, the square anterior lacinia having its abrupt apiculus short. Moluccas, 1883. Stove.

D. arachnites (cobwebby). *fl.* bright cinnabar-red, in fascicles of two or three, but sometimes solitary, 2½in. across when spread out; sepals and petals linear, acute; lip veined purple, shorter than the other segments, sub-pandurate, convolute over the column at the base; column very short. *l.* linear-lanceolate, acute, 1½in. to 2½in. long. Stems terete, 2in. to 3in. long. Moulmein, 1874. Very rare in cultivation.

D. aurantiacum (orange). A synonym of *D. aureum auran-tiacum.*

D. aureum album (white). *fl.* very pale, nearly white.

Dendrobium—*continued.*

D. a. aurantiacum (orange). *fl.* orange-yellow. The richest-coloured of all the varieties. SYN. *D. aurantiacum.*

D. a. Henshalli (Henshall's). *fl.*, lip white, suffused yellow at base, where there are two reddish-purple spots. (B. M. 4970, under name of *D. heterocarpum Henshalli.*)

D. a. pallidum (pale). *fl.* sometimes smaller than in the type; lip white, with the exception of a yellow stain at base. Stems longer and slenderer. (B. R. 1839, 20.)

D. bracteosum (bracteate). *fl.*, purple, with a yellow lip, marked reddish on the front margins, grouped in capitate masses; sepals triangular-keeled, the spur about two-fifths the length of the free part of the lateral sepals, rather blunt; petals narrower, oblong, acute; lip nearly spathulate, a little convex on the upper sides, much thicker at the base; bracts nearly as long as the flowers. New Guinea, 1886. (L. ii. 74.)

D. Brymerianum histrionicum (actor). *fl.*, lip having "sometimes a beard, sometimes none, like a comedian." Autumn.

D. calamiforme (Calamus-like). A synonym of *D. teretifolium.*

D. Calceolaria (Calceolaria-like). This is now regarded as a variety of *D. moschatum.*

D. capillipes (hair-stemmed). *fl.* bright golden-yellow, in short racemes. *h.* 6in. Moulmein. A curious species, resembling a pigmy form of *D. albo-sanguineum.* It succeeds on a block or in a basket. (R. X. O. ii. 169, f. 4-5.)

D. cariniferum lateritium (brick-red). *fl.*, sepals light yellow; petals white; lip brick-red, with a yellowish front lobe. 1883.

D. c. Wattii (Watt's). *fl.* larger than in the type, white, with parts of the lip yellow, the middle lobe of the lip longer than in the type, two-lobed. *l.* narrower, with nearly smooth sheaths. (B. M. 6715.)

D. chloropterum (green-winged). *fl.*, sepals and petals light green, streaked red outside, and with broken lines of darker colour inside; lip light reddish, with darker lines, the front lobe with a light yellowish border, the callus white; column whitish; peduncle loosely few-flowered. *l.* narrow-oblong, bilobed at apex. Pseudo-bulbs fusiform. New Guinea, 1815. (J. B. 1878, 196.)

D. chlorostele (green-columned). *fl.* bold and stiff; sepals white, edged purple, ligulate, acute; petals broad, blunt, the outer halves purple, the interior white; lip shaped like that of *D. Wardianum*, with a strong, light, square cushion at the base, and an amaranth-coloured, radiating area around, bordered outside with light sulphur, the apicular zone bright purple. 1887. A hybrid between *D. Linawianum* and *D. Wardianum.*

D. chrysanthum anophthalmum (eyeless). A distinct variety, having no blotches on the lip. 1883.

D. chryseum (golden). *fl.* golden-yellow, almost orange, with a few faint crimson lines on the side lobes of the lip, solitary or in racemes of two or three; sepals oblong; petals broadly elliptic, almost as broad again as the sepals; lip orbicular, pubescent, with a minutely fimbriated margin, obscurely three-lobed, the small side lobes rolled over the very short column; spur short, obtuse. *l.* from the uppermost joints only, linear-lanceolate, 3in. to 4in. long. Stems terete, erect, 1ft. to 2ft. high. Assam (?).

D. chrysocrepis (golden slipper). *fl.* golden-yellow, with a deeper lip, 1¼in. in diameter, solitary on short, slender peduncles from old, leafless stems; dorsal sepal and petals similar, obovate, concave; lateral sepals ovate, more spreading; lip somewhat pear-shaped, ventricose, velvety, the inner surface densely clothed with reddish hairs. March. *l.* three or more, elliptic-lanceolate, pointed, 2in. to 3in. long. Stems slender, 6in. to 10in. long, dilated above into flattened, leafy pseudo-bulbs. Moulmein, 1871. (B. M. 6007.)

D. Chrysodiscus (yellow-disked). *fl.*, sepals and petals whitish, blotched purple at apex; lip light sulphur-white, with a velvety, white, thickened cushion at base, a large orange area around, purple lines radiating from the cushion, the acute apex purple. 1887. A hybrid between *D. Ainsworthii* and *D. Findlayanum.*

D. C. oculatum (eyed). *fl.*, sepals and petals having a larger and deeper apicular blotch; lip with a deep maroon disk, surrounded by a bright yellow zone.

D. chrysotoxum suavissimum (very sweet-scented). The correct name of the plant described on p. 457, Vol. I., as *D. suavissimum.*

D. ciliatum (ciliated). *fl.* 1in. across, many in pseudo-terminal and lateral racemes; sepals and petals pale yellow, the former linear-oblong, the lateral two falcate, the petals linear, dilated at apex; lip deep yellow, streaked obliquely with reddish-brown from either side of the trilamellate disk, obscurely lobed, triangular, incurved at the sides, the anterior lobe yellow-ciliate. October and November. *l.* sessile, oval-oblong, gradually narrowing upwards, 3in. long, deciduous. Stems tufted, 1ft. to 1½ft. or more in length. Moulmein, 1863. (B. M. 5430.)

D. cœrulescens (bluish). A variety of *D. nobile.*

D. crassinodi-Wardianum (hybrid). *fl.* like those of *D. crassi-node Barberianum*, but with two dark eye-spots; lip less acute than in *D. Wardianum.* 1886. This is supposed to be a natural hybrid between *D. Wardianum* and *D. crassinode.* SYN. *D. melanophthalmum.*

Dendrobium—*continued*.

D. cruentum (blood-red). *fl.* whitish, with a strongly-marked, cinnabar callus; sepals triangular, acuminate, the lateral ones with a nearly rectangular chin; petals linear, acuminate; lip deeply trifid, the side laciniæ falcate, erect, the middle one ovate, apiculate; column broader at the base than at the tridentate top. *l.* oblong, obtuse, bilobed. Stems sulcate. 1884. (W. O. A. 174.)

D. cucullatum giganteum (gigantic). A synonym of *D. primulinum giganteum*.

D. cumulatum (crowded). *fl.* rosy-purple, suffused white, 1in. in diameter, collected into crowded, sub-globose corymbs; sepals and petals oblong; lip obovate-oblong, longer and broader than the petals, prolonged at base into a slightly curved, obtuse spur; rachis and pedicels deep reddish-purple. Autumn. *l.* oblong, acuminate, 3in. to 4in. long. Stems tufted, slender, pendulous, 1½ft. to 2ft. long. Moulmein, 1887. (B. M. 5703.)

D. Curtisii (Curtis'). *fl.* magenta-rose, produced in short racemes. Stems tall, erect, slender, leafless; younger shoots furnished with linear-lanceolate leaves. Borneo, 1882.

D. Cybele (Cybele). *fl.*, sepals and petals white, slightly tipped with light rose-colour; lip nearly white, slightly suffused with pale yellow, and having a large blotch of deep crimson-purple at the base. 1887. A hybrid between *D. Findlayanum* and *D. nobile*.

D. cymbidioides (Cymbidium-like). *fl.* medium-sized, showy; sepals and petals ochreous-yellow, linear-oblong, spreading; lip white, blotched purple near the base, much shorter than the sepals and petals, oblong-cordate, three-lobed, bearing on the disk tubercles arranged in two or three lines or series, the side lobes short, incurved, the terminal lobe ovate, obtuse; column short; peduncles terminal, erect, loosely racemose, five to seven-flowered. Pseudo-bulbs ovate or oblong-ovate, angled, bearing at the summit two oblong, obtuse, coriaceous leaves, longer than the pseudo-bulbs. Salak, Java, 1852. A rare species. (B. M. 4755.)

D. dactyliferum (finger-bearing). *fl.* ochreous-white; sepals lanceolate, longer than the petals; side laciniæ of the lip long and narrow, going out into angles, quite approximate to the thick, square, emarginate, anterior lobe. Upper parts of the stems covered with old, thickish peduncles, the lower parts full of roots. 1884.

D. D'Albertisii (D'Albertis'). *fl.* odorous, distinctly spurred; sepals pure white; petals emerald-green, long, narrow, erect, twisted; lip striped magenta-purple; racemes erect. Stems square, tapering. New Guinea. A dwarf species. (G. C. n. s., x., p. 217.)

D. Dearei (Col Deare's). *fl.* white, 2½in. in diameter, on whitish pedicels; sepals lanceolate, acuminate, with recurved tips; petals oval, nearly three times as broad as the sepals; lip oblong, obtuse, obscurely three-lobed, with a pale yellowish-green, transverse zone between the base and the anterior margin; peduncles racemose. July and August. Stems robust, 2ft. to 3ft. long, the upper third clothed with sessile, oval-oblong leaves, 2in. long. Philippine Islands, 1882 (M. O. iii., p. 37; W. O. A. iii. 120.)

D. densiflorum Walkerianum (Walker's). *fl.*, racemes 2ft. long, more than fifty-flowered. Stems 3ft. high. Moulmein. (W. S. O. iii. 21.)

D. erythropogon (red-bearded). *fl.* whitish-ochre and ochre, the keels on the mid-lines well-developed; petals oblong, undulated; side laciniæ of lip white, edged crimson, much developed, blunt, rectangular, the middle one obcordate, toothluted, with seven thick, crimson keels on the disk, the two outer ones having short, crimson hairs on each side; column nearly white, with two scarlet spots at base. Sunda Islands, 1885.

D. euosmum (richly-scented). *fl.* cream-coloured, marked purple, powerfully scented; tips of the middle sepal and of the petals purple; lip with a rich purple disk and apex, and some purple, parallel veins on each side. 1885. A hybrid between *D. endocharis* and *D. nobile*.

D. e. leucopterum (white-winged). A beautiful hybrid, raised from the same capsule as *D. euosmum*, but the flowers are larger, with white sepals and petals, and the disk of the lip is of a rich purple. 1886.

D. e. roseum (rosy). *fl.*, sepals and petals toned with rose-purple, which is of a much deeper shade at the apex; apical blotch on the lip deeper than in the type.

D. Farmeri albiflorum (white-flowered). *fl.*, sepals and petals almost pure white; lip orange, downy. India. (B. H. 1860, p. 321.) SYN. *D. F. album* (R. G. 595.)

D. F. album (white). A synonym of *D. F. albiflorum*.

D. F. aureum (golden). *fl.* clear yellow, with an orange-yellow lip, freely produced in rich racemes. Moulmein, 1883. A charming variety, of dwarf habit. (W. O. A. iii. 99.)

D. formosum Berkeleyi (Berkeley's). *fl.* scentless, more funnel-shaped than those of the type; petals narrower and deciduous. Andamans, 1883.

D. f. giganteum (gigantic). *fl.* 6in. in diameter; lip 2in. broad, with a bright golden blotch. Stems reaching 3ft. in length. Upper Birma, 1882. A very fine variety. (G. C. n. s., xvii., p. 369.)

D. Friedricksianum (Friedricks'). *fl.* light yellow, with a darker yellow centre to the lip, where there is a dark purple, semicircular blotch, resembling those of *D. aureum* in shape; lip rolled around the column, oblong, full of asperities on the disk, and with a clavate line in front of the base; raceme four-flowered, slender. Stem rather thick, much-furrowed. Siam, 1887.

D. fuscatum (fuscous). *fl.* deep orange-yellow, 2in. across; sepals and petals oblong, somewhat incurved; lip shorter, broadly oblate, cucullate, with two crimson spots at base, downy, the margins fringed; racemes produced from the nodes of the leafless stems, drooping, 4in. to 7in. long, sometimes fifteen-flowered, the rachis zigzag. *l.* lanceolate or ovate-lanceolate, acuminate, 4in. to 6in. long. Stems fascicled, grooved, 2ft. to 3ft. long. Khasya and Sikkim. (B. M. 6226.)

D. Fytchianum roseum (rose-coloured). *fl.* rose-coloured, about 1½in. in diameter, having processes on the lip of a rich purple. Birma, 1887. (W. O. A. 336.)

D. Goldiei (Goldie's). *fl.* rich claret-purple; sepals lanceolate, with dark tessellations; petals whole-coloured, broader, oblong; lip whole-coloured, longer and narrower than in *D. superbiens* (which this plant resembles). *l.* longer and narrower. Stems taller and slenderer. Torres Straits. (Gn. xiv., p. 244.)

D. Griffithianum Guibertii (Guibert's). *fl.* larger and brighter-coloured than in the type; racemes longer. *l.* more coriaceous. Stems less densely tufted and more abruptly attenuated below. (I. H. ser. iii. 258; R. H. 1876, p. 431, under name of *D. Guibertii*.)

D. Guibertii (Guibert's). A variety of *D. Griffithianum*.

D. Hanburyanum (Hanbury's). A synonym of *D. lituiflorum*.

D. Harrisoniæ (Mrs. Harrison's). A synonym of *Bifrenaria Harrisoniæ*.

D. Harveyanum (Harvey's). *fl.* deep chrome-yellow, with two orange blotches on the lip; chin short, emarginate; sepals triangular-lanceolate, acute; petals oblong, acute, fringed; lip round, a little involved at base, with strong fringes, a rough surface, and an obscure callus at base; peduncle lateral, filiform, four-flowered. Pseudo-bulbs fusiform, 6in. long. Birma, 1883.

D. Hasselti (Hasselt's). *fl.* pale purple; dorsal sepal lanceolate, the lateral ones connate in a sac; lip linear, acute. *l.* rigid, lanceolate, deeply and obliquely emarginate. Stems erect. 1885. (I. H. 1885, 545.)

D. Henshallii (Henshall's). A variety of *D. aureum*.

D. heroglossum (fence-lipped). *fl.* similar to those of *D. aduncum*, but with a more oblique spur; sepals and petals delicate mauve; lip white, with a mauve-purple, recurved apex, the basal part cup shaped, hairy inside, separated from the front part by a transverse fringe of hairs. Stems slender, bearing lateral racemes at the top. Malacca, 1886.

D. Hillii (Hill's). A variety of *D. speciosum*.

D. Hookerianum (Hooker's). The correct name of the plant described on p. 452, Vol. I., as *D. chrysotis*. (I. H. 1873, 155; W. S. O. iii. 6.)

D. Huttonii (Hutton's). *fl.* white, bordered purple, solitary or in fascicles of two or three from the uppermost joints; sepals and petals oval-oblong; lip obovate-oblong, with a deeper-coloured border than on the sepals and petals. *l.* sessile, linear-lanceolate, acute, 3in. long. Stems slender, erect, 20in. to 30in. long, leafy along the upper half. Malayan Archipelago, 1868.

D. inauditum (incredible). *fl.* two, arising from the base of the leaf; sepals and petals pale yellowish, 1½in. long, narrow linear-lanceolate; lip pale ochreous, spotted brown, the side lobes square, obtuse, the front one lanceolate, acuminate; pedicels (including the ovary) about 2in. long. *l.* elliptic, obtuse. Pseudo-bulbs tufted, fusiform-ovate, narrowed at apex into a slender, brownish leaf-stalk 3in. to 4in. long. New Guinea, 1886. A singular species.

D. infundibulum carneo-pictum (flesh-colour-painted). A variety having a flesh-coloured hue on the lip, and a thick central line and a few streaks on the sides. 1885.

D. i. Jamesianum (James Veitch's). The correct name of the plant described on p. 454, Vol. I., as *D. Jamesianum*.

D. i. ornatissimum (very ornamental). *fl.* large, waxy, having brown stripes and spots on the lip instead of yellow. 1885. A grand variety.

D. ionopus (purple-spurred). *fl.* deep yellow; sepals triangular, the lateral ones elongating in a falcate chin; lip marked with a few purple and red blotches, and with a red hue along the thicker back of the falcate, spur-like extension of the disk; raceme short. Birma(?), 1882.

D. japonicum (Japanese). *fl.* white, speckled purple at base of lip, fragrant, 1½in. in diameter, solitary or in pairs; sepals oblong, acute; petals similar but broader; lip ovate-oblong, acuminate, reflexed. *l.* linear-lanceolate, acute, 1in. to 2in. long, deciduous. Stems tufted, 6in. to 12in. long, slender, attenuated downwards. Southern Japan, 1860. (B. M. 5452.)

D. Johannis semifuscum (half-fuscous). *fl.*, sepals yellow; petals brown; lip yellow, with reddish-brown borders and lines on the side lobes. 1883.

D. leucolophotum (white-haired). *fl.* white, resembling those of *D. barbatulum*, but much larger; chin small, acute; sepals

Dendrobium—*continued.*

ligulate, acute; petals much larger, oblong, acute; lip trifid, the side laciniæ triangular, rounded outside, the anterior one linear-tigulate, acute; inflorescence lax, more than 1ft. long. *l.* oblong-ligulate, acuminate. Stems cylindrical, attenuated, many-leaved. Sunda Islands, 1882.

D. leucopterum (white-winged). A variety of *D. euosmum.*

D. linearifolium (linear-leaved). *fl.* white; upper sepals small, oblong, acute, the lateral ones having two mauve-purple lines; petals very small, nearly rhombic; lip cuneate-dilated, or blunt-retuse or trilobed at apex with rhombic side lobes and a retuse middle one, the side lobes veined purplish-mauve. *l.* linear, bidentate, more than 2in. long. Stem thin, slender, bearing numerous branches. Java, 1883.

D. linguella (small-tongued). *fl.* probably rosy, the anterior part of the lip yellow, closely resembling those of *D. aduncum*, but the lip is totally distinct in its double, lamellar appendages at the base. Malayan Archipelago, 1882.

D. Loddigesii (Loddiges'). This is the correct name of the plant described on p. 457, Vol. I., as *D. pulchellum.* (B. i. 5; L. B. C. 1935.)

D. Lowii pleiotrichum (several-haired). A variety wanting the red veins on the lip, and having short hairs on the basal lobes. 1885.

D. luteolum chlorocentrum (yellowish-spurred). *fl.* pale primrose, having greenish hairs on the disk of the lip. 1883. (G. C. n. s., xix., p. 340.)

D. Macfarlanei (Rev. S. M. Macfarlane's). *fl.* 4in. to 5in. across; sepals and petals white, the former lanceolate, the latter longer and broader, sub-rhomboidal, acuminate; lip nearly as long as the petals, three-lobed, the side lobes white, with a large, purple spot at the anterior margin, the middle lobe white, purple at base, as is the ligulate, furrowed callus; column white, bordered purple; racemes ascending, nine to twelve or more-flowered. *l.* oblong, sub-acute, leathery, 3in. to 4in. or more in length. Stems erect, sub-cylindric, 5in. to 8in. high, usually two or three-leaved. Papua, 1882. (M. O. iii., p. 159.)

D. macrophyllum Dayanum (Day's). A superior variety. Borneo.

D. m. giganteum (gigantic). *fl.* solitary or twin, 4in. in expanse; sepals and petals rosy-mauve, tinted lilac, the eye (as well as the fringed lip) rosy-purple. Manilla, 1886.

D. m. stenopterum (narrow-winged). In this variety the sepals and petals are ochreous-yellow, the outside being marked with dark reddish-brown spots; the lip is yellow, with numerous dark brown dots on the outside and rather pale markings on the inside of the mid-lacinia, the side laciniæ being marked with a few brown lines, and being narrow-triangular in shape instead of irregularly square.

D. m. Veitchianum (Veitch's). The correct name of the plant described on p. 455, Vol. I., as *D. macrophyllum.*

D. marginatum (margined). A synonym of *D. xanthophlebium.*

D. melanodiscus (dark-disked). *fl.* resembling those of *D. Ainsworthii*; sepals and petals marked purple at the top; lip having a poor purple spot at the top. 1887. Hybrid.

D. melanophthalmum (dark-eyed). A synonym of *D. crassinodi-Wardianum.*

D. mesochlorum (green-centred). *fl.* 1½in. across, in fascicles of two or three; sepals and petals white, tinted pale rose-purple towards the tip, the former linear-oblong, the latter oval-oblong; lip white, with a large, yellowish-green disk, and a few purple streaks near the base, clawed, broadly oblong, rolled over the column in the form of a funnel. May. *l.* linear, acute, 4in. to 5in. long. Stems slender, 15in. to 20in. long. India, 1847. (P. F. G. i., p. 63.)

D. micans (glittering). *fl.* about 3in. in diameter; sepals and petals mauve-purple, paler towards the base; lip white, with a maroon-purple disk, and a rose-purple blotch at apex. A hybrid between *D. Wardianum* and *D. lituiflorum.*

D. Moorei (Chas. Moore's). *fl.* pure white; sepals and petals linear-lanceolate; lip similar but shorter, and with a small, triangular lobe on each side below the middle; scapes filiform, bearing at their apex a raceme of six to ten flowers. Stems terete, 4in. to 6in. long, with three to five oval-oblong, leathery leaves at their apex. Lord Howe's Island, 1878. A dwarf, tufted species.

D. moschatum Calceolaria (slipper-like). The correct name of the plant described on p. 452, Vol. I., as *D. Calceolaria.*

D. moulmeinense (Moulmein). A synonym of *D. infundibulum.*

D. murrhiniacum (purplish). *fl.*, sepals and petals snow-white, tipped purple; lip with a large, purple, obcordate blotch at base of disk, some darker lateral stripes, and a light purple apex. A hybrid between *D. nobile* and *D. Wardianum.*

D. nobile alba (white). A trifling variety, with very pale edges to the sepals, petals, and tip of the lip. 1884.

D. n. Cooksonianum (Cookson's) *fl.*, middle area of the petals very deep purple, their tips with purple borders; bases of the petals hastate, thickened in the middle and velvety. 1885. A grand variety.

Dendrobium—*continued.*

D. n. elegans (elegant). *fl.* larger and more symmetrical than in the ordinary forms; petals broader, white at the base; zone surrounding the maroon disk of the lip pale sulphur-yellow, the apical margin rose-purple.

D. n. formosanum (Formosa). *fl.* white, the petals and lip tipped with mauve-purple; ovaries mauve. Formosa, 1883. One of the long-stemmed varieties.

D. n. pallidiflorum (pale-flowered). A synonym of *D. primulinum.*

D. n. Sanderianum (Sander's). *fl.*, sepals and petals purple, the latter white at base; disk of lip covered by a dark blotch, which is surrounded by rosy-purple, except a small white area in front, veined purple, and with a white border to the superior part. 1884.

D. n. Schneiderianum (Schneider's). A variety having a yellow hue over the lip, and a dark mauve-purple mark at its base. 1884.

D. n. Tollianum (Toll's). *fl.*, petals bordered with purple, and spotted and streaked with purple on the disk and at the base. 1884. A fine variety.

D. nycteridoglossum (dark-lipped). *fl.* produced in fascicles on the upper and ultimately leafless part of the stem; sepals and petals green, striped very dark red; lip green, with a dark spot on the disk, broad, triangular side lobes, and a very short, retuse central lobe. Papua, 1886.

D. Palpebræ (eyelids). *fl.* French white, with an orange-yellow disk near the base of the lip, faintly scented like Hawthorn; sepals oblong, narrower than the oval petals; lip oblong, with a short, convolute claw, downy above, and with a fringe of long hairs near the base; column yellowish; racemes loose, six to ten-flowered, produced from the joints immediately below the leaves. Late summer. *l.* oblong-lanceolate, acute. Stems clavate, four-angled, attenuated below, 7in. to 9in. long, with three to five leaves at their summit. Birma, 1849.

D. pardalinum (leopard-spotted). *fl.*, sepals and petals ochre, spotted dark purple; lip having a very long stalk, with two long, wavy, plicate keels, the front lobe pentagonal, both sides running backwards, producing a sagittate appearance. Stem climbing, covered with narrow, ligulate, one-leaved pseudo-bulbs. 1885.

D. Parthenium (Parthenium). *fl.* white, with a purple blotch at the base of the lip; sepals lanceolate-triangular, with obscure keels; petals oblong, obtuse, longer than the sepals; racemes two-flowered. *l.* 1½in. long. Stems thin. Borneo, 1885.

D. Paxtoni (Paxton's), of Lindley. A synonym of *D. chrysanthum.*

D. perenanthum (black-spotted-flowered). *fl.*, sepals and petals pale yellow, the former triangular, the chin blunt, the petals oblong, obtuse, longer than the sepals; lip white, ligulate, trifid at apex, the mid-lobe and borders of the upper part yellow, the side lobes blunt-rhomboid, the keels brown and purple; racemes numerous. Stems strong, shining. Moluccas, 1886.

D. Phalænopsis (Phalænopsis-like).* *fl.* about 2in. in diameter; perianth spreading: sepals pale pink, with reticulated nerves; petals rose-red, much larger, rhomboid-orbicular, acute; lip dark purplish-blood-red, the lateral lobes rounded, the middle one tongue-shaped; racemes pendulous, loosely six to ten-flowered. September. *l.* alternate, distichous, 6in. to 8in. long. Stems tufted, 1ft. to 1½ft. high. North Australia and New Guinea. (B. M. 6817; G. C. n. s., xxvi., p. 556; W. O. A. iv. 187.)

D. Pitcherianum (Pitcher's). *fl.*, sepals and petals pinkish-white, tipped purple, the petals having a broad, rosy mid-line from tip to base; lip light sulphur, with purple apex; disk with a callous, abrupt, whitish line in the middle, on either side of which are parallel, dark purple stripes. *l.* somewhat resembling those of *D. nobile* (which is supposed to be one of the parents of this hybrid, *D. primulinum* being believed to be the other).

D. pogoniates (bearded). *fl.* small; sepals and petals yellowish, the former lanceolate, acute, the latter cuneate-oblong; lip orange, with a long mid-lobe, bearded. *l.* linear-lanceolate. Stems fusiform, 1ft. high. North Borneo, 1886. A miniature plant, of more botanical than horticultural interest.

D. polycarpum (many-fruited). *fl.* yellowish, with purplish-red borders to the side laciniæ; sepals ligulate-triangular; petals longer, ligulate-spathulate; lip having roundish, angulate side laciniæ, and a rounded, triangular, undulated central one; racemes many-flowered, loose. Stems 3ft. long. Sunda Islands, 1883.

D. polyphlebium (many-veined). *fl.*, sepals and petals rosy; lip rounded, shorter than the sepals, a little fringed at the border, full of stiff hairs at the anterior border, purple-veined, with a light brownish-purple area. Pseudo-bulbs 1ft. to 1¼ft. long. 1887. Probably a hybrid. (W. O. A. vii. 299.)

D. porphyrogastrum (purple-bellied). *fl.* 2in. to 3in. across; sepals and petals pale rosy-mauve, similar and sub-equal, the petals a little more deeply coloured than the sepals; lip pale rose-purple and white, with a deep purple, spotted disk, the margin ciliolate, the spur short and funnel-shaped. A hybrid between *D. Huttonii* and *D. Dalhousieanum.*

D. primulinum giganteum (gigantic). *fl.* white, tipped pink,

Dendrobium—*continued.*

with a sulphur lip, very large, freely produced. Sikkim. A fine variety. SYN. *D. cucullatum giganteum.*

D. profusum (profuse). *fl.*, sepals and petals yellowish-green, with fine purple at the base inside, and purple dots on the toothed petals, the sepals ligulate, acute; lip yellow, with a dark spot in the middle, the blade pandurate, the anterior part very broad, toothleted and wavy; peduncles seven to nine-flowered. *l.* deciduous. Philippine Islands, 1884.

D. purpureum (purple). *fl.* bright purple, about ¾in. long, cylindrical, arranged in dense, spherical, sessile clusters, which are produced from the nodes of the old, leafless, spindle-shaped stems, of many years' duration, and usually 3ft. to 4ft. long; bracts cordate. Moluccas.

D. p. candidulum (whitish). *fl.*, tips of the sepals very bright green; ovary pure white, stalked. 1887.

D. p. Moseleyi (Moseley's). *fl.* white, tipped green, the tips of the sepals and petals less pointed than in the type; bracts ovate, acuminate. Stems 9in. (? or more) long. Arn Islands, 1884.

D. revolutum (revolute). *fl.* solitary, axillary, ¾in. long; sepals and petals white, reflexed upwards, lanceolate, acute, nearly equal; lip bright yellow-green, nearly quadrate, convex; disk with three furrows and red bands; bracts caducous. July. *l.* numerous, distichous, 1in. to 2in. long, oblong or linear- or ovate-oblong, obtuse or retuse, half-amplexicaul. Stems tufted, 1ft. long. Pseudo-bulbs none. Malay Peninsula, 1832. This species is not very handsome (B. M. 6705.)

D. rhodopterygium Emerici (Emeric's). "A white line runs outside the mid-vein of the lateral sepals. The dark transverse blotch on the anterior area of the lip is interrupted by an amethyst-colour bar. The anterior, apiculate border is pure white, changing then to straw-colour." Reichenbach, from whose description above is copied, placed this plant as a variety under *D. polyphlebium.*

D. rhombeum (rhomboid). A synonym of *D. aureum.*

D. Rimanni (Rimann's). *fl.* equalling those of a good *D. speciosum*, disposed in terminal, somewhat zigzag racemes; sepals and petals yellow, the former striped purple outside; lip white, with purple reticulations. *l.* oblong, 3½in. long, very coriaceous. Stems cylindric-fusiform, leafy above. Moluccas, 1883. A stately species.

D. rutriferum (shovel-bearing). *fl.*, sepals rose, triangular, blunt, the lateral ones extended into a long pouch; petals rose at the base, whitish at the blunt end; lip ligulate-pandurate, with inflexed borders, thus saccate at apex, where the borders are denticulate; rachis rather short, covered with a capitate-umbellate inflorescence. Stem furrowed, as thick as a goose quill. Papua, 1887. (L. iii. 119.)

D. Schneiderianum (Schneider's). *fl.* scented, the sepals and the broader petals white, tinged lilac-purple in the upper half; lip orange, with an area of light velvet at base, wherefrom dark reddish lines emanate, a whitish area round this is washed with light sulphur, the apex of the lip lilac-purple. Pseudo-bulbs 6in. high, 2in. thick, three-leaved. 1887. A hybrid between *D. Findlayanum* and *D. aureum.*

D. Schroederi (Baron von Schroeder's). A synonym of *D. densiflorum.*

D. secundum niveum (snowy). *fl.* white, with the exception of an orange tip to the lip. Stem shorter than in the common form.

D. signatum (preserved). *fl.*, chin very blunt-angled; sepals sulphur, ligulate, acute, reflexed; petals white to lightest ochre, broader, acute, reflexed; lip shouldered at base, nearly square and narrow, suddenly enlarged, the disk marked with a blotch and four lines of brown; column light green, with some mauve lines; inflorescence one-flowered. Siam, 1884.

D. speciosum Bancroftianum (Bancroft's). *fl.*, petals longer and narrower than in the type; lip paler, with a few purple spots at base. Stems slenderer.

D. splendidissimum grandiflorum (large-flowered). *fl.*, sepals and petals rose-purple at the tips, white at base; lip with a large, purple blotch and a pale yellow zone. 1887. (M. O. iii., p. 91.)

D. Stratiotes (soldier).* *fl.* of a good size, very peculiar; sepals ivory-white, lanceolate, acuminate, rolled back; petals pale green, longer than the sepals, narrow-linear, twisted, quite erect; lip cream-coloured, veined violet, three-lobed, the front lobe ovate, acute; racemes numerous. *l.* rather short, oblong. Pseudo-bulbs long, fusiform. Sunda Islands, 1886. A remarkable and handsome species. (G. C. n. s., xxvi., p. 177; I. H. 602.)

D. strebloceras (twisted-horned). *fl.*, sepals green, nerved brown on the inner side at base, ligulate, acute, twisted, undulated; petals dark cinnamon-brown, margined green, longer, linear, acute, twisted four times; lip green, brown, white, and mauve-purple,

Dendrobium—*continued.*

the side laciniæ oblique, oblong, truncate; column white, minutely spotted brown; inflorescence eight-flowered. 1887.

D. s. Rossianum (Ross'). *fl.* white; petals greenish; lip and sepals at length yellowish. 1888.

D. sulcatum polyanthum (many-flowered). *fl.* buff-yellow, the lip orange, with two crimson blotches; raceme sub-globose, about fourteen-flowered; peduncle erect from an upper axil, then arching over. *l.* ovate-oblong, acute or shortly acuminate, seven-nerved, sub-cordate at base, 3in. to 4½in. long. 1887.

D. superbum Burkei (Burke's). *fl.* white, with two light blush-rose cheeks on the base of the disk of the yellowish-white lip. 1884. A fine variety.

D. tetragonum (quadrangular). *fl.* 3in. to 4in. across; sepals yellow, spotted red, the dorsal one narrow-subulate, the lateral ones lanceolate, much broader at the base than the dorsal one; petals white, streaked red, linear, shorter and narrower than the sepals; lip white, transversely barred red, broadly ovate, apiculate, obscurely three-lobed, with two white lamellæ between the side lobes; raceme few-flowered. *l.* in pairs at the summit of the stem, spreading, oblong or elliptic-lanceolate. Stems pendulous, acutely four-angled, 8in. to 15in. or more in length, attenuated to a slender footstalk which is pseudo-bulbous at base. Australia. (B. M. 5956.)

FIG. 15. DENDROBIUM THYRSIFLORUM, showing Habit and detached Flower.

D. thyrsiflorum (thyrse-flowered). The correct name of the plant described on p. 453, Vol. I., as *D. densiflorum albo-luteum.* See Fig. 15.

D. t. Walkerianum (Walker's). *fl.* larger, racemes stronger, and stems longer, than in the type. (W. S. O. iii. 21.)

D. Treacherianum (Treacher's). *fl.* pale rose-red, two or three to a scape, sub-erect, upwards of 1½in. long; sepals narrow-lanceolate, the dorsal one straight, the lateral ones connate in a gibbosity or spur striped with red; petals like the dorsal sepal; lip darker red and shorter than the petals, three-lobed. July. *l.* in pairs, 3in. to 4in. long, ½in. to ¾in. broad, linear-oblong. Pseudo-bulbs brownish-green, stained red. Borneo, 1880. (B. M. 6591; W. O. A. vi. 288.)

D. trigonopus (triangular-columned). *fl.* golden-yellow; sepals ligulate, acuminate, keeled on the middle; petals broader and shorter; claw of the lip rather long, dilated into a broad lamina whose lateral segments are nearly square; column triangular-pandurate. *l.* thick, papery, dull green, rather rough, slightly hirsute at back. Birma, 1887.

D. Vannerianum (Vanner's). *fl.*, sepals white, margined purple, lanceolate; petals white, purple at apex, oblong, acuminate; lip white, marked purple, rhombic, the disk sulphur-coloured. *l.* lanceolate, more than 2in. long, ½in. wide. 1887. A hybrid between *D. japonicum* and *D. Falconeri.*

D. Veitchianum (Veitch's). A synonym of *D. macrophyllum.*

D. vexabile (vexing). *fl.* light sulphur-ochre, partly white;

Dendrobium—*continued.*

side laciniæ of the lip marked with numerous narrow lines, the anterior lacinia sulphur, with an orange blotch on each side of the tuft of hairs, very wavy. 1878. Allied to *D. Ruckeri*.

D. virgineum (maiden). This resembles *D. infundibulum*, but the flowers are smaller, ivory-white, with two thickened, ligulate, reddish lines running from the base to the middle of the lip. Birma, 1885.

D. Wallichianum (Wallich's). A variety of *D. nobile*.

FIG. 16. DENDROBIUM WARDIANUM.

D. Wardianum assamicum (Assam). *fl.* smaller but more brilliantly coloured than in the type. *l.* narrower. Stems shorter and slenderer. (B. M. 5058, under name of *D. Falconeri* var.). The type is illustrated at Fig. 16.

D. W. giganteum (gigantic).* *fl.* larger and stouter than those of the type. Winter and spring. *h.* sometimes 5ft. Birma. A grand variety. (W. O. A. iii. 113; F. M. ser. ii. 212.)

D. Williamsianum (Williams').* *fl.* large; sepals ivory-white, the dorsal one and the ivory-white petals broadly oblong, apiculate, the lateral sepals triangular, the disk of the petals washed light purple; lip purple, having an angular chin, standing upright, adpressed to the column, the limb roundish; racemes about twelve-flowered, produced from the upper part of the slender bulbs. New Guinea, 1886. (G. C. n. s., xxvi., p. 173; W. O. A. 252.)

DENDROCHILUM CUCUMERINUM. A synonym of **Platyclinis cucumerina** (which see).

DEYEUXIA (named in honour of Nicholas Deyeux, 1753-1837, a French chemist). SYN. *Lachnagrostis*. ORD. *Gramineæ*. A genus embracing nearly 120 species of greenhouse or hardy, mostly perennial Grasses, broadly dispersed over the temperate and mountainous regions of the globe. Spikelets one-flowered, variously paniculate; glumes three, the two inferior ones empty; stamens three; panicles terminal. Leaves usually flat. *D. elegans variegata* is the only plant of the genus yet introduced which is deserving of mention here; it thrives under ordinary treatment. The genus is represented in the British Flora by *D. neglecta*, a rare species.

D. elegans variegata (elegantly variegated). *l.* numerous, linear, 1ft. to 1½ft. long, of a deep, bright green, bordered with creamy-yellow. Rootstock thick. New South Wales, 1884. An elegant, greenhouse, foliage plant.

DIACRIUM (from *dia*, through, and *akris*, a point; in allusion to the sheaths on the stalk). ORD. *Orchideæ*. Of this genus four species have been described: they are

Diacrium—*continued.*

stove, epiphytal Orchids, natives of Mexico, Central America, and Guiana. Flowers showy, loosely racemose, shortly pedicellate; sepals sub-equal, free, spreading, rather thick, petaloid; petals somewhat similar; lip spreading from the base of the column, nearly equalling the sepals, the lateral lobes spreading or reflexed, the disk elevated between the lateral lobes, two-horned above; column short and broad, slightly incurved; pollen masses four; peduncle terminal, simple, with paleaceous sheaths. Leaves few, articulated with the short sheaths. Stem fleshy, scarcely thickened into an elongated pseudobulb. Only one species calls for mention. For its successful cultivation, it requires a light situation in a very moist stove.

D. bicornutum (two-horned). The correct name of the plant described on p. 512, Vol. I., as *Epidendrum bicornutum*.

DIANTHERA. Of the eighty species included in this genus, two or three are natives of tropical Africa or Asia, and the rest are all tropical or extra-tropical American. To those described on p. 461, Vol. I., the following should now be added:

D. bullata (studded). *fl.* whitish, small, fascicled in the axils of the minute, opposite bracts. *l.* opposite, shortly petiolate, 3½in. to 4½in. long, 2½in. to 2¾in. broad, elliptic, obtusely acuminate, slightly contracted at base, cordate, bullate between the veins, glabrous, dark green above, purple and pubescent on the veins beneath. Stem terete, fuscous-purple. Borneo, 1886. Stove. (I. H. 1885, 589.)

DIANTHUS. To the species described on pp. 461-4, Vol. I., the following should now be added:

D. cinnabarinus (cinnabar-red). *fl.* petals fiery-red above, paler beneath, covered with sessile glands; stamens not exserted. Summer. *l.* narrow-linear, with very acute, rigid tips. Thessaly, 1888. A fine species, suffrutescent at the base.

D. superbus nanus (dwarf). A dwarf variety, growing only 6in. in height, and covered with rosy-purple, deeply-fringed flowers.

D. sylvestris (wood-loving). The correct name of the plant described on p. 464, Vol. I., as *D. virgineus*.

DICHÆA. About a dozen species are included in this genus. To that described on p. 465, Vol. I., the following should now be added:

D. vaginata (sheathed). *fl.* white, very small. Stems long and flattened, with close-set, distichous, small-sized leaves. Mexico, 1885. A neat plant, suitable for basket culture.

DICHOPOGON (from *dicha*, double, and *pogon*, a beard; in allusion to the two appendages of the anthers). ORD. *Liliaceæ*. A small genus (two species) of greenhouse, perennial herbs, natives of Australia and Tasmania. Flowers loosely racemose, solitary or fascicled in the scarious bracts; perianth marcescent, persistent, not twisted, the segments distinct, spreading, the inner ones broader; stamens six, hypogynous; pedicels slender, often jointed above the middle; scape often branched, leafless, or furnished with leafy bracts below the inflorescence. Leaves radical, narrow-linear. Rhizome short; rootfibres fascicled, often bearing tubers. *D. strictus*, the only species as yet in cultivation, thrives in a compost of sandy loam and peat, and may be increased by divisions of the rhizome, or by the tubers on the root-fibres.

D. strictus (straight). *fl.*, perianth pale or dark purple, 1¼in. or less in diameter, the segments horizontally spreading, the outer ones elliptic-oblong, acute, the inner twice as broad; raceme or panicle 3in. to 8in. long. November. *l.* 1¼ft. long, ⅛in. broad, concave, Grass-like, sheathing at the very base. Stem longer than the leaves, erect, stout or slender. Tubers ½in. to ⅜in. long, fleshy. 1883. (B. M. 6746.)

536 THE DICTIONARY OF GARDENING.

DICKSONIA. About forty species are here included. To those described on pp. 467-8, Vol. I., the following should now be added:

D. davallioides Youngii (Young's). *fronds* large, minutely

Dicksonia—*continued*.

green, coriaceous, 14ft. to 15ft. long; pinnæ sessile, oblong-lanceolate, acuminate, 1¼ft. to 2ft. long, 6in. to 8in. broad, with close-set, sessile, lanceolate, acute pinnules; pinnulets oblong-

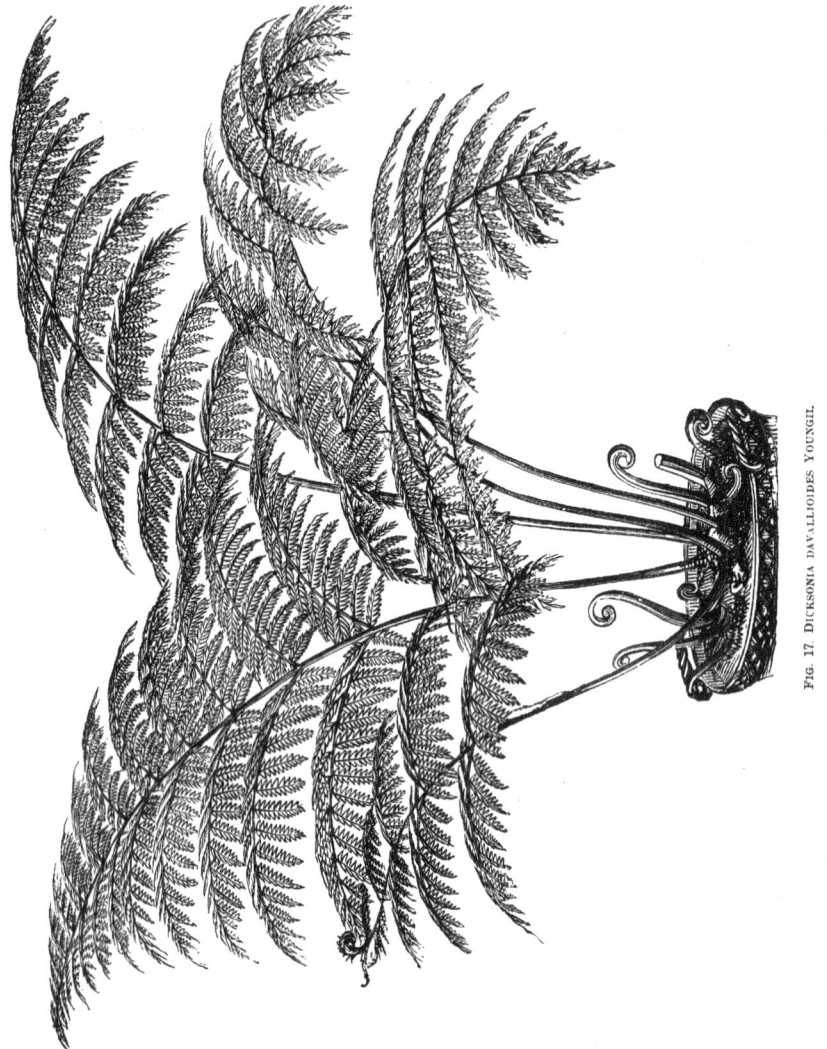

FIG. 17. DICKSONIA DAVALLIOIDES YOUNGII.

sub-divided. See Fig. 17, for which we are indebted to Messrs. W. and J. Birkenhead.

D. Lathami (Latham's). *fronds* tripinnate, narrow-oblong, dark

obtuse, more or less lobed or crenula'e. 1886. A noble, stove, evergreen, Tree Fern, supposed to be a hybrid between *D. antarctica* and *D. arborescens*.

DIEFFENBACHIA. According to Bentham and Hooker, there are only about half-a-dozen true species of this genus, all natives of tropical America. To the species and garden forms described on pp. 472-5, Vol. I., the following should now be added:

D. Jenmani (Jenman's). *l.* long and narrow, oblong-lanceolate, pea-green, with oblique, elongated blotches parallel with the primary veins, extending from the centre nearly to the margin, and mingled with smaller blotches over the surface. British Guiana, 1884. (R. G. 1884, 365.)

DIMORPHANTHUS. To the species described on p. 477, Vol. I., the following variety should now be added:

D. mandschuricus foliis-variegatis (variegated-leaved). *l.* green in the middle, the margins white. 1886. A handsome variety. (I. H. 1886, 609.)

DIMORPHOTHECA. To the species described on pp. 477-8, Vol. I., the following should now be added:

D. fruticosa (shrubby). *fl.-heads* 1½in. in diameter, pedunculate; ray florets whitish above and brownish beneath. Summer. *l.* obovate. Stems procumbent. 1887. Perennial.

DIOSCOREA. According to herbarium specimens, there are 150 known species of this genus, distributed over the whole area of the natural order. To those described on p. 478, Vol. I., the following should now be added:

D. crinita (hairy). *fl.* white; racemes very numerous, pendulous, solitary or several in the axils, 2in. to 3½in. long, forming a panicle at the ends of the branches. September. *l.* long-petiolate; leaflets five, 2in. to 3in. long, petiolulate, elliptic-lanceolate or oblanceolate, obtuse, acute or acuminate, with a long, bristly mucro. Natal, 1884. A slender, graceful, pubescent climber, forming an elegant pot plant when trained on a balloon trellis. (B. M. 6804.)

D. hybrida (hybrid). *fl.* greenish-yellow, in numerous axillary clusters. *l.* sub-cordate, attenuated. Tuber large, flat. 1883. This half-hardy twiner is supposed to be a hybrid between *D. Batatas* and *Tamus communis.* (R. H. 1882, p. 379.)

D. pyrenaica (Pyrenean). *fl.* solitary, rather remote, shortly pedicellate; perianth turbinate-campanulate, with oblong segments; male-racemes axillary, twin or ternate, simple and rarely somewhat branched. July and August. *l.* sparse, deeply cordate-ovate, acute, mucronate. Stems one to four, slender, flexuous, branched. Underground caudex tuberous, about the size of a nut. *h.* about 3in. Pyrenees. Plant herbaceous, glabrous.

DIOSPYROS. To the species described on p. 479, Vol. I., the following species and varieties should now be added:

D. Aurantium (orange). A variety of *D. Kaki.*

D. Berti (Bert's). A variety of *D. Kaki.*

D. coronaria (crowned). *fl.*, calyx spreading or slightly reflexed in fruit. *fr.* orange-red, sub-globose, 1in. in diameter. *l.* large, coriaceous. Japan, 1885. A small, hardy tree.

D. elliptica (elliptic). A variety of *D. Kaki.*

D. Kaki Aurantium (orange). *fr.* light orange-yellow, apple-shaped, depressed; calyx very large, with large, rhomboidal, jagged segments. (R. H. 1887, p. 349, f. 2.)

D. K. Berti (Bert's). *fr.* beautiful reddish-orange-yellow, depressed apple-shaped, large, smooth; basilar cavity broad and deep; summit umbilicate, with a narrow cavity. (R. H. 1887, p. 349, f. 3.)

D. K. elliptica (elliptic). *fr.* beautiful, shining orange-yellow, regularly elliptical, very smooth; basilar cavity very small; apical mucro scarcely visible. (R. H. 1887, p. 349, f. 4.)

D. Sahuti gallica (Sahut's, French). *fr.* reddish-yellow and golden, covered with a silvery bloom, apple-shaped, acuminate at summit; surface smooth and rounded; basilar cavity almost absent; umbilical cavity absent and replaced by a slight, characteristic, angular elevation. (R. H. 1887, p. 349, f. 5.)

D. Wiseneri (Wisener's). *fl.*, calyx lobes having a short, central lobe. *fr.* egg-shaped, obscurely ribbed. *l.* elongate-ovate, shortly attenuated and rounded at apex. Japan, 1887. Hardy. Probably a variety of *D. Kaki.*

DISA. To the species described on pp. 483-4, Vol. I., the following should now be added:

D. atropurpurea (dark-purple). *fl.* rich purplish-lake, solitary, on slender peduncles 3in. to 4in. high; dorsal sepal hooded, with a very short, knob-like spur, the lateral ones elliptic-lanceolate, acute; petals auricled at base, bifid at apex; lip with a distinct stalk ¼in. long, and a cordate, acuminate, wavy-margined blade, having two or three teeth on each side. *l.* linear, Grass-like. South Africa, 1885. A beautiful little plant. (B. M. 6891.)

D. racemosa (racemose). *fl.* light purple, marked white, dark purple, and green; middle sepal rhombic, the lateral ones oblong; petals cuneate-triangular, serrated on the upper margin, with

Disa—*continued.*

inflexed apex; lip rhombic-lanceolate, narrow, small; inflorescence one-sided, about six-flowered. 1887. (B. M. 7021.) SYN. *D. secunda.*

D. secunda (side-flowering). A synonym of *D. racemosa.*

DISCANTHUS. A synonym of **Cyclanthus** (which *see*).

DISPORUM. To the species described on pp. 484-5, Vol. I., the following should now be added:

D. Leschenaultianum (Leschenault's). *fl.* white, ½in. to ¾in. in diameter, sub-campanulate, two to five together in the uppermost axils; segments oblong or linear-oblong. Spring. *l.* rather rigid, 1in. to 4in. long, 1in. to 2in. broad, narrowed to distinct petioles, varying from elliptic-lanceolate to almost orbicular, cuspidate, acute, acuminate, or almost caudate. *h.* 1ft. to 2ft. Mountains of South India and Ceylon. (B. M. 6935.)

DODECATHEON. To the species described on pp. 485-6, Vol. I., the following should now be added:

D. Meadia splendidum (splendid). *fl.* deep crimson, with a yellow ring at the orifice of the reflexed corolla; scape four to ten-flowered. Spring.

DOLICHODERIA TUBIFLORA. A synonym of **Achimenes tubiflora** (which *see*).

DOODIA. The five species included in this genus are confined to the islands from Ceylon eastward to Fiji, New Zealand, and Australia. To those described on p. 486, Vol. I., the following varieties should now be added:

D. aspera multifida (many-cleft). *fronds* arched, with a dense tassel at the apex; when young, tinted pink. Dwarf evergreen.

D. Harryana (Harry Veitch's). This differs from *D. caudata* (of which it is apparently a form) in being stouter, of firmer texture, and larger. 1884. Garden variety.

DOUGLASIA. One species of this genus is a native of Central Europe; the rest are North American. Flowers axillary or terminating the branchlets, solitary and sessile or pedicellate, sometimes fascicled or umbellate; calyx five-cleft to the middle; corolla salver-shaped, the limb of five imbricated lobes. Leaves imbricated or clustered and spreading, entire. To the species described on p. 488, Vol. I., the following should now be added:

D. lævigata (smooth).* *fl.* rose-pink, pedicellate, ¼in. in diameter; corolla tube twice as long as the calyx, the lobes very broadly obovate; involucral bracts four to six, ¼in. long; peduncle about 1in. long, erect, two to five-flowered. Spring and autumn. *l.* rosulate, ¼in. to ⅜in. long, linear or oblong-lanceolate, acute or sub-acute. Alps of Oregon, 1886. Plant tufted. (B. M. 6996.)

DRACÆNA. To the species described on pp. 490-1, Vol. I., the following should now be added:

D. floribunda (abundant-flowered). *fl.* greenish, cylindrical, above ½in. long; panicle drooping, shortly pedunculate, 3ft. to 4ft. long, made up of fifteen to twenty drooping racemes 1ft. or more long. *l.* fifty to sixty, crowded in a dense rosette, lorate, acuminate, 3ft. to 4ft. long, 3in. to 3½in. broad. Trunk 6ft. to 8ft. high. Native country unknown. (B. M. 6447.)

D. fragrans variegata (variegated). *l.* recurved, deep green, with a broad, central, striped variegation of yellow and pale yellowish-green. 1887. SYN. *D. Lindeni.*

D. Lindeni (Linden's). A synonym of *D. fragrans variegata.*

D. Massangeana (Massange's). *l.* broadly lanceolate, acuminate, dark green, with a median, whitish stripe. 1883. A variety of *D. fragrans*, closely resembling *D. f. variegata.* (B. H. 1881, 16.)

D. sepiaria (hedge-loving). *fl.* pure white, in large panicles. *fr.* yellow, persistent for a long time. *l.* upright, small, dark green, tufted. Fiji, 1887. An ornamental perennial.

DRACOCEPHALUM. To the species described on p. 491, Vol. I., the following should now be added:

D. imberbe (beardless). *fl.*, corolla lilac-blue, 1in. long, the lips nearly equal; bracts cuneate, cut, glabrous. *l.*, radical ones long-petiolate, cauline ones few, shortly petiolate, all reniform, deeply crenate. Floriferous branches erect. *h.* 6in. Siberia, 1883. (R. G. 1080, f. 4-5.)

DRACONTIUM. About half-a-dozen species, all tropical American, are here included. To those described on pp. 491-2, Vol. I., the following should now be added:

D. fœcundum (fertile). *fl.*, spathe dull brown outside, dark vinous-purple within, 5in. high, erect, narrowly cylindric-oblong; spadix bluish-brown, 1¾in. high, sub-sessile, erect, cylindric, obtuse. March. *l.* solitary, produced after the flower, 4ft. to 5ft. in diameter, horizontal, tripartite, each segment bearing several pairs of drooping leaflets; petiole 6ft. high. Tubers surrounded by a profusion of acute bulbils, rising above the ground. British Guiana, 1880. (B. M. 6808.)

DUVALIA. There are about ten species of this genus. To those described on p. 496, Vol. I., the following should now be added:

D. angustiloba (narrow-lobed). *fl.*, corolla chocolate-brown, ¾in. to 1in. in diameter, the lobes narrow-lanceolate, acuminate, folded back into thin, vertical plates; corona white; cymes stout, five to twenty or more-flowered. Stems sub-globose or oblong, ¾in. to 1in. long, ¼in. to ⅜in. thick, obtusely four or rarely five-angled. 1875.

DYCKIA. Flowers spicate; sepals free, ovate, imbricated; petals longer, narrowed at base, convolute-imbricated, at length spreading; stamens free, or shortly connate at base with the petals. Leaves densely rosulate, rather thick, spinulose-serrated. To the species described on p. 497, Vol. I., the following should now be added:

D. leptostachya (slender-spiked). *fl.* twenty to twenty-five, in a simple, erect spike 6in. to 9in. long; sepals reddish, densely pruinose; corolla bright scarlet, ¾in. long, the petals ¼in. broad; peduncle slender, 3ft. long. Summer. *l.* fifteen to eighteen in a dense, nearly sessile rosette, lanceolate, acuminate, falcate, rigid, 1¼ft. to 1¾ft. long, 1in. to 1¼in. broad, semi-circular at back, the marginal prickles brown. Paraguay. 1867.

DYSSOCHROMA (from *dysoos*, sickly, and *chroma*, colour; in allusion to the lurid, sickly colour of the flowers). ORD. *Solanaceæ*. A small genus (two species) of stove, climbing sub-shrubs or small trees, natives of Brazil. Flowers greenish-yellow, large, pendulous; calyx ample, five-cleft; corolla funnel-shaped, swollen or campanulate above, the limb plicate, deeply five-lobed; stamens five; pedicels often solitary, terminating the short, nodose branchlets. Leaves entire, membranous or coriaceous. For culture, *see* **Solandra,** on p. 452, Vol. III.

FIG. 18. ECHINOCACTUS COPTONOGONUS.

FIG. 19. UPPER PORTION OF PLANT OF ECHINOCACTUS CORNIGERUS.

SUPPLEMENT.

Dyssochroma—*continued.*

D. eximia (choice). The correct name of the plant described on p. 209, Vol. II., as *Juanulloa eximia*.

D. viridiflora (green-flowered). The correct name of the plant described on p. 452, Vol. III., as *Solandra viridiflora*.

ECHINOCACTUS. To the species described on pp. 499-501, Vol. I., the following should now be added:

E. coptonogonus (wavy-ribbed). *fl.* 2in. across, Daisy-like, with a very short tube; sepals and petals white, with a purple, central stripe; stamens red, with yellow anthers. April and May. Stem globose, depressed at top; ribs ten to fourteen, strong, sharp-edged, wavy, with spine tufts set in little depressions along the margins; spines five to a tuft, the two upper ones 1in. long, quadrangular, the two lower ones shorter, flattened, the central one longest. Mexico. See Fig. 18. SYN. *E. interruptus*.

E. cornigerus (horn-bearing). *fl.* small; sepals brownish-red; petals purple, narrow. Stem spherical, greyish-green; ribs fourteen to twenty-one, stout, wavy; spines in tufts about 2in. apart, stouter than in any other species, the three erect, horn-like ones yellow, the broad, tongue-like one purple, very strong. Mexico and Guatemala. Probably not yet cultivated in England. See Fig. 19. SYNS. *E. latispinus*, *Melocactus latispinus*.

FIG. 20. PORTION OF RIB, WITH FLOWER AND BUNDLE OF SPINES, OF ECHINOCACTUS EMEROYI.

E. Emeroyi (Emeroy's). *fl.* 3in. long; petals red, with yellowish margins, spreading; stamens deep yellow; tube clothed with kidney-shaped scales or sepals. Autumn. Stem globose, 1ft. to 2ft. in diameter; ribs about thirteen, with large, rounded tubercles; spines in star-shaped bundles of eight or nine at the apices of the tubercles, angled, articulated, 1in. to 4in. long, with hooked points. Lower Colorado and California. See Fig. 20.

E. equitans (equitant). A synonym of *E. horizonthalonis*.

E. Haselbergii (Haselberg's). *fl.* ochreous-yellow and red, 1in. to 1¼in. in diameter, sessile, broadly campanulate, with a short, red, spiny tube; segments about forty. April. Stem globose or oblate, 3in. in diameter; tubercles small, convex, appearing almost vertically disposed in innumerable parallel series, but really spirally arranged, convex, crowned with a tuft of white hairs; spines twenty to a tuft, silvery, acicular, ¼in. long, stellately spreading. Native country unknown. (B. M. 7009.)

E. horizontalis (horizontal). A synonym of *E. horizonthalonis*.

E. horizonthalonis (spreading-spined). *fl.* terminal, 4in. across, scented, cup-shaped, springing from the young spine

Echinocactus—*continued.*

FIG. 21. ECHINOCACTUS HORIZONTHALONIS.

tufts; petals in two rows, deep rose, paler on the inside; stamens with white filaments and yellow anthers. May and June. Stem globose, usually flattened at top; ribs or ridges eight or nine, large, greyish-green; spines in crowded, star-like clusters along the edges of the ribs, strong, slightly curved, horn-like, marked with numerous rings. Mexico. See Fig. 21. SYNS. *E. equitans*, *E. horizontalis*.

E. interruptus (interrupted). A synonym of *E. coptonogonus*.

E. Joadii (Joad's). *fl.* bright yellow, handsome, 2in. in diameter; calyx tube furnished with tufts of slender spines, mixed with curly hairs; petals numerous, narrow-oblong, acute; stigmas crimson. Stem globose, many-ribbed; spines brownish, the outer ones fifteen to eighteen, radiating, the inner ones six or seven, longer and stouter, directed outwards. Uruguay (?), 1885. (B. M. 6867.)

E. Johnsoni (Johnson's). *fl.* purple or pink, 2in. to 2½in. long and wide, with numerous reniform sepals on the ovary and tube; petals ovate, obtuse. Stem medium-sized, 4in. to 6in. high, with seventeen to twenty-one low, rounded, interrupted, close-set, often oblique ribs, densely covered with stoutish, reddish-grey spines, the outer ten to fourteen ½in. to 1¼in. long, the upper longest; the central four stouter, recurved, 1¼in. long. Southern Utah. (R. G. 1883, p. 58.)

E. latispinus (broad-spined). A synonym of *E. cornigerus*.

E. polycephalus (many-headed). *fl.* enveloped at base in a dense mass of white wool, which hides the tube; petals bright yellow, 1in. long, spreading like a saucer; stamens yellow, numerous. Spring. Stems numerous in old plants, the largest 1¼ft to 2½ft. high, cylindrical, globose when young; ribs twelve to twenty, sharply defined; spines in clusters 1in. apart, reddish, broad, flattened on the upper side, annulated, the central ones

540 THE DICTIONARY OF GARDENING.

Echinocactus—*continued.*

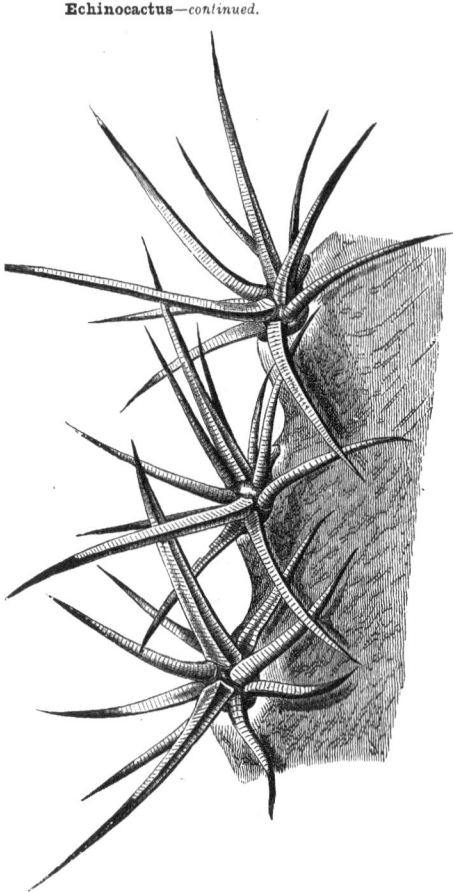

FIG. 22. PORTION OF RIDGE, WITH SPINES, OF ECHINOCACTUS POLYCEPHALUS.

over 3in. long in old plants, and sometimes curved. California and Colorado, 1886. Warm house. See Fig. 22.

E. Pottsii (Potts'). *fl.* yellow, about 2in. across, short-tubed, several expanding together on the top of the stem. Summer. Stem globular, 1½ft. in diameter; ridges about a dozen, rounded and even, with acute sinuses; spines 1in. long, bristle-like, arranged in clusters of seven or nine, with a cushion of white wool at the base. California, 1840. Warm house. See Fig. 23.

E. Scopa cristatus (crested). A curious monstrosity, owing its origin to fasciation, such as occurs in the Cockscombs, Echeverias, &c. The plant shown at Fig. 24 is grafted on the stem of a Cereus.

E. senilis (old). *fl.* light pink, 1½in. long, 1in. in diameter, having a scaly, cylindrical tube. Stem stout, cylindric, with sixteen or eighteen ribs, having tufts of numerous hair-like spines, curving upwards. Chili, 1885. (R. G. 1230 A.)

E. Wislizeni (Wislizen's). *fl.* greenish-yellow, about 2in. long and broad, developed only on large plants. Summer and autumn. Stem depressed when young, large and cylindrical when old; ridges about a score, regular and sharp-edged, bearing bundles

Echinocactus—*continued.*

FIG. 23. ECHINOCACTUS POTTSII.

FIG. 24. ECHINOCACTUS SCOPA CRISTATUS.

Echinocactus—*continued*.

of spines at regular intervals, the outer and shorter ones being white and spreading, while from the middle of each tuft arise three 2in. long and one 3in. long, with the point hooked, and as strong as steel. See Fig. 25.

FIG. 25. PORTION OF RIDGE, WITH SPINES AND FLOWER, OF ECHINOCACTUS WISLIZENI.

ECHINOPSIS. To the species described on pp. 502-3, Vol. I., the following variety should now be added:

E. Eyriesii flore-pleno (double-flowered). A form with several rows of petals, which impart a double appearance to the flowers. See Fig. 26.

ENCELIA (from *egchelion*, a little eel; in allusion to the appearance of the seeds). SYN. *Pallasia* (of L'Héritier). ORD. *Compositæ*. A genus embracing about a score species of branched, villous, pubescent, or tomentose herbs, sometimes shrubby at the base, natives of Mexico or Western America, from Chili to California. Flower-heads yellow, violet, or purplish, radiate, mediocre or rather large, long-pedunculate at the tips of the branches, rarely smaller and irregularly panicled; involucral bracts in two or three series; ray florets spreading, entire or shortly toothed. Leaves opposite, or the upper ones rarely nearly all alternate, entire, toothed, or lobed. *E. canescens*, the only species calling for mention here, is a pretty, dwarf, greenhouse sub-shrub, thriving in loamy soil. Cuttings, inserted under a glass, will strike readily, if not over-watered.

E. canescens (hoary). *fl.*-heads orange; involucral scales villous, ciliated. July. *l.* broadly ovate, entire, obtuse, softly canescent. *h.* 1¼ft. Peru, 1786. (B. R. 909.)

ENCHOLIRION (from *engchos*, a spear, and *Leirion*, a Lily; in allusion to the habit of the genus). SYN. *Prionophyllum*. ORD. *Bromeliaceæ*. A genus embracing about half-a-dozen species of stove, perennial herbs, natives of Brazil. Flowers in a terminal, simple or slightly branched, long, dense raceme; sepals free, short, ovate, imbricated; petals much longer, free, narrow, erect or somewhat

Encholirion—*continued*.

spreading from the base; stamens free, the filaments filiform. Leaves rosulate, long, narrow, rigid, generally spinulose-serrated. For culture of the plants introduced, see **Tillandsia**, on p. 41.

E. corallinum (coral-flowered). *fl.* numerous, on an erect scape longer than the leaves; sepals yellowish or greenish, thick, shining, exuding a diaphanous, gummy substance; petals pale yellow, longer than the sepals; bracts purple-violet, foliaceous, half-amplexicaul. *l.* quite entire, canaliculate, obtuse, mucronate, 1½ft. long. 2in. broad, glaucous-violet below, and with a greenish-blue tint above transversely marked with dark, wavy lines. (I. H. xviii. 70.)

E. c. splendens (splendid). *l.* more compact, more obtuse, and broader than in the type. 1885.

E. roseum variegatum (rosy-variegated). *l.* striped with yellowish bands. 1884. An ornamental plant, of garden origin.

FIG. 26. ECHINOPSIS EYRIESII FLORE-PLENO.

ENGELMANNIA (named in honour of George Engelmann, 1810-1884, a German botanist, who wrote on

Engelmannia—*continued.*

American plants). SYN. *Angelandra*. ORD. *Compositæ*. A monotypic genus. The species is an erect, hardy, perennial, pubescent herb. It thrives in ordinary garden soil, and may be increased by seeds or by divisions.

E. pinnatifida (pinnatifid). *fl.-heads* golden-yellow, 1in. to 2in. in diameter, corymbosely paniculate; involucral bracts in several series; ray florets eight to ten, female; disk hermaphrodite, but sterile. July. *l.* petiolate, 2in. to 5in. long, oblong, sinuate-pinnatifid to below the middle; lobes toothed, entire, or lobulate. *h.* 1ft. to 2ft. Prairies of North America, 1881. (B. M. 6577.)

EOMECON (from *eoos*, Eastern, and *Mekon*, a Poppy; so called on account of its systematic position close to the Poppies, and its native country in Eastern Asia). ORD. *Papaveraceæ*. A monotypic genus. The species is a beautiful, hardy, perennial herb, intermediate between *Stylophorum* and *Sanguinaria*, differing from both in the scapose habit, racemose flowers, and sepals confluent in a boat-shaped spathe; and further from *Stylophorum* in the colour of the flowers and form of the leaves, and from *Sanguinaria* in the four petals, elongated style, and stigmatic lobes alternating with the placentas. It thrives in any fairly good soil, and may be increased by divisions.

E. chionantha (snowy-flowered). *fl.* white, with yellow stamens, Poppy-like, 1¼in. to 2in. in expanse; pedicels slender; flower-stem loosely branched. Summer and autumn. *l.* all radical, long-stalked, with a roundish-cordate, sinuate or coarsely crenate blade, 3in. to 4in. long and nearly as broad. China, 1885. (B. M. 6871.)

EPACRIS. To the species and varieties described on pp. 511-2, Vol. I., the following should now be added:

E. purpurascens. Two very attractive, double varieties are: *alba*, with blush-white, and *nivalis*, with pure white, flowers. 1883.

EPIDENDRUM. Tropical America is the headquarters of this genus. To the species and varieties described on pp. 512-4, Vol. I., the following should now be added. Unless otherwise specified, stove treatment is required.

E. amabile (lovely). A synonym of *E. dichromum*.

E. arachnoglossum (cobweb-lipped). *fl.* reddish-purple (carmine-violet), in a short, corymbiform or roundish raceme; sepals and petals acute, recurved; lateral lobes of lip roundish, pectinate, the middle one cuneate, deeply bilobed; column violet, club-shaped. *l.* distichous, alternate, glabrous, sessile, oblong-lanceolate, obtuse, fleshy. Stems tufted, erect, naked above. New Grenada, 1883. (R. H. 1882, p. 554.)

E. a. candidum (white). *fl.* wholly white, with the exception of the orange lateral calli of the lip. 1886.

E. atropurpureum album (white). A white-lipped variety.

E. a. Randi (Rand's). *fl.*, sepals and petals greenish-brown, with paler margins; lip white, large, marked with contiguous, red veins at the base. Amazons, 1886. SYN. *E. Randianum* (L. 49).

E. Barkeriola (Barkeriola). *fl.*, sepals and the light rose-coloured petals nearly equal; lip white, with a deep purple blotch and some short purple lines on the disk, where there are two raised lines, pandurate or obovate; raceme one-sided. *l.* lanceolate, acute, wavy, reddish beneath and on the margins. 1884. SYN. *Barkeria Barkeriola*.

E. Christyanum (Christy's). *fl.* greenish and brown, in an erect raceme; sepals oblong, apiculate; petals spathulate; lateral segments of lip sub-quadrate, extrorse, the middle one triangular, apiculate; column trifid. *l.* ligulate, acute. Pseudo-bulbs long-pyriform, two-leaved. Bolivia, 1884.

E. ciliare (ciliated). *fl.* fragrant, several in a raceme, each with a long bract at base; sepals and petals greenish-yellow, linear, acute; lip white, three-parted, the lateral lobes pectinately incised, the middle one setaceous, much longer. Winter. *l.* in pairs. Pseudo-bulbs oblong, obtuse. Tropical America. (B. R. 784.) *E. cuspidatum* (B. M. 463; B. R. 783; L. B. C. 10) is considered a variety of this species, but the flowers are yellower and larger, and the middle lobe of the lip is linear-lanceolate, and not appreciably longer than the side ones. 1844.

E. cuspidatum (cusp-pointed). A variety of *E. ciliare*.

E. densiflorum (dense-flowered). A variety of *E. polyanthum*.

E. Endresii (Endres'). *fl.* as large as those of *E. ellipticum*; sepals white, tipped green, the upper one cuneate-oblong, acute, the lateral ones triangular; petals white, spathulate; lip blotched mauve, curiously cut, with two triangular edges at the base, the anterior lacinia cuneate-obreniform. *l.* about a dozen, like those of Box. Costa Rica, 1883. (G. C. n. s., xxiii., p. 504.)

Epidendrum—*continued.*

E. Flos-aëris (air-flower). A synonym of *Arachnanthe moschifera*.

E. fraudulentum (fraudulent). *fl.* light rose-coloured, small, the column and lower part of the ovary purple, the keel and calli yellow. 1886.

E. fulgens (brilliant) A synonym of *E. Schomburgkii*.

E. ibaguense (Ibague). *fl.* in a dense, almost globose head; sepals and petals orange; lip yellow, obcordate, the lateral lobes cordate, rounded at the tip and fringed. *l.* very fleshy, amplexicaul, oblong, obtuse. Stems tall, slender, the upper portion leafy, the extreme end leafless. New Grenada, Peru. (F. M. 380.)

E. ionocentrum (violet-spurred). *fl.*, sepals and petals lemon-coloured, spotted with greenish-brown, lanceolate, acuminate; lip white, violet or purple in the centre; raceme twenty to twenty-four flowered. Pseudo-bulb broad. Otherwise like *E. Brassavolæ*.

E. Kienastii (Kienast-Zölly's). *fl.*, sepals and petals very light rose, with darker purple veins, the sepals lanceolate, the petals very cuneate at base; lip white, with fine purple, callose lines on the wavy mid-partition, the side partitions cuneate-ligulate, two-toothed outside; raceme several-flowered. *l.* usually two, 6in. long, ¼in. to 1in. broad, cuneate-oblong, acute. Mexico, 1887.

E. Mathewsii (Mathews'). *fl.*, sepals and petals stained purplish outside, small, nearly transparent, the lateral sepals connate half-way up; lip deep, dull blood-purple, shining, orbicular, bifid at apex, convex above, concave beneath, completely concealing the lateral sepals. *l.* distichous, rigid, fleshy. Stems short, procumbent. 1886.

E. O'Brienianum (O'Brien's). A hybrid between *E. evectum* and *E. radicans*, and in habit very much resembling the latter. In colour the flowers are a brilliant carmine, faintly shaded orange, except the crests on the lip, which are bright yellow, as in *E. radicans*; the segments are longer than in *E. evectum*, but have the same general shape, and the lobes of the lip are much like those of the last-mentioned species. The plant, like its parents, grows rather tall.

E. oncidioides (Oncidium-like). *fl.* yellow, blotched brown, very fragrant; sepals and petals obovate, unguiculate; lip three-lobed, the lateral lobes narrow, obtuse, flat, much shorter than the roundish, cuspidate middle one, the disk three-keeled; panicle long, racemose. *l.* two or three, 2ft. long, 1½in. wide. Stem 3ft. to 4ft. high. Surinam. (B. R. 1623; I. H. ser. v. 28.)

E. paytense (Payta). *fl.* of a brilliant scarlet-vermilion, with some orange on the lip, which is also marked with some darker spots. *l.* short, very strong, oblong, acute, tinted purplish-brown. Shoots stiff, with purplish-brown sheaths. Columbia and Peru, 1885.

E. polyanthum (many-flowered). *fl.* orange or salmon-colour, with a strong scent of cowslips; sepals ovate-lanceolate, acute, striated; petals linear, reflexed; lip three-lobed, three-ribbed, the lateral lobes sub-cuneate, retuse, the middle one retuse; panicle strict, simple. *l.* distichous, ovate-lanceolate, acute. Mexico, 1841.

E. p. asperum (rough). A variety having the ovaries and rachis densely covered with small warts. 1885.

E. p. densiflorum (dense-flowered). *fl.* greenish, with a little pink on the edges and in the middle of the lip. 1836. SYN. *E. densiflorum* (B. M. 3791).

E. pristes (saw-like). *fl.*, sepals and petals light cinnabar, lanceolate, the petals serrated in the upper half; lip white, spotted cinnabar, trifid, serrated, the mid-lobe small, bilobed, with a flexuose keel at the base of the disk. *l.* very minutely serrulated. Stems slender. 1886. A handsome plant.

E. pseudepidendrum auratum (golden). *fl.*, disk of the lip crimson, the borders deep orange. 1885. A fine variety.

E. punctulatum (slightly dotted). *fl.* stellate, in a slender panicle; sepals and petals brown inside, green outside, lanceolate, acute; lip sulphur, with minute dots, trifid, the side laciniæ square, the middle one sessile, ovate, acute, the mid-nerves thickened: column brown and green; border of the anther-bed white, spotted brown. Mexico, 1885. Greenhouse.

E. Randianum (Rand's). A synonym of *E. atropurpureum Randi*.

E. Sceptrum (sceptre). *fl.* small, sometimes three dozen in a raceme; sepals and petals golden-yellow, spotted dark purple, the sepals lanceolate, the petals obovate; lip white at base, profusely marked bright purple; racemes 1ft. to 2ft. long. September and October. *l.* long, thin, remote, lorate. Pseudo-bulbs pear-shaped, compressed, 1ft. long. Venezuela. New Grenada.

E. Schomburgkii (Schomburgk's). *fl.* rich vermilion-scarlet; sepals and petals linear-lanceolate; lip three-lobed, strongly keeled, bicallose at base, the lateral lobes broadly semi-ovate, rounded and lacerated behind, the front lobe cuneate, gradually widening upwards, the edge denticulate, the apex shortly cuspidate; raceme short, close or corymbiform. *l.* distichous, oblong, obtuse, fleshy. Demerara, &c. A handsome species. (B. iv. 165; B. R. 1838, 53.) SYN. *E. fulgens*.

Epidendrum—*continued.*

E. Stamfordianum Leeanum (Lee's). *fl.*, sepals and petals ochre-coloured inside, covered with purple, hieroglyphic markings, scarcely translucent outside; lip light rose, purple-spotted inside, broad. 1887.

E. S. Wallacei (Wallace's). *fl.*, middle lacinia of the lip obcordate, quite entire and very narrow; column shorter than in the type. Mountains south of Bogota, 1887.

E. stenopetalum (narrow-petaled). *fl.* rose-coloured, few, produced at the tips of the pseudo-bulbs; lip a little darker than the sepals and petals, having a square, white area at the base, with a small, yellow crest, adhering to the column for quite half the latter's length. West Indies and Central America, 1887.

E. trachychilum (rough-lipped). *fl.* very leathery, disposed in a dense, much-branched panicle; sepals and petals olive-brown, the sepals oblong, much-spreading, the petals somewhat conformed; lip deep yellow, studded with red warts, white and spotted pink on the callus, brilliant green with red warts on the lower lobes. *l.* straight, ensiform, much shorter than the scape. Pseudo-bulbs elongated, two-leaved. Mexico, 1885. Greenhouse. (R. G. 120b.)

FIG. 27. EPIDENDRUM VITELLINUM, showing Habit and detached Flower.

E. vitellinum giganteum (gigantic). A synonym of *E. v. majus.* (W. S. O. ser. iii. 27.) The type is shown in Fig. 27.

E. Wallisii (Wallis's). *fl.* numerous, about ½in. across, scented; sepals and petals golden-yellow, spotted carmine-crimson, ligulate-oblong; lip white, with radiating, tubercled lines of magenta-purple, broad, cuneately flabellate; racemes drooping. October and November. *l.* distichous. Stems several feet in height, spotted brownish-purple, leafy. New Grenada. (W. O. A. ii. 74.)

EPILOBIUM. To the species described on p. 514, Vol. I., the following should now be added:

E. nummularifolium (Moneywort-leaved). *fl.* pink or whitish, very small; peduncles axillary, slender, ½in. to 4in. long. *l.* two to four lines long, sessile or petiolate, numerous, opposite, rather crowded, orbicular or oblong, obtuse, flat or convex. Branches 2in. to 6in. long, glabrous or pubescent. New Zealand. Plant prostrate, hardy.

EPIPHYLLUM. To the species and varieties described on p. 517, Vol. I., the following should now be added:

E. Gibsoni (Gibson's) *fl.* two to four, of a beautiful, dark orange-red, produced at the ends of the branches, having some straight hairs at their base.' 1886. This plant closely resembles *E. truncatum.*

E. Guedeneyi (Guedeney's). *fl.* large; outer petals white, slightly tinged with sulphur; the others pure creamy-white; stamens much shorter than the petals. Stems very broad, thin, with roundish, shallow notches. Probably of garden origin.

Epiphyllum—*continued.*

E. Russellianum Gærtneri (Gærtner's). *fl.* scarlet, 2¼in. to 3in. in diameter; petals lanceolate, acute, radiating. 1885. A showy, garden hybrid, of unknown parentage, with the habit of *Epiphyllum* and the flowers of *Cereus.* (R. G. 1172.)

ERANTHEMUM. Flowers white, pink, red, or lilac, variously disposed; calyx deeply five-cleft, the segments short, narrow, sub-equal; corolla tube elongated, the limb spreading, five-partite; stamens two. Leaves entire, or rarely deeply toothed. To the species described on p. 518, Vol. I., the following should now be added:

E. borneënse (Borneo). *fl.* crowded round the rachis, forming a conical inflorescence; calyx ⅓in. long; corolla white, with a faint tinge of lemon, the tube 1in. long, cylindric, the limb 1¼in. in diameter, obscurely two-lipped, quite flat; spike 4in. to 6in. long; peduncle stout, erect. *l.* 4in. to 6in. long, shortly petiolate. ovate-oblong, acuminate, entire, rounded or acute at base, glabrous, studded with raphides. Borneo, 1882. A nearly glabrous shrub. (B. M. 6701.)

E. macrophyllum (large-leaved). *fl.* light blue, in terminal and axillary spikes; upper and side lobes of the corolla reflexed on the sides of the long, whitish tube; lower petal or lip projecting, and of a deeper blue than the other lobes. Winter. India, 1886.

E. velutinum (velvety). *fl.* of a deep rose-pink, in long spikes; tube slender, curved, 1in. long. *l.* deep velvety olive-green, bullate. 1886. A distinct and pretty shrub.

ERANTHEMUM (in part). Synonymous with **Dædalacanthus** (which see).

EREMURUS. To the species described on p. 519, Vol. I., the following should now be added:

E. aurantiacus (orange). *fl.*, perianth yellow, five to six lines long; raceme dense, 6in. long, when expanded 1¼in. to 1¾in. in diameter; scape 1¾ft. high, terete, puberulous. *l.* five or six, narrow-linear, erect, persistent, 1ft. long, two to three lines broad. Afghanistan, 1885. (R. G. 1168, b, g, h.)

E. Bungei (Bunge's). *fl.*, perianth bright yellow, ⅓in. long; pedicels erecto-patent; raceme oblong, dense, 4in. to 5in. long; scape terete, 1ft. long, glabrous. *l.* linear, 1ft. long, less than ½in. broad, firm, glabrous, the edges minutely ciliated. Persia, 1885. (R. G. 1168, a.)

ERIA. To the species described on p. 519, Vol. I., the following should now be added:

E. bigibba (twice-gibbous). *fl.*, sepals and petals light reddish, lanceolate, the sepals with green median nerves; lip whitish, with small, purple dashes at base, transversely trifid, the antrorse lateral laciniæ separated from the semi-ovate, obtuse middle one by a narrow isthmus; column yellowish-white, purple at the base inside; anther with two purple tumours at the top. *l.* long, petiolate, on a tumid, cylindraceous foot. Borneo, 1884.

E. Elwesii (Elwes'). *fl.* light brown, small; outer perigone connate, three-toothed; petals rhomboid; lip oblong, retuse, with two rounded lobes at base. *l.* nearly 1in. long, stalked, oblong, acute. Pseudo-bulbs depressed, covered with fibrous sheaths. 1885. A tiny plant.

E. Fordii (Ford's). *fl.*, sepals light yellowish-green, 1in. long, lanceolate, acute, keeled at back; petals yellowish-green, ovate-lanceolate, sub-acute; lip deep, dull yellow, veined crimson, narrow-oblong, obtuse, apiculate, with small, rounded, lateral lobes and three blunt keels on the lower half; racemes terminal, two or three-flowered. *l.* linear-lanceolate, acute, 8in. to 9in. long, 1¼in. to 1½in. broad, leathery. Pseudo-bulbs ovoid, somewhat compressed, smooth. Hong Kong, 1886.

E. lineoligera (line-bearing). *fl.* white, very thin; sepals and petals lanceolate, acute, curved; chin moderate; lip cuneate-dilated, trifid, the side laciniæ triangular, curved, very short, the middle one projecting, triangular, apiculate, crenulate, undulated, with purple lines on each side; raceme nearly basilar, ascending, with orange bracts. *l.* four, rather thick, cuneate-oblong-lanceolate. Pseudo-bulbs fusiform. Siam, 1885.

E. monostachya (one-spiked). *fl.*, sepals and petals greenish-yellow; lip having a very small anterior lacinia, and two angular calli between the sinuses between the lateral and anterior laciniæ; inflorescence simple. Java, 1885.

E. muscicola (Moss-growing). *fl.* yellowish-green, very small, racemose. *l.* about ⅓in. long. Pseudo-bulbs racemose. Ceylon, 1887. An insignificant species.

Eria—*continued.*

E. rhodoptera (red-winged). *fl.*, sepals whitish-ochre, as well as the pedicels, ovaries, and bracts; petals purple, ligulate, sub-falcate, broad; lip trifid, the lateral segments purple, semi-oblong, produced, the middle one ligulate, retuse, emarginate; raceme elongated. *l.* linear-ligulate, acute. Stems cylindrical. 1882.

E. Rimanni (Riman's). *fl.* of a pellucid, pale yellow, the front lobe of the lip golden-yellow, with two purple spots; raceme nodding, dense, covered with a few reddish hairs. *l.* cuneate-oblong, acute, very leathery, light green, with dark nerves. Pseudo-bulbs pyriform, about 3in. long. Birma, 1885.

E. striolata (slightly striated). *fl.*, sepals and petals light ochre-coloured, linear-ligulate, acute, the former marked with three stripes and the latter with one stripe of reddish-purple; lip ligulate, with very blunt side lobes, and three conspicuous, partly crenulate, yellow keels; raceme dense-flowered, the rachis only slightly hairy. *l.* cuneate-oblong, acute, very fleshy. Papuan Islands, 1888. (I. H. 1888, 48.)

ERICA. The following species are included in the British Flora: *E. carnea* (Mediterranean Heath), *E. ciliaris* (Ciliated Heath), *E. cinerea* (Scotch Heath, Scotch Heather). *E. Tetralix* (Cross-leaved Heath), and *E. vagans* (Cornish Heath). To the species and varieties described on pp. 520-6, Vol. I., the following should now be added:

E. hyemalis alba (white). This variety differs from the type only in having pure white flowers. 1882.

E. Maweana (Mawe's). *fl.* purplish-crimson, produced in clusters, after the manner of those of *E. Tetralix* and *E. ciliaris*. Autumn. Stems sub-erect, much-branched, forming soft, ornamental bushes 1ft. to 1½ft. high. 1882. Hardy.

E. Mooreana (Moore's). *fl.* in large, terminal umbels of a dozen or more; corolla bright, glossy crimson-red, with a ring of black at the mouth, ventricosely tubular, above 1in. long, the lobes pink, roundish; pedicels red, with gland-bordered bracts. *l.* in whorls of four, very much recurved, fringed with twisted ciliæ, and tipped with a long awn. 1882. Hybrid.

ERIGERON. To the species described on pp. 526-7, Vol. I., the following should now be added. It is a very floriferous and pretty border plant. Cuttings should yearly be put into a cold frame, in case the old plants outside are killed during the winter.

E. mucronatus (mucronate).* *fl.-heads* pedunculate; involucral scales linear, subulate, puberulous; ray florets white, biseriate, twice as long as those of the disk. Summer and autumn. *l.* lanceolate, attenuated at base, ciliated, entire, or lobed or toothed above the middle. *h.* 6in. to 12in. Stem terete, branched. Mexico. Perennial. SYN. *Vittadinia trilobata.*

ERIOPSIS. Flowers showy, pedicellate; sepals equal, spreading, free, or the lateral ones connate with the foot of the column in a very short chin; petals similar to the sepals; lip affixed to the foot of the column, shortly incumbent, at length erect, the lateral lobes broad, erect, loosely enfolding the column, the middle one small, spreading, entire or two-lobed; column rather long, incurved; pollen masses two. Leaves usually two, long, ample. To the species described on p. 528, Vol. I., the following should now be added:

E. Sprucei (Dr. Spruce's). *fl.*, sepals and petals light yellow, the latter with red borders; side lobes of the lip whitish, dotted red, nearly circular, the middle one lemon-yellow, with mauve spots at the base of the broad stalk, transversely elliptic, the disk white, with two acute horns on the middle; raceme long, cylindrical. *l.* cuneate-oblong, acute. Amazons, 1884.

ERITRICHIUM. This genus comprises about seventy species. Flowers blue or white, in simple or branched racemes, or rarely nearly all axillary; calyx deeply five-cleft or five-partite; corolla tube short or rarely longer than the calyx, the lobes five, imbricated, obtuse, spreading; stamens five, affixed to the tube, included. Nutlets four, or fewer by abortion. Leaves alternate or (in very few species) opposite, usually narrow. To the species described on p 529, Vol. I., the following should now be added:

E. barbigerum (beard-bearing). *fl.* white, small, much resembling those of a Myosotis, disposed in branching, scorpioid cymes; calyx lobes linear, about ¼in. long. Summer and autumn. *l.* lanceolate. California, 1886. A pretty annual; the whole plant clothed with long, spreading hairs. (R. G. 1886, pp. 358-9, f. 42; R. H. 1885, p. 552, f. 99.)

ERYTHEA. To the species described on p. 530, Vol. I., the following should now be added:

E. aculeata (prickly), of Regel. A synonym of *E. armata.*

E. armata (armed). *fl.*, spadix tomentose, paniculate, pendent. *l.* large, fan-shaped, palmatisect, glaucous; margins of the petioles armed with spines. California, 1887. SYNS. *E. aculeata* of Regel (R. G. 1887, 279, f. 74), *Brahea Roëzlii.*

ERYTHRINA. To the species described on pp. 531-2, Vol. I., the following should now be added:

E. vespertilio (bat-like). *fl.* numerous, in showy, erect racemes, pendulous; standard ovate, nearly 1½in. long. *l.*, leaflets obversely triangular, cuneate at base, the front side deeply hollowed out, so as to leave the two front angles projecting, the hollowed portion having sometimes a central apiculus. Western Australia, 1885. A grotesque, warm greenhouse shrub. See Fig. 28, for which we are indebted to Mr. Wm. Bull.

ERYTHRONIUM. This genus now embraces eight species, seven of which are North American. To those described on p. 533, Vol. I., the following should now be added:

E. dens-canis sibiricum (Siberian). *fl.* of a deep rosy-purple, banded purplish-crimson near the base of each division, and with a creamy-yellow eye.

E. Hendersoni (Henderson's).* *fl.* drooping, faintly scented; perianth campanulate, about 2in. in diameter, the segments pale lilac, spotted dark purple at base, reflexed from half-way down; peduncle 6in. to 8in. long, one or two-flowered. April. *l.* two, opposite, oblong, dull green, spotted purplish-brown, narrowed to a long, channelled base. Oregon. (B. M. 7017.)

E. purpurascens (purplish). *fl.* light yellow, tinged with purple, deep orange at the base, usually four to eight in a sub-umbellate raceme from 1in. to 1½in. long. May. *l.* large, more or less oblong, frequently undulated. Bulb 1in. to 2in. long. Sierra Nevada.

E. p. uniflorum (one-flowered). *fl.*, peduncles slender, one-flowered. SYN. *E. revolutum.*

E. revolutum (revolute). A synonym of *E. purpurascens uniflorum.*

ESCALLONIA. To the species described on pp. 533-4, Vol. I., the following should now be added:

E. Berteriana (Bertero's). A synonym of *E. pulverulenta glabra*

E. pulverulenta glabra (smooth). *fl.*, calyx shining and clammy; petals elliptic-oblong, sessile; racemes spicate, terminal, simple, twice as long as the leaves. *l.* elliptic, serrated, shining above, 2½in. to 3in. long, 1½in. broad; petioles ½in. long. *h.* 5ft. to 6ft. Chili. Plant glabrous, clammy from resin. SYN. *E. Berteriana.*

E. revoluta (revolute). *fl.* white, ¾in. long, spreading, pedicellate; petals with a long, straight claw, and a short, oblong, rounded limb; racemes or panicles terminal, sessile, erect, simple or thyrsoid. September. *l.* ¾in. to 1½in. long, obovate, acute or cuspidate, toothed, pubescent. *h.* 10ft. to 20ft. Chili, 1887. (B. M. 6949.)

E. Sellowiana (Sellow's). *fl.* white; calyx teeth short, entire; petals spathulate; panicles terminal, many-flowered. Summer. *l.* lanceolate, tapering into the petioles, serrated, resinous-dotted beneath. Branches erect. *h.* 10ft. to 20ft. Brazil. Plant glabrous.

ESMERALDA. Included under **Arachnanthe** (which *see*).

ESMERALDA CLARKEI. A synonym of **Vanda Clarkei** (which *see*).

EUCALYPTUS. Calyx tube turbinate or campanulate, the base adnate with the ovary, the apex truncate, entire or remotely toothed; stamens numerous, in several series, free. To the species described on pp. 535-6, Vol. I., the following should now be added:

E. ficifolia (Fig-leaved). *fl.* showy; calyx slightly tinged with red; filaments beautiful cinnabar-red. *l.* conspicuously stalked, leathery, always somewhat decurrent into the stalk, pointed at the apex, or sometimes narrowly so. A tree seldom exceeding 50ft. in height in its native forests.

EUCHARIS. Flowers white, showy, many in an umbel; perianth tube cylindrical, straight or recurved, the lobes sub-equal, rather broad, spreading; stamens shorter than the lobes; bracts numerous, narrow, the two or three outer ones broader, involucral. Leaves petiolate, broad. Bulb tunicated. To the species described on p. 536, Vol. I., the following should now be added:

Eucharis—*continued*.

E. Mastersii (Dr. Masters'). *fl.*, perianth tube 2in. to 2½in. long; limb 3in. in diameter, the segments ovate, much imbricated; staminal cup striped green; pedicels short; umbel two-flowered; scape less than 1ft. long. February. *l.* distinctly petiolate,

EUCOMIS. Flowers pedicellate, in a dense or elongated raceme; perianth persistent, with six sub-equal, spreading segments; stamens six; scape simple, leafless. Leaves radical, oblong or elongated. * Bulb tunicated,

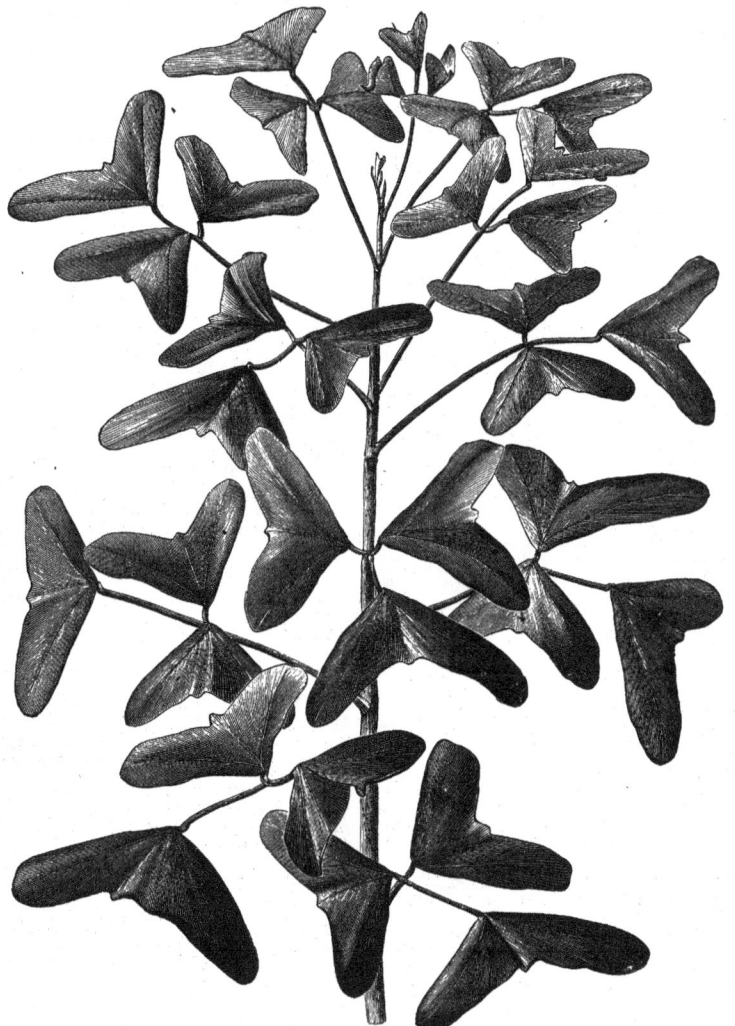

FIG. 28. UPPER PORTION OF PLANT OF ERYTHRINA VESPERTILIO.

oblong, acute, 8in. to 10in. long, 4in. to 5in. broad. Bulb 1½in. to 2in. in diameter. New Grenada, 1885. (B. M. 6831 A.)

E. Sanderi multiflora (many-flowered). *fl.* five or six, considerably smaller than those of the type; stripes of the staminal cup green. New Grenada, 1885. (B. M. 6831 B.)

often rather large. To the species described on pp. 537-8, Vol. I., the following should now be added:

E. pallidiflora (pale-flowered). *fl.*, perianth 1¼in. in diameter, the segments greenish-white, oblong, acute; raceme 1ft. long,

Eucomis—*continued.*

2½in. in diameter, crowned with a tuft of thirty small leaves; peduncle 1½ft. to 2ft. long, cylindrical. *l.* five or six to a stem, oblanceolate, sub-erect, over 2ft. long, 4in. to 5in. broad. 1887.

E. zambesiaca (Zambesi). *fl.* green; pedicels shorter; raceme longer and denser; scape not spotted. *l.* firmer. Otherwise like *E. punctata.* Eastern tropical Africa, 1886.

EULOPHIA. SYN. *Orthochilus.* This genus embraces nearly fifty species. To those described on pp. 538-9, Vol. I., the following should now be added:

E. guineënsis purpurata (purple). *fl.* handsome, in a loose raceme; sepals and petals dark, dull purple, narrow-lanceolate, acuminate; lip bright rose-purple, the front lobe elliptic-ovate, acute. Pseudo-bulbs globose, two or three-leaved. Western tropical Africa, 1883. A showy plant. (W. O. A. ii. 89.)

E. megistophylla (largest-leaved). *fl.* greenish-yellow, lined with brownish-red, panicled; sepals lanceolate, narrower than the petals; lip four-lobed, the lobes obtuse; spur very short, cylindrical; sheath ample, ochreous, oblong, acute. *l.* more than 1ft. long and 9in. broad, petiolate, cuneate-oblong, acute. Comoro Islands, 1885. A striking species. (R. H. 1887, p. 87.)

E. pulchra divergens (pretty, diverging). *fl.* purple-spotted, showy; sepals and petals oblong-linear, acute; lip going out into two diverging shanks; spur short and straight; raceme erect, many-flowered, equalling the leaves. *l.* oblong-lanceolate. Isle of Bourbon, 1884. The typical plant is not in cultivation.

EUONYMUS. About forty species are included here; they inhabit the mountainous parts of India, North China, Japan, Europe, and North America, a few being found in the Malay Islands. To those described on pp. 539-40, Vol. I., the following should now be added:

E. japonicus Carrièrei (Carrière's). A prostrate form that will make a picturesque rockwork plant. 1883. A vigorous, green-leaved, garden variety of *E. radicans.*

E. j. Chouveti (Chouvet's). *l.* thick, fleshy, very narrowly ovate-elliptic, glossy, rounded at tip, with a narrow margin of yellowish-white. A remarkable form, with erect branches. It bears cutting well, and makes an excellent ornamental border plant. 1887.

E. j. columnaris (columnar). *l.* shortly oval, rounded, sometimes sub-orbicular, thick, glossy, with broad, shallow teeth. A vigorous form, of columnar habit.

E. nanus (dwarf). *fl.* greenish-white, four-cleft, one to three on a peduncle. July and August. *l.* lanceolate, entire, nearly opposite, deep green. Branches smooth, somewhat herbaceous. Northern Caucasus, 1830. A neat, trailing under-shrub, suitable for the rockery. SYN. *E. pulchellus* (of gardens).

E. pulchellus (pretty). A garden synonym of *E. nanus.*

EUOTHONÆA. A synonym of **Hexisia** (which *see*).

EUPATORIUM. To the species described on p. 540, Vol. I., the following should now be added:

E. grandiflorum (large-flowered), of André. *fl.-heads* reddish, disposed in large, terminal corymbs. *l.* rugose, cordate, acute, serrated. 1883. An ornamental, hardy perennial. (R. H. 1882, p. 384.)

EURYA. Flowers small, sessile or shortly pedunculate, fascicled or rarely solitary in the axils; sepals five, imbricated; petals five, imbricated, coalescing at base; stamens fifteen or less, rarely five. Leaves often crenate-serrated and glabrous. To the species described on p. 542, Vol. I., the following should now be added:

E. vitiensis (Fiji). *fl.* small, axillary, unisexual, the males fascicled, the females usually in pairs. *l.* elliptic-lanceolate or oblong, serrulate, acuminate at both ends, shining. Fiji, 1887. Stove tree.

EUSTEPHIA (from *eu*, well, and *stephos*, a crown; in allusion to the circle of stamens). ORD. *Amaryllideæ.* A monotypic genus. The species, *E. coccinea*, is the plant described on p. 89, Vol. III., as *Phœdranassa rubro-viridis.*

FAGUS. To the species described on p. 2, Vol. II., the following variety should now be added:

F. sylvatica tricolor (three-coloured). *l.* dark purplish-green, spotted with bright carmine-rose, and shaded with rosy-white. 1885. An ornamental garden variety.

FARADAYA (named in honour of Michael Faraday, the celebrated chemist, 1794-1867). ORD. *Verbenaceæ.* A small genus (about five species) of stove or greenhouse, tall-climbing, glabrous shrubs, natives of Australia, Fiji, New Guinea, &c. Flowers white, showy; calyx at first closed, ultimately cut into two or three valvate lobes; corolla tube exserted, enlarged above, the limb ample, spreading, four-cleft; stamens four, long-exserted; cymes many-flowered, disposed in a terminal, loosely corymbose panicle or sessile at the nodes. Leaves opposite, entire, coriaceous. Two species are in cultivation, but have not yet flowered in this country. They thrive in a rich loam, and require plenty of root room. The branches should be allowed to spread close to the glass, in as light a position in the stove as possible.

F. papuana (Papuan). *fl.* salver-shaped, disposed in corymbose panicles. *l.* lanceolate, bullate. Java, 1884.

F. splendida (splendid). *fl.* large, in a terminal, corymbose panicle; calyx segments eight to ten lines long; corolla tube above 1in. long, the lobes flat, nearly ¾in. long. *l.* ovate, acuminate, rounded or cordate at the base, 6in. to nearly 1½in. long, prominently penniveined; petioles 1in. to 2in. long. Queensland. A tall, woody climber.

FEDIA. To the species described on p. 4, Vol. II., the following variety should now be added:

F. Cornucopiæ floribunda plena (abundantly double-flowered). A handsome, tufted variety, producing its pretty, reddish-pink, double flowers in such profusion as to almost entirely hide the leaves. 1886. (R. G. 1218.)

FICUS. The number of species, according to specimens in herbaria, is upwards of 600; they are found in the warmer regions of the globe. To those described on pp. 11-12, Vol. II., the following should now be added:

F. Cannoni (Cannon's). The correct name of the plant described on p. 117, Vol. I., as *Artocarpus Cannoni.*

F. Cavroni (Cavron's). *l.* shortly petiolate, cuneate-obovate, obtuse, 1½ft. long, 9in. broad, dark green with a yellowish-white midrib above, rusty beneath. Brazil, 1887. Stove shrub.

F. elastica variegata (variegated). *l.* variegated with various shades of creamy-white and yellow. A beautiful form.

FORSYTHIA. A couple of species, natives of China and Japan, compose this genus.

F. intermedia (intermediate). A hybrid between *F. suspensa* and *F. viridissima.*

FRAXINUS. *F. excelsior* is the only British representative of this genus. To the species and varieties described on pp. 23-4, Vol. II., the following should now be added:

F. americana foliis argenteo-marginatis (silvery-margined leaved). An ornamental form, having the leaflets bordered with pale yellowish (or rosy in a young state). 1886.

F. turkestanica (Turkestan). *l.* pinnate; leaflets five, dark green, cuspidate, coarsely toothed. Buds reddish. Bark dark green, smooth. Turkestan, 1887.

FRITILLARIA. Including *Rhinopetalum*, &c. This genus is distributed over North temperate regions. To the species described on pp. 27-9, Vol. II., the following should now be added:

F. armena fusco-lutea (fuscous-yellow). *fl.* bright yellow inside, tinged coppery-brown outside, solitary, drooping, ¾in. long. *l.* four to six, about 2in. long. *h.* 5in. to 6in. Smyrna, 1887.

F. bucharica (Buchara). *fl.* white, greenish or purplish at base; perianth segments ovate or ovate-lanceolate, obtusely acuminate, or rarely lanceolate or linear-lanceolate; raceme terminal, few or many-flowered. *l.* usually all alternate, ovate or lanceolate, the upper ones narrower. Stem erect, flexuous, 6in. to 18in. high. Buchara, 1884. (R. G. 1171.)

F. contorta (twisted). *fl.* nodding, 1½in. to 2in. long; perianth segments united (thus differing from all the other species). *l.* three or four, distant, lanceolate, somewhat fleshy. Origin unknown. 1886.

F. discolor (discoloured). *fl.* nine to twelve, light yellow, with a slight suspicion of green, 1½in. to 2in. across; segments oblong-lanceolate, slightly reflexed; throat marked with a blood-red ring; bracts numerous. *l.* erect, sessile, sub-amplexicaul, broadly lanceolate, glaucous, fleshy, about 3in. long and 1in. broad, with a tinge of red up the midrib on the under side. *h.* 10in. 1888.

Fritillaria—*continued.*

F. imperialis inodora purpurea (scentless, purple). *fl.* dark crimson. Buchara, 1885. A handsome variety. (R. G. 1165.)

F. Perryi (Perry's). *fl.* approaching those of *F. recurva*, but produced in greater profusion, and appearing a fortnight earlier. 1886. A fine garden hybrid between *F. recurva* and *F. lanceolata.*

F. Raddeana (Dr. Radde's). *fl.* greenish-yellow, shorter than the pedicels. *l.*, floral ones recurved-spreading. Habit rather dwarfer than *F. imperialis*, which the plant otherwise resembles. Central Asia, 1887.

F. Sewerzowi bicolor (two-coloured). *fl.* light olive-green, having a brownish, V-shaped mark at the base of each segment. Alatau, 1885. A remarkable variety. (G. C. ser. iii., vol. i., p. 457; R. G. 1181.)

FUCHSIA. To the species and varieties described on pp. 31-5, Vol. II., the following should now be added:

F. ampliata (ample). *fl.* scarlet, solitary, or two or three together in axillary clusters; calyx lobes ovate-lanceolate, acuminate; petals shorter than the calyx lobes, obtusely quadrangular. June. *l.* 2in. to 3in. long, usually drooping and ternately whorled, elliptic-oblong, acute at both ends, denticulate, glabrous, sometimes pubescent beneath; petioles ¼in. to ½in. long. Stem often decumbent below. *h.* 3ft. to 5ft. Andes of Ecuador, 1877. (B. M. 6859.)

Varieties. The Fuchsia is one of the best-known greenhouse and conservatory flowering plants, and it is also the most graceful of bedding-out plants. Handsome, tall specimens, trained to centre stems, and placed in the centre of beds in the geometrical flower garden, have an excellent effect. So many splendid varieties have been raised that it is difficult to further improve them. The varieties with single corollas are the handsomest; indeed, some of the double forms are most inelegant, and may be classed as floral abortions. They may for convenience be divided into classes thus:

Single-flowered. *Varieties with White Tube and Sepals, and Red and Pink Corolla.* BEAUTY OF LAVINGTON; EMILY BRIGHT, a well-formed variety; EXCELSIOR, creamy tube and sepals; EYNSFORD GEM, corolla purplish-rose, petals neatly reflexed; LUSTRE IMPROVED, corolla orange-scarlet, a richer-coloured form of LUSTRE; LYE'S PERFECTION; MIZPAH, corolla distinct purplish-crimson; MR. F. BRIGHT; MRS. F. GLASS.

Varieties with Red and Scarlet Tube and Sepals, and Purplish, Bluish, or Mauve Corolla. AMIE, sepals crimson, unusually long, corolla dark purple; DR. SANKEY, corolla and tube nearly the same colour, rich reddish-crimson; ELEGANCE, sepals crimson, twisted like a ram's horn, corolla purple; KING OF THE FUCHSIAS, a very useful decorative variety, with crimson sepals and purplish corolla; SALOPIA, sepals crimson, corolla pale purple, widely opened; SWANLEY GEM, tube and sepals scarlet, corolla purplish-rose.

Double-flowered. BERLINER KIND, tube and sepals coral-red, corolla pure white, very double; BOREATTON, tube and sepals crimson, corolla dark purple, large and very double; CRÉPUSCULE, corolla faintly striped deep red; ELIZABETH MARSHALL, tube and sepals scarlet, corolla white, free-flowering; FRAU EMMA TOPFER, tube and sepals coral-red, corolla rosy-blush; LA FRANCE, tube and sepals deep red, corolla bluish-purple, very double; MADAME JULES CHRÉTIEN, tube and sepals scarlet, corolla white.

FURCRÆA. To the species described on pp. 37-8, Vol. II., the following should now be added:

F. Roezlii (Roezl's). *fl.* pale yellowish, 1½in. in diameter, in clusters of three or four; scape 10ft. to 12ft. high, paniculate above, the unbranched part clothed with long, sheathing bracts. *l.* 4½ft. long, 4in. broad, narrowed towards the base, lanceolate, acuminate. Mexico, 1887. Greenhouse. (R. H. 1887, p. 353.) SYN. *Roezlia regia* (of gardens).

FUSTIC-TREE. *See* **Chlorophora tinctoria.**

GABERTIA. A synonym of **Grammatophyllum** (which *see*).

GAHNIA (called after H. Gahn, a Swedish botanist of the eighteenth century). SYN. *Psittacoschœnus.* ORD. *Cyperaceæ.* A genus embracing about a score species of stove or greenhouse, perennial herbs, mostly Australian, a few inhabiting New Zealand, New Caledonia, the Malayan Archipelago, South China, and the South Pacific Islands. Spikelets blackish or brown, often two-flowered; glumes many; hypogynous bristles none; stamens three to six; panicle ample and loose or narrow and spike-like. Nut reddish-fuscous, whitish, or black, ovoid, obovoid, or sub-fusiform. Leaves usually long, terete, with a long, subulate acumen. It is doubtful whether the plant here described is the true *G. aspera.* For culture, *see* **Cyperus,** on p. 422, Vol. I.

G. aspera (rough). *fl.*, spikelets whitish-yellow; inflorescence terminal. *fr.* reddish-yellow. *l.* bright green, channelled, wavy, lanceolate. Fiji, 1887. An ornamental plant, of Arundo-like habit.

GALANTHUS. The species are confined to Europe and Western Asia. To the species and varieties described on p. 41, Vol. II., the following should now be added:

G. nivalis caucasicus (Caucasian). *fl.*, outer segments pure white, broader, more convex on the back, and with a narrower claw, than in the genuine *G. nivalis*, ¾in. to 1in. long, the inner ones obovate-cuneate, with a deep notch and two erect, rounded lobes, only marked green outside in a horse-shoe patch round the notch, but within streaked with green and white more than half-way down. The varieties *latifolius* (= *Redoutei*) and *virescens* belong to this sub-species.

GALEANDRA. To the species and varieties described on pp. 41-2, Vol. II., the following should now be added:

G. d'Escagnolleana (Baron d'Escagnolle's). *fl.*, sepals and petals brownish-ochre; lip white and sulphur, the median lobe marked with dark purple; spur funnel-shaped. *l.* narrow-lanceolate, acuminate. 1887. Allied to *G. Baueri lutea.* (I. H. ser. v. 22.)

G. Devoniana Delphina. *fl.*, sepals and petals reddish-brown, margined yellowish, lanceolate, acute; lip white, veined purple, large. Venezuela, 1887. A distinct variety, slenderer in all its parts than the type. (L. 80.)

G. flaveola (yellowish). *fl.*, sepals and petals yellowish, tinted sepia, lanceolate, acuminate; lip yellow, dotted hyaline-purple; apiculus of the anther having a black, anchor-like, terminal process; raceme eight-flowered. *l.* cuneate, linear, acuminate, ½in. broad, the uppermost ones smaller. Stem more than 9in. long. 1887.

GALTONIA. This genus now embraces three species. Flowers white, showy, in a long, loose raceme; perianth tube rather broad, rounded at base, the lobes as long as the tube, spreading; stamens six, affixed to the throat or tube, shorter than the lobes; scape simple, leafless. Leaves few, radical. To the species described on p. 43, Vol. II., the following should now be added:

G. clavata (club-shaped). *fl.* scentless, arranged in a lax raceme; perianth tube clavate, about 1in. long, the segments ½in. long, oblong, obtuse; peduncle 2ft. high. Autumn. *l.* six or eight, sessile, lanceolate, glabrous, glaucous-green, 2ft. long. 1879. An unattractive plant. (B. M. 6885.)

GAULTHERIA. To the species described on p. 56, Vol. II., the following should now be added:

G. nummularioides (Moneywort-like). *fl.* resembling those of the Lily of the Valley, but frequently tinged rosy-pink, axillary. Summer. *fr.* scarlet. *l.* roundish, deep green, changing in autumn to dull rose, ciliated on the margins. Stems wiry, sub-prostrate. Himalayas, 1884. An ornamental, hardy evergreen, suitable for baskets. (G. C. n. s., xxii., p. 457.)

GAZANIOPSIS (from *Gazania*, and *opsis*, like; in allusion to the resemblance to *Gazania*). ORD. *Compositæ.* A monotypic genus, nearly allied to *Gazania* and *Gorteria.* It thrives in any well-drained garden soil, and may be increased by seeds, or by cuttings, inserted under a bell glass, in a cold frame.

G. stenophylla (slender-leaved). *fl.-heads* 3in. across, on long, leafless stalks; ray florets bronzy-green in the centre externally, of the richest golden-yellow internally; disk florets of the same colour; involucral bracts numerous, running together at the base into a cup, the free ends leafy, about 1in. long, linear, ciliate at the edges. *l.* deep green above, long, linear, grassy, snowy-white beneath. South Africa. The flowers have the same habit of closing in the after part of the day as those of *Gazania.*

GENISTA. To the species described on p. 58, Vol. II., the following should now be added:

G. sibirica (Siberian). *fl.* yellow. June to August. *fr.* brown. Stems erect. *h.* 6ft. Siberia, 1785. Plant slenderer than *G. tinctoria* (of which it is only a variety).

G. s. filifer (thread-bearing). *fl.* pale yellow, numerous. 1886. SYN. *Cytisus filifer.*

GENTIANA. To the species described on pp. 59-61, Vol. II., the following should now be added:

G. arvernensis (Auvergne). A beautiful little alpine Gentian, allied to *G. Pneumonanthe*, but more robust and tufted in habit, with much deeper blue flowers, and firmer and broader leaves. It lasts many weeks in blossom. 1882. Probably a new form of *G. Pneumonanthe.*

G. Bigelovii (Bigelow's). *fl.* violet, sessile, axillary, arranged in a leafy spike; calyx tube purplish, cylindric, with long-linear, green teeth; corolla about 1in. long, two subulate teeth alternating with the ovate, sub-acute lobes. August. *l.* linear or linear-oblong, 2in. long. *h.* 1ft. to 1½ft. New Mexico, 1886. (B. M. 6874.)

G. decumbens (decumbent). *fl.* blue, in a racemiform cyme; corolla narrow, obconical, with five short, ovate lobes. *l.* linear-lanceolate, scabrous on the margins. Stems ascending. Siberia. (R. G. 1087, f. 1-2.)

G. Fetisowi (Fetisow's). *fl.* deep blue, sessile, in terminal, compact clusters, and solitary or clustered in the axils; corolla tubular-campanulate, the segments slightly acute. July and August. *l.* narrow-lanceolate, five-nerved, entire; cauline ones connate; radical ones rosulate. Stem solitary, tall, erect. Turkestan, 1883. Plant highly glabrous. (R. G. 1069, f. 1-5.)

G. Kesselringi (Kesselring's) *fl.* whitish, dotted outside with violet, sub-sessile in glomerate, terminal racemes; corolla tubular-ventricose, the limb of five ovate, spreading lobes, shortly apiculate at apex. July and August. *l.*, radical ones numerous, linear-lanceolate, acute; cauline ones opposite, oblong-lanceolate. Stems about 8in. high. Turkestan, 1883. (R. G. 1087, f. 3-4.)

G. Moorcroftiana (Moorcroft's). *fl.* solitary at the ends of the branches or in leafy cymes; calyx tube ½in. long; corolla pale blue, ¾in. to 1½in. long, funnel-shaped, the throat naked and without folds, the lobes ovate, ⅓in. long. Summer. *l.* 1in. to 1½in. long, sessile, linear-oblong or elliptic, obtuse or sub-acute, nerveless. Stem simple or branched from the root. *h.* 4in. to 10in. Western Himalayas. Annual. (B. M. 6727.)

G. Olivieri glomerata (Olivier's compact). *fl.* deep blue, usually very numerous, sessile or nearly so, densely cymose-sub-capitate or in an uninterruptedly glomerate raceme. July. *l.* as in *G. Fetisowi*, but narrower. Turkestan, 1883. (R. G. 1069, f. 6-7.)

G. sceptrum (sceptre). *fl.* deep blue, large, borne in terminal clusters. Stems fleshy, 1ft. to 2ft. high.

G. triflora (three-flowered). *fl.* blue, large and handsome, somewhat like those of *G. Pneumonanthe.* Late autumn. *l.* linear-lanceolate, smooth, glossy dark green. *h.* 1ft. Mountains of Central Asia. (R. G. 1189.)

G. verna æstiva (summer). A form with larger flowers than the type.

G. Wallichiana (Wallich's). *fl.* light blue, in axillary, terminal clusters. July and August. Stems 9in. to 12in. long, nearly prostrate.

G. Walujewi (Walujew's). *fl.* whitish, dotted pale blue, sessile, densely crowded in a head-like, terminal cyme; corolla ½in. in diameter, the lobes elliptic-lanceolate, acute. Late summer. *l.*, radical ones numerous, coriaceous, lanceolate, narrowed into short petioles; cauline ones sessile, elliptic or lanceolate, opposite. Stems solitary or twin, growing erect from the rosette of radical leaves. Turkestan, 1884. (R. G. 1140.)

GEODORUM. SYNS. *Cistella*, *Otandra*. Of this genus about nine species have been enumerated: they inhabit the East Indies, the Malayan Archipelago, and Australia. To those described on pp. 61-2, Vol. II., the following should now be added:

G. Duperreanum (Baron Duperré's). *fl.* nine to fifteen in a spike; sepals and petals white, linear-oblong; lip white, with purple veins, concave. *l.* three or four, oblong-lanceolate. Cochin China, 1883. A pretty Orchid.

GERANIUM. To the species and varieties described on pp. 62-4, Vol. II., the following should now be added:

G. Lowii (Low's). *fl.* pink, in large clusters: stalks fleshy, 1ft. to 2ft. high. *l.* 3in. to 12in. in diameter, in five divisions, each division again deeply divided.

G. tuberosum Charlesii (Dr. Charles'). *fl.* rose-coloured, 1in. to 1½in. across, the petals enlarging till they fall off. *l.*, radical ones none; lowest cauline ones long-petiolate, the uppermost ones sessile. Afghanistan, 1885. (B. M. 6910.)

GERRARDANTHUS (called after W. T. Gerrard, a collector at Natal). ORD. *Cucurbitaceæ.* A small genus (three species) of stove or greenhouse, tall, glabrous climbers, natives of Western and Eastern tropical Africa. Flowers greenish or fuscous, diœcious; calyx five-lobed; corolla rotate or campanulate, deeply five-parted; males racemose, with four stamens and an imperfect fifth; females solitary, with an elevated, trigonal ovary. Fruit small, elongated, terete, many-seeded. Leaves membranous, cordate or hastate-cordate. *G. tomentosus*, the only species known to cultivation, is a stove perennial, of botanical interest. Mr. Wood, now Superintendent of the Natal Botanical Gardens, is recorded to have found, on the top of and between large stones, tubers, one of which "measured 6ft. in circumference, and was nearly 2ft. thick; its surface was scarred; and from the centre arose a stem not more than ¾in. in diameter, thickly covered with small, round tubercles, which ascended without a leaf to the top of trees 50ft. high. On turning over one of the tubers, it was found to have but one fibrous root, about ½in. thick. . . . The natives do not appear to put the plant to any use" ("Botanical Magazine," 6694). The plant may be increased by seeds.

G. tomentosus (downy). *fl.* yellow, ½in. in diameter, the males in short racemes, the females one or two together. *fr.* 3in. long, obovoid, ten-ribbed, dry, opening by three lobes. *l.* large, cordate-reniform, five-lobed. (B. M. 6694.)

GEUM. To the species described on pp. 66-7, Vol. II., the following should now be added:

G. rhæticum (Rhætian Alps). *fl.* golden-yellow, 1in. across. Summer. *l.*, radical ones 3in. to 5in. long, lyrate, interruptedly pinnate; side pinnæ with coarse, deep serrations; terminal leaflet large, heart-shaped, lobed. Stems numerous, 6in. to 8in. high, erect, with three or four small, pinnate leaves. An interesting natural hybrid between *G. montanum* and *G. reptans*, discovered on the south side of Monte Rosa, 1886. (R. G. 1229.) SYN. *Sieversia rhætica.*

GLADIOLUS. To the species and varieties described on pp. 70-1, Vol. II., the following should now be added:

G. Kotschyanus (Kotschy's). *fl.* light violet, about 1½in. long, with a nearly regular limb, the lower segments rather paler than the others, with a dark, median stripe; spike loosely few-flowered; scape 1ft. to 2ft. high, including the inflorescence. May. *l.* linear, 6in. to 8in. long. Afghanistan, Persia, 1836. (B. M. 6897.)

G. Papilio atratus (dark). A fine variety, the ground-colour of the flowers being dark purple instead of yellow. 1885.

G. watsonioides (*G. Watsonius*-like). *fl.* four to ten in a very lax, unilateral spike; perianth bright scarlet, the tube curved, 1½in. long, the segments oblong or ovate, acute, 1in. long; spathe valves curved, leafy, lanceolate. June. *l.*, produced ones about four, linear, erect, firm, 1ft. to 1½ft. long. Stem erect, 2ft. to 3ft. long, with usually a couple of much-reduced leaves below the inflorescence. Kilimanjaro, 1886. (B. M. 6919.)

G. Watsonius (Watson's). *fl.* two or three, each standing on a peduncle-like tube, enclosed by a bifid spathe; corolla bright red, funnel-shaped, the segments ovate-lanceolate, spreading. February and March. *l.* three or four, 3in. long, upright, rigid, flat, linear-lanceolate. Stem 1ft. to 1½ft. high. (B. M. 450.) A variety in which the segments are variegated with yellow from the base about half-way up, is figured in B. M. 569.

Varieties. The subjoined are the best forms of *G. gandavensis* quite recently introduced, and are all worthy of culture in select collections. They have all received the first-class certificate of the Royal Horticultural or some other established society.

ADMIRAL WILLIS, red, flaked crimson and violet; APPIANUS, white, with large rose blotch on lower petal; CALLIPHON, rose, flamed with deeper rose, light centre; CHARLES NOBLE, orange-scarlet, flaked and feathered rose; CROWN PRINCE, carmine, flaked and streaked crimson; DR. WOODMAN, salmon, flaked lake and rose; DUCHESS OF EDINBURGH, purplish-rose, flaked carmine; DUNI, crimson, shaded reddish-maroon; EGYPTIAN KING, maroon, flaked chestnut; HILDA, flesh, flaked and lined rose; JAMES DOUGLAS, rosy-lilac, flamed crimson; JAMES KELWAY, crimson and maroon, white lines; LORD RANDOLPH CHURCHILL, red, violet stripes; LORD SALISBURY, scarlet, crimson centre; LORD W. BERESFORD, amaranth, flaked lake; MELTON, salmon-red; MR. BAINES, orange-carmine, striped red; MR. MARSHALL, salmon-red, striped carmine; MR. STRIEDINGER, flesh, veined carmine; MRS. DOBRÉE, white and pale yellow; PRINCE ALBERT VICTOR, scarlet, flaked white; PRINCE GEORGE, crimson, scarlet, and white; PRINCESS BEATRICE, white, violet stripes; PRINCESS OLGA, white, flaked rose; ST. GATIEN, vermilion, flaked crimson; SAMUEL JENNINGS, scarlet and white blotches; SILENUS, crimson, with violet stripe; SIR MASSEY LOPES, orange-rose, with light centre; SIR TREVOR LAWRENCE, mulberry, flaked maroon; WILLIAM KELWAY, crimson-scarlet, blotched white.

GLAPHYRIA. Included under **Leptospermum** (which see).

GLEICHENIA. To the species described on pp. 72-3, Vol. II., the following variety should now be added:

G. rupestris glaucescens (glaucous). *fronds* glaucous, much thicker in texture than in the type.

GLOBBA. To the species described on p. 73, Vol. II., the following should now be added:

G. alba (white). *fl.* disposed in a loose, pendent, terminal panicle; calyx white, tubular; corolla lobes buff, lanceolate, the lip having a red, crescent-shaped blotch; bracts white, oval, obtuse. *l.* distichous, distant, sessile, horizontal, oval-elliptic, tapering to an acuminate apex, dark green above, dull brown beneath. Stems erect; rhizome horizontal, subterranean. 1885. (B. H. 1885, 20.)

G. albo-bracteata (white-bracted). *fl.*, calyx white; corolla yellow; flower-stem terminating in a lax panicle, of which the axis, branches, bracts, and bracteoles are white. *l.* seven or eight to a stem, ovate-lanceolate, green, 4in. to 5in. long. Stems brownish-purple, 2¼ft. high. Sumatra, 1882.

GLOXINIA. To the species and hybrids described on p. 76, Vol. II., the following should now be added:

G. insignis (remarkable). *fl.* bluish-lilac, blotched crimson at base of tube. Autumn and winter.

G. maculata sceptrum (sceptre). *fl.* clear lilac, disposed in a large, rigid, terminal inflorescence. *l.* large, erect, cordate. Hybrid.

G. tubiflora (tubular-flowered). A synonym of *Achimenes tubiflora.*

Varieties. During the last few years these choice hot-house flowers have been greatly improved; they are large in size, of good form, and of the richest, diverse colours.

ANNA DE CONDEIXA, white, edged bluish-lavender; ARGUS, crimson and white; BARON ROTHSCHILD, white ground, striped and spotted rosy-red; CALYPSO, white, throat rosy colour; CELIA, purple, throat white, spotted purple; COMET, bright crimson-scarlet; CORDELIA, large, white, densely spotted; CYGNET, white, lilac margin; DELICATA, peculiar red feather, white margin; DESIRE ROBERT, deep purple, light throat; DURANDAL, crimson-scarlet, white throat; ETHEL, purplish, violet spots; FAVOURITE, rose spots, banded white; HELENA, margin purplish-rose, spotted throat; IRMA, scarlet, white throat; IVANHOE, purple, white centre, white margin; JUBILEE, spotted purple, paler margin; LOUISE, white, red margin; MACAULAY, pale rose and deep red; MADAME BLEU, magenta, white margin; MAHDI, carmine throat with violet spots, white border; MEANDRE, purple-crimson, white throat, lavender edge; METEOR, mottled, edged rose, distinct; MONS. LUCIEN LINDEN, white, crimson margin; MRS. C. A. HOOPER, white ground, violet spots; ORESTES, rich crimson, paler margin; ORMONDE, large, purple, spotted; RAJAH, bluish-purple, large; STANLEY, white, violet spots; STANSTEAD GEM, purple, splashed crimson; STANSTEAD SURPRISE, rosy-red, spotted throat; SUNBEAM, light scarlet, spotted throat; THE MOOR, very dark purple; TROPHEE, light rose and violet; VIRGINALIS, the best pure white variety.

GONGORA. To the species described on p. 80, Vol. II., the following should now be added:

G. aurantiaca (orange). *fl.* of a bright vermilion-orange, distantly arranged in nodding spikes, lasting a long time in perfection; scapes erect, about 1ft. high. Autumn and early spring. New Grenada. A distinct, evergreen species. SYN. *Acropera aurantiaca* (B. M. 5501).

G. flaveola (yellowish). *fl.* light ochre-yellow, spotted brown, distant; lip with a sigmoid claw, and having a median bristle and very small basilar horns to the basal part (hypochil); peduncle angulate, bearing a rich raceme. 1886.

G. Jenischii (Jenisch's). A synonym of *G. odoratissima*.

G. maculata alba (white). *fl.* pure white, with a few spots of rose on the lip. May. Pseudo-bulbs more deeply ribbed than in the type.

G. m. tricolor (three-coloured). A synonym of *G. tricolor*.

G. odoratissima (highly odorous). *fl.* clear yellow, mottled and blotched reddish-brown; upper sepal and petals adherent to the back and sides of the curved column, while the lip is continuous with its base, clawed, the basal part (hypochil) arched and laterally compressed, with a pair of petaloid processes on the back; the upper part (epichil) acutely elongate-ovate, the sides folded face to face; racemes drooping. *l.* broadly lanceolate. Venezuela. (F. d. S. 229.) SYN. *G. Jenischii.*

G. tricolor (three-coloured). *fl.*, sepals deep, bright yellow, blotched sienna-brown, the dorsal one lanceolate, affixed half-way up the back of the column, the lateral ones obliquely triangular; petals pale yellow, lightly spotted, small; hypochil

Gongora—continued.

white, oblong, convex, two-horned at base, the epichil stained on the sides with cinnamon; racemes stout, drooping. Pseudo-bulbs thickly ribbed. Panama or Peru. (B. R. 1847, 69, under name of *G. maculata tricolor*.)

G. truncata (truncate). *fl.* whitish or straw-coloured freckled brownish-purple; dorsal sepal obovate, carinate, the lateral ones roundish-oblong, very blunt; petals small; lip clear yellow, curved, the hypochil compressed in the middle and bearing two awns in front, the epichil ovate, channelled; pedicels mottled purple. Mexico. (B. R. 1845, 56.)

GONIOSCYPHA (from *gonia*, an angle, and *skyphe*, a cup; in allusion to the angled, cup-like perianth). ORD. Liliaceæ. A monotypic genus. The species is a stove perennial, of striking appearance. It requires similar culture to **Anthericum** (which see, on p. 83, in Vol. I.).

G. eucomoides (Eucomis-like). *fl.*, perianth dull green, campanulate, with six sub-orbicular, very obtuse lobes; scape simple, leafless, bearing a dense, cylindrical spike of flowers, surmounted by a crown of fine, subulate bracts, similar bracts being mixed with the flowers. *l.* in a rosette, elliptic, acute, 1ft. long, 4in. to 5½in. broad. Rootstock short, fleshy. Bhotan, 1886.

GONOGONA. A synonym of **Goodyera** (which see).

GOODYERA. SYNS. *Gonogona, Peramium.* The species are found in Europe, Madeira, tropical and temperate Asia, and (according to Reichenbach) New Caledonia and the Mascarene Islands. To those described on p. 81, Vol. II., the following should now be added:

G. macrantha luteo-marginata (yellow-margined). *l.* distinctly margined with a band of creamy-yellow. Japan. Greenhouse. (F. d. S. 1779-80; F. & P. 1867, p. 227; G. C. 1867, p. 1022; R. G. 533, f. 2.)

G. Rodigasiana (Rodigas'). *l.* thick, ovate-lanceolate, acute, velvety, pale green, silvery in the middle; sheaths very shortly attenuated. Papua, 1886. Stove. (L. H. 1886, 616.)

G. Rollissoni (Rollisson's). *l.* rich, dark green, margined, striped, and blotched with pale yellow on the upper surface, rich velvety-purple beneath. Native country unknown. A beautiful, stove species.

G. tessellata (tessellated). A synonym of *G. pubescens minor*.

GORTERIA ACAULIS. A garden name for **Haplocarpha Leichtlinii** (which see).

GOVENIA. To the species described on p. 87, Vol. II., the following should now be added:

G. sulphurea (sulphur). *fl.* rather large; sepals light sulphur, the lateral ones rather broader than the cuneate-lanceolate upper one; petals white on the disk, sulphur on the margin, with numerous broken, purple lines; lip white, spotted dark brown at apex, cordate-oblong. *l.* scarcely 2in. broad, cuneate-lanceolate, acuminate. Pseudo-bulbs onion-like. Paraguay (?), 1885.

GRAMMATOPHYLLUM. SYNS. *Gabertia, Pattonia.* Flowers showy, on long pedicels; sepals and petals sub-equal, free, spreading; lip affixed above the base of the column, erect, concave, the lateral lobes rather broad, erect, loosely embracing the column, the middle one short, recurved-spreading, narrow or dilated; column erect, rather shorter than the lip; raceme loosely many-flowered; scape simple. Leaves distichous, often very long. To the species described on p. 92, Vol. II., the following should now be added:

G. elegans (elegant). *fl.* showy, six or seven on an erect peduncle 1ft. high; sepals sepia-brown, with ochre-yellow margins, oblong; petals the same colour, narrower; lip yellow, with brown markings in front and a hairy disk, trifid, the front lobe wedge-shaped and emarginate; column white, with a pair of brown lines below the stigma. *l.* elongated, distichous. Pseudo-bulbs rather large, oblong. South Sea Islands, 1883.

GREVILLEA. To the species described on pp. 97-8, Vol. II., the following should now be added:

G. annulifera (annulet-bearing). *fl.* sulphur-yellow, shortly pedicellate; perianth ½in. long; style upwards of 1in. long, curved, very stout; racemes 3in. to 4in. long, shortly pedunculate, panicled at the ends of the branches. July. *l.* spreading and recurved, 3in. to 5in. long, pinnate; segments 1in. long, distant, linear-subulate, rigid; petioles ½in. to 1in. long. *h.* 6ft. to 8ft. Shrub. (B. M. 6687.).

G. Hookeriana (Hooker's). *fl.* dull yellowish, about ½in. long, with long, crimson styles; racemes 2in. to 3in. long, dense, one-

Grevillea—*continued.*
sided. *l.* rigid, pinnate, having three to nine pairs of linear segments. 1886. (B. M. 6879.)

G. Thelemanniana splendens (splendid). *fl.* crimson, larger than in the type; spikes short, dense, recurved. *l.* bipinnatifid, rigid; segments linear. 1883. (R. H. 1882, p. 456.)

GUZMANNIA BULLIANA. A synonym of **Caraguata angustifolia** (which see).

GYMNOGRAMME. To the species and varieties described on pp. 104-5, Vol. II., the following should now be added:

G. calomelanos chrysophylla grandiceps (large-crested). A fine, crested variety.

G. farinifera (farina-bearing). *cau.* short. *sti.* quadrangular, channelled, blackish, minutely white-dotted. *fronds* white beneath, mealy above. 1886. One of the numerous varieties of *G. calomelanos.* (I. H. 1886, 604.)

G. Laucheana grandiceps (Lauche's, large-headed). *fronds* elongated, bipinnate, terminating in a broadly tasselled, drooping apex, the under surface clothed with palish-yellow meal; segments blunt at the end. 1882. A garden form of *G. calomelanos.* The most striking of all the Gold Ferns.

G. Pearcei robusta (stout).* *fronds* narrower at the base and more elongated towards the apex than in the type. 1888. Plant larger in all its parts.

GYMNOTERPE. A synonym of **Tapeinanthus** (which see).

GYNOPOGON. A synonym of **Alyxia** (which see).

HABENARIA. SYN. *Sieberia.* Flowers spicate or racemose; sepals sub-equal, free, or cohering towards the base; petals often smaller, sometimes deeply two-lobed; lip continuous and often very shortly connate with the column, having a short or long spur, and a spreading or pendulous, undivided or three to five-lobed lamina, the lateral lobes sometimes pectinate-fringed or ciliated; column very short. To the species described on p. 107, Vol. II., the following should now be added:

H. incisa (cut). *fl.* rich purple, small, fragrant, thickly set in oblong, terminal racemes. June. *l.*, cauline ones obtusely lanceolate, deep green. *h.* 1ft. to 1½ft. North America, 1826. SYN. *Platanthera incisa.*

H. macrantha (large-flowered). *fl.*, sepals and petals dark brown; lip purplish-lilac, marked with darker streaks and freckles, roundish; spike six to ten-flowered. *l.* sheathing, three-nerved. Sierra Leone, 1886. Stove. SYN. *Gymnadenia macrantha.*

H. militaris (military). *fl.*, lateral sepals green, oblong, acute, reflexed and revolute; petals green, strongly adhering to the green dorsal sepal, forming a cucullate-navicular helmet; lip scarlet, the side lobes oblong-dolabriform, spreading, the front lobe bifid; raceme lax. *l.* linear, acute, 8in. to 9in. long, ½in. broad. *h.* 1ft. or more. Cochin China, 1886. Stove. (W. O. A. vi. 281.)

HABRANTHUS. The following plant is classed as a form of *Hippeastrum Bagnoldi* by Mr. Baker, in his recent revision of the *Amaryllideæ.*

H. punctatus (dotted). *fl.*, perianth drooping, funnel-shaped, the tube green, the segments milky-white, with beautiful red dots, spreading, revolute at apex, all equal; spathe two-leaved, green, herbaceous. *l.* at the time of flowering none. Chili, 1885. (R. G. 1163, f. 3.)

HÆMANTHUS. To the species described on p. 108, Vol. II., the following should now be added:

H. Bauerii (Bauer's). *fl.* white, a little shorter than the bracts; bracts white, ciliated, broadly obovate; umbel sub-sessile between the leaves. *l.* two, sub-orbicular, dark green, 5in. to 6in. long and broad, spreading on the ground. Kaffraria, 1886. A handsome, dwarf, greenhouse species. (B. M. 6875.)

HÆMARIA. Sepals equal, free, the dorsal one erect, connivent or coherent with the petals in a hood, the lateral ones spreading; lip affixed to the base of the short column. To the species described on p. 108, Vol. II., the following variety should now be added:

H. discolor Dawsonianus (Dawson's). The correct name of the plant described on p. 81, Vol. I., as *Anœctochilus Dawsonianus.*

HAKEA. To the species described on p. 109, Vol. II., the following should now be added:

H. laurina (Laurel-like). *fl.* rosy-lilac, in dense, globular, sessile, axillary clusters; pedicels about ¼in. long. Summer. *l.* narrowly elliptic-oblong or oblong-lanceolate, long-petiolate, 4in. to 6in. long, and (as well as the branches) hoary-tomentose or glabrous *h.* 10ft. to 30ft. 1830. (G. C. n. s., xxv., p. 149.)

HAPLOCARPHA (from *haploos,* single, and *karphe,* chaff; in allusion to the one-rowed, chaffy pappus). ORD. *Compositæ.* A genus comprising four species of greenhouse or half-hardy, almost stemless, perennial herbs, natives of South Africa, one extending into tropical regions. Flower-heads yellow, rather large, solitary, heterogamous, radiate; involucre hemispherical, the bracts in many series; receptacle flat or convex, naked or slightly fimbrilliferous; ray florets ligulate, spreading, entire or minutely three-toothed; achenes turbinate. Leaves radical, entire or toothed, cano-tomentose or woolly beneath. *H. Leichtlinii,* the only species in cultivation, is a showy, free-flowering plant, requiring protection during the winter. It thrives in any fairly good soil. From the crown are produced numerous short shoots, which all flower; and by making cuttings of these the plant may be propagated.

H. Leichtlinii (Leichtlin's). *fl.-heads* 2in. to 2½in. in diameter; involucral scales free, the outer ones cobwebby-tomentose, the inner ones tipped dull purple; ray florets stained purple beneath, the disk of a deeper yellow; scape 1ft. long. *l.* 6in. to 12in. long, 2in. to 2½in. broad, lyrate-pinnatisect. 1883. SYN. *Gorteria acaulis* (of gardens).

HEDERA. To the varieties of *H. Helix* described on pp. 120-2, Vol. II., the following should now be added:

H. maderensis variegata (Madeira, variegated). *l.* deep green, with broad, silvery variegation. 1828. A fine form.

HEDYCHIUM. Flowers disposed in a terminal thyrse; calyx tubular, three-toothed; corolla tube elongated, the lobes narrow, equal, spreading. Stems erect, leafy, usually tall. To the species described on p. 123, Vol. II., the following should now be added:

H. peregrinum (foreign). *fl.*, calyx 1¼in. long; corolla tube slender, 2½in. long, the petals light yellowish-green, very narrow, 1½in. long, the lip white, 1½in. long; outer bracts pale brown; spike 6in. long. *l.*, lower ones 4in. to 8in. long, elliptic, acute or acuminate, rounded at base; upper ones 1ft. to 1½ft. long, lanceolate or elliptic-lanceolate. Stem 3ft. to 4ft. high, leafy. Madagascar, 1885.

HEDYSARUM. To the species described on p. 123, Vol. II., the following should now be added:

H. microcalyx (small-calyxed). *fl.* bright violet-red, shortly pedicellate, 1in. long; calyx small, five-toothed; standard narrowly oblong-obovate, emarginate, equalling the narrow-linear wings; racemes axillary, sometimes 1ft. long, many-flowered; peduncles very long. June. *l.* 1ft. long or less; pinnæ eight to ten pairs, ¾in. to 1¼in. long, opposite, petiolulate, oblong or ovate-oblong. Himalayas, 1887. A tall sub-shrub. (B. M. 6931.)

H. multijugum (many-paired). *fl.* pale vermilion-pink, disposed in axillary, eight- to ten-flowered racemes, which are longer than the leaves. *l.*, leaflets twenty to forty, alternate, obovate or oblong, obtuse, silky-pilose beneath; petioles (and branches) silky-pilose. *h.* 2ft. to 5ft. South Mongolia, 1883. (R. G. 1122.)

HELENIUM. To the species described on p. 124, Vol. II., the following should now be added:

H. grandiflorum (large-flowered). *fl.* larger, deeper in colour, and possessed of a blacker disk than those of *H. pumilum,* which the whole plant resembles.

H. pumilum (dwarf). *fl.-heads* yellow; involucral scales spreading, lanceolate. August. *l.* oblong, nearly entire. *h.* 1ft. North America.

HELIANTHUS. To the species described on pp. 126-7, Vol. II., the following should now be added:

H. cucumerifolius (Cucumis-leaved). *fl.-heads* yellow, large, radiate. Summer. *l.* triangular-ovate, wavy, coarsely toothed, sub-cordate at base. 1883. Annual.

H. japonicus (Japanese). *fl.-heads* golden-yellow. Autumn. Perennial.

HELICODEA PORTEANA. See **Billbergia Porteana.**

HELICONIA. To the species described on pp. 128-30, Vol. II., the following should now be added:

H. nitens (shining). *l.* obliquely oblong-ovate, bright satiny-green. Mexico, 1883. A small, neat species.

H. viride (green). *l.* 1½ft. to 2ft. long, 6in. broad, pale green. Polynesia, 1883. A fine plant, of graceful habit.

HELICOPHYLLUM (from *helix*, *helikos*, spiral, and *phyllon*, a leaf; alluding to the lateral segments of the older leaves). ORD. *Aroideæ* (*Araceæ*). A small genus (four or five species) of Asiatic, greenhouse or hardy, tuberous herbs. Flowers on an appendiculate spadix, the males and females remote, with subulate, neuter organs between; spadix much shorter than the spathe, slender or robust; spathe marcescent, the tube oblong, sub-ventricose, persistent, the lamina oblong, erect; peduncle much shorter than the leaves. Leaves long-petiolate, thickly coriaceous, hastate or sagittate, or the young ones hastate and the older ones pedatisect with segments confluent at base; lateral segments often spirally twisted. *H. Alberti* proves hardy in a sunny border, in a well-drained, sandy loam. It may be propagated from seeds, or by means of the small tuber offsets.

H. Alberti (Albert Regel's). *fl.* very fetid; spadix 5in. long, slender, the appendix bluish-black, ragged at tip; spathe 7in. long, the tube pale green, the lamina dark maroon-purple within, pale green outside, very thick, acuminate. May. *l.* 4in. long, hastate, acuminate, undulated, with two lateral, horn-like, horizontal, basal lobes, and between them two linear, erect ones; petioles stout, 4in. long. Bokhara, 1884. (B. M. 6969.)

HELIOPHILA. To the species described on p. 130, Vol. II., the following should now be added:

H. scandens (climbing). *fl.* white, sometimes tinted rose, large, racemose. *l.* lanceolate. Stems slender, twining. 1887. An interesting plant.

HELIOTROPIUM. To the species and varieties described on p. 131, Vol. II., the following should now be added:

H. incanum (hoary). *fl.* in dichotomously corymbose spikes; corolla white, twice as long as the calyx, rather hispid outside; peduncles hairy. June. *l.* thick, ovate, acute, crenulated, wrinkled above and lined with retrograde asperities, softer and hoary beneath. Stem shrubby. *h.* 2ft. to 3ft. Peru. Greenhouse.

H. i. glabrum (smooth). *fl.* purple. *l.* rough, broadly elliptic, destitute of hairs. 1884. (G. C. n. s., xxii., p. 809.)

HELONIOPSIS (from *Helonias*, and *opsis*, resemblance; alluding to the affinity of the genera). SYN. *Sugerokia*. ORD. *Liliaceæ*. A small genus (four species) of greenhouse or hardy perennials, natives of Japan and Formosa. Flowers solitary or few at the tip of the scape, rather large, slightly nodding; perianth segments distinct or scarcely connate at base, oblong or narrow, sub-equal, spreading; stamens six; scape erect, simple. Leaves radical, petiolate, oblong or lanceolate, scarious-sheathed at base. Rhizome short, horizontal. *H. japonica*, the only species in cultivation, thrives in any fairly good garden soil, and may be increased by divisions.

H. japonica (Japanese). *fl.*, perianth rose-coloured, five to six lines long, the segments free, narrow; stamens very shortly exserted; pedicels usually longer than the flowers; raceme short, two to ten-flowered. April. *l.* oblanceolate, at the flowering period 3in. to 4in. long and 1in. broad, brownish towards the tips. Japan, 1881. Wrongly called *H. umbellata* in G. C. ser. iii., vol. i., p. 711. (B. M. 6986.)

HEMEROCALLIS. This genus embraces five species, natives of Central Europe and temperate Asia, Japan especially. To those described on p. 134, Vol. II., the following variety should now be added:

H. fulva longituba (long-tubed). *fl.* orange-yellow, the slender tubular portion of the perianth half as long as the segments. Japan, 1885. (R. G. 1187.)

HEMIGRAPHIS (from *hemigraphos*, half-written; in allusion to the shape of the corolla). ORD. *Acanthaceæ*. A genus embracing about a score species of stove or greenhouse, annual or perennial herbs, inhabiting the East Indies, the Malayan Archipelago, China, and Japan. Flowers rather small, solitary or rarely twin, spicate; calyx deeply five-cleft or five-parted, the segments often more or less connate below the middle; corolla tube slender, shortly enlarged above, the limb of five rounded, spreading lobes; stamens four, didynamous, included; bracts often imbricated; bracteoles minute or wanting. Leaves opposite, entire or toothed. For culture of the

Hemigraphis—*continued.*

species described below, see the allied genus **Ruellia**, on p. 333, Vol. III.

H. colorata (coloured). *fl.* white; corolla narrow, six to seven lines long; spikes terminal, tetragonal, pedunculate. *l.* cordate-ovate, crenate, bullate, 2¾in. long, 1⅝in. broad, tinted silvery-grey on the upper surface, purple beneath; petioles 1¼in. long. Stem creeping, and, as well as the petioles, loosely hairy. India, 1885. Stove perennial.

H. latebrosa (secret). The correct name of the plant described on p. 353, Vol. III., as *Ruellia latebrosa*.

HEMIPILIA (from *hemi*, half, and *pilion*, a cap; alluding to the covering of the pollen mass). ORD. *Orchideæ*. A small genus (only two species) of stove Orchids, with the habit of *Habenaria rotundifolia*, natives of the East Indies. Flowers few in a raceme; sepals nearly equal in length, the dorsal one concave, the lateral ones spreading, oblique; petals smaller, undivided; lip continuous with the column, spreading, rather broad, the base produced in a spur; column very short. Stems having one leaf at the base. For culture of *H. calophylla*, see **Pogonia**, on p. 175, Vol. III.

H. calophylla (beautiful-leaved). *fl.*, sepals white and green, rarely purple; petals similar, but much smaller; lip dark vinous-purple, ½in. broad; raceme six to eight-flowered; scape 5in. to 7in. high, green, spotted reddish-brown. July. *l.* 2in. to 3in. long, 1¼in. to 1½in. broad, sessile on the tuber, the acute base sunk in the ground, dark green, mottled brown. Moulmein, 1886. (B. M. 6920.)

HEPTAPLEURUM. To the species described on p. 136, Vol. II., the following should now be added:

H. vitiense (Fiji). *fl.* three to seven in an umbel. *l.* digitate; leaflets obovate-oblong, obtuse, narrowed to the petiole, entire, with horizontally spreading veins. Fiji, 1887. SYN. *Agalma vitiensis*.

HESPERALOE (from *hesperos*, Western, and *Aloe*; alluding to the aspect of the plant and its native habitat). ORD. *Liliaceæ*. A monotypic genus. The species is a very striking and interesting, greenhouse plant having a leafy stem or a very short caudex. For culture, see **Yucca**, on p. 227.

H. Engelmanni (Engelmann's). A synonym of *H. yuccifolia*.

H. yuccifolia (Yucca-leaved). *fl.* pale rose-coloured, fascicled at the sides of the rachis or branches of the loose racemes; perianth cylindrical, straight, the segments narrow, sub-equal; stamens six; peduncle or scape leafless, 3ft. to 4ft. high, simple or with a few straight branches. *l.* clustered, linear, channelled, rigid, the margins white-filamentose. Texas, 1882. SYN. *H. Engelmanni*.

HESPEROCALLIS (from *hesperos*, Western, and *kallos*, beauty; in allusion to the habitat of the plant, *Hemerocallis*, to which the present genus bears some resemblance, being an Eastern one). ORD. *Liliaceæ*. A monotypic genus. The species is a greenhouse or half-hardy plant, with a short, woody caudex, allied to *Hemerocallis*. For culture, see **Yucca**, on p. 227.

H. undulata (waved). *fl.* whitish, sweet-scented, large, shortly pedicellate, in a simple raceme; perianth funnel-shaped, the tube cylindrical, the lobes oblong-spathulate, longer than the tube, erecto-patent; stamens six; bracts under the pedicels scariose, sometimes a few leafy ones below the inflorescence; scape erect, simple. February and March. *l.* radical, linear, elongated, undulated, rather thick, broadly edged with white. California, 1882.

HEXISIA (from *exisoein*, to be equal or like; in reference to the conformity of the lip with the sepals). SYN. *Euothonæa*. ORD. *Orchideæ*. A small genus (three or four species) of epiphytal Orchids, inhabiting tropical America from Brazil to Mexico. Flowers mediocre; sepals nearly equal, narrow, the dorsal one free, the lateral ones produced in a very short chin; petals resembling the dorsal sepal; lip erect, connate with the column at base, the lateral lobes obscure, the middle one lanceolate, spreading, equalling the sepals; column short; pollen masses four; racemes terminal, few-flowered; peduncles short. Leaves narrow, rather rigid. Only one species is known in gardens. For culture, see **Ornithidium**, on p. 524, Vol. II.

H. bidentata (two-toothed). *fl.* bright scarlet, about ½in. in diameter; sepals and petals linear, acute; lip narrow obovate-

Hexisia—*continued.*

oblong; racemes short, arising from the nodes. *l.* linear-oblong, not longer than the joints. Stems constricted at the nodes, the joints 1in. to 1¼in. long. Panama, Colombia, 1887. A pretty little Orchid.

HIBISCUS. Calyx five-cleft or five-toothed; staminal column truncate or five-toothed; ovary five-celled. To the species and varieties described on pp. 142-3, Vol. II., the following should now be added:

H. californicus (Californian). *fl.* white, with a purple centre, 2in. to 3in. long. Late summer or autumn. *l.* cordate, acuminate, rarely somewhat three-lobed, crenate or acutely toothed, 3in. to 5in. long, exceeding the petioles, velvety-pubescent when young. *h.* 5ft. to 7ft. Perennial. Island in San Joaquin River, California.

H. chrysanthus (golden-flowered). *fl.* large, campanulate; petals yellow, with a purple spot at base, broad-obovate. *l.* pale green, roundish, sub-trilobate, serrated. Stems hairy. Natal. Greenhouse shrub.

H. cisplatanus (Plane-like). *fl.* pale rose, 2½in. in diameter; calyx campanulate, surrounded by numerous linear bracts. *l.* ovate, acuminate, with a tendency to become three-lobed. Brazil, 1887. Greenhouse shrub.

H. rosa-sinensis kermesinus (carmine). *fl.* rich carmine-crimson, large; petals broad, rounded, undulated, outer ones reflexed, central ones erect, the innermost series consisting of the transformed column developed into numerous petaliferous lobes bearing stamens on their margins. South Sea Islands.

H. r.-s. magnificus (magnificent). *fl.* bright rosy-magenta, shaded crimson, the base of each petal blotched chocolate.

H. r.-s. subviolaceus (partly violet). *fl.* bright rose-colour, lightly striped with violet, dark purple at the base of the divisions, double. 1885. An ornamental variety.

HIERACIUM. To the species described on p. 143, Vol. II., the following should now be added:

H. maculatum (spotted). *fl.-heads* yellow, cymose; florets toothed. Summer and autumn. *l.* ovate-lanceolate, strongly toothed, hairy, strongly speckled with black. Stem branched, many-leaved. *h.* 1½ft.

HILLEBRANDIA (named in honour of Dr. Hillebrand, a botanist at Hawaii, who sent dried specimens of the plant to Kew in 1865). ORD. *Begoniaceæ.* A monotypic genus. The species is a tall, branched, succulent, stove herb, everywhere sparsely clothed with long, reddish hairs. For culture, *see* **Begonia**, on p. 170, Vol. I.

H. sandwicensis (Sandwich Isles). *fl.* white, tinged rose, or more or less rosy, about ½in. in diameter, the females bi-bracteolate; sepals five, ovate, sub-acute, the outer ones rather larger; petals five, spathulate, concave, membranous; stamens many, free; peduncles 5in. to 12in. long, dichotomously branching, and bearing bisexual cymes. May. *l.* 4in. to 8in. long and broad, obliquely rounded and deeply cordate, with a very narrow sinus, and overlapping basal lobes. *h.* 3ft. to 4ft. Sandwich Isles, 1866. (B. M. 6953.)

HIPPEASTRUM BAGNOLDI. Mr. Baker regards as a form of this species the plant described on p. 550 as **Habranthus punctatus** (which *see*).

HOLLYHOCK. New Hollyhocks have been exhibited during the year 1888 at the metropolitan exhibitions; but none of them have come up to the high quality of the best flowers produced by Lord Hawke and by Messrs. Chater, of Saffron Walden. A few good varieties omitted from the previous list are as follow:

BULLION, primrose-yellow; CZAR, rosy-red, well-formed; DAVID HENDERSON, rosy-red, fine and full; DAVID LOW, rosy-crimson, long spike; EXCELSIOR, salmon, large and full; FRANK GIB DOUGLALL, reddish-purple, large; FRED. CHATER, sulphur-yellow, perfect form; GRACE DARLING, rosy-salmon, large; HERCULES, yellow, darker base, perfect; IN MEMORIAM, purple; long spike; J. M. LINDSAY, clear red, perfect, good spike; MAJESTIC, deep red, large, long spike; MEMNON IMPROVED, crimson, large; MRS. BOLTON, pale rose, finest form; MRS. DOWNIE, bright orange, good form; MRS. EDWARDS, salmon, extra fine; MRS. LAING, rosy-lilac, large, well-formed; NETTY GRIEVE, purple, large and well-formed; PURPLE PRINCE, purple, very finely formed, large spike; QUEEN OF BUFFS, buff, well-formed, large spike; REINE BLANCHE, pure white, handsome spike; ROBERT MARTIN, crimson, large, good spike; STANDARD BEARER, creamy-white, fine spike; TECOMA, rose, large and full, good spike; THE QUEEN, flesh, with salmon-tint, full; WILLIAM FOWLER, dark crimson, fine form; WILLIAM THOM, carmine, large, tall spike.

HOMALOMENA. Flowers borne on an inappendiculate spadix, which is included in the spathe, and often

Homalomena—*continued.*

shortly stipitate, the male inflorescence cylindrical or fusiform, the female shorter and narrower; spathe straight, cylindrical or convolute below, the lamina convolute or gaping, acuminate. Leaves ovate- or triangular-cordate or lanceolate; petioles often elongated and long-sheathing. To the species described on p. 149, Vol. II., the following should now be added:

H. insignis (remarkable). *fl.,* spathe green, 3½in. to 4in. long, obtusely keeled at back, the apex compressed-rostrate; spadix white, 3in. long. *l.* 1ft. long, 6in. broad, elliptic-oblong, obtuse and shortly mucronate, rounded at base, green above, suffused purple beneath; petioles fuscous-purple, channelled. 3in. to 5in. long, sheathed to the middle. Borneo, 1885. (I. H. 1885, 560.)

H. Siesmeyerianum (Siesmeyer's). *fl.,* spathe purplish-red outside, white within, the tube and limb indistinguishable; peduncle purplish-red. *l.* slightly sagittate, the veins, midrib, and margin beneath, tinted red; petioles purplish-red, long, glabrous. Malaya, 1885.

HOULLETIA. To the species described on pp. 153-4, Vol. II., the following variety should now be added:

H. odoratissima xanthina (yellow). *fl.,* sepals and petals orange-yellow, the lip sulphur and white. 1884. A handsome variety.

HOYA. To the species described on pp. 155-6, Vol. II., the following should now be added:

H. gonoloboides (Gonolobus-like). *fl.* brownish, rotate, with ovate, obtuse lobes, umbellate; peduncles hispid. *l.* membranous, cordate-ovate, acuminate, hairy on both sides. Stem fulvous-hispid, climbing. India (?), 1884. A distinct plant.

H. Griffithii (Dr. W. Griffith's). *fl.* externally pale and rather dull rose-red, with yellowish edges, paler and yellowish within, with three faint pink stripes on each segment, 1in. to 1¼in. in diameter, numerous, umbellate on a stout peduncle 1in. to 1½in. long. July. *l.* in distant pairs, 4in. to 10in. long, very shortly petiolate, elliptic or oblong-lanceolate or oblanceolate. Stem flexuous, climbing. Eastern Bengal, 1885. (B. M. 6877.)

H. linearis sikkimensis (Sikkim). *fl.* waxy-white, pentagonally five-lobed, nearly ½in. in diameter, in terminal, ten to thirteen-flowered umbels. *l.* soft, fleshy, terete, hairy. Stems weak and flaccid, pendulous, slender, softly hairy. Sikkim, 1883. A good basket plant. (B. M. 6682; G. C. n. s., xx., pp. 8-9.)

H. longifolia Shepherdi (long-leaved, Shepherd's). *fl.* pale flesh-coloured, ½in. in diameter, disposed in globose umbels. *l.* linear-oblanceolate, acute, 5in. to 7in. long, ½in. broad. Sikkim, 1885. A beautiful plant. (G. C. n. s., xxiv., p. 616.)

HUERNIA. To the species described on p. 156, Vol. II., the following should now be added:

H. aspera (rough). *fl.* few in a sessile cyme; sepals greenish or purple, linear-subulate, spreading; corolla purple, nearly 1in. in diameter and as long, campanulate, the lobes very short, broadly triangular, acute; column very short; outer corona of five broad, short, truncate, very dark lobes, the inner of five yellowish, oblong-lanceolate, erect, incurved, obtuse ones. September. *l.* minute, tooth-like, distant, horizontal or recurved. Stems procumbent, purplish-brown; branches ascending, divaricate. Zanzibar, 1887. (B. M. 7000.)

HUMULUS. SYN. *Lupulus.* Flowers diœcious, the males paniculate, the females spicate. Leaves opposite, petiolate, broad, five to seven-nerved. To the species described on p. 157, Vol. II., the following should now be added:

H. japonicus (Japanese). *fl.,* males in long, lax panicles; females in short, ovoid spikes, on long peduncles, with cordate, cuspidate-acuminate bracts, which do not enlarge in the fruit. *l.* palmately five to seven-lobed, the margins toothed. Japan, 1886. Somewhat like the common Hop. (R. G. 1886, p. 359, f. 43.)

HYACINTHUS. To the species and varieties described on pp. 159-60, Vol. II., the following should now be added:

H. azureus (sky-blue). *fl.,* lower ones deep blue, deflexed, with an oblong perianth ⅛in. long, the segments about one-third as long as the tube; upper ones nearly sessile, the sky-blue, campanulate perianth having segments nearly or quite as long as the tube; raceme dense, conical, with a thickened, blue axis; scape rather shorter than the leaves. February. *l.* six or eight, lorate, erect, glaucous, 4in. to 6in. long, deeply channelled down the face. Bulb white, about 1in. in diameter. Asia Minor. (B. M. 6822.)

H. fastigiatus (pyramidal). *fl.,* perianth bright lilac, ⅛in. to ¼in. long, the segments oblong-lanceolate; raceme few-flowered, in the wild state often congested into a corymb; scape erect, terete, shorter than the leaves. March and April. *l.* three to six or

Hyacinthus—*continued.*

more, subulate, weak, glabrous, 6in. long, contemporary with the flowers. Corsica and Sardinia, 1882. (B. M. 6663.)

H. lineatus (lined). *fl.*, perianth blue, campanulate, $\frac{1}{8}$in. to $\frac{1}{6}$in. long, ascending; raceme 1in. long, six to twelve-flowered; scape 2in. to 4in. high. Spring. *l.* two, rarely three, oblong-lanceolate, acute, falcate, line-nerved, 3in. to 4in. long. Asia Minor, 1887. (R. G. 1887, p. 446, f. 114.)

VARIETIES. The importation of Hyacinths from Holland increases year by year, and the large growers there are alive to the fact that improved varieties, when they can be offered at a reasonable price, are purchased, as soon as they become known, in preference to the old ones. It is thought by some growers in England that the spikes of blossom in the bulb gardens in Holland are not nearly so perfect as they can be produced in England. This is an error: the quality of the best spikes in the leading Dutch bulb gardens is much superior to that of the best produced in English greenhouses. The growers also complain that customers do not order the new varieties, even when they are proved to be superior to the old sorts. For instance, BOUQUET TENDRE was the best double red fifty years ago: now it has been surpassed by DISRAELI in the same colour; but the trade order the inferior variety. It is the same all through.

The following selection is the result of a careful inspection of the flowers growing in the Dutch gardens, and includes the best new ones for culture in England.

Single Black. KING OF THE BLACKS, rich deep black, well-formed compact spike; MASTERPIECE, rich glossy-black, compact solid spike; SIR HY. BARKLEY, purple-black, tall spike, extra fine; UNCLE TOM, shining black, medium spike, early.

Single Blue. CZAR PETER, pale lavender-blue, large bells, massive well-formed spike, extra fine: ELECTRA, pale blue, long handsome spike of large flowers; ENCHANTRESS, porcelain-blue, large truss; GRAND MAITRE, medium blue, darker stripe, very large, immense spike; LORD BYRON, pale blue, deeper blue stripe; PRAALTOMBE, pale blue, long handsome spike; QUEEN OF THE BLUES (Kersten), pale blue, compact spike; SIR CHARLES NAPIER, blue-purple, long spike; SOUVENIR J. H. VEEN, deep purple-blue, massive spike; WILLIAM I., dark purple, long spike, early.

Single Lilac, Mauve, and Violet. CHALLENGER, claret-coloured, medium spike, very distinct; CHARLES DICKENS, reddish-lilac, sport from the blue variety of this name; DISTINCTION, dark mauve-purple, dark stripe, moderate spike; GALATEA, rosy-lilac, long spike; LORD MAYO, purplish-violet, white eye, well-formed, small spike; PRESIDENT LINCOLN, violet-purple, white eye; PYGMALION, rosy-lilac, distinct; THE SHAH, bright lilac-purple, broad spike.

Single Red and Pink. AMELIA, large and well-formed, splendid long spike; CHARLES DICKENS, a pink form of the blue variety; DUCHESS OF EDINBURGH, pale rose, long handsome spike; ETNA, rosy-red, broad handsome spike; FABIOLA, pale rose, handsome spike; GERTRUDE, rosy-red, handsome compact spike; GIGANTEA, pale rose, medium, immense spike; KING OF THE REDS, deep red, medium spike; PINK PERFECTION, clear pink, long spike; SOLFATERRE, orange-red, handsome spike; VUURBAAK, crimson, handsome long spike.

Single White. AVALANCHE, pure white, large, long spike; GLOIRE DE HAARLEM, pure white, compact spike; LADY DERBY, a pure white form of the pale blue LORD DERBY, very fine; LA FRANCHISE, creamy-white, very large; MRS. VEITCH, pale blush, large and well-formed, handsome spike; PRINCESS OF WALES, clear white, well-formed, long compact spike; ROYAL BRIDE, pure white, large, compact spike; WHITE PERFECTION, pure white, well-formed, handsome spike.

Single Yellow. CRITERION, clear yellow, well-formed, handsome spike; KING OF THE YELLOWS, pure yellow, of good substance, compact spike; OBELISQUE, clear yellow, compact spike; ORANGE ABOVE, orange-buff, medium spike; QUEEN OF THE YELLOWS, clear deep yellow, large spike.

Double Blue. CHARLES DICKENS, the best dark blue, compact handsome spike; CROWN PRINCE OF SWEDEN, dark lavender-blue, compact spike; MAGNIFICENT, dark porcelain-blue, large, fine spike; VAN SPEYK, lilac-blue, the largest bells of all Hyacinths, good spike.

Double Red. ANNETJE, reddish-pink, semi-double, long handsome spike, extra fine; DISRAELI, a greatly improved BOUQUET TENDRE; PRINCE OF ORANGE, bright pink, dark stripe; PRINCESS DAGMAR, deep red, carmine stripe, good spike; PRINCESS LOUISE, dark red, very double, massive compact spike; REGINA VICTORIA, rosy-pink, compact spike; VENUS DE MEDICIS, rose, well-formed, long spike.

Double Lilac. LA VICTOIRE, lilac-purple, perfectly double, long spike.

Hyacinthus—*continued.*

Double White. FLORENCE NIGHTINGALE, pure white, semi-double, good spike; LORD DERBY, pure white, quite double, good spike.

Double Blush. BLUSH PERFECTION, rosy-blush, semi-double, handsome spike.

Double Yellow. CRŒSUS, orange-yellow, large; HEROINE, clear yellow, tipped green.

HYDRANGEA. To the varieties of *H. hortensis* described on pp. 162-3, Vol. II., the following should now be added:

H. hortensis rosea (rosy). *fl.* of a brilliant, deep rose-pink, large, in medium-sized, globular heads. 1883. A fine decorative plant.

HYDROGLOSSUM SCANDENS FULCHERI. A synonym of **Lygodium scandens Fulcheri** (which *see*).

HYDROSME. Included under **Amorphophallus** (which *see*).

HYMENOCALLIS. To the species described on pp. 164-5, Vol. II., the following should now be added:

H. eucharidifolia (Eucharis-like). *fl.*, perianth with a green, slender tube 4in. long; segments linear, deeply channelled down the face, 3in. to 3½in. long; corona white, funnel-shaped, 1½in. long; umbel four or five-flowered; scape ancipitous, 1ft. long. Summer. *l.* four, thin, bright green, oblong, 1ft. long, nearly sessile. Tropical America, 1884.

HYMENOSPORUM (from *hymen*, a membrane, and *sporos*, seed; the seeds are girded by membranous wings). ORD. *Pittosporeæ.* A monotypic genus. The species is a greenhouse, evergreen tree, with the habit of **Pittosporum** (which *see*, on p. 153, Vol. III., for culture).

H. flavum (yellow). *fl.* yellow, marked orange-red at the mouth of the tube, showy, in a loose, terminal panicle; sepals distinct; petals connivent in a tube above the middle or sub-coherent, and, as well as the numerous stamens and the ovary, silky-tomentose. April. *l.* entire, glabrous, broadly obovate-lanceolate, the uppermost ones often somewhat whorled. Eastern Australia. SYN. *Pittosporum flavum* (B. M. 4799).

HYPERICUM. To the species described on pp. 168-9, Vol. II., the following should now be added:

H. aureum (golden). *fl.* large, nearly solitary and sessile; petals orange-yellow, coriaceous, reflexed, longer than the ovate, unequal sepals and the excessively numerous stamens. Summer. *l.* oblong, obtuse, attenuate, glaucous beneath, minutely undulate-crisped on the margin, somewhat coriaceous. *h.* 2ft. to 4ft. Southern United States. Habit dense and compact.

HYPOLEPIS SPECTABILIS. A synonym of **Cheilanthes chlorophylla** (which *see*).

HYPOXIS. Of this genus fifty-one species have been enumerated; they are found in tropical Asia, Australia, the Mascarene Islands, tropical and South Africa, and tropical and North America. Perianth tube none, the segments six, sub-equal, spreading; stamens six; ovary three-celled. To the species described on p. 171, Vol. II., the following should now be added:

H. colchicifolia (Colchicum-leaved) *fl.*, perianth 1½in. in diameter, the segments bright yellow inside, greenish-yellow and slightly hairy on the back, oblong-lanceolate; peduncle slender, three or four-flowered. Autumn. *l.* in a tuft about 1ft. high; produced ones six to eight, oblong or oblong-lanceolate, the largest 6in. to 8in. long, 1½in. to 2in. broad, glabrous. Corm globose, 2in. in diameter. Cape of Good Hope, 1884.

ILLICIUM. To the species described on p. 177, Vol. II., the following should now be added:

I. verum (true). *fl.* red, axillary, shortly pedunculate, globose; perianth leaflets about ten, orbicular, concave. November. *l.* elliptic-lanceolate or oblanceolate, obtuse or obtusely acuminate, shortly narrowed into the petioles. *h.* 9ft. South China, 1883. (B. M. 7005.)

IMANTOPHYLLUM. To the species described on p. 178, Vol. II., the following varieties should now be added:

I. miniatum aurantiacum (orange), *fl.* bright yellowish-salmon, 3in. in diameter; umbels large. 1886. Garden seedling.

I. m. cruentum (bloody). *fl.* bright orange-scarlet, of fine form and substance. Spring.

IMPATIENS. To the species described on pp. 179-80, Vol. II., the following should now be added. They require stove treatment.

Impatiens—continued.
showy, axillary, solitary or corymbose; claws of the segments white, marked blue; sepals and petals broad, the dorsal sepal rounded, the lateral lobes oblong; spur red, recurved. Summer.

FIG. 29. PORTION OF FLOWERING BRANCH OF IMPATIENS HAWKERI.

I. comorensis (Comoro Islands). *fl.* bright carmine, large, with a white, bifid spur. *l.* elliptic-lanceolate, acute, crenate. Comoro Islands, 1887. A pretty plant, of vigorous growth.

I. cuspidata (cuspidate). *fl.* rosy, solitary in the axils of the leaves, having a long, filiform spur. *l.* lanceolate, acuminate, serrated. Stems glaucous. Birma, 1884.

I. Hawkeri (Lieut. Hawker's). *fl.* brownish-red, large, very *l.* glabrous, shortly petiolate, 4½in. long, 2in. broad, opposite or ternate, very acutely serrated, ovate-elliptic, acuminate. Sunda Islands, 1886. A branched herb. See Fig. 29, for which we are indebted to Mr. Wm. Bull. (I. H. ser. v. 2.)

I. Sultani Episcopi (Bishop Hannington's). *fl.* rich purple-carmine, shot with a brilliant rosy hue. Zanzibar, 1886. A perpetual-flowering variety.

IPOMŒA. To the species described on pp. 191-2, Vol. II., the following should now be added:

I. Horsfalliæ alba (white). A synonym of *I. Thomsoniana.*

I. Robertsii (G. F. Roberts'). *fl.*, sepals ⅓in. to ½in. long; corolla nearly white externally, with pale pink stripes, 3in. to 4in. long, the limb internally white, obscurely striated with pale pink, and with five lanceolate, rosy-pink rays; peduncles one-flowered. July. *l.* 3in. to 4in. long, membranous, broadly ovate-cordate, acuminate, dull green, pubescent; petioles 1½in. to 2in. long, pubescent. Queensland, 1883. Stove, twining perennial. (B. M. 6952.)

I. Thomsoniana (Thomson's). *fl.* white, 3in. in diameter; cymes axillary, few-flowered. *l.* trifoliolate; leaflets stalked, elliptic or elliptic-oblong, acute, fleshy. 1884. A handsome, stove climber, with the general habit of *I. Horsfalliæ.* (F. & P. 1884, p. 118; G. C. n. s., xx., p. 818.) SYN. *I. Horsfalliæ alba.*

IRESINE. To the species described on p. 193, Vol. II., the following should now be added:

I. formosa (beautiful). *l.* golden, veined with crimson and pencilled with green. 1883. A very effective sport from *I. Lindenii;* it keeps its character well out of doors, and makes an excellent bedding plant.

IRIS. To the species described on pp. 194-200, Vol. II., the following should now be added:

Sect. I. Irises proper.

I. Alberti (Dr. Albert Regel's). *fl.* bright lilac; tube less than 1in. long; falls obovate-cuneate, 2in. long, densely bearded, and veined dull brown and lilac on a white ground; standards above 1in. broad, suddenly narrowed to a convolute claw; panicle lax, overtopping the leaves. May. *l.* ensiform, 1½ft. to 2ft. long, slightly glaucescent. Rootstock stout. Turkestan. (B. M. 7020.)

I. arenaria minor (lesser). A dwarf variety, having much smaller flowers than those of the type.

I. Bartoni (Col. Barton's). *fl.* two or three in a cluster, strongly scented; perianth tube greenish, 1in. long; falls creamy-white, veined greenish-yellow on the face, violet-purple on the claw, the beard white and orange; standards creamy-white, veined purple. June. *l.* ensiform, pale green, 1½ft. long, 1¾in. to 2in. broad, strongly ribbed. Stem usually once-forked. Afghanistan, 1886. (B. M. 6869.)

I. Biliotti (Biliotti's). *fl.* sweet-scented; falls reddish-purple, with fine, blackish veins, bearded, 3½in. long, 1½in. broad, cuneate-spathulate; standards bluish-purple, with fine blue veins, 3½in. long, 2in. broad, connivent; styles white, ovate, with triangular, reddish-purple crests. Stem 2½ft. to 3ft. high. Siwas, Asia Minor, 1887. Habit as *I. germanica.*

I. cengialti (Monte Cengialto). *fl.* sky-blue, flushed violet; perianth tube, as well as the segments, short and broad, the beard white, tipped orange, short and dense, with thick, stunted hairs; scape about 1ft. high, usually four-flowered. May and June. *l.* yellowish-green, 6in. to 9in. long and ½in. broad, or more. Monte Cengialto. There are several varieties of this plant.

I. Duthieii (Duthie's). *fl.* solitary, sessile; tube 3in. long or more; falls reddish-lilac with darker veins and blotches above, greenish-yellow beneath, nearly horizontal, lanceolate, bearded; standards paler reddish-lilac, with darker veins, connivent, 1¾in. long, oblong-ovate; styles light reddish-lilac, with triangular, crenate crests. *l.* appearing after the flowers, five or six to a tuft, 2ft. long, ½in. broad, yellowish-green. Rhizome knotted. Kumaon, 1887.

I. Eulefeldi (Eulefeld's). *fl.* two to a stem; perianth tube reddish-purple; falls purple, with a long, white and bluish-purple beard; standards purple and reddish-purple, the claw yellowish. May. *l.* five or six, 1ft. long or more, more or less falcate, acute, remarkably glaucous. Stem 1ft. high, with a bract or sheathing leaf about half-way up. Eastern Turkestan, 1886. (B. M. 6902; R. G. 954.)

I. germanica Siwas (Siwas). *fl.*, falls dark indigo-purple; standards dark bluish-purple. Siwas, Asia Minor, 1887.

I. Hookeriana (Hooker's). *fl.* two to a stem; tube ⅓in. to ½in. long; falls bluish-purple with darker blotches above, green with purple borders beneath, obovate-lanceolate, 1⅞in. long, ⅞in. broad, reflexed, densely bearded; standards bluish-purple, narrow-obovate, ¾in. long, ½in. broad; styles reddish-purple, very concave, with triangular, serrated, revolute crests. *l.* 1ft. long, ¾in. to 1in. broad, appearing with the flowers. Stem about 5in. long. Lahul, 1887.

I. Korolkowi concolor (concolorous). A fine variety, with almost concolorous, bright lilac-purple flowers. (B. M. 7025 B.)

I. lineata (lined). *fl.* yellow and greenish-yellow, striated with fuscous-red; standards 2¼in. long, erect, lanceolate, acute; falls narrow-lanceolate, acuminate, recurved; spathe herbaceous, three-leaved; scape two-flowered. *l.* four to six, ligulate-ensiform, erect, attenuate-acute, about equalling the scape. Caucasus, 1887. (R. G. 1244, f. 1-6.)

Iris—*continued.*

I. lupina (wolf's). *fl.* solitary; tube about 2in. long; falls greenish-yellow, veined brownish-red towards the margins, 3in. long, 1¾in. broad, broadly lanceolate, reflexed, serrated, bearded; standards the same colours, 3¾in. long, 2⅓in. broad, elliptic, connivent, crenate, bearded; styles yellow, with brownish-red veins and dots, much recurved, with rounded crests. *l.* 9in. long or more, ½in. broad. Stem 6in. high. Kharput, 1887.

I. Kingiana (King's). *fl.*, perianth tube greenish, cylindrical, 2in. to 2½in. long; falls dark lilac, mottled paler lilac, obovate-cuneate, with a white and yellow beard; standards paler lilac, unguiculate, erect; spathes single-flowered; peduncle very short. May. *l.* five or six in a rosette, three of them elongated, linear, erect, about 6in. long at flowering time. Central Himalayas, 1887. (B. M. 6957.)

I. Milesii (Miles'). *fl.* bright lilac, fugitive, inodorous, three or four in a cluster; perianth tube cylindrical, the limb about 2in. long; falls having darker lilac lines radiating from the yellow keel; standards shorter than the falls. May. *l.* seven or eight, distichous, ensiform, pale green, 1½ft. to 2ft. long, 1½in. broad, gradually tapering. Stem 3ft. long, bearing three or four clusters of flowers. Temperate Himalayas, 1886. (B. M. 6889.)

I. Rosenbachiana (Rosenbach's). *fl.*, outer perianth segments spreading or reflexed, emarginately bilobed at apex; claws of the standards erect, striped with yellow, 1¼in. long, the lamina obovate, striped orange, dark purple above; style very long, with three terminal branches, petaloid; spathes two-leaved, one-flowered. *l.* three to five, linear-lanceolate, acute. Bulb ovate, one to three-flowered. Turkestan, 1886. There are two varieties.

I. R. cœrulea (blue). *fl.* pale violet within; standards and style dark violet at apex. (R. G. 1227 a.)

I. R. violacea (violet). *fl.* purplish-violet within; standards and style dark purplish-violet at apex. (R. G. 1227 b.)

I. Sari lurida (Sari, lurid). *fl.*, perianth tube 2in. long, the segments 2½in. to 3in. long; falls darker than the standards, with a diffused, brownish-black beard; standards violet-purple, striped and spotted with darker purple; peduncle one-flowered, 6in. long. May. *l.* about six, ensiform, falcate, glaucescent, 6in. long, ½in. broad. Asia Minor, 1887. (B. M. 6960.)

I. Statellæ (Marquis Statella's). *fl.* pale yellowish, veined green, bearded yellow on the broadly cuneate-obovate, revolute falls; standards broadly oblong, obtuse, over-arching the bifid styles. *l.* ensiform, 6in. to 9in. long, glaucous-green. Stem 1ft. high, two-flowered at apex. South Europe, 1886. Allied to *I. lutescens.* (B. M. 6894.)

I. Suworowi (Suworow's). *fl.* hyaline-greenish, with olivaceous-bluish veins; segments all elliptic-lanceolate, cuspidate, the falls bearded to the middle with blue. *l.* ensiform. Stem two-flowered, as long as the leaves. Buchara, 1886.

I. vaga (wandering). *fl.* yellowish, purple, and fuscous-red; standards broadly lanceolate, acute, erect; falls obovate-spathulate, with a bluish-white beard; spathe herbaceous, four-leaved, purplish at apex; scape three-flowered. *l.* ligulate-ensiform, acute, erect, slender. Rhizome stoloniferous. 1887. (R. G. 1244, f. 7.)

I. Van Houttei (Van Houtte's). *fl.* marked with reticulate veins of a dark brown or black. April. 1882. A handsome and distinct hybrid, said to have been raised between *I. susiana* and *I. iberica*, and to be more akin to the former, having more resemblance to it in the markings.

Sect. II. Xiphions.

I. Boissieri (Boissier's). *fl.* blue-purple and red-purple. This is closely allied to *I. filifolia*, "but differs in having a very distinct tube above the ovary, in having broader and more obovate inner perianth segments, in the claw of the outer perianth segment being long and narrow, and furnished with a very distinct beard which stretches far on into the lamina" (M. Foster).

I. reticulata sophenensis (Sophene). A variety with light reddish-purple falls and reddish-lilac standards. Kharput, 1885.

I. Vartani (Dr. Vartan's). *fl.*, perianth tube nearly white, 2⅝in. long, the limb pale slaty-lilac; falls oblong-spathulate, ⅝in. broad, copiously veined lilac on a paler ground, with a yellow, carinal crest; standards erect, ⅛in. broad; peduncle very short. October to December. *l.*, produced ones usually two, 8in. to 12in long, dark green. Palestine. (B. M. 6942.)

ISOTOMA. To the species described on pp. 202-3, Vol. II., the following should now be added:

I. petræa (rock-loving). *fl.*, white, verging to flesh-colour, 1½in. long, the segments horizontal or reflexed, the three lower ones yellowish at their junction. *l.* lanceolate or ovate-lanceolate, acuminate, unequally laciniate. Stems branched, often 1ft. long and many-flowered. Flinders Range. Plant highly glabrous.

IXORA. To the species described on pp. 204-5, Vol. II., the following varieties, &c., should now be added:

I. conspicua (conspicuous). A handsome form, with large trusses of buff-yellow flowers, changing to bright orange. 1886.

Ixora—*continued.*

I. eminens (eminent). *fl.* at first clear buff, afterwards changing to light salmon-pink, large. 1885.

I. Findlayana (Findlay's). *fl.* white, very fragrant. East Indies, 1883. Shrub of free growth and short, stocky habit.

I. gemma (gem). *fl.* rich orange-yellow, borne in large, compact trusses. 1885.

I. illustris (brilliant). *fl.* of a bright orange-salmon colour, produced in large trusses.

I. insignis (remarkable). *fl.* deep rosy-crimson, shaded orange, disposed in a compact truss. Habit dwarf.

I. Morsei (Morse's). *fl.* bright orange, sometimes shaded with scarlet; trusses large and well-formed. 1884.

I. ornata (adorned). A variety producing a profusion of flowers of a bright orange-salmon colour.

I. speciosa (showy). *fl.* buff, changing to orange-salmon. 1886.

I. splendida (splendid). *fl.* brilliant orange-crimson, in large corymbs. 1883. (I. H. 463.)

I. venusta (charming). *fl.* at first bright orange, afterwards becoming salmon-buff, large.

I. Westii (West's). *fl.* pale rose, becoming bright rose with age, disposed in large, sub-globose trusses, 4in. to 6in. in diameter. 1882. Hybrid.

JACOBINIA. To the species described on p. 206, Vol. II., the following should now be added:

J. Mohintli (Mohintli). *fl.* orange-yellow, axillary; corolla bilabiate, the elongated tube inflated above, the upper lip slightly arched, the lower one curved in a spiral and three-toothed at apex. *l.* opposite, elongate-ovate, entire, coriaceous. Mexico, 1886. A half-hardy under-shrub, of bushy habit. SYN. *Sericographis Mohintli.*

JASMINUM. To the species described on pp. 207-8, Vol. II., the following should now be added:

J. angulare (angular-stemmed). *fl.* white, disposed in terminal cymes; calyx teeth short, ovate, acute; corolla tube 1in. to 1½in. long, the limb of five or six spreading, lanceolate lobes. *l.* trifoliolate. Stems angular. South Africa, 1886. An ornamental, scrambling, greenhouse shrub. (B. M. 6865.)

JUSTICIA. To the species described on p. 214, Vol. II., the following should now be added:

J. campylostemon (curved-stamened). *fl.* white, small, with some purple spots on the disk of the middle lobe of the lower lip; free portion of the stamens curved inwards; peduncles axillary, mostly shorter than the leaves, one to several-flowered. Winter. *l.* ovate or ovate-lanceolate, acuminate, bright green, glabrous except on the nerves beneath. *h.* 2ft. Natal, 1883.

KÆMPFERIA. To the species described on p. 214, Vol. II., the following should now be added:

K. atrovirens (dark green). *fl.* violet-purple, 1½in. in diameter, the lip spotted yellowish at base; spike few-flowered, shortly exserted from the sheath. *l.* 2in. to 5in. long, 1½in. to 2in. broad, obliquely elliptic-oblong, acute, dark green above, rather paler towards the margins, more or less suffused with purple beneath; petioles 4in. to 5in. long, channelled, sheathing at base. *h.* 9in. Borneo, 1886. (I. H. 1886, 610.)

K. secunda (side-flowering). *fl.*, calyx tubular, slender, split above; corolla tube reddish, nearly 1in. long, very slender, curved, the lobes elliptic-oblong, acuminate; lateral staminodes broadly oblong or rounded, spreading, rather reflexed; lip rounded, shortly bifid or notched at end; spike terminal, few-cleft. September. *fr.* three to four lines long, ovoid, many-seeded. *l.* 3in. to 3½in. long, the lower ones smaller, membranous, obliquely lanceolate, caudate-acuminate. Assam and Khasia Mountains, 1887. (B. M. 6999.)

KALANCHOE. To the species described on p. 216, Vol. II., the following should now be added:

K. carnea (flesh-coloured). *fl.* pink, fragrant, ½in. in diameter, disposed in corymbose cymes. *l.* fleshy, petiolate, elliptic-ovate, obtuse, crenate, brownish-green, 3in. to 5½in. long, 1½in to 3in. broad. Stem, when old, forming a large bole. South Africa, 1886. An attractive, greenhouse, glabrous succulent.

KALMIA. To the species described on p. 216, Vol. II., the following variety should now be added:

K. latifolia myrtifolia (Myrtle-leaved). A dwarf, garden form. 1883. SYN. *K. myrtifolia* (R. H. 1883, p. 10).

K. myrtifolia (Myrtle-leaved). A form of *K. latifolia.*

KARATAS. To the species described on pp. 216-7, Vol. II., the following should now be added:

K. acanthocrater (strong-spined). *fl.* purplish or bluish, in a dense head in the centre of the leaves. *l.* forming a dense rosette, spreading, obtuse, with spiny margins, dark green above, greyish-banded beneath; inner ones brownish-spotted. Brazil, 1885. A large species, 2½ft. to 3ft. in diameter. SYN. *Nidularium acanthocrater* (B. H. 1884, 9).

K. amazonica (Amazons). *fl.* white, with a greenish tube, disposed in a dense, sessile head in the centre of the rosette; bracts greenish-brown. *l.* rosulate, 1ft. to 1½ft. long, 2in. to 3in. broad, greenish-brown on the face, glossy claret-brown on the back, without markings or scales, the margins finely serrated. Amazons, 1886. SYNS. *Æchmea amazonica, Bromelia amazonica.*

K. ampullacea (pitcher-like). *fl.* about twelve in a head; sepals and bracts green; corolla blue, white at the throat. *l.* few, short, obtuse, acuminate, green, spotted with reddish-brown, especially beneath. Brazil, 1881. A distinct and pretty species, producing numerous suckers; it is remarkable for the manner in which the long sheaths of the leaves are collected into a sort of ovoid pitcher. SYN. *Nidularium ampullaceum* (B. H. 1885, 14).

K. Johannis (Johanni Sallier's). *fl.* white, small; inflorescence immersed in the centre of the leaves. *l.* spreading, about 1½ft. long, obtuse and channelled down the face, very pale green, slightly marbled, reddish at the apex, the margins armed with fine, distant spines. Brazil, 1885. Habit vigorous.

K. Makoyana (Makoy's). *fl.*, petals whitish, slightly violet towards the acuminate tips, free to the base; bracts green, narrow, linear-lanceolate. *l.* green on both sides, but obscurely white-banded beneath. Otherwise like *K. spectabilis.* Tropical America, 1887. SYN. *Nidularium Makoyanum.*

K. rutilans (ruddy). *fl.* vermilion-red, disposed in a contracted panicle nestling among the bract-leaves, which are of a beautiful red, shaded with rose. *l.* smooth, spotted dark green. Brazil, 1885. SYN. *Nidularium rutilans.*

K. striata (striated). *l.* 8in. to 12in. long, bright green, striped or striated with a central white variegation, deepening off to creamy-yellow, the margins freely furnished with small, spinose teeth. Brazil, 1888. SYN. *Nidularium striatum.*

KENTIA AUSTRALIS. A synonym of **Howea Belmoreana** (which *see*, on p. 155, Vol. II.).

KERCHOVEA. Included under *Stromanthe.* The plant described as *K. floribunda* is identical with **S. Porteana** (which *see*, on p. 519, Vol. III.).

KNIPHOFIA. To the species described on pp. 219-20, Vol. II., the following should now be added:

K. Kirkii (Sir John Kirk's). *fl.* in a dense raceme; perianth reddish-orange, sub-cylindrical, sixteen to seventeen lines long, ½in. in diameter in the upper half; peduncle 4ft. long, bearing two large bract-leaves. Winter. *l.* ensiform, 5ft. to 6ft. long, 1½in. broad low down, gradually tapering to a long point, acutely keeled. South-eastern tropical Africa, 1887. Perhaps hardy.

K. pallidiflora (pale-flowered). *fl.*, perianth white, rather more than ¼in. long and ½in. in diameter, somewhat funnel-shaped, with short, obtuse lobes; raceme at first short and dense, but elongating and becoming lax as the flowers open; stem terete, 1ft. to 2ft. high. Autumn. *l.* 6in. to 12in. long, one line broad, semi-terete, minutely serrulated. Ankaratra Mountains, Central Madagascar, 1887. Half-hardy.

KOPSIA. To the species described on p. 222, Vol. II., the following should now be added:

K. ornata (ornamental). *fl.* white, with a red centre, salver-shaped, disposed in corymbose panicles. *l.* large, oblong-lanceolate, glossy green. Ceram, 1884. A handsome shrub.

LABISIA. To the species described on p. 223, Vol. II., the following should now be added:

L. alata (winged). *fl.* white within, flesh-coloured outside, small; thyrse spike-formed, axillary, 4in. to 6in. long; peduncle minutely rusty-scurfy. *l.* alternate, sessile, 6in. to 12in. long, 3in. to 4in. broad, lanceolate, obtuse, acuminate, long-attenuated at base, the margins slightly crenulate, the upper surface calcareous-green. *h.* 1ft. Borneo, Sumatra, and Malacca, 1886. (I. H. 1886, 605.)

L. Malouiana (Malou's). *l.* sub-sessile, 8in. to 10in. long, 2¾in. to 3½in. broad, lanceolate, acuminate, velvety, dark green, irregularly marked pale green down the middle, red and purple when young; petioles very short, sheathing at base. Stem short, erect, warted, slightly copper-coloured, spotted white. Borneo, 1885. (I. H. 1885, 580.)

LABURNUM. To the species and varieties described on p. 224, Vol. II., the following should now be added:

Laburnum—*continued.*

L. Alschingeri (Alschinger's). *fl.* of a paler yellow than in the common species, freely produced, some of the racemes measuring 1¼ft. in length. Croatia. Very floriferous. It is doubtful whether the plant generally cultivated under this name is the true *L. Alschingeri.*

LACHENALIA. To the species and hybrids described on p. 225, Vol. II., the following should now be added:

L. aureo-reflexa (hybrid). *fl.* bright yellow, the outer segments slightly tinged green, fading to reddish-brown; perianth oblong-triangular, 1in. to 1¼in. long; raceme 4in. to 6in. long, eight to twelve-flowered. April. *l.* two, bright green, fleshy, unspotted, lanceolate, recurved, 6in. to 8in. long. 1887. A hybrid between *L. tricolor lutea* (SYN. *L. aurea*) and *L. reflexa.*

L. reflexa (reflexed). *fl.*, perianth bright yellow, tipped green, the segments being of unequal length. *l.* in pairs, recurved, 6in. to 8in. long, 1in. broad, dark green, channelled, the tissue thickening towards the tip, which becomes almost horny. 1883.

L. tigrina Warei (tiger-marked, Ware's). *fl.* ten to twelve in a dense raceme; perianth 1¼in. long, the outer segments bright red at base, bright yellow in the middle, tipped green, the inner ones greenish-yellow, with a reddish-brown margin; scape mottled reddish-brown. *l.* two, oblong-lanceolate, 4in. to 5in. long, dark-spotted. 1884. This has proved—after having been described under above name—to be a variety of *L. tricolor.*

LACHNAGROSTIS. A synonym of **Deyeuxia** (which *see*).

LÆLIA. The following corrections of, and additions to, the information given on pp. 227-30, Vol. II., are based upon the monograph of the genus recently published by Messrs. James Veitch and Sons, in Part II. of their "Manual of Orchidaceous Plants." Several species formerly included under *Brassavola* are now referred to this genus.

L. acuminata. The correct name of this species is *L. rubescens.*

L. albida bella (beautiful). A synonym of *L. a. rosea.*

L. a. salmonea (salmon-coloured). *fl.* having salmon-red sepals and petals.

L. a. Stobarti (Stobart's). *fl.*, sepals and petals tipped rose-purple; anterior lobe of the lip bright purple.

L. a. sulphurea (sulphur-coloured). *fl.* pale sulphur-yellow, having a light mauve hue on each side of the front lobe of the lip and dark purple marks at its base. 1884. A striking variety.

L. amanda (lovely). *fl.* in pairs; sepals and the broader petals light rose, with a greyish hue outside, ligulate, wavy; anterior lacinia of the lip and lateral angles rich, dark purple, the sides of the lateral laciniæ light purple, the isthmus exceedingly short; column pink, white, and dark purple. *l.* cuneate-ligulate, tinted red beneath when young. Brazil, 1882. Probably a natural hybrid.

L. Amesiana (Hon. F. L. Ames'). *fl.* 5in. to 6in. in diameter; sepals white, with a faint flush of amethyst-purple; lateral lobes of the lip white at the margin, changing to pale sulphur-yellow below, the middle lobe rich purple, which colour is continued into the tube formed by the lateral lobes, the margin sinsped, whitish. A beautiful hybrid between *L. crispa* and *Cattleya maxima.* SYN. *Cattleya Amesiana.*

L. anceps blanda (pleasant). *fl.*, sepals and petals white, with a rosy hue, the middle nerve of the sepals light green; front lobe of the lip warm purple, the angles of the side lobes rosy, with purple dots, the middle area pale yellow, with numerous dark purplish-brown, elevated stripes. 1885.

L. a. grandiflora (large-flowered). *fl.* highly coloured, large, of good substance. Mexico. Plant stronger than the type.

L. a. Kienastiana (Kienast-Zölly's). *fl.*, sepals white; petals and side lobes of the lip rosy; otherwise like those of *L. a. Dawsonii.* 1886.

L. a. leucosticta (white-spotted). A variety with white or whitish-pink markings on the darker rosy sepals and petals.

L. a. munda (beautiful). *fl.*, lip having white side lobes, marked with purple veins, the yellow confined to three keels. 1886.

L. a. obscura (obscure). *fl.*, sepals and petals very dark, the former long and narrow, with a white area at base; lip dark purple, with a deep orange disk. 1886.

L. a. Percivaliana (Percival's). *fl.*, sepals and petals palest rose-purple, suffused white; lateral angles of the lip warm warm-purple, the anterior portion purple-magenta only at the extreme anterior third, the posterior two-thirds white; disk light orange, the tips of the three crests sulphur-yellow, the disk having some purple lines over the nerves. Mexico. (R. i. 36; W. O. A. vi. 256.)

L. a. Sanderiana (Sander's). A trifling form of *L. a. Dawsonii*; the transverse purple zone on the lip is divided into two blotches by a white area. 1885.

Lælia—*continued.*

L. a. Schrœderæ (Baroness von Schrœder's). *fl.*, sepals and petals satiny-rose, the latter tipped purple; disk of the lip orange-red, with a yellow blotch on each side, the side lobes bordered with purple, the anterior one with maroon-purple.

L. a. Schrœderiana (Baron von Schrœder's). *fl.* white, with an orange disk to the lip and some crimson-purple radiating lines upon it. 1885.

L. a. Stella (star-like). *fl.* very large; sepals and petals white, stellate; side laciniæ of the lip remarkably curved, porrect, and angled, the middle lacinia long, narrow at base, dilated and often emarginate at the top, part of the base, and the disk, orange. 1887. (G. C. ser. iii, vol. i., p. 280.)

L. a. Veitchiana (Veitch's). *fl.*, sepals and petals white; disk of the lip bright yellow, with brown veins, the angles of the side lobes and front part of the middle lobe purple-mauve with darker stripes. 1883.

L. a. virginalis (virgin-white). A synonym of *L. a. alba.*

L. a. Williamsii (Williams'). *fl.*, white, the lip having a yellow disk, and a yellow throat distinctly striped deep crimson-purple. Winter. Mexico. (W. O. A. iv. 190.)

L. autumnalis venusta (charming). *fl.* of a nearly uniform rosy-mauve, large. (Gn. xxv. 438.)

L. a. xanthotropis (yellow-keeled). *fl.* rosy-purple, borne in drooping racemes, the tips of the sepals and petals and the front lobe of the lip darker purple, the keels yellow. *l.* shorter and broader than in the type, rigid, leathery. 1887. (R. i. 10.)

L. bella (beautiful). *fl.*, sepals and petals light lilac, the latter broad; lip with blunt angles and a broad, anterior, wavy lobe of warm purple, as well as the side angles, two oblong, ascending, ochre-white zones at the base, and two similarly-coloured spots before the middle, the disk light purple; column white and light purple. 1884. A hybrid between *L. purpurata* and *Cattleya labiata.* SYN. *Lælio-Cattleya bella.*

L. Boothiana (Booth's). A synonym of *L. lobata.*

L. Canhamiana (Canham's). *fl.*, sepals and petals white; lip large, magenta-purple, edged with white, and having an orange throat veined with reddish-brown. 1885. A beautiful hybrid.

L. cinnabarina. *L. crispilabia* is now regarded as a variety of this species.

L. Crawshayana (De B. Crawshay's). *fl.* two; sepals and petals amethyst; lip opened near the slender column, with antrorse side laciniæ and a cuneate, abruptly blunt, middle lacinia, the tips of the side laciniæ and most of the middle one purple, the disk with a whitish mid-line, and marked purple; column greenish-white outside, white in front; peduncle long. *l.* one or two, nearly as in *L. albida.* 1883. Probably a natural hybrid.

L. crispa. The correct name of the species described on p. 281, Vol. I., as *Cattleya crispa.*

L. c. Buchananiana (Buchanan's). *fl.* large, crisp-edged; sepals and petals blush-white; lip yellow in the throat, with purplish-crimson veins, the frill of the side lobes white, with two crimson-purple spots, the front lobe crimson-purple. Brazil, 1883. A handsome, free-flowering form. SYN. *Cattleya crispa Buchananiana* (W. O. A. ii. 81).

L. c. delicatissima (very delicate). *fl.* pure white, with a few very faint rose markings on the lip. July and August. Brazil.

L. c. purpurea (purple). *fl.* very large; sepals and petals white, with a blush tinge; lip broad and blunt, with deep purple blotches breaking into radiating lines towards the margin. Brazil. (W. S. O. ii. 9.)

L. crispilabia. This is now regarded as a variety of *L. cinnabarina.*

L. Dayana. This is now regarded as a variety of *L. pumila.*

L. Digbyana (Digby's). The correct name of the plant described on p. 209, Vol. I., as *Brassavola Digbyana.* (B. R. 1846, 53; F. d. S. 1847, 257; W. O. A. vi. 241.)

L. Dominiana rosea (rosy). *fl.*, sepals and petals rose-tinted, or "like claret freely diluted with water," the petals broader and undulated; lip of a deep, velvety ruby-crimson, large and flat. 1884. A charming hybrid.

L. elegans Bluntii (Blunt's). *fl.*, sepals and petals rosy-magenta; front part of the lip magenta-crimson, much lengthened out, the basal part white, save at the two upturned points, which are flushed magenta-crimson. August and September. Brazil.

L. e. Brysiana (Brys'). *fl.*, sepals and petals rose-tinted; lip rich violet-carmine; throat white. Brazil, 1857. (I. H. 1857, 134.)

L. e. incantans (enchanting). *fl.*, sepals and petals dark nankeen, suffused purple at the edges, long and rather broad; lip nearly as in *L. e. Houtteana*, but with antrorse side laciniæ, the mid-lacinia and tops of the side ones very dark purple, the intervening disk reddish, the rest white, suffused sulphur. 1887.

L. e. intricata (intricate). "The flower makes one think of those of *Cattleya intermedia*, the narrow sepals and petals being lightest white-rose; the lip is that of *Lælia elegans picta*, only that the sharp-angled, long side laciniæ are white, the free blade

Lælia—continued.

of the mid-lacinia with abrupt stalk, of the deepest warm purple" (Reichenbach). SYN. *Cattleya intricata*.

L. e. irrorata (bedewed). *fl.* about 5in. across, racemose; sepals and petals blush-white, the former ligulate, acute, the latter cuneate-oblong; lateral lobes of the lip blush-white, the ends tipped rose, the middle lobe crimson, shaded purple. June and July. *l.* two or three. Stems usually 1½ft. high. Brazil. SYNS. *L. irrorata*, *Bletia irrorata* (R. X. O. ii. 115, f. 1). In the form *Gaskelliana* the sepals and petals are pale lilac; the lip has a white mid-area between the lateral laciniæ, the tips of the angle and mid-line lilac, the anterior lacinia warm purple, with darker markings. In *Scottiana* the sepals and petals are light rose, the middle lobe of the lip is crimson-magenta, and the throat white.

L. e. Measuresiana (Measures'). *fl.* sepals sulphur, washed outside with brownish-purple; petals sulphur, bordered purple at the top; middle lacinia of the lip dark purple, broad, the disk between the triangular side laciniæ purple, the side areas white, the top of the angles purple; column white, marked purple. 1887. (W. O. A. 207.)

L. e. platychila (broad-lipped). *fl.*, sepals and petals without any green, narrow; lip remarkably broad. 1885.

L. e. Schilleriana (Schiller's). *fl.*, sepals and petals white, elongate-lanceolate; lip three-lobed, the throat radiately veined purple, the disk sulphur-yellow, with a large, purplish-crimson blotch in front. May and June. *l.* 9in. long. Stems 1½ft. high. Brazil. SYNS. *L. e. Warneri*, *L. Schilleriana* (F. & P. 1859, 153), *L. Warneri* (W. S. O. iii. 1). *splendens* is a fine form of this.

L. e. Stelzneriana (Stelzner's). *fl.* smaller than in the type; sepals and petals pure white, the petals much broader than the sepals; lip shortly lobed, blush-white, the throat yellowish-white, the front lobe purplish-crimson, which colour is continued along the edges as far as the tips of the side lobes. Brazil. SYN. *L. Stelzneriana* (F. d. S. xiv. 1494-5).

L. e. Tautziana (Tautz'). *fl.*, sepals light purple, very broad; petals dark purple, very broad, cuneate-obovate; lobes of lip white, with dark tips; central lacinia dark purple; column sulphur-coloured at base, purple at top.

L. e. Warneri (Warner's). A synonym of *L. e. Schilleriana*.

L. e. Wolstenholmiæ (Mrs. Wolstenholm's). *fl.* light amethyst, white, and purplish-rose, 7in. across; lip with a deep purple, curved blotch about the throat. Brazil. Autumn. (W. O. A. vi. 285; W. S. O. ii. 29.)

L. euspatha (beautiful-spathed). *fl.* large; sepals and petals delicate rosy-white, lanceolate; lip obscurely three-lobed, pale yellow in the tube, rich, dark purple on the front part; spathes 4in. to 5in. long. *l.* thick, oblong, emarginate, 9in. to 11in. long, 2½in. broad. Pseudo-bulbs stout, clavate, 1ft. high. Brazil, 1887. A supposed hybrid between *L. purpurata* and *Cattleya intermedia*.

L. exoniensis (Exeter). The correct name of the plant described on p. 281, Vol. I., as *Cattleya exoniensis*.

L. felix (fruitful). *fl.* 4in. to 5in. in diameter, usually two to a peduncle; sepals and petals pale rosy-mauve, the petals broader and more brightly coloured than the sepals; side lobes of the lip creamy-white externally, the middle lobe purple, veined and reticulated with maroon, and bordered with white, the disk yellow, streaked with purple. A dwarf hybrid, of uncertain parentage. SYN. *Cattleya felix*.

L. glauca (glaucous). The correct name of the plant described on p. 209, Vol. I., as *Brassavola glauca*.

L. Gouldiana (Jay Gould's). *fl.*, sepals and petals warm purple, strongly acuminate; lip trifid, the side laciniæ white, edged purple, very long, blunt, antrorse, the middle one dark purple, white at base, cuneate-obovate, retuse; column white, spotted purple; peduncle purple, over 1ft. long. *l.* cuneate-ligulate, acute, nearly 1ft. long. 1887. Perhaps a natural hybrid.

L. harpophylla. A few years ago this species was very rare: now it is somewhat common. Fig. 30 gives an idea of the habit and general aspect of the plant.

L. Horniana (Horn's). *fl.* of very strong substance; sepals and petals white, lanceolate, acute; lip trilobed, the basilar part yellow, the centre of the disk lined purple; lobes mauve-purple, bordered white, the anterior one having a projecting, white space. A hybrid between *L. elegans* and *L. purpurata*.

L. intricata (intricate). A variety of *L. elegans*.

L. irrorata (bedewed). A variety of *L. elegans*.

L. Leeana (Lee's). *fl.*, sepals and petals rosy-magenta; anterior lobe of the lip bright magenta-crimson, the lateral lobes pale rose, inclosing the column, with two magenta-crimson blotches at the tips. September. Habit dwarf. Supposed to be a natural hybrid.

L. lilacina (lilac). *fl.*, sepals and petals pale lilac; lip white, marked on the inside of the side lobes with purple lines, and having a rayed, purple blotch on the disk; peduncle two or more-flowered. A supposed hybrid between *L. crispa* and *L. Perrinii*.

L. lobata (lobed). The correct name of the plant described on p. 282, Vol. I., as *Cattleya lobata*. SYNS. *L. Boothiana*, *L. Rivieri*.

Lælia—continued.

L. peduncularis. This is now regarded as a variety of *L. rubescens*, and its correct name is *L. r. rosea*.

L. Pilcheriana lilacina (lilac). This is merely a small-flowered form. 1886.

L. porphyritis (purple). *fl.* similar to those of *L. pumila*; sepals purple and greenish, ligulate, acute; petals light purple, broader; lip warm purple, with a light yellowish disk. Pseudo-bulbs cylindrical, furrowed, one or two-leaved. Brazil, 1886. A supposed hybrid between *L. pumila* and *L. Dormaniana*.

L. præstans. This is now regarded as a variety of *L. pumila*.

L. pumila (dwarf). The correct name of the plant described on p. 282, Vol. I., as *Cattleya marginata*. (M. O. ii. 78.) SYN. *C. pumila*.

L. p. Curleana (Curle's). *fl.* with a few dark streaks on the sepals, and some oblique, radiating lines on the margins of the petals and outside the lobes of the lip. 1886.

L. p. Dayana (Day's). The correct name of the plant described on p. 228, Vol. II., as *L. Dayana*. (W. O. A. iii. 132.)

L. p. præstans (excelling). The correct name of the plant described on p. 229, Vol. II., as *L. præstans*. (F. d. S. xviii. 1900; R. X. O. ii. 114.)

L. purpurata atropurpurea (dark purple). *fl.*, sepals and petals deep rose; lip large and open, rich magenta-purple, the colour extending far into the throat, which is orange-yellow, veined purple. Brazil.

L. p. Brysiana (Brys'). *fl.*, sepals and petals flushed with pale rose-purple; front lobe of the lip deep purple. SYN. *Cattleya Brysiana*.

L. p. Lowiana (Low's). *fl.* very large; sepals and petals rose-coloured; lip very dark mauve-purple, the little light yellow at base interrupted by dark veins; column purple at top, with purple lines in front. 1887.

L. p. Russelliana (Russell's). *fl.* large; sepals white, suffused lilac, rather narrow; petals slightly deeper-coloured and broader; lip rosy-lilac, large, with a band of light rose near the yellow, rose-pencilled throat. Brazil. Very rare. (W. O. A. vi. 269.) SYN. *L. Russelliana*.

L. p. Schrœderii (Baron von Schrœder's). *fl.*, sepals and petals pure white; inner surface of the tube of the lip pale ochreous-yellow, with radiating lines of deep purple, the anterior lobe mauve-purple, bordered with white. (W. O. A. i. 2.)

L. Rivieri (Rivière's). A synonym of *L. lobata*.

FIG. 30. LÆLIA HARPOPHYLLA, showing Habit and detached Inflorescence.

L. rubescens (reddish). The correct name of the plant described on p. 227, Vol. II., as *L. acuminata*. (B. R. 1845, 69; M. O. iii. 81; W. O. A. iv. 163.)

L. r. alba (white). *fl.* white, with a yellow stain on the lip.

L. r. rosea (rosy). The correct name of the plant described on p. 229, Vol. II., as *L. peduncularis*.

Lælia—*continued.*

L. Russelliana (Russell's). A variety of *L. purpurata.*

L. Schilleriana (Schiller's). A variety of *L. elegans.*

L. Schrœderii (Baron von Schrœder's). A variety of *L. purpurata.*

L. Sedeni (Seden's). *fl.* 4in. to 5in. in diameter; sepals and petals bright rose-purple; side lobes of the lip pale purple, bordered with magenta-purple, the middle lobe deep, velvety magenta-purple; column white, stained with purple; peduncles many-flowered. A hybrid between *Cattleya superba* and *L. elegans.*

L. Stelzneriana (Stelzner's). A variety of *L. elegans.*

L. timora (timorous). *fl.* about the same size and shape as those of *L. pumila præstans*, but the petals and lip are more wavy, the colour of the sepals and petals is lighter, being of a delicate rosy-lilac; the sepals are oblong, acute; the petals more than twice as broad, undulated; lip purple, with a sulphur-white mark. 1887. A hybrid betwen *L. pumila Dayana* and *Cattleya Luddemanniana.*

L. Tresederiana (J. S. Treseder's). *fl.*, sepals and petals rose, shaped as in *L. crispa*, but the petals less wavy; lip deep rose, cordate at the very base, expanded, trilobed, the side lobes margined white, the disk yellow; column white. *l.* two, 5in. to 6in. long, 2in. broad, cuneate-oblong. Hybrid.

L. triophthalma (three-eyed). *fl.* 4in. to 5in. in diameter; sepals and petals rose-purple, much paler at base; side lobes of the lip white, obliquely streaked with purple, the middle lobe rich amethyst-purple, with a narrow, white margin, and a yellow disk, crossed transversely by a purple streak, the basal division similarly crossed longitudinally, giving the disk a tripartite appearance which suggested the name. A hybrid between *Cattleya superba* and *L. exoniensis.* SYN. *Cattleya triophthalma.*

L. Warneri (Warner's). A synonym of *L. elegans Schilleriana.*

LÆLIO-CATTLEYA BELLA. A synonym of **Lælia bella** (which *see*).

LANDOLPHIA. To the species described on p. 232, Vol. II., the following should now be added:

L. florida (flowery). Indiarubber-tree of Tropical Africa. *fl.* white, orange-stained towards the centre, scented, shortly pedicellate; calyx small; corolla tube straw-yellow, 1in. long, the lobes 1in. long, linear-oblong, obtuse; cymes pedunculate, many-flowered. June. *l.* ample, shortly petiolate, ovate-oblong, obtuse or acute, entire, rounded or sub-cordate at base, with six to eight nerves on either side the midrib. Tropical Africa, 1878. (B. M. 6963.)

LAPEYROUSIA. To the species described on p. 235, Vol. II., the following should now be added:

L. grandiflora (large-flowered). *fl.*, perianth tube 1in. long; limb bright scarlet, 2in. in diameter, the segments oblong or oblong-lanceolate; spikes lax, four to ten-flowered; peduncle (including the inflorescence) 1ft. long. October. *l.*, produced ones six to eight in a distichous, nearly basal rosette, linear, 6in. to 12in. long. Eastern tropical Africa, 1883. (B. M. 6924.)

LASIA (from *lasios*, rough; in allusion to the prickly surface). ORD. *Aroideæ* (*Araceæ*). A monotypic genus. The species is a robust, marsh-loving, stove herb, requiring similar culture to **Anthurium** (which *see*, on p. 85, Vol. I.).

L. heterophylla (variable-leaved). A synonym of *L. spinosa.*

L. spinosa (spiny). *fl.*, spathe 6in. to 10in. long, the tube $1\frac{1}{2}$in. to 2in. long, the blade very long, narrow, convolute above; spadix cylindrical, obtuse, $\frac{3}{4}$in. to $1\frac{1}{4}$in. long, when fruiting $2\frac{1}{2}$in. to $3\frac{1}{2}$in. long; peduncle 8in. to 12in. long. *l.* very variable, hastate when young, when old more or less deeply pedate-pinnatipartite, 8in. to 12in. long and broad, the lateral partitions two or three, linear-oblong or oblong-lanceolate, more or less acuminate, narrowed towards the base; petioles 8in. to 20in. long. Caudex $1\frac{1}{4}$in. thick, more or less densely prickly. India. SYN. *L. heterophylla. Cyrtosperma Martveiefianum* is probably identical with this.

LATHYRUS. To the species described on pp. 237-8, Vol. II., the following should now be added:

L. azureus (azure-blue). This plant (referred to in F. & P. 1881, p. 22) is identical with the old *L. sativus*, described on p. 238, Vol. II

L. Davidii (David's). *fl.*, corolla yellowish-white, at length ochreous; peduncles many-flowered, ultimately exceeding the leaves. *fr.*, pods narrow-linear. *l.* three or four-jugate; leaflets oval, rhomboid-oval, or oval-oblong, obtuse at both ends or slightly acute at apex; stipules semi-cordate or semi-sagittate. Japan, North China, 1883. A tall, highly glabrous perennial. (R. G. 1127.)

L. splendens (splendid). *fl.* scarlet-purple, large, arranged in clusters of from ten to twelve; keel almost 1in. long. Lower California.

LAYIA. To the species described on p. 244, Vol. II., the following should now be added:

L. elegans (elegant). *fl.-heads* numerous, $1\frac{1}{2}$in. across; ray florets yellow on the basal half, white above; disk yellow. *l.*, lower ones pinnatifid; cauline ones narrow-lanceolate, sub-amplexicaul. Stems much-branched, reddish, pubescent. 1883. A dwarf, but very showy and floriferous annual.

L. glandulosa (glandular). *fl.-heads* solitary, 1in. in diameter; ray florets white, flat, broadly obovate, three-lobed at apex; disk yellow, small. Summer. *l.* alternate, linear, obtuse, 1in. to $1\frac{1}{2}$in. long. 1886. A beautiful, glandular-hairy annual, branching from the base. (B. M. 6856.)

LEEA. To the species described on p. 247, Vol. II., the following variety should now be added:

L. amabilis splendens (splendid). A lovely variety, having the stems, petioles, midrib, and under surface of the leaves coloured red. Borneo, 1884. (I. H. 518.)

LEONTICE. To the species described on p. 249, Vol. II., the following should now be added:

L. Alberti (Albert Regel's). *fl.* ochreous, streaked reddish-brown at back, nearly 1in. across; raceme conical. April. *l.*, fully-formed ones on petioles 4in. to 5in. long, sub-digitately five-partite, the leaflets rather fleshy, elliptic, obtuse; stipules $\frac{3}{4}$in. long. Stems several, very stout, each giving off two radical, undeveloped leaves (which fully develop long after the flowering period), and a stout flower-stem 6in. to 8in. high. Western Turkestan, 1886. Half-hardy. (B. M. 6900; R. G. 1057, f. 2.)

LEPIRONIA (in part). Synonymous with **Mapania** (which *see*).

LEPTACTINA. *See* **Leptactinia.**

LEPTACTINIA (from *leptos*, slender, and *aktin*, a ray; in allusion to the circle of narrow lobes in the limb of the corolla). Sometimes spelt *Leptactina.* ORD. *Rubiaceæ.* A genus comprising four species of stove shrubs, natives of tropical Africa. Flowers conspicuous, fascicled at the tips of the branchlets, sessile or shortly pedicellate; calyx five-parted; corolla tube elongated, silky, the limb of five spreading, narrow-oblong or lanceolate lobes; stamens five; fascicles sessile or pedunculate. Leaves opposite, rather large, shortly petiolate, elliptic, obovate-oblong, or lanceolate, membranous; stipules ample, connate at base. Branchlets terete. *L. tetraloba* is the only species in cultivation. It thrives in well-drained, fibrous loam, and may be increased by cuttings.

L. tetraloba (four-lobed). *fl.* solitary, sessile, terminal; calyx $\frac{1}{2}$in. long; corolla white, minutely papillose outside, the tube $1\frac{3}{4}$in. long, the lobes $\frac{3}{4}$in. long, with alternating coronal appendages one line long. *l.* $2\frac{1}{2}$in. to 7in. long, $\frac{3}{4}$in. to $1\frac{3}{4}$in. broad, oblanceolate, cuneately narrowed to the rather acute base; petioles two to nine lines long. Usagara Mountains, 1885. A neat little, bushy shrub.

LEPTANTHE. A synonym of **Macrotomia** (which *see*).

LEPTOSPERMUM. Including *Glaphyria.* To the species described on p. 252, Vol. II., the following should now be added:

L. Annæ (Mrs. Anna Schadenberg's). *fl.* white, with red stamens, small, axillary and terminal, solitary or two or three together. *l.* lanceolate, $\frac{1}{2}$in. to $\frac{3}{4}$in. long, ascending. Branches slender, ascending. Mindanao, 1885. (R. G. 1184.)

LESCHENAULTIA. To the species described on p. 253, Vol. II., the following should now be added:

L. formosa major (greater). *fl.* dark orange-red, numerous, pendulous; peduncles $\frac{3}{4}$in. long. *l.* closely set, linear. 1886. A free-flowering shrub. (R. H. 1886, p. 468.)

LESPEDEZA. To the species described on p. 253, Vol. II., the following should now be added:

L. macrocarpa (large-fruited). *fl.* purple, small, numerous, disposed in racemes, produced during several months. *l.* trifoliolate. North China, 1883. A hardy, ornamental shrub.

LEUCOIUM. Perianth broadly campanulate; tube none; segments sub-equal, ovate or oblong, connate towards the base. To the species described on p. 257, Vol. II., the following should now be added:

L. hyemale (wintry). *fl.*, perianth white, the segments oblong, imbricated, $\frac{1}{2}$in. long, tinged green at back, the three inner shorter and more obtuse than the outer; peduncle slender, erect, one or two-flowered. Spring. *l.* two to four, contemporary with

Leucoium—*continued.*

the flowers, narrow-linear, 6in. to 12in. long. Bulb brown-tunicated. Maritime Alps. (B. M. 6711; Fl. Ment. 21.) SYN. *L. nicœense.*

L. nicæense (Nicean). A synonym of *L. hyemale.*

L. roseum (rosy). The correct name of the plant described on p. 14, Vol. I., as *Acis roseus.*

L. r. longifolium (long-leaved). This differs from the type in its larger flowers, longer leaves, and more floriferous habit. Corsica, 1886.

LEUCOPHYTA. Included under **Calocephalus** (which *see*).

LIABUM. To the species described on p. 259, Vol. II., the following should now be added:

L. Maroni (Maron's). *fl.-heads* pale yellow, radiate, corymbose, on long peduncles. *l.* petiolate, triangular-hastate, distantly toothed, 4in. to 5in. long, 3in. to 4in. broad. *h.* about 2ft. Brazil, 1887. A greenhouse or half-hardy, white-tomentose perennial. SYN. *Andromache Maroni.*

LIGUSTRINA PEKINENSIS. A synonym of **Syringa pekinensis** (which *see*).

LIGUSTRUM. To the species described on pp. 263-4, Vol. II., the following should now be added:

L. japonicum Alivoni (Alivon's). *l.* ovate-lanceolate, acuminate, entire, narrowed at base, wavy-margined, dark green, shining, irregularly variegated pale yellowish. 1886. A robust, garden variety.

LILIUM. To the species and varieties described on pp. 266-74, Vol. II., the following should now be added:

L. auratum virginale (virgin-white). *fl.* white, lacking the usual spotting, being simply banded yellow. 1882. A rare form.

L. columbianum lucidum (clear). *fl.* bright golden-yellow, spotted with brown, agreeably scented, nodding, with recurved segments. *l.* dark, glossy green, lanceolate or ovate, alternate below and verticillate above. Stem 3ft. to 4½ft. high, green or greenish-purple. Bulb rather small, with narrow, sharply-pointed scales. California.

L. elegans cruentum (bloody). *fl.* of a deep blood-crimson, mottled and streaked with a deeper shade. 1882. One of the finest of the group.

L. e. robustum (robust). *fl.* deep orange, marked all over with small spots of dark brown, large and handsome. 1882.

L. japonicum Brownii viridulum (slightly-greenish). *fl.* creamy-white, tinged on the outside with yellowish-green, having only a faint dash of claret-brown. Japan, 1885.

L. pardalinum Warei (Ware's). *fl.* varying from lemon to orange-yellow, unspotted, smaller than in the type. *l.* shorter and more cordate. Lower California, 1886.

L. speciosum Melpomene (Melpomene). *fl.* rich, bright crimson, 8in. across, the perianth segments margined with white, richly spotted. *l.* very broad. 1882.

LIMATODES ROSEA. A synonym of **Calanthe rosea** (which *see*).

LINARIA. To the species and varieties described on pp. 278-9, Vol. II., the following should now be added:

L. aparanoides splendens (splendid). *fl.* crimson, with a large, golden centre. 1888.

L. Cymbalaria maxima (greatest). *fl.* twice the size of the ordinary Ivy-leaved Snapdragon, fragrant. *l.* not quite so large, highly pubescent. 1882. SYN. *L. pallida.*

L. maroccana hybrida (hybrid). *fl.* varying in colour from rose to red and from lilac to violet, the lower petal being usually white; spikes terminal. Branches slender, upright. *h.* 1ft.

L. pallida (pale). A synonym of *L. Cymbalaria maxima.*

L. pilosa (pilose). *fl.* pale purplish-blue, with a yellow palate, and a rather incurved spur; calyx pilose. June to September. *l.* opposite and alternate, cordately rounded or reniform, villous, five to eleven-lobed, the lobes mucronulate. Branches creeping, white-hairy. Sicily, &c., 1800.

L. p. longicalcarata (long-spurred). In this variety the spur of the pale purplish flower is as long as the tube. (R. G. 1135, f. 3.)

LINDENIA. To the species described on p. 280, Vol. II., the following should now be added;

L. vitiensis (Fiji). *fl.*, corolla cream-coloured, silky-tomentose, the tube very long and slender, the segments ovate-oblong, obtuse; anthers and pistil projecting. *l.* oblong-lanceolate, glabrous, 4in. to 6in. long, 1in. to 1½in. broad; petioles and lower part of the midrib purplish. *h.* 3ft. to 4ft. Fiji, 1884. A highly ornamental shrub.

LIPARIS. To the species described on p. 283, Vol. II., the following should now be added:

L. elegans (elegant). *fl.*, sepals and petals pale greenish; lip orange-red; raceme many-flowered; scape 1ft. to 1½ft. high. *l.* 3in. to 8in. long, linear-lanceolate, acute. Pseudo-bulbs ovate, one to three-leaved. Penang, 1886.

L. latifolia (broad-leaved). *fl.* ochre; sepals oblong-ligulate, the lateral ones bent down; petals linear, reflexed; lip cuneate-dilated, emarginate, two-lobed, with dark ochre anterior margins, reddish-brown on the disk; peduncle nearly 9in. long. *l.* solitary, cuneate-oblong-ligulate, acute, protected by a sheath. Java, &c., 1885.

LIPPIA. To the species described on p. 284, Vol. II., the following should now be added:

L. bracteata (bracteate). *fl.* dull red, subtended by violaceous bracts, disposed in sub-globose heads. *l.* large, opposite, ovate, acuminate, scabrous above, tomentose beneath. 1883. An ornamental, free-flowering, greenhouse shrub.

LISSOCHILUS. To the species described on p. 286, Vol. II., the following should now be added:

L. dilectus (beloved). *fl.* rosy, with a purple lip, large; sepals linear-lanceolate, acuminate, reflexed; petals oblong, very broad; lip three-lobed, the side lobes broad, the front one nearly square, retuse; peduncle 2ft. to 3ft. high. *l.* broad. Rhizomes branched, hand-like. Congo, 1886.

L. Krebsii purpurata (purple). *fl.* 2in. in diameter; sepals dark green outside, maroon-purple inside, the margins revolute; petals bright yellow above, beneath pale cream-coloured faintly veined with red; lip dull orange-yellow, with chocolate-purple side lobes, streaked with darker lines; scape about 3½ft. high. *l.* thin, broadly lanceolate, acute, plicate, 1ft. long. South Africa, 1885.

L. roseus (rosy). *fl.*, sepals deep velvety-brown, spathulate, concave, reflexed; petals deep rose, large, oblong, apiculate, recurved; lip deep rose, three-lobed, rounded, longer than the petals, with a golden crest on the disk, the under side and the spur yellow; raceme dense, oblong; scape 3ft. to 4ft. high. *l.* stiff, erect, broadly lanceolate, plicately veined. Sierra Leone, 1841. A grand species. (B. R. 1844, 12.)

L. Sandersoni (Sanderson's). *fl.* 2in. to 2½in. in diameter; sepals dirty green, edged and nerved brown; petals pure white, much larger, obliquely and falcately broad-oblong; lip large, the side lobes dark green, with brownish veins, the mid-lobe having a pale violet, purple-streaked limb, and a yellowish-green disk; spike 1ft. long, erect; scape 6ft. to 7ft. high. June. *l.* 3ft. to 4ft. long, 3in. to 4in. broad, elongate-lanceolate, acute, narrowed into long petioles. Natal, 1879. A stately plant. (B. M. 6858.)

L. stylites (columnar). *fl.* rose-coloured, as large as a good *Zygopetalum intermedium*; sepals triangular, acuminate, reflexed; petals oblong, wide; lip nearly square, blunt-edged, dark-spotted at the base inside, having a short, conical, angled spur, and two styliform processes in the mouth. February. 1885.

LISTROSTACHYS ICHNEUMONEA. Synonymous with **Angræcum ichneumoneum** (which *see*).

LITHOSPERMUM. *L. arvense*, *L. officinale*, and *L. purpureo-cæruleum* are British plants. To the species described on p. 286, Vol. II., the following should now be added:

L. graminifolium (Grass-leaved). A synonym of *Moltkia graminifolium.*

L. rosmarinifolium (Rosemary-leaved). *fl.* bright blue, lined white, about ¾in. in diameter, terminal. June to September. *l.* narrow, 1in. or more long. *h.* 1ft. to 2ft. Central Italy, &c. Evergreen.

LITTONIA. To the species described on p. 287, Vol. II., the following variety should now be added:

L. modesta Keitii (Keit's). A very vigorous form, much more floriferous than the type. 1886. (R. G. 1237.)

LOBELIA. *L. Dortmanna* (Water Lobelia) and *L. urens* (Acrid Lobelia) are included in the British Flora. To the species described on pp. 290-1, Vol. II., the following should now be added:

L. sub-nuda (nearly naked). *fl.* pale blue, about ¼in. across, borne on rather long pedicels, and arranged in lax, naked racemes. *l.* all radical, in a reduced rosette (the stem having only a few very reduced ones), stalked, cordate-ovate in outline, the margins pinnatifidly cut, dark green above, beneath purplish, with green veins. Mexico, 1887. A small-flowered but pretty hardy annual, suitable for rockwork. (G. C. ser. iii., vol. ii., p. 204.)

LOMARIA. To the varieties of *L. Spicant* described on p. 295, Vol. II., the following should now be added:

L. Spicant Aitkeniana (Aitken's). *fronds*, lower portions contracted, the surface slightly corrugated, the apex magnified

SUPPLEMENT.

Lomaria—*continued.*

into a huge, branching head, of which the under side bears traces of an excurrent line like the marginate Scolopendriums. County Clare, Ireland, 1882.

L. S. obovatum (obovate). *fronds* normal in outline, but the pinnæ are very much contracted at the base, so that they take a distinctly obovate form. St. Michael's, Azores, 1882.

LONCHOCARPUS. To the species described on p. 296, Vol. II., the following should now be added:

L. Barteri (Barter's). *fl.* in clusters of eight or ten, ⅜in. long, shortly pedicellate; calyx reddish-brown, hemispheric; corolla rose-pink, the standard shortly clawed, the wings obtuse; racemes 1ft. to 1½ft. long. September. *l.* 1ft. long or more; leaflets five or seven, 4in. to 7in. long, petiolulate, elliptic-oblong, acuminate or caudate-acuminate. Tropical Africa. Stove climber. (B. M. 6943.)

LONICERA. The British Flora embraces *L. Caprifolium* (Woodbine), *L. Periclymenum*, and *L. Xylosteum*. To the species and varieties described on pp. 296-7, Vol. II., the following should now be added:

L. Alberti (Albert Regel's). *fl.* rose-coloured. *l.* soft, linear, somewhat resembling those of Rosemary, greyish-green, glaucous beneath. Branches slender. 1887. (R. G. 1065.) SYN. *Chamæcerasus Alberti* (of gardens).

L. alpigena (alpine). *fl.* greenish-fuscous-red; corolla gibbous at base. April. *l.* oval-lanceolate, acute, glabrous or pubescent, very shortly petiolate, scarcely toothed. Stem erect. *h.* 6ft. Central and Southern Europe, 1596. (J. F. A. 274.)

L. a. nana (dwarf). This only differs from the type in its dwarfer, more compact habit. SYN. *Chamæcerasus alpigena nana* (of gardens).

L. gigantea (gigantic). *fl.* yellow, tubular, arranged in a large, terminal panicle. *l.* dark green, amplexicaul; floral ones connate. 1883. A floriferous garden plant.

L. hispida (hispid). *fl.* greenish-white, pendulous; peduncles shorter than the ovate, ciliated bracts, two-flowered. *fr.* purple. *l.* shortly petiolate, ovate-elliptic, 1¼in. to 2in. long, rounded or cordate at base, setose-ciliated, glabrous on both surfaces. Stem erect; branches hispid. *h.* 2ft. to 3ft. Central Asia to Siberia, 1883. (R. G. 1100.)

L. Maacki (Maack's). *fl.* white, numerous, axillary, with a narrow, funnel-shaped tube and a two-lipped limb of five segments, of which four are united and spread in one direction, the fifth lobe taking the opposite one. *l.* ovate-elliptic, acuminate, rounded at base. *h.* 10ft. to 15ft. Manchuria, 1884. A rather pretty, much-branched shrub. (R. G. 1162.)

LORANTHUS (from *loron*, a strap, and *anthos*, a flower; in allusion to the shape of the petals). ORD. *Loranthaceæ*. A large genus (about 330 species) of stove, greenhouse, or hardy, parasitic shrubs, rarely terrestrial trees or shrubs, broadly distributed throughout the tropics, beyond which few extend. Flowers often beautifully coloured, small or long, hermaphrodite or by abortion diœcious; perianth double; calyx truncate or four to six-toothed; petals four to six, valvate. Fruit baccate or drupaceous. Leaves entire, often thick or fleshy. *L. flavidus* is an interesting, hardy or half-hardy parasite, stated, in "Gartenflora," to be in cultivation in England: this is, however, doubtful. It may possibly be grown by sowing the berries upon the above-ground roots or on the branches of the Beech-tree.

L. flavidus (yellowish). *fl.* produced in small racemes from the previous year's growth; perianth yellowish, ⅜in. long, having a slender tube, and four narrow, reflexed segments. *l.* opposite, petiolate, oblong, about 1½in. long, obtuse and thick. New Zealand, 1885.

LUPINUS. To the species described on pp. 302-3, Vol. II., the following variety should now be added:

L. albo-coccineus nanus (dwarf, white and scarlet). *fl.* sweetly scented; spikes rich rosy-crimson half-way up, thence to the apex pure white, borne well above the foliage. Summer. 1887. This forms handsome, compact bushes about 1ft. in height. (G. C. ser. iii., vol. ii., p. 597.)

LYCASTE. To the species and varieties described on p. 304, Vol. II., the following should now be added:

Lycaste—*continued.*

L. citrina (citron-coloured). *fl.* large, thick and fleshy; sepals and petals lemon-coloured; lip white, marked lilac. Brazil. A robust, but rare plant, with the habit of *Bifrenaria Harrisoniæ*.

L. Cobbiana (Cobb's). *fl.*, sepals greenish-yellow; petals greenish-white; lip white, distinctly fringed. September. Pseudo-bulbs long and narrow. Native country unknown.

L. costata (ribbed). *fl.*, very pale yellow; dorsal sepal oblong-lanceolate, the lateral ones broadly lanceolate-falcate, united at base in a conical spur; petals obversely lanceolate, shorter than the sepals; lip three-lobed, concave, the middle lobe roundish-cordate, recurved at apex, entire, the lateral ones short, ovate; bracts cucullate, acute. Pseudo-bulbs angular, ovate-conical, each terminated by two lanceolate, petiolate leaves. Columbia, 1842. (B. R. xxix. 15; R. G. 1141.)

L. cristata Randi (Rand's). A synonym of *L. Randi*.

L. c. Modiglianiana (Cavaliere Modigliani's). *fl.* almost whitish. 1888.

L. Denningiana (Denning's). *fl.* almost as large as those of *L. gigantea*; sepals and petals whitish-green, the latter rather smaller than the former; lip reddish-brown, the front lobe oblong, blunt, toothleted, reflexed, the disk bearing a large, rhomboid, acute appendage. *l.* cuneate-oblong. Pseudo-bulbs broadly pyriform, furrowed, glaucous. Ecuador.

FIG. 31. LYCASTE SKINNERI.

L. Deppei punctatissima (much-dotted). *fl.* whitish-green, thickly marked with small, dark purple dots; lip yellow, having radiating, purple lines. Guatemala, 1882.

L. grandis (great). *fl.* chocolate-brown, barred on the lower half of the lanceolate, acuminate sepals and petals with yellowish-green and cream-colour, the edges creamy; lip with a blackish-purple claw, widening into an oblong, obtuse, creamy front lobe, which is hairy on the apical portion, and has a pair of oblong lobes on each side of it, the two basal ones being incurved and pale chocolate-brown, and the two front ones horizontal and blackish-purple. Brazil, 1884. A curious Orchid. SYN. *Paphinia grandis* (W. O. A. iv. 145).

L. Harrisoniæ (Mrs. Harrison's). A synonym of *Bifrenaria Harrisoniæ*.

L. jugosa punctata (dotted). *fl.* greenish-yellow, spotted with reddish-black. 1883.

L. j. rufina (rufous). *fl.*, sepals pale yellowish-green; petals speckled with blackish-purple; lip marked brown. 1883.

L. Lindeniana (Linden's). *fl.* large and showy; sepals and petals lanceolate, acuminate, the central part dark reddish-purple (broken up into lines and spots on the sepals), the margins white; lip white, with a dark purplish-brown base, the front lobe hastate, with numerous filiform and papillate crests. *l.* elliptic, acute. Pseudo-bulbs oblong-ovoid, 2in. to 2½in. long. Orinoco. SYN. *Paphinia Lindeniana*.

L. macrophylla (large-leaved). *fl.* bold; sepals olive-green; petals pale nankeen-sulphur, nearly as long as the sepals, broadly

THE DICTIONARY OF GARDENING.

Lycaste—*continued.*

rounded and undulated at the extremity; lip pale sulphur, spotted purple on the edges of the lobes, and having a tongue-shaped appendage. *l.* ample, lanceolate, plaited. Pseudo-bulbs large, ovate, ribbed. Caraccas, 1837. SYN. *Maxillaria macrophylla.*

L. plana (flat). *fl.* about 3½in. across; sepals madder-red, flat, oblong, spreading; petals white, with a rosy-crimson eye-blotch on their recurved tips; lip small, white, spotted rosy-crimson, the roundish front lobe serrated, the appendage oblong, blunt, and obsoletely three-lobed. Winter. *l.* bold, oval-lanceolate, plicate. Pseudo-bulbs large, ovate-oblong, ribbed. Bolivia, 1841. (B. R. 1843, 35.)

L. p. Measuresiana (Measures'). *fl.*, sepals reddish-brown, tipped green, green outside; petals and lip white, densely spotted rose-purple, except on the margins of the petals. Bolivia, 1887. A beautiful, free-flowering variety. (W. O. A. vii. 306.)

L. Randi (Rand's) *fl.* 2½in. in expanse; sepals and petals purplish-red, transversely barred, and longitudinally striped along the margins with white; lip marked with the same colours, crested; peduncles two-flowered. *l.* 3in. to 4in. long. Pseudo-bulbs ellipsoid, 1in. long. 1886. (L. 30.) SYNS. *L. cristata Randi, Paphinia Randi.*

L. rugosa (wrinkled). *fl.* creamy-white, covered with red spots, which now and then become confluent, large, of a waxy appearance; raceme pendulous, two-flowered. *l.* thin, linear, acuminate. Pseudo-bulbs very small, terete, furrowed. 1882. A remarkable and attractive Orchid, of dwarf growth. SYN. *Paphinia rugosa.*

L. Schilleriana (Schiller's). *fl.*, sepals greenish-brown, about 4in. long, spreading; petals pure white, smaller, converging over the base of the lip; lip pure white in front, with a faint tinge of yellow at the base; scapes about 6in. high. *l.* and pseudo-bulbs as in *L. Skinneri*, but the leaves more erect. Central America.

L. Skinneri alba (white). *fl.*, sepals and petals pure white; lip white, with the faintest tinge of yellow about the centre, the tongue-shaped appendage yellow. Guatemala, 1841. (F. M. ser. ii. 35, f. 1.) The type is shown at Fig. 31.

L. S. amabilis (lovely). *fl.* about 6in. across; sepals pale rose, about 2in. broad; petals magenta, broad; lip white, blotched pale rosy-purple. Guatemala.

L. S. nigro-rubra (blackish-red). *fl.* very large; sepals rather deep mauve or lilac-rose; petals of a rich puce-purple or plum-colour; side lobes of the lip deep rose, the front lobe deep blood-purple, the appendage yellow. Guatemala. A handsome variety. (F. M. ser. ii. 35, f. 2.)

L. S. reginæ (queenly). *fl.*, sepals light rosy-purple; petals and lip dark magenta-purple. Guatemala, 1887. (W. O. A. vi. 283.)

L. S. roseo-purpurea (rose and purple). *fl.* 7in. across; sepals and petals bright rose; lip intense magenta-crimson. Guatemala.

L. S. vestalis (vestal). *fl.* white, 7in. across; sepals 1¾in. wide; petals faintly veined pale rose on the inner face; lip faintly marked pale rose. Guatemala.

LYCHNIS. The following are British plants: *L. alpina, L. diurna, L. Flos-cuculi, L. Githago* (correct name *Githago segetum*, Corn Cockle), *L. vespertina*, and *L. viscaria.* To the species and varieties described on pp. 305-6, Vol. II., the following should now be added:

L. fulgens Haageana grandiflora (large-flowered). *fl.* of a greater variety of colours, and larger than in the type. 1888.

L. hybrida (hybrid). *fl.* variable in colour, usually crimson or scarlet, disposed in close, symmetrical heads. *h.* 2½ft. to 3ft. A hybrid between *L. coronaria* and *L. flos-Jovis.*

LYGODIUM. To the species described on pp. 308-9, Vol. II., the following should now be added:

L. scandens Fulcheri (Fulcher's). *cau.* semi-terete, pale brown, producing short branches. *fronds* in pairs, 6in. to 9in. long, 4in. to 6in. broad; having four to six or more pairs of shortly petiolate pinnæ; sterile pinnæ oblong-lanceolate, 2in. to 3in. long; fertile ones usually shorter, the little spikelets of fructification projecting from the marginal teeth. 1882. SYN. *Hydroglossum scandens Fulcheri.*

MACLURA TINCTORIA. A synonym of *Chlorophora tinctoria* (which *see*).

MACROCHORDIUM. Included under **Æchmea** (which *see*).

MACROSCEPIS (from *makros*, long, and *skepe*, a covering; in allusion to the size of the calyx). ORD. *Asclepiadeæ.* A small genus (three or four closely related species) of stove, climbing sub-shrubs, natives of Peru, Columbia, and Central America. Flowers rather large, in clustered, axillary cymes; calyx segments five, ovate-lanceolate; corolla tube ovoid or broadly cylindrical, the limb thick, five-lobed, broadly spreading. Leaves opposite, ample, cordate. *M. obovata*, the only species calling for mention here, requires similar treatment to **Physianthus** (which *see*, on p. 115, Vol. III.).

M. obovata (obovate-leaved). *fl.*, corolla yellowish-brown, 1in. in diameter. November. *l.* shortly petiolate, 4in. to 6in. long, obovate, contracted above the cordate base. Western tropical America, 1884. Plant densely hirsute. (B. M. 6815.)

MACROTOMIA (from *makros*, long, and *tome*, a cutting; in allusion to the long divisions of the calyx). SYN. *Leptanthe.* ORD. *Borragineæ.* A genus embracing seven or eight species of erect, hispid, perennial herbs, natives of the Himalayas and the Orient. Calyx five-parted, with long-linear segments; corolla funnel or nearly salver-shaped, with a long, slender tube, and five broad, imbricated lobes; stamens five, included; cymes dense, corymbose or spicate. Nutlets four, or fewer by abortion. Leaves alternate. *M. Benthami*, the only species introduced, thrives in ordinary, well-drained, garden soil, and may be increased by seeds.

M. Benthami (Bentham's). *fl.* sessile, 1in. long; calyx segments tipped purple; corolla lobes dark maroon-purple, triangular-ovate; thyrse 8in. to 12in. high. May. *l.*, radical ones 6in. to 10in. long, narrow-lanceolate, hi sute; cauline ones many, smaller, sessile, linear-lanceolate, acute. *h.* 1ft. to 3ft. Western Himalaya, 1884. Hardy. (B. M. 7003.)

FIG. 32. MAMMILLARIA ECHINUS.

SUPPLEMENT.

MAMMILLARIA. To the species described on pp. 320-2, Vol. II., the following should now be added:

M. barbata (bearded). *fr.* green, oblong, crowned with rudimentary flowers. Stem simple, depressed-globose; axils of the tubercles naked; prickles radiating in several series, very numerous, about forty white, piliform outer ones, and ten to fifteen more robust inner ones, the central ones singularly robust, uncinate, fuscous, erect. New Mexico, 1885. (R. G. 1208, a-c.)

M. cornimamma (horny-nippled). *fl.* light yellow, with a purplish stripe on the back of all but the innermost segments, 3in. broad. Summer. Stem sub-globose, about 2½in. in diameter, greyish-green, the axils and areolæ of the younger tubercles densely white-woolly; tubercles large, conical, grooved down the upper face; outer spines 10in. to 13⅜in. long, tipped brown, the inner ones one to three, dark brown, stouter and longer. Native country unknown. 1887.

M. echinata (prickly). Stem often multiplex, cylindrical, elongated; tubercles naked, broad at base, very short, obtuse at apex; young areolæ slightly tomentose; prickles bristle-like, sixteen to eighteen, radiating, spreading-recurved, yellow, much longer than the tubercles, the two central ones rigid, slightly fuscous. Mexico, 1885. (R. G. 1208, d-e.)

M. echinus (hedgehog-like). *fl.* yellow, nearly 2in. long, cup-shaped, produced two or three together at the top of the stem. June. Stem about the size and shape of a small hen's-egg, completely hidden by the spines; tubercles ⅜in. long, arranged in thirteen spiral rows; spines white, radiating, with a central, spike-like one. Mexico. Warm house. See Fig. 32.

Mammillaria—*continued.*

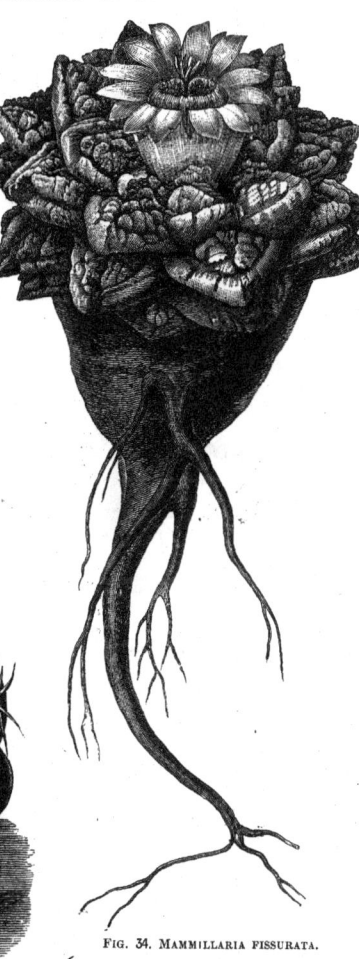

FIG. 34. MAMMILLARIA FISSURATA.

FIG. 33. MAMMILLARIA ELEPHANTIDENS.

M. elephantidens (elephant's-tooth). *fl.* 3in. wide; sepals violet, with white margins; petals bright rose, purple at base, a line of purple extending down the middle; stamens numerous, with purple filaments and yellow anthers. Autumn. Stem globose-depressed, 6in. to 8in. in diameter, bright, shining green; tubercles smooth, round, 1½in. long, furrowed across the top (which at first is filled with wool, but when old is naked), the base furnished with a dense tuft of white wool; spines recurved, radiating in groups of eight, springing from the furrows. Paraguay. See Fig. 33.

M. fissurata (fissured). *fl.* rose-coloured, 1½in. wide, growing from the middle of the stem. September and October. Stem and rootstock shaped like a whiptop, the rootstock being thick and woody; tubercles arranged in a thick layer, spreading from the centre, rosette-like. Mexico, 1885. This species resembles some of the Gasterias. See Fig. 34.

M. longimamma (long-nippled). *fl.* citron-yellow, large and handsome, the short tube hidden in the tubercles; petals 1½in. long, narrow, pointed, all directed upwards; stamens short, numerous. Early summer. Stem seldom more than 4in. high, branching at the base when old; tubercles 1in. long, ½in. in diameter, terete, slightly curved, narrowed to the apex, each crowned with a tuft of about a dozen spines. Mexico. See Fig. 35.

M. macromeris (large-parted). *fl.* about 3in. long and wide, arising from the centre of the stem; petals carmine, almost

Mammillaria—*continued*.

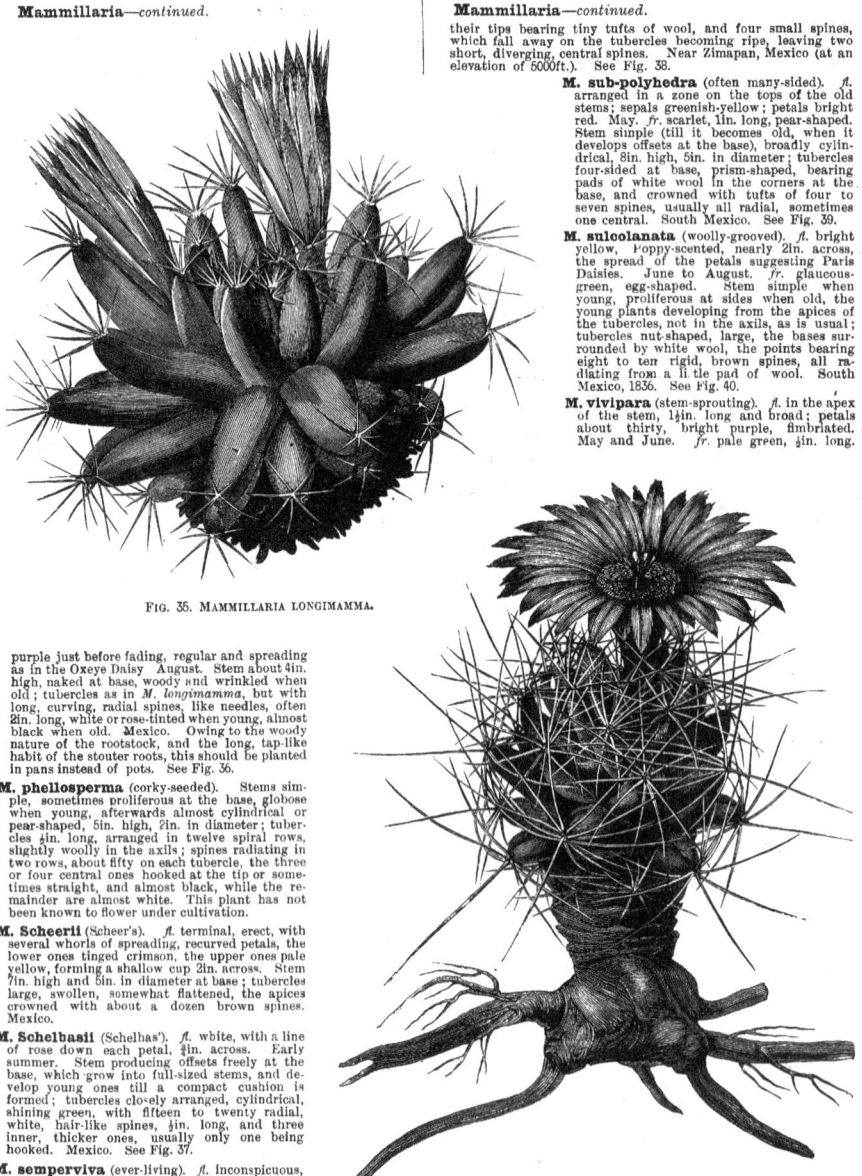

FIG. 35. MAMMILLARIA LONGIMAMMA.

purple just before fading, regular and spreading as in the Oxeye Daisy. August. Stem about 4in. high, naked at base, woody and wrinkled when old; tubercles as in *M. longimamma*, but with long, curving, radial spines, like needles, often 2in. long, white or rose-tinted when young, almost black when old. Mexico. Owing to the woody nature of the rootstock, and the long, tap-like habit of the stouter roots, this should be planted in pans instead of pots. See Fig. 36.

M. phellosperma (corky-seeded). Stems simple, sometimes proliferous at the base, globose when young, afterwards almost cylindrical or pear-shaped, 5in. high, 2in. in diameter; tubercles ½in. long, arranged in twelve spiral rows, slightly woolly in the axils; spines radiating in two rows, about fifty on each tubercle, the three or four central ones hooked at the tip or sometimes straight, and almost black, while the remainder are almost white. This plant has not been known to flower under cultivation.

M. Scheerii (Scheer's). *fl.* terminal, erect, with several whorls of spreading, recurved petals, the lower ones tinged crimson, the upper ones pale yellow, forming a shallow cup 2in. across. Stem 7in. high and 5in. in diameter at base; tubercles large, swollen, somewhat flattened, the apices crowned with about a dozen brown spines. Mexico.

M. Schelbasii (Schelbas'). *fl.* white, with a line of rose down each petal, ¾in. across. Early summer. Stem producing offsets freely at the base, which grow into full-sized stems, and develop young ones till a compact cushion is formed; tubercles closely arranged, cylindrical, shining green, with fifteen to twenty radial, white, hair-like spines, ½in. long, and three inner, thicker ones, usually only one being hooked. Mexico. See Fig. 37.

M. semperviva (ever-living). *fl.* inconspicuous, scantily developed near the outside of the top of the stem. Stem pear-shaped, 3in. wide, the top slightly depressed; tubercles conical, ½in. long, their bases set in a cushion of white wool,

Mammillaria—*continued*.

their tips bearing tiny tufts of wool, and four small spines, which fall away on the tubercles becoming ripe, leaving two short, diverging, central spines. Near Zimapan, Mexico (at an elevation of 5000ft.). See Fig. 38.

M. sub-polyhedra (often many-sided). *fl.* arranged in a zone on the tops of the old stems; sepals greenish-yellow; petals bright red. May. *fr.* scarlet, 1in. long, pear-shaped. Stem simple (till it becomes old, when it develops offsets at the base), broadly cylindrical, 8in. high, 5in. in diameter; tubercles four-sided at base, prism-shaped, bearing pads of white wool in the corners at the base, and crowned with tufts of four to seven spines, usually all radial, sometimes one central. South Mexico. See Fig. 39.

M. sulcolanata (woolly-grooved). *fl.* bright yellow, Poppy-scented, nearly 2in. across, the spread of the petals suggesting Paris Daisies. June to August. *fr.* glaucous-green, egg-shaped. Stem simple when young, proliferous at sides when old, the young plants developing from the apices of the tubercles, not in the axils, as is usual; tubercles nut-shaped, large, the bases surrounded by white wool, the points bearing eight to ten rigid, brown spines, all radiating from a little pad of wool. South Mexico, 1836. See Fig. 40.

M. vivipara (stem-sprouting). *fl.* in the apex of the stem, 1½in. long and broad; petals about thirty, bright purple, fimbriated. May and June. *fr.* pale green, ½in. long.

FIG. 36. MAMMILLARIA MACROMERIS.

Mammillaria—*continued.*

Fig. 37. Mammillaria Schelhasii.

Fig. 39. Mammillaria sub-polyhedra.

Fig. 38. Mammillaria semperviva.

Fig. 40. Mammillaria sulcolanata.

Mammillaria—*continued.*

Stems produced in profusion, sometimes forming a cluster 3ft. in diameter; tubercles small, hidden by the spines; spines radial, about twenty to each tubercle, white, hair-like, stiff, about ¼in. long, the central four or six a little longer than the others. Louisiana.

Mapania—*continued.*

beneath; petioles blackish-green, deeply channelled. 1885. An ornamental foliage plant. SYN. *Pandanophyllum Wendlandi*.

MARANTA. To the species and varieties described on pp. 326-7, Vol. II., the following should now be added:

FIG. 41. MAMMILLARIA VIVIPARA RADIOSA.

M. v. radiosa (radiate). This is distinguished by its large flowers and shorter spines. See Fig. 41.

MAPANIA (probably a native name). SYN. *Lepironia* (in part). Including *Pandanophyllum*. ORD. *Cyperaceæ*. A genus embracing about thirty species of stove, perennial, sometimes very tall herbs, dispersed over the tropics. Spikelets many-flowered, borne on the stem or terminating a leafless scape, solitary or few in a sessile head, or rarely numerous and corymbosely paniculate. Leaves fascicled at the base of the stem or on the rhizome, long and rather broad, or ovate-lanceolate, on long petioles. Two species have been introduced. For culture, see **Cyperus**, on p. 422, Vol. I.

M. lucida (clear). *fl.*, spikelet castaneous, solitary, trigonal-ovoid, ¼in. to ⅜in. long; scape dark purple, leafless, 2in. to 3in. long. *l.* trifarious, 6in. to 10in. long, 1¼in. to 1⅜in. broad, three-nerved, narrow-oblong, rounded-cuneate at base, with a cusp 1½in. long at apex; petioles 4in. to 9in. long, channelled, complicate-sheathing at base. Borneo, 1885. (I. H. 1885, 557.)

M. Wendlandi (Wendland's). *l.* arranged in three series, oblong, acuminate, dark green on the upper surface, bronzy-green

M. argentea (silvery). *l.* large, oblong, acute, silvery-grey, marked with narrow, curving lines of a deep green. Brazil, 1884.

M. conspicua (conspicuous). *l.* oblong-ovate, dark green above, pinnately marked with broken, distant bands of pale yellow-green, purplish beneath. Brazil, 1885. A small species.

M. gratiosa (favoured). *l.* broadly oblong, sub-cordate, silvery-grey, the midrib and five or six tapering, curved bands on each side of it of a bright green. Brazil, 1884.

M. iconifera (picture-bearing). *l.* about 6in. long, obliquely ovate, yellowish-green, marked with oblong, deep green blotches. Brazil, 1887.

M. musaica (mosaic). *l.* obliquely cordate, 7in. long, 3½in. broad, bright, glossy green, marked with numerous close-set, transverse veins. Brazil, 1884.

M. nitida (shining). *l.* oblong, acute, 6in. long, 3in. broad, pale, bright, shining green, with four or five oblong, green patches on each side of the midrib. Brazil, 1884.

M. polita (neat). *l.* 4in. to 5in. long, 2in. broad, glossy green, elegantly marked with stipitate, oblong, dark green blotches. Brazil, 1884.

M. speciosa (showy). *l.* obliquely elliptic-oblong, acute, bright green, pinnately banded with greenish-white. Brazil, 1884.

MARCGRAVIA INDICA. The plant catalogued by nurserymen under this name is probably a Pothos.

SUPPLEMENT.

MASDEVALLIA. *M. Dayana, M. gracilenta,* and *M. hypodiscus* are now referred to **Cryptophoranthus** (which see). To the species, varieties, and hybrids described on pp. 332-5, Vol. II., the following should now be added:

M. acrochordonia (belted above). *fl.* much as in *M. ephippium,* six to fifteen to a peduncle; sepals having numerous warts on the upper surface; petals acuminate; lip much narrower than in *M. ephippium,* with an undulated, median keel on the upper part, and an acuminate top. Ecuador, 1885.

M. astuta (cunning). *fl.,* sepals brown outside, with the centre and apex yellow, internally ochreous, spotted brown, hispid, triangular, the tails brown; lip pale yellowish, saccate, with three keels; peduncle about as long as the leaves. *l.* oblong, acute, 6in. to 8in. long. Costa Rica, 1886. Allied to *M. Gaskelliana.*

M. Boddaërtii (Dr. Boddaërt's). *fl.* solitary, about 2½in. long and 2in. to 2½in. broad, very flat, on tall peduncles; sepals yellow, gradually passing to bright crimson-scarlet mottled with yellow, the dorsal one decurved, filiform, the lateral ones ovate, acute, not tailed. April and May. *l.* leathery, lanceolate-obovate, with sheathing, truncate scales at base. New Grenada. SYN. *M. ignea Boddaërtii* (I. H. ser. iii. 357).

M. candida (white). A synonym of *M. tovarensis.*

M. Carderi (Carder's). *fl.* remarkably fleshy and soft; tails yellow, spotted blackish-purple, long; perianth short, cup-shaped, whitish inside, ochre-orange at base, bearing a blackish-mauve-purple zone between the two areas, the free, triangular portions short, the inside covered with rusty hairs. 1883. (G. C. n. s., xx., p. 181.)

M. Colibri (humming-bird). A synonym of *M. ephippium.*

M. demissa (depressed). *fl.,* free lacinia of the upper sepal triangular and very short, the tail dark yellow, the lateral sepals brownish-purple, connate, rounded outside, with two strong, yellow tails; petals brown, small; lip brown, narrow, cordate-triangular, acute; column white; peduncle one-flowered, much shorter than the leaf. *l.* very thick, cuneate-spathulate. Costa Rica, 1887.

M. elephanticeps (elephant's-head). *fl.* solitary, horizontal, 3in. to 4in. long, somewhat resembling an elephant's head, the tubular portion of the perianth produced into a chin at the lower base, and, as well as the lower sepals, dark crimson-purple, pale purple outside, united for one-third their length, the tails yellow inside; upper sepal bright yellow, the three-cornered basal part gradually narrowing into the yellow tail; peduncles 1ft. high. *l.* tufted, cuneate-spathulate, acute. New Grenada. (F. d. S. 997; R. X. O. i. 3.) The variety *pachysepala* (R. X. O. 74, f. 3-4) has the tails of the sepals broader.

M. Gairiana (Gair's). *fl.* bright yellow, studded with crimson papillæ. A hybrid between *M. Davisii* and *M. Veitchiana.* 1887.

M. Geleniana (Baron Hruby von Geleneye's). *fl.,* upper sepal orange, at first dotted purple, the lateral ones much lighter, with sulphur borders; tails sulphur, very long; petals sulphur, ligulate, three-toothed; lip thickly purple-spotted, rather large, membranous, oblong, slightly lobed on each side; column whitish, dotted purple, stout. *l.* 1¾in. long, 1in. broad, very stiff, petiolate. 1887. A hybrid between *M. xanthina* and *M. Shuttleworthii.*

M. glaphyrantha (hollow-flowered). *fl.,* tube pale outside, short, bordered by the overlapping margins of the purple free laciniæ, the tails yellow; petals ligulate, emarginate, retuse; lip purple at base, with two purple stripes in front, ligulate. 1886. Hybrid.

M. Hincksiana (Capt. Hincks'). *fl.,* tube white, short, slender; middle sepal light ochre, orange at top, running out in a declined, ochre tail, the lateral ones light ochre, with short, orange tails; petals ligulate; lip ligulate, acute, with two short keels. 1887. A hybrid between *M. ignea* and *M. tovarensis.*

M. ignea aurantiaca (orange). *fl.* bright orange, veined vermilion. New Grenada.

M. i. Boddaërtii (Boddaërt's). A synonym of *M. Boddaërtii.*

M. i. grandiflora (large-flowered). *fl.* circular, of great substance; lateral sepals bright vermilion, lined crimson and suffused purple. New Grenada.

M. i. Massangeana (Massange's). *fl.* bright orange-vermilion, flushed rosy-purple, large. New Grenada.

M. Lindeni armeniaca (apricot-colour). *fl.* of a rich, deep apricot-colour, veined flame-red, and having a yellow mouth to the tube. Columbia, 1886. (W. O. A. 224.)

M. L. atrosanguinea (dark bloody). *fl.* large; lateral sepals crimson, flushed magenta, nearly 1in. wide, the points falcate-lanceolate, nearly meeting. New Grenada. (W. O. A. iii. 105.)

M. L. cœrulescens (bluish). *fl.* large; lateral sepals magenta-crimson, flushed bluish-purple, broadly semi-ovate, apiculate. New Grenada. (W. O. A. i 34.)

M. L. grandiflora (large-flowered). A variety with large, rich rosy-purple flowers. Columbia, 1886. (L. 34.)

Masdevallia—*continued.*

M. L. imperialis (imperial). *fl.* nearly 3in. across; sepals glowing crimson-magenta, deepening towards the tails, broad and spreading. 1882.

M. L. læta (pleasing). *fl.* bright rosy-purple, distinctly striped, large, much narrowed at the upper part, and having the margins slightly undulated. New Grenada.

M. L. lilacina (lilac). *fl.* bright rosy-lilac, broad, almost circular. New Grenada.

M. L. miniata (scarlet). *fl.,* lateral sepals bright vermilion, flushed scarlet, with a distinct, yellow eye, the principal ribs marked out with crimson lines. New Grenada, 1883. (W. O. A. iii. 110.)

M. L. sanguinea (bloody). *fl.* brilliant reddish-crimson, flushed orange, large. New Grenada.

M. L. splendens (splendid). *fl.* intense mauve-magenta, with crimson veins, broad. New Grenada.

M. L. versicolor (various-coloured). *fl.* rich magenta, margined or otherwise irregularly marked with rich maroon-crimson, freely produced. 1882. Also known as *striata.*

M. militaris (military). This is distinguished from *M. ignea* "by its exceedingly stiff, dark green leaf, of great substance, standing on a petiole shorter than the blade, by a thicker peduncle, a much wider flower tube, and a wider limb, the first yellow, the limb cinnabarine, now partly yellow; the lip much broader and shorter" (Reichenbach). New Grenada.

M. pusiola (rather dwarf). *fl.* light sulphur, small, deeply slit; free part of the sepals equal in length to that of their tails; petals bilobed at apex, one lobe being bent forwards; lip unguiculate, auricled on each side at the base, the anterior blade oblong-sagittate. *l.* tufted, lanceolate, 1in. long. United States of Columbia, 1887. The smallest Masdevallia yet known.

M. Roëzlii rubra (red). *fl.* creamy-yellow, transversely mottled inside with dark chocolate-red, large, having chocolate tails 3in. to 4in. long. Columbia, 1886. (W. O. A. 243.)

M. senilis (senile). *fl.* reddish-brown, covered inside with short, yellow hairs, comparatively small; petals white, with mauve-brown spots; lip pale purple and white. 1885. Allied to *M. Chimæra.*

M. sororcula (little sister). *fl.* greenish outside; middle sepal pale, lined purple, the lateral ones purple, with greenish tails; petals white, with a purple mid-line, the purple side lobes and disk with a red mid-line and white adjacent areas; peduncle one-flowered. *l.* ligulate, acute, leathery. 1887.

M. striatella (slightly striated). *fl.* small; perianth white, striped cinnamon, going off into three short tails; petals with a brown mid-line, lanceolate, with an angle on the lower side; lip yellow at base and apex, and with three purple nerves, lanceolate, acute, angular at base. *l.* about 5in. long, rather thick, cuneate-oblong, blunt. 1886.

M. velifera (sail-bearing). *fl.* greenish-yellow, shaded brown, the tails clear, dark yellow; odour unpleasant. Habit and growth as in *M. coriacea.* (G. C. ser. iii., vol. i., p. 744.)

M. Wallisii stupenda (stupendous). *fl.* light sulphur, spotted with chocolate, very large, having chocolate tails. 1885. A grand variety. (G. C. n. s., xxiii., p. 473.)

M. Wendlandiana (Wendland's). *fl.* white, tubular, solitary, ⅜in. long, the tails equal to the free, triangular bodies; chin short; lip having an orange area before the apex, and very numerous small, dark purple spots; column white, with three mauve stripes. *l.* densely massed, spathulate, minutely bilobed. New Grenada, 1887.

MATRICARIA. To the variety described on p. 337, Vol. II., the following should now be added:

M. eximia pyramidalis (choice, pyramidal). A garden form, of compact and somewhat pyramidal habit. 1886. Hardy annual or perennial. (R. H. 1886, p. 557, f. 151.)

MAXILLARIA. To the species described on pp. 338-9, Vol. II., the following should now be added:

M. Endresii (Endres'). *fl.,* sepals and petals light ochreous, triangular-ligulate, acuminate, aristate; lip ochre, with a yellow disk, and purple borders and veins on the side lobes; callus triangular, depressed; peduncle rather short. *l.* cuneate-ligulate, blunt-acute. Pseudo-bulbs very broad, elliptic. 1885.

M. fucata (painted). *fl.,* sepals and petals white outside, white inside at base, purple in the middle, yellow at apex, the sepals spotted red at apex, triangular, the lateral ones broadest, with reflexed tips, the petals rhomboid, blunt-angled at the sides; lip ochreous, striped brown, oblong-elliptic, trifid in front, the side lobes rounded, margined brown, the mid-lobe small, semi-oblong, emarginate; peduncles 9in. long, with many sheaths. *l.* oblong-lanceolate, acuminate, 8in. to 9in. long; petioles 5in. to 7in. long. 1886. Allied to *M. irrorata.*

M. Harrisoniæ (Mrs. Harrison's). A synonym of *Bifrenaria Harrisoniæ.*

M. Hübschtii (Hübsch's). *fl.* white; lateral sepals much rounded, like a goitre; petals linear-rhombic, acute; lip transverse, rhombic, with a yellow, emarginate callus on the disk, a mauve-purple margin inside, and a few dots and blotches at the base outside; column white, with mauve stripes in front. 1838. Allied to *M. fucata.*

Maxillaria—*continued*.

M. Kalbreyeri (Kalbreyer's). *fl.*, sepals and petals greenish-white, the upper sepal and petals ligulate, the lateral sepals triangular, acute; lip greenish-white, marked mauve-purple on the outer margins, oblong-ligulate, blunt, toothleted on the anterior margins, a little broader towards the base. *l.* oblong, ligulate, 9in. high, 1in. broad. Pseudo-bulbs about 2in. long and 1in. broad. New Grenada, 1885.

M. Lehmanni (Lehmann's). *fl.* white; side lobes of the lip light reddish-brown and covered with fragile hairs inside, pale ochre with dark chestnut veins outside, the front lobe sulphur, triangular, wavy. 1886. A showy species.

M. macrophylla (large-leaved). A synonym of *Lycaste macrophylla*.

MELOCACTUS. To the species described on p. 348, Vol. II., the following should now be added:

M. latispinus (broad-spined). A synonym of *Echinocactus cornigerus*.

M. Miquelii (Miquel's). *fl.* unknown. Stem oval, dark green; ribs fourteen, well defined; spines in small tufts of about nine, short, blackish-brown, less than ½in. long, one central, the others radiating; cap cylindrical, 3in. high, 1½in. in diameter, composed of layers of snow-white threads, mixed with short, reddish bristles. St. Croix, West Indies. See Fig. 42.

MESEMBRYANTHEMUM. To the species described on pp. 355-60, Vol. II., the following should now be added:

FIG. 42. MELOCACTUS MIQUELII.

M. molitor (producer). *fl.* dingy yellow; sepals tinged brown, acute, the lateral ones narrower; petals smaller, oblong-lanceolate, often reflexed at top; lip marked brown, trifid, the mid-lacinia triangular, blunt, wavy, the side ones rounded; column yellow, with red spots in front. *l.* and pseudo-bulbs as in *M. grandiflora*.

M. præstans (excelling). *fl.*, sepals and petals honey-yellow, the former ligulate, acute, the latter narrow, shorter, acuminate or blunt-acute; lip trifid, the basilar laciniæ whitish, with purple spots, the mid-lacinia brownish-yellow, very thick, cuneate-oblong, acute; column yellow, spotted purple. *l.* cuneate-ligulate, blunt-acute. Pseudo-bulbs oblong, ancipitous, with convex sides. Guatemala, 1884.

M. Sanderiana (Sander's). *fl.* ivory-white, 4in. to 5in. across, the bases of the sepals and petals and the outside of the lip dark vinous-crimson, the inside of the lip yellowish, with vinous-crimson spots. *l.* stalked, broadly oblong, obtuse, apiculate. Pseudo-bulbs compressed, one-leaved. Peru, 1887.

M. Brownii (Brown's). *fl.* at first brilliant lustrous purple, fading into ochreous or reddish-yellow, 1in. to 1¼in. in diameter, solitary or in threes at the ends of the branches; calyx tube short, turbinate; petals in several series, very narrowly spathulate, the lip obtuse, retuse, or notched. July. *l.* six to eight lines long, terete, acute, pale glaucous-green; youngest ones obscurely triquetrous or semi-terete. Branches slender. *h.* 1ft. South Africa. (B. M. 6985.) SYN. *M. micans*, of gardens.

M. micans (glittering), of gardens. A synonym of *M. Brownii*.

MESOSPINIDIUM. Three species formerly included here are now referred to **Cochlioda** (which see).

METROSIDEROS. To the species described on p. 361, Vol. II., the following variety should now be added:

M. floribunda alba (bundle-flowered, white). *fl.* pure white.

MICROPHŒNIX (from *micros*, small, and *Phœnix*; in allusion to the habit of the plants, and their affinity to *Phœnix*). ORD. *Palmæ*. The two following hybrids are the only plants that have been described under this name. They will probably thrive under the treatment recommended for **Phœnix** (which *see*, on pp. 103-4, Vol. III.).

M. decipiens (deceptive). According to Carrière, this name was given by Naudin to a hybrid, obtained by a horticulturist at Hyères, between the common Date Palm (*Phœnix dactilifera*) and the dwarf Fan Palm (*Chamærops humilis*).

M. Sahuti (Sahut's). *fr.* reddish-brown, about ¾in. long, ellipsoid, with rounded angles. 1885. A garden hybrid between *M. decipiens* and *Trachycarpus excelsus*, having the habit and foliage of the former, and the violet-tinted petioles and fruits of the latter. Hardy. (R. H. 1885, p. 513, f. 91.)

MICROSTYLIS. To the species described on p. 364, Vol. II., the following should now be added:

M. bella (pretty). *fl.* dull purple, disposed in an elongated raceme; sepals and petals linear-ligulate; lip long, sagittate, sub-equally toothed at apex. *l.* ample, cuneate-oblong, acute, undulated. Pseudo-bulbs conical-cylindrical. Sunda Islands, 1885. (I. H. 1885, 581.)

M. Lowi (Low's). *fl.* purple, the ears of the sagittate lip ochreous; peduncle rosy-purple. *l.* dark coppery-brown, marked with a broad, whitish, central band, the margins undulated. Borneo, 1885. A beautiful little plant. (B. H. 1884, 14, f. 2.)

M. purpurea (purple). *fl.* yellowish-purple. *l.* broadly ovate, 4in. to 5in. long, 2in. broad or more, much undulated, the upper surface dark metallic-crimson, the under surface and petioles pale metallic reddish-grey. Ceylon. A fine species.

MILTONIA. To the species and varieties described on pp. 367-70, Vol. II., the following should now be added:

M. bicolor (two-coloured). A variety of *M. spectabilis*.

M. Bluntii Lubbersiana (Lubbers'). *fl.*, sepals and petals chestnut-spotted; lip very fine purple. 1887.

M. Moreliana (Morel's). A variety of *M. spectabilis*.

M. Peetersiana (Peeters'). *fl.* resembling those of *M. spectabilis Moreliana*, but the purplish-brown sepals and petals are narrower and more acute; lip narrower at the base, and dilated suddenly and acutely at the tip, rich purple, with five unequal, yellow keels at the base, the base and inside line of the disk occupied by numerous dark purple, pale-edged blotches. *l.* (and pseudo-bulbs) as in *M. Clowesii*. 1886. A handsome plant.

M. P. concolor (one-coloured). A beautiful variety, with paler sepals and petals, and lacking the dark eye-spots on the lip. 1886.

M. spectabilis aspersa (sprinkled). *fl.*, sepals and petals cream-coloured, partly washed with mauve-lilac; lip light mauve-lilac, with a large keel. 1885.

M. s. lineata (lined). *fl.* having a large, purple blotch at the base of the lip, and seven purple veins radiating therefrom nearly to the margins.

M. s. Moreliana atrorubens (dark red). *fl.* much darker than in *Moreliana*, often measuring 4in. across. September. Brazil. A scarce plant.

M. s. radians (radiating). *fl.*, petals tinted with very light purple, and covered with the warmest dark purple stripes, between which at the base there are some yellow stripes. 1887.

M. vexillaria alba (white). A beautiful, white-flowered variety. 1885. SYN. *Odontoglossum vexillarium album* (W. O. A. 227).

M. v. Cobbiana (Cobb's). *fl.*, upper portion of the usual deep rose-pink, the large, expanded wings of a pure white. 1882.

M. v. Hilliana (Hill's). *fl.*, sepals and petals rose, the equal sepals having two purple lines; lip spotted purple, margined rose, the base yellow, with three dark purple lines. New Grenada.

M. v. insignis (remarkable). *fl.* fine and richly coloured; lateral sepals having two parallel, crimson lines at the base; lip deep purplish-red, having a whitish basal area lined with crimson, and a band of bright yellow across the base. 1885.

M. v. Kienastiana (Kienast's). *fl.* very large; sepals and petals with a rose-coloured disk, and broad, white margins; lip light yellow at the very base, with three central purple lines, and having fine, rose-coloured, radiating lines all over it except on the pure white margin. 1885. A magnificent variety.

M. v. leucoglossa (white-lipped). *fl.*, sepals and petals pale rose; lip pure white. New Grenada. A striking variety.

M. v. Measuresiana (Measures'). *fl.* of a purer white and smaller than those of the variety *alba*. 1885.

M. v. purpurea (purple). *fl.* rose-purple, the base of the lip white with the usual red lines. 1885. SYN. *Odontoglossum vexillarium purpureum* (L. i. 13).

Miltonia—continued.

M. v. rosea (rosy). *fl.* of a deeper rose-colour than in the type.

M. v. rubella (reddish). *fl.* bright rose, with three crimson lines at the base of the lip. *l.* broader than usual. Pseudo-bulbs more blunt than in the type. 1882.

M. v. splendens (splendid). *fl.* intense rose, coloured to the margins, 4in. to 4½in. in diameter; lateral sepals having a crimson stripe at base; lip with three short, radiating stripes below the calli. New Grenada.

M. v. superba (superb). *fl.*, sepals and petals rose, the former having a purplish-crimson stripe at base; lip magenta-rose, the white area at the base having a large, dark crimson-purple blotch veined with darker, radiating lines. Autumn. New Grenada. SYN. *Odontoglossum vexillarium superbum* (W. O. A. iv. 171).

M. Warscewiczii alba (white). *fl.* having a broad, white lip, marked in the centre with a conspicuous, lilac blotch. 1882.

M. W. xanthina (yellowish). *fl.* almost wholly yellow, the lip having a narrow, white border. Winter. Peru.

MIMULUS. To the species described on pp. 370-1, Vol. II., the following should now be added:

M. mohavensis (Mohave River). *fl.*, calyx tube ¼in. long; corolla whitish, with a dark crimson eye, the stout tube scarcely longer than the calyx, the limb much spreading, ½in. in diameter. Summer. *l.* oblong-lanceolate, acute, entire, reddish. *h.* 2in. to 3in. California, 1885. A pretty little, minutely viscous-pubescent, hardy annual.

MOLTKIA. To the species described on p. 376, Vol. II., the following should now be added:

M. graminifolium (Grass-leaved). *fl.* deep blue, drooping, disposed in terminal clusters; scape 6in. to 12in. long, wiry June to August. *l.* tufted, Grass-like. Northern Italy, &c.

MOMORDICA. To the species described on pp. 376-7, Vol. II., the following should now be added:

M. involucrata (involucred). *fl.*, males pale yellowish, with three green spots on the short tube, solitary in the upper axils; females few, with revolute lobes. July. *fr.* scarlet, fleshy, 2in. long. *l.* 1½in. to 2in. in diameter, five-lobed, the lobes toothed; petioles slender, ½in. to 1in. long. Natal. (B. M. 6932; Ref. B. iv. 223.)

MORINA. To the species described on p. 383, Vol. II., the following should now be added:

M. betonicoides (Betony-like). *fl.* sessile; involucre bristly; corolla bright rose-red, crimson at the bases of three or four of the lobes, the limb ½in. in diameter; spikes sub-capitate, subtended by opposite bract-leaves tinged with red. June. *l.* 4in. to 8in. long, linear-lanceolate, acute, entire, with very long prickles on the margins. Stem erect or sub-erect, 10in. to 18in. high. Sikkim-Himalaya, 1883. Hardy rock plant. (B. M. 6966.)

MORMODES. To the species described on pp. 384-5, Vol. II., the following species and varieties should now be added:

M. buccinator majus (larger). *fl.* ochre, larger than in the type; sepals and petals numerously dotted cinnamon; lip with a few pale markings on the sides. New Grenada.

M. Dayanum (Day's). *fl.* as large as those of *M. Wendlandi*; sepals and petals ochre, with red, longitudinal lines inside; lip white, revolute, so that the outsides of both halves touch, triangular, with a short, inflexed apiculus in the middle; column white, small, apiculate; raceme few-flowered. 1885.

M. luxatum eburneum (ivory-like). *fl.* wholly ivory-white 1886. (I. H. ser. v. 35.)

M. l. punctatum (dotted). *fl.* whitish, the sepals and petals marked with small, reddish spots. 1885.

M. l. purpuratum (purple). *fl.* light mauve-purple, with dark purple lines and spots on the sepals and petals; side lobes of the lip much darker than the central part. 1886.

M. pardinum melanops (dark-looking). *fl.* very dark brownish-purple. 1886.

M. platychila (broad-lipped). *fl.* pale buff, upwards of 1in. in expanse; lip marked with many dull purple stripes; racemes compact, erect. 1887. A distinct-looking species.

M. vernixium (varnished). *fl.* blackish-purple; sepals and petals broad, shining; lip having the mid-line a little lighter, with blackish-purple spots; column light mauve-purple, with numerous dark spots. Guiana, 1887. Allied to *M. buccinator*.

MUSCARI AZUREUM. A synonym of **Hyacinthus azureus** (which *see*).

MUSSÆNDA. To the species described on p. 401, Vol. II., the following should now be added:

M. erythrophylla (red-leaved). *fl.* three or four, sulphur-yellow, funnel-shaped, borne on short pedicels; bracts dazzling scarlet, roundish-ovate, 3½in. long, 3in. broad. *l.* opposite, roundish-ovate, bright green. Congo, 1888. A shrub, wholly covered with silky pubescence.

MUTISIA. To the species described on p. 401, Vol. II., the following should now be added:

M. breviflora (short-flowered). *fl.-heads* 1in. in diameter; ray florets orange-red, ⅜in. long, nearly ⅛in. broad, obtuse; disk yellow. *l.* pale green, ovate-oblong, retuse or emarginate, cordate at base, 2½in. long, 1¼in. broad, the margins armed with somewhat distant, spiny teeth, the midrib produced into a tendril. Chilian Andes, 1885. Greenhouse, scrambling shrub. (R. G. 1163, f. 1.)

M. versicolor (various-coloured). *fl.-heads*, ray florets orange, banded with dark brown, 1¼in. long, ⅜in. broad, linear, spreading; disk yellow; involucre cylindrical. *l.* linear-subulate, armed, revolute-margined, rigid, produced in a short, reddish tendril. Stem terete, striated, flexuous, wingless. Chilian Andes, 1884. (R. G. 1163, f. 2.)

M. viciæfolia (Vetch-leaved). *fl.-heads* orange, showy; involucre long, cylindrical. *l.* pinnate, ending in a tendril; leaflets numerous, lanceolate, acute, glabrous. Peru, 1887. A handsome, greenhouse climber.

MYOSOTIS. To the species described on p. 403, Vol. II., the following varieties should now be added:

M. alpestris elegantissima (most elegant). A pretty, dwarf, free-flowering variety, having white, rose, and blue flowers. 1883. (R. H. 1882, p. 20.)

M. dissitiflora alba (white). *fl.* pure white, without the slightest taint of colour. 1883.

M. d. grandiflora (large-flowered). *fl.* double the size of those of the type, and produced in great profusion in February. 1886. Garden variety.

M. d. perfecta (perfect). A very large and finely formed variety. 1883.

M. sylvatica grandiflora (large-flowered). A variety having flowers nearly ⅜in. across. 1885. (R. G. 1885, p. 121.)

MYRIOCARPA (from *myrios*, myriad, and *karpos*, fruit; alluding to the numerous fruits). ORD. *Urticaceæ*. A genus embracing six species of stove shrubs or small trees, inhabiting tropical America, from Brazil to Mexico. Flowers diœcious, rarely monœcious, scattered at the sides of the filiform branches of the rachis, the males often sessile and densely clustered, the females looser, sessile or pedicellate, often very numerous; spikes or racemes solitary or somewhat fascicled at the axils or nodes, often branched. Leaves alternate, usually ample, petiolate, toothed, penninerved and about three-nerved. Two species are known in gardens. Where room can be spared, they will make a bold and effective appearance. They thrive in good, well-drained loam, and may be propagated by cuttings of the young wood.

M. colipensis (Colipa). *fl.*, female inflorescence consisting of pendulous, forked spikes, 1½ft. to 2ft. long, densely covered with small, flask-shaped ovaries. *l.* 1¼ft. to 1½ft. long, 11in. broad, elliptic, acute, rounded at base, crenate on the margins, clothed with rigid hairs, adpressedly pubescent beneath; petioles 10in. to 12in. long. Mexico, 1887. A shrub or small tree.

M. stipitata (stalked). *fl.*, females more or less clustered; males sub-sessile, glomerulate; primary branches of the inflorescence short, the ultimate ones sometimes shorter than the leaves. *l.* ovate- or obovate-elliptic, or rarely elliptic-lanceolate, 4in. to 7in. long, shortly acuminate at apex, rounded or obtuse, very rarely sub-cordate at base, unequally serrate-denticulate or crenulate. Mexico, Venezuela, &c. A shrub or small tree.

MYRMECODIA (from *murmex*, *murmekos*, an ant; in allusion to those insects making their habitation in the rhizomes). ORD. *Rubiaceæ*. A genus of about a score species of stove, epiphytal, highly glabrous, "ant-nesting" shrubs, with a smooth or prickly, tuberous rhizome, extending from Sumatra and Singapore to New Guinea, North Australia, and Solomon's Archipelago. Flowers white, small, sessile, solitary or few; calyx tube ovoid, the limb very short, entire; corolla having a cylindrical or sub-urceolate tube, and a four-lobed limb; stamens four. Leaves stalked, clustered at the tips of the branchlets,

Myrmecodia—continued.

opposite, narrowed to rather long petioles, coriaceous; stipules persistent, ample, bifid; branches short, quadrangular, thick and fleshy. *M. Beccarii* is in cultivation in this country. It requires great heat, and should be treated like an epiphytal Orchid. Seedling plants may be raised from its fruits.

M. Beccarii (Beccari's). *fl.*, corolla tube cylindrical, the lobes ovate, thick, longer than the tube. February. *fr.* cylindric-oblong, rounded at apex, four-stoned. *l.* oblanceolate or oblong-oblanceolate, sub-acute, fleshy. Tuber not ribbed, lobed, spinulose; spines short, simple; branches thickened-nodose. Tropical Australia, 1884. (B. M. 6883.)

MYSTACIDIUM (from *mustax*, *mustakos*, a moustache, and *eidos*, resemblance; in allusion to the pointed prolongation of the lip). SYN. *Aëranthus* (of Reichenbach, jun.). ORD. *Orchideæ*. A genus comprising about a score species of stove, epiphytal, not pseudo-bulbous Orchids, natives of tropical and South Africa. Flowers usually small, racemose; sepals and petals nearly equal, free, spreading; lip affixed to the base of the column, produced in a long, slender spur, the lateral lobes sometimes ovate, erect, sometimes nearly obsolete, the middle one erect or spreading, often ovate, undivided; pollen masses two; racemes axillary, often short. Leaves distichous, usually few, coriaceous, spreading. Stems leafy, rigid. Only one species is known in gardens. It thrives either on blocks or in baskets, in a cool house, and will succeed under conditions similar to those which suit *Angræcum falcatum*.

M. filicorne (thread-horned). *fl.* white, 1in. in diameter, numerous; sepals, petals, and lip lanceolate, acute; spur slender, 2in. long or more. *l.* narrow-oblong, 2in. to 5in. long, about ⅜in. broad, obtusely two-lobed at apex. Natal, 1887. A pretty, free-flowering, Angræcum-like Orchid, of tufted habit. (G. C. ser. iii., vol. ii., p. 135.)

NÆGELIA. To the species described on p. 408, Vol. II., the following hybrid should now be added:

N. achimenoides (Achimenes-like). *fl.* 2in. long, 1¼in. broad, the tube yellowish-rose outside, yellow dotted rose within, the lobes light rose. 1885. A pretty hybrid between *N. zebrina* and *Achimenes gloxiniæflora*, with the habit of the former, but the flowers hang from the axils of the leaves as in *Achimenes*.

NAPOLEONA. To the species described on p. 409, Vol. II., the following should now be added:

N. cuspidata (cuspidate). This differs from the better-known *N. imperialis* in its larger flowers, which are cream-coloured with a crimson centre, regularly five-angled, with straight sides (not five-lobed as in *N. imperialis*); the leaves are much larger, being 8in. to 10in. long and 4in. to 5in. broad. 1886. (G. C. n. s., xxv., p. 657, f. 147 b.)

NARCISSUS. To the species and varieties described on pp. 411-20, Vol. II., the following should now be added:

N. cyclamineus (Cyclamen-like). *fl.*, perianth lemon-yellow, the tube very short, the segments nearly 1in. long, strongly reflexed from the tube; corona as long as, or longer than, the segments, rather deeper in colour, the edge crenate; scape sub-terete, 6in. to 12in. long. Spring. *l.* two or three, linear, sub-erect, deeply channelled. Bulb ½in. in diameter. Portugal. (B. M. 6950.)

N. Johnstoni (Johnston's). A variety of *N. Pseudo-Narcissus*.

N. Jonquilla Burbidgei (Burbidge's). A variety having the corona cut into six segments nearly to the base. Native country unknown. 1885.

N. juncifolio-muticus (hybrid). *fl.* three, on a slender, terete peduncle, the two upper ones ascending, the lower one horizontal; perianth tube greenish-yellow, ⅜in. long, the expanded limb bright lemon-yellow, horizontal, 1¼in. in diameter, the segments ovate-oblong, much imbricated; corona orange-yellow, obconical, ¼in. long. Latter end of April. *l.* narrow-linear, channelled. 1886. Probably a hybrid between *N. juncifolius* and *N. Pseudo-Narcissus muticus*.

N. poeticus biflorus (two-flowered). *fl.* double, two on each scape. 1885. A fine variety. (R. G. 1193.)

N. Pseudo-Narcissus Johnstoni (Johnston's). *fl.* pale sulphur, remarkable for the long and rather slender corona tube, which is about ⅜in. long, and less spreading at the mouth than in the common Daffodil. Portugal, 1887.

N. P.-N. muticus (curtailed). *fl.* 1in. to 1½in. long; tube obconical, ½in. long and broad; segments sulphur-yellow, 1in. to 1¼in. long;

Narcissus—*continued.*

corona deep lemon-yellow, as long as the segments, ¾in. in diameter at the very truncate throat. Pyrenees.

N. Sabinii (Sabine's). *fl.* solitary, drooping; perianth tube green, cylindrical, somewhat funnel-shaped; segments whitish, shining, broad, imbricated, ovate; corona yellow, plaited, ¾in. long, erose; scape ancipitous, channelled. Spring. *l.* pale green, broad, few. This has been lately re-introduced by Mr. Barr. (*B. R.* 762.)

N. scaberulus (slightly scabrous). *fl.*, perianth yellow, ½in. to ⅝in. across, stalked, bent; tube greenish, ½in. to ¾in. long; segments ovate, imbricated, the three inner ones broadest, apiculate, slightly fringed at tips, spreading, ultimately slightly reflexed; corona about ½in. across, cup-shaped, more or less crenate; scape 2½in. to 4in. long, one or two-flowered. March and April. *l.* two, linear, more or less prostrate, longer than the scape, slightly furrowed above, two-angled beneath. Bulb small. Oliviera do Conde, Portugal.

Garden Varieties. These hardy, garden flowers have become great favourites during recent years. The numerous hybrid forms raised in gardens are excellent subjects for pot culture, and form a pleasing feature in the greenhouse and conservatory. Under the three following names are given descriptions of what may be regarded as the types of three distinct groups of garden Narcissi. The numerous named forms of each will be found described in the catalogues of specialists; but a few of the more recent and desirable varieties in the various sections are here briefly noticed.

Types of Garden Narcissi.

N. Barrii (Barr's). *fl.* horizontal or ascending; perianth tube greenish, sub-cylindrical, 1in. long; segments pale sulphur-yellow, oblong, spreading horizontally, slightly imbricated when fully expanded, 1¼in. long, ¾in. broad at the middle; corona lemon-yellow below, orange-yellow at the throat, obconical, ⅓in. long, ⅝in. broad at the throat, crenulate, strongly plicate in the upper half; stamens all six opposite the base of the corona; style just overtopping the anthers; ovary oblong-triangular, ¼in. long; peduncle ancipitous, one-flowered, about 1ft. long; pedicel and spathe as in *N. incomparabilis.* *l.* linear, twisted, glaucous, above 1ft. long, ½in. broad. No doubt a hybrid between *N. incomparabilis* and *N. poeticus*, the former predominant.

N. Burbidgei (Burbidge's). *fl.* horizontal or ascending; perianth tube green, cylindrical, 1in. long; segments pure white, spreading horizontally, not imbricated, oblanceolate-oblong, cuspidate, 1¼in. long, ½in. broad; corona obconical, ⅛in. long, ⅓in. broad at the throat, very plicate, crenulate, the base yellow, the edge bright red; anthers and stigma placed in the corona; ovary oblong-triangular, ⅛in. long; peduncle one-flowered, ancipitous, 1ft. long; pedicel and spathe as in *N. poeticus.* *l.* linear, glaucous, twisted, above 1ft. long, ⅓in. to ½in. broad. No doubt a hybrid between *N. poeticus* and *N. incomparabilis*, the former element strongly predominating.

N. Leedsii (Leeds'). *fl.* about horizontal; perianth tube greenish, cylindrical, ¾in. long; segments milk-white, spreading, oblanceolate-oblong, cuspidate, 1in. to 1¼in. long, ½in. to ¾in. broad at the middle, not imbricated; corona pale sulphur-yellow, ½in. long, ½in. in diameter at the throat, plicate in the upper half, crenulate at the erect margin; anthers all six placed opposite the base of the corona; style overtopping the anthers; ovary oblong-triangular, ⅓in. to ½in. long; peduncle one-flowered, ancipitous, a little longer than the leaves; pedicel 1in. long; spathe one-valved, membranous, clasping the pedicel and ovary. *l.* linear, twisted, glaucous, 1ft. long, ⅓in. broad. Probably a hybrid between *N. poculiformis* and some form of *N. incomparabilis.*

Group I. Magnicoronati (*Ajax, or Pseudo-Narcissus*).

TRUMPET DAFFODILS—GOLDEN.

Ard Righ, or **Yellow King.** Trumpet deep yellow, large. Distinct and early.

Automedon. Trumpet deep, rich yellow, large. Very handsome.

Golden Spur. Perianth large; trumpet rich yellow, large. Very handsome.

P. R. Barr. Perianth yellow; trumpet rich, deep yellow.

TRUMPET DAFFODILS—TWO-COLOURED.

Harrison Weir. Perianth white; trumpet pale yellow. Handsome.

James Walker. Perianth cream-colour; trumpet yellow. Large and handsome.

Murrell Dobell. Perianth whitish, well-formed trumpet yellow.

Narcissus—*continued.*

TRUMPET DAFFODILS—WHITE OR SULPHUR-COLOURED.

Asturicus. A very early form of the white Spanish Daffodil. It flowered with Messrs. Barr, at Tooting, a fortnight before *pallidus præcox.*

Bishop Mann. A tall-growing form of *cernuus*, found in an old Irish garden.

Duchess of Connaught. Perianth primrose, well-formed. Very pretty.

Lady Grosvenor. Perianth white; trumpet cream-coloured. Very distinct.

Madame de Graaff. Perianth of the largest size; trumpet white. A splendid variety.

Marchioness of Lorne. Perianth pale primrose; trumpet a shade darker, recurved.

Group II. Mediocoronati.

INCOMPARABILIS (NONSUCH PEERLESS DAFFODILS—*pallidus*).

Prince Teck. Perianth creamy-white, large, and well-opened.

BARRII (BARR'S PEERLESS HYBRID DAFFODILS—*albidus*).

Dorothy E. Wemyss. Perianth white, with large, open, pale yellow cup, edged orange-scarlet.

Group III. Parvicoronati.

BURBIDGEI (BURBIDGE'S POETICUS DAFFODILS, WITH SAUCER-SHAPED CUP).

Ellen Barr. Perianth white; cup pale yellow, stained orange.

Mercy Foster. Perianth white; cup canary-yellow, frilled.

POETICUS (PURPLE-RINGED POET'S DAFFODILS).

Grandiflorus. Perianth pure white, large; cup tinted crimson.

POLYANTHUS NARCISSUS (BUNCH-FLOWERED DAFFODILS).

The varieties of these grown in the Dutch gardens are very numerous; but only those with stout stems and large heads of well-formed flowers are worth growing.

Eldorado. Perianth sulphur; cup orange; truss large.

Golden Ear. Perianth sulphur-yellow; cup orange-yellow, large; truss very large.

Grand Primo. Perianth pure white; cup citron; truss large.

Grand Sultana. Perianth white; cup deep yellow, large, expanded.

Mercurius. Perianth primrose; cup rich orange; truss very large.

Princess of Teck. Perianth white; cup orange; truss large.

Princess of Wales. Perianth pure white; cup deep orange; truss large and handsome.

Queen of the Netherlands. Perianth pure white, fine; cup yellow; truss large and bold.

Soleil d'Or. Perianth clear yellow; cup rich orange; truss medium.

White Pearl. Perianth pure white. A very pretty variety.

NEPENTHES. To the species and hybrids described on pp. 435-9, Vol. II., the following should now be added:

N. amabilis (lovely). Pitchers mottled with dark crimson, freely produced. 1886. A garden hybrid between *N. Hookeri* and *N. Rafflesiana*, of good habit; it bears closer resemblance to the former parent.

N. compacta (compact). Pitchers produced in abundance, about 6in. long and 8in. in circumference, reddish-purple, sometimes shaded with violet, splashed and marbled with creamy-white, the margins and mouth creamy-white; lid spotted. 1881. A distinct variety, of compact habit.

N. Curtisii (Curtis'). *l.* sub-coriaceous, glabrous above, sparsely glandulose beneath, 8in. long. Pitchers about 8in. long, dull green, thickly mottled with purple, ascending, the throat shining; lid cordate-ovate, acute, about the size of the mouth of the pitcher, prettily marbled with purple on a pale ground. Borneo, 1887. (G. C. ser. iii., vol. ii., p. 689.)

N. cylindrica (cylindrical). *l.* spreading, broadly oblanceolate, oblong, 8in. to 12in. long, narrowed into a winged petiole, Pitchers 6in. to 8in. long, 1in. to 1½in. in diameter, pale green, with a few scattered, crimson spots and markings, cylindrical, slightly inflated below the middle; mouth frilled; lid oval, with a depressed mid-nerve, horizontal or slightly fornicate over the aperture. 1887. A hybrid between *N. Veitchii* and *N. hirsuta glabrescens.* (G. C. ser. iii., vol. ii., p. 521.)

N. excelsior (advanced). Pitchers 9in. deep, richly mottled with purple-red and chocolate-brown on a light green ground, oblong,

Nepenthes—*continued*.
rounded at base. 1883. A hybrid between *N. Rafflesiana* and *N. Hookeriana*.

Nepenthes—*continued*.
suffused with rosy-lake. A hybrid between *N. Hookeriana* and *N. Sedeni*. (I. H. ser. v. 15.)

FIG. 43. NEPHROLEPIS RUFESCENS TRIPINNATIFIDA, showing Habit and Portion of detached Frond.

N. Findlayana (Findlay's). Pitchers pale green, mottled with reddish-crimson, medium-sized, produced in profusion. 1886. Garden hybrid.

N. Henryana (Henry Williams'). Pitchers about 7in. long, reddish-purple, variegated with green; throat light green, with violet spots; mouth crimson, shaded with violet; lip round,

N. Hibberdii (Hibberd's). Pitchers blood-red, spotted with pale yellowish-green, green inside; lid green outside, indistinctly marked with dull red on the inside. 1883. Garden hybrid.

N. nigro-purpurea (dark purple). *l.* leathery, glabrescent, acute at both ends. Pitchers dull purplish-brown, marked only by a few scattered, paler spots, pouch or bag-shaped, 6in. long,

Nepenthes—*continued.*

2½in. in diameter, with a few stellate hairs; wings rather broad, fringed with teeth; mouth obliquely ovate, bordered by a rim of purple or whitish ribs; lid purple, mottled on the lower surface, ovate-oblong. Borneo, 1882. Probably of specific rank. (G. C. n. s., xviii., p. 425.)

N. Paradisæ (Paradise Nurseries). Pitchers rich crimson, marked with pale green, very much narrowed in the centre, 4in. to 5in. long, 2in. to 2½in. broad at the widest part, the edge of the throat and the inside of the lid green, the outside of the lid marked reddish. 1883. Garden hybrid.

NEPHRODIUM. To the species and varieties described on pp. 440-4, Vol. II., the following should now be added:

N. cristatum (crested). This resembles *N. Filix-mas*, but the fronds are less erect; the pinnæ less regular; the segments broader, thinner, more wedge-shaped on the lower side, much more toothed, and the lower ones sometimes almost pinnatifid, the plant then forming some approach to *N. spinulosum*, from which it differs in the much narrower frond, with the segments much broader and much less divided. *sori* large, as in *A. Filix-mas*, with a conspicuous indusium. Europe (Britain), &c. SYNS. *Aspidium cristatum, Lastrea cristata.*

N. c. floridanum (Florida). *fronds* thickish, broadly lanceolate, pinnate, 1ft. to 2ft. high; sterile ones shorter, growing in a crown from a thick, scaly rootstock. A vigorous form.

N. Hopeanum (Lieut. Hope's). *sti.* 1in. to 1¼in. long, grey, glossy, naked. *fronds* oblong-lanceolate, 1ft. long, 6in. to 7in. broad, bipinnatifid; pinnæ distant, sessile, caudate, the lower ones 3in. to 4in. long, ⅝in. to ¾in. broad, cut down to a narrow wing into ligulate-falcate, entire lobes ⅛in. broad; tip of frond like one of the pinnæ; rachis grey, slightly pubescent. *sori* crowded close to the midrib; involucre firm, persistent. Polynesia, 1883. SYN. *Lastrea Hopeana.*

N. Jenmani (Jenman's). *sti.* stout, scaly, erect. *fronds* bipinnate, about 2ft. long and 9in. to 12in. broad, densely pellucid-dotted. Jamaica, 1887. SYN. *Lastrea Jenmani.*

N. lepidum (pretty). *sti.* green, setose on the margins of the groove down the face. *fronds* ovate, acuminate; pinnæ alternate, very shortly stalked, lanceolate, acuminate, pinnatifid, the central ones longest, glabrous, with hairy midribs and setose margins. *sori* placed near the midribs on each side, with inflated, roundish-reniform, lead-coloured, hairy indusia. 1886. An elegant Fern. SYN. *Lastrea lepida.*

N. mamillosum (nippled). This species closely resembles *N. decurrens*; but the pinnæ are undivided, and the sori are so deeply immersed as to make the upper surface appear as if covered with minute nipples. Moluccas, 1886. SYN. *Sagenia mamillosa* (I. H. 1886, 598).

N. molle Sangwellii (Sangwell's). A graceful variety, of free growth, very ornamental for pots or for the rockery. 1884.

N. montanum Barnesii (Barnes'). *fronds* much narrower than in the type. A pretty variety.

N. m. coronans (crowned). A finely crested variety; the apex of the frond is developed into a large, crispy tuft, and the apices of the pinnæ have smaller, roundish, crispy ones. 1882.

N. prolificum (prolific). *fronds* rigid, deltoid, bipinnate, deep green, gemmiparous in the axils of the segments and on the margins; pinnæ rather distant, obliquely ovate-lanceolate, the posterior side most developed; pinnules unequal, but usually linear, acute, and somewhat falcate. *sori* numerous, large, reniform, distributed over the whole back of the frond, covered by prominent indusia. Japan, 1883. An interesting, hardy, evergreen Fern.

N. Richardsi multifida (much-cleft). A fine, free-growing, crested variety, useful for decorative purposes.

N. spinulosum dilatatum dentigera (tooth-bearing). *fronds* slender, lanceolate, 6in. to 8in. long; pinnules about 1in. long, ovate, acute, cut into two to four lobes, which have one or two short teeth. Inverness-shire, 1886. A neat and pretty variety, of dwarf habit.

NEPHROLEPIS. To the species and varieties described on pp. 444-6, Vol. II., the following should now be added:

N. Bausei (Bause's). *fronds* numerous, erect, more than 1ft. high, leafy from their base, and of a soft, bright green; pinnæ bipinnatifid. 1885. An ornamental Fern, of dense habit, suitable for basket culture. Garden variety.

N. rufescens (reddish). Of this ferruginous-tomentose variety there is a form in which the pinnæ overlap one another and are cut down, especially on the lower side, into deep, lanceolate segments, which (in the specimen figured in G. C. ser. iii., vol. i., pp. 477, 481) are merely serrated, "but in a frond which lies before us [*tripinnatifida*] are again pinnatifid" (J. G. Baker). 1887. A free-growing, handsome Fern, either for pot culture, or for planting out in a warm house. See Fig. 43, for which we are indebted to Messrs. W. and J. Birkenhead.

NEPHTHYTIS. To the species described on p. 446, Vol. II., the following should now be added:

N. picturata (pictured). *l.* spreading, 6in. to 12in. long, 5in. to 9in. broad, broadly ovate-hastate, deeply cordate at base with a rhomboid sinus, cuspidate-acuminate at apex, variegated with white in a pattern resembling the tips of Fern fronds laid between the nerves; petioles 10in. to 12in. long, terete, erect, green. Congo, 1887. Stove perennial. See Fig. 44, p. 574, for which we are indebted to Mr. Wm. Bull.

NERINE. To the species and varieties described on p. 447, Vol. II., the following should now be added:

N. atrosanguinea (dark blood-coloured). *fl.* of a bright rosy-salmon, broadly campanulate, 2½in. in diameter, several in an umbel. Winter. 1883. A fine garden hybrid between *N. sarniensis Plantii* and *N. flexuosa.*

N. Cami (Dr. Cam's). *fl.* rosy-pink, distinctly flushed blue, 1¼in. long, campanulate; perianth segments linear-oblong, acute; umbel of about ten flowers, emerging from two pink bracts. 1882. A hybrid between *N. curvifolia* and *N. undulata*, producing its flowers at the same time as its leaves.

N. flexuosa angustifolia (narrow-leaved). *fl.* pink; pedicels pubescent. *l.* linear, ⅛in. to ¼in. broad. 1885. A very distinct plant.

N. f. Sandersoni (Sanderson's). This differs from the type in the less-crisped perianth segments, which are more united in a cup at the base, the stouter pedicels and peduncles, and the broader leaves. 1885.

N. Manselli (Mansell's). *fl.* bright rose-red, ten to twenty in an umbel. *l.* bright green, 1½in. broad. 1886. A fine hybrid between *N. flexuosa* and *N. curvifolia.*

N. Moorei (Moore's). *fl.* six to nine; perianth bright scarlet, erect, the segments cut down to the ovary, oblanceolate, crisped, 1½in. long, nearly ¼in. broad; pedicels ¾in. to 1in. long; peduncle about 8in. long. *l.* 9in. to 12in. long, ½in. to ¾in. broad, curved, slightly twisted, blunt, thick and leathery, shining 1886.

NESOPANAX. Included under **Plerandra** (which *see*).

NEVIUSA (named in honour of the Rev. R. D. Nevius, of Alabama, the discoverer of the plant). ORD. *Rosaceæ.* A monotypic genus. The species is a nearly or quite hardy, glabrous, slender shrub, with cylindric branches and very slender, puberulous, leafy branchlets. It thrives in ordinary garden soil, in sheltered positions, and may be propagated by cuttings.

N. alabamensis (Alabama). *fl.* 1in. in diameter across the spreading stamens, in terminal, sessile, sub-paniculate corymbs; calyx tube green, small, the five lobes ½in. long, deeply toothed; stamens white, numerous, in many series; anthers yellow. May. *l.* alternate, petiolate, 1½in. to 3½in. long, membranous, pale green, ovate or oblong-ovate, acute or acuminate, usually doubly serrulate, puberulous; petioles ¼in. to ½in. long. Alabama, 1882. (B. M. 6805.)

NOTYLIA. To the species described on p. 457, Vol. II., the following should now be added:

N. Bungerothii (Bungeroth's). *fl.* yellowish-green, closely packed; dorsal sepal very falcate; petals linear-falcate, white, and having an orange spot at base; lip white, small, singularly rounded; peduncle long, many-flowered. *l.* nearly 9in. long, 2in. to 3in. broad. Pseudo-bulbs very large and broad, oblong. Central America, 1887.

NYMPHÆA. To the species and varieties described on pp. 459-60, Vol. II., the following should now be added:

N. alba candidissima (whitest). A large-flowered form of *N. alba.*

N. Daubenyana (Daubeny's). *fl.* pale blue, large, with a cluster of yellow stamens, each of which is tipped with a blue point, nicely scented, remaining open all day and closing in the evening. *l.* very handsome, with entire margins, producing in the angle of the opening small plants, which grow readily. 1882. Stove.

N. Kewensis (Kew). A garden hybrid between *N. Devoniensis* and *N. Lotus*, differing from the former principally in the colour of its flowers, which are rosy-red, with the lower part of the petals almost white, and which are sometimes as much as 9in. in diameter. (B. M. 6988.)

N. Marliacea chromatella (Marliac's yellow). A synonym of *N. tuberosa flavescens.*

N. odele. A synonym of *N. stellata purpurea.*

N. stellata purpurea (purple). A handsome variety, with reddish-purple flowers. 1887. SYN. *N. odele.* (R. G. 1240, under name of *N. zanzibarensis flore-rubro.*)

Nymphæa—*continued.*

N. tuberosa flavescens (yellowish). *fl.* creamy-white, 4in. to 6in. in diameter; stamens bright yellow. *l.* as in *N. alba.* Rhizome long and stout, producing numerous tubers. 1887. SYN. *N. Marliacea chromatella.*

Octomeria—*continued.*

acuminate; lip one-fourth as long as the sepals and petals, obtuse, yellowish, with a large, lurid-purple blotch; peduncles bearing two or three flowers. *l.* elliptic, fleshy, whitish-green above, beneath dark green, obscurely tessellated with dark

FIG. 44. NEPHTHYTIS PICTURATA, showing Habit and detached Leaf (see p. 573).

OCTOMERIA. To the species described on p. 467, Vol. II., the following should now be added:

O. supraglauca (glaucous above). *fl.* ¾in. long; sepals and petals pale glassy-green, faintly tinted purplish outside, lanceolate, purple, and minutely furrowed. *h.* about 2in. 1887. Plant tufted.

ODONTOGLOSSUM. To the species described on pp. 470-5, Vol. II., the following should now be added.

SUPPLEMENT.

Odontoglossum—*continued.*

Those known to require warm-house treatment are indicated by a dagger (†).

O. Andersonianum lobatum (lobed). A synonym of *O. crispum lobatum.*

O. A. splendens (spendid). A synonym of *O. crispum splendens.*

O. A. tenue (slender). A synonym of *O. crispum tenue.*

O. angustatum (narrowed). *fl.* in erect, shortly branched panicles; sepals greenish, with a brown mid-line, linear, very acuminate; petals yellow, transversely barred cinnamon-brown, broader than the sepals, crisped; lip white, the anterior part oblong-triangular, wavy, toothed, with brown streaks and bars, and a crest of two serrated lamellæ, one middle keel, and a tooth on each side of it. Pseudo-bulbs pyriform, ancipitous, each with one broadly lanceolate leaf from its apex, and about four accessory ones at its base. Peru. (B. O. 26.)

O. astranthum (star-flowered). *fl.* nearly 2in. across, the organs stellately di>posed; sepals and petals yellowish, streaked and blotched purplish-brown; lip white, spotted pale rose, ligulate, acuminate in front, the base of the column orange, with a few reddish-purple spots; panicle branching, upwards of fifty-flowered. Ecuadorean Andes. Something like *O. odoratum.*

O. baphicanthum (dyed-flowered). A variety of *O. odoratum.*

O. bictonense roseum (rosy). *fl.*, sepals and petals brown; lip deep rose. *O. b. rubrum* is probably synonymous with this.

O. b. rubrum (red). See **O. b. roseum.**

O. b. speciosum (showy). *fl.*, sepals and petals dark purple, transversely marked yellow; lip rosy-purple. 1887. (R. G. 1250, f. c-d.)

O. b. sulphureum (sulphur). *fl.*, sepals and petals yellow; lip white.

O. blandum Rossianum (Ross'). *fl.*, sepals and petals spotted brown; lip yellow, with red spots at base, the blade spotted and streaked purple, the crests yellow. 1886.

O. Boddaërtianum (Dr. Boddaërt van Cutsem's). *fl.*, sepals and petals yellow, marked dark cinnamon, lanceolate, acuminate; lip white, the basilar lobes semi-ovate, erect, dotted mauve-purple, the median lobe with small, spreading basilar angles; column whitish-yellow, spotted brownish-purple. Venezuela.

O. Bowmanni (Bowmann's). A form of *O. crispum.*

O. brachypterum (short-winged). *fl.*, sepals and petals light yellow, with a few cinnamon blotches; lamina of the lip yellow, with a large cinnamon blotch in front of the crest, which consists of five parallel keels, the stalk channelled, adpressed on the column, which is streaked and blotched cinnamon. Ocaña. New Grenada, 1882. A natural hybrid.

O. Brassia (Brassia-like). A synonym of *O. odoratum deltoglossum.*

O. cærulescens (bluish). A synonym of *O. Rossii.*

FIG. 45. ODONTOGLOSSUM CERVANTESII, showing Habit and detached Flower.

Odontoglossum—*continued.*

O. Cervantesii Andersoni (Anderson's). *fl.* white, with broken bars of reddish-brown at the base of the sepals and petals; lip bordered with reddish-brown spots. Mexico. The type is shown in Fig. 45.

O. C. roseum (rosy). *fl.* pale rose-coloured.

O. chætostroma (bristled-lip). *fl.*, sepals blackish-purple, tipped yellow, lanceolate, acuminate; petals yellow, spotted blackish-purple; lip yellow, marked cinnamon, pandurate, narrow at base, suddenly dilated and acuminate in the anterior part, which is fringed; column wings very narrow. *l.* and pseudo-bulbs reddish-brown. 1883. Said to be a natural hybrid between *O. Hallii* and *O. cristatum.*

O. chiriquense (Chiriqui). A variety of *O. coronarium.*

O. cinnamomeum (cinnamon). *fl.* strongly scented, resembling those of *O. odoratum*, but with broader and more densely marked sepals and petals; lip yellow, downy, with a large, brownish-crimson spot on the disk, the margin faintly spotted with crimson. 1885.

O. constrictum castaneum (chestnut-brown). *fl.*, sepals and petals brown, having one or two greenish-white lines at the base. 1885.

O. c. pallens (pale). *fl.*, sepals and petals sulphur; lip whitish, with a very light yellowish hue.

O. cordatum Kienastianum (Kienast's). A variety remarkable for the few broad blotches on the sepals and petals; the lip is very dark brown in front. 1886.

O. c. superbum (superb). *fl.* more richly coloured, and larger than in the type; scape upwards of 2ft. high, much branched. Mexico.

O. coronarium chiriquense (Chiriqui). *fl.* paler and larger than in the type; sepals chestnut-brown; petals yellow, with some brown markings; lip yellow, with a brown blotch on the disk. Chiriqui. SYN. *O. chiriquense.*

O. c. miniatum (scarlet). *fl.* smaller than in the type; sepals and petals chestnut-brown, bordered yellow; lip yellow; inflorescence denser. Pseudo-bulbs more closely placed. Ecuador. SYN. *O. miniatum* (of gardens).

O. crinitum sapphiratum (sapphire). A fine variety, having the white lip covered with light mauve-bluish spots. 1886.

O. crispum Andersonianum. According to Messrs. Veitch, the following are merely colour forms of this variety: *angustatum, Josephineæ, lobatum, Pollettianum,* and *tenue*; but for convenience of reference they are kept distinct in this work.

O. c. angustatum (narrowed). *fl.*, sepals and petals narrower and more pointed than in *O. c. Andersonianum,* the petals having larger blotches.

O. c. apiatum (bee-like). *fl.*, all the segments marked with one large brown blotch and two smaller ones, the sepals stained violet-purple. 1886.

O. c. aureum magnificum (golden, magnificent). *fl.* creamy-yellow, 3in. across; sepals and petals blotched chocolate-red; spikes stout, erect, branched at base. 1883.

O. c. Ballantynei (Ballantyne's). *fl.*, sepals and petals having a large, sanguineous-purple blotch in the centre; lip with large, reddish-brown spots around the crest.

O. c. Bowmanni (Bowmann's). *fl.*, sepals white, flushed and blotched deep rose; petals white, spotted rose towards the base; lip broadly hastate, with four or five reddish-brown spots and a large yellow disk. New Grenada. SYN. *O. Bowmanni.*

O. c. Cutsemianum (Cutsem's). *fl.* white, spotted red, large, with broad, toothed petals.

O. c. Dayanum (Day's). *fl.*, sepals with an irregular, central, mauve-purple blotch; petals with one or two circular spots and a streak at the base; lip white.

O. c. Edithiæ (Edith's). *fl.* yellow, blotched brown; sepals suffused rose; petals white in the centre. Columbia. SYN. *O. Edithiæ.*

O. c. Hrubyanum (Hruby's). *fl.* large, the whole of the central area of the very broad sepals and petals occupied by a brown blotch. Columbia.

O. c. hyperxanthum (extra-yellow). *fl.*, sepals with a few light yellow spots; petals white, rhomboid, serrated; lip and column yellow. 1887.

O. c. Josephineæ (Josephine's). *fl.*, sepals and petals blush-white, spotted reddish-chocolate; lip recurved at tip, having a yellow disk. Winter. SYN. *O. Josephineæ* (W. O. A. iv. 188).

O. c. lobatum (lobed). *fl.* numerous, 2½in. across; sepals and petals creamy-white, spotted chestnut-brown at base; lip spotted chestnut, and with two lines of the same colour. New Grenada. SYN. *O. Andersonianum lobatum.*

O. c. Pollettianum (Pollett's). *fl.*, sepals and petals tinted purple, margined creamy-white, spotted reddish-brown; lip with a brown blotch in the middle. New Grenada. (M. O. I. 26.) SYN. *O. Pollettianum.*

Odontoglossum—*continued*.

O. c. Reginæ (queenly). *fl.* white, evenly spotted reddish-brown, the disk of the lip yellow. New Grenada. (W. O. A. vi. 264.)

O. c. Ruckerianum. (M. O. i. 27.) According to Messrs. Veitch, the following are mere colour forms of this variety: *ayiatum*, *Ballantynei*, *Cooksoni*, *Dayanum*, *fastuosum*, *flaveolum*, *guttatum*, *Hrubyanum*, *Reginæ*, *Schrœderi*, and *Wilsoni*.

O. c. Schrœderi (Baron von Schrœder's). *fl.*, all the segments with one deep, large, reddish-brown blotch (or sometimes two) and two or three smaller ones; in addition to these, several reddish-brown spots are scattered over the remaining white area.

O. c. Scottii (Scott's). *fl.* creamy-yellow, large and showy; sepals entire, with large, bold spots of chestnut-brown; petals coarsely toothed, with fewer and smaller spots near the base; lip having prominent, yellow crests. *l.* ligulate. Pseudo-bulbs flat, ovate. 1883.

O. c. splendens (splendid). *fl.* white, tinged rose; sepals with a brown blotch in the centre and several smaller ones at base; petals spotted brown at base; lip with a large, central, brown blotch and some small brown spots on each side of the base, which is yellow, with some radiating, dark red lines. SYN. *O. Andersonianum splendens*.

O. c. tenue (slender). *fl.* smaller than in *O. c. Andersonianum*, milk-white, with a brown blotch on each sepal. SYN. *O. Andersonianum tenue*.

O. c. virginale (virgin-white). *fl.* pure white, the lip marked with one or two small dots and having yellow on the disk. 1882. A handsome variety.

O. c. Wilsoni (Wilson's). *fl.* very delicate blush, very large; petals broad, fringed; sepals and lip having a few chocolate spots. 1882.

O. c. Wolstenholmiæ (Mrs. Wolstenholme's). *fl.*, sepals and petals pure white, spotted ochre-brown in the centre, bordered mauve, very acuminate, the petals lobed and toothed; lip having a brown, ligulate disk and yellow calli; column yellow at base. 1887.

O. cristatellum (slightly crested). A variety of *O. cristatum*.

O. cuspidatum (cuspidate). A variety of *O. luteo-purpureum*.

O. Dawsonianum (Dawson's). A garden synonym of *O. Rossii Ehrenbergii*.

O. deltoglossum (deltoid-lipp d). A variety of *O. odoratum*.

O. Denisoniæ (Lady Londesborough's). *fl.* over 4in. across; sepals white, with a few pale purplish spots, lanceolate, acuminate; petals pure white, rather broader, acuminate; lip oblong, blunt, denticulate, with a pale yellow stain over the disk and a few purple spots; all the parts undulated at the edges; racemes elongated. *l.* two, oblong-lanceolate. Pseudo-bulbs ovate. New Grenada. Supposed to be a natural hybrid between *O. crispum* and *O. luteo-purpureum*.

O. dicranophorum (two-pronged). *fl.* as large as those of *O. triumphans*; sepals light yellow, linear-ligulate, acute, marked with two large, brown areas; petals broader at base, acuminate, with a brown blotch in the middle and several brown spots at base; lip very light yellow, unguiculate, a depressed callosity projecting from the centre, and extending into two rather thick lamellæ, which, with the superior callus, give the appearance of a two-pronged fork, whence the name; column yellow at base, white at top; raceme loose. Possibly a hybrid.

O. Edithiæ (Edith's). A variety of *O. crispum*.

O. Ehrenbergii (Ehrenberg's). A variety of *O. Rossii*.

O. elegans chrysomelanum (deep-golden). A variety in which there is no white disk on the upper sepal nor on the petals, while the lip and column are also yellow. 1888.

O. euastrum (beautiful star). *fl.*, sepals white, marked mauve and spotted cinnamon; lip heart-shaped over its stalk, nearly semicircular, an abrupt, long-lanceolate lacinia projecting from its centre, and sepia-brown, denticulate, indurate, sessile lamellæ standing at the base, the disk spotted brown, the base of the anterior lacinia white. 1887. Hybrid.

O. eugenes (illustrious). *fl.*, sepals pale yellow, with brown blotches, usually arranged in three groups; petals with a broad, pale yellow margin, the base and centre white, with some brown spots; lip as in *O. triumphans*, with a crest similar to that of *O. Pescatorei*. *l.* as in *O. Pescatorei*. Columbia. A handsome plant, supposed to be a hybrid between the species named.

O. excellens (excellent). *fl.*, sepals yellow, blotched purple, the dorsal one with a white centre; petals white, margined yellow, broader; lip white, blotched purple, pandurate, emarginate, apiculate, the crests yellow. Summer. Supposed to be a natural hybrid between *O. Pescatorei* and *O. tripudians* (or *O. triumphans*). (Gn. xxi. 330; I. H. 1886, 591.)

O. facetum (elegant). A variety of *O. luteo-purpureum*.

O. ferrugineum (rusty). *fl.*, sepals and petals dark cinnamon, tipped yellow, rather broad, the lateral sepals standing under the lip, the petals toothed; lip whitish-yellow, with a brown spot on the disk, sub-cordate over the stalk, narrow-oblong for half the length of the blade, then suddenly dilated into a nearly reniform, apiculate, toothed, fringed body; column wings small, with teeth. 1883. Probably a natural hybrid.

O. gracile (slender). *fl.* reddish-brown, about 1in. in diameter; lip fleshy, with two whitish crests; peduncle blackish, paniculately branched, the branches two or three-flowered. *l.* and pseudo-bulbs tinged blackish. Ecuador. A distinct-looking species.

O. grande magnificum (magnificent). *fl.* 7in. in diameter, brilliantly marked; scape about sixteen-flowered. Guatemala.

O. Harryanum (Harry Veitch's).† *fl.*, sepals and petals brown, with transverse, greenish-yellow lines, the petals projecting straight forward; lip very large, divided across the middle into two pieces, the one pure white, the other brownish-lake, with bright yellow, fringe-like crests. *l.* leathery, oblong, obtuse, 7in. to 10in. long. Pseudo-bulbs oval-oblong, compressed, 2½in. to 3in. long, two-leaved. Habitat unknown. 1887. (G. C. ser. iii., vol. ii., p. 169; M. O. i. 37.)

O. hebraicum (Hebrew-marked). A variety of *O. odoratum*.

O. Hinnus (mule). A variety of *O. luteo-purpureum*.

O. Hrubyanum (Hruby's). A garden synonym of *O. cirrosum*.

O. Humeanum (Hume's). A variety of *O. Rossii*.

O. ioplocon (violet-woven). This is closely allied to *O. Edwardi*, but it differs as follows: sepals longer, narrower, and more undulated; lip much smaller; and in the forms of the calli and column wings—"differences that seem to indicate a hybrid origin" (Veitch).

O. Jenningsianum (Jennings'). A variety of *O. crispum*.

O. Josephineæ (Josephine's). A variety of *O. crispum*.

O. læve auratum (golden). *fl.*, lip very narrow, a little dilated at the apex and acute at the top. 1885.

O. Leeanum (Lee's). A variety of *O. odoratum*.

O. ligulare (strap-like). A variety of *O. Lindleyanum*.

O. liliiflorum (Lily-flowered), of gardens. A variety of *O. ramosissimum*.

O. limbatum (bordered). A variety of *O. crispum*.

O. Lindleyanum albidulum (whitish). *fl.* yellowish-white, with some light sulphur at the base of the lip. 1885.

O. L. Coradinei grandiflorum (large-flowered). *fl.* light yellow, blotched and spotted chestnut-brown, large and handsome. New Grenada, 1887.

O. L. Kindlesidianum (Kindlesid's). *fl.*, sepals and petals white, bordered with yellow. 1885.

O. L. mirandum breve (short). *fl.* unusually short; sepals and petals conspicuously blotched purplish-brown; disk of the front part of the lip flushed sepia. 1885.

O. Lucianianum (Lucien Linden's). *fl.* white, blotched with reddish-purple, racemose; sepals and petals lanceolate, acuminate; lip velvety, the epichil oblong-ligulate, cuspidate, with crenulate margins; wings of the column linear aristate, very narrow. Pseudo-bulbs pyriform, attenuated, smooth. Venezuela, 1887. (I. H. ser. v. 7.)

O. luteo-purpureum Hinnus (mule). *fl.*, sepals and petals narrower than in the commoner forms, and undulated; lip sub-rhomboidal, with many-toothed calli. SYN. *O. Hinnus*.

O. l.-p. magnificum (magnificent). *fl.* large; sepals chestnut-brown except at base and apex; petals and lip heavily blotched chestnut-brown. New Grenada, 1887. (W. O. A. vi. 254.)

O. l.-p. Vuylstekeanum (Vuylsteke's). *fl.* sulphur, with a few blotches of the deepest and richest orange on the odd sepal, the petals, and the lip (which is much dilated at the top); lateral sepals orange, except at their base. New Grenada. A grand variety. The form *maculatum* has the disk of petals and base of lip whitish-sulphur, the other parts deep yellow, a few conspicuous, cinnamon blotches being scattered over sepals, petals, and lip. 1884.

O. macrospilum (large-blotched). *fl.*, sepals and petals light sulphur, or white and light mauve, with deep blotches of dark cinnamon, cuneate-lanceolate, acute; lip broadly triangular-cordate, apiculate or acute, with numerous lateral keels and a central one; wings of the column denticulate, entire or lacerate. 1885. Probably a natural hybrid.

O. maculatum integrale (entire). *fl.*, sepals light brown; petals white, transversely barred brown at base; lip white, with a yellow crest. Guatemala. The type is shown at Fig. 46.

O. Marriottianum (Marriott's).† *fl.* large; segments white, spotted pale purple, narrow, reflexed at the tips; crest of the lip yellow, streaked pale purple. *l.* (and pseudo-bulbs) approaching those of *O. Halli*.

O. miniatum (scarlet), of gardens. A variety of *O. coronarium*.

O. mirandum (extraordinary). A variety of *O. Lindleyanum*.

Odontoglossum—*continued.*

O. Mulus (mule). A variety of *O. luteo-purpureum*.

O. odoratum hemileucum (half-white). *fl.* having the disk of the petals and nearly the whole of the lip white. 1883. A beautiful variety.

O. Pescatorei Germinyanum (Comte de Germiny's). *fl.* white, flushed rosy-purple on the sepals, and marked with a few rose-purple spots, chiefly on the mid-line of the sepals, and one at the apex of the petals; basal part of the lip broadly margined purple round a yellow disk, which has some radiating, purple lines and a figured blotch in front, the front lobe spotted purple. (W. O. A. vii. 305.)

FIG. 45. ODONTOGLOSSUM MACULATUM.

O. P. leucoxanthum (white-and-yellow). *fl.* of a pure white, except some orange on the crests of the lip, the wings, and the base of the column. 1887. A remarkable form. (G. C. ser. iii., vol. i., p. 606.)

O. P. melanocentrum (dark-spurred). *fl.* white, having the column and the base of the lip blackish-purple. 1885.

O. P. stupendum (stupendous). *fl.*, dorsal sepal with a bright mauve-purple disk, the lateral ones of the same colour on the outer halves, the inner halves white; petals white, with a few mauve spots; borders of the side laciniæ of the lip marked mauve; column white, orange, and mauve. 1887.

O. Pollettianum (Pollett's). A variety of *O. crispum*.

O. polyxanthum grandiflorum (large-flowered). *fl.* large; sepals and petals deep yellow, the former marked with a few large, brown blotches, the latter with smaller blotches confined to the base; lip chocolate-brown, edged whitish, yellow at base. Ecuador, 1887. (W. O. A. vi. 253.)

O. prionopetalum (serrate-petaled). *fl.*, sepals and petals rich yellow, heavily spotted and barred chestnut-brown, the petals deeply serrate; lip white in front, pale yellow behind, with a large, transverse, brown blotch in the centre. Spring. New Grenada. A handsome plant, allied to *O. luteo-purpureum*.

O. pulchellum Dormannianum (Dorman's). *fl.* white, 1½in. to 1¾in. in diameter; sepals and petals ⅝in. broad. Pseudo-bulbs stronger, stouter, and rounder than in the type. Guatemala.

O. ramosissimum liliiflorum (Lily-flowered). *fl.* pale rose-purple, larger than in the type, the sepals and petals less wavy, the basal part marked with some white, ocellated spots. New Grenada. SYN. *O. liliiflorum* (of gardens).

O. retusum (retuse). *fl.*, sepals and petals orange-red, tinged yellow, lanceolate, acute; lip yellow, or the same colour as the sepals and petals, oblong, retuse, bilamellate at base; panicle branched, 100 to 150-flowered. *l.* linear-lanceolate, papery. Ecuador, 1846. A dwarf, small-flowered species.

O. rhynchanthum (beak-flowered). *fl.*, sepals and petals yellow, ligulate, acute, with a brown line and a few brown spots at the base of the petals; lip with a narrow, acuminate front lobe, two or four keels, and no bristles; raceme lax. 1887. This plant is something in the way of *O. Lindleyanum*.

Odontoglossum—*continued.*

O. rigidum (rigid). *fl.* bright canary-yellow, on long footstalks; sepals and petals oblong, acute; lip deeper in colour than the other segments, with a long claw and sub-quadrate blade that has an apiculus in the centre of the anterior margin; crest bidentate; column three-angled, green at base, yellow at apex; inflorescence tall, paniculate. *l.* linear. Pseudo-bulbs ovate.

O. roseum (rosy). A synonym of *Cochlioda rosea*.

O. Rossii majus (larger). A synonym of *O. R. rubescens*.

O. R. Smeeanum (Smee's). *fl.* large; sepals chestnut-brown, dotted white; petals white, with a lobed, chestnut disk and mid-base; lip white, with a yellow callus. 1887.

O. R. virescens (greenish). *fl.* white, spotted green.

O. rubescens (reddish). A variety of *O. Rossii*.

O. Ruckerianum (Rucker's). A variety of *O. crispum*.

O. Sanderianum (Sander's). A variety of *O. constrictum*.

O. Schrœderianum. This is now regarded as a form of *O. crispum*; but the plant described in G. C. ser. iii., vol. ii., p. 364, under this name, is *Miltonia Clowesii*.

O. spectatissimum (most splendid). A synonym of *O. triumphans*.

O. Staurastrum (cross-star). *fl.*, sepals and petals light yellowish-green, with square, sepia-brown blotches; side lobes of lip obtuse-angled, the middle one ligulate, acute, white, sepia-brown, and mauve. *l.* broader than in *O. Lindleyanum*. 1887. Supposed to be a hybrid between *O. Lindleyanum* and *O. tripudians*.

O. S. Gravesianum (Graves'). *fl.*, sepals and petals ochreous-sulphur, lined and spotted purplish-brown at base; lip white, the centre and some lines and spots at the base purplish-brown, the crests yellow. 1887.

O. stellimicans (glittering star). *fl.*, sepals and petals clear yellow, lanceolate, stellate, the petals with a brown line at the base, the sepals washed reddish-mauve outside and blotched brownish-purple within; lip having a well-developed stalk, pandurate, with triangular base and lobes, and a reniform front lobe, some small spots at the base, and a broad-lobed blotch on the stalk. 1884. Natural hybrid.

O. tripudians leucoglossum (white-lipped). *fl.*, ground-colour of the lip white.

O. viminale (twiggy). *fl.*, sepals and petals brown, with whitish-sulphur borders, and linear spots around the margin, which are scarcely visible; lip light sulphur at base, deep yellow in front, with an angle at each side of the base and the lanceolate anterior part; column pale green, bordered mauve at top. *l.* linear, acute, more than 1ft. long. Pseudo-bulbs the size of a large hen's-egg. Columbia, 1885.

O. Vuylstekeanum (Vuylsteke's). A variety of *O. luteo-purpureum*.

O. Warneri purpuratum (Warner's purple). A synonym of *Oncidium Warneri*.

O. Warnerianum (Warner's). A variety of *O. Rossii*.

O. Warscewiczii (Warscewicz'). A synonym of *Miltonia Endresii*.

O. Wilckeanum albens (whitish). *fl.* white, blotched and spotted reddish-brown, 2½in. to 3in. across; sepals lanceolate, acute; petals broadly ovate, very acute, toothed on the margins; lip pandurate, having a yellow area at the base, the margins crisped. 1886. A handsome garden hybrid.

O. W. pallens (pale). *fl.* whitish, blotched with brown. Columbia, 1885. A showy variety.

O. Williamsianum (Williams'). A variety of *O. grande*.

OLEARIA. To the species described on pp. 481-2, Vol. II., the following should now be added:

O. dentata (toothed), of Hooker. A synonym of *O. macrodonta*.

O. macrodonta (large-toothed). *fl.* white, small, Daisy-like, disposed in large, hemispherical corymbs. *l.* elliptic-oblong, undulated, coarsely toothed, somewhat Holly-like in appearance. New Zealand, 1886. Hardy shrub or tree. (G. C. n. s., xxvi., pp. 304-5.) SYN. *O. dentata* (of Hooker).

O. nitida (shining). *fl.*-heads white, in close, many-flowered, rounded corymbs; florets fifteen to twenty. *l.* resembling those

Olearia—*continued.*

of *O. furfuracea*, but more ovate, less coriaceous, sinuate-toothed, acute or acuminate, the tomentum more silvery and shining. New Zealand, 1886. A small, hardy tree. (G. C. n. s., xxvi., pp. 44-5.)

O. Traversii (Travers'). *fl.-heads* ⅓in. long, very numerous, on slender pedicels; panicles numerous, cymose, axillary and terminal, much-branched. *l.* flat, opposite, oblong- or ovate-lanceolate, acuminate, quite entire, 1½in. to 2½in. long, glabrous and shining above, silky-downy beneath (as well as the panicles and branches). *h.* 30ft. to 35ft. New Zealand, 1887. (G. C. ser. iii., vol. ii., p. 187.)

OMPHALODES. To the species described on pp. 482-3, Vol. II., the following should now be added:

O. Krameri (Kramer's). *fl.* of a rich blue, about as large as a sixpence. *l.* ample. Japan, 1882. A beautiful addition to our hardy plants; it is larger in growth than either *O. Luciliæ* or *O. verna*.

O. verna alba (white). This only differs from the type in having white flowers.

Oncidium—*continued.*

O. caloglossum (beautiful-lipped). *fl.*, sepals and petals yellow, striped sepia-brown, the stripes confluent in the petals; lip of brighter yellow, blotched brown in front, the warts of the calli reddish, with numerous brownish-red spots all around; column light yellow, spotted brownish-red at base, the wings spotted purple. Tropical America, 1885. [T.]

O. chrysops (golden-eyed). *fl.*, sepals light brown, cuneate-oblong; petals light brown, much broader, somewhat wavy, blunt; lip bright yellow, the basilar laciniæ small, the isthmus very short, the large anterior blade reniform, emarginate, the calli triseriate; peduncle reddish, racemose. *l.* reddish, short. 1888.

O. chrysorhapis (golden-needled). *fl.*, sepals and petals light sulphur-yellow, the disk spotted dark brown, forming one mass, with extended external processes on the upper sepal and petals; side laciniæ of the lip linear, lobed at top, erect, the claws covered with tumours, the anterior blade reniform, emarginate, very large; pedicels three to five-flowered. *l.* cuneate-oblong-lanceolate, acute, 6in. to 7in. long, 1½in. wide. Brazil, 1888. [T.]

O. crocodiliceps (crocodile's-head). *fl.* several in a one-sided

FIG. 47. ONCIDIUM INCURVUM, showing Habit and detached Flowers.

ONCIDIUM. To the species and varieties described on pp. 483-91, Vol. II., the following should now be added. Those marked T. are tropical, while those marked C. will thrive in a cool-house. The remainder require an intermediate temperature.

O. anthocrene (flower-fountain). *fl.* disposed in large, upright, branched spikes; sepals and petals chocolate-brown, transversely barred yellow towards the base, much undulated; lip white. Summer. Peru. A curious species, in habit somewhat resembling *Miltonia Warscewiczii*. [T.]

O. aurosum (golden). A variety of *O. excavatum*.

O. bicolor (two-coloured). A variety of *O. Martianum*.

O. Brauni (Braun's). *fl.* fuscous-orange and greenish-yellow; sepals oblong, reflexed, the lateral ones connate at base; petals ovate-oblong; lip three-lobed, slightly exceeding the sepals and petals, the middle lobe dilated and bilobed; panicle flexuous, elongated, loosely arcuate-recurved, the lower branches two or three-flowered, the upper ones one-flowered. *l.* terminal, solitary, ovate-oblong, half the length of the panicle. 1886. (R. G. 1235, a-c.) [C.]

raceme; sepals and petals greenish-sulphur, striped and blotched cinnamon, the sepals ligulate, acute, the petals sub-equal; lip white, with a tuft of yellow hairs at the sub-cordate or rounded base, and a velvet callus in front; anther very large, comparable to a broad crocodile's head. *l.* cuneate-oblong, acute, very strong. Pseudo-bulbs ultimately much wrinkled. Mexico, 1885. [C.]

O. cruentum (bloody). A synonym of *O. reflexum pelicanum*.

O. excavatum Dawsoni (Dawson's). *fl.* bright yellow and rich brown, large; scape 5ft. long, sometimes producing a hundred flowers. Peru.

O. hastatum hemimelænum (half-black). *fl.*, sepals and petals blackish-purple, tipped whitish-green; mid-lacinia of the lip brownish. 1887.

O. Henchmanni (Henchmann's). A synonym of *O. carthaginense sanguineum*.

O. hians (gaping). *fl.* yellow and brown, small; lip having an extraordinary, erect, white, fleshy appendage, as long as the column, parallel with that organ, and resembling the four fingers of a hand a little hollowed out and closed together; column without cheeks; stigma beaked. Brazil. (R. G. 1250.) [T.]

Oncidium—*continued*.

O. holochrysum (wholly yellow). *fl.* rich golden-yellow, very densely disposed in secund racemes; lip trifid, the large middle lobe clawed, reniform, bilobed. *l.* two, rather thick, ligulate, acute. Pseudo-bulbs oblong, sulcate, spotted. Peru. [C.]

O. Hookeri (Hooker's). *fl.* lively yellow, small; sepals and petals oblong, nearly equal, the latter spotted orange; lip three-lobed, the lateral lobes linear-oblong, spreading, the middle one broadly obovate-cuneate, the base orange or chestnut-coloured and tubercled; scape 6in. to 18in. long, paniculately branched. *l.* 5in. to 8in. long, linear-ligulate. Pseudo-bulbs clustered, two-leaved. Brazil. (B. M. 3712, under name of *O. raniferum major*.) [C.]

O. Hubschi (Hubsch's). *fl.* yellow, tinted brown, disposed in a much-branched panicle; lip narrower in front than at base, its chief mark consisting in the bipartite, orange column wings. Ecuador, 1885.

O. incurvum. This pretty and easily-grown species is described on p. 487, Vol. II. Fig. 47 shows the habit and the character of its inflorescence.

O. ionosmum (Violet-scented). A synonym of *O. tigrinum unguiculatum*.

Oncidium—*continued*.

O. ludens (playful). *fl.*, sepals rich brown, unguiculate, the upper one transversely elliptic, the lateral ones oblong, acute; petals yellow, marbled cinnamon, shortly unguiculate, hastate, annular, occurring both closed and open; lip pale yellowish-ochre and brown, recurved towards the apex; column greenish, striped brown, the wings dark purple. 1885. Allied to *O. annulars*. [T.]

O. macranthum Williamsianum (Williams'). *fl.* having a large, Indian purple blotch on each petal. New Grenada.

O. micropogon (small-bearded). *fl.* 1¼in. across the petals; sepals yellow, banded pale brown, linear-oblong, acuminate, undulated; petals golden-yellow, with a deep reddish-brown claw, much broader than the sepals; lip golden-yellow, with three sub-equal, spreading, clawed lobes, the disk covered with yellow and brown tubercles; raceme 8in. to 10in. long, pendulous. August. *l.* two to a pseudo-bulb, 4in. to 6in. long, linear-oblong. South Brazil (?), 1886. (B. M. 6971.)

O. monachicum (monkish). *fl.*, dorsal sepal dark brown, with a crisped, yellow border, reniform, overarching, the lateral ones large, cuneate-oblong, on long stalks; petals cinnamon, blotched and edged sulphur-yellow, roundish-hastate, incurved, undulated; lip brown, ligulate, with an angular base and a double

Fig. 48. Oncidium Jonesianum, showing (1) Habit, (2) Front and (3) Side Views of detached Flowers, and (4) Pseudo-bulb.

O. Jonesianum phæanthum (dusky-flowered). *fl.* having brownish sepals and petals, a smaller crest on the lip, and no spots. 1887. The type is shown in Fig. 48. [T.]

O. Keilianum (Keil's). A synonym of *Brassia Keiliana*.

O. Kramerianum (Kramer's). A variety of *O. Papilio*.

O. leopardinum (leopard-marked). *fl.* yellow, showy, disposed in loose panicles about 3ft. high; sepals and petals banded dark brown; lip banded brown at base, the middle lobe unguiculate, transversely emarginate, the base auriculate. Peru. A free-flowering, compact species. [T.]

O. lepturum (slender-tailed). *fl.*, properly formed ones light yellow, spotted brown; sepals and petals cuneate-oblong, acute; lip with a very broad, cordate base, narrowed into a small, bifid apex, and having a cushion of finger-like calli at the base. 1886. One of the group with tufts of abortive flowers. [C.]

O. loxense (Loxa). *fl.* in a broad panicle; sepals dull olive, barred cinnamon, unguiculate, oblong, acute; petals broader and shorter; lip bright orange, having a tooth-like auricle on each side of the base, a short, broad stalk, and a broad, reniform blade. *l.* cuneate-ligulate, acuminate. Pseudo-bulbs oblong, furrowed, two-leaved. Cordillera of Loxa, 1884. [C.]

callus; spikes large and branching, as in *O. serratum*. March and April. New Grenada. Allied to *O. metallicum*. (G. C. n. s., xix., p. 368.) [T.]

O. nubigenum (cloud-born). A variety of *O. cucullatum*.

O. Papilio Kramerianum resplendens (resplendent). In this form the flowers are much larger, and the colours brighter, than in *Kramerianum*; the callus of the lip, als`, is longer than in that variety, and has the base and apex yellow, spotted and barred purplish-brown, the middle being white, barred purplish-mauve; the lip itself lacks the brown margin generally seen. [T.]

O. P. majus (greater). *fl.* dark brown, barred yellow; lip very large, bright yellow in the centre, edged dark brown. Trinidad. [T.]

O. pardoglossum (panther-marked-lipped). *fl.* chestnut-coloured, narrow, much marked with yellow on the lip, and having a very obscure, yellow band on the dorsal sepal; column light yellow, very long, with brownish-purple wings. 1886. An interesting species.

O. Pollettianum (Pollett's). *fl.* large; sepals yellow, the dorsal one oblong, acute, the lateral ones connate and two-toothed at apex; petals brown, bordered yellow; lip having small, roundish

Oncidium—*continued.*

auricles at base, a long, narrow neck, and a broad, four-lobed blade, the outer lobes broadest; raceme many-flowered. 1886. A showy species. [T.]

O. raniferum major (frog-bearing, larger). A synonym of *O. Hookeri.*

O. Rigbyanum (Rigby's). A synonym of *O. sarcodes.*

O. Rogersii (Rogers'). A variety of *O. varicosum.*

O. roseum (rosy). A synonym of *O. carthaginense sanguineum.*

O. sanguineum (bloody). A variety of *O. carthaginense.*

O. sarcodes discoidale (discoid). A trifling variety, having no spots on the front part of the lip. 1886.

O. Sprucei (Spruce's). *fl.* bright yellow, produced in great profusion; sepals and petals blotched red above, obovate, obtuse; lip having the transverse middle lobe narrowly clawed, two-lobed, stained red at base; panicles flexuous. *l.* sometimes 2½ft. long. Brazil. Allied to *O. Cebolleta.* [T.]

O. stelligerum (star-bearing). *fl.* stellate, paniculate; sepals and petals yellowish, with many brown spots, oblong-ligulate; lip yellowish-white, with a darker yellow callus, the lateral lobes short, obtuse-angled, the isthmus narrow, the middle lobe roundish cordate, shortly and abruptly cuspidate. Mexico. Allied to *O. hastatum.* [C.]

O. s. Ernesti (Ernest's). *fl.* pale yellow, with large, rounded, brown spots on the sepals and petals, and a reddish-purple front lobe to the lip. Mexico, 1887. (W. O. A. vi. 260.) [C.]

O. superbiens (superb). *fl.* 2½in. in diameter; sepals chocolate-brown, tipped yellow, long-clawed, the upper one much crisped, reflexed at apex, the lateral ones more ovate and less curved; petals smaller, yellow above, barred chocolate below, cordate-oblong, recurved, with a shorter and broader claw; lip blackish-purple, with a yellow crest, very small, revolute; panicle loose, flexuous, twenty to thirty-flowered; scape (and inflorescence) 2ft. to 3ft. long. *l.* about 1ft. long, linear-oblong, acute, keeled. Pseudo-bulbs elongate-ovate, compressed, about 4in. long. New Grenada, Venezuela. (B. M. 5980.) [T.]

O. tigrinum lugens (mournful). *fl.*, sepals and petals of a uniform, dark reddish-brown inside, the tips yellow, the dorsal keels green. 1886.

Oncidium—*continued.*

O. Warneri (Warner's). *fl.* five to eight in a short raceme; sepals oval, spreading; petals narrower and ascending; lip bright yellow, three-lobed, flat, the middle lobe deeply parted into two roundish lobes. Autumn. *l.* linear-lanceolate, recurved. Pseudo-bulbs ovate, ancipitous, two-leaved. Mexico. SYN. *Odontoglossum Warneri purpuratum* (B. R. 1847, 20). There are two varieties: *purpuratum*, sepals and petals white, streaked

FIG. 50. FLOWERING BRANCHES OF OPUNTIA MACRORHIZA.

bright purple; *sordidum*, sepals and petals dull yellow, streaked purple. [C.]

ONCOMA. A synonym of **Oxera** (which *see*).

ONOSMA. To the species described on p. 498, Vol. II., the following should now be added:

O. pyramidalis (pyramidal). *fl.* drooping, disposed in nodding, short racemes; sepals ¼in. long, narrow-lanceolate, free to the base; corolla bright scarlet, fading to lilac, about as long as the sepals, nearly ellipsoid, with a rather contracted, truncate mouth, sparingly pubescent. October. *l.*, radical ones numerous, rosulate, 10in. to 12in. long, nearly 1in. broad, narrow-lanceolate, acuminate, narrowed towards the base; cauline ones 4in. to 6in. long, sessile, lanceolate, acuminate. Stem 1½ft. to 2ft. high, stout, terete, pyramidally branched. Whole plant covered with white hairs. Western Himalayas, 1886. (B. M. 6987.)

OPLISMENUS. To the species described on p. 501, Vol. II., the following should now be added:

O. Burmanni albidulum (whitish). *l.* mostly white, with a green stripe along the midrib. India, 1886. A pretty, stove or greenhouse Grass, of dwarfer and more compact habit than the common variegated form, *O. B. variegatus* (*Panicum variegatum*, of gardens).

OPUNTIA. To the species described on pp. 502-4, Vol. II., the following should now be added:

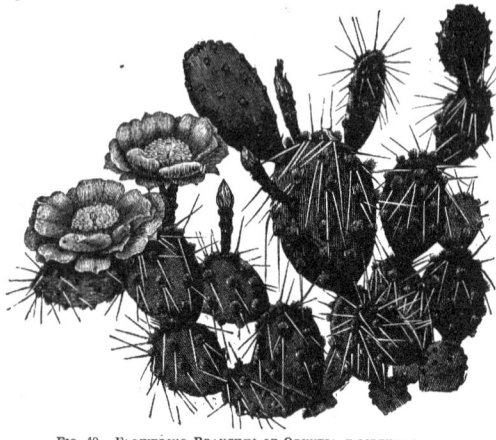

FIG. 49. FLOWERING BRANCHES OF OPUNTIA FILIPENDULA.

SUPPLEMENT.

Opuntia—continued.

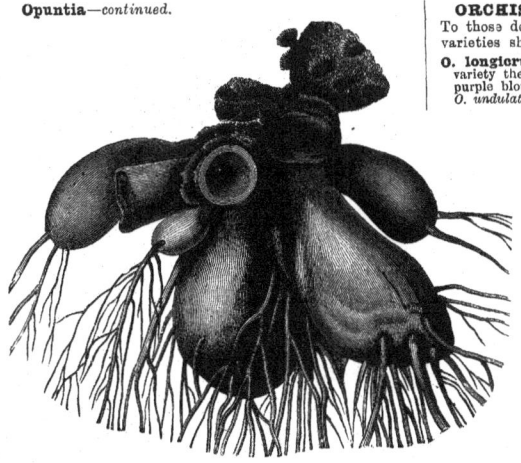

FIG. 51. ROOTS OF OPUNTIA MACRORHIZA.

O. filipendula (drooping-threaded). *fl.* purplish, 2½in. in diameter, very handsome. May and June. Stems about 1ft. high, spreading; joints flat, round or oval, about 3in. long, oft n less, bluish-glaucous; cushions ⅜in. apart, composed of a little tuft of white, woolly hair, and a cluster of erect, rather strong bristles; spines usually one to each cushion, slender, deflexed, white, 1in. to 2in. long, but absent from some joints. Mexico. Stove. See Fig. 49.

O. macrorhiza (large-rooted). *fl.* yellow, large and beautiful. Summer. Stems cylindrical at maturity; joints flattened, battledore-like, with deciduous spines longer than the tufted bristles on the stems, the newly-developed joints having small leaves; roots thick and fleshy, having the appearance of potatoes, and supposed to be edible. Texas. This species resembles *O. Rafinesquii*. See Figs. 50 and 51.

O. rosea (rosy). *fl.* bright rose, 2in. across, borne on the ends of the ripened growths of the year, usually clustered. June. Stem erect, freely branching; joints 2in. to 6in. long, cylindrical; tubercles ridgelike, bearing on their points small cushions of very fine bristles, and tufts of pale yellowish spines about ⅜in. long all pointing upwards. Brazil. A distinct and handsome, but rare species. See Fig. 52.

ORCHIDANTHA (from *Orchis*, an Orchid, and *anthos*, a flower; in allusion to the Orchid-like appearance of the flowers). ORD. *Scitamineæ*. A monotypic genus. The species is a very remarkable and interesting, stove, perennial herb, resembling a dwarf Heliconia in foliage, but with flowers like those of an Orchid. For culture, see **Heliconia**, on p. 128, Vol. II.

O. borneënsis (Bornean). *fl.* produced in short spikes close to the ground; sepals yellowish at base, purplish towards the apex, narrow linear-lanceolate, acute, 1in. long; petals blackish-violet, linear, obtuse, aristate, rather more than ½in. long; lip blackish-violet, linear, acuminate, 1in. long; stamens five. *l.* elliptic-oblong, acuminate, bright green, 6in. to 8in. long, 2½in. to 3in. broad; petioles 5in. to 10in. long. Borneo, 1886.

ORCHIS. The British Flora embraces nine species. To those described on pp. 520-1, Vol. II., the following varieties should now be added:

O. longicruris foliis-maculatis (spotted-leaved). In this variety the leaves are marked with large, irregular, brownish-purple blotches. 1884. (R. G. 1149, f. 3, under name of *O. undulatifolia foliis-maculatis*.)

O. maculata superba (superb). *fl.* rich mauve, spotted and blotched purple; spikes dense, about 1ft. long. May and June. *l.* dark green, spotted purple. *h.* 1¼ft. A fine variety.

ORIXA. Included under **Celastrus** (which see).

ORNITHIDIUM. To the species described on p. 524, Vol. II., the following should now be added:

O. ochraceum (ochre). *fl.* very small; sepals and petals ochre, with a few mauve-purple spots, ligulate, acute; lip white, the disk of the anterior lacinia ochre, spotted mauve. *l.* cuneate-oblong, unequally acuminate, cartilaginous. Pseudo-bulbs elliptical, ancipitous. New Grenada, 1887.

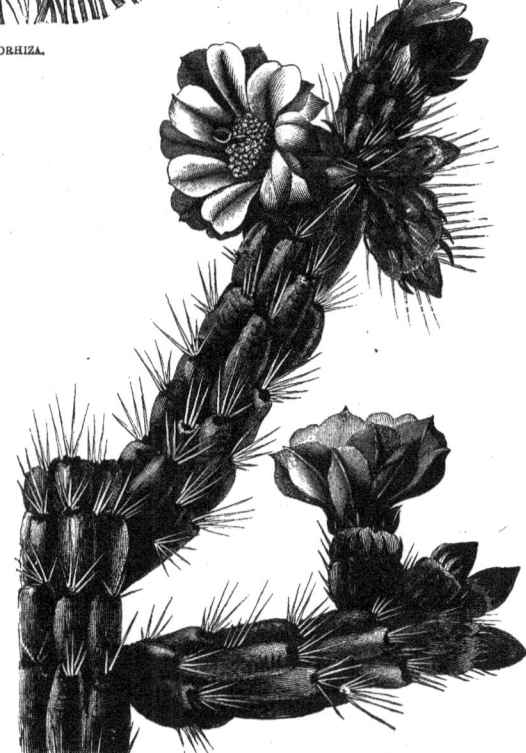

FIG 52. PORTION OF FLOWERING PLANT OF OPUNTIA ROSEA.

ORTHOCHILUS. A synonym of **Eulophia** (which see).

OSMUNDA. To the varieties of *O. regalis* described on p. 530, Vol. II., the following should now be added:

O. regalis gracilis (slender). A graceful form, the fronds of which sometimes come up tinted. See Fig. 53, for which we are indebted to Messrs. W. and J. Birkenhead.

FIG. 53. OSMUNDA REGALIS GRACILIS.

OSTEOCARPUS (from *osteon*, a bone, and *karpos*, fruit). ORD. *Convolvulaceæ*. A genus of greenhouse herbs or sub-shrubs, founded by Philippi, only differing from *Nolana* in the very hard, bony fruit (whence the generic name). They thrive in sandy loam, and may be increased from seeds, or by cuttings of the young wood.

O. rostratus (beaked). *fl.* azure-blue, bell-shaped. Summer. *l.* scattered, terete. Branches pubescent. A remarkably pretty sub-shrub. (R. G. 1884, 1175, a-e.) SYNS. *Alona rostrata*, *Nolana rostrata*.

OSTROWSKIA (named by Regel, in honour of the Russian botanist, Ostrowski). ORD. *Campanulaceæ*. A monotypic genus. The species is a very handsome and distinct, hardy, perennial herb, requiring similar culture to the tall perennial species of **Campanula** (which see, on p. 253, Vol. I.).

O. magnifica (magnificent). *fl.* blue, on long stalks, disposed in a terminal raceme; calyx with a series of linear pores at the base of the long, linear, acute segments; corolla campanulate, 3in. long and broad. *l.* in whorls, large, lanceolate, acutely toothed. *h.* 4ft. to 5ft. Central Asia, 1887. (G. C. ser. iii., vol. iv., p. 65; J. H. xvii., 1888, p. 53; R. G. 1887, p. 639; R. H. 1888, 344.)

OTANDRA. A synonym of **Geodorum** (which see).

OXALIS. To the species and varieties described on pp. 540-2, Vol. II., the following should now be added:

O. catharinensis (Santa Catharina). *fl.* white, greenish at base; petals ¼in. to ⅜in. long, narrow cuneate-oblong; peduncles terete, unbellately four to fifteen-flowered. *l.*, leaflets three, triangular, sub-sessile, 2¼in. broad, cuneate at base, truncate at apex, green and glabrous above, paler or purplish and minutely hairy beneath; petioles 2in. to 8in. long. Rhizome branching, covered with fleshy scales. South Brazil, 1887.

O. imbricata flore-pleno (imbricated, double-flowered). *fl.* of a deep rose-colour, "as double as the most double of Chinese Primulas" (W. Watson), nodding; peduncles hairy. *l.* hairy. Port Elizabeth, 1886. (G. C. ser. iii., vol. ii., p. 681.)

OXERA (from *oxeros*, sour; in allusion to the acrid taste). SYN. *Oncoma*. ORD. *Verbenaceæ*. A genus embracing ten species of glabrous, often climbing, stove shrubs, natives of New Caledonia. Flowers whitish or yellowish-white, pedicellate, rather large; calyx four or five-cleft, or rarely sinuate-toothed; corolla limb four-cleft; perfect stamens two, long-exserted; bracts usually small; cymes dichotomous, pedunculate in the upper axils, or disposed in a terminal, trichotomous panicle. Leaves opposite, entire, coriaceous. Only one species has been introduced. It thrives in good, rich, loamy soil, and may be increased by cuttings.

O. pulchella (pretty). *fl.*, calyx of four green sepals, ¾in. to ⅞in. long; corolla yellowish or faintly greenish-white, 2in. long, between funnel and bell-shaped, the lobes broadly oblong; cymes many-flowered. December. *l.* 2in. to 5in. long, petiolate; upper ones oblong, obtuse or sub-acute; lower ones longer, oblong-lanceolate, obtusely acuminate, entire or with shallow crenatures. 1886. A handsome climber. (B. M. 6938; G. C. ser. iii., vol. iii., p. 209; Gn. xxxiii., 510; J. H. xvi., 1888, p. 87.)

PÆONIA. The single varieties of this useful, hardy flower have recently taken a high position in the estimation of gardeners. There are something like 150 named garden Pæonies, and a very select group for ordinary establishments is as follows:

Single Herbaceous Pæonies. ACASTA, flesh-colour; ASTROCA, silvery-rose; BACELUS pink, yellowish centre; GOLIATH, crimson; GORDIUS, maroon; GORGONIUS, purple; JANUS, light purple; LEVONI, white; ORTHIA, white, rose margin; QUEEN OF MAY, French white.

Double Herbaceous Pæonies. ADELAIDE, pure white; ADONIA, rosy-purple; AGENORIA, cream; ANCONA, bright rose, large; ATALANTA, rose; BEATRICE KELWAY, flesh-colour; GLORY OF SOMERSET, soft pink, large; LABOLAS, purplish-rose, distinct yellow tip; LADY GWENDOLINE CECIL, rose, large and full; LADY LEONORA BRAMWELL, silvery-rose; MEDIA, pale rose, large; MEDUSA, rosy-lilac; MILLAIS, maroon; PEARL, white, with a pale rose tint; PRINCE HENRY OF BATTENBERG, purple; PRINCESS BEATRICE, pink outer petals, yellow and pink centre; PRINCESS IRENE, primrose centre, pink petals; PRINCESS MARY OF CAMBRIDGE, rose; PRINCESS OF WALES, flesh-colour; QUEEN VICTORIA, rose, broad outer petals; SIR FREDERICK LEIGHTON, purplish-crimson; THISBE, pale pink; VERTUMNUS, rosy-blush; VESPER, primrose, outer petals pinkish-blush.

Moutan or Tree Pæonies. ANTIGONUS, pale rose; HECATE, maroon, yellow stamens; ILLUSTRIS, rose; LAUTA, white and pale purple; LORD TENNYSON, violet-purple; MAGNIFICENCE, cerise; PHŒBUS, rose, tinted salmon; REGALIS, rose, handsome; VENOSA, white, flushed carmine.

PALICOUREA. To the species described on p. 8, Vol. III., the following should now be added:

P. jugosa (ridged). *l.* opposite, elliptic-oblong, dark, satiny green, with depressed midrib and veins, the under surface purple. Brazil, 1886.

P. nicotianæfolia (Tobacco-leaved). *fl.* ⅜in. long, shortly pedicellate; calyx pubescent, the lobes triangular; corolla pale yellow, tomentose, tubular, the lobes short, triangular, margined red; thyrse terminal or from one of the upper axils, 4in. to 7in. long, contracted. September. *l.* opposite, 5in. to 9in. long, 2in. to 3in. broad, elliptic-lanceolate or oblong, acuminate, rather membranous. Brazil. (B. M. 7001.)

PALLASIA (of L'Héritier). A synonym of **Encelia** (which see).

PANAX. To the species described on p. 14, Vol. III., the following should now be added. All are stove shrubs.

P. crispatum (crisped). *l.* densely disposed, triangular, pinnately divided, deep green, with several pairs of overlapping leaves and a terminal one, each of which is deeply incised and slightly toothed on the margins, thus imparting a crispy appearance; petioles and stem olive-green, spotted lighter green. Brazil, 1888.

Panax—continued.

P. fruticosum multifidum (much-cleft). *l.* broadly ovate and very obtuse in outline, tripinnatisect; ultimate divisions linear or linear-lanceolate, ¼in. to ½in. long, tipped with a short, white bristle, and often margined with bristle-tipped teeth. 1887.

P. lepidum (pretty). *l.* biternate, deep green, the leading division surpassing the others; lateral pinnules of the secondary divisions obliquely obovate, the inner portions of the two blades almost covering the small central pinnule, which is deflexed, and in some instances is scarcely more than rudimentary; outside margins deeply and irregularly incised, spinose-toothed. Brazil, 1888.

P. nitidum (shining). *l.* deep green, roundish-obovate, appressed at apex, the margins furnished with small, slightly spinose teeth, the front part with two, three, or more deep incisions; petioles and stems brownish or deep olive-green, spotted or marbled yellowish-green. Brazil, 1888.

P. ornatum (adorned). *l.* long, pinnate; pinnæ narrow-lanceolate, deeply toothed on the margins; petioles and stems dark brownish-green, freckled or spotted light green. Brazil, 1888.

PANCIATICA. A synonym of **Cadia** (which *see*).

PANCRATIUM. To the species described on p. 15, Vol. III., the following should now be added:

P. caribæum (Caribbean). *fl.* pure white, fragrant, six to twelve in a sessile umbel; perianth tube 2in. to 3in. long; segments linear, 3in. to 3½in. long; staminal cup regularly obconic, 1in. long, faintly two-toothed between the free tips of the filaments, which are 1½in. to 2in. long; peduncle acutely angled, little shorter than the leaves. *l.* a dozen or more, multifarious, lorate, acute, 2ft. to 3ft. long, 2in. to 3in. broad above the middle, narrowed to 1in. at the base. Bulb globose, 3in. to 4in. in diameter. West Indies. Stove. The correct name of this plant is *Hymenocallis caribæa*.

P. guianensis (Guiana). *fl.* disposed in clusters; segments narrow, drooping, curled and twisted; corona trumpet-shaped; filaments green; anthers yellow; scape erect. British Guiana, 1887. Stove. See Fig. 54, p. 584, for which we are indebted to Mr. Wm. Bull.

P. parviflorum (small-flowered). *fl.* small, seven or eight in an umbel; stamens having a broad base, with an erect tooth on each side; scape shorter than the leaves. Summer. *l.* broad, linear, acuminate. 1885. Greenhouse.

PANDANOPHYLLUM. Included under **Mapania** (which *see*).

PANDANUS. Including *Barrotia*. To the species described on pp. 16-18, Vol. III., the following should now be added:

P. Augustianus (Auguste's). This is closely related to *P. Kerchovei*. The leaves are larger and more densely serrated, the nerves being green and denticulated, and the stem is broader. Papua, 1886. (I. H. 1886, 612.)

P. Grusonianus (Gruson's). *l.* numerous, very narrowly linear-lanceolate, densely serrated from base to apex, the teeth brilliant red, acute, the midrib keeled below and slenderly spicate. Stem short. Amirantes Islands, 1887. (I. H. ser. v. 12.) SYN. *Barrotia Grusoniana*.

P. Kerchovei (Comte de Kerchove's). *l.* very narrow, attenuated and acute at apex, densely toothed, the middle nerve keeled below, the lateral ones numerous, one or two of the primary ones keeled above, confluent towards the apex; teeth greyish-white. Stem short, attenuated. Amirantes Islands, 1886. (I. H. 1886, 600.)

PANICUM. To the species described on pp. 18-19, Vol. III., the following variety should now be added:

P. italicum japonicum (Japanese). A form of the common Millet, with pendulous inflorescences, cultivated in Turkestan. It is probably native throughout Eastern and Southern Asia. *h.* 1¼ft. (R. G. 1887, p. 278, f. 72.)

PANSY. This has always been a favourite, not only on account of the rich, brilliant, and varied colours, beautifully contrasted with the softer shades, pale blue and violet, but also for the sweet and very delicate perfume, and because plants may be obtained in blossom during every month in the year without forcing, but with the aid of a garden frame during the time of frost and snow. No plant sooner exhausts itself by blossoming; and as soon as the flowers show evident signs of inferiority, the old plants must be renovated by a rich surface-dressing, and a succession of young ones must be maintained. The recently-introduced varieties are all worthy of careful culture. A few of the best are here given:

Pansy—continued.

Fancy Pansies.

AGNES MITCHELL, dense dark blotch, upper petals white, purple band; ALEXANDER OLLAR, purple-maroon blotch; BEATRICE MARY MAXWELL, maroon blotch, with white margin; CATHERINE AGNES, rosy-purple and white, violet blotch; DAVID CHRISTIE, chocolate blotch, whitish margin; GEORGE CARLOW, upper petals purplish, black blotch; GEORGE C. TREVELYAN, purplish self, dark blotch; GEORGE INNES, brownish-maroon blotch, yellow margin; GEORGE WOOD, crimson, dark blotch; JOHN MCCOLL, purple blotch on yellow ground; JOHN POPE, yellow, with dark blotch, very fine; JUBILEE, chocolate blotch on yellow ground, upper petals crimson; MARY ANDERSON, deep yellow, dark blotch, upper petals purplish; MISS BLISS, brownish-red and yellow, edged white, handsome form; MISS KATE GRIEVE, upper petals crimson, with chocolate blotch; MISS LIZZIE MATTHEWS, creamy-white, with pale purplish blotch; MR. G. P. FRAME, dark maroon blotch, crimson, with white margin; MRS. FORBES, reddish-maroon blotch, purplish petals, with whitish margin; MRS. J. C. HOPE VERE, purple blotch, yellow edge, upper petals crimson; MRS. MELDRUM, white, violet blotch; MRS. SCOTT PLUMMER, bronze and yellow; WILLIAM STEWART, dark maroon blotch, upper petals purple and yellow.

Show Pansies.

Class I. Selfs. ALEXANDER BLACK, dark self, very fine, well-formed; ALPHA, white self, dense dark blotch; AYMER EDWARD MAXWELL, cream self, fine eye; BEACON, dark maroon, extra form and substance; CAPTAIN CROMBIE, dark maroon, fine quality; CHERUB, fine yellow; DEWDROP, white, dense violet blotch, very fine; DIMPLE, dark plum self, good form and substance; FIGARO, yellow, black blotch, fine show variety; FLAG OF TRUCE, white self, fine form, good substance; GARRY, rich dark self, fine and well-formed; GEM, golden-yellow, perfect form, good quality; HELEN DOUGLAS, large blotch, white, fine form; HIGHLAND MARY, white self, large and well-formed; JAMES HUNTER, dark self, finely-formed; J. DALZIEL, purple, extra fine; MRS. HORSBURGH, deep orange - yellow self; MRS. WILLIAM OLD, white self, violet-purple blotch, fine; MRS. WILLIAM WILSON, white self, large, well-formed; NEPTUNE, dark self, fine form; PETER LYLE, dark self, fine form and substance; THE MAHDI, very dark, well-formed.

Class II. White Grounds. BEAUTY, plum belt; BRORA, purple belt; ELSIE THOMSON, plum-purple belt, good form; FAIR MAID, broad, rich purple belt, large; LADY FRANCES, violet belt, well-formed; LOCHBUY, dark maroon belt, smooth; MISS JESSIE FOOTE, light purple belt, fine; MISS MEIKLE, purple belt, large; MISS MILLIGAN, light purple belt; MRS. A. FINLAYSON, purple belt, large and good form; MRS. GAIR, medium purple belt, fine form; MRS. J. S. ARMSTRONG, purple belt, very fine; MRS. RITCHIE, purple belt, large and constant.

Class III. Yellow Grounds. AMY, yellow, purple belt; ARDLER, purple belt, well-formed; CREMORNE, purple belt, dense dark blotch; DAVID DALGLEISH, bronzy-purple belt, fine; DR. D. P. STEWART, yellow, very clear, purplish belt; EBOR, dark bronze belt; JANETTE, solid blotch, dark maroon belt; JOHN ELDER, maroon belt, extra fine; JOHN HARPER, bronze-purple belt, large; LIZZIE BULLOCK, purple belt, good form; LORD FREDERICK CAVENDISH, bronze-purple belt; MATTHEW BULLOCK, bronze-purple belt; MRS. MELVILLE, maroon-purple belt, pale yellow ground; PERFECTION, dark purple belt, fine form; THOMAS RITCHIE, deep purple belt.

PAPAVER. To the species and varieties described on pp. 20-2, Vol. III., the following should now be added:

P. bracteatum præcox (early). *fl.* deep sanguineus-crimson, somewhat smaller than those of *P. orientale*. May. Perennial.

PAPPERITZIA (so called after Papperitz, a friend of Reichenbach's, who discovered *Hymenophyllum tunbridgense* in Saxony). ORD. *Orchideæ*. A monotypic genus. The species is a dwarf, stove Orchid, of botanical interest, allied to *Rodriguesia*. For culture, see **Burlingtonia**, on pp. 224-5, Vol. I.

P. Leiboldi (Leibold's). *fl.* green, small, with yellow bristles on the sepals and petals and some yellow on the lip; dorsal sepal conic-gibberose, with a tail-like apex, the lateral ones connate; petals oblong, aristate-acuminate; lip connate with the base of the column, forming a blunt pouch at the base, closed by a high, three-toothed crest; racemes lax, pendulous. *l.* 2in. to 3in. long, linear, acuminate. Mexico, 1886.

PASSIFLORA. To the species and varieties described on pp. 29-33, Vol. III., the following should now be added:

P. quadrangularis variegata (variegated). A variety differing from the type only in its leaves, which are freely covered with yellow spots and blotches.

Passiflora—*continued*.

P. violacea (violet). *fl.* 3in. in expanse; sepals and petals pale lilac, oblong, obtuse; outer coronal filaments blue in the middle, white at base and tips, the inner, violet ones shorter; peduncles

Passiflora—*continued*.

narrow-oblong, horned at apex; petals delicate lilac, similar to the sepals; corona of several rows of erect threads, the outer rows twice as long as the inner, violet, barred white. *l.* three-

FIG. 54. INFLORESCENCE AND LEAVES OF PANCRATIUM GUIANENSIS (see p. 583).

long. *l.* three-lobed; stipules large, obliquely semi-cordate. Brazil, 1885. A beautiful, stove or greenhouse species. (R. H. 1885, p. 468.)

P. Watsoniana (Watson's). *fl.* about 3in. in diameter; sepals green with whitish margins outside, within white, flushed violet, lobed, 2in. to 2½in. long, 3in. broad, green above, violet beneath. Brazil (?). Greenhouse. (G. C. n. s., xxvi., p. 648.)

PATTONIA. A synonym of **Grammatophyllum** (which *see*).

PAVETTA. To the species described on p. 35, Vol. III., the following should now be added:

P. montana (mountain). *fl.* pure white, Ixora-like, in terminal corymbs. *l.* long-petioled, oblong-lanceolate, acute. Java. A dense, free-growing plant, well adapted for pot culture.

P. natalensis (Natal). *fl.* snow-white, salver-shaped, with very long-exserted styles, disposed in handsome, densely cymose heads. *l.* lanceolate, dark, shining green. Natal, 1888. Stove shrub.

PELARGONIUM. The following selection includes the most recently introduced varieties, many of which are much superior to any of the old ones in richness of colour and perfection of form.

Show Pelargoniums.

AMBASSADOR, deep rose, distinct dark blotch on upper petals, well-formed; BLUEBEARD, light purple, whitish centre, upper petals shaded darker, large flowers, good habit; CORINNA, lower petals lilac-rose, upper ones maroon with lighter edge, white centre; CRUSADER, lower petals bright red, crimson-shaded, upper ones dark, distinct and free; DUKE OF CLARENCE, lower petals scarlet, upper ones maroon, shaded edge, fine shape; DUKE OF NORFOLK, crimson-scarlet, dark upper petals, and light centre; EXCELLENT, lower petals light crimson, upper ones maroon-crimson, well-formed; EXPRESS, lower petals rosy-purple, upper ones dark, with narrow, rose edge; FRANCES, rosy-purple, dark blotch on upper petals, well-formed; MARION, lower petals rosy-purple, dark blotch on upper ones, narrow rose edge, white centre; MARQUIS, rose, dark blotch on upper petals, white centre, well-formed; MYSTERY, lower petals rosy-salmon, upper ones dark maroon, rose edge, light centre; PLATO, soft rose, dark blotch on upper petals, shaded lighter edge, white centre; WRESTLER, orange-red, maroon blotch on upper petals, white centre, large.

Decorative Pelargoniums. Spotted and Fringed.

ECLIPSE, salmon-red, dark blotch on all the petals, dwarf and free-flowering; EDWARD PERKINS, orange-scarlet, dark blotch on upper petals, extra fine; HARRY BUCK, upper petals crimson, blotched maroon; MONARCH, blush-white, maroon-crimson blotch, dwarf habit; PRINCESS MAUD, crimson, shaded white edge, white centre; RADIANT, red, lightly feathered crimson, heavily blotched dark red on upper petals, excellent habit; THE BARD, rosy-crimson, dark blotch on upper petals, dwarf, bushy habit.

Fancy Pelargonium.

AMBASSADRESS, soft lilac-rose, with a white centre, well-formed flowers.

Zonal and Nosegay Pelargoniums.

Single-flowered Varieties adapted for Pot Culture. ALEXANDER ALBRECHT, rich, dark scarlet, large truss (also a good bedding-out variety); AUREA PERFECTA, orange-yellow, a greatly improved JEALOUSY, but habit not good; CHARLES MASON, scarlet-vermilion, large pips and truss, the best scarlet variety yet raised; EDITH LITTLE, delicate rosy-blush, large truss; EDITH STRACHAN, pale salmon, large and well-formed pips, good habit; ELLEN CLARK, orange-salmon, good habit, very profuse-flowering variety; FALSTAFF, scarlet and plum-colour, large truss, free-blossoming habit; INTERNATIONAL, white, lightly tinged pink, of large size and excellent form; JOHN L. BALDWIN, vermilion-scarlet, perfectly-formed pips, plant dwarf and free; LADY FRANCES RUSSELL, delicate pink, white centre, well-formed; LORD TREDEGAR, scarlet, suffused plum, immense flowers of excellent form; MARY CLARK, pinkish-salmon, with orange tinge, plant free in growth and of good habit; M. MYRIEL, crimson, white centre, the best-formed flowers in this colour; MRS. BARKER, rose, well-formed pips and large truss, good habit, the best in the colour; MRS. DAVID SAUNDERS, lilac-pink, large pips; MRS. MILLER, rich crimson, pips well-formed; PERDITA, salmon, paler edge, very delicate colour, dwarf plant, of free growth; QUEEN OF WHITES (improved), very pure, well-formed, pips of medium size; REV. DR. MORRIS, very rich vermilion-scarlet, good shape and large truss; REV. R. P. HARRIES, pale salmon-rose, large truss, free in growth; SAM JACOBY, a seedling from H. JACOBY, of a richer and darker colour; W. BEALBY, light rosy-scarlet, well-formed pips, dwarf plant; WEDDING RING, orange-yellow, with the distinct colour of its parent JEALOUSY, but of a free-branching habit.

Single-flowered Varieties adapted for Bedding. CORSAIR, bright scarlet; HAVELOCK, dark scarlet; LUCY MASON, salmon-pink, suffused with orange; REV. HEY, rosy-red, dwarf plant.

Double-flowered Varieties adapted for Pot Culture. AGLAIA, cerise, very good habit, one of the very best double Zonals; CORINNA, delicate blush-pink; GOLDFINDER, yellowish-orange, dwarf plant, of free growth, extra fine; LORD MAYOR, pink, dwarf plant, free-flowering, good winter-blossomer; MADAME DALLOY, pinkish-blush, well-formed pips; MOLIÈRE, rosy-pink, good pip and habit; MRS. CORDEN, cerise, a very pretty variety; RE UMBERTO, bright orange, very distinct.

Ivy-leaved Pelargoniums.

Single-flowered. MADELEINE REITERHART, bright rose, very free flowerer, well adapted for pillar culture.

Double-flowered. ALICE CROUSSE, rich magenta, free in growth; FURSTIN JOSEPHINE VAN HOHENZOLLERN, rosy-red, pips very double, and well-formed; GALILEE, delicate lilac, a pretty shade; LE PRINTEMPS, rosy-pink, very free; MADAME DE WISCH, rosy-scarlet, shaded magenta, good pips and truss; MURILLO, rich crimson, dwarf habit; SOUVENIR DE CHARLES TURNER, rose, with purplish tint, large pips, one of the best.

PELECYPHORA. To the species described on p. 65, Vol. III., the following variety should now be added:

P. aselliformis pectinatus (comb-like). A variety with larger scales than the type. (R. G. 1885, p. 25, under name of *P. pectinatus*.)

PENNISETUM. To the species described on p. 69, Vol. III., the following should now be added:

P. giganteum (gigantic). *fl.*, spikes nodding, solitary or in pairs in the upper axils, slender, pedunculate. *l.* narrow linear-lanceolate. *h.* 5ft. to 6ft. 1884. An ornamental, stove Grass.

PENTSTEMON. To the species and varieties described on pp. 71-74, Vol. III., the following should now be added:

P. Cobæa purpurea (purple). *fl.* rich purple, sparingly shaded with violet, much larger than in the type; spikes four to six on established plants. 1882. A charming variety.

Varieties. The following is a selection of the latest garden varieties:

ALEXANDER, red, whitish throat, purple veins. BERLIOZ, violet, white throat. CYTHÈRE, deep red, white throat, purple edge. EMILE PALADILHE, amaranth, white throat; large. ESMERALDA, white and lilac. EUGENE LABICHE, purple, shaded red. GOUNOD, violet, white throat; large. LEVIATHAN, violet and white. MELPOMENE, violet, white throat, netted purple. MONT BLANC, pure white. ORPHÉE, white and lilac. PAUL BERT, fiery-red, white throat; fine. PERLE, mauve and white. VESUVE, deep red, white throat. VICTOR TISSOT, pale rose, salmon throat.

PERAMIUM. A synonym of **Goodyera** (which *see*).

PERESKIA. To the species described on p. 76, Vol. III., the following should now be added:

P. zinniæflora (Zinnia-flowered). *fl.* rosy-red, terminal on the ripened young shoots, and composed of a whorl of broad, overlapping petals, nearly 2in. across, with a cluster of stamens in the centre. Stem erect, woody, branching freely; branches bearing oval, acuminate, fleshy, wavy-edged, green leaves, with short petioles, and a pair of spines in the axil of each; spine cushions on old stems crowded with stout, brown spines. Mexico. A well-marked species, in the way of *P. Bleo*. See Fig. 55, p. 586.

PERISTERIA. To the species described on p. 79, Vol. III., the following should now be added:

P. læta (pleasing). *fl.* bright yellow, somewhat resembling those of *P. cerina*; sepals and petals spotted dark purple, the former oblong, the latter cuneate-rhomboid; lip with smaller spots than those on the sepals and petals; bracts ovate, triangular; raceme porrect, several-flowered. *l.* two or three, plicate, oblong-lanceolate, acuminate. Pseudo-bulbs pyriform. Origin unknown. 1887.

P. selligera (stool-bearing). *fl.* the same colour as those of *P. pendula*, the epichil being perhaps yellower; column armless; callus saddle-like, with deep, argute margins, covering the whole disk. Demerara, 1887. This is closely related to *P. pendula*.

PETUNIA. This free-growing plant still holds its own; and it will ever be popular in gardens where free-growing subjects are preferred to those with which greater skill is required to command success. Some of the recent double varieties are very handsome. A good addition to those described on p. 86, Vol. III., is given below.

Double Varieties. ADOLPHE WEICKE, crimson, with darker veins, neatly fringed white. ANTIGONE, deep lilac, shaded rose; large. ARC-EN-CIEL, rich purplish, lightly veined, prettily fimbriated. CÉLÉBRITÉ, pale rose, shaded lilac; large and well-formed. C. NODIER, rich purple. CRÉPUSCULE, purplish, with white tips; large and full. DIABLE BOITEUX, lilac; very large, doubly fimbriated. FRISURE, deep crimson. HERMINE, white, handsomely fringed. LA CHINE, rich reddish-purple, fimbriated. LA NUIT, deep crimson. MADAME SAUZER, rose, with lilac tint and darker veins, prettily fringed. M. BESSAUD, violet, crimson, and white; well-formed. MONT CENIS, creamy-white; large, fimbriated. MRS. BARCHARD, reddish-purple, with white margin.

THE DICTIONARY OF GARDENING.

Petunia—*continued.*

RUBENS, purplish-red; large. SHAKESPERE, rosy-lilac, veined maroon. TÉLÉPHONE, lilac-rose, veined magenta; large.

Single Varieties. ACROBATE, rose, tinged lilac, white throat, dark red reticulations; fine form. ALFRED, magenta, maroon throat. CELLINI, deep lilac, whitish throat, dull red veins. HARPOCRATE, carmine, white throat, purplish reticulations; large. JUNO, reddish-purple, with darker veins. MDLLE. DE LA SEIGLIÈRE, white, reticulated with violet lines; good form. MISS ALCOTT, deep pink, maroon veins, large. MISS C. TYRELL, rosy-purple, crimson veins, dark throat. MONOLOGUE, magenta, flaked white and shaded violet; large. THEMISTOCLE, clear red, white throat; large. VESUVE, bright red, marked purple and maroon; large.

FIG. 55. FLOWERING BRANCH OF PERESKIA ZINNIÆFLORA (see p. 585).

PHAIUS. To the species and varieties described on p. 90, Vol. III., the following should now be added:

P. Blumei (Blume's). *fl.*, sepals very acuminate; lip two-crested within, the limb semi-trilobed, the middle lobe largest, undulated. Java (grown in gardens).

P. callosus (thick-lipped). *fl.*, sepals and petals dull reddish-brown, tipped dingy-white, less numerous than in *P. grandifolius* (which this plant resembles in habit); lip white, with a tinge of pink, a dark purple spot beneath, and a little yellow on the two-lobed spur, truncate or almost two-lobed at the end, with a thick, callous line passing downwards along the middle. Java. (G. C. 1848, p. 287.) SYN. *Limodorum callosum*.

P. irroratus purpureus (purple). *fl.* having white sepals and petals, a dull rose lip, and a yellow throat. March and April.

P. Marshalliæ ionophlebia (violet-veined). *fl.*, lip having a sulphur-coloured disk and crest, with erose veins to the apex. 1885.

P. M. tricolor (three-coloured). *fl.* disposed in long, pendulous racemes; sepals and petals pure white; lip orange-yellow, marked crimson-purple. 1887.

P. Sedenianus (Seden's). *fl.*, sepals milk-white, washed with sulphur inside, lanceolate; petals lanceolate; lip large, broad, three-lobed, the lateral lobes broad, rhomboid, the middle one short, square, emarginate, blunt-angled, the borders broadly light purple, the disk sulphur, with three parallel keels; peduncle very strong, thirteen-flowered. 1887. Hybrid.

P. Veitchianus (Veitch's). *fl.* white, having the tips of the sepals and petals washed with very light mauve, and the lip with a fine mauve-purple anterior border and mauve-purple lines. 1885. An elegant garden hybrid between *P. Marshalliæ* and *P. Bensonæ*.

PHALÆNOPSIS. To the species and varieties described on pp. 91-3, Vol. III., the following should now be added:

P. alcicornis (elk's-horn). *fl.*, sepals and petals creamy-white, the former washed light yellow outside; lip having light yellow spots on the callus, the nail, and the base of the side laciniæ, the anterior lacinia having the keel of the mid-line yellow, and yellowish borders near the angles. 1887. Hybrid.

P. amabilis (lovely), of gardens. A synonym of *P. Aphrodite*.

P. Aphrodite Dayana (Day's). *fl.* very large; lower sepals dotted carmine over half their surface; side lobes of the lip deep yellow at the lower edge, the middle lobe trowel-shaped or hastate, marked carmine-crimson across the base, and striped carmine-crimson down the centre. Eastern Archipelago. SYN. *P. amabilis Dayana* (W. O. A. i. 11).

P. denticulata (toothed). *fl.*, sepals and petals white, spotted brown, cuneate-ligulate, acute; lip white, three-parted, the side partitions ligulate, light yellow on the anterior side, the median one cuneate-oblong-ligulate, acutish, with three mauve lines on either side. December. *l.* 6in. to 7in. long, 2in. to 3in. wide, green.

P. equestris (equine). A synonym of *P. rosea*.

P. Foerstermanii (Foersterman's). *fl.*, ground-colour white; sepals and petals cuneate-lanceolate, marked with thin, forked, or hieroglyphic, brown, transverse lines; lateral laciniæ of the lip scimitar-shaped, retuse, recurved, with a retrorse bristle, and an oblique keel outside, a yellow callus on the inner side of each, the middle lacinia tridentate at apex; peduncle two-edged. *l.* cuneate-obovate, unequally bidentate at apex. 1887.

P. gloriosa (glorious). *fl.* very conspicuous, set closely, and much resembling those of *P. amabilis*. *l.* broad at apex, light green on both sides, slightly silvered on the upper surface.

P. Harriettæ (Harriet Corning's). *fl.* 2¼in. across; sepals and petals sulphur-white or pale primrose, dotted rosy-purple at base, the lateral sepals acute and distinctly keeled, the petals much broader; middle lobe of lip violet-crimson, the lateral ones rosy-purple above, with brown and purple spots below; scape one-flowered. *l.* oval, 2¼in. to 4½in. long. 1887. A hybrid between *P. amabilis* and *P. violacea*.

P. John Seden. *fl.* 3in. in diameter; sepals and petals ivory-white, dotted light purple; lip three-lobed, white, the front of the side lobes suffused pale rose and dotted rosy-crimson, the base bearing a trace of yellow, dotted rosy-crimson; crest white, suffused pale rose, with a tinge of yellow, and bright rosy-crimson dots. *l.* oval-oblong, dark green. A hybrid between *P. amabilis* and *P. Luddemanniana*. (G. C. ser. iii., vol. iii., p. 332.)

P. Leda. *fl.* more than 2½in. across, resembling in shape those of *P. amabilis*; inner half of the lateral sepals purple-spotted near base; front lobe of lip densely covered with minute, rosy dots, with some yellow at its base, and the apex pure white; side lobes marked yellow on the front margin, and with a few purple spots below the middle, the stalk of the lip being marked with a few purple bars; crest yellow, spotted purple. *l.* elliptic-oblong, deep green. Hybrid, of doubtful origin.

P. Lobbii (Lobb's). A synonym of *P. intermedia*.

P. Luddemanniana hieroglyphica (hieroglyph-marked). *fl.*, sepals and petals ochre-white, narrower than in the type, with cinnamon, hieroglyphic markings; side laciniæ of lip very short, the middle one cuneate, narrow, with an unusually developed keel. *l.* 7in. to 8in. long, 2in. wide. 1887.

P. L. ochracea (ochreous). *fl.*, sepals and petals pale yellowish-rose, barred pale brown. Philippine Islands. (R. H. 1872, 390.)

P. Regnieriana (Regnier's). *fl.* rose-coloured, with a lip that is nearly wholly dark purple, and a dark purple column; side laciniæ of the lip small, triangular, the middle one much larger, oblong-lanceolate, apiculate, thickened beneath; peduncles nine to twelve-flowered. *l.* very thick, tapering. Siam, 1887.

P. Rothschildiana (Rothschild's). *fl.* resembling those of *P. leucorhoda*; sepals sulphur-yellow, the lateral ones spotted with purple at the lower part of the base; petals white, large, much rounder; side laciniæ of lip cuneate, rounded, yellow

56. PHILODENDRON ANDREANUM (see p. 588).

Phalænopsis—continued.

at the lower outer margin, spotted purple, the middle one white, spotted red and marked orange. 1887. A cross between *P. Schilleriana* and *P. Aphrodite*.

P. Ruckerianum (Rucker's). A garden synonym of *Sarcochilus unguiculatus*.

P. Schilleriana advena (stranger). *fl.* almost spotless; sepals and petals pale purple; lip white, with a yellow callus and side lobes, and two rose-purple spots in front of the callus. 1885.

P. S. alba (white). *fl.* white, with the exception of the yellow crest, and a few yellow spots on the upper portion of the lip. 1882.

P. S. splendens (splendid). *fl.* rose, washed with a darker colour; side lobes of the lip white, spotted purple and washed rose. 1886. A handsome variety. (R. H. 1886, p. 396.)

P. S. vestalis (vestal). *fl.* white. Philippine Islands.

P. Stuartiana Hrubyana (Hruby's). *fl.*, sepals and petals purple at back, the upper sepal narrowly, the petals broadly, margined white, the inner border of the lateral sepals also white.

P. S. nobilis (noble). *fl.* longer in its parts than in the type; callus of the lip orange. 1882.

P. S. punctatissima (much-dotted). *fl.*, upper sepal, and upper and inner sides of the lateral ones, and petals dotted with mauve. 1882.

P. S. punctulata (slightly dotted). *fl.*, sepals and petals marked with numerous red dots. 1885. (L. I. 8.)

P. violacea Bowringiana (Bowring's). *fl.* pure, light yellow, with a broad dash of purple inside the lateral sepals, and some purple bands and freckles at the bases of the upper sepal and petals. Malayan Archipelago.

P. v. Schröderi (Baron Schröder's). *fl.* larger than in the type; sepals and petals wholly purple, broad; lip of a deeper amethyst-purple than in the type; raceme short, erect. *l.* bright green. 1882.

PHILODENDRON. To the species described on pp. 96-8, Vol. III., the following should now be added:

P. Andreanum (André's). *l.* pendulous, 2ft. to 3ft. long, 10in. broad, elongate-cordate-lanceolate, acute, dark, shining green, with coppery reflections. Columbia, 1886. A fine climber. See Fig. 56, p. 587, for which we are indebted to Messrs. James Veitch and Sons. (R. H. 1886, p. 36.)

P. nobile (noble). *fl.* axillary; tube of the spathe rosy-crimson both outside and within; lamina white within, the outside spotted with deep rose. *l.* obovate-lanceolate, acute. Stem climbing. South America, 1885. This resembles *P. crassinervium*, but is larger.

P. squamiferum (scale-bearing). *fl.*, spathe 3½in. to 4in. long, the tube reddish-purple, the lamina pale greenish-yellow and reddish-purple outside, whitish-yellow within; spadix oblique, sessile, 3in. long; peduncles twin, reddish, 3in. long. *l.* 6in. to 12in. long, 5in. to 10in. broad, pinnatifidly five-lobed; young ones entire or three-lobed; petioles 6in. to 12in. long, ¼in. thick, terete, reddish, densely bristly. Stem smooth. Brazil and Guiana, 1886. (I. H. 1886, 590.)

PHLOX. To the species and varieties described on pp. 100-3, Vol. III., the following should now be added:

P. Drummondii cuspidata (cuspidate). A dwarf variety, with peculiarly pointed flowers.

P. D. flore-pleno (double-flowered). A pretty, double-flowered form. 1886. (R. G. 1886, p. 404.)

P. D. hortensiæflora alba (Hortensia-flowered, white). *fl.* pure white, showy and beautiful, produced in large heads. 1882. A close-growing and compact form. (F. & P. 1882, p. 53.)

P. stellaria (starry). *fl.* white, more than 1in. across. March to June. *l.* 1in. to 2in. long. Stems dark, wiry.

Varieties. Perhaps in no previous season have Phloxes been finer than in the summer and autumn of 1888. They grew most vigorously, producing long, branched spikes of richly-coloured, brilliant flowers. The late-flowering varieties have quite superseded the early-flowering section in the drier and warmer climate of the South of England; but the *Suffruticosa* section are much esteemed in the cooler, moister districts of the North. The *Decussata* varieties are also more numerous, but it may be fairly said they are too numerous. Of good and distinct forms that have been recently introduced, the best are here given.

Phlox—continued.

Early-flowering Varieties (*Suffruticosa* Section). BURNS, deep rosy-purple, well-formed. CLIPPER, white, with lilac tint; well-formed spike. CONQUEROR, pure white, lilac eye; fine spike. EMPRESS, white, beautiful rose centre. JOHN C. DUKE, fine white, rose centre. KING OF PURPLES, dark purple, crimson eye. LADY KEITH MURRAY, pure white; handsome spike. MAGNUM BONUM, rosy-red, large, fine. MRS. JAMES WATT, white, pale purple eye; fine spike. MRS. J. HOPE, white, with a suffusion of rosy-lilac. MRS. KELWAY, white, rosy-lilac centre; good spike. MRS. MILLER, purplish; large spike. MRS. W. RICHARDS, white, with slight purple shade. NETTIE STEWART, white, with distinct lilac shade. PERFECTION, pure white, pale rose centre. PURPLE EMPEROR, rich purple; very large. REV. DR. HORNBY, white, striped rose, purple eye. ROSY GEM, pleasing dark rose-colour, fine form. STANLEY, deep rose, dark red eye; fine spike. WALTER GRAY, rosy-purple, dark eye.

Late-flowering Varieties (*Decussata* Section). AMBASSADOR, white, dark red centre, large. AMMONITE, lilac-rose, white centre, large. AUSTIN WITHERS, lilac, reddish eye; distinct. BACILLE, purplish-mauve, large, fine. BERLET, white, carmine centre. CAROT, white, fine, large. CHARLOTTE SAISSON, white, crimson centre. CORTAMBERT, white, deep red centre; fine spike. DIANA, white, purple eye, good form. DON JUAN, rosy-tinted, dark centre. EMPRESS, white, pinkish centre; fine spike. ERCKMANN-CHATRIAN, bluish-purple; compact spike. EUGÈNE TUNNER, white, crimson eye, fine. FRÉDÉRIC FAILLIE, white, tinged rose, carmine eye. GENERAL FROLOW, rosy-purple, fine, large. GIPSY QUEEN, rosy-lilac, crimson centre. JAMES DICKSON, lilac; fine form and spike. JOHN ALEXANDER, deep salmon, crimson eye. JOHN BRUNTON, rich, dark vermilion. LUCIE BALTET, pale purple-lilac; large spike. M. MAREY, deep rose, purplish-violet centre, fine. MRS. JAMES CLARK, lilac; large, handsome spike. MRS. R. MONRO, rosy-lilac, crimson centre. MRS. WHITEHEAD, rosy-lilac, carmine centre. NEIL GLASS, rosy-violet, dark purplish centre. P. NEILL FRASER, purplish-rose, fine form. ROBERT KNOX, deep salmon; large and fine spike. SHERIFF IVORY, pale rose, crimson eye. THE DEACON, rosy-purple, crimson eye. THE McNEWMAN, rosy-crimson, dark eye. TOMBOUCTOU, pale rose, rich reddish centre. TOREADOR, rosy-salmon, darker centre.

PHŒNIX. To the species described on pp. 104-5, Vol. III., the following hybrid and variety should now be added:

P. hybrida (hybrid). A hybrid between *P. dactylifera* and *P. farinifera*. The stem is short and stout, while the leaves resemble those of *P. farinifera*. The fruits, when mature, are of a glaucous-red. Greenhouse.

P. rupicola foliis argenteo-variegata (silvery-variegated leaved). A beautiful variety, having leaves variegated with green and white. 1887. (I. H. ser. v. 3.)

PHORMIUM. This genus now embraces three species. To the species and varieties described on pp. 105-6, Vol. III., the following should now be added:

P. Hookeri (Hooker's). *fl.* on slender pedicels; sepals orange, linear-lanceolate, acute; petals green, linear-oblong, rounded and recurved at apex; filaments blood-red; scape inclined. July. *l.* ensiform, flaccid, recurved, torn at apex. h. 5ft. New Zealand. Hardy in the South-west of Britain. (B. M. 6973.)

P. tenax nigro-limbatum (black-bordered). *l.* glaucous-green, erect, rather broad, margined blackish-purple; the points split, both sides of each of the divided portions having the blackish-purple margin.

PHRYNIUM. To the species described on p. 109, Vol. III., the following should now be added:

P. variegatum (variegated). *l.* 5in. to 7in. long, 1½in. to 3in. broad, oblong, sub-acuminate at apex, rounded-obtuse at base, beautifully and irregularly variegated in dark and light greens and greenish-yellow; petioles 6in. to 7in. long, striped with green and white. Singapore, 1886. (I. H. 1886, 601.) See Fig. 57, for which we are indebted to Messrs. James Veitch and Sons.

PHYLLOCACTUS. To the species and varieties described on pp. 112-3, Vol. III., the following should now be added. They are well worth a place in collections of Succulents.

P. Cooperi (Cooper's), of gardens. See **P. crenato-grandiflorus**.

P. crenato-grandiflorus (hybrid). The handsome plant, with large, yellowish-white flowers, figured in R. G. 1176 under this name, is known in gardens as *P. Cooperi*.

Fig. 57. PHRYNIUM VARIEGATUM.

THE DICTIONARY OF GARDENING.

Phyllocactus—*continued.*

P. Haagei (Haage's). *fl.* flesh-coloured when first expanded, becoming carmine before fading, about 6in. across. See Fig. 58.

FIG. 58. FLOWERS OF PHYLLOCACTUS HAAGEI.

P. roseus grandiflorus (rosy, large-flowered). *fl.* white, 6in. long and broad, nodding. See Fig. 59.

PHYSURUS. To the species described on p. 117, Vol. III., the following should now be added:

P. fimbrillaris (fringed). *fl.* white; sepals marked outside by a central line of pellucid glands; lip yellow at the tip, which is delicately fringed. *l.* ovate, dark green, with silver veins. Brazil.

PHYTOLACCA. To the species described on p. 119, Vol. III., the following variety should now be added:

P. decandra albo-variegata (white-variegated). A form with variegated leaves. 1887. (R. H. 1887, p. 16, f. 2.)

PICEA. To the species and varieties described on pp. 121-3, Vol. III., the following should now be added:

P. alpestris (rock-loving). This resembles *P. excelsa*, but has the young shoots velvety, with stiffer, shorter, thicker leaves, about ¼in. to ⅜in. long, and more distinctly four-angled. Swiss Alps.

P. Breweriana (Brewer's). *l.* five to twelve lines long, one-half to one line broad, rounded or slightly keeled above, stomatose beneath on each side the prominent midrib, obtuse. *cones* slender, 3in. long, with thin, entire scales. Branchlets long, drooping, whip-like, puberulous. *h.* 80ft. to 90ft. North California, 1886. This tree somewhat resembles *P. excelsa*. (G. C. n. s., xxv., pp. 497-8.)

P. excelsa virgata (twiggy). This is identical with the form *monstrosa*.

P. Parryana (Parry's). A synonym of *P. pungens*.

Picea—*continued.*

P. pungens. Rocky Mountain Blue Spruce. "White, glabrous branchlets, stouter [than those of *P. Engelmanni*], in old specimens somewhat flattened, spiny-pointed leaves, blue in young trees and in the young growth of old trees; the cones are much longer and paler [than in *Engelmanni*], the bark thick, crooked, and greyish; leaves of seedlings somewhat denticulate" (Engelmann). A tall tree. SYN. *P. Parryana*.

PICOTEE. This, like the Carnation, is being steadily improved by cultivators, the greatest advance having been made in the Yellow-ground section. The under-mentioned varieties are not all new, but should be grown in all good collections:

Red-edged. DR. ABERCROMBIE (Fellowes), broad edge of deep red, on pure white ground; MRS. FULLER, broad red edge, on good white ground; WILLIAM SUMMERS (Simonite), a good old variety, with medium heavy edge.

Purple-edged. BARONESS BURDETT-COUTTS (Payne), medium purple edge, glistening white ground; JULIETTE (Fellowes), medium-edged purple, with broad, well-formed petals; MR. TUTTON (Payne), light edge, very pure white ground, neat; PRINCESS DAGMAR (Batten), broad margin of full purple, pure white ground.

Rose and Scarlet-edged. DUCHESS (Fellowes), light rose edge, good form, very large and full; FAVOURITE (Liddington), very large, with broad, smooth petals, the best light rose-edged Picotee; MRS. SHARPE (Sharpe), a heavy-edged rose, of fine quality, the white very pure; ORLANDO (Fellowes), well-defined light rose edge, good white petals, large.

Yellow and Buff Ground. AGNES CHAMBERS (Douglas), clear yellow, lightly edged pinkish-red, large and full; ALICE WAITE (Turner), pale yellow, light edge of crimson, well-formed; ALMIRA (Douglas), bright yellow, flaked on the edge with pink, very large and full; ANNIE DOUGLAS (Douglas), full yellow, heavily edged rose, superb form; BRIGHT STAR (Turner), clear yellow, edged crimson; BULLION (Turner), bright yellow, margined red; COLONIAL BEAUTY (Douglas), buff, heavily edged pink, large and full; DOROTHY (Douglas), bright buff, large, well-formed petals, edged and lightly flaked reddish-pink; NE PLUS ULTRA (Turner), light red edge, large, full, and well-formed; PRINCESS BEATRICE (Turner), petals narrowly edged crimson, broad and well-formed; PRINCESS MARGUERITE, large, well-formed flower, narrowly edged reddish-crimson; TERRA-COTTA (Douglas), beautifully edged reddish-pink, large, full-formed.

PICRIDIUM (from *Picris*, and *eidos*, resemblance; in allusion to its affinity with *Picris*). SYN. *Reichardia*. ORD. *Compositæ*. Ten species have been referred to this genus, but not more than five or six are distinct as such: they are hardy, glabrous, annual or perennial herbs, natives of South Europe, North Africa, and Western Asia. Flower-heads yellow, long-pedunculate, homogamous; involucre campanulate, the bracts in several series; florets ligulate, five-toothed at apex. Leaves radical or alternate, toothed or pinnatifid. *P. tingitanum*, probably the only species in cultivation, is a perennial. It thrives in any fairly good garden soil, and may be increased by divisions.

P. tingitanum (Tangier). *fl.-heads* on squamose peduncles; outer involucral bracts squarrose. July. *l.* all runcinate-pinnatifid, semi-amplexicaul, denticulate. Stems branched. *h.* 1½ft. Tangier, &c.

PIERIS. To the species described on pp. 124-5, Vol. III., the following variety should now be added:

P. japonica elegantissima (most elegant). This garden variety only differs from the type in having the leaves prettily margined with white. SYN. *Andromeda japonica variegata*.

PIGAFETTA. This genus is named in honour of Ant. Pigafetta, an Italian, who accompanied Magellan in his voyage round the world (1519-22), and wrote an account of it.

SUPPLEMENT.

PINANGA. To the species described on p. 130, Vol. III., the following should now be added:

P. decora (comely). *l.* pinnate, green, tinged brown; pinnæ sessile, broadly lanceolate, long-acuminate, sometimes bifid and rounded at the apex; sheaths marked brown. Caudex tall. Borneo, 1886. Unarmed. (I. H. 1886, 114.)

P. lepida (pretty). *l.*, when first developed, brownish-crimson, gradually changing to deep, lustrous green, with faint darker mottling; segments unequal, prominently veined above; petioles short, rufescent. East Indies, 1888. This Palm is only known in a young state in gardens.

P. Sanderiana (Sander's). *l.* two-lobed, spreading, glossy, mottled green; petioles mottled or freckled with brownish pubescence, destitute of spines. Indian Archipelago, 1885.

P. spectabilis (remarkable). *l.* dark green, with paler mottlings, silvery beneath, pinnate; young ones two-lobed. East Indies, 1886.

FIG. 59. FLOWER AND PORTION OF STEM OF PHYLLOCACTUS ROSEUS GRANDIFLORUS.

PINK. The recent additions to the garden Pinks have been neither numerous nor important. The following are, perhaps, the best:

Show or Laced Pinks. EMPRESS OF INDIA, medium lacing, dark red; EURYDICE, rosy-red lacing; MINERVA, very bright dark red lacing; MODESTY, reddish-purple lacing; PANDORA, broad lacing of rosy-red; ROSY MORN, large flowers, beautiful rose lacing; TOTTIE, bright red lacing.

PINUS. To the species and varieties described on pp. 141-6, Vol. III., the following should now be added:

P. koraiensis variegata (variegated). In this garden form the young leaves are whitish-yellow in colour. The plant is said to be a vigorous grower.

PIPER. To the species described on pp. 147-8, Vol. III., the following should now be added:

P. rubro-venosum (red-veined). *l.* alternate, entire, highly glabrous, five-nerved; nerves marked on the upper surface by irregular lines of rose-colour; stipules adnate to the petioles. 1886. (I. H. 1886, 33.)

PIPTANTHUS. To the species described on p. 148, Vol. III., the following variety should now be added:

P. tomentosus (downy). This resembles *P. nepalensis*, but it is clothed in all its parts with silky tomentum. Yun-nan, China, 1887.

PITCAIRNIA. To the species described on pp. 150-1, Vol. III., the following should now be added:

P. arcuata (arched). *fl.* 3in. long; sepals carmine and yellow; petals pale yellow; bracts lanceolate, brownish-red on the lower part of the stem, bright carmine on the narrow-cylindric spike. *l.* petiolate, lanceolate, acute, 2¼ft. to 3ft. long, 3in. to 4in. broad; petioles spiny. Stem arching, as long as the leaves. Andes of Columbia, 1886. SYN. *Neumannia arcuata* (R. H. 1886, p. 108).

P. nigra (black). *fl.* violet, long, subtended by large, recurving, rich coral-red bracts; spike elongated. *l.* petiolate, oblong - elliptic, acute, green. 1883. A handsome and very distinct plant. SYN. *Neumannia nigra* (R. H. 1881, p. 390).

P. Roëzlii (Roëzl's). *fl.*, sepals coral-red; petals cinnabar-red, thrice as long as the sepals, connivent in a helmet; bracts downy. *l.* long-lanceolate, ascending, arcuate, sessile, furfurescent on both sides, channelled, unarmed. 1885. Stems red. Andes of Peru. Plant tufted. (B. H. 1885, 18-19.)

PITTOSPORUM. To the species described on pp. 153-4, Vol. III., the following should now be added:

P. eugenioides variegatum (variegated). *l.* elliptic-oblong, pale green, bordered white. Stems and branches blackish - purple. New Zealand. Greenhouse, evergreen shrub.

P. flavum (yellow). A synonym of *Hymenosporum flavum*.

P. rhytidocarpum (wrinkled - fruited). *fl.* white, disposed in terminal, crowded umbels. *l.* obovate or oblanceolate, shortly acuminate. Fiji, 1887. A pretty and useful, greenhouse shrub.

PLATYCLINIS. To the species described on p. 158, Vol. III., the following should now be added:

P. cucumerina (cucumber - like). *fl.* light, pellucid green, arranged in a graceful, distichous raceme; lip with a toothed, brown auricle on each side of the base, running out into a narrow, aristate process; middle lobe obcuneate, retuse, apiculate, with two brown stripes on the disk. *l.* shining. Pseudo-bulbs cucumber-like, at length furrowed, tufted. 1885. SYN. *Dendrochilum cucumerinum*.

PLERANDRA (from *pleres*, full, and *aner*, *andros*, a male; in allusion to the numerous stamens). Including *Bakeria* and *Nesopanax*. ORD. *Araliaceæ*. A small genus (four species) of stove, unarmed, glabrous trees, natives

Plerandra—*continued.*

of Fiji. Flowers polygamous (?); calyx entire or sinuate-toothed; petals five, valvate, calyptrate, cohering or rarely free; stamens numerous, in two or several series; umbellets pedunculate. Fruit often rather large. Leaves ample, digitately compound; leaflets coriaceous, entire. Only one species has been introduced. For culture, *see* **Trevesia**, on p. 77.

P. Græffei. *See* **P. Grayi.**

P. Grayi (Asa Gray's). *fl.* greenish; umbellets twenty-six-flowered; umbels many-rayed. *fr.* ¾in. long, ½in. in diameter. *l.* digitate; leaflets nine, obovate-oblong, obtuse, attenuated to the petioles, the upper ones 6in. to 7in. long, and 2½in. broad. 1857. Wrongly called *P. Græffei.*

P. vitiensis (Fijian). *fl.* green, disposed in large, compound umbels. *l.* digitate; leaflets five to ten, petiolate, elliptic-obovate, blunt at apex. Stem unbranched. 1887. A small tree. SYNS. *Bakeria vitiensis, Nesopanax vitiensis.*

PLEUROTHALLIS. To the species described on p. 163, Vol. III., the following should now be added:

P. atropurpurea (dark purple). The correct name of this plant is *Cryptophoranthus atropurpureus.*

P. glossopogon (bearded-tongued). A garden synonym of *P. insignis.*

P. insignis (remarkable). *fl.* pale, pellucid whitish-green, 2⅜in. long; upper sepal with three dull purple stripes, long-attenuate above, the lower connate pair having three dull purple stripes near the margin; petals with a broad base, bristle-like above; central lobe of lip dark blackish-purple, ligulate, villous at apex, the side ones half as long, falcate-linear; peduncle two-flowered. *l.* sessile, oblong or linear-oblong, 3¾in. long. 1887. SYN. *P. glossopogon* (of gardens).

P. liparauges (bright-beaming). *fl.* light reddish-ochre, pellucid, remarkably thin; sepals linear; petals nearly so, but broader at the base; lip light ochre, with an orange margin at the apex, oblong, blunt-acute, rounded at base; column green, semi-terete, with angular wings. *l.* petiolate, oblong, blunt-acute, the upper surface spotted mauve-purple, the lower nearly wholly mauve. Brazil, 1885. A small species.

P. macroblepharis (large-fringed). *fl.* resembling those of *B. Barberiana*, but with narrowly acicular petals and a flat, hairy lip. *l.* longer and more acute than those of the species just alluded to.

P. maculata (spotted). A synonym of *Cryptophoranthus maculatus.*

P. Regeliana (Regel's). *fl.* gaping; dorsal sepal ochreous, erect; lateral ones reddish, declinate, connate; petals whitish; lip rose-coloured, with some purple marks at base, unguiculate, oblong-ligulate; bracts ochreous; peduncle short, recurved. *l.* very coriaceous, rounded at base, oblong or ovate-oblong, the apex slightly emarginate. Stem climbing. Minas Geraes, Brazil, 1886. (R. G. 1886, p. 51.)

P. tribuloides (Tribulus-like). *fl.* brick-red, very small, numerous. *h.* about 2in. Jamaica, 1887. An inconspicuous species.

PLUMBAGO. To the species described on pp. 169-70, Vol. III., the following variety should now be added:

P. capensis alba (white). A variety having white flowers. 1886.

POA. To the species described on p. 171, Vol. III., the following should now be added:

P. flabellata (fan-shaped). *fl.*, spikelets compressed, about five-flowered; glumes sub-equal; paleæ unequal, the outer ones acuminate, somewhat awned; panicle oblong, dense, compressed. *l.* highly glabrous, convolute, acute, rigid; lower ones flabellate, distichous. Falkland Island, Cape Horn, &c. SYNS. *Dactylis cæspitosa* (R. G. 1194, 1197), *Festuca flabellata.*

PODOCYTISUS CARAMANICUS. A synonym of **Laburnum caramanicum** (which *see*, on p. 224, Vol. II.).

POGOGYNE. To the species described on p. 175, Vol. III., the following should now be added:

P. nudiuscula (nearly naked). *fl.* bright blue, about ½in. long, bilabiate, whorled. Summer. *l.* tufted, linear, obtuse, glabrous. Branches slender, puberulent. *h.* 9in. to 12in. California, 1886. A pretty, dwarf, compact annual. (R. G. 1241.)

POGONIA. To the species described on p. 175, Vol. III., the following should now be added;

P. Barklyana (Sir Henry Barkly's). *fl.* green, with a darker green flush; sepals lanceolate, acuminate; petals broader and shorter; lip trifid, the side laciniæ angulate, the middle one acuminate, reflexed at apex; peduncle nearly 2ft. long, sometimes eleven-flowered. *l.* large, roundish, apiculately sinuate cordate at base, 9in. broad; petioles 9in. high. 1885.

POLEMONIUM. To the species and varieties described on p. 177, Vol. III., the following should now be added:

P. cæruleum himalayanum (Himalayan). *fl.*, corolla 1½in. in diameter, the segments lilac-blue, round; panicle axis and calyx very hairy. Himalayas.

P. flavum (yellow). *fl.* light yellow, 1in. in diameter; corolla infundibular-campanulate, glandular-puberulous; cymes corymbose. September. *l.* pinnate; leaflets many-jugate, elliptic-lanceolate, acute. Stem 2ft. to 3ft. high, simple or corymbosely branched, loosely tomentose above. New Mexico. (B. M. 6965.)

POLYGONUM CRISPULUM. A synonym of **Atraphaxis buxifolius** (which *see*).

POLYPODIUM. To the species and varieties described on pp. 186-95, Vol. III., the following should now be added:

P. caudiceps (tail-headed). *rhiz.* long, slender, creeping. *sti.* slender, 2in. to 4in. long. *fronds* simple, glabrous, oblong-lanceolate, 6in. long, 1in. or rather more broad, tapered below to a narrow wing, the apex drawn out into a narrow, attenuated point or tail (hence the specific name). *sori* round, naked, produced on the lowest veinlet. Formosa, 1886. An elegant basket Fern. SYN. *Goniophlebium caudiceps.*

P. fossum (ditch-loving). *rhiz.* slowly creeping. *fronds* about 1ft. long, varying from linear-lanceolate to ovate, the edges sinuately toothed or lobed; lobes longer or shorter according to the breadth of the frond, simple or bifid, or in the broadest fronds multifidly flabellate, deep green above. *sori* large, roundish, sunk in deep cavities which form a line of bosses on the upper surface. 1882. A distinct and interesting, evergreen Fern, well adapted for basket culture. SYN. *Pleopeltis fossa.*

P. grandiceps (large-headed). *fronds* arising at intervals from a slender, creeping rhizome, simple, oblong-lanceolate, leathery, about 6in. long and 1in. broad, tapering below into a narrow wing. Formosa, 1885. A dwarf Fern, suitable for basket culture. SYN. *Goniophlebium grandiceps.*

P. macrourum (long-tailed). This resembles *P. Phymatodes* in habit and size, but is distinguished by its long-tailed fronds, which are rhomboid-caudate, 2ft. to 3ft. long, 6in. to 12in. broad, bright green, the lanceolate tail having its middle part pinnatifid. Queensland (?), 1886.

P. Meyenianum (Meyen's). Bear's-paw Fern. *rhiz.* stout, with bright ferruginous scales ½in. long. *fronds* 2ft. to 3ft. long, 8in. to 12in. broad, the lower part cut nearly to the rachis into erecto-patent, linear-oblong, blunt, entire lobes, 3in. to 6in. long, ½in. to 1in. broad, the upper part pinnate, with numerous close pinnæ, 4in. to 8in. long, which consist only of a firm midrib with a row of small, round lobes on both sides, each with a sorus that covers it. Philippines. SYNS. *Aglaomorpha Meyenianum, Drynarium Meyenianum, D. philippense* (of gardens).

P. Picoti (Picot's). *fronds* numerous, arching, wavy, elongate-oblong, entire, coriaceous, 3ft. long or more, 4in. to 6in. broad, green and very shiny above, glaucous-green beneath. Brazil, 1886. A noble greenhouse Fern, of vigorous habit. (R. G. 1886, p. 206, f. 62.)

P. vulgare variabile cristatum (variably crested). *fronds* irregularly branched, cornute, conglomerate. 1882. This is also known as *glomeratum.*

P. Xiphias (swordfish). *rhiz.* stoutish, creeping, with brownish scales. *fronds* glabrous, more than 1ft. long, elliptic-oblong or somewhat obovate, caudate-cuspidate, narrowed below to the point of attachment; veins pinnate, reticulated. *sori* round, medium-sized, dotted over nearly the whole back of the frond. South Pacific Islands. The specific name refers to the shape of the fronds. SYN. *Pleopeltis Xiphias.*

POLYSCIAS (from *polys*, much, and *skias*, shade; in allusion to the plentiful foliage). ORD. *Araliaceæ.* A genus comprising about eight species of stove, glabrous trees or shrubs, inhabiting the East Indies, the Indian Archipelago, and the South Pacific and Mascarene Islands. Flowers umbellate, racemose or paniculate; calyx truncate or repand-toothed on the margin; petals five to eight, valvate, free, or cohering at apex; stamens as many as the petals; disk flat or rarely sub-conical; bracts scale-like or wanting. Leaves pinnate; leaflets coriaceous, usually ample. Only one species calls for description here. For culture, *see* **Trevesia**, on p. 77.

P. paniculata (paniculate). *fl.* not yet produced in this country, although a plant at Kew has been in cultivation over ten years. *l.* pinnate; leaflets usually seven, the terminal one 7in. to 9in. long, the others short-stalked, oblong, obtuse, shining, sub-coriaceous, deltoid or rather rounded at base, 4in. to 6in long. SYN. *Terminalia elegans* (of gardens). This "has no more to do with the genus *Terminalia* than with a Cabbage" (G. C. ser. iii., vol. ii., p. 366).

SUPPLEMENT.

POLYSTACHYA. To the species described on p. 196, Vol. III., the following should now be added:

P. leonensis (Sierra Leone). *fl.*, upper sepals and petals light green; lateral sepals suffused brownish-purple in the lower half; lip white, the lateral lobes suffused behind with light purple, and the front lobe, the central keel, and the basal part of lip white-mealy. May. Bulbs globose-depressed, ⅓in. across, arranged in a string along the creeping rhizome so thickly as to touch each other. Sierra Leone, 1888.

PONTHIEVA. To the species described on p. 198, Vol. III., the following should now be added:

P. grandiflora (large-flowered). *fl.* large; lateral sepals connate for nearly all their length, white, blotched green at base; dorsal sepal narrow-lanceolate; petals halbert-shaped, twisted, yellow, striped Indian-red; lip small, fleshy, red; scape 9in. high; raceme eight to ten-flowered. *l.* broad, ovate, acute, dull green, hairy. Ecuador.

POPULUS. To the species and varieties described on pp. 200-1, Vol. III., the following should now be added:

P. Eugenii (Eugene Simon's). A garden variety of *P. monilifera*.

P. monilifera Eugenii (Eugene Simon's). A tree of giant size. It "carries its limbs and shoots perpendicularly, forming a columnar head. It grows faster than other varieties, and is well adapted for planting as a solitary tree in parks or in groups, but not by roads or streets" (C. Mathieu, in R. G., Dec. 1, 1887).

PORTEA TILLANDSIOIDES. The correct name of the plant described on p. 30, Vol. I., as *Æchmea Ortgiesii*.

PORTULACA. To the species described on p. 202, Vol. III., the following should now be added:

P. grandiflora Regeli (Regel's). *fl.* of a peculiar salmon-buff tint, with a yellow centre, solitary. 1885. (R. G. 1209.)

P. somalica (Somali Land). *fl.* bright yellow, 1in. in diameter, disposed in terminal clusters of three. *l.* scattered, terete, acuminate. *h.* 8in. to 10in. Somali Land, North-east Africa. 1886. A stove succulent, of botanical interest.

POTHOS. To the species described on p. 213, Vol. III., the following should now be added:

P. argentea (silvery). *l.* ovate, acuminate, inequilateral, of firm texture; upper surface silvery-grey, with an irregular band of deep green extending nearly the whole length of the midrib, and an irregular margin of the same colour. Borneo, 1887.

P. elongata (elongated). *l.* ovate-elongated, 12in. to 14in. long, 6in. to 10in. broad, coriaceous, dark, shining green. 1885. This is useful for covering walls, &c. Probably a species of *Scindapsus*.

P. flexuosa (bent). *l.* alternate, oblong, with an acuminate, deflexed apex, and a few alternate, elongated ribs. Stems flattened, rooting.

P. nigricans (blackish). *l.* spreading, 5in. to 6in. long, shining blackish-green. 1886. An ornamental climber, suitable for covering pillars or trellis-work.

P. nitens (shining). *l.* ovate, acute, slightly and unequally cordate at base, dark, shining bronzy-purplish-green. Stems terete. Eastern Archipelago, 1887.

PRIMULA. Within the last two or three years, a considerable impetus has been given to Primula cultivation, and a large number of new and rare species and hybrids have been introduced to English gardens. Undoubtedly, the most extensive collection is that of the Royal Botanic Gardens, Kew; Mr. D. Dewar—foreman of the Herbaceous Department—who has charge of it, has kindly prepared the following descriptions, and has corrected, from personal observation and study of the plants in a living state, a number of errors common to Primula nomenclature, &c. Those specially interested in Primroses should consult the "Report of the Primula Conference," forming Vol. VII., No. 2, of the "Journal of the Royal Horticultural Society," 1886. The most important of recent monographs is the excellent one of Dr. Pax, of Breslau (1888), entitled "Monographische Uebersicht über die arten der Gattung Primula."

P. admontensis (Admont). *fl.*, calyx coloured, pubescent; corolla lobes lilac, cordate; scape erect, twice as long as the leaves, few-flowered. May. *l.* spathulate-ovate, dentate-serrate on the margins, glandular-pilose. Roots tufted. Styrian Alps, 1883. A hybrid between *P. Auricula* and *P. Clusiana*, found on limestone rock with its parents. SYNS. *P. Churchillii*, *P. Clusiana dentata*.

Primula—continued.

P. alpina (alpine). *fl.* brilliant violet-purple, large, in a many flowered bunch. May. *l.* broadly spathulate or obovate, slightly toothed, covered, as well as the scape, with farina. Grisons. A hybrid between *P. Auricula* and *P. viscosa*, of great beauty, resembling the former in habit and distribution of the flowers. It is suitable for either the rock-garden or the flower-border. SYNS. *P. intermedia* (of gardens), *P. rhætica*.

P. amethystina (amethystine). *fl.*, red-purple, three to six in an umbel; lobes entire or emarginate. June. *l.* resembling those of a Daisy, ovate-oblong; petioles winged, short, attenuated. Prairies, Yun-nan, China. Plant glabrous, slightly farinose.

P. arctotis (bear's-ear). *fl.* white or lilac-purple, smaller than in *P. pubescens* (to which this plant is closely allied), densely glandular-hairy. *l.* broadly spathulate-obovate, obtuse, toothed. 1886. "A pretty hybrid between *P. Auricula* and *P. hirsuta* (Kerner)." (R. G. 1198 B.)

P. Auricula dolomitica (Dolomite). *fl.* of a uniform bright lemon-yellow, having a cylindrical tube and a broadly funnel-shaped limb of obovate, deeply emarginate segments; umbel eight to ten-flowered; scape 2in. to 3in. long, terete, green. *l.* six to eight, broadly oblong, sessile, dull green, minutely hairy, forming a basal rosette, the margins white and minutely ciliated. Tyrol, 1884. A beautiful, alpine species.

P. Balbisii (Baldo). *fl.* shining golden-yellow, large, almost scentless; throat white, hairy. April and May. Baldo, and the Alps of South Tyrol, Styria, &c. This is distinguished from its near ally, *P. Auricula*, by its smaller, rounder, and more glossy leaves, which are entirely free of farina, so conspicuous in this section.

P. bella (pretty). *fl.* violet-purple, two or three on a scape, sub-sessile, very large. Summer. *l.* long-petioled, ovate or sub-orbiculate. Habit of the Himalayan *P. uniflora*, but differing in the narrow, deep lobes of the leaves, in the shape of the calyx, and in the corolla, which has bifid lobes, the throat being closed with whitish hairs. Summit of Mount Tsang-Chan, Yun-nan, 1884.

P. bellunensis (Belluno). *fl.* golden-yellow, large, on longish scapes, handsome, free. May and June. *l.* broadly ovate, obtuse; veins prominent; margins deeply and evenly serrated or indented, densely ciliated; petioles winged. Alps of Belluno. Said to be a hybrid between *P. Auricula* and *P. Balbisii*.

P. Berninæ (Bernina). *fl.* rosy-purple, large, very free. April and May. *l.* smaller than in *P. viscosa*, with slightly crenated margins, entirely glandular-hairy, broad-clasping at base. Rocks, rich vegetable soil, Alps, growing with its parents. A natural hybrid between *P. v. hirsuta* and *P. viscosa*, of rare beauty.

P. biflora (two-flowered). *fl.* pretty, deep rose, large, produced in pairs on short scapes, in great abundance. Spring. Tyrol. Habit and appearance of *P. minima*, but with larger leaves, sheathing at base, and distinctly serrated. The whole plant is not more than 1in. or so in height: a lovely little subject for the rockery, exposed. Sandy peat and loam. A hybrid between *P. Flörkeana* and *P. minima*.

P. blattariformis (Blattaria-formed). *fl.* lilac, numerous, scattered; corolla lobes broadly obcordate; raceme 8in. to 12in. long. *l.* ovate or obovate, deeply crenate. Yun-nan. A distinct and handsome species, clothed with short, papilliform hairs.

P. bracteata (bracted). *fl.* yellow, large; lobes obcordate, emarginate; calyx densely pubescent. March. *l.* petioled, rugose-oblong, obtuse, with attenuated base; petioles long, narrowly winged. Rhizome thick and woody, very characteristic. Shaded clefts of the limestone rocks, Lankong, Yun-nan. Related to *P. bullata*, but differing chiefly in the absence of powder, in the shorter pubescence, and in the glandular hairs which cover the entire plant (absent in *P. bullata*).

P. bullata (inflated). *fl.* golden-yellow, large; tube narrow at the throat, but broadening towards the calyx, half as long again as the limb; scapes tall, many-flowered. April. *l.* petiolate, lanceolate, firm, covered underneath with golden dust, reticulated and slightly inflated above; margins doubly dentate or crenate; petioles winged. Rhizome thick, woody, covered with scars above, divided at the base. Calcareous rocks, Yun-nan. A very beautiful species, almost entirely covered with golden farina.

P. calliantha (beautiful-flowered). *fl.* intense violet-purple, five to ten in an umbel, large; calyx campanulate, the teeth narrow, purplish on the outside; bracts lanceolate, acuminate. June. *l.* oblong or obovate-oblong; petioles short, winged and attenuated. Rhizome short and thick. Shady places under Fir-trees on Mount Tsang-Chan, Tali, Yun-nan. A charming species, nearly allied to *P. secundiflora*, differing in its more coriaceous leaves, covered underneath with a fine, golden powder, and finely crenulate instead of serrulate.

P. carniolica (Carniola). *fl.* pale to deep blue, with a silvery-white throat; scape 3in. to 4in. high, with from three to ten flowers. April and May. *l.* 2in. long, ovate-lanceolate, tapering to the base, but again broadening at the clasping point, glabrous, shining on the upper surface. Rosettes large, loose.

Primula—*continued*.

Alps of Carinthia, and Carniola. SYNS. *P. Freyeri*, *P. Jellenkiana*. *P. c. multiceps* has larger and deeper-coloured flowers.

P. cernua (drooping). *l.* broadly ovate, short, petiolate; margins crenulate. Nearly allied to *P. capitata* and *P. erosa*, from which it differs in the flowers (produced in July) being stalked instead of sessile, and in the shape of its leaves and calyx. Chalky, alpine pastures north of Tali, Yun-nan, 1883.

P. Churchillii (Churchill's). A synonym of *P. admontensis*.

P. ciliata (ciliated). A variety of *P. viscosa*.

P. Clusiana dentata (toothed). A synonym of *P. admontensis*.

P. commutata (changed). A variety of *P. viscosa*.

P. confinis (neighbour). A variety of *P. viscosa*.

P. cridaIensis (Cridala). *fl.* rosy-purple, large. *l.* ovate, broadening again at base, slightly ciliated, and rough on the upper surface. Tyrol, 1884. A very distinct hybrid between *P. tyrolensis* and *P. Wulfeniana*. It is a fine plant for exposed rockeries.

P. daonensis (Val Daone). *fl.* pale rose, with a white centre, very large. May and June. *l.* obovate, glandular-hairy on both sides; margins serrated. Tyrol and Eastern Swiss Alps (6500ft. to 9800ft.), 1854. A small and very pretty plant; it does well on exposed places on rockery. SYN. *P. œnensis*.

P. decora (comely), of Sims. A form of *P. viscosa hirsuta*.

P. Delavayi (Delavay's). *fl.* intense purple, large, slightly hairy on the outside; peduncles eventually 1ft. or more high. August. *l.* broadly ovate or sub-orbicular, cordate. Damp situations in clayey soil (16,000ft.), Yun-nan, China. A very interesting new species, constituting a new sub-genus on account of the large, laterally compressed seeds, and by the flowers appearing before the leaves, borne singly on bractless peduncles.

P. denticulata alba (white). A white-flowered variety, requiring the same treatment as the type. 1886.

P. digenea (two-natured, *i.e.*, hybrid). A hybrid between *P. elatior* and *P. vulgaris*, nearly allied to the former. It is not distinct enough for general collections. Alps.

P. Dinyana (Dinyan's). *fl.* deep purple, handsome, produced in great abundance; corolla lobes narrow-obcordate; scapes 3in. to 6in. high, disposed in rather large heads of four to ten flowers. Spring. *l.* 4in. long, ovate-lanceolate, with ciliated and slightly dentate margins. Bavaria. A hybrid between *P. integrifolia* and *P. viscosa*, most nearly allied, however, to the first parent, from which it takes its habit. It is a very useful plant for the rockery, doing best in rather shady nooks, in rich, vegetable soil.

P. discolor (two-coloured). *fl.* lilac or violet-purple, with silvery eye, large; scape 3in. to 4in. high, covered with farina. April. *l.* ovate, with dentate margins, sparingly covered with glandular hairs. Western and South Tyrolese Alps (in fissures of granite rocks, 6000ft. to 7000ft.). A hybrid between *P. Auricula* and *P. daonensis*, resembling the former in habit. It is a charming plant, easily managed in the open border. A possible parent of the garden Auriculas.

P. dolomitica (Dolomite). A variety of *P. Auricula*.

P. dryadifolia (Dryas-leaved). *fl.* violet, three to five in an umbel, sub-sessile; calyx campanulate; bracts broadly ovate. July. *l.* ovate or sub-cordate; petioles short, winged. Rhizome long, slender. Glacier of Li-Kiang, Yun-nan. Habit much resembling that of *Dryas octopetala*, well characterised by its leaves and the shape of its bracts.

P. Dumoulinii (Dumoulin's). *fl.* deep rose-coloured, large for the size of the plant; corolla lobes obcordate; scapes not more than 2in. high, producing numerous flowers, in compact bunches. Spring. *l.* more spreading, larger, and broader than in *P. minima* (which this plant resembles in habit), with numerous small pits on the upper surface. Collected on the Mountain Trate, Indicarien, Austria, 1877. A robust-growing, free-flowering hybrid between *P. minima* and *P. spectabilis*, with the characters of both parents distinctly shown in robust specimens. It is pretty for rockeries, doing well wherever *P. minima* grows. Sandy peat, in rather dry positions.

P. elatior calycantha (calyx-flowered). A pretty, garden form, having a large, leafy, frilled and lobed calyx, which is coloured like the corolla. 1886. (R. G. 1886, p. 242, f. 17.)

P. e. intricata (perplexing). A very distinct, Continental form of our wild Oxlip, but not worth adding to general collections.

P. elliptica (elliptic). *fl.* four to twelve in a loose umbel, violet or bluish-purple, with broad, deeply-cleft lobes; tube variable in length. June and July. *l.* not mealy, 2in. long, ovate or ovate-oblong, narrowed into a broad petiole, with sharply-toothed margins, dark green and shiny above. *h.* 6in. to 12in. Near Thibet, Cashmere, &c. (8000ft. to 12,000ft.). Habit of *P. rosea*.

P. Elwesiana (Elwes'). *fl.* dark purple, solitary, very large; calyx five-parted, the segments ovate-lanceolate; scape 6in. to 7in. high. *l.* 2in. to 3in. long, oblanceolate, acute, entire; petioles broadly winged. Rootstock stout, with broad, fleshy, leafy scales. Sikkim-Himalaya. A remarkable and beautiful species. (G. C. n. s., xxi., p. 645.)

P. Escheri (Escher's). *fl.* rose or lilac-purple, large; scapes 2in. to 3in high, bearing several flowers. April. *l.* 1in. to 2in. long, half as broad, ovate-lanceolate, the margins cartilaginous, serrated. 1880. Whole plant glandular-hairy. Habit of *P. integrifolia*, in close, dense, tufty rosettes of numerous leaves. A hybrid between *P. Auricula* and *P. integrifolia*, growing with its parents.

P. Facchinii (Facchin's). *fl.* rosy-purple, rather large, two or three to each scape. May and June. *l.* spathulate, gracefully curved, and usually deeply crenated at apex, bright green; rosettes compact. Granite region, Southern Tyrol. An extremely graceful and useful plant, hybrid between *P. minima* and *P. spectabilis*, most nearly allied to *P. minima*. It is the easiest to manage of the newer hybrids, and a profuse blossomer.

P. farinosa var. (of Scopoli). A synonym of *P. longiflora*.

P. Flörkeana (Flörke's). *fl.* deep lilac or lilac-purple; corolla lobes obovate, deeply bifid; scape 2in. high, bearing several flowers, surrounded by a leafy involucre. Spring. *l.* cuneate or tongue-shaped, broad at the apex, dentate or serrated, about 1in. long. Growing with its parents on the Swiss and Tyrolean granite Alps (7000ft.). A charming little hybrid between *P. glutinosa* and *P. minima*; very free and vigorous. SYN. *P. minima hybrida*.

P. Forsteri (Forster's). *fl.* deep rose-coloured, with white throat, large, produced two or three on each scape, and usually twice in the year—early spring and autumn—rarely failing. *l.* three to four times larger than in *P. minima*, deeply and sharply serrated at apex, hairy on the margins and upper surface. Padaster, in Gschnitz Valley, Central Tyrol, 1880. A hybrid between *P. minima* and *P. viscosa hirsuta*. Habit and leaves resembling *P. minima*, but very robust, and having the hairs of the latter parent.

P. Freyeri (Freyer's). A synonym of *P. carniolica*.

P. Gambeliana (Gambel's). *fl.* purple, the mouth annulate; corolla lobes round, emarginate; scape few-flowered. *l.* 1in. in diameter, orbicular-cordate, toothed, glabrous. Buds mealy. Temperate Himalayas. Similar to *P. rotundifolia*, but with fewer and larger flowers. (G. C. n. s., xxi., p. 545.)

P. geraniifolia (Geranium-leaved). *fl.* many, in a solitary, terminal umbel, with sometimes a whorl below the umbel, spreading and drooping; corolla pale purple, glabrous, the tube a little longer than the pubescent calyx, rather inflated and contracted at the yellow, annulate mouth; scape erect, 6in. to 10in. long, softly hairy. May. *l.* spreading, 1in. to 1½in. in diameter, orbicular and deeply cordate, pale yellow-green, membranous, hirsute on both surfaces, eleven to fourteen-lobulate. Rootstock short. Eastern Himalaya, 1887. (B. M. 6984.)

P. glacialis (glacial). *fl.* violet, three to five in an umbel. June. A charming little species, distinguished by its long calyx, divided four-fifths of its entire length into very narrow lobes, and by its corolla, with narrow, quite entire divisions. Nearest *P. nivalis* (of Pallas, not of gardens) and *P. Fedschenkoi*. It differs in its larger, more deeply-lobed calyx. Clefts of rocks on the Glacier of Li-Kiang, Yun-nan, China.

P. Heerii (Heer's). *fl.* purple, large, several on a scape. April. Habit low, close, and tufty, like that of *P. integrifolia*, from which the leaves differ in being 1in. to 2in. long, ovate-lanceolate, slightly toothed, and hairy. A hybrid between *P. viscosa hirsuta* and *P. integrifolia*, growing with its parents.

P. hirsuta (hairy). A variety of *P. viscosa*.

P. Huguenini (Huguenin's). *fl.* fine, deep purple, large; scape 2in. to 3in. high, bearing several flowers. April and May. *l.* 1in. long, obovate- or ovate-lanceolate, toothed from the middle of the blade to the apex; margins covered with short hairs, slightly glutinous. 1880. Habit tufty, like that of *P. integrifolia*; rosettes close and large. A hybrid between *P. glutinosa* and *P. integrifolia*, growing with its parents.

P. humilis (dwarf). A synonym of *P. pusilla*, of Wallich.

P. Huteri (Huter's). *fl.* deep violet; limb shorter than the tube; scape glutinous, with three or four oblong bracts. May. *l.* long-spathulate, with eleven to fifteen short, broad, triangular teeth, thickened at the tips like small bladders. Tyrol, &c. A pretty little hybrid between *P. Flörkeana* and *P. glutinosa*; habit of the latter, not more than 1in. high.

P. intermedia (intermediate). A garden synonym of *P. alpina*.

P. Jæschkiana (Jæschke's), of Kerner. A synonym of *P. Stuartii purpurea*.

P. Jellenkiana (Jellenk's). A synonym of *P. carniolica*.

P. Kerneri (Kerner's). *fl.* of a reddish-violet colour, with a yellowish-white throat; calyx campanulate; teeth twice as long as broad, elliptic, and pointed; scapes stout, 2in. to 4in. high, bearing several flowers. April and May. *l.* bright green, slender, broadly spathulate-obovate, dentate-serrate. Styria and Eisenhut, near Turrach, in Steiermark, in company with *P. Göblii*. Habit of *P. viscosa*, the entire plant covered with black, glandular hairs. A hybrid between *P. Auricula* and *P. villosa*.

P. Kitaibeliana (Kitaibel's). A variety of *P. spectabilis*.

P. latifolia (broad-leaved). See **P. viscosa latifolia**, on p. 223, Vol. III.

P. Lebliana (Leblian's). *fl.* rose-purple, large and fine; scape 3in. to 4in. high, three to eight-flowered. April and May

Primula—*continued.*

l. ovate-lanceolate, 1in. to 2in. long, in close rosettes; upper surface glabrous, shiny; margins cartilaginous, dentately serrated. 1880. Habit of *P. Wulfeniana*, which it most nearly resembles, although the traces of the other parent are most distinct both in leaves and flowers. A hybrid between *P. Auricula* and *P. Wulfeniana*, growing with its parents.

P. longiflora (long-flowered). *fl.* brilliant violet or purple, over ½in. in diameter, enveloped in farina; tube three times longer than the calyx divisions, the latter triangular, pointed; scapes 1ft. to 1½ft. high, stout, the bracts surrounding the umbel larger and broader than in *P. farinosa*. May and June. *l.* only slightly farinose underneath, 1in. to 2in. long, ovate-oblong, pointed, irregularly notched or toothed, slightly dilated at base. Grassy regions of the high Alps (5000ft. to 7000ft.). Somewhat resembling *P. farinosa* in habit and general appearance. SYN. *P. farinosa* var. (of Scopoli). *P. l. Krattli* is said to be a hybrid between *P. farinosa* and *P. longiflora*, found in 1876.

P. longobarda (Lombard). *fl.* rose-purple, large, several on a scape; calyx campanulate; teeth short and obtuse. April. *l.* not glutinous, obovate-lanceolate, acute, hardly punctured. Calcareous and granite regions, South Tyrol, Lombardy. A very distinct plant, nearest to *P. calycina*, of which it may turn out to be a variety; habit much the same.

P. magiassonica (Mount Magiassone). *fl.* large, like those of *P. spectabilis*. May. *l.* ovate or obovate, 1in. long and about as broad, glabrous; upper surface closely pitted; margins cartilaginous, slightly serrated. 1880. Habit and disposition of *P. spectabilis*; rosettes close, tufty. A hybrid between *P. spectabilis* and *P. minima*, growing with its parents.

P. minima hybrida (hybrid). A synonym of *P. Flörkeana*.

P. m. pubescens (downy), of Josch. A synonym of *P. Sturii*.

P. minutissima (very minute). *fl.* bright purple, ¼in. to ⅓in. in diameter (large for the size of the plant); lobes bifid; scape hardly rising above the leaves, bearing one to three flowers. June. *l.* densely crowded, dark green, oblanceolate, acute or obtuse, toothed, mealy beneath. Alpine Himalaya. A pretty little species, forming large patches of rosettes, each ½in. to 1in. in diameter.

P. multiceps (many-headed). A variety of *P. carniolica*.

P. Mureti (Muret's). A synonym of *P. Muretiana*.

P. Muretiana (Muret's). *fl.* rich, deep purple, many in a head, large, opening earlier than those of *P. integrifolia*. April and May. *l.* broader than in *P. Dinyana*, entire or slightly toothed, viscous-hairy. High Alps. Closely allied to *P. Dinyana*, and also a hybrid between *P. integrifolia* and *P. viscosa*, taking more after the latter than the former parent. Rich, deep loam, in a cool position. SYN. *P. Mureti*.

P. muscoides (Moss-like). *fl.* purplish, small, solitary; corolla segments deeply two-lobed. *l.* sessile, obovate, oblong, or subspathulate, dilated at the base; margins coarsely toothed. Sikkim-Himalaya. Plant densely tufted, small, not mealy. (G. C. n. s., xxi., p. 545.)

P. m. tenuiloba (slender-lobed). *fl.*, corolla tube narrower, slightly hairy; lobes very narrow, deeply cleft, with narrow lobules.

P. Nelsoni (Nelson's). A variety of *P. viscosa*.

P. nivalis (snowy), of gardens. A synonym of *P. pubescens alba*.

P. nivalis (snowy), of Pallas. *fl.* lilac-purple; calyx tube oblong or broadly lanceolate, shorter than the oblong capsule; corolla lobes oblong or oval, entire, three to four lines long, the tube funnel-formed; umbels consisting of two to ten flowers on scapes 3in. to 18in. high. Spring. *l.* 1in. to 6in. long, thickish, perfectly glabrous and often mealy on the under surface; margins often entire, but usually closely denticulate. Caucasus, &c., 1790. (R. H. 1878, p. 12.) The description of *P. nivalis* given on p. 221, Vol. III., is that of *P. pubescens alba* (SYNS. *P. nivalis* and *P. nivea*, of gardens), and should be replaced by the above.

P. nivea (snowy), of gardens. A synonym of *P. pubescens alba*.

P. obovata (obovate). *fl.* pale rose or purple, several on a stout scape. April and May. *l.* 1in. long, ovate, obtuse, glandular-hairy above; margins evenly and distinctly serrated, glandular-hairy. Valmenon. A hybrid between *P. tyrolensis* (of which it is a near ally) and *P. Balbisii*, growing with its parents.

P. Obristii (Obrist's). A hybrid between *P. Balbisii* and *P. Auricula*; very near the former, but more robust.

P. obtusifolia (obtuse-leaved). *fl.*, calyx dark brown when not mealy, campanulate; corolla claret or almost port-wine coloured, rarely yellow, the mouth orange-yellow, the lobes broadly obcordate; scape 6in. to 10in. high. May and June. *l.* variable, 2in. to 5in. long, usually obtuse, the under surface naked or mealy. Himalayas, 1887. (B. M. 6956.)

P. œnensis (a mistake for Val Daone). A synonym of *P. daonensis*.

P. Olgæ (Olga's). *fl.* pretty rosy-lilac or purple, resembling those of *P. sibirica*; corolla lobes obcordate, bifid; scape 3in. to 4in. high, terminating in a few-flowered umbel. Spring. *l.* ovate-oblong, tapering to a narrow, winged petiole, glabrous, shiny on both sides. Turkestan, 1887. Said to be nearly allied to *P. nivalis* (of Pallas), and a great acquisition.

Primula—*continued.*

P. pallida (pale). A very slight form of *P. viscosa hirsuta*.

P. pedemontana (Piedmont). *See* **P. viscosa pedemontana**, on p. 223, Vol. III.

P. Peyritschii (Peyritsch's). A hybrid between *P. Auricula* and *P. viscosa*. It may be treated as a very robust form of the latter species. Alps. SYN. *P. viscosa major* (of English gardens).

P. pinnatifida (pinnatifid). *fl.* violet; tube long, cylindrical; lobes entire. July. *l.* long-petiolate, winged, ovate or oblong, the base entire, cuneate, pinnatifid. Glacier of Li-Kiang, Yun-nan, China. The flowers of this species recall those of *Erinus alpinus*, but are, of course, larger.

P. Plantæ (Planta's). *fl.* rose-purple, rather large. April and May. *l.* ovate, pointed, finely serrated from the middle to the apex, entirely covered with brown, glandular hairs. 1880. Habit robust, like that of *P. viscosa hirsuta*; rosettes close and tufty. A hybrid between *P. viscosa hirsuta* and *P. daonensis*, growing with its parents.

P. Portæ (Porta's). *fl.* wine-red, large, several on a scape. April and May. *l.* small, viscous, obovate, serrated only on the upper half. South Tyrol, 1873. A hybrid between *P. Auricula* and *P. daonensis*. It is allied to *P. discolor*, but differs in the glandular-hairy scape and in the absence of farina on the calyx and corolla. A useful little plant for rockeries.

P. pubescens alba (white). *See* description under **P. nivalis**, on p. 221, Vol. III. This plant has been long known in English gardens under the names of *P. nivalis* and *P. nivea*, and has been supposed to be a variety of *P. viscosa*. It is, however, not viscid, and is usually mealy, which not only excludes it from *P. viscosa*, but also from *P. v. hirsuta*, under which it is often quoted.

P. pulchra (beautiful). *fl.* purple, large for the size of the plant (1in. in diameter); tube funnel-shaped. *l.* oblong or ovate-oblong, glaucous beneath; base round or cordate; margins wavy. Sikkim-Himalaya. Plant glabrous, not mealy. (G. C. n. s., xxi., p. 545.)

P. pumila (dwarf). *fl.* rosy-purple, large, free; calyx tubular-campanulate, the teeth ovate; scape about 1in. high, glandular-hairy, two or more-flowered. April and May. *l.* cuneate, ½in. to ¾in. long, half as broad, with seven to nine large, triangular teeth at the apex; margins covered with small, sessile glands. Southern Tyrol, &c. (6000ft. to 7000ft.). This hybrid between *P. minima* and *P. daonensis* is well named, being amongst the smallest of its class. It is nearly allied to *P. minima* in habit and general appearance.

P. purpurea (purple), of Royle. A variety of *P. Stuartii*.

P. pusilla (weak), of Wallich. *fl.* violet-purple, sessile, about 1in. in diameter; calyx hoary; tube short, terete; lobes oblong, obtuse or acute; scape slender, one to four-flowered. Spring. *l.* ½in. to 1in. long, spathulate-oblanceolate, pinnatifidly toothed. Central and Eastern Himalayas (13,000ft. to 16,000ft.). Plant densely tufted, hoary. This must not be confounded with *P. pusilla*, of Goldie. SYN. *P. humilis*.

P. Reidii (Reid's). *fl.* ivory-white, fragrant, very shortly pedicellate, nodding; calyx ample, glandular-ciliate; corolla tube as long as the calyx, the lobes broadly oblong, connivent in a globe, bilobed at apex; scape rigid, many-flowered. May. *l.* oblong or oblong-oblanceolate, deeply lobulate-toothed or -crenate, narrowed into the petioles, bullate, loosely silky-villous. Sikkim-Himalaya, 1886. (B. M. 6961; G. C. n. s., xxvi., p. 691.)

P. reticulata (netted). *fl.* yellow; corolla tube funnel-shaped, the much-exserted mouth not annulate; scape 6in. to 12in. high. Late spring. *l.* oblong-cordate, obtuse, doubly crenate, reticulated, glaucous beneath, on long petioles. Central and Eastern Himalayas (11,000ft. to 15,000ft.), 1887. Plant glabrous, mealy or not. A close ally of *P. sikkimensis*.

P. rhætica (Rhetian Alps). A synonym of *P. alpina*.

P. rotundifolia (round-leaved). *fl.* pale purple or pink, with a yellow throat; corolla tube twice as long as the calyx; limb flat, 1in. in diameter; inflorescence puberulous and mealy; scape 8in. to 12in. high. June. *l.* 1in. to 4in. in diameter, orbicular-cordate, crenately toothed; petioles 6in. to 12in. long. Buds in resting season densely covered with sulphurous meal. Temperate Himalayas (12,000ft. to 14,000ft.).

P. Rusbyi (Rusby's). *fl.* deep purple, with a yellow eye; calyx mealy-white at base, the meal running up between the lobes in acute, tooth-like patches; corolla lobes obcordate; umbels six to ten-flowered; scapes 5in. to 10in. high. Spring. *l.* oblong-spathulate, denticulate. New Mexico, 1881. A distinct species.

P. salisburgensis (Salzburg). *fl.* reddish-purple, rather large, several in a head; bracts oblong, as broad as the calyx teeth; scape not viscous. April and May. *l.* cuneate, the upper quarter of their margins set with seven to nine acute, triangular teeth, the tips blunt. A hybrid between *P. glutinosa* (which it resembles in habit) and *P. minima*, growing with its parents. It should be grown in peaty soil, sphagnum, &c.

P. secundiflora (side-flowering). *fl.*, calyx purplish, the lobes deltoid, lanceolate, acute; corolla intense violet, the tube cylindrical, the lobes broadly obovate, entire. July. *l.* papery, covered with golden dust, oblong or ovate-oblong; margins

Primula—*continued.*

equally serrulate; petioles broadly winged, attenuated. Glacier of Li-Kiang, Yun-nan, China. Plant glabrous, allied to *P. sikkimensis.* It is one of the most beautiful of the Primulas.

P. septemloba (seven-lobed). *fl.*, calyx campanulate, glabrous or nearly so, divided to the middle into equal, lanceolate, acute divisions; corolla purple, 1in. long, the limb concave, the lobes obovate, emarginate. July. *l.* nearly round, deeply cordate at base, deeply seven-lobed; lobes broadly ovate, obtuse. Rhizome slender, horizontal. Forests at the base of the Glacier Li-Kiang, Yun-nan, China. Entire plant covered with soft, pliant, jointed hairs. Nearly allied to *P. mollis.*

P. serratifolia (serrate-leaved). *fl.* golden-yellow, five to ten in an umbel, large; scapes longer than the leaves. June. *l.* thin, papery, oblong or obovate towards the long and winged petioles; margins acutely denticulate or erose. Prairies, Yun-nan. This is a near ally of *P. obtusifolia*, entirely glabrous, and without meal. It must not be confounded with the obscure European *P. serratifolia*, a hybrid between *P. minima* and *P. Wulfeniana.*

P. similis (like). A hybrid between *P. Balbisii* and *P. Auricula*, apparently about intermediate between them. It is a fine, robust plant for the rockery or flower-border. April and May. Indicarien and Petrasch, Styria.

P. soldanelloides (Soldanella-like). *fl.* white, large, nodding; scape one-flowered; corolla lobes obcordate. *l.* ¼in. to ½in. long, petioled, ovate, runcinate-pinnatifid. Sikkim-Himalaya. Plant quite glabrous, not mealy. (G. C. n. s., xxi., p. 545.)

P. sonchifolia (Sonchus-leaved). *fl.* violet. June. *l.* glabrous, oblong or obovate-oblong, obtuse, attenuated, sinuate, resembling those of *Sonchus asper;* petioles broadly winged. Slopes of the mountain Tsang-Chan, China. Nearly allied to *P. obtusifolia*, but distinguished by its almost runcinate leaves.

P. spectabilis Kitaibeliana (Kitaibel's). *fl.* rosy-purple, larger than in the type, several on each scape, produced in abundance. April and May. *l.* ovate, pointed, serrated, densely covered with short, white hairs. Sub-alpine stations in Croatia. Habit of *P. spectabilis.* A charming plant for the rock-garden, on sunny, exposed places. It requires rich, vegetable soil.

P. spicata (spiked). *fl.* violet, spicate, resembling those of *P. uniflora.* June. *l.* papery, pale green, ovate or ovate-oblong, obtuse, attenuated at base, doubly crenate; petioles narrowly winged. Elevated pastures of Tsang-Chan, above Tali, Yun-nan, 1884. A very remarkable species, with unilateral, spicate flowers, a form of inflorescence unique amongst Primulas.

P. Steinii (Stein's). *fl.* violet-purple, with a white throat, large; scape 1in. to 2in. high, three or four-flowered. April. *l.* in large rosettes, obovate-spathulate, with seven to nine large teeth at apex, and having thinly-scattered, glandular hairs along their margins. Central Tyrolean Alps, 1878. A hybrid between *P. minima* and *P. viscosa hirsuta*, resembling the former in habit. It is a splendid plant for the rock-garden, producing flowers in the greatest profusion, and as robust as in *P. Forsteri.*

P. Stuartii purpurea (purple). *fl.* pale or deep purple, often in two whorls; lobes obcordate or bifid, entire. Summer. *l.* rarely toothed, broad, white or yellow beneath. Sub-alpine and Alpine Himalayas. Habit and leaves resembling *P. Stuartii.* SYN. *P. Jæschkiana* (of Kerner).

P. Sturii (Stur's). *fl.* rose-purple, large and free. April and May. *l.* about 1in. long, wedge-shaped, glandular-hairy, coarsely toothed at the almost truncate apex. Steiermark, near Eisenhur, 1856. A hybrid between *P. minima* and *P. viscosa*, with the habit and general appearance of the former, but freer and more robust. SYN. *P. minima pubescens* (of Josch).

P. tenella (tender). *fl.* bluish-white, large, solitary, erect; corolla lobes obcordate. *l.* numerous, mealy all over, cuneate and entire below the middle, toothed above. Eastern Thibet. Whole plant 2in. to 2½in. high, glabrous. (G. C. n. s., xxi., p. 545.)

P. tenuiloba (slender-lobed). A variety of *P. muscoides.*

P. uniflora (one-flowered). *fl.* pale lilac, larger than the whole rosette of leaves; corolla lobes shallow, unequally toothed; scape slender, one or two-flowered. *l.* few, ½in. long, orbicular or broadly ovate, pinnatifidly crenate. Sikkim-Himalaya. A charming little species. (G. C. n. s., xxi., p. 545.)

P. Venzoi (Venzo's). *fl.* pale purple, one to three to a scape, 1in. in diameter, very pretty; petals deeply cut. April. *l.* 1in. to 1½in. long, ovate-lanceolate, pointed; margins rough, cartilaginous, slightly indented; surface hairy and densely pitted. Tyrol, &c. Habit tufty, in dense rosettes. A hybrid between *P. tyrolensis* and *P. Wulfeniana*, nearly allied to the latter.

P. vinciflora (Periwinkle-flowered). *fl.* purplish-violet, 1½in. in diameter; tube long, pubescent, swollen at the base; corolla lobes obcordate; scape hairy, one-flowered. *l.* cuneate-oblong, ciliated, covered with reddish, sessile glands. Yun-nan, China. (G. C. ser. iii., vol. i., p. 575, f. 108.)

P. viscosa ciliata (fringed). A very robust form, with larger flowers, produced in greater abundance than in the type.

P. v. commutata (changed). *fl.* bright rose, large. May and June. *l.* broadly ovate or obovate, viscous-hairy; margins entire or slightly toothed. Porphyritic region, Eastern Alps.

P. v. confinis (neighbour). *fl.* bright, deep rose, large, very handsome, approaching those of *P. v. ciliata*, but larger and more vigorous. May and June. *l.* small, obovate, toothed, viscous-hairy. Alps.

P. v. hirsuta (hairy). *fl.* pale lilac, with a bright silvery eye, large. Spring. Eastern Switzerland, Tyrol, &c. (6000ft. to 7000ft.). A charming variety, forming large rosettes of ovate or obovate leaves, deeply and sharply toothed, and densely covered with soft hairs. *P. decora*, of Sims (B. M. 1922), is very nearly allied to this variety, as also is *P. pallida.*

P. v. major (larger). A garden synonym of *P. Peyritschii.*

P. v. Nelsoni (Nelson's). *fl.* pale purple or pink, many on a scape. April and May. *l.* obovate, entire or slightly serrated; margins glandular-hairy. Habit of *P. viscosa;* rosettes neat. Originated in English gardens.

P. Wulfeniana (Wulfen's). *fl.* deep purple-violet, large. April and May. *l.* not punctate as in *P. spectabilis*, lanceolate-spathulate, shiny green; margins rough, cartilaginous. Alps. A good and very free rockery plant, requiring calcareous soil. In Vol. III., p. 222, it is placed as a variety of *P. spectabilis*, but it is quite entitled to specific distinction.

P. yunnanensis (Yun-nan). *fl.* violet-purple; corolla tube narrow, twice as long as the calyx; limb concave, bilobed, the lobes ovate, entire. July. *l.* ovate-oblong, crenulate, mucronate; petioles short, narrowly winged, glabrous. Clefts of limestone rocks at foot of Li-Kiang Glacier, China. A very fine species, closely allied to *P. uniflora.*

PRIONOPHYLLUM. A synonym of **Encholirion** (which *see*).

PRITCHARDIA. To the species described on p. 224, Vol. III., the following should now be added:

P. Thurstoni (Thurston's). *fl.* borne in compact panicles at the apices of the slender stems; stems longer than the leaves, from the axils of which they rise. *l.* fan-shaped, palmatisect, large, forming a dense tuft at the top of the tall stem. Fiji. (R. G. 1887, p. 486-9, f. 123-4, 1-8.)

PRUNUS. Bentham and Hooker include *Cerasus* under this genus. To the species and varieties described on pp. 235-7, Vol. III., the following should now be added:

P. domestica Plantierii (Plantier's). *fl.* pure white, semi-double, produced in abundance, and succeeded by black Plums of good flavour. 1885. Garden variety.

P. hybrida reptans (hybrid, creeping). *fl.* red. Branches prostrate, divaricate. 1886. Garden hybrid. (R. H. 1885, pp. 416-7.)

P. h. stricta (erect). *fl.* white. Branches erect. 1886. Garden hybrid. (R. G. 1886, pp. 416-7.)

P. Jacquemontii (Jacquemont's). *fl.* often in pairs, very shortly pedicellate; calyx tube ⅓in. to ½in. long; petals pink, ⅓in. broad, orbicular; stamens about twenty. May. *l.* 2in. to 2½in. long, ovate, ovate-lanceolate, elliptic, or nearly obovate, acute or acuminate, serrulate; petioles ⅛in. long. *h.* 6ft. to 10ft. North-west Himalayas, 1836. Hardy shrub. (B. M. 6976.)

P. japonica (Japanese). The correct botanical name of the plant described on p. 236, Vol. III., as *P. sinensis.*

P. j. sphærica (spherical). This form only differs from the type in its somewhat larger, spherical fruits. (R. H. 1887, p. 136, f. 29.)

P. Mume Alphandi (Alphand's). A variety having semi-double, rose-pink flowers. Japan, 1885. (R. H. 1885, p. 564.) SYN. *Armeniaca Mume Alphandi.*

PSEUDOPHŒNIX (from *pseudos*, false, and *Phœnix;* alluding to the resemblance in general aspect to the kindred genus *Phœnix*). ORD. *Palmæ.* A monotypic genus. The species is a stove Palm, requiring similar culture to **Phœnix** (which *see*, on pp. 103-4, Vol. III.).

P. Sargenti (Sargent's). *fl.*, spadix panicled, about 3ft. long and broad. *fr.* bright orange or red, ½in. in diameter. *l.* pinnate, 4½ft. long; leaflets lanceolate, acuminate, 1ft. to 1½ft. long, glaucous beneath. *h.* 25ft. Florida, 1887. (G. C. ser. iii., vol. iv., p. 409; G. & F., vol. i., 1888, pp. 353, 355.)

PSITTACOSCHŒNUS. A synonym of **Gahnia** (which *see*).

PSYCHOTRIA. To the species described on p. 239, Vol. III., the following should now be added:

P. sulphurea (sulphur-coloured). *fl.* bright blue, Centranthus-like, borne in clusters. *fr.* sulphur-yellow. *l.* shining green. Fiji, 1887. A profuse and continuous flowering, small, climbing shrub.

PTERIS. To the species and varieties described on pp. 240-5, Vol. III., the following should now be added:

P. Bausei (Bause's). *sti.* deep chestnut-brown, *fronds* densely tufted, erect, 12in. to 13in. high; pinnæ about 2in. long, the lowermost bipinnate, consisting of four to six broadly linear, deep green pinnules. 1886. A useful, decorative, garden Fern, of very compact habit.

Pteris—*continued.*

P. longifolia nobilis (noble). *fronds* evergreen, 4ft. to 5ft. high; pinnæ linear, 8in. to 10in. long; rachis pale brown. *sori* continuous, linear, marginal. South Sea Islands, 1884.

P. serrulata cristata lacerata (torn). *fronds* 9in. to 12in. long, slender, the margins serrulate; each pinna divided into a tassel-like or corymbose, drooping bunch of lacerated segments. 1882. *nana* is a dwarf form.

P. tremula foliosa (leafy). *fronds* wavy, larger and broader than in the type. 1886. Garden variety.

P. t. grandiceps (large-crested). *fronds* semi-dependent, the apices divided into flattish, fimbriately-tasselled crests, made up of four or five principal divisions and numerous multifurcations; pinnæ and pinnules also terminating in narrow apices. 1887. Garden origin.

PTYCHOCOCCUS (from *ptyche*, a fold, and *coccos*, a berry; in allusion to the wrinkled albumen). ORD. *Palmæ.* A genus of three species of Javan Palms, founded by Beccari, formerly included under *Ptychosperma.* It differs from that genus in the form of the fruit, which in *Ptychococcus* is obliquely attenuated into a beak at the apex, instead of being rounded. For culture, see **Ptychosperma,** on p. 247, Vol. III.

P. arecinus (Areca-like). A very beautiful, pinnate-leaved Palm, which, in its native forests, attains a height of 60ft. or more.

PULTENÆA. To the species described on pp. 251-2, Vol. III., the following should now be added:

P. Gunni (Gunn's). *fl.* golden-yellow, with brownish-purple stripes on the standard and a brownish-purple keel, small; heads three to five-flowered, terminating the branchlets. *l.* very small, linear-lanceolate. Branches twiggy. 1885. (R. G. 1173 [1174 in text].)

PUYA. To the two species described on p. 255, Vol. III., the following should now be added:

P. lanuginosa (woolly). *fl.* greenish-blue, borne in a dense, simple spike 1ft. long by 3in. in diameter, surmounting a stout peduncle 3ft. long; flower bracts lanceolate, acuminate, very woolly, whitish-brown on the back; sepals obtuse, much imbricated; petals oblong-obovate, the blade ⅔in. broad. *l.* sixty to 100 in a dense rosette, ensiform; 2ft. to 2½ft. long, 1in. broad low down, tapering to a long point, green above, white below, beset with distant, ascending spines. Trunk 2ft. to 3ft. high, forked at the top, hidden by old, dead, reflexed leaves. This plant flowered for the first time at Kew in October, 1888.

P. Roëzli (Roëzl's), of E. Morren. *fl.* sub-sessile; calyx pale rose, downy; corolla peacock-blue, tubular, 1½in. long; panicle 2½ft. high, downy. *l.* numerous, thick, coriaceous, arching, 2ft. to 2½ft. long, 2in. to 2½in. broad, shining green above, covered with white felt beneath, the margins spiny. Andes of Peru, 1885. The correct name of this plant is *Pitcairnia megastachya* (Baker).

PYRETHRUM. To the species and varieties described on p. 257, Vol. III., the following should now be added:

P. Decaisneanum (Decaisne's). A synonym of *Chrysanthemum Decaisneanum.*

P. marginatum (margined). A synonym of *Chrysanthemum marginatum.*

P. parthenifolium aureum selaginoides (Selaginella-like). *l.* flat, shallowly lobed, so cut as to resemble a sprig of Selaginella, of a bright yellowish-green. 1882.

PYRUS. To the species and varieties described on pp 258-62, Vol. III., the following should now be added:

P. Aucuparia foliis-aureis (golden-leaved). *l.*, leaflets rather thick, tomentose, marked with yellow, which deepens with age. 1886. An ornamental, garden variety.

QUERCUS. To the species and varieties described on pp. 263-6, Vol. III., the following should now be added:

Q. sessiliflora pendula (hanging). A variety with pendulous branches.

RANUNCULUS. To the species described on pp. 273-5, Vol. III., the following should now be added:

R. Seguieri (Seguier's). *fl.* white, ⅞in. in diameter; petals five, entire, orbicular, longer than the calyx. June and July. *l.* three-parted, with acute or bluntish, entire, trifid partitions; floral ones small, sessile, entire or trifid. Stem one to three-flowered. *h.* 3in. Alps, 1819. (R. G. 1192, f. 1 [1194, f. 1, in text].

RAPHANUS. To the species described on p. 276, Vol. III., the following should now be added:

R. isatoides (Isatis-like). *fl.* yellow, in racemes terminating the side branches. *l.*, radical ones lyrate-pinnatisect; cauline ones ovate-lanceolate, amplexicaul, thick, glaucous. 1886. A garden variety of Radish, with the general aspect of *Isatis tinctoria.* (R. H. 1876, p. 372, f. 101.)

REICHARDIA (of Roth). A synonym of **Picridium** (which *see*).

RENANTHERA ARACHNITES. A synonym of **Arachnanthe moschifera** (which *see*).

RENANTHERA FLOS-AËRIS. A synonym of **Arachnanthe moschifera** (which *see*).

RESTREPIA. To the species described on p. 284, Vol. III., the following should now be added:

R. pandurata (fiddle-shaped). *fl.*, lip pandurate, the anterior blade very broad, transversely oblong, covered with warts, hairy, whitish, with numerous port-wine-coloured spots; column having two orange spots at the base. September. *l.* as much as 4in. long. 1881.

RETTBERGIA. A synonym of **Chusquea** (which *see*).

RHAPIS. To the species described on pp. 287-8, Vol. III., the following should now be added:

R. Kwamwonzick (a native name). *l.* palmately divided into from four to seven lanceolate segments; petioles unarmed. Stems slender, leafy. Japan (?). Stove. (I. H. xxxiv. 13.)

RHIPSALIS SARMENTACEA. This species (described on p. 290, Vol. III.) should be grown in a basket of peat-fibre, or, better still, on a piece of soft Fern-stem. See Fig. 60, p. 598.

RHODODENDRON. Including *Vireya.* To the species and varieties described on pp. 292-8, Vol. III., the following should now be added:

R. albescens (whitish). *fl.* white, scented, large, the upper segments marked at the base with sulphur-yellow. *l.* glabrous, the under surface silvery-white.

R. Andersoni (Anderson's). *fl.* bright carmine. Himalayas. A garden name for what is probably a form of *R. arboreum.*

R. Apoanum (Apo). *fl.* red, small, tubular, about ½in. long, with spreading lobes; trusses few-flowered. *l.* narrowly elliptic, acute at both ends, green above, rusty beneath. Philippine Islands, 1885. A small shrub. (R. G. 1196 [1195 in text.])

R. assamicum (Assam). A garden name of *R. formosum.*

R. Collettianum (Major Collett's). *fl.* white, in dense, terminal corymbs, shortly pedicellate, surrounded with broad, ciliated scales; sepals five, obtuse; corolla nearly 1in. long, funnel-shaped; stamens ten. May. *l.* 2in. to 3in. long, very coriaceous, elliptic-oblong or -lanceolate, acute at both ends, opaque above, lepidote-scaly beneath; petioles ⅛in. to ¼in. long. Branchlets furfuraceous-pubescent. *h.* 8ft. to 10ft. Afghanistan. Hardy. (B. M. 7019; G. C. ser. iii., vol. iv., p. 297.)

R. Curtisii (Curtis'). A synonym of *R. multicolor.*

R. grande roseum (rosy). *fl.* of a lively rose-colour, with darker veins on the lobes, and obscure spots on the tube within. 1887. (B. M. 6948.)

R. graveolens (strongly-scented). *fl.* pure white, fragrant. A dwarf and free-flowering hybrid between *R. formosum* and *R. Sesterianum.*

R. jasminiflorum carminatum (carmine). *fl.* rich carmine, slightly toned with orange-scarlet around the base of the limb, the tube paler externally. 1886. A hybrid between *R. jasminiflorum* and *R. javanicum.*

R. javanicum tubiflorum (tube-flowered). *fl.* orange-red; corolla tube elongated. June. *l.* smaller than in the type, the midrib impressed above. Sumatra and Java, 1885. (B. M. 6850.)

R. Kochii (Koch's). *fl.* white, 1⅔in. long, tubular, with a campanulate limb, something like those of *R. jasminiflorum*, disposed in loose trusses. *l.* petiolate, oblong-lanceolate, acuminate, 5in. to 6in. long, narrowed to the petioles, which are ½in. to 1½in. long. Philippine Islands, 1885. Stove shrub. (R. G. 1195 [1196 in text].)

R. Lochæ (Lady Loch's). *fl.* rather large, in terminal, umbelliform fascicles, on very conspicuous stalklets; corolla bright red, scaly-dotted outside, the tube cylindrical, the limb bluntly five-lobed and conspicuously veined. *l.* persistent, mostly whorled, some scattered, conspicuously stalked, flat, nearly ovate, rather blunt, glabrous, minutely scaly-dotted beneath. *h.* 20ft. Mount Bellenden-Ker, 1887. This tree is the only known Australian Rhododendron.

R. Manglesii (Mangles'). A fine, half-hardy, garden hybrid, having handsome, white flowers, disposed in very large heads.

598 THE DICTIONARY OF GARDENING.

Rhododendron—*continued.*

1886. *R. Aucklandii* is one of the parents, and a garden hybrid the other.

R. multicolor (many-coloured). *fl.* few, horizontal, in terminal umbels; calyx minute; corolla dark red or bright yellow, 1in. long, between funnel- and bell-shaped, the five lobes equal, one-third the length of the tube. Winter. *l.* whorled, three to seven together, 2in. to 3in. long, ½in. to ¾in. broad, elliptic-lanceolate, narrowed at both ends, contracted into the short petioles, dull green above, paler beneath. Sumatra. A small,

Rhododendron—*continued.*

corolla campanulate, about 1¼in. long, obtusely five-lobed. *l.* 4½in. long, coriaceous, evergreen, oblong, rather obtuse at apex, cuneate at base, the margins revolute, glabrous above, beneath (as well as on the petioles, peduncles, and pedicels) densely white-floccose-tomentose. Caucasus, 1886. A tall shrub. (R. G. 1226, f. 2, d-g.)

R. Ungerni (Baron Ungern-Sternberg's). *fl.* white, corymbose-umbellate; calyx small, five-parted, the segments elongated; corolla campanulate, obtusely five-lobed, the lobes reddish on

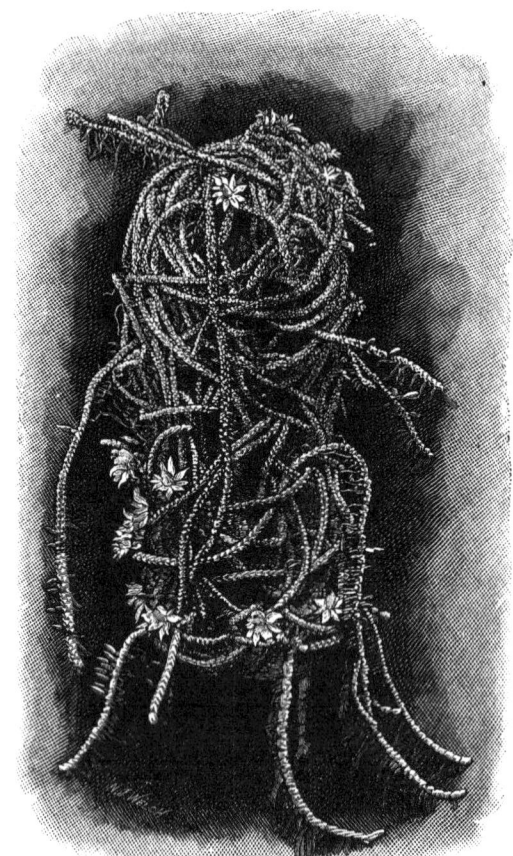

FIG. 60. RHIPSALIS SARMENTACEA (see p. 597).

glabrous, slender bush. (B. M. 6769.) SYN. *R. Curtisii* (F. & P. 1884, 615).

R. roseum odoratum (rosy, scented). *fl.* pale rose-coloured, fragrant, rather small, disposed in good-sized heads. 1886. Garden hybrid.

R. Sesterianum (Sester's). A white-flowered, garden hybrid, of which *R. Edgworthii* is one of the parents.

R. Smirnowi (Smirnow's). *fl.* deep purplish-scarlet, corymbose-umbellate; calyx minute, pelviform, the lobes very short;

the back. *l.* coriaceous, persistent, oblong, nearly 7in. long, narrowed towards the base, cuspidate at apex, glabrous above, white-floccose-tomentose beneath; petioles (as well as the branches) tomentose-puberulous. Caucasus, 1886. A tall shrub. (R. G. 1227, f. 1, a-c.)

R. Victorianum (Victor's). *fl.* pure white, except the golden-yellow interior of the funnel-shaped tube, as freely produced as those of *R. Dalhousiæ*; limb spreading, five-lobed. *l.* as in *R. Nuttallii.* 1887. A garden hybrid between the species named.

Rhododendron—*continued.*

R. Williamsii (Williams'). *fl.* white, slightly spotted in the upper segments, freely produced. 1885. A hybrid between a species of *Rhododendron* and *Azalea sinensis.*

R. yedoënse (Yedo). *fl.* pale blush-coloured, double, about three in an umbel; calyx segments linear-oblong, acute, slightly serrated, white-bristly; corolla tube funnel-shaped, the limb campanulate. *l.* sub-caducous, oblong-lanceolate, shortly acuminate, spreading, in groups of about five at the tips of the branchlets, membranous-chartaceous, the autumnal ones smaller, linear-spathulate. Japan, 1886. (R. G. 1233 a-b.)

RHYNCHANTHUS (from *rhynchos*, a beak, and *anthos*, a flower; in allusion to the peculiar shape of the blossoms). ORD. *Scitamineæ.* A monotypic genus. The species is a very curious, stove, tuberous-rooted herb, remarkable in having very small corolla lobes, a lip reduced to a mere point, a most curious, petaloid filament, resembling a long canoe, exserted far beyond the corolla lobes, and terminated by an anther with no appendage, and an erect, funnel-shaped stigma. For culture, *see* **Heliconia,** on p. 128, Vol. II.

R. longiflorus (long-flowered). *fl.* 4in. long, few, erect, in a terminal, sub-sessile spike; bracts two, pale orange-red, 1½in. long; calyx tubular, with a split mouth, and a rounded, retuse tip; corolla pale yellowish-green, the tube 2in. long, the lobes ½in. long; filament straw-coloured. July. *l.* 6in. to 8in. long, 1½in. broad, oblong-lanceolate, acuminate, edged brown, contracted into short petioles. Stem 1½ft. high, with ten to twelve leaves. Birma, 1885. (B. M. 6861.)

RHYNCHOSTYLIS. To the species described on p. 302, Vol. III., the following variety should now be added:

R. retusa Russeliana (Russel's). *fl.*, sepals white; petals spotted with mauve-purple; lip mauve-purple, with a white apex; racemes long, dense, pendulous. 1886. A fine form. (W. O. A. 238, under name of *Saccolabium Blumei Russelianum.*)

RICINUS. To the species described on p. 308, Vol. III., the following variety should now be added:

R. cambodgensis (Cambodia). Probably a form of *R. communis*, with large leaves and blackish stem and branches.

RODRIGUEZIA. To the species described on p. 311, Vol. III., the following should now be added:

R. Bungerothii (Bungeroth's). *fl.* purple; sepals and petals resembling those of *R. secunda;* lip cuneate-obovate, bilobed, with a well-developed, triangular, descending spur; column quite naked, white; inflorescence dense. Venezuela. A near ally of *R. secunda.*

R. Leeana picta (painted). *fl.* covered with numerous mauve-purple lines and spots, which are almost circular on the fine lip. A fine variety. 1885.

ROËZLIA REGIA. A garden synonym of **Furcræa Roëzlii** (which *see*).

ROMULEA. To the species described on pp. 312-3, Vol. III., the following should now be added:

R. Macowani (Macowan's). *fl.* 1in. to 1½in. in diameter, bright golden-yellow in the lower part, lighter upwards, often tinged red at the tips. *l.* linear, curved. South Africa. Greenhouse. (G. C. ser. iii., vol. i., pp. 180, 184, f. 42.)

RONNBERGIA. Two species are now referred to this genus. To that described on p. 313, Vol. III., the following should now be added:

R. columbiana (Columbian). *fl.* dark blue, with a white tube, hypocrateriform; spike short; bracts brownish, membranous. *l.* rosulate, very coriaceous, arched, wavy, smooth, dark green above, violet-brown beneath, bordered with small teeth. Stem 1ft. high. Columbia. The correct name of this plant is *Billbergia columbiana.*

ROSA. To the species and varieties described on pp. 319-25, Vol. III., the following should now be added:

R. Godefroyæ (Godefroy's). *fl.* white, large; sepals longer than the buds; petals numerous. *l.*, leaflets five to seven, shining, dark green. Persia, 1886. A compact, glabrous bush; probably a garden variety.

Hybrid Perpetual Roses.

The large numbers of this section of garden and exhibition Roses annually introduced from the Continent necessitate very careful selection. The following are the best and most recent additions:

Rosa—*continued.*

AVOCAT DUVIVIER, crimson-purple; BARONESS NATHANIEL DE ROTHSCHILD, silvery-pink; BOILDIEU, bright cherry-rose; BOULE DE NEIGE, pure white; CHARLES LEFEBVRE, bright, shaded crimson; DR. SEWELL, crimson-scarlet; DUC DE MONTPENSIER, bright red; DUCHESS OF ALBANY, deep, clear pink; DUKE OF CONNAUGHT, velvety crimson; ELIE MOREL, rosy-lilac; FLORENCE PAUL, scarlet-crimson; FRANÇOIS LOUVAT, crimson, shaded lilac; GRAND MOGUL, rich crimson, deep scarlet shade; JOHN BRIGHT, rich, glowing crimson; LE HAVRE, vermilion; LORD DUFFERIN, crimson, shaded maroon; MADAME EUGENE VERDIER, bright, pleasing rose; MADAME MARIE VERDIER, bright satin rose; MARY BENNETT, rosy-cerise; MISS HASSARD, pink; MRS. JOHN LAING, soft pink; MRS. LAXTON, bright rosy-crimson; PENELOPE MAYO, carmine-red; PRIDE OF WALTHAM, delicate flesh, with rose shade; PRINCESS MARY OF CAMBRIDGE, rosy-flesh; ROYAL STANDARD, satiny rose; SILVER QUEEN, silvery-blush, centre shaded pink; SIR GARNET WOLSELEY, rich vermilion; THE PURITAN, fully-opened flowers pure white; VILLARET DE JOYEUSE, shaded rose; VIOLET BOUYER, delicate pink.

Tea-scented Roses.

ALBA ROSEA, white, peach-coloured centre; COMTESSE PANISSE, coppery-rose, tinged yellow; FRANCISCA KRUGER, salmon-yellow; GRACE DARLING, creamy, tinted pink; LE MONT BLANC, pure white; MADAME AJELIE IMBERT, yellowish-salmon; MADAME CHARLES, apricot; MADAME CUSIN, rose, yellow base; MISS EDITH GIFFORD, creamy-white; MISS ETHEL BROWNLOW, salmon-pink; MONS. FURTADO, clear yellow; PRESIDENT, pale rose; PRINCESS BEATRICE, yellow with deeper centre; THE BRIDE, creamy-white.

Hybrid Tea Roses.

MADAME JOSEPH DESBOIS, white, salmon centre; REINE MARIE HENRIETTE, reddish-crimson; WALTHAM CLIMBER NO. 3, crimson.

Noisette Roses.

BEAUTY OF GLAZENWOOD, buff, striped crimson; BOUQUET D'OR, yellow, darker centre; CLAIRE CARNOT, coppery-yellow; JAMES SPRUNT, crimson.

ROYDSIA (named by Dr. Roxburgh in honour of Sir John Royds, "one of the Puisne Judges of the Supreme Court of Judicature of Bengal, and an eminent benefactor to the Science"). ORD. *Capparideæ.* A small genus (two species) of stove shrubs, natives of the East Indies and the Philippine Islands. Flowers yellow, small, fragrant, axillary and in terminal panicles; sepals six, coloured, imbricated or sub-valvate; petals none; torus short; stamens very numerous; pedicels bibracteate at base. Fruit red, olive-shaped. Leaves ample, shortly petiolate, simple, oblong, exstipulate. *R. suaveolens*, the only species introduced, is a rather coarse, rambling bush, well worth cultivating for its delicious fragrance by those who can give it space enough: it is not suited for small houses. The plant thrives in good, rich, loamy soil, and may be readily increased by cuttings of the young wood.

R. suaveolens (sweet-scented). *fl.* numerous, ¾in. in diameter, fragrant; stamens about 100, spreading; racemes axillary, or rather above the axils, 3in. to 7in. long, solitary or in terminal panicles. January to May. *fr.* 1in. to 1½in. long. *l.* alternate, 4in. to 12in. long, oblong or oblong-lanceolate, rarely oblanceolate, acute or acuminate, entire, shining, pale beneath; petioles ¼in. to ½in. long. East Indies. (B. M. 6881.)

RUBUS AMERICANUS. A garden synonym of **R. villosus** (which *see*, on p. 332, Vol. III.).

SACCOLABIUM. To the species and varieties described on pp. 340-1, Vol. III., the following should now be added:

S. giganteum Petotianum (Petot's). *fl.* dull white, large and rigid. Cochin China, 1885.

S. Pechei (Peche's). *fl.*, sepals and petals ochre, with red spots, cuneate-oblong, blunt-acute; lip forming a cupular spur, having a few red spots at the yellow base of the spur, the side laciniæ retuse and angular over the transversely triangular, nearly white mid-lacinia; raceme few-flowered. *l.* broadly ligulate, blunt, bilobed at apex, 7in. long, nearly 2in. broad. Moulmein, 1887.

S. Smeeanum (Smee's). *fl.*, sepals and petals greenish-white, with mauve mid-veins, becoming whitish-ochre with brown-purple stripes, the sepals oblong-ligulate, the petals nearly so; lip white, becoming yellow, the disk of the oblong, acute mid-lacinia mauve, turning brown, the side laciniæ very small; peduncles bifid, each branch closely racemose. 1887.

SALIX. To the species and varieties described on pp. 345-7, Vol. III., the following should now be added:

S. lasiandra lancifolia (hairy-anthered, lance-leaved). *fl.*, catkins greenish-yellow, about 2in. long, borne on short, lateral shoots. *l.* lanceolate, acuminate, 6in. to 10in. long, finely serrated; stipules reniform. California. (R. G. 1887, pp. 409-10, f. 98.)

S. repens. Creeping Willow. *fl.*, catkins cylindrical, usually about ½in. long, sessile, at length pedunculate and 1in. long. Spring. *l.* oblong or lanceolate, less than 1in. long, rarely shortly ovate, or in luxuriant shoots narrow-oblong and 1½in. long, nearly or quite entire, silky. Europe (Britain) and Asia. A low, straggling shrub. A series of forms of this species is figured in Sy. En. B. 1356-62.

SALVIA. To the species described on pp. 349-53, Vol. III., the following should now be added:

S. scapiformis (scape-formed). *fl.*, calyx ⅛in. long; corolla pale amethystine-blue, the limb ⅛in. in diameter; whorls numerous; scapes 6in. to 10in. high, ascending. June. *l.* all radical (rarely with an opposite pair towards the base of one or more of the scapes), 2in. long, spreading, broadly ovate- or oblong-cordate, obtuse, coarsely crenate or lobulate, reddish-purple beneath. Formosa. Greenhouse perennial. (B. M. 6980.)

SAMBUCUS. To the species and varieties described on p. 354, Vol. III., the following should now be added:

S. racemosa serratifolia (serrated-leaved). *l.* rather narrower than in the form *plumosa*, and not so deeply pinnatifid. 1886.

SANSEVIERA. To the species described on p. 356, Vol. III., the following should now be added:

S. aureo-variegata (golden-variegated). *l.* oblong-obovate, thick, leathery, pale green in the centre, with two broad bands of creamy-white, and a narrow, pale green margin.

SARCOCHILUS. To the species described on pp. 360-1, Vol. III., the following should now be added:

S. indusiatum (smocked). *fl.* small, dispersed in short, dense racemes; sepals and petals yellowish, spotted red; lip white; spur cylindric, with "a kind of bucket" at its apex. *l.* soft, shining, oblong, 3in. broad. Sunda Isles, 1886. SYN. *Thrixspermum indusiatum.*

S. purpureus (purple). *fl.* pale rose-coloured; lip of a deeper rosy-crimson than the sepals and petals, hollowed out near the tip somewhat in the form of a slipper; spikes about 8in. long, many-flowered. *l.* distichous, oblong-linear, emarginate, 3in. to 4in. long. India. SYN. *Camarotis purpurea* (L. S. O. 19; P. M. B. vii. 25).

S. unguiculatus (clawed). *fl.*, sepals and petals light straw-colour; lip clawed, three-lobed, the side lobes white, streaked crimson, the middle lobe rounded, fleshy, dotted crimson; raceme three or four-flowered. Manilla, 1848. SYNS. *Phalænopsis Ruckeriana* (of gardens) and *Thrixspermum unguiculatum.* (W. O. A. vi. 266.)

SAROTHAMNUS SCOPARIUS ANDREANUS. A synonym of **Cytisus Andreanus** (which *see*).

SARRACENIA. To the species and hybrids described on pp. 363-7, Vol. III., the following should now be added:

S. porphyroneura (purple-nerved). *l.* erect, with a large, circular lamina, which, as well as the upper portion of the pitcher itself, is traversed by purple veins. 1882.

S. Wilsoniana (Wilson's). *l.* erect, with deep purple-crimson ribs, more or less united by cross veins; wing and lid veined and reticulated deep purple-crimson. A distinct and pleasing hybrid between *S. flava* and *S. purpurea.*

SAXIFRAGA. To the species and varieties described on pp. 371-6, Vol. III., the following should now be added:

S. aretioides micropetala (small-petaled). A synonym of *S. lutea-purpurea.*

S. Engleri (Engler's). *fl.* white, small. *l.* thick, deep green, gradually changing to golden-yellow in winter, with slight crustaceous margins. North America.

S. Frederici-Augusti (Frederick Augustus'), of gardens. A synonym of *S. lutea-purpurea.*

S. Huguenini (Huguenin's). *fl.* white, solitary, shortly stalked. *l.* imbricating, oblong, ciliate-toothed, ⅛in. to ¼in. long. Eastern Swiss Alps, 1836. A neat little plant, of creeping, tufted habit. (R. G. 1230 B.)

S. Lapeyrousei (Lapeyrouse's). A synonym of *S. lutea-purpurea.*

S. lutea-purpurea (yellow and purple). *fl.* lemon-yellow, numerous, corymbose, borne on short, leafy stalks. Spring. *l.* bright green, narrow-lanceolate, disposed in small rosettes. Pyrenees. Plant very dwarf. SYNS. *S. aretioides micropetala,*

Saxifraga—*continued.*

S. Frederici-Augusti (of gardens), *S. Lapeyrousei.* The true *S. Frederici-Augusti* is a rare and distinct plant, with a spicate inflorescence and purple flowers, and is not at present in cultivation in this country.

SCHIZANTHUS. To the species described on p. 384, Vol. III., the following variety should now be added:

S. Grahami lilacinus (lilac). A fine variety, having lilac-coloured flowers, with a dark golden-yellow, brown-veined upper lip, and lilac tips. (R. G. 1887, p. 665, f. 169.)

SCHIZOCASIA (from *schizo*, to cut or split, and *casia*; in allusion to its divided leaves and its relationship to *Colocasia*). ORD. *Aroideæ* (*Araceæ*). A small genus (three or four species) of stove herbs, with a thick caudex, natives of New Guinea, Siam, and the Philippine Islands. Flowers monœcious, on an appendiculate spadix, the males and females remote; perianth none; spathe tube convolute, the blade linear-oblong, obtuse, thrice as long as the tube, the throat constricted; peduncle short, sheathed. Leaves ovate-cordate, pinnatipartite; petioles elongated, terete. According to Mr. N. E. Brown, there are no real characters to separate *Schizocasia* from **Alocasia** (which *see*, on p. 50, Vol. I., for culture).

S. Portei (Porte's). *l.* oblong-triangular, sagittate, pinnatipartite; lateral divisions semi-ovate or oblong, obtuse, with a deep sinus; stalks half as long again as the leaves. Caudex thick.

S. Regnieri (Regnier's). *fl.* unknown. *l.* large, pinnatifid, 10in. to 12in. long, peltate, repand, dark green above, the midrib and principal nerves much paler, glaucescent beneath, the margins undulated; pinnæ costate, mucronate at apex, cordate-lanceolate; petioles 1¾ft. long, sheathing at base, terete, yellow, with reddish, hieroglyphic markings. Siam, 1887. (I. H. ser. v. 6.)

SCHŒNOCAULON (from *Schoinos*, a Rush, and *kaulos*, a stem; in allusion to the Rush-like scape). SYNS. *Asagræa, Sabadilla.* ORD. *Liliaceæ.* A small genus (five species have been enumerated) of half-hardy, bulbous plants, natives of the Mexico-Texan region. Flowers rather small, in long, dense, terminal, sub-sessile spikes; perianth persistent, the segments distinct, sub-equal, narrow-lanceolate or linear, erecto-patent; stamens six, hypogynous, longer than the segments; bracts small; scape simple, tall, leafless. Leaves radical, long-linear. The culture of the only species introduced is not yet understood; the plant is, however, only of botanical interest.

S. officinale (officinal). *fl.*, perianth yellowish, ⅛in. to ⅙in. long, the segments lanceolate; spike cylindrical, 6in. to 12in. long, ⅛in. in diameter; scape 2ft. to 3ft. long. September. *l.* six to twelve, firm, 1½ft. to 4ft. long, three to six lines broad. Bulb ovoid, 1in. to 2in. in diameter. SYN. *Asagræa officinalis* (B. R. 1839, 33).

SCHOMBURGKIA. To the species described on p. 386, Vol. III., the following should now be added:

S. chionodora (snow-gift). *fl.* white, with a purple spot on the lip, numerous; sepals ligulate, acute; petals spathulate, blunt; lip large, four-lobed, toothleted and wavy, with five entire keels on the disk. *l.* cuneate-oblong, obtuse, 4in. to 5in. broad. Pseudo-bulbs many-angled, 1ft. long or more, having but a single, central cavity. Central America, 1886.

S. c. Kimballiana (W. S. Kimball's) *fl.* light purple; inflorescence with numerous branches. 1888.

S. Humboldtii (Humboldt's). *fl.* resembling those of a Lælia; sepals and petals wavy, pale lilac, the petals tinted purple towards the apex; lip with triangular, amethyst-purple side lobes, and a bilobed, fringed and crisped front lobe, of a bright purple, with paler streaks, the disk yellow, with five to seven keels, purple towards their base. Venezuela.

S. marginata immarginata (not margined). This is chiefly dependent for its character on the absence of yellow margins on the sepals and petals. 1887.

S. Thomsoniana (Thomson's). *fl.* light yellow and sulphur, with purple markings; sepals and petals ligulate, acute, undulated; lip trifid, the lateral segments triangular, extrorse, obtuse, the middle one ligulate, emarginate, much crisped. 1887. Allied to *S. tibicinis.* SYN. *Bletia Thomsoniana.*

SCHUBERTIA GRANDIFLORA. A synonym of **Arauja grandiflora** (which *see*).

SCILLA. To the species described on pp. 388-91, Vol. III., the following should now be added:

S. Bellii (Bell's). *fl.*, perianth brownish-blue, campanulate, ½in. long, the segments oblong-spathulate; bracts white; raceme

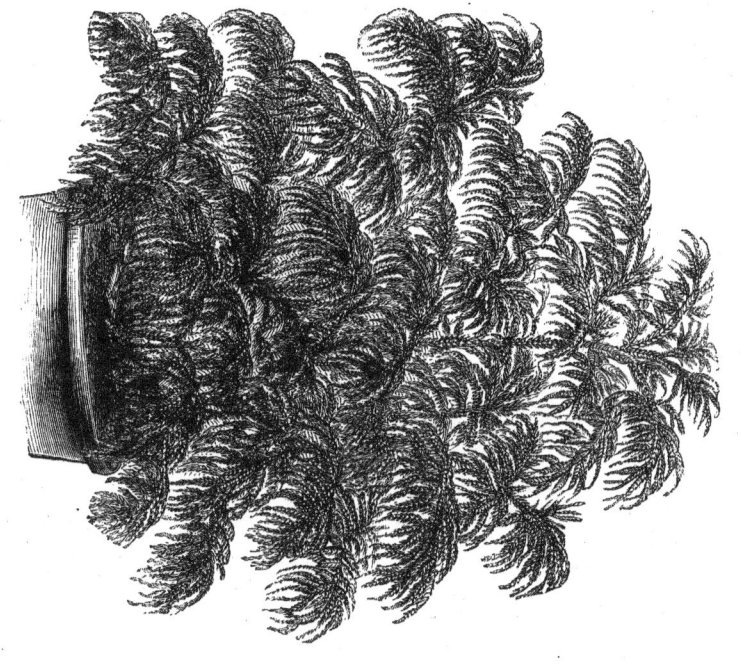
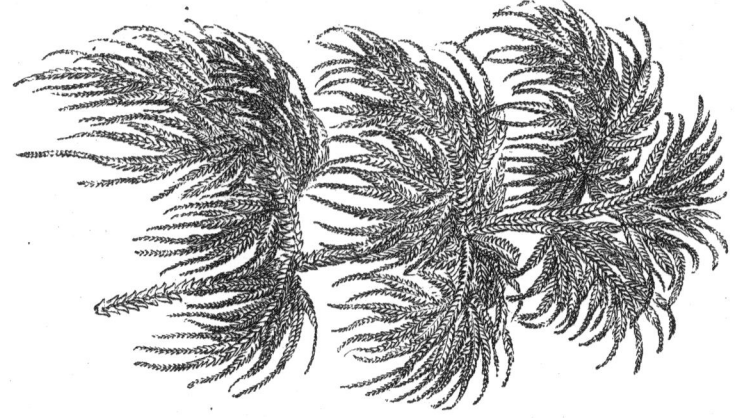

Fig. 61. SELAGINELLA PERELEGANS, SHOWING HABIT AND PORTION OF DETACHED FRUCTIFEROUS BRANCH.

Scilla—*continued.*

short, ten to twelve-flowered; scape slender, terete, 3in. to 4in. long. Spring. *l.*, produced ones two or three, oblong-lanceolate, 3in. to 4in. long, acute, erect, fleshy, Laristan, Central Persia, 1884.

S. lingulata (tongue-shaped). *fl.*, perianth blue, campanulate, star-like, about ¼in. long; raceme oblong, rather dense, six to fifteen-flowered; scape 2in. to 4in. long. Spring. *l.* six to eight, fleshy-herbaceous, glabrous, ascending, lingulate-lorate, embracing the scape at base, 2in to 3in. long, four to six lines broad. Bulb six to eight lines thick. Algeria, Morocco, 1887. (R. G. 1251, f. 2.) The variety *alba* (R. G. 1261, f. 4) has white, and *lilacina* (R. G. 1261, f. 3) lilac, flowers.

SCOLOPENDRIUM. To the varieties of *S. vulgare* described on pp. 393-4, Vol. III., the following should now be added:

S. vulgare ramo-marginatum (branched, margined). Similar to the form *lato-digitatum*, but with the contracted and lined character of *marginatum* in the leafy portion and elsewhere.

S. v. Valloisii (Vallois'). A strong-growing variety, having the fronds dilated and irregularly divided and crested at their summit, forming large, bunch-like tufts. (R. H. 1886, p. 447, f. 114.)

SEDUM. To the species and varieties described on pp. 403-7, Vol. III., the following should now be added:

S. edulis (edible). A synonym of *Cotyledon edulis.*

S. formosanum (Formosa). *fl.* bright yellow, mostly sessile, bracteate; petals lanceolate, acuminate, spreading. Summer. *l.* one to three, whorled, 1in. to 1¼in. long, ½in. broad, flat, spathulate, obtuse, recurving towards the apex, softly succulent. Stem repeatedly branched from near the base. *h.* about 6in. Formosa, 1885. A glabrous, half-hardy or greenhouse annual.

SELAGINELLA. To the species described on pp. 409-12, Vol. III., the following should now be added:

S. gracilis (slender). *stems* 2ft. to 3ft. long, sub-erect, pinnately branched, rather rough; pinnæ narrow-lanceolate, 4in. to 5in. long; pinnules simple, the lower ones 1in. long, ⅛in. broad. *l.* bright green, ovate-falcate; stipular ones narrow-lanceolate, cuspidate, parallel and close-set. *spikes* terminal, tetragonal, ½in. to 1in. long. South Sea Islands, 1886. An elegant, stove species.

S. perelegans (very elegant). The correct name of this plant is *S. inæqualifolia perelegans* (under which it is described on p. 411, Vol. III.) See Fig. 61, p. 601, for which we are indebted to Messrs. W. and J. Birkenhead.

S. tassellata (tasselled). *stems* erect; branches and branchlets flat, closely pinnate, the tips furnished with fertile, quadrangular spikelets about 1¼in. long, giving the plant a tasselled appearance. Brazil, 1887. Stove. See Fig. 62, p. 603, for which we are indebted to Mr. Wm. Bull.

S. viridangula (green-angled). *stems* sub-erect, sarmentose, 3ft. to 4ft. long; pinnæ deltoid, 1ft. long, erecto-patent; pinnules with simple upper and compound lower erecto-patent tertiary divisions; ultimate segments usually ½in. to 1in. long, bright green at base. *l.* of the lower plane contiguous or nearly so on the branchlets, lanceolate-falcate, acute, ⅛in. to ¼in. long (½in. long and much spaced on the pinnæ), bright green, dilated; leaves of the upper plane very small, distinctly cuspidate. *spikes* square, 1in. to 2in. long; bracts strongly keeled. Mountains of Fiji, 1884. Stove.

SELENIPEDIUM. To the species and varieties described on pp. 413-4, Vol. III., the following should now be added:

S. Boissierianum (Boissier's). *fl.* yellow, veined and tinged with bright green, marked brownish-crimson on the edges of the sepals and in other places; petals curiously twisted and horizontally extended, the edges erose; lip rounded. 1887. (G. C. ser. iii., vol. i., p. 143.)

S. leucorrhodum (white and rose). *fl.* white, nearly like those of *S. Roëzlii* in shape; upper sepal washed purple; petals beautifully margined purple, and having very stiff, purple hairs at the base inside; lip marked purple and sulphur, and with brown spots inside at the bottom, the sac purple; peduncle hairy. *l.* very broad and firm. 1885. A hybrid between *S. Roëzlii* and *S. Schlimii albiflorum.*

S. Saundersianum (Saunders'). *fl.* large; dorsal sepal white, striped purple and green, oblong-triangular, the lateral ones white, green at top, broad and wavy; petals reddish-purple, broad, ligulate, undulated; lip bright reddish-mauve, hemispheric in front. *l.* bright green. 1888. A hybrid between *S. caudatum* and *S. Schlimii.*

S. Schrøderæ splendens (splendid). A very brilliant variety. 1887. (L. ii. 69.)

SILENE. To the species described on pp. 432-3, Vol. III., the following should now be added:

Silene—*continued.*

S. pusilla (dwarf). A tiny plant, rarely exceeding 1¼in. in height, forming a dense mass; the flowers, which are about ½in. in diameter, are so profusely produced as to almost entirely hide the foliage. It is a charming little subject, either for pot culture or for growing on the rockery. 1887. (G. C. ser. iii., vol. ii., p. 44.)

SILPHIUM. To the species described on p. 435, Vol. III., the following should now be added:

S. albiflorum (white-flowered). *fl.-heads* sessile in the axils or stoutly pedunculate, 3½in. across; involucre sub-globose; ray florets pale straw-coloured or creamy-white, narrowly oblong, bifid. September. *l.* ovate, pinnatifid or bipinnatifid, coriaceous, the uppermost ones linear; lobes linear, 2in. to 5in. long. Stem simple, 2ft. to 4ft. high. Texas. Plant clothed with short prickles. (B. M. 6918.)

SOLANUM. To the species and varieties described on pp. 452-6, Vol. III., the following should now be added:

S. albidum Poortmanni (Poortmann's whitish). *fl.* white, small, produced in numerous cymes, towards the end of the season, on the young, white-tomentose shoots. *l.* large, pinnatifid, 2ft. long, bright green above, white-tomentose beneath. Andes, 1886. A noble, half-hardy perennial. (R. H. 1886, p. 232, f. 67.)

S. jasminoides floribundum (abundant-flowered). A more floriferous plant than the type, and having smaller and less pinnatifid leaves. 1886. Garden variety.

SOPHROCATTLEYA BATEMANNIANA. A synonym of the hybrid *Lælia Batemaniana* (described on p. 460, Vol. III., under name of *Sophronitis grandiflora*).

SOPHRONITIS. To the species and varieties described on p. 460, Vol. III., the following should now be added:

S. grandiflora aurantiaca (orange). A variety with dark orange-red flowers. 1886. (R. H. 1886, p. 492.)

SPAENDONCEA. A synonym of **Cadia** (which *see*).

SPATHOGLOTTIS. To the species described on p. 467, Vol. III., the following should now be added:

S. Augustorum (named in honour of Auguste Linden and Auguste de Rhonne, two travellers and collectors). A synonym of *S. Vieillardii.*

S. Regnieri (Regnier's). This is closely allied to *S. Lobbii.* It differs as follows: *fl.* smaller, having no stripes on the lateral sepals; stalked ovaries shorter; side partitions of the lip shorter and broader; callus standing more backwards; peduncle having shorter hairs. *l.* much broader. Cochin China, 1887.

S. Vieillardii (Vieillard's). *fl.* pale lilac, disposed in a nearly capitate raceme; lip tripartite, the side lobes rectangular, retuse, the mid-lobe long-clawed, oblong, two-lobed at apex. *l.* broadly cuneate-oblong, acute. Pseudo bulbs ovoid, tinted brown. Sunda Isles, 1886. SYN. *S. Augustorum* (L. 25).

SPIRÆA. To the species and varieties described on pp. 474-8, Vol. III., the following should now be added:

S. bullata (inflated). *fl.* dark pink or claret-coloured, in much-branched, dense, terminal corymbs; pedicels short, villous, bracteolate. Summer. *l.* sub-sessile, ½in. long, coriaceous, glabrous, dark green and bullate above, paler beneath, ovate-oblong, crenate; nerves pinnate, very prominent on the under surface. Branches erect, wiry, cylindric, densely clothed with reddish-brown down. Japan. A dwarf shrub, 1ft. to 1½ft. high. (R. G. 1215). SYN. *S. crispifolia* (of gardens).

S. crispifolia (crisped-leaved). A garden synonym of *S. bullata.*

S. gigantea (gigantic), of gardens. A robust-growing form of *S. kamtchatica.*

S. kamtchatica (Kamtchatkan). *fl.* white, sweetly scented, larger than those of *S. Ulmaria,* corymbose; sepals reflexed, pilose; carpels wiry inclined; lip palmately lobed; upper cauline ones somewhat hastate or lanceolate; petioles appendiculate. *h.* 6ft. to 9ft. Kamtchatka and Behring's Island.

S. k. himalensis (Himalayan). *l.* white-downy beneath; segments often acuminate. (B. R. 1841, 4.)

SPIRANTHES. To the species and varieties described on p. 478-9, Vol. III., the following should now be added:

S. leucosticta (white-spotted). *fl.* green, with a brown-tipped lip, hairy; sepals lanceolate; petals linear, forming, with the dorsal sepal, the galea; lip ligulate, dilated in front, the apex obtusely triangular; raceme few-flowered. *l.* petiolate, oblong, acute, spotted white. Columbia, 1885.

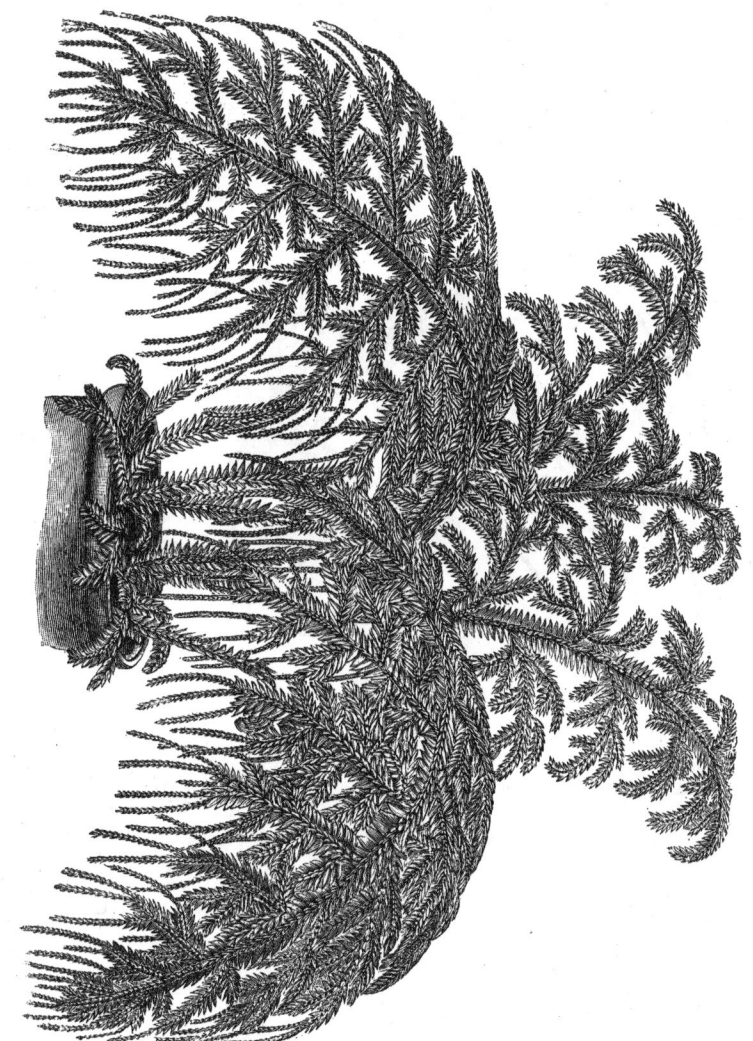

Fig. 62. SELAGINELLA TASSELLATA.

THE DICTIONARY OF GARDENING.

SPORLEDERA. A synonym of **Ceratotheca** (which see).

STAPHYLEA. To the species described on pp. 489-90, Vol. III., the following should now be added:

S. Coulombieri (Coulombier's). Nearly allied to *S. colchica*, from which it differs in its more globular flowers, with broader and shorter sepals and petals, and in its later period of flowering. Really intermediate between *S. colchica* and *S. pinnata*. 1887. Garden variety.

STATICE. To the species described on pp. 491-3, Vol. III., the following should now be added:

S. superba (superb). A hardy annual, closely resembling *S. Suworowi*, but having the spikes densely crowded into a pyramidal panicle. 1887. (R. G. 1887, p. 666, f. 170.)

STELLERA ALBERTI. A synonym of **Wikstroemia Alberti** (which see).

Streptocarpus—*continued*.
brownish-purple; stems numerous, bearing ten to sixteen flowers. Autumn and winter. *l.* solitary, similar to, but rather smaller than, that of *S. kewensis* (between which and *S. parviflora* this is a hybrid). 1887. (G. C. ser. iii., vol. ii., p. 215.)

STROBILANTHES. To the species described on pp. 516-7, Vol. III., the following should now be added:

S. attenuatus (attenuated). *fl.* violet-blue, marked with a yellow spot in the throat, disposed in loose panicles; corolla 1in. long; peduncles axillary or terminal, trifid, hairy. *l.* cordate, serrated, caudate acuminate, more or less hairy, 4in. long, 2½in. broad, dark green; petioles 3in. to 4in. long. Stem quadrangular, more or less hairy. Himalayas, 1886. A handsome, greenhouse herb, of shrubby habit. (R. G. 1243.)

S. coloratus (coloured). *fl.* pale bluish-purple, 1¼in. long, shortly pedicellate; sepals erect, linear, ⅓in. long; corolla with a ventricose tube and short, rounded lobes; panicles 6in. to 12in. high, widely spreading and profusely branched. January.

FIG. 63. FLOWERING BRANCH OF STROPHANTHUS DICHOTOMUS.

STRELITZIA. To the species and varieties described on p. 514, Vol. III., the following should now be added:

S. Reginæ citrina (citron-coloured). A variety with citron-yellow sepals. 1887.

STREPTOCALYX FURSTENBERGI. See **Tillandsia Furstenbergi**.

STREPTOCARPUS. To the species described on p. 516, Vol. III., the following species and hybrids should now be added:

S. kewensis (Kew). *fl.*, corolla bright mauve-purple, about 2in. long, striped with dark brownish-purple in the throat; stems numerous, six to eight-flowered, forming a tolerably compact mass. Autumn and winter. *l.* two or three, large, oblong- or elongate-ovate, bright green, not so large as those of *S. Dunnii* (between which and *S. Rexii* this plant is a hybrid). 1887.

S. lutea (yellow). The correct name of the plant figured in B. M. 6636, and described on p. 516, Vol. III., as *S. parviflora*.

S. parviflora (small-flowered). *fl.* pale blue or purplish; calyx somewhat five-parted; corolla tube about ⅜in. long; pedicels twin, distant; peduncles three to ten-flowered. *l.* dense, ovate or oblong, narrowed at base, sub-sessile, 7in. long, crenate, softly villous, woolly beneath. South Africa.

S. Watsoni (Watson's). *fl.*, corolla bright rose-purple, about 1¼in. long and 1in. in diameter, the white throat striped with

l. 5in. to 7in. long, ovate or elliptic, acuminate or produced into a long tail, serrated, dark green above, reddish-purple beneath. *h.* 4ft. to 6ft. Khasya, 1886. (B. M. 6922.)

S. flaccidifolius (flaccid-leaved). *fl.* lilac-purple, in loose, leafy, paniculate spikes; tube of the corolla bent, the lobes deeply notched. *l.* 2in. to 4in. long, elliptic-lanceolate, acute, narrowed to the petioles, serrated, glabrous, bright green. India, China, 1887. A pretty shrub, yielding a blue dye.

STROPHANTHUS. Many of the plants of this genus possess quaintly-coloured flowers, which are rendered still more strange by the long, tail-like expansions of the corolla lobes. The seeds of some of the species abound in a poisonous principle, which has been named Strophantin, and has been found successful as a remedy in cases of heart disease, principally in fatty degeneration of that organ. The Kombé arrow poison of the natives of Senegambia, &c., is furnished by *S. hispidus*. *S. dichotomus* (described on p. 520, Vol. III.) is shown at Fig. 63.

S. Ledienii (Ledien's). *fl.* borne in umbels terminating the woody branches; corolla buff-yellow, star-shaped, five-lobed, each lobe prolonged into a very long, narrow, ribbon-like tail; corona and stamens violet, with five white rays. *l.* nearly sessile, obovate, suddenly drawn out into a short point, the margins entire, both surfaces softly hairy. Congo, 1887. Stove shrub. (R. G. 1241.)

SUGEROKIA. A synonym of **Heloniopsis** (which see)..

SWAINSONA. To the species and varieties described on pp. 527-8, Vol. III., the following should now be added:

S Ferrandi alba (Ferrand's white). *fl.* yellowish-white in bud; corolla snow-white when fully expanded, with a broad, spreading standard; keel small; wings much reduced. Probably a garden variety of *S. galegifolia.*

SYNTHYRIS (from *syn*, together, and *thyris*, a little door; in allusion to the closed valves of the pod). ORD. *Scrophularineæ.* A genus comprising about half-a-dozen species of glabrous or pilose, hardy, perennial herbs, with thick rhizomes, natives of North-west America. Flowers bluish or reddish, racemose or spicate; calyx four-parted, the segments narrow; corolla tube very short or wanting, the lobes erecto-patent, imbricated; stamens two; peduncles scape-like, simple, with alternate, amplexicaul, leafy bracts. Leaves radical, petiolate, ovate or oblong and crenate or incised-pinnatisect. For culture of the only species introduced, see **Veronica**, on p. 148.

S. reniformis (kidney-shaped). *fl.* pale violet, about ½in. long; corolla lobes oblong-lanceolate, unequal; raceme erect, 4in. to 6in. long, many but not dense flowered; peduncle stout, 5in. to 10in. long. April. *l.* 1½in. to 2½in. in diameter, orbicular-cordate, coriaceous, doubly toothed. 1885. (B. M. 6860.)

SYRINGA. To the species and varieties described on pp. 536-7, Vol. III., the following should now be added:

S. Emodi aurea (golden). This only differs from the type in having the leaves blotched with dull yellow. 1886.

S. pekinensis (Pekin). *l.* opposite; petioles and midrib blackish-purple. Branchlets slender, velvety, dark red. North China, 1886. A very bushy shrub or small tree. SYN. *Ligustrina pekinensis.*

S. p. pendula (pendulous). This only differs from the type in its " weeping " habit.

TACSONIA. To the species described on pp. 3-4, the following should now be added:

T. Jamesoni (Jameson's). *fl.* bright, rich rose-colour, large; tube cylindrical, 4in. long; flower-stalk shorter than the leaves. *l.* glabrous, sub-orbicular, three-lobed, 2in. long, 2½in. broad. Ecuador. Greenhouse.

TAGETES. To the species described on pp. 4-5, the following should now be added:

T. gigantea (gigantic). *fl.* unknown. *l.* opposite, pinnate, having a balsamic odour; leaflets soft, narrowly elliptic, toothed. Stem stout, pruinose, 6ft. to 9ft. high. Bolivia, 1886. A stout, half-hardy herb.

TAPEINÆGLE. A synonym of **Tapeinanthus** (which see).

TAPEINANTHUS (from *tapeinos*, low, and *anthos*, a flower; in allusion to the dwarfish habit of the plant). SYNS. *Carregnoa*, *Gymnoterpe*, *Tapeinægle*. ORD. *Amaryllideæ*. A monotypic genus. The species is a small, tunicated-bulbous plant, which has not yet been successfully cultivated in this country.

T. humilis (dwarf). *fl.* solitary or twin, ¾in. in diameter; perianth yellow, funnel-shaped, with a very short tube, the segments narrow-oblong, erecto-patent, sub-equal, with a small scale at their base; scape very slender, 3in. to 4in. high. *l.*, perfect one appearing late, filiform, with a small, stipitate sheath at base. Spain, Tangiers, 1887.

TECOMA. To the species described on p. 13, the following should now be added:

T. amboinensis (Ambôina). *fl.* orange-red, 3in. to 4in. long, freely produced in axillary racemes. *l.* pinnate. Amboina, 1886. A handsome, stove climber.

T. Mackenii (Macken's). A synonym of *T. Ricasoliana.*

T. Ricasoliana (Ricasol's). *fl.* in terminal panicles; corolla delicate rose-pink, with darker veins, the tube somewhat inflated or narrowly funnel-shaped, the limb spreading. *l.* pinnate; leaflets ovate, acute, toothed. South Africa, 1887. A handsome, greenhouse species. SYN. *T. Mackenii.*

TECOPHILÆA. To the species and variety described on p. 14, the following should now be added:

T. cyanocrocea Leichtlinii (Leichtlin's). *fl.* of a deep blue, as in those of *Gentiana verna*, without a trace of yellow. 1886.

TERMINALIA ELEGANS. A garden synonym of **Polyscias paniculata** (which see).

THALICTRUM. To the species and varieties described on pp. 23-4, the following should now be added:

T. adiantifolium (Adiantum-leaved). A form of **T. minus** (which see, on p 24).

THEOPHRASTA IMPERIALIS. A synonym of **Chrysophyllum imperiale** (which see).

THUNBERGIA. To the species described on pp. 32-3, the following should now be added:

T. affinis (related). *fl.* ample, sub-solitary; corolla violet, the tube yellow within and tinged yellow outside, twice as long as the bracts, recurved above the base, the lobes ample, rounded, retuse. September. *l.* shortly petiolate, elliptic, acute or obtuse, entire, acute at base. Stem quadrangular, rambling. Zanzibar, 1886. " Perhaps a glorified form of *T. erecta* " (Sir J. D. Hooker). (B. M. 6975.)

THUYA. To the species and varieties described on pp. 33-4, the following should now be added:

T. tatarica compacta (compact). A garden variety, of compact, narrow, conical growth. 1886.

TIGRIDIA. To the species and varieties described on pp. 38-9, the following should now be added:

T. grandiflora alba (large-flowered, white). *fl.*, pearly-white, large, marked at the base of the perianth segments with large spots of reddish-brown on a yellowish ground. 1882. This plant has the general habit of *T. pavonia conchiflora*, from which it is presumed to have originated.

T. Pringlei (Pringle's). *fl.*, perianth with a campanulate base, blotched within with crimson; sepals 2½in. long, with a reflexed, scarlet limb; petals broadly cordate or reniform at base, the narrower, triangular-ovate, acute limb not spotted. July and August. Stem slender, 1ft. to 2ft. high, with two or three winged, plicate leaves, and a single flower. Bulbs small, with fusiform roots. Southern Mexico, 1888. (G. & F. i. 389.)

TILLANDSIA. To the species and varieties described on pp. 42-6, the following should now be added:

T. foliosa (leafy). *fl.* violet, produced in an ample panicle; bracts reddish. Mexico. A fine plant.

T. Furstenbergii (Furstenberg's). *fl.*, spikes erect, furnished with lanceolate, rosy bracts, dusted over with whitish meal. *l.* tufted, glaucous, linear-lanceolate, finely toothed, dilated at base. 1882. Acaulescent. The correct name of this plant is *Streptocalyx Furstenbergi.*

T. Pastuchoffiana (Pastuchoff's) *l.* broad, recurved, acuminate, clear, shining green, irregularly marked with a mosaic pattern of dark green lines. Brazil, 1885. Allied to *T. fenestralis.*

T. retroflexa (bent-back). *fl.* yellow, with green tips, spreading, distichous; bracts scarlet; scape scarlet, pendulous, bearing ten to fifteen flowers. 1885. This garden hybrid resembles *T. scalaris* in habit, but is stouter.

TODEA. To the species and varieties described on p. 50, the following should now be added:

T. grandipinnula (large-pinnuled). *fronds* ovate, tripinnate, 1ft. to 1½ft. long, 8in. to 9in. broad, pellucid-membranous; pinnæ sessile, crowded, oblong-ovate; pinnules overlapping, 1¼in. long, ovate, pinnatifid. 1886. A handsome, garden hybrid.

TORENIA. To the species described on p. 59, the following variety should now be added:

T. Fournieri compacta (compact). This differs from the type in its dwarfer and more compact habit. (R. G. 1887, p. 667, f. 172.)

TOURNEFORTIA. To the species described on p. 62, the following should now be added:

T. cordifolia (cordate-leaved). *fl.* white, small, in large, terminal, corymbose cymes. *l.* opposite, 1ft. long, cordate, acute; petioles 3in. to 4in. long. Tropical America, 1887. A greenhouse or half-hardy shrub, of bold habit, clothed with short hairs. (R. H. 1887, p. 128, f. 25-7.)

TRADESCANTIA MULTICOLOR. A garden name for a form of *Zebrina pendula.*

TRAGOPYRON. Included under **Atraphaxis** (which see).

TRICHOCENTRUM. To the species and varieties described on p. 79, the following should now be added:

T. albo-purpureum striatum (striated). *fl.* having a large purple blotch on each side of the base of the lip, and the apical part striped purple.

TRICHOPILIA. To the species described on pp. 83-4, the following should now be added:

T. laxa (loose). *fl.* in loose, erect racemes, produced out of broad, obtuse, short, membranous, spotted bracts; sepals and petals pale, watery green, faintly tinged with purple, erect, linear-lanceolate, equal; lip cream-colour. *l.* linear-oblong. SYN. *Pilumna laxa* (B. R. 1845, 57).

T. l. flaveola (yellowish). *fl.* having yellowish-white sepals and petals. 1884.

TRICHOSTEMA. To the information given on p. 86, the following should now be added. For culture, *see* **Salvia**, on p. 349, Vol. III.

T. Parishii (Parish's). *fl.* bluish-purple, with very long, projecting stamens, disposed in long, virgate, interrupted spikes; inflorescence wholly clothed with purple, woolly hairs. *l.* entire, linear. Stems simple. *h.* 1¼ft. South California. An interesting, half-hardy sub-shrub.

TRIDAX. To the species described on p. 87, the following variety should now be added. It "has been treated as a half-hardy plant, but will probably succeed with the treatment afforded hardy annuals, if not sown too early" (W. Thompson).

T. bicolor rosea (two-coloured, pink). *fl.-heads* 1¼in. to nearly 2in. across; ray florets rose-coloured, fifteen to eighteen, rather broad, three-toothed; disk yellow. Summer. *l.*, basal ones somewhat triangular, 2in. long, 1in. broad, strongly nerved, the margins widely toothed; upper ones becoming gradually narrower and smaller, most of them quite entire. *h.* 1ft. to 1¼ft. North Mexico, 1887. (G. C. ser. iii., vol. ii., p. 553.)

TRITELEIA GRANDIFLORA. A synonym of **Brodiæa Douglasii** (which *see*).

TULIPA. To the species and varieties described on pp. 104-8, the following should now be added:

T. Billietiana (Cardinal Billiet's). A variety of *T. Didieri*.

T. Dideri Billietiana (Cardinal Billiet's). *fl.*, perianth wholly yellow, the outer segments acute, the inner ones rounded at apex. Switzerland, 1888.

T. linifolia (Flax-leaved). *fl.*, perianth of a brilliant vermilion-scarlet, nearly 2½in. in diameter, with a black blotch in the centre; segments spreading, alternately obcordate and cuneate; anthers yellow; scape 6in. high. *l.* about three, lanceolate, gradually tapering, boat-shaped, the margins crenate, revolute, 1886. (B. G. 1235, d-f.)

T. viridiflora (green-flowered). *fl.* pale yellow and green. An interesting plant, the origin of which is unknown—doubtless derived from *T. Gesneriana*, and flowering rather later than the type of that species. "Although it has no claim to beauty, it is of interest as being a possible progenitor of the far-famed Parrot Tulips of the present day" (D. Dewar). (Gn. xxxii. 514.)

VARIETIES. These choice old garden flowers are now being inquired after by amateurs. Many persons in the South of England seem desirous of emulating those amateurs near Manchester and in the Midland Counties who have continued to cultivate this historical flower through a period of comparative neglect. An old author says: "The Tulip asketh a rich soil and the careful hand of the gardener." This is well known to those who grow flowers for exhibition purposes, and they are ever careful to trench the ground up well, to manure it sufficiently, and, above all, to protect the delicate blossoms from beating rains. Canvas shading of some kind, fixed on a framework, the roof portion to move up and down on rollers, is usually adopted for this purpose.

The florists' Tulips are divided into six classes, viz.: (I.) Feathered Bizarres, (II.) Flamed Bizarres, (III.) Feathered Byblœmens, (IV.) Flamed Byblœmens, (V.) Feathered Roses, and (VI.) Flamed Roses. The varieties are very numerous; in fact, there are many hundreds grown under different names in England and on the Continent. On the other hand, the number of really good flowers, correct in their markings, with stamens unstained, and pure in the base of the cup, scarcely exceeds six in each class. The best exhibition varieties are here given.

I. Feathered Bizarres. COMMANDER (Marsden), ground-colour full, deep yellow, with heavy, almost black feathering; the colour improves as the flower expands to its full size. DEMOSTHENES (Headly), ground-colour rich, bright yellow, with reddish-brown feathering; it has usually a tinge of darker yellow round the base of the cup, which is a fault. GARIBALDI (Ashmole), ground-colour orange-yellow, with heavy, rich chestnut-brown feathering; very distinct. MASTERPIECE (Slater), pure gold ground-colour, with a beautifully worked, glossy, raven-black feather; a splendid feathered Tulip. SIR JOSEPH PAXTON (Willison), ground-colour pure, deep, rich yellow, with beautifully pencilled, dark reddish-brown feathering. WILLIAM WILSON (Hardy), ground-colour beautiful, clear lemon-yellow, with very bold and richly pencilled, black feathering.

II. Flamed Bizarres. It may be well to remark here that the same variety of Tulip is found both in the feathered and in the flamed state, and one variety may be more esteemed as a feathered flower, while another is at its best in the flamed state. AJAX (Hardy), ground-colour lemon-yellow, flamed rich claret; a very distinct and effective variety. DR. HARDY (Storer), ground-colour rich, deep orange, vividly flamed reddish-scarlet; very rarely found in the feathered state. ORION (Storer), ground-colour rich orange-red, with a scarlet tint in the flame; a variety of beautiful form and great substance of petal. SIR JOSEPH PAXTON, ground-colour rich, deep yellow, brilliant in flame of a rich, dark reddish-brown; the finest flamed Tulip. SURPASS POLYPHEMUS (Barlow), ground-colour lemon-yellow, with massive flame of glossy black; probably distinct from, and decidedly superior to, the old flamed POLYPHEMUS; its base and stamens are always pure. WILLIAM LEA (Storer), ground-colour clear, rich lemon, with nearly black flame; a distinct and constant flower, of medium size only.

III. Feathered Byblœmens. ADONIS (Headly), ground-colour white, not so clear as in some varieties, but with pretty, light feathering, nearly black; a fine flower. ALICE GRAY (Walker), ground-colour a good white, feathered deep lilac, with a bluish tinge; a rather scarce variety, as it seldom gives any increase. FRIAR TUCK (Slater), ground-colour very good white, with heavy feathering of pale purple; a large, bold flower. MARTIN'S 101, ground-colour pure white, beautifully feathered chocolate-purple; a long, narrow-petaled variety. MRS. COOPER (Boardman), ground-colour pure white, with a feathering of rich chocolate, deepening to black as the flower matures; the best in this class, and a model feathered Tulip. TALISMAN (Hardy), ground-colour pure white, with richly-pencilled, bluish-black feathering; this variety often changes from the feathered state to the flamed, and generally remains so.

IV. Flamed Byblœmens. ADONIS, beam of the flame a rich, dark purple, with flashes of rich claret up the centre; a fine flower in the flamed state. BACCHUS, ground-colour good white, with lively purple flame; an old Dutch variety, never seen in the feathered state; very scarce, as it is slow of increase. CARBUNCLE (Headly), ground-colour good white, with rich, deep claret flame; a scarce and very beautiful variety, in the style of ADONIS. DAVID JACKSON (Walker), ground-colour very pure white, with heavy flame of a decided black; a very distinct and handsome variety. DUCHESS OF SUTHERLAND (Walker), ground-colour pure white, with a clear, bold flame of light and dark purple; a long-petaled variety. TALISMAN (Hardy), ground-colour pure white, flamed purplish-black, a blue shade in the beam; the standard of excellence in this class.

V. Feathered Roses. ANNIE MCGREGOR (Martin), ground-colour very pure white, with brilliant scarlet feathering; the brightest flower in this lovely class. CHARMER, ground-colour good white, with light rose feathering; the best feathered form of a variety known as MABEL. HEROINE, ground-colour very pure white, with deep rose feathering; petals rather too long, and the outer ones rather pointed; a very old variety. INDUSTRY (Lea), ground-colour very pure and beautiful white, with bright carmine-scarlet feathering, deeply and boldly pencilled. MODESTY (Walker), ground-colour good white, with bright, light scarlet feathering, beautifully pencilled; flower medium; this variety is worthless in a flamed state. NANNY GIBSON (Hepworth), ground-colour nearly pure white, but the base of the young flowers has a yellowish tinge; distinct and peculiar tint of vermilion-scarlet feather; a very scarce variety; it is not of much value in the flamed state.

VI. Flamed Roses. AGLAIA, ground-colour good white; flame dark crimson-scarlet, with beam of light rose-pink; petals long; a very old and constant variety. ANNIE MCGREGOR (Martin), ground-colour and base pure white; flame intense scarlet, very bold; the best Flamed Rose. LUCRETIA (Syn. MADAME ST. ARNAUD) (Martin), ground-colour pure white, with bright scarlet flame. MABEL (Martin), finely flamed with scarlet and pink intermixed (MRS. LOMAX and PRETTY JANE are synonyms of this variety; they are merely different breaks from MABEL). MRS. LEA (Lea), ground-colour very pure white; extremely rare and distinct, and superior to all others in the rich blood-crimson flame; it is exquisite in the feathered state. TRIOMPHE ROYALE, ground-colour pure white, heavily flamed with dark crimson-scarlet; petals rather pointed; one of the oldest Tulips grown.

Single Early-flowering and Bedding Tulips. AMERICAN LAC, buff, with pale lilac and white feathering; novel and pretty. BIRD OF PARADISE, fine yellow, very large. BRIDE OF HAARLEM, carmine, with pure white feathering; very beautiful. DUCHESS OF PARMA, deep red, with deep orange-yellow border. GLADSTONE, carmine, large, well-formed. JAN LUIKEN, very pretty rosy-red, with yellow centre. JOOST VAN VONDEL, pure white; extra fine LAC BACKHUIS, lake, tipped white. LA GRANDEUR, vermilion; tall plant. MOUCHERON, crimson, large. OPHIR D'OR, deep yellow; very fine. QUEEN OF THE VIOLETS (Syn. PRESIDENT

Tulipa—*continued.*

LINCOLN), lilac-purple, flushed white at the margin. REMBRANDT, rich crimson, large; early.

Double Early-flowering and Bedding Tulips. AGNES, bright crimson-scarlet, large; early. BLANC BORDE POURPRE, violet-purple, white margin. DUC DE BORDEUX, orange-scarlet and yellow; fine. EPAULETTE D'OR, scarlet, with showy, gold feather. MARIAGE DE MA FILLE, white and crimson feather; fine. ROSE BLANCHE, pure white; very fine. VUURBAAK, rich, brilliant scarlet; fine.

URGINEA. To the species described on pp. 124-5, the following should now be added:

U. eriospermoides (Eriospermum-like). *fl.*, perianth oblong, ½in. long, the segments whitish, with a broad, brown keel; raceme 1ft. long; peduncle slender, stiffly erect, 1ft. long. July. *l.* two, contemporary with the flowers, only one fully developed, cylindrical, glossy, ⅛in. in diameter. Bulb ovoid, ½in. in diameter. 1887.

U. macrocentra (large-spurred). *fl.*, perianth ½in. long, the segments white, tipped green; lowest bracts having a convolute, scariose spur ¾in. to 1in. long; raceme dense, 5in. to 6in. long, 1in. in diameter; peduncle stout, erect, 2½ft. to 3ft. high. May. *l.* solitary, cylindrical, erect, 1½ft. long. 1887.

VALORADIA. A synonym of **Ceratostigma** (which *see*).

VANDA. To the species and varieties described on pp. 133-6, the following should now be added:

V. Amesiana (Ames'). *fl.* creamy-white, with a rich rosy hue mostly on the lip (which changes, when the flowers begin to fade, into light yellow), deliciously perfumed, thin and delicate in texture; sepals and petals cuneate-oblong, blunt-acute; side laciniæ of the lip small, nearly square, the middle one reniform, bilobed; spur conical, empty; inflorescence one to twelve-flowered. *l.* lorate, complicate. India, 1887.

V. Clarkei (Clarke's). *fl.* much as in *V. Cathcarti;* sepals and petals dark brown, barred ochre, yellow inside, cuneate-oblong, obtuse; lip whitish, marked brown, three-lobed, with a conical, acute spur, the front lobe cordate, oblong-elliptic, with a rough, lobulate border, and seven to nine whitish keels; the mouth of the spur covered by two retrorse crests, with another crest in front. Himalayas, 1886. SYN. *Esmeralda Clarkei.* The correct name of this species is *Arachnanthe Clarkei.*

V. Dearei (Deare's). *fl.* yellow; sepals and petals shortly stalked, elliptic, obtuse; lip with small, squarish side lobes, and a broad, transverse, pandurate front lobe, the conical spur having a short, rounded, grooved crest over the front of its mouth. Sunda Isles, 1886. Allied to *V. tricolor.*

V. Sanderiana albata (whitish). *fl.*, upper sepal and petals quite white, with a few purple dots at the base, the lateral sepals red-nerved; hypochil sulphur, striped brownish-purple, the anterior lacinia brownish-sulphur (sometimes purple-striped) at base. 1887.

VANILLA. To the species described on p. 137, the following should now be added:

V. Humblotii (Humblot's). *fl.* very large; sepals ligulate, acute; petals rhombic, broad, acuminate; lip rhombic, blunt-angled, undulated in front, with a dark, ribbon-like zone over the front part of the disk, and numerous strong, twisted hairs scattered from base to disk; raceme many-flowered. Africa (more definite information as to country not known), 1885. A leafless species.

VENIDIUM. To the species described on p. 141, the following should now be added:

V. fugax (fugacious). *fl.-heads* 1½in. in diameter; ray bright orange, a little paler beneath; disk blackish. *l.*, radical ones petiolate, elliptic, obtuse, sinuate, lobed, or sub-lyrate, generally without auricles; upper ones sessile, sometimes slightly auricled at base, entire or sinuate-toothed, the lower ones somewhat pandurate. *h.* 1½ft. 1887. Stem, leaves, and involucral scales shortly hairy.

V. hirsutum (hairy). *fl.-heads* 1½in. to 1¾in. in diameter; ray bright orange-yellow, but not so deep as in *V. fugax;* disk blackish. *l.* lyrate-pinnatifid; radical ones petiolate, with large, broadly elliptic-oblong, deeply lobed, terminal lobes, the petioles scarcely or not at all auricled; uppermost ones much smaller, sessile, pinnatifid. *h.* 10in. to 12in. Stem, leaves, and outer involucral scales hairy.

VERBENA. The very pretty garden varieties are not so much grown as they used to be, when bedding plants were more popular than at present; but they should find a place in every garden where there is a greenhouse to protect the plants from frost in winter. Several distinct varieties have quite recently been introduced to cultivation. The following is a select list:

AUGUST RENZ, reddish-pink, yellow eye; BALL OF FIRE, finest scarlet for bedding-out; BUTTERFLY, rosy-crimson, white eye; CARADOC, rich crimson-violet; CARMINATA RUBRA, red, striped deep crimson; CROIX DE HONNEUR, white, striped violet; DELICATA, pale rose, lilac flush, cream eye; DR. FEYERLIN, plum-purple and maroon, light centre; FAIRY QUEEN, blush-white, with ring of deep pink, inclosing yellow eye; FAUST, reddish-scarlet, of good form; F. DELAUX, scarlet and crimson, white eye; FLOWER OF DORSET, maroon-crimson, large truss; LA GRANDE BOULE DE NEIGE, fine, pure white; LORD LEIGH, rich scarlet, large and fine; MASTER R. CANNELL, lilac-purple, large pips and truss; MESANGE, bright red, with lighter shade, very large pips; M. MILLET, white, with stripes and spots of deep red; OPHELIA, rosy-pink, yellow eye; OTHELLO, crimson-maroon, lilac centre; STAR, rosy-pink, large white eye, large truss; STARS AND STRIPES, white, rosy-lilac stripes; SWANLEY GEM, white, with a pretty blue margin; URANIE, reddish-crimson, white eye, fine; VIOLACEA, silvery-violet.

VERONICA. To the species described on pp. 148-50, the following should now be added:

V. Armstrongi (Armstrong's). *fl.* whitish, in terminal, three to eight-flowered heads. *l.* minute, dimorphic, some long and acute, others broadly ovate and sub-acute, closely adpressed and coriaceous, adnate with the branches for half their length; margins faintly ciliate. *h.* 1ft. to 3ft. South Island, New Zealand, 1888. A much-branched shrub.

V. decumbens (decumbent). *fl.* white; corolla tube ⅛in. long, much flattened on the inner side; racemes twelve to sixteen-flowered, shortly stalked, in pairs near the tips of the branches. *l.* entire, quite glabrous, very shortly stalked, ovate or lanceolate, obtuse, flat or slightly concave, not keeled, obscurely three-nerved, dull green, with bright red edges. Branches black and polished; branchlets pubescent. New Zealand, 1888. A small, very beautiful, decumbent shrub.

V. Hectori (Dr. Hector's). *fl.* pink and white, collected into an ovate, terminal head, with a villous rachis. *l.* closely, but not densely, imbricated, extremely thick and coriaceous, broader than long, broadly ovate or orbicular, very obtuse, nearly ⅛in. across, opposite pairs connate to the middle, puberulous along the edges, shining, not keeled. Branches, with the leaves on, obscurely tetragonous or terete. *h.* 6in. to 2ft. Southern Alps of Middle Island, New Zealand, 1888. A robust, small, much-branched shrub.

V. loganioides (Logania-like). *fl.* white, with pink stripes, very fugacious; calyx lobes lanceolate, acute, keeled, ciliated; corolla lobes broadly ovate; anthers brown. *l.* densely imbricated, adpressed to the branches, ovate, acuminate, with spreading tips, usually entire, sometimes with one to three teeth on each side, ⅛in. long, sessile, very sharply keeled below, glabrous except the ciliated margins. *h.* 6in. Rangetala Valley, New Zealand (5000ft. to 6000ft.), 1888. A small, evergreen shrub, decumbent and rooting at the joints.

VIBURNUM. To the species and varieties described on pp. 155-7, the following should now be added:

V. Sieboldii (Siebold's). *l.* opposite, dark green, flat, thick, coriaceous, oblong-oval, obscurely and bluntly serrated towards the apex. Japan.

VICIA. To the species described on p. 157, the following should now be added:

V. Denessiana (Dennes'). *fl.* varying in colour from pale brownish to violet-purple, 1in. long; standard shorter than the wings, which are somewhat reflexed above the middle; racemes as long as the leaves, dense-flowered. May. *l.* sessile; leaflets sixteen to twenty-four, alternate and nearly opposite, oblong, obtuse, mucronulate, silky-pubescent beneath. Azores. Perennial. (B. M. 6967.)

VITIS. To the species and varieties described on pp. 186-8, the following should now be added:

V. capensis (Cape). *fl.* tomentose, disposed in short cymes. *fr.* blackish-red, depressed-globose. *l.* reniform, obtuse-angled and sinuate-toothed. South Africa, 1887. Greenhouse trailer. (R. H. 1887, p. 372.)

V. japonica crassifolia (thick-leaved). *l.* large, very thick, coriaceous, three-lobed, bright green above, cobwebby-tomentose beneath. 1886.

WARREA. To the species described on p. 196, the following should now be added:

W. bidentata (two-toothed). *fl.*, lip longer and narrower than in *W. tricolor* and not so transverse, the keel at the base very sharp, the disk covered with seriate callosities.

W. cyanea (blue). A synonym of *Aganisia cyanea.*

WIKSTRŒMIA (named after J. E. Wikström, 1780-1856, a Swedish botanist). ORD. *Thymelæaceæ*. A genus comprising about twenty species of stove or greenhouse shrubs or trees, natives of tropical and Eastern Asia, Australia, and the Pacific Islands. Flowers shortly racemose or spicate at the tips of the branches; perianth having an elongated tube and four spreading lobes; stamens eight, included or shortly exserted. Leaves opposite or rarely alternate. *W. Alberti* is a greenhouse, deciduous, much-branched shrub, requiring similar culture to **Thymelæa** (which *see*, on p. 35). *W. viridiflora*—the bark of which yields a valuable paper material—is also in cultivation in botanical gardens. None of the species, however, are of any horticultural value.

W. Alberti (Albert's). *fl.* golden, capitate-umbellate; umbels pedunculate at the tips of the branches and branchlets. *l.* scattered or nearly opposite, obversely lanceolate, or very rarely the uppermost ones linear-oblong, ⅜in. to 1¼in. long, penninerved, rounded or rarely somewhat acute at apex. Branches glabrous, terete. *h.* 1ft. to 2ft. Bokhara, 1887. (R. G. 1262, under name of *Stellera Alberti*.)

WINDOW-BEARING ORCHID. See **Cryptophoranthus**.

XANTHOSOMA. To the species described on pp. 223-4, the following variety should now be added:

X. Lindeni magnificum (magnificent). A handsome variety, having much larger leaves than in the type. 1885. SYN. *Phyllotænium Lindeni magnificum*.

ZEA. To the species and varieties described on p. 238, the following shou'd now be added:

Z. gigantea foliis-variegata (gigantic, variegated-leaved). *l.* variegated silver, white, and green, large, drooping. A beautiful plant.

ZINNIA. To the species and varieties described on p. 242, the following should now be added:

Z. linearis (linear). *fl.* bright golden-yellow, with a light orange margin, 1½in. to 2in. across, profusely produced. Summer. *l.* dark, narrow-linear. *h.* 1ft. Mexico, 1887. A neat, erect, dense bush. (G. C. ser. iii., vol. ii., p. 597.)

ZYGOCOLAX (a word made up from the generic names of the parent plants). ORD. *Orchideæ*. A name applied to a hybrid obtained by crossing *Colax jugosus* (male) and *Zygopetalum crinitum* (female), between which it is almost intermediate in shape. For culture, *see* **Zygopetalum**, on p. 245.

Z. Veitchii (Veitch's). *fl.* handsome, 2in. across; sepals and petals light greenish-yellow, blotched purple-brown; lip yellowish-white, longitudinally striated with violet-purple; scape a little shorter than the leaves, with a few sheathing, lanceolate, acute bracts. *l.* two or three, linear-lanceolate, 9in. to 12in. long, the basal ones a little broader and shorter than the upper ones. 1887.

ZYGOPETALUM. To the species described on pp. 245-8, the following should now be added:

Z. Crepauxi (Crepaux's). *fl.* showy, rather crowded; sepals and petals dark red, spotted and striped yellow; lip large, white, with violet lines on the margin, the nerves covered with short, violet-rose hairs. *l.* shortly stalked, elliptic-obovate. Pseudobulbs small, angular. Brazil, 1887. A robust, tufted, stove species.

Z. Ruckerianum (Rucker's). *fl.*, sepals and petals white, with a large, light purple area near the green base, twisting, undulated, acute; lip purple, with a white callus and some yellow at the base of the side lobes, revolute on each side, and rolled underneath at the top. 1885. Stove. Much in the way of *Z. Dayanum*.

Z. Wallisii (Wallis'). The correct name of the plant described on p. 161, Vol. I., as *Batemannia Wallisii*.

Z. W. major (greater). *fl.* 5½in. in diameter; sepals and petals white at base, chestnut-brown above, tessellated; petals striped deep purple at their lower extremities; lip chestnut-brown, reticulated, margined blackish-purple. Costa Rica. This giant variety requires to be kept constantly moist.

DATES OF PUBLICATION.

THE following are the dates on which the parts containing "New Introductions" have been published. The dates of issue of the body of the work will be found on pp. 249-50.

Abelia	to	Aster	September,	1888	Dieffenbachia	to	Odontoglossum	November,	1888
Aster	,,	Dicksonia	October,	,,	Odontoglossum	,,	Zygopetalum	December,	,,

---

THE END.

www.ingramcontent.com/pod-product-compliance
Lightning Source LLC
Chambersburg PA
CBHW081209170426
43198CB00018B/2897